Educational Producer For Your Success

알기쉽게 풀어쓴!

에듀피디 정수시설 운영관리사

1차

| 전나훈 편저 |

- 핵심 이론과 단원별 출제 예상 문제의 단권화 완성
- 필수적으로 암기해야 하는 부분의 암기 방법을 두문자를 통해 제시
- 1·2·3급[1차] 기출문제 수록

에듀피디 동영상강의 www.edupd.com

알기 쉽게 풀어쓴
정수시설운영관리사 1차

1판 1쇄 인쇄   2025년 11월 10일
1판 1쇄 발행   2025년 11월 17일

편저자   전나훈
발행처   에듀피디
등 록   제300-2005-146
주 소   서울 종로구 대학로 45 임호빌딩 2층 (연건동)

전 화   1600-6690
팩 스   02)747-3113

※ 이 책은 저작권법에 따라 보호받는 저작물이므로 무단전재와 무단복제를 금지하며 책 내용의 전부
  또는 일부를 이용하려면 반드시 저작권자와 에듀피디의 서면 동의를 받아야 합니다.

알기 쉽게 풀어쓴 정수시설운영관리사 1차

정수시설 운영관리사 출제가이드

01 시험 정보

02 출제 영역

정수시설운영관리사 시험 정보

> 관련부처 : 환경부
> 시행기관 : 한국산업인력공단

 응시자격

구분	응시자격요건
1급	1. 이공계 대학 졸업 후 수도시설의 설치나 유지관리 분야에서 2년 이상 실무에 종사한 자 2. 이공계 전문대학 졸업 후 수도시설의 설치나 유지관리 분야에서 4년 이상 실무에 종사한 자 3. 고등학교 졸업 후 수도시설의 설치나 유지관리 분야에서 5년 이상 실무에 종사한 자 4. 정수시설운영관리사2급 취득 후 수도시설의 설치나 유지관리 분야에서 2년 이상 실무에 종사한 자 5. 정수시설운영관리사3급 취득 후 수도시설의 설치나 유지관리 분야에서 4년 이상 실무에 종사한 자 6. 「학점인정 등에 관한 법률」 제8조에 따라 이공계 대학 졸업자와 같은 수준 이상의 학력을 인정받은 자로서 수도시설의 설치나 유지관리 분야에서 2년 이상 실무에 종사한 자 7. 「학점인정 등에 관한 법률」 제8조에 따라 이공계 전문대학 졸업자와 같은 수준 이상의 학력을 인정받은 자로서 수도시설의 설치나 유지관리 분야에서 4년 이상 실무에 종사한 자
2급	1. 이공계 대학 졸업 이상의 학력을 가진 자 2. 이공계 전문대학 졸업 후 수도시설의 설치나 유지관리 분야에서 2년 이상 실무에 종사한 자 3. 고등학교 졸업 후 수도시설의 설치나 유지관리 분야에서 3년 이상 실무에 종사한 자 4. 정수시설운영관리사3급 취득 후 수도시설의 설치나 유지관리 분야에서 2년 이상 실무에 종사한 자 5. 수도시설의 설치나 유지관리 분야에서 5년 이상 실무에 종사한 자 6. 「학점인정 등에 관한 법률」 제8조에 따라 이공계 대학 졸업자와 같은 수준 이상의 학력을 인정받은 자 7. 「학점인정 등에 관한 법률」 제8조에 따라 이공계 전문대학 졸업자와 같은 수준 이상의 학력을 인정받은 자로서 수도시설의 설치나 유지관리 분야에서 2년 이상 실무에 종사한 자
3급	1. 이공계 전문대학 졸업 이상의 학력을 가진 자 2. 고등학교 졸업 후 수도시설의 설치나 유지관리 분야에서 1년 이상 실무에 종사한 자 3. 수도시설의 설치나 유지관리 분야에서 3년 이상 실무에 종사한 자 4. 「학점인정 등에 관한 법률」 제8조에 따라 이공계 전문대학 졸업자와 같은 수준 이상의 학력을 인정받은 자

* 이공계 대학 졸업자와 같은 수준 이상의 학력을 인정받은 자
  「학점인정 등에 관한 법률」 제7조에 따라 140학점 이상을 취득하고 학사학위증명서(학력인정증명서)발급이 가능한 자
* 이공계 전문대학 졸업자와 같은 수준 이상의 학력을 인정받은 자
  「학점인정 등에 관한 법률」 제7조에 따라 80학점 이상을 취득하고 전문학사학위증명서(학력인정증명서) 발급이 가능한 자

※ 정수시설운영관리사에서 서류심사기준일은 시험시행일을 기준으로 함

결격사유

1. 미성년자 또는 피성년후견인
2. 파산선고를 받고 복권되지 아니한 사람
3. 「수도법」, 「하수도법」, 「먹는물관리법」, 「물의 재이용 촉진 및 지원에 관한 법률」을 위반하여 금고 이상의 실형을 선고받고 그 집행이 종료(집행이 종료된 것으로 보는 경우를 포함한다)되거나 집행이 면제된 날부터 2년이 지나지 아니한 사람
4. 「수도법」, 「하수도법」, 「먹는물관리법」, 「물의 재이용 촉진 및 지원에 관한 법률」을 위반하여 금고 이상의 형의 집행유예를 선고받고 그 유예기간 중에 있는 사람
5. 「수도법」 제25조에 따라 자격이 취소(제24조제2항제1호 또는 제2호에 해당하여 자격이 취소된 경우는 제외한다)된 날부터 3년이 지나지 아니한 사람

시험과목 및 방법

구분	등급	교시	시험과목	문항수	시험시간	시험방법
1차	1급 2급 3급	-	1. 수처리공정 2. 수질분석 및 관리 3. 설비운영(기계·장치 또는 계측기 등) 4. 정수시설 수리학	과목 당 20문항 (총 80문항)	120분 (09:30 ~ 11:30)	객관식 4지선택형
2차	1급 2급	1	1. 수처리공정 2. 수질분석 및 관리	1급 16문항 2급 14문항	120분 (13:00 ~ 15:00)	주관식 (논문 및 단답형)
2차	1급 2급	2	1. 설비운영(기계·장치 또는 계측기 등) 2. 정수시설 수리학	1급 16문항 2급 16문항	120분 (15:30 ~ 17:30)	
2차	3급	-	1. 수처리공정 2. 수질분석 및 관리 3. 설비운영(기계·장치 또는 계측기 등) 4. 정수시설 수리학	과목 당 8문항 (총 32문항)	120분 (13:00 ~ 15:00)	

※ 법률 적용이 필요한 문제는 해당 시험 시행일 기준으로 시행중인 법률로 적용
※ (2차)1급은 과목당 8문항이 출제되며, 수험자가 5문항을 선택하여 풀이

출제 가이드

 **합격기준**

구분	합격결정기준
1,2차 시험 공통	매 과목 100점 만점에 40점 이상, 전 과목 평균 60점 이상 득점한 자

 **면제 대상자**

1 제1차 시험 일부 면제

「국가기술자격법」에 따른 다음 자격 취득자에 대하여는 아래의 제1차 시험과목의 일부를 면제함

취득자격	제1차 시험 면제과목	응시과목	시험시간
수질관리기술사	1·2·3급의 시험과목 중 수처리공정, 수질분석 및 관리, 정수시설 수리학(3개 과목)	설비운영	30분
수질환경기사	2·3급의 시험과목 중 수처리공정, 수질분석 및 관리(2개 과목)	설비운영, 정수시설수리학	60분
수질환경산업기사	3급의 시험과목 중 수처리공정, 수질분석 및 관리(2개 과목)	설비운영, 정수시설수리학	60분

2 제1차 시험 면제

* 제1차 시험에 합격한 자는 합격한 날부터 2년간 제1차 시험면제
* 「국가기술자격법」에 따른 상하수도기술사 자격취득자

정수시설운영관리사 출제 영역 — 1급

과목명	주요항목	세부항목	
수처리공정 (1차)	1. 입자성 물질의 제거(응집·침전)	1. 응집제와 응집보조제	2. 혼화·플록형성·침전·부상
	2. 입자성 물질의 제거(여과)	1. 여과원리 및 여과지 종류	2. 여과지 운영, 관리
	3. 미생물 제어	1. 미생물의 위해성 3. 소독제의 관리	2. 소독
	4. 배출수 처리 및 관리	1. 배출수 처리	2. 배출수 처리시설
	5. 미량 유·무기 물질 제어	1. 미량 유·무기물질의 종류 및 특성 3. 막분리 공정	2. 고도정수처리 종류 및 처리원리
수질분석 및 관리 (1차)	1. 시험분석 기초 및 기기분석법	1. 용어, 단위, 기구 및 규격 3. 일반시험법 및 정밀기기 측정법	2. 시료채취, 시약 및 용액
	2. 수질항목별 측정법	1. 수질시험 항목별 측정법	2. 정수관리 및 감시항목 측정법
	3. 정수공정운영 실험방법	1. 정수공정	2. 고도정수처리공정
	4. 먹는물 수질관련 법규	1. 먹는물관리법 등 관련 법규 3. 먹는물 수질관리방법	2. 먹는물 수질기준
	5. 정수 및 수질관련법규	1. 수도법 및 부속법규	
설비운영 (1차)	1. 정수 설비	1. 공정별 기능·약품주입설비 3. 침전슬러지 배출설비·탈수기 5. 배출수 및 슬러지 처리설비	2. 혼화·응집설비 4. 여과·소독설비·막분리 6. 고도정수처리시설
	2. 기전 설비	1. 펌프모터와 밸브 3. 직류전원 설비 및 전력관리	2. 수변전 설비
	3. 계측제어 설비	1. 계측제어 원리 3. 계측기 정도 관리·자동화	2. 원격감시제어시스템
	4. 안전관련법규	1. 작업환경 및 유해물질관리	2. 산업안전보건관리
정수시설 수리학 (1차)	1. 수리학의 기본원리	1. 물의 성질 및 기본이론 3. 유량계의 측정원리와 방법	2. 관수로 및 개수로의 유량 측정
	2. 정수장내 물의 흐름	1. 관수로와 개수로 3. 혼화·침전지 공정	2. 손실수두 4. 여과·소독 공정
	3. 펌프의 운전 및 수리적 특성	1. 펌프의 운전 3. 수리적 특성	2. 펌프의 효율 점검 4. 펌프의 가동과 정지

출제 가이드

정수시설운영관리사 출제 영역 — 2급

과목명	주요항목	세부항목	
수처리공정 (1차)	1. 입자성 물질의 제거(응집·침전)	1. 응집제와 응집보조제	2. 혼화·플록형성·침전·부상
	2. 입자성 물질의 제거(여과)	1. 여과원리 및 여과지 종류	2. 여과지 운영, 관리
	3. 미생물 제어	1. 미생물의 위해성 3. 소독제의 관리	2. 소독
	4. 배출수 처리 및 관리	1. 배출수 처리	2. 배출수 처리시설
	5. 미량 유·무기 물질 제어	1. 미량 유·무기물질의 종류 및 특성	2. 고도정수처리 종류 및 처리원리
수질분석 및 관리 (1차)	1. 시험분석 기초 및 기기분석법	1. 용어, 단위, 기구 및 규격 3. 일반시험법 및 정밀기기 측정법	2. 시료채취, 시약 및 용액
	2. 수질항목별 측정법	1. 수질시험 항목별 측정법	2. 정수관리 및 감시항목 측정법
	3. 정수공정운영 실험방법	1. 정수공정	2. 고도정수처리공정
	4. 먹는물 수질관련 법규	1. 먹는물관리법 등 관련 법규 3. 먹는물 수질관리방법	2. 먹는물 수질기준
	5. 정수 및 수질관련법규	1. 수도법 및 부속법규	
설비운영 (1차)	1. 정수 설비	1. 공정별 기능·약품주입설비 3. 침전슬러지 배출설비·탈수기 5. 배출수 및 슬러지 처리설비	2. 혼화·응집설비 4. 여과·소독설비·막분리 6. 고도정수처리시설
	2. 기전 설비	1. 펌프모터와 밸브 3. 직류전원 설비 및 전력관리	2. 수변전 설비
	3. 계측제어 설비	1. 계측제어 원리 3. 계측기 정도 관리·자동화	2. 원격감시제어시스템
	4. 안전관련법규	1. 작업환경 및 유해물질관리	2. 산업안전보건관리
정수시설 수리학 (1차)	1. 수리학의 기본원리	1. 물의 성질 및 기본이론 3. 유량계의 측정원리와 방법	2. 관수로 및 개수로의 유량 측정
	2. 정수장내 물의 흐름	1. 관수로와 개수로 3. 혼화·침전지 공정	2. 손실수두 4. 여과·소독 공정
	3. 펌프의 운전 및 수리적 특성	1. 펌프의 운전 3. 수리적 특성	2. 펌프의 효율 점검 4. 펌프의 가동과 정지

정수시설운영관리사 출제 영역 — 3급

과목명	주요항목	세부항목	
수처리공정 (1차)	1. 입자성 물질의 제거(응집·침전)	1. 응집제와 응집보조제	2. 혼화·플록형성·침전·부상
	2. 입자성 물질의 제거(여과)	1. 여과원리 및 여과지 종류	2. 여과지 운영, 관리
	3. 미생물 제어	1. 미생물의 위해성 3. 소독제의 관리	2. 소독
	4. 배출수 처리 및 관리	1. 배출수 처리	2. 배출수 처리시설
	5. 미량 유·무기 물질 제어	1. 미량 유·무기물질의 종류 및 특성	2. 고도정수처리 종류 및 처리원리
수질분석 및 관리 (1차)	1. 시험분석 기초 및 기기분석법	1. 용어, 단위, 기구 및 규격	2. 시료채취, 시약 및 용액
	2. 수질항목별 측정법	1. 수질시험 항목별 측정법	2. 정수관리 및 감시항목 측정법
	3. 정수공정운영 실험방법	1. 정수공정	
	4. 먹는물 수질관련 법규	1. 먹는물관리법 등 관련 법규	2. 먹는물 수질기준
	5. 정수 및 수질관련법규	1. 수도법 및 부속법규	
설비운영 (1차)	1. 정수 설비	1. 공정별 기능·약품주입설비 3. 침전슬러지 배출설비·탈수기 5. 배출수 및 슬러지 처리설비	2. 혼화·응집설비 4. 여과·소독설비·막분리 6. 고도정수처리시설
	2. 기전 설비	1. 펌프모터와 밸브 3. 직류전원 설비 및 전력관리	2. 수변전 설비
	3. 계측제어 설비	1. 계측제어 원리 3. 계측기 정도 관리·자동화	2. 원격감시제어시스템
	4. 안전관련법규	1. 작업환경 및 유해물질관리	2. 산업안전보건관리
정수시설 수리학 (1차)	1. 수리학의 기본원리	1. 물의 성질 및 기본이론 3. 유량계의 측정원리와 방법	2. 관수로 및 개수로의 유량 측정
	2. 정수장내 물의 흐름	1. 관수로와 개수로 3. 혼화·침전지 공정	2. 손실수두 4. 여과·소독 공정
	3. 펌프의 운전 및 수리적 특성	1. 펌프의 운전 3. 펌프의 가동과 정지	2. 펌프의 효율 점검

CONTENTS 책의 목차

제1과목 수처리공정 — 011
- CHAPTER 01 응집 · 침전 — 012
- CHAPTER 02 여과 — 031
- CHAPTER 03 미생물 제어 — 051
- CHAPTER 04 배출수 처리 및 관리 — 077
- CHAPTER 05 미량 유 · 무기물질 제어 — 088

제2과목 수질분석 및 관리 — 117
- CHAPTER 01 시험분석 기초 — 118
- CHAPTER 02 일반시험법 및 정밀기기 측정법 — 142
- CHAPTER 03 수질항목별 측정법 — 174
- CHAPTER 04 정수공정운영 실험방법 — 232
- CHAPTER 05 먹는물 수질관련법규 — 258
- CHAPTER 06 정수 및 수질관련법규 — 274

제3과목 설비운영 — 323
- CHAPTER 01 정수설비 — 324
- CHAPTER 02 수질시험 설비 — 368
- CHAPTER 03 기전설비 — 374
- CHAPTER 04 계측제어 설비 — 417
- CHAPTER 05 안전관련법규 — 441

제4과목 정수시설 수리학 — 479
- CHAPTER 01 수리학의 기본원리 — 480
- CHAPTER 02 정수장 내 공정별 물의 흐름 — 517
- CHAPTER 03 펌프의 운전 및 수리적 특성 — 528

최신기출문제 문제편 — 543
- CHAPTER 01 [1급] 2024년 제36회 정수시설운영관리사 1차 — 544
- CHAPTER 02 [1급] 2025년 제37회 정수시설운영관리사 1차 — 556
- CHAPTER 03 [2급] 2024년 제36회 정수시설운영관리사 1차 — 569
- CHAPTER 04 [2급] 2025년 제37회 정수시설운영관리사 1차 — 580
- CHAPTER 05 [3급] 2024년 제36회 정수시설운영관리사 1차 — 591
- CHAPTER 06 [3급] 2025년 제37회 정수시설운영관리사 1차 — 601

최신기출문제 해설편 — 611
- CHAPTER 01 [1급] 2024년 제36회 정수시설운영관리사 1차 — 612
- CHAPTER 02 [1급] 2025년 제37회 정수시설운영관리사 1차 — 619
- CHAPTER 03 [2급] 2024년 제36회 정수시설운영관리사 1차 — 627
- CHAPTER 04 [2급] 2025년 제37회 정수시설운영관리사 1차 — 634
- CHAPTER 05 [3급] 2024년 제36회 정수시설운영관리사 1차 — 641
- CHAPTER 06 [3급] 2025년 제37회 정수시설운영관리사 1차 — 648

알기 쉽게 풀어쓴 정수시설운영관리사 1차

제1과목
수처리공정

01 응집 · 침전

02 여과

03 미생물 제어

04 배출수 처리 및 관리

05 미량 유 · 무기물질 제어

01 응집 · 침전
CHAPTER

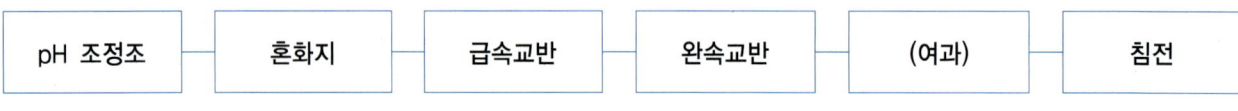

[화학적 처리 계통도]

UNIT 01 응집제와 응집보조제

1 응집

1) 응집메커니즘
① 반데르 발스힘(Van der walls, 인력) : 입자끼리 서로 당기는 힘, 응집을 위해서는 인력을 증가시켜야 한다.
② 제타 전위(Zeta Potential, 척력) : 입자끼리 서로 밀어내는 힘, 응집을 위해서는 척력을 줄여야 한다.
③ 화학반응 기작 : 이중층 압축, 체거름, 가교작용

2) 응집과 응결
① 응집 : 응집제를 주입하여 물질들을 응집시켜 플록을 형성하여 침전하여 제거하는 방법이다.
② 응결 : 미세한 Floc이 가교작용에 의해 조대화 되는 것, 완속교반이 응결을 촉진시키는 과정이다.

3) 응집제
① **황산알루미늄(명반, $Al_2(SO_4)_3 \cdot 18H_2O$, Alum)**
  • **장점** : 취급이 간편, 무독성, 알칼리도를 소모하므로 확보 필요, 가격 저렴, 모든 현탁 고형물 사용, 시설을 더럽히지 않음
  • **단점** : floc이 철염보다 가벼움, 응집 pH(5.5~8.5) 범위가 좁음, 온도가 낮으면 응집이 잘 되지 않음, 응집 보조제의 첨가가 필요함, 액체황산알루미늄은 겨울철에 산화알루미늄 농도가 높으면 결정이 석출됨

② 황산 제1철(FeSO₄)
- 장점 : floc이 무겁고 값이 싸다.
- 단점 : 부식성이 강하고 철이온이 잔류하기 때문에 산화가 필요, 응집 pH(9~11) 범위가 좁음, 응집보조제(알칼리제)의 첨가가 필요함

③ 염화 제2철(FeCl₃)
- 장점 : floc이 무겁다. 색도 제거에 유효, 응집 pH(4~12)가 넓다.
- 단점 : 부식성이 강하고, 처리 후 색도가 남는다.
  → 철염계 응집제는 플록이 쉽게 침강하는 장점이 있지만, 과잉주입 시 물이 착색된다.

④ PAC(폴리염화알루미늄, PACl)
- 장점 : pH의 영향이 적음(알칼리도의 감소가 적음), 응집속도가 빠름, 고탁도, 착색수에 대해서 효과 좋음, 응집 보조제가 필요 없음
- 단점 : 가격이 비싸다, 6개월 이상 저장 시 품질의 안전성이 떨어짐, Alum보다 부식성이 강함, 폴리염화알루미늄(PACl)을 황산알루미늄과 혼합 사용하면 침전물이 발생하여 송액관을 막히게 함

⑤ 유기고분자 응집제(Polymer)
- 장점 : 전기적 중화작용과 가교작용을 동시에 작용, 응집제의 석출이 일어나지 않음, pH가 변하지 않음, 슬러지량이 적음, pH의 영향을 받지 않음
- 단점 : 가격이 비싸다.

> 💡 **환경변화에 따른 응집제 선정방법**
> - 유기고분자응집제는 식품에 첨가할 정도의 안전성이 공인된 것 이외에는 정수처리에 사용하는 것은 바람직하지 않다.
> - 알루미늄은 건강상의 위해도에 대하여 고려해야 한다.(처리수 중의 잔류알루미늄 농도의 허용치 0.2mg/L)
> - 황산알루미늄은 대부분 액체로 사용하며, 고탁도나 저수온시에는 응집보조제를 병용하여 처리효과를 높일 수 있다.
> - 액체황산알루미늄은 겨울철에 산화알루미늄 농도가 높으면 결정이 석출되어 송액관을 막히게 할 수 있다.
> - 폴리염화알루미늄(PACl)은 소규모시설이나 한랭지의 상수도에서 사용하는 곳이 많아졌다. 단, 한랭지에서는 보온장치를 하는 것이 필요하다.
> - 고탁도시나 저수온시에는 고염기도 계통의 응집제를 사용하는 방법이 바람직하다.

4) Jar test(약품 교반실험)

Jar test란 4~6개의 병에 각각 다른 종류의 응집제, 그리고 응집제의 양을 달리하면서 최적의 응집제의 주입량을 산정하는 실험이다. 응집되는 포화농도가 있기 때문에 일정주입량 이상부터는 주입량을 늘려도 효율이 늘어나지 않는다.

① **목적** : 응집제의 선정과 주입량 산정
② **과정** : 응집제 투입 - 급속교반(혼합 목적) - 완속교반(거대 floc 형성) - 정치 - 분석

③ 속도경사

$$G = \sqrt{\frac{P}{\mu \forall}}$$

- P : 동력(W)
- μ : 점도

$$G = \frac{\Delta V (두 층 사이의 속도차)}{L (두 층 사이의 간격)}$$

5) 응집제 주입방법

① 주입률은 원수수질에 따라 실험에 의하며, 원수수질의 변화에 따라 적시에 적절하게 조정하는 것이 바람직하다.
② 응집제를 용해시키거나 희석하여 사용할 때의 농도는 주입량과 취급상 용이함을 고려하여 정한다. 다만, 희석배율은 가능한 한 적은 것이 바람직하다. (희석지점은 가능한 한 주입지점과 가까이 설치)
③ 주입량과 처리수량과 주입률로 산출한다.
④ 주입지점과 주입방법은 응집약품이 순간적으로 원수에 균일하게 혼화되는 지점과 방법으로 선정한다.
⑤ 알루미늄염은 건강상 위해를 고려하여 처리수의 잔류알루미늄 허용치가 0.2mg/L로 규제된다.

2 pH조정제(산제, 알칼리제)

pH조정제는 pH를 조절하여 원수수질에 따라 응집효과를 높이는데 적절하고, 또 위생적으로 지장이 없는 약품이어야 한다.
① 주입률은 원수의 알칼리도, pH 및 응집제 주입률 등을 참고로 하여 정한다.
② pH조정제를 용해 또는 희석하여 사용할 때의 농도는 주입량이 적절하고 취급이 용이하도록 정한다.
③ 주입량은 처리수량과 주입률로 산출한다.
④ 주입지점은 응집제 주입지점의 상류측이 일반적이며 혼화가 잘 되는 장소로 한다.

3 응집보조제

응집제의 응집효율을 증가시키기 위해 통상 소량으로 사용되며 대표적인 것은 산, 알칼리, 활성규사, 점토 등이 있다. (주로 사용되는 알칼리제 : 소석회, 탄산나트륨, 수산화나트륨)
① 주입률은 원수 수질에 따라 실험으로 정한다.
② 응집보조제를 용해 또는 희석하여 사용할 경우의 농도는 주입하거나 취급하기 용이하도록 정한다.
③ 주입량은 처리수량과 주입률로 산출한다.
④ 주입지점은 실험으로 정하고 혼화가 잘 되는 지점으로 한다.

4 검수설비와 저장설비

① 응집약품을 납품받고 저장하기 위하여 적절한 검수용 계량장비를 설치한다.
② 약품저장설비는 구조적으로 안전하고 약품의 종류와 성상에 따라 적절한 재질로 한다.
③ 저장설비의 용량은 계획정수량에 각 약품의 평균주입률을 곱하여 산정하고 다음 각 호를 표준으로 한다.
    ㉠ 응집제는 30일분 이상으로 한다.
    ㉡ 알칼리제는 연속 주입할 경우 30일분 이상, 간헐 주입할 경우에는 10일분 이상으로 한다.
    ㉢ 응집보조제는 10일분 이상으로 한다.

UNIT 02 혼화 · 플록형성 · 침전 · 부상

1 급속혼화시설(혼화지 포함)

① 급속혼화는 수류식이나 기계식 및 펌프확산에 의한 방법으로 달성할 수 있다.
② 기계식 급속혼화시설을 채택하는 경우에는 혼화지에 응집제를 주입한 다음 즉시 급속교반시킬 수 있는 혼화장치를 설치한다.
③ 혼화지는 수류 전체가 동시에 회전하거나 단락류를 발생하지 않는 구조로 한다.
④ 급속혼화시간은 충분한 교반하에서 계획정수량에 대하여 1분 이내라도 충분하다.
⑤ 정수장의 경우 정상적인 조건에 알럼(Alum)과 물의 비는 1:50,000 정도이다.

2 플록형성지

① 플록형성지는 혼화지와 침전지 사이에 위치하고 침전지에 붙여서 설치한다.
② 플록형성지는 직사각형이 표준이며 플록큐레이터(flocculator)를 설치하거나 또는 저류판을 설치한 유수로로 하는 등 유지관리면을 고려하여 효과적인 방법을 선정한다.
③ 플록형성시간은 계획정수량에 대하여 20~40분간을 표준으로 한다.
④ 플록형성은 응집된 미소플록을 크게 성장시키기 위하여 적당한 기계식교반이나 우류식교반이 필요하다.
    ㉠ 기계식교반에서 플록큐레이터의 주변속도는 15~80cm/s로 하고 우류식교반에서는 평균유속을 15~30cm/s를 표준으로 한다.
    ㉡ 플록형성지 내의 교반강도는 하류로 갈수록 점차 감소시키는 것이 바람직하다.
    ㉢ 교반설비는 수질변화에 따라 교반강도를 조절할 수 있는 구조로 한다.
⑤ 플록형성지는 단락류나 정체부가 생기지 않으면서 충분하게 교반될 수 있는 구조로 한다.

⑥ 플록형성지에서 발생한 슬러지나 스컴이 쉽게 배출 또는 제거될 수 있는 구조로 한다.
⑦ 야간근무자도 플록형성상태를 감시할 수 있는 적절한 조명장치를 설치한다.

3 침전

1) 침강속도(stokes 법칙)

침전되는 오염물질은 stokes 법칙에 의해 침강속도를 가진다. 침강속도는 입자가 중력에 의해 아래로 침강하는 속도이다. 침강속도식은 침강속도와 관계있는 인자들로 만들어진다. 직경과 비례, 입자밀도와 유체밀도의 차에 비례, 중력가속도에 비례, 점도에 반비례하는 관계를 가지고 있다.

식 $V_s = \dfrac{d_p^{\,2}(\rho_p - \rho)g}{18\mu}$

- d_p : 입자의 직경(입경)
- ρ : 유체의 밀도
- μ : 유체의 점도
- ρ_p : 입자의 밀도
- g : 중력가속도(9.8m/sec^2)

2) 침전효율

① 침전효율 산정식

식 침전효율 = $\dfrac{V_s}{L_A}$

- 수표면적 부하(L_A, m^3/m^2·day) = $\dfrac{Q(유입수량)}{A(침전지표면적)}$: 표면적 부하란 침전지 표면적이 감당하고 있는 유입수량이다. 이론적으로 이상적인 침전이 되기 위해서는 물의 아래로의 흐름보다 입자의 침강속도가 빨라야 하므로, $V_S \geq L_A$가 되어야 한다.

② 침전효율 향상요건

- 침전지의 침강면적 A를 크게 한다.
- 플록의 침강속도 V를 크게 한다.
- 유량 Q를 작게 한다.

3) 침전지의 분류

① 횡류식 침전지
- 다층식 : 2층식, 3층식
- 경사판식 : 수평류식, 상향류식

② **고속응집침전지** : 슬러지순환형, 슬러지블랑키트형, 복합형

> 💡 **설계고려사항**
> - 원수의 연간최고탁도가 30NTU 이상인 경우에는 응집처리시설을 설치해야 한다.
> - 원수 탁도가 대체로 10NTU 이하인 경우에는 보통침전지를 생략할 수도 있다.

4) 횡류식 침전지의 구성과 구조

약품침전지의 구성과 구조는 다음 각 항에 따른다.
① 침전지의 수는 원칙적으로 2지 이상으로 한다.
② 배치는 각 침전지에 균등하게 유출입될 수 있도록 수리적으로 고려하여 결정한다.
③ 각 지마다 독립하여 사용가능한 구조로 한다.
④ 침전지의 형상은 직사각형으로 하고 길이는 폭의 3~8배 정도로 한다.
⑤ 유효수심은 3~5.5m로 하고 슬러지 퇴적심도로서 30cm 이상을 고려하되 슬러지 제거설비와 침전지의 구조상 필요한 경우에는 합리적으로 조정할 수 있다.
⑥ 고수위에서 침전지 벽체 상단까지의 여유고는 30cm 이상으로 한다.
⑦ 침전지 바닥에는 슬러지 배제에 편리하도록 배수구(排水溝)를 향하여 경사지게 한다. 인력으로 배출하는 경우에는 배수구(排水溝)를 향하여 1/200~1/300 정도의 경사를, 기계적으로 수집하여 배출할 경우에는 인력으로 배출해야 할 슬러지의 양이 적으므로 경사를 1/500~1/1,000정도의 경사를 둔다.
⑧ 필요에 따라 복개 등을 한다.

5) 횡류식 침전지의 용량과 평균유속

① **보통침전지(응집처리를 하지 않은 것)**
- 표면부하율은 5~10mm/min를 표준으로 한다.
- 침전지 내의 평균유속은 0.3m/min 이하를 표준으로 한다.

② **약품침전지(응집처리를 수반하는 단층침전지)**
- 표면부하율은 15~30mm/min으로 한다.
- 침전지 내의 평균유속은 0.4m/min 이하를 표준으로 한다.

6) 경사판(관) 등의 침전지

① 원수수질, 처리수질의 목표 및 침전지의 형식 등을 고려하여 침강장치의 종류와 형식을 정한다.
② 침전지 유입부에는 경사판 등의 침강장치에 균등하게 유입되도록 하고, 단락류를 방지하기 위하여 유효한 조치를 강구한다.
③ 기타 설비에 대해서는 약품침전지의 기준에 준해야 한다.
④ 횡류식 경사판침전지는 다음 각 호를 표준으로 한다.
- 표면부하율은 4~9mm/min로 한다.

- 경사판의 경사각은 55~60°로 한다.
- 침전지 내의 평균유속은 0.6m/min 이하로 하고, 경사판 내의 체류시간은 경사판의 간격 100mm인 경우에 20~40분으로 한다.
- 장치의 하단과 바닥과의 간격은 1.5m 이상으로 한다.
- 장치와 침전지의 유입부벽 및 유출부벽과의 간격은 1.5m 이상으로 한다.

⑤ 상향류식의 경사판을 설치하는 경우에는 다음을 표준으로 한다.
- 표면부하율은 12~28mm/min로 한다.
- 침강장치는 1단으로 한다.
- 경사각은 55~60°로 한다.
- 침전지 내의 평균상승유속은 250mm/min 이하로 한다.
- 상승수류를 가능한 한 침강장치 내로 통과시키기 위하여 다음 각 호를 참고한다.
    - 가. 유출수 전량이 경사판 침강장치를 통과하는 구조이어야 한다.
    - 나. 만약 가.의 구조가 아닌 경우, 침강장치의 설치면적은 침전지에서 상향류 부분의 90% 이상으로 해야 한다. 다만 구조적인 제약 등으로 인하여 불가피한 경우에는 80% 이상으로 하되 저류벽 등을 설치하여 단락류가 생기지 않도록 주의한다.
    - 다. 만약 가.의 구조가 아닌 경우, 침강장치와 침전지 측벽 또는 저류벽과의 간격은 100mm 이하로 한다.

⑥ 횡류식 침전지에 상향류식 경사판을 설치하는 경우에는 다음 각 호에 따른다.
- 장치의 하단과 바닥과의 간격은 1.5m 이상으로 한다.
- 장치와 유입부벽과의 간격은 1.5m 이상으로 한다.

⑦ 경사판을 설치할 때에는 경사판에 쌓인 슬러지를 제거시키기 위한 장치를 설치하거나 경사판의 중간에 통로를 두어 청소하는 사람이 통행할 수 있도록 해야 한다.

⑧ 경사판 등 침강장치는 지진이나 침전지를 비울 때에 경사판에 쌓인 슬러지의 무게로 인하여 경사판이 파손되는 경우가 없도록 적절한 조치를 강구한다.

⑨ 처리효율을 향상시키기 위하여 기존 침전지에 경사판 등 침강장치를 설치하는 경우에는 부대된 기존 설비 능력을 고려한다.

⑩ 조류가 번성함으로 인한 장애에 대한 대책을 강구한다.

7) 고속응집침전지

① **고속응집침전지를 선택할 때에는 다음 조건을 고려하여 결정한다.**
- 원수 탁도는 10NTU 이상이어야 한다.
- 최고 탁도는 1,000NTU 이하인 것이 바람직하다.
- 탁도와 수온의 변동이 적어야 한다.
- 처리수량의 변동이 적어야 한다.

② **고속응집침전지의 지수와 구조는 다음 각 호에 따른다.**
- 표면부하율은 40~60mm/min을 표준으로 한다.

- 용량은 계획정수량의 1.5~2.0시간분으로 한다.
- 경사판 등의 침강장치를 설치하는 경우에는 슬러지 계면의 상부에 설치한다.
- 슬러지 배출설비는 지내의 잉여슬러지를 수시로 또는 상시 연속으로 충분하게 배출할 수 있는 구조로 한다.
- 침전지를 청소하거나 고장인 경우에도 정수처리에 지장이 없는 침전지의 지수로 한다.
- 일반적으로 약품침전지에 비해 고속응집침전지의 슬러지 배출은 저농도 슬러지가 다량 발생하고 또 슬러지를 배출할 때에는 언제나 침전지에서 배출시킬 수 있어야 하므로 배출수조와 배출수 펌프에 대해 상당히 고려해야 한다.

8) 정류설비와 유출설비

① 침전지의 정류설비는 지내에서 편류나 밀도류를 발생시키지 않고 제거율을 높이기 위한 시설로서 다음 각 호에 따른다.
- 유입구는 침전지의 전횡단면에 가능한 한 균등하게 유입되도록 그 위치와 구조를 정한다.
- 횡류식 침전지의 정류설비는 다음 각 항에 따른다.
  가. 유입부에는 정류벽 등을 설치하여 지의 횡단면에 균등하게 유입되도록 한다.
  나. 정류벽은 유입단에서 1.5m 이상 떨어져서 설치한다.
  다. 정류벽에서 정류공의 총면적은 유수단면적의 6% 정도를 표준으로 한다.
  라. 침전지 내에는 필요에 따라 도류벽이나 중간정류벽을 설치한다.

② 침전지의 유출설비는 다음 각 호에 따른다.
- 횡류식 침전지의 유출설비는 침전지 내의 유황(流況)을 교란시키지 않는 구조로 하고, 그 위어부하는 $500 m^3/(d \cdot m)$ 이하로 한다.
- 상향류식에 경사판 등 침강장치를 설치하는 경우에는 다음 각 항에 따른다.
  가. 유출설비의 하단과 침강장치 상단과의 간격은 원칙으로 30 cm 이상으로 한다.
  나. 유출설비의 위어부하는 $350 m^3/(d \cdot m)$ 이하로 한다.

> 💡 **표면부하율에 따른 침전지의 종류**
> - 횡류식 보통침전지 : 5~10mm/min (평균유속 0.3m/min 이하)
> - 횡류식 약품침전지 : 15~30mm/min (평균유속 0.4m/min 이하)
> - 횡류식 경사판침전지 : 4~9mm/min
> - 상향류식 경사판침전지 : 12~28mm/min

9) 슬러지 배출설비

① 횡류식 침전지의 슬러지 배출설비는 침전지의 구조와 유지관리, 슬러지의 성상 등을 고려하여 적절한 방식을 선정한다. 슬러지 배출방식에는 기계식 제거방식, 슬러지 흡입방식, 침전지 바닥 전체에 호퍼를 설치하는 방식, 침전지를 비우고 청소하는 방식 등이 있다.
- ㉠ **기계적 제거방식** : 침전지 바닥에 호퍼(hopper)와 슬러지 배출밸브를 설치하고 수압 또는 펌프로 슬러지를 배출하는 방식이다. 수집기의 운전·정지 또는 슬러지 배출밸브의 개폐는 타이머설정 등에 의한 자동조작으로 하는 예가 많다.

ⓒ **공기압 이용방식** : 수평형 슬러지 수집관을 중계점으로 침전지 바닥에서 침전슬러지를 빨아들이는 지관과 지관 내에 빨려 들어온 슬러지를 침전지 밖으로 배출하는 슬러지 배출관, 압축공기를 공급하는 공기공급관 등으로 구성되며, 압축공기를 내보내는 방식으로 슬러지를 수집관 내로 수집하여 배출하는 방식이다. 공기압식 슬러지수집기는 고정식과 이동식이 있으며 침전지 규모가 크고 고농도의 슬러지배출이 필요한 경우에는 이동식 수집기가 유리하다.

ⓒ **침전지 바닥 전체에 호퍼를 설치하는 방식** : 호퍼 내에 수로가 있어서 슬러지를 완전하게 배출할 수 없는 경우가 있으므로 호퍼에 압력수 분사장치를 설치하거나 호퍼의 형상을 검토해야 한다. 또한 호퍼의 수가 많아지기 때문에 슬러지 배출밸브도 많아진다. 따라서 슬러지 배출밸브는 타이머 설정으로 자동 조작되는 것이 바람직하다.

ⓔ **침전지를 비우고 청소하는 방식** : 이 방식을 취하는 경우에는 필요에 따라 슬러지를 배제하기 위하여 압력수를 이용할 수 있는 설비를 설치해야 한다. 압력수 배관을 고정시켜도 좋고 이동식 펌프 등으로 인접 침전지의 물을 가압 송수할 수 있도록 하는 방식도 가능하다.

② 고속응집침전지의 슬러지 배출설비는 침전지 내의 잉여슬러지를 수시 또는 일정한 간격으로 또한 충분히 배출할 수 있는 구조로 한다.

③ 슬러지 배출밸브는 정전 등의 사고가 있을 때 "열림"상태로 되지 않도록 한다.

10) 월류관, 배출수관 및 슬러지 배출관

① 침전지에는 필요에 따라 월류관을 설치한다.
② 슬러지 배출관의 관경은 슬러지 배출시간과 배출량에 따라 충분히 크게 하여 슬러지 배출에 지장이 없도록 하고 필요에 따라 맨홀도 설치하는 것이 바람직하다.
③ 원칙으로 배슬러지지에 자연유하로 배출되어야 한다.

4 정수처리 약품의 특성

① 폴리염화알루미늄은 pH가 중성에 가까우나 부식성이 커서 스테인레스강도 침식시키므로 합성수지나 고무 등으로 라이닝하거나 FRP제 저장조를 사용해야 한다.
② 액체황산알루미늄은 운반하거나 저장하기 위하여 농도가 높을수록 유리하나 농도가 9% 이상으로 너무 높으면 상온이라도 결정이 석출되며 점성이 높아져서 계량하거나 주입하는데 지장이 있다. (6~8% 권장)
③ 황산은 가급적 93% 용액 또는 75% 용액으로 저장하는 것이 바람직하다.
④ 수산화나트륨은 농도를 20~25% 정도로 가급적 희석하여 저장한다.
  (수산화나트륨 같은 pH가 높은 물질 사용 시 내알칼리성 재료를 사용해야 한다.)
⑤ 수산화나트륨을 물에 용해시키는 경우 발열이 있으므로 큰 폭의 온도변화에 견딜 수 있어야 한다.
⑥ 소다회는 습기가 들어가면 결정수를 갖는 탄산나트륨으로 변하여 분말이 서로 밀착되고 고결되어 물에 녹지 않게 됨으로써 사용할 수 없게 되므로 저장실을 완전한 방습구조로 해야 한다.

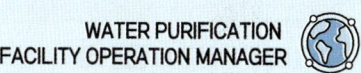

UNIT 03 용존공기부상(dissolved air flotation; DAF)

1 총칙

1) 원리
전처리에서 형성된 플록에 미세기포를 부착시켜 수면 위로 부상시키는 침전공정의 효과적인 대안이며, 부상된 슬러지를 걷어내며 용존공기부상지의 바닥쪽으로는 맑은 물이 남는다.

2) 특징
① 플록형성에 소요되는 시간은 재래식 침전공정보다 짧으며 플록형성지에서 수리적 표면부하율은 재래식 침전지의 10배 이상이다.
② 발생슬러지의 고형물농도는 침전에서 발생된 슬러지의 농도(0.5%)보다 훨씬 높다(2~3%).

3) 설비
① 플록큐레이터
② 순환수펌프
③ 압력용기포화기
④ 표면슬러지수집기

2 플록형성지

> 💡 **부상이 쉬운 가벼운 플록을 형성하기 위한 조건**
> ㉠ 약품침전지의 플록형성지에 비하여 상대적으로 높은 교반강도
> ㉡ 짧은 교반시간
> ㉢ 기포플록덩어리가 부상지 수면쪽으로 향하도록 부상지 유입구에 경사진 저류벽 설치 등이다.

① 플록형성지는 2지 이상으로 구분하고 수심은 3.6~4.5m로 한다.
② 폭은 부상지의 폭과 같도록 하며 10m 정도로 한다.
③ G값 30~120s^{-1} 정도의 교반에너지가 사용되도록 DAF용 플록형성공정을 설계한다.
 (재래식 플록형성공정에 비하여 상대적으로 높은 교반강도를 필요로 함)
④ 교반시간(체류시간)은 일반적으로 15~20분 정도이며, 이렇게 짧게 교반하려면 플록형성지의 각 단을 구획시키는 적절한 격벽이 있어야 한다.
⑤ 일반적으로 플록형성지는 2단으로 이루어진다. 가장 중요한 설계항목은 플록형성지 유출부에 수평면에 대하여 60~70°인 경사저류벽을 설치하는 것이다.

3 용존공기부상지

① 부상지의 크기는 처리수량에 따라 적절하게 결정한다.
　㉠ 부상지는 최소 2지 이상으로 한다.
　㉡ 침전지와 달리 부상지에서는 장폭비의 중요도는 높지 않으나 미세기포가 수면으로 모두 부상되는 거리를 고려하여 부상지의 길이가 결정되어야 하며 경험으로는 최대 12m 이하로 한다.
　㉢ 폭은 플로트(부상슬러지) 수집장치로 제한되며 10m 이하로 한다.
　㉣ 체류시간은 표면부하율 10~15m/h에서 10~15분이다.
　㉤ 부상지의 바닥면적은 일반 침전지 바닥면적의 약 10% 정도이다.
　㉥ 일반적으로 적용되는 부상지의 수심은 1.0~3.2m 정도이고 너무 얕으면 미세기포가 유출수에 혼합되어 배출되며, 너무 깊어도 추가적인 효과가 없다.
② 부상지의 유입부는 처리수가 균일하게 분배되는 구조로 한다.
　㉠ 저류벽의 상단은 수리적인 면을 고려하여 일반적으로 수심의 1/2 지점 아래에 둔다.
　㉡ 부상된 플록들이 비나 바람에 의하여 깨지기 때문에 부상지는 반드시 옥내에 설치해야 한다.
　㉢ 부상지는 농축된 슬러지와 함께 물을 배출시키기 위한 배수밸브를 구비해야 한다.
③ 부상분리지는 슬러지가 충분히 부상하고 부상슬러지를 효율적으로 제거할 수 있는 구조와 제거설비를 구비한다.
　㉠ 기계식 수집방식 대신에 수류의 월류를 이용할 경우에는 슬러지 고형물 농도가 0.2~0.5%로 낮아지게 된다.

> **플로트 수집장치의 수집방법**
> - 수류에 의한 제거(flooding)
> - 수집기에 의한 수집(scraping) : 전폭수집기, 회전식수집기
> - 흡입에 의한 제거(sucking)

④ 부상지의 유출구는 부상슬러지나 침전슬러지를 유출시키지 않는 구조와 높이로 한다.
⑤ 반송부하량은 부상분리에 적합한 수량으로 한다.

4 예비침전지

DAF를 운영하는 정수장에서 고탁도(100NTU 이상)의 원수가 유입되는 경우에는 DAF전에 전처리시설로 예비침전지를 두어야 한다.
① 100NTU 이상의 탁도가 유입되는 경우 침전공정이 더 효과적인 것으로 알려져 있다.
　→ 100NTU가 DAF와 침전공정의 효율적인 선택을 구분짓는 경계
② 예비침전지는 혼화와 플록형성 등의 전처리 없이 유입원수의 탁도를 100NTU 이하로 감소시키고 혼화와 플록형성 등의 전처리를 할 경우 35NTU 이하로 감소시킬 목적으로 사용된다.
③ 예비침전지는 평상시에는 배출수지(washwater equalization tank)에서 반송되는 역세척배출수의 탁질부하를 80% 이상 제거하는 배출수침전지의 역할을 수행할 수 있다.
④ 예비침전지는 약품침전지에 비하여 상대적으로 높은 표면부하율로 설계한다.

5 **DAF와 다른 공정과의 조합**

① DAF-여과지 조합방식
② 오존-DAF의 조합방식

CHAPTER 01 응집·침전

기출문제로 다지기

01. 황산알루미늄 응집제의 특징에 관한 설명으로 옳은 것을 모두 고른 것은?

> ㉠ 가격이 저렴하다.
> ㉡ 부식성이 없어 취급이 용이하다.
> ㉢ 부유물질에 대하여 유효하다.
> ㉣ 적정 응집 pH 범위가 넓다.

① ㉠, ㉡ ② ㉡, ㉢
③ ㉠, ㉡, ㉢ ④ ㉡, ㉢, ㉣

오답해설 ㉣ 적정 응집 pH 범위가 좁다.

02. 황산알루미늄 응집제의 특징에 관한 설명으로 옳은 것을 모두 고른 것은?

> ㉠ 가격이 저렴하다.
> ㉡ 부식성이 없어 취급이 용이하다.
> ㉢ 부유물질에 대하여 유효하다.
> ㉣ 폴리염화알루미늄(PACl)보다 적정 응집 pH 범위가 넓다.

① ㉠, ㉡ ② ㉡, ㉢
③ ㉠, ㉡, ㉢ ④ ㉡, ㉢, ㉣

오답해설
㉣ 폴리염화알루미늄(PACl)보다 적정 응집 pH 범위가 좁다.

03. 응집제와 응집보조제에 관한 설명으로 옳은 것은?

① 응집보조제 주입지점은 혼화가 잘 되지 않는 지점으로 한다.
② 응집보조제 주입량은 처리수량과 주입률로 산출한다.
③ 응집제의 선정은 원수의 수량과 탁도만 고려하여 정한다.
④ 응집제 주입률은 원수수질과 관계없이 일정량을 주입한다.

04. 정수장에서 많이 사용하는 응집제인 폴리염화알루미늄을 황산알루미늄과 비교한 장점으로 옳지 않은 것은?

① 적정 주입률 폭이 넓기 때문에 과잉주입의 염려가 적다.
② 낮은 수온에서도 응집효과의 저하가 적다.
③ 알칼리도의 저하가 적다.
④ 화학적으로 안정하여 장기간 저장이 가능하다.

해설 황산알루미늄(Alum)에 비해 부식성이 강하고 6개월 이상 저장 시 품질의 안전성이 떨어진다.

05. 응집제, pH조정제 및 응집보조제에 관한 설명으로 옳은 것은?

① 응집제 희석배율은 가능한 크게 하고, 희석지점은 가능한 주입지점과 가까이 설치하는 것이 바람직하다.
② pH조정제 주입지점은 응집제 주입지점의 하류측에 혼화가 잘 되는 장소로 한다.
③ 알루미늄염은 건강상 위해를 고려하여 처리수의 잔류알루미늄 허용치가 0.4mg/L로 규제된다.
④ 저장설비의 용량은 계획정수량에 각 약품의 평균 주입률을 곱하여 산정한다.

정답 01. ③ 02. ③ 03. ② 04. ④ 05. ④

해설 ④항만 올바르다.
오답해설
① 응집제 희석배율은 가능한 적게 한다.
② pH조정제 주입지점은 응집제 주입지점의 상류측에 혼화가 잘 되는 장소로 한다.
③ 알루미늄염은 건강상 위해를 고려하여 처리수의 잔류알루미늄 허용치가 0.2mg/L로 규제된다.

06. 응집제 특성에 관한 설명으로 옳은 것은?

① 철염계 응집제는 플록이 쉽게 침강하는 장점이 있지만, 적용 pH 범위가 좁고 과잉주입시 물이 착색된다.
② 폴리염화알루미늄(PACl)을 황산알루미늄과 혼합 사용하면 침전물이 발생하여 송액관을 막게 한다.
③ 폴리염화알루미늄은 적정주입 pH 범위가 넓으며, 알칼리도 감소가 큰 특징이 있다.
④ 액체황산알루미늄은 겨울철에 산화알루미늄 농도가 낮으면 결정이 석출된다.

해설 ②항만 올바르다.
오답해설
① 철염계 응집제는 플록이 쉽게 침강하는 장점이 있지만, 적용 pH 범위가 넓으며 과잉주입시 물이 착색된다.
③ 폴리염화알루미늄은 적정주입 pH 범위가 넓으며, 알칼리도 감소가 적다.
④ 액체황산알루미늄은 겨울철에 산화알루미늄 농도가 높으면 결정이 석출된다.

07. 응집제 저장설비의 용량 기준은?

① 10일분 이상
② 15일분 이상
③ 20일분 이상
④ 30일분 이상

08. 응집용 약품의 저장설비 및 주입설비에 관한 설명으로 옳지 않은 것은?

① 응집제 저장설비의 용량은 30일분 이상을 표준으로 한다.
② 응집약품의 주입설비는 약품누액에 대한 대책을 강구하여야 한다.
③ 응집보조제 저장설비의 용량은 15일분 이상을 표준으로 한다.
④ 응집약품의 주입방식은 사용약품의 종류와 성상에 따라 적정하게 주입할 수 있는 방식을 선정한다.

해설 응집보조제 저장설비의 용량은 10일분 이상을 표준으로 한다.

09. pH조정제(산제·알칼리제)에 대한 설명으로 옳지 않은 것은?

① pH조정제의 종류는 원수수질에 따라 응집효과를 높이는데 적절하고, 또 위생적으로 지장이 없는 약품이어야 한다.
② 주입률은 원수의 알칼리도, pH 및 응집제 주입률 등을 참고로 하여 정한다.
③ 주입지점은 응집제주입지점의 하류측이 일반적이며 혼화가 잘 되는 장소로 한다.
④ pH조정제를 용해 또는 희석하여 사용할 때의 농도는 주입량이 적절하고 취급이 용이하도록 정한다.

해설 주입지점은 응집제주입지점의 상류측이 일반적이며 혼화가 잘 되는 장소로 한다.

정답 06. ② 07. ④ 08. ③ 09. ③

10. 응집제 주입량에 관한 설명으로 옳지 않은 것은?

① 주입률은 원수수질에 따라 실험에 의하며, 원수수질의 변화에 따라 적시에 적절하게 조정하는 것이 바람직하다.
② 응집제를 용해시키거나 희석하여 사용할 때의 농도는 주입량과 취급상 용이함을 고려하여 정한다.
③ 희석배율은 가능한 한 높은 것이 바람직하며, 희석지점은 가능한 한 주입지점과 멀리 설치하는 것이 바람직하다.
④ 주입량은 처리수량과 주입률로 산출한다.

해설 희석배율은 가능한 한 적은 것이 바람직하며, 희석지점은 가능한 한 주입지점과 가깝게 설치하는 것이 바람직하다.

11. Jar test 결과 원수 400mL에 대하여 0.01%의 Alum용액 100mL를 첨가했을 때 침전율이 가장 좋았다면, Alum의 최적 주입농도(mg/L)는?

① 10 ② 15
③ 20 ④ 30

해설 식 최적 주입농도 $= \dfrac{\text{응집제 주입량}}{\text{시료}}$

∴ 최적 주입농도

$= \dfrac{100mL \times \dfrac{0.01}{100}}{400mL + 100mL} \times \dfrac{1g}{1mL} \times \dfrac{10^3 mg}{1g} \times \dfrac{1000mL}{1L}$

$= 20 mg/L$

12. 정수장에서 플록형성과 침전 및 여과효율을 향상시키기 위하여 응집제와 함께 사용하는 것은?

① 과망간산칼륨 ② 응집보조제
③ 중크롬산칼륨 ④ 과산화수소

13. 동일한 방향으로 5m/sec의 속도로 움직이고 있는 입자와 3m/sec의 속도로 움직이고 있는 입자가 0.5m 떨어져 있을 때, 두 입자간의 속도 경사(G)는?

① $4sec^{-1}$ ② 4m/sec
③ $2sec^{-1}$ ④ 2m/sec

해설 속도경사(G)
$= \dfrac{\Delta V(\text{두 층 사이의 속도차})}{L(\text{두 층 사이의 간격})} = \dfrac{(5-3)m/sec}{0.5m} = 4/sec$

14. 수직 패들 응집기가 설치된 응집지(수심 4m, 너비 4m, 길이 4m)를 G값 $35sec^{-1}$로 운영하고자 할 경우 필요한 소요동력(W)은? (단, 물의 점성계수는 1.1×10^{-3} N·sec/m²이다.)

① 86.24 ② 71.27
③ 19.14 ④ 2.4

해설 식 $G = \sqrt{\dfrac{P}{\mu \forall}}$

• $\forall = 4m \times 4m \times 4m = 64m^3$

$35 = \sqrt{\dfrac{P}{1.1 \times 10^{-3} \times 64}}$, ∴ $P = 86.24 W$

15. 1일 5,000m³의 원수를 처리하는 정수장의 응집제 [$Al_2(SO_4)_3 \cdot 18H_2O$] 주입률은 20mg/L 이다. 1일 소요 알카리도로서 필요한 $Ca(HCO_3)_2$의 양(kg)은? (단, 분자량은 $Al_2(SO_4)_3 \cdot 18H_2O = 666$, $Al_2(SO_4)_3 = 342$, $Ca(HCO_3)_2 = 162$ 이다.)

$Al_2(SO_4)_3 + 3Ca(HCO_3)_2$
$\rightleftarrows 2Al(OH)_3 + 3CaSO_4 + 6CO_2$

① 24.3 ② 51.4
③ 73.0 ④ 142.0

정답 10. ③ 11. ③ 12. ② 13. ① 14. ① 15. ③

[해설] [식] Al₂(SO₄)₃ + 3Ca(HCO₃)₂
    342g : 3×162g

$$\frac{5000m^3}{day} \times \frac{20mg(Al_2(SO_4)_3 \cdot 18H_2O)}{L}$$
$$\times \frac{342(Al_2(SO_4)_3)}{666(Al_2(SO_4)_3 \cdot 18H_2O)} \times \frac{10^3 L}{1m^3} \times \frac{1kg}{10^6 mg} : X$$
$$\therefore X = 72.97 kg/day$$

16. 응집의 원리와 특성에 관한 설명으로 옳지 않은 것은?

① 원수의 수온이 증가하면 수화반응이 촉진된다.
② 응집을 촉진하기 위한 제타전위는 0mV 부근이다.
③ 응집은 입자주변의 전기적 이중층의 두께를 감소시키는 것이다.
④ 콜로이드 입자는 (+) 전하를 띠고 있으며, 이 표면 바로 위층은 (-) 전하를 띠며 (+) 전하와 단단히 결합되어 있다.

[해설] 콜로이드 입자는 (-) 전하를 띠고 있으며, 반대전하(+)를 띠는 물질(응집제)를 첨가하여 표면 전하를 중화시켜야 한다.

17. 정수처리시 효과적인 플록형성을 위해서 적절한 GT 값이 필요한데, G가 의미하는 것은?

① 중력가속도   ② 점성계수
③ 속도경사   ④ 소요동력

18. 다음 설명에 모두 해당하는 응집제는?

- 일반적으로 건조상을 사용한다.
- 알카리제의 병행처리가 반드시 필요하다.
- 적정 응집 pH는 9.0~11.0 이다.
- 용존 산소가 반드시 필요하다.

① $Al_2(SO_4)_3$ ② PAC
③ $NaAlO_2$ ④ $FeSO_4$

19. 횡류식 침전지의 탁질 제거효율을 향상하기 위해 고려할 사항 중 옳지 않은 것은?

① 침전지의 침강면적을 크게 한다.
② 침강속도가 표면부하율보다 적게 한다.
③ 플록의 침강속도를 크게 한다.
④ 유량을 적게 한다.

[해설] 침강속도가 표면부하율보다 커야 이론적으로 모든 오염물질이 침전제거 된다.

20. 혼화지와 플록형성지에 관한 설명으로 옳지 않은 것은?

① 급속 혼화지는 수류 일부가 순차적으로 회전하는 것이 효과적이다.
② 플록형성지는 정체부가 생기지 않는 구조로 한다.
③ 플록형성지는 혼화지와 침전지 사이에 위치하고 침전지에 붙여서 설치한다.
④ 플록형성지 내의 교반 강도는 하류로 갈수록 점차 감소시키는 것이 좋다.

[해설] 급속혼화지는 수류 전체가 동시에 회전하거나 단락류를 발생하지 않는 구조가 효과적이다.

21. 표면부하율이 180m³/m²·day인 이상적인 침전지에 유입되는 입자의 침전속도가 0.1cm/sec일 경우 입자의 제거율(%)은?

① 48   ② 53
③ 58   ④ 60

정답 16. ④ 17. ③ 18. ④ 19. ② 20. ① 21. ①

해설 식 침전효율(%)
$$= \frac{V_s}{L_A} \times 100 = \frac{m^2 \cdot day}{180m^2} \times \frac{0.1cm}{\sec} \times \frac{86400\sec}{1day} \times \frac{1m}{100cm} \times 100 = 48\%$$

22. 정수처리 약품의 특성과 관리방법으로 옳은 것은?

① 폴리염화알루미늄은 pH가 중성에 가까우므로 내부를 견고한 스테인레스강으로 만든 저장조에 보관한다.
② 황산은 가급적 순도가 높은 98%의 진한 황산 용액으로 저장한다.
③ 수산화나트륨은 농도를 20% 정도로 가급적 희석하여 저장한다.
④ 수산화칼슘을 물에 용해시키는 경우 발열로 인한 폭발의 우려가 있다.

해설 ③항만 올바르다.
오답해설
① 폴리염화알루미늄은 pH가 중성에 가까우나 부식성이 커서 스테인레스강도 침식시키므로 합성수지나 고무 등으로 라이닝하거나 FRP제 저장조를 사용해야 한다.
② 황산은 가급적 93% 용액 또는 75% 용액으로 저장하는 것이 바람직하다.
④ 수산화나트륨을 물에 용해시키는 경우 발열이 있으므로 큰 폭의 온도변화에 견딜 수 있어야 한다.

23. 플록형성지에 관한 설명으로 옳은 것은?

① 체류시간은 공간이 충분할 경우 약 1시간이 적절하다.
② 기계식 교반에서 플록큐레이터의 주변속도는 1~1.5m/s로 한다.
③ 플록형성지는 직사각형이 표준이다.
④ 지내의 교반강도는 가급적 상하류가 동일하도록 한다.

해설 ③항만 올바르다.
오답해설
① 체류시간은 약 20~40분이 적절하다.
② 기계식 교반에서 플록큐레이터의 주변속도는 15~80cm/s로 한다.
④ 지내의 교반강도는 하류로 갈수록 점차 감소시키는 것이 바람직하다.

24. 플록형성지에 관한 설명으로 옳지 않은 것은?

① 플록형성지 내의 교반강도는 가급적 상하류가 동일하도록 한다.
② 플록형성시간은 계획정수량에 대하여 20~40분간을 표준으로 한다.
③ 플록형성지는 혼화지와 침전지 사이에 위치하고 침전지에 붙여서 설치한다.
④ 야간점검 시 플록형성상태를 확인할 수 있는 적절한 조명장치를 설치한다.

해설 플록형성지 내의 교반강도는 하류로 갈수록 점차 감소시키는 것이 바람직하다.

25. 처리유량이 72,000m³/hr, 표면적 100,000m²를 가지는 침전지를 설계하고자 한다. 표면부하율(mm/min)을 기준으로 판단할 때 적용 가능한 침전지의 형식은?

① 횡류식 보통침전지
② 횡류식 약품침전지
③ 횡류식 경사판 침전지
④ 상향류식 경사판 침전지

해설 표면부하율을 산출하여 수치에 맞는 침전지를 선택한다.
식 $L_A = \frac{Q}{A} = \frac{72,000m^3}{hr} \times \frac{1}{100,000m^2} \times \frac{1hr}{60\min} \times \frac{10^3mm}{1m} = 12mm/\min$

정답 22. ③ 23. ③ 24. ① 25. ④

[표면부하율에 따른 침전지의 종류]
- 횡류식 보통침전지 : 5~10mm/min
- 횡류식 약품침전지 : 15~30mm/min
- 횡류식 경사판침전지 : 4~9mm/min
- 상향류식 경사판침선지 : 12~28mm/min

26. 응집을 위해 사용되는 급속혼화시설 방식으로 옳지 않은 것은?

① 수류식 ② 점감식
③ 기계식 ④ 펌프확산에 의한 방법

해설 급속혼화시설의 방식 : 수류식, 기계식, 펌프확산에 의한 방법

27. 보통 침전지의 제거율에 영향을 미치는 인자로 옳지 않은 것은?

① 침전지 침강면적 ② 입자의 침강속도
③ 유량 ④ 유입수의 pH

해설 침전지의 제거효율은 표면부하율과 침강속도로 결정된다.
식 표면부하율 = 유량 / 침전지 표면적

28. 침전지의 제거율에 관한 내용이다. ( )에 들어갈 내용으로 옳은 것은?

> 침전지의 제거율을 향상시키는 방법으로는 침전면적을 (㉠)하고, 플록의 침강속도를 (㉡)하며, 유입유량을 (㉢) 한다.

① ㉠ : 작게, ㉡ : 크게, ㉢ : 작게
② ㉠ : 크게, ㉡ : 크게, ㉢ : 작게
③ ㉠ : 작게, ㉡ : 작게, ㉢ : 크게
④ ㉠ : 크게, ㉡ : 작게, ㉢ : 크게

29. 침전지 내 정류벽 설치에 관한 설명으로 옳지 않은 것은?

① 정류벽의 개구면적이 너무 크면 정류효과가 떨어진다.
② 성류공의 단면석은 수류선체의 횡난변석에 대해 약 6%로 한다.
③ 정류벽은 유입단에서 1.5m 이상 떨어진 위치에 설치한다.
④ 정류공의 직경은 일반적으로 30cm 이상으로 한다.

해설 정류공의 직경은 10cm 전후로 한다.

30. 급속혼화시설에 관한 설명으로 옳지 않은 것은?

① 급속혼화시간은 계획정수량에 대하여 20~30분을 표준으로 한다.
② 기계교반방식의 혼화지는 원형조보다 사각형조가 유리하다.
③ 혼화지는 수류 전체가 동시에 회전하거나 단락류를 발생시키지 않는 구조로 한다.
④ 기계식 혼화, 수류식 혼화, 가압수확산에 의한 혼화 등의 방법이 있다.

해설 급속혼화시간은 계획정수량에 대하여 1분 이내라도 충분하다.

31. 급속혼화시설에 관한 설명으로 옳은 것은?

① 급속혼화는 수류식이나 기계식 및 펌프확산에 의한 방법으로 달성할 수 있다.
② 기계식 급속혼화시설을 채택하는 경우 3분 이상의 체류시간을 갖는 혼화지에 응집제를 주입한다.
③ 혼화지는 단락류가 발생하는 구조로 한다.
④ 정수장의 경우 정상적인 조건에 알럼(Alum)과 물의 비는 1:500,000 정도이다.

정답 26. ② 27. ④ 28. ② 29. ④ 30. ① 31. ①

해설 ① 항만 올바르다.

오답해설
② 기계식 급속혼화시설을 채택하는 경우 1분 이내의 체류시간도 충분하다.
③ 혼화지는 단락류를 발생시키지 않는 구조로 한다.
④ 정수장의 경우 정상적인 조건에 알럼(Alum)과 물의 비는 1:50,000 정도이다.

32. 횡류식 침전지의 구성과 구조에 관한 설명으로 옳지 않은 것은?

① 침전지의 수는 원칙적으로 2지 이상으로 한다.
② 침전지의 형상은 사다리꼴로 한다.
③ 각 지마다 독립하여 사용가능한 구조로 한다.
④ 배치는 각 침전지에 균등하게 유출입될 수 있도록 수리적으로 고려하여 결정한다.

해설 침전지의 형상은 직사각형으로 한다.

33. 횡류식 침전지에서 응집처리를 하지 않는 보통침전지와 응집처리를 하는 단층 약품침전지의 표면부하율(mm/min)과 침전지 내 평균유속(m/min)을 순서대로 바르게 나열한 것은?

① 보통침전지: 5~10, 0.3 이하,
   약품침전지: 10~15, 0.3 이하
② 보통침전지: 10~15, 0.4 이하,
   약품침전지: 15~20, 0.4 이하
③ 보통침전지: 5~10, 0.3 이하,
   약품침전지: 15~30, 0.4 이하
④ 보통침전지: 10~15, 0.4 이하,
   약품침전지: 20~30, 0.5 이하

해설 [표면부하율에 따른 침전지의 종류]
• 횡류식 보통침전지 : 5~10mm/min
  (평균유속 0.3m/min 이하)
• 횡류식 약품침전지 : 15~30mm/min
  (평균유속 0.4m/min 이하)
• 횡류식 경사판침전지 : 4~9mm/min
• 상향류식 경사판침전지 : 12~28mm/min

34. 침전지 내 침전효율의 감소방지 대책으로 옳지 않은 것은?

① 풍송류와 대류의 방지를 위해 침전지에 덮개를 설치한다.
② 레이놀즈수가 500 이하가 되도록 수류의 상태를 유지한다.
③ 정류벽을 설치하고 정류공의 총면적은 유수단면적의 6% 정도로 한다.
④ 용량효율을 줄이기 위해 도류벽 또는 중간 구획판을 설치한다.

해설 침전효율을 높이기 위해 도류벽 또는 중간 구획판을 설치하여 수류를 안정시킨다.

정답 32. ② 33. ③ 34. ④

02 CHAPTER 여과

여과모래(여과사)를 이용하여 부유성고형물(SS)과 유기물을 제거하는 목적으로 여과층에 모래를 채워넣고 물을 통과시켜 층에 오염물질을 걸러내어 처리하는 공법이다. 주로 정수처리에 사용되고, 하수 및 폐수처리에서는 고도처리로 사용된다.

UNIT 01 여과원리 및 여과지 종류

1 여과원리

1) 메커니즘
① **체거름** : 여과층사이의 공극에 오염물질이 갇히면서 제거
② **침전** : 중력에 의해 오염물질이 가라앉으면서 제거
③ **충돌** : 여과모래와 오염물질이 관성력에 의해 충돌하며 제거
④ **차단** : 여과모래의 표면에서 마찰력이 커지면 제거
⑤ **화학적 흡착** : 여과모래와 오염물질이 화학적으로 결합하며 제거
⑥ **미생물** : 여과모래 표면에 부착된 미생물이 유기물을 제거

> 💡 여과의 두 형태
> - **표면여과(표층여과)** : 여과층 표면에서 충돌 및 부착하여 오염물질을 제거
> - **내부여과(체적여과)** : 여과층 내부에서 오염물질을 여과층사이에 포집하여 제거

2) 여과속도 계산

$$\text{여과속도} = \frac{\text{여과유량}}{\text{여과지 면적}}$$

(역세척시간은 여과시간에서 제외한다.)

3) **수두** : 물의 압력 또는 에너지를 높이로 표현한 것

① **손실수두** : 마찰, 점성 등으로 손실된 물의 수두

> 💡 **손실수두를 증가시키는 요인**
> ① 여과층 공극률 감소   ② 여과층 깊이의 증가
> ③ 여과속도의 증가   ④ 여재입경의 감소

2 급속여과와 완속여과

1) **급속여과** : 여과속도를 빠르게 하여 여과하는 방식으로 고탁도, 대용량 물질의 제거에 이용된다.

① 많은 수량을 빠르게 여과할 수 있다.
② 자동화 및 원격제어 등이 가능하다.
③ 운전과 관리에 고도의 기술이 필요하다.
④ 용해성물질을 제거할 수 없다.

2) **완속여과** : 여과속도를 느리게 하여 표면여과 및 표면에 부착된 미생물을 통해 여과하는 방법으로 저탁도 및 유기물의 제거에 이용된다.

① 여과시스템의 신뢰성이 높고 양질의 음용수를 얻을 수 있다.
② 수량과 탁질의 급격한 부하변동에 대응할 수 있다.
③ 고도의 지식이나 기술 없이도 운전이 가능하고 최소한의 전력만을 필요로 한다.
④ 넓은 면적이 필요하다.
⑤ 간헐운전 시 효율이 떨어진다.
⑥ 많은 인력이 필요하다.
⑦ 용해성물질의 제거가 가능하다.

3) **비교**

구분	완속여과	급속여과
여과형식	표면여과	표면여과, 내부여과
여과속도	4~5m/day	120~150m/day
모래층의 두께	70~90cm	60~70cm
유효경	0.3~0.45mm	0.45~0.7mm
균등계수	2.0 이하	1.7 이하
용해성물질	제어가능	제어불가

❸ 압력식 여과장치에서 여층의 형태에 따른 여층의 구성

여층의 형태	여층의 구성
상향류 이동상형	ⓐ 모래를 사용할 경우 → 유효경은 1.0mm 정도를 표준으로 한다. ⓑ 단층여과장치를 표준으로 하고, 여사두께는 1m를 표준으로 한다. ⓒ 모래의 균등계수는 1.4 이하로 한다.
상향류 고정상형	ⓐ 모래로 할 경우 → 단층을 표준으로 하고, 여사두께는 1.0~1.8m를 표준으로 한다. ⓑ 여사는 유효경 1~2mm 정도, 균등계수 1.4 이하를 표준으로 한다. ⓒ 여층표면하 10cm에 grit를 설치한다.
하향류 고정상형	ⓐ 안트라사이트와 모래로 된 2층 여과지를 표준으로 하고 모래층의 두께는 안트라사이트층의 60% 이하로 한다. ⓑ 안트라사이트의 유효경은 1.5~2.0mm를 표준으로 한다. ⓒ 안트라사이트의 유효경은 모래 유효경의 2.7배 이하로 한다. ⓓ 안트라사이트와 모래의 균등계수는 1.4 이하를 목표로 한다. ⓔ 안트라사이트와 모래로 된 여층의 두께는 60~100cm로 한다.

❹ 운영상 문제점

1) 머드볼(진흙덩어리) 형성 : 점착성 유기물질의 유입으로 여과사 표면에 머드볼이 형성되었을 때 세척이 충분이 이루어지지 않는 경우 손실수두의 증가를 초래한다.

2) 공기결합(air binding, 에어바인딩) : 용존된 공기가 여과 중에 여과사내에서 기포를 형성하는 현상이다.

① 공기결합(air binding)의 원인
- 부(−)수두 발생
- 사면의 수심이 작은 경우
- 여과지 내 수온상승
- 역세척 후 공기가 여과지 내 잔류

② 공기결합(air binding)의 영향
- 여과층의 통수단면적 감소
- 여과층 공극의 폐쇄
- 일부 여과층 내 통과유속 증가
- 탁질의 누출로 수질이 악화되고 염소투입량 및 소독부산물 증대

③ 공기결합(air binding)의 대책
- 역세척을 적절하게 시행

- 사면의 수심이 작은 경우 적절하게 수위를 증가시킴
- 역세척 후 공기가 여과지 내에 잔류하지 않도록 충분한 대책을 강구

3) 여과지 부수두 : 오염물질이 여층표면에 쌓이게 되어 흐름에 방해가 생기면서 수두가 감소하는 현상을 말한다. 오염물질의 유입감소와 주 오염물질이 되는 석회를 제거하고 여층의 세정을 통해 관리한다.

4) 여재층의 수축 : 여재 위에 덮힌 점액층으로 인해 여층전체가 덮여가면 발생한다. 따라서 표면세척이 가장 중요한 대책이 된다.

UNIT 02 여과지 운영 및 관리

💡 여과지의 기능
① 정수처리기준 규정을 만족시킬 수 있는 여과수를 얻을 수 있는 정화기능
② 탁질의 양적인 억류기능
③ 수질과 수량의 변동에 대한 완충기능
④ 충분한 역세척기능

1 급속여과지

1) 총칙 : 원수 중의 현탁물질을 약품으로 응집시킨 후에 여과층에서 비교적 빠른 속도로 물을 통과시켜 오염물질을 제거하는 시설

- 원수가 저탁도이더라도 급속여과에서 여과하는 것만으로는 크립토스포리디움을 포함한 콜로이드, 현탁물질을 충분하게 제거할 수 없기 때문에 반드시 응집제를 사용하여 처리한다.
- 가능한 많은 여재표면이 부착에 사용될 수 있도록 함으로써 여과작용을 유효하게 할 수 있다.
- 탁질당 응집제의 양(Al/T비)이 낮고 강한 교반으로 생성된 플록은 강도가 높고 쉽게 누출되지 않는다.
- 여재 입경분포 폭을 작게 하고 입도를 크게 하면 내부여과를 기대할 수 있다.
- 역세척 후 여과층 구조를 유지하기 위해 상층보다 하층 여재의 침강속도를 크게 해야 한다.
- 여과지의 유출수의 탁도를 0.3NTU 이하로 유지하여야 한다.
  (일부 도시는 병원성 미생물의 유입을 막기 위해 0.1NTU 이하로 유지)
- 여과지의 탁도는 개별여과지에 대하여 연속측정장치를 사용하여 매 15분 간격으로 측정하는 것이 바람직하다.

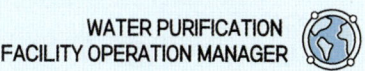

> 💡 **크립토스포리디움에 대한 대책**
> ① 약품에 의한 응집처리
> ② 여과재개 후 일정한 시간동안 여과수를 배출하는 시동방수설비 설치
> ③ 여과수 탁도의 상시감시
> ④ 여과를 재개할 때에 여과속도의 단계적 증가방식
> ⑤ 여과지속시간 단축

2) 구조와 방식
① 여과 및 여과층의 세척이 충분하게 이루어질 수 있어야 한다.
② 급속여과지는 중력식과 압력식이 있으며 중력식을 표준으로 한다.

3) 여과면적과 지수 및 형상
① 여과면적은 계획정수량을 여과속도로 나누어 계산한다.
② 여과지 수는 예비지를 포함하여 2지 이상으로 하고 10지를 넘을 경우에는 여과지 수의 1할 정도를 예비지로 설치하는 것이 바람직하다.
③ 여과지 1지의 여과면적은 $150m^2$ 이하로 한다.
④ 형상은 직사각형을 표준으로 한다.

4) 여과유량조절 : 급속여과지에는 여과유량을 조절하는 기구를 구비한다.
① 급격한 여과속도의 상승은 탁질누출의 문제로 이어진다.
② 여과속도를 단계적으로 증가시키는 슬로스타트(slow start)방식이 일반적으로 사용된다.
 (슬로스타트방식은 병원성미생물의 누출방지대책으로도 유효함)
③ 유량제어방식
 ㉠ **정속여과방식** : 여과층의 폐색이 진행됨에 따라 상류측 수위를 높이거나 또는 하류측 유량제어계의 저항을 낮추어서(밸브를 열어) 여과층에 걸리는 압력차를 증가시키게 되면, 여과수량의 감소를 보충할 수 있어서 일정한 여과유량을 유지할 수 있다. 이 방식을 정속여과라 하며 일반적으로 널리 사용되고 있는 방식이다. (유량제어형, 수위제어형, 자연평형형)
  • **유량제어방식** : 유량조절장치를 유출측에 설치하고 여과초기에는 조절장치로 큰 손실수두를 발생시켜서 여과유량을 제어하고 이후에 여과층 내에 증가한 손실수두만큼 밸브를 열어서 손실수두를 감소시켜 여과유량을 일정하게 유지하는 방식
  • **수위제어방식** : 여과지 수위를 검지하고 그 신호를 유량조절기구에 전달하여 정속여과를 유지하는 방식으로 비교적 얕은 여재표면 위의 수심으로 할 수 있지만, 장치가 복잡하다.
  • **자연평형방식** : 유출측 위어를 여재표면보다 높은 위치에 설치하고 여과층 폐색에 따른 통수량 감소를 방지하도록 여과지의 여재표면 위의 수심이 서서히 높아짐에 따라 일정한 여과유량을 얻는 방법이다.

ⓛ **정압여과방식(감쇠여과방식)** : 여과를 지속하면, 여과층에 탁질이 억류됨에 따라 여과층 내의 유로단면적이 감소되며 투수성이 낮아진다. 따라서 여과층의 상류측 수위와 하류측 수위, 즉 여과층에 걸리는 압력차가 일정하면, 여과층 폐색에 따라 여과유량은 서서히 감소하는 방식으로 이것을 정압여과라고 한다.

5) **여과속도** : 120~150m/day를 표준으로 한다.

> 💡 **여과지의 여과지속시간이 감소되는 경우**
> ① 여재의 유효경이 여과속도에 비하여 매우 작은 경우
> ② 여층이 오염되어 있거나 머드볼이 많을 경우
> ③ 응집보조제를 과잉 주입할 경우
> ④ Air binding현상이 발생한 경우

6) **여과층의 두께와 여재**

① 여과모래는 입도분포가 적절하고 협잡물이 적으며 마모되지 않고 위생상 지장이 없는 것으로 안정적이고 효율적으로 여과하고 세척할 수 있는 것이어야 한다.

> 💡 **세립자의 여과모래를 사용할 경우**
> ① 플록저지율은 높지만, 표면여과의 경향이 강해진다.
> ② 머드볼생성이 쉽고 손실수두가 빨리 증가한다.
> ③ 역세척 유속이 적어도 되고 여과모래층의 두께를 줄일 수 있다.

> 💡 **큰 입경의 여과모래를 사용할 경우**
> ① 내부여과의 경향이 강해진다.
> ② 균등계수를 작게 한다면, 손실수두를 너무 높이지 않고서도 여과지속시간을 길게 유지할 수 있으며 여과속도를 높일 수 있다.
> ③ 역세척속도를 높이거나 공기세척을 병용하여 세척효과를 높일 필요가 있다.

② 유효경은 0.45~1.0mm 중에서 적정한 입경을 선정하여 사용한다. 모래층의 두께는 여과모래의 유효경이 0.45~0.7mm의 범위인 경우에는 60~70cm를 표준으로 한다. 다만, 유효경이 그 이상으로 크게 되는 경우에는 실험 등에 의하여 합리적으로 여과층의 두께를 증가시킬 수 있다.

→ 플록의 질이 일정한 것으로 가정하였을 때 여과층의 필요두께는 여재입경과 여과속도에 비례한다.

③ 균등계수는 1.70 이하일 것
④ 세척탁도는 30NTU 이하일 것
⑤ 자갈의 형상은 최장축이 최단축의 5배 이상인 것이 중량비로 2% 이하일 것
⑥ 강열감량은 0.75% 이하일 것
⑦ 염산가용률은 3.5% 이하일 것
⑧ 비중은 표면건조상태로 2.5 이상일 것
⑨ 마모율은 3% 이하일 것

여재 입경구성 확인(여재의 입경이 균일한지를 확인)

식 균등계수 $= \dfrac{d_{60}}{d_{10}}$

• 유효입경(유효경) $= d_{10}$

식 곡률계수 $= \dfrac{{d_{30}}^2}{d_{60} \times d_{10}}$

7) 자갈층 두께와 여과자갈

① 여과자갈의 입경과 자갈층의 두께는 하부집수장치에 적합하도록 결정한다.
② 여과자갈은 그 형상이 구형(球形)에 가깝고 경질이며 청정하고 균질인 것이 좋으며 먼지나 점토질 등 불순물을 포함하지 않아야 하고 모래층을 충분히 지지할 수 있어서 안정적이고 효율적으로 세척할 수 있어야 한다.
③ 조립여과자갈을 하층에, 세립여과자갈을 상층에 배치하는 것을 표준으로 하며 입도의 순서대로 깔아야 한다.

8) 수심과 여유고

① 여과지 여재표면상의 수심은 여과 중에 부압을 발생시키지 않는 수심으로 한다.
② 고수위로부터 여과지 상단까지의 여유고는 30cm 정도로 한다.

9) 세척방식

여과층의 세척은 역세척과 표면세척을 조합한 방식을 표준으로 하고 여과층이 유효하게 세척되어야 하며 필요에 따라 공기세척을 조합할 수 있다.

> 💡 세척효과가 불충분한 경우 발생하는 장애현상
> ① 여과지속시간의 감소
> ② 여과수질의 악화
> ③ 머드볼의 발생
> ④ 여과층의 균열
> ⑤ 여과층 표면의 불균일
> ⑥ 측벽과 여과층간에 간극발생

10) 역세척수량

① 역세척에서는 염소가 잔류하고 있는 정수를 사용한다.
② 역세척에 필요한 수량과 수압 및 시간은 충분한 역세척 효과를 얻을 수 있도록 한다.
③ 역세척속도의 조정을 위해 역세척 유량을 변경할 수 있도록 하는 것이 바람직하다.
   • 역세척속도를 0.6m/분으로 하면 팽창률은 약 20%가 되어서 모래층은 적당한 유동상태로 된다. 그러므로 여과층을 20 ~ 30% 팽창시켜서 유동상태를 유지할 수 있고 여과층으로부터 배출된 탁질이 트로프로 빨리 배출될 수 있는 역세척속도를 설정한다. (유효경 0.6mm, 균등계수 1.3인 모래층에서는 수온 20℃

인 경우 역세척속도가 약 0.3m/분이면 유동되고, 팽창되기 시작한다.)
- 동일한 팽창률로 되기 위한 역세척속도는 여재의 입경이 커지면 빠르게 되며 수온이 낮을수록 느려진다.
- 역세척속도를 0.9m/분 이상으로 하면, 여재가 트로프로 배출될 우려가 있으므로 피하는 것이 좋다.
- 수온차가 큰 지역에서는 세척효과를 일정하게 유지하기 위해서는 언제나 같은 팽창률을 얻을 수 있도록 수온이 높을 때의 역세척유속을 기준으로 시설의 설계하고 수온에 따라 일년에 몇 번 역세척속도를 변경하는 것이 바람직하다.
- 병원성 미생물에 대한 대책이 필요할 경우 역세척 배출수의 최종 탁도는 10NTU 이하로 한다.

> **플록 억류시험**
> ① 역세척 후 탁도가 30~60NTU은 깨끗하고 숙성된 여층으로 판단
> ② 역세척 후 탁도가 120NTU를 초과하면 여과지 세척시스템과 역세척 절차를 평가할 필요가 있는 오염된 여상
> ③ 역세척 후 탁도가 300NTU를 초과할 시에는 머드볼 문제가 있음

> **여과층 내의 탁질 억류상태에 영향을 미치는 인자**
> ① 여과속도
> ② 여과층 구성
> ③ 여과지속시간
> ④ 유입플록의 성상과 양

> **역세척 단계**
> ① 1단계 : 역세척수에 의하여 여과층을 유동상태로 하고 국소적인 단락류나 작은 소용돌이에 의한 여과재 상호간의 충돌과 마찰이나 수류의 전단력으로 부착된 탁질을 박리하여 분리하는 단계로 여과층을 20~30% 팽창시켰을 때에 가장 좋다.
> ② 2단계 : 여과층상으로부터 분리된 탁질을 조속히 트로프로 배출시키는 단계다.

11) 세척탱크와 세척펌프 등

세척수와 공기를 공급하기 위한 세척탱크, 세척펌프 및 송풍기는 세척에 필요한 수량, 수압 및 공기량을 확보할 수 있도록 한다.

$$\text{UFRV(여과지 성능 평가지표)} = \frac{\text{여과수량}(m^3)}{\text{여과면적}(m^2)} = \text{여과속도(m/min)} \times \text{여과지속시간(min)}$$

UFRV값이 200m^3/m^2 이하에서는 여과지속시간이 너무 짧아 검토가 요구
UFRV값이 410m^3/m^2을 초과하면 여과지 성능이 양호
UFRV값이 610m^3/m^2 이상이면 재래식 정수공정에서는 여과성능이 좋다고 본다.

> 💡 **여과지 성능평가 지표**
> ① 탁도
> ② 여과지속시간
> ③ 역세척수량의 여과수량에 대한 비율
> ④ UFRV(여과지속시간 내에 처리된 여과지의 단위면적당 여과수량)

12) 세척배출수거와 트로프

① 세척배출수거와 트로프의 크기는 최대배출수량에 약 20% 여유를 둔 수량을 배출할 수 있어야 하고 트로프의 상단에서 완전히 월류하는 상태가 유지되는 용량이어야 한다.
② 트로프는 내식성, 내구성 및 내압성이 큰 재질로 만들어야 하고 트로프의 상단은 완전히 수평으로 동일한 높이로 견고하게 설치한다.
③ 세척할 때에 여재가 유출되지 않도록 월류하는 트로프 상단의 간격은 1.5m 이하로 하고, 여과모래층의 표면으로부터 높이는 40~70cm로 한다.

13) 급속여과지의 배관과 밸브류

① 배관구경과 거(渠)의 단면은 유속과 손실수두를 고려하여 적절히 정한다.
② 관과 밸브류는 확실히 고정하고 수선할 때에 분해할 수 있는 구조로 해야 하며 구조물에 신축이음을 설치한 부분에는 관에도 반드시 신축이음관을 설치한다.
③ 밸브는 여과공정과 세척공정을 완전하게 절체할 수 있도록 한다.
④ 밸브는 긴급할 때에 안전측으로 작동하는 것이라야 한다.
⑤ 여과수가 세척배출수 등으로 오염될 우려가 없는 구조로 한다.

14) 배관랑과 조작실

① 배관랑은 기기 검사와 반출입에 편리한 구조로 하고 통풍, 배수, 제습 및 조명 등에 유의한다.
② 배관랑측의 여과지벽체에 여층내부의 상태를 직접 눈으로 관찰할 수 있는 감시창을 둘 수도 있다.
③ 조작실을 설치하는 경우에는 여과지 전체를 감시할 수 있는 구조로 한다.

15) 다층여과지

① 여재의 품질은 충분한 여과기능과 여과층 구성을 유지할 수 있고 위생적이어야 한다.
② 총 여과층의 두께는 60~80cm를 표준으로 한다.
③ 여과층 구성은 충분한 여과효과를 얻을 수 있어야 하고 역세척하는 동안에 상하의 여재간에 분리와 팽창이 적절하게 이루어져야 한다.
④ 지지층에 관해서는 "**7) 자갈층의 두께와 여과자갈**"에 준한다. 다만, 최하층에 입경이 가장 작은 여재를 사용하는 경우에는 여재의 누출방지에 유의해야 한다.
⑤ 여과속도는 240m/d 이하를 표준으로 한다.
⑥ 세척방식은 여재의 경계부와 여과층의 내부에 억류되어 있는 탁질을 효율적으로 제거할 수 있어야 한다.

⑦ 단층여과지를 2층화할 경우에는 기존 설비를 충분히 파악하여 결정한다.
⑧ 여과층의 두께는 L(층깊이)/De(유효경) 비의 합이 1,000 이상을 표준으로 한다.

16) 자연평형형 여과지

① 유입량의 제어는 사이펀이나 밸브 등 확실한 방법으로 한다.
② 군(群)제어를 하는 여과지는 확실하게 역세척할 수 있도록 여과지의 수가 적절해야 한다.
③ 모래면 위의 수심변화에 충분히 대처할 수 있는 구조로 한다.

17) 직접여과(저수온, 저탁도 대상)

① 원수수질이 양호하고 장기적으로 안정되어 있어야 한다.
② 응집과 여과의 관리가 적절하고 충분한 수질감시가 이루어져야 한다.
③ 응집제 주입량은 통상 주입량의 1/2 ~ 1/4 정도만 주입하여 플록을 형성시킨다.
④ 생성되는 플록은 입경과 침강속도는 작지만 밀도와 강도가 크므로 안정된 처리가 가능하고 약품사용량과 발생슬러지량도 적어진다.
⑤ 일반적인 정수처리공정과 비교할 때 침전공정이 생략된 방식으로 통상적으로 수질변화가 적고 비교적 양호한 수질에서는 일반정수처리공정에 비해 설치비 및 운영비가 적게 소요되며, 원수수질이 악화되는 경우에는 일반적인 응집·침전과 급속여과방식으로 대처할 수 있는 설비를 갖춘다.

18) 내부여과

응집제를 여과지에 유입되는 관로에 주입하는 방식으로 일반 정수처리공정과 비교하여 응집공정 및 침전공정이 생략된 상태이다. 이러한 방식은 원수의 수질변화가 큰 원수나 최적응집제주입량이 과다한 원수에서는 사용이 어렵다.

2 완속여과지

1) **총칙** : 모래층과 모래층 표면에 증식하는 미생물군에 의하여 수중의 부유물질이나 용해성물질등의 불순물을 포착하여 산화하고 분해하는 방법으로 정수하는 시설이다.

① 약품처리 등을 필요로 하지 않으면서 정화기능을 안정되게 얻을 수 있다.
   (합성세제, 철, 망간, 페놀 등도 제거가능)
② 넓은 부지면적이 소요되고 오래 사용된 여과지의 표층을 삭취해야 한다.
③ 휴믹산 등 천연의 안정한 화합물에 의한 색도는 거의 제거가 불가능하다.
④ 유입수의 탁도는 연중 최고일 때도 10NTU를 초과해서는 안된다.

2) 구조와 형상

① 여과지 깊이는 하부집수장치의 높이에 자갈층과 모래층 두께, 모래면 위의 수심과 여유고를 더하여 2.5~3.5m를 표준으로 한다.
② 여과지의 형상은 직사각형을 표준으로 한다.
③ 배치는 몇 개 여과지를 접속시켜 1열이나 2열로 하고, 그 주위는 유지관리상 필요한 공간을 둔다.
④ 주위벽 상단은 지반보다 15cm 이상 높여 여과지 내로 오염수나 토사 등의 유입을 방지해야 한다.
⑤ 한랭지에서는 여과지의 물이 동결될 우려가 있는 경우나 또한 공중에서 날아드는 오염물질로 물이 오염될 우려가 있는 경우에는 여과지를 복개한다.

3) 여과속도 : 4~5m/day를 표준으로 한다.

크립토스포리디움 등의 병원성 미생물로 오염될 우려가 있는 경우에는 여과속도는 5m/day를 넘지 않도록 한다.

4) 여과면적과 여과지수

① 여과면적은 계획정수량을 여과속도로 나누어 구한다.
② 여과지의 수는 예비지를 포함하여 2지 이상으로 하고 10지마다 1지 비율로 예비지를 둔다.

5) 모래층두께와 여과모래

① 여과모래의 품질은 입도분포가 적절하고 협잡물이 적으며 마모되기 어렵고 위생상 지장이 없는 것으로 안정적이고 효율적으로 여과할 수 있어야 한다.
② 유효경은 0.3~0.45mm이어야 한다.
③ 균등계수는 2.0 이하이어야 한다.
④ 최대경은 2mm 이내, 최소경은 0.18mm로 하며 부득이할 경우에도 그 입경을 초과하는 것이 1% 이하라야 한다.
⑤ 모래층의 두께는 70~90cm를 표준으로 한다.
⑥ 여과수의 수질을 저하시키지 않는 모래층의 최소두께는 약 40cm가 한계이다.

6) 수심과 여유고

① 여과지의 모래면 위의 수심은 90~120cm를 표준으로 한다.
② 고수위에서 여과지 상단까지의 여유고는 30cm 정도로 한다.

7) 조절정

① 조절정에는 유량조절장치를 설치한다.
② 유량조절장치에는 여과손실수두계, 여과속도 및 여과수량 지시계 외에 필요한 관이나 밸브류를 설치한다.
③ 유량조절장치는 여과지 내에 부(-)수두가 발생하지 않는 구조로 한다.
④ 조절정은 지내 여과수가 오염되지 않는 구조로 하고 필요에 따라서 건물을 설치해야 한다.

8) 여과수의 역송장치

① 조절정에 연결되는 여과수의 역송장치를 설치한다.
② 인접여과지의 여과수를 이용하는 경우에 유출관이나 우회관을 역송장치로 이용해야 한다.

9) 유입설비

① 여과지에 접하여 유입측에 유입주관을 설치하고 여기에 연결되는 유입지관에는 제수문이나 제수밸브를 설치한다.
② 유입지관은 여과지 크기에 따라 1~2개소 설치하고 그 관경은 평균유속 50cm/sec 정도가 되도록 한다.
③ 유입부의 주위에는 모래면 보호설비를 설치한다.

10) 배수관

① 모래면의 상부에 있는 배수관의 관경은 배수시간 3~4.5시간 정도로 하며, 모래면의 하부에 있는 배수관의 관경은 1~1.5시간 정도로 배수할 수 있도록 정한다.
② 배수관의 토출구는 상시 배수할 수 있으며 오염수가 역류되지 않는 장소에 설치한다.
③ 상시 배수할 수 없을 경우에는 배수펌프와 배수조를 설치한다.
④ 펌프를 사용하는 경우 배수조의 크기는 배수량의 4분간 분량 이상으로 한다.

기출문제로 다지기 — CHAPTER 02 여과

01. 다음 여과지에 요구되는 여과속도($m^3/m^2 \cdot h$)는?

- 1지 여과면적 : $50m^2$
- 계획정수량 : $55,000m^3/day$
- 1일 역세척 횟수 : 4회
- 1회 역세척 소요시간 : 30min
- 여과지 수 : 10지

① 4.0 ② 4.5
③ 5.0 ④ 5.5

해설 식 여과속도 $= \dfrac{55,000m^3}{day} \times \dfrac{1}{50m^2/1지 \times 10지} \times \dfrac{1day}{(24-2)hr} = 5m^3/m^2 \cdot hr$

- 역세척시간
$= \dfrac{30\min}{1회} \times \dfrac{4회}{1day} = 120\min/day = 2hr/day$

(역세척시간은 여과시간에서 제외한다.)

02. 급속여과지에 관한 설명으로 옳지 않은 것은?

① 원수가 저탁도일 때는 응집제 사용을 생략할 수 있다.
② Al/T비가 낮고 강한 교반으로 생성된 플록은 강도가 높고 쉽게 누출되지 않는다.
③ 여재 입경분포 폭을 작게 하고 입도를 크게 하면 내부여과를 기대할 수 있다.
④ 역세척 후 여과층 구조를 유지하기 위해 상층보다 하층 여재의 침강속도를 크게 해야 한다.

해설 원수가 저탁도이더라도 급속여과에서 여과하는 것만으로는 크립토스포리디움을 포함한 콜로이드, 현탁물질을 충분하게 제거할 수 없기 때문에 반드시 응집제를 사용하여 처리한다.

03. 여과층의 세척효과가 불충분한 경우에 발생되는 장애요인을 모두 고른 것은?

㉠ 머드볼(mud ball) 발생
㉡ 여과층의 균열
㉢ 여과층 표면의 불균일
㉣ 측벽과 여과층간에 간극발생

① ㉠, ㉡
② ㉢, ㉣
③ ㉠, ㉡, ㉢
④ ㉠, ㉡, ㉢, ㉣

04. 완속여과지의 표준 여과속도로 옳은 것은?

① 1 ~ 2m/day
② 4 ~ 5m/day
③ 10 ~ 11m/day
④ 14 ~ 15m/day

05. 여과지의 유입 유량이 $144m^3/day$, 여과속도가 $3m/hr$일 때 필요한 여과지 면적(m^2)은?

① 1 ② 2
③ 3 ④ 4

해설 식 여과지 면적
$= \dfrac{여과유량}{여과속도} = \dfrac{144m^3}{day} \times \dfrac{hr}{3m} \times \dfrac{1day}{24hr} = 2m^2$

정답 01. ③ 02. ① 03. ④ 04. ② 05. ②

06. 급속여과지에 관한 설명으로 옳은 것은?

① 급속여과지는 압력식을 표준으로 한다.
② 여과지 1지의 여과면적은 200m² 이상으로 한다.
③ 고수위로부터 여과지 상단까지의 여유고는 10cm 정도로 한다.
④ 여과지의 탁도는 개별여과지에 대하여 연속측정장치를 사용하여 매 15분 간격으로 측정하는 것이 바람직하다.

해설 ④항만 올바르다.
오답해설
① 급속여과지는 중력식을 표준으로 한다.
② 여과지 1지의 여과면적은 150m² 이하로 한다.
③ 고수위로부터 여과지 상단까지의 여유고는 30cm 정도로 한다.

07. 모래의 입도가적곡선에서 중량통과율 60%에서의 입경은 0.3mm이고, 중량통과율 10%에서의 입경은 0.2mm일 때 이 모래의 균등계수는?

① 0.06 ② 0.67
③ 1.5   ④ 3.0

해설 식 균등계수 $= \dfrac{d_{60}}{d_{10}} = \dfrac{0.3}{0.2} = 1.5$

08. 여과지의 여과지속시간이 감소되는 경우로 옳지 않은 것은?

① 여재의 유효경이 여과속도에 비하여 매우 큰 경우
② 여층이 오염되어 있거나 머드볼이 많을 경우
③ 응집보조제를 과잉 주입할 경우
④ Air binding현상이 발생한 경우

해설 여재의 유효경이 여과속도에 비하여 매우 큰 경우 여과지속시간이 증가한다.

09. 급속여과지에서 여과층 두께와 여재 등에 관한 설명으로 옳은 것은?

① 여과층의 필요 두께는 여재입경과 여과속도에 비례한다.
② 균등계수가 작을수록 여과지속시간이 짧아진다.
③ 유효경이 큰 사층일수록 여과지속시간이 짧아진다.
④ UFRV는 여과속도(m/min)를 여과지속시간(min)으로 나눈 값이다.

해설 ①항만 올바르다.
오답해설
② 균등계수가 작을수록 여과지속시간이 길어진다.
③ 유효경이 큰 사층일수록 여과지속시간이 길어진다.
④ UFRV는 여과수량(m³)를 여과지 단면적(m²)으로 나눈 값이다. (또는 여과속도(m/min)와 여과지속시간(min)의 곱)

10. 세척배출수거와 트로프에 관한 설명으로 옳지 않은 것은?

① 세척배출수거와 트로프의 크기는 최대배출수량에 약 20% 여유를 둔 수량을 배출할 수 있어야 한다.
② 트로프의 상단에서 완전히 월류하는 상태가 유지되는 용량이어야 한다.
③ 트로프는 내식성, 내구성 및 내압성이 큰 재질로 만들어야 한다.
④ 세척할 때에 여재가 유출되지 않도록 월류하는 트로프 상단의 간격은 2.0m 이상이어야 한다.

해설 세척할 때에 여재가 유출되지 않도록 월류하는 트로프 상단의 간격은 1.5m 이하로 하고, 여과모래층의 표면으로부터 높이는 40~70cm로 한다.

정답 06. ④ 07. ③ 08. ① 09. ① 10. ④

11. 급속여과지에 관한 설명으로 옳은 것은?

① 여과면적은 계획정수량을 체류시간으로 나눈 값이다.
② 급속여과지의 형상은 원형을 표준으로 한다.
③ 급속여과에서 다층인 경우 여과속도는 80m/d를 표준으로 한다.
④ 모래층의 두께는 여과모래의 유효경이 0.45~0.7mm의 범위인 경우에는 60~70cm를 표준으로 한다.

해설 ④항만 올바르다.
오답해설
① 여과면적은 계획정수량을 여과속도로 나눈 값이다.
② 급속여과지의 형상은 직사각형을 표준으로 한다.
③ 급속여과에서 다층인 경우 여과속도는 240m/d를 표준으로 한다.

12. 급속여과지의 자갈층 두께와 여과자갈에 관한 설명으로 옳지 않은 것은?

① 자갈층은 여과층을 지지하며 세척면으로 보아 경질이고 구형인 것이 좋다.
② 세척탁도는 30NTU 이하로 한다.
③ 비중은 표면건조상태로 2.5 미만이어야 한다.
④ 자갈의 형상은 최장축이 최단축의 5배 이상인 것이 중량비로 2% 이하이어야 한다.

해설 비중은 표면건조상태로 2.5 이상이어야 한다.

13. Mud ball 현상에 관한 설명으로 옳은 것은?

① Mud ball이 생길 경우 여층 표면이 불균일해지는 현상이 발생한다.
② 플록 억류시험결과 역세척 후 탁도가 60NTU 이하일 경우 Mud ball 현상이 발생한다.
③ 세립자의 여과모래를 사용할수록 Mud ball 생성이 어렵다.
④ 응집제를 과도하게 사용할 경우 Mud ball이 제거된다.

해설 ①항만 올바르다.
오답해설
② 플록 억류시험결과 역세척 후 탁도가 30~60NTU는 깨끗하고 숙성된 여층으로 판단되고 120NTU를 초과하면 여과지 세척시스템과 역세척 절차를 평가할 필요가 있는 오염된 여상을 나타내며, 300NTU를 초과할 시에는 머드볼 문제가 있음을 의미한다.
③ 세립자의 여과모래를 사용할수록 Mud ball 생성이 쉽다.
④ 응집제를 과도하게 사용할 경우 Mud ball이 생성된다. (특히 응집보조제(알칼리제)의 과잉주입으로 발생)

14. 급속여과지의 역세척에 관한 설명으로 옳지 않은 것은?

① 역세척에는 염소가 잔류하고 있는 정수를 사용한다.
② 일반적으로 동일한 팽창률로 되기 위한 역세척 속도는 여재의 입경이 커지면 빠르게 되며 수온이 낮을수록 느려진다.
③ 유효경 0.6mm, 균등계수 1.3인 모래층에서는 수온 20℃인 경우에 역세척 속도를 0.6m/분으로 하면 팽창률이 약 20%가 된다.
④ 수온차가 큰 지역에서 세척효과를 일정하게 유지하기 위해서는 수온이 낮을 때의 역세척유속을 기준으로 시설을 설계한다.

해설 수온차가 큰 지역에서 세척효과를 일정하게 유지하기 위해서는 수온이 높을 때의 역세척유속을 기준으로 시설을 설계한다.

 11. ④ 12. ③ 13. ① 14. ④

15. 여과지의 수질을 관리하기 위한 설명으로 옳은 것을 모두 고른 것은?

> ㉠ 여과지 수질이 의심스러울 경우 배출수관으로 시동방수를 배출시킨다.
> ㉡ 다층여과지는 단층여과지에 비해 여과기능을 보다 합리적이고 효율적으로 발휘하기 위한 것으로 300m/d 이상의 여과속도를 표준으로 한다.
> ㉢ 병원성 미생물에 대한 수질관리를 강화하기 위해 탁도 자동측정기로 1시간 이내 간격으로 실시간 측정 및 감시 운영을 한다.

① ㉠, ㉡　　　② ㉠, ㉢
③ ㉡, ㉢　　　④ ㉠, ㉡, ㉢

오답해설
㉡ 다층여과지는 단층여과지에 비해 여과기능을 보다 합리적이고 효율적으로 발휘하기 위한 것으로 240m/d 이하의 여과속도를 표준으로 한다.

16. 급속여과지의 초기손실수두를 증가시키는 요인으로 옳은 것은?

① 여과층 공극률 증가　② 여과층 깊이의 감소
③ 여과속도의 감소　　④ 여재입경의 감소

17. 급속여과지에서의 공기장애(Air binding)현상에 관한 설명으로 옳지 않은 것은?

① 기포가 모래층 내부에 누적되어 발생하는 현상이다.
② 여재층에 억류된 플록이 파괴될 수 있다.
③ 모관 내를 흐르는 물의 유속이 급격하게 감소할 수 있다.
④ 탁질누출현상을 초래할 수 있다.

해설 모관 내를 흐르는 물의 유속이 증가한다.

18. 여과지의 여과모래 균등계수에 관한 설명으로 옳은 것은?

① 균등계수는 모양이 다른 여과모래의 혼합정도를 수치로 나타낸 것이다.
② 균등계수와 여과모래의 공극률과는 상관관계가 없다.
③ 균등계수는 통과중량백분율의 무게비로 나타낸다.
④ 균등계수의 최소값은 1.0이다.

해설 ④항만 올바르다.
오답해설
① 균등계수는 전체 모래 무게의 60%를 통과시키는 체눈의 크기를 전체 모래 무게의 10%를 통과시킨 체눈의 크기로 나눈 값이다.
② 균등계수와 여과모래의 공극률과는 상관관계가 있다. (균등계수가 클수록 모래의 공극률은 작아진다.)
③ 균등계수는 통과중량백분율의 길이(입경)비로 나타낸다.

19. 급속여과지의 운영에 관한 설명으로 옳은 것은?

① 여과속도는 120 ~ 150m/day가 일반적이다.
② 여과모래의 유효경은 1.0 ~ 4.5mm 범위가 보통이다.
③ 신규로 투입하는 여과모래의 세척탁도는 50도 이상으로 하여야 한다.
④ 여과모래의 균등계수는 2.5 이상으로 유지한다.

해설 ①항만 올바르다.
오답해설
② 여과모래의 유효경은 0.45~1mm 범위가 보통이다.
③ 신규로 투입하는 여과모래의 세척탁도는 30NTU 이하로 하여야 한다.
④ 여과모래의 균등계수는 1.7 이하로 유지한다.

정답　15. ②　16. ④　17. ③　18. ④　19. ①

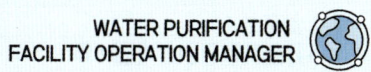

20. 급속여과지에 관한 설명으로 옳은 것은?

① 탁질당 응집제의 양(Al/T비)이 높은 플록이 낮은 플록에 비하여 쉽게 누출된다.
② 여재 표면이 많이 오염되어 손실수두가 기준치 이상이 되었을 경우에는 표면의 모래를 제거한다.
③ 모래를 사용하는 단층여과지는 균등계수가 클수록 탁질의 억류량이 많아진다.
④ 여재의 유효경이 0.9mm인 경우 여과층의 두께는 70cm가 권장된다.

해설 ①항만 올바르다.
오답해설
② 여재 표면이 많이 오염되어 손실수두가 기준치 이상이 되었을 경우에는 표면의 모래를 세척한다.
③ 모래를 사용하는 단층여과지는 균등계수가 작을수록 탁질의 억류량이 많아진다.
④ 여재의 유효경이 0.45~0.7mm인 경우 여과층의 두께는 60~70cm가 권장된다.

21. 병원성 미생물에 대한 대책이 필요할 경우 역세척 배출수의 최종 탁도 목표로 합리적인 것은?

① 0.1NTU　　② 0.3NTU
③ 1NTU　　　④ 10NTU

22. 여과지의 수질을 관리하기 위한 설명으로 옳은 것을 모두 고른 것은?

> ㄱ. 여과지의 유출수 탁도를 0.3NTU 이하로 유지한다.
> ㄴ. 여과속도는 다층일지라도 240m/day 이하를 표준으로 한다.
> ㄷ. 급속여과지에서는 원수가 저탁도이더라도 반드시 응집제를 사용하여 처리한다.

① ㄱ, ㄴ　　② ㄱ, ㄷ
③ ㄴ, ㄷ　　④ ㄱ, ㄴ, ㄷ

23. 급속여과지의 역세척에 관한 설명으로 옳지 않은 것은?

① 여과층의 두께가 1m를 넘는 경우 공기역세척 시설을 설치하는 것이 좋다.
② 역세척 효과를 높이기 위하여 여과층을 20~30% 팽창시킬 수 있는 역세척 속도를 설정한다.
③ 겨울철에 맞춘 역세척 유속을 여름철에 동일하게 운영하면 여름철에 여재가 유실될 수 있다.
④ 역세척수는 잔류염소가 존재하는 물을 사용해야 한다.

해설 겨울철에 맞춘 역세척유속을 여름철에 동일하게 운영하면 여름철에 여재가 유실되지는 않으나 세척효과가 일정하게 유지되지 않는다. 역세척유속은 수온이 높을 때를 기준으로 설계되어야 한다. (수온이 낮을수록 역세척 속도는 느려진다.)

24. 다층여과지에 관한 설명으로 옳은 것은?

① 여과층의 두께는 L(층깊이)/De(유효경) 비의 합이 100 이상을 표준으로 한다.
② 여과속도는 240m/day 이하를 표준으로 한다.
③ 단층여과지를 2층화하는 것은 불가능하다.
④ 역세척속도는 낮을수록 좋다.

해설 ②항만 올바르다.
오답해설
① 여과층의 두께는 L(층깊이)/De(유효경) 비의 합이 1,000 이상을 표준으로 한다.
③ 단층여과지는 기존 설비를 충분히 파악한 뒤 2층화 할 수 있다.
④ 역세척속도는 높을수록 좋다.

정답 20. ①　21. ④　22. ④　23. ③　24. ②

25. 다층여과지에 관한 설명으로 옳은 것은?

① 여과속도는 540m/day 이상을 표준으로 한다.
② 역세척 후에 상하의 여재 간에 층 분리가 되지 않도록 최소한의 역세척 속도를 확보해야 한다.
③ 여과층의 두께는 L(층깊이)/De(유효경) 비의 합이 500 미만을 표준으로 한다.
④ 여재의 품질은 충분한 여과기능과 여과층 구성을 유지할 수 있고 위생적이어야 한다.

> 해설 ④항만 올바르다.
> 오답해설
> ① 여과속도는 240m/day 이하를 표준으로 한다.
> ② 역세척 후에 상하의 여재 간에 분리와 팽창이 적절하게 이루어져야 한다.
> ③ 여과층의 두께는 L(층깊이)/De(유효경) 비의 합이 1,000 이상을 표준으로 한다.

26. 정수처리공정 중 탁질 등 미세입자를 제거시키는 최종단계로 충분한 역세척기능을 필요로 하는 공정은?

① 플록형성 ② 혼화
③ 침전   ④ 급속여과

27. 모래층과 모래층 표면에 증식하는 미생물군에 의하여 수중의 부유물질이나 용해성 물질 등의 불순물을 포착하여 산화하고 분해하는 방법에 의존하는 정수방법은?

① 급속여과 ② 직접여과
③ 완속여과 ④ 다층여과

28. 직접여과에 관한 설명으로 옳은 것을 모두 고른 것은?

> ㉠ 응집제를 여과지에 유입되는 관로에 주입하는 방식으로 일반정수처리공정과 비교하여 응집공정 및 침전공정이 생략된 상태이다.
> ㉡ 원수수질이 양호하고 장기적으로 안정되어 있어야 한다.
> ㉢ 수질변화가 적고 비교적 양호한 수질에서는 일반정수처리공정에 비해 설치비 및 운영비가 적게 소요된다.
> ㉣ 수질변화가 크거나 최적응집제주입량이 과다한 원수에 효과적이다.

① ㉠, ㉡   ② ㉠, ㉣
③ ㉡, ㉢   ④ ㉢, ㉣

> 오답해설
> ㉠ 응집제를 여과지에 유입되는 관로에 주입하는 방식으로 일반정수처리공정과 비교하여 응집공정 및 침전공정이 생략된 상태이다. → 내부여과(인라인 여과)에 대한 설명
> ㉣ 수질변화가 크거나 최적응집제주입량이 과다한 원수에 적용이 어렵다. → 내부여과, 직접여과 모두 해당

29. 정수처리공정에서 탁질 등 미세입자를 제거시키는 가장 핵심적인 단계인 여과지의 기능으로 옳지 않은 것은?

① 탁질의 양적인 억류기능
② 충분한 역세척기능
③ 플록 형성기능
④ 수질과 수량의 변동에 대한 완충기능

> 해설 플록 형성기능은 응집조의 기능이다.

정답 25. ④ 26. ④ 27. ③ 28. ③ 29. ③

30. 여과지에서 크립토스포리디움 대책으로 옳은 것은?

① 여과재개 후 일정한 시간동안 여과수를 배출하는 시동방수설비 설치
② 약품에 의한 응집처리 생략
③ 여과수 탁도의 월 1회 감시
④ 여과지속시간 증가

해설 [크립토스포리디움에 대한 대책]
㉠ 약품에 의한 응집처리
㉡ 여과재개후 일정한 시간동안 여과수를 배출하는 시동방수설비 설치
㉢ 여과수 탁도의 상시감시
㉣ 여과를 재개할 때에 여과속도의 단계적 증가방식
㉤ 여과지속시간 단축

31. 급속여과지 하부집수장치 및 역세척에 관한 설명으로 옳지 않은 것은?

① 여과층의 세척은 역세척과 표면세척을 조합한 방식이나 역세척과 공기세척을 조합한 방식을 표준으로 하고 여과층이 유효하게 세척되어야 한다.
② 역세척에는 염소가 잔류하고 있는 정수를 사용한다.
③ 역세척유량은 역세척속도를 조정할 수 없도록 일정하게 설계하는 것이 바람직하다.
④ 하부집수장치는 균등하고 유효하게 여과되고 세척될 수 있는 구조로 한다.

해설 역세척속도의 조정을 위해 역세척 유량을 변경할 수 있도록 하는 것이 바람직하다.

32. 역세척방식 설계 시 고려해야 할 여과층 내의 탁질 억류상태에 영향을 미치는 인자를 모두 고른 것은?

> ㉠ 여과속도
> ㉡ 여과층 구성
> ㉢ 여과지속시간
> ㉣ 유입플록의 성상과 양

① ㉠, ㉡
② ㉢, ㉣
③ ㉠, ㉡, ㉢
④ ㉠, ㉡, ㉢, ㉣

33. 표면여과(표층여과)의 단점을 보완하기 위해 내부여과를 도입하고자 할 때 여재의 선택방법으로 옳은 것은?

① 여재 입경분포 폭을 크게 하고 입도를 크게 한다.
② 여재 입경분포 폭을 크게 하고 입도를 작게 한다.
③ 여재 입경분포 폭을 작게 하고 입도를 크게 한다.
④ 여재 입경분포 폭을 작게 하고 입도를 작게 한다.

34. 완속여과지의 운영에 관한 설명으로 옳지 않은 것은?

① 세균제거율이 탁월하다.
② 여과지 수심은 45~90cm로 하며, 고수위면으로부터 50cm 정도의 여유를 둔다.
③ 여과속도는 4~5m/day를 표준으로 한다.
④ 여과모래의 균등계수는 2.0이하, 유효경은 0.3~0.45mm로 하는 것이 일반적이다.

해설 여과지 수심은 90~120cm로 하며, 고수위면으로부터 30cm 정도의 여유를 둔다.

정답 30. ① 31. ③ 32. ④ 33. ③ 34. ②

35. 완속여과지의 여과층 두께와 여과모래에 관한 설명으로 옳지 않은 것은?

① 작업상 및 경제적 관점에서 모래유효경은 0.3~0.45mm가 바람직하다.
② 최대경은 2mm 이내로 최소경은 0.18mm로 하며 그 입경을 초과하는 것이 10% 이하이어야 한다.
③ 삭취만으로 여과기능을 계속하기 위한 모래층의 최초 두께 또는 보사 후의 두께는 70~90cm가 적당하다.
④ 여과수의 수질을 저하시키지 않는 모래층의 최소 두께는 약 40cm가 한계이다.

해설 최대경은 2mm 이내로 최소경은 0.18mm로 하며 그 입경을 초과하는 것이 1% 이하이어야 한다.

36. 완속여과지에 관한 설명으로 옳지 않은 것은?

① 일정 범위 내에서 합성세제는 물론 철, 망간, 페놀 등도 제거할 수 있다.
② 여과지 유입수 탁도는 20NTU 이하를 권장한다.
③ 휴믹산 등 천연의 안정한 화합물에 의한 색도는 거의 제거가 불가능하다.
④ 용존산소 농도가 낮은 물은 완속여과가 적당하지 않다.

해설 유입수의 탁도는 연중 최고일 때도 10NTU를 초과해서는 안된다.

정답 35. ② 36. ②

03 CHAPTER 미생물 제어

UNIT 01 정수지

1 총칙

① 정수시설로는 최종단계의 시설이다.
② 첨두수요 대처용량과 적절한 소독접촉시간(C·T)의 용량 등을 확보해야 한다.
③ 정수장 내에 배수지가 있으면 배수지가 정수지의 역할을 담당한다.
④ 염소혼화지가 별도로 없을 때에는 정수지가 주입된 염소를 균일하게 혼화시키는 목적도 겸한다.
⑤ 정수지 상부는 반드시 복개해야 하고 정수지는 정수장의 정지고나 예상 홍수위보다 0.6m 이상 높게 해야 한다.
⑥ 정수지 복개부는 조류나 동물, 곤충이나 쓰레기로부터 보호할 수 있도록 방수지붕으로 해야 한다.

2 구조와 수위

1) 정수지의 구조는 다음 각 항에 적합해야 한다.

① 구조적으로나 위생적으로 안전하고 충분한 내구성과 내진성 및 수밀성을 가져야 한다.
② 한랭지나 혹서시 수온 유지가 필요할 때에는 적당한 보온대책을 강구해야 한다.
③ 지하수위가 높은 장소에 축조할 경우 부력에 의한 부상방지 대책을 강구해야 한다.
④ 지수는 2지 이상으로 하는 것을 원칙적으로 한다.

2) 정수지의 수위는 다음 각 호에 적합해야 한다.

① 유효수심은 3~6m을 표준으로 한다.
② 최고수위는 시설 전체에 대한 수리적인 조건에 의해 결정해야 한다.
③ 정수지의 저수위 이하의 물은 유출되지 않도록 유출관을 설치하고 저수위 이하의 물과 바닥의 침전물을 배출할 수 있는 배출관을 설치해야 한다.

3) 정수지의 여유고와 바닥경사는 다음 각 호에 적합해야 한다.

① 고수위로부터 정수지 상부 슬래브까지는 30cm 이상의 여유고를 가져야 한다.
② 바닥은 저수위보다 15cm 이상 낮게 해야 한다.
③ 바닥에는 필요에 따라 청소 등의 배출을 위해 적당한 경사를 두어야 한다.

3 정수지의 용량

① 첨두수요대처용량은 운전최저수위 이상에서의 용량으로 1일평균소비량을 평균화시킬 수 있는 용량으로 한다.
② 소독접촉시간용량은 운전최저수위 이하에서의 용량으로 적절한 소독접촉시간(C·T)을 확보할 수 있는 용량이어야 한다.

4 유입관, 유출관 및 우회관

1) 정수지의 유입관과 유출관은 다음 각 호에 적합해야 한다.

① 지내의 물이 정체되지 않도록 지의 형상과 구조를 고려하여 그 위치를 결정해야 한다.
② 저수위 이하의 물은 어떠한 경우에도 유출관으로 유출되지 않도록 배치해야 한다.
③ 관이 정수지의 벽체를 관통하는 장소는 수밀성에 주의하고 벽의 외측 근처에 필요에 따라 가용성 신축이음관을 설치해야 한다.
④ 유입관과 유출관에는 각각 제수밸브를 설치해야 한다.
⑤ 유출관에는 필요에 따라서 긴급차단장치를 설치하는 것이 바람직하다.

2) 정수지가 1지뿐인 경우에는 다음 각 호에 적합하게 설치해야 한다.

① 정수지를 경유하지 않고 직접 송수할 수 있도록 우회관을 설치한다.
② 우회관에는 제수밸브를 설치한다.

5 월류관과 배수(排水)설비

1) 정수지의 월류설비는 다음 각 항에 따른다.

① 고수위에 설치하고 나팔관(bell mouse) 또는 위어로 한다.
② 월류능력은 지의 면적, 여유고 및 유입량을 고려하여 결정한다.
③ 월류설비의 방류지점 고수위는 정수지의 월류 수위보다 낮아야 한다.

2) 정수지의 배수(排水)설비는 다음 각 호에 의한다.

① 정수지 바닥의 최저부에 배출수관을 설치하고 여기에 제수밸브를 설치한다.
② 배수관(排水管)의 구경은 저수위 이하의 수량과 배출시간을 고려하여 결정한다.
③ 배수관(排水管) 토출구의 고수위는 정수지의 최저부보다 낮게 한다. 전량을 자연배수 할 수 없는 경우에는 배수실(排水室)을 설치하여 펌프로 배수할 수 있도록 하고, 배수된 물(청소수 포함)은 배출수처리시설로 유입하여 처리후 방류한다.

6 부식성 개선 설비

① 수돗물의 부식성이 강한 경우에는 공급과정 중 녹물발생 가능성이 높으므로 알칼리제를 주입하거나 부식억제제 주입 등으로 부식성을 개선할 수 있다.
② 시설용량 50,000톤/일 이상인 정수장의 수돗물의 부식성은 랑게리아지수(LI) 등을 이용하여 주기적으로 평가한다.
③ 랑게리아지수는 pH, 칼슘경도, 알칼리도 등을 증가시킴으로써 개선할 수 있으며 소석회+이산화탄소 주입법과 알칼리제(수산화나트륨, 수산화칼슘(소석회) 등)만 주입하는 방법 등이 있다. 최적 수돗물 부식성 개선공정은 원수수질과 랑게리아지수 목표값 등을 고려하여 선정한다.
④ 부식억제제의 기준과 규격은 환경부 수처리제 고시에 명시되어 있으며, 부식억제제는 정수장, 배수지, 저수조 등의 전후에서 주입할 수 있다.
⑤ 부식성 개선을 위한 시설 또는 공정개선을 하였을 경우에는 주기적으로 효과를 모니터링 하는 것이 바람직하다.

> **참고**
>
> ### 1) 소독에 의한 불활성화율 계산법
> ① 실제(현장) 소독능값(CT계산값)의 산정
>
> $$\text{CT계산값} = \text{잔류소독제 농도(mg/L)} \times \text{소독제 접촉시간(분)}$$
>
> ② 잔류소독제 농도는 정수지 유출부나 잔류소독제 농도측정지점에서 측정한 잔류소독제 농도값 중 최소값을 택한다.
> ③ 소독제와 물의 접촉시간은 1일 사용유량이 최대인 시간에 최초소독제 주입지점부터 정수지 유출지점 또는 불활성화비의 값을 인정받은 지점까지 측정하여야 한다.
> • 추적자시험을 통해 실제로 소독제의 접촉시간을 측정하는 때에는 접촉시간을 측정하기 위해 최초 소독제 주입지점에 투입된 추적자의 10%가 정수지 유출지점 또는 불활성화비의 값을 인정받은 지점으로 빠져 나올 때까지의 시간을 접촉시간으로 한다.
> • 이론적인 접촉시간을 이용할 경우는 정수지 구조에 따른 수리학적 체류시간 (정수지사용용량 / 시간당최대통과유량)에 〈다음 '표' 장폭비에 따른 환산계수〉를 곱하여 소독제의 접촉시간으로 한다.

〈장폭비에 따른 환산계수〉

환산계수	장폭비(L/W)
0.10	2 미만
0.20	2 이상 5 미만
0.30	5 이상 10 미만
0.40	10 이상 15 미만
0.50	15 이상 20 미만
0.60	20 이상 30 미만
0.65	30 이상 40 미만
0.70	40 이상 50 미만
0.71 이상	50 이상 경우에는 추적자 실험에 의한다.

비고 1. **장폭비** : 정수지내 일정간격으로 설치된 도류벽에 의해 산출된 실제 물 흐름 길이(L)와 물흐름(W)의 비
2. 관 흐름(Pipeline flow)인 경우의 환산계수는 1.0으로 간주한다.
 (장폭비가 크고, 유입구와 유출구에 완충기능이 있음)
3. 일정간격으로 도류벽이 설치되지 않은 경우 추적자 실험결과에 따라 산출된 환산계수 적용

> 💡 **추적자 시험** : 불활성물질을 이용하여 수리학적인 인자(유량변화, 체류시간 등)를 산출한다.
> - **추적자 시험물질(Tracer)** : 불소, 리튬, 나트륨, 염화물
> (이 중 불소는 비용이 저렴하고 분석이 간단하여 가장 많이 사용하는 추적자물질이다.)

2) 불활성화비의 계산

식 **불활성화비 = (CT 계산값 / CT 요구값)**

① 정수시설의 한 지점에서만 소독하는 경우 잔류 소독제 농도 측정지점에서 불활성화비
 (CT 계산값 / CT 요구값)를 결정하고 소독에 의한 처리기준 준수여부를 판정한다.
② 정수처리공정 또는 급수과정에서 1회 이상의 소독을 할 경우에는 각 소독단계에서 소독능값을 계산하고 각 단계별 불활성화비를 합한 값으로 소독에 의한 처리기준을 준수하는지 여부를 판정한다. 다만, 취수지점에서 정수장 정수지 유출지점 이외의 지점에 대한 불활성화비의 합산은 정수처리기준 등에 관한 규정에 의해 인증 받은 경우에 한한다.
③ 불활성화비 계산을 위한 소독능요구값(CT요구값)은 다음과 같이 산정한다.
 • 정수처리기준 표에서 측정된 pH와 온도범위에 해당하는 상하값을 찾은 후, 그 두 값을 직선화하여 측정된 pH와 온도에서의 소독능요구값을 정한다.
 • 일상적인 계산에 있어서는 소독능 산정의 편리 등을 위하여, 측정된 pH와 온도보다 낮은 온도 및 높은 pH를 찾은 후 그 값을 적용할 수 있다.

3) 정수처리기준의 준수여부 판단
계산된 불활성화비 값이 1.0 이상이면 99.99%의 바이러스 및 99.9%의 지아디아 포낭의 불활성화가 이루어진 것으로 한다.

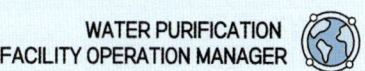

UNIT 02 소독

1 소독의 개념

> 💡 **소독이란** : 병원성 미생물을 사멸시키거나 활성을 저해시키는 과정

1) 분변성 미생물
① **세균** : 수인성 전염병을 유발하는 균이 소독대상이 된다. (이질, 콜레라, 장티푸스 등)
② **원생동물 접합자낭과 낭종** : 지아디아, 크립토스포리디움이 대표적이다. 염소소독 시 제어가 어려워 적극적이고 세심한 관리가 필요하다.
③ **바이러스** : 대부분 세균보다 제거가 어렵다.
④ **기생충 알**

2) 소독방법의 종류
① 화학약품

• 염소	• 중금속
• 오존	• 염료
• 브롬	• 비누 및 세제
• 요오드	• 암모늄 화합물
• 페놀	• 과산화수소
• 알콜	• 강알칼리(pH 11 이상) 또는 강산(pH 3 이하)

② 복사
  • UV
  • 방사선(α, β, γ, X선, 중성자)

③ 막여과

3) 소독공정 고려사항
① **접촉시간** : 소독공정에서 매우 중요한 변수이다. 유입된 모든 물이 소독제와 잘 접촉할 수 있는 공정의 구조가 중요하며, 접촉되는 시간을 충분히 제공하여야 한다.
  → 접촉시간이 길수록 소독력은 증가한다.
② **소독제의 주입농도** : 소독력에 중요한 영향을 미친다.
  → 주입농도가 높을수록 소독력은 증가한다.

③ **온도** : 화학적 약품 주입 시 온도가 높을수록 사멸속도는 빨라진다.
→ 온도가 높을수록 소독력은 증가한다.
④ **미생물의 유형** : 소독제의 효과는 미생물의 유형에 따라 영향을 받는다. 일반적으로 미생물의 성장 단계가 낮을수록 소독제의 효과는 커지고 포자형태로 될 수 있는 세균은 소독제의 효과가 매우 낮게 나타난다.

> 💡 **미생물의 종류에 따른 소독제의 저항성 크기 순서**
> 원생동물의 포낭(지아디아, 크립토스포리디움) > 바이러스 > 대장균

> 💡 **수인성미생물의 분류**
> - **원생동물** : 크립토스포리디움(Cryptosporidium 또는 Cryptosporidium parvum), 지아디아(Giardia 또는 Giardia lamblia), 엔타모에바(Entamoeba)
> - **바이러스** : 엔테로 바이러스, 노로바이러스
> - **박테리아** : 살모넬라, 이질, 콜레라

⑤ **유기물** : 유입수의 유기물 함량에 따라 소독제가 유기물을 산화하는데 사용되어 소독제의 양을 증가시키기도 하고, 유기물은 소독제와 결합해 유해물질(THMs, HAAs 등)을 생성하기도 한다.
⑥ **CT** : 소독제의 잔류농도(C) × 접촉시간(T)으로 일반적인 수인성병원균 뿐 아니라 지아디아(Giardia)와 크립토스포리디움(Cryptosporidium)까지 제어하려면 충분한 CT가 필요하다. 따라서 안전한 소독과정을 위해서는 충분한 소독제의 양만 필요한 것이 아니라 충분한 접촉시간이 동시에 있어야 한다는 의미이다.
⑦ **소독부산물(DBPs)** : 염소와 오존과 같은 산화제는 소독부산물(DBPs)를 생성할 수 있다. 염소는 트리할로메탄(THMs)과 할로아세틱산(HAAs)을 생성할 우려가 있으며, 오존은 알데하이드나 산물질을 생성할 우려가 있다.

2 소독설비

1) 염소제의 종류, 주입량 및 주입장소
① 염소제의 종류는 처리수량, 취급성, 안전성 등을 고려하여 적절한 것으로 선정한다.
② 주입량은 다음 각 호에 따른다.
　㉠ 주입률은 물의 염소소비량, 염소요구량, 관로 등에 의한 소비량을 고려하여 수도꼭지에서의 잔류염소농도가 「수도시설의 청소 및 위생관리 등에 관한 규칙」에 적합하도록 결정한다.
　㉡ 염소제를 용해 또는 희석하여 사용할 경우의 농도는 주입량과 취급성 등을 고려하여 결정한다.
　㉢ 주입량은 처리수량과 주입률로부터 산출된다.
③ 주입지점은 착수정, 염소혼화지, 정수지의 입구 등 잘 혼화되는 장소로 한다.
④ 정수장 밖에서 염소를 추가주입해야 할 필요성이 있는 경우에는 배수지나 관로시설 등에 추가주입설비를 설치한다.

⑤ **염소소독의 특징**

㉠ 장단점

구분	장점	단점
염소	• 잔류성이 있다. • 수인성 전염병 살균력이 좋다. • 보관이 용이하고, 가격이 저렴하다.	• THM 생성 • pH와 온도에 따라 살균력이 변화한다. • 페놀계와 접촉 시 독성이 증가되고 악취가 심하다.

㉡ 유리잔류염소
- 종류 : $HOCl$, OCl
- 낮은 pH에서 생성되며, 살균력이 강하다.
- $HOCl$이 OCl보다 80배 살균력이 높다.

반응식 $Cl_2 + H_2O \rightarrow HOCl + HCl$
$Cl_2 + H_2O \rightarrow HOCl + H + Cl$
$HOCl \rightarrow OCl + H$

㉢ **결합잔류염소(Chloramine)** : 수중의 암모니아나 유기질소가 염소와 반응하여 존재
- 종류
  - 모노클로라민(NH_2Cl) : pH 8.5 이상에서 발생

    식 $HOCl + NH_3 \rightarrow H_2O + NH_2Cl$

    → 가장 안정적이고 살균 효과가 있는 결합잔류염소
  - 다이클로라민($NHCl_2$) : pH 4.5~8.5 이상에서 발생

    식 $HOCl + NH_2Cl \rightarrow H_2O + NHCl_2$
  - 트리클로라민(NCl_3) : pH 4.4 이하에서 발생

    식 $HOCl + NHCl_2 \rightarrow H_2O + NCl_3$

- 살균력은 약하나 소독 후 물에 취미를 주지 않고, 살균작용이 오래 지속된다.
- 모노클로라민과 다이클로라민을 결합잔류염소라 한다.

㉣ 살균력과 관계되는 인자
- 온도가 높을수록 높다.
- 반응 시간이 길수록 높다.
- 주입 농도가 높을수록 높다.
- pH가 낮을수록 높다.

ⓜ 살균력의 크기 : HOCl > OCl > 클로라민

ⓗ **염소주입량** : 물 속의 유해균을 살균하고 관 속에 존재할 수 있는 2차 오염에도 대비할 수 있게 존재하는 잔류량까지를 포함한 양

> 식 **염소주입량 = 염소요구량 + 염소잔류량**

- 정수처리 시 잔류염소 농도 : 0.2ppm

ⓐ **THM(트리할로메탄)** : 메탄(CH_4)에 수소자리 중 세자리를 할로겐원소가 차지하여 만들어지는 오염물질로, 주로 유기물과 유리염소가 만나 발생한다.
- **종류** : 클로로포름($CHCl_3$), 브로모디클로로메탄($CHBrCl_2$), 디브로모클로로메탄($CHBr_2Cl$) 등
- 75% 이상이 클로로포름으로 존재
- **제거방법** : 침전, 여과, 응집, 오존산화, 활성탄 흡착으로 전구물질[1] 제거, 오존 또는 이산화염소, UV로 살균방법대체
- 트리할로메탄 발생 증가조건
    - 유기물의 농도가 높을 때
    - 처리수의 pH가 높을 때
    - 염소 접촉시간이 길 때
    - 잔류염소량이 많을 때

2) 저장설비

① 액화염소의 저장량은 항상 1일사용량의 10일분 이상으로 한다.
② 액화염소의 용기에 의한 저장설비는 다음 각 호에 따른다.
  ㉠ 용기는 50kg, 100kg, 1ton 용기를 사용하며 법령에 의한 각종검사에 합격하고 등록증명서가 첨부되었거나 등록번호가 각인된 것이라야 한다.
  ㉡ 용기는 40℃ 이하로 유지하고 직접 가열해서는 안 된다.
  ㉢ 용기를 고정시키기 위하여 용기가대를 설치하고, 1ton 용기를 사용할 경우에는 용기의 반·출입을 위한 리프트장치를 설치한다.
    - 특정고압가스 사용시설 : 액화염소를 250kg 이상 저장하고 소비하는 시설로 사용개시 7일 전까지 시장·군수·구청장에게 신고하여야 한다.
    - 고압가스 저장소 : 액화염소 1,000kg 이상 저장하는 시설을 말하며 시장·군수·구청장의 설치허가를 받는다.
    - 고압가스 제조시설 : 저장 능력 또는 처리능력이 1,000kg 이상인 액화염소를 제조하는 경우에는 특별자치도지사·시장·군수·구청장의 허가를 받아야 한다.
③ 액화염소저장조의 저장설비는 다음 각 호에 적합해야 한다.
  ㉠ 액화염소를 저장조에 넣기 위한 공기공급장치를 설치해야 한다.

---

[1] 전구물질 : 어떤 물질을 생성하는 데 필요한 재료가 되는 물질

  ⓒ 저장조 본체는 법령에 따라 각종 검사에 합격한 것이라야 한다.
  ⓒ 저장조는 비보냉식으로 하며 밸브 등의 조작을 위한 조작대를 설치한다.
  ⓔ 저장조는 2기 이상 설치하고 그 중 1기는 예비로 한다.
 ④ 액화염소 저장실은 다음 각 호에 적합해야 한다.
  ㉠ 실온은 10~35℃를 유지하고 출입구 등을 통하여 직사일광이 용기에 직접 닿지 않는 구조로 한다.
  ⓒ 내진 및 내화성으로 하고 안전한 위치에 설치한다.
  ⓒ 습기가 많은 장소는 피하고 외부로부터 밀폐시킬 수 있는 구조로 하며 두 방향에 출입문을 설치하고 환기장치를 설치한다.
   • 누출가스를 중화하는 제해장치의 흡인구는 바닥 하부에 설치한다.
  ⓔ 저장조가 설치된 저장실 출입구는 기밀구조로 하고 이중출입문을 설치한다.
  ⓜ 방액제와 피트를 설치하여 누출된 액화염소의 확산을 방지하는 구조로 한다.
   • 누출된 액화염소가 실외로 유출되는 것을 방지하기 위하여 방액제를 설치해야 한다.
   • 누출된 액화염소가 증발되고 기화되는 것이 적도록 하기 위하여 피트(pit)를 설치해야 한다.
  ⓗ 염소주입기실과 분리하고 용기의 반출입이 편리한 위치로서 감시하기 쉬운 곳에 설치한다.
 ⑤ 차아염소산나트륨의 저장설비는 다음 각 호에 적합해야 한다.
  ㉠ 저장조 또는 용기로 저장하고 2기 이상 설치한다. (소용량을 저장할 경우 용기를 사용)
  ⓒ 저장조 또는 용기는 직사일광이 닿지 않고 통풍이 좋은 장소에 설치한다.
   • 차아염소산나트륨은 직사일광, 특히 자외선으로 분해된다.
   • 온도상승과 함께 유효염소농도가 저하된다.
  ⓒ 저장조의 주위에는 방액제(防液堤) 또는 피트를 설치한다.
   산류나 응집제 등의 산과 반응하여 염소가스가 발생하기 때문에 누출되는 경우에 확산을 방지하기 위하여 방액제 또는 피트를 설치하여야 한다.
  ⓔ 저장실은 필요에 따라 환기장치 또는 냉방장치를 설치한다.
  ⓜ 저장실의 바닥은 경사를 주고 내식성 모르타르 등으로 시공한다.
   (저장조실에는 누액검지기를 설치한다.)
 ⑥ 기타 염소제의 저장은 차아염소산나트륨의 저장설비와 같게 한다.

3) 주입설비

 ① 염소제 주입설비는 다음 각 호에 따른다.
  ㉠ 용량은 최대에서 최소주입량에 이르기까지 안정되고 정확하게 주입할 수 있어야 하며 예비기를 설치한다.
  ⓒ 구조는 내부식성과 내마모성이 우수하고 보수가 용이한 구조로 한다.
  ⓒ 배치는 점검정비가 용이하게 배치한다.
 ② 액화염소 주입설비는 다음 각 호에 적합해야 한다.
  ㉠ 사용량이 20kg/h 이상인 시설에는 원칙적으로 기화기를 설치한다.
   → 기화능력은 최대 염소사용량으로 한다.

ⓛ 염소주입기실은 지하실이나 통풍이 나쁜 장소를 피하고 가능한 주입지점에 가깝고 주입점의 수위보다 높은 실내에 설치한다.
ⓒ 염소주입기실은 내진성과 내화성으로 하고 상부에 환기구를 설치하며 바닥은 콘크리트로 하고 한랭시에도 실내온도를 항상 15~20℃로 유지되도록 간접보온장치를 설치한다.
② 주입기실의 면적은 주입설비의 조작에 지장이 없는 넓이로 한다.
ⓜ 주입량과 잔량을 확인하기 위하여 계량설비를 설치한다.
③ 차아염소산나트륨용액 주입장치는 다음 각 호에 따른다.
ⓛ 주입장치가 자연유하방식인 경우에는 주입에 필요한 위치수두를 확보한다.
ⓒ 주입장치는 가능한 주입점에 가까운 장소의 실내에 설치한다.
• 염소가스의 확산을 방지하기 위하여 제해장치의 흡입구는 주입기실(室) 바닥의 하부에 위치시킨다.

4) 제해설비

① 저장량 1,000kg 미만의 시설에서는 염소가스누출에 대비하여 중화 및 흡수용 제해제를 상비하고 가스누출 검지경보설비를 설치하는 것이 바람직하다.
→ 저장량 1,000kg 미만의 소규모 시설에서도 염소가스는 극히 독성이 강하기 때문에 누출에 대비하여 방독이나 제해 조치를 강구해야 한다. 따라서 소규모 시설에서도 검지경보설비와 소형 제해장치를 갖추는 것이 바람직하다.
② 저장량 1,000kg 이상의 시설에서는 염소가스누출에 대비하여 가스누출검지경보설비, 중화반응탑, 중화제 저장조, 배풍기 등을 갖춘 중화장치를 설치한다.

> **세부사항**
>
> 액화염소를 1,000kg 이상 저장하고 소비하는 시설에서는 다음과 같은 제해조치를 강구해야 한다.
> ⓛ **가스누출 검지 경보설비**
> ⓒ **중화설비**(중화제 : 수산화나트륨)
>   (1) 수산화나트륨용액의 저장량 : 저장량은 기준 등에서 정한 양 이상으로 하고 중화처리되는 염소의 양으로 정한다. 농도는 10~20%의 범위로 한다.
>   (2) 처리능력 : 중화설비의 처리능력은 1시간에 염소가스를 무해가스로 처리할 수 있는 양(kg/h)으로 표시한다. 용기에 저장하는 경우의 처리능력은 500kg/h 또는 1,000kg/h, 저장조에 저장하는 경우는 1,000kg/h 이상이 일반적이다.
>   (3) 배풍기 : 누출된 염소가스를 중화반응탑에 송풍할 목적으로 설치되며 염소누출속도(kg/min), 실내유효용적 등을 고려하여 용량을 결정한다.
>   (4) 송액펌프 : 중화반응탑에 수산화나트륨용액을 이송하는 펌프이며, 용량은 상정(想定)된 염소가스누출속도(kg/min)에 대하여 수산화나트륨이 100% 반응하였을 때의 이론치의 4배 이상으로 한다.
>   (5) 중화반응탑 : 수산화나트륨용액과 염소가스를 기액반응으로 중화시키는 장치
>   가) 충전탑식
>   나) 회전흡수방식
>   다) 경사판방식

③ 중화장치능력은 누출된 염소가스를 충분히 중화하여 무해하게 할 수 있어야 한다.

제해처리한 다음의 방출염소가스 농도는 조례나 기준 등으로 최고농도가 정해져 있는 경우가 있으므로 이에 적합해야 하며, 외국의 경우 중화반응탑의 방출구에서 10mg/L 이하, 정수장 등의 경계선에서 0.1mg/L 이하로 하는 예가 있다.

> 💡 **공통사항**
> 염소가스의 제해설비는 법령으로 규제되고 있으나 염소가 누출될 경우 효과적으로 중화처리하고 2차 재해를 방지하며 염소주입이 중단되는 것을 방지할 수 있도록 설비능력은 기준보다 여유를 갖는 것이 바람직하다. 염소가스가 누출되었을 때의 제해설비로는 확산방지설비, 가스누출검지경보설비(이하 검지경보설비라 한다), 제해장치, 흡수제 및 보안용구 등이다.

5) 이산화염소 주입

이산화염소처리와 관련된 시설은 원수수질과 처리목적에 따라 문헌이나 실험결과 등을 기초로 하여 결정해야 하며 유해부산물의 생성에 유의해야 한다.

(1) 특징

① 이산화염소는 불안정한 물질로서 대기 중에 4% 이상 존재하면 폭발하기 때문에 저장과 수송에 위험이 따르므로 현장에서 발생시켜 사용해야 한다.
② 이산화염소는 독특한 냄새를 갖는 연황색의 액체로 어는점이 -15℃, 끓는점이 105℃이며 비중은 1.05~1.15(20℃)
③ 유리염소에 의한 THM생성을 피하기 위한 대체소독제
④ 맛과 냄새를 제어하고 철분과 망간을 산화하며 트리할로메탄(THMs)과 HAAs를 제어하기 위한 수도용 소독제로 사용
⑤ 소독력이 우수하며, 잔류효과도 양호
⑥ 수중 암모니아와는 반응하지 않음
⑦ 소독부산물로 아염소산이온(ClO_2)과 염소산이온(ClO_3) 생성

(2) 장단점

장점	단점
• 세균 및 지아디아, 크립토스포리디움, 바이러스에 대해 염소보다 더 효과적임 • pH에 영향을 받지 않음 • 적절한 생성 조건에서는 할로겐 DBPs가 형성되지 않음(클로로포름, 브로모포름 등) • 황화물 산화(황화물로 인한 악취제어도 가능) • 잔류성이 있음	• 불안정성이 크며, 현장에서 제조해야 함 • 철, 마그네슘 및 기타 무기물 산화(소독제 소비) • 유기물 산화(소독제 소비) • 아염소산염과 염소산염과 같은 DBPs의 형성 • 할로겐 DBPs 형성의 잠재성 • 햇빛에 분해됨 • 악취의 형성을 야기 • 처리된 유출수의 TDS 농도 증가

6) 전염소 · 중간염소처리

> 💡 **용어정리**
> - **전염소처리** : 응집/침전 이전의 처리과정에서 염소주입
> - **중간염소처리** : 침전지와 여과지의 사이에서 염소주입
> - **후염소처리(일반염소주입공정)** : 정수처리 최종 후단에서 염소주입
> - **재염소처리** : 정수된 물이 관말까지 도달하는데 급수관망이 긴 경우 관망의 적당한 지점에서 추가적으로 염소주입(관망에서 잔류염소의 지속적인 모니터링 요구)
>   → 정수지를 지나 배수지와 배수관로에서 추가적으로 염소주입 고려

① 전염소 / 중간염소처리의 목적

   ㉠ **세균제거** : 여과전에 세균을 감소시켜 안전성을 높이며 침전지나 여과지의 내부를 위생적으로 유지

   ㉡ **생물처리** : 조류, 소형동물, 철박테리아 등의 생물을 사멸시키고 시설 내에서의 번식을 방지

> 💡 **처리대상 조류**
> - 전염소처리 : 멜로시라(Melorsira), 시네드라(Synedra)
> - 중간염소처리 : 마이크로시스티스(Microcystis), 아나베나(Anabaena), 포르미디움(Phormidium)

   ㉢ **철과 망간의 제거** : 원수 중에 철과 망간이 용존하여 후염소처리시 탁도나 색도를 증가시키는 경우에는 미리 전염소 또는 중간염소처리하여 불용해성 산화물로 존재 형태를 바꾸어 후속공정에서 제거

   ㉣ **암모니아성질소와 유기물 등의 처리** : 암모니아성질소, 아질산성질소, 황화수소, 페놀류, 기타 유기물 등을 산화

   ㉤ **맛과 냄새의 제거**
      - 황화수소의 냄새, 하수의 냄새, 조류 등의 냄새 등을 제거하는데 효과적
      - 종류에 따라서 염소의 맛과 냄새를 더 강하게 하거나 새로운 냄새를 유발시키는 경우가 있음

> 💡 **처리 시 주의사항**
> - **트리할로메탄(THMs)의 생성** : 원수 중에 부식질 등의 유기물이 존재하면 유리잔류염소와 반응하여 트리할로메탄을 생성시키기 때문에 응집/침전으로 부식질을 어느 정도 제거하고 중간염소처리를 하는 것이 바람직
> - **완속여과방식의 경우** : 완속여과방식에서는 염소가 여과막생물에 나쁜 영향을 미치므로 원칙적으로 전염소/중간염소처리를 하지 않음

② 전염소처리

   ㉠ 염소제 주입점은 취수시설, 도수관로, 착수정, 혼화지, 염소혼화지 등으로 교반이 잘 일어나는 지점으로 한다.
      - 암모니아성질소를 파괴하기 위하여 전염소처리를 할 경우에는 반응시간을 충분히 확보하기 위하여 염소혼화지를 별도로 설치하거나 착수정 이전에서 주입하는 방식을 고려할 수 있다.
      - 파괴점 이후에 잔류가능한 염소는 필요에 따라 탈염소공정의 추가를 고려한다.

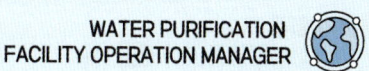

　　ⓛ 염소제 주입률은 처리목적에 따라 필요로 하는 염소량 및 원수의 염소요구량 등을 고려하여 산정한다.
　　　가. 처리목적에 따라 필요로 하는 염소량
　　　　이론상 철이온 1mg/L를 산화시키기 위해서는 0.63mg/L의 염소가 필요하며, 망간이온에 대해서는 1.29mg/L, 암모니아성질소에 대해서는 7.6mg/L의 염소가 필요하다.
　　　나. 일정한 장소에서 유지해야 할 잔류염소농도
　　　　여과수에서 유지해야 할 잔류염소농도는 소독을 목적으로 할 경우는 0.1~0.2mg/L 정도, 망간처리를 목적으로 할 경우에는 0.5mg/L 정도이다.
　　　다. 침전지 등의 시설에서 소비되는 염소량
　　　　수중의 염소는 직사일광을 받으면 분해되기 때문에 계절, 날씨, 주야, 고속침강장치의 유무, 침전지의 형식 등에 따라 소비되는 양이 다르다. 또 염소와 분말활성탄을 동시에 주입하면 활성탄에 의하여 염소가 감소된다. 따라서 이러한 사항 등을 고려하여 플록형성지와 침전지 등의 시설에서 소비되는 염소량을 추정한다.
　　　라. 원수의 염소요구량
　　　　전염소처리는 통상 암모니아성질소를 제거할 목적으로 처리하는 경우가 많으며, 이 경우 파괴점 염소처리가 일반적이다. 따라서 원수의 수질변동기를 포함하여 염소요구량을 측정한다.
　　　　일반적으로 염소주입률은 원수 중의 암모니아성질소 농도의 약 10배 내외가 되며 여과수에서의 유리잔류염소 0.5mg/L 정도의 유지가 대체적인 목표이다. 그러나 원수수질과 처리목적, 후속 입상활성탄흡착공정의 유무 등에 따라 다르므로 위의 가~라를 참고로 하여 주입률의 범위(최고, 최저, 평균)를 결정하고 과도한 주입이 되지 않도록 배려해야 한다.
　　ⓒ 염소제의 종류, 주입량, 저장·주입·제해설비 등에 관해서는 소독설비에 준한다.
　③ **중간염소처리**
　　ⓞ 염소제 주입지점은 침전지와 여과지 사이에서 잘 혼화되는 장소로 한다.
　　　• 주입지점에 염소혼화지를 설치하는 방식이 바람직하지만, 새로이 염소혼화지를 설치하는 것이 불가능한 경우에는 주입한 염소제가 잘 혼화되는 장소를 선정해야 한다.
　　　• 침전지의 경사판이나 집수장치 등의 부속설비에서 조류 등의 번식으로 인한 장애가 우려되는 경우나, 번식된 조류가 떨어져 나옴으로써 여과장애의 우려가 있는 경우에는 간헐적인 전염소처리를 할 수 있는 설비가 바람직하다. 또한 물로 세척할 수 있는 세척장치를 설치하는 것이 바람직하다.
　　　• 중간염소처리를 기본으로 할 경우에는 원수에 용해성망간이 일정한 농도 이상 존재할 때 망간모래에 의한 접촉산화만으로는 제거하기 곤란하고 장애가 발생할 우려가 있다. 이러한 경우에는 전염소처리로 바꾸거나 이산화염소나 오존 등의 산화제를 주입할 필요가 있다.
　　ⓛ 염소제 주입률은 전염소처리 같은 방법으로 한다.
　　ⓒ 염소제의 종류, 주입량, 저장·주입·제해 설비 등에 관해서는 소독설비에 준한다.

7) 폭기방식

① **분수식 폭기장치는 다음 각 항에 따른다.**

　㉠ 노즐은 분무된 물과 공기가 잘 접촉되게 설치한다.
　㉡ 노즐은 처리하고자 하는 물을 균등하게 분출되도록 배치한다.
　㉢ 폭기실은 물방울의 비산을 방지하는 구조로 하고 2실 이상 설치한다.

② **충전탑식 폭기장치는 다음 각 항에 부합되도록 한다.**

　㉠ 충전탑의 구조는 수직원통형으로 하고 내식성 자재를 사용한다.
　㉡ 충전재는 공극률이 크고 공기저항이 적으며 내식성으로 기계적 강도가 높아야 한다.
　㉢ 충전탑의 직경은 공기의 유속을 감안하고 충전층의 높이는 용량계수 등을 고려하여 결정한다.
　㉣ 기액비(기체와 액체의 비)는 원칙적으로 실험에 의하여 결정한다.
　㉤ 송풍기는 충전탑의 공기유입부 쪽에 설치하고 소요동력은 풍량과 충전재 등에 의한 압력 손실을 고려하여 결정한다.

8) 오존처리설비

① **목적**

THMs와 HAAs의 전구물질을 저감시키는 전처리산화제로는 물론이고 염소보다 훨씬 강한 오존의 산화력을 이용한 대체소독제로서 소독과 함께 맛·냄새물질 및 색도의 제거, 소독부산물의 저감 등을 목적으로 한다.

② **장단점**

장점	단점
• 대부분의 바이러스, 지아디아, 크립토스포리디움에 대해 염소보다 효과적임 • 맛, 냄새물질, 색도제거의 효과가 우수 • 유기물질의 생분해성을 증가시켜 유기물을 부분적으로 산화시키며 난분해성 유기물질의 생분해성을 증대시켜 후속공정인 입상활성탄처리의 처리성을 향상시킴 • 염소요구량을 감소(염소주입 전 오존 주입시) • pH에 영향을 받지 않음 • 염소소독보다 짧은 접촉시간 • 철, 망간, 황화물 산화 • 더 적은 공간이 요구됨 • 용존산소증가에 기여 • 과다 주입 시 미량유기물의 제거기능 • 용존고형물(TDS)를 증가시키지 않음	• 잔류효과 없음 • 낮은 주입량에서는 몇몇의 바이러스와 포자 및 낭종의 불활성화가 어려움 • DBPs 형성(알데하이드류와 산류) • 철, 마그네슘 및 기타 무기물 산화(소독제 소비) • 유기물 산화(소독제 소비) • 방출가스의 처리필요(배오존처리설비 필요) • 수온이 높아지면 용해도가 감소하고 분해가 빨라짐 • 안전성 문제 • 높은 부식성과 독성 • 많은 에너지 소비 • 상대적으로 비쌈

※ 배오존 : 물에 녹지 못한 오존 가스

③ 오존처리공정의 배열과 주입률
  ㉠ 오존주입지점은 처리대상물질과 처리목적 등에 따라 선정한다.
    • 냄새와 색도제거를 목적으로 하는 경우
    • 응집효과의 개선을 목적으로 하는 경우
    • 유기염소화합물의 생성저감을 목적으로 하는 경우
  ㉡ 오존주입률은 원수수질의 현황과 장래의 수질예측, 다른 수도시설에서의 실시. 예, 문헌, 실험결과 등을 근거로 하여 결정한다.
  ㉢ 오존주입량은 처리수량에 주입률을 곱하여 산정한다.
    • 주입된 오존은 일부가 용존되지 못하고 가스상태로 배출되므로 밀폐된 연속식 실험장치를 이용하여 처리대상물질에 대하여 실험하고 주입점의 수와 주입위치 등을 정한다.
    • 오존의 유효주입률은 직접 측정하기 어려우므로 주입오존농도와 배오존농도를 측정하여 수중에서 이용된 양을 산출한다.
  ㉣ 오존주입률 결정은 실시간 수질을 반영하여 주입할 수 있는 방법을 선정한다.
    • C · T 일정제어방식
    • 총유기탄소 대비 오존주입률결정방식
    • 오존소비특성을 이용한 오존요구량의 일정제어방식

④ 오존을 기반으로 하는 고도산화법(AOP)
  ㉠ 오존/high pH
  ㉡ 오존/과산화수소(펜턴)
  ㉢ O_3/UV
  ㉣ O_3/TiO_2
  ㉤ O_3/전자빔

9) 자외선 소독설비

주파장 253.7nm인 자외선을 병원성 미생물에 조사하여 화학변화를 일으킴으로써 핵산의 회복기능이 상실되는데 기인한다고 알려져 있다.

① 장단점

장점	단점
• 효과적인 소독제 • 유해 화학물질의 불필요 • 잔류독성 없음 • 대부분의 바이러스, 포자 및 낭종의 불활성화에 염소보다 더 효과적임 • 소독부산물(DBPs)과 총 용존고형물(TDS)의 생성이 없음 • 염소 소독보다 적은 공간을 소요(별도의 건물 불필요) • 미량의 유기물을 감소시킬 수 있음 • 오존에 비해 유지관리비가 낮음	• 잔류성 없음 • 많은 에너지 소비 • 낮은 주입량에서는 몇몇의 바이러스와 포자 및 낭종의 불활성화가 어려움 • 시설비가 상대적으로 비쌈(점차 내려가는 추세) • 석영관의 물 때 제거 필요 • UV lamp의 오염(파울링) • 수은의 존재 때문에 lamp 처분에 문제가 있음

② 자외선 소독시설의 구성
  ㉠ 장치능력은 일최대급수량에 의하여 정하되, 여유율을 고려하도록 한다.
  ㉡ 자외선투과율은 70% 이상을 표준으로 한다.

③ 자외선 램프의 종류
  ㉠ 저압(고출력을 포함) 자외선 램프
  ㉡ 중압자외선 램프

④ 장치의 형식
  ㉠ 설치방식은 수로방식 및 탱크방식으로 대별된다.
  ㉡ 조사방식은 접촉식 및 비접촉방식으로 구분된다.
  ㉢ 램프의 설치방법은 수평과 수직의 두 가지 방법이 있다.
  ㉣ 램프와 유수의 관계는 평행 또는 직각으로 구분된다.

> 💡 기타 소독제별 특징 정리
>
> [CT(소독제농도 × 접촉시간) 요구값 순서]
> **오존 < 유리잔류염소 < 이산화염소 < 오존**
>
> [Chick의 법칙 – 1차 반응]
>
> 식 $\ln\left(\dfrac{C_t}{C_o}\right) = -k \cdot t$

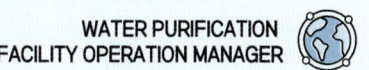

기출문제로 다지기 — CHAPTER 03 미생물 제어

01. 차아염소산나트륨의 저장에 관한 설명으로 옳은 것은?

① 차아염소산나트륨은 온도 상승 시 유효염소농도가 높아진다.
② 저장실의 바닥은 평평하게 내식성 모르타르 등으로 시공한다.
③ 저장조 주위에는 방액제 또는 피트를 설치한다.
④ 수소가스가 차아염소산나트륨과 분리되어 대기중으로 배출되지 않도록 확산방지에 유의한다.

해설 ③항만 올바르다.
오답해설
① 차아염소산나트륨은 온도 상승 시 유효염소농도가 저하된다.
② 저장실의 바닥은 경사를 주고 내식성 모르타르 등으로 시공한다.
④ 염소가스가 차아염소산나트륨과 분리되어 대기중으로 배출되지 않도록 확산방지에 유의한다.

02. 차아염소산나트륨 저장 시 증가하는 물질은?

① 클로레이트
② 알데히드
③ HAAs(Haloacetic acids)
④ HANs(Halaacetonitriles)

해설 차아염소산나트륨 저장시 염소(클로레이트, Chlorate)가스가 발생한다.

03. 소독제의 저장 및 주입설비 기준에 관한 설명으로 옳지 않은 것은?

① 액화염소의 저장조는 비보냉식으로 하며, 밸브 등의 조작을 위한 조작대를 설치하여야 한다.
② 차아염소산나트륨 용액의 주입방식에는 자연유하식, 인젝터방식 및 펌프방식이 있다.
③ 염소 사용량이 5kg/h 이상인 시설에는 원칙적으로 기화기를 설치하여야 한다.
④ 염소제 주입설비는 기계용량의 60~80% 범위내로 운전하는 것이 안전하다.

해설 염소 사용량이 20kg/h 이상인 시설에는 원칙적으로 기화기를 설치하여야 한다.

04. 정수지에 관한 설명으로 옳지 않은 것은?

① 여과수량과 송수량의 불균형을 조절하고 완화시킨다.
② 정수지는 정수장의 정지고나 예상 홍수위보다 0.6m 이상 높게 한다.
③ 환산계수는 장폭비가 큰 완전혼합 흐름에서 최댓값 1.0을 갖는다.
④ 정수지 바닥은 저수위보다 15cm 이상 낮게 해야 한다.

해설 환산계수는 장폭비가 큰 관 흐름(Pipeline flow, 플러그 흐름)에서 1.0을 갖는다.

 정답 01. ③　02. ①　03. ③　04. ③

05. 병원성미생물 제거율 및 불활성화비 계산방법에 관한 설명으로 옳지 않은 것은?

① 불활성화비는 CT계산값을 CT요구값으로 나눈 값이다.
② CT계산값은 잔류소독제 농도(mg/L)와 소독제 접촉시간(분)을 곱한 것이다.
③ 추적자 시험의 경우 투입된 추적자의 10%가 정수지 유출지점 또는 불활성화비의 값을 인정받는 지점으로 빠져 나올 때까지의 시간을 접촉시간으로 한다.
④ 이론적 접촉시간을 이용할 경우 정수지 구조에 따른 수리학적 체류시간 (시간당최소통과유량 / 정수지사용용량)에 환산계수를 곱해 소독제 접촉시간으로 한다.

해설 이론적 접촉시간을 이용할 경우 정수지 구조에 따른 수리학적 체류시간 (정수지사용용량 / 시간당최대통과유량)에 환산계수를 곱해 소독제 접촉시간으로 한다.

06. 생산량 100,000m³/d인 정수장에서 염소 240kg/d가 요구된다. 잔류염소 농도를 0.4mg/L로 유지하고자 할 때 염소주입량(kg/d)은? (단, 주입염소의 순도는 80%로 가정한다.)

① 300   ② 350
③ 400   ④ 450

해설 **식** 염소주입량 = 요구량 + 잔류량

- 요구량 = $240 kg/day$
- 잔류량 = $\frac{0.4mg}{L} \times \frac{100,000m^3}{day} \times \frac{1kg}{10^6 mg} \times \frac{10^3 L}{1m^3}$
  $= 40 kg/day$

∴ 염소주입량 $= 240 + 40 = 280 \times \frac{1}{0.8}$ (순도 보정)
$= 350 kg/day$

07. 원수 중에 망간이온이 2mg/L 포함되어 있고, 원수 유입량이 50,000m³/d인 경우 망간이온의 산화처리를 위해 필요한 최소 염소소요량(kg/d)은? (단, 망간이온 1mg/L당 염소 소요량 1.29mg/L로 가정한다.)

① 64.5   ② 129
③ 12,900 ④ 64,500

해설 **식** 염소 소요량 = 농도×유량

∴ 염소 소요량
$= \frac{2mg}{L} \times \frac{50,000m^3}{day} \times \frac{1.29mg(Cl)}{1mg(Mn)} \times \frac{10^3 L}{1m^3} \times \frac{1kg}{10^6 mg}$
$= 129 kg/day$

08. 유량이 800m³/d인 상수원수에 포함된 암모니아성 질소 2mg/L를 파괴점 염소주입법에 의하여 이론적으로 제거할 경우 필요한 염소소요량(kg/d)은?

① 1.52   ② 3.04
③ 6.08   ④ 12.16

해설 **식** 염소 소요량 = 농도×유량
반응식 $2NH_3^{-N} + 3Cl_2 \rightarrow 6HCl + N_2$

∴ 염소 소요량
$= \frac{2mg}{L} \times \frac{800m^3}{day} \times \frac{3 \times 71(Cl_2)}{2 \times 14(NH_3^{-N})} \times \frac{10^3 L}{1m^3} \times \frac{1kg}{10^6 mg}$
$= 12.17 kg/day$

09. 염소소독 공정에서 염소요구량이 2mg/L인 물에 잔류염소 농도가 0.3mg/L가 되도록 소독을 하려고 한다. 1일 유입 수량이 25,000m³/d 일 때 염소주입량(kg/d)은?

① 7.5   ② 42.5
③ 50   ④ 57.5

정답 05. ④   06. ②   07. ②   08. ④   09. ④

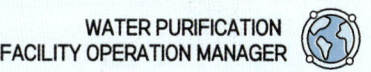

해설 식 염소주입량 = 요구량 + 잔류량
- 요구량 = $2mg/L$
- 잔류량 = $0.3mg/day$
∴ 염소주입량
$$= \frac{(2+0.3)mg}{L} \times \frac{25,000m^3}{day} \times \frac{10^3 L}{1m^3} \times \frac{1kg}{10^6 mg}$$
$$= 57.5 kg/day$$

10. 정수처리기준에 관한 설명으로 옳은 것을 모두 고른 것은?

> ㉠ 병원성미생물의 직접 수질검사는 경제적, 기술적으로 어렵다.
> ㉡ 여과공정의 탁도와 소독공정의 불활성화비를 충족하여야 한다.
> ㉢ CT요구값은 관계법령에서 산출값이 주어진다.
> ㉣ CT계산값에서 정수지 수위는 최고치를 적용한다.

① ㉠, ㉡　　② ㉢, ㉣
③ ㉠, ㉡, ㉢　　④ ㉠, ㉡, ㉢, ㉣

오답해설 ㉣ CT계산값에서 정수지 수위는 최소 수위를 적용한다.

11. 정수장에서 사용되는 탈염소제로 옳은 것은?

① 염화칼슘　　② 티오황산나트륨
③ 염화제2철　　④ 황산알루미늄

해설 일반적으로 사용하는 탈염소제는 이산화황, 아황산나트륨, 황산나트륨, 티오황산나트륨 등이 있다.

12. 정수장의 추적자 시험에 사용되는 Tracer가 아닌 것은?

① 불소　　② 리튬
③ 아르곤　　④ 나트륨

해설 추적자 물질(Tracer)에는 불소, 리튬, 나트륨, 염화물이 사용된다.

13. 다음은 어떤 추적자 실험의 물질에 관한 설명인가?

> - 비용이 저렴하고 분석이 간단하다.
> - 가장 많이 사용하는 추적자 물질이다.
> - 강산성으로 취급에 주의가 필요하다.

① 리튬　　② 불소
③ Sodium　　④ Rhodamine WT

14. 염소소독 공정에서 잔류염소 농도가 0.5mg/L에서 3분 만에 90%의 세균이 살균된다면 99.5% 살균을 위해 필요한 시간은 약 몇 분인가? (단, 세균의 사멸은 Chick의 법칙을 따른다.)

① 6.90　　② 7.90
③ 8.91　　④ 9.91

해설 식 $\ln\left(\frac{C_t}{C_o}\right) = -k \cdot t$

$\ln\left(\frac{0.1 C_0}{C_0}\right) = -k \times 3min$,　　$k = 0.7675/min$

$\ln\left(\frac{0.005 C_0}{C_0}\right) = -0.7675 \times t$,　　∴ $t = 6.9min$

정답　10. ③　11. ②　12. ③　13. ②　14. ①

15. 염소소독 시 살균력이 증가되는 조건으로 옳은 것은?

① pH와 수온이 높을 때
② pH는 낮고 수온이 높을 때
③ pH는 높고 수온이 낮을 때
④ pH와 수온이 낮을 때

16. 염소소독에 영향을 미치는 인자로 가장 거리가 먼 것은?

① 염소의 농도 및 접촉시간
② 수온
③ 염소소비성 물질
④ 질산성 질소

해설 [염소소독에 영향을 미치는 인자]
㉠ 농도가 높을수록 소독력은 증대된다.
㉡ 접촉시간이 길수록 소독력은 증대된다.
㉢ 일정범위내에서 수온이 높을수록 소독력은 증대된다.
㉣ 염소소비성 물질이 적을수록 소독력은 증대된다.
㉤ 미생물의 성장단계가 낮을수록 소독제의 효과는 커지고 포자형태로 될 수 있는 세균은 소독제의 효과가 매우 낮게 나타난다.
㉥ 유기물함량이 높을수록 소독력은 감소한다.

17. 염소가스 제해설비에 관한 설명으로 옳은 것을 모두 고른 것은?

㉠ 염소가스 저장량 1,000kg 이상의 시설에 대해서만 누출에 대비한 방독이나 제해 조치를 강구한다.
㉡ 누출방지대책의 일례로서 저장실 또는 주입기실 근처에 소석회를 비치하는 것이 바람직하다.
㉢ 중화설비의 처리능력은 1시간에 염소가스를 무해가스로 처리할 수 있는 양(kg/h)으로 표시한다.

① ㉠, ㉡
② ㉠, ㉢
③ ㉡, ㉢
④ ㉠, ㉡, ㉢

오답해설
㉠ 염소가스 저장량 1,000kg 미만 시설 및 1,000kg 이상 시설에 대해 각각의 제해 설비가 필요하다. 저장량 1,000kg 미만의 소규모 시설에서도 염소가스는 극히 독성이 강하기 때문에 누출에 대비하여 방독이나 제해 조치를 강구해야 한다.

18. 염소저장시설에서 염소가스 누출을 방지하는 제해설비에 관한 설명으로 옳은 것은?

① 배풍기는 누출된 염소가스를 신속히 대기중으로 확산·희석하기 위해 설치되며 염소누출속도와 실내유효용적 등을 고려하여 용량을 결정한다.
② 중화반응탑은 염소가스를 묽은 황산으로 중화시키는 장치이다.
③ 방출염소가스농도는 정수장 등의 경계선에서 1.0mg/L 이하로 하는 예가 있다.
④ 누출된 염소가스가 설정된 농도에 달하며 경보가 발령되고 모든 제해장치가 작동되어야 한다.

해설 ④항만 올바르다.

오답해설
① 배풍기는 누출된 염소가스를 중화반응탑에 송풍할 목적으로 설치되며 염소누출속도와 실내유효용적 등을 고려하여 용량을 결정한다.
② 중화반응탑은 염소가스를 알칼리제로 중화시키는 장치이다.
③ 방출염소가스농도는 정수장 등의 경계선에서 0.1mg/L 이하로 하는 예가 있다.

정답 15. ② 16. ④ 17. ③ 18. ④

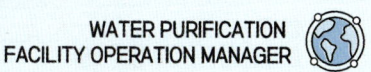

19. 전염소처리법의 목적에 관한 설명으로 옳지 않은 것은?

① 원수내의 철과 망간을 제거한다.
② 암모니아성질소를 산화한다.
③ 소형동물은 사멸시키지 못한다.
④ 이취미의 원인인 유기물을 제거한다.

해설 소형동물, 조류, 철박테리아 등의 생물을 사멸시킬 수 있다.

20. 전염소처리에 관한 설명으로 옳지 않은 것은?

① 이론상 철이온 1mg/L를 산화시키기 위해서는 0.63mg/L의 염소가 필요하다.
② 이론상 암모니아성 질소 1mg/L를 산화시키기 위해서는 7.6mg/L의 염소가 필요하다.
③ 여과수에서 망간처리를 목적으로 하면 0.1 ~ 0.2mg/L 정도의 잔류염소농도를 유지해야 한다.
④ 수중의 염소는 직사일광을 받으면 분해된다.

해설 여과수에서 잔류염소농도는 소독을 목적으로 할 경우는 0.1~0.2mg/L 정도, 망간처리를 목적으로 할 경우에는 0.5mg/L 정도이다.

21. 중간염소처리에 관한 설명으로 옳지 않은 것은?

① 침전지와 여과지 사이에서 염소제를 주입하는 방식이다.
② 주입지점에 염소혼화지를 설치하는 방식이 바람직하다.
③ 새로이 염소혼화지를 설치하는 것이 불가능한 경우에는 주입한 염소제가 잘 혼화되는 장소를 선정해야 한다.
④ 트리할로메탄과 곰팡이 냄새의 생성을 최소화 하는 데는 적합하지 않다.

해설 트리할로메탄과 곰팡이 냄새의 생성을 최소화하기 위해 시행한다.

22. 결합잔류염소에 의한 소독에 관한 설명으로 옳은 것은?

① 세균이 적고 암모니아성질소가 일정수준 존재할 경우에는 소독할 수 있다.
② 주입 후 사용될 때까지 가능한 접촉시간을 짧게 유지한다.
③ 유리잔류염소보다 소독효과가 높다.
④ 처리수의 소독방법이 유리형과 결합형으로 각각 다르게 되어 있으면 혼합시킨다.

해설 ①항만 올바르다.

오답해설
② 주입 후 사용될 때까지 가능한 접촉시간을 길게 유지한다.
③ 유리잔류염소보다 소독효과가 낮다.
④ 처리수의 소독방법이 유리형과 결합형으로 각각 다르게 되어 있으면 잔류염소가 소멸될 우려가 있으므로 이러한 처리수를 혼합시키는 것은 피해야 한다.

23. 수도꼭지에서 유리잔류염소를 0.4mg/L(결합잔류염소 1.8mg/L) 이상으로 유지해야 하는 경우로 옳지 않은 것은?

① 수원부근 및 급수구역, 그 부근에 있어 소화기계 전염병이 유행하고 있을 때
② 평상시 수질관리가 필요할 때
③ 전 구역에 걸치는 광범위한 단수 후 급수를 개시할 때
④ 배수관의 대규모 공사나 수도시설이 현저히 오염될 것으로 예상될 때

해설 평상시에는 유리잔류염소로 0.1mg/L(결합잔류염소로 0.4mg/L) 이상, 소화기계 수인성전염병 유행 시 또는 광범위하게 단수한 다음 급수를 재개할 때 등에는 유

 19. ③ 20. ③ 21. ④ 22. ① 23. ②

리잔류염소로 0.4mg/L(결합잔류염소로 1.8mg/L) 이상으로 유지하여야 한다.

24. 다음 염소 소독 시설에 관한 설명으로 옳은 것은?

   ① 액체염소는 50kg, 100kg, 1ton 용기에 보관하여야 한다.
   ② 염소 저장설비는 염소주입기실과 함께 설치한다.
   ③ 염소주입기실은 밀폐된 곳이나 지하실에 설치한다.
   ④ 염소주입기의 수는 1대로 충분하다.

   해설 ①항만 올바르다.
   오답해설
   ② 염소 저장설비는 염소주입기실과 분리한다.
   ③ 염소주입기실은 지하실이나 통풍이 나쁜 장소를 피하고 가능한 주입지점에 가깝고 주입점의 수위보다 높은 실내에 설치한다.
   ④ 염소주입기의 수는 최소 2대 이상으로 예비기가 있어야 한다.

25. 일반적으로 염소소독제에 대한 저항성이 강한 순서로 표시된 것은?

   ① 지아디아포낭 > 바이러스 > 대장균(E. coli)
   ② 대장균(E. coli) > 바이러스 > 지아디아포낭
   ③ 바이러스 > 지아디아포낭 > 대장균(E. coli)
   ④ 바이러스 > 대장균(E. coli) > 지아디아포낭

26. 다음 중 염소(Cl_2)를 사용한 원생동물의 소독효과를 가장 크게 감소시키는 요인은?

   ① 원생동물의 포낭(cyst) 상태로의 존재
   ② 비교적 낮은 pH
   ③ 비교적 높은 [HOCl] / [OCl⁻]의 존재비율
   ④ 비교적 높은 수온

27. 액화염소의 저장설비에 관한 설명으로 옳지 않은 것은?

   ① 용기는 50kg, 100kg, 1ton 용기를 사용하며 법령에 의한 각종검사에 합격하고 등록증명서가 첨부되었거나 등록번호가 각인된 것이라야 한다.
   ② 액화염소의 저장량은 1일 사용량의 3 ~ 6일분으로 한다.
   ③ 용기를 고정시키기 위하여 용기가대를 설치하고, 1ton 용기를 사용할 경우에는 용기의 반·출입을 위한 리프트장치를 설치한다.
   ④ 용기는 40℃ 이하로 유지하고 직접 가열해서는 안 된다.

   해설 액화염소의 저장량은 1일 사용량의 10일분으로 한다.

28. 염소가스 누출 경보장치에 관한 설명으로 옳지 않은 것은?

   ① 가스누출 경보장치의 작동 설정값은 1mg/L 이하로 하되 경보오차는 설정값의 30% 이내에 있어야 한다.
   ② 감지 경보장치는 누출된 가스가 탐지기의 끝단에 도달한 후 30초 이내에 작동하여야만 한다.
   ③ 누출검지용 용액은 염산을 사용한다.
   ④ 누출검지기 성능 작동시험은 매년 실시한다.

   해설 누출검지용 용액은 암모니아수를 사용한다.

29. 「수도법」에 의한 「수도시설의 청소 및 위생관리 등에 관한 규칙」에서 수도꼭지에서의 먹는물의 잔류염소 농도를 규정하고 있으며, 이 규정농도를 유지하기 위하여 고려할 사항으로 옳지 않은 것은?

① 수도꼭지에서 유지하고자 하는 유리잔류염소농도는 평상시 0.1 mg/L 미만으로 유지할 것을 권장한다.
② 물과 접촉하는 상수도시설에 의하여 소비되는 염소량으로는 배수지에서의 소비량, 송·배수관에서의 소비량, 급수관에서의 소비량, 펌프와 계량기 등에서의 소비량이며, 시설에 따라 거의 일정하다.
③ 염소요구량은 수중의 유기물, 철, 망간, 암모니아성질소, 유기성질소 등 피산화물에 의하여 소비되는 염소량이며, 원수에 대하여 수질변동기를 포함한 염소소비량을 측정한다.
④ 최고 염소주입률은 원수 중의 암모니아성질소의 장래 동향에 충분히 유의하여 결정한다.

해설 수도꼭지에서 유지하고자 하는 유리잔류염소농도는 평상시 0.1mg/L(결합잔류염소로 0.4mg/L) 이상으로 유지할 것을 권장한다.

30. 정수지의 용량에 관한 설명으로 옳지 않은 것은?

① 정수지의 유효용량은 최소한 첨두수요 대처용량과 소독접촉시간용량을 주로 감안하여 용량을 결정해야 한다.
② 첨두수요 대처용량은 운전최저수위 이상에서의 용량으로 1일 평균소비량을 평균화시킬 수 있는 용량으로 한다.
③ 소독접촉 시간용량은 운전최저수위 이하에서의 용량으로 적절한 소독접촉시간을 확보할 수 있는 용량이어야 한다.
④ 추적자 실험을 통하여 접촉시간을 측정하는 경우에는 추적자의 90%가 정수지의 유출부 또는 불활성화비 인정받은 지점으로 빠져나올 때까지의 시간을 접촉시간으로 한다.

해설 추적자시험을 통해 실제로 소독제의 접촉시간을 측정하는 때에는 접촉시간을 측정하기 위해 최초 소독제 주입지점에 투입된 추적자의 10%가 정수지 유출지점 또는 불활성화비의 값을 인정받은 지점으로 빠져 나올 때까지의 시간을 접촉시간으로 한다.

31. 다음 중 염소 소독에 의해 생성되는 소독부산물로 옳지 않은 것은?

① 트리할로메탄(THMs)
② 할로아세틱에시드(HAAs)
③ 클로로포름(chloroform)
④ 아세트알데히드(acetaldehyde)

해설 참고 클로로포름은 대표적인 트리할로메탄 물질이다.

32. 자외선 소독설비에 관한 설명으로 옳지 않은 것은?

① 소독부산물이 발생하지 않는다.
② 화학물질의 첨가를 필요로 하지 않는다.
③ 유지관리비가 오존 소독방식에 비해 높다.
④ 무독성이며 건물이 불필요하다.

해설 유지관리비가 오존 소독방식에 비해 낮다.

33. 파괴점 염소주입에 의한 암모니아의 제거에 관한 설명으로 옳지 않은 것은?

① 염소반응에 의하여 생기는 최종산물의 종류는 pH의 영향을 받는다.
② 염소반응에 의하여 생기는 클로라민(chloramine)은 소독력이 없다.
③ 파괴점에서의 염소와 암모니아의 이론적 무게비 (Cl_2 / NH_4^+-N)는 7.6 이다.
④ 수중에 철이나 망간이 존재할 때 염소주입량이 증가한다.

29. ① 30. ④ 31. ④ 32. ③ 33. ②

해설 클로라민은 유리잔류염소에 비해 소독력이 낮으나 소독력이 있으며 잔류성이 강하다.

∴ 잔존하는 병원성 미생물의 수 $= \dfrac{10,000}{10^4} = 1$

34. 다음 수인성미생물 중 원생동물에 해당하지 않는 것은?

① Entamoeba ② Giardia
③ Vibrio ④ Cryptosporidium

해설 비브리오(Vibrio)는 박테리아 중 나선형의 한 종류이다.
[수인성미생물의 분류]
- 원생동물 : 크립토스포리디움(Cryptosporidium 또는 Cryptosporidium parvum), 지아디아(Giardia 또는 Giardia lamblia), 엔타모에바(Entamoeba)
- 바이러스 : 엔테로 바이러스, 노로바이러스
- 박테리아 : 살모넬라, 이질, 콜레라

35. 수인성 질병을 일으키는 원생동물로만 묶여진 것은?

① Giardia lamblia, Cryptosporidium parvum
② Giardia lamblia, Salmonella Typhosa
③ Pasteurella tularensis, Vibrio comma
④ Vibrio comma, Giardia lamblia

36. 병원성 미생물이 10,000개/100mL인 물에서 4 log 제거율로 소독하고자 한다. 소독 후 물 100mL에 잔존하는 병원성 미생물의 수는?

① 1 ② 5
③ 10 ④ 50

해설 식 $X = \log(\text{제거율}) \rightarrow \text{제거율} = 10^X$
$X = 4\log(\text{제거율})$
$X = \log(\text{제거율})^4$
제거율 $= 10^4$

37. 정수지 내의 도류벽 상태가 완전(plug flow)한 조건에 관한 설명으로 옳은 것은?

① 환산계수(T10/T)가 0.5 이고, 유입구와 유출구에 완충기능이 있으며, 도류벽이 있다.
② 환산계수(T10/T)가 0.3 이고, 유입구와 유출구가 하나이거나 복수이지만, 완충기능이 없으며, 도류벽이 없다.
③ 환산계수(T10/T)가 1.0 이고, 장폭비가 크고, 유입구와 유출구에 완충기능이 있으며, 내부에 도류벽이 있다.
④ 환산계수(T10/T)가 0.7 이고, 유입구와 유출구에 완충기능은 있고, 내부에 도류벽이 양호하게 설치되어 있다.

38. 염소소독 공정의 각 단계별 기능과 운영에 관한 설명으로 옳은 것은?

① 전염소 처리 : 암모니아성질소 파괴, 유기물질의 산화분해
② 중간염소 처리 : 응집 · 침전 이전의 처리과정에 주입
③ 후염소 처리 : C · T요구값을 만족시키고, 미생물을 완전 멸균시킴
④ 재염소 처리 : 배수시스템에서 배수관로의 연장이 짧은 경우에 주입

해설 ①항만 올바르다.
오답해설
② 중간염소 처리 : 침전과 여과 사이에 주입
③ 후염소 처리 : C · T요구값을 만족시키고 병원성 미생물을 사멸시킨다. (염소처리로 제거가 불가능한 미생물이 존재하므로 미생물의 완전 멸균은 불가)

정답 34. ③ 35. ① 36. ① 37. ③ 38. ①

④ 재염소 처리 : 배수시스템에서 배수관로의 연장이 긴 경우에 주입

39. 정수처리공정의 염소요구량에 관한 설명으로 옳지 않은 것은?

① 황화수소와 환원성 금속(2가의 철, 망간) 등은 잔류염소 소비속도가 수 십분 이상 요구된다.
② 암모니아는 염소와 반응하여, 클로라민을 형성하고, 암모니아 중의 질소성분은 질소가스로 전환되어 공기 중으로 날아간다.
③ 수중의 유기물은 느린 속도로 염소와 반응하여, 유기물의 일부가 염소화유기물이 되어 트리할로메탄을 형성한다.
④ 배수관의 관벽에 유기물이나 미생물 등이 부착되어 있으면 염소요구량을 증가시킨다.

해설 황화수소와 환원성 금속(2가의 철, 망간) 등은 잔류염소 요구량은 암모니아와 유기물에 비해 적게 요구된다. 따라서 소비속도도 짧게 요구된다.

40. 수온 5℃, pH 7에서 대장균을 99% 불활성시키는 C·T요구값이 작은 순서부터 올바르게 나열한 것은?

㉠ 유리잔류염소	㉡ 클로라민
㉢ 이산화염소	㉣ 오존

① ㉢ < ㉣ < ㉡ < ㉠
② ㉢ < ㉣ < ㉠ < ㉡
③ ㉣ < ㉢ < ㉠ < ㉡
④ ㉣ < ㉠ < ㉢ < ㉡

41. 트리할로메탄(THMs) 발생에 관한 설명으로 옳은 것은?

① TOC 농도가 높을 때 트리할로메탄의 농도는 증가한다.
② 금속이온의 농도가 높을 때 트리할로메탄의 생성량은 증가한다.
③ 처리수의 pH가 낮을 때 트리할로메탄의 생성량은 증가한다.
④ 염소 접촉시간이 길 때 트리할로메탄의 생성량은 감소한다.

해설 ①항만 올바르다. 트리할로메탄은 잔류염소와 유기물의 결합으로 생성된다. 따라서 잔류염소와 유기물의 함량 또는 접촉이 높아지는 조건에서 생성량은 증가한다.
오답해설
② 금속이온의 농도가 높을 때 트리할로메탄의 생성량은 감소한다.
③ 처리수의 pH가 낮을 때 트리할로메탄의 생성량은 감소한다.
④ 염소 접촉시간이 길 때 트리할로메탄의 생성량은 증가한다.

42. 염소 소독처리에 관한 설명으로 옳지 않은 것은?

① 원수에 포함된 철, 망간 등의 산화 가능 물질은 소독의 효율을 저하시킨다.
② 원수에 포함된 암모니아성 질소 및 황화수소 등은 염소소독의 효율을 저하시킨다.
③ 원수의 pH가 높을수록 살균효과가 크다.
④ 바이러스에도 염소소독이 유효하다.

해설 원수의 pH가 낮을수록 살균효과가 크다. (약 pH 5 지점에서 최대)

정답 39. ① 40. ④ 41. ① 42. ③

43. 오존처리에 관한 설명으로 옳지 않은 것은?

① 오존처리는 트리할로메탄과 할로아세틱애시드의 전구물질을 저감시키는데 활용 가능하다.
② 염소보다 강한 산화력을 가지고 있다.
③ 오존은 유기물과 반응하여 부산물을 생성하지 않는 장점이 있다.
④ 철, 망간의 산화능력이 크다.

해설 오존은 유기물과 반응하여 부산물(알데하이드류와 산류)를 생성한다.

44. 정수처리에서 발생되는 소독부산물에 관한 설명으로 옳은 것을 모두 고른 것은?

> ㄱ. 염소 소독부산물은 제거하기 어렵다.
> ㄴ. 트리할로메탄 전구물질을 제거하는 경우, 오존처리를 병행하면 제거효율성이 저하된다.
> ㄷ. 트리할로메탄은 염소 소독부산물이다.
> ㄹ. 이산화염소는 염소에 비해 소독부산물의 생성이 적다.

① ㄴ, ㄹ
② ㄱ, ㄴ, ㄷ
③ ㄱ, ㄷ, ㄹ
④ ㄴ, ㄷ, ㄹ

오답해설
ㄴ. 트리할로메탄 전구물질을 제거하는 경우, 오존처리를 병행하면 제거효율성이 증가된다.

정답 43. ③ 44. ③

CHAPTER 04 배출수 처리 및 관리

UNIT 01 배출수 처리

💡 총칙

1) **설치목적과 처리시설의 선정**
   ① 슬러지처리방법
      ㉠ 자연건조(천일건조상, 라군)
      ㉡ 기계탈수
      ㉢ 탈수 · 열건조
      ㉣ 위탁 또는 하수처리장 이송처리

2) **침강 · 농축 · 탈수성의 조사**
   ① 실린더-테스트 : 10cm(D)×100cm(H) 원통에 슬러지를 넣고 침강계면을 외부에서 관찰하는 방법이다.
   ② 리프테스트(leaf test) : 비저항치를 산출하여 탈수성을 조사
      • 비저항치가 크면 수분이 슬러지를 통과하기 어려워 탈수성이 나쁘다.
      • 응집제주입량(Al) / 탁도(T)의 비가 낮을수록 비저항 값이 적어서 탈수성이 양호하다.

3) **기타 배출수 처리 시 주의사항**
   ① 슬러지처리를 통하여 발생되는 케이크는 사업장폐기물로 분류된다.
   ② 정수능력 1,000m³/day 이상의 시설은 배출수 처리시설을 설치하여야 한다.
   ③ 조류가 번성할 때 발생하는 슬러지는 농축성과 탈수성이 나빠진다.

4) **슬러지 물질수지**
   탈수, 건조, 농축 공정 전후의 슬러지는 수분함량만 변화가 있다. 따라서 아래의 물질수지가 성립한다.

   $$SL_1(1-X_{w1}) = SL_2(1-X_{w2}) \rightarrow TS_1 = TS_2$$

   • SL_1 : 농축, 탈수, 건조 전 슬러지 부피 또는 중량
   • SL_2 : 농축, 탈수, 건조 후 슬러지 부피 또는 중량
   • X_{w1} : 농축, 탈수, 건조 전 함수율
   • X_{w2} : 농축, 탈수, 건조 후 함수율

1 부식성 개선

수돗물의 부식성이 강한 경우에는 공급과정 중 녹물발생 가능성이 높으며 부식억제제를 주입하거나 알칼리제(소석회 등) 주입 등으로 알칼리도를 높여 부식성을 개선할 수 있다.

1) 부식억제제

① **주입방법**
- 정수장에서 주입한다.
- 배/급수계통의 배수지 및 수돗물 공급과정의 마지막 단계인 아파트 및 빌딩의 저수조 전후에 주입하기도 한다.
- 과다투입되지 않도록 유의한다.
- 부식억제제는 인산염과 규산염이 주원료로 사용된다.

② **랑게리아 지수(Langelier Saturation Index, LSI, LI)**

$$LSI(LI) = pH - pHs$$

- pH : 물의 실제 pH
- pHs : 물의 이론적 pH(수중의 탄산칼슘이 용해되거나 석출되지 않는 평형상태로 있을 때의 pH)

> **랑게리아 지수의 평가**
> - LSI > 0 : 탄산칼슘 스케일 형성(비부식성)
> - LSI = 0 : 탄산칼슘 평형
> - LSI < 0 : 탄산칼슘 용해가능(부식성)

> **랑게리아 지수와 부식성과의 관계**
> - +0.5 ~ +1.0 : 보통 ~ 다량의 스케일 형성
> - +0.2 ~ +0.3 : 가벼운 스케일 형성
> - 0 : 평형상태
> - -0.2 ~ -0.3 : 가벼운 부식
> - -0.5 ~ -1.0 : 보통 ~ 다량의 부식

2 배오존설비

배오존설비는 배오존의 농도, 풍량, 운전조건 등에 따라 활성탄흡착분해법, 가열분해법, 촉매분해법 중에서 선정한다.

① **활성탄흡착분해법** : 활성탄을 사용하여 오존을 분해하는 방법으로 배오존의 농도가 낮을 경우 주로 이용되며, 배오존농도가 높을 경우 활성탄이 발화할 가능성이 있다.

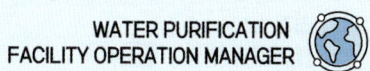

② **가열분해법** : 350℃에서 1초 정도 체류시킴으로써 배오존을 파괴시킨다.
③ **촉매분해법** : 금속표면에서 오존이 촉매분해되는 것을 이용하는 방법으로 저온에서 일어나므로 비용면에서 유리하며 널리 이용되고 있다. 50℃ 정도에서 반응하며 접촉시간은 0.5~5초 정도이다.

3 계획배출수 처리량

① 계획처리고형물량은 계획정수량, 계획원수탁도 및 응집제 주입률 등을 기초로 하여 선정한다.
② 계획원수탁도를 결정할 때에는 원수탁도의 분포현황 및 정수처리시설과 배출수처리시설에서의 저류능력 등을 고려하여 결정한다.

4 배출수지

① 1지의 용량은 1회의 여과지 세척배출수량 이상으로 한다.
② 지수는 2지 이상으로 하는 것이 바람직하다.
③ 유효수심 2~4m, 고수위에서 주벽 상단까지 여유고는 60cm 이상으로 한다.
④ 배출수지에는 회수수관, 회수펌프, 슬러지배출관, 슬러지배출펌프를 설치해야 한다.
⑤ 그 외의 설비로서 필요에 따라 교반장치, 상징수 집수장치 또는 월류거, 슬러지수집장치 등을 설치한다.

5 역세척배출수 침전시설

여과지 역세척배출수를 침전처리하는 경우에는 플록형성과 침전시설 및 소독시설을 구비하는 것이 바람직하고 그 상징수는 재이용하거나 하천에 방류한다.
① 일반적으로 응집제 양이온폴리머 등을 수질에 따라 적절히 주입한다.
② 사용되는 단위공정에 따라 다르지만, 처리공정은 플록형성 20분, 표면부하율 2~6m/hr의 침전지에서 0.5~2시간으로 된다. 또한 소독설비도 설계에 포함되는 것이 바람직하다.
③ 일반적인 전처리공정으로는 세척배출수 저류조를 설치해야한다. 이 저류조는 배출수지를 겸할 수 있으며, 여과지 및 입상활성탄 처리시설 등 세척의 예상빈도를 감안하여 2~3회분의 세척배출수를 충분히 감당할 수 있는 정도의 크기로 한다.

6 배슬러지지

① 용량은 24시간 평균배슬러지량과 1회 배슬러지량 중에서 큰 것으로 한다.
② 지수는 2지 이상으로 하는 것이 바람직하다.

③ 유효수심과 여유고는 ❹ 배출수지에 준한다.
④ 배슬러지지에는 슬러지배출관을 설치하며, 관경은 150mm 이상으로 해야 한다.
⑤ 그 외의 설비는 ❹ 배출수지에 준한다.

❼ 농축조

① 농축조의 용량은 계획슬러지량의 24~48시간분, 고형물부하는 10~20kg/(m² · d)을 표준으로 하되, 원수의 종류에 따라 슬러지의 농축특성에 큰 차이가 발생할 수 있으므로 처리대상 슬러지의 농축특성을 조사하여 결정한다.
② 농축조는 2조 이상으로 하는 것이 바람직하다.
③ 농축조의 구조와 형상은 슬러지의 농축과 배출을 효과적으로 할 수 있어야 하며, 또 고수위로부터 주벽 상단까지의 여유고는 30cm 이상으로 하고 바닥면의 경사는 1/10 이상으로 한다.
④ 농축조에는 슬러지수집기와 슬러지배출관, 상징수배출장치 등을 설치해야 한다. 또 필요에 따라 상징수회수펌프와 슬러지배출펌프를 설치한다.
⑤ 농축조의 용량이 적은 경우나 농축성이 나쁜 슬러지가 유입될 경우에도 신속히 농축시키기 위하여 고분자응집보조제를 주입할 수 있는 시설을 설치한다.
⑥ 농축된 슬러지를 탈수시설로 이송하기 전까지 저장할 수 있는 저류조를 설치한다.
⑦ 필요에 따라 농축조 상징수의 수질을 개선하기 위한 방류수처리시설을 설치할 수 있다.

> 💡 농축조에서 청징(fining)조건을 만족하는 면적
>
> 식 $A = \dfrac{Q}{v} = \dfrac{Q_f - Q_u}{v}$
>
> - Q_f : 유입슬러지량
> - Q_u : 농축슬러지량

❽ 방류수 TMS(Tele-Monitoring System 구축)

① 폐수(방류수) 배출신고량이 1~3종에 해당하는 경우에는 방류수 TMS를 구축해야 한다.
② TMS 구축시에는 수질자동측정기기 및 부대설비와 적산전력계, 적산유량계 등을 설치한다.
  ㉠ 수질자동측정기기 : 1~3종 사업장
    • 수소이온농도(pH)   • 총유기탄소(TOC)
    • 부유물질량(SS)   • 총 질소(T-N)
    • 총 인(T-P)

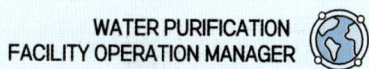

　　　ⓒ **부대시설** : 1~3종 사업장
　　　　• 자동시료채취기
　　　　• 자료수집기
　　　ⓒ **적산전력계** : 1~5종 사업장
　　　ⓔ **적산유량계** : 1~4종 사업장
　　③ 기타 측정기기 부착 및 신고 등의 업무처리절차는 관련기준을 준수한다.

9 천일건조상

① 조정농축시설에서 배출된 슬러지를 효율적으로 잘 건조시킬 수 있어야 한다.
② 면적은 강수, 습도, 기온 등의 기상조건과 슬러지의 부하방식에 따라 적절해야 한다.
③ 지수는 2지 이상이 바람직하다.
④ 형상은 작업성을 고려해야 하며 유효수심은 1m 이하, 여유고는 50cm를 표준으로 한다.
⑤ 측면과 바닥면은 불투수성으로 한다.
⑥ 부대설비로서 슬러지의 건조를 촉진하기 위한 장치, 배출수설비, 작업용 출입문(gate) 등을 설치한다.

10 탈수기

① 탈수기는 2대 이상 설치한다.
② 가압탈수기는 다음 각 호에 의한다.
　　ⓐ 여과면적은 슬러지량, 여과속도 및 실제 가동시간으로 산출한다.
　　ⓑ 여과포는 폐색이 잘 되지 않고 내구성이 있는 것으로 한다.
　　ⓒ 가압 · 압축기의 다이어프램은 내구성이 있는 것으로 한다.
　　ⓔ 필요에 따라 여과포의 세척장치를 설치해야 한다.

> 💡 **탈수기별 케익의 함수율**
> • 필터프레스(가압여과) : 55~65%(압착기구가 있는 경우 5~10% 추가 제거가능)
> • 벨트프레스(가압여과) : 60~70%
> • 진공탈수기(진공여과) : 60~80%
> • 원심탈수기 : 60~80%
> • 조립탈수기 : 80%

③ 진공탈수기는 다음 각 호에 의한다.
　　ⓐ **여과(탈수)주기** : 아래 공정으로 한 사이클이 되고 이 모든 공정들을 종합한 시간으로 산출된다.
　　　• 슬러지의 압입
　　　• 압착

- 공기주입(건조)
- 여과판 열림
- 배출 및 여과판 닫힘

식 $A = \dfrac{S}{V \cdot t}$

- A : 여과면적
- S : 슬러지량
- V : 여과농도
- t : 실가동 시간

  ⓒ 여과포
    ⓐ 내산성, 내알칼리성일 것
    ⓑ 강도, 내구성이 클 것
    ⓒ 안정된 여과속도가 가능할 것
    ⓓ 사용 중에 팽창과 수축이 적을 것
    ⓔ 여과포의 폐색이 적고 케익의 탈착이 좋을 것
    ⓕ 탈수여액에 청징도가 높을 것
    ⓖ 재생이 가능할 것
  ⓒ 여과포의 세척장치, 교반장치 등의 부대설비, 진공펌프 등의 기계설비, 진공측정계 등의 측정기기를 설치한다.
  ⓔ 탈수기의 부속기기와 그 밖의 설비는 예비기를 설치하며, 확실히 가동되도록 하고 그 외 부대설비는 다음 각 항에 의한다.
④ 원심탈수기와 조립탈수기에는 고분자응집보조제의 주입장치를 설치한다.
⑤ 탈수기의 부속기기와 그 밖의 설비는 예비기를 설치하며, 확실히 가동되도록 하고 그 외 부대설비는 다음 각 항에 의한다.
  ㉠ 관 등은 슬러지나 협잡물로 폐색되지 않도록 한다.
  ㉡ 케익 반출설비를 설치한다.
  ㉢ 점검, 정비, 수리용으로 크레인, 호이스트를 설치한다.
  ㉣ 여액의 처리설비 또는 반송설비를 설치한다.
⑥ 필요에 따라 케익을 유용하게 이용하기 위한 설비를 설치한다.
  ㉠ 파쇄설비와 조립설비
  ㉡ 건조설비
  ㉢ 소성설비

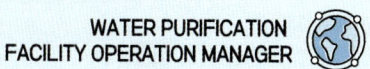

⑪ 탈수슬러지의 처분

① 탈수슬러지의 처분방법 선정 시에는 처분의 안정성, 경제성을 고려하고, 가급적 재활용하여 자원화 할 수 있는 방법을 우선적으로 선택해야 한다.
② 매립처분지를 선정할 때에는 다음 각 호에 의한다.
    ㉠ 위치와 부지면적은 발생케익의 양, 주변의 환경, 운전효율 등을 고려하여 결정한다.
    ㉡ 장래 매립지 이용의 목적에 적합하도록 매립방법에 대하여 검토한다.
③ 최종처분 방법은 소각, 매립, 재활용 등이 있다.
    ㉠ 정수장 슬러지는 유기물 함량이 40% 이하인 경우 무기성 오니에 해당되고, 유기물 함량이 40%를 초과한 경우에는 유기성 오니에 해당되어 수분함량 85% 이하로 탈수한 다음 관리형 매립시설에 매립할 수 있다.
    ㉡ 해양배출은 런던협약 96의정서 발효 및 해양오염방지법 개정에 따라 불가능하다.
    ㉢ 재활용은 폐기물관리법에 의하여 폐기물재활용신고 등의 절차가 필요하다.

> 💡 **항목별 최종처분 함수율**
> - **성토재, 매립시설 복토재** : 함수율 70% 이하
> - **매립** : 함수율 85% 이하

CHAPTER 04 배출수 처리 및 관리

01. 상수도관의 부식성 개선에 관한 설명으로 옳은 것은?

① "랑게리아지수(LI) = 물의 pH - pHs"로 나타낸다.
② LI가 양(+)의 값으로 커질수록 부식성은 강해진다.
③ 부식성이 강한 경우 녹물발생 가능성이 낮아진다.
④ 부식성 개선을 위해서는 소석회 등을 주입하여 pH, 알칼리도 등을 감소시킨다.

오답해설
② LI가 음(-)의 값으로 커질수록 부식성은 강해진다.
③ 부식성이 강한 경우 녹물발생 가능성이 높아진다.
④ 부식성 개선을 위해서는 소석회 등을 주입하여 pH, 알칼리도 등을 증가시킨다.

02. 방류수의 TMS(Tele-Monitoring System) 구축을 위한 수질자동 측정기기(항목)의 종류로 옳지 않은 것은?

① 총질소(T-N)
② 총유기탄소(TOC)
③ 생물화학적 산소요구량(BOD)
④ 총인(T-P)

해설 [수질자동측정기기 측정항목]
- 수소이온농도(pH)
- 총유기탄소(TOC)
- 부유물질량(SS)
- 총 질소(T-N)
- 총 인(T-P)

03. 정수장 배출수처리에 관한 설명으로 옳지 않은 것은?

① 조정시설은 배출량을 조정하는 과정이며 배출수지와 배슬러지지로 구성된다.
② 슬러지의 침강·농축특성을 조사하기 위해 통상 실린더-테스트를 실시한다.
③ 슬러지의 탈수성 조사는 리프테스트(leaf test)를 실시하여 구할 수 있다.
④ 응집제 주입량과 탁도의 비를 나타내는 Al/T비가 증가하면 비저항은 감소하여 탈수성이 향상된다.

해설 응집제 주입량과 탁도의 비를 나타내는 Al/T비가 감소하면 비저항은 감소하여 탈수성이 향상된다.

04. 배슬러지지에 관한 설명으로 옳지 않은 것은?

① 용량은 24시간 평균배슬러지량과 1회 배슬러지량 중에서 큰 것으로 한다.
② 유지관리의 용이성을 위해 지수는 2지 이상으로 하는 것이 바람직하다.
③ 배슬러지지에는 슬러지배출관을 설치하며, 관경은 100mm 이하로 해야 한다.
④ 유효수심은 2~4m, 여유고는 60cm 이상으로 한다.

해설 배슬러지지에는 슬러지배출관을 설치하며, 관경은 150mm 이상으로 해야 한다.

정답 01. ① 02. ③ 03. ④ 04. ③

05. 정수장에서 사용되는 가압탈수기의 여과포 선정 조건으로 옳지 않은 것은?

① 여과포의 폐색이 적고 케이크의 탈착이 좋을 것
② 사용 중에 팽창과 수축이 클 것
③ 탈수여액에 청징도가 높을 것
④ 안정된 여과속도가 가능할 것

해설 사용 중에 팽창과 수축이 적어야 한다.

06. 배오존처리방법으로 옳지 않은 것은?

① 활성탄흡착분해법　② 가열분해법
③ 촉매분해법　　　　④ 자연희석분해법

해설 배오존처리방법에는 활성탄흡착분해, 가열분해, 촉매분해법이 사용된다.

07. 배출수 처리시설 및 방법에 관한 설명으로 옳지 않은 것은?

① 상수도사업시설은 폐수배출시설의 분류에서 "한국표준산업분류 360"으로 정의되어 있다.
② 슬러지처리를 통하여 발생되는 케이크는 사업장폐기물이 아니다.
③ 정수능력 1,000m³/day 이상의 시설은 배출수 처리시설을 설치하여야 한다.
④ 과거 부유물질 제거에 적합하도록 설치된 시설에 대하여는 강화된 법규준수를 위한 대책수립이 강구되어야 한다.

해설 슬러지처리를 통하여 발생되는 케이크는 사업장폐기물로 분류된다.

08. 농축조의 유입 슬러지량은 15,240kg/day이고 유량은 2,553m³/day일 때, 각 지의 면적(m²)과 직경(m)은 약 얼마인가? (단, 농축조는 4지이며, 고형물 플럭스 실험 결과는 30kg/(m²·d) 이다.)

① 면적 : 127, 직경 : 12.7
② 면적 : 157, 직경 : 15.7
③ 면적 : 175, 직경 : 17.5
④ 면적 : 197, 직경 : 19.7

해설 식 농축조 면적 = $\dfrac{유입 슬러지량(kg/d)}{고형물 플럭스(kg/m^2 \cdot d)}$

$= \dfrac{15,240kg}{day} \times \dfrac{m^2 \cdot day}{30kg} \times \dfrac{1}{4지} = 127 m^2/지$

식 $A = \dfrac{\pi D^2}{4}$

$127 = \dfrac{\pi \times D^2}{4}$, ∴ $D = 12.72m$

09. 배출수 처리시설인 농축조에 관한 설계 고려요소로 옳지 않은 것은?

① 농축조의 용량은 계획슬러지량의 6~12시간으로 한다.
② 농축조의 고형물부하는 10~20kg/m²·day를 표준으로 한다.
③ 농축조 고수위로부터 주벽 상단까지의 여유고는 30cm 이상으로 한다.
④ 농축조 바닥면의 경사는 1/10 이상으로 한다.

해설 농축조의 용량은 계획슬러지량의 24~48시간으로 한다.

정답　05. ②　06. ④　07. ②　08. ①　09. ①

10. 배출수 처리에 있어 슬러지량이 10,000kg-D.S/day이고 여과속도(여과농도)가 20kg-D.S/m²/hr, 실가동시간이 10hr/day일 때 가압탈수기의 여과면적(m^2)은?

① 10 ② 30
③ 50 ④ 70

해설 식 $A = \dfrac{S}{V \cdot t}$

∴ $A = \dfrac{10,000kg - D.S}{day} \times \dfrac{m^2 \cdot hr}{20kg - D.S} \times \dfrac{1day}{10hr} = 50m^2$

11. 다음 조건으로 가압탈수기 2대를 운영하고자 할 때, 필요한 가동시간(hr/day)은?

- 슬러지량(S) = 4kg - D.S./day
- 여과속도(V) = 0.2kg - D.S./m²/hr
- 탈수기의 여과면적(A) = 2m²/대

① 4 ② 5
③ 8 ④ 10

해설 식 $A = \dfrac{S}{V \cdot t}$

$\dfrac{2m^2}{대} \times 2대 = \dfrac{4kg - D.S}{day} \times \dfrac{m^2 \cdot hr}{0.2kg - D.S} \times \dfrac{1}{t}$

∴ $t = 5hr$

12. 슬러지 탈수성에 관한 설명으로 옳지 않은 것은?

① 탈수성 조사는 리프테스트(leaf test)로 비저항치를 구하는 것도 유효한 방법이다.
② 비저항치가 크면 탈수성이 나쁘다는 의미이다.
③ Al/T비가 클수록 탈수성이 양호하다는 의미이다.
④ 상수원의 부영양화로 유기물이 증가하면 탈수성이 나빠진다.

해설 Al/T비가 작을수록 탈수성이 양호하다는 의미이다.

13. 탈수방식에 따른 탈수케익의 함수율로 옳지 않은 것은?

① 필터프레스: 55~65%
② 원심탈수기: 60~80%
③ 진공탈수기: 85~90%
④ 벨트프레스: 60~70%

해설 진공탈수기: 60~80%

14. 고형물 함량이 20%인 슬러지 200kg을 모래건조상에서 20일간 건조시킨 결과 50%의 수분을 함유하였다. 이 때 수분제거량(kg)은?

① 80 ② 100
③ 120 ④ 140

해설 식 $SL_1(1 - X_{w1}) = SL_2(1 - X_{w2})$

$200kg \times 0.2 = SL_2 \times (1 - 0.5)$, $SL_2 = 80kg$

∴ 수분제거량 $= SL_1 - SL_2 = 200 - 80 = 120kg$

15. 원수 중에 조류가 다량 발생 시 정수처리 및 배출수 처리에 관한 설명으로 옳지 않은 것은?

① 원수 중에 조류농도가 높을 경우 DAF법(dissolved air flotation)에 의한 처리가 적합하다.
② 규조류 발생 시 역세척 배출수를 원수로 반송할 경우 배슬러지지로 배출할 수 있도록 고려해야 한다.
③ 조류 과다 발생 시 배출수 처리시설에 일시적으로 유기물질의 농도가 높아지므로 유의해야 한다.
④ 조류가 번성할 때 발생하는 슬러지는 농축성과 탈수성이 좋아진다.

정답 10. ③ 11. ② 12. ③ 13. ③ 14. ③ 15. ④

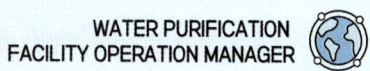

해설 조류가 번성할 때 발생하는 슬러지는 농축성과 탈수성이 나빠진다.

16. 정수공정에서 배출되는 배출수에 관한 설명으로 옳은 것은?

① 배출수는 침전지에서 배출되는 침전슬러지가 유일하다.
② 역세척 배출수는 일반적으로 고액분리가 어렵다.
③ 최종 배출수를 줄이기 위해 침전슬러지는 고액 분리 후 상징수를 착수정으로 회수하는 것이 좋다.
④ 역세척 배출수와 침전슬러지는 혼합 처리하고 상징수는 회수하는 것이 경제적이다.

해설 ②항만 올바르다.
오답해설
① 배출수는 침전지에서 배출되는 침전슬러지와 배출수침전지 및 배출수지의 침강슬러지가 있다.
③ 최종 배출수를 줄이기 위해 세척배출수가 자연유하로 착수정에 회수되는 것이 좋다. 이러한 구조가 어려울 경우 반송펌프를 설치해야 한다.
④ 역세척 배출수와 침전슬러지는 혼합되어서는 안되며 상징수는 재이용하거나 하천에 방류한다.

17. 정수장 슬러지가 무기성 오니에 해당하기 위한 유기물 함량(%)의 기준은?

① 20 이하   ② 30 이하
③ 40 이하   ④ 50 이하

해설 정수장 슬러지는 유기물 함량이 40% 이하인 경우 무기성 오니에 해당되고, 유기물 함량이 40%를 초과한 경우에는 유기성 오니에 해당되어 수분함량 85% 이하로 탈수한 다음 관리형 매립시설에 매립할 수 있다.

 정답 16. ②   17. ③

CHAPTER 05 미량 유·무기물질 제어

UNIT 01 활성탄 처리

❶ 분말활성탄 흡착설비

1) 총칙
활성탄은 형상에 따라 분말활성탄과 입상활성탄으로 나누어진다. 분말활성탄과 입상활성탄은 처리형태에 따라 사용하는 것이 구분되지만, 활성탄으로서 물성과 흡착기작 등은 동일하기 때문에 여기서 종합하여 기술한다.

2) 특징

① **재료특성** : 활성탄은 목재, 톱밥, 야자껍질, 석탄 등을 원료로 하여 탄화(carbonization)와 활성화(activation)과정을 거쳐 생산된 흑색 다공성의 탄소질 물질로서, 기체와 액체 중의 미량유기물질을 흡착하는 성질이 있다. 활성화는 원료를 900℃ 전후의 고온에서 수증기로 처리하는 수증기활성화법과 목질재료를 염화아연, 황산 등의 약품에 담근 후 탄화시키는 약품활성화법이 있으나, 정수처리용 활성탄은 수증기에 의한 제조법이 주류를 이루고 있다.
- **분말활성탄** : 직경 150㎛ 이하, 주로 지름 1~20nm 정도의 세공이 많다.
- **입상활성탄** : 직경 150㎛ 이상, 주로 10nm 이하의 세공이 많다.

② **처리특성**
- 수중에 용해되어 있는 유기물의 제거능력이 크다.
- 약품처리하는 경우와는 달리 처리수에 반응생성물을 남기지 않는다.
- 입상활성탄은 미세세공이 많아 저분자량의 물질이 제거되기 쉬우며 기체상물질의 제거용도로 많이 사용된다.
- 석탄계 활성탄은 세공이 작은 것부터 폭 넓게 존재하므로 비교적 큰 분자량의 물질이 제거되기 쉬우며 수처리용으로 많이 사용되고 있다.
- 활성탄의 표면적과 흡착효율은 비례 관계에 있다.
- 일반적으로 소수성이 강하고 분자량이 큰 물질일수록 활성탄에 흡착되기 쉽다.

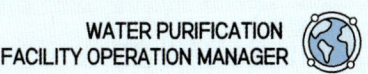

- 물에 용해되기 쉽고 분자량이 작은 물질은 흡착되기 어렵다.
- 물에 잘 녹지 않는 농약은 흡착되기 쉬우나, 부식질과 같이 분자량은 크지만 물에 녹기 쉬운 물질은 활성탄으로 흡착되기 어렵다.

3) 분말활성탄처리와 입상활성탄처리의 장단점

항목	분말활성탄	입상활성탄
처리시설	기존시설을 사용하여 처리할 수 있다.	여과지를 만들 필요가 있다.
단기간 처리하는 경우	필요량만 구입하므로 경제적이다.	비경제적이다.
장기간 처리하는 경우	경제성이 없으며, 재생되지 않는다.	탄층을 두껍게 할 수 있으며 재생하여 사용할 수 있으므로 경제적이다.
미생물의 번식	사용하고 버리므로 번식이 없다.	원생동물이 번식할 우려가 있다.
폐기시의 애로	탄분을 포함한 흑색슬러지는 공해의 원인이다.	재생사용할 수 있어서 문제가 없다.
누출에 의한 흑수현상	특히 겨울철에 일어나기 쉽다.	거의 염려가 없다.
처리관리의 난이	주입작업을 수반한다.	특별한 문제가 없다.

4) 정수처리공정과의 조합과 품질

㉠ 분말활성탄처리는 응집, 침전 및 여과 등의 정수처리공정과 조합해야 하며 분말활성탄이 처리수에 누출되지 않도록 한다.
㉡ 분말활성탄의 품질은 처리효과가 양호하고 또 위생상 문제가 없어야 한다.

5) 검수설비와 저장설비

㉠ 분말활성탄의 성상 및 운반방식과 수량을 고려하여 적절한 검수용 계량장치를 설치한다.
㉡ 반입된 분말활성탄을 저장설비에 이송하기 위한 설비를 설치한다.
㉢ 저장설비는 사용량과 수급관계를 고려하여 적절한 용량으로 한다.
㉣ 저장설비를 설치하는 건물은 내화성 구조로 하고 방진 및 방화대책을 강구한다.
㉤ 건조탄 저장조에는 가교(bridge) 결합을 방지하기 위한 대책을 강구한다.

> **가교 결합을 방지하기 위한 대책**
> - 저장조의 출구크기를 크게 한다.
> - 저장조의 내면에 평평한 활성탄 부착방지용 라이닝을 부설한다.
> - 진동장치나 통기장치를 측벽의 적당한 장소에 설치한다.

6) 주입설비

㉠ 주입지점은 혼화와 접촉이 충분히 이루어지고 또 전염소처리의 효과에 영향을 주지 않도록 선정하며, 필요에 따라 접촉지를 별도로 설치한다.

ⓒ 주입률은 원수수질 등에 따라 다른 실례 등을 참조하고 기본적으로 처리하고자 하는 원수와 제거목표물질에 대한 실험에 근거하여 정한다.
ⓓ 슬러리농도는 2.5~5%(건조환산한 값)를 표준으로 한다.
ⓔ 주입량은 처리수량과 주입률로 결정한다.
ⓕ 주입방식으로는 습식과 건식이 있으며 제어성과 작업성 등을 고려하여 선정한다.
ⓖ 주입장치는 주입방식에 따라 적절한 설비구성으로 충분한 용량을 가져야 한다.
ⓗ 주입장치의 총용량과 대수 및 주입계통의 구성은 최소주입량에서 최대주입량까지 적절하게 주입할 수 있도록 한다.
ⓘ 습식주입에서 슬러리조는 충분하게 교반될 수 있는 구조로 적절한 용량이어야 한다.
ⓙ 주입배관은 적절한 구경과 재질 등으로 시공한다.
ⓚ 분말활성탄이 접촉하는 부분의 재질은 활성탄에 대하여 충분한 내식성과 내마모성이 있는 것으로 한다.
ⓛ 주입설비실은 가능한 주입장소에 가까운 곳에 설치하고 설비의 유지관리가 용이한 넓이를 확보한다.

2 입상활성탄 흡착설비

1) 총칙

입상활성탄 흡착설비는 흡착탑 또는 흡착지에 입상활성탄을 충전하고 여기에 처리할 물을 통과시켜 처리대상물질인 오염물질을 흡착하여 제거하는데 이용된다.

① 흡착능력

일반적으로 단일성분의 흡착능력은 흡착용량(평형흡착량)과 흡착속도로 평가된다. 활성탄의 흡착능력은 활성탄의 종류와 피흡착물질, 수온, pH 및 공존물질에 따라 다르다. 일반적으로 pH가 산성이거나 온도가 낮을수록 흡착량이 커진다.

㉠ Freundlich 모델

$$\frac{X}{M} = K \cdot C^{\frac{1}{n}}$$

- X : 흡착된 오염물질량
- M : 흡착제 주입량
- K, n : 상수
- C : 유출농도

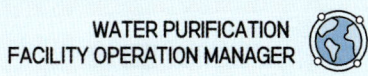

    ⓒ Langmuir 모델

$$\text{식}\quad \frac{X}{M} = \frac{abC}{1+bC}$$

- C : 액상의 농도(평형농도)
- M : 흡착제 주입량
- b : 흡착에너지에 관한 상수
- X : 흡착된 오염물질량
- a : 최대흡착량에 관한 상수

 ② **파과** : 흡착대가 포화되어 유출농도가 급격히 증가하기 시작하는 지점

2) 처리공정의 선정

① 입상활성탄처리는 다음 물질을 제거할 목적으로 처리공정을 선정한다.
 ㉠ 맛·냄새물질
 ㉡ 소독부산물과 소독부산물의 전구물질(부식질 등)
 ㉢ 색도
 ㉣ 음이온계면활성제와 페놀류 등 유기물
 ㉤ 트리클로로에틸렌 등 휘발성유기화합물
 ㉥ 암모니아성질소의 질산화

② 공정의 배열은 문헌을 참고하고 실험실규모실험, 파일럿규모실험, 실증플랜트실험 등의 결과를 기초로 하여 선정하는 것이 바람직하다.

 ㉠ 지하수 → 활성탄 → 후염소 → 방류 : 직접 활성탄 처리방식으로 지하수 등 깨끗한 원수에 적용되며 미생물이 이용할 유기물이 적으므로 흡착이 주체가 된다. (색도나 트리클로로에틸렌 등의 제거에 이용)

 ㉡ 전염소 → 응집침전 → 중간염소 → 모래여과 → 활성탄 → 후염소 → 방류 : 전염소 또는 중간염소처리를 하고 모래여과로 철·망간을 제거한 다음 활성탄처리를 하는 방식이다. (맛과 냄새, 미량유기물질 제거에 이용)

 ㉢ 응집침전 → 활성탄처리(생물활성탄) → 중간염소 → 모래여과 → 후염소 → 방류 : 응집침전 후에 활성탄처리를 한 다음 중간염소처리와 모래여과로 탁도, 철, 망간을 제거하는 방식이다.
  (철이나 망간을 많이 포함한 원수처리에 적합)

 ㉣ 응집침전 → 모래여과 → 활성탄(생물활성탄) → 후염소 → 방류 : 활성탄처리의 전단에서 염소처리를 하지 않으므로 생물활성탄으로서 처리효과를 기대할 수 있다. 주로 맛·냄새, 트리할로메탄전구물질 등의 제거로 이용된다.

 ㉤ 응집침전 → 활성탄(생물활성탄) → 모래여과 → 후염소 → 방류 : 응집침전 다음에 활성탄처리를 하는 배열로서 철과 망간 농도가 낮은 원수처리에 적합하다.

 ㉥ 전염소 → 응집침전 → 중간염소 → 모래여과 → 오존처리 → 활성탄처리 → 후염소 → 방류 : 활성탄 처리 앞에 오존처리공정을 추가한 배열로 농도가 높은 맛과 냄새물질과 미량유기물질 등의 제거에 효과가 있다.

ⓢ 응집침전 → 모래여과 → 오존처리 → 활성탄처리(생물활성탄) → 후염소 → 방류 : 활성탄처리공정 앞에 오존처리를 추가한 배열로 오존처리효과와 아울러 생물활성탄의 처리효과를 촉진한 방식이다. 농도가 높은 맛과 냄새물질, 트리할로메탄전구물질 등의 제거에 효과가 있다. 철과 망간 농도가 높은 원수에도 적용될 수 있다.

ⓞ 응집침전 → 오존처리 → 활성탄처리(생물활성탄) → 모래여과 → 후염소 → 방류 : ⓤ의 활성탄처리공정 앞에 오존처리를 추가한 배열로 ⓤ에 비하여 더욱 농도가 높은 맛과 냄새, 트리할로메탄의 전구물질 등의 제거에 효과가 있다.

ⓩ 응집침전 → 오존처리 → 활성탄처리(생물활성탄) → 중간염소 → 모래여과 → 후염소 → 방류 : 활성탄처리 후에 중간염소처리를 하는 배열로 철과 망간 농도가 높은 원수처리에 적합하다.

ⓩ 응집침전 → 모래여과 → 오존처리 → 활성탄처리(생물활성탄) → 중간염소 → 모래여과 → 후염소 → 방류 : 오존처리와 활성탄처리의 효과를 높일 목적으로 오존처리 앞에 모래여과를 추가한 공정이다.

> 💡 **특이사항**
> - 겨울철 수온이 낮을 때에는 제거율은 감소한다.
> - 오존을 사용할 경우 맛과 냄새, 트리할로메탄전구물질의 제거율이 높아진다.
> - 동절기에 암모니아성 질소는 거의 제거되지 않는다.
> - 유충이나 미생물막 제거 시 활성탄은 여과 전에 배치하는 것이 좋다.

3) 흡착설비의 계획

① 입상활성탄은 처리공정의 선정에 따라 최적의 공정을 선정한다.

〈입상활성탄 규격 현황과 권고치〉

구분	1급	2급	3급	권고치	
경도(%)	90 이상	90 이상	90 이상	90 이상	
충전밀도(g/cc)	0.48 이하	0.52 이하	0.56 이하	0.48 이하	
건조감량(%)	5.0 이하	5.0 이하	5.0 이하	5.0 이하	
요오드흡착능(mg/g)	1,100 이상	1,000 이상	900 이상	석탄계	목탄계
				950 이상	1,100 이상

② 흡착방식은 기본적으로 고정상(fixed bed)식과 유동상(fluidized bed)식으로 분류되며 각 방식의 특성과 처리효과, 유지관리, 경제성 등을 고려하여 결정한다.

③ 적정한 접촉시간은 입상활성탄의 성능, 제거대상물질의 종류와 농도에 따라 다르므로 공간속도(SV), 탄층의 두께, 공상접촉시간(EBCT) 등은 문헌 등을 참고하고 실험 등으로 결정한다.

→ **설계인자 산정순서** : 공간속도를 우선 정하고 각 정수장의 조건에 적합한 탄층 두께를 결정한다.

㉠ **공상접촉시간(EBCT)**

공상접촉시간(T)은 입상활성탄의 충전량(m^3)을 처리수량(m^3/h)으로 나눈 값이다. 또 공상접촉시간이 결정되면 탄층의 두께와 선속도의 관계가 결정되며 선속도를 크게 하려면 입상활성탄의 층고를 두껍게 해야 한다.

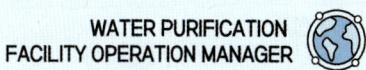

- 공상접촉시간은 고정상인 경우 10~30분, 유동상인 경우 5~10분이 일반적이다.
- 일반적으로 공상접촉시간이 길수록 처리효과는 증가한다.

ⓒ 공간속도(space velocity)

공간속도(SV)는 입상활성탄층을 통과하는 1시간당 처리수량을 입상활성탄의 용적으로 나눈 값으로 표시되며, 공상접촉시간의 역수이다. 5~10/h가 일반적인 표준이다.

$$\text{공간속도(SV)} = \frac{처리수량(m^3/hr)}{활성탄의 용적(m^3)}$$

ⓒ 선속도(linear velocity)

선속도(LV)는 처리수량을 흡착지의 면적으로 나눈 값으로서, 여과속도에 해당된다.
- **중력식의 고정상** : 10~15m/h
- **가압식** : 15~20m/h
- **유동상** : 10~15m/h

ⓔ 탄층의 두께(H)

탄층이 두꺼운 경우 탄층의 손실수두가 커지므로 운전수위가 높아지며 흡착지의 높이가 커진다. 또 탄층두께를 얇게 하고 일정한 접촉시간을 유지하려면 지의 면적이 커진다. 탄층의 두께(H)는 접촉시간(T)과 선속도(LV)로 계산한다.

$$H = LV \times T$$

- 고정상인 경우 일반적으로 1.5~3.0m, 유동상인 경우에는 정지시의 두께로서 1.0~2.0m 정도가 많이 사용되고 있다.
- 탄층 두께가 커질수록 오염물질의 제거율은 높아지므로 처리목표의 달성 여부와 재생주기 등을 고려하여 결정한다.

ⓜ 입경

입상활성탄의 입경이 작을수록 단위용적당의 표면적은 커지고 따라서 물질이동대는 짧아진다. 입경이 작을수록 처리수량이 많아지나 전반적으로 볼 때 조작방식의 차이나 처리대상수의 수질에 따라 적합한 범위는 달라진다.
- 고정상의 하향류에서는 입경 0.4~2.4mm 정도의 활성탄이 많이 사용된다.
- 유동상식에서는 입경 0.3~0.9mm 정도의 활성탄이 많이 사용된다.

4) 흡착설비

① 흡착지의 면적과 지수는 급속여과지의 여과면적과 지수 및 형상에 준한다.
② 흡착지의 구조는 효과적인 흡착과 역세척이 가능하고 또 활성탄 교체 등이 용이하도록 한다.
③ 집수장치는 편류가 없는 균등한 수류와 균등한 역세척, 그리고 활성탄의 지지 및 활성탄의 유출방지 등의 기능을 갖추어야 한다.

5) 세척설비

① 탄층의 세척설비는 역세척에 적당한 보조세척을 추가한 방식으로 활성탄의 유출을 방지하도록 고려해야 한다.
② 세척수로는 활성탄처리수 또는 정수를 사용하고 필요한 수량, 수압 및 시간은 실험 등으로 결정한다.
③ 세척설비의 용량과 구조 등은 급속여과지의 세척탱크와 세척펌프 등에 준한다.

> **입상활성탄 공정의 역세척**
> 탄층에 누적된 미생물막과 현탁물질을 제거하여 통수능력을 회복시킨다.
> - 물 역세척 속도는 입상활성탄의 종류에 따라 다르며 탄층팽창률은 수온의 영향을 받는다.
> - 탄층팽창률은 20~40%(평균 25%)가 되도록 역세척한다.
> - 물에 의한 역세척만으로 세척이 불충분한 경우에 공기세척을 병용하는 방식이 효과적이다.

6) 저장설비, 계량설비 및 이송설비

① 입상활성탄은 흡착능력이 없어지면 재생하거나 교체해야 하므로 신탄 또는 재생탄을 저장하는 설비를 설치해야 한다.
② 신탄이나 사용종료탄 또는 재생탄을 검수하거나 계량하기 위하여 운반방식과 양에 적합한 계량설비를 설치한다.
③ 이송설비는 활성탄과 이송설비 자체의 마모를 최소한으로 억제하면서 원활하고 능률적으로 이송할 수 있는 설비로 한다.
④ 흡착지는 설비규모와 재생빈도에 따라 활성탄을 적절하게 충전하고 반출할 수 있도록 한다.

7) 재생설비

① 재생설비의 설치여부는 재생빈도와 재생활성탄량 및 경제성을 고려하여 결정한다.
② 자가재생설비를 설치할 경우에는 다음 각 호에 적합하도록 한다.
  ㉠ 재생설비로는 재생로 본체, 저장설비, 계량설비, 제해설비, 연료공급설비 등으로 구성된다. 이들 설비를 계획할 때에는 설비규모, 운전방법, 입지조건 등을 충분히 고려하고 재생빈도에 대하여 여유가 있는 규모로 한다.
  ㉡ 재생로는 연간재생량과 운전조건을 고려하여 용량과 방식을 결정한다.
  ㉢ 재생로에 부대하여 사용종료탄과 재생탄의 계량설비, 사용종료탄의 세척, 탈수설비, 배기가스 및 배출수 처리설비, 연료 및 용수공급설비 등을 필요에 따라 설치한다.

> **참고 ❶ 가열재생방법**
>
> 1) 건조
>   활성탄재생로에 수분을 함유한 사용종료탄을 투입하고 100℃ 정도에서 건조되면서 일부 유기물이 탈락된다.
>
> 2) 탄화(carbonization)
>   사용종료탄은 세공 중에 많은 유기물질을 흡착하고 있다. 이 탄을 700℃ 정도까지 가열하여 저비등점 유기물질을 탈락시킨다. 고비등점 유기물질은 열분해로 일부가 저분자화되어 탈락되고 나머지는 세공 중에서 탄화된다.
>
> 3) 활성화(activation)
>   사용종료탄을 800~1,000℃ 정도로 가열하여 탄화하고, 세공 중에 남은 유기물질을 수증기, 이산화탄소, 산소 등의 산화성가스로 가스화하여 탈락한다. 활성화가스로는 통상 수증기를 사용한다. 일반적으로 온도가 높을수록 세공용적은 증가하고 활성화도도 높아지나 활성탄의 기질이 손상되어서 강도가 떨어질 우려가 있다.

> **❷ 이화학적 재생방법**
>
> 활성탄의 장점을 크게 부각시킬 수 있는 재생기술로는 여러 가지가 있으나 열재생(thermal regeneration)이 가장 많이 사용되고 있다. 그러나 최근에는 열재생에 따른 대기오염 문제와 재생수율의 하락, 운전비용의 증대 등으로 이화학적 재생기술을 이용하는 사례가 증가하고 있다.
>
> 이화학적 재생기술의 이론적 배경은 활성탄의 흡착원리를 역이용한 탈착원리를 활용한 것이다. 활성탄의 흡착능에 영향을 미치는 인자로는 피흡착물질과 활성탄의 종류이며, 활성탄의 물리화학적 성질(표면적, 입자 내부구조, 세공내 표면의 화학적 특성 등) 외에도 피흡착물질의 용해도, 극성, 수소이온농도, 이온화율, 피흡착물질의 수, 분자의 크기, 농도, 분자의 구조와 표면장력, 온도 및 공존물질의 농도 등이 흡착능에 크게 영향을 미친다. 여기서 이화학적 재생기술은 흡착과 탈착에 결정적인 역할을 하는 pH, 유기용제, 온도 등을 조합하여 재생효율을 극대화한 방법이다.
>
> 이러한 새로운 재생공정의 운전은 재생반응과 탈착, 세척, 회수의 공정으로 이루어진다. 이 방법의 재생효과는 신탄에 비하여 83~97%의 흡착능회복률을 나타내며 재생방법이 간단하고 운전이 용이하며 재생탄의 손실이 적고 기존의 흡착시설에 추가하기 쉬울 뿐 아니라 경제성에서도 신탄가격의 10%, 열재생방식의 15~20% 정도의 비용이 소요되는 등 여러 가지 장점을 가지고 있다.

UNIT 02 막분리 공정

1 총칙

막여과(membrane filtration)란 막(membrane)을 여재로 사용하여 물을 통과시켜서 원수 중의 불순물질을 분리 제거하고 깨끗한 여과수를 얻는 정수방법을 말한다. 담수처리에 주로 사용되고 있는 막여과는 정밀여과와 한외여과가 있으며, 제거대상물질은 현탁물질을 주로 하는 불용해성물질이다. 또 나노여과 및 역삼투법은 용해성물질을 제거대상물질로 하며 단독 또는 고도정수처리와의 조합 등이 검토되고 있다.

1) 정밀여과법(micro filtration : MF)

정밀여과막모듈을 이용하여 부유물질이나 원충, 세균, 바이러스 등을 체거름원리에 따라 입자의 크기로 분리하는 여과법을 말한다. 입경 0.01μm 이상의 영역을 분리대상으로 하며 분리성능은 공칭공경으로 나타낸다.

2) 한외여과법(ultra filtration : UF)

한외여과막모듈을 이용하여 부유물질이나 원충, 세균, 바이러스, 고분자량물질 등을 체거름원리에 따라 분자의 크기로 분리하는 여과법을 말한다. 분리성능은 분획분자량으로 나타낸다. 수처리에서는 초순수의 제조, 폐액·폐수처리, 배출수의 재이용 등에 사용하고 있다.

3) 나노여과법(nano filtration : NF)

한외여과법과 역삼투법의 중간에 위치하는 나노여과막모듈을 이용하여 이온이나 저분자량 물질 등을 제거하는 여과법을 말한다. 맛·냄새 물질제거가 가능한 가장 경제적인 여과막이다.

4) 역삼투법(Reverse Osmosis : RO)

물은 통과하지만 이온은 통과하지 않는 역삼투막모듈을 이용하여 이온물질을 제거하는 여과법을 말한다. 해수 중의 염분을 제거하는 막분리공법은 다음 파트인 "해수담수화 역삼투법"을 참조하기 바란다.

〈수도용 막의 종류 및 특징〉

사용막	여과법	분리경	제거가능 물질
정밀여과막(MF)	정밀여과법	공칭공경 0.01㎛ 이상	부유물질, 콜로이드, 세균, 조류, 바이러스, 크립토스포리디움 난포낭, 지아디아 난포낭 등
한외여과막(UF)	한외여과법	분획 분자량 100,000 Dalton 이하	부유물질, 콜로이드, 세균, 조류, 바이러스, 크립토스포리디움 난포낭, 지아디아 난포낭, 부식산 등
나노여과막(NF)	나노여과법	염화나트륨 제거율 5~93% 미만	유기물, 농약, 맛·냄새물질, 합성세제, 칼슘이온, 마그네슘이온, 황산이온, 질산성질소 등
역삼투막(RO)	역삼투법	염화나트륨 제거율 93% 이상	금속이온, 염소이온 등
해수담수화 역삼투막(RO)	역삼투법	염화나트륨 제거율 99% 이상	해수중의 염분

〈수도용 막모듈의 성능 기준〉

항목	정밀여과막	한외여과막	나노여과막	역삼투막	해수담수화 역삼투막
여과성능	$0.5m^3/m^2 \cdot$일 이상	$0.5m^3/m^2 \cdot$일 이상	$0.05m^3/m^2 \cdot$일 이상	$0.05m^3/m^2 \cdot$일 이상	$0.01m^3/m^2 \cdot$일 이상
탁도 제거성능	0.05NTU 이하	0.05NTU 이하	–	–	–
염화나트륨 제거성능	–	–	5~93% 미만	93% 이상	99% 이상
내압성	누수, 파손 및 기타 외형에 이상이 없을 것				
미생물 제거성능	시료수에 대해서 형성된 집락수가 시료수 1mL 당 10개 이하일 것				
용출성	시료수의 분석치와 대조수의 분석치의 차가 "막모듈 용출액 분석기준에 적합할 것"				

💡 용어의 정의

1. "막모듈"이란 일정 개수의 막을 일정형태의 용기 안에 설치하여 일체화 또는 용기 안에 설치를 하지 않고 일정 개수의 막을 묶음형태로 일체화하여 여과 기능을 할 수 있도록 만든 것을 말한다.
2. "수도용 막모듈"이란 수도용 막으로서 제작한 정밀여과막모듈, 한외여과막모듈, 나노여과막모듈, 역삼투막모듈, 해수담수화 역삼투막모듈을 말한다.
3. "계열"이란 수도용 막모듈과 여과수를 생산하는 펌프로 이루어져 독립된 여과기능을 나타내는 것을 말한다.
4. "수도용 막여과공정"이란 원수공급, 펌프, 막모듈, 세척, 배관 및 제어 설비 등으로 구성된 일련의 정수처리 과정으로, 수도에 사용되는 정밀여과공정, 한외여과공정, 나노여과공정, 역삼투공정 및 해수담수화 역삼투공정을 말한다.
5. "막여과 회수율"이란 막여과공정의 막공급 원수량에 대하여 여과수량 중에서 막모듈의 세척에 사용되는 여과수량을 제외하여 백분율(%)로 나타낸 값을 말한다.
6. "공칭공경(Nominal pore size)"이란 정밀여과막의 공경을 직접 측정하는 것이 곤란하여 버블포인트법, 수은압입법, 지표균 등을 이용한 간접법으로 분리성능을 마이크로미터(㎛) 단위로 나타낸 것을 말한다.
7. "분획분자량(Molecular weight cutoff)"이란 한외여과막의 공경을 직접 측정하는 것이 곤란하여 간접적으로 측정하고 분리성능을 분자량의 단위인 달톤(Dalton)으로 나타내는 지표로서 분자량을 알고 있는 물질의 배제율(排除率)이 90퍼센트(%)가 되는 분자량을 말한다.
8. "배출수"란 물, 공기, 약품 등을 이용하여 막의 표면에 부착된 오염물질을 제거할 때 발생되는 세척수 혹은 세척수가 포함된 농축수가 막모듈 밖으로 배출된 것을 말한다.
9. "농축수"란 막공급 원수가 막을 투과하지 않고 농축된 것을 말한다.
10. "공정수"란 정수시설을 구성하는 공정에서 소독공정을 제외한 각 단위공정의 처리수를 말한다.

2 막여과 정수시설

1) 막여과정수시설의 설치 시 검토사항

① 막여과 정수시설은 환경부에서 고시한 막여과 정수시설의 설치기준에 따라 설치한다.
② 「상수원관리규칙」 "원수의 수질검사기준"에 따라 실시한 과거 3년간의 원수수질검사 결과를 검토하여야 한다.
③ 장래 원수 수질변화가 예측되는 경우는 그 대응 방안을 마련하여야 한다.
④ 신설하는 막여과 정수시설 및 기존 정수시설을 개량하여 막여과 정수시설을 설치하고자 할 경우에는 막여과 정수시설의 안정성을 검토하여야 한다.
⑤ 막여과공정 단독으로 정수를 생산하여 먹는 물 수질기준의 초과가 예상되는 경우에는 다른 정수공정과의 조합을 고려해야 한다.
⑥ 건설비, 유지관리비 등을 포함한 경제성을 고려해야 한다.

2) 시설능력

① 계획 정수량은 계획 1일 최대급수량을 기준으로 하고, 그 외 작업용수와 기타용수 등을 고려하여 결정한다.
② 막여과 정수시설은 개량, 보수 및 사고에 의해 일부 기능이 정지한 경우에도 통상의 급수에 영향을 주지 않도록 시설을 구성하여야 한다.

3) 계열구성

① 막여과 정수시설의 계열 수는 2계열 이상으로 구성하는 것을 원칙으로 하며, 각 계열 및 시설의 여과수에는 연속측정식 탁도계 등을 설치하여야 한다.
② 막여과 정수시설의 계열 수를 2계열 이상으로 구성하기가 곤란한 경우에는 기기 고장이나 사고로 급수에 지장이 생기지 않도록 상시 예비기기나 예비모듈을 확보하여야 한다.
③ 계열의 구성에는 막의 손상을 검지하기 위하여 막모듈의 압력유지시험(Pressure Decay Test)등 직접완결성시험 감시설비를 설치하여야 한다.

4) 공정구성

① 막여과 정수시설은 막모듈을 이용하여 여과하는 공정과 소독제를 이용하여 소독하는 공정을 기본공정으로 구성한다.
② 막여과공정은 원수공급, 펌프, 막모듈, 세척, 배관 및 제어설비 등으로 구성되며, 막의 종류, 막여과 면적, 막여과 유속, 막여과 회수율 등은 원수수질 및 여과수의 수질기준과 시설의 규모 등을 고려하여 결정하여야 한다.
③ 막여과 정수시설은 필요에 따라 배출수처리설비를 설치하여야 하며, 막모듈의 보호 및 여과수의 수질 향상을 위해 별도의 전·후처리 설비를 설치할 수 있다.

5) 충분한 안전과 환경대책수립

3 전처리설비

막여과 정수시설의 전처리는 원수수질과 처리목표수질 등을 감안하여 필요에 따라 적절한 방법을 선정한다.
① 원수 내 협잡물 제거를 위한 스크린이나 스트레이너설비
② 원수 내 탁질 및 유기물 제거를 위한 응집, 침전, 여과설비
③ 원수 내 철, 망간 등의 산화를 위한 전염소 또는 전오존 주입설비
④ 원수 내 맛·냄새물질 등 미량유기물 등의 제거를 위한 분말활성탄 주입설비
⑤ 수소이온농도(pH) 및 응집효율 제어를 위한 약품 주입설비
⑥ 기타 막모듈 보호 및 여과수질 향상을 위한 전처리설비

4 막과 막모듈

① 막과 막모듈은 수도용 막모듈 성능인증을 받은 막모듈 중 처리성능, 내구성, 내약품성 및 위생성 등을 고려하여 선정한다.

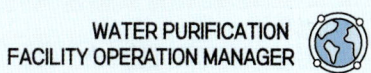

㉠ 막의 열화와 파울링
- 열화 : 물리적, 화학적, 미생물에 의해 막자체가 손상되어 비가역적으로 변질되는 현상으로 성능이 회복되지 않는다.(압밀화, 상처 및 마모, 건조/수축, 화학적 분해 및 산화, 막 재질의 자화 등)
- 파울링 : 막 자체의 변화가 아니라 외적 요인으로 막의 성능이 변화되는 것으로 그 원인에 따라서는 세척함으로써 성능이 회복될 수 있다.(부착층, 막힘, 유로폐색 등)

㉡ 내구성, 내약품성 및 위생성
- 막과 막모듈의 강도는 여과압력, 부압, 폭기에 의한 세척시의 반복응력 등의 기계적 변화 및 장기사용으로 열변형이나 약품세척에 의한 화학적 변화에 대해서도 충분히 대처할 수 있어야 한다. 또 막과 막모듈은 수격(water hammer)으로 인한 충격을 절대로 받지 않도록 배려한다.
- 막과 막모듈은 동결되면 사용할 수 없게 될 우려가 있으므로 내한성을 충분히 조사하여 선정한다. 보존과 보관이나 설치에도 동결되지 않도록 만전의 예방조치를 강구해야 한다.
- 막의 약품세척에는 알칼리 또는 산, 산화제, 유기산, 세제 등의 여러 가지 약품이 사용되기 때문에 막의 내약품성에 대하여 충분히 조사해 놓는다. 또한 막재질을 선정할 때에는 다음과 같은 막의 특성에 충분히 주의하여 처리대상수의 성상이나 세척방식에 알맞은 막을 선정한다.
- 유기막은 그 소재에 따라 친수성과 소수성으로 구별되며 내열성이나 내약품성도 다르다.
- 무기막은 유기막에 비하여 내열성이나 내약품성이 좋고 물리적 강도도 있지만 충격에 약하다.
- 막재질이 셀루로오스계인 것은 미생물 침식으로 열화될 우려가 있으므로 염소를 주입하여 미생물을 억제하는 것이 필요하다.
- 막은 재질에 따라 수명이나 가격에 큰 차이가 있으므로 경제성을 포함하여 종합적으로 검토해야 한다.

② 통수방식은 처리대상 원수의 성상이나 세척방식, 막의 특성을 고려하여 선정한다.
③ 막모듈은 점검과 교환이 용이한 것으로 한다.

5 막여과설비

① 회수율은 취수조건이나 막공급수질, 역세척, 세척배출수처리 등의 여러 가지 조건을 고려하여 효율성과 경제성 등을 종합적으로 검토하여 설정한다.

회수율 : 막여과설비의 공급수량에 대하여 막여과수 중 물리적 세척수량 등을 뺀 양의 비를 %로 나타낸 것으로, 막여과설비의 양적인 처리효율을 나타내는 지표이다.

$$\text{[식]} \ \text{배출농도}(C_o) = \text{유입농도}(C_i) \times \frac{100}{(100 - \text{회수율}(\%))}$$

② 막여과의 유속(flux)과 막의 면적은 다음 각 항에 의한다.
㉠ 막여과의 유속은 다음 조건과 경제성 및 보수성을 종합적으로 고려하여 적절한 값을 설정한다.
- 막의 종류 : 막의 종류, 재질, 공경 또는 분획분자량 고려

- 막공급의 수질과 최저수온 : 최저수온을 고려하여 일평균유량과 일운전시간 결정
- 전처리설비의 유무와 방법
- 입지조건과 설치공간 : 막여과 유속이 커질수록 막면적은 적어지면 설치공간도 작고 초기비용도 적어지나, 막차압이 높아져 막의 수명이 저하됨
  ⓒ 막면적은 여과수량과 막여과유속으로부터 다음 식으로 산출한다.

  식 막면적 = 여과수량 / 막여과유속

③ 막여과방식과 운전제어는 다음 각 항에 의한다.
  ㉠ 막여과방식은 막공급수질이나 막의 종별 등의 조건을 고려하여 최적의 방식을 선정한다.
  ㉡ 구동압방식과 운전제어방식은 구동압이나 막의 종류, 배수(配水)조건 등을 고려하여 최적방식을 선정한다.
  ㉢ 막여과설비의 운전은 자동운전을 원칙으로 한다.

6 후처리설비

① 맛·냄새물질 및 미량오염물질 제거를 위한 오존, 활성탄 설비
② 기타 여과수질 향상을 위한 설비

7 막세척과 배출수처리

① 막의 성능회복을 위한 물리적 세척과 약품세척은 다음 각 호에 따른다.
  ㉠ 물리적 세척은 막재질이나 구조, 막모듈, 여과방식, 운전제어방식 등 각각의 방식에 알맞은 세척방법을 선정한다.
  ㉡ 약품세척은 파울링물질의 종류와 낀 정도를 파악하여 유효한 세척방법을 선택한다.
  ㉢ 약품세척에 사용하는 약품은 위생적으로 지장이 없는 것을 사용한다.
② 막여과 정수시설에서는 물리적 세척배출수와 약품세척폐액(약품세척을 정수장 내에서 하는 경우) 등을 적절하게 처리하기 위하여 필요한 처리설비를 설치한다.
  ㉠ 물리세척 및 약품세척 배출수와 농축수는 「수질 및 수생태계보전에 관한 법률」 및 「폐기물관리법」에 적합하게 처리하여야 한다.
  ㉡ 막모듈의 오염을 세척할 목적으로 약품세척을 실시하여 발생된 약품세척 배출수는 회수하여 막여과 정수시설의 원수로 사용할 수 없다.
  ㉢ 배출수 외에 발생되는 배출수는 전처리로 응집·침전설비 등 응집을 부가한 탁질제거설비를 설치한 막여과 정수시설의 경우에는, 회수하여 원수로 사용하거나 막여과공정으로 처리하여 통수시킬 수 있다.
  ㉣ 막여과정수시설 외의 시설에서 발생되는 배출수는 수질을 원수보다 양호하게 한 경우에는, 회수하여 원수로 사용하거나 막여과공정으로 처리하여 통수시킬 수 있다.

⟨약품세척에 사용되는 주된 약품과 제거가능 물질⟩

약품		제거가능한 물질	
		유기물	무기물
	수산화나트륨	O	
무기산	염산		O
	황산		O
산화제	차아염소산나트륨	O	
유기산	구연산		O
	옥살산		O
세제	알칼리 세제	O	
	산 세제		O

8 부속설비

① 원수조는 다음 각 호에 의한다.
  ㉠ 막여과시설에는 원칙으로 원수조를 설치한다.
  ㉡ 원수조는 유지관리를 고려하여 2조 이상으로 분할하는 것이 바람직하다.
  ㉢ 원수조에 약품을 주입하는 경우에는 약품을 충분히 혼화시킬 수 있는 구조 또는 교반장치를 설치한다.
② 세척용수와 장내용수 등에 사용하는 세척수조는 다음 각 호에 의한다.
  ㉠ 세척수조는 막재질이나 세척방식 등을 고려하여 설치하는 것을 검토한다.
  ㉡ 세척수조는 위생적이고 필요한 용량을 가진 것으로 한다.
③ 약품조는 다음 각 호에 의한다.
  ㉠ 약품조는 저장하는 약품에 내구성이 있는 재질을 사용하고 내진성도 고려한다.
  ㉡ 정수처리에 사용하는 약품조는 기본적으로 2조 이상으로 설치한다.
④ 배관이나 밸브류는 다음 각 호에 의한다.
  ㉠ 배관류는 조작압력이나 설치환경 등을 고려하여 장시간 사용에 견디는 재질구조의 배관을 선정한다.
  ㉡ 절체 등 자동제어에 사용하는 밸브류는 신뢰성과 보수성 등을 고려하여 적절한 기종과 구동방식의 밸브를 선정한다.
  ㉢ 밸브류의 설치장소는 유지관리를 충분히 고려하여 적절한 장소에 설치한다.
  ㉣ 한랭지에서는 필요한 부분에 동결방지 조치를 강구한다.

9 유지관리

① 시설의 안전관리에 관한 사항
② 막의 종류, 사용조건, 취급방법 등 막모듈에 관한 사항
③ 운전방법, 약품세척, 배출수처리, 완결성 시험 등 운전에 관한 사항
④ 시설의 감시, 비상 시 대책, 예비품의 보관 등 유지관리에 관한 사항
⑤ **기타 시설의 유지관리에 필요한 사항**
　㉠ 막여과 정수시설은 적정한 유지관리를 통하여 설치 초기의 성능 및 수질기준 등이 설계 목표연도까지 항상 유지되도록 조치하여야 한다.
　㉡ 사용하지 않은 막모듈을 보관하거나 막여과 설비에 장착한 채 장기간 운전을 중지할 경우에는 미생물이 번식되지 않도록 보관하여야 한다.
　㉢ 막모듈은 동결이나 기계적인 충격에 의해 파손되지 않도록 예방조치를 강구하여야 한다.
　㉣ 일반수도사업자 또는 발주자는 막여과 기능을 상실한 폐막모듈의 적정처리 및 재활용 등에 대해 고려하여야 한다.

UNIT 03 맛·냄새 제거

1 총칙

물에 맛·냄새가 있을 경우에는 이를 제거하기 위하여 맛·냄새의 종류에 따라 폭기, 염소처리, 분말 또는 입상활성탄처리, 오존처리 및 오존·입상활성탄 처리를 한다.

2 원인물질

1) 생물학적인 발생원

① **방선균** : 토양에 널리 분포하며 빗물에 의해 상수원에 유입된다. 혐기성 및 호기성으로 구분된 생태주기를 갖는데, 호기성일 때 맛·냄새 물질을 발산하는 것으로 알려져 있다. 포자상태로 존재할 때는 냄새를 내지 않는 것으로 알려져 있다.
② **조류** : 남조류, 편모조류, 규조류가 맛·냄새와 관련이 있다.
③ **황산염 환원균** : 황산염을 황화수소로 환원시킬 때 냄새를 유발한다.

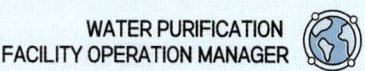

2) 산업활동 및 강우유출과 관련된 발생원

① **각종 영양물질과 오염물질** : 유기성폐수 및 화학물질이 가지는 냄새, 영양물질의 유입으로 인한 조류의 증식을 초래한다.
② **휴믹물질과 결합된 염소** : 휴믹물질과 결합된 염소는 알데히드로 전환되어 냄새를 유발한다.

3) 정수공정과 관련된 발생원

① 염소소독
② 오존산화

4) 급수관망과 관련된 발생원

① 미생물의 재성장
② 관망에 잔류하는 소독제와 그 부산물
③ 관 내부 코팅제에서 발생하는 유기물
④ 합성수지 파이프에 의한 것

3 맛·냄새 물질의 제거

① 폭기
② 염소처리
③ 분말활성탄/입상활성탄 처리
④ 오존처리
⑤ 오존·입상활성탄 처리

UNIT 04 기타 오염물질 제어

1 철·망간 제거

1) 철·망간이 많은 수원

① 오염된 수돗물

- **철 오염** : 수돗물에 철이 다량으로 포함되면 물에 쇠맛뿐아니라 세탁이나 세척 시 의류나 기구 등이 적갈색을 띠게 되고 공업용수로도 부적당하다.

- **망간 오염** : 수돗물에 망간이 포함되면 수질기준에 적합할 정도의 양이라도 유리잔류염소로 인하여 망간의 양에 대하여 300~400배의 색도가 생기거나, 관의 내면에 흑색 부착물이 생기는 등 흑수의 원인이 될뿐더러 기물이나 세탁물에 흑색의 반점을 띠게 되는 경우가 있다. 망간과 철이 혼재될 경우 흑갈색을 띠게 된다.
② **지하수** : 특히 화강암지대, 분지, 가스함유지대 등의 지하수에 대부분 포함된다.
③ **강변여과수** : 강변여과수는 대수층에서 강물이 자연여과되어 탁도가 거의 없고 유기물질농도가 낮다. 그러나 지하대수층에서 존재하는 망간과 철 등 2가 금속과 황화물이 많이 함유되어 있다.

2) 철·망간 제거방법

① **물리·화학적 제거** : 공기폭기로 철과 망간을 산화시켜 여과 시 망간 및 철산화물을 제거한다.
② **생물학적 제거** : 철과 망간을 산화하는 세균을 이용하여 철과 망간을 제거한다. 이 미생물들은 생물여과막(완속여과)에 증식시켜 처리한다.

3) 철 제거설비

① **산화법** : 산화제 + 응집제 → 응집/침전 또는 모래여과
② **접촉법** : 용존산소와 접촉촉매(옥시수산화철)을 이용하여 산화제거 (촉매의 유지관리가 어렵고, 촉매 접촉 전에 철이 산화되고 있는 경우 제거가 어려움)

4) 망간 제거설비

① **산화법** : 산화제 + 응집제 → 응집/침전 또는 모래여과

산화제 : 과망간산칼륨, 염소, 오존
- 소석회를 주입하여 pH를 9 이상으로 해야 산화가 용이하다.
- 망간 1mg에 대하여 염소 1.29mg이 대응된다.
- 망간 1mg에 대하여 과망간산칼륨 1.92mg이 대응된다.
→ 산화제(염소, 과망간산칼륨, 오존 등)는 수중유기물이나 다른 환원물질에 의해서도 소비되기 때문에 대응량보다 더 많은 양을 주입하는 것이 좋다.

② **흡착법** : 오존 + 활성탄여과
③ **접촉산화작용** : 잔류염소 존재 하에서 망간이온의 망간모래로 접촉산화작용을 이용해서 망간을 제거한다.

2 pH 조정

pH가 높거나 낮을 경우에는 산제(이산화탄소, 황산) 또는 알칼리제(소석회, 수산화나트륨 등)를 주입하여 처리수의 pH를 적정하게 조정한다.

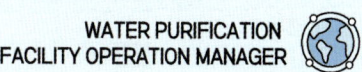

③ 침식성유리탄산 제거

침식성유리탄산을 많이 포함한 경우에는 침식성유리탄산을 제거하기 위하여 폭기처리나 알칼리처리를 한다.

④ 불소주입 및 제거

1) 불소주입
치아우식증(충치) 예방을 위하여 정수처리 과정에 불소를 주입할 경우 불소주입기 등 관련시설을 설치하고 불소화합물을 주입한다.

2) 불소제거
원수 중에 불소가 과량으로 포함된 경우에는 불소를 감소시키기 위하여 응집침전, 활성알루미나, 골탄, 전기분해 등의 처리를 한다.

⑤ 비소 제거

비소가 다량 포함되어 있는 원수에서 비소를 제거하기 위하여 응집처리 또는 활성알루미나, 수산화세륨, 이산화망간 중 하나를 사용하여 흡착처리를 한다.

⑥ 색도 제거

색도가 높을 경우에는 색도를 제거하기 위하여 응집침전처리, 활성탄처리 또는 오존처리를 한다.

⑦ 소독부산물 대책

소독부산물 전구물질을 다량으로 함유한 경우에는 그 저감을 위하여 활성탄처리 또는 전염소처리를 대신하여 중간염소처리 등을 한다.

⑧ 휘발성유기화합물 대책

휘발성유기화합물(트리클로로에틸렌, 테트라클로로에틸렌, 1,1,1-트리클로로에탄 등)을 함유한 경우에는 이를 저감시키기 위하여 폭기처리나 입상활성탄처리를 한다.

⑨ 음이온계면활성제 제거

음이온계면활성제를 다량으로 함유한 경우에는 음이온계면활성제를 제거하기 위하여 활성탄처리나 생물처리를 한다.

⑩ 질산성 질소 제거

질산성질소를 다량으로 함유한 경우에는 질산성질소를 제거하기 위하여 이온교환처리, 생물처리, 막처리 등을 한다.

⑪ 경수연화(경도 저감)

경도가 높은 경우에는 경도를 감소시키기 위하여 정석(晶析)연화법, 응석침전법, 이온교환법, 제오라이트법 등의 처리를 한다.

⑫ 조류제거 대책

정수시설 내에서 조류를 제거하는 방법으로는 약품처리 후 침전처리 등으로 제거하는 방법과 여과로 제거하는 방법이 있다.
① 염소제 및 황산구리 등의 살조제 처리
② 마이크로스트레이너로 기계적 여과
③ 응집/침전처리
④ 여과지층에서 제거

UNIT 05 해수담수화시설

1 총칙

1) 특징
① 계절에 영향을 받지 않고, 안정된 수량을 확보할 수 있다.
② 건설에 장기간이 소요되는 댐의 개발에 비하여 상대적으로 단기간에 건설할 수 있다.
③ 지표수의 취수에 따른 관련 기관과의 복잡한 문제발생이 적고, 수도사업자가 독자적으로 도입할 수 있다.

2) 유의사항
① 하천수를 이용하여 상수를 생산하는 방법에 비하여, 전기요금, 막 교체비 등의 운영비가 상대적으로 많이 소요된다.
② 에너지의 절약대책이나 농축해수의 방류로 인한 생태계에의 영향에 관한 대책 등 환경적 측면에서의 문제점을 고려해야 한다.

2 해수담수화방식

1) 상변화방식

① **증발법** : 해수를 증발시키면 물은 증발하고 용질인 소금은 잔류하는 성질을 이용하여 해수와 담수를 분리하는 방법이다.

- ㉠ **다중효용방식(MED)** : 단순 증류기를 시리즈로 배열한 형태로 첫 번째 증발기 보일러에서 발생된 증기가 다음 효용 증발기의 가열원으로 작용하고 냉각 응축되어 담수가 되고, 이 과정이 다음 증발기로 반복해서 일어나는 과정이다.
- ㉡ **다단 플래시 방식(MSF)** : 순간적으로 증기를 방출하는 플래싱 현상을 이용해 해수를 증기로 만들어 준 후에 응축시켜서 담수를 생산하는 방법이다.
- ㉢ **증기 압축식(MVC)** : 증발조에서 발생한 증기를 압축기에 넣은 후 단열압축에 의해 온도를 상승시켜 이것을 같은 조내에 있는 액체의 가열용 증기로 공급하여 담수를 얻는 방법이다.
- ㉣ **태양열 담수 플랜트** : 태양열을 이용하여 집열판에 모인 열기를 이용하여 담수를 얻는 방법이다.
- ㉤ **막증발(투과기화법)** : 가운데 막을 두고 한쪽은 고온의 유입수, 한쪽은 저온의 유입수를 주입하여 증기압의 차이로 고온유입수에서 생성된 증기가 저온의 유입수쪽으로 이동 응축되는 것을 이용하여 담수화하는 방법이다.

② **결정법**

- ㉠ **냉동법** : 해수가 얼음이 될 때 염분이 배제되는 원리를 기초하여 담수화하는 방법이다.
- ㉡ **가스수화물법** : 해수에 메탄이나 이산화탄소 등 특정 가스를 주입하면, 일정한 저온·고압 조건에서 가스 수화물이 형성되고 이 수화물은 가스+물로만 이루어져 형성되는 과정에서 염분이 배제되는 방법이다.

2) 상불변방식

① **삼투법** : 압력에너지를 이용한 방법으로 물은 통과시키고 용질은 통과시키지 않는 막을 이용하여 해수와 담수를 분리해내는 공법이다. 처리된 물은 이온성 물질이 거의 배제된다.

② **역삼투법** : 바닷물쪽에 압력을 가하면 삼투압과 반대로 고농도의 바닷물이 저농도의 수돗물쪽으로 이동하면서 용질은 막에 의해 통과되지 못하고, 순수한 물만 저농도의 수돗물쪽으로 이동하게 하여 담수화하는 공법이다.

> 💡 **역삼투막의 종류**
> - 셀루로오스아세테이트계(CA계) : 천연펄프를 원료로 만듦
> - 폴리아미드계(PA계) : 석유를 원료로 하여 2종 이상의 재료를 합성가공하여 만듦

> 💡 **역삼투막의 성능**
>
> ㉠ **염분제거율** : PA계막은 CA계막에 비해 대체적으로 좀 더 나은 탈염 성능을 보인다.
>
> ㉡ **온도의존성** : 온도가 높을수록 물의 투과율과 염분투과율 모두 커지는 경향이 있다. 따라서 막공급수의 수온이 높게 되면 투과수량 증가와 동시에 투과수의 염분도 많아진다. 일반적으로 이러한 경향은 PA계막이 CA계막에 비하여 크다.
>
> ㉢ **내염소성** : PA계막은 염소등의 산화제에 대한 내성이 거의 없으므로 막공급수의 잔류염소가 존재하면 막이 산화·열화되기 때문에 환원제를 주입하여 잔류염소를 제거해야 한다. 환원제로는 중아황산나트륨(Sodiumbisulfite, SBS)이 필요하며 탈염소처리를 확실하게 하기 위하여 이중의 주입설비를 설치하는 것이 바람직하다.
> CA계막에서도 염소농도가 높으면 막의 산화로 인하여 열화되기 때문에 잔류염소는 가능한 한 낮을수록 좋으며 잔류염소를 감시할 필요가 있다.
>
> ㉣ **막의 오염대책** : 막의 오염에는 슬라임(유기물 오염) 부착에 의한 것과 칼슘, 마그네슘, 철분, 망간, 규산(silica) 등이 막모듈 내에 농축됨에 따른 스케일부착(염류 석출)이 있다.
>
> **생물오염방지**
> - CA계 : 잔류염소를 0.1~0.4mg/L로 유지
> - PA계 : 살균 후 중아황산나트륨(SBS) 등을 이용하여 환원 제거
> ※ 황산구리는 환원제의 능력을 저하시키므로 사용하지 않는다.
>
> **스케일부착(염류석출) 방지**
> 농축과 pH의 변화로 막면에 석출되어는 물질이 존재하며 막기능이 손상된다. (스케일부착유발물질 : 탄산칼슘, 황산칼슘, 철, 망간, 스트론튬, 바륨, 실리카)
> ※ 이 중 철과 망간은 미량이라도 막에 축적되어 악영향을 미친다.
>
> ㉤ **트리할로메탄 제거능력** : 막공급해수에 포함된 트리할로메탄은 막엘리먼트의 종류에 따라 그 제거율이 크게 다르다. 트리할로메탄 제거는 PA계막이 90% 이상인데 반하여 CA계막에서는 상대적으로 제거율이 낮은 편이다. 따라서 CA계막으로서는 생물오염을 방지하기 위하여 염소계살균제를 사용하지만 간헐주입 등으로 원수측에 트리할로메탄을 발생시키지 않도록 한다.
>
> ㉥ **유기물제거성** : CA계막은 유기물 제거성이 낮고 PA계막은 유기물 제거성이 높다.
>
> ㉦ **압밀화** : 막이 공급수의 압력으로 압축(압밀화)되는 것은 막면에 오염물질이 부착되면서 투과수량이 감소되는 요인으로 된다.
> - PA계막은 비교적 단단한 지지층을 가져서 압밀화되기 어렵다.
> - CA계막은 PA계막에 비하여 압밀화가 약간 크다. 특히 운전초기 수백시간 이내에 압밀화 될 수 있으며 그 후 약간씩 압밀화가 진행된다.

막모듈의 성능

[용어 설명]

- **막엘리먼트** : 역삼투막과 그 지지체 및 생산수나 농축해수를 통과시키는 유로재를 일체화하여 압력용기(벳셀)에 장착되도록 성형가공한 것
- **막모듈** : 압력용기와 접속부품을 포함한 전체(중공사형 / 나권형)을 말한다. 막모듈의 통수방식은 역삼투막인 경우는 외압식으로 되어 있다.

※ 현재는 나권형 모듈을 주로 사용

㉠ **해수온도** : 온도변동이 수질에 미치는 영향은 염분투과율이 물투과율보다 큰 경향이 있으며 해수온도가 높게 되면 염분투과율이 증가하여 투과수의 염분농도가 상승한다. 온도변동 1℃에 대하여 2.5~3.0% 정도의 막투과수량 증감이 있다.

㉡ **운전압력** : 막공급수의 수온, 수질 및 회수율을 일정하게 하여 역삼투설비를 운전하면 막투과수량은 운전압력에 거의 비례하여 증감한다. 한편 운전압력을 높게 하면 막투과수량 증가에 비하여 염분투과량의 증가율이 작기 때문에 막투과수의 염분농도는 감소하는 경향으로 된다.

㉢ **막여과유속** : 여과수량 / 막여과면적이며 운전중의 여과유속을 나타낸다. 해수담수화 처리시 막오염이 일어날 경우 막여과유속은 감소하게 된다.

㉣ **회수율** : 회수율은 막공급수량에 대한 막투과수량의 비율로 나타낸다. 회수율을 높게 하는 것은 일정량의 막투과수량에 대한 막공급수량의 감소로 이어진다. 동력비가 경감되는 것을 비롯하여 조정설비나 고압펌프의 용량이 작아질 수 있으므로 경제적이다. 동력비가 고가인 나라에서는 회수율을 높게 설정하는 방식이 일반적이다. 회수율이 높게 되면 농축 해수의 농도가 높게 되어 막면에서 막공급수측과 막투과수측의 농도차가 커지기 때문에 막투과수의 염분농도가 높게 되는 경향이다.

㉤ **염분농도** : 운전압력과 회수율 및 수온 등의 운전조건을 일정하게 하는 경우에 막투과수량과 수질은 막공급수의 염분농도에 따라 변한다. 막공급수의 염분농도가 높게 되면 회수율을 높게 하는 경우와 같은 이유로 막투과수의 염분농도가 높게 된다.

$$Q_s (막투과 염분량) = B(C_f - C_p)F$$

B : 막의 염분투과계수(m/sec)
C_f : 막공급수의 염분농도(kg/m³)
C_p : 막투과수의 염분농도(kg/m³)
F : 막면적(m²)

㉥ **경년열화** : 막모듈의 성능저하는 일반적으로 막투과수량의 감소와 염분제거율의 저하로 나타난다. 또한 막의 열화는 취수수질, 전처리공정, 약품주입 및 운전방법 등에 따라 다르다.
- 막의 압밀화 등에 의한 열화
- 화학물질에 의한 열화
- 미생물 번식 등에 의한 열화
- 온도나 압력 등에 의한 변형이나 폐색과 같은 기계적·물리적인 외부요인에 의한 열화

③ **정삼투법** : 반투막을 사이에 두고 고농도의 유도용질을 해수와 접하게 하여 해수중의 담수를 유도용질로 흡수시킨 후 유도 용질에서 담수를 분리시키는 방식이다. 정삼투법은 해수 뿐아니라 폐수처리, 농축공정 등 다양한 시스템에서 적용이 가능하다.

※ 삼투압 : 고농도용액과 저농도용액이 함께 존재할 때, 저농도용액이 고농도용액쪽으로 이동하여 평형상태를 이루려고 할 때 가해지는 압력

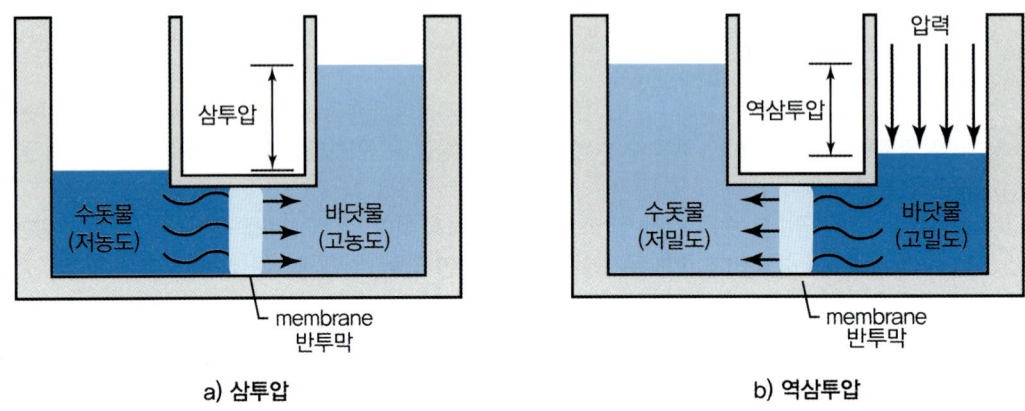

a) 삼투압   b) 역삼투압

④ **전기투석법** : 전기투석조내에 전기장을 형성하고 이온교환막을 이용하여 이온성 물질을 분리하여 담수화하는 공법이다.

⑤ **용매추출법** : 물과는 혼합되지만 염은 용해되지 않는 특정 유기용매를 해수와 접촉시키면 물은 용매로 추출되고 염류(Na, Cl 등)은 잔류수로 남아 분리되는 공법이다.

⑥ **전기흡착법** : 활성탄소에 전기를 가하여 염분을 탄소표면으로 이동시켜 흡착제거하는 기술로 에너지 소비량이 가장 적은 방법으로 알려져 있다.

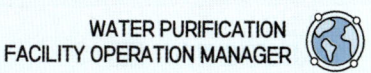

기출문제로 다지기   CHAPTER 05 미량 유·무기물질 제어

01. 유충이나 미생물막 제거에 효과적인 입상활성탄 처리공정은?

① Adsorber(활성탄 단독공정)
② Pre-Adsorber(여과전 흡착)
③ Post-Adsorber(여과후 흡착)
④ Filter-Adsorber(여과·흡착단일공정)

02. 수도시설에서 망간에 관한 설명으로 옳지 않은 것은?

① 관망에서 흑수의 원인이 될 수 있다.
② 이론상 망간 1mg/L의 산화를 위해 1.29mg/L의 염소가 필요하다.
③ 산화, 망간사 여과 등으로 처리한다.
④ 강변여과수는 표류수에 비해 망간 농도가 낮다.

해설 강변여과수는 표류수에 비해 망간 농도가 높다.

03. 액상의 농도와 흡착량과의 관계를 나타내는 Langmuir 식과 관련있는 인자를 모두 고른 것은?

> ㉠ 포화농도
> ㉡ 최소흡착량에 관한 상수
> ㉢ 최대흡착량에 관한 상수
> ㉣ 흡착에너지에 관한 상수

① ㉠, ㉡   ② ㉡, ㉢
③ ㉢, ㉣   ④ ㉠, ㉢, ㉣

해설 Langmuir 모델
식 $\dfrac{X}{M} = \dfrac{abC}{1+bC}$

- C : 액상의 농도(평형농도)
- X : 흡착된 오염물질량
- M : 흡착제 주입량
- a : 최대흡착량에 관한 상수
- b : 흡착에너지에 관한 상수

04. 분말활성탄과 입상활성탄 처리의 장단점으로 적합한 것은?

① 분말활성탄의 장점은 누출에 의한 흑수현상 걱정이 없다.
② 입상활성탄의 장점은 여과지를 만들 필요가 없다.
③ 분말활성탄의 단점은 탄분이 포함된 흑색슬러지를 폐기 시 공해의 원인이 될 수 있다.
④ 입상활성탄의 단점은 재생할 수 없으므로 장기간 사용하기에 비경제적이다.

해설 ③항만 올바르다.
오답해설
① 분말활성탄의 단점은 누출에 의한 흑수현상이 있다. (특히, 겨울철에 일어나기 쉽다.)
② 입상활성탄의 단점은 여과지를 만들 필요가 있다.
④ 입상활성탄의 장점은 재생이 가능하므로 장기간 사용 시 경제적이다.

 정답   01. ②   02. ④   03. ③   04. ③

05. 활성탄을 활용한 정수처리 공정에 관한 설명으로 옳지 않은 것은?

① 일반적으로 입상활성탄 공정은 여과공정 전·후에 위치하며, 침전공정 이후에 흡착과 여과를 목적으로 운영할 수 있다.
② 일반적으로 분말활성탄은 단기간 사용 시 적합하며, 입상활성탄은 장기간 사용할 경우 유리하다.
③ 수중에 용해되어 있는 유기물의 제거 능력이 뛰어나며, 처리수에 반응생성물을 남기는 것이 단점이다.
④ 고정층식 흡착장치는 운전관리가 용이하고, 활성탄 입자 유출 위험이 적다.

해설 수중에 용해되어 있는 유기물의 제거 능력이 뛰어나며, 약품처리하는 경우와는 달리 처리수에 반응생성물을 남기지 않는다.

06. 입상활성탄층을 통과하는 1시간당 처리수량을 입상활성탄의 용적으로 나눈 값으로 표시되는 흡착설비의 설계 요소는?

① 공상접촉시간(EBCT) ② 체류시간(HRT)
③ 공간속도(SV) ④ 선속도(LV)

해설 식 공간속도(SV) = $\dfrac{처리수량(m^3/hr)}{활성탄의 용적(m^3)}$

07. 활성탄을 활용한 흡착에 관한 설명으로 옳은 것은?

① 물에 잘 녹지 않는 유기오염물은 흡착되기 어렵다.
② 활성탄의 표면적과 흡착효율은 반비례 관계에 있다.
③ 활성탄의 세공크기 분포는 흡착효율에 영향을 미치지 않는다.
④ 물에 용해되기 쉽고 분자량이 작은 물질은 흡착되기 어렵다.

해설 ④항만 올바르다.

오답해설
① 물에 잘 녹는 유기오염물은 흡착되기 어렵다.
② 활성탄의 표면적과 흡착효율은 비례 관계에 있다.
③ 활성탄의 세공크기 분포는 흡착효율에 영향을 미친다.

08. 입상활성탄 흡착설비의 설계인자에 관한 설명으로 옳지 않은 것은?

① 공상접촉시간은 고정상인 경우 10~30분으로 한다.
② 고정상 탄층의 경우 1.5~3m의 탄층두께가 많이 사용된다.
③ 중력식 고정상의 선속도는 10~15m/h가 일반적이다.
④ 설계인자 산정순서는 우선 탄층 두께를 결정한 후 공간속도를 산정한다.

해설 설계인자 산정순서는 공간속도를 우선 정하고 각 정수장 조건에 적합한 탄층 두께를 결정한다.

09. 입상활성탄처리와 비교한 분말활성탄처리의 장·단점에 관한 설명으로 옳지 않은 것은?

① 기존시설을 사용하여 처리할 수 있다.
② 누출에 의한 흑수현상이 특히 겨울철에 일어나기 쉽다.
③ 사용하고 버리므로 미생물의 번식이 없다.
④ 재생사용이 가능하고 원생동물이 번식할 우려가 없다.

해설 재생이 불가하여 사용 후 폐기하므로 원생동물이 번식할 우려가 없다.

정답 05. ③ 06. ③ 07. ④ 08. ④ 09. ④

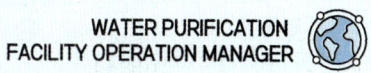

10. 오존 · 입상활성탄 처리에 관한 설명으로 옳은 것은?

    ① 오존공정의 경우 오존주입량 조절을 통해 맛 · 냄새물질을 제거할 수 없다.
    ② 입상활성탄 공정의 경우 사용기간 증가에 따라 처리효율이 증가한다.
    ③ 오존공정에 입상활성탄 흡착공정을 조합한 것으로 오존의 산화력뿐만 아니라 활성탄의 흡착능력을 이용할 수 있는 장점이 있다.
    ④ 입상활성탄 공정은 겨울철 저 수온기에 생물활성탄 효과가 높다.

    해설 ③항만 올바르다.
    오답해설
    ① 오존공정의 경우 오존주입량 조절을 통해 맛 · 냄새물질을 제거할 수 있다.
    ② 입상활성탄 공정의 경우 사용기간 증가에 따라 처리효율이 감소한다.
    ④ 입상활성탄 공정은 겨울철 저 수온기에 생물활성탄 효과가 낮다.

11. 폭기처리나 입상활성탄처리를 통해 효과적으로 제거되는 물질은?

    ① 비소   ② 불소
    ③ 질산성 질소   ④ 휘발성유기화합물

12. 석탄계 및 목탄계 입상활성탄의 요오드흡착능(mg/g) 권고치는?

    ① 석탄계: 900 이상, 목탄계: 1,000 이상
    ② 석탄계: 900 이상, 목탄계: 1,100 이상
    ③ 석탄계: 950 이상, 목탄계: 1,000 이상
    ④ 석탄계: 950 이상, 목탄계: 1,100 이상

13. 활성탄에 관한 설명으로 옳지 않은 것은?

    ① 입상활성탄처리는 원생동물이 번식할 우려가 있다.
    ② 정수처리용 활성탄은 수증기에 의한 제조법이 주류를 이룬다.
    ③ 야자껍질 입상활성탄은 직경 3nm 이하의 세공이 많고 30nm 이상의 세공은 적다.
    ④ 분말활성탄처리 시 흑수현상이 발생할 수 있는데 특히 여름철에 일어나기 쉽다.

    해설 흑수현상은 특히 겨울철에 일어나기 쉽다.

14. 지오스민을 활성탄 흡착으로 처리하는 공정에 관한 설명으로 옳은 것은?

    ① 지오스민은 활성탄 세공보다 크기 때문에 활성탄 외부에 흡착된다.
    ② 지오스민이 용액상에서 활성탄으로 이동하는 속도는 활성탄 계면을 통과하는 속도보다 빠르다.
    ③ 분말활성탄의 내부표면적은 입상활성탄보다 크다.
    ④ 지오스민은 흡착력이 높으므로 공탑접촉시간은 1시간 정도 요구된다.

    해설 ②항만 올바르다.
    ① 지오스민은 활성탄 세공보다 작기 때문에 활성탄 내부에 흡착된다.
    ③ 분말활성탄의 내부표면적은 입상활성탄보다 작다.
    ④ 지오스민은 흡착력이 높으므로 공탑접촉시간은 1시간 정도 요구된다.

 10. ③   11. ④   12. ④   13. ④   14. ②

15. 활성탄의 가열재생방법에 관한 설명 중 다음 ( )에 해당하는 것은?

> 사용종료탄을 700℃ 정도까지 가열하여 저비등점 유기물질을 탈락시키며, 고비등점 유기물질은 열분해로 일부가 저분자화되어 탈락되고 나머지는 세공중에서 ( )된다.

① 건조　　② 활성화
③ 탄화　　④ 스크러버

16. 수도용 한외여과막의 분리성능으로 옳은 것은?

① 분획분자량　　② 공칭공경
③ SDI　　④ MFI

해설 한외여과막의 분리경 : 분획 분자량 100,000Dalton 이하

17. 해수담수화 역삼투막모듈에 관한 설명으로 옳지 않은 것은?

① 여과성능은 $0.01m^3(m^2 \cdot day)$ 이상일 것
② 내압성은 누수, 파손 및 기타 외형에 이상이 없을 것
③ 미생물 제거성능은 시료수에 대해서 형성된 집락 수가 시료수 1mL당 10개 이하일 것
④ 염화나트륨 제거성능이 93% 이상일 것

해설 역삼투막 : 93% 이상
해수담수화 역삼투막 : 99% 이상

18. 막여과 정수시설에 관한 설명으로 옳은 것은?

① 계획정수량은 1일 평균급수량을 기준으로 한다.
② 막면적은 막여과속도를 여과유량으로 나누어 구한다.
③ 막의 열화란 막 자체의 변화가 아니라 외적요인으로 막의 성능이 변화하는 것이다.
④ 막여과 회수율이란 막모듈의 세척에 사용되는 여과수량을 제외하여 백분율로 나타낸 값이다.

해설 ④항만 올바르다.
오답해설
① 계획정수량은 1일 최대급수량을 기준으로 한다. (정수시설의 계획정수량과 같음)
② 막면적은 여과유량을 막여과속도로 나누어 구한다.
③ 막의 열화란 막 자체의 변화를 말한다. 반면, 파울링은 외적요인으로 막의 성능이 변화하는 것이다.

19. 다음에서 설명하는 분리막은?

> • 압력차를 추진력으로 하는 막분리에 활용한다.
> • 분획분자량(Molecular weight cutoff) 100,000 dalton 이하의 고분자량을 갖는 부유물질, 바이러스 등의 물질 분리에 주로 사용된다.
> • 수처리에서는 초순수의 제조, 폐액 및 폐수처리, 배출수의 재이용 등에 사용하고 있다.

① 정밀여과막(MF)　　② 나노여과막(NF)
③ 한외여과막(UF)　　④ 역삼투압(RO)

20. 수도용 막여과의 종류 중에서 맛·냄새물질의 제거가 가능한 가장 경제적인 여과막은?

① 정밀여과막　　② 한외여과막
③ 나노여과막　　④ 역삼투

정답　15. ③　16. ①　17. ④　18. ④　19. ③　20. ③

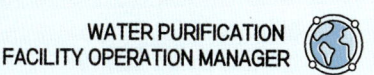

21. 막여과 정수시설의 계획 정수량 기준은?

① 계획 1일 평균급수량 ② 계획 1일 최대급수량
③ 계획 시간 평균급수량 ④ 계획 시간 최대급수량

22. 막여과의 종류가 아닌 것은?

① 정밀여과 ② 한외여과
③ 나노여과 ④ 급속여과

23. 막여과시설을 이용하여 12,000m³/day의 원수를 막여과유속 5m³/m²·hr로 처리할 때 필요한 막면적(m²)은?

① 80   ② 100
③ 120 ④ 140

[해설] [식] 막면적
$= \dfrac{\text{여과유량}}{\text{여과속도}} = \dfrac{12,000m^3}{day} \times \dfrac{m^2 \cdot hr}{5m^3} \times \dfrac{1day}{24hr} = 100m^2$

24. 해수 중의 염분을 제거하기 위한 여과법으로 적절한 것은?

① 역삼투법   ② 한외여과법
③ 나노여과법 ④ 정밀여과법

25. 막여과공정에서 막여과유속(Flux)을 설계할 때 고려해야 할 사항이 아닌 것은?

① 세척 배출수
② 막의 종류
③ 막 공급 수질과 최저수온
④ 전처리설비의 유무와 방법

[해설] 막여과의 유속은 다음 조건과 경제성 및 보수성을 종합적으로 고려하여 적절한 값을 설정한다.
① 막의 종류
② 막공급의 수질과 최저수온
③ 전처리설비의 유무와 방법
④ 입지조건과 설치공간

26. 막여과가 2단으로 설치되어 있어, 1단의 막여과 배출수가 2단에서 처리된다. 이 막여과 시설의 2단 배출수 탁도(NTU)는? (단, 1단 막여과의 회수율은 99%이고, 2단 막여과의 회수율은 95%이다. 또한, 막여과 시설의 유입 유량은 20,000m³/day이고 유입 탁도는 10NTU이고 탁도제거효율은 100%이다.)

① 100   ② 1,000
③ 1,900 ④ 20,000

[해설] [식] 배출농도(C_o)
$= \text{유입농도}(C_i) \times \dfrac{100}{(100 - \text{회수율}(\%))}$

∴ 배출농도(C_o)
$= 10NTU \times \dfrac{100}{(100-99)} \times \dfrac{100}{(100-95)}$
$= 20,000 NTU$

27. 소규모 수도시설에 사용되는 막여과 설비에 관한 설명으로 옳지 않은 것은?

① 막여과 설비에 사용되는 막은 주로 MF 막과 UF 막이다.
② 막여과법에서도 후염소 처리와 같은 소독처리가 필요하다.
③ 막의 재질에 관계없이 내염소성이 있기 때문에 파울링과 노후를 방지하기 위해 염소를 주입한다.
④ 일반세균이나 대장균군의 제거가 가능하다.

정답 21. ② 22. ④ 23. ② 24. ① 25. ① 26. ④ 27. ③

해설 PA계막은 염소에 대한 내성이 거의 없으므로 막공급수의 잔류염소가 존재하면 막이 열화되기 때문에 환원제를 주입하여 잔류염소를 제거해야 한다. CA계막에서도 높은 염소농도에서 열화가 일어날 수 있어 염소농도는 낮을수록 좋다.

28. 처리대상물질과 처리방법이 올바르게 짝지어진 것은?

① 암모니아성 질소 – 급속여과
② THMs – 활성탄
③ 망간 – 생물처리
④ 경도 – 염소소독

해설 ②항만 올바르다.

오답해설
① 암모니아성 질소 – 생물처리, 생물활성탄, 막처리, 완속여과
③ 망간 – 폭기, 완속여과
④ 경도 – 정석(晶析)연화법, 응석침전법, 이온교환법, 제오라이트법

정답 28. ②

알기 쉽게 풀어쓴 정수시설운영관리사 1차

제 2 과목
수질분석 및 관리

01 시험분석 기초

02 일반시험법 및 정밀기기 측정법

03 수질항목별 측정법

04 정수공정운영 실험방법

05 먹는물 수질관련법규

06 정수 및 수질관련법규

01 CHAPTER 시험분석 기초
(수질오염공정시험기준, 먹는물공정시험기준)

UNIT 01 일반사항(총칙)

총칙은 수질오염물질들의 실험을 진행함에 있어서 실험의 정확성과 통일성을 유지하기 위해 필요한 규칙이다. 이 규칙을 토대로 모든 수질실험이 진행된다.

1 적용범위

① 환경정책기본법, 수질 및 수생태계 보전에 관한 법률, 하수도법, 가축분뇨의 이용 및 관리에 관한 법률, 지하수법에 따라 모든 종류의 물은 수질오염공정시험기준에 따라 시험 판정한다.
② 공정시험기준 이외의 방법이라도 측정결과가 같거나 그 이상의 정확도가 있다고 국내외에서 공인된 방법은 이를 사용할 수 있다.
③ 하나 이상의 공정시험기준으로 시험한 결과가 서로 달라 제반 기준의 적부 판정에 영향을 줄 경우에는 항목별 공정시험기준의 주시험법에 의한 분석 성적에 의하여 판정한다. 단, 주시험법은 따로 규정이 없는 한 항목별 공정시험기준의 1법으로 한다.

2 단위 및 기호

1) 농도표시

① **백분율**
- w/w % : 중량 대 중량 백분율, 성분무게 중 무게를 표시한다.
- v/v % : 부피 대 부피 백분율, 성분부피 중 부피를 표시한다.
- w/v % : 중량 대 부피 백분율, 성분부피 중 무게를 표시한다. 용액의 농도를 "%"로만 표시할 때는 w/v%를 말한다.

② **천분율(ppt)** : g/L, g/kg의 기호를 쓴다.

③ **백만분율(ppm)** : mg/L, mg/kg의 기호를 쓴다.

④ **십억분율(ppb)** : ㎍/L, ㎍/kg의 기호를 쓴다.

2) 온도표시

① **표준온도** : 20℃ (주의!)
② **상온** : 15~25℃
③ **실온** : 1~35℃ (암기TIP 실은 너 하나를 사모해)
④ **찬곳** : 0~15℃ (암기TIP 찬곳에 앉아 있으면 영(0) 일오(15)나고 싶어)
⑤ **냉수** : 15℃ 이하 (암기TIP 일오(15)케 차가운 물)
⑥ **온수** : 60~70℃ (암기TIP 뜨거운 육수)
⑦ **열수** : 약 100℃ (암기TIP 열받으면 끓는다. 100℃에서)
⑧ **수욕상 또는 수욕중에서 가열한다** : 따로 규정이 없는 한 수온 100℃에서 가열함을 뜻하고 약 100℃의 증기욕을 쓸 수 있다.
⑨ 각각의 시험은 따로 규정이 없는 한 상온에서 조작하고 조작 직후에 그 결과를 관찰한다. 단, 온도의 영향이 있는 것의 판정은 표준온도를 기준으로 한다.

3) 기구 및 기기

① **기구** : 공정시험기준에서 사용하는 모든 유리기구는 KS L 2302 이화학용 유리기구의 모양 및 치수에 적합한 것 또는 이와 동등 이상의 규격에 적합한 것으로, 국가 또는 국가에서 지정하는 기관에서 검정을 필한 것을 사용하여야 한다.

- 부피측정용 기구는 소급성이 적절하게 유지되는 것을 사용하여야 한다.
- 연속측정 또는 현장측정 목적으로 사용하는 측정기기는 공정시험기준에 의한 측정치와의 정확한 보정을 행한 후 사용할 수 있다.

② **기기**

- 공정시험기준의 분석절차 중 일부 또는 전체를 자동화한 기기가 정도관리 목표수준에 적합하고, 그 기기를 사용한 방법이 국내 외에서 공인된 방법으로 인정되는 경우 이를 사용할 수 있다.
- 연속측정 또는 현장측정 목적으로 사용하는 측정기기는 공정시험기준에 의한 측정치와의 정확한 보정을 행한 후 사용할 수 있다.
- 분석용 저울 : 0.1mg까지 달 수 있는 것이어야 한다.

4) 시약 및 용액

① **시약** : 시험에 사용하는 시약은 따로 규정이 없는 한 1급 이상 또는 이와 동등한 규격의 시약을 사용하여 각 시험항목별 시약 및 표준용액에 따라 조제하여야 한다.
(단, 표준원액과 표준용액의 농도계수를 보정하는 시약은 특급으로)

② **용액제조**
- **(X→Y)** : 시약을 제조할 때 화살표의 표시는, 고체성분을 가지고 Xg 용질을 용매로 녹여 전체 양을 YmL로 한다는 의미이고, 액체성분에 있어서는 XmL의 용액을 용매에 녹여 전체 양을 YmL로 한다는 의미이다. (예 1→10 수산화소듐 용액 만들기 : 1g의 수산화소듐시약을 물에 녹여 총 10mL 용액으로 만듦)
- **(X + Y)** : 시약을 제조할 때 +의 표시는, X : Y 비율로 하여 용액을 조제하는 것을 말한다. (예 1 + 2 황산용액 만들기 : 황산 1과 물 2를 혼합하여 용액으로 만듦)

3 용어의 정의

① **"즉시"** : 30초 이내에 표시된 조작을 하는 것을 뜻한다.
② **"감압 또는 진공"** : 따로 규정이 없는 한 15mmHg 이하를 뜻한다.
③ **"이상", "초과", "이하", "미만"** : "이상"과 "이하"는 기산점 또는 기준점인 숫자를 포함하며, "초과"와 "미만"의 기산점 또는 기준점인 숫자를 포함하지 않는 것을 뜻한다. 또 "a ~ b"라 표시한 것은 a 이상 b 이하임을 뜻한다.
④ **"바탕시험을 하여 보정한다"** : 시료에 대한 처리 및 측정을 할 때, 시료를 사용하지 않고 같은 방법으로 조작한 측정치를 빼는 것을 뜻한다.
⑤ **방울수** : 20℃에서 정제수 20방울을 적하할 때, 그 부피가 약 1mL 되는 것을 뜻한다.
⑥ **"항량으로 될 때까지 건조한다"** : 같은 조건에서 1시간 더 건조할 때 전후 무게의 차가 g당 0.3mg 이하일 때를 말한다. (암기TIP) 항정살(점3) 1인분)
⑦ 용액의 산성, 중성, 또는 알칼리성을 검사할 때는 따로 규정이 없는 한 유리전극법에 의한 pH미터로 측정하고 구체적으로 표시할 때는 pH 값을 쓴다.
⑧ **용기** : 시험용액 또는 시험에 관계된 물질을 보존, 운반 또는 조작하기 위하여 넣어 두는 것으로 시험에 지장을 주지 않도록 깨끗한 것을 뜻한다.
  ㉠ **"밀폐용기"**라 함은 취급 또는 저장하는 동안에 이물질이 들어가거나 또는 내용물이 손실되지 아니하도록 보호하는 용기를 말한다.
  ㉡ **"기밀용기"**라 함은 취급 또는 저장하는 동안에 밖으로부터의 공기 또는 다른 가스가 침입하지 아니하도록 내용물을 보호하는 용기를 말한다.
  ㉢ **"밀봉용기"**라 함은 취급 또는 저장하는 동안에 기체 또는 미생물이 침입하지 아니하도록 내용물을 보호하는 용기를 말한다.
  ㉣ **"차광용기"**라 함은 광선이 투과하지 않는 용기 또는 투과하지 않게 포장을 한 용기이며 취급 또는 저장하는 동안에 내용물이 광화학적 변화를 일으키지 아니하도록 방지할 수 있는 용기를 말한다.
⑨ 여과용 기구 및 기기를 기재하지 않고 **"여과한다"**라고 하는 것은 KSM 7602 거름종이 5종 A 또는 이와 동등한 여과지를 사용하여 여과함을 말한다.
⑩ **"정확히 단다"**라 함은 규정된 수치의 무게를 0.1mg까지 다는 것을 말한다.
⑪ **"정확히 취하여"**라 하는 것은 규정한 양의 액체를 부피피펫(홀피펫)으로 눈금까지 취하는 것을 말한다.
⑫ **"약"**이라 함은 기재된 양에 대하여 ±10% 이상의 차가 있어서는 안 된다.

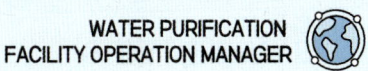

⑬ "냄새가 없다"라고 기재한 것은 냄새가 없거나, 또는 거의 없는 것을 표시하는 것이다.
⑭ 시험에 쓰는 물은 따로 규정이 없는 한 증류수 또는 정제수로 한다.
⑮ 약산성, 강산성, 약알칼리성, 강알칼리성 등으로 기재한 것은 산성 또는 알칼리성의 정도의 개략을 표시한 것으로서 그 pH의 범위는 다음과 같다.
  ㉠ **강산성** : 약 3 이하
  ㉡ **약산성** : 약 3 ~ 5
  ㉢ **중성** : 약 6.5 ~ 7.5
  ㉣ **약알칼리성** : 약 9 ~ 11
  ㉤ **강알칼리성** : 약 11 이상
⑯ 네슬러관은 안지름 20mm, 바깥지름 24mm, 밑에서부터 마개 밑까지의 거리가 20cm인 무색유리로 만든 마개 있는 밑면이 평평한 시험관으로서 50mL의 것을 사용한다. 또한 각 관의 부피높이의 차는 2mm 이하로 한다.
⑰ 원자량은 국제원자량표에 의하며, 분자량은 이 표에 의하여 계산한 후 소수점 이하 둘째자리까지 정리한다.
⑱ 미생물 분석에 사용하는 배지는 가능한 상용화된 완성제품을 사용하도록 한다.
⑲ 미생물을 다루는 실험에서 사용된 배지, 기구 등을 폐기할 경우에는 반드시 멸균하여 미생물을 불활성화시킨 후, 환경부장관이 고시한 전용용기에 보관하며 의료폐기물 처리기준에 준하여 처리하여야 한다.

4 정도보증/정도관리

1) **목적** : 정도보증/정도관리는 측정·분석 결과의 정밀·정확도를 관리하고 보증하여 국가적인 환경정책 결정, 산업체의 오염물질 관리 및 국민의 삶의 질 관리에 기여하는 것을 그 목적으로 한다.

2) **바탕시료** : 분석대상 오염물질이 포함되지 않는 시료로써, 분석대상시료와 같은 실험과정을 거친 후에 산출된 값을 분석대상시료 산출값에서 **빼줌으로써** 분석치의 정확도를 높여주는 시료

① **방법바탕시료(method blank)** : 시료와 유사한 매질을 선택하여 추출, 농축, 정제 및 분석 과정에 따라 측정한 것을 말하며, 이때 매질, 실험절차, 시약 및 측정 장비 등으로부터 발생하는 오염물질을 확인할 수 있다.

② **시약바탕시료(reagent blank)** : 시료를 사용하지 않고 추출, 농축, 정제 및 분석 과정에 따라 모든 시약과 용매를 처리하여 측정한 것을 말하며, 이때 실험절차, 시약 및 측정 장비 등으로부터 발생하는 오염물질을 확인할 수 있다.

3) 검정곡선

① **검정곡선법(절대검정곡선법)** : 검정곡선법은 측정이 양호한 범위내에서 농도를 다르게 하여 표준시료를 3~5개를 만들고, 표준시료를 이용하여 분석을 진행하여 검정곡선을 작성한 후에 농도를 알고 싶은 미지시료의 분석치를 검정곡선에 대입하여 농도를 산출하는 방법이다.

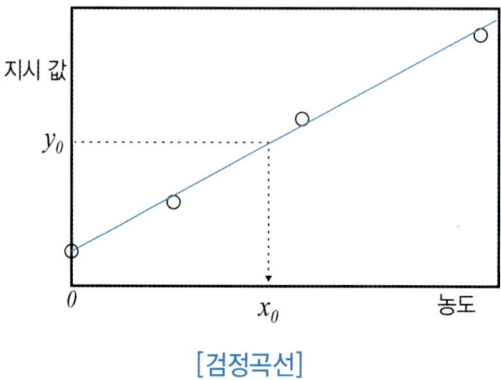

[검정곡선]

② **표준물 첨가법** : 표준물 첨가법은 분석하고자 하는 시료를 여러개로 나눈 후에 각각 다른 농도의 표준물질을 첨가하여 검정곡선을 작성하는 방법으로, 첫 시료에는 1배, 두 번째 시료에는 2배 … 이런식으로 시료에 표준물질을 첨가하여 검정곡선을 작성한다. 표준물 첨가법은 매질효과가 큰 시험 분석 방법에서 분석 대상 시료와 동일한 매질의 표준시료를 확보하지 못한 경우에 매질효과를 보정하여 분석할 수 있는 방법이다. 주로 측정분석값이 매우 낮아 검정곡선을 작성하기 어려울 때 사용한다.

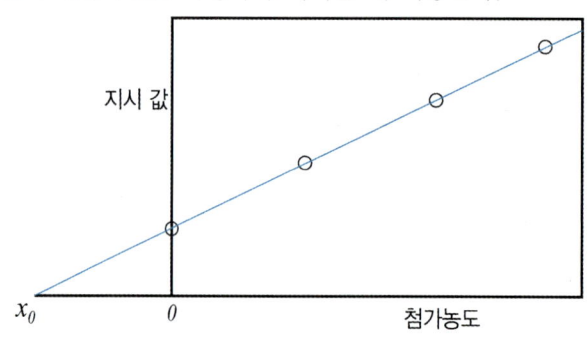

[표준물첨가법에 의한 검정곡선]

③ **내부표준법(상대검정곡선법)** : 내부표준법은 검정곡선 작성용 표준용액과 시료에 동일한 양의 내부표준물질을 첨가한 후 시료의 농도와 내부표준물질농도의 비를 취하여 검정곡선을 작성하는 방법이다. 이 방법은 시험분석 절차, 기기 또는 시스템의 변동으로 발생하는 오차를 보정하기 위해 사용하는 방법이다. 내부표준법은 시험 분석하려는 성분과 물리·화학적 성질은 유사하나 시료에는 없는 순수 물질을 내부표준물질로 선택한다. 일반적으로 내부표준물질로는 분석하려는 성분에 동위원소가 치환된 것을 많이 사용한다.

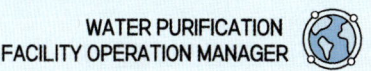

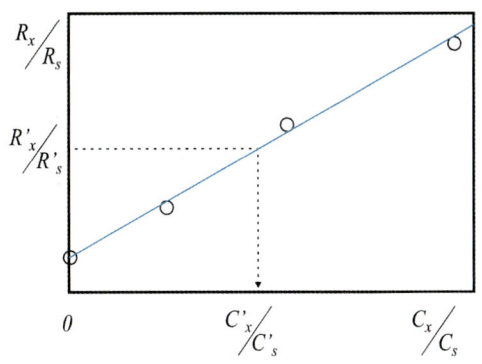

[상대검정곡선법에 의한 검정곡선]

4) 검출한계

① **기기검출한계** : 시험분석 대상물질을 기기가 검출할 수 있는 최소한의 농도 또는 양으로서, 일반적으로 S/N[2] 비의 2배 ~ 5배농도 또는 바탕시료를 반복 측정 분석한 결과의 표준편차에 3배한 값 등을 말한다.

② **방법검출한계** : 시료와 비슷한 매질 중에서 시험분석 대상을 검출할 수 있는 최소한의 농도로서, 제시된 정량한계 부근의 농도를 포함하도록 준비한 n개의 시료를 반복 측정하여 얻은 결과의 표준편차(s)에 99% 신뢰도에서의 t-분포값을 곱한 것이다.

③ **정량한계** : 정량한계(LOQ, limit of quantification)란 시험분석 대상을 정량화할 수 있는 측정값으로서, 제시된 정량한계 부근의 농도를 포함하도록 시료를 준비하고 이를 반복 측정하여 얻은 결과의 표준편차(s)에 10배한 값을 사용한다.

$$\text{정량한계} = 10 \times s$$

5) 정밀도
정밀도(precision)는 시험분석 결과의 반복성을 나타내는 것으로 반복시험하여 얻은 결과를 상대표준편차(RSD, relative standard deviation)로 나타내며, 연속적으로 n회 측정한 결과의 평균값($\bar{x}$)과 표준편차(s)로 구한다.

6) 정확도
정확도(accuracy)란 시험분석 결과가 참값에 얼마나 근접하는가를 나타내는 것이다.

---

[2] S/N : Signal / Noise를 말하며, 신호와 잡음에 대한 비를 말한다.

UNIT 02 유량측정

1 공장폐수 및 하수유량측정

1) 적용범위

[폐수처리 공정에서 유량측정장치의 적용]

장치	공장폐수 원수(raw wastewater)	1차 처리수 (primary effluent)	2차 처리수 (secondary effluent)	1차 슬러지 (primary sludge)	반송 슬러지 (return sludge)	농축 슬러지 (thickened sludge)	포기액 (mixed liquor)	공정수 (process water)
벤튜리미터 (venturi meter)	○	○	○	○	○	○	○	
유량측정용 노즐 (nozzle)	○	○	○	○	○	○	○	○
오리피스 (orifice)								○
피토우 (pitot)관								○
자기식 유량측정기 (magnetic flow meter)	○	○	○	○	○	○		○

2) 정밀도 및 정확도

[유량계에 따른 정밀/정확도 및 최대유속과 최소유속의 비율]

유량계	범위 (최대유량 : 최소유량)	정확도 (실제유량에 대한, %)	정밀도 (최대유량에 대한, %)
벤튜리미터(venturi meter)	4 : 1	± 1	± 0.5
유량측정용 노즐(nozzle)	4 : 1	± 0.3	± 0.5
오리피스(orifice)	4 : 1	± 1	± 1
피토우(pitot)관	3 : 1	± 3	± 1
자기식 유량측정기(magnetic flow meter)	10 : 1	± 1~2	± 0.5

3) 유량계 종류 및 특성

① 벤튜리미터(venturi meter) 특성 및 구조

벤튜리미터(venturi meter)는 긴 관의 일부로써 단면이 작은 목(throat)부분과 점점 축소, 점점 확대되는 단면을 가진 관으로 축소부분에서 정력학적 수두의 일부는 속도수두로 변하게 되어 관의 목(throat)부분의 정력학적 수두보다 적게 된다. 이러한 수두의 차에 의해 직접적으로 유량을 계산할 수 있다[그림1].

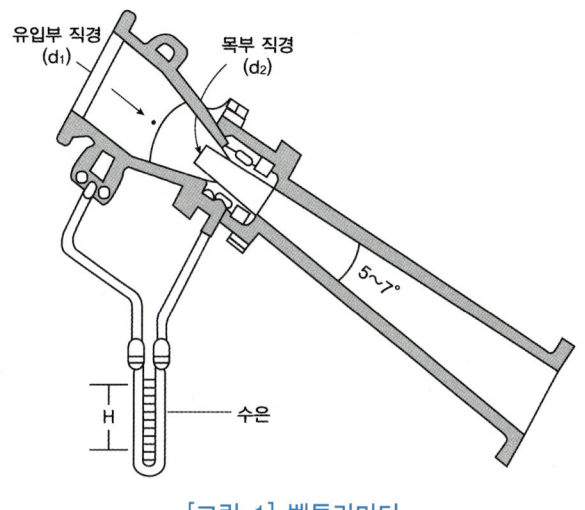

[그림 1] 벤튜리미터

② 오리피스(orifice) 특성 및 구조

오리피스는 설치에 비용이 적게 들고 비교적 유량측정이 정확하여 얇은 판 오리피스가 널리 이용되고 있으며 흐름의 수로 내에 설치한다. 오리피스를 사용하는 방법은 노즐(nozzle)과 벤튜리미터와 같다.

오리피스의 장점은 단면이 축소되는 목(throat)부분을 조절함으로써 유량이 조절된다는 점이며, 단점은 오리피스(orifice) 단면에서 커다란 수두손실이 일어난다는 점이다[그림 2].

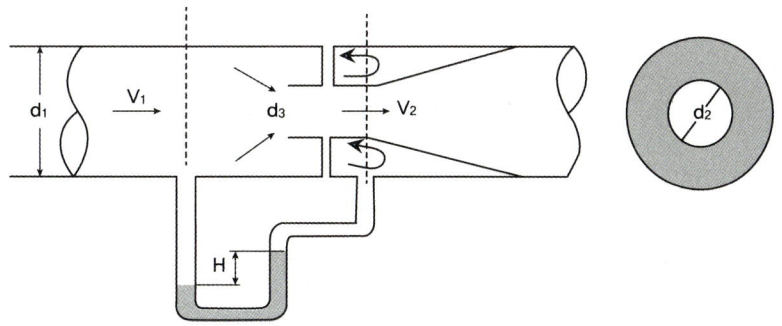

[그림 2] 오리피스(orifice)

③ 유량측정용 노즐(nozzle) 특성 및 구조

유량측정용 노즐은 수두와 설치비용 이외에도 벤튜리미터와 오리피스 간의 특성을 고려하여 만든 유량측정용 기구로서 측정원리의 기본은 정수압이 유속으로 변화하는 원리를 이용한 것이다. 그러므로 벤튜리미터의 유량 공식을 노즐에도 이용할 수 있다[그림 3].

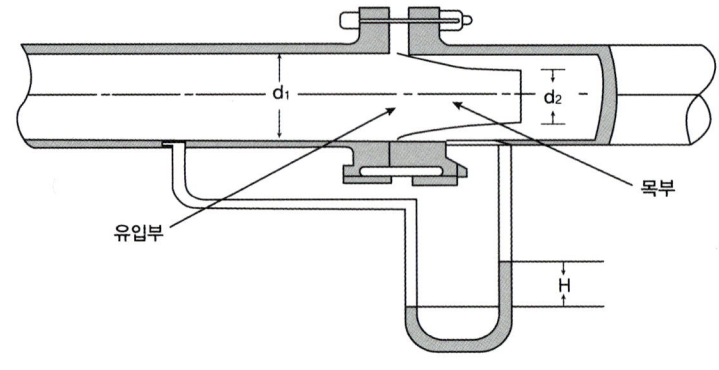

[그림 3] 유량측정용 노즐

④ 피토우(pitot)관 특성 및 구조

피토우관의 유속은 마노미터에 나타나는 수두 차에 의하여 계산한다. 왼쪽의 관은 정수압을 측정하고 오른쪽관은 유속이 0인 상태인 정체압력(stagnation pressure)을 측정한다.

피토우관으로 측정할 때는 반드시 일직선상의 관에서 이루어져야 하며, 관의 설치장소는 엘보우(elbow), 티(tee)등 관이 변화하는 지점으로부터 최소한 관 지름의 15배 ~ 50배 정도 떨어진 지점이어야 한다[그림 4].

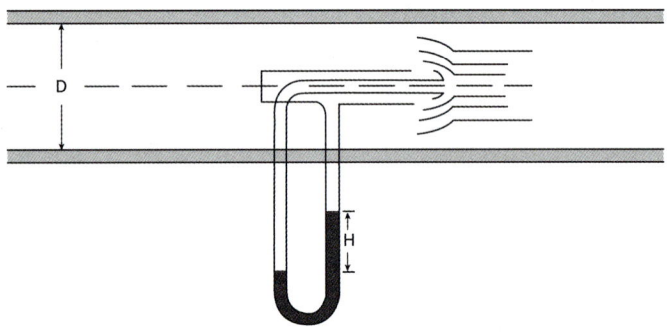

[그림 4] 피토우(pitot)관

⑤ 자기식 유량측정기(magnetic flow meter) 특성 및 구조

측정원리는 패러데이(faraday)의 법칙을 이용하여 자장의 직각에서 전도체를 이동시킬 때 유발되는 전압은 전도체의 속도에 비례한다는 원리를 이용한 것으로 이 경우 전도체는 폐·하수가 되며, 전도체의 속도는 유속이 된다. 이때 발생된 전압은 유량계 전극을 통하여 조절변류기로 전달된다.

이 측정기는 전압이 활성도, 탁도, 점성, 온도의 영향을 받지 않고 다만 유체(폐·하수)의 유속에 의하여 결정되며 수두손실이 적다(그림 5).

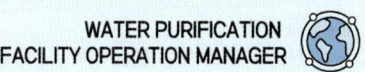

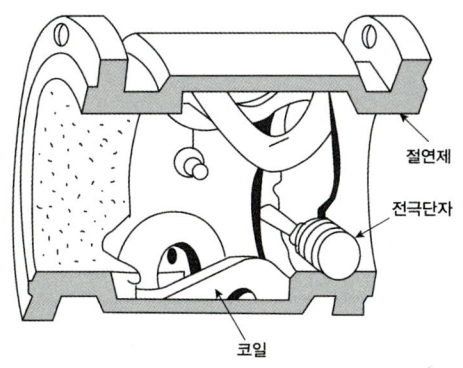

[그림 5] 자기식 유량측정기

4) 측정용 수로 및 기타 유량측정방법

① 웨어(weir)

㉠ 웨어의 구조
- 직각 3각 웨어
- 4각 웨어

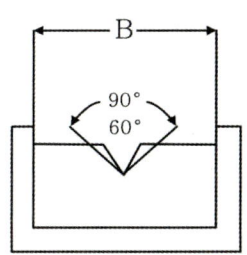 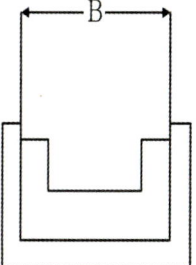

[웨어의 구조]

㉡ 유량의 산출방법
- 직각 3각 웨어

$$\boxed{식}\ Q = K \cdot h^{5/2} \qquad (식\ 1)$$

여기서, Q : 유량(m³/ 분)

K : 유량계수 $= 81.2 + \dfrac{0.24}{h} + [8.4 + \dfrac{12}{\sqrt{D}}] \times [\dfrac{h}{B} - 0.09]^2$

B : 수로의 폭(m)

D : 수로의 밑면으로부터 절단 하부 점까지의 높이(m)

h : 웨어의 수두(m)

- 4각 웨어

$$Q = K \cdot b \cdot h^{3/2} \quad \text{(식 2)}$$

여기서, Q : 유량(m^3/분)
K : 유량계수
D : 수로의 밑면으로부터 절단 하부 모서리까지의 높이(m)
B : 수로의 폭(m)
b : 절단의 폭(m)
h : 웨어의 수두(m)

② 파샬수로(parshall flume)
- 특성 : 수두차가 작아도 유량측정의 정확도가 양호하며 측정하려는 폐하수중에 부유물질 또는 토사등이 많이 섞여 있는 경우에도 목(throat)부분에서의 유속이 상당히 빠르므로 부유물질의 침전이 적고 자연유하가 가능하다.

③ 용기에 의한 측정
㉠ 최대 유량이 1m^3/분 미만인 경우
- 유수를 용기에 받아서 측정한다.
- 용기는 용량 100L ~ 200L인 것을 사용하여 유수를 채우는 데에 요하는 시간을 스톱워치(stop watch)로 잰다. 용기에 물을 받아 넣는 시간을 20초 이상이 되도록 용량을 결정한다.
- 다음 계산식에 의하여 그 유량을 구한다.

$$Q = 60 \frac{V}{t}$$

여기서, Q : 유량(m^3/min)
V : 측정용기의 용량(m^3)
t : 유수가 용량 V를 채우는 데에 걸린 시간(s)

㉡ 최대유량 1m^3/분 이상인 경우
- 침전지, 저수지 기타 적당한 수조(水槽)를 이용한다.
수조가 작은 경우는 한번 수조를 비우고서 유수가 수조를 채우는 데 걸리는 시간으로부터 최대유량이 1m^3/분 미만인 경우와 동일한 방법으로 유량을 구한다.
- 수조가 큰 경우는 유입시간에 있어서 유수의 부피는 상승한 수위와 상승 수면의 평균표면적(平均表面積)의 계측에 의하여 유량을 산출한다. 이 경우 측정시간은 5분 정도, 수위의 상승속도는 적어도 매분 1cm 이상이어야 한다.

④ 개수로에 의한 측정
㉠ 다음의 식을 사용하여 유량을 계산한다. 평균유속은 케이지(Chezy)의 유속공식에 의한다.

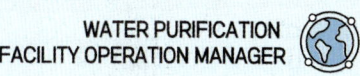

$$\boxed{식}\ Q = 60 \cdot V \cdot A$$

여기서, Q : 유량(m^3/분)
V : 평균유속(= $C\sqrt{Ri}$) (m/s)
R : 경심
i : 동수구배
A : 유수단면적(m^2)

ⓒ 수로의 구성, 재질, 수로단면의 형상, 구배 등이 일정하지 않은 개수로의 경우
- 수로는 될수록 직선적이며, 수면이 물결치지 않는 곳을 고른다.
- 10m를 측정구간으로 하여 2m마다 유수의 횡단면적을 측정하고, 산술 평균값을 구하여 유수의 평균 단면적으로 한다.
- 유속의 측정은 부표를 사용하여 10m 구간을 흐르는데 걸리는 시간을 스톱워치(stop watch)로 재며 이때 실측유속을 표면 최대유속으로 한다.
- 수로의 수량계산

$$\boxed{식}\ V = 0.75\ V_e$$

여기서, V : 총평균 유속(m/s)
V_e : 표면 최대유속(m/s)

UNIT 03 시료채취 및 보존

1 시료채취방법

1) 복수시료채취방법

① **수동으로 시료 채취** : 30분 이상 간격으로 2회 이상 채취 하여 일정량의 단일시료로 한다. (단, 부득이한 사유로 6시간 이상 간격으로 채취한 시료는 각각 측정분석한 후 산술평균하여 측정분석값을 산출한다.)

② **자동시료채취기로 시료 채취** : 6시간 이내에 30분 이상 간격으로 2회 이상 채취하여 일정량의 단일 시료로 한다.

③ 수소이온농도(pH), 수온 등 현장에서 즉시 측정하여야 하는 항목인 경우에는 30분 이상 간격으로 2회 이상 측정한 후 산술평균하여 측정값을 산출한다(단, pH의 경우 2회 이상 측정한 값을 pH 7을 기준으로 산과 알칼리로 구분하여 평균값을 산정하고 산정한 평균값 중 배출허용기준을 많이 초과한 평균값을 측정분석값으로 함).

④ 시안(CN), 노말헥산추출물질, 대장균군 등 시료채취기구 등에 의하여 시료의 성분이 유실 또는 변질 등의 우려가 있는 경우에는 30분 이상 간격으로 2개 이상의 시료를 채취하여 각각 분석한 후 산술평균하여 분석

값을 산출한다. 단, 복수시료채취 과정에서 시료성분의 유실 또는 변질 등의 우려가 없는 경우에는 ①의 방법으로 할 수 있다.

2) 복수시료채취방법 적용을 제외할 수 있는 경우

① 환경오염사고 또는 취약시간대(일요일, 공휴일 및 평일 18:00 ~ 09:00 등)의 환경오염감시 등 신속한 대응이 필요한 경우 제외할 수 있다.
② 수질 및 수생태계보전에 관한 법률 제38조 제1항의 규정에 의한 비정상적인 행위를 할 경우 제외할 수 있다.
③ 사업장 내에서 발생하는 폐수를 회분식(batch식) 등 간헐적으로 처리하여 방류하는 경우 제외할 수 있다.
④ 기타 부득이 복수시료채취 방법으로 시료를 채취할 수 없을 경우 제외할 수 있다.

3) 시료채취시 유의사항

① 시료는 목적시료의 성질을 대표할 수 있는 위치에서 시료채취용기 또는 채수기를 사용하여 채취하여야 한다.
② 시료 채취 용기는 시료를 채우기 전에 시료로 3회 이상 씻은 다음 사용하며, 시료를 채울 때에는 어떠한 경우에도 시료의 교란이 일어나서는 안 되며 가능한 한 공기와 접촉하는 시간을 짧게 하여 채취한다.
③ 시료채취량은 시험항목 및 시험횟수에 따라 차이가 있으나 보통 3L ~ 5L 정도이어야 한다. 다만, 시료를 즉시 실험할 수 없어 보존하여야 할 경우 또는 시험항목에 따라 각각 다른 채취용기를 사용하여야 할 경우에는 시료채취량을 적절히 증감할 수 있다.
④ 시료채취시에 시료채취시간, 보존제 사용여부, 매질 등 분석결과에 영향을 미칠 수 있는 사항을 기재하여 분석자가 참고할 수 있도록 한다.
⑤ 용존가스, 환원성 물질, 휘발성유기화합물, 냄새, 유류 및 수소이온 등을 측정하기 위한 시료를 채취할 때에는 운반중 공기와의 접촉이 없도록 시료 용기에 가득 채운 후 빠르게 뚜껑을 닫는다.
⑥ 현장에서 용존산소 측정이 어려운 경우에는 시료를 가득 채운 300mL BOD병에 황산망간 용액 1mL와 알칼리성 요오드화칼륨-아자이드화나트륨 용액 1mL를 넣고 기포가 남지 않게 조심하여 마개를 닫고 수회 병을 회전하고 암소에 보관하여 8시간 이내 측정한다.
⑦ 유류 또는 부유물질 등이 함유된 시료는 시료의 균일성이 유지될 수 있도록 채취해야 하며, 침전물 등이 부상하여 혼입되어서는 안 된다.
⑧ 지하수 시료는 취수정 내에 고여 있는 물과 원래 지하수의 성상이 달라질 수 있으므로 고여 있는 물을 충분히 퍼낸 다음 새로 나온 물을 채취한다. 이 경우 퍼내는 양은 고여 있는 물의 4배 ~ 5배 정도이나 pH 및 전기전도도를 연속적으로 측정하여 이 값이 평형을 이룰 때까지로 한다.
⑨ 지하수 시료채취 시 심부층의 경우 저속양수펌프 등을 이용하여 반드시 저속시료채취하여 시료 교란을 최소화하여야 하며, 천부층의 경우 저속양수펌프 또는 정량이송펌프 등을 사용한다.
⑩ 냄새 측정을 위한 시료채취 시 유리기구류는 사용 직전에 새로 세척하여 사용한다. 먼저 냄새 없는 세제로 닦은 후 정제수로 닦아 사용하고, 고무 또는 플라스틱 재질의 마개는 사용하지 않는다.
⑪ 총유기탄소를 측정하기 위한 시료 채취 시 시료병은 가능한 외부의 오염이 없어야 하며, 이를 확인하기 위해 바탕시료를 시험해 본다. 시료병은 폴리테트라플루오로에틸렌(PTFE, polytetrafluoroethylene)으로 처리된 고무마개를 사용하며, 암소에서 보관하며 깨끗하지 않은 시료병은 사용하기 전에는 산세척하고, 알루

미늄 호일로 포장하여 400℃ 회화로에서 1시간 이상 구워 냉각한 것을 사용한다.
⑫ 퍼클로레이트를 측정하기 위한 시료채취 시 시료 용기를 질산 및 정제수로 씻은 후 사용하며, 시료채취 시 시료병의 2/3를 채운다.

4) 시료 채취 지점

① 배출시설 등의 폐수

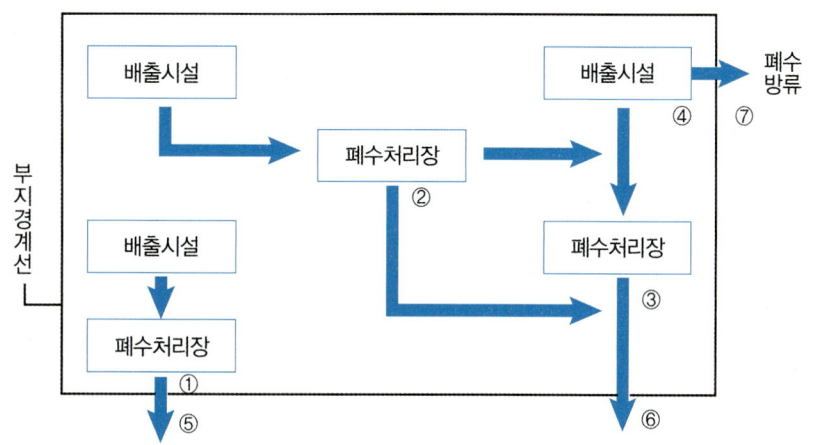

- ㉠ 당연 채취지점 : ① ② ③ ④
- ㉡ 필요시 채취지점 : ⑤ ⑥ ⑦
  - ① ② ③ : 방지시설 최초 방류지점
  - ④ : 배출시설 최초 방류지점(방지시설을 거치지 않을 경우)
  - ⑤ ⑥ ⑦ : 부지경계선 외부 배출수로

폐수의 성질을 대표할 수 있는 곳 [그림 1]에서 채취하며 폐수의 방류수로가 한지점 이상일 때에는 각 수로별로 채취하여 별개의 시료로 하며 필요에 따라 부지 경계선 외부의 배출구 수로에서도 채취할 수 있다. 시료채취시 우수나 조업목적 이외의 물이 포함되지 말아야 한다.

② 하천수

㉠ 하천수의 오염 및 용수의 목적에 따라 채수지점을 선정하며 하천본류와 하천지류가 합류하는 경우에는 합류 이전의 각 지점과 합류 이후 충분히 혼합된 지점에서 각각 채수한다.

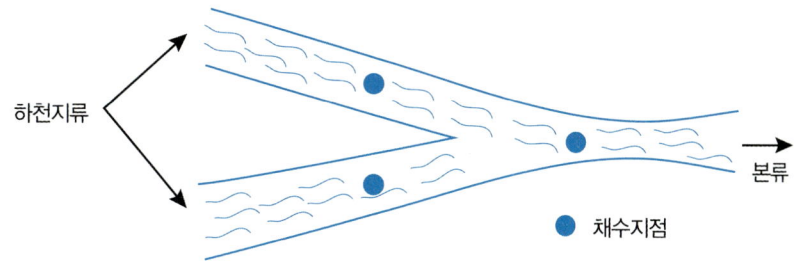

ⓒ 하천의 단면에서 수심이 가장 깊은 수면의 지점과 그 지점을 중심으로 하여 좌우로 수면폭을 2등분한 각각의 지점의 수면으로부터 수심 2m 미만일 때에는 수심의 1/3에서, 수심이 2m 이상일 때에는 수심의 1/3 및 2/3에서 각각 채수한다.

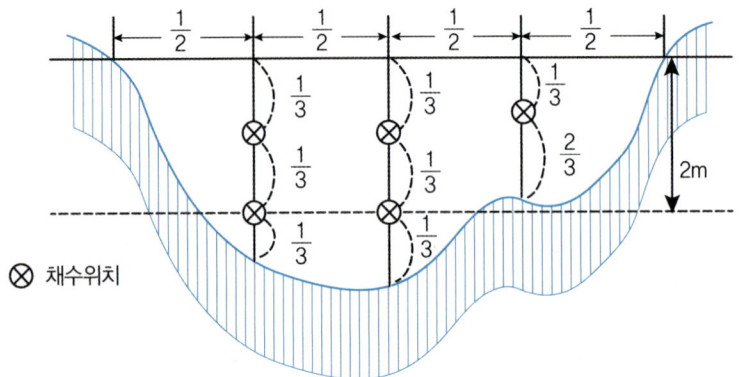

⊗ 채수위치

2 시료보존

1) 보존방법

항목		시료용기1	보존방법	최대보존기간 (권장보존기간)
냄새		G	가능한 한 즉시 분석 또는 냉장 보관	6시간
경도		P, G	질산으로 pH 2, 0~4℃ 보관	6개월
과망간산칼륨소비량 (산성법)		P, G		2일
과망간산칼륨소비량 (알칼리법)		P, G	가능한 즉시 분석, 0 ~ 10℃ 냉암소 보관	
노말헥산추출물질		G	4℃ 보관, H_2SO_4로 pH 2 이하	28일
부유물질		P, G	4℃ 보관	7일
색도		P, G	4℃ 보관	48시간
생물화학적 산소요구량		P, G	4℃ 보관	48시간(6시간)
수소이온농도		P, G	–	즉시 측정
온도		P, G	–	즉시 측정
용존산소	적정법	BOD병	즉시 용존산소 고정 후 암소 보관	8시간
	전극법	BOD병	–	즉시 측정
잔류염소		G(갈색)	즉시 분석	–
전기전도도		P, G	4℃ 보관	24시간

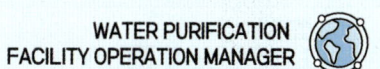

항목	시료용기1	보존방법	최대보존기간 (권장보존기간)
총 유기탄소(용존유기탄소)	P, G	즉시 분석 또는 HCl 또는 H_3PO_4 또는 H_2SO_4를 가한 후(pH<2) 4℃ 냉암소에서 보관	28일(7일)
클로로필 a	P, G	즉시 여과하여 −20℃ 이하에서 보관	7일(24시간)
탁도	P, G	4℃ 냉암소에서 보관	48시간(24시간)
투명도	−	−	−
증발잔류물	P, G	4℃ 보관	7일
화학적 산소요구량	P, G	4℃ 보관, H_2SO_4로 pH 2 이하	28일(7일)
불소	P	−	28일
브롬이온	P, G	−	28일
시안	P, G	4℃ 보관, NaOH로 pH 12 이상 (잔류염소 함유 시 이산화비소산나트륨용액 첨가)	14일(24시간)
아질산성 질소	P, G	4℃ 보관	48시간(즉시)
암모니아성 질소	P, G	4℃ 보관, H_2SO_4로 pH 2 이하	28일(7일)
염소이온	P, G	−	28일
음이온계면활성제	P, G	4℃ 보관	48시간
인산염인	P, G	즉시 여과한 후 4℃ 보관	48시간
질산성 질소	P, G	4℃ 보관	48시간
총인(용존 총인)	P, G	4℃ 보관, H_2SO_4로 pH 2 이하	28일
총질소(용존 총질소)	P, G	4℃ 보관, H_2SO_4로 pH 2 이하	28일(7일)
퍼클로레이트	P, G	6℃ 이하 보관, 현장에서 멸균된 여과지로 여과	28일
페놀류	G	4℃ 보관, H_3PO_4로 pH 4 이하 조정한 후 시료 1L당 $CuSO_4$ 1g 첨가(잔류염소 함유 시 이산화비소산나트륨용액 첨가)	28일
황산이온	P, G	6℃ 이하 보관	28일(48시간)
금속류(일반)	P, G, PP, PTFE	질산 1.5mL 또는 질산용액(1+1) 3mL로 pH 2 이하, 산처리 시료는 4℃ 보관	6개월
비소	P, G	1L당 HNO_3 1.5mL로 pH 2 이하	6개월
셀레늄	P, G	1L당 HNO_3 1.5mL로 pH 2 이하	6개월
수은(0.2㎍/L 이하)	P, G	1L당 HCl(12M) 5mL 첨가	28일
6가크롬	P, G	4℃ 보관	24시간
알킬수은	P, G	HNO_3 2mL/L	1개월
다이에틸헥실프탈레이트	G(갈색)	4℃ 보관	7일(추출 후 40일)
1.4-다이옥산	G(갈색)	HCl(1+1)을 시료 10mL당 1~2방울씩 가하여 pH 2 이하	14일
염화비닐, 아크릴로니트릴, 브로모폼	G(갈색)	HCl(1+1)을 시료 10mL당 1~2방울씩 가하여 pH 2 이하	14일
석유계총탄화수소	G(갈색)	4℃ 보관, H_2SO_4 또는 HCl으로 pH 2 이하	7일 이내 추출, 추출 후 40일

항목		시료용기1	보존방법	최대보존기간(권장보존기간)
유기인		G	4℃ 보관, HCl로 pH 5~9	7일(추출 후 40일)
폴리클로리네이티드비페닐(PCB)		G	4℃ 보관, HCl로 pH 5~9	7일(추출 후 40일)
휘발성유기화합물		G	냉장보관 또는 HCl을 가해 pH<2로 조정 후 4℃ 보관 냉암소보관 (잔류염소함유시, 아스코빈산 또는 티오황산나트륨 첨가)	7일(추출 후 14일)
총대장균군	환경기준적용 시료	P, G	저온(10℃ 이하)	24시간
	배출허용기준 및 방류수 기준 적용 시료	P, G	저온(10℃ 이하)	6시간
물벼룩 급성 독성		G	4℃ 보관	36시간
식물성 플랑크톤		P, G	즉시 분석 또는 포르말린용액을 시료의 (3 ~ 5)% 가하거나 글루타르알데하이드 또는 루골용액을 시료의 (1 ~ 2)% 가하여 냉암소보관	6개월
미생물	일반세균	멸균된 시료용기	4℃ 냉암소보관 (잔류염소 함유 시 멸균한 티오황산나트륨용액을 0.03% 되도록 첨가)	24시간
	총대장균군			30시간
	분원성대장균군			30시간
	대장균			30시간
	분원성연쇄상구균			24시간
	녹농균			24시간
	살모넬라			24시간
	쉬겔라			30시간
	아황산환원혐기성포자형성균			30시간
	여시니아			24시간

※ P : 폴리에틸렌, G : 유리, PP : 폴리프로필렌, PTFE : 폴리테트라플루오르에틸렌

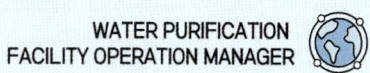

정리합시다!

① **시료용기**
  ㉠ 유리용기 : [암기TIP] 휘발유 노페물냄새 피해유(VOC, 유기인, 노말헥산, 페놀, 물벼룩, 냄새, PCB)
  ㉡ 갈색유리용기 : [암기TIP] 잔 디 옥 염 아 브석(잔류염소, DEHP, 다이옥산, 염화비닐, 아크닐로니트릴, 브로모폼, 석유계총탄화수소)
  ㉢ 폴리에틸렌용기 : 플루오린(불소)
  ㉣ BOD병 : 용존산소
  ㉤ 폴리에틸렌, 유리, PP, PTFE : 금속류(일반)

② **시료보존방법과 측정항목**
  ㉠ 즉시 측정 : [암기TIP] 온 피 도 잔(온도, pH, DO(전극법), 잔류염소)
  ㉡ NaOH로 pH 12 이상 : [암기TIP] 낮 12시(시안)
  ㉢ 4℃ 냉암소, 황산으로 pH 2 이하 : [암기TIP] 노씨 암 2기 ㅜㅜ(노말헥산, COD, 암모니아성질소, T-N, T-P)
  ㉣ 6℃ 이하 보관 : 퍼클로레이트, 황산이온
  ㉤ 4℃ 냉암소보관, 잔류염소 함유 시 티오황산나트륨 : 미생물
  ㉥ 인산으로 pH 4 조정 후 황산구리 투여 : [암기TIP] 인 사 페놀
  ㉦ 질산으로 pH 2 이하 : 질 이 비 셀 (As, Se)
  ㉧ 염산으로,질산으로 : 염 수,질 알수(Hg)
  ㉨ 염산 (1+1)시료 10mL당 1~2방울씩 가하여 pH 2 이하 : [암기TIP] 다이 비닐 아크 브로
  ㉩ 염산으로 pH 2 이하 : [암기TIP] 염 이 복(VOC)

③ **시료 최대보존기간별 해당 측정항목**
  ㉠ 6개월 : [암기TIP] 식(비) 셀(프) + 경비금(식물성플랑크톤, 셀레늄, 경도, 비소, 금속류)
  ㉡ 1개월 : [암기TIP] 1알 (알킬수은)
  ㉢ 28일 : [암기TIP] 퍼 플 수 염 총총총 암브노페황(퍼클로레이트, 플루오르, 수은, 염소이온, 총인, 총질소, 총유기탄소, 암모니아성질소, 브롬이온, 노말헥산, 페놀, 황산이온)
  ㉣ 14일 : [암기TIP] 다이 비닐 아크 브로시(1.4 - 다이옥산, 염화비닐, 아크릴로니트릴, 브로모폼, 시안)
  ㉤ 7일 : [암기TIP] 복부(에) 석유는 피(나구) 증(말) 크(나)유 다이!(VOC(복), 부유물질, 석유계총탄화수소, PCB, 증발잔류물, 클로로필a, 유기인, 다이에틸헥실프탈레이트)
  ㉥ 48시간 : [암기TIP] 음 아(악)인 생 탁(딱)질 색(음이온계면활성제, 아질산성질소, 인산염인, 생물화학적산소요구량, 탁도, 질산성질소, 색도)
  ㉦ 36시간 : [암기TIP] 36계 급성물벼룩
  ㉧ 24시간 : [암기TIP] 2+4 육전대장
  ㉨ 8시간 : [암기TIP] 팔도(DO)
  ㉩ 6시간 : [암기TIP] 총대 냄새

UNIT 04 시료의 전처리

1 전처리방법의 선정

1) 용어정의

① **산분해법**

시료에 산을 첨가하고 가열하여 시료 중의 유기물 및 방해물질을 제거하는 방법이다. 이 과정에서 시료 중의 유기물 및 방해물질은 산에 의해 분해되고 이들과 착화합물을 형성하고 있던 중금속류는 이온 상태로 시료 중에 존재하게 된다.

② **마이크로파 산분해법**

전반적인 처리 절차 및 원리는 산분해법과 같으나 마이크로파를 이용해서 시료를 가열하는 것이 다르다. 마이크로파를 이용하여 시료를 가열할 경우 고온 고압 하에서 조작할 수 있어 전처리 효율이 좋아진다.

③ **용매추출법**

시료에 적당한 착화제를 첨가하여 시료 중의 금속류와 착화합물을 형성시킨 다음 형성된 착화합물을 유기용매로 추출하여 분석하는 방법이다. 이 방법은 시료 중의 분석대상물의 농도가 낮거나 복잡한 매질 중에서 분석대상물만을 선택적으로 추출하여 분석하고자 할 때 사용한다.

2) 분석절차

① **전처리를 하지 않는 경우**

무색투명한 탁도 1NTU 이하인 시료의 경우 전처리 과정을 생략하고, pH 2 이하로(시료 1L 당 진한질산 1mL ~ 3mL를 첨가)하여 분석용 시료로 한다.

② **산분해법**
- **질산법** : 유기물함량이 비교적 높지 않은 시료의 전처리에 사용한다.
- **질산-염산법** : 유기물 함량이 비교적 높지 않고 금속의 수산화물, 산화물, 인산염 및 황화물을 함유하고 있는 시료에 적용되며 휘발성 또는 난용성 염화물을 생성하는 금속 물질의 분석에는 주의한다.
- **질산-황산법** : 유기물 등을 많이 함유하고 있는 대부분의 시료에 적용된다. 그러나 칼슘, 바륨, 납 등을 다량 함유한 시료는 난용성의 황산염을 생성하여 다른 금속성분을 흡착하므로 주의한다.
- **질산-과염소산법** : 유기물을 다량 함유하고 있으면서 산분해가 어려운 시료에 적용된다.
- **질산-과염소산-불화수소산** : 다량의 점토질 또는 규산염을 함유한 시료에 적용된다.

③ **마이크로파 산분해법** : 밀폐 용기를 이용한 마이크로파 장치에 의한 방법에 적용되는 방법으로 유기물을 다량 함유하고 있으면서 산분해가 어려운 시료에 적용된다.

④ **회화에 의한 분해** : 목적성분이 400℃ 이상에서 휘산되지 않고 쉽게 회화될 수 있는 시료에 적용된다. 시료 중에 염화암모늄, 염화마그네슘 등이 다량 함유된 경우에는 납, 철, 주석, 아연, 안티몬 등이 휘산되어 손실을 가져오므로 주의하여야 한다.

⑤ **용매추출법** : 원자흡수분광광도법을 사용한 분석 시 목적성분의 농도가 미량이거나 측정에 방해하는 성분이 공존할 경우 시료의 농축 또는 방해물질을 제거하기 위한 목적으로 사용되며, 이 방법으로 시료를 전처리한 경우에는 따로 규정이 없는 한 검정곡선 작성용 표준용액도 적당한 농도로 조제하여 시료와 같은 방법으로 처리하여 시험한다.

> ㉠ 다이에틸다이티오카바민산(diethyldithiocarbamate) 추출법
> 수질 시료 중 구리, 아연, 납, 카드뮴 및 니켈의 측정에 적용된다.
> ㉡ 디티존-메틸아이소부틸케톤(MIBK, methyl isobutyl ketone) 추출법
> 이 방법은 시료 중 구리, 아연, 납, 카드뮴, 니켈 및 코발트 등의 측정에 적용된다.
> ㉢ 디티존-사염화탄소(5-amino-2-benzimidazolethiol-carbon-tetra chloride) 추출법
> 이 방법은 시료 중 아연, 납, 카드뮴 등의 측정에 적용된다.
> ㉣ 피로리딘다이티오카르바민산 암모늄(1-pyrrolidinecarbodithioic acid, ammonium salt) 추출법
> 이 방법은 시료 중 구리, 아연, 납, 카드뮴, 니켈, 철, 망간, 6가 크롬, 코발트 및 은 등의 측정에 적용된다. 다만 망간은 착화합물 상태에서 매우 불안정하므로 추출 즉시 측정하여야 하며, 크롬은 6가 크롬 상태로 존재할 경우에만 추출된다. 또한 철의 농도가 높을 경우에는 다른 금속의 추출에 방해를 줄 수 있으므로 주의해야 한다.

UNIT 05 수질시험설비

1 총칙

① 수질시험을 하는 목적은 원수수질의 파악, 정수처리의 적정한 운영과 감시, 배·급수계통의 안전성 확인 및 수질사고의 처리 등으로 크게 나눈다.
② 원수의 수질변동은 정수처리에 직접 영향을 미치므로 수원의 수질이변을 초기에 파악하고 처리체제를 정비하여 정수처리에 만전을 기할 필요가 있다.
　→ 수질변동의 폭이 큰 수원을 가진 정수장에서는 수원에 수질시험실 또는 수질모니터링 설비를 설치하는 것이 필요한 경우가 있다.
③ 정수처리과정에서의 수질시험은 정수장의 유지관리와 운영에 없어서는 안되는 중요한 업무로 급속여과방식이나 기타 처리를 포함한 방식에서는 수질시험 결과에 따라 처리공정의 점검 및 감시가 수행되어져야 한다.

④ 정수처리의 최종 결과는 수돗물의 수질에 의하여 판명되므로 정수장에는 정수시설의 규모나 처리방식에 필요한 수질모니터링 설비를 설치하는 것이 요망된다.
⑤ 2개 이상의 정수장을 가지고 있는 수도사업자는 1개소에 수준이 높은 중앙수질시험실을 설치하는 것이 바람직하다.
⑥ 수질검사, 배·급수계통에서 수돗물의 안전성 확인, 수질사고의 해결 등은 수도에 대한 이용자의 신뢰성을 높이기 위해서도 필요하다.

2 시험실 폐액 및 배기 처리

① 수질시험실의 폐액은 절대로 정수장의 착수정 등 수도계통으로 반송하여서는 아니 된다.
② 시험용 폐액은 산, 알칼리, 중금속, 유기용제 등의 종류마다 폴리에틸렌탱크 등에 구분하여 저장하며, 시험용 폐액으로 소용없게 된 산(pH 2 이하), 소용없게 된 알칼리(pH 12.5 이상) 등은 '지정폐기물'이기 때문에 폐기물관리법을 준수하여, 환경부장관의 허가를 받은 폐기물처리업자에 위탁하거나 자가처리해야 한다.
③ 시험실의 통풍실 등으로부터 배출되는 배기가스에 산, 알칼리, 중금속, 유기용제 등이 포함될 경우에는 배출되는 지역의 환경에 영향이 없도록 필요에 따라 배기처리장치를 설치한다.

기출문제로 다지기 — CHAPTER 01 시험분석 기초

01. 수질오염공정시험기준상 시료의 보존방법 중 4℃ 보관하였을 때, 최대보존기간이 가장 긴 항목은?

① 탁도
② 수소이온농도
③ 온도
④ 용존산소(전극법)

해설
① 탁도 - 48시간(권장보존기간 24시간)
② 수소이온농도 - 즉시 측정
③ 온도 - 즉시 측정
④ 용존산소(전극법) - 적정법 : 8시간, 전극법 : 즉시 측정

02. 수질오염공정시험기준상 시료보존방법으로 옳지 않은 것은?

① 냄새 - 가능한 한 즉시 분석 또는 냉장 보관
② 총인(용존 총인) - 4℃ 보관, 황산(H_2SO_4)으로 pH 2 이하
③ 암모니아성질소 - 4℃ 보관, 황산(H_2SO_4)으로 pH 2 이하
④ 시안 - 4℃ 보관, 황산(H_2SO_4)으로 pH 2 이하

해설 시안 - 4℃ 보관, NaOH로 pH 12 이상

03. 먹는물수질공정시험기준상 총칙에 관한 내용으로 옳은 것은?

① 시험은 따로 규정이 없는 한 실온에서 조작한다.
② 실험에서 사용하는 시약은 따로 규정한 것 이외는 모두 2급 이상을 쓴다.
③ 염산(1→2)이라고 되어 있을 때에는 염산 1mL와 물 2mL를 혼합하여 조제한 것을 말한다.
④ 표준온도는 20℃이다.

해설 ④항만 올바르다.
오답해설
① 시험은 따로 규정이 없는 한 상온에서 조작한다.
② 실험에서 사용하는 시약은 따로 규정한 것 이외는 모두 1급 이상을 쓴다.
③ 염산(1→2)이라고 되어 있을 때에는 염산 1mL와 물 1mL를 혼합하여 총량 2mL로 조제한 것을 말한다.

04. 먹는물수질공정시험기준상 (　)에 들어갈 것으로 옳은 것은?

> 분석용 저울은 (　)까지 달 수 있는 것이어야 하며, 분석용 저울 및 분동은 국가 교정을 필한 것을 사용하여야 한다.

① 0.1mg
② 10mg
③ 1g
④ 10g

05. 먹는물수질공정시험기준상 기구 및 기기의 기준이 아닌 것은?

① 모든 유리기구는 KS L 2302 이화학용 유리기구의 모양 및 치수에 적합한 것 또는 이와 동등이상의 것을 사용한다.
② 부피측정용 기구는 조용히 사용하여야 한다.
③ 연속측정 또는 현장측정 목적으로 사용하는 측정 기기는 공정시험기준에 의한 측정치와의 정확한 보정을 행한 후 사용할 수 있다.
④ 분석용 저울은 0.1mg까지 달 수 있는 것이어야 하며, 분석용 저울 및 분동은 국가교정을 필한 것을 사용하여야 한다.

정답   01. ①   02. ④   03. ④   04. ①   05. ②

해설 부피측정용 기구는 소급성이 적절하게 유지되는 것을 사용하여야 한다.

해설 불소는 폴리에틸렌 용기를 사용하고 나머지 항목은 유리용기를 사용하여 보존한다.

06. 먹는물수질공정시험기준상 총칙에 관한 설명으로 옳은 것을 모두 고른 것은?

> ㉠ 각각의 시험은 따로 규정이 없는 한 실온에서 조작하고 조작 직후에 그 결과를 관찰한다.
> ㉡ "약"이라 함은 기재된 양에 대해서 ± 5% 이상의 차가 있어서는 안 된다.
> ㉢ 시험에 쓰는 물은 따로 규정이 없는 한 증류수 또는 정제수로 한다.
> ㉣ 시험조작 중 "즉시"란 30초 이내에 표시된 조작을 하는 것을 뜻한다.
> ㉤ 감압은 따로 규정이 없는 한 15mmHg 이하로 한다.
> ㉥ "바탕시험을 하여 보정한다"라 함은 시료에 대한 처리 및 측정을 할 때, 시료를 사용하지 않고 같은 방법으로 조작한 측정치를 더하는 것을 뜻한다.

① ㉠, ㉡, ㉢   ② ㉠, ㉤, ㉥
③ ㉡, ㉣, ㉥   ④ ㉢, ㉣, ㉤

오답해설
㉠ 각각의 시험은 따로 규정이 없는 한 상온에서 조작하고 조작 직후에 그 결과를 관찰한다.
㉡ "약"이라 함은 기재된 양에 대해서 ± 10% 이상의 차가 있어서는 안 된다.
㉥ "바탕시험을 하여 보정한다"라 함은 시료에 대한 처리 및 측정을 할 때, 시료를 사용하지 않고 같은 방법으로 조작한 측정치를 빼는 것을 뜻한다.

07. 수질오염공정시험기준상 시료의 보존용기가 다른 것은?

① 휘발성유기화합물   ② 유기인
③ 불소   ④ 페놀류

08. 수질오염공정시험기준상 취급 또는 저장하는 동안에 이물질이 들어가거나 또는 내용물이 손실되지 아니하도록 보호하는 용기는?

① 밀폐용기   ② 기밀용기
③ 밀봉용기   ④ 차광용기

09. 먹는물수질공정시험기준상 검정곡선의 작성법으로 옳지 않은 것은?

① 분석시료첨가법   ② 절대검정곡선법
③ 표준물첨가법   ④ 상대검정곡선법

10. 수질오염공정시험기준 총칙의 내용으로 옳지 않은 것은?

① 액체 시약의 농도에 있어서 예를 들어 염산(1+2)이라고 되어 있을 때에는 염산 1mL에 물 2mL를 혼합하여 조제한 것을 말한다.
② 방울수라 함은 20℃에서 정제수 20방울을 적하할 때, 그 부피가 약 1mL 되는 것을 뜻한다.
③ "항량으로 될 때까지 건조한다"라 함은 같은 조건에서 1시간 더 건조할 때 전후 무게의 차가 g당 0.3mg 이하일 때를 말한다.
④ "기밀용기"라 함은 취급 또는 저장하는 동안에 기체 또는 미생물이 침입하지 아니하도록 내용물을 보호하는 용기를 말한다.

해설 "기밀용기"라 함은 취급 또는 저장하는 동안에 밖으로부터의 공기 또는 다른 가스가 침입하지 아니하도록 내용물을 보호하는 용기를 말한다.

정답 06. ④   07. ③   08. ①   09. ①   10. ④

11. 먹는물수질공정시험기준에서 규정한 시료채취와 보존방법으로 옳은 것은?

   ① 질산성질소용 시료는 폴리에틸렌병에 채취하여 1주일 이내에 시험한다.
   ② 미생물시험용 시료는 멸균된 시료용기에 채취하고 증식을 위해 2일 후 시험한다.
   ③ 중금속용 시료는 유리병에 채취하여 즉시 시험한다.
   ④ 잔류염소가 함유된 시안시험용 시료는 이산화비소산나트륨용액을 넣어 잔류염소를 제거한다.

   해설 ④항만 올바르다.
   오답해설
   ① 질산성질소용 시료는 폴리에틸렌병에 채취하여 48시간 이내에 시험한다.
   ② 미생물시험용 시료는 멸균된 시료용기에 채취하고 증식을 위해 24시간 또는 30시간 이내에 시험한다.
   ③ 중금속용 시료는 P(폴리에틸렌), G(유리), PP(폴리프로필렌), PTFE(폴리테트라플루오르에틸렌) 재질의 병에 채취하여 6개월 이내에 시험한다.

12. 현장에서 시료채수 즉시 측정해야 하는 항목은?

   ① 경도, 색도, 철
   ② 수온, BOD, COD
   ③ pH, DO, 수온
   ④ 수온, BOD, 페놀

   해설 즉시 측정해야 하는 항목 : 온도, pH, DO(전극법), 잔류염소 (암기TIP 온 피 도 잔)

13. 농도 표시에 관한 설명으로 옳지 않은 것은?

   ① 0.002N NaOH 용액의 pH는 11.3이다.
   ② NaOH 5g을 물에 녹여 200mL로 하면 0.625N이 된다.
   ③ 100mL의 물에 40g의 NaCl을 가하여 용해하면 약 28.5% (W/V) NaCl 용액이 된다.
   ④ KMnO₄(분자량 158) 0.79g을 증류수에 녹여 전량을 1L로 하면 0.01N KMnO₄용액이 된다.

   해설 식 $X\ N(eq/L) = \dfrac{0.79g}{L} \times \dfrac{1eq}{158/5g} = 0.025N$

14. 수질오염공정시험기준상 금속성분을 측정하기 위한 시료의 전처리 방법과 대상시료 연결이 옳지 않은 것은?

   ① 질산법 : 유기함량이 비교적 높지 않은 시료
   ② 질산 - 과염소산 - 불화수소산법 : 다량의 점토질 또는 규산염을 함유한 시료
   ③ 질산 - 과염소산법 : 유기물을 소량 함유하고 있으면서 산화분해가 잘 되는 시료
   ④ 회화에 의한 분해법 : 목적성분이 400℃ 이상에서 휘산되지 않고 쉽게 회화될 수 있는 시료

   해설 질산-과염소산법 : 유기물을 다량 함유하고 있으면서 산분해가 어려운 시료에 적용된다.

15. 시료와 비슷한 매질 중에서 시험분석대상을 검출할 수 있는 최소한의 농도를 무엇이라 하는가?

   ① 기기검출한계
   ② 방법검출한계
   ③ 정량한계
   ④ 감응계수

 정답 11. ④ 12. ③ 13. ④ 14. ③ 15. ②

CHAPTER 02 일반시험법 및 정밀기기 측정법

UNIT 01 기기분석법

1 자외선/가시선분광법(UV측정법)

1) 원리 및 적용범위

이 시험방법은 시료물질이나 시료물질의 용액 또는 여기에 적당한 시약을 넣어 발색시킨 용액의 흡광도를 측정하여 시료중의 목적성분을 정량하는 방법으로 파장 200nm ~ 1,200nm에서의 액체의 흡광도를 측정함으로써 다양한 오염물질 분석에 적용한다. 파장은 근적외부, 가시부, 자외부로 구분된다.

① 개요

램버어트 비어(Lambert-Beer)의 법칙에 의하여 시료의 액층을 통과한 후 흡광도를 측정하여 목적성분의 농도를 정량하는 방법이다.

$$I_t = I_O \cdot 10^{-\epsilon c \ell}$$

- I_o : 입사광의 강도
- I_t : 투사광의 강도
- C : 농도
- ℓ : 빛의 투사거리
- ϵ : 비례상수로서 흡광계수라 하고,
  C = 1mol, ℓ = 10mm일 때의 ϵ의 값을 몰흡광계수라 하며 K로 표시한다.

㉠ 투과도(t)

$$\frac{I_t}{I_o} = t$$

㉡ 흡광도(A) : 투과도의 역수의 상용대수

$$\log \frac{1}{t} = A = \epsilon C \ell$$

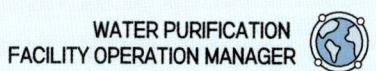

2) 장치의 구성 및 특성

① 장치의 구성 : 암기TIP 광 파 시 고!

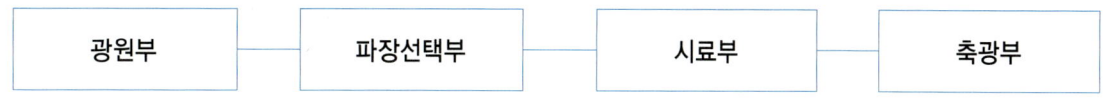

〈자외선/가시선 분광법 분석장치〉

② 장치별 특성

㉠ 광원부
- **텅스텐램프** : 가시부와 근적외부
- **중수소방전관** : 자외부

암기TIP 가시오가피 연근 탕수육 중자!

㉡ 파장선택부
- **단색화장치** : 프리즘, 회절격자 또는 두가지를 조합시킨 것을 사용하며 단색광을 내기 위하여 슬릿을 부속시킨다. 암기TIP 암기법 : 프 레 즐 (프리즘, 회절격자, 슬릿)
- **필터** : 색유리 필터, 젤라틴 필터, 간접 필터 등을 사용한다.

㉢ **시료부** : 시료부는 흡수셀과 대조셀, 셀홀더를 사용한다.
- **흡수셀** : 유리, 석영, 플라스틱제를 사용
  - 플라스틱셀 : 근적외부
  - 유리셀 : 가시부 및 근적외부
  - 석영셀 : 자외부
- 대조셀
- 셀홀더

㉣ **측광부** : 광전관, 광전자증배관, 광전도셀, 광전지 등을 사용한다.
- **광전관, 광전자증배관** : 자외부 및 가시부
- 광전지 : 가시부
- 광전도셀 : 근적외부

암기TIP 석자 / 광전관 자가 / 광전지 가 / 유리 가근 / 셀프 근

3) 흡광도의 측정

① 눈금판의 지시가 안정되어 있는지 여부를 확인한다.
② 대조셀을 광로에 넣고 광원으로부터의 광속을 차단하고 영점을 맞춘다. 영점을 맞춘다는 것은 투과율 눈금으로 눈금판의 지시가 0이 되도록 맞추는 것이다.
③ 광원으로부터 광속을 통하여 눈금 100에 맞춘다.

④ 시료셀을 광로에 넣고 눈금판의 지시치를 흡광도 또는 투과율로 읽는다. 투과율로 읽을 때는 나중에 흡광도로 환산해 주어야 한다.
⑤ 필요하면 대조셀을 광로에 바꿔넣고 영점과 100에 변화가 없는가를 확인한다.
⑥ 위 ②, ③, ④의 조작 대신에 농도를 알고 있는 표준용액 계열을 사용하며 각각의 눈금에 맞추는 방법도 무방하다.

2 원자흡수분광광도법

1) 원리 및 적용범위

이 시험방법은 시료를 적당한 방법으로 해리시켜 중성원자로 증기화하여 생긴 기저상태(Ground State or Normal State, 바닥상태)의 원자가 이 원자 증기층을 투과하는 특유파장의 빛을 흡수하는 현상을 이용하여 광전측광과 같은 개개의 특유 파장에 대한 흡광도를 측정하여 시료중의 원소농도를 정량하는 방법으로 대기 또는 배출 가스중의 유해 중금속, 기타 원소의 분석에 적용한다.

2) 장치의 구성 및 특성

① 장치의 개요 [암기TIP] 단 광 슬 기

| 단색화장치 | – | 광전자 증폭검출기 | – | 슬릿 | – | 기록부 |

② 장치별 특성

㉠ 광원부
중공음극램프(속빈음극램프) : 원자흡광 스펙트럼선의 선폭보다 좁은 선폭을 갖고 휘도가 높은 스펙트럼을 방사하는 중공음극램프가 많이 사용된다.

㉡ 시료원자화부
시료원자화부는 시료를 원자증기화하기 위한 시료원자화 정치와 원자증기 중에 빛을 투과시키기 위한 광학계로 되어 있다.

㉢ 불꽃
- **대부분의 원소분석** : 수소-공기, 아세틸렌-공기
- **원자외 영역** : 수소-공기
- **불꽃온도가 낮고 일부 원소에 대하여 높은 감도를 나타냄** : 프로판-공기
- **불꽃의 온도가 높아 내화성산화물을 만들기 쉬운 원소분석** : 아세틸렌-아산화질소

[암기TIP] 대부분은 수공아공 외수공 감프공 높아질

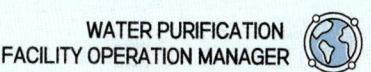

3) 조작 및 결과분석방법

① 검정곡선의 작성과 정량법

㉠ 검정곡선의 직선영역 (암기TIP) 검 저 양

검정곡선은 일반적으로 저농도 영역에서는 양호한 직선성을 나타내지만 고농도 영역에서는 여러가지 원인에 의하여 휘어진다.

㉡ 정량방법
- 검정곡선법
- 표준첨가법
- 내부표준물질법
→ 자세한 설명은 위의 정도관리/정도보증 파트 참고

③ 유도결합플라즈마 원자발광분광법

1) 원리 및 적용범위

시료를 고주파유도코일에 의하여 형성된 알곤 플라즈마에 주입하여 6,000~8,000K에서 여기된 원자가 바닥상태로 이동할 때 방출하는 발광선 및 발광강도를 측정하여 원소의 정성 및 정량분석에 이용하는 방법이다.

2) 개요

① ICP는 알곤가스를 플라즈마 가스로 사용하여 수정발진식 고주파발생기로부터 발생된 주파수 27.13㎒영역에서 유도코일에 의하여 플라즈마를 발생시킨다.

② ICP의 토치(Torch)는 3중으로 된 석영관이 이용되며 제일 안쪽으로는 시료가 운반가스(알곤, 0.4~2.0L/min)와 함께 흐르며, 가운데 관으로는 보조가스(알곤, 플라즈마 가스, 0.5~2.0L/min), 제일 바깥쪽관에는 냉각가스(알곤, 10~20L/min)가 주입되는데 토치(Torch)의 상단부분에는 물을 순환시켜 냉각시키는 유도코일이 감겨 있다.

③ 유도코일을 통하여 고주파를 가해주면 고주파가 알곤가스 매체중에 유도되어 플라즈마를 형성하게 되는데 이때 테슬라코일에 의하여 방전하면 알곤가스의 일부가 전리되어 플라즈마가 점등한다.

④ 방전시에 생성되는 전자는 고주파 전류가 유도코일을 흐를 때 발생하는 자기장에 의하여 가속되어 주위의 알곤가스와 충돌하여 이온화되고 새로운 전자와 알곤이온을 생성한다. 이와같이 생성된 전자는 다시 알곤가스를 전리하여 전자의 증식작용을 하므로서 전자밀도가 대단히 큰 플라즈마 상태를 유지하게 된다.

⑤ 알곤플라즈마는 토치 위에 불꽃형태(직경 12~15㎜, 높이 약 30㎜)로 생성되지만 온도, 전자 밀도가 가장 높은 영역은 중심축보다 약간 바깥쪽(2~4㎜)에 위치한다.

⑥ ICP의 구조는 중심에 저온, 저전자 밀도의 영역이 형성되어 도넛 형태로 되는데 이 도넛 모양의 구조가 ICP의 특징이다.

⑦ 에어로졸 상태로 분무된 시료는 가장 안쪽의 관을 통하여 플라즈마(도넛모양)의 중심부에 주입되는데 이때 시료는 도넛 내부의 좁은 부위에 한정되므로 광학적으로 발광되는 부위가 좁아져 강한 발광을 관측할 수 있으며 화학적으로 불활성인 위치에서 원자화가 이루어지게 된다.

⑧ 플라즈마의 온도는 최고 15,000K까지 이르며 보통시료는 6,000~8,000K의 고온에 주입되므로 거의 완전한 원자화가 일어나 분석에 장애가 되는 많은 간섭을 배제하면서 고감도의 측정이 가능하게 된다. 또한 플라즈마는 그 자체가 광원으로 이용되기 때문에 매우 넓은 농도범위에서 시료를 측정할 수 있다.

3) 장치의 구성 및 특성

① **장치의 구성** (암기TIP 시 고 광 분 연 기)

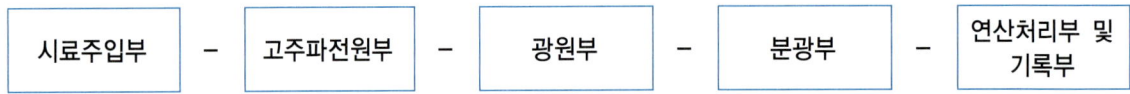

시료주입부 — 고주파전원부 — 광원부 — 분광부 — 연산처리부 및 기록부

② **장치별 특성**

㉠ **시료주입부** : 분무기(Nebulizer) 및 챔버로 이루어져 있으며 시료용액을 흡입하여 에어로졸 상태로 플라즈마에 주입시키는 부분이다. 감도 및 정확도를 높게 하기 위하여 가능한 한 적은 에어로졸을 많이 안정하게 생성시킬 수 있어야 한다.

㉡ **고주파 전원부** : 현재 널리 사용하고 있는 고주파 전원은 수정발전식의 27.13MHz로 1~3kW의 출력이다. 수용액 시료의 경우 보통 1~1.5kW가 사용되지만 유기용매의 경우에는 2kW 정도에서 사용된다.

㉢ **광원부** : 3중으로 된 석영제방전관(토치, torch)의 중간을 흐르는 알곤가스를 테슬라코일에서 일부 전리시킴과 동시에 방전관 상단에 감겨져 있는 유도코일에 고주파 전류를 흐르게 하면 방전관내부에 루우프 형태의 자기장을 형성하게 되며 이 자기장의 주위에는 와전류가 흐르게 된다. 이 와전류에 의하여 전리된 알곤가스의 전자나 이온은 가속을 받게 되어 알곤분자와 충돌을 반복하게 되며 계속하여 새로운 전자와 이온을 생성하므로서 안정된 도넛 형태의 플라즈마를 형성한다. 시료중의 원자는 이 도넛형의 플라즈마 중심부에 주입되어 6,000~8,000K의 고온에서 가열 여기되고 발광하게 된다.

㉣ **분광부 및 측광부** : 플라즈마 광원으로부터 발광하는 스펙트럼선을 선택적으로 분리하기 위해서는 분해능이 우수한 회절격자가 많이 사용된다. 분광기는 그 기능에 따라 단색화분광기와 다색화분광기로 구분되는데 단색화분광기는 광을 받는 부분(슬릿 및 광전증배관)이 하나로 회절격자를 회전시켜 저파장에서 고파장으로 주사(Scanning)하면서 각 파장별로 많은 원소를 연속 측정할 수 있으며(Sequential type), 다색화분광기는 회절격자를 고정시켜 놓고 목적원소의 파장 위치에 각각의 슬릿 및 광전증배관을 고정시켜 여러 가지 원소를 동시에 측정(Simultaneous type)할 수 있도록 한 것이다.

㉤ **연산처리부** : 광전증배관(Photomultiplier)에 들어간 광은 전류로 변화되어 광의 강도에 비례하는 전류가 콘덴서에 저장되며, 콘덴서에 축적된 전하량은 컴퓨터 콘텐서의 전하량과 비례관계에 있기 때문에 농도를 측정할 수 있다.

4) 조작 및 결과분석방법

① 장치의 조작법

㉠ 플라즈마가스의 준비
- 알곤가스 : 액체 알곤 또는 압축 알곤가스로 순도 99.99%(V/V%)이상의 것

㉡ 조작순서

가) 주전원 스위치를 넣고 유도코일의 냉각수가 흐르는가를 확인한 다음 기기를 안정화시킨다.

나) 여기원(R F Power)의 전원스위치를 넣고 알곤가스를 주입하면서 테슬코일에 방전시켜 플라즈마를 점등한다.

다) 점등 후 약 1분간 플라즈마를 안정화시킨다.

라) 수은램프의 발광선을 이용하여 분광기의 파장을 교정하고 분석 파장을 정확히 설정한다.

마) 적당한 농도로 조제된 표준용액(또는 혼합표준용액)을 플라즈마에 주입하여 각 원소의 스펙트럼선 강도를 측정하고 설정파장의 적부를 확인한다.

4 기체크로마토그래피법

1) 원리 및 적용범위

이 법은 기체시료 또는 기화한 액체나 고체시료를 운반가스(carrier gas)에 의하여 분리, 관내에 전개시켜 기체상태에서 분리되는 각 성분을 크로마토그래피적으로 분석하는 방법으로 일반적으로 무기물 또는 유기물의 대기오염 물질에 대한 정성, 정량 분석에 이용한다.

2) 장치의 구성 및 특성

① 장치의 구성 (암기TIP) 시 분 검 기)

| 운반가스입구 | - | 유량조절기 | - | 압력계/유량계 | - | 시료도입부 | - | 분리관 | - | 검출기 | - | 기록부 |

㉠ 구분
- 기체-고체 크로마토그래피 : 충전물로서 흡착성 고체분말을 사용
- 기체-액체 크로마토그래피 : 적당한 담체(solid support)에 고정상 액체를 함침시킨 것을 사용

② 검출기

㉠ 열전도도 검출기(TCD, thermal conductivity detector)
→ 거의 모든 물질의 분석이 가능하고, 특히나 CO 검출에 효과적
→ 운반기체 : 수소 또는 헬륨

ⓛ 불꽃이온화 검출기(flame ionization detector, FID)
  → 대부분의 유기화합물(탄화수소류 등)의 검출이 가능하고, 가장 많이 사용된다.
  → **운반기체** : 질소 또는 헬륨
  ※ 알칼리열 이온화 검출기(FTD) : 수소염이온화검출기에 알칼리 또는 알칼리토류 금속염의 튜브를 부착한 것으로 유기질소 화합물 및 유기인 화합물의 검출에 용이하다.

ⓒ 전자 포획 검출기(electron capture detector, ECD)
  → 할로겐, 벤젠, 유기염소계(벤조피렌, PCB, 염소소독부산물 등), 니트로 화합물, 유기금속화합물, 포름알데히드의 분석에 많이 사용된다.
  → **운반기체** : 질소 또는 헬륨

ⓔ 질소인 검출기(nitrogen phosphorous detector, NPD)
  → 질소, 인(살충제 및 제초제 등) 화합물의 검출에 많이 사용된다.

ⓜ 불꽃 광도 검출기(flame photometric detector, FPD)
  → 황 또는 인 화합물의 검출에 많이 사용된다. 특히 CS_2의 검출에 유효하다.

③ 운반가스

운반가스(carrier gas)는 충전물이나 시료에 대하여 불활성이고 사용하는 검출기의 작동에 적합한 것을 사용한다.

- 열전도도형 검출기(TCD)에서는 순도 99.8% 이상의 수소나 헬륨을 사용 (암기TIP) 열 수 헬)
- 불꽃이온화 검출기(FID)에서는 순도 99.8% 이상의 질소 또는 헬륨을 사용 (암기TIP) 불 질 헬)

3) 조작 및 결과분석방법

① 조작법

ⓐ 가스크로마토그래피의 설치장소

설치장소는 진동이 없고 분석에 사용하는 유해물질을 안전하게 처리할 수 있으며 부식가스나 먼지가 적고 실온 5℃~35℃, 상대습도 85% 이하로서 직사광선이 쪼이지 않는 곳으로 한다.

ⓑ 전원

공급전원은 지정된 전력 및 주파수이어야 하고, 전원변동은 지정전압의 10% 이내로서 주파수의 변동이 없는 것이어야 한다.

ⓒ 전자기유도

대형변압기, 고주파가열로와 같은 것으로부터 전자기의 유도를 받지 않는 것이어야 한다.

② **정량분석 :** 암기TIP 정양에게 절대 상표 보이지 마라!

　㉠ **절**대검정곡선법
　㉡ **상**대검정곡선법(내부표준법)
　㉢ **표**준물첨가법
　㉣ **보**정넓이 백분율법
　㉤ 넓**이** 백분율법

5 이온크로마토그래피법(IC)

1) 원리 및 적용범위

이 방법은 이동상으로는 액체, 그리고 고정상으로는 이온교환수지를 사용하여 이동상에 녹는 혼합물을 고분리능 고정상이 충전된 분리관내로 통과시켜 시료성분의 용출상태를 전도도 검출기 또는 광학 검출기로 검출하여 그 농도를 정량하는 방법으로 일반적으로 강수(비, 눈, 우박 등), 대기먼지, 하천수 중의 이온성분(Cl, F, Br, NO_3, NO_2, SO_4, PO_4 등 주로 음이온)을 정성, 정량 분석하는데 이용한다.

2) 장치의 구성 및 특성

① **장치의 개요** (암기TIP 용 액 시료 분리관 써)

일반적으로 사용하는 이온크로마토그래프는 다음 그림과 같이 용리액조, 송액펌프, 시료주입장치, 분리관, 써프렛서, 검출기 및 기록계로 구성되며 분리관에서 검출기까지는 측정목적에 따라 다소 차이가 있다.

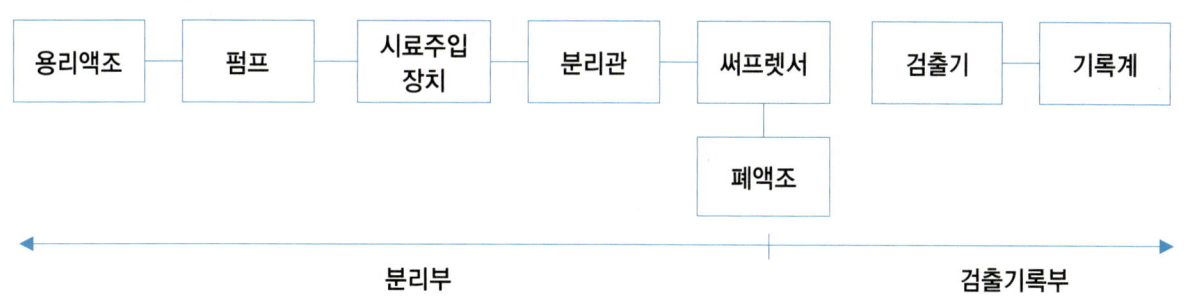

〈이온크로마토그래프의 구성〉

② **장치별 특성**

　㉠ **시료주입장치**(암기TIP 시 루 떡)

일정량의 시료를 밸브조작에 의해 분리관으로 주입하는 루프주입방식이 일반적이며 셉텀(Septum)방법, 셉텀레스(Septumless)방식 등이 사용되기도 한다.

- ⓒ 써프렛서

  써프렛서란 용리액에 사용되는 전해질 성분을 제거하기 위하여 분리관 뒤에 직렬로 접속시킨 것으로써 전해질을 물 또는 저전도의 용매로 바꿔줌으로써 전기 전도도 셀에서 목적이온 성분과 전기 전도도만을 고감도로 검출할 수 있게 해주는 것이다.

  써프렛서는 관형과 이온교환막형이 있으며, 관형은 음이온에는 스티롤계 강산형(H^+) 수지가, 양이온에는 스티롤계 강염기형(OH^-)의 수지가 충진된 것을 사용한다.

- ⓒ 검출기 : 분리관 용리액 중의 시료성분의 유무와 양을 검출하는 부분이다.
  - ㉮ 전기전도도검출기 : 분리관에서 용출되는 각 이온종을 직접 또는 써프렛서를 통과시킨 전기전도도계 셀내의 고정된 전극 사이에 도입시키고 이때 흐르는 전류를 측정하는 것이다.
  - ㉯ 자외선 및 가시선 흡수검출기 : 자외선 흡수 검출기(UV 검출기)는 고성능액체크로마토그래피분야에서 가장 널리 사용되는 검출기이며, 최근에는 이온크로마토그래피에서도 전기전도도검출기와 병행하여 사용되기도 한다. 또한, 가시선흡수검출기(VIS 검출기)는 전이금속성분의 발색반응을 이용하는 경우에 사용된다.
  - ㉰ 전기화학적 검출기 : 정전위 전극반응을 이용하는 전기화학검출기는 검출감도가 높고 선택성이 있는 검출기로써 분석화학분야에 널리 이용되는 검출기이며 전량검출기, 암페로메트릭검출기 등이 있다.

3) 시료의 분석

① 시료의 전처리

- ㉠ 0.45㎛ 이하의 멤브레인 여과지(막 여과지) 또는 유리섬유종이를 사용하여 여과한 다음 시료를 주입하여야 한다.
- ㉡ 특정 이온이 고농도로 존재할 경우 이온의 정량분석을 방해할 경우 → 특수 제작된 제거칼럼 또는 기타 적당한 방법으로 특정 이온을 제거

② 시료의 측정

여과한 시료를 이온크로마토그래프에 주입하여 검정곡선 작성 시와 같은 기기 조건하에서 크로마토그램을 측정하고 미리 작성한 검정곡선으로부터 시료의 농도를 산출한다.

4) 조작 및 결과분석방법

① 설치조건

- ㉠ 실온 10℃ ~ 25℃, 상대습도 30% ~ 85% 범위로 급격한 온도변화가 없어야 한다.
- ㉡ 진동이 없고 직사광선을 피해야 한다.
- ㉢ 부식성 가스 및 먼지발생이 적고 환기가 잘 되어야 한다.
- ㉣ 대형변압기, 고주파가열등으로부터의 전자유도를 받지 않아야 한다.

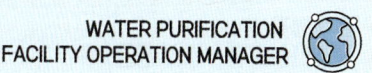

ⓜ 공급전원은 기기의 사양에 지정된 전압 전기용량 및 주파수로 전압변동은 10% 이하이고 주파수 변동이 없어야 한다.

② 검출한계

검출한계는 각 분석방법에서 규정하는 조건에서 출력신호를 기록할 때 잡음신호(Noise)의 2배에 해당하는 목적성분의 농도를 검출한계로 한다.

6 이온전극법

1) 원리 및 적용범위

시료중의 분석대상 이온의 농도(이온활량)에 감응하여 비교전극과 이온전극간에 나타나는 전위차를 이용하여 목적이온의 농도를 정량하는 방법으로서 시료중 음이온(Cl^-, F^-, NO_2^-, NO_3^-, CN^-) 및 양이온(NH_4^+, 중금속이온 등)의 분석에 이용된다.

→ 측정대상 이온에 감응하여 네른스트(Nernst)식에 따라 이온활량에 비례하는 전위차를 나타낸다.

2) 장치의 구성 및 특성

① 장치의 구성

전위차계, 이온전극, 비교전극, 시료용기 및 자석교반기, 온도계

㉠ **이온전극** : 분석대상 이온에 대한 고도의 선택성이 있고 이온농도에 비례하여 전위를 발생할 수 있는 전극으로서 그 감응막의 구성에 따라 측정되는 이온이 달라진다.

> 💡 전극별 측정이온
> - 유리막전극 : Na^+, K^+, NH_4^+
> - 격막형전극 : NH_4, NO_2, CN
> - 고체막전극 : F, Cl, CN, Pb, Cd, Cu, NO_3, Cl, NH_4

㉡ **비교전극** : 이온전극과 조합하여 이온농도에 대응하는 전위차를 나타낼 수 있는 것으로서 표준전위가 안정된 전극이 필요하다. 일반적으로 내부전극으로서 염화제일수은전극(칼로멜전극) 또는 은-염화은전극이 많이 사용된다.

② 특성

㉠ **측정범위** : 이온농도의 측정범위는 일반적으로 $10^{-1} \sim 10^{-4}$ mol/L (또는 10^{-7} mol/L)이다.

㉡ **이온강도** : 이온의 활량계수는 이온강도의 영향을 받아 변동되기 때문에 용액중의 이온강도를 일정하게 유지해야 할 필요가 있다. 따라서 분석대상 이온과 반응하지 않고 전극전위에 영향을 일으키지 않는 염류를 이온강도 조절용 완충용액으로 첨가하여 시험한다.

ⓒ **pH** : 이온전극의 종류나 구조에 따라서 사용 가능한 pH의 범위가 있기 때문에 주의하여야 한다.

ⓓ **온도** : 측정용액의 온도가 10℃ 상승하면 전위구배는 1가이온이 약 2㎷, 2가이온이 약 1㎷ 변화한다. 그러므로 검량선 작성시의 표준용액의 온도와 시료용액의 온도는 항상 같아야 한다.

ⓔ **교반** : 시료용액의 교반은 이온전극의 전극전위, 응답속도, 정량하한값에 영향을 나타낸다. 그러므로 측정에 방해되지 않는 범위 내에서 세게 일정한 속도로 교반해야 한다.

3) 조작 및 결과분석방법

① 시료 중에 방해이온이 존재할 경우에는 적당한 방법으로 제거하거나 pH 및 이온강도를 조절하여 시료용액으로 한다.

② 먼저 각각 농도가 다른 표준용액을 단계적으로 조제하여 이온강도 조절용액을 첨가하고 적당량의 비커에 옮긴다.

③ 이온전극과 비교전극을 물로 깨끗이 씻은 후 수분을 제거하고 전위차계에 연결한다. 이온전극과 비교전극을 표준용액이 담긴 비커에 침적시키고 교반하면서 전위를 측정하여 안정될 때의 값을 읽는다.

④ 같은 방법으로 낮은 농도부터 높은 농도의 순서로 표준용액의 전위차를 측정하고 편대수그래프지(semilog 그래프지)의 대수측에 표준용액의 농도를 균등측에 전위차를 플로트하여 검량선을 작성한다. 다음에 준비된 시료에 대하여 같은 방법으로 전위차를 측정하고 작성된 검량선으로부터 이온농도(㎎/L)를 산출한다.

UNIT 02 일반시험법

1 냄새/맛

1) 측정원리

① **냄새** : 측정자의 후각을 이용하는 방법으로, 후각기관에 이상이 없는 측정자 5명을 선정하여 시료를 정제수로 희석하면서 냄새가 느껴지지 않을 때까지 반복하여 희석배수를 수치화 한다. 시료를 삼각플라스크에 넣고 마개를 닫은 후 온도를 40℃ ~ 50℃로 높여 세게 흔들어 섞은 후 마개를 열면서 관능적으로 냄새를 맡아서 판단한다.

② **맛** : 시료를 비커에 넣고 온도를 40℃ ~ 50℃로 높여 맛을 보아 판단한다.

㉠ 적용범위

> 💡 **공통**
> - 이 시험기준은 먹는물, 샘물 및 염지하수의 냄새/맛 측정에 적용한다.
> - 이 시험기준에 의해 판단할 때 염소 냄새/맛은 제외한다.
> - 이 시험기준은 측정자간 개인차가 심하므로 냄새가 있을 경우 5명 이상의 시험자가 측정하는 것이 바람직하나 최소한 2명이 측정해야 한다.

> 💡 **맛**
> - 다만, 섭취에 따른 안전성이 확보되지 않은 시료로서 병원성 미생물, 유해물질로 오염된 시료나 폐수 및 처리되지 않은 배출수 등은 측정하지 않을 수 있다.
> - 맛을 측정하는 사람은 맛에 극히 예민한 사람도 무딘 사람도 적절하지 않다. 측정 전에 흡연, 식사, 감기나 알레르기를 앓는 사람은 적합하지 않다.

2) 기구 및 기기

① 유리기구류

유리기구류는 사용 직전에 새로 세척하여 사용한다. 먼저 냄새 없는 세제로 닦은 후 정제수로 닦아 사용한다. 고무 또는 플라스틱 재질의 마개는 사용하지 않는다.

② 항온수조 또는 항온판

시료의 온도를 ±1℃로 일정하게 유지할 수 있는 수조 또는 열판을 사용한다.

③ 시약 및 표준용액

티오황산나트륨용액

3) 시험방법

① 냄새

㉠ 시료를 각기 다른 희석농도로 하여 4개로 나눈다.
㉡ 시료를 가열한다.
㉢ 가열한 시료를 흔들어 섞고 시료량이 적은 순서대로 냄새를 맡는다.
㉣ 시료량이 가장 적은 시료에서도 냄새가 느껴질 경우 더 희석하여 진행한다.
※ 간섭물질 : 잔류염소 냄새는 측정에서 제외한다. 따라서 시료 중 잔류염소를 티오황산나트륨용액으로 제거한다.

② 맛

㉠ 시료 200mL를 비커에 넣고 온도를 40 ~ 50℃로 높인다.
㉡ 시료의 맛을 측정한다.

4) 결과보고

① 냄새

$$\text{냄새역치(TON)} = \frac{A+B}{A}$$

- A : 시료 부피(mL)
- B : 무취 정제수 부피(mL)

※ 각 판정 요원의 냄새의 역치를 기하평균하여 결과로 보고한다.

② 맛

㉠ 맛을 측정하여 '있음', '없음'으로 구분한다.
㉡ 맛의 종류를 구분할 필요가 있을 때에는 짠맛, 쓴맛, 신맛, 단맛으로 구분하거나 화합물의 종류에 따라 염소, 유류, 철, 비누 맛으로 구분한다.

2 노말헥산 추출물질

1) 측정원리 : 물 중에 비교적 휘발되지 않는 탄화수소, 탄화수소유도체, 그리스유상물질 및 광유류를 함유하고 있는 시료를 pH 4 이하의 산성으로 하여 노말헥산층에 용해되는 물질을 노말헥산으로 추출하고 노말헥산을 증발시킨 잔류물의 무게로부터 구하는 방법이다. (암기TIP) 노 사 – 노말헥산 pH 4)

① **광유류의 양을 시험하고자 할 경우** : 활성규산마그네슘(플로리실) 컬럼을 이용하여 동식물유지류를 흡착·제거하고 유출액을 같은 방법으로 구할 수 있다.

② **정량한계** : 0.5mg/L

2) 기구 및 기기

① **전기열판 또는 전기맨틀** : 80℃로 온도조절이 가능한 것을 사용한다.
② **증발용기** : 알루미늄박으로 만든 접시, 비커 또는 증류플라스크로서 부피가 50mL ~ 250mL인 것을 사용한다.
③ **연결관 및 냉각관** : ├ 자형 연결관 및 리히비히 냉각관(증류플라스크를 사용한 경우)을 사용한다.
④ **활성규산마그네슘 컬럼** : 안지름 약 10mm, 길이 약 150mm의 콕이 부착된 유리관에 유리섬유(석영섬유)를 깔고 120mm ~ 130mm 높이로 활성규산마그네슘을 기포가 혼입되지 않도록 노말헥산과 함께 충전한다.

3) 시약 및 표준용액

노말헥산, 메틸오렌지, 무수황산나트륨, 염산

4) 분석절차

① 시료적당량(노말헥산 추출물질로서 5mg ~ 200mg 해당량)을 분별깔때기에 넣고 메틸오렌지용액 (0.1%) 2방울 ~ 3방울을 넣고 황색이 적색으로 변할 때까지 염산(1 + 1)을 넣어 시료의 pH를 4 이하로 조절한다.

② 시료의 용기는 노말헥산 20mL씩으로 2회 씻어서 씻은 액을 분별깔때기에 합하고 마개를 하여 2분간 세게 흔들어 섞고 정치하여 노말헥산층을 분리한다.

③ 수층에 한 번 더 시료용기를 씻은 노말헥산 20mL를 넣어 흔들어 섞고 정치하여 노말헥산층을 분리하여 앞의 노말헥산층과 합한다. 정제수 20mL씩으로 수회 씻어준 다음 수층을 버리고 노말헥산층에 무수황산나트륨을 수분이 제거될 만큼 넣어 흔들어 섞고 수분을 제거한다.

④ 분별깔때기의 꼭지부분에 건조여과지를 사용하여 여과한다. 노말헥산을 항량으로 하며 무게를 미리 단 증발용기에 넣고 분별깔때기에 노말헥산 소량을 넣어 씻어 준 다음 여과하여 증발용기에 합한다.

⑤ 노말헥산 5mL씩으로 여과지를 2회 씻어주고 씻은 액을 증발용기에 합한다.

⑥ 증발용기가 알루미늄박으로 만든 접시 또는 비커일 경우에는 용기의 표면을 깨끗이 닦고, 80℃로 유지한 전기 열판 또는 전기맨틀에 넣어 노말헥산을 증발시킨다.

⑦ 증류플라스크일 경우에는 U자형 연결관과 냉각관을 달아 전기열판 또는 전기맨틀의 온도를 80℃로 유지하면서 매 초당 한 방울의 속도로 증류한다. 증류 플라스크 안에 2mL가 남을 때까지 증류한 다음, 냉각관의 상부로부터 질소가스를 넣어주어 증류플라스크안의 노말헥산을 완전히 증발시키고 증류플라스크를 분리하여 실온으로 냉각될 때까지 질소를 흘려보내어 노말헥산을 완전히 증발시킨다.

⑧ 증발용기 외부의 습기를 깨끗이 닦고 (80 ± 5)℃의 건조기 중에 30분간 건조하고 실리카겔 데시케이터에 넣어 정확히 30분간 방치하여 냉각한 후 무게를 단다.

⑨ 따로 시험에 사용된 노말헥산 전량을 미리 항량으로 하여 무게를 단 증발용기에 넣어, 시료와 같이 조작하여 노말헥산을 날려 보내어 바탕시험을 행하고 보정한다.

5) 결과보고

$$\text{총노말헥산추출물질(mg/L)} = (a-b) \times \frac{1,000}{V}$$

- a : 시험전후의 증발용기의 무게(mg)
- b : 바탕시험 전후의 증발용기의 무게(mg)
- V : 시료의 양(mL)

3 부유물질

1) 측정원리 : 미리 무게를 단 유리섬유여과지(GF/C)를 여과장치에 부착하여 일정량의 시료를 여과시킨 다음 항량으로 건조하여 무게를 달아 여과 전·후의 유리섬유 여과지의 무게차를 산출하여 부유물질의 양을 구하는 방법이다.

2) 기구 및 기기
① 여과장치
② 유리섬유여과지(GF/C)
③ 건조기
④ 데시케이터
⑤ 시계접시

3) 분석절차
① 유리섬유여과지(GF/C)를 여과장치에 부착하여 미리 정제수 20mL씩으로 3회 흡인 여과하여 씻은 다음 시계접시 또는 알루미늄 호일 접시 위에 놓고 105℃ ~ 110℃의 건조기 안에서 2시간 건조시켜 데시케이터에 넣어 방치하고 냉각한 다음 항량하여 무게를 정밀히 달고, 여과장치에 부착시킨다.
② 시료 적당량(건조 후 부유물질로써 2mg 이상)을 여과장치에 주입하면서 흡입 여과한다.
③ 유리섬유여과지를 핀셋으로 주의하면서 여과장치에서 끄집어내어 시계접시 또는 알루미늄 호일 접시 위에 놓고 105℃ ~ 110℃의 건조기 안에서 2시간 건조시켜 데시케이터에 넣어 방치하고 냉각한 다음 항량으로 하여 무게를 정밀히 단다.

4) 간섭물질
① 나무 조각, 큰 모래입자 등과 같은 큰 입자들은 부유물질 측정에 방해를 주며, 이 경우 직경 2mm 금속망에 먼저 통과시킨 후 분석을 실시한다.
② 증발잔류물이 1,000mg/L 이상인 경우의 해수, 공장폐수 등은 특별히 취급하지 않을 경우, 높은 부유물질 값을 나타낼 수 있다. 이 경우 여과지를 여러 번 세척한다.
③ 철 또는 칼슘이 높은 시료는 금속 침전이 발생하며 부유물질 측정에 영향을 줄 수 있다.
④ 유지(oil) 및 혼합되지 않는 유기물도 여과지에 남아 부유물질 측정값을 높게 할 수 있다.

5) 결과보고

$$\text{부유물질(mg/L)} = (b-a) \times \frac{1,000}{V}$$

- a : 시료 여과 전의 유리섬유여지 무게(mg)
- b : 시료 여과 후의 유리섬유여지 무게(mg)
- V : 시료의 양(mL)

4 색도

1) 측정원리 : 색도를 측정하기 위하여 시각적으로 눈에 보이는 색상에 관계없이 단순 색도차 또는 단일 색도차를 계산하는데 아담스-니컬슨(Adams-Nickerson)의 색도공식을 근거로 하고 있다. 예를 들면, 육안적으로 두개의 서로 다른 색상을 가진 A, B가 무색으로부터 같은 정도로 색도가 있다고 판정되면, 이들의 색도값(ADMI 값 : American dye manufacturers institute)도 같게 된다.

> **아담스-니컬슨(Adams-Nickerson)의 색도공식**
> 육안으로 두 개의 서로 다른 색상을 가진 A, B가 무색으로부터 같은 정도로 색도가 있다고 판정되면, 이들의 색도값도 같게 된다. 이 방법은 백금-코발트 표준물질과 아주 다른 색상의 폐·하수에서 뿐만 아니라 표준물질과 비슷한 색상의 폐·하수에도 적용할 수 있다.

2) 기구 및 기기

- **여과장치** : 지름이 22mm 또는 47mm이고 공극이 0.45μm인 셀룰로오스 필터 또는 유리섬유 필터를 사용한다. 여과장치는 유리, 스테인레스강 또는 폴리테트라플루오로에틸렌(PTFE, polytetrafluoroethylene) 재질을 사용한다.

3) 시약 및 표준용액

- **색도 표준원액(500 CU)**
  1,000mL 부피플라스크에 적당량의 정제수를 넣고 염산 100mL를 넣은 다음, 육염화백금칼륨 1.246g과 염화코발트 6수화물 1g을 넣어 녹인다. 정제수를 채워 1L로 한다. 제조된 표준원액은 1개월 동안 보관 가능하다.

4) 분석방법

① 여과한 정제수를 10mm (250도 이하인 경우 50mm) 흡수셀에 담아 영점을 맞춘다.
② 미리 유리기구용 세제와 정제수로 잘 씻어준 10mm (250 이하인 경우 50mm) 흡수셀을 여과한 시료로 2회 씻어 준 다음 시료용액을 채운다.
③ 흡수셀의 표면을 깨끗이 닦은 다음, 정제수를 바탕시험액으로 하여 10분할법의 선정 파장의 각 파장(nm)에서 시료용액의 투과율(%)을 측정한다.
※ 간섭물질 : 적용 파장에서 콜로이드 물질 및 부유 물질의 존재로 빛이 흡수 혹은 분산되면서 일어난다.

5 수소이온농도

1) 측정원리 : 물속의 수소이온농도(pH)를 측정하는 방법으로, 기준전극과 비교전극으로 구성되어진 pH측정기를 사용하여 양전극간에 생성되는 기전력의 차를 이용하여 측정하는 방법이다.

① **적용범위** : 수온이 0℃ ~ 40℃인 지표수, 지하수, 폐수에 적용되며, 정량범위는 pH 0 ~ 14이다.

② **간섭물질**

㉠ 일반적으로 유리전극은 용액의 색도, 탁도, 콜로이드성 물질들, 산화 및 환원성 물질들 그리고 염도에 의해 간섭을 받지 않는다.
㉡ pH 10 이상에서 나트륨에 의해 오차가 발생할 수 있는데, 이는 "낮은 나트륨 오차 전극"을 사용하여 줄일 수 있다.
㉢ 기름층이나 작은 입자상이 전극을 피복하여 pH 측정을 방해할 수 있는데, 이 피복물을 부드럽게 문질러 닦아내거나 세척제로 닦아낸 후 증류수로 세척하여 부드러운 천으로 물기를 제거하여 사용한다. 염산(1 + 9)을 사용하여 피복물을 제거할 수 있다.
㉣ pH는 온도변화에 따라 영향을 받는다. 대부분의 pH 측정기는 자동으로 온도를 보정하나 데이터를 이용하여 수동으로 보정할 수 있다.

2) 기구 및 기기

① **pH 측정기** : pH 측정기는 보통 유리전극 및 비교전극으로 된 검출부와 검출된 pH를 표시하는 지시부로 되어 있다.
② **검출부** : 시료에 접하는 부분으로 유리전극 또는 안티몬전극과 비교전극으로 구성되어 있다. pH는 온도에 대한 영향이 매우 크므로, 야외에서 시료를 채취하여 실내에서 측정할 때에는 온도를 함께 측정할 수 있어야 한다.
※ 안티몬전극을 사용하는 경우에 정량범위는 pH 2 ~ 12이다.
③ **유리전극** : pH 측정기를 구성하는 유리전극으로서 수소이온의 농도가 감지되는 전극이다.

④ **비교전극** : 은-염화은과 칼로멜 전극이 주로 사용되며, 기준전극과 작용전극이 결합된 전극이 측정하기에 편리하다.
⑤ **지시부** : 비대칭 전위조절(영점조절) 및 온도보상용 꼭지로 구성되어 있고, 측정기의 운전상태, 측정결과, 교정값 등을 확인하고 기록할 수 있어야 한다.

3) 시약 및 표준용액

① **표준용액** (암기TIP) 옥 프 인 붕 탄 수)
- **옥**살산염 표준용액 (0.05M, pH 1.68)
- **프**탈산염 표준용액 (0.05M, pH 4.00)
- **인**산염 표준용액 (0.025M, pH 6.88)
- **붕**산염 표준용액 (0.01M, pH 9.22)
- **탄**산염 표준용액 (0.025M, pH 10.07)
- **수**산화칼슘 표준용액 (0.02M, 25℃ 포화용액, pH 12.63)

4) 분석절차

① 유리전극은 사용하기 수 시간 전에 정제수에 담가 두어야 하고, pH 측정기는 전원을 켠 다음 5분 이상 경과한 후에 사용한다.
② 유리전극을 정제수로 잘 씻은 후 여과지로 남아있는 물을 조심하여 닦아낸다. 온도보정을 할 수 있는 경우 pH 표준용액의 온도와 같게 맞추고 유리전극을 시료의 pH값에 가까운 표준용액에 담가 2분 지난 후 표준용액의 pH 값이 되도록 조절한다.
③ 두 pH 값을 조절할 경우에는 인산염 pH 표준용액과 시료의 pH 값에 가까운 pH 표준용액을 사용하여 조절한다.
④ 유리전극을 정제수로 잘 씻고 남아있는 물을 여과지 등으로 조심하여 닦아낸 다음 시료에 담가 측정값을 읽는다. 이때 온도를 함께 측정한다. 측정값이 0.1 이하의 pH 차이를 보일 때까지 반복 측정한다.
⑤ 시료는 유리전극이 충분히 잠기고 자석 교반기가 투명하게 보일 수 있을 정도로 사용한다. 만약 현장에서 pH를 측정할 경우에는 전극을 적절한 깊이에 직접 담가서 측정할 수도 있다.
⑥ 유리탄산을 함유한 시료의 경우에는 유리탄산을 제거한 후 pH를 측정한다.
⑦ pH 측정기의 구조 및 조작법은 제조회사에 따라 다르다. pH 11 이상의 시료는 오차가 크므로 알칼리용액에서 오차가 적은 특수전극을 사용한다.
⑧ 측정시료의 온도는 pH 표준용액의 온도와 동일해야 한다.

5) 계산

① pH 산출

$$\text{pH} = \log\frac{1}{[H^+]}$$

$$\text{pOH} = \log\frac{1}{[OH^-]}$$

$$\text{pH} = 14 - \text{pOH}, \qquad \text{pOH} = 14 - \text{pH}$$

$$[H^+] = 10^{-\text{pH}}, \qquad [OH^-] = 10^{-\text{pOH}}$$

- H^+ : 수소이온농도(mol/L)
- OH^- : 수산이온농도(mol/L)

② 중화적정식(희석적정식)

$$NV = N'V'$$

- N : 산의 노르말 농도(희석 시 강산, 강염기)
- V : 산의 부피(희석 시 강산, 강염기)
- N' : 염기의 노르말 농도(희석 시 약산, 약염기)
- V' : 염기의 부피(희석 시 약산, 약염기)

6 온도

1) 측정원리 : 물의 온도를 수은 막대 온도계 또는 서미스터를 사용하여 측정하는 방법이다.

① 용어정의

㉠ 담금
- **온담금** : 감온액주의 최상부까지를 측정하는 대상 시료에 담그는 것
- **76mm 담금** : 구상부 하단으로부터 76mm까지를 측정 대상 시료에 담그는 것

㉡ 담금선 : 측정하고자 하는 대상 시료에 담그는 부분을 표시하는 선

2) 기구 및 기기(최소 측정단위 0.1℃)

① 유리제 수은 막대 온도계
② 서미스터 온도계

3) 결과보고 : 측정결과는 소수점 첫째자리까지 표기한다.

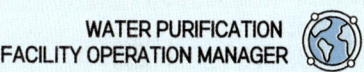

7 용존산소-적정법

1) **측정원리** : 물속에 존재하는 용존산소를 측정하기 위하여 시료에 황산망간과 알칼리성 요오드칼륨용액을 넣어 생기는 수산화제일망간이 시료 중의 용존산소에 의하여 산화되어 수산화제이망간으로 되고, 황산 산성에서 용존산소량에 대응하는 요오드를 유리한다. 유리된 요오드를 티오황산나트륨으로 적정하여 용존산소의 양을 정량하는 방법이다.

① **정량한계** : 0.1mg/L

② **간섭물질**
   ㉠ 시료가 착색되거나 현탁된 경우 정확한 측정을 할 수 없다.
   ㉡ 시료 중에 산·환원성 물질이 존재하면 측정을 방해받을 수 있다.
   ㉢ 시료에 미생물 플록(floc)이 형성된 경우 측정을 방해받을 수 있다.

③ **과포화 시료** : 물속에 용존된 산소의 양이 용존산소포화량보다 높은 농도를 갖는 시료를 말한다.

2) **분석절차**

① **전처리**
   ㉠ **시료의 착색·현탁된 경우** : 칼륨명반용액 10mL와 암모니아수 1~2mL 주입
   ㉡ **미생물 플럭(floc)이 형성된 경우** : 황산구리-설파민산 10mL 주입
   ㉢ **산화성 물질을 함유한 경우(잔류염소)** : 별도의 바탕시험을 시행하여 보정, 알칼리성 요오드화칼륨-아자이드화나트륨 용액 1mL와 황산 1mL와 황산망간용액 1mL를 넣는다.
   ㉣ **산화성 물질을 함유한 경우(Fe(Ⅲ))** : 황산을 첨가하기 전에 플루오린화칼륨 용액 1mL를 주입

② **분석방법**
   ㉠ 시료를 가득 채운 300mL BOD병에 황산망간용액 1mL, 알칼리성 요오드화칼륨-아자이드화나트륨용액 1mL 넣고 기포가 남지 않게 조심하여 마개를 닫고 병을 수회 회전하면서 섞는다.
   ㉡ 2분 이상 정치시킨 후에, 상층액이 맑지 않고 부유물이 있다면 다시 회전시켜 혼화한 다음 정치하여 완전히 침전시킨다.
   ㉢ 100mL 이상의 맑은 층이 생기면 마개를 열고 황산 2mL를 병목으로부터 넣는다. 갈색의 침전물이 생긴다.
   ㉣ 마개를 다시 닫고 갈색의 침전물이 완전히 용해할 때까지 병을 회전시킨다.
   ㉤ BOD병의 용액 200mL를 정확히 취하여 황색이 될 때까지 티오황산나트륨 용액(0.025N)으로 적정한 다음, 전분용액 1mL를 넣어 용액을 청색으로 만든다. 이후 다시 티오황산나트륨용액(0.025N)으로 용액이 청색에서 무색이 될 때까지 적정한다.

3) 결과보고

$$\text{용존산소(mg/L)} = a \times f \times \frac{V_1}{V_2} \times \frac{1,000}{V_1 - R} \times 0.2$$

- a : 적정에 소비된 티오황산나트륨용액(0.025N)의 양(mL)
- f : 티오황산나트륨(0.025N)의 인자(factor)
- V_1 : 전체 시료의 양(mL)
- V_2 : 적정에 사용한 시료의 양(mL)
- R : 황산망간 용액과 알칼리성 요오드화칼륨-아자이드화나트륨 용액 첨가량(mL)

8 용존산소-전극법

1) 측정원리
물속에 존재하는 용존산소를 측정하기 위하여 시료중의 용존산소가 격막을 통과하여 전극의 표면에서 산화, 환원반응을 일으키고 이때 산소의 농도에 비례하여 전류가 흐르게 되는데 이 전류량으로부터 용존산소량을 측정하는 방법이다.

① **정량한계** : 0.5mg/L

② 산화성 물질이 함유된 시료나 착색된 시료와 같이 윙클러-아자이드화 나트륨변법을 적용할 수 없는 폐하수의 용존산소 측정에 유용하게 사용할 수 있다.

③ **간섭물질** : 격막 필름은 가스를 선택적으로 통과시키지 못하므로 장시간 사용 시 황화수소(H_2S) 가스의 유입으로 감도가 낮아질 수 있다. 따라서 주기적으로 격막 교체와 기기보정이 필요하다.

2) 기기 및 기구

① **용존산소측정기** : 폴라로그래프 혹은 갈바닉 전극 및 이와 동등한 전극을 사용하여 용존 산소를 측정하고, 소숫점 첫째자리까지 표시할 수 있어야 한다.

② **자석 교반기** : 폴리테트라플루오로에틸렌(PTFE, polytetrafluoroethylene) 코팅이 된 자석교반기로 회전 속도가 조절 가능하며 일정하게 유지될 수 있어야 한다.

③ BOD병

3) 정확도
정확도는 수중의 용존산소를 윙클러 아자이드화나트륨변법으로 측정한 결과와 비교하여 산출한다. 4회 이상 측정하여 측정 평균값의 상대 백분율로서 나타내며 그 값이 95% ~ 105% 이내이어야 한다.

9 잔류염소-비색법(DPD, OT)

1) 측정원리 : 잔류염소를 측정하는 방법으로서 시료의 pH를 인산염완충용액으로 약산성으로 조절한 후 발색하여 잔류염소 표준비색표와 비교하여 측정한다. (적정농도범위 0.05 ~ 2.0mg/L)

① **정량한계** : 0.05mg/L

② **간섭물질**
  ㉠ 유리염소는 질소, 트라이클로라이드, 트라이클로라민, 클로린디옥사이드의 존재 하에서는 불가능
  ㉡ 구리에 의한 간섭은 구리 파이프 혹은 황산구리염 처리된 저장고에서 채취된 시료의 측정에서 발생할 수 있다. 이 경우, EDTA를 사용하여 제거
  ㉢ 2mg/L 이상의 크롬산은 종말점에서 간섭을 하는데 이때 염화바륨을 가하여 침전시켜 제거
  ㉣ 직사광선 또는 강렬한 빛에 의해 분해된다.

2) 정확도 및 정밀도

① **정확도** : 75~125% 이내

② **정밀도** : 측정값의 % 상대표준편차(RSD)로 계산하며 측정값이 30% 이내이어야 한다.

10 잔류염소-적정법(수질오염공정시험기준)

1) 측정원리 : 물속에 존재하는 잔류염소를 전류적정법으로 측정하는 방법이다.

① **정량한계** : 2mg/L

② **간섭물질**
  ㉠ 유리염소는 질소, 트라이클로라이드, 트라이클로라민, 클로린디옥사이드의 존재 하에서는 불가능
  ㉡ 구리에 의한 간섭은 구리 파이프 혹은 황산구리염 처리된 저장고에서 채취된 시료의 측정에서 발생할 수 있다. 전극 바깥 부분을 구리 도금한 것도 전극에 영향을 준다.
  ㉢ 시료의 강렬한 교반은 염소를 휘발시키기 때문에 측정값이 낮아질 수 있다.
  ㉣ 직사광선 또는 강렬한 빛에 의해 분해된다.

2) 분석절차

① **전처리** : 시료 적당량(잔류염소로서 0.4mg 이하 함유)을 취하여 200mL로 하여 삼각플라스크에 담는다.

시료가 200mL 인 경우 페닐아신 산화제(0.00564N)의 적정량(mL)과 잔류염소의 농도(mg/L)가 같기 때문이다.

② **분석방법**

　㉠ 적당한 비커에 시료 200mL를 담는다.
　㉡ 전류적정계와 교반기를 설치한다.
　㉢ 요오드화칼륨 용액 1mL를 넣는다.
　㉣ 아세테이트 완충용액 1mL를 넣는다.
　㉤ 페닐아신산화제용액(0.00564N)로 적정한다.
　㉥ 적정하게 됨에 따라 전류값이 떨어지게 된다. 전류값이 더 이상 내려가지 않으면 종말점으로 한다. 적정에 소모된 페닐아신 산화제의 농도로부터 잔류염소를 산출한다.

3) **결과보고**

$$잔류염소(mg/L) = \frac{A \times 200}{V}$$

- A : 적정에 사용된 페닐아신 산화제 총량(mL)
- V : 시료의 양(mL)

4) **정확도 및 정밀도**

① **정확도** : 75~125% 이내

② **정밀도** : 측정값의 % 상대표준편차(RSD)로 계산하며 측정값이 15% 이내이어야 한다.

⑪ 잔류염소-DPD 분광법

1) **측정원리** : 먹는물 중에 잔류염소를 측정하는 방법으로서 N,N-디에틸-p-페니렌디아민황산염(DPD)으로 발색하여 색소의 흡광도를 515nm 또는 기기에서 정해진 파장에서 측정하는 방법이다.

① **정량한계** : 0.02mg/L

② **간섭물질**

　㉠ 시료가 색이나 탁도를 띠면 처리 전의 시료를 사용하여 색을 보정한다.
　㉡ 구리는 잔류염소의 측정을 간섭하는데 10mg/L 이하로 존재하는 구리는 EDTA를 사용하여 제거할 수 있다.
　㉢ 2mg/L 이상의 크롬산은 종말점에서 간섭을 하는데 이때 염화바륨을 가하여 침전시켜 제거한다.

2) 분석절차

① **전처리** : 시료 적당량(잔류염소로서 0.4mg 이하 함유)을 취하여 200mL로 하여 삼각플라스크에 담는다. 시료가 200mL 인 경우 페닐아신 산화제(0.00564N)의 적정량(mL)과 잔류염소의 농도(mg/L)가 같기 때문이다.

② **분석방법**
  ㉠ 적당한 비커에 시료 200mL를 담는다.
  ㉡ 전류적정계와 교반기를 설치한다.
  ㉢ 요오드화칼륨 용액 1mL를 넣는다.
  ㉣ 아세테이트 완충용액 1mL를 넣는다.
  ㉤ 페닐아신산화제용액(0.00564N)로 적정한다.
  ㉥ 적정하게 됨에 따라 전류값이 떨어지게 된다. 전류값이 더 이상 내려가지 않으면 종말점으로 한다. 적정에 소모된 페닐아신 산화제의 농도로부터 잔류염소를 산출한다.

3) 결과보고

① DPD 시약을 넣고 측정한 값 : 유리잔류염소농도(mg/L)
② 위 측정한 용액에 요오드화칼륨을 넣어 측정한 값 : 총잔류염소농도(mg/L)
  • V : 시료의 양(mL)

4) 정확도 및 정밀도

① **정확도** : 75~125% 이내
② **정밀도** : 측정값의 % 상대표준편차(RSD)로 계산하며 측정값이 15% 이내이어야 한다.

> 💡 **잔류염소 용어정리**
> - **유리잔류염소** : 염소(Cl_2)가 물에 용해되어 생성하는 차아염소산(hypochlorous acid, HOCl)과 차아염소산이온(hypochlorite ion, OCl^-)을 의미하며 pH와 온도에 따라 그 비율이 달라진다.
> - **결합잔류염소** : 염소, 차아염소산 또는 차아염소산이온이 암모니아와 반응하여 생성한 모노클로라민, 디클로라민, 트리클로라민을 의미한다.
> - **총잔류염소** : 유리잔류염소와 결합잔류염소의 합을 의미한다.

12 전기전도도

1) **측정원리** : 전기전도도 측정계를 이용하여 물중의 전기전도도를 측정하는 방법이다. 측정결과는 정수로 표시한다.

   ① **간섭물질** : 전극의 표면이 부유물질, 그리스, 오일 등으로 오염될 경우, 전기전도도의 값이 영향을 받을 수 있다.

   ② **측정단위** : $\mu S/cm$ 또는 Ohm^{-1}

2) **시약 및 표준용액** : 염화칼륨용액(0.01M, 0.001M)

3) **정밀도** : 측정값의 % 상대표준편차(RSD)로 계산하며 측정값이 20% 이내이어야 한다.

4) **분석절차**

   ① 전기전도도 측정기기별 작동법에 따라 전원을 넣는다.
   ② 측정대상 시료를 사용하여 셀을 2회 ~ 3회 씻어준다.
   ③ 시료 중에 셀을 잠기게 하여 (25 ± 0.5)℃를 유지한 상태에서 전기전도도를 반복 측정하고 그 평균값을 취하여 다음 식에 따라 시료의 전기전도도값을 산출한다.

$$\text{전기전도도값}(\mu S/cm) = C \times L_x$$

- C : 셀 상수(cm^{-1})
- L_x : 측정한 전기전도도 값(μS)

13 탁도

1) **측정원리** : 탁도계를 이용하여 물의 흐림 정도를 측정하는 방법이다.

   ① **적용범위**

   ㉠ 이 시험기준은 먹는물, 샘물 및 염지하수의 탁도 측정에 적용한다.
   ㉡ 시료 중의 탁도의 정량한계는 0.02NTU이고, 정량범위는 0.02 ~ 400NTU이다.

   ② **간섭물질**

   ㉠ 파편과 입자가 큰 침전이 존재하는 시료를 빠르게 침전시킬 경우, 탁도값이 낮게 측정된다.
   ㉡ 시료 속의 거품은 빛을 산란시키고, 높은 측정값을 나타낸다. 따라서 시료 분취 시 거품 생성을 방지하고 시료를 셀의 벽을 따라 부어야 한다.
   ㉢ 물에 색깔이 있는 시료는 색이 빛을 흡수하기 때문에 잠재적으로 측정값이 낮게 분석된다.

③ **용어정의**

ⓐ **탁도단위** : NTU(빛을 산란시키는 정도를 대조군과 비교하여 나타낸 값으로 빛을 산란시키는 정도가 클수록 탁도가 높다.)

ⓑ **콜로이드** : 보통의 분자나 이온보다 크고 지름이 1nm ~ 100nm(0.001~0.1㎛) 정도의 미립자가 기체 또는 액체 중에 응집하거나 침전하지 않고 분산된 물질

ⓒ **산란** : 파동이나 빠른 속도의 입자선이 많은 분자, 원자, 미립자 등에 충돌하여 운동방향을 바꾸고 흩어지는 현상(탁도계 측정튜브 내의 투사광과 산란광의 총 통과거리는 10cm를 넘지 않아야 하며, 빛을 흡수하는 각도는 투사광에 대하여 90 ± 30°를 넘지 않아야 한다.)

2) 정확도 및 정밀도

① **정확도** : 첨가한 표준물질의 농도에 대한 측정 평균값의 상대 백분율로서 나타내며 그 값이 80% ~ 120% 이내이어야 한다.

② **정밀도** : 4회 이상 측정한 평균값과 상대표준편차를 구하여 산출하여 계산하며 측정값이 20% 이내이어야 한다.

14 투명도

1) 측정원리
투명도를 측정하기 위하여 지름 30cm의 투명도판(백색원판)을 사용하여 호소나 하천에 보이지 않는 깊이로 넣은 다음 이것을 천천히 끌어 올리면서 보이기 시작한 깊이를 0.1m 단위로 읽어 투명도를 측정하는 방법이다.

2) 분석기기 및 기구

① **투명도판**

투명도판(백색원판)은 지름이 30cm로 무게가 약 3kg이 되는 원판에 지름 5cm의 구멍 8개가 뚫려 있다.

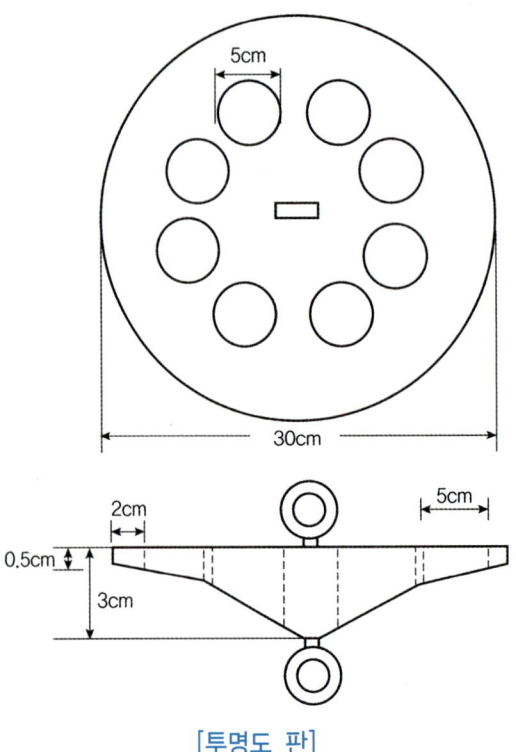

[투명도 판]

3) 분석절차

① 투명도판은 측정에 앞서 상판에 이물질이 없도록 깨끗하게 닦아 주고, 측정시간은 오전 10시에서 오후 4시 사이에 측정한다.
② 날씨가 맑고 수면이 잔잔할 때 측정하고, 직사광선을 피하여 배의 그늘 등에서 투명도판을 조용히 보이지 않는 깊이로 넣은 다음 천천히 끌어 올리면서 보이기 시작한 깊이를 반복해서 측정한다.

> 💡 **별도사항**
> - 투명도판의 색도차는 투명도에 미치는 영향이 적지만, 원판의 광 반사능도 투명도에 영향을 미치므로 표면이 더러울 때에는 다시 색칠하여야 한다.
> - 투명도는 일기, 시각, 개인차 등에 의하여 약간의 차이가 있을 수 있으므로 측정조건을 기록해 두어야 한다.
> - 흐름이 있어 줄이 기울어질 경우에는 2kg 정도의 추를 달아서 줄을 세워야 하고 줄은 10cm 간격으로 눈금표시가 되어 있어야 하며, 충분히 강도가 있는 것을 사용한다.
> - 강우시나 수면에 파도가 격렬하게 일 때는 정확한 투명도를 얻을 수 없으므로 측정하지 않는 것이 좋다.

기출문제로 다지기 — CHAPTER 02 일반시험법 및 정밀기기 측정법

01. 자외선/가시선 분광법에 관한 설명으로 옳은 것은?

① 시료물질의 용액에 적당한 시약을 넣어 발색시킨 용액의 흡광도를 측정하여 분석하는 방법
② 시료는 운반가스를 이용하여 크로마토 관대에 유입시켜 분리되는 각 성분의 크로마토그램을 이용하여 분석하는 방법
③ 시료를 아르곤플라스마에 도입하여 고에너지 상태의 원자가 저에너지 상태로 이동할 때 방출되는 발광선을 측정하여 분석하는 방법
④ 시료를 적당한 방법으로 해리시켜 중성원자로 증기화하여 생긴 원자 증기층을 투과하는 특유파장의 빛을 흡수하는 현상을 이용하여 분석하는 방법

02. Lambert-Beer의 법칙에서 입사광의 강도인 I_o의 단색광이 용액층을 통과하여 그 광의 75%가 흡수된 경우 흡광도는 약 얼마인가?

① 0.12 ② 0.24
③ 0.48 ④ 0.60

해설 식 $A = \log\left(\dfrac{1}{t}\right) = \log\left(\dfrac{1}{(1-0.75)}\right) = 0.60$

03. 수질오염공정시험기준상 음이온류 – 이온크로마토그래피법에 관한 설명으로 옳지 않은 것은?

① 시료를 0.2㎛ 막 여과지에 통과시켜 고체미립자를 제거한 후 음이온들을 분리한다.
② 이온크로마토그래프의 기본구성은 용리액조, 시료주입부, 펌프, 분리컬럼, 검출기 및 기록계로 되어 있다.
③ 일반적으로 음이온 분석에는 불꽃 이온화 검출기를 사용한다.
④ 미량의 시료를 사용하기 때문에 루프-밸브에 의한 주입방식이 많이 이용된다.

해설 일반적으로 음이온 분석에는 전기전도도검출기를 사용한다. (불꽃 이온화 검출기는 기체크로마토그래피법에서 사용된다.)

04. 먹는물수질공정시험기준상 포름알데히드를 기체크로마토그래피로 정량하고자 할 때 사용하는 검출기는?

① 질소인검출기(NPD) ② 전자포획검출기(ECD)
③ 열전도도검출기(TCD) ④ 불꽃이온화검출기(FID)

05. 먹는물수질공정시험기준상 염소소독부산물 – 기체크로마토그래피 분석에서 사용되는 검출기는?

① 열전도도검출기 ② 불꽃이온화검출기
③ 광학검출기   ④ 전자포획검출기

06. $Ca(OH)_2$가 0.5g/L 함유되어 있는 용액의 pH는 약 얼마인가? (단, $Ca(OH)_2$는 50% 해리하고, $Ca(OH)_2$ 분자량은 74g/mol이다.)

① 11.53 ② 11.83
③ 12.13 ④ 12.43

해설 식 pH=14−pOH

식 $pOH = \log\dfrac{1}{[OH^-]}$

정답 01. ① 02. ④ 03. ③ 04. ② 05. ④ 06. ②

반응식 $Ca(OH)_2 \rightarrow Ca + 2OH$

$$1 : 2 \times 0.5$$

$$\frac{0.5g}{L} \times \frac{1mol}{74g} : X$$

$$\therefore X = 6.7567 \times 10^{-3} M$$

$$pOH = \log \frac{1}{[6.7567 \times 10^{-3}]} = 2.17$$

$$\therefore pH = 14 - 2.17 = 11.83$$

- $[OH] = \dfrac{염기\ 당량 - 산\ 당량}{용액}$

$$= \frac{\left(\dfrac{0.02eq}{L} \times 0.105L\right) - \left(\dfrac{0.01eq}{L} \times 0.05L\right)}{(0.105 + 0.05)L}$$

$$= 0.0103N(=M)$$

(염기 용액의 당량이 더 크므로 염기에 산을 빼주어 반응 후의 노르말농도를 계산한다.)

$$\therefore pH = 14 - 1.9871 = 12.01$$

07. NaOH 0.4g을 물(pH=7)에 녹여 500mL 용액을 제조하였을 때 pH는 약 얼마인가?

① 10.8   ② 11.4
③ 12.0   ④ 12.3

해설 **식** $pH = 14 - pOH$

식 $pOH = \log \dfrac{1}{[OH^-]}$

반응식 $NaOH \rightleftarrows Na + OH$

$$1 : 1$$

$$\frac{0.4g}{0.5L} \times \frac{1mol}{40g} : X, \quad X = 0.02M$$

- $pOH = \log \dfrac{1}{[0.02]} = 1.70$

$\therefore pH = 14 - 1.7 = 12.3$

08. 0.01N – HCl 용액 50mL에 0.02N–NaOH 용액 105mL를 가한 혼합용액의 pH는 약 얼마인가? (단, 전리도는 100%를 기준으로 한다.)

① 11.5   ② 12.0
③ 12.5   ④ 13.0

해설 **식** $pH = 14 - pOH$

식 $pOH = \log \dfrac{1}{[OH^-]} = \log \dfrac{1}{[0.0103]} = 1.9871$

09. 먹는물수질공정시험기준상 수소이온농도–유리전극법에 관한 설명으로 옳은 것을 모두 고른 것은?

> ㄱ. 유리전극은 일반적으로 용액의 색도, 탁도, 콜로이드성 물질들, 산화 및 환원성 물질들 그리고 염도에 의해 간섭을 받지 않는다.
> ㄴ. 기름 층이나 작은 입자상이 전극을 피복하여 pH 측정에 전극이 방해를 받을 때에는 황산(1+9)용액을 사용하여 피복물을 제거할 수 있다.
> ㄷ. 유리전극은 사용하기 수 시간 전에 정제수에 담가 두어야 하고, pH 측정기는 전원을 켠 다음 5분 이상 경과한 후에 사용한다.
> ㄹ. 측정값이 0.1 이하의 pH 차이를 보일 때까지 반복 측정한다.

① ㄱ, ㄴ, ㄷ   ② ㄱ, ㄴ, ㄹ
③ ㄱ, ㄷ, ㄹ   ④ ㄴ, ㄷ, ㄹ

오답해설
ㄴ. 기름 층이나 작은 입자상이 전극을 피복하여 pH 측정에 전극이 방해를 받을 때에는 염산(1+9)용액을 사용하여 피복물을 제거할 수 있다.

정답 07. ④   08. ②   09. ③

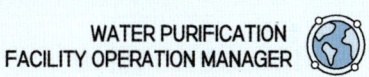

10. 수질오염공정시험기준상 수소이온농도 측정법에 관한 설명으로 옳지 않은 것은?

  ① 비교전극을 미리 시료수에 수 시간 담가 둔다.
  ② 측정된 pH가 안정되면 측정값을 기록한다.
  ③ 시료로부터 pH 전극을 꺼내어 세척한 다음 거름종이 등으로 가볍게 닦아내어 보관용액에 보관한다.
  ④ 측정결과는 소숫점 첫째 자리까지 표기한다.

  해설 유리전극을 미리 시료수에 수 시간 담가 둔다.

11. 먹는물 수질공정시험기준상 수소이온농도를 유리전극법에 따라 측정할 경우에 간섭물질에 관한 설명으로 옳지 않은 것은?

  ① 용액의 색도, 탁도, 콜로이드성 물질들, 산화 및 환원성물질에 의해 간섭을 받는다.
  ② 기름 층이 전극을 피복하여 pH 측정을 방해할 수 있다.
  ③ pH는 온도변화에 따라 영향을 받는다.
  ④ pH 10 이상에서 나트륨에 의해 오차가 발생할 수 있다.

  해설 일반적으로 유리전극은 용액의 색도, 탁도, 콜로이드성 물질들, 산화 및 환원성 물질들 그리고 염도에 의해 간섭을 받지 않는다.

12. pH가 5인 용액과 pH가 7인 용액을 같은 양으로 혼합하면 pH는 약 얼마인가? (단, 평형상태이며 다른 이온의 영향은 없다.)

  ① 5.3   ② 5.7
  ③ 6.0   ④ 6.3

해설 식 $pH = \log \dfrac{1}{[H^+]}$, $[H^+] = 10^{-pH}$

식 $C_m = \dfrac{C_1 Q_1 + C_2 Q_2}{Q_1 + Q_2}$

식 · $C_1 = 10^{-5}M$ · $C_2 = 10^{-7}M$

$C_m = \dfrac{10^{-5} \times 1 + 10^{-7} \times 1}{1+1} = 5.05 \times 10^{-6} M$

∴ $pH = \log \dfrac{1}{[5.05 \times 10^{-6}]} = 5.30$

13. 수질시험방법상 적정법으로 측정할 수 없는 수질항목은?

  ① SS   ② DO
  ③ BOD   ④ COD

14. 먹는물수질공정시험기준상 탁도 측정에 관한 설명으로 옳은 것은?

  ① 시료 중에 탁도의 정량한계는 0.005NTU이고, 정량범위는 0.005 ~ 100NTU이다.
  ② 정밀도는 4회 이상 측정한 평균값과 상대표준편차(RSD)를 구하여 산출한다.
  ③ 시료의 색상은 탁도에 영향을 미치지 않는다.
  ④ NTU는 빛을 산란시키는 정도를 대조군과 비교하여 나타낸 값으로 빛을 산란시키는 정도가 클수록 탁도가 낮다.

  오답해설
  ① 시료 중에 탁도의 정량한계는 0.02NTU이고, 정량범위는 0.02 ~ 400NTU이다.
  ③ 물에 색깔이 있는 시료는 색이 빛을 흡수하기 때문에 잠재적으로 측정값이 낮게 분석된다.
  ④ NTU는 빛을 산란시키는 정도를 대조군과 비교하여 나타낸 값으로 빛을 산란시키는 정도가 클수록 탁도가 높다.

정답 10. ① 11. ① 12. ① 13. ① 14. ②

15. 다음에서 설명하고 있는 것은?

> 황산하이드라진용액 5.0mL와 헥사메틸렌테트라아민 용액 5.0mL를 섞어 실온에서 24시간 방치한 다음 정제수를 넣어 100mL로 한 것을 표준원액이라 하며, 이 표준원액을 잘 섞으면서 1.0mL를 정확히 취하여 정제수로 10배 희석한 것

① 탁도 표준용액 ② 카드뮴 표준용액
③ 카바릴 표준용액 ④ 철 표준용액

16. 수질오염공정시험기준상 탁도계에 관한 설명이다. ( )에 들어갈 내용을 순서대로 나열한 것은?

> 광원부와 광전자식 검출기를 갖추고 있으며 검출한계가 (㉠) NTU 이상인 탁도계로서 광원인 텅스텐필라멘트는 2,200 ~ 3,000K 온도에서 작동하고 측정튜브내의 투사광과 산란광의 총 통과거리는 (㉡)cm를 넘지 않아야 하며, 검출기에 의해 빛을 흡수하는 각도는 투사광에 대하여 90±30°를 넘지 않아야 한다.

① ㉠ : 0.02, ㉡ : 5
② ㉠ : 0.02, ㉡ : 10
③ ㉠ : 0.05, ㉡ : 5
④ ㉠ : 0.05, ㉡ : 10

17. 수질오염공정시험기준상 투명도 측정방법에 관한 설명으로 옳지 않은 것은?

① 측정시간은 오전 10시에서 오후 4시 사이에 측정한다.
② 날씨가 맑고 수면이 잔잔할 때 측정한다.
③ 지표수중 호소수 또는 유속이 작은 하천에 적용할 수 있다.
④ 투명판을 천천히 끌어 올리면서 보이기 시작한 깊이를 0.5m 단위로 읽어 측정한다.

해설 투명판을 천천히 끌어 올리면서 보이기 시작한 깊이를 0.1m 단위로 읽어 측정한다.

18. 먹는물수질공정시험기준상 냄새의 시험 방법에 관한 설명으로 옳은 것을 모두 고른 것은?

> ㄱ. 시료를 삼각플라스크에 넣고 상온에서 세게 흔들어 섞은 후 마개를 열면서 냄새를 맡아서 판단한다.
> ㄴ. 측정자간 개인차가 심하므로 냄새가 있을 경우 5명 이상의 시험자가 측정하는 것이 바람직하다.
> ㄷ. 이 시험방법에 의해 판단할 때 염소 냄새는 제외한다.
> ㄹ. 냄새를 측정하는 사람과 시료를 준비하는 사람은 다른 사람이어야 한다.
> ㅁ. 유리기구류는 세척하여 사용하고, 플라스틱 마개를 사용하여야 한다.

① ㄱ, ㄴ, ㄷ ② ㄱ, ㄹ, ㅁ
③ ㄴ, ㄷ, ㄹ ④ ㄴ, ㄹ, ㅁ

오답해설
ㄱ. 시료를 삼각플라스크에 넣고 40 ~ 50℃에서 세게 흔들어 섞은 후 마개를 열면서 냄새를 맡아서 판단한다.
ㅁ. 유리기구류는 세척하여 사용하고, 고무 또는 플라스틱 마개는 사용하지 않는다.

정답 15. ① 16. ② 17. ④ 18. ③

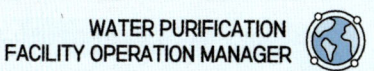

19. 먹는물수질공정시험기준상 냄새에 관한 설명으로 옳은 것은?

① 시험온도인 40℃ 미만까지 가열한다.
② 측정하는 사람은 냄새에 민감한 사람이 적절하다.
③ 잔류염소에 의한 영향을 제거하기 위하여 탄산수소나트륨을 사용한다.
④ 냄새역치(TON)는 사용한 시료의 부피와 냄새 없는 희석수의 부피를 사용하여 계산한다.

해설 ④항만 올바르다.
오답해설
① 시험온도인 40~50℃ 까지 가열한다.
② 후각기관에 이상이 없는 측정자를 선정한다.
③ 잔류염소에 의한 영향을 제거하기 위하여 티오황산나트륨(싸이오황산소듐)을 사용한다.

20. 먹는물수질공정시험기준상 맛 측정방법에 관한 설명으로 옳은 것은?

① 측정자간 개인차가 심하므로 5명 이상의 시험자가 바람직하나 최소한 3명이 필요하다.
② 판단할 때 경도 맛은 제외한다.
③ 시료 200mL를 비커에 넣고 온도를 25℃ ~ 30℃로 높인다.
④ 결과보고는 맛을 측정하여 '있음', '없음'으로 구분한다.

해설 ① 측정자간 개인차가 심하므로 5명 이상의 시험자가 바람직하나 최소한 2명이 필요하다.
② 판단할 때 염소 맛은 제외한다.
③ 시료 200mL를 비커에 넣고 온도를 40℃ ~ 50℃로 높인다.

21. 수질오염공정시험기준상 염소이온과 잔류염소에 공통으로 사용할 수 있는 측정법은?

① 적정법
② 이온크로마토그래피법
③ 이온전극법
④ 비색법

해설 잔류염소 : 적정법, 비색법
염소이온 : 이온전극법, 적정법

22. 수질오염공정시험기준상 용존산소 - 적정법에서 티오황산나트륨용액(0.025M)으로 최종적정할 때 종말점의 색은?

① 갈색
② 황색
③ 무색
④ 청색

해설 용존산소 - 적정법의 종말점 색깔 : 청색 → 무색

23. 먹는물수질공정시험기준상 일반항목에 관한 설명으로 옳은 것을 모두 고른 것은?

> ㉠ 맛 측정은 5명 이상의 시험자가 바람직하나 최소한 2명이 필요하다.
> ㉡ pH 측정 시 유리탄산을 함유한 경우에는 유리탄산을 제거한 후 측정한다.
> ㉢ 색도 측정 시 탁도물질은 제거하여야 한다.
> ㉣ 시료가 색을 띠는 경우 탁도가 높아진다.

① ㉠, ㉡
② ㉢, ㉣
③ ㉠, ㉡, ㉢
④ ㉠, ㉡, ㉢, ㉣

해설 ㉣ 시료가 색을 띠는 경우 색이 빛을 흡수하여 탁도값이 낮아진다.

정답 19. ④ 20. ④ 21. ① 22. ③ 23. ③

03 CHAPTER 수질항목별 측정법

UNIT 01 수질시험 항목별 측정법

01 금속류

1 구리

1) 원자흡수분광광도법

물속에 존재하는 구리를 측정하는 방법으로, 시료를 산분해법, 용매추출법으로 전처리 후 시료를 직접 불꽃으로 주입하여 원자화한 후 원자흡수분광광도법에 따라 측정하는 방법 (정량한계 : 0.008mg/L)

2) 자외선/가시선 분광법

① 측정원리 : 물속에 존재하는 구리이온이 알칼리성에서 다이에틸다이티오카르바민산나트륨과 반응하여 생성하는 황갈색의 킬레이트 화합물을 아세트산부틸로 추출하여 흡광도를 440nm에서 측정하는 방법이다.
- 정량한계 : 0.01mg/L

암기TIP 구리 황가 아부 사살

3) 유도결합플라스마-원자발광분광법 : 물속에 존재하는 구리를 측정하는 방법으로, 시료를 산분해법, 용매추출법으로 전처리 후 시료를 플라스마에 주입하여 방출하는 발광선 및 발광강도를 측정하는 방법이다. (정량한계 : 0.006mg/L)

4) 유도결합플라스마-질량분석법 : 물속에 존재하는 구리의 분석방법으로, 시료를 산분해법, 용매추출법으로 전처리 후 시료를 고온 플라스마에 분사시켜 이온화된 원소를 진공상태에서 질량 대 전하비(m/z)에 따라 분리하는 방법이다. (정량한계 : 0.002mg/L)

2 납

1) **원자흡수분광광도법** : 물속에 존재하는 납을 측정하는 방법으로, 시료를 산분해법, 용매추출법으로 전처리 후 시료를 직접 불꽃으로 주입하여 원자화한 후 원자흡수분광광도법에 따라 측정하는 것이다. (정량한계 : 0.04mg/L)

2) **자외선/가시선 분광법** : 시험기준은 물속에 존재하는 납 이온이 시안화칼륨 공존 하에 알칼리성에서 디티존과 반응하여 생성하는 납 디티존착염을 사염화탄소로 추출하고 과잉의 디티존을 시안화칼륨 용액으로 씻은 다음 납착염의 흡광도를 520nm에서 측정하는 방법이다. (정량한계 : 0.004mg/L)
   `암기TIP` 납 디러워 씻구 오인나

3) **유도결합플라스마-원자발광분광법** : 물속에 존재하는 납을 측정하는 방법으로, 시료를 산분해법, 용매추출법으로 전처리 후 시료를 플라스마에 주입하여 방출하는 발광선 및 발광강도를 측정하는 방법이다. (정량한계 : 0.04mg/L)

4) **유도결합플라스마-질량분석법** : 물속에 존재하는 납의 분석방법으로, 시료를 산분해법, 용매추출법으로 전처리 후 시료를 고온 플라스마에 분사시켜 이온화된 원소를 진공상태에서 질량 대 전하비(m/z)에 따라 분리하는 방법이다. (정량한계 : 0.002mg/L)

5) **양극벗김전압전류법** : 물속에 존재하는 납을 측정하는 방법으로, 자유이온화된 납을 유리탄소전극(GCE, glassy carbon electrode)에 수은막(mercury film)을 입힌 전극에 의한 은/염화은 전극에 대해 -1,000mv 전위차에서 작용전극에 농축시킨 다음 이를 양극벗김전압전류법으로 분석하는 방법이다. (정량한계 : 0.0001mg/L)

3 니켈

1) **원자흡수분광광도법** : 물속에 존재하는 니켈을 측정하는 방법으로, 시료를 산분해법, 용매추출법으로 전처리 후 시료를 직접 불꽃으로 주입하여 원자화한 후 원자흡수분광광도법에 따라 측정하는 방법이다. (정량한계 : 0.01mg/L)

2) **자외선/가시선 분광법** : 물속에 존재하는 니켈이온을 암모니아의 약 알칼리성에서 다이메틸글리옥심과 반응시켜 생성한 니켈착염을 클로로폼으로 추출하고 이것을 묽은 염산으로 역추출한다. 추출물에 브롬과 암모니아수를 넣어 니켈을 산화시키고 다시 암모니아 알칼리성에서 다이메틸글리옥심과 반응시켜 생성한 적갈색 니켈착염의 흡광도 450nm에서 측정하는 방법이다. (정량한계 : 0.008mg/L)
   `암기TIP` 니 옥심적갈 사온나

3) **유도결합플라스마-원자발광분광법** : 물속에 존재하는 니켈을 측정하는 방법으로, 시료를 산분해법, 용매추출법으로 전처리 후 시료를 플라스마에 주입하여 방출하는 발광선 및 발광강도를 측정하는 방법이다. (정량한계 : 0.015mg/L)

4) **유도결합플라스마-질량분석법** : 물속에 존재하는 니켈을 측정하는 방법으로, 시료를 산분해법, 용매추출법으로 전처리 후 시료를 고온 플라스마에 분사시켜 이온화된 원소를 진공상태에서 질량 대 전하비(m/z)에 따라 분리하는 방법이다. (정량한계 : 0.002mg/L)

4 망간

1) **원자흡수분광광도법** : 물속에 존재하는 망간을 측정하는 방법으로, 시료를 산분해법, 용매추출법으로 전처리 후 시료를 직접 불꽃으로 주입하여 원자화한 후 원자흡수분광광도법에 따라 측정하는 방법이다. (정량한계 : 0.005mg/L)

2) **자외선/가시선 분광법** : 물속에 존재하는 망간이온을 황산산성에서 과요오드산칼륨으로 산화하여 생성된 과망간산 이온의 흡광도를 525nm에서 측정하는 방법이다. (정량한계 : 0.2mg/L)

   [암기TIP] 망과요거트 525원

3) **유도결합플라스마-원자발광분광법** : 물속에 존재하는 망간을 측정하는 방법으로, 시료를 산분해법, 용매추출법으로 전처리 후 시료를 플라스마에 주입하여 방출하는 발광선 및 발광강도를 측정하는 방법 (정량한계 : 0.002mg/L)

4) **유도결합플라스마-질량분석법** : 물속에 존재하는 망간을 측정하는 방법으로, 시료를 산분해법, 용매추출법으로 전처리 후 시료를 고온 플라스마에 분사시켜 이온화된 원소를 진공상태에서 질량 대 전하비(m/z)에 따라 분리하는 방법이다. (정량한계 : 0.0005mg/L)

5 바륨

1) **원자흡수분광광도법** : 물속에 존재하는 바륨을 측정하는 방법으로, 시료를 산분해법, 용매추출법으로 전처리 후 시료를 직접 불꽃으로 주입하여 원자화한 후 원자흡수분광광도법에 따라 측정하는 것이다. (정량한계 : 0.1mg/L)

2) **유도결합플라스마-원자발광분광법** : 물속에 존재하는 바륨을 측정하는 방법으로, 시료를 산분해법, 용매추출법으로 전처리 후 시료를 플라스마에 주입하여 방출하는 발광선 및 발광강도를 측정하는 방법이다. (정량한계 : 0.003mg/L)

3) **유도결합플라스마-질량분석법** : 물속에 존재하는 바륨을 측정하는 방법으로, 시료를 산분해법, 용매추출법으로 전처리 후 시료를 고온 플라스마에 분사시켜 이온화된 원소를 진공상태에서 질량 대 전하비(m/z)에 따라 분리하는 방법이다. (정량한계 : 0.003mg/L)

6 비소

1) 수소화물생성-원자흡수분광광도법

① 물속에 존재하는 비소를 측정하는 방법으로 아연 또는 나트륨붕소수화물($NaBH_4$)을 넣어 수소화 비소로 포집하여 아르곤(또는 질소)-수소 불꽃에서 원자화시켜 193.7nm에서 흡광도를 측정하고 비소를 정량하는 방법이다. (정량한계 : 0.005mg/L)

② **간섭물질** : 높은 농도의 크롬, 코발트, 구리, 수은, 몰리브덴, 은 및 니켈은 비소 분석을 방해한다.

2) 자외선/가시선 분광법

① **측정원리** : 물속에 존재하는 비소를 측정하는 방법으로, 3가 비소로 환원시킨 다음 아연을 넣어 발생되는 수소화비소를 다이에틸다이티오카바민산은(Ag-DDTC)의 피리딘 용액에 흡수시켜 생성된 적자색 착화합물을 530nm에서 흡광도를 측정하는 방법이다.

- **정량한계** : 0.005mg/L

  [암기TIP] 비오니 DDTC 적자 오삼

② **간섭물질**
   ㉠ 안티몬 또한 이 시험 조건에서 스티빈(stibine, SbH_3)으로 환원되고 흡수용액과 반응하여 510nm에서 최대 흡광도를 갖는 붉은 색의 착화합물을 형성한다. 안티몬이 고농도의 경우에는 이 방법을 사용하지 않는 것이 좋다.
   ㉡ 높은 농도(>5mg/L)의 크롬, 코발트, 구리, 수은, 몰리브덴, 은 및 니켈은 비소 정량을 방해한다.
   ㉢ 황화수소(H_2S) 기체는 비소 정량에 방해하므로 아세트산납을 사용하여 제거하여야 한다.

③ **유도결합플라스마-원자발광분광법** : 물속에 존재하는 비소를 측정하는 방법으로, 시료를 산분해법, 용매추출법으로 전처리 후 시료를 플라스마에 주입하여 방출하는 발광선 및 발광강도를 측정하는 방법이다. (정량한계 : 0.005mg/L)

④ **유도결합플라스마-질량분석법** : 물속에 존재하는 비소를 측정하는 방법으로, 시료를 산분해법, 용매추출법으로 전처리 후 시료를 고온 플라스마에 분사시켜 이온화된 원소를 진공상태에서 질량 대 전하비(m/z)에 따라 분리하는 방법이다. (정량한계 : 0.005mg/L)

⑤ **양극벗김전압전류법** : 물속에 존재하는 비소를 측정하는 방법으로, 시료를 산성화시킨 후 자유이온화된 비소를 금전극(SGE, solid gold electrode)의 전극에 의한 은/염화은 전극에 대해 −1,600mv 전위차에서 작용전극에 농축시킨 다음 이를 양극벗김전압전류법으로 분석하는 방법이다. (정량한계 : 0.005mg/L)

7 셀레늄

1) **수소화물생성-원자흡수분광광도법** : 물속에 존재하는 셀레늄을 측정하는 방법으로, 나트륨붕소수화물($NaBH_4$)을 넣어 수소화 셀레늄으로 포집하여 아르곤(또는 질소)-수소 불꽃에서 원자화시켜 196.0nm에서 흡광도를 측정하고 셀레늄을 정량하는 방법이다. (정량한계 : 0.005mg/L)

2) **유도결합플라스마-질량분석법** : 물속에 존재하는 셀레늄을 측정하는 방법으로, 시료를 산분해법, 용매추출법으로 전처리 후 시료를 고온 플라스마에 분사시켜 이온화된 원소를 진공상태에서 질량 대 전하비(m/z)에 따라 분리하는 방법이다. (정량한계 : 0.03mg/L)

8 수은

1) **냉증기-원자흡수분광광도법** : 물속에 존재하는 수은을 측정하는 방법으로, 시료에 이염화주석($SnCl_2$)을 넣어 금속수은으로 산화시킨 후, 이 용액에 통기하여 발생하는 수은증기를 원자흡수분광광도법으로 253.7nm의 파장에서 측정하여 정량하는 방법이다. (정량한계 : 0.0005mg/L)

2) **자외선/가시선 분광법** : 물속에 존재하는 수은을 정량하기 위하여 사용한다. 수은을 황산 산성에서 디티존사염화탄소로 일차추출하고 브롬화칼륨 존재하에 황산산성에서 역추출하여 방해성분과 분리한 다음 인산-탄산염 완충용액 존재하에서 디티존·사염화탄소로 수은을 추출하여 490nm에서 흡광도를 측정하는 방법이다. (정량한계 : 0.003mg/L)

3) **양극벗김전압전류법** : 물속에 존재하는 수은의 측정방법으로, 시료를 산성화시킨 후 자유이온화 된 수은을 유리탄소전극(GCE, glassy carbon electrode)에 금막(gold metal film) 입힌 전극에 의한 은/염화은 전극에 대해 −200mV 전위차에서 작용전극에 농축시킨 다음 이를 양극벗김전압전류법으로 분석하는 방법이다. (정량한계 : 0.0001mg/L)

4) **냉증기-원자형광법** : 물속에 존재하는 저농도의 수은(0.0002mg/L 이하)을 정량하기 위하여 사용한다. 시료에 이염화주석($SnCl_2$)을 넣어 금속 수은으로 산화시킨 후 이 용액에 통기하여 발생하는 수은증기를 원자형광광도법으로 253.7nm의 파장에서 측정하여 정량하는 방법이다. (정량한계 : 0.0005μg/L)

9 아연

1) **원자흡수분광광도법** : 물속에 존재하는 아연을 측정하는 방법으로, 시료를 산분해법, 용매추출법으로 전처리 후 원자흡수분광광도법에 따라 측정하는 것이다. (정량한계 : 0.002mg/L)

2) **자외선/가시선 분광법** : 물속에 존재하는 아연을 측정하기 위하여 아연이온이 pH 약 9에서 진콘과 반응하여 생성하는 청색 킬레이트 화합물의 흡광도를 620nm에서 측정하는 방법이다. (정량한계 : 0.01mg/L)
   [암기TIP] 아 구 찐청 육있네

3) **유도결합플라스마-원자발광분광법** : 물속에 존재하는 아연을 측정하는 방법으로, 시료를 산분해법, 용매추출법으로 전처리 후 시료를 플라스마에 주입하여 방출하는 발광선 및 발광강도를 측정하는 방법이다. (정량한계 : 0.002mg/L)

4) **유도결합플라스마-질량분석법** : 물속에 존재하는 아연의 분석방법으로, 시료를 산분해법, 용매추출법으로 전처리 후 시료를 고온 플라스마에 분사시켜 이온화된 원소를 진공상태에서 질량 대 전하비(m/z)에 따라 분리하는 방법이다. (정량한계 : 0.006mg/L)

5) **양극벗김전압전류법** : 물속에 존재하는 아연을 측정하는 방법으로, 시료를 산성화시킨 후 자유이온화된 아연을 유리탄소전극(GCE, glassy carbon electrode)에 수은막(mercury film)을 입힌 전극에 의한 은/염화은 전극에 대해 -1,300mV 전위차에서 작용전극에 농축시킨 다음 이를 양극벗김전압전류법으로 분석하는 방법이다. (정량한계 : 0.0001mg/L)

10 안티몬

1) **유도결합플라스마-원자발광분광법** : 물속에 존재하는 안티몬을 측정하는 방법으로, 시료를 산분해법, 용매추출법으로 전처리 후 시료를 플라스마에 주입하여 방출하는 발광선 및 발광강도를 측정하는 방법이다. (정량한계 : 0.02mg/L)

2) **유도결합플라스마-질량분석법** : 물속에 존재하는 안티몬의 분석방법으로, 시료를 산분해법, 용매추출법으로 전처리 후 시료를 고온 플라스마에 분사시켜 이온화된 원소를 진공상태에서 질량 대 전하비(m/z)에 따라 분리하는 방법이다. (정량한계 : 0.0004mg/L)

⓫ 철

1) **원자흡수분광광도법** : 물속에 존재하는 철을 측정하는 방법으로, 시료를 산분해법, 용매추출법으로 전처리 후 시료를 직접 불꽃으로 주입하여 원자화한 후 원자흡수분광광도법에 따라 측정하는 방법이다. (정량한계 : 0.03mg/L)

2) **자외선/가시선 분광법** : 물속에 존재하는 철 이온을 수산화제이철로 침전분리하고 염산하이드록실아민으로 제일철로 환원한 다음, o-페난트로린을 넣어 약산성에서 나타나는 등적색 철착염의 흡광도를 510nm에서 측정하는 방법이다. (정량한계 : 0.08mg/L)

   [암기TIP] 철 오 등에 적색오일

3) **유도결합플라스마-원자발광분광법** : 물속에 존재하는 철을 측정하는 방법으로, 시료를 산분해법, 용매추출법으로 전처리 후 시료를 플라스마에 주입하여 방출하는 발광선 및 발광강도를 측정하는 방법이다. (정량한계 : 0.007mg/L)

⓬ 카드뮴

1) **원자흡수분광광도법** : 물속에 존재하는 카드뮴을 측정하는 방법으로, 시료를 산분해법, 용매추출법으로 전처리 후 시료를 직접 불꽃으로 주입하여 원자화한 후 원자흡수분광광도법에 따라 측정하는 것이다. (정량한계 : 0.002mg/L)

2) **자외선/가시선 분광법** : 물속에 존재하는 카드뮴이온을 시안화칼륨이 존재하는 알칼리성에서 디티존과 반응시켜 생성하는 카드뮴착염을 사염화탄소로 추출하고, 추출한 카드뮴 착염을 타타르산용액으로 역추출한 다음 다시 수산화나트륨과 시안화칼륨을 넣어 디티존과 반응하여 생성하는 적색의 카드뮴착염을 사염화탄소로 추출하고 그 흡광도를 530nm에서 측정하는 방법이다. (정량한계 : 0.004mg/L)

   [암기TIP] 카드뮴 디러워 타타 오삼

3) **유도결합플라스마-원자발광분광법** : 물속에 존재하는 카드뮴을 측정하는 방법으로, 시료를 산분해법, 용매추출법으로 전처리 후 시료를 플라스마에 주입하여 방출하는 발광선 및 발광강도를 측정하는 방법이다. (정량한계 : 0.004mg/L)

4) **유도결합플라스마-질량분석법** : 물속에 존재하는 카드뮴을 측정하는 방법으로, 시료를 산분해법, 용매추출법으로 전처리 후 시료를 고온 플라스마에 분사시켜 이온화된 원소를 진공상태에서 질량 대 전하비(m/z)에 따라 분리하는 방법이다. (정량한계 : 0.002mg/L)

13 크롬

1) 원자흡수분광광도법 : 물속에 존재하는 크롬을 측정하는 방법으로, 시료를 산분해하거나 용매추출하여 시료를 직접 불꽃으로 주입하여 원자흡수분광광도계로 분석하는 방법이다. 측정파장 357.9nm (정량한계 : 0.01mg/L(산처리법), 0.001mg/L(용매추출법))

2) 자외선/가시선 분광법

① **측정원리** : 물속에 존재하는 크롬을 자외선/가시선 분광법으로 측정하는 것으로, 3가 크롬은 과망간산칼륨을 첨가하여 6가 크롬으로 산화시킨 후, 산성 용액에서 다이페닐카바자이드와 반응하여 생성하는 적자색 착화합물의 흡광도를 540nm에서 측정한다. (정량한계 : 0.04mg/L) 〖암기TIP〗 크롬 유가상승 폐차 적자 540만원

② **간섭물질** : 몰리브덴(Mo), 수은(Hg), 바나듐(V), 철(Fe), 구리(Cu) 이온이 과량 함유되어 있을 경우, 방해 영향이 나타날 수 있다.

3) 유도결합플라스마-원자발광분광법 : 물속에 존재하는 크롬을 측정하는 방법으로, 시료를 산분해법, 용매추출법으로 전처리 후 시료를 플라스마에 주입하여 방출하는 발광선 및 발광강도를 측정하는 방법이다. (정량한계 : 0.007mg/L)

4) 유도결합플라스마-질량분석법 : 물속에 존재하는 크롬을 측정하는 방법으로, 시료를 산분해법, 용매추출법으로 전처리 후 시료를 고온 플라스마에 분사시켜 이온화된 원소를 진공상태에서 질량 대 전하비(m/z)에 따라 분리하는 방법이다. (정량한계 : 0.0002mg/L)

14 6가 크롬

1) 원자흡수분광광도법 : 물속에 존재하는 6가 크롬을 원자흡수분광광도법으로 정량하는 방법이다. 6가 크롬을 피로리딘 디티오카르바민산 착물로 만들어 메틸아이소부틸케톤으로 추출한 다음 원자흡수분광광도계로 흡광도를 측정하여 6가 크롬의 농도를 구하는 것이 목적이다. 최종 분석시료는 불꽃에 분무하여 원자화되는 크롬 원소가 그 원자증기층을 투과하는 빛을 흡수하는 흡수 정도를 시료에 포함된 크롬의 농도로 환산한다. (정량한계 : 0.01mg/L)

- **간섭물질** : 폐수에 반응성이 큰 다른 금속 이온이 존재할 경우 방해 영향이 크므로, 이 경우는 황산나트륨 1%를 첨가하여 측정한다. 일반적으로 표층수에 존재하는 원소의 방해 영향은 무시할 수 있다.

2) 자외선/가시선 분광법 : 물속에 존재하는 6가 크롬을 자외선/가시선 분광법으로 측정하는 것으로, 산성 용액에서 다이페닐카바자이드와 반응하여 생성하는 적자색 착화합물의 흡광도를 540nm에서 측정한다. (정량한계 : 0.01mg/L)

- **간섭물질** : 몰리브덴(Mo), 수은(Hg), 바나듐(V), 철(Fe), 구리(Cu) 이온이 과량 함유되어 있을 경우 방해 영향이 나타날 수 있다.

3) **유도결합플라스마-원자발광분광법** : 물속에 존재하는 6가 크롬을 측정하는 방법으로, 시료를 산분해법, 용매추출법으로 전처리 후 시료를 플라즈마에 주입하여 방출하는 발광선 및 발광강도를 측정하는 방법이다. (정량한계 : 0.01mg/L)

⑮ 알킬수은

1) **기체크로마토그래피** : 물속에 존재하는 알킬수은 화합물을 기체크로마토그래피에 따라 정량하는 방법이다. 알킬수은화합물을 벤젠으로 추출하여 L-시스테인용액에 선택적으로 역추출하고 다시 벤젠으로 추출하여 기체크로마토그래프로 측정하는 방법이다. (정량한계 : 0.0005mg/L)

① **컬럼** : 안지름 3mm, 길이 40cm ~ 150cm의 모세관 컬럼이나 이와 동등한 분리능을 가지고 대상 분석 물질의 분리가 양호한 것을 택하여 시험한다.

② **운반기체** : 순도 99.999% 이상의 질소 또는 헬륨으로서 유속은 30mL/min ~ 80mL/min, 시료주입부 온도는 140℃ ~ 240℃, 컬럼온도는 130℃ ~ 180℃로 사용한다.

③ **검출기** : 전자포획형 검출기(ECD, electron capture detector)를 사용하고, 검출기의 온도는 140℃ ~ 200℃로 한다.

2) **원자흡수분광광도법** : 물속에 존재하는 알킬수은화합물을 벤젠으로 추출하고 알루미나 컬럼으로 농축한 후 벤젠으로 다시 추출한 다음 박층크로마토그래피에 의하여 농축분리하고 분리된 수은을 산화분해하여 정량하는 방법이다. (정량한계 : 0.0005mg/L)

⑯ 몰리브덴

1) **유도결합플라스마-원자발광분광법** : 먹는물 중에 몰리브덴을 측정하는 방법으로, 시료를 고주파 유도코일에 의하여 형성된 아르곤 플라즈마에 주입하여 6,000℃ ~ 8,000℃에서 들뜬 원자가 바닥상태로 이동할 때 방출하는 발광선 및 발광광도를 측정하여 원소의 정성 및 정량분석하는 방법이다. (정량한계 0.008mg/L)

2) **유도결합플라스마-질량분석법** : 먹는물 중에 몰리브덴을 측정하는 방법으로, 시료를 플라즈마에 분사시켜 탈용매, 원자화 그리고 이온화하여 사중극자형으로 주입한 후 질량분석을 수행하는 방법이다. (정량한계 0.0003mg/L)

⑰ 붕소

1) 유도결합플라스마-원자방출분광법 : 먹는물 및 샘물 중에 붕소를 측정하는 방법으로, 시료를 아르곤 플라스마에 주입하여 방출하는 발광선 및 발광강도를 측정하여 정성 및 정량분석을 수행한다. (정량한계 : 0.002 mg/L)

2) 자외선/가시선 분광법 : 먹는물 및 샘물 중에 붕소와 쿠크민용액이 반응하여 생성된 착염을 아세톤으로 녹여 흡광도를 540nm에서 측정하는 방법이다. (정량한계 0.01mg/L)

[암기TIP] 쿠크다스 알지? 올(5) 때 사(4)와

3) 유도결합플라스마-질량분석법 : 먹는물, 샘물 및 염지하수 중에 함유되어 있는 붕소의 분석방법으로, 시료를 플라스마에 분사시켜 탈용매, 원자화 및 이온화과정을 거쳐 질량분석기로 분석하는 방법이다. (정량한계 : 0.001mg/L)

⑱ 경도

1) EDTA 적정법

① **목적** : 먹는물 중에 경도를 측정하는 방법으로서 시료에 암모니아 완충용액을 넣어 pH 10으로 조절한 다음 적정에 의해 소비된 EDTA 용액으로부터 탄산칼슘의 양으로 환산하여 경도(mg/L)를 구한다.

② **용어정의**
   ㉠ **경도(hardness)** : 먹는물 중에 존재하는 칼슘과 마그네슘의 농도를 탄산칼슘의 농도(mg/L)로 나타낸 값이다.
   ㉡ **낮은 경도 시료** : 연수기를 통과한 물 또는 경도가 5mg/L 이하인 물 시료를 말하며 경도 측정을 위해 100mL ~ 1,000mL의 많은 양의 시료를 사용한다.

③ **경도계산** : 경도유발물질(Ca, Mg, Sr, Mn, Zn)을 $CaCO_3$로 환산하여 산출한다.

$$\text{HD(mg/L as } CaCO_3) = \sum 경도유발물질(meq/L) \times \frac{100}{2}$$

※ 알칼리도 계산 : 알칼리도 유발물질(HCO_3, CO_3, OH)을 $CaCO_3$로 환산하여 산출한다.

$$\text{AlK(mg/L as } CaCO_3) = \sum 알칼리도유발물질(meq/L) \times \frac{100}{2}$$

💡 금속류(자외선/가시선 분광법) 암기법

(1) 구리 : 황갈색, 아세트산부틸, 440nm 〔암기TIP〕 구리 황가 아부 사살)
(2) 납 : 디티존, 사염화탄소 추출, 시안화칼륨 씻음, 520nm 〔암기TIP〕 납 디러워 씻구 오인나)
(3) 니켈 : 다이메틸글리옥심, 묽은 염산 역추출, 적갈색, 450nm 〔암기TIP〕 니 옥심적갈 사온나)
(4) 망간 : 과요오드산칼륨, 525nm 〔암기TIP〕 망과요거트 525원)
(5) 비소 : DDTC, 적자색, 530nm 〔암기TIP〕 비오니 DDTC 적자 오삼)
(6) 수은 : 디티존사염화탄소, 490nm 〔암기TIP〕 수은 디사 490)
(7) 아연 : pH 9, 진콘, 청색, 620nm 〔암기TIP〕 아 구 찐청 육있네)
(8) 철 : o-페난트로린, 등적색, 510nm 〔암기TIP〕 철 오 등에 적색오일)
(9) 카드뮴 : 디티존, 타타르산 역추출, 530nm 〔암기TIP〕 카드뮴 디러워 타타 오삼)
(10) 크롬 : 다이페닐카바자이드, 적자색, 540nm 〔암기TIP〕 크롬 유가상승 페차 적자 540만원)
(11) 붕소 : 쿠쿠민, 아세톤, 540nm 〔암기TIP〕 쿠크다스 알지? 올(5) 때 사(4)와)

💡 금속류 원자흡수분광광도법 간섭물질

(1) 광학적 간섭

분석하고자 하는 원소의 흡수파장과 비슷한 다른 원소의 파장이 서로 겹쳐 비이상적으로 높게 측정되는 경우이다. 또는 다중원소램프 사용 시 다른 원소로부터 공명 에너지나 속빈 음극램프의 금속 불순물에 의해서도 발생한다. 이 경우 슬릿 간격을 좁힘으로서 간섭을 배제할 수 있다.
- 시료 중에 유기물의 농도가 높을 경우 이들에 의한 복사선 흡수가 일어나 양(+)의 오차를 유발하게 되므로 바탕선 보정(background correction)을 실시하거나 분석 전에 유기물을 제거하여야 한다.
- 용존 고체 물질 농도가 높으면 빛 산란 등 비원자적 흡수현상이 발생하여 간섭이 발생할 수 있다. 바탕 값이 높아서 보정이 어려울 경우 다른 파장을 선택하여 분석한다.

(2) 물리적 간섭

물리적 간섭은 표준용액과 시료 또는 시료와 시료간의 물리적 성질(점도, 밀도, 표면장력 등)의 차이 또는 표준물질과 시료의 매질(matrix) 차이에 의해 발생한다. 이러한 차이는 시료의 주입 및 분무 효율에 영향을 주어 양(+) 또는 음(-)의 오차를 유발하게 된다. 물리적 간섭은 표준용액과 시료간의 매질을 일치시키거나 표준물질첨가법을 사용하여 방지할 수 있다.

(3) 이온화 간섭

불꽃온도가 너무 높을 경우 중성원자에서 전자를 빼앗아 이온이 생성될 수 있으며 이 경우 음(-)의 오차가 발생하게 된다. 이러한 간섭은 시료와 표준물질에 보다 쉽게 이온화되는 물질을 과량 첨가하면 감소시킬 수 있다.

(4) 화학적 간섭

불꽃의 온도가 분자를 들뜬 상태로 만들기에 충분히 높지 않아서, 해당 파장을 흡수하지 못하여 발생한다. 그 예로 시료 중에 인산이온(PO_4^{3-}) 존재 시 마그네슘과 결합하여 간섭을 일으킬 수 있다. 칼슘, 마그네슘, 바륨의 분석 시 란타늄(La)을 첨가하여 인산의 화학적 간섭을 배제할 수 있다. 또는 간섭을 일으키는 금속을 킬레이트제 등으로 제거할 수 있다.

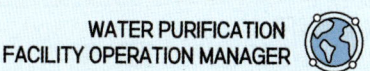

02 유기물류

1 생물화학적 산소요구량(BOD)

1) 측정원리 : 물속에 존재하는 생물화학적 산소요구량을 측정하기 위하여 시료를 20℃에서 5일간 저장하여 두었을 때 시료중의 호기성 미생물의 증식과 호흡작용에 의하여 소비되는 용존산소의 양으로부터 측정하는 방법이다.

2) 간섭물질

① 시료가 산성 또는 알칼리성을 나타내거나 잔류염소 등 산화성 물질을 함유하였거나 용존산소가 과포화되어 있을 때에는 BOD 측정이 간섭 받을 수 있으므로 전처리를 행한다.
② 탄소BOD를 측정할 때, 시료 중 질산화 미생물이 충분히 존재할 경우 유기 및 암모니아성 질소 등의 환원상태 질소화합물질이 BOD 결과를 높게 만든다. 적절한 질산화 억제 시약을 사용하여 질소에 의한 산소 소비를 방지한다.
③ 시료는 시험하기 바로 전에 온도를 (20 ± 1)℃로 조정한다.

3) 분석절차

① 분석방법

㉠ **희석방법** : 예상 BOD값으로부터 단계적으로 희석배율을 정하여 3종 ~ 5종의 희석시료를 2개를 한 조로 하여 조제한다.

※ 예상 BOD값에 대한 사전경험이 없을 때에는 희석하여 시료를 조제한다.
- 오염정도가 심한 공장폐수는 0.1% ~ 1.0%
- 처리하지 않은 공장폐수와 침전된 하수는 1% ~ 5%
- 처리하여 방류된 공장폐수는 5% ~ 25%
- 오염된 하천수는 25% ~ 100%

㉡ 공기가 갇히지 않게 젖은 막대로 조심하면서 섞고 2개의 300mL BOD병에 완전히 채운 다음, 한 병은 마개를 꼭 닫아 물로 마개주위를 밀봉하여 BOD용 배양기에 넣고 어두운 상태에서 5일간 배양한다. 이때 온도는 20℃로 항온한다. 나머지 한 병은 15분간 방치 후에 희석된 시료 자체의 초기 용존산소를 측정하는데 사용한다.

㉢ 처음의 희석 시료 자체의 용존산소량과 20℃에서 5일간 배양할 때 소비된 용존산소의 양을 용존산소 측정법에 따라 측정하여 구한다.

㉣ 5일 저장기간 동안 산소의 소비량이 40% ~ 70% 범위안의 희석 시료를 선택하여 초기용존산소량과 5일간 배양한 다음 남아 있는 용존산소량의 차로부터 BOD를 계산한다.

ⓗ 시료를 식종하여 BOD를 측정할 때는 실험에 사용한 식종액을 희석수로 단계적으로 희석한 이후에 위의 실험방법에 따라 실험하고 배양후의 산소 소비량이 40% ~ 70% 범위 안에 있는 식종 희석수를 선택하여 배양전후의 용존산소량과 식종액 함유율을 구하고 시료의 BOD 값을 보정한다.

② **질산화억제시약**
- TCMP(권장)
- ATU

※ 질산화 억제 시약을 첨가 후에는 반드시 식종을 해야 한다.

4) 결과보고

① **식종하지 않은 시료**

$$BOD = (D_1 - D_2) \times P$$

- D_1 : 15분간 방치된 후의 희석(조제)한 시료의 DO(mg/L)
- D_2 : 5일간 배양한 다음의 희석(조제)한 시료의 DO(mg/L)
- P : 희석시료 중 시료의 희석배수(희석시료량/시료량)

② **식종희석수를 사용한 시료**

$$BOD = [(D_1 - D_2) - (B_1 - B_2) \times f] \times P$$

- D_1 : 15분간 방치된 후의 희석(조제)한 시료의 DO(mg/L)
- D_2 : 5일간 배양한 다음의 희석(조제)한 시료의 DO(mg/L)
- B_1 : 식종액의 BOD를 측정할 때 희석된 식종액의 배양전 DO(mg/L)
- B_2 : 식종액의 BOD를 측정할 때 희석된 식종액의 배양후 DO(mg/L)
- f : 희석시료 중의 식종액 함유율(x %)과 희석한 식종액 중의 식종액 함유율(y %)의 비(x/y)
- P : 희석시료 중 시료의 희석배수(희석시료량/시료량)

2 총 유기탄소-고온연소산화법

1) **측정원리** : 물 속에 존재하는 총 유기탄소를 측정하기 위하여 시료 적당량을 산화성 촉매로 충전된 고온의 연소기에 넣은 후에 연소를 통해서 수중의 유기탄소를 이산화탄소(CO_2)로 산화시켜 정량하는 방법이다. 정량방법은 무기성 탄소를 사전에 제거하여 측정하거나, 무기성 탄소를 측정한 후 총 탄소에서 감하여 총 유기탄소의 양을 구한다.

① **정량한계** : 0.3mg/L

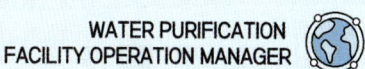

② 용어정의

  ㉠ **총 유기탄소** : 수중에서 유기적으로 결합된 탄소의 합을 말한다.
  ㉡ **총 탄소** : 수중에서 존재하는 유기적 또는 무기적으로 결합된 탄소의 합을 말한다.
  ㉢ **무기성 탄소** : 수중에 탄산염, 중탄산염, 용존 이산화탄소 등 무기적으로 결합된 탄소의 합을 말한다.
  ㉣ **용존성 유기탄소** : 총 유기탄소 중 공극 0.45㎛의 여과지를 통과하는 유기탄소를 말한다.
  ㉤ **비정화성 유기탄소** : 총 탄소 중 pH 2 이하에서 포기에 의해 정화(purging)되지 않는 탄소를 말한다.

2) 분석기기 및 기구

① **산화부** : 산화성 촉매로 충전된 고온반응기에서 550℃ 이상으로 연소시켜 탄소를 이산화탄소로 전환 후 검출부로 운반한다.
② **검출부** : 비분산적외선분광분석법 또는 전기량적정법으로 측정한다.

❸ 총 유기탄소-과황산 UV 및 과황산 열 산화법

1) 측정원리
물속에 존재하는 총 유기탄소를 측정하기 위하여 시료에 과황산염을 넣어 자외선이나 가열로 수중의 유기탄소를 이산화탄소로 산화하여 정량하는 방법이다. 정량방법은 무기성 탄소를 사전에 제거하여 측정하거나, 무기성 탄소를 측정한 후 총 탄소에서 감하여 총 유기탄소의 양을 구한다.

① **정량한계** : 0.3mg/L
② **용어정의** : 총 유기탄소-고온연소산화법과 동일

2) 분석기기 및 기구

① **산화부** : 시료에 과황산염을 넣은 상태에서 자외선이나 가열로 시료 중의 유기탄소를 이산화탄소로 산화시켜 검출부로 운반한다.
② **검출부** : 비분산적외선분광분석법, 전기량적정법 및 전도도법으로 측정한다.

❹ 화학적 산소요구량(COD) 적정법

1) 화학적 산소요구량-적정법-산성 과망간산칼륨법(CODMn)

① **측정원리** : 물속에 존재하는 화학적 산소요구량을 측정하기 위하여 시료를 황산산성으로 하여 과망간산칼륨 일정과량을 넣고 30분간 수욕상에서 가열반응시킨 다음 소비된 과망간산칼륨량으로부터 이에 상당하는 산소의 양을 측정하는 방법이다.

 • **적용범위** : 염소이온이 2,000mg/L 이하인 시료(100mg)에 적용한다.

② 분석절차

㉠ 300mL 둥근바닥 플라스크에 시료 적당량을 취하여 정제수를 넣어 전량을 100mL로 한다.
㉡ 시료에 황산(1 + 2) 10mL를 넣고 황산은 분말 약 1g을 넣어 세게 흔들어 준 다음 수 분간 방치한다.
  → **황산은을 첨가하는 이유** : 염소이온의 방해를 억제하기 위해서
㉢ 과망간산칼륨용액(0.005M) 10mL를 정확히 넣고 둥근바닥플라스크에 냉각관을 붙이고 물중탕의 수면이 시료의 수면보다 높게 하여 끓는 물중탕기에서 30분간 가열한다.
㉣ 냉각관의 끝을 통하여 정제수 소량을 사용하여 씻어준 다음 냉각관을 떼어 낸다.
㉤ 옥살산나트륨용액(0.0125M) 10mL를 정확하게 넣고 60℃ ~ 80℃를 유지하면서 과망간산칼륨용액(0.005M)을 사용하여 액의 색이 엷은 홍색을 나타낼 때까지 적정한다.

> 💡 과망간산칼륨소비량(산성법) 분석절차(먹는물공정시험기준)
> - 수개의 비등석을 넣은 삼각플라스크에 시료 100mL를 넣는다.
> - 황산(1 + 2) 5mL와 과망간산칼륨용액(0.002M) 10mL를 넣어 5분간 끓인다.
> - 옥살산나트륨용액(0.005M) 10mL를 넣어 탈색을 확인한 다음 곧 과망간산칼륨용액(0.002M)으로 엷은 홍색이 없어지지 않고 남을 때까지 적정한다.
> - 소비된 과망간산칼륨용액(0.002M)의 부피를 구한다.

  − 적정액 : 과망간산칼륨용액(0.005M)
  − 종말점 색깔 : 엷은 홍색

㉥ 시료의 양은 30분간 가열반응한 후에 과망간산칼륨용액(0.005M)이 처음 첨가한 양의 50% ~ 70%가 남도록 채취한다. 다만 시료의 COD값이 10mg/L 이하일 경우에는 시료 100mL를 취하여 그대로 시험하며, 보다 정확한 COD값이 요구될 경우에는 과망간산칼륨용액(0.005M)의 소모량이 처음 가한 양의 50%에 접근하도록 시료량을 취한다.
  → 유기물의 산화율을 유지하기 위해서

③ 농도계산

㉠ 수질오염공정시험기준

$$COD = (b-a) \times f \times \frac{1,000}{V} \times 0.2$$

- a : 바탕시험 적정에 소비된 과망간산칼륨용액(0.005M)의 양
- b : 시료의 적정에 소비된 과망간산칼륨용액(0.005M)의 양
- f : 과망간산칼륨용액(0.005M)의 농도계수(factor)
- V : 시료의 양(mL)

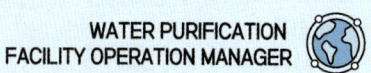

ⓒ 먹는물공정시험기준

$$COD = (b-a) \times f \times \frac{1,000}{V} \times 0.316$$

- a : 바탕시험 적정에 소비된 과망간산칼륨용액(0.002M)의 양
- b : 시료의 적정에 소비된 과망간산칼륨용액(0.002M)의 양
- f : 과망간산칼륨용액(0.002M)의 농도계수(factor)
- V : 시료의 양(mL)

2) 화학적 산소요구량-적정법-알칼리성 과망간산칼륨법(CODMn)

① **측정원리** : 물속에 존재하는 화학적 산소요구량을 측정하기 위하여 시료를 알칼리성으로 하여 과망간산칼륨 일정과량을 넣고 60분간 수욕상에서 가열반응시키고 요오드화칼륨 및 황산을 넣어 남아있는 과망간산칼륨에 의하여 유리된 요오드의 양으로부터 산소의 양을 측정하는 방법이다.

- **적용범위** : 염소이온(2,000mg/L 이상)이 높은 하수 및 해수 시료에 적용한다.

② **적정액 / 종말점**

ⓐ 적정액 : 티오황산나트륨용액(0.025M)
ⓑ 종말점색깔 : 무색

③ **농도계산**

$$COD = (b-a) \times f \times \frac{1,000}{V} \times 0.2$$

- a : 바탕시험 적정에 소비된 티오황산나트륨용액(0.025M)의 양
- b : 시료의 적정에 소비된 티오황산나트륨용액(0.025M)의 양
- f : 티오황산나트륨용액의 농도계수(factor)
- V : 시료의 양(mL)

3) 화학적 산소요구량-적정법-다이크롬산칼륨법(CODCr)

① **측정원리** : 화학적 산소요구량을 측정하기 위하여 시료를 황산산성으로 하여 다이크롬산칼륨 일정과량을 넣고 2시간 가열반응시킨 다음 소비된 다이크롬산칼륨의 양을 구하기 위해 환원되지 않고 남아 있는 다이크롬산칼륨을 황산제일철암모늄용액으로 적정하여 시료에 의해 소비된 다이크롬산칼륨을 계산하고 이에 상당하는 산소의 양을 측정하는 방법이다.

ⓐ **적용범위**
- COD 5mg/L ~ 50mg/L의 낮은 농도범위를 갖는 시료에 적용한다.

- 염소이온의 농도가 1,000mg/L 이상의 농도일 때에는 COD값이 최소한 250mg/L 이상의 농도이어야 한다. 따라서 해수 중에서 COD 측정은 이 방법으로 부적절하다.

② 적정액 / 종말점
- 적정액 : 황산제일철암모늄용액(0.025N)
- 종말점색깔 : 청록색 → 적갈색

③ 농도계산

$$COD = (b-a) \times f \times \frac{1,000}{V} \times 0.2$$

- a : 바탕시험 적정에 소비된 황산제일철암모늄용액(0.025N)의 양
- b : 시료의 적정에 소비된 황산제일철암모늄용액(0.025N)의 양
- f : 황산제일철암모늄용액의 농도계수(factor)
- V : 시료의 양(mL)

5 불소화합물(플루오린 화합물)

> **측정방법**
> 암기TIP 불 자 이~~~ (불소 - 자외선/가시선, 이온전극법, 이온크로마토그래피법)

1) 자외선/가시선 분광법(란탄알리자린컴플렉션법)

㉠ **측정원리** : 물속에 존재하는 불소를 측정하기 위하여 시료에 넣은 란탄알리자린 콤프렉숀의 착화합물이 불소이온과 반응하여 생성하는 청색의 복합 착화합물의 흡광도를 620nm에서 측정하는 방법이다.
- 정량한계 : 0.15mg/L
- 간섭물질 : 알루미늄 및 철의 방해가 크나 증류하면 영향이 없다.

2) 이온전극법

㉠ **측정원리** : 물속에 존재하는 불소를 측정하기 위하여 시료에 이온강도 조절용 완충용액을 넣어 pH 5.0 ~ 5.5로 조절하고 불소이온 전극과 비교전극을 사용하여 전위를 측정하고 그 전위차로부터 불소를 정량하는 방법이다.
- 정량한계 : 0.1mg/L

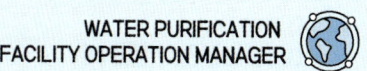

3) 이온크로마토그래피

- ㉠ **측정원리** : 지하수, 지표수, 폐수 등을 이온교환 컬럼에 고압으로 전개시켜 분리되는 불소이온을 분석하는 방법이다.
  - **정량한계** : 0.05mg/L

6 이온류

1) 브롬이온

- ① **이온크로마토그래피** : 지하수, 지표수, 폐수 등을 이온교환 컬럼에 고압으로 전개시켜 분리되는 브롬이온을 분석하는 방법이다.
  - **정량한계** : 0.03mg/L

2) 아질산성 질소

> 💡 **측정방법**
> 아질산성 질소 - 자외선/가시선 분광법, 이온크로마토그래피

- ① **자외선/가시선 분광법**
  - ㉠ **측정원리** : 물속에 존재하는 아질산성 질소를 측정하기 위하여, 시료 중 아질산성 질소를 설퍼닐아마이드와 반응시켜 디아조화하고 α-나프틸에틸렌디아민이염산염과 반응시켜 생성된 디아조화합물의 붉은색의 흡광도 540nm에서 측정하는 방법이다.
    - **정량한계** : 0.004mg/L
  - ㉡ **간섭물질**
    - 아질산성 질소는 목적물질보다 1,000배 가량의 농도의 다른 물질이 존재하더라도 거의 방해물질에 의해 간섭받지 않는다. 다만, 시료 중에 강한 산화제 혹은 환원제가 존재할 경우 아질산성 질소의 농도를 쉽게 변화시킬 수 있다.
    - 알칼리도가 높은(600mg/L 이상) 시료에서는 pH에 변화가 생겨 과소평가될 수 있다.
- ② **이온크로마토그래피** : 지하수, 지표수, 폐수 등을 이온교환 컬럼에 고압으로 전개시켜 분리되는 아질산 이온을 분석하는 방법이다. (정량한계 : 0.1mg/L)

3) 암모니아성 질소

① **자외선/가시선 분광법(먹는물공정시험기준 정량법)**

㉠ **측정원리** : 물속에 존재하는 암모니아성 질소를 측정하기 위하여 암모늄이온이 하이포염소산의 존재 하에서, 페놀과 반응하여 생성하는 인도페놀의 청색을 630nm에서 측정하는 방법이다.
- 정량한계 : 0.01mg/L

② **이온전극법**

㉠ **측정원리** : 물속에 존재하는 암모니아성 질소를 측정하기 위하여 시료에 수산화나트륨을 넣어 시료의 pH를 11 ~ 13으로 하여 암모늄이온을 암모니아로 변화시킨 다음 암모니아 이온전극을 이용하여 암모니아성 질소를 정량하는 방법이다.
- 정량한계 : 0.08mg/L

③ **적정법**

㉠ **적정액 / 종말점**
- 적정액 : 수산화나트륨용액
- 종말점 색깔 : 자회색

㉡ **농도계산**

$$\text{암모니아성질소(mg/L)} = (b-a) \times f \times \frac{1,000}{V} \times 0.7$$

b : 적정에 소비된 수산화나트륨(0.05M)의 양(mL)
a : 바탕시험에 소비된 수산화나트륨(0.05M)의 양(mL)
f : 수산화나트륨(0.05M)의 농도계수
V : 시료량(mL)

4) 염소이온 (암기TIP) 염 이 적)

① **이온크로마토그래피** : 지하수, 지표수, 폐수 등을 이온교환 컬럼에 고압으로 전개시켜 분리되는 염소이온을 분석하는 방법이다.
- 정량한계 : 0.1mg/L

② **이온전극법** : 염소이온을 이온전극법을 이용하여 분석하는 방법으로 시료에 아세트산염 완충용액을 가해 pH를 약 5로 조절하고, 전극과 비교전극을 사용하여 전위를 측정하고 그 전위차로부터 정량하는 방법이다.
- 정량한계 : 5mg/L

③ 적정법

    ㉠ **측정원리** : 물속에 존재하는 염소이온을 분석하기 위해서, 염소이온을 질산은과 정량적으로 반응시킨 다음 과잉의 질산은이 크롬산과 반응하여 크롬산은의 침전으로 나타나는 점을 적정의 종말점으로 하여 염소이온의 농도를 측정하는 방법이다.
       • **정량한계** : 0.7mg/L

    ㉡ **간섭물질**
       • 브롬화물이온, 요오드화물이온, 시안화물이온 등이 공존하면 염화물 이온으로 정량된다.
       • 아황산이온, 티오황산이온, 황산이온도 방해하지만 과황산수소로 산화시키면 방해되지 않는다.

5) 음이온계면활성제(ABS)

① 자외선/가시선 분광법

    ㉠ **측정원리** : 물속에 존재하는 음이온 계면활성제를 측정하기 위하여 메틸렌블루와 반응시켜 생성된 청색의 착화합물을 클로로폼으로 추출하여 흡광도를 650nm에서 측정하는 방법이다.
       • **정량한계** : 0.02mg/L

    ㉡ **간섭물질**
       • 약 1,000mg/L 이상의 염소이온 농도에서 양의 간섭을 나타내며 따라서 염분농도가 높은 시료의 분석에는 사용할 수 없다.
       • 유기 설폰산염(sulfonate), 황산염(sulfate), 카르복실산염(carboxylate), 페놀 및 그 화합물, 무기 티오시안(thiocyanide)류, 질산이온 등이 존재할 경우 메틸렌블루 중 일부가 클로로폼 층으로 이동하여 양의 오차를 나타낸다.
       • 양이온 계면활성제 혹은 아민과 같은 양이온 물질이 존재할 경우 음의 오차가 발생할 수 있다.
       • 시료 속에 미생물이 있을 경우 일부의 음이온 계면활성제가 신속히 변할 가능성이 있으므로 가능한 빠른 시간 안에 분석을 하여야 한다.

② 연속흐름법

    ㉠ **측정원리** : 자외선/가시선 분광법과 같다.
       • **정량한계** : 0.09mg/L

    ㉡ **간섭물질** : 자외선/가시선 분광법과 같다.

6) 인산염인

① 자외선/가시선 분광법(이염화주석환원법)

    ㉠ **측정원리** : 물속에 존재하는 인산염인을 측정하기 위하여 시료 중의 인산염인이 몰리브덴산 암모늄과 반응하여 생성된 몰리브덴산인 암모늄을 이염화주석으로 환원하여 생성된 몰리브덴 청의 흡광도를 690nm에

서 측정하는 방법이다.
- 정량한계 : 0.003mg/L

② **자외선/가시선 분광법(아스코르빈산환원법)**
㉠ 측정원리 : 물속에 존재하는 인산염인을 측정하기 위하여 몰리브덴산암모늄과 반응하여 생성된 몰리브덴산인암모늄을 아스코빈산으로 환원하여 생성된 몰리브덴산 청의 흡광도를 880nm에서 측정하여 인산염인을 정량하는 방법이다.
- 정량한계 : 0.003mg/L

③ **이온크로마토그래피** : 지하수, 지표수, 폐수 등을 이온교환 컬럼에 고압으로 전개시켜 분리되는 인산염인을 분석하는 방법이다.
- 정량한계 : 0.1mg/L

7) 질산성 질소

① **이온크로마토그래피** : 지하수, 지표수, 폐수 등을 이온교환 컬럼에 고압으로 전개시켜 분리되는 질산성이온을 분석하는 방법이다.
- 정량한계 : 0.1mg/L

② **자외선/가시선 분광법(부루신법)**
㉠ 측정원리 : 물속에 존재하는 질산성질소를 측정하기 위하여 황산산성(13N H_2SO_4 용액, 100℃)에서 질산이온이 부루신과 반응하여 생성된 황색화합물의 흡광도를 410nm에서 측정하여 질산성질소를 정량하는 방법이다.
- 정량한계 : 0.1mg/L

③ **자외선/가시선 분광법(활성탄흡착법)**
㉠ 측정원리 : 물속에 존재하는 질산성질소를 측정하기 위하여 pH 12 이상의 알칼리성에서 유기물질을 활성탄으로 흡착한 다음 혼합 산성액으로 산성으로 하여 아질산염을 은폐시키고 질산성질소의 흡광도를 215nm에서 측정하는 방법이다.
- 정량한계 : 0.3mg/L

④ **데발다합금 환원증류법**
㉠ 측정원리 : 물속에 존재하는 질산성질소를 측정하기 위하여 아질산성질소를 설퍼민산으로 분해 제거하고 암모니아성질소 및 일부 분해되기 쉬운 유기질소를 알칼리성에서 증류제거한 다음 데발다합금으로 질산성질소를 암모니아성질소로 환원하여 이를 암모니아성질소 시험방법에 따라 시험하고 질산성질소의 농도를 환산하는 방법이다.
- 정량한계 : 0.5mg/L(중화적정법)
- 정량한계 : 0.1mg/L(분광법)

8) 총인

① 자외선/가시선 분광법

- ㉠ **측정원리** : 물속에 존재하는 총인을 측정하기 위하여 유기물화합물 형태의 인을 산화 분해하여 모든 인 화합물을 인산염(PO_4^{3-}) 형태로 변화시킨 다음 몰리브덴산암모늄과 반응하여 생성된 몰리브덴산인암모늄을 아스코빈산으로 환원하여 생성된 몰리브덴산의 흡광도를 880nm에서 측정하여 총인의 양을 정량하는 방법이다.
  - **정량한계** : 0.005mg/L

- ㉡ **간섭물질**
  - 시료의 전처리 방법에서 축합인산과 유기인 화합물은 서서히 분해되어 측정이 잘 안되기 때문에 과황산칼륨으로 가수분해시켜 정인산염으로 전환한 다음 다시 측정한다. 이때 시료가 증발하여 건고되지 않도록 약 10mL 정도로 유지한다.
  - 전처리한 시료가 염화이온을 함유한 경우는 염소가 생성되어 몰리브덴산의 청색 발색을 방해하는 경우가 있으므로 분해 후 용액에 이황산수소나트륨용액(5%) 용액 1mL를 가한다.
  - 상층액이 혼탁한 시료의 여과는 시료채취 후 여과지 5종 C 또는 1μm 이하의 유리섬유여과지(GF/C)를 사용하여 여과하고 최초의 여과액 약 5mL ~ 10mL을 버리고 다음의 여과용액을 사용한다.

- ㉢ **전처리**
  - 과황산칼륨 분해(분해되기 쉬운 유기물을 함유한 시료)
  - 질산-황산 분해(다량의 유기물을 함유한 시료)

② 연속흐름법

- ㉠ **측정원리** : 자외선/가시선 분광법과 같다.
  - **정량한계** : 0.003mg/L

9) 총질소

① 자외선/가시선 분광법(산화법)

- ㉠ **측정원리** : 물속에 존재하는 총질소를 측정하기 위하여 시료 중 모든 질소화합물을 알칼리성 과황산칼륨을 사용하여 120℃ 부근에서 유기물과 함께 분해하여 질산이온으로 산화시킨 후 산성상태로 하여 흡광도를 220nm에서 측정하여 총질소를 정량하는 방법이다.
  - **정량한계** : 0.1mg/L

- ㉡ **간섭물질** : 자외부에서 흡광도를 나타내는 모든 물질이 분석을 방해할 수 있으며 특히, 브롬이온 농도 10mg/L, 크롬 농도 0.1mg/L 정도에서 영향을 받으며 해수와 같은 시료에는 적용할 수 없다.

② 자외선/가시선 분광법(카드뮴-구리 환원법)
   ㉠ **측정원리** : 물속에 존재하는 총질소를 측정하기 위하여 시료중의 질소화합물을 알칼리성 과황산칼륨의 존재하에 120℃에서 유기물과 함께 분해하여 질산이온으로 산화시킨 다음 산화된 질산이온을 다시 카드뮴-구리환원 칼럼을 통과시켜 아질산이온으로 환원시키고 아질산성질소의 양을 구하여 총질소로 환산하는 방법이다.
   - 정량한계 : 0.004mg/L
   ㉡ 간섭물질
   - 산업폐수 등 매우 혼탁한 시료나 오염이 많이 된 하천, 호소수를 사용할 경우 초음파 균질화기 등을 사용하여 시료중의 입자를 잘게 부순 후 분석하여야 한다.
   - 시료가 착색된 경우 흡광도에 영향을 주어 분석결과에 영향을 미친다.
   - 시료의 pH가 5 ~ 9의 범위를 초과하면 발색에 영향을 받으므로 염산(2%) 또는 수산화나트륨용액(2%)으로 pH를 조절하여야 한다.

③ 자외선/가시선 분광법(환원증류-킬달법)
   ㉠ **측정원리** : 물속에 존재하는 총질소를 측정하기 위하여 시료에 데발다합금을 넣고 알칼리성에서 증류하여 시료 중의 무기질소를 암모니아로 환원 유출시키고, 다시 잔류시료 중의 유기질소를 킬달 분해한 다음 증류하여 암모니아로 유출시켜 각각의 암모니아성질소의 양을 구하고 이들을 합하여 총질소를 정량하는 방법이다.
   - 정량한계 : 0.02mg/L
   ㉡ 간섭물질
   - 시료 중에 잔류염소가 존재하면 정량을 방해하므로 시료를 증류하기 전에 아황산나트륨 용액을 넣어 잔류염소를 제거한다. 이 용액 1mL는 0.5mg/L의 잔류염소를 제거할 수 있다.
   - 시료 중에 칼슘이온(Ca^{2+})이나 마그네슘이온(Mg^{2+})이 다량 존재하면 발색 시 침전물이 형성되어 흡광도 측정에 영향을 주므로 발색된 시료를 원심분리한 다음 상층액을 취하여 흡광도를 측정하거나 미리 전처리를 통해 방해이온을 제거한다.

④ 연속흐름법
   ㉠ **측정원리** : 시료 중 모든 질소화합물을 산화분해하여 질산성질소(NO_3^-) 형태로 변화시킨 다음 카드뮴-구리환원 칼럼을 통과시켜 아질산성질소의 양을 550nm 또는 기기에서 정해진 파장에서 측정하는 방법이다.
   - 정량한계 : 0.06mg/L
   ㉡ **간섭물질** : 카드뮴-구리 환원법과 같다.

10) 황산이온

① **이온크로마토그래피** : 지하수, 지표수, 폐수 등을 이온교환 컬럼에 고압으로 전개시켜 분리되는 황산이온을 분석하는 방법이다.
   - 정량한계 : 0.5mg/L

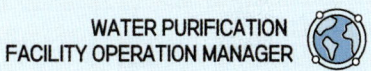

② **EDTA 적정법** : 먹는물 및 샘물 중에 황산이온을 측정하는 방법으로, 존재하는 황산이온이 염화바륨과 반응하여 침전한 황산바륨을 EDTA로 적정하여 황산이온의 농도를 측정하는 방법이다.

- **정량한계** : 2mg/L

7 시안

1) 자외선/가시선 분광법

① **측정원리** : 물속에 존재하는 시안을 측정하기 위하여 시료를 pH 2 이하의 산성에서 가열 증류하여 시안화물 및 시안착화합물의 대부분을 시안화수소로 유출시켜 포집한 다음 포집된 시안이온을 중화하고 클로라민-T를 넣어 생성된 염화시안이 피리딘-피라졸론 등의 발색시약과 반응하여 나타나는 청색을 620nm에서 측정하는 방법이다.

㉠ **정량한계** : 0.01mg/L

㉡ **간섭물질**
- 다량의 유지류가 함유된 시료는 아세트산 또는 수산화나트륨 용액으로 pH 6 ~ 7로 조절하고 시료의 약 2%에 해당하는 노말헥산 또는 클로로폼을 넣어 짧은 시간동안 흔들어 섞고 수층을 분리하여 시료를 취한다.
- 황화합물이 함유된 시료는 아세트산아연용액(10%) 2mL를 넣어 제거한다. 이 용액 1mL는 황화물이온 약 14mg에 대응한다.

2) 이온전극법

① **측정원리** : 시험기준은 지하수, 지표수, 폐수 등에 존재하는 시안을 측정하기 위하여 pH 12 ~ 13의 알칼리성에서 시안이온전극과 비교전극을 사용하여 전위를 측정하고 그 전위차로부터 시안을 정량하는 방법이다.

- **정량한계** : 0.1mg/L

3) 연속흐름법

① **측정원리** : 물속에 존재하는 시안을 측정하기 위하여 시료를 pH 2 이하의 산성에서 가열 증류하여 시안화물 및 시안착화합물의 대부분을 시안화수소로 유출시켜 포집한 다음 포집된 시안이온을 중화하고 클로라민-T를 넣어 생성된 염화시안이 피리딘-피라졸론 등의 발색시약과 반응하여 나타나는 청색을 620nm에서 측정하는 방법이다.

㉠ **정량한계** : 0.01mg/L

ⓒ 간섭물질
- 고농도(60mg/L 이상)의 황화물(sulfide)은 측정과정에서 오차를 유발하므로 전처리를 통해 제거한다.
- 황화시안이 존재하면 분석 시 양의 오차를 유발한다.
- 고농도의 염(10g/L 이상)은 증류 시 증류코일을 차폐하여 음의 오차를 일으키므로 증류 전에 희석을 한다.

8 퍼클로레이트

1) 액체크로마토그래프-질량분석법

① **측정원리** : 물속에 있는 퍼클로레이트를 측정하기 위한 것으로, 방사성 동위원소로 표기된 내부표준물질을 시료에 넣은 다음 액체크로마토그래프-질량분석기로 분석한다.
- 정량한계 : 0.002mg/L

2) 이온크로마토그래피

① **측정원리** : 물속에 존재하는 퍼클로레이트를 측정하기 위한 것으로, 이온 교환 컬럼에 전개시켜 분리된 퍼클로레이트 이온의 전기전도도를 측정하여 정량한다.
- 정량한계 : 0.002mg/L

9 페놀류

1) 자외선/가시선 분광법

① **측정원리** : 물속에 존재하는 페놀류를 측정하기 위하여 증류한 시료에 염화암모늄-암모니아 완충용액을 넣어 pH 10으로 조절한 다음 4-아미노안티피린과 헥사시안화철(Ⅱ)산칼륨을 넣어 생성된 붉은색의 안티피린계 색소의 흡광도를 측정하는 방법으로 수용액에서는 510nm, 클로로폼 용액에서는 460nm에서 측정한다.
  - ㉠ **정량한계** : 0.005mg/L(추출법), 0.05mg/L(직접법)
  - ㉡ **간섭물질**
    - 황 화합물의 간섭을 받을 수 있는데 이는 인산(H_3PO_4)을 사용하여 pH 4로 산성화하여 교반하면 황화수소(H_2S)나 이산화황(SO_2)으로 제거할 수 있다. 황산구리($CuSO_4$)를 첨가하여 제거할 수도 있다.
    - 오일과 타르 성분은 수산화나트륨을 사용하여 시료의 pH를 12 ~ 12.5로 조절한 후 클로로폼(50mL)으로 용매 추출하여 제거할 수 있다. 시료 중에 남아있는 클로로폼은 항온 물중탕으로 가열시켜 제거한다.

2) 연속흐름법

① **측정원리** : 자외선/가시선 분광법과 같다.

    ㉠ **정량한계** : 0.007mg/L

    ㉡ **간섭물질** : 황 화합물에 의한 간섭은 시료에 인산을 첨가하여 pH 4 이하로 하고 교반 후 황산구리를 넣어서 제거한다.

3) 기체크로마토그래프-전자포획검출법
먹는물 중 페놀류의 측정방법으로서, 시료의 pH를 조정한 후 디클로로메탄으로 추출하고 펜타플루오르벤질브로마이드로 유도체화하고 실리카겔을 이용하여 정제과정을 거친 후 기체크로마토그래프로 분리한 다음 전자포획검출기로 분석하는 방법이다.

① 먹는물 중 클로로페놀, 2,4-디클로로페놀, 2,4,6-트리클로로페놀 및 펜타클로로페놀의 측정에 적용한다.
② **정량한계** : 0.0001mg/L

4) 기체크로마토그래프-질량분석법
먹는물 중 페놀류의 측정방법으로서, 시료의 pH를 조정한 후 디클로로메탄으로 추출하여 농축한 후 기체크로마토그래프로 분리한 다음 질량분석기로 분석하는 방법이다.

① 먹는물 중 클로로페놀, 2,4-디클로로페놀, 2,4,6-트리클로로페놀 및 펜타클로로페놀의 측정에 적용한다.
② **정량한계** : 0.0001mg/L

⑩ 휘발성유기화합물

1) 퍼지트랩-기체크로마토그래피
먹는물 중 휘발성유기화합물을 측정하는 방법으로, 시료 중에 휘발성유기화합물을 불활성기체로 퍼지시켜 기상으로 추출한 다음 트랩관으로 흡착·농축하고, 가열·탈착시켜 기체크로마토그래프로 분석하는 방법이다.

① 먹는물 중 염화비닐, 스티렌, 클로로에탄, 브로모포름의 측정에 적용한다.
② **정량한계** : 0.001 ~ 0.002mg/L

2) 퍼지트랩-기체크로마토그래피-질량분석법
위의 1)항과 방법은 동일하고 측정기기만 기체크로마토그래피-질량분석기로 분석하는 차이가 있다.

① 먹는물 중 염화비닐, 스티렌, 클로로에탄, 브로모포름의 측정에 적용한다.
② **정량한계** : 0.001mg/L

> 💡 **휘발성유기화합물 측정 시 간섭물질 제거방법**
> - 퍼지(purge)기체나 트랩 연결관 등의 오염, 실험실 공기 속에 기화된 용매가 오염원이 될 수 있다. 따라서 바탕시료를 사용하여 이를 점검하여야 한다.
> - 폴리테트라플루오로에틸렌(PTFE) 재질이 아닌 튜브, 봉합제 및 유속조절제의 사용을 피해야 한다.
> - 디클로로메탄은 보관이나 운반 중에 격막(septum)을 통해 확산되어 시료에 오염되거나, 공기로부터 직접 오염되고, 옷에 흡착하였다가 오염될 수 있으므로 바탕시료를 사용하여 점검하여야 한다.
> - 높은 농도의 시료와 낮은 농도의 시료를 연속하여 분석할 때에는 오염이 될 수 있으므로 시료분석 사이에 정제수로 세척하여야 한다. 높은 농도의 시료를 분석한 후에는 바탕시료를 분석하는 것이 좋다.
> - 많은 양의 수용성물질, 부유물질, 고비점 또는 휘발성물질을 함유하는 시료를 분석한 후에는 퍼지(purge)장치들을 세척하여 105℃ 오븐 안에서 건조시킨 후 사용하는 것이 필요하다.
> - 높은 순도의 메탄올이나 아세톤에도 디클로로메탄 등의 유기용매가 존재할 수 있으므로 이를 사용하여 표준용액을 제조하기 전에 확인해야 한다.

⑪ 카바릴

1) 고성능액체크로마토그래피

이 시험기준은 먹는물, 샘물 및 염지하수 중에 카바릴의 측정방법으로서, 시료 중의 카바릴을 디클로로메탄으로 추출 후 농축하여 역상 고성능액체크로마토그래프 컬럼을 통과시켜 분리한 다음 자외선 검출기로 검출하거나 모노클로로아세트산 완충용액으로 pH를 조정한 다음 유도체화하여 다음 형광 검출기로 분석하는 방법이다.

① **정량한계** : 0.005mg/L

2) 기체크로마토그래피

이 시험기준은 먹는물, 샘물 및 염지하수 중에 카바릴의 측정방법으로서, 시료를 황산으로 pH 3 ~ 4로 조정한 후 시료 중의 카바릴을 디클로로메탄으로 추출한 다음 알칼리 분해 후 무수클로로아세트산으로 유도체화하여 벤젠으로 추출한 것을 기체크로마토그래프로 분석하는 방법이다.

① 질소-인 검출기로 측정
② **정량한계** : 0.0005mg/L

💡 **유기물류 (자외선/가시선 분광법) 암기법**

(1) 불소 : 란탄알리자린 컴플렉션 620nm (암기TIP) 불 란 컴 620만원)
(2) 아질산성질소 : 디아조화 붉은색, 540nm (암기TIP) 아질 디조 붉게 54네)
(3) 암모니아성질소 : 인도페놀, 청색, 630nm (암기TIP) 암 인도 630)
(4) 음이온계면활성제(ABS) : 메틸렌블루, 청색, 클로로폼 추출, 650 (암기TIP) 음 메 65)
(5) 인산염인 (암기TIP) 인주 69, 인코르 88)
 • 청색, 이염화주석, 690nm
 • 청색, 아스코르빈산, 880nm
(6) 질산성 질소
 • 부루신법 : 부루신, 청색, 410 (암기TIP) 질부 410)
 • 활성탄흡착법 : pH 12, 215 (암기TIP) 질황 215)
(7) 총인 : 몰리브덴산암모늄, 청색, 880 (암기TIP) 총 인 팔팔)
(8) 총질소 : 220nm (암기TIP) 총 질 투투)
(9) 시안 : 청색, 피리딘, 620nm (암기TIP) 시피 육이네)
(10) 페놀류 : 4-아미노안티피린, 붉은색, 460nm (암기TIP) 페4 적색 460 510)

03 기타물질

1 클로로필 a

1) 측정원리 : 물속의 클로로필 a의 양을 측정하는 방법으로 아세톤 용액을 이용하여 시료를 여과한 여과지로부터 클로로필 색소를 추출하고, 추출액의 흡광도를 663nm, 630nm, 645nm 및 750nm에서 측정하여 클로로필 a의 양을 계산하는 방법이다.(**추출용액** : 아세톤, **대조용액** : 아세톤(9+1))

(암기TIP) 고기집 가면 육육쌈(663), 육쌈공(630), 육싸워(645), 치료공(750)

① 간섭물질

   ㉠ 여과지 또는 실험실에서 기인하는 오염물질들이 630nm ~ 665nm 파장의 빛을 흡수하여 측정을 방해할 수 있다. 750nm에서의 흡광도 측정은 시료 안의 탁도를 평가하기 위해 시행되며, 663nm, 645nm 및 630nm에서의 시료 흡광도 값에서 750nm에서의 흡광도 값을 뺀 후 실제 클로로필의 양을 측정한다. 측정 전에 시료를 원심분리 또는 여과하여 불순물을 제거한다.
   ㉡ 색소에 대한 정확도와 회수는 여과된 시료의 충분한 불림과 추출 용매 내에서 불린 시간에 관계한다.
   ㉢ 클로로필 a, b, c의 상대적인 양은 식물성플랑크톤의 분류군에 따라 차이가 있다. 클로로필과 페오포티바이드 a(Pheophotibide a) · 페오파이틴 a(Pheophytin a)의 스펙트럼 겹침 때문에 이 모든 색소를 가지는 용액의 측정값은 증가 또는 감소한다.
   ㉣ 모든 광합성 색소들은 빛과 온도에 민감하다.

② 클로로필 a : 모든 조류에 존재하는 녹색 색소로써 유기물 건조량의 1% ~ 2%를 차지하고 있으며, 조류의 생물량을 평가하기 위한 유력한 지표이다.

2) 계산

$$\text{[식] 클로로필 a(mg/m}^3\text{)} = \frac{(11.64X_1 - 2.16X_2 + 0.10X_3) \times V_1}{V_2}$$

- X_1 : OD663 − OD750
- X_2 : OD645 − OD750
- X_3 : OD630 − OD750
- OD : 흡광도(optical density)
- V_1 = 상층액의 양(mL)
- V_2 = 여과한 시료의 양(L)

3) 보존방법

① 클로로필a 분석용 시료는 즉시 여과하여 여과한 여과지를 알루미늄 호일로 싸서 −20℃ 이하에서 보관한다. 여과한 여과지는 상온에서 3시간까지 보관할 수 있으며, 냉동 보관시에는 25일까지 가능하다. 즉시 여과할 수 없다면 시료를 빛이 차단된 암소에서 4℃ 이하로 냉장하여 보관하고 채수 후 24시간 이내에 여과하여야 한다.
② 식물성 플랑크톤을 즉시 시험하는 것이 어려울 경우 포르말린용액을 시료의 (3 ~ 5)% 가하여 보존한다.
③ 침강성이 좋지 않은 남조류나 파괴되기 쉬운 와편모조류와 황갈조류 등은 글루타르알데하이드나 루골용액을 시료의 (1 ~ 2)% 가하여 보존한다.

❷ 석유계총탄화수소−용매추출/기체크로마토그래피

1) 측정원리 : 물속에 존재하는 비등점이 높은(150℃ ~ 500℃) 유류에 속하는 석유계총탄화수소(제트유, 등유, 경유, 벙커C, 윤활유, 원유 등)를 다이클로로메탄으로 추출하여 기체크로마토그래프에 따라 확인 및 정량하는 방법으로 크로마토그램에 나타난 피크의 패턴에 따라 유류 성분을 확인하고 탄소수가 짝수인 노말알칸(C8 ~ C40) 표준물질과 시료의 크로마토그램 총면적을 비교하여 정량한다. (**정량한계** : 0.2mg/L)

3 유기인-용매추출/기체크로마토그래피

1) 측정원리 : 물속에 존재하는 유기인계 농약성분 중 다이아지논, 파라티온, 이피엔, 메틸디메톤 및 펜토에이트를 측정하기 위한 것으로, 채수한 시료를 헥산으로 추출하여 필요시 실리카겔 또는 플로리실 컬럼을 통과시켜 정제한다. 이 액을 농축시켜 기체크로마토그래프에 주입하고 크로마토그램을 작성하여 유기인을 확인하고 정량하는 방법이다. (**정량한계 :** 0.0005mg/L)

4 폴리클로리네이티드비페닐(PCB)-용매추출/기체크로마토그래피

1) 측정원리 : 물속에 존재하는 폴리클로리네이티드비페닐(polychlorinated biphenyls, PCBs)을 측정하는 방법으로, 채수한 시료를 헥산으로 추출하여 필요시 알칼리 분해한 다음 다시 헥산으로 추출하고 실리카겔 또는 플로리실 컬럼을 통과시켜 정제한다. 이 액을 농축시켜 기체크로마토그래프에 주입하고 크로마토그램을 작성하여 나타난 피크 패턴에 따라 PCB를 확인하고 정량하는 방법이다. (**정량한계 :** 0.0005mg/L)

2) 기체크로마토그래프(gas chromatograph)

① 운반기체는 순도 99.999% 이상의 질소
② 검출기는 전자포획검출기(ECD, electron capture detector)를 사용한다.

5 1,4-다이옥산

1) 용매추출/기체크로마토그래피 – 질량분석법 (정량한계 : 0.01mg/L)

① 기체크로마토그래프

㉠ 운반기체는 99.999% 이상의 헬륨
㉡ 검출방법은 선택이온검출법(SIM, selected ion monitoring)을 사용한다.

2) 퍼지 · 트랩/기체크로마토그래피 – 질량분석법 (정량한계 : 0.001mg/L)

3) 헤드스페이스/기체크로마토그래피 – 질량분석법 (정량한계 : 0.001mg/L)

4) 고상추출/기체크로마토그래피 – 질량분석법 (정량한계 : 0.003mg/L)

※ 기체크로마토그래피 – 질량분석법(GC-MS)

6 총대장균군 : 적색

1) 막여과법

① **측정원리** : 물속에 존재하는 총대장균군을 측정하기 위하여 페트리접시에 배지를 올려놓은 다음 배양 후 금속성 광택을 띠는 적색이나 진한적색 계통의 집락을 계수하는 방법이다.

② **용어정의**
- **총대장균군** : 그람음성·무아포성의 간균으로서 락토스를 분해하여 가스 또는 산을 발생하는 모든 호기성 또는 통성 혐기성균 혹은 베타-갈락토오스 분해효소의 활성을 가진 세균을 말한다.

③ **분석절차**
  ㉠ 35 ± 0.5℃에서 22시간 ~ 24시간 배양
  ㉡ 멸균된 핀셋으로 여과막을 눈금이 위로 가게 하여 여과장치의 지지대 위에 올려 놓은 후, 막여과장치의 깔때기를 조심스럽게 부착시킨다.
  ㉢ 배양 후 금속성 광택을 띠는 적색이나 진한적색 계통의 집락을 계수
  ㉣ 집락수가 20개 ~ 80개의 범위에 드는 것을 선정하여 다음의 식에 의해 계산한다.

  [주 1] 여과하여야 할 예상 시료량이 10mL보다 적을 경우에는 멸균된 희석액으로 희석하여 여과하여야 한다.
  [주 2] 총대장균군수를 예측할 수 없을 경우에는 여과량을 달리하여 여러개의 시료를 분석하고, 한 여과 표면위의 모든 형태의 집락수가 200개 이상의 집락이 형성되지 않도록 하여야 한다.

  $$\text{총대장균군수}/100mL = \frac{C}{V} \times 100$$

  - C : 생성된 집락수
  - V : 여과한 시료량

2) 시험관법

① **측정원리** : 물속에 존재하는 총대장균군을 측정하는 방법으로 다람시험관을 이용하는 추정시험과 백금이를 이용하는 확정시험 방법으로 나뉘며 추정시험이 양성일 경우 확정시험을 시행한다.

② **용어정의** : 막여과법과 같다.

③ **분석절차**
  ㉠ 추정시험
   • 시료를 10, 1, 0.1, 0.01, 0.001…… mL씩 되게 10배 희석법에 따라 희석하여 사용하며, 시료의 오염정도에 따라 희석배수를 다르게 할 수 있다. 각 희석단계마다 5개의 시험관을 사용하며, 시료의 희석은 시료의 최대량을 이식한 5개의 시험관에서 전부 또는 대다수가 양성이고, 최소량을 이식한 5개의 시험관에서 전부 또는 대다수가 음성이 되도록 희석하여야 한다.

- 먹는물에 대한 추정시험은 2배 농후의 락토오스배지 또는 라우릴 트립토오스 배지가 10mL씩 들어 있는 중시험관(다람(Durham)시험관이 들어있는 시험관) 10개에 시료 10mL씩을 접종하여 (35.0 ± 0.5)℃에서 (24 ± 2)시간 배양한다. (3배 농후 배지 10mL이 들어 있는 시험관 5개에 시료 20mL를 접종할 수도 있다)
- 샘물, 먹는샘물, 먹는해양심층수, 염지하수 및 먹는염지하수에 대한 시험은 3배 농후의 락토오스배지 또는 라우릴 트립토오스 배지가 25mL씩 들어 있는 시험관(다람시험관이 들어 있는 시험관) 5개에 시료 50mL 씩을 접종하여 (35.0 ± 0.5)℃에서 (24 ± 2)시간 배양한다.
- 배양 (24 ± 2)시간 경과 후 각 시험관을 잘 흔들어 확인하고, 어느 시험관에서도 기체가 발생하지 않으면 동일한 조건으로 (48 ± 3)시간까지 연장 배양한다. 기체발생이 없을 때에는 추정시험 음성으로 판정하고, 하나 이상의 시험관에서 기체발생이 관찰되었을 때에는 확인 즉시 확정시험을 실시한다.

ⓒ **확정시험** : 추정시험에서 기체가 발생하였을 때에는 기체가 발생한 모든 시험관으로부터 배양액을 1백금이씩 취하여 확정시험용 배지가 10mL씩 들어있는 시험관(다람시험관이 들어있는 시험관)에 각각 접종시켜 (35.0 ± 0.5)℃에서 (48 ± 3)시간 이내 배양한다. 이때 기체가 발생하지 않으면 총대장균군 확정시험 음성으로 판정하고 기체발생이 관찰되었을 때에는 총대장균군 양성으로 판정한다. 모든 시험은 음성대조군 시험을 동시에 실시하여 음성대조군 시험결과는 음성으로 나왔을 경우에만 유효한 결과값으로 판정한다.

④ **배지**

ⓐ **추정시험** : 락토오스 배지(Lactose broth) 또는 라우릴 트립토오스 배지(Lauryl tryptose broth)

ⓒ **확정시험** : BGLB 배지

⑤ **시료채취 및 관리**

ⓐ 멸균된 시료용기를 사용하여 무균적으로 시료를 채취하고 즉시 시험하여야 한다.
ⓑ 즉시 시험할 수 없는 경우에는 빛이 차단된 4℃ 냉장 보관 상태에서 30시간 이내에 시험하여야 한다.
ⓒ 잔류염소를 함유한 시료를 채취할 때에는 시료채취 전에 멸균된 시료채취용기에 멸균한 티오황산나트륨 용액을 최종농도 0.03% 되도록 투여한다.
ⓓ 수도꼭지에서 시료를 채취할 경우에는 수도꼭지를 틀어 2분 ~ 3분간 흘려버린 후 시료를 채취한다. 수도꼭지에 연결된 부착물이 있다면 이를 제거하고, 깨끗한 헝겊 또는 휴지로 이물질을 닦아낸 후 시료를 채취한다. 필요에 따라 가스버너 등을 이용하여 수도꼭지 입구를 충분히 소독할 수 있다.
ⓔ 먹는샘물, 먹는해양심층수 및 먹는염지하수제품수는 병의 마개를 열지 않은 상태의 제품을 말하며, 병의 마개가 열린 것은 시료로 사용할 수 없다.

⑥ **결과보고** : 총대장균군 시험관법 시험결과는 확률적인 수치인 최적확수로 나타내지만, 결과는 '총대장균군 수/100mL'로 표기하며, 반올림하여 유효숫자 2자리로 표기한다. 결과값의 유효숫자가 2자리 미만이 될 경우에는 1자리로 표기한다. 다만, 결과값이 소수점을 포함하는 경우에는 반올림하여 정수로 표기한다. 또한 양성 시험관수가 0-0-0일 경우에는 '〈2'로 표기하거나 '불검출'로 표기할 수 있다.

3) 효소기질이용법

① **간섭물질** : 시료자체에 탁도 및 색도가 있을 경우 수질검사 결과에 영향을 미칠 수 있다. 이 경우에는 막여과법이나 시험관법 등을 이용하여야 한다.

② **용어정의** : 막여과법과 같다.

③ **분석절차**

    ㉠ 상용화된 용기와 시약을 사용하고, 무균조작으로 시료 100mL(샘물, 먹는샘물, 먹는해양심층수, 염지하수 및 먹는염지하수는 250mL)를 용기에 넣고 시약을 넣어 완전히 용해되도록 섞은 다음 제품 사용설명서에 따라 적정시간동안 (35.0 ± 0.5)℃에서 배양 후 결과를 판정한다.

    ㉡ 모든 시험은 음성대조군 시험을 동시에 실시하여 음성대조군 시험결과는 음성으로 나왔을 경우에만 유효한 결과값으로 판정한다.

    ㉢ 위양성으로 추정되는 시료는 총대장균군 시험관법 또는 막여과법으로 확인할 수 있다.

4) 평판집락법(수질오염공정시험기준만 해당)

① **측정원리** : 물속에 존재하는 총대장균군을 측정하는 방법으로 페트리접시의 배지표면에 평판집락법 배지를 굳힌 후 배양한 다음 진한 적색의 전형적인 집락을 계수하는 방법이다.

② **용어정의** : 막여과법과 같다.

③ **분석절차**

    ㉠ 페트리접시에 평판집락법 배지를 약 15mL 넣은 후 항온수조를 이용하여 45℃ 내외로 유지시킨다.

    ㉡ 평판집락수가 30개 ~ 300개가 되도록 시료를 희석 후, 1mL씩을 시료 당 2매의 페트리접시에 넣는다.

    ㉢ 굳기 전에 좌우로 10회전 이상 흔들어 시료와 배지를 완전히 섞은 후 실온에서 굳힌다.

    ㉣ 굳힌 페트리접시의 배지표면에 다시 45℃로 유지된 평판집락법 배지를 3mL ~ 5mL 넣어 표면을 얇게 덮고 실온에서 정치하여 굳힌 후 (35 ± 0.5)℃에서 18시간 ~ 20시간 배양한 다음 진한 적색의 전형적인 집락을 계수한다.

    ㉤ 정확성을 기하기 위하여 실험할 때마다 1개 이상의 음성대조군 시험을 상기 방법과 동일한 조건하에서 같이 실시하여야 하며, 이 때 음성대조군 평판에서는 전형적인 총대장균군의 집락이 없어야 한다.

④ **결과보고** : 집락수가 30 ~ 300개의 범위에 드는 것을 산술평균하여 '총대장균수/mL'로 표기하며, 반올림하여 유효숫자 2자리로 나타낸다.

7 분원성 대장균군(청색)

1) 막여과법(수질오염공정시험기준만 해당)

① **측정원리** : 물속에 존재하는 분원성대장균군을 측정하기 위하여 페트리접시에 배지를 올려놓은 다음 배양 후 여러 가지 색조를 띠는 청색의 집락을 계수하는 방법이다.

② **용어정의**
- **분원성대장균군** : 온혈동물의 배설물에서 발견되는 그람음성·무아포성의 간균으로서 44.5℃에서 락토스를 분해하여 가스 또는 산을 발생하는 모든 호기성 또는 통성 혐기성균 또는 베타-갈락토오스 분해효소(β-galactosidase)의 활성을 가진 세균을 말한다.

③ **분석절차**
㉠ (44.5 ± 0.2℃)에서 (24 ± 2)시간 배양
㉡ 배양 후 여러 가지 색조를 띠는 청색의 집락을 계수
㉢ 집락수가 20개 ~ 80개의 범위에 드는 것을 선정하여 다음의 식에 의해 계산한다.

$$\text{분원성대장균군수}/100mL = \frac{C}{V} \times 100$$

- C : 생성된 집락수
- V : 여과한 시료량

2) 시험관법

① **측정원리** : 물속에 존재하는 분원성대장균군을 측정하기 위하여 다람시험관을 이용하는 추정시험과 백금이를 이용하는 확정시험으로 나뉘며 추정시험이 양성일 경우 확정시험을 시행하는 방법이다.

② **용어정의** : 막여과법과 같다.

③ **분석절차**

㉠ 추정시험
- 시료를 10, 1, 0.1, 0.01, 0.001…… mL씩 되게 10배 희석법에 따라 희석하여 사용하며, 시료의 오염정도에 따라 희석배수를 다르게 할 수 있다. 각 희석단계마다 5개의 시험관을 사용하며, 시료의 희석은 시료의 최대량을 이식한 5개의 시험관에서 전부 또는 대다수가 양성이고, 최소량을 이식한 5개의 시험관에서 전부 또는 대다수가 음성이 되도록 희석하여야 한다.
- 희석된 시료를 다람시험관이 들어있는 추정시험용 배지(락토스 배지 또는 라우릴트립토스 배지)에 접종하여 (35 ± 0.5)℃에서 (48 ± 3)시간까지 배양한다. 이 때, 가스가 발생하지 않는 시료는 분원성대장균군 음성으로 판정하고 가스발생이 있을 때에는 추정시험 양성으로 판정하며 추정시험 양성 시험관은 확정시험을 수행한다.

ⓒ **확정시험** : 백금이를 사용하여 추정시험 양성 시험관으로부터 확정시험용 배지(EC 배지)가 든 시험관에 무균적으로 이식하여 (44.5 ± 0.2)℃에서, (24 ± 2)시간동안 배양한다. 이 때, 가스가 발생한 시료는 분원성대장균군 양성으로 판정하고, 가스가 발생하지 않는 시료는 총대장균군 음성으로 판정하며, 확정시험까지의 양성 시험관수를 최적확수표에서 찾아 분원성대장균군수를 결정한다. 최적확수표는 시료량이 10mL, 1mL, 0.1mL의 희석단계에 대한 최적확수가 최적확수/100mL로 표시되어 있어, 그 이상 희석을 한 시료는 희석배수를 곱하여야 한다.

④ **결과보고** : 분원성대장균군 시험관법 시험결과는 확률적인 수치인 최적확수로 나타내지만, 결과는 '분원성대장균군수/100mL'로 표기하며, 반올림하여 유효숫자 2자리로 표기한다. 결과값의 유효숫자가 2자리 미만이 될 경우에는 1자리로 표기한다. 다만, 결과값이 소수점을 포함하는 경우에는 반올림하여 정수로 표기한다. 또한 양성 시험관수가 0-0-0 일 경우에는 '〈2'로 표기하거나 '불검출'로 표기할 수 있다.

3) 효소기질이용법

① **간섭물질** : 시료자체에 탁도 및 색도가 있을 경우 수질검사 결과에 영향을 미칠 수 있다. 이 경우에는 막여과법이나 시험관법 등을 이용하여야 한다.

② **용어정의** : 막여과법과 같다.

③ **시료채취 및 관리**

  ㉠ 멸균된 시료용기를 사용하여 무균적으로 시료를 채취하고 즉시 시험하여야 한다. 즉시 시험할 수 없는 경우에는 빛이 차단된 4℃ 냉장 보관 상태에서 30시간 이내에 시험하여야 한다.

  ㉡ 잔류염소를 함유한 시료를 채취할 때에는 시료채취 전에 멸균된 시료채취용기에 멸균한 티오황산나트륨 용액을 최종농도 0.03% 되도록 투여한다.

  ㉢ 수도꼭지에서 시료를 채취할 경우에는 수도꼭지를 틀어 2분 ~ 3분간 흘려버린 후 시료를 채취한다. 수도꼭지에 연결된 부착물이 있다면 이를 제거하고, 깨끗한 헝겊 또는 휴지로 이물질을 닦아낸 후 시료를 채취한다. 필요에 따라 가스버너 등을 이용하여 수도꼭지 입구를 충분히 소독할 수 있다.

④ **분석절차**

  ㉠ 상용화된 용기와 시약을 사용하고, 무균조작으로 시료 100mL(먹는물, 먹는물 공동시설)를 용기에 넣고 시약을 넣어 완전히 용해되도록 섞은 다음 제품 사용설명서에 따라 적정시간동안 (44.5 ± 0.2)℃에서 배양 후 결과를 판정한다.

  ㉡ 모든 시험은 음성대조군 시험을 동시에 실시하여 음성대조군 시험결과는 음성으로 나왔을 경우에만 유효한 결과값으로 판정한다.

  ㉢ 위양성으로 추정되는 시료는 분원성대장균군 시험관법으로 확인할 수 있다.

8 물벼룩을 이용한 급성 독성 시험법

1) 측정원리 : 수서무척추동물인 물벼룩을 이용하여 시료의 급성독성을 평가하는 방법으로써 시료를 여러 비율로 희석한 시험수에 물벼룩을 투입하고 24시간 후 유영상태를 관찰하여 시료농도와 치사 혹은 유영저해를 보이는 물벼룩 마리수와의 상관관계를 통해 생태독성값을 산출하는 방법이다.

2) 용어정의

① **치사 :** 일정 비율로 준비된 시료에 물벼룩을 투입하고 24시간 경과 후 시험용기를 살며시 움직여주고, 15초 후 관찰했을 때 아무 반응이 없는 경우를 '치사'라 판정한다.

② **유영저해 :** 독성물질에 의해 영향을 받아 일부 기관(촉각, 후복부 등)이 움직임이 없을 경우를 '유영저해'로 판정한다. 이때, 촉수를 움직인다하더라도 유영을 하지 못한다면 '유영저해'로 판정한다.

③ **반수영향농도(EC_{50}) :** 투입 시험생물의 50%가 치사 혹은 유영저해를 나타낸 농도이다.

④ **생태독성값 :** 통계적 방법을 이용하여 반수영향농도 EC_{50}을 구한 후 100에서 EC_{50}을 나눠준 값을 말한다. (EC_{50}의 단위는 %이다.)

$$생태독성값 = \frac{100}{EC_{50}}$$

⑤ **지수식 시험방법 :** 시험기간 중 시험용액을 교환하지 않는 시험을 말한다.

⑥ **표준독성물질 시험방법 :** 독성시험이 정상적인 조건에서 수행되는지를 주기적으로 확인하기 위하여 다이크롬산칼륨을 이용하여 시험을 수행한다.

3) 시험생물

① 시험생물은 물벼룩인 Daphnia magna straus를 사용하도록 하며, 출처가 명확하고 건강한 개체를 사용한다.
② 시험을 실시할 때는 계대배양(여러 세대를 거쳐 배양)한 생후 2주 이상의 물벼룩 암컷 성체를 시험 전날에 새롭게 준비한 용기에 옮기고, 그 다음날까지 생산한 생후 24시간 미만의 어린 개체를 사용한다. 물벼룩은 배양 상태가 좋을 때 7일 ~ 10일 사이에 첫 새끼를 부화하게 되는데 이때 부화된 새끼는 시험에 사용하지 않고 같은 어미가 약 네 번째 부화한 새끼부터 시험에 사용하여야 한다. 군집배양의 경우, 부화 횟수를 정확히 아는 것이 어렵기 때문에 생후 약 2주 이상의 어미에서 생산된 새끼를 시험에 사용하면 된다.
③ 외부기관에서 새로 분양 받았다면 ②와 동일한 방법으로 계대배양하여, 2번 이상의 세대교체 후 물벼룩을 시험에 사용해야 한다.
④ 시험하기 2시간 전에 먹이를 충분히 공급하여 시험 중 먹이가 주는 영향을 최소화하도록 한다.
⑤ 물벼룩을 폐기할 경우에는 망으로 걸러 살아있는 상태로 하수구에 유입되지 않도록 주의해야한다.

⑥ 배양액을 교체해주거나 정해진 희석배율의 시험수에 시험생물을 옮겨 주입할 때에는 시험생물이 공기 중에 노출되는 시간을 가능한 한 짧게 한다.
⑦ 태어난 지 24시간 이내의 시험생물일지라도 가능한 한 크기가 동일한 시험생물을 시험에 사용한다.
⑧ 평상시 물벼룩 배양에서 하루에 배양 용기 내 전체 물벼룩 수의 10% 이상이 치사한 경우 이들로부터 생산된 어린 물벼룩은 시험생물로 사용하지 않는다.
⑨ 배양시 물벼룩이 표면에 뜨지 않아야 하고, 표면에 뜰 경우 시험에 사용하지 않는다.
⑩ 물벼룩을 옮길 때 사용되는 스포이드에 의한 교차 오염이 발생하지 않도록 주의를 기울인다.

4) 분석절차

① 시료의 희석비는 원수 100%를 기준으로, 50%, 25%, 12.5%, 6.25%로 하여 시험한다.
② 한 농도 당 시험생물 5마리씩 4개의 반복구를 둔다. 이때, 시험용액의 양은 50mL로 한다.
③ 시험기간 동안 조명은 명 : 암 = 16 : 8시간을 유지하도록 하고 물교환, 먹이공급, 폭기를 하지 않는다.
④ 시험 온도는 (20 ± 2)℃ 범위로 유지되어야 한다.
⑤ 24시간 후의 유영저해 및 치사여부를 관찰하여 그 결과로 원수 및 각 희석수의 EC_{50}을 구한다.
⑥ 원수 및 각 희석수의 EC_{50}을 통계프로그램인 프로빗(Probit)방법 또는 트림드 스피어만-카버(Trimmed Spearman-Karber)방법을 사용하여, 최종적으로 시료의 EC_{50}값과 95%에서의 신뢰 구간을 구한다.

9 식물성플랑크톤-현미경계수법

1) 측정원리
: 물속의 부유생물인 식물성 플랑크톤을 현미경계수법을 이용하여 개체수를 조사하는 정량분석 방법이다.

2) 용어정의
- **식물성 플랑크톤** : 식물성 플랑크톤은 운동력이 없거나 극히 적어 수체의 유동에 따라 수체 내에 부유하면서 생활하는 단일 개체, 집락성, 선상형태의 광합성 생물을 총칭한다.

3) 분석절차

① **정성시험** : 정성시험의 목적은 식물성 플랑크톤의 종류를 조사하는 것으로 검경배율 100배 ~ 1,000배 시야에서 세포의 형태와 내부구조 등의 미세한 사항을 관찰하면서 종 분류표에 따라 식물성 플랑크톤 종을 확인하여 계수일지에 기재한다.(부록) 담수조류 분류표 및 그림 참조)

② **정량시험** : 식물성 플랑크톤의 계수는 정확성과 편리성을 위하여 일정 부피를 갖는 계수용 챔버를 사용한다. 식물성 플랑크톤의 동정에는 고배율이 많이 이용되지만 계수에는 저 ~ 중배율이 많이 이용된다. 계수 시 식물성 플랑크톤의 종류에 따라 요구되는 배율이 달라지므로 다음 방법 중 하나를 이용한다.

㉠ **저배율 방법(200배율 이하)** : 세즈윅-라프터 챔버
- 스트립 이용 계수
- 격자 이용 계수

  세즈윅-라프터 챔버는 조작이 편리하고 재현성이 높은 반면 중배율 이상에서는 관찰이 어렵기 때문에 미소 플랑크톤(nano plankton)의 검경에는 적절하지 않다.

㉡ **중배율 방법(200배율 ~ 500배율 이하)**
- 팔머-말로니 챔버 이용 계수 : 미소 플랑크톤의 계수에 적절함
- 혈구계수기 이용 계수

③ **일반사항** : 시료의 개체수는 계수면적당 10 ~ 40 정도가 되도록 희석 또는 농축한다.

④ **시료농축**

㉠ **원심분리** : 일정량의 시료를 원심침전관에 넣고 1,000 × g로 20분정도 원심분리하여 일정배율로 농축한다.

㉡ **자연침전** : 일정시료에 포르말린용액을 1% 또는 루골용액을 (1 ~ 2)% 가하여 플랑크톤을 고정시켜 실린더 용기에 넣고 일정시간 정치 후(0.5h/mm) 싸이폰을 이용하여 상층액을 따라 내어 일정량으로 농축한다.

10 프탈레이트와 아디페이트

1) 기체크로마토그래프-질량분석법 : 먹는물 중 프탈레이트와 아디페이트의 측정방법으로서, 시료 중 비스에틸헥실프탈레이트, 비스에틸헥실아디페이트를 n-헥산으로 추출하여 농축한 후 기체크로마토그래프로 분리한 다음 질량분석기로 분석하는 방법이다.

① 먹는물 중 비스에틸헥실프탈레이트와 비스에틸헥실아디페이트의 검사에 적용한다.
② **정량한계** : 0.001mg/L

11 벤조(a)피렌

1) 고성능액체크로마토그래프-형광광도법 : 먹는물 중 다환방향족 탄화수소류의 측정방법으로서, 시료 중 벤조(a)피렌을 디클로로메탄으로 추출하여 농축한 후 액체크로마토그래프로 분리하여 형광검출기로 분석하는 방법이다.

- **정량한계** : 0.0001mg/L

2) 기체크로마토그래프-질량분석법 : 먹는물 중 다환방향족 탄화수소류의 측정방법으로서, 시료 중 벤조(a)피렌을 디클로로메탄으로 추출하여 농축한 후 기체크로마토그래프로 분리하여 질량분석기로 분석하는 방법이다.

- **정량한계** : 0.00001mg/L

12 마이크로시스틴

1) 액체크로마토그래프-텐덤질량분석법 : 먹는물 중에 마이크로시스틴의 측정방법으로서, 먹는물 중에 마이크로시스틴을 고상추출하여 고성능액체크로마토그래프로 분리한 다음 텐덤 질량분석기로 분석하는 방법이다.

- **정량한계** : 0.1㎍/L
- 먹는물 중 마이크로시스틴-LR, -YR, -RR, -LA 측정에 적용한다.

2) 액체크로마토그래프-질량분석법 : 먹는물 중에 마이크로시스틴의 측정방법으로서, 먹는물 중에 마이크로시스틴을 고상추출하여 고성능액체크로마토그래프로 분리한 다음 질량분석기로 분석하는 방법이다.

- 먹는물 중 마이크로시스틴-LR, -YR, -RR, -LA 측정에 적용한다.

3) 고성능액체크로마토그래피 : 먹는물 중에 마이크로시스틴의 측정방법으로서, 먹는물 중에 마이크로시스틴을 고상추출하여 고성능액체크로마토그래프로 분리한 다음 자외선검출기 또는 광다이오드어레이검출기로 분석하는 방법이다.

- 먹는물 중 마이크로시스틴-LR, -YR, -RR, -LA 측정에 적용한다.

13 알라클러

1) 기체크로마토그래프-전자포획검출법 : 먹는물 중에 알라클러의 측정방법으로서, 시료 중 알라클러를 디클로로메탄으로 추출하여 농축한 후 기체크로마토그래프로 분리하여 전자포획검출기(ECD)로 분석하는 방법이다.

- **정량한계** : 0.0005mg/L

2) 기체크로마토그래프-질량분석법 : 먹는물 중에 알라클러의 측정방법으로서, 시료 중 알라클러를 디클로로메탄으로 추출하여 농축한 후 기체크로마토그래프로 분리하여 질량분석기로 분석하는 방법이다.

- **정량한계** : 0.0005mg/L

⑭ 클로레이트

1) 이온크로마토그래피 : 먹는물 중 미량유해물질인 클로레이트를 전도도검출기(conductivity detector)가 장착된 이온크로마토그래프를 이용하여 분석하는 방법이다.

- 정량한계 : 0.03mg/L

⑮ 염소소독부산물

1) 기체크로마토그래프-전자포획검출법

먹는물 중 염소소독부산물의 측정방법으로서, 시료를 메틸삼차-부틸에테르로 추출하여 기체크로마토그래프로 분리한 다음 전자포획검출기로 분석하는 방법이다.
① 먹는물 중 브로모클로로아세토니트릴, 디브로모에틸렌의 측정에 적용한다.
② 정량한계 : 0.00005 ~ 0.0005mg/L
③ 간섭물질
   ㉠ 추출 용매 안에 함유하고 있는 불순물로 인해 간섭을 받는다. 이 경우 바탕시료나 시약바탕시료를 분석하여 확인할 수 있다.
   ㉡ 메틸삼차-부틸에테르는 미량의 클로로포름, 트리클로로에틸렌, 사염화탄소를 함유할 수 있다. 이 때 2차 증류하여 불순물을 제거할 수 있다. (증류법)
   ㉢ 용매추출법을 사용할 때에는 폭넓은 영역의 끓는점을 갖는 극성 및 비극성 유기물질이 함께 추출되어 분석물질을 방해한다. 특히 미량분석을 할 때에는 이들에 의해 간섭을 크게 받으므로 기체크로마토그래프-질량분석기로 확인하고 간섭이 심할 때에는 고체상 추출법 등의 정제를 생각해야 한다.

2) 기체크로마토그래프-질량분석법

먹는물 중 염소소독부산물의 측정방법으로서, 시료를 메틸삼차-부틸에테르로 추출하여 기체크로마토그래프로 분리한 다음 질량분석기로 분석하는 방법이다.
① 먹는물 중 브로모클로로아세토니트릴, 디브로모에틸렌의 측정에 적용한다.
② 정량한계 : 0.00005 ~ 0.0005mg/L

⑯ 할로아세틱에시드

1) 기체크로마토그래프-전자포획검출법

먹는물 중 2,4-D와 할로아세틱에시드류의 측정방법으로서, 먹는물 시료를 pH 2 이하가 되도록 황산으로 조절한 후 2,4-D와 할로아세틱에시드류를 메틸삼차-부틸에테르로 추출하여 산성조건 하에 메탄올로 유도체화시킨 후 기체크로마토그래프로 분리한 다음 전자포획검출기로 분석하는 방법이다.
① 먹는물 중 2,4-D와 모노클로로아세틱에시드, 모노브로모아세틱에시드의 측정에 적용한다.
② **정량한계** : 0.001mg/L

2) 기체크로마토그래프-질량분석법

먹는물 중 2,4-D와 할로아세틱에시드류의 측정방법으로서, 먹는물 시료를 pH 2 이하가 되도록 황산으로 조절한 후 2,4-D와 할로아세틱에시드류를 메틸삼차-부틸에테르로 추출하여 산성조건 하에 메탄올로 유도체화시킨 후 기체크로마토그래프로 분리한 다음 질량분석기로 분석하는 방법이다.
① 먹는물 중 2,4-D와 모노클로로아세틱에시드, 모노브로모아세틱에시드의 측정에 적용한다.
② **정량한계** : 0.001mg/L

17 지오스민 및 2-MIB

1) 용매추출/기체크로마토그래프-질량분석법

먹는물 중 조류에 기인하여 발생하는 주요 냄새물질인 지오스민, 2-MIB를 n-Hexane으로 추출·농축한 후 기체크로마토그래프/질량분석기로 분석하는 방법이다.

2) 고상추출/기체크로마토그래프-질량분석법

먹는물 중 조류에 기인하여 발생하는 주요 냄새물질인 지오스민, 2-MIB를 고상으로 충진된 흡착제에 흡착시킨 후 적절한 추출용매를 사용하여 성분을 용출하고 불순성분들을 제거하여 용출·농축 한 후 기체크로마토그래프/질량분석기로 분석하는 방법이다.

3) HS-SPME/기체크로마토그래프-질량분석법

HS-SPME법을 사용하여 시료를 추출하고 화이버를 직접 기체크로마토그래프에 주입하여 열 탈착시켜 분석하는 방법이다. 즉, 시료 추출, 정제와 농축이 동시에 이루어지고 직접 기체크로마토그래프로 주입되기 때문에 자동화가 용이하여 기존의 전처리방법에 비해 상대적으로 높은 감도와 분석 조작이 간단한 특징이 있다.
- **정량한계** : 0.002μg/L(1), 2), 3) 모든 방법이 동일)

18 노로바이러스

지하수나 하천수 등 물에 존재하는 노로바이러스를 분석함에 있어 정확하고 통일성 있는 검사결과를 기하기 위해 필요한 제반사항에 대하여 규정함을 목적으로 한다.

⑲ 저온일반세균

1) 평판집락법

① 용어정의

- 저온일반세균 : (21.0 ± 1.0)℃에서 (72 ± 3)시간 배양했을 때 빈영양배지(R2A 한천배지)에 집락을 형성하는 모든 세균을 말한다.

② 배양 : (21.0 ± 1.0)℃에서 (72 ± 3)시간 배양

⑳ 중온일반세균

1) 평판집락법

① 용어정의

- 중온일반세균 : (35.0 ± 0.5)℃에서 표준한천배지 또는 트립톤 포도당 추출물 한천배지에 집락을 형성하는 모든 세균을 말한다.

② 배양 : (35 ± 0.5)℃에서 먹는물은 (48 ± 2)시간, 샘물, 먹는샘물, 먹는해양심층수, 염지하수 및 먹는염지하수는 (24 ± 2)시간 배양한다.

㉑ 부식성지수-랑게리아지수(LI)

1) 목적

랑게리아지수는 일반적으로 물에서 스케일 형성과 스케일 용해를 평가하기 위하여 탄산칼슘 침전이나 용해 경향을 나타내는 지수이다. 물이 $CaCO_3$에 대하여 과포화, 포화 또는 불포화인지를 결정하며 수도관에 대한 수돗물 부식성 지표로 사용되어 관의 부식제어에 유용하고 관과 부식제어 프로그램에 활용된다.

2) 제한

일반적으로 $CaCO_3$은 과포화된 물에서 침전하며 불포화된 물에서는 침전할 수 없고 과포화된 물의 경우에도 인산염(특히 다인산염)이나 자연적 기원의 유기물 및 마그네슘 등의 존재 시 $CaCO_3$ 침전이 방해될 수 있다. 탄산칼슘 포화지수 계산에 포함되지 않으나 용존산소, 완충능력, 염소이온, 황산이온, 유속과 같은 수질 특성도 부식에 영향을 미칠 수 있다.

3) 랑게리아지수 결정인자 시험방법

① **알칼리도** : 총 알칼리도 측정방법
② **칼슘** : 원자흡광광도법 또는 유도결합플라즈마 원자발광분광법
③ **전기전도도** : 수질 - 전기전도도 측정방법
④ **수소이온농도** : 유리전극법

UNIT 02 정수관리 및 감시항목 측정법

1 먹는물 수질감시항목 운영 등에 관한 고시

① **제1조(목적)**

이 고시는 「수도법」 및 「먹는물관리법」에 따라 먹는물 수질기준항목 이외에 먹는물 수질감시항목(이하 "감시항목"이라 한다)을 정하여 운영함에 따른 먹는물 감시항목의 지정대상·지정절차·먹는물 감시항목별 감시기준·검사주기 등을 규정함을 목적으로 한다.

② **제2조(용어의 정의)** 이 고시에서 사용하는 용어의 정의는 다음과 같다.

1. "감시항목"이란 먹는물 수질기준이 설정되어 있지 않으나 먹는물의 안전성 확보를 위하여 먹는물 중의 함유 실태조사 등의 감시가 필요한 물질을 말한다.
2. "감시기준"이란 감시항목으로 설정한 물질의 인체 위해도를 근거로 평생 섭취하여도 건강에 위해를 끼치지 않는 수준으로 설정한 수질관리 목표값을 말한다.

③ **제3조(적용대상)** 이 고시의 적용대상은 다음과 같다.

1. 「수도법」에 따른 "상수원수" 및 "정수(수돗물에 한한다. 이하 정수라 한다.)"
2. 「먹는물관리법」에 따른 "샘물", "먹는샘물", "염지하수" 및 "먹는염지하수"

④ **제4조(감시항목 지정)**

㉠ 국립환경과학원장은 제3조에 따른 적용대상 중에서의 미량유해물질 함유실태 조사결과와 국내·외에서 문제가 제기되는 물질에 대한 검출빈도 및 위해도 등을 검토하여 지속적으로 감시할 필요가 있다고 인정되는 물질에 대해 관계전문가의 의견을 들어 감시항목을 지정하도록 환경부장관에게 요청하여야 한다.
㉡ 국립환경과학원장은 ㉠에 따라 감시항목 지정을 환경부장관에게 요청하는 때에는 감시예정물질의 검출빈도·검출농도·검사주기·감시기준·검사대상·시행시기와 함께 그 물질에 대한 WHO 및 미국 등 선진국

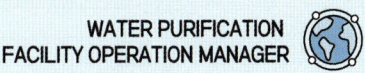

의 수질기준 등이 포함되어야 한다.

ⓒ 환경부장관은 ㉠에 따라 요청을 받은 때에는 특별한 사유가 없으면 이에 응하여야 한다.

⑤ 제5조(감시기준 및 검사주기 등)

㉠ 제4조에 따라 지정된 감시항목의 감시기준, 검사대상 및 검사주기는 별표 1과 같다.

[별표 1] 먹는물 수질감시항목 감시기준 및 검사주기 등(제5조 관련)

1. 상수원수

항목 \ 구분	한국 감시 기준	시행 년도	국외 기준/권고기준(정수)				검사주기
			WHO	미국	일본	호주	
Corrosion Index (LI)	-	2012	-	부식성 없음 (2차 기준)	-1~0b	-	4회/년
Microcystin-LR (μg/L)	-	2013	1	-	0.8a	1.3c	1회/반기(평상시) 1회/주~3회/주 (조류경보 발령시)
Geosmin (μg/L)	-	2022	-	-	0.01	-	1회/월(평상시) 1회/주~3회/주 (조류경보 발령시)
2-MIB(2-Methy lisoborneol) (μg/L)	-	2022	-	-	0.01	-	

비고

1. 부식성지수는 랑게리아지수(Langelier index, LI)를 적용한다.
2. 원·정수의 Microcystin-LR, Geosmin 및 2-MIB 검사는 상수원의 조류경보 발령시 단계에 따라 아래와 같이 강화하여 실시한다.

구분	검사주기	
	Microcystin-LR	Geosmin, 2-MIB
평상 시	1회/반기 (6월, 9월)	1회/월
'관심'단계 발령 시	1회/주	
'경계'단계 발령 시	2회/주	
'조류대발생'단계 발령 시	3회/주	

3. "a"는 요 검토항목, "b"는 수질관리목표설정항목, "c"는 microcystins(총량)이다.

2. 정수

(단위 : μg/L)

항목 계	구분 31 항목	한국 감시 기준	국외 기준/권고기준				검사주기				시행 년도
			WHO	미국	일본	호주	1회/월	1회/분기	1회/반기	1회/년	
유해영향 무기물질	Antimony	20	20	6	15[b]	3				○	1998
	Perchlorate	15	–	–	–	–	○				2010
	Vinyl Chloride	2	0.3	2	2[a]	0.3				○	1998
	Styrene	20	20	100	20[a]	30				○	1998
유해영향 유기물질	Chloroethane	미설정	–	–	–	–	○				2001
	Bromoform	100	100	80[d]	90	–	○				2011
	Chlorophenol	200	–	–	–	300				○	1998
	2,4-Dichlorophenol	150	–	–	–	200				○	1998
	Pentachlorophenol	9	9	1	–	10				○	1998
	2,4,6-Trichlorophenol	15	200	–	–	20				○	1998
	Di-2(ethylhexyl)phthalate	80	8	6	100[b]	10				○	2002
	Di-2(ethylhexyl)adipate	400	–	400	–	–				○	2002
	Benzo(a)pyrene	0.7	0.7	0.2	–	0.01				○	1998
	Microcystin-LR	1	1	–	0.8[a]	1.3[c]	1회/반기~3회/주				2013
	2,4-D	30	30	70	–	30				○	1998
	Alachlor	20	20	2	–	–				○	1998
	PFOS(Perfluorooctane sulfonate)	0.07 (개별, 합계)	–	0.07f (개별, 합계)	–[a]	0.07[f]		○			2018
	PFOA(Perfluorooctanoic acid)		–		–[a]	0.56[f]		○			2018
	PFHxS (Perfluorohexane sulfonic acid)	0.48	–	–	–	0.07[f]		○			2018
소독 부산물	Chlorate	700	700	–	–	–		○			2011
	Ethylendibromide	0.4	–	0.05	–	–				○	1998
	Bromochloroacetonitrile	미설정	–	–	–	–		○			1998
	Monobromoacetic acid	60(총 HAA)	–	60[e]	–	–		○			2005
	Monochloroacetic acid	60(총 HAA)	20	60[e]	–	–		○			2005
	N-nitrosodimethylamine (NDMA)	0.07	0.1	0.07[f]	0.1[a]	–		○			2018
	N-nitrosodiethylamine (NDEA)	0.02	–	–	–	–		○			2018
심미적 영향물질	Geosmin	0.02	–	–	0.01	–	1회/월~3회/주				2008
	2-MIB(2-Methyl isoborneol)	0.02	–	–	0.01	–					2008
	Corrosion index(LI)	–	–	부식성 없음 (2차기준)	-1~0[b]	–		○			2012
미생물	Norovirus	불검출	–	오염후보 물질	–	관리 대상				○	2011
자연방사 성물질	Radon(단위 : Bq/L)	148	–	148g	–	100[f]			○		2019

비고
1. 검사대상은 시설용량 50,000톤/일 이상인 정수장에 한한다. 다만, 라돈 항목은 상수원수가 지하수인 정수장, 마을상수도 및 소규모 급수시설에 한하며 노로바이러스 항목은 상수원수가 지하수인 시설 중 시설용량이 300톤/일 이상에 한한다. 또한, Microcystin-LR, Geosmin과 2-MIB 항목의 검사대상은 조류경보제 운영 상수원을 이용하는 모든 정수장에 한한다(다만, 지하수를 수원으로 정수처리하는 경우 검사대상에서 제외한다).
2. 지오스민과 2-MIB 검사주기는 원수의 검사주기와 같다.
3. 분기1회 검사항목은 3, 6, 9, 12월에 검사하고, 연1회 검사항목은 7월부터 9월 기간 중에 검사한다. 다만, 노로바이러스는 1월부터 3월 기간 중에 검사한다.
4. '노로바이러스'란의 '오염후보물질'(EPA)이라 함은 우리나라의 감시항목과 같은 개념이며, '관리대상'이라 함은 수질기준으로 정하고 있지 않으나, 국가에서 관리하고 있는 항목(캐나다 및 호주)을 말한다.
5. Microcystin-LR 검사주기는 원수의 검사주기와 같다.
6. "d"는 THMs(chloroform, bromodichloromethane, dibromochloromethane, bromoform 합), "e"는 HAAs (dichloroacetic acid, dibromoacetic acid, trichloroacetic acid, monochloroacetic acid, monobromoacetic acid 합), "f"는 건강권고치, "g"는 수질기준 제안치이다.

3. 먹는샘물

(단위 : µg/L)

항목\구분	한국 (감시기준)	국외 기준/권고기준(정수)				검사 주기	시행 년도
		WHO	미국	일본	호주		
포름알데히드 (Formaldehyde)	500	–	–	80	500	2회/년	2010
안티몬 (Antimony)	15	20	6	15[b]	3	2회/년	2014
몰리브덴 (Molybdenum)	70	70	40	70[a]	50	2회/년	2017

ⓒ 국립환경과학원장은 감시기준에 대해 매 3년 마다 국제적 추세 및 현실여건의 변화 등을 검토하여 재설정 조치 등이 필요하다 판단되는 경우 환경부장관에게 보고하여야 한다.

⑥ 제6조(검사방법의 표준화 등)

㉠ 국립환경과학원장은 감시항목으로 지정된 물질에 대해 표준화된 검사방법을 정하고, 제7조에 따른 검사기관의 검사요원에 대한 기술교육을 실시하여야 한다.

㉡ 국립환경과학원장과 제7조에 따른 검사기관의 장은 감시항목으로 지정된 물질의 검사에 필요한 장비, 기술인력 등 검사능력을 갖추어야 한다.

㉢ 감시항목의 시험방법은 별표 3과 같다.
〈먹는물 수질감시항목 시험방법〉 → 항목별 시험방법에 모두 수록

⑦ 제7조(검사의 실시)

㉠ 수도사업자는 제5조에 따라 검사대상이 되는 정수시설에 대하여 수질검사를 실시하여야 한다. 수질검사를

보건환경연구원 등 외부 검사기관에 의뢰하는 경우에는 수질분야 시료채취 교육을 이수한 수도사업자 소속 직원이 시료를 채취하여 검사기관에 의뢰할 수 있다.
　ⓒ 특별시장·광역시장·특별자치시장·도지사·특별자치도지사(이하 "시·도지사"라 한다)는 지정된 검사대상에 대한 수질검사를 실시하여야 한다.
　ⓒ 제1항 내지 제2항의 검사결과 검출량이 감시기준을 초과하는 경우 즉시 재검사를 실시하고 원인규명 및 대책을 강구하여야 하며, 동 물질에 대하여는 검사횟수를 늘려 실시하여야 한다.
　ⓔ 수도사업자는 정수장 또는 마을상수도 이외의 시설에 대하여도 검사능력을 배양하여 검사가 가능한 일부 항목부터 검사를 실시하거나 보건환경연구원에 수질검사를 의뢰하는 등 수질검사 방안을 강구하여야 한다.

⑧ **제8조(검사결과의 보고)**
　㉠ 시장·군수(광역시의 군수는 제외한다)는 실시한 검사결과를 별지 서식에 따라 검사주기가 종료된 날로부터 7일 이내에 도지사에게 보고하여야 한다.
　ⓒ 시·도지사와 한국수자원공사 사장은 실시한 검사결과를 검사주기가 종료된 날로부터 10일 이내에 환경부장관과 국립환경과학원장에게 보고하여야 한다. 다만, 검사결과 보고는 한국수자원공사가 운영하는 국가상수도정보시스템에 입력하는 것으로 갈음할 수 있다.

⑨ **제9조(검사결과에 따른 조치)**
　㉠ 국립환경과학원장은 감시항목의 검사결과를 종합평가하여 감시항목별 감시지속 여부, 먹는물 수질기준 설정 여부 등을 환경부장관에게 보고하여야 한다.
　ⓒ 환경부장관은 평가결과와 외국의 기준 등을 참고하여 관계전문가의 검토를 거쳐 먹는물 수질기준 설정여부를 결정하여야 한다.

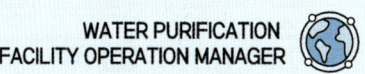

기출문제로 다지기 — CHAPTER 03 수질항목별 측정법

01. 먹는물수질공정시험기준상 항목별 기기분석법 연결이 옳은 것을 모두 고른 것은?

> ㉠ 카바릴 : 고성능액체크로마토그래피
> ㉡ 불소이온 : 이온크로마토그래피
> ㉢ 붕소 : 자외선/가시선 분광법
> ㉣ 휘발성유기화합물 : 퍼지·트랩 – 기체크로마토그래피

① ㉡, ㉢ ② ㉢, ㉣
③ ㉠, ㉡, ㉣ ④ ㉠, ㉡, ㉢, ㉣

해설
- 카바릴 : 고성능액체크로마토그래피, 기체크로마토그래피
- 불소이온 : 자외선/가시선 분광법, 이온전극법, 이온크로마토그래피
- 붕소 : 유도결합플라스마–원자방출분광법, 자외선/가시선 분광법, 유도결합플라스마–질량분석법

02. 다음 중 수질항목과 분석기기가 옳게 연결된 것은?

수질항목	분석기기
㉠ 불소이온	ⓐ GC – MS
㉡ 1, 4 – 다이옥산	ⓑ ICP – MS
㉢ 카드뮴	ⓒ IC

① ㉠ – ⓐ, ㉡ – ⓑ, ㉢ – ⓒ
② ㉠ – ⓐ, ㉡ – ⓒ, ㉢ – ⓑ
③ ㉠ – ⓒ, ㉡ – ⓐ, ㉢ – ⓑ
④ ㉠ – ⓑ, ㉡ – ⓐ, ㉢ – ⓒ

03. 먹는물 속의 대장균군 시험을 하는 주된 이유로 옳은 것은?

① 적정 수온 여부 확인
② 적정 pH 여부 확인
③ 미생물에 의한 오염 가능성 확인
④ 물중의 용존산소의 존재 여부 확인

04. 총대장균군 시험관법에 관한 설명으로 옳은 것은?

① 확정시험 배양온도는 25±0.5℃이고 배양시간은 24±3시간 이내로 한다.
② 배양 24±2시간 경과 후 가스가 발생하지 않으면 동일 조건으로 48±3시간까지 배양하여 여전히 가스발생이 없을 때에는 추정시험 양성으로 판정한다.
③ 총대장균군은 그람양성·무아포성의 구균으로 젖당을 분해하여 가스 또는 산을 발생하는 모든 혐기성 또는 통성 혐기성균을 말한다.
④ 먹는물에 대한 추정시험은 2배 농후의 락토스 배지 또는 라우릴트립토스 배지가 10mL씩 들어 있는 중시험관 10개에 시료 10mL씩을 접종하여 35.0±0.5℃에서 24±2시간 배양한다.

해설 ④항만 올바르다.

오답해설
① 확정시험 배양온도는 35±0.5℃이고 배양시간은 48±3시간 이내로 한다.
② 배양 24±2시간 경과 후 가스가 발생하지 않으면 동일 조건으로 48±3시간까지 배양하여 여전히 가스발생이 없을 때에는 추정시험 음성으로 판정한다.
③ 총대장균군은 그람양성·무아포성의 간균으로 젖당을 분해하여 가스 또는 산을 발생하는 모든 호기성 혹은 베타–갈락토오스 분해효소의 활성을 가진 세균을 말한다.

 01. ④ 02. ③ 03. ③ 04. ④

05. 수질오염공정시험기준상 분원성대장균군 시험관법의 추정시험에서 몇 시간 배양 후에 기체발생을 확인하는가?

① 48±3시간 ② 24±2시간
③ 12±1시간 ④ 4시간 이내

해설 (35±0.5)℃에서 (48±3)시간까지 배양한다.

06. 먹는물수질공정시험기준상 분원성대장균군-효소기질이용법의 시험방법으로 옳은 것은?

① 수도꼭지에서 시료를 채취할 경우 연결된 부착물이 있는 상태로 수도꼭지 입구에서 바로 시료를 채취한다.
② 먹는물공동시설 시료의 경우 시료 250mL를 시험관에 넣고 (44.5±0.2)℃로 48시간 이상 배양 후 결과를 판정한다.
③ 모든 시험은 음성대조군 시험을 동시에 실시하며 음성대조군 시험결과는 음성으로 나왔을 경우에만 유효한 결과값으로 판정한다.
④ 위양성으로 추정되는 시료는 막여과법으로 확인할 수 있다.

해설 ③항만 올바르다.
오답해설
① 수도꼭지에서 시료를 채취할 경우 연결된 부착물을 제거하고 깨끗한 헝겊 또는 휴지로 이물질을 닦아낸 후 시료를 채취한다. 필요에 따라 가스버너 등을 이용하여 수도꼭지 입구를 충분히 소독할 수 있다.
② 무균조작으로 시료 100mL(먹는물, 먹는물 공동시설)를 용기에 넣고 시약을 넣어 완전히 용해되도록 섞은 다음 제품 사용설명서에 따라 적정시간동안 (44.5±0.2)℃에서 배양 후 결과를 판정한다.
④ 위양성으로 추정되는 시료는 분원성대장균군 시험관법으로 확인할 수 있다.

07. 먹는물수질공정시험기준에서 총대장균군-시험관법에 관한 설명으로 옳은 것은?

① 총대장균군은 그람음성·무아포성의 간균으로서 락토오스를 분해하여 기체 또는 산을 생성하는 모든 호기성 또는 통성 혐기성균 혹은 베타-갈락토오스 분해효소(β-galactosidase)의 활성을 가진 세균을 말한다.
② 배양기는 배양온도를 (30.0±0.5)℃로 유지할 수 있는 것을 사용한다.
③ 부피 5~25mL의 메스피펫이나 자동피펫으로서 살균된 것을 사용한다.
④ 확정시험용 배지는 락토오스 배지(Lactose broth) 또는 라우릴 트립토오스 배지(Lauryl tryptose broth)를 사용한다.

해설 ①항만 올바르다.
오답해설
② 배양기는 배양온도를 (35.0±0.5)℃로 유지할 수 있는 것을 사용한다.
③ 부피 5~25mL의 메스피펫이나 자동피펫으로서 멸균된 것을 사용한다.
④ 추정시험용 배지는 락토오스 배지(Lactose broth) 또는 라우릴 트립토오스 배지(Lauryl tryptose broth)를 사용하고 확정시험용 배지는 BGLB 배지를 사용한다.

08. 수질오염공정시험기준상 총대장균군 평판집락법에 따라 분석한 결과이다. 총대장균군수(개/mL)는?

시료용액량(mL)	1	0.1	0.01	0.001
평판집락수	875	265	47	2

① 2,556 ② 3,117
③ 3,350 ④ 3,675

해설 집락수가 30 ~ 300개의 범위에 드는 것을 산술평균하여 '총대장균수/mL'로 표기하며, 반올림하여 유효숫자

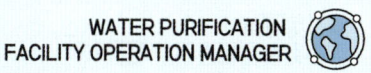

2자리로 나타낸다. 집락수가 30 ~ 300개 범위에 드는 것은 265와 47이다.

식 총대장균군수(개/mL)
$= \left(\dfrac{265개}{0.1mL} + \dfrac{47개}{0.01mL} \right) \div 2 = 3675개/mL$

09. 먹는물수질공정시험기준상 먹는물의 미생물 시험방법으로 옳지 않은 것은?

① 일반세균 – 평판집락법
② 총대장균군 – 시험관법
③ 분원성대장균군 – 막여과법
④ 대장균 – 효소기질이용법

해설 분원성대장균군 – 시험관법, 효소기질이용법
※ 분원성대장균군 – 막여과법은 수질오염공정시험기준에 해당한다. (먹는물공정시험기준에는 해당되지 않음)

10. 먹는물 수질공정시험기준상 수인성 질병예방 차원에서 정수된 물에 함유된 총대장균군의 존재유무를 판정하려고 할 때 사용하는 방법이 아닌 것은?

① 평판집락법   ② 효소기질이용법
③ 막여과법   ④ 시험관법

해설 총대장균군 – 평판집락법은 수질오염공정시험기준에만 해당한다.

11. 먹는물수질공정시험기준에서 수질항목과 시험방법의 연결이 옳은 것은?

① 경도 : EDTA 적정법
② 잔류염소 : 유리전극법
③ 시안 : 이온크로마토그래피
④ 황산이온 : 질산은적정법

해설 ①항만 올바르다.
오답해설
② 잔류염소 : 비색법, 적정법
③ 시안 : 자외선/가시선 분광법, 이온전극법, 연속흐름법
④ 황산이온 : 이온크로마토그래피

12. 수질오염공정시험기준에서 제시된 수질분석항목에 대한 표기가 옳지 않은 것은?

① pH : 수소이온농도
② BOD : 생물화학적 산소요구량
③ TOC : 용존산소
④ COD : 화학적 산소요구량

해설 TOC : 총 유기탄소량

13. 수질시료를 20℃에서 5일간 저장하여 두었을 때 시료중의 호기성 미생물의 증식과 호흡작용에 의하여 소비되는 용존산소의 양으로부터 측정하는 것은 어떤 수질항목을 시험하기 위한 방법인가?

① pH   ② 총 대장균군
③ BOD   ④ 질산성질소

14. BOD용 식종 희석수의 적정여부를 판단하기 위해 글루코스 및 글루탐산을 각각 150mg씩 취해 정제수에 녹여 1L로 한 혼합액의 BODu(mg/L)는 약 얼마인가? (단, 글루코스($C_6H_{12}O_6$) 분자량 : 180, 글루탐산($C_5H_9NO_4$) 분자량 : 147)

① 200.5   ② 210.0
③ 220.1   ④ 306.9

 09. ③   10. ①   11. ①   12. ③   13. ③   14. ④

해설 반응식 $C_6H_{12}O_6 + 6O_2 \rightarrow 6CO_2 + 6H_2O$
　　　　　　　180g　　　: 6×32g
　　　　　　　150mg/L　:　X_1,　　　$X_1 = 160 mg/L$

반응식 $C_5H_9NO_4 + 4.5O_2 \rightarrow 5CO_2 + 3H_2O + NH_3$
　　　　　147g　　　: 4.5×32g
　　　　　150mg/L　:　X_2,　　　$X_2 = 146.94 mg/L$

$\therefore BOD_u(ThOD) = 160 + 146.94 = 306.94 mg/L$

15. 3개의 BOD병에 시료를 100%, 50%, 20%씩 넣고 DO가 8.2mg/L인 희석수로 모두 채운 후 20℃, 5일간 배양시킨 DO농도가 모두 0이었을 때 BOD는?

① 8.2mg/L 미만　　② 16.4mg/L 미만
③ 32.8mg/L 미만　 ④ 41.0mg/L 이상

해설 5일 후 DO가 모두 0이므로 희석배수가 가장 큰 시료를 기준으로 BOD를 산출한다.
식 $BOD = (D_1 - D_2) \times P$
$\therefore BOD = (8.2 - 0) \times \dfrac{100}{20} = 41 mg/L$

16. 1,400m³/d의 정수장에서 33.6kg/day의 비율로 염소를 주입해 잔류염소농도가 1.8mg/L일 때, 시료의 염소요구농도(mg/L)는?

① 11.1　　② 22.2
③ 24.0　　④ 44.4

해설 식 염소주입량 = 요구량 + 잔류량
→ 요구량 = 주입량 - 잔류량
$= \left(\dfrac{33.6 kg/day}{1,400 m^3/day} \times \dfrac{10^6 mg}{1 kg} \times \dfrac{1 m^3}{10^3 L}\right) - 1.8 mg/L$
$= 22.2 mg/L$

17. 정수장에서 원수처리를 할 때, 염소요구농도가 5.0mg/L이고 잔류염소농도를 0.5mg/L이라고 하며, 염소주입농도(mg/L)는?

① 5.0　　② 5.5
③ 6.0　　④ 6.5

해설 식 염소주입량 = 요구량 + 잔류량 = 5 + 0.5 = 5.5mg/L

18. 과망간산칼륨소비량(산성법)의 시험결과가 다음과 같을 때 시료 중의 과망간산칼륨소비량을 구하면?

> ㉠ 과망간산칼륨용액 (0.002M) 소비량 : 2.8mL
> ㉡ 정제수를 사용하여 시료와 같은 방법으로 시험할 때에 소비된 과망간산칼륨용액 (0.002M) 소비량 : 0.3mL
> ㉢ 과망간산칼륨용액 (0.002M)의 농도계수 : 1
> ㉣ 검수시료량 : 100mL

① 4.9mg/L　　② 5.9mg/L
③ 6.9mg/L　　④ 7.9mg/L

해설 과망간산칼륨(과망가니즈산포타슘)의 농도가 0.002M이면 먹는물공정시험기준, 0.005M이면 수질오염공정시험기준으로 적용한다.

식 $COD = (b-a) \times f \times \dfrac{1,000}{V} \times 0.316$

- a : 바탕시험 적정에 소비된 과망간산칼륨용액(0.002M)의 양
- b : 시료의 적정에 소비된 과망간산칼륨용액(0.002M)의 양
- f : 과망간산칼륨용액(0.002M)의 농도계수(factor)
- V : 시료의 양(mL)

$\therefore COD = (2.8 - 0.3) \times 1 \times \dfrac{1,000}{100} \times 0.316 = 7.9 mg/L$

정답　15. ④　16. ②　17. ②　18. ④

19. COD 실험에서 산화제로 사용하는 KMnO₄에 관한 설명으로 옳은 것은?

> ㉠ 크롬(Cr)법으로 분해시킨 것보다 큰 COD 값을 가진다.
> ㉡ 측정 후 독성문제가 크롬법보다 적다.
> ㉢ 실험 시 최종 적정은 KMnO₄를 가하여 엷은 홍(pink)색이 될 때까지 실시한다.
> ㉣ 생물학적 난분해성 유기물질이 많을 경우 BOD 값보다 적은 값을 가진다.

① ㉠, ㉡   ② ㉠, ㉢
③ ㉡, ㉢   ④ ㉢, ㉣

오답해설
㉠ 크롬(Cr)법으로 분해시킨 것보다 작은 COD 값을 가진다.
㉣ 생물학적 난분해성 유기물질이 많을 경우 BOD 값보다 큰 값을 가진다.

20. 수질오염공정시험기준상 화학적 산소요구량(COD)을 다이크롬산칼륨법(적정법)으로 측정하고자 할 때 사용하기에 적합하지 않은 시료는?

① 지표수   ② 지하수
③ 폐수   ④ 해수

해설 화학적 산소요구량(COD)을 다이크롬산칼륨법(적정법)은 염소이온의 농도가 1,000mg/L 이상의 농도일 때에는 COD값이 최소한 250mg/L 이상의 농도이어야 한다. 따라서 해수 중에서 COD 측정은 이 방법으로 부적절하다.

21. 원수 중 화학적산소요구량(COD)을 측정하기 위해 100mL 시료에 산성과망간산칼륨(KMnO₄)법에 의한 측정 결과 0.005M-KMnO₄가 4.1mL가 소요되었다. 이 시료의 화학적산소요구량(mg/L)은? (단, 바탕시험에 소요된 0.005M-KMnO₄는 0.1mL이고, 농도계수는 1.000이다.)

① 2   ② 4
③ 8   ④ 16

해설 과망간산칼륨(과망가니즈산포타슘)의 농도가 0.002M이면 먹는물공정시험기준, 0.005M이면 수질오염공정시험기준으로 적용한다.

식 $COD = (b-a) \times f \times \dfrac{1,000}{V} \times 0.2$

- a : 바탕시험 적정에 소비된 과망간산칼륨용액(0.002M)의 양
- b : 시료의 적정에 소비된 과망간산칼륨용액(0.002M)의 양
- f : 과망간산칼륨용액(0.002M)의 농도계수(factor)
- V : 시료의 양(mL)

∴ $COD = (4.1 - 0.1) \times 1 \times \dfrac{1,000}{100} \times 0.2 = 8mg/L$

22. 수질오염공정시험기준상 구리의 농도 측정방법이 아닌 것은?

① 원자흡수분광광도법
② 자외선/가시선 분광법
③ 유도결합플라스마-원자발광분광법
④ 이온크로마토그래피법

해설 [구리 분석방법]
- 원자흡수분광광도법
- 자외선/가시선 분광법
- 유도결합플라스마-원자발광분광법
- 유도결합플라스마-질량분석법

 19. ③ 20. ④ 21. ③ 22. ④

23. 먹는물수질공정시험기준상 자외선가시선분광법에서 철을 분석할 때 1,10-페난트로린(1,10-phenanthroline) 용액을 철 2가와 반응시키면 어떤 색의 착화합물이 생성되는가?

① 등적색 ② 녹색
③ 청색   ④ 자색

24. 수질오염공정시험기준상 자외선/가시선분광법에서 다이에틸다이티오카르바민산나트륨을 사용하여 구리를 측정할 때 생성되는 킬레이트 화합물의 색은?

① 황갈색 ② 적자색
③ 청색   ④ 흑색

25. 먹는물수질공정시험기준에서 원자흡수분광광도법으로 측정할 수 있는 수질항목으로 옳은 것은?

① 구리, 납   ② 구리, 페놀
③ 염소이온, 페놀   ④ 황산이온, 염소이온

해설 금속류는 대부분 원자흡수분광광도법(AA) 또는 유도결합플라즈마-발광분광법(ICP)로 분석한다.

26. 다음에 제시된 수질자료로부터 계산한 탄산칼슘의 양으로서 경도(hardness) 값은?

금속양이온	농도(mg/L)	원자량
Na^+	20	23
Ca^{2+}	20	40
Mg^{2+}	24	24

① 50mg/L   ② 100mg/L
③ 150mg/L ④ 200mg/L

해설 경도유발물질(Ca, Mg, Sr, Mn, Fe)을 $CaCO_3$로 환산하여 산출한다.

식 HD(mg/L as $CaCO_3$)
$$= \sum 경도유발물질(meq/L) \times \frac{100}{2}$$
$$\therefore HD = \left(\frac{20mg}{L} \times \frac{1meq}{40/2mg} + \frac{24mg}{L} \times \frac{1meq}{24/2mg}\right) \times \frac{100/2\ mg}{1meq} = 150mg/L$$

27. 다음 중 알칼리도(mg $CaCO_3$/L)가 가장 큰 것은? (단, CO_3^{2-}, HCO_3^-, OH^-, PO_4^{3-}의 분자량은 각각 60, 61, 17, 95 로 한다.)

① 60mg/L의 CO_3^{2-}
② 61mg/L의 HCO_3^-
③ 17mg/L의 OH^-
④ 32mg/L의 PO_4^{3-}

해설 알칼리도 계산 : 알칼리도 유발물질(HCO_3, CO_3, OH)을 $CaCO_3$로 환산하여 산출한다.

식 AlK(mg/L as $CaCO_3$)
$$= \sum 알칼리도유발물질(meq/L) \times \frac{100}{2}$$

① AlK = $\frac{60mg}{L} \times \frac{1meq}{60/2mg} \times \frac{100/2}{1meq} = 100mg/L$

② AlK = $\frac{61mg}{L} \times \frac{1meq}{61/1mg} \times \frac{100/2}{1meq} = 50mg/L$

③ AlK = $\frac{17mg}{L} \times \frac{1meq}{17/1mg} \times \frac{100/2}{1meq} = 50mg/L$

④ 알칼리도 유발물질이 아니므로 계산불가

정답 23. ① 24. ① 25. ① 26. ③ 27. ①

28. 다음 수질항목 중에서 환경부 먹는물수질감시항목을 모두 고른 것은?

> ㉠ 클로로포름 ㉡ 할로아세틱에시드
> ㉢ 벤조피렌   ㉣ 2-MIB
> ㉤ 카바릴

① ㉠, ㉡
② ㉡, ㉢
③ ㉡, ㉣
④ ㉢, ㉣

29. 환경부 먹는물수질감시항목 중 부식성 지수(랑게리아지수, LI) 결정을 위한 분석항목과 시험방법의 연결이 옳지 않은 것은?

① 칼슘 : 먹는물수질공정시험기준 EDTA 적정법
② 알칼리도 : 수질 - 알칼리도 측정방법(총알칼리도 측정방법)
③ 수소이온농도 : 먹는물수질공정시험기준 유리전극법
④ 전기전도도 : 수질오염공정시험기준 또는 수질 - 전기전도도 측정방법

해설 [랑게리아지수 결정인자 시험방법]
㉠ 알칼리도 : 총 알칼리도 측정방법
㉡ 칼슘 : 원자흡광광도법 또는 유도결합플라즈마 원자발광분광법
㉢ 전기전도도 : 수질 - 전기전도도 측정방법
㉣ 수소이온농도 : 유리전극법

30. 먹는물 중의 암모니아성질소를 측정하는 자외선/가시선 분광법으로 옳지 않은 것은?

① 인도 페놀의 청색을 550nm에서 측정하는 방법이다.
② 시료를 전처리하지 않는 경우 Ca^{2+}, Mg^{2+} 등에 의하여 발색 시 침전물이 생성될 수도 있다.
③ 잔류염소는 정량을 방해하므로 시료를 증류하기 전에 아황산나트륨 용액 등을 첨가해 제거한다.
④ 먹는물 중에 암모니아성질소가 $0.01 \sim 1.0$mg/L의 농도범위에서 적절하며 시료 중에는 0.01mg/L의 정량한계를 갖는다.

해설 인도페놀의 청색을 630nm에서 측정하는 방법이다.

31. 먹는물 수질기준이 설정되어 있지 않으나 먹는물의 안전성 확보를 위하여 먹는물 중의 함유 실태조사 등 감시가 필요한 물질은?

① 감시항목
② 유해항목
③ 감독항목
④ 위해항목

32. 이화학적 수질 측정 항목 중 자외선/가시선 분광법 측정 대상이 아닌 것은?

① 철
② 투명도
③ 시안
④ 암모니아성질소

33. 먹는물 수질공정시험기준에서 암모니아성 질소의 정량법은?

① 인도페놀법
② 원자흡수분광광도법
③ 질산은적정법
④ 연속흐름법

해설 인도페놀법(자외선/가시선 분광법)

정답 28. ④ 29. ① 30. ① 31. ① 32. ② 33. ①

34. 먹는물 수질감시항목과 시험방법이 올바르게 짝지어진 것은?

① 우라늄 : 이온크로마토그래피
② 부식성지수 : 랑게리아지수
③ 지오스민 및 2-MIB : 액상추출/기체크로마토그래프 – 질량분석법
④ 마이크로시스틴 : 기체크로마토그래프 – 질량분석법

해설 ②항만 올바르다.
오답해설
① 우라늄 : 유도결합플라스마 – 질량분석법
③ 지오스민 및 2-MIB : 고상추출(또는 용매추출)/기체크로마토그래프 – 질량분석법
④ 마이크로시스틴 : 액체크로마토그래프 – 질량분석법

35. 다음 중 유기물질 지표 항목이 아닌 것은?

① TOC(Total Organic Carbon)
② COD(Chemical Oxygen Demand)
③ IOC(Inorganic Carbon)
④ BOD(Biochemical Oxygen Demand)

36. 먹는물수질공정시험기준상 과망간산칼륨소비량-산성법에서 사용되는 시약은?

① 무수탄산나트륨   ② 옥살산나트륨
③ 티오황산나트륨   ④ 수산화나트륨

37. 다음은 먹는물수질공정시험기준상 미생물 시험을 위해 인산완충희석액을 제조하는 과정이다. 옳지 않은 것은?

⊙ 인산이수소칼륨 34g을 500mL의 정제수에 녹인 후 0.5M 수산화나트륨용액으로 실온에서 pH를 (7.2±0.2)로 조정한 후 정제수를 넣어 1L가 되도록 만들어 이를 보존용 원액으로 한다.
ⓒ 이 보존용 원액 1.25mL와 염화마그네슘 육수화물 81.1g을 정제수 1L에 녹여 만든 염화마그네슘용액 5.0mL를 넣은 다음 정제수로 1L가 되도록 하여 인산완충희석액을 만든다.
ⓒ 인산완충희석액은 (99±2)mL 또는 (9.0±0.2)mL가 되도록 나선식 마개가 있는 희석병이나 시험관에 나눈다.
② 희석병이나 시험관에 나눈 인산완충희석액은 100℃에서 10분간 고압증기멸균한다.

① ⊙   ② ⓒ
③ ⓒ   ④ ②

해설 희석병이나 시험관에 나눈 인산완충희석액은 121℃에서 15분간 고압증기멸균한다.

38. 먹는물 소독과정에서 생성되는 염소소독부산물과 그 분석방법으로 옳지 않은 것은?

① 클로랄하이드레이트: 기체크로마토그래프–질량분석법
② 트리클로로아세토니트릴: 기체크로마토그래프–질량분석법
③ 디브로모아세토니트릴: 기체크로마토그래피법
④ 카바릴: 고성능액체크로마토그래프–질량분석법

해설 카바릴: 고성능액체크로마토그래피, 기체크로마토그래피

정답 34. ② 35. ③ 36. ② 37. ④ 38. ④

39. 먹는물수질공정시험기준상 심미적 영향물질 중 연속흐름법을 사용하여 측정할 수 있는 항목은?

① 세제(음이온계면활성제)
② 과망간산칼륨소비량
③ 경도
④ 증발잔류물

해설 음이온계면활성제(ABS) : 자외선/가시선 분광법, 연속흐름법

40. 수질오염공정시험기준상 다음과 같은 조건에서 분석한 결과 클로로필 a양(mg/m³)은?

> Y=4μg/mL, V₁=40mL, V₂=100mL
> 여기서, Y = 11.64 × 1 − 2.16 × 2 + 0.10 × 3
> X₁ : OD663 − OD750
> X₂ : OD645 − OD750
> X₃ : OD630 − OD750
> OD : 흡광도(optical density)
> V₁ : 상층액의 양
> V₂ : 여과한 시료의 양

① 1,000.0 ② 1,600.0
③ 2,000.0 ④ 3,200.0

해설 식 클로로필 a(mg/m³)
$$= \frac{(11.64X_1 - 2.16X_2 + 0.10X_3) \times V_1}{V_2}$$

- X₁ : OD663 − OD750
- X₂ : OD645 − OD750
- X₃ : OD630 − OD750
- $Y = 11.64X_1 - 2.16X_2 + 0.10X_3$
- OD : 흡광도(optical density)
- V₁ = 상층액의 양(mL) = 40mL
- V₂ = 여과한 시료의 양(L) = 100mL = 0.1L

$$\therefore 클로로필\, a = \frac{(4) \times 40}{0.1} = 1,600 mg/m^3$$

41. 수질오염공정시험기준상 크롬 − 자외선/가시선 분광법에서 3가 크롬을 6가 크롬으로 산화시키는데 사용하는 시약은?

① 과산화수소 ② 인산
③ 암모니아   ④ 과망간산칼륨

42. 먹는물 중 정수에 대한 수질감시항목 검사주기가 분기 1회가 아닌 것은?

① Perchlorate ② Bromoform
③ Chlorate   ④ Geosmin

해설 Geosmin : 1회/월 ~ 3회/주

43. 먹는물 수질감시항목 감시기준에서 먹는샘물의 분석 항목으로 옳은 것은?

① 지오스민   ② 랑게리아지수
③ 우라늄   ④ 포름알데히드

해설 먹는샘물의 분석항목 : 포름알데히드, 안티몬, 몰리브덴

44. 먹는물 수질감시항목 운영 등에 관한 고시에 따른 정수의 감시항목별 감시기준으로 옳지 않은 것은?

① Antimony: 20μg/L
② Microcystin-LR: 1μg/L
③ Alachlor: 30μg/L
④ Geosmin: 0.02μg/L

해설 Alachlor : 20μg/L

정답 39. ① 40. ② 41. ④ 42. ④ 43. ④ 44. ③

45. 먹는물 수질감시항목 운영 등에 관한 고시상 정수의 Corrosion index(LI) 검사주기로 옳은 것은?

① 월 1회　　② 분기 1회
③ 년 1회　　④ 4년 1회

46. 먹는물 수질감시항목 운영 등에 관한 고시상 상수원수의 감시항목으로 옳지 않은 것은?

① 마이크로시스틴-LR　　② 지오스민
③ 노로바이러스　　　　　④ 2-MIB

[해설] 상수원수의 감시항목 : 부식성지수(LI), 마이크로시스틴-LR, 지오스민, 2-MIB

47. 먹는물 수질감시항목 운영 등에 관한 고시상 먹는물 수질감시항목 중 검사주기가 가장 짧은 것은?

① Microcystin-LR
② Vinyl Chloride
③ Chlorate
④ Chlorophenol

[해설] ① Microcystin-LR : 1회/반기~3회/주
② Vinyl Chloride : 1회/년
③ Chlorate : 1회/분기
④ Chlorophenol : 1회/년

48. 먹는물수질공정시험기준상 다음과 같이 분석했을 때 과망간산칼륨의 소비량(mg/L)은?

> 시료 100mL를 취하여 황산(1+2) 5mL와 과망간산칼륨용액(0.002M) 10mL를 넣고 5분간 끓인 후 옥살산나트륨용액(0.005M) 10mL를 넣어 탈색을 확인한 다음 곧 과망간산칼륨용액(0.002M)으로 엷은 홍색이 없어지지 않고 남을 때까지 적정했더니 5.15mL가 소비되었다. (단, 과망간산칼륨용액(0.002M)의 농도계수는 1이고, 정제수를 사용하여 실험할 때 소비된 과망간산칼륨 소비량은 0.15mL이며, 과망간산칼륨의 분자량은 158이다.)

① 3.3　　② 6.3
③ 15.8　　④ 16.3

[해설] 과망간산칼륨(과망가니즈산포타슘)의 농도가 0.002M이면 먹는물공정시험기준, 0.005M이면 수질오염공정시험기준으로 적용한다.

[식] $COD = (b-a) \times f \times \dfrac{1,000}{V} \times 0.316$

- a : 바탕시험 적정에 소비된 과망간산칼륨용액(0.002M)의 양
- b : 시료의 적정에 소비된 과망간산칼륨용액(0.002M)의 양
- f : 과망간산칼륨용액(0.002M)의 농도계수(factor)
- V : 시료의 양(mL)

$\therefore COD = (5.15 - 0.15) \times 1 \times \dfrac{1,000}{100} \times 0.316$
$= 15.8 mg/L$

49. 먹는물 수질감시항목 운영 등에 관한 고시상 먹는물 수질감시항목과 시험방법의 연결이 옳지 않은 것은?

① 퍼클로레이트 - 이온크로마토그래피
② 마이크로시스틴 - 고성능액체크로마토그래피
③ 클로레이트 - 기체크로마토그래피
④ 부식성지수 - 랑게리아지수(LI)

[해설] 클로레이트 - 이온크로마토그래피

[정답] 45. ②　46. ③　47. ①　48. ③　49. ③

50. 먹는물수질공정시험기준상 시안-자외선/가시선 분광법에 의해 시안을 분석할 때 사용하는 시약 중 변하기 쉬우므로 사용 시 제조하는 시약으로 묶인 것은?

① 클로라민-T용액, 피리딘·피라졸론 혼합액
② 페놀프탈레인용액, 클로라민-T용액
③ 아세트산용액, 페놀프탈레인용액
④ 수산화나트륨용액, 아세트산용액

51. 먹는물수질공정시험기준상 세제(음이온계면활성제)를 자외선/가시선 분광법으로 측정할 때 (   )에 들어갈 용어를 순서대로 바르게 나열한 것은?

> 시료 중에 음이온계면활성제와 (   )가 반응하여 생성된 청색의 복합체를 (   )(으)로 추출하여 흡광도를 측정하는 방법이다.

① 메틸렌블루, 클로로포름
② 메틸렌블루, 사염화탄소
③ 브로모티몰블루, 클로로포름
④ 브로모티몰안블루, 사염화탄소

52. 먹는물수질공정시험기준상 염소소독부산물을 기체크로마토그래피로 분석할 때 간섭물질에 관한 설명으로 옳지 않은 것은?

① 추출 용매 안에 함유하고 있는 불순물로 인해 간섭을 받을 경우 바탕시료나 시약바탕시료를 분석하여 확인할 수 있다.
② 매트릭스로부터 추출되어 나오는 방해물질이 있는 경우 고순도 용매를 사용하여 해결할 수 있다.
③ 메틸삼차-부틸에테르는 미량의 클로로포름, 트리클로로에틸렌, 사염화탄소를 함유할 수 있으므로 2차 증류하여 불순물을 제거할 수 있다.
④ 용매추출법을 사용할 때에는 폭넓은 영역의 끓는점을 갖는 극성 및 비극성 유기물질이 함께 추출되어 분석물질을 방해한다.

해설 [간섭물질]
- 추출 용매 안에 함유하고 있는 불순물로 인해 간섭을 받는다. 이 경우 바탕시료나 시약바탕시료를 분석하여 확인할 수 있다.
- 메틸삼차-부틸에테르는 미량의 클로로포름, 트리클로로에틸렌, 사염화탄소를 함유할 수 있다. 이 때 2차 증류하여 불순물을 제거할 수 있다.
- 용매추출법을 사용할 때에는 폭넓은 영역의 끓는점을 갖는 극성 및 비극성 유기물질이 함께 추출되어 분석물질을 방해한다. 특히 미량분석을 할 때에는 이들에 의해 간섭을 크게 받으므로 기체크로마토그래프-질량분석기로 확인하고 간섭이 심할 때에는 고체상 추출법 등의 정제를 생각해야 한다.

53. 수질오염공정시험기준상 클로로필 a의 측정에 관한 내용으로 옳지 않은 것은?

① 아세톤 용액을 이용하여 시료를 여과한 여과지로부터 클로로필 색소를 추출하고, 추출액의 흡광도를 측정한다.
② 750nm에서의 흡광도 측정은 시료 안의 탁도를 평가하기 위해 시행된다.
③ 색소에 대한 정확도와 회수는 여과된 시료의 충분한 불림과 추출 용매 내에서 불린 시간에 관계한다.
④ 광합성 색소들은 빛과 온도 변화에 무관하다.

해설 모든 광합성 색소들은 빛과 온도에 민감하다.

 정답 50. ① 51. ① 52. ② 53. ④

CHAPTER 04 정수공정운영 실험방법

UNIT 01 자 테스트(Jar Test)

1 정의 : 1과목에서 설명!

1) **목적** : 응집제의 선정, 주입량 산정, 최적의 주입조건 산정(pH, 온도 등)

2) **과정** : 시료투입 - 급속교반 - 응집제 투입 - 급속교반(혼합 목적) - 완속교반(거대 floc 형성) - 정치 - 분석

> 💡 **분석과정상세**
> ① 자-테스트는 자-테스터(jar-tester)를 사용하여 시험한다. 원수 1L 또는 2L를 각 원형 자(jar) 또는 4각형의 자(jar)에 채우고, 교반날개(임펠러)의 주변속도를 약 40cm/s로 조절한다.
> ② 단계적으로 주입률을 바꿔 자(jar)에 응집제를 재빠르게 첨가하면서 주변속도 40cm/s의 급속교반을 1분간, 그리고 주변속도 약 15cm/s로 10분간 완속교반을 계속한다.
> ③ 10분간 정치한 다음에 상징수 약 500mL를 사이펀 또는 경사법으로 조용히 채취한다. 그 사이 플록형성과 침전상태를 관찰한다.
> (자-테스트 방법은 각 정수장의 조건에 따라 달라질 수 있다.)
> ④ 채취한 시료에 대하여 탁도, pH, 알칼리도 등을 측정하여 플록형성과 침전상태의 양부를 종합적으로 판단하며 적정주입률을 결정한다. 자-테스트로 좋은 응집효과를 얻지 못하였을 때에는 응집제 주입률을 바꾸거나, 그 위에 산제, 알칼리제, 응집보조제를 병용하여 테스트를 되풀이한다.
> ⑤ 자-테스트에 사용되는 응집제는 실제로 사용하는 응집제를 사용하여 1w/v% 용액을 만들고 그 1mL을 원수 1L에 주입(또는 2w/v % 용액을 만들고 그 1mL를 원수 2L에 주입)하면 10mg/L의 비율로 되므로 편리하다.
> ⑥ 폴리염화알루미늄을 희석한 용액은 시간이 경과함에 따라 가수분해되어 백탁(白濁)으로 된다. 이와 같은 용액을 사용하여 자-테스트를 하면, 올바른 응집효과를 판단할 수 없다.

3) 속도경사

교반을 위하여 투입하는 에너지, 혼화지 내 유체의 점도와 혼화지 부피 간의 상호관계를 나타내는 값으로 응집을 위한 교반강도를 나타낸다. (혼화지 내 G값의 적정범위 : 700 ~ 1000S^{-1})

$$G = \sqrt{\frac{P}{\mu \forall}}$$

- P : 동력(W)
- μ : 점도

2 실험기기 및 시약

1) **약품** : 응집제, pH 조정제(알칼리제/산제), 응집보조제

2) **측정기기** : Jar tester, 탁도계, pH측정기, 온도계, 스탑워치

3 응집 메커니즘

1) **반데르 발스힘(Van der walls, 인력)** : 입자끼리 서로 당기는 힘, 응집을 위해서는 인력을 증가시켜야 한다.

2) **제타 전위(Zeta Potential, 척력)** : 입자끼리 서로 밀어내는 힘, 응집을 위해서는 척력을 줄여야 한다.
   ① 수중 입자표면의 하전이 중화되었다면 제타전위는 ±0mV이 되고, 이와 같은 상태의 pH값을 등전점이라 한다.
   ② 제타전위가 ±0mV의 범위로부터 커질수록 응집이 되기 어려워진다.
   ③ 제타전위는 수용액의 산성도 및 알칼리도의 영향을 받는다.

3) **화학반응 기작** : 이중층 압축, 체거름, 가교작용

4 응집제 주입률 관련 시험 및 조사방법

1) **자-테스트** : 응집제 주입률(투입률) 결정

2) **제타전위계(zeta potential meter) 측정법** : 적정 pH와 약품 주입률 산출

3) **SCD(streaming current detector) 측정법** : 흐름전위를 이용하여 적정값 산출(응집상태 실시간 측정 가능)

※ 속도경사(G)값은 혼화지의 플록형성 관련 시험방법에 해당한다.

| UNIT | 02 | 여과공정운영 실험 및 분석 |

1 여과공정의 종류

1) 비교(1과목 복습)

구분	완속여과	급속여과
여과형식	표면여과	표면여과, 내부여과
여과속도	4~5m/day	120~150m/day
모래층의 두께	70~90cm	60~70cm
유효경	0.3~0.45mm	0.45~0.7mm
균등계수	2.0 이하	1.7 이하
용해성물질	제어가능	제어불가

2) 여과지 성능평가 지표

① 여과수탁도
② 역세척수량의 여과수량에 대한 비율
③ 여과지의 단위면적당 여과수량(UFRV)

| UNIT | 03 | 소독공정 운영실험 및 분석 |

1 정수처리기준 계산

1) 계산 시 요구자료 및 적용값

[정기 측정자료]

항목	단위	기준	비고
탁도	NTU	1 이하 (평균 0.3 이하)	여과지 유출수 혼합지점
잔류소독제 농도	mg/L	0.1~4.0	정수지 유출부
수온	℃		
수소이온농도(pH)	–	5.8 ~ 8.5	정수지 유출부
시간당 통과유량	m^3/hr	–	측정 불가 시 → 일평균유량(m^3/day) × 1.17 ÷ 24(hr)

[일일 불활성화비 계산 시 적용값 : 최악의 조건을 적용]

적용기준	대상항목
일간 최고값	탁도, 수소이온농도, 시간당통과유량
일간 최저값	잔류염소농도, 수온, 수심

2) 단계별 세부사항

① 정수지 단계

㉠ 정수지의 용량(최소사용시의 용량)을 계산하고 시간대별로 최대 통과유량인 시간에서 접촉 체류시간을 구한다. 다만 시간대별로 최대 통과유량을 측정할 수 없는 경우에는 1일 평균통과유량으로 대치한다.

㉡ 정수지 내의 구조에 따라 T10/T의 값을 0.1~1.0의 값을 적용한다.
이때 추적자 실험이 가능하면 T10/T의 값은 추적자 실험결과에 따른다.

㉢ 정수지 출구(유출수)에서의 유리 잔류염소, 수온, pH, 탁도를 측정한다.

㉣ 이때의 CT계산값 및 CT요구값(표참조)를 각각 구하여 불활성화비(CT계산값 / CT 요구값) 값을 구한다.

② 배수지 단계

㉠ 배수지의 용량(최소사용 시의 용량)을 계산하고 시간대별로 최대 통과유량인 시간에서 접촉체류시간을 구한다.
다만 시간대별로 최대 통과유량을 측정할 수 없는 경우에는 1일 평균 통과유량으로 대치한다.

㉡ 배수지내의 구조에 따라 T10/T의 값을 0.1~1.0의 값을 적용한다. 이때 추적자 실험이 가능하면 T10/T의 값은 추적자 실험결과에 따른다.

㉢ 배수지 출구(유출수)에서의 유리잔류염소, 수온, pH, 탁도를 측정한다.

㉣ 이때의 CT계산값 및 CT요구값(표참조)를 각각 구하여 불활성화비(CT계산값/ CT요구값) 값을 구한다.

③ 정수지 – 배수지 간의 송수단계(관로)

㉠ 정수지에서 배수지까지의 송수거리, 송수관의 크기(내경)로 송수관량을 구하고 시간대별로 최대 송수유량을 측정할 수 없는 경우에는 1일 평균 유량으로 대치한다.
또한 송수되는 과정에서 송수유량, 송수관의 크기 등이 변동될 때에는 변동되는 단계별로 체류시간을 구하여 합산한다.

㉡ 송수 관로에서의 T10/T는 1.0을 적용한다.

㉢ 송수관로 끝단에서 유출되는 유출수의 유리 잔류염소, 수온, pH, 탁도를 측정한다.
이때 끝단에서 측정이 불가능한 경우에는 그 다음 단계(가정수도꼭지 등)의 측정값을 CT계산에 사용한다.

㉣ 이때의 CT계산값 및 CT요구값(표참조)를 각각 구하여 불활성화비(CT계산값/ CT요구값) 값을 구한다.

④ 정수지(배수지) – 최초도달 가정간의 송수단계(관로)

정수지(배수지)에서 최초도달 가정까지는 관망도(管網圖) 등이 확보되지 않을 경우 측정이 불가능한 경우가 있으나 가정까지의 관로에서도 소독약품과 물과의 접촉은 계속 이루어지고 있으므로 부족한 소독능(CT)값을 계산할 필요가 있다.

또한 여기서의 계산방법은 앞의 ③의 방법을 이용하여 계산할 수 있으며 각 가정의 수돗물 사용량 등을 고려하여 계산할 수 있으나 조사인자 등의 부정확한 요인이 발생할 수 있으므로 세심한 주의가 필요하다.

⑤ 위의 ①~④의 불활성화비를 공급 체계별로 구하고 합하여 총 불활성화비(Total Inactivation Ratio)로 한다. 총 불활성화비의 값이 1.0을 넘을 경우 지아디아, 바이러스 등의 처리기준의 요구사항이 이루어진 것이다.

⑥ ①~④의 계산식 중 CT요구값은 통합여과수 탁도기준을 만족한 경우 여과방식에 따라 지아디아 2~2.5 log, 바이러스 0.5~3 log를 제외한 값을 적용한다. 일례로, 급속여과방식인 경우, 지아디아 0.5 log, 바이러스 2 log 불활성화에 필요한 CT요구값이 적용된다.

단, 이는 4시간 간격으로 측정된 통합여과수 탁도가 항상 1 NTU 이하인 경우에 적용할 수 있으며, 한번이라도 1 NTU를 초과한 경우에는 여과공정에서의 미생물 제거에 실패한 것이므로, 지아디아 3 log 및 바이러스 4 log 불활성화에 필요한 CT요구값이 적용되어야 한다.

⑦ 탁도, 잔류염소, pH, 수온 등은 연속 모니터링으로 측정하여야 한다.

3) 불활성화비의 계산방법(제6조제2항 및 제3항 관련)

① 소독에 의해 요구되는 바이러스 및 지아디아 포낭의 불활성화율의 결정

여과방식	최소 제거 및 불활성화 기준		여과공정에 의한 제거율		소독공정에서 요구되는 불활성화율	
	바이러스	지아디아 포낭	바이러스	지아디아 포낭	바이러스	지아디아 포낭
급속여과	99.99% (4 log)	99.9% (3 log)	99% (2 log)	99.68% (2.5 log)	99% (2 log)	68.38% (0.5 log)
직접여과	99.99% (4 log)	99.9% (3 log)	90% (1 log)	99% (2 log)	99.9% (3 log)	90% (1 log)
완속여과	99.99% (4 log)	99.9% (3 log)	99% (2 log)	99% (2 log)	99% (2 log)	90% (1 log)
정밀여과(MF)	99.99% (4 log)	99.9% (3 log)	68.8% (0.5 log)	99.68% (2.5 log)	99.97% (3.5 log)	68.38% (0.5 log)
한외여과(UF)	99.99% (4 log)	99.9% (3 log)	99.9% (3.0 log)	99.68% (2.5 log)	90% (1 log)	68.38% (0.5 log)

② 염소 또는 이산화염소 소독에 의한 불활성화율의 계산방법

㉠ 실제(현장) 소독능값(CT계산값)의 산정

$$\text{CT 계산값} = \text{잔류소독제 농도(mg/L)} \times \text{소독제 접촉시간(분)}$$

(1) 잔류소독제 농도는 별표 3에 의하여 측정한 잔류소독제 농도값 중 최소값을 택한다.

(2) 소독제와 물의 접촉시간은 1일 사용유량이 최대인 시간에 최초소독제 주입지점부터 정수지 유출지점 또는 불활성화비의 값을 인정받은 지점까지 측정하여야 한다.

(가) 추적자시험을 통해 실제로 소독제의 접촉시간을 측정하는 때에는 접촉시간을 측정하기 위해 최초 소독제 주입지점에 투입된 추적자의 10%가 정수지 유출지점 또는 불활성화비의 값을 인정받은 지점으로 빠져 나올 때까지의 시간을 접촉시간으로 한다.

(나) 이론적인 접촉시간을 이용할 경우는 정수지 구조에 따른 수리학적 체류시간($\frac{정수지사용용량}{시간당최대통과유량}$)에 아래 표의 환산계수를 곱하여 소독제의 접촉시간으로 한다.

[장폭비에 따른 환산계수(T_{10}/T)]

환산계수	장폭비(L/W)
0.10	2 미만
0.20	2 이상 5 미만
0.30	5 이상 10 미만
0.40	10 이상 15 미만
0.50	15 이상 20 미만
0.60	20 이상 30 미만
0.65	30 이상 40 미만
0.70	40 이상 50 미만
0.71 이상	50 이상 경우에는 추적자 실험에 의한다.

비고
1. 장폭비 : 정수지 내 일정간격으로 설치된 도류벽에 의해 산출된 실제 물 흐름 길이(L)와 물 흐름 폭(W)의 비
2. 관 흐름(Pipeline flow)인 경우의 환산계수는 1.0으로 간주한다.
3. 일정간격으로 도류벽이 설치되지 않은 경우에는 추적자 실험결과에 따라 산출된 환산계수를 적용한다.

ⓒ 불활성화비의 계산

$$식\ 불활성화비 = \left(\frac{CT_{계산값}}{CT_{요구값}}\right)$$

③ 오존 소독에 의한 오존 소독능 계산방법

㉠ 잔류용존오존 측정기가 오존 접촉지 최종 유출지점에만 설치되어 있는 경우

$$식\ CT_{계산값} = 잔류용존오존\ 농도(mg/L) \times 접촉시간(분)$$

(1) 잔류용존오존 농도는 별표 4에 의하여 측정한 잔류용존오존 농도값 중 최소값을 택한다.
(2) 오존과 물의 접촉시간은 1일 사용유량이 최대인 시간에 최초 오존 주입지점부터 오존 접촉지 유출지점까지 측정하여야 한다.
    (가) 추적자시험을 통해 실제로 오존의 접촉시간을 측정하는 때에는 접촉시간을 측정하기 위해 최초 오존 주입지점에 투입된 추적자의 10%가 오존 접촉지 유출지점으로 빠져 나올 때까지의 시간(T_{10})을 접촉시간으로 한다.

(나) 오존 접촉지 구조가 상향류 흐름식일 경우는 반드시 1회 이상 추적자시험을 통하여 T_{10} 값과 그 때의 측정 유량 값을 정수장 특성 값으로 유지하고 $T_{10} \times \dfrac{T_{10}측정시 유량}{시간당최대통과유량}$ 을 접촉시간으로 한다.

(다) 오존 접촉지 구조가 좌우 흐름식일 경우는 (나)에 해당하는 방법도 적용 가능하며, 추적자시험이 불가능하여 이론적인 접촉시간을 이용할 경우는 오존 접촉지 구조에 따른 수리학적 체류시간 ($\dfrac{접촉지사용용량}{시간당최대통과유량}$)에 염소소독의 장폭비의 환산계수를 곱하여 오존의 접촉시간으로 한다.

④ 오존 소독에 의한 불활성화비 계산

$$\text{불활성화비} = \left(\dfrac{CT_{계산값}}{CT_{요구값}}\right)$$

UNIT 04 고도정수 처리공정 운영실험방법

1 오존

1) 오존산화의 특징
① 오존요구량은 원수 내의 유·무기물을 산화시키는데 필요한 오존량이다.
② 배오존가스의 유량은 오존생성을 위한 유입가스가 공기보다 순산소일 때 더 적어진다.
③ 오존주입초기에는 분해속도(산화속도)가 아주 빠르게 진행되다가 점차 감소한다. (주입농도가 증가할수록 분해속도는 감소되는 경향)
④ 오존은 병원균, 바이러스의 불활성화 및 조류제거, 유/무기물질의 산화가 가능하다.

2) 순간오존요구량

$$\text{순간오존요구량} = \text{오존 주입농도} - \text{순간 감소 후 잔류농도}$$

순간오존요구량은 원수의 수질 특성을 실시간으로 반영하기 때문에 짧은 시간의 오존접촉시간을 요구하는 공정에 적용이 가능하다.

3) 오존관련 계산

① 오존이용률

$$\text{오존이용률(\%)} = \frac{(\text{주입오존농도} - \text{배출오존농도} - \text{잔류오존농도})}{\text{주입오존농도}} \times 100$$

② 전달효율

$$\text{전달효율(\%)} = \frac{(\text{주입오존량} - \text{배출오존량})}{\text{주입오존량}} \times 100$$

> 💡 **오존전달효율에 영향을 미치는 인자**
> - **수온** : 수온이 낮을수록 전달효율은 증가
> - **농도** : 오존농도가 높을수록 전달효율은 증가
> - **압력** : 압력이 높을수록 전달효율은 증가
> - **체류시간(접촉시간)** : 체류시간이 길수록 전달효율은 증가
> - **pH** : 오존 분해율에 영향을 미침

③ 필요오존량

$$\text{필요오존량} = \text{유량} \times \text{주입오존량} \times (1 + \text{세척수량비})$$

④ 오존화공기량

$$\text{오존화공기량} = \frac{\text{필요오존량}}{\text{발생오존농도}}$$

4) 오존발생장치와 주입설비

① 주입설비는 다음 각 호에 따른다.

　㉠ 설비용량은 처리수량과 주입률로 산출된 주입량을 기본으로 하여 결정한다.
　㉡ 설비는 원료가스공급장치, 오존발생기, 접촉지, 배오존처리설비, 오존재이용설비 등으로 구성되며, 주요 기 기류는 2계통 이상으로 분할하고, 예비계통을 설치하며 유지관리가 용이하도록 한다.
　㉢ 오존처리를 효율적으로 실시하고 또 비상시에도 필요한 조치가 용이하게 이루어질 수 있도록 적절한 제어방식을 선정한다.
　㉣ 오존과 접촉하거나 또는 접촉가능성이 있는 부분의 재질은 오존에 대하여 충분한 내식성과 강도가 있고 또 위생상 안전한 것으로 한다.

② 원료가스공급장치는 필요한 원료가스를 제조하고 공급하기에 충분한 용량을 가지며, 높은 효율로 운전할 수 있고 충분한 안전성을 가진 것으로 한다.

③ 오존발생기는 다음 각 호에 적합하도록 한다.

    ㉠ 발생효율이 높고 내구성과 안전성이 충분해야 한다.
    ㉡ 용량, 대수, 주입계통의 구성은 최소주입량에서 최대주입량에 이르기까지 연속적으로 적절하게 주입할 수 있는 것으로 한다.

④ 오존발생기에서 주입장소에 이르는 배관은 적절한 내경과 재질을 가지며 유량계와 압력 등을 구비하고 배관의 유지관리를 용이하게 하기 위하여 지중부분은 콘크리트덕트 내에 설치하는 것으로 한다.

⑤ 접촉지는 다음 각 호에 적합하도록 한다.

    ㉠ 구조는 밀폐식으로 오존과 물의 혼화와 접촉이 효과적으로 이루어져서 흡수율이 높도록 한다.
    ㉡ 용량은 오존처리에 필요한 접촉시간과 반응시간이 충분하도록 한다.
    ㉢ 오존주입 풍량, 재이용 풍량, 배오존 풍량 등은 풍량의 수지에 균형이 맞도록 설계한다.
    ㉣ 접촉지에는 우회관을 설치한다.
    ㉤ 오존재이용설비는 오존의 유효이용과 배오존처리설비의 부하경감을 고려하여 설치여부를 결정한다.

⑥ 오존발생에 필요한 전력설비는 충분한 용량과 기능을 갖추어야 한다.

⑦ 오존발생기실 등은 다음 각 호에 적합하도록 한다.

    ㉠ 발생설비는 가능한 한 주입지점에 가깝게 설치한다.
    ㉡ 건물은 내화 및 내식을 고려하여 채광, 방음, 환기, 배수 등이 양호해야 한다.
    ㉢ 바닥면적은 발생기 등의 유지관리에 충분한 넓이로 한다.

2 UV 소독(자외선 소독)

자외선 253.7nm를 이용하여 수중에 함유되어 있는 미생물에 직접 조사하여 유전자의 특성에 변형을 초래하여 번식을 막거나 미생물의 세포막을 통과하여 DNA를 손상시켜 살균하는 방법이다.

※ 자외선C : UV 소독에 적용되는 파장은 자외선 C영역으로 파장범위는 200 ~ 280nm이다.

1) 자외선 소독의 영향인자

① **수질** : 자외선 투과율, 부유물 농도, 용존 유기물 농도, 총 경도, 수온
② **램프의 상태** : 슬리브의 깨끗한 농도, 사용기간, 노후상태
③ **처리 공정** : 유량, 접촉조(반응조)의 설계

2) 자외선반응조 : 자외선 반응조는 일반적으로 밀폐형으로 설치되며, 밀폐형의 경우 물은 압력을 받게 된다.

① 설계유량은 일최대급수량으로 하고 여유율을 고려한다.
② 반응조의 치수는 설계 안전인자를 고려하여 UV 램프 모듈이 밀집하여 배치될 수 있고 적은 소요부지를 요하도록 설계한다.

③ 소독효과를 높이고 유지관리를 위해 두 개 이상의 뱅크를 설치한다.
④ 반응조는 관 또는 밀폐형 구조로 하되, 유지관리를 용이하게 한다.

3) 자외선 소독시설의 구성

① 장치능력은 일최대급수량에 의하여 정하되, 여유율을 고려하도록 한다.
② 자외선투과율은 70% 이상을 표준으로 한다.

3 활성탄

1) 정의 : 탄소가 많이 함유된 목재, 석탄을 원료로 하여 탄화시켜 활성화 과정을 통해 미세세공을 발달시킨 흡착제이다.

① **세공** : 미세공, 중간세공, 대세공으로 구성
② **내부표면적** : 약 $500 \sim 1500 m^2/g$ 정도로 표면적이 크다.
③ **소수성** : 소수성(친수성의 반대)이 강하여 물과 같은 극성물질을 흡착하지 못하고, 비극성물질을 잘 흡착한다.
④ **흡착특성** : 물리적 흡착(가역적, 탈착가능)이며, 분자량이 클수록 흡착이 잘 된다.

2) 성분규격

구분	분말	입상
성상	이 품목은 흑색의 분말이다.	이 품목은 흑색의 알맹이다.
확인시험	확인시험법에 따라 시험할 때 적합하여야 한다.	확인시험법에 따라 시험할 때 적합하여야 한다.
pH	4.0 ~ 11.0	4.0 ~ 11.0
체잔류물	KS 200호체($74\mu m$)의 체잔류물 10% 이하	KS 8호체($2,380\mu m$)를 통과하고 KS 35호체($500\mu m$)에 남아있는 체잔류물 95% 이상
건조감량	50% 이하	5% 이하
염화물	0.5% 이하	0.5% 이하
비소(As)	2ppm 이하	2ppm 이하
납(Pb)	10ppm 이하	10ppm 이하
카드뮴(Cd)	1ppm 이하	1ppm 이하
아연(Zn)	50ppm 이하	50ppm 이하
페놀가	25 이하	25 이하
ABS가	50 이하	50 이하
메틸렌블루탈색력	150㎖/g 이상	150㎖/g 이상
요오드흡착력	950㎎/g 이상	950㎎/g 이상

3) 역세척

[입상활성탄의 세척조건]

구분			활성탄 입경 (2.38 ~ 0.59mm)	활성탄 입경 (1.68 ~ 0.42mm)
물 역세척과 공기세척	역세척	역세척 속도	0.67m³/min·m²	0.4m³/min·m²
		역세척 시간	8~10분간	15~20분간
	공기세척	역세척 속도	0.83m³/min·m²	좌동
		역세척 시간	5분간 공기세척과 물 역세척을 행할 때에는 주의 필요	좌동
물 역세척과 표면세척	역세척	역세척 속도	0.67m³/min·m²	0.4m³/min·m²
		역세척 시간	8~10분간	15~20분간
	표면세척	세척 속도	0.1m³/min·m²	좌동
		세척 시간	5분간	좌동

4 막여과

1) 용어 정의

① **모듈** : 수십개의 막을 하나 단위로 묶은 것

② **막 오염** : 장기간 운전으로 막의 여과성능이 저하되거나 막 자체의 노화, 막힘, 공극폐색 등을 나타낸다.

③ **막 세척** : 막 오염을 원래상태로 회복시키기 위해 막세척을 하는데 막세척의 종류에는 공기와 물을 이용한 물리세척과 약품을 이용한 화학세척이 있다.

④ **직접 완전성 시험(Direct integrity testing)** : 병원성 미생물(입자성 물질)의 제거율을 검증하여 막 안전성을 확보하는 시험(Pressure-based test와 Marker-based test)

⑤ **간접 완전성 시험(Indirect integrity testing)** : 여과수의 탁도나 입자수를 모니터링하여 막여과시스템의 완전성을 연속적으로 검증하는 것으로 전체 막여과의 완전성을 확보하는 시험

2) 막과 막모듈

① 막과 막모듈은 수도용 막모듈 성능인증을 받은 막모듈 중 처리성능, 내구성, 내약품성 및 위생성 등을 고려하여 선정한다.

㉠ **처리성능** : 처리물질 및 세공의 분포, 막의 종류에 따라 달라진다.

㉡ **내구성, 내약품성 및 위생성**
  • 물리적 및 화학적 변화에 충분히 대처할 수 있어야 한다.

- 수격으로 인한 충격을 절대로 받지 않도록 배려한다.
- 내한성을 충분히 조사하여 선정한다. (동결 시 사용 불가)
- 내약품성에 대해 충분히 조사한다.
- 무기막은 유기막에 비하여 내열성이나 내약품성이 좋고 물리적 강도도 있지만 충격에 약하다.

ⓒ 막의 보관
- 미생물의 번식을 방지하는 목적으로 지정된 보존액을 봉입한다.
- 유기막모듈의 경우 차아염소산나트륨 용액을 봉입하여 보관한다.

② 통수방식은 처리대상 원수의 성상이나 세척방식, 막의 특성을 고려하여 선정한다.
③ 막모듈은 점검과 교환이 용이한 것으로 한다.

3) 막여과에 대한 인증기준 시험

① 미생물 제거 시험
② 직접 완전성 시험
③ 간접 완전성 시험

CHAPTER 04 정수공정운영 실험방법

01. 자-테스트를 실시하는 목적으로 옳지 않은 것은?

① 주입할 응집제의 종류 결정
② 응집제의 최적 주입량 결정
③ 응집조건의 최적 pH 결정
④ 응집 슬러지의 양 결정

해설 자-테스트는 응집제의 종류, 양, pH, 온도 등 최적의 응집제 주입량 및 주입조건을 결정하는 분석이다.

02. 응집제, 알칼리제, 분말활성탄, 응집보조제, 여과보조제, 산 등의 정수약품 주입률 결정시에 주로 사용하는 공정시험방법은?

① 자 테스트
② 흐름전위 연속감시
③ 파일롯 필터 실험
④ 추적자 시험

03. 정수처리공정에서 응집제 주입률 관련 시험 및 조사방법으로 옳지 않은 것은?

① 속도경사(G)값 산정
② 제타전위계(zeta potential meter) 측정법
③ SCD(streaming current detector) 측정법
④ 자-테스트

해설 [정수처리공정 중 응집제 주입률 관련 시험 및 조사방법]
자-테스트, 제타전위 측정, SCD 측정

04. 수질검사실에서 원수수질에 관한 응집제 투입률을 결정하는 시험방법은?

① 자-테스트
② 제타전위계(zeta potential meter) 측정법
③ SCD(streaming current detector) 측정법
④ COD 시험방법

05. 1일 120,000m³의 수돗물을 생산하는 정수장에서 쟈-테스트를 거쳐 원수에 응집제를 시간 당 100L 주입하였다. 쟈-테스트 결과 결정된 응집제의 최적 주입률(ppm)은?

① 10 ② 12
③ 20 ④ 24

해설 응집제 최적주입률(ppm)
$$= \frac{100L}{hr} \times \frac{day}{120,000m^3} \times \frac{24hr}{1day} \times \frac{10^3 mL}{1L}$$
$$= 20 ppm \, (mL/m^3)$$

※ ppm : 백만분율(mg/kg, g/ton, mL/m³, ㎕/L 등 분자와 분모의 차이가 백만배로 표현되는 단위)

정답 01. ④ 02. ① 03. ① 04. ① 05. ③

06. 입자의 제타전위(zeta potential)에 관한 설명으로 옳지 않은 것은?

① 수중 입자표면의 하전이 중화되었다면 제타전위는 ±0mV이 되고, 이와 같은 상태의 pH값을 등전점이라 한다.
② 제타전위가 ±0mV의 범위로부터 커질수록 응집이 되기 어려워진다.
③ 제타전위가 ±50mV 이상이 되도록 하는 것이 응집의 필요조건이다.
④ 제타전위는 수용액의 산성도 및 알칼리도의 영향을 받는다.

해설 제타전위가 ±50mV 이하가 되도록 하는 것이 응집의 필요조건이다.

07. 쟈-테스트의 순서로 옳은 것은?

> ㄱ. 완속교반시킨다.
> ㄴ. 정치시킨 후 상등수를 분석한다.
> ㄷ. 시료를 넣고 급속교반시킨다.
> ㄹ. 응집제를 주입하고 pH를 조정한다.

① ㄱ → ㄴ → ㄷ → ㄹ
② ㄴ → ㄱ → ㄷ → ㄹ
③ ㄷ → ㄹ → ㄱ → ㄴ
④ ㄷ → ㄹ → ㄴ → ㄱ

08. 응집제의 적정 주입량을 결정하기 위한 쟈-테스트(Jar-Test) 순서로 옳은 것은?

① 응집제주입 - 급속교반 - 완속교반 - 플록침강 - 상징수분석
② 급속교반 - 응집제주입 - 완속교반 - 플록침강 - 상징수분석
③ 완속교반 - 응집제주입 - 급속교반 - 플록침강 - 상징수분석
④ 응집제주입 - 완급속교반 - 급속교반 - 플록침강 - 상징수분석

09. 급속교반조나 혼화지 설계 시 필요한 G값(속도경사)을 구할 때 고려인자를 모두 고른 것은? (단, 속도경사식 기준이다.)

> ㄱ. 소요동력   ㄴ. 혼화조 부피
> ㄷ. 물의 점성   ㄹ. 체류시간

① ㄱ, ㄴ, ㄷ
② ㄱ, ㄴ, ㄹ
③ ㄱ, ㄷ, ㄹ
④ ㄴ, ㄷ, ㄹ

해설 속도경사(G) = $\sqrt{\dfrac{P}{\mu \forall}}$

- P : 동력(W)
- μ : 점도

10. 원수를 응집처리하기 위한 쟈-테스트(jar-test) 방법으로 옳은 것은?

① 원수는 증류수를 사용하여 적절한 농도로 희석한 후 1L의 원형 쟈(jar)에 채운다.
② 단계적으로 주입률을 바꿔 쟈(jar)에 응집제를 천천히 첨가하면서 완속교반 1분, 급속교반 10분을 실시한다.
③ 10분간 정치한 다음에 상징수 약 500mL를 사이펀 또는 경사법으로 조용히 채취한 후 적정주입률을 결정한다.
④ 폴리염화알루미늄 희석용액은 안정적이므로 오랜 시간 동안 계속 사용할 수 있다.

정답 06. ③ 07. ③ 08. ① 09. ① 10. ③

오답해설
① 원수를 1L 또는 2L를 원형 자(jar) 또는 4각형의 자(jar)에 채운다.
② 단계적으로 주입률을 바꿔 자(jar)에 응집제를 천천히 첨가하면서 급속교반 1분, 완속교반 10분을 실시한다.
④ 폴리염화알루미늄을 희석한 용액은 시간이 경과함에 따라 가수분해되어 백탁(白濁)으로 된다. 이와 같은 용액을 사용하여 자-테스트를 하면, 올바른 응집효과를 판단할 수 없다.

11. 다음 중 응집용 약품에 해당하지 않는 것은?

① 응집제
② 산화방지제
③ pH 조정제(산제, 알칼리제)
④ 응집보조제

해설 응집용 약품 : 응집제, pH 조정제(알칼리제/산제), 응집보조제

12. 상수도시설기준에서 제시하고 있는 수처리제 중 응집용 약품의 구분에 포함되지 않는 것은?

① 응집제
② pH 조정제(산제, 알칼리제)
③ 응집보조제
④ 염소제

13. 속도 구배(G값)에 관한 설명 중 옳지 않은 것은?

① 유체의 점도와 혼화지 부피가 작을수록 G값이 커진다.
② 혼화지 내에서의 G값의 적정 범위는 400 ~ 700S^{-1}가 일반적이다.
③ 교반을 위하여 투입하는 에너지, 혼화지 내 유체의 점도와 혼화지 부피 간의 상호관계를 나타내는 값이다.
④ 응집을 위한 교반강도에 대한 기준으로 속도 구배(G값)를 일반적으로 사용하고 있다.

해설 혼화지 내에서의 G값의 적정 범위는 700 ~ 1,000S^{-1}가 일반적이다.

14. 정수처리 공정에서 원수 중의 현탁물질을 약품으로 응집시킨 후에 입상여과층에서 비교적 빠른 속도로 물을 통과시켜 탁질을 제거하는 고액분리공정은?

① 정수지
② 침전지
③ 완속여과지
④ 급속여과지

15. 정수처리공정 중 여과지 성능평가 내용으로 옳은 것은?

① 입경이 0.1㎛ 이하의 입자는 원생동물의 존재가능성과 연관성이 크므로 매우 중요하다.
② 여과지 성능평가 지표는 여과수탁도, 역세척수량의 여과수량에 대한 비율 2가지만 고려한다.
③ 여과지 세척효과의 판정은 보통 세척배출수의 최종탁도로 하며, 10NTU 내외를 목표로 하는 것이 바람직하다.
④ 여과지속시간 내에 처리된 여과지의 단위면적당 여과수량이 200m^3/m^2 이하면 여과지 성능이 양호하다고 본다.

해설 ③항만 올바르다.
오답해설
① 입경이 0.1㎛ 이하의 입자는 원생동물의 존재가능성과 무관하다.
② 여과지 성능평가 지표는 여과수탁도, 역세척수량의 여과수량에 대한 비율, 여과지의 단위면적당 여과수량(UFRV) 3가지만 고려한다.

정답 11. ② 12. ④ 13. ② 14. ④ 15. ③

④ 여과지속시간 내에 처리된 여과지의 단위면적당 여과수량이 200m³/m² 이하면 여과지속시간이 너무 짧아 검토가 요구되고, 410m³/m²을 초과하면 여과지 성능이 양호함을 나타낸다. 610m³/m² 이상이면 재래식 정수공정에서는 여과성능이 좋다고 본다.

16. 소독에 의해 요구되는 바이러스 및 지아디아 포낭의 불활성화율에 관한 설명으로 옳은 것은?

① 급속여과방식의 경우, 바이러스 제거율은 2.0log, 지아디아 포낭 제거율은 0.5log이다.
② 직접여과방식의 경우, 바이러스 제거율은 2.0log, 지아디아 포낭 제거율은 1.0log이다.
③ 완속여과방식의 경우, 바이러스 제거율은 3.0log, 지아디아 포낭 제거율은 2.0log이다.
④ 정밀여과(MF)방식의 경우, 바이러스 제거율은 4.0log, 지아디아 포낭 제거율은 2.0log이다.

해설 [소독에 의해 요구되는 바이러스 및 지아디아 포낭의 불활성화율의 결정]

여과방식	최소 제거 및 불활성화 기준		여과공정에 의한 제거율		소독공정에서 요구되는 불활성화율	
	바이러스	지아디아 포낭	바이러스	지아디아 포낭	바이러스	지아디아 포낭
급속여과	99.99% (4 log)	99.9% (3 log)	99% (2 log)	99.68% (2.5 log)	99% (2 log)	68.38% (0.5 log)
직접여과	99.99% (4 log)	99.9% (3 log)	90% (1 log)	99% (2 log)	99.9% (3 log)	90% (1 log)
완속여과	99.99% (4 log)	99.9% (3 log)	99% (2 log)	99% (2 log)	99% (2 log)	90% (1 log)
정밀여과(MF)	99.99% (4 log)	99.9% (3 log)	68.38% (0.5 log)	99.68% (2.5log)	99.97% (3.5 log)	68.38% (0.5 log)
한외여과(UF)	99.99% (4 log)	99.9% (3 log)	99.9% (3.0 log)	99.68% (2.5log)	90% (1 log)	68.38% (0.5 log)

17. 상수도시설기준에 따라 정수처리기준을 준수하기 위한 급속여과방식의 바이러스, 지아디아포낭의 제거율을 순서대로 바르게 나열한 것은?

① 99%(2 log), 99.68%(2.5 log)
② 90%(1 log), 99%(2 log)
③ 99%(2 log), 99%(2 log)
④ 99.9%(3 log), 99.68%(2.5 log)

해설 [여과에 의한 병원성 미생물의 제거율]

여과방식	제거율		
	바이러스	지아디아 포낭	크립토스 포리디움 난포낭
급속여과	99% (2 log)	99.68% (2.5 log)	99% (2 log)
직접여과	90% (1 log)	99% (2 log)	99% (2 log)
완속여과	99% (2 log)	99% (2 log)	99% (2 log)
정밀여과(MF)	68.38% (0.5 log)	99.68% (2.5 log)	99% (2 log)
한외여과(UF)	99.9% (3.0 log)	99.68% (2.5 log)	99% (2 log)

비고 Log 불활성화율과 % 제거율은 다음 식에 따라 계산된다.
% 제거율 = 100 − (100/10log 제거율)

18. 정수처리에 관한 설명으로 옳지 않은 것은?

① 침전 중에 입자크기분포는 변화한다.
② 단층여과는 다층여과보다 그 효율이 높다.
③ 탈기는 수중의 미량 휘발성 유기물질의 제거에 효과적이다.
④ 일반적인 물리적 처리방법은 스크리닝, 침전, 여과 등이다.

해설 단층여과는 다층여과보다 그 효율이 낮다.

 16. ①　17. ①　18. ②

19. 다음 중 트리할로메탄(THM)이 아닌 물질을 모두 고른 것은?

㉠ $CHBr_3$	㉡ $CHBr_2Cl$
㉢ CCl_4	㉣ CH_2Cl_2

① ㉠, ㉡
② ㉠, ㉣
③ ㉡, ㉢
④ ㉢, ㉣

해설 트리할로메탄(THM)은 메탄에서 3개의 수소가 할로겐 물질(F, Cl, Br, I)로 치환된 물질을 말한다.

20. 병원성미생물 제거율 및 불활성화비 계산방법상 소독에 의한 불활성화비 계산식으로 옳은 것은?

① 불활성화비=잔류소독제 농도(mg/L)/[소독능 요구값×소독제 접촉시간(분)]
② 불활성화비=소독능 요구값/[잔류소독제 농도(mg/L)×소독제 접촉시간(분)]
③ 불활성화비=[잔류소독제 농도(mg/L)×소독제 접촉시간(분)]/소독능 요구값
④ 불활성화비=소독제 접촉시간(분)/[잔류소독제 농도(mg/L)×소독능 요구값

해설 식 불활성화비 $= \dfrac{CT_{계산값}}{CT_{요구값}}$

- $CT_{계산값}$ =잔류소독제 농도×접촉시간(체류시간)

21. 배수시스템에서의 CT값 계산에 관한 설명으로 옳지 않은 것은?

① CT계산값 = CT로 구한다.
② 배관 출구에서 결합잔류염소의 농도를 구하여 C값으로 한다.
③ 배관 내부부피를 정수장의 시간최대유량으로 나눈 후, 이 값을 분단위로 환산하여 T값으로 한다.
④ 배관출구에서 pH 및 수온을 측정하여 미생물을 제거하는데 필요한 정도의 CT요구값을 표로부터 구한다.

해설 배관 출구에서 유리잔류염소의 농도를 구하여 C값으로 한다.

22. 정수과정에서 염소(Cl_2) 대신 이산화염소(ClO_2)로 소독할 경우 장점이 아닌 것은?

① 일반적으로 염소보다 더 강한 소독제이다.
② 소독약품 비용을 절감할 수 있다.
③ 트리할로메탄이 적게 생성된다.
④ 클로라민을 생성하지 않는다.

해설 소독약품 비용은 증가한다.

23. 소독공정에서 요구되는 바이러스의 불활성화율이 높은 순서대로 나열한 것은?

① 정밀여과 > 직접여과 > 급속여과
② 급속여과 > 정밀여과 > 직접여과
③ 급속여과 > 직접여과 > 정밀여과
④ 정밀여과 > 급속여과 > 직접여과

해설 [소독공정에서 요구되는 불활성화율 - 바이러스]
- 급속여과 : 99%(2 log)
- 직접여과 : 99.9%(3 log)
- 완속여과 : 99%(2 log)
- 정밀여과(MF) : 99.97%(3.5 log)
- 한외여과(UF) : 90%(1 log)

정답 19. ④ 20. ③ 21. ② 22. ② 23. ①

24. 다음 ( ) 안에 들어갈 용어는?

- 소독능 계산값(CT계산값) = (ㄱ) × 소독제 접촉 시간(분)
- 불활성화비 = $\dfrac{CT_{계산값}}{(ㄴ)}$

① ㄱ : 잔류소독제 농도(mg/L), ㄴ : CT요구값
② ㄱ : CT요구값, ㄴ : 잔류소독제 농도(mg/L)
③ ㄱ : 염소요구량, ㄴ : CT요구값
④ ㄱ : 염소주입량, ㄴ : 잔류소독제 농도(mg/L)

25. 바이러스를 99.99% 이상 제거하기 위한 정수처리 공정별 제거율 및 불활성화율로 옳은 것은?

① 급속여과 제거율 90% + 소독에 의한 불활성화율 99%
② 완속여과 제거율 95% + 소독에 의한 불활성화율 99%
③ 정밀여과(MF)에 의한 제거율 68.38% + 소독에 의한 불활성화율 99.97%
④ 한외여과(UF)에 의한 제거율 99% + 소독에 의한 불활성화율 90%

해설 바이러스를 99.99% 이상 제거하기 위한 공정은 정수처리기준 목표에 해당한다. 다음 표의 제거율 및 불활성화 기준은 정수처리기준을 만족한다.

※ 정수처리기준의 목표 : 정수처리를 통해 바이러스 99.99% 이상, 지아디아 포낭 99.9% 이상, 크립토스포리디움 난포낭 99% 이상을 제거하면 병원성 미생물로부터 안전성이 확보되었다고 본다.

[소독에 의해 요구되는 바이러스 및 지아디아 포낭의 불활성화율의 결정]

여과방식	최소 제거 및 불활성화 기준		여과공정에 의한 제거율		소독공정에서 요구되는 불활성화율	
	바이러스	지아디아 포낭	바이러스	지아디아 포낭	바이러스	지아디아 포낭
급속여과	99.99% (4 log)	99.9% (3 log)	99% (2 log)	99.68% (2.5 log)	99% (2 log)	68.38% (0.5 log)
직접여과	99.99% (4 log)	99.9% (3 log)	90% (1 log)	99% (2 log)	99.9% (3 log)	90% (1 log)
완속여과	99.99% (4 log)	99.9% (3 log)	99% (2 log)	99% (2 log)	99% (2 log)	90% (1 log)
정밀여과 (MF)	99.99% (4 log)	99.9% (3 log)	68.38% (0.5 log)	99.68% (2.5log)	99.97% (3.5 log)	68.38% (0.5 log)
한외여과 (UF)	99.99% (4 log)	99.9% (3 log)	99.9% (3.0 log)	99.68% (2.5log)	90% (1 log)	68.38% (0.5 log)

26. 병원성미생물 제거율 및 불활성화비 계산방법상 여과방식에 따른 지아디아 포낭의 제거율이 옳은 것은?

① 한외여과 - 99%(2.0 log)
② 급속여과 - 99.68%(2.5 log)
③ 직접여과 - 99.68%(2.5 log)
④ 완속여과 - 99.9%(3.0 log)

정답 24. ① 25. ③ 26. ②

27. 고도정수처리공정 중 오존처리에 관한 설명으로 옳지 않은 것은?

① 오존요구량은 원수 내의 유·무기물을 산화시키는 데 필요한 오존량이다.
② 배오존가스의 유량은 오존생산을 위한 유입가스가 공기보다 순산소일 때 더 적어진다.
③ 오존주입농도가 증가할수록 오존분해속도는 증가하는 경향을 나타낸다.
④ 오존전달효율(%) = {(주입오존량 − 배오존량) / 주입오존량} × 100

해설 오존주입농도가 증가할수록 오존분해속도는 감소하는 경향을 나타낸다.

28. 불활성화비 계산방법 및 정수처리 인증 등에 관한 규정으로 옳지 않은 것은?

① 여과수 탁도 기준은 매월 측정된 시료 수의 95% 이상이 0.3NTU를 초과하지 아니하고, 각각 1 NTU를 넘지 않아야 한다.
② 불활성화비 계산을 위한 CT계산값은 측정한 잔류소독제 농도값 중 최대값과 1일 사용유량이 최소인 시간에서의 소독제 접촉시간과의 곱으로 계산된다.
③ 추적자시험을 통해 실제 소독제의 접촉시간을 측정하는 때에는 추적자의 10%가 빠져 나올 때까지 시간을 접촉시간으로 한다.
④ 이론적인 접촉시간을 이용할 경우는 수리학적 체류시간에 장폭비 환산계수를 곱하여 소독제 접촉시간으로 한다.

해설 불활성화비 계산을 위한 CT계산값은 측정한 잔류소독제 농도값 중 최소값과 1일 사용유량이 최대인 시간에서의 소독제 접촉시간과의 곱으로 계산된다.

29. 염소는 물 중에 존재하는 유기물질, 환원성 무기물질 등과 반응하여 소비되는데 다음에서 염소의 소비속도가 큰 순서대로 나열한 것은?

| ㉠ H_2S | ㉡ Fe^{2+} | ㉢ $NH_3\text{-N}$ | ㉣ 유기물 |

① ㉠ > ㉡ > ㉢ > ㉣
② ㉢ > ㉠ > ㉡ > ㉣
③ ㉣ > ㉡ > ㉢ > ㉠
④ ㉣ > ㉢ > ㉡ > ㉠

30. 공기공급방식의 오존발생기가 공기유입량 370m³/h로 운전되고 있다. 오존측정기로 측정한 오존농도는 중량비 1.65% 이다. 정수장 1일 처리량이 68,000m³인 경우 오존 주입량(mg/L)은 약 얼마인가? (단, 20℃, 1기압 가정하고, 이 때 공기밀도는 1.205kg/m³이다.)

① 1.1 ② 1.7
③ 2.2 ④ 2.6

해설 **식** 오존 주입량 = $\dfrac{오존}{처리수량}$

- 오존 = $\dfrac{370m^3(Air)}{hr} \times \dfrac{1.205kg}{1m^3} \times \dfrac{24hr}{1day}$
  $\times \dfrac{1.65kg(O_3)}{100kg(Air)} = 176.5566 kg/day$
- 처리수량 = $68,000 m^3/day$
- ∴ 오존 주입량 = $\dfrac{176.5566 kg/day}{68,000 m^3/day} \times \dfrac{10^6 mg}{1 kg}$
  $\times \dfrac{1 m^3}{10^3 L} = 2.60 mg/L$

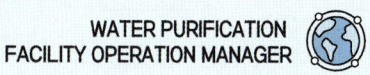

31. 원수를 전오존처리 할 때 오존주입농도는 1.0mg/L, 잔류오존농도가 0.1mg/L일 경우 필요한 오존량(kg/d)은 약 얼마인가? (단, 처리대상 원수유입량 126,000m³/day, 오존전달효율 83%이다.)

① 137 ② 167
③ 197 ④ 227

해설 **식** 필요한 오존량(kg/day)
= (오존주입농도 + 잔류오존농도)×유량×전달효율

∴ 필요한 오존량(kg/day) = $\frac{(1+0.1)mg}{L} \times \frac{126,000m^3}{day}$

$\times \frac{100}{83} \times \frac{10^3 L}{1m^3} \times \frac{1kg}{10^6 mg} = 166.99 mg/L$

32. 고도정수처리공정의 오존물질수지 산정실험 결과 주입 오존농도 2.0mg/L, 배오존농도 0.2mg/L, 잔류오존 농도 0.5mg/L으로 나타났다. 이 때 오존이용률(%)은?

① 55 ② 65
③ 75 ④ 85

해설 **식** 오존이용률
$= \frac{(\text{주입오존농도} - \text{배오존농도} - \text{잔류오존농도})}{\text{주입오존농도}} \times 100$

∴ 오존이용률 = $\frac{(2-0.2-0.5)}{2} \times 100 = 65\%$

33. 오존전달효율(Ozone Transfer Efficiency)을 직접적으로 증가시키는 조건만 모두 나열한 것은?

㉠ 가스부피 / 용액부피 비가 클 때
㉡ 기포 크기가 작을 때
㉢ 유속이 빠를 때
㉣ 체류시간이 길 때
㉤ 수온이 낮을 때
㉥ 오존 농도가 높을 때

① ㉠, ㉡, ㉢ ② ㉠, ㉣, ㉤
③ ㉡, ㉢, ㉥ ④ ㉣, ㉤, ㉥

해설 [오존전달효율에 영향을 미치는 인자]
- 수온 : 수온이 낮을수록 전달효율은 증가
- 농도 : 오존농도가 높을수록 전달효율은 증가
- 압력 : 압력이 높을수록 전달효율은 증가
- 체류시간(접촉시간) : 체류시간이 길수록 전달효율은 증가
- pH : 오존 분해율에 영향을 미침

34. 정수지의 체류시간이 800분이고, 잔류염소의 농도는 0.6mg/L이며, 장폭비에 따른 환산계수(T_{10}/T)는 0.5이다. 지아디아 포낭의 CT요구값이 12라면 불활성화비는?

① 10 ② 20
③ 30 ④ 40

해설 **식** 불활성화비 = $\frac{CT_{계산값}}{CT_{요구값}}$

- $CT_{계산값}$ = 잔류소독제 농도 × 소독제 접촉시간
  $CT_{계산값} = 0.6 \times 400 = 240$
- 잔류소독제 농도 = $0.6 mg/L$
- 소독제 접촉시간
  = 체류시간 × 환산계수 = $800\min \times 0.5 = 400\min$

∴ 불활성화비 = $\frac{240}{12} = 20$

정답 31. ② 32. ② 33. ④ 34. ②

35. 다음 조건의 정수지에서 전염소를 주입할 때 지아디아 포낭에 대한 불활성화비는 얼마인가?

- 수온: 20℃, pH: 7.0
- 전염소 주입지점: 착수정 출구
- 여과지 통합 탁도: 0.2NTU
- 정수지 용량: 20,000m^3
- 정수 생산량: 50,000m^3/day
- 잔류염소 농도: 0.5mg/L
- 산정인수(β): 0.5
- CT요구값: 12

① 10　　② 12
③ 14　　④ 16

해설 식 불활성화비 $= \dfrac{CT_{계산값}}{CT_{요구값}}$

- $CT_{계산값}$ = 잔류소독제 농도×소독제접촉시간
  $CT_{계산값} = 0.5 \times 288 = 144$
- 잔류소독제 농도 $= 0.5 mg/L$
- 소독제 접촉시간 = 체류시간×환산계수
  $= \dfrac{20,000m^3}{50,000m^3/day} \times \dfrac{1440min}{1day} \times 0.5 = 288 min$
- ∴ 불활성화비 $= \dfrac{144}{12} = 12$

36. 오존주입장치를 사용하는 고도정수처리공정의 오존요구량 측정실험 결과 오존 주입농도 2.0mg/L, 5초 후 오존 농도 0.5mg/L, 4분 후 오존 농도 0.25mg/L로 각각 측정되었다. 순간오존요구량(mg/L)은?

① 0.25　　② 0.5
③ 1.5　　④ 1.75

해설 순간오존요구량 = 오존 주입농도 - 순간 감소 후 잔류농도
= 2 - 0.5 = 1.5mg/L

37. 정수지(폭 20m, 길이 80m, 높이 8m) 출구에서 연속 측정된 6개 시료의 시험결과는 다음 표와 같다. 염소소독공정의 불활성화비 산정에 필요한 CT계산값은 약 얼마인가? (단, 정수지 장폭비에 따른 환산계수는 장폭비 2 미만은 0.1, 2 이상 5 미만은 0.2, 5 이상 10 미만은 0.3이다.)

측정시각	유리잔류염소 농도(mg/L)	pH	통과유량(m^3/hr)	수심(m)
04:00	0.4	6.5	4,000	5.0
08:00	0.5	6.8	5,000	5.5
12:00	0.6	7.0	4,800	5.5
16:00	0.6	7.2	4,500	6.0
20:00	0.5	7.0	5,000	5.0
24:00	0.4	6.8	4,500	5.0

① 6.5mg/L·분　　② 7.7mg/L·분
③ 11.5mg/L·분　　④ 12.3mg/L·분

해설 일간 수질측정자료 중 최악조건을 고려하여 도출한다.

식 $CT_{계산값}$ = 잔류소독제 농도×소독제접촉시간

- 유리잔류염소농도(가장 낮은 값) : 0.4mg/L
- 접촉시간(min)
  $= \dfrac{정수지 사용용량}{시간당 최대통과유량} \times 장폭비 환산계수$
- 정수지 사용용량
  $= 폭(W) \times 길이(L) \times 수심(H) = 20 \times 80 \times 5$
  $= 8,000 m^3$
- 통과유량(가장 높은 값) : 5,000m^3/hr
- 수심(가장 낮은 값) : 5.0m
- 장폭비 환산계수 : 0.2 ($L/W = 80/20 = 4$, 장폭비가 4이므로 환산계수는 0.2)
- 접촉시간 $= \dfrac{8,000}{5,000} \times 0.2 = 0.32 hr = 19.2 min$
- ∴ $CT_{계산값} = 0.4 \times 19.2 = 7.68 mg/L$

정답 35. ②　36. ③　37. ②

38. 불활성화비 계산방법 및 정수처리 인증 등에 관한 규정상 정수처리과정에서 제거하거나 불활성화하여야 할 병원성미생물이 아닌 것은?

① 바이러스 ② 니트로조모나스
③ 지아디아 포낭 ④ 크립토스포리디움 난포낭

해설 니트로조모나스는 질산화 미생물이다.

39. 오존처리공정에서 3mg/L로 주입한 오존의 전달효율이 80%일 때 배출되는 오존의 농도(mg/L)는?

① 0.3 ② 0.6
③ 1.2 ④ 2.4

해설 식 배출되는 오존의 농도
= 주입농도 − 전달농도 = 3 − (3×0.8)
= $0.6 mg/L$

다른풀이

식 전달효율(%) = $\frac{(주입오존량 - 배출오존량)}{주입오존량} \times 100$

$80\% = \frac{(3 - 배출오존량)}{3} \times 100$

∴ 배출오존량 = $0.6 mg/L$

40. ○○시 정수장 배수구역 수도꼭지수의 잔류염소를 0.4mg/L로 유지하고자 한다. 다음 조건에서 정수장에 일일 투입되는 염소량(kg/일)은?

- 정수장 일일유량 : 60,000m³/일
- 물과 접촉하는 시설에 의한 염소소비량 : 0.3mg/L
- 물의 염소요구량 : 1.1mg/L

① 42 ② 60
③ 84 ④ 108

해설 염소주입량 = 염소요구량 + 염소잔류량
∴ 염소주입량
$= \frac{(1.1 + 0.3 + 0.4)mg}{L} \times \frac{60,000 m^3}{day}$
$\times \frac{1 kg}{10^6 mg} \times \frac{10^3 L}{1 m^3} = 108 kg/day$

41. 정수처리에서 차아염소산나트륨의 저장설비에 관한 설명으로 옳은 것을 모두 고른 것은?

㉠ 저장조 또는 용기로 저장하고 2기 이상 설치한다.
㉡ 저장조 또는 용기는 직사일광이 닿지 않고 통풍이 좋은 장소에 설치한다.
㉢ 저장조의 주위에는 방액제 또는 피트를 설치한다.

① ㉠, ㉡ ② ㉠, ㉢
③ ㉡, ㉢ ④ ㉠, ㉡, ㉢

42. 고도정수처리공정인 오존접촉지에 관한 설명으로 옳지 않은 것은?

① 구조는 개방식으로 오존과 물의 혼화와 접촉이 효과적으로 이루어져서 흡수율이 높도록 한다.
② 용량은 오존처리에 필요한 접촉시간과 반응시간이 충분하도록 한다.
③ 오존주입 풍량, 재이용 풍량, 배오존 풍량 등은 풍량의 수지에 균형이 맞도록 설계한다.
④ 접촉지에는 우회관을 설치한다.

해설 구조는 밀폐식으로 오존과 물의 혼화와 접촉이 효과적으로 이루어져서 흡수율이 높도록 한다.

정답 38. ② 39. ② 40. ④ 41. ④ 42. ①

43. 자외선 소독의 영향인자에 해당하지 않는 것은?

① 자외선 투과율 ② 원수 성상
③ 수소이온농도 ④ 유량

해설 자외선 소독의 영향인자 : 자외선 투과율, 원수 성상, 수온, 유량, 램프상태, 설계구성

44. 자외선 소독설비 중 자외선반응조를 설계할 때 고려하여야 할 사항으로 옳지 않은 것은?

① 설계유량은 일평균급수량으로 하고 여유율을 고려한다.
② 반응조의 치수는 설계 안전인자를 고려하여 UV 램프 모듈이 밀집하여 배치될 수 있도록 한다.
③ 설계효과를 높이고 유지관리를 위해 두 개 이상의 뱅크를 설치한다.
④ 반응조는 관 또는 밀폐형 구조로 하되, 유지관리를 용이하게 한다.

해설 설계유량은 일최대급수량으로 하고 여유율을 고려한다.

45. 수처리제의 기준과 규격 및 표시기준상 수처리제로서의 활성탄에 대한 적합여부를 판단하기 위한 성분규격의 항목을 모두 고른 것은?

ㄱ. pH	ㄴ. 크롬
ㄷ. 체잔류물	ㄹ. 납
ㅁ. 수은	

① ㄱ, ㄴ, ㅁ ② ㄱ, ㄷ, ㄹ
③ ㄴ, ㄷ, ㄹ ④ ㄴ, ㄹ, ㅁ

해설 활성탄의 성분규격 항목 : 성상, pH, 체잔류물, 건조감량, 염화물, 비소, 납, 카드뮴, 아연, 페놀가, ABS가, 메틸렌블루탈색력, 요오드흡착력

46. 수처리제의 기준과 규격 및 표시기준상 활성탄(입상 또는 분말)의 규격기준이 아닌 것은?

① 염화물 ② 비중(20℃)
③ 페놀가 ④ ABS가

해설 활성탄의 성분규격 항목 : 성상, pH, 체잔류물, 건조감량, 염화물, 비소, 납, 카드뮴, 아연, 페놀가, ABS가, 메틸렌블루탈색력, 요오드흡착력

47. 환경부 수처리제의 기준과 규격 및 표시기준에 의한 입상 활성탄 설명으로 옳지 않은 것은?

① 체잔류물 기준은 95% 이상이다.
② 페놀가는 30 이상이다.
③ 메틸렌블루 탈색력은 150mL/g 이상이다.
④ 요오드흡착력은 950mg/g 이상이다.

해설 페놀가는 25 이하이다.

48. 수처리제의 기준과 규격 및 표시기준상 분말활성탄의 성분규격 기준으로 옳지 않은 것은?

① 건조감량 50% 이하, 염화물 0.5% 이하
② ABS가 50 이하, 페놀가 25 이하
③ 요오드흡착력 950mg/g 이하, 메틸렌블루탈색력 150mL/g 이하
④ 비소 2mg/kg 이하, 납 10mg/kg 이하

해설 요오드흡착력 950mg/g 이상, 메틸렌블루탈색력 150mL/g 이상

정답 43. ③ 44. ① 45. ② 46. ② 47. ② 48. ③

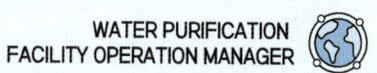

49. 막여과시설에서 수도용 막의 분리경으로 잘못 짝지어진 것은?

① 정밀여과막 – 공칭공경 0.01㎛ 이상
② 한외여과막 – 분획 분자량 10,000 Dalton 이하
③ 역삼투막 – 염화나트륨 제거율 93% 이상
④ 나노여과막 – 염화나트륨 제거율 5~93% 미만

해설 한외여과막 – 분획 분자량 100,000 Dalton 이하 (1과목 – 막분리 공정 참고)

50. 고정상식 입상 활성탄의 역세척 설명으로 옳지 않은 것은?

① 일반적으로 탄층팽창률이 20~40%(평균 25%) 정도가 되도록 역세척한다.
② 물에 의한 역세척만으로 세척이 불충분한 경우에 공기세척을 병용하는 방식이 효과적이다.
③ 물 역세척 속도는 입상활성탄의 종류에 따라 다르며 탄층팽창률은 수온의 영향을 받지 않는다.
④ 야자계 활성탄에서는 수온 20℃, 팽창률 40%일 경우 역세척 유속은 약 $0.48m^3/m^2 \cdot min$이 된다.

해설 물 역세척 속도는 입상활성탄의 종류에 따라 다르며 탄층팽창률은 수온의 영향을 받기에 탄층팽창률이 20~40% 정도 되도록 역세척한다.

51. 입상활성탄의 세척공정에 관한 설명으로 옳은 것은?

① 일반적으로 활성탄층 팽창률은 50~70%(평균 60%) 정도가 되도록 역세척 한다.
② 활성탄처리공정에서는 역세척 직후의 시동방수를 고려하지 않아도 된다.
③ 입경이 동일한 경우 야자계활성탄의 역세척유속은 모래여과지보다 빠르다.
④ 유동상식에서는 활성탄의 충전이 완료된 다음 미분탄을 씻어내기 위하여 물로 역세척을 실시한다.

해설 ④항만 올바르다.

오답해설
① 일반적으로 활성탄층 팽창률은 20~40%(평균 25%)정도가 되도록 역세척 한다.
② 활성탄처리공정에서는 역세척 직후의 시동방수설비를 설치하여야 한다.
③ 입경이 동일한 경우 야자계활성탄의 역세척유속은 모래여과지보다 느리다.

52. 상수도시설기준상 입상활성탄 여과지의 세척에 관한 설명으로 옳지 않은 것은?

① 일반적으로 탄층팽창률이 20~40% 정도가 되도록 역세척을 한다.
② 동일 역세척속도에서 탄층팽창률은 수온의 영향을 받는다.
③ 역세척 직후의 시동방수는 고려하지 않는다.
④ 유동상식의 경우 미분탄을 씻어내기 위하여 물로 역세척을 실시한다.

해설 활성탄처리공정에서는 역세척 직후의 시동방수설비를 설치하여야 한다.

53. 상수원수에서 맛·냄새를 유발하는 물질 중 흙냄새 또는 곰팡이 냄새가 아닌 것은?

① Geosmin   ② 2-MIB
③ IBMP   ④ TCE

해설 TCE(트리클로로에틸렌)은 달콤한 냄새를 가지고 있는 물질로 피부, 호흡기, 중추신경계에 악영향을 주는 물질이다.

49. ② 50. ③ 51. ④ 52. ③ 53. ④

54. 다음 중 막여과에 대한 인증기준을 위한 시험이 아닌 것은?

① 미생물 제거 시험 ② 직접 완전성 시험
③ 추적자 시험 ④ 간접 완전성 시험

해설 막여과 인증기준을 위한 시험 : 직접 완전성 시험, 미생물 제거 시험, 간접 완전성 시험

55. 다음 중 고도정수처리기술에 해당하지 않는 것은?

① 오존처리기술 ② 고도산화기술
③ 막분리기술 ④ 염소처리기술

해설 고도정수처리기술에는 오존, UV, AOP(고도산화), 막분리, 활성탄 처리가 있다.
※ 기본정수처리 : 응집, 여과(급속, 완속), 염소소독

56. 불활성화비 계산방법 및 정수처리 인증 등에 관한 규정에 따른 여과방식 중 막여과방식에 포함되지 않는 것은?

① 완속여과 ② 나노여과(NF)
③ 정밀여과(MF) ④ 한외여과(UF)

해설 완속여과와 급속여과는 모래여과에 해당한다.

57. 정수처리공정에서 처리대상 물질과 처리방법의 연결로 옳은 것을 모두 고른 것은?

> ㄱ. 조류 – 막여과
> ㄴ. 크립토스포리디움 – 급속여과
> ㄷ. 지오스민 – 활성탄

① ㄱ ② ㄱ, ㄴ
③ ㄴ, ㄷ ④ ㄱ, ㄴ, ㄷ

58. 막 및 막모듈 선정 시 고려사항으로 옳지 않은 것은?

① 장기적 사용으로 열변형에 의한 변화에 대처할 수 있어야 한다.
② 막은 특성상 막 오염에 대한 저항성을 갖추고 있어 오염은 고려하지 않아도 된다.
③ 장기적 사용으로 약품세척에 의한 화학적 변화에 충분히 대처할 수 있어야 한다.
④ 수격으로 인한 충격을 받지 않아야 한다.

해설 막은 장기간 운전 시 막 자체의 노화, 막힘, 공극폐색 등의 막오염이 나타난다.

59. 정수처리기준의 내용에 관한 설명으로 옳지 않은 것은?

① 크립토스포리디움은 원생동물의 일종으로, 증식을 위해서는 숙주가 필요하다.
② 살균의 효과가 있는 자외선C의 파장범위는 750nm ~ 850nm이다.
③ 급속여과는 응집제 등을 투여하고 혼화·응집·침전공정을 통해 원수를 전 처리한 후 모래 등의 여과지를 이용하여 1일 120m 이상의 속도로 여과하는 정수처리공정을 말한다.
④ 완속여과는 모래여과지를 이용하여 1일 5m 내외의 속도로 여과하는 정수처리공정을 말한다.

해설 살균의 효과가 있는 자외선C의 파장범위는 200nm ~ 280nm이다.

정답 54. ③ 55. ④ 56. ① 57. ④ 58. ② 59. ②

60. 정수처리에서 흡착공정에 사용되는 활성탄의 특징에 관한 설명으로 옳은 것은?

① 활성탄은 다공질구조의 탄소소재로서 물리화학적 특성이 균질하다.
② 내부표면적은 약 $10m^2/g$ 정도로 크다.
③ 내부는 미세공, 중간세공, 대세공으로 구성되어 있다.
④ 친수성이 강하고 분자량이 작은 물질에 대해 뛰어난 흡착능을 나타낸다.

[해설] ③항만 올바르다.
[오답해설]
① 활성탄은 다공질구조의 탄소소재로서 종류마다 물리화학적 특성이 상이하다.
② 내부표면적은 약 $500 \sim 1500 m^2/g$ 정도로 크다.
④ 소수성이 강하고 분자량이 큰 물질에 대해 뛰어난 흡착능을 나타낸다.

61. 고정상식 활성탄의 역세척에 관한 설명으로 옳지 않은 것은?

① 세척수로는 활성탄처리수 또는 정수를 사용한다.
② 일반적으로 탄층팽창률이 20~40%(평균 25%) 정도가 되도록 역세척한다.
③ 물에 의한 역세척만으로는 세척이 불충분한 경우에 공기세척을 병용하는 방식이 효과적이다.
④ 활성탄 입경 2.38~0.59mm를 기준으로 할 때, 역세척 시간은 30분 이상 필요하다.

[해설]
• 활성탄 입경 2.38~0.59mm : 역세척 시간 8~10분
• 활성탄 입경 1.68~0.42mm : 역세척 시간 15~20분

정답   60. ③   61. ④

CHAPTER 05 먹는물 수질관련 법규

UNIT 01 먹는물관리법

1 제3조(정의) 이 법에서 사용하는 용어의 뜻은 다음과 같다.

1. "먹는물"이란 먹는 데에 일반적으로 사용하는 자연 상태의 물, 자연 상태의 물을 먹기에 적합하도록 처리한 수돗물, 먹는샘물, 먹는염지하수, 먹는해양심층수 등을 말한다.
2. "샘물"이란 암반대수층 안의 지하수 또는 용천수 등 수질의 안전성을 계속 유지할 수 있는 자연 상태의 깨끗한 물을 먹는 용도로 사용할 원수(原水)를 말한다.
3. "먹는샘물"이란 샘물을 먹기에 적합하도록 물리적으로 처리하는 등의 방법으로 제조한 물을 말한다.

3의2. "염지하수"란 물속에 녹아있는 염분(鹽分) 등의 함량(含量)이 환경부령으로 정하는 기준 이상인 암반대수층 안의 지하수로서 수질의 안전성을 계속 유지할 수 있는 자연 상태의 물을 먹는 용도로 사용할 원수를 말한다.

3의3. "먹는염지하수"란 염지하수를 먹기에 적합하도록 물리적으로 처리하는 등의 방법으로 제조한 물을 말한다.

4. "먹는해양심층수"란 「해양심층수의 개발 및 관리에 관한 법률」에 따른 해양심층수를 먹는 데 적합하도록 물리적으로 처리하는 등의 방법으로 제조한 물을 말한다.
5. "수처리제(水處理劑)"란 자연 상태의 물을 정수(淨水) 또는 소독하거나 먹는물 공급시설의 산화방지 등을 위하여 첨가하는 제제를 말한다.
6. "먹는물공동시설"이란 여러 사람에게 먹는물을 공급할 목적으로 개발했거나 저절로 형성된 약수터, 샘터, 우물 등을 말한다.

6의2. "냉·온수기"란 용기(容器)에 담긴 먹는샘물 또는 먹는염지하수를 냉수·온수로 변환시켜 취수(取水)꼭지를 통하여 공급하는 기능을 가진 것을 말한다.

6의3. "냉·온수기 설치·관리자"란 「실내공기질 관리법」에 따른 다중이용시설에서 다수인에게 먹는샘물 또는 먹는염지하수를 공급하기 위하여 냉·온수기를 설치·관리하는 자를 말한다.

7. "정수기"란 물리적·화학적 또는 생물학적 과정을 거치거나 이들을 결합한 과정을 거쳐 먹는물을 먹는물의 수질기준에 맞게 취수 꼭지를 통하여 공급하도록 제조된 기구[해당 기구에 냉수·온수 장치, 제빙(製氷) 장치 등 환경부장관이 정하여 고시하는 장치가 결합되어 냉수·온수, 얼음 등을 함께 공급할 수 있도록 제조된 기구를 포함한다]로서, 유입수 중에 들어있는 오염물질을 감소시키는 기능을 가진 것을 말한다.

7의2. "정수기 설치·관리자"란 「실내공기질 관리법」에 따른 다중이용시설에서 다수인에게 먹는물을 공급하기 위하여 정수기를 설치 및 관리하는 자를 말한다.
8. "정수기품질검사"란 정수기에 대한 구조, 재질, 정수 성능 등을 종합적으로 검사하는 것을 말한다.
9. "먹는물관련영업"이란 먹는샘물·먹는염지하수의 제조업·수입판매업·유통전문판매업, 수처리제 제조업 및 정수기의 제조업·수입판매업을 말한다.
9의2. "유통전문판매업"이란 제품을 스스로 제조하지 아니하고 타인에게 제조를 의뢰하여 자신의 상표로 유통·판매하는 영업을 말한다.

2 제4조(적용범위)

먹는물과 관련된 사항 중 수돗물에 관하여는 「수도법」을 적용하고, 먹는해양심층수에 관하여는 「해양심층수의 개발 및 관리에 관한 법률」을 적용한다. 다만, 먹는물의 수질기준에 관하여는 이 법을 적용한다.

3 제5조(먹는물 등의 수질 관리)

① 환경부장관은 먹는물, 샘물 및 염지하수의 수질 기준을 정하여 보급하는 등 먹는물, 샘물 및 염지하수의 수질 관리를 위하여 필요한 시책을 마련하여야 한다.
② 환경부장관 또는 특별시장·광역시장·특별자치시장·도지사·특별자치도지사(이하 "시·도지사"라 한다)는 먹는물, 샘물 및 염지하수의 수질검사를 실시하여야 한다.
③ 먹는물, 샘물 및 염지하수의 수질 기준 및 검사 횟수는 환경부령으로 정한다.
④ 환경부장관은 수질 기준 설정 등을 위하여 먹는물, 샘물 및 염지하수 중 위해 우려가 있는 물질 등 감시가 필요한 항목을 먹는물, 샘물 및 염지하수 수질감시항목으로 지정할 수 있다. 이 경우 먹는물, 샘물 및 염지하수 수질감시항목의 지정대상·지정절차, 감시항목별 감시기준 및 검사주기 등에 관한 세부사항은 환경부장관이 정하여 고시한다.
⑤ 특별시·광역시·특별자치시·도·특별자치도(이하 "시·도"라 한다)는 먹는물, 샘물 및 염지하수의 수질 개선을 위하여 필요하다고 인정하는 경우에는 조례로 수질 기준 및 검사 횟수를 강화하여 정할 수 있다.
⑥ 시·도지사는 수질 기준 및 검사 횟수가 설정·변경된 경우에는 지체 없이 환경부장관에게 보고하고, 환경부령으로 정하는 바에 따라 이해관계자가 알 수 있도록 필요한 조치를 하여야 한다.

4 제6조(먹는물 수질에 대한 공정시험 방법)

환경부장관은 먹는물 검사를 정확하고 통일성 있게 하기 위하여 먹는물 수질공정시험(水質公定試驗) 방법을 정하여 고시하여야 한다.

5 제7조(먹는물 수질 감시원)

① 관계 공무원의 직무나 그 밖에 먹는물 수질에 관한 지도 등을 행하게 하기 위하여 환경부, 시·도, 시·군·구(자치구를 말한다. 이하 같다)에 먹는물 수질 감시원을 둔다.
② 먹는물 수질 감시원의 자격, 임명, 직무범위, 그 밖에 필요한 사항은 대통령령으로 정한다.

> 💡 **시행령 제2조(먹는물 수질 감시원)**
> ① 「먹는물관리법」에 따른 먹는물 수질 감시원은 환경부장관, 특별시장·광역시장·특별자치시장·도지사·특별자치도지사 또는 시장·군수·구청장이 다음 각 호의 어느 하나에 해당하는 소속 공무원 중에서 임명한다.
>   1. 수질환경기사 또는 위생사의 자격증이 있는 사람
>   2. 대학에서 상수도공학, 환경공학, 화학, 미생물학, 위생학 또는 식품학 등 관련분야의 학과·학부를 졸업한 사람이거나 법령에 따라 이와 같은 수준 이상의 학력이 있다고 인정되는 사람
>   3. 1년 이상 환경행정 또는 식품위생행정 분야의 사무에 종사한 사람
> ② 먹는물 수질 감시원의 직무 범위는 다음 각 호와 같다.
>   1. 먹는물의 수질관리에 관한 조사·지도 및 감시
>   2. 먹는물 관련 영업에 대한 조사·지도 및 감시

6 제8조(먹는물공동시설의 관리)

① 먹는물공동시설 소재지의 특별자치시장·특별자치도지사·시장·군수·구청장(구청장은 자치구의 구청장을 말하며, 이하 "시장·군수·구청장"이라 한다)은 국민들에게 양질의 먹는물을 공급하기 위하여 먹는물공동시설을 개선하고, 먹는물공동시설의 수질을 정기적으로 검사하며, 수질검사 결과 먹는물공동시설로 이용하기에 부적합한 경우에는 사용금지 또는 폐쇄조치를 하는 등 먹는물공동시설의 알맞은 관리를 위하여 환경부령으로 정하는 바에 따라 필요한 조치를 하여야 한다.
② 누구든지 먹는물공동시설의 수질을 오염시키거나 시설을 훼손하는 행위를 하여서는 아니 된다.
③ 먹는물공동시설의 관리대상, 관리방법, 그 밖에 필요한 사항은 환경부령으로 정한다.
④ 특별자치시·특별자치도·시·군·구는 먹는물공동시설의 수질 개선을 위하여 필요하다고 인정하는 경우에는 조례로 관리대상, 관리방법 등을 강화하여 정할 수 있다.
⑤ 시장·군수·구청장은 제4항에 따라 관리대상, 관리방법 등이 설정·변경된 경우에는 지체 없이 환경부장관에게 보고하고, 환경부령으로 정하는 바에 따라 이해관계자가 알 수 있도록 필요한 조치를 하여야 한다.
⑥ 시장·군수·구청장은 먹는물공동시설의 수질검사 결과를 환경부령으로 정하는 바에 따라 환경부장관에게 보고하여야 한다.
⑦ 환경부장관은 시장·군수·구청장에게 먹는물공동시설의 정기검사, 사용금지, 폐쇄조치 및 먹는물공동시설의 개선에 필요한 조치를 명할 수 있다.

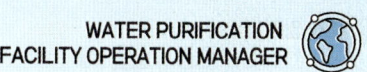

7 제8조의2(냉·온수기 또는 정수기의 설치·관리)

① 냉·온수기 설치·관리자 또는 정수기 설치·관리자는 환경부령으로 정하는 바에 따라 냉·온수기 또는 정수기의 설치 장소, 설치 대수 등을 시장·군수·구청장에게 신고하여야 한다. 신고한 사항 중 환경부령으로 정하는 중요한 사항을 변경하려는 때에도 또한 같다.

8 제8조의3(샘물보전구역의 지정)

① 시·도지사는 샘물의 수질보전을 위하여 다음 각 호의 어느 하나에 해당하는 지역 및 그 주변지역을 샘물보전구역(이하 "샘물보전구역"이라 한다)으로 지정할 수 있다.
  1. 인체에 이로운 무기물질이 많이 들어있어 먹는샘물의 원수(原水)로 이용가치가 높은 샘물이 부존(賦存)되어 있는 지역
  2. 샘물의 수량이 풍부하게 부존되어 있는 지역
  3. 그 밖에 샘물의 수질보전을 위하여 필요한 지역으로서 대통령령으로 정하는 지역

9 제9조(샘물 또는 염지하수의 개발허가 등)

① 대통령령으로 정하는 규모 이상의 샘물 또는 염지하수(이하 "샘물등"이라 한다)를 개발하려는 자는 환경부령으로 정하는 바에 따라 시·도지사의 허가를 받아야 한다.
② 제1항에 따라 허가를 받은 자가 허가받은 사항 중 대통령령으로 정하는 중요한 사항을 변경하려면 변경허가를 받아야 하고, 그 밖의 사항을 변경하려면 변경신고를 하여야 한다.
③ 시·도지사는 변경신고를 받은 날부터 7일 이내에 변경신고 수리 여부를 신고인에게 통지하여야 한다.
④ 시·도지사가 기간 내에 신고수리 여부 또는 민원 처리 관련 법령에 따른 처리기간의 연장을 신고인에게 통지하지 아니하면 그 기간(민원 처리 관련 법령에 따라 처리기간이 연장 또는 재연장된 경우에는 해당 처리기간을 말한다)이 끝난 날의 다음 날에 변경신고를 수리한 것으로 본다.

> 💡 시행령 제3조(샘물 또는 염지하수의 개발허가 대상)
> ① "대통령령으로 정하는 규모 이상의 샘물 또는 염지하수(이하 "샘물등"이라 한다)를 개발하려는 자"란 다음 각 호의 자를 말한다.
>   1. 먹는샘물 또는 먹는염지하수의 제조업을 하려는 자
>   2. 1일 취수능력 300톤 이상의 샘물 등을 개발하려는 자
> ② 취수능력을 산정할 때 샘물등을 이미 개발·이용하고 있는 자가 취수시설을 증설하는 경우에는 전체 취수능력을 기준으로 한다.
> ③ "대통령령으로 정하는 중요한 사항"이란 다음 각 호와 같다.
>   1. 샘물등의 개발의 위치 및 면적
>   2. 취수계획량
>   3. 샘물등의 용도

❿ 시행령 제7조(부담금의 부과대상)

① 수질개선부담금(이하 "부담금"이라 한다)의 부과대상은 다음 각 호와 같다.
  1. 개발허가를 받은 자로서 다음 각 목의 구분에 따른 자가 취수한 샘물등
    가. 기타샘물의 개발허가를 받은 자가 취수한 샘물등
    나. 음료류를 제조하기 위하여 먹는샘물등의 제조설비를 사용하는 자가 취수한 샘물등
  2. 먹는샘물등의 제조업 허가를 받은 자가 취수한 샘물 등
  3. 먹는샘물등의 수입판매업의 등록을 받은 자가 수입한 먹는샘물등

② 부과대상 중 다음 각 호의 어느 하나에 해당하는 것은 부담금의 부과대상에서 제외한다.
  1. 수출하는 것
  2. 우리나라에 주재하는 외국군대 또는 주한외국공관에 납품하는 것
  3. 「재난 및 안전관리 기본법」에 따라 이재민의 구호를 위하여 지원·제공하는 것
  4. 환경영향조사 및 환경영향심사를 위하여 취수한 샘물등

③ 제1항 각 호에 해당하는 자는 환경부령으로 정하는 바에 따라 제2항에 따른 부담금의 부과대상에서 제외되는 것에 관한 증빙서류를 매 분기별로 환경부장관에게 제출하여야 한다.

UNIT 02 먹는물 수질기준 및 검사 등에 관한 규칙

1 제1조(목적)

이 규칙은 「먹는물관리법」과 「수도법」에 따른 수질기준 및 수질검사 횟수와 관련 종사자의 건강진단 등에 관한 사항을 규정함을 목적으로 한다.

2 제2조(수질기준)

「먹는물관리법」 및 「수도법」에 따른 먹는물의 수질기준은 별표 1과 같다.

[별표 1] 먹는물의 수질기준

① **미생물에 관한 기준**
  가. 일반세균은 1mL 중 100CFU(Colony Forming Unit)를 넘지 아니할 것. 다만, 샘물 및 염지하수의 경우에는 저온일반세균은 20CFU/mL, 중온일반세균은 5CFU/mL를 넘지 아니하여야 하며, 먹는샘물, 먹는염지하수 및 먹는해양심층수의 경우에는 병에 넣은 후 4℃를 유지한 상태에서 12시간 이내에 검사하여 저온일반세균은 100CFU/mL, 중온일반세균은 20CFU/mL를 넘지 아니할 것
  나. 총 대장균군은 100mL(샘물·먹는샘물, 염지하수·먹는염지하수 및 먹는해양심층수의 경우에는 250mL)에서 검출되지 아니할 것. 다만, 제4조제1항제1호나목 및 다목에 따라 매월 또는 매 분기 실시하는 총 대장균군의 수질검사 시료(試料) 수가 20개 이상인 정수시설의 경우에는 검출된 시료 수가 5퍼센트를 초과하지 아니하여야 한다.
  다. 대장균·분원성 대장균군은 100mL에서 검출되지 아니할 것. 다만, 샘물·먹는샘물, 염지하수·먹는염지하수 및 먹는해양심층수의 경우에는 적용하지 아니한다.
  라. 분원성 연쇄상구균·녹농균·살모넬라 및 쉬겔라는 250mL에서 검출되지 아니할 것(샘물·먹는샘물, 염지하수·먹는염지하수 및 먹는해양심층수의 경우에만 적용한다)
  마. 아황산환원혐기성포자형성균은 50mL에서 검출되지 아니할 것(샘물·먹는샘물, 염지하수·먹는염지하수 및 먹는해양심층수의 경우에만 적용한다)
  바. 여시니아균은 2L에서 검출되지 아니할 것(먹는물공동시설의 물의 경우에만 적용한다)

② **건강상 유해영향 무기물질에 관한 기준**
  가. 납은 0.01mg/L를 넘지 아니할 것
  나. 불소는 1.5mg/L(샘물·먹는샘물 및 염지하수·먹는염지하수의 경우에는 2.0mg/L)를 넘지 아니할 것
  다. 비소는 0.01mg/L(샘물·염지하수의 경우에는 0.05mg/L)를 넘지 아니할 것
  라. 셀레늄은 0.01mg/L(염지하수의 경우에는 0.05mg/L)를 넘지 아니할 것
  마. 수은은 0.001mg/L를 넘지 아니할 것
  바. 시안은 0.01mg/L를 넘지 아니할 것
  사. 크롬은 0.05mg/L를 넘지 아니할 것

아. 암모니아성 질소는 0.5mg/L를 넘지 아니할 것
자. 질산성 질소는 10mg/L를 넘지 아니할 것
차. 카드뮴은 0.005mg/L를 넘지 아니할 것
카. 붕소는 1.0mg/L를 넘지 아니할 것(염지하수의 경우에는 적용하지 아니한다)
타. 브롬산염은 0.01mg/L를 넘지 아니할 것(수돗물, 먹는샘물, 염지하수·먹는염지하수, 먹는해양심층수 및 오존으로 살균·소독 또는 세척 등을 하여 먹는물로 이용하는 지하수만 적용한다)
파. 스트론튬은 4mg/L를 넘지 아니할 것(먹는염지하수 및 먹는해양심층수의 경우에만 적용한다)
하. 우라늄은 30㎍/L를 넘지 않을 것[수돗물(지하수를 원수로 사용하는 수돗물을 말한다), 샘물, 먹는샘물, 먹는염지하수 및 먹는물공동시설의 물의 경우에만 적용한다)]

③ **건강상 유해영향 유기물질에 관한 기준**
가. 페놀은 0.005mg/L를 넘지 아니할 것
나. 다이아지논은 0.02mg/L를 넘지 아니할 것
다. 파라티온은 0.06mg/L를 넘지 아니할 것
라. 페니트로티온은 0.04mg/L를 넘지 아니할 것
마. 카바릴은 0.07mg/L를 넘지 아니할 것
바. 1,1,1-트리클로로에탄은 0.1mg/L를 넘지 아니할 것
사. 테트라클로로에틸렌은 0.01mg/L를 넘지 아니할 것
아. 트리클로로에틸렌은 0.03mg/L를 넘지 아니할 것
자. 디클로로메탄은 0.02mg/L를 넘지 아니할 것
차. 벤젠은 0.01mg/L를 넘지 아니할 것
카. 톨루엔은 0.7mg/L를 넘지 아니할 것
타. 에틸벤젠은 0.3mg/L를 넘지 아니할 것
파. 크실렌은 0.5mg/L를 넘지 아니할 것
하. 1,1-디클로로에틸렌은 0.03mg/L를 넘지 아니할 것
거. 사염화탄소는 0.002mg/L를 넘지 아니할 것
너. 1,2-디브로모-3-클로로프로판은 0.003mg/L를 넘지 아니할 것
더. 1,4-다이옥산은 0.05mg/L를 넘지 아니할 것

④ **소독제 및 소독부산물질에 관한 기준(샘물·먹는샘물·염지하수·먹는염지하수·먹는해양심층수 및 먹는물공동시설의 물의 경우에는 적용하지 아니한다)**
가. 잔류염소(유리잔류염소를 말한다)는 4.0mg/L를 넘지 아니할 것
나. 총트리할로메탄은 0.1mg/L를 넘지 아니할 것
다. 클로로포름은 0.08mg/L를 넘지 아니할 것
라. 브로모디클로로메탄은 0.03mg/L를 넘지 아니할 것
마. 디브로모클로로메탄은 0.1mg/L를 넘지 아니할 것
바. 클로랄하이드레이트는 0.03mg/L를 넘지 아니할 것
사. 디브로모아세토니트릴은 0.1mg/L를 넘지 아니할 것
아. 디클로로아세토니트릴은 0.09mg/L를 넘지 아니할 것
자. 트리클로로아세토니트릴은 0.004mg/L를 넘지 아니할 것
차. 할로아세틱에시드(디클로로아세틱에시드, 트리클로로아세틱에시드 및 디브로모아세틱에시드의 합으로 한다)는 0.1mg/L를 넘지 아니할 것
카. 포름알데히드는 0.5mg/L를 넘지 아니할 것

⑤ 심미적(審美的) 영향물질에 관한 기준
  가. 경도(硬度)는 1,000mg/L(수돗물의 경우 300mg/L, 먹는염지하수 및 먹는해양심층수의 경우 1,200mg/L)를 넘지 아니할 것. 다만, 샘물 및 염지하수의 경우에는 적용하지 아니한다.
  나. 과망간산칼륨 소비량은 10mg/L를 넘지 아니할 것
  다. 냄새와 맛은 소독으로 인한 냄새와 맛 이외의 냄새와 맛이 있어서는 아니될 것. 다만, 맛의 경우는 샘물, 염지하수, 먹는샘물 및 먹는물공동시설의 물에는 적용하지 아니한다.
  라. 동은 1mg/L를 넘지 아니할 것
  마. 색도는 5도를 넘지 아니할 것
  바. 세제(음이온 계면활성제)는 0.5mg/L를 넘지 아니할 것. 다만, 샘물·먹는샘물, 염지하수·먹는염지하수 및 먹는해양심층수의 경우에는 검출되지 아니하여야 한다.
  사. 수소이온 농도는 pH 5.8 이상 pH 8.5 이하이어야 할 것. 다만, 샘물, 먹는샘물 및 먹는물공동시설의 물의 경우에는 pH 4.5 이상 pH 9.5 이하이어야 한다.
  아. 아연은 3mg/L를 넘지 아니할 것
  자. 염소이온은 250mg/L를 넘지 아니할 것(염지하수의 경우에는 적용하지 아니한다)
  차. 증발잔류물은 수돗물의 경우에는 500mg/L, 먹는염지하수 및 먹는해양심층수의 경우에는 미네랄 등 무해성분을 제외한 증발잔류물이 500mg/L를 넘지 아니할 것
  카. 철은 0.3mg/L를 넘지 아니할 것. 다만, 샘물 및 염지하수의 경우에는 적용하지 아니한다.
  타. 망간은 0.3mg/L(수돗물의 경우 0.05mg/L)를 넘지 아니할 것. 다만, 샘물 및 염지하수의 경우에는 적용하지 아니한다.
  파. 탁도는 1NTU(Nephelometric Turbidity Unit)를 넘지 아니할 것. 다만, 지하수를 원수로 사용하는 마을상수도, 소규모급수시설 및 전용상수도를 제외한 수돗물의 경우에는 0.5NTU를 넘지 아니하여야 한다.
  하. 황산이온은 200mg/L를 넘지 아니할 것. 다만, 샘물, 먹는샘물 및 먹는물공동시설의 물은 250mg/L를 넘지 아니하여야 하며, 염지하수의 경우에는 적용하지 아니한다.
  거. 알루미늄은 0.2mg/L를 넘지 아니할 것

⑥ 방사능에 관한 기준(염지하수의 경우에만 적용한다)
  가. 세슘(Cs-137)은 4.0mBq/L를 넘지 아니할 것
  나. 스트론튬(Sr-90)은 3.0mBq/L를 넘지 아니할 것
  다. 삼중수소는 6.0Bq/L를 넘지 아니할 것

> 💡 샘물 및 염지하수가 제외되는 항목
> - 경도(硬度)
> - 철
> - 망간
> - 염소이온(염지하수만 제외)
> - 황산이온(염지하수만 제외)

3 제3조(수질검사의 신청)

① 먹는물의 수질검사를 받으려는 자는 수질검사신청서를 「먹는물관리법」에 따라 지정된 먹는물 수질검사기관에 제출하여야 한다.
② 먹는물 수질검사기관이 수질검사를 실시하면 먹는물 수질검사성적서를 발급하여야 한다.

4 제4조(수질검사의 횟수)

① 「수도법」에 따라 일반수도사업자, 전용상수도 설치자 및 소규모급수시설을 관할하는 시장·군수·구청장(자치구의 구청장을 말한다. 이하 같다)은 다음 각 호의 구분에 따라 수질검사를 실시하여야 한다.
  1. 광역상수도 및 지방상수도의 경우
    가. 정수장에서의 검사
      (1) 냄새, 맛, 색도, 탁도(濁度), 수소이온 농도 및 잔류염소에 관한 검사 : 매일 1회 이상
      (2) 일반세균, 총 대장균군, 대장균 또는 분원성 대장균군, 암모니아성 질소, 질산성 질소, 과망간산칼륨 소비량 및 증발잔류물에 관한 검사 : 매주 1회 이상. 다만, 일반세균, 총대장균군, 대장균 또는 분원성 대장균군을 제외한 항목에 대하여 지난 1년간 수질검사를 실시한 결과 별표 1에 따른 수질기준의 10퍼센트를 초과한 적이 없는 항목에 대하여는 매월 1회 이상
      (3) 별표 1의 제1호부터 제3호까지 및 제5호에 관한 검사 : 매월 1회 이상. 다만, 일반세균, 총 대장균군, 대장균 또는 분원성 대장균군, 암모니아성 질소, 질산성 질소, 과망간산칼륨 소비량, 냄새, 맛, 색도, 수소이온 농도, 염소이온, 망간, 탁도 및 알루미늄을 제외한 항목에 대하여 지난 3년간 수질검사를 실시한 결과 별표 1에 따른 수질기준의 10퍼센트(정량한계치가 수질기준의 10퍼센트를 넘는 항목의 경우에는 그 항목의 정량한계치)를 초과한 적이 없는 항목에 대하여는 매 분기 1회 이상
      (4) 별표 1의 제4호에 관한 검사 : 매 분기 1회 이상. 다만, 총 트리할로메탄, 클로로포름, 브로모디클로로메탄 및 디브로모클로로메탄은 매월 1회 이상
    나. 수도꼭지에서의 검사
      (1) 별표 1 중 일반세균, 총 대장균군, 대장균 또는 분원성 대장균군, 잔류염소에 관한 검사 : 매월 1회 이상
      (2) 정수장별 수도관 노후지역에 대한 일반세균, 총 대장균군, 대장균 또는 분원성 대장균군, 암모니아성 질소, 동, 아연, 철, 망간, 염소이온 및 잔류염소에 관한 검사 : 매월 1회 이상
    다. 수돗물 급수과정별 시설에서의 수질검사
      (1) 일반세균, 총 대장균군, 대장균 또는 분원성 대장균군, 암모니아성 질소, 총트리할로메탄, 동, 수소이온 농도, 아연, 철, 탁도 및 잔류염소에 관한 급수과정별 시설에서의 수질검사 : 매 분기 1회 이상
      (2) 검사지점 : 정수장, 급수구역별 주배수지 전후, 급수구역 유입부, 급수구역 내 가압장 유출부, 광역 및 외부수수계통의 수수지점, 정수계통이 다른 계통과 합쳐지는 지점, 급수구역 배관 말단의 수도꼭지

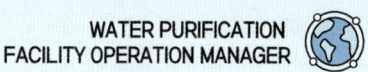

2. 마을상수도·전용상수도 및 소규모급수시설의 경우
    가. 별표 1 중 일반세균, 총 대장균군, 대장균 또는 분원성 대장균군, 불소, 암모니아성 질소, 질산성 질소, 냄새, 맛, 색도, 망간, 탁도, 알루미늄, 잔류염소, 붕소 및 염소이온에 관한 검사 : 매 분기 1회 이상. 다만, 붕소 및 염소이온은 원수가 해수인 경우에만 검사하며, 지난 3년간 수질검사를 실시한 결과 별표 1에 따른 수질기준의 10퍼센트(정량한계치가 수질기준의 10퍼센트를 넘는 항목의 경우에는 그 항목의 정량한계치)를 초과한 적이 없는 항목에 대하여는 매 반기 1회 이상
    나. 별표 1 중 우라늄에 관한 검사 : 매 분기 1회 이상. 다만, 지난 3년간 수질검사를 실시한 결과 별표 1에 따른 수질기준의 10퍼센트를 초과한 적이 없는 경우에는 매년 1회 이상
    다. 별표 1 중 제1호부터 제5호까지의 전항목 검사 : 매년 1회 이상. 다만, 지난 3년간 수질검사를 실시한 결과 별표 1에 따른 수질기준의 10퍼센트(정량한계치가 수질기준의 10퍼센트를 넘는 항목의 경우에는 그 항목의 정량한계치)를 초과한 적이 없는 항목에 대하여는 3년에 1회 이상

② 「먹는물관리법」에 따라 먹는물공동시설을 관리하는 시장·군수·구청장은 다음 각 호의 기준에 따라 수질검사를 실시하여야 한다.
  1. 별표 1의 전항목 검사 : 매년 1회 이상
  2. 별표 1 중 일반세균, 총 대장균군, 대장균 또는 분원성 대장균군, 암모니아성 질소, 질산성 질소 및 과망간산칼륨 소비량에 관한 검사 : 매 분기 1회 이상

③ 제1항제1호나목에 따른 수질검사는 별표 2에 따라 추출되는 수도꼭지에 대하여 실시한다. 이 경우 저수조를 통하여 수돗물이 공급되는 수도꼭지가 총 검사대상의 20퍼센트 이상이 되도록 한다.

④ 일반수도사업자, 전용상수도 설치자 및 소규모급수시설을 관할하거나 먹는물공동시설을 관리하는 시장·군수·구청장은 수질검사를 실시한 결과 수질기준을 초과하면 수질기준에 적합할 때까지 수시로 검사를 실시하고 필요한 조치를 하여야 한다.

⑤ 일반수도사업자, 전용상수도 설치자 및 소규모급수시설을 관할하거나 먹는물공동시설을 관리하는 시장·군수·구청장은 수질검사 외에 특정물질 등으로 인한 위생상 위해가 우려되면 그 물질에 대한 수질검사를 실시하고 필요한 조치를 하여야 한다.

⑥ 일반수도사업자는 수질검사를 실시한 결과 수질이 1년 동안 지속적으로 수질기준에 적합한 경우에는 수질검사 지점을 변경할 수 있다.

5 제5조(건강진단)

① 「먹는물관리법」 및 「수도법」에 따라 건강진단을 받아야 하는 자는 다음 각 호의 구분에 따라 장티푸스, 파라티푸스 및 세균성 이질 병원체의 감염 여부에 관하여 건강진단을 받아야 한다. 다만, 소화기계통 전염병이 먹는샘물 또는 먹는염지하수의 제조공장 또는 수도의 취수장·배수지 부근에서 발생하였거나 발생할 우려가 있는 경우에는 즉시 건강진단을 받아야 한다.
  1. 「먹는물관리법」에 따라 먹는샘물등의 취수·제조·가공·저장·이송시설에서 종사하는 자와 「수도법」에 따라 취수·정수 또는 배수시설에서 종사하는 자 및 그 시설 안에 거주하는 자 : 6개월마다 1회

2. 「먹는물관리법」에 따른 먹는샘물등의 제조업에 종사하는 자로서 제1호 외의 자 : 환경부장관이 전염병의 예방 등을 위하여 필요하다고 인정하는 경우

② 건강진단은 관할 보건소 또는 특별시장·광역시장 또는 도지사(이하 "시·도지사"라 한다)가 지정하는 지정의료기관에서 실시한다.

③ 「먹는물관리법」에 따라 영업에 종사하지 못하는 질병의 종류는 장티푸스, 파라티푸스, 세균성 이질 병원체의 감염 및 소화기계통 전염병으로 한다.

6 제6조(수질검사결과의 보고)

① 광역상수도사업자와 지방상수도사업자는 매월 실시한 정수장 및 수도꼭지에서의 수질검사 및 조치결과를 별지 제3호서식에 따라 다음 달 10일까지, 분기마다 실시한 급수과정시설별 수질검사 및 조치결과는 별지 제4호서식에 따라 그 분기가 끝나는 달의 다음달 10일까지 각각 시·도지사에게 보고하여야 하며, 시·도지사는 이를 취합하여 다음 달 15일까지 환경부장관에게 보고하여야 한다.

② 전용상수도 설치자는 분기마다 실시한 수질검사 및 조치결과를 별지 제5호서식에 따라 매 분기 종료 후 10일 이내에 관할 특별시장·광역시장 또는 시장·군수에게 제출하여야 한다. 이 경우 시장·군수는 제출받은 수질검사 및 조치결과를 같은 별지 서식에 따라 매 분기 종료 후 15일 이내에 도지사에게 보고하여야 한다.

③ 시·도지사는 제2항에 따라 제출받거나 보고받은 수질검사 및 조치결과를 취합하여 매 분기 종료 후 20일 이내에 환경부장관에게 보고하여야 한다.

④ 마을상수도사업자와 소규모급수시설을 관할하는 시장·군수·구청장은 분기마다 실시한 수질검사 및 조치결과를 별지 제5호서식에 따라 매 분기 종료 후 15일 이내에 시·도지사에게 보고하여야 하며, 시·도지사는 이를 취합하여 매 분기 종료 후 20일 이내에 환경부장관에게 보고하여야 한다.

⑤ 먹는물공동시설을 관리하는 시장·군수·구청장은 분기마다 실시한 수질검사 및 조치결과를 별지 제6호서식에 따라 매 분기 종료 후 15일 이내에 시·도지사에게 보고하여야 하며, 시·도지사는 이를 취합하여 매 분기 종료 후 20일 이내에 환경부장관에게 보고하여야 한다.

7 제7조(수질검사성적서 등의 보존)

① 일반수도사업자, 전용상수도 설치자 및 소규모급수시설을 관할하거나 먹는물공동시설을 관리하는 시장·군수·구청장은 제4조에 따른 수질검사결과를 3년간 보존하여야 한다.

② 먹는샘물등의 제조업자 또는 일반수도사업자는 실시한 건강진단결과를 3년간 보존하여야 한다.

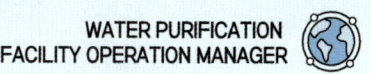

기출문제로 다지기 | CHAPTER 05 먹는물 수질관련 법규

01. 먹는물 수질기준 및 검사 등에 관한 규칙 중 수돗물 급수과정별 시설에서의 법적 수질검사항목으로 옳지 않은 것은?

① pH
② 아연
③ 철
④ 조류

> 해설 수돗물 급수과정별 시설에서의 수질검사항목 : 일반세균, 총 대장균군, 대장균 또는 분원성 대장균군, 암모니아성 질소, 총트리할로메탄, 동, 수소이온 농도, 아연, 철, 탁도 및 잔류염소

02. 먹는물 관리법에 관한 설명으로 옳지 않은 것은?

① 먹는물 수질 감시원의 자격, 임명, 직무범위, 그 밖에 필요한 사항은 환경부령으로 정한다.
② 먹는물 공동시설의 관리대상, 관리방법, 그 밖에 필요한 사항은 환경부령으로 정한다.
③ 냉·온수기 또는 정수기의 관리 방법에 관한 구체적인 기준은 환경부령으로 정한다.
④ 먹는물, 샘물 및 염지하수의 수질 기준 및 검사 횟수는 환경부령으로 정한다.

> 해설 법 제7조(먹는물 수질 감시원)
> • 관계 공무원의 직무나 그 밖에 먹는물 수질에 관한 지도 등을 행하게 하기 위하여 환경부, 시·도, 시·군·구에 먹는물 수질 감시원을 둔다.
> • 먹는물 수질 감시원의 자격, 임명, 직무범위, 그 밖에 필요한 사항은 대통령령으로 정한다.

03. 먹는물 관리법상 샘물 개발허가를 받을 때 환경영향조사를 실시해야 하는 샘물의 최소규모(1일 취수능력)는?

① 100톤
② 150톤
③ 200톤
④ 300톤

04. 먹는물 수질기준에서 샘물과 먹는샘물의 pH 허용범위는?

① pH 4.5 ~ 9.5
② pH 5.0 ~ 9.0
③ pH 5.8 ~ 8.5
④ pH 6.5 ~ 8.5

> 해설 수소이온 농도는 pH 5.8 이상 pH 8.5 이하이어야 할 것. 다만, 샘물, 먹는샘물 및 먹는물공동시설의 물의 경우에는 pH 4.5 이상 pH 9.5 이하이어야 한다.

05. 먹는물 관리법상 먹는물에 관한 설명으로 옳지 않은 것은?

① "먹는물"이란 통상 먹는데 사용하는 자연상태의 물과 자연상태의 물을 먹는데 적합하게 처리한 수돗물, 먹는샘물, 먹는해양심층수 등을 말한다.
② "먹는샘물"이란 샘물을 먹기 적합하게 물리적으로 처리하여 제조하는 물을 말한다.
③ 먹는물의 수질기준 및 검사횟수는 국무총리령으로 정한다.
④ 환경부장관은 먹는물의 수질기준을 정하여 이를 보급하는 등 먹는물의 수질관리를 위하여 필요한 시책을 마련하여야 한다.

> 해설 먹는물의 수질기준 및 검사횟수는 환경부령으로 정한다.

 정답 01. ④   02. ①   03. ④   04. ①   05. ③

06. 먹는물 관리법상 수질기준으로 옳지 않은 것은?

① 납 0.01mg/L   ② 수은 0.01mg/L
③ 크롬 0.05mg/L   ④ 카드뮴 0.005mg/L

[해설] 수은은 0.001mg/L를 넘지 아니할 것

07. 먹는물관리법상 먹는물 수질관리에 관한 설명이다. ( )에 들어갈 내용을 순서대로 나열한 것은?

> • (㉠)은(는) 먹는물, 샘물 및 염지하수의 수질 기준을 정하여 보급하는 등 먹는물, 샘물 및 염지하수의 수질 관리를 위하여 필요한 시책을 마련하여야 한다.
> • 먹는물, 샘물 및 염지하수의 수질 기준 및 검사 횟수는 (㉡)으로 정한다.

① ㉠ : 환경부장관, ㉡ : 환경부령
② ㉠ : 환경부장관, ㉡ : 대통령령
③ ㉠ : 시 · 도지사, ㉡ : 환경부령
④ ㉠ : 시 · 도지사, ㉡ : 대통령령

08. 먹는물 수질기준 및 검사 등에 관한 규칙상 먹는물 수질기준 항목 중 "심미적 영향물질"에 해당되지 않는 것은?

① 경도   ② 수소이온농도
③ 지오스민   ④ 과망간산칼륨 소비량

[해설] [심미적(審美的) 영향물질]
  가. 경도(다만, 샘물 및 염지하수의 경우에는 적용하지 아니한다.)
  나. 과망간산칼륨 소비량
  다. 냄새와 맛(다만, 맛의 경우는 샘물, 염지하수, 먹는샘물 및 먹는물공동시설의 물에는 적용하지 아니한다.)
  라. 동
  마. 색도
  바. 세제(음이온 계면활성제)
  사. 수소이온 농도
  아. 아연
  자. 염소이온(염지하수의 경우에는 적용하지 아니한다.)
  차. 증발잔류물
  카. 철(다만, 샘물 및 염지하수의 경우에는 적용하지 아니한다.)
  타. 망간(다만, 샘물 및 염지하수의 경우에는 적용하지 아니한다.)
  파. 탁도
  하. 황산이온(염지하수의 경우에는 적용하지 아니한다.)
  거. 알루미늄

09. 먹는물 수질기준 및 검사 등에 관한 규칙상 심미적 영향물질에 관한 기준 항목이 아닌 것은?

① 망간, 세제(음이온계면활성제)
② 아연, 철
③ 알루미늄, 황산이온
④ 질산성질소, 암모니아성질소

10. 먹는물관리법상 샘물 또는 염지하수의 개발허가 등과 관련된 내용이다. ( )에 들어갈 단어로 옳은 것은?

> 대통령령으로 정하는 규모 이상의 샘물 또는 염지하수를 개발하려는 자는 환경부령으로 정하는 바에 따라 ( )의 허가를 받아야 한다.

① 국토교통부장관   ② 환경부장관
③ 시 · 도지사   ④ 시장 · 군수 · 구청장

정답 06. ②   07. ①   08. ③   09. ④   10. ③

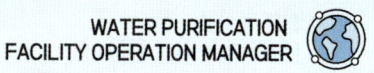

11. 먹는물관리법상 시·도지사가 지정할 수 있는 샘물보전구역의 대상으로 옳은 것을 모두 고른 것은?

> ㉠ 인체에 이로운 무기물질이 많이 들어있어 먹는샘물의 원수로 이용가치가 높은 샘물이 부존되어 있는 지역
> ㉡ 샘물의 수량이 풍부하게 부존되어 있는 지역
> ㉢ 그 밖에 샘물의 수질보전을 위하여 필요한 지역으로서 대통령령으로 정하는 지역

① ㉠
② ㉠, ㉢
③ ㉡, ㉢
④ ㉠, ㉡, ㉢

해설 법 제8조의3(샘물보전구역의 지정) 시·도지사는 샘물의 수질보전을 위하여 다음 각 호의 어느 하나에 해당하는 지역 및 그 주변지역을 샘물보전구역(이하 "샘물보전구역"이라 한다)으로 지정할 수 있다.
1. 인체에 이로운 무기물질이 많이 들어있어 먹는샘물의 원수(原水)로 이용가치가 높은 샘물이 부존(賦存)되어 있는 지역
2. 샘물의 수량이 풍부하게 부존되어 있는 지역
3. 그 밖에 샘물의 수질보전을 위하여 필요한 지역으로서 대통령령으로 정하는 지역

12. 먹는물관리법상 환경부장관이 지정한 검사기관 준수사항이다. (   )에 들어갈 내용으로 옳은 것은?

> 검사수수료는 (   )이 정하여 고시한 기준에 따른다.

① 유역지방환경청장
② 시·도보건환경연구원장
③ 지방자치단체장
④ 국립환경과학원장

13. 먹는물 수질기준 중 소독제 및 소독부산물질에 관한 기준으로 옳지 않은 것은?

① 잔류염소는 유리잔류염소를 말한다.
② 브로모디클로로메탄은 별도의 기준 없이 총트리할로메탄으로서 측정한다.
③ 할로아세틱에시드는 디클로로아세틱에시드, 트리클로로아세틱에시드 및 디브로모아세틱에시드의 합으로 한다.
④ 샘물·먹는샘물에는 적용하지 아니한다.

해설 브로모디클로로메탄과 총트리할로메탄 모두 각각의 기준이 있다.
• 총트리할로메탄은 0.1mg/L를 넘지 아니할 것
• 클로로포름은 0.08mg/L를 넘지 아니할 것
• 브로모디클로로메탄은 0.03mg/L를 넘지 아니할 것
• 디브로모클로로메탄은 0.1mg/L를 넘지 아니할 것

14. 먹는물 수질기준 및 검사 등에 관한 규칙에서 정수장에서의 수질검사 실시횟수에 관한 내용으로 옳지 않은 것은?

① 총트리할로메탄 및 클로로포름 : 월 1회 이상
② 일반세균, 총대장균군, 대장균(또는 분원성대장균군) : 월 2회 이상
③ 암모니아성 질소, 질산성 질소, 증발잔류물 : 주 1회 이상
④ 냄새, 맛, 색도, 탁도, 수소이온농도 및 잔류염소에 관한 검사 : 매일 1회 이상

해설 일반세균, 총 대장균군, 대장균 또는 분원성 대장균군, 암모니아성 질소, 질산성 질소, 과망간산칼륨 소비량 및 증발잔류물에 관한 검사 : 매주 1회 이상

 정답 11. ④   12. ④   13. ②   14. ②

15. 먹는물 수질기준 및 검사 등에 관한 규칙상 수돗물의 소독제 및 소독부산물질에 관한 기준으로 옳지 않은 것은?

① 클로로포름은 0.08mg/L를 넘지 아니할 것
② 결합잔류염소는 0.4mg/L를 넘지 아니할 것
③ 총트리할로메탄은 0.1mg/L를 넘지 아니할 것
④ 디브로모아세토니트릴은 0.1mg/L를 넘지 아니할 것

해설 잔류염소는 유리잔류염소를 말한다.
- 잔류염소(유리잔류염소를 말한다)는 4.0mg/L를 넘지 아니할 것

16. 먹는물 수질기준 및 검사 등에 관한 규칙에서 심미적 영향물질에 관한 기준 중 염지하수에 적용되는 항목은?

① 철　　　　　　② 망간
③ 알루미늄　　　④ 황산이온

해설 [샘물 및 염지하수가 제외되는 항목]
- 경도(硬度)
- 철
- 망간
- 염소이온(염지하수만 제외)
- 황산이온(염지하수만 제외)

17. 먹는물 수질기준 상 건강상 유해영향 무기물질이 아닌 것은?

① 카드뮴　　　　② 납
③ 구리(동)　　　④ 수은

해설 [건강상 유해영향 무기물질에 관한 기준]
가. 납은 0.01mg/L를 넘지 아니할 것
나. 불소는 1.5mg/L(샘물 · 먹는샘물 및 염지하수 · 먹는염지하수의 경우에는 2.0mg/L)를 넘지 아니할 것
다. 비소는 0.01mg/L(샘물 · 염지하수의 경우에는 0.05mg/L)를 넘지 아니할 것
라. 셀레늄은 0.01mg/L(염지하수의 경우에는 0.05mg/L)를 넘지 아니할 것
마. 수은은 0.001mg/L를 넘지 아니할 것
바. 시안은 0.01mg/L를 넘지 아니할 것
사. 크롬은 0.05mg/L를 넘지 아니할 것
아. 암모니아성 질소는 0.5mg/L를 넘지 아니할 것
자. 질산성 질소는 10mg/L를 넘지 아니할 것
차. 카드뮴은 0.005mg/L를 넘지 아니할 것
카. 붕소는 1.0mg/L를 넘지 아니할 것(염지하수의 경우에는 적용하지 아니한다)
타. 브롬산염은 0.01mg/L를 넘지 아니할 것(수돗물, 먹는샘물, 염지하수 · 먹는염지하수, 먹는해양심층수 및 오존으로 살균 · 소독 또는 세척 등을 하여 먹는물로 이용하는 지하수만 적용한다)
파. 스트론튬은 4mg/L를 넘지 아니할 것(먹는염지하수 및 먹는해양심층수의 경우에만 적용한다)
하. 우라늄은 30㎍/L를 넘지 않을 것[수돗물(지하수를 원수로 사용하는 수돗물을 말한다), 샘물, 먹는샘물, 먹는염지하수 및 먹는물공동시설의 물의 경우에만 적용한다)]

18. 먹는물 수질기준 및 검사 등에 관한 규칙에서 수질 특성을 평가하기 위하여 수도꼭지에서 검사하는 항목은?

① 트리할로메탄　　② 분원성대장균
③ 6가크롬　　　　④ 질산성질소

해설 [수도꼭지에서의 검사]
(1) 별표 1 중 일반세균, 총 대장균군, 대장균 또는 분원성 대장균군, 잔류염소에 관한 검사
(2) 정수장별 수도관 노후지역에 대한 일반세균, 총 대장균군, 대장균 또는 분원성 대장균군, 암모니아성 질소, 동, 아연, 철, 망간, 염소이온 및 잔류염소에 관한 검사

정답　15. ②　16. ③　17. ③　18. ②

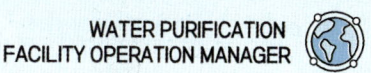

19. 먹는물 수질기준 및 검사 등에 관한 규칙상 수질검사의 횟수에 관한 설명으로 옳지 않은 것은?

① 광역상수도의 경우, 수도꼭지에서의 검사로써 일반세균에 관한 검사는 매월 1회 이상 실시한다.
② 지방상수도의 경우, 수도꼭지에서의 검사로써 정수장별 수도관 노후지역에 대한 잔류염소에 관한 검사는 매월 1회 이상 실시한다.
③ 마을상수도의 경우, 암모니아성 질소에 관한 검사는 매년 1회 이상 실시한다.
④ 전용상수도의 경우, 전항목 검사는 매년 1회 이상 실시하나 지난 3년간 수질검사를 실시한 결과 수질기준의 10퍼센트를 초과한 적이 없는 항목에 대하여는 3년에 1회 이상 실시할 수 있다.

해설 [마을상수도 · 전용상수도 및 소규모급수시설의 경우]
가. 별표 1 중 일반세균, 총 대장균군, 대장균 또는 분원성 대장균군, 불소, 암모니아성 질소, 질산성 질소, 냄새, 맛, 색도, 망간, 탁도, 알루미늄, 잔류염소, 붕소 및 염소이온에 관한 검사 : 매 분기 1회 이상

20. 먹는물 수질기준 및 검사 등에 관한 규칙에 따른 수질검사 설명으로 옳은 것은?

① 수돗물 급수과정별 시설에서의 검사항목은 노후지역 수도꼭지 검사항목과 동일하다.
② 정수장에서의 검사항목 중 냄새, 맛, 색도, 탁도, pH, 잔류염소, 암모니아성 질소는 매일 검사하여야 한다.
③ 정수장에서의 검사항목 중 일반세균, 클로랄하이드레이트, 할로아세틱에시드는 매분기 1회 이상 측정하여야 한다.
④ 수도관 노후지역의 수도꼭지에서는 일반세균, 총 대장균군, 대장균(또는 분원성대장균군), 암모니아성질소, 동, 아연, 철, 망간, 염소이온 및 잔류염소를 검사한다.

해설 ④항만 올바르다.

오답해설
① 수돗물 급수과정별 시설에서의 검사항목은 노후지역 수도꼭지 검사항목과 다르다.
 • 수돗물 급수과정별 시설에서는 총트리할로메탄, 탁도를 별도로 검사
 • 노후지역 수도꼭지에서는 망간, 염소이온을 별도로 검사
② 정수장에서의 검사항목 중 냄새, 맛, 색도, 탁도, 수소이온농도 및 잔류염소는 매일 검사하여야 한다. (암모니아성 질소는 매주 1회)
③ 정수장에서의 검사항목 중 일반세균은 매주 1회 이상 측정하고 클로랄하이드레이트(별표 1의 4호), 할로아세틱에시드(별표 1의 4호)는 매 분기 1회 이상 측정하여야 한다.

21. 먹는물 수질기준 중 건강상 유해영향 무기물질에 관한 기준으로 옳은 것을 모두 고른 것은?

ㄱ. 납은 0.05mg/L를 넘지 아니할 것
ㄴ. 셀레늄은 0.01mg/L를 넘지 아니할 것
ㄷ. 수은은 0.001mg/L를 넘지 아니할 것
ㄹ. 시안은 0.1mg/L를 넘지 아니할 것
ㅁ. 암모니아성 질소는 0.5mg/L를 넘지 아니할 것

① ㄱ, ㄴ, ㄹ
② ㄱ, ㄷ, ㅁ
③ ㄴ, ㄷ, ㄹ
④ ㄴ, ㄷ, ㅁ

오답해설
ㄱ. 납은 0.01mg/L를 넘지 아니할 것
ㄹ. 시안은 0.01mg/L를 넘지 아니할 것

정답 19. ③ 20. ④ 21. ④

06 CHAPTER 정수 및 수질관련법규

UNIT 01 수도법

1 제3조(정의) 이 법에서 사용하는 용어의 뜻은 다음과 같다.

1. "원수(原水)"란 음용(飮用)·공업용 등으로 제공되는 자연 상태의 물을 말한다. 다만, 「농어촌정비법」 제2조제3호에 따른 농어촌용수는 제외하되 가뭄 등의 비상 시 대통령령으로 정하는 바에 따라 환경부장관이 농림축산식품부장관 또는 해양수산부장관과 협의하여 원수로 사용하기로 한 경우에는 원수로 본다.
2. "상수원"이란 음용·공업용 등으로 제공하기 위하여 취수시설(取水施設)을 설치한 지역의 하천·호소(湖沼)·지하수·해수(海水) 등을 말한다.
3. "광역상수원"이란 둘 이상의 지방자치단체에 공급되는 상수원을 말한다.
4. "정수(淨水)"란 원수를 음용·공업용 등의 용도에 맞게 처리한 물을 말한다.
5. "수도"란 관로(管路), 그 밖의 공작물을 사용하여 원수나 정수를 공급하는 시설의 전부를 말하며, 일반수도·공업용수도 및 전용수도로 구분한다. 다만, 일시적인 목적으로 설치된 시설과 「농어촌정비법」에 따른 농업생산기반시설은 제외한다.
6. "일반수도"란 광역상수도·지방상수도 및 마을상수도를 말한다.
7. "광역상수도"란 국가·지방자치단체·한국수자원공사 또는 환경부장관이 인정하는 자가 둘 이상의 지방자치단체에 원수나 정수를 공급하는 일반수도를 말한다. 이 경우 국가나 지방자치단체가 설치할 수 있는 광역상수도의 범위는 대통령령으로 정한다.
8. "지방상수도"란 지방자치단체 또는 상수도조합이 관할 지역주민, 인근 지방자치단체 또는 그 주민에게 원수나 정수를 공급하는 일반수도로서 광역상수도 및 마을상수도 외의 수도를 말한다.
9. "마을상수도"란 지방자치단체 또는 상수도조합이 대통령령으로 정하는 수도시설에 따라 100명 이상 2천500명 이내의 급수인구에게 정수를 공급하는 일반수도로서 1일 공급량이 20세제곱미터 이상 500세제곱미터 미만인 수도 또는 이와 비슷한 규모의 수도로서 특별시장·광역시장·특별자치시장·특별자치도지사·시장·군수(광역시의 군수는 제외한다)가 지정하는 수도를 말한다.
10. "공업용수도"란 공업용수도사업자가 원수 또는 정수를 공업용에 맞게 처리하여 공급하는 수도를 말한다.
11. "전용수도"란 전용상수도와 전용공업용수도를 말한다.

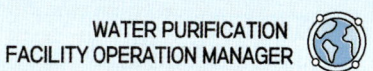

12. "전용상수도"란 100명 이상을 수용하는 기숙사, 임직원용 주택, 요양소 및 그 밖의 시설에서 사용되는 자가용의 수도와 수도사업에 제공되는 수도 외의 수도로서 100명 이상 5천명 이내의 급수인구(학교·교회 등의 유동인구를 포함한다)에 대하여 원수나 정수를 공급하는 수도를 말한다. 다만, 다른 수도에서 공급되는 물만을 상수원으로 하는 것 중 일일 급수량과 시설의 규모가 대통령령으로 정하는 기준에 못 미치는 것은 제외한다.
13. "전용공업용수도"란 수도사업에 제공되는 수도 외의 수도로서 원수 또는 정수를 공업용에 맞게 처리하여 사용하는 수도를 말한다. 다만, 다른 수도에서 공급되는 물만을 상수원으로 하는 것 중 일일 급수량과 시설의 규모가 대통령령으로 정하는 기준에 못 미치는 것은 제외한다.
14. "소규모급수시설"이란 주민이 공동으로 설치·관리하는 급수인구 100명 미만 또는 1일 공급량 20세제곱미터 미만인 급수시설 중 특별시장·광역시장·특별자치시장·특별자치도지사·시장·군수(광역시의 군수는 제외한다)가 지정하는 급수시설을 말한다.
15. "수도시설"이란 원수나 정수를 공급하기 위한 취수(取水)·저수(貯水)·도수(導水)·정수(淨水)·송수(送水)·배수시설(配水施設), 급수설비, 그 밖에 수도에 관련된 시설을 말한다.
16. "수도사업"이란 일반 수요자 또는 다른 수도사업자에게 수도를 이용하여 원수나 정수를 공급하는 사업을 말하며, 일반수도사업과 공업용수도사업으로 구분한다.
17. "일반수도사업"이란 일반 수요자 또는 다른 수도사업자에게 일반수도를 사용하여 원수나 정수를 공급하는 사업을 말한다.
18. "공업용수도사업"이란 일반 수요자 또는 다른 수도사업자에게 공업용수도를 사용하여 원수나 정수를 공급하는 사업을 말한다.
19. "수도사업 통합"이란 수도사업의 경영합리화를 통하여 지속가능한 수도공급체계를 구축하고 지역 간 수도서비스 격차를 해소하기 위하여 둘 이상의 지방자치단체가 수도사업의 운영·관리를 일원화하는 것을 말한다.
20. "수도사업자"란 일반수도사업자와 공업용수도사업자를 말한다.
21. "일반수도사업자"란 제17조제1항에 따른 일반수도사업의 인가를 받아 경영하는 자를 말한다.
22. "공업용수도사업자"란 제49조제1항에 따른 공업용수도사업의 인가를 받아 경영하는 자를 말한다.
23. "상수도조합"이란 「지방자치법」 제176조에 따른 지방자치단체조합으로 둘 이상의 지방자치단체가 수도사업을 공동으로 운영·관리하기 위하여 설립한 법인을 말한다.
24. "급수설비"란 수도사업자가 일반 수요자에게 원수나 정수를 공급하기 위하여 설치한 배수관으로부터 분기(分岐)하여 설치된 급수관(옥내급수관을 포함한다)·계량기·저수조(貯水槽)·수도꼭지, 그 밖에 급수를 위하여 필요한 기구(器具)를 말한다.
25. "수도공사"란 수도시설을 신설·증설 또는 개조하는 공사를 말한다.
26. "수도시설관리권"이란 수도시설을 유지·관리하고 그로부터 생산된 원수 또는 정수를 공급받는 자에게서 요금을 징수하는 권리를 말한다.
27. "갱생(更生)"이란 관(管) 내부의 녹과 이물질을 제거한 후 코팅 등의 방법으로 통수(通水)기능을 회복하는 것을 말한다.
28. "정수시설운영관리사"란 정수시설의 운영과 관리 업무를 수행하는 사람으로서 제24조에 따른 자격을 취득한 사람을 말한다.
29. "상수도관망시설운영관리사"란 상수도관망 및 그 부속시설(이하 "상수도관망시설"이라 한다)의 운영과 관리 업무를 수행하는 사람으로서 제25조의2에 따른 자격을 취득한 사람을 말한다.

30. "물 사용기기"란 급수설비를 통하여 공급받는 물을 이용하는 기기로서 전기세탁기와 식기세척기를 말한다.
31. "절수설비"(節水設備)란 물을 적게 사용하도록 환경부령으로 정하는 구조·규격 등의 기준에 맞게 제작된 수도꼭지 및 변기 등 환경부령으로 정하는 설비를 말한다.
32. "절수기기"란 물을 적게 사용하기 위하여 수도꼭지 및 변기 등 환경부령으로 정하는 설비에 환경부령으로 정하는 기준에 맞게 추가로 장착하는 기기를 말한다.
33. "해수담수화시설"이란 정수를 공급하기 위하여 해수 또는 해수가 침투하여 염분을 포함한 지하수를 취수하여 담수화하는 수도시설을 말한다.

2 제5조(수도정비계획의 수립)

① 특별시장·광역시장·특별자치시장·특별자치도지사·시장·군수(광역시의 군수는 제외한다. 이하 이 조에서 같다)는 그 특별시·광역시·특별자치시·특별자치도·시·군이 설치·관리하는 일반수도 및 공업용수도를 적정하고 합리적으로 설치·관리하기 위하여 국가수도기본계획을 바탕으로 수도의 정비에 관한 계획(이하 "수도정비계획"이라 한다)을 10년마다 수립하여야 한다.

② 특별시장·광역시장·특별자치시장·특별자치도지사·시장·군수는 수도정비계획을 수립하려면 미리 환경부장관의 승인을 받아야 한다. 대통령령으로 정하는 중요한 사항을 변경하려는 때에도 각각 승인을 받아야 한다.

③ 특별시장·광역시장·특별자치시장·특별자치도지사·시장·군수가 제1항 또는 제3항에 따라 수도정비계획을 수립하거나 변경하려면 「국토의 계획 및 이용에 관한 법률」 제18조에 따른 도시·군기본계획을 기본으로 하여야 한다.

④ 특별시장·광역시장·특별자치시장·특별자치도지사·시장·군수가 제1항 또는 제3항에 따라 수도정비계획을 수립하거나 변경하면 지체 없이 고시하고 그 내용을 환경부장관에게 통보하여야 한다.

⑤ 수도가 둘 이상의 특별시·광역시·특별자치시·특별자치도·시·군(광역시의 군은 제외한다)의 관할 구역에 걸치거나 그 밖에 특별한 이유가 있으면 대통령령으로 정하는 도지사 또는 특별시장·광역시장·특별자치시장·특별자치도지사·시장·군수·상수도조합이 수도정비계획을 수립한다.

⑥ 수도정비계획에는 다음 각 호의 사항이 포함되어야 한다.
   1. 수도(전용수도는 제외한다)의 정비에 관한 기본방침
   2. 수돗물의 중장기수급에 관한 사항
   3. 대체수원의 확보에 관한 사항
   4. 수도공급구역에 관한 사항
   5. 상수원의 확보 및 상수원보호구역의 지정·관리
   6. 수도(전용수도는 제외한다) 시설의 배치·구조 및 공급 능력
   7. 수도사업의 재원 조달 및 실시 순위
   8. 수도관의 현황 조사 및 세척·갱생·교체에 관한 사항
   9. 수도사업의 경영 및 재정체계 개선에 관한 사항
   10. 광역상수도와 지방상수도를 연계하여 운영할 필요가 있는 지역의 통합 급수구역에 관한 사항

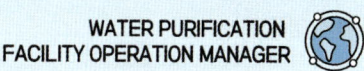

11. 수돗물의 수질 및 서비스 개선에 관한 사항
12. 수도시설의 정보화에 관한 사항
13. 제74조제1항에 따른 기술진단 결과에 따라 수도시설을 개선하기 위한 사항
14. 인접 지방자치단체와의 지방상수도 사업의 연계 운영에 관한 사항
15. 그 밖에 수도시설의 운용 및 수도사업의 효율화에 관한 사항으로서 대통령령으로 정하는 사항

⑦ 특별시장·광역시장·특별자치시장·특별자치도지사·시장·군수는 제5항에 따라 수도정비계획을 고시한 후 5년이 지나면 수도정비계획의 타당성을 재검토하여 이를 반영하여야 한다.

③ 제8조(상수원보호구역의 관리)

① 상수원보호구역은 해당 구역을 관할하는 특별자치시장·특별자치도지사·시장·군수·구청장이 관리한다.
② 상수원보호구역이 둘 이상의 시·군·구의 관할 구역에 걸치거나 그 밖에 특별한 이유가 있으면 대통령령으로 정하는 시·도지사 또는 시장·군수·구청장이 관리한다.
③ 환경부장관은 상수원보호구역의 관리상태를 환경부령으로 정하는 바에 따라 평가하고 관계 행정기관의 장에게 그 구역의 적정한 관리를 위하여 필요한 조치를 요청할 수 있다.

> 💡 **시행령 제16조(상수원보호구역 관리의 특례)**
> ① "대통령령으로 정하는 시·도지사 또는 시장·군수·구청장"이란 다음 각 호의 구분에 따른 특별시장·광역시장·특별자치시장·도지사·특별자치도지사 또는 시장·군수·구청장을 말한다.
>   1. 상수원보호구역이 같은 특별시·광역시·도의 관할구역에 속하는 둘 이상의 시·군·구에 걸쳐 있는 경우에는 관계 시장·군수·구청장이 협의하여 결정하는 시장·군수·구청장
>   2. 상수원보호구역이 둘 이상의 시·도에 걸쳐 있는 경우에는 관계 시·도지사가 협의하여 결정하는 시·도지사 또는 시장·군수·구청장
>   3. 상수원보호구역과 그 상수원으로부터 수돗물을 공급받은 지역이 같은 시·도의 관할구역에 속하는 둘 이상의 시·군·구에 걸쳐 있는 경우에는 관계되는 시장·군수·구청장이 협의하여 결정하는 시장·군수·구청장
>   4. 상수원보호구역과 그 상수원으로부터 수돗물을 공급받는 지역이 둘 이상의 시·도에 걸쳐 있는 경우에는 관계되는 시·도지사가 협의하여 결정하는 시·도지사 또는 시장·군수·구청장
> ② 제1항제1호와 제3호에 따른 협의가 성립되지 아니하는 경우에는 관할시·도지사가 지정하는 시장·군수·구청장이, 제1항제2호와 제4호에 따른 협의가 성립되지 아니하는 경우에는 환경부장관이 행정안전부장관과 협의하여 지정하는 시·도지사 또는 시장·군수·구청장이 상수원보호구역을 관리한다.

④ 제8조의2(상수원보호구역에 대한 수질관리계획)

① 특별자치시장·특별자치도지사·시장·군수·구청장은 5년마다 관할 상수원보호구역에 대한 수질관리계획을 수립·시행하여야 한다.
② 환경부장관은 제1항에 따라 수립된 수질관리계획의 타당성 등을 검토하여 필요한 경우 보완을 요구할 수 있다.
③ 환경부장관은 제1항에 따라 수립된 수질관리계획의 추진실적을 매년 평가하고 특별자치시장·특별자치도지사·시장·군수·구청장에게 필요한 조치를 요청할 수 있다.

5 제9조(주민지원사업)

① 상수원보호구역을 관리하는 시·도지사 또는 시장·군수·구청장은 대통령령으로 정하는 바에 따라 상수원보호구역에 거주하는 주민 또는 상수원보호구역에서 농림·수산업 등에 종사하는 자에 대한 지원사업 계획을 수립·시행할 수 있다. 이 경우 시장·군수·구청장은 시·도지사의 승인을 받아야 한다.
② 주민지원사업의 종류는 다음 각 호와 같다.
    1. 소득증대사업
    2. 복지증진사업
    3. 육영사업
    4. 그 밖에 대통령령으로 정하는 사업
③ 주민지원사업에 관한 계획의 수립·시행절차, 그 밖에 필요한 사항은 대통령령으로 정한다.

UNIT 02 수도법 시행령

1 제11조(상수원보호구역의 지정 등)

① 환경부장관은 법 제7조제1항에 따라 상수원보호구역을 지정하거나 변경하려는 경우에는 취수원의 특성 및 지형 여건과 수질오염 상황 등을 고려하여야 한다.
② 법 제7조제2항에 따라 환경부장관은 상수원보호구역을 지정하거나 변경한 경우에는 다음 각 호의 사항을 공고하고, 그 내용을 관할 특별자치시장·특별자치도지사·시장·군수·구청장(자치구의 구청장을 말한다. 이하 같다)에게 송부하여야 한다.
    1. 상수원보호구역의 명칭
    2. 상수원보호구역의 위치 및 면적
    3. 상수원보호구역 안의 수도설치자의 명칭 및 주소
    4. 그 밖에 상수원의 수질 보전을 위하여 필요한 사항
③ 관할 특별자치시장·특별자치도지사·시장·군수·구청장은 제2항에 따라 상수원보호구역을 지정·공고하는 경우에는 이를 일반에게 열람하도록 한 후, 그 공고일부터 6개월 이내에 해당 구역 토지의 지적(地籍)을 고시하고, 열람하도록 하여야 한다.
④ 제1항부터 제3항까지의 규정에 따른 상수원보호구역의 지정·공고 및 지적고시에 관하여 필요한 사항은 환경부령으로 정한다.

❷ 제14조의2(공장설립이 제한되는 지역의 범위)

"대통령령으로 정하는 지역"이란 다음 각 호의 지역을 말한다.
1. 상수원보호구역이 지정·공고된 경우
    가. 취수시설의 용량이 1일 20만세제곱미터 미만인 경우 : 상수원보호구역의 경계구역으로부터 상류로 유하거리(流下距離) 10킬로미터 이내인 지역
    나. 취수시설의 용량이 1일 20만세제곱미터 이상인 경우 : 상수원보호구역의 경계구역으로부터 상류로 유하거리 20킬로미터 이내인 지역. 다만, 환경부령으로 정하는 수원을 취수하여 광역상수원으로 공급하는 경우에는 가목에 따른 지역으로 한다.
2. 상수원보호구역이 지정·공고되지 않은 경우 : 취수시설(환경부령으로 정하는 수원을 취수하여 광역상수원으로 공급하는 경우로서 환경부장관이 고시로 정하는 취수시설은 제외한다)로부터 상류로 유하거리 15킬로미터 이내인 지역 및 하류로 유하거리 1킬로미터 이내인 지역
3. 「지하수법」 제2조제1호에 따른 지하수를 원수로 취수(取水)하는 경우에는 취수시설로부터 1킬로미터 이내인 지역

❸ 제29조(시설기준)

① 일반수도사업자는 원수의 질·양 및 지리적 조건과 그 수도의 종류 및 시설의 규모에 따라 다음 각 호의 기준에 맞는 취수시설·저수시설·도수시설(導水施設)·정수시설·송수시설 및 배수시설을 갖추어야 한다.
    1. 좋은 원수를 필요한 만큼 취수할 수 있는 취수원 및 취수시설을 갖출 것
    2. 갈수기(渴水期)에도 원수를 필요한 만큼 공급할 수 있는 저수능력이 있는 저수시설을 갖출 것
    3. 원수를 필요한 만큼 송수할 수 있는 펌프·도수관 등의 도수시설을 갖출 것
    4. 원수를 수질기준에 맞게 필요한 만큼 정수할 수 있는 정수시설을 갖출 것
    5. 정수를 필요한 만큼 송수할 수 있는 펌프·송수관이나 그 밖의 송수시설을 갖출 것
    6. 정수를 일정 한도 이상의 압력으로 필요한 만큼 계속 공급할 수 있는 배수지 펌프·배수관이나 그 밖의 배수시설을 갖출 것
② 수도시설의 위치와 배열은 물의 경제적인 생산을 고려하여 정하여야 한다.
③ 수도시설은 수압·토압·지진, 그 밖의 압력을 안전하게 견딜 수 있으며, 물이 오염되거나 샐 염려가 없어야 한다.
④ 제1항에 따른 수도시설의 세부적인 시설기준은 환경부령으로 정한다.

❹ 제47조(수질기준 위반내용 등의 공지기준)

"대통령령으로 정하는 사유에 해당하는 경우"란 다음 각 호의 어느 하나에 해당되는 경우를 말한다.
1. 어류관찰수조 및 생물경보시스템 등 각종 경보시스템을 통해 관찰한 결과 독극물 유입이 명확하다고 판단되는 경우

2. 정수지 유출부에서 분원성(糞原性)대장균군이 검출되는 경우
3. 수돗물로 인하여 수인성(水因性)질병이 발생된 것으로 판명되는 경우
4. 탁도가 1NTU(Nephelometric Turbidity Unit)를 초과하여 24시간 이상 지속되는 경우
5. 탁도가 5NTU를 초과하는 경우
6. 잔류염소농도가 정수지 유출부에서 0.1mg/L(결합잔류염소의 경우에는 0.4mg/L) 미만으로 1시간 이상 지속되는 경우
7. 잔류염소농도가 정수지 유출부에서 4mg/L 이상인 경우
8. 소독에 따라 요구되는 불활성화비 값이 1 미만인 경우로서 48시간 이상 지속되는 경우
9. 수소이온농도(pH)가 5.5 미만이거나 9.0을 초과하는 경우로서 1시간 이상 지속되는 경우
10. 질산성질소의 농도가 10mg/L를 초과하는 경우
11. 그 밖에 일반수도사업자가 즉시 주민공지가 필요하다고 판단하는 경우

5 제52조(수도시설의 관리에 관한 교육 등)

① 수도시설의 관리에 관한 교육의 내용에는 다음 각 호의 사항이 포함되어야 한다.
  1. 「수도법」 및 위생관련 법규
  2. 수도시설의 운영과 유지관리에 관한 사항
  3. 먹는물의 수질기준과 검사에 관한 사항
  4. 수질환경 개선에 관한 사항
  5. 그 밖에 수도시설의 관리를 위하여 필요한 사항
② 교육대상자는 교육받은 날을 기준으로 다음 각 호의 구분에 따라 집합교육(이에 상응하는 인터넷을 이용한 교육을 포함한다)을 받아야 한다. 다만, 최초 교육은 교육대상자가 된 날부터 1년 이내에 받아야 한다.
  1. 다음 각 목의 어느 하나에 해당하는 자: 5년마다 8시간의 교육
     가. 건축물 또는 시설의 소유자나 관리자
     나. 저수조청소업자
     다. 저수조청소업에 직접 종사하는 종업원(현장에서 직접 지도하는 감독자를 포함한다.)
  2. 다음 각 목의 어느 하나에 해당하는 자: 2년마다 35시간의 교육
     가. 일반수도사업자
     나. 수도시설의 운영요원
  3. 다음 각 목의 어느 하나에 해당하는 자: 3년마다 35시간의 교육
     가. 상수도관망관리대행업자
     나. 상수도관망관리대행업에 직접 종사하는 종업원
③ 교육대상자가 법 제33조제3항을 위반하거나 법 제35조에 따라 영업정지처분을 받은 경우에는 위반행위가 적발된 날부터 2년 이내에 교육을 받아야 한다.

④ 교육대상자가 질병·부상 등으로 입원해 있거나, 재난이 발생하는 등 정해진 기간 안에 교육을 받을 수 없는 부득이한 사유가 있는 경우에는 환경부장관이 정하는 바에 따라 3개월의 범위에서 교육을 연기할 수 있다.

⑤ 교육에 필요한 경비는 피교육자가 부담한다. 다만, 운영요원과 종업원의 교육에 필요한 경비는 그 운영요원과 종업원을 고용한 일반수도사업자, 저수조청소업자 또는 상수도관망관리대행업자가 부담한다.

⑥ "대통령령으로 정하는 기관 또는 단체"란 다음 각 호의 어느 하나에 해당하는 기관이나 단체를 말한다.
  1. 협회
  2. 한국수자원공사
  3. 한국환경보전원
  4. 한국환경공단
  5. 일반수도사업자가 운영하는 교육기관 중 적정한 인력 등을 갖추었다고 환경부장관이 인정하는 기관
  6. 그 밖에 교육업무를 수행할 능력이 있다고 인정되어 환경부령으로 정하는 기관

⑦ 교육실시기관의 장(이하 이 조에서 "교육실시기관장"이라 한다)은 매년 말까지 다음 각 호의 사항이 포함된 다음 연도의 교육계획을 작성하여 환경부장관에게 제출하여야 한다.
  1. 교육의 기본 방향
  2. 교육수요의 조사결과 및 장기추계
  3. 교육과정의 설치계획
  4. 교육교재(실습교재를 포함한다) 및 그 사용계획
  5. 교육대상 및 교육비
  6. 그 밖에 교육에 필요한 사항

⑧ 교육실시기관장은 교육을 이수한 자에게 수료증을 발급하여야 하며, 교육 실시 결과를 다음 해 1월 15일까지 환경부장관에게 보고하여야 한다.

⑨ 그 밖에 구체적인 교육대상별 교육의 과정과 실시방법 등에 관하여 필요한 사항은 환경부장관이 정한다.

UNIT 03 수도법 시행규칙

1 제18조(주민공지의 내용 및 절차)

① 주민공지에는 다음 각 호의 사항이 포함되어야 한다.
  1. 오염물질의 종류·농도 및 수질기준(수질기준의 경우에는 수돗물이 수질기준에 위반한 경우만 해당한다)
  2. 오염의 발생일시·원인 및 영향지역
  3. 오염에 따른 건강상 위해의 가능성
  4. 주민의 행동요령
  5. 문제 해결을 위한 조치계획

6. 예상되는 원상회복 일시
7. 담당자의 이름 및 전화번호

② 일반수도사업자는 제1항에 따른 주민공지를 하는 때에는 다음 각 호의 방법 중 하나 이상의 방법으로 그 공지 사유를 알게 된 때부터 3일 이내에 공지하여야 한다. 다만, 영 제47조 각 호의 사유의 경우에는 그 사유를 알게 된 때부터 24시간 이내에 공지하여야 한다.
 1. 해당 지역의 방송 및 신문(호외를 포함한다)
 2. 동사무소 등 관련 기관의 게시판 및 마을게시판
 3. 확성기의 이용이나 전단지의 배포
 4. 행정관서의 전화, 인터넷 홈페이지 등 지역통신망

③ 일반수도사업자는 주민공지를 하였으면 그 내용을 즉시 환경부장관에게 보고하여야 한다. 수돗물의 수질이 기준 이내로 회복되어 주민공지를 해제한 경우에도 또한 같다.

2 제18조의 2(정수처리기준 등)

① 일반수도사업자가 준수해야 할 정수처리기준은 다음 각 호와 같다. (암기TIP) 1만원짜리 바지 샀더니 크다!)
 1. 취수지점부터 정수장의 정수지 유출지점까지의 구간에서 **바**이러스를 1만분의 9천999 이상 제거하거나 불활성화할 것
 2. 취수지점부터 정수장의 정수지 유출지점까지의 구간에서 **지**아디아 포낭(包囊)을 1천분의 999 이상 제거하거나 불활성화할 것
 3. 취수지점부터 정수장의 정수지 유출지점까지의 구간에서 **크**립토스포리디움 난포낭(卵胞囊)을 1백분의 99 이상 제거할 것
 ※ 정수처리기준의 목표 : 정수처리를 통해 바이러스 99.99% 이상, 지아디아 포낭 99.9% 이상, 크립토스포리디움 난포낭 99% 이상을 제거하면 병원성 미생물로부터 안전성이 확보되었다고 본다.

3 제23조(급수관의 상태검사 및 조치 등)

① 시행령 제51조에 해당하는 건축물 또는 시설의 소유자등은 일반검사를 다음 각 호의 구분에 따라 실시하여야 한다.
 1. 최초 일반검사 : 해당 건축물 또는 시설의 준공검사(급수관의 갱생·교체 등의 조치를 한 경우를 포함한다)를 실시한 날부터 5년이 경과한 날을 기준으로 6개월 이내에 실시
 2. 2회 이후의 일반검사 : 최근 일반검사를 받은 날부터 2년이 되는 날까지 매 2년마다 실시

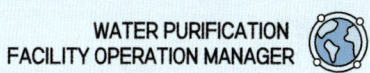

UNIT 04 기타 부속법규

1 환경정책기본법

1 [별표] 환경기준

3. 수질 및 수생태계

가. 하천

1) 사람의 건강보호 기준

항목	기준값(mg/L)
카드뮴(Cd)	0.005 이하
비소(As)	0.05 이하
시안(CN)	검출되어서는 안 됨(검출한계 0.01)
수은(Hg)	검출되어서는 안 됨(검출한계 0.001)
유기인	검출되어서는 안 됨(검출한계 0.0005)
폴리클로리네이티드비페닐(PCB)	검출되어서는 안 됨(검출한계 0.0005)
납(Pb)	0.05 이하
6가 크롬(Cr^{6+})	0.05 이하
음이온 계면활성제(ABS)	0.5 이하
사염화탄소	0.004 이하
1,2-디클로로에탄	0.03 이하
테트라클로로에틸렌(PCE)	0.04 이하
디클로로메탄	0.02 이하
벤젠	0.01 이하
클로로포름	0.08 이하
디에틸헥실프탈레이트(DEHP)	0.008 이하
안티몬	0.02 이하
1,4-다이옥세인	0.05 이하
포름알데히드	0.5 이하
헥사클로로벤젠	0.00004 이하

2) 생활환경 기준

등급		상태 (캐릭터)	기준								
			수소이온농도 (pH)	생물화학적산소요구량 (BOD) (mg/L)	화학적산소요구량 (COD) (mg/L)	총유기탄소량 (TOC) (mg/L)	부유물질량 (SS) (mg/L)	용존산소량 (DO) (mg/L)	총인 (T-P) (mg/L)	대장균군 (군수/100mL)	
										총 대장균군	분원성 대장균군
매우 좋음	Ia		6.5~8.5	1 이하	2 이하	2 이하	25 이하	7.5 이상	0.02 이하	50 이하	10 이하
좋음	Ib		6.5~8.5	2 이하	4 이하	3 이하	25 이하	5.0 이상	0.04 이하	500 이하	100 이하
약간 좋음	II		6.5~8.5	3 이하	5 이하	4 이하	25 이하	5.0 이상	0.1 이하	1,000 이하	200 이하
보통	III		6.5~8.5	5 이하	7 이하	5 이하	25 이하	5.0 이상	0.2 이하	5,000 이하	1,000 이하
약간 나쁨	IV		6.0~8.5	8 이하	9 이하	6 이하	100 이하	2.0 이상	0.3 이하		
나쁨	V		6.0~8.5	10 이하	11 이하	8 이하	쓰레기 등이 떠있지 않을 것	2.0 이상	0.5 이하		
매우 나쁨	VI			10 초과	11 초과	8 초과		2.0 미만	0.5 초과		

비고

1. 등급별 수질 및 수생태계 상태

    가. 매우 좋음: 용존산소가 풍부하고 오염물질이 없는 청정상태의 생태계로 여과·살균 등 간단한 정수처리 후 생활용수로 사용할 수 있음.

    나. 좋음: 용존산소가 많은 편이고 오염물질이 거의 없는 청정상태에 근접한 생태계로 여과·침전·살균 등 일반적인 정수처리 후 생활용수로 사용할 수 있음.

    다. 약간 좋음: 약간의 오염물질은 있으나 용존산소가 많은 상태의 다소 좋은 생태계로 여과·침전·살균 등 일반적인 정수처리 후 생활용수 또는 수영용수로 사용할 수 있음.

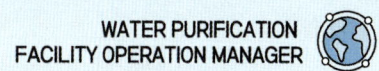

라. 보통: 보통의 오염물질로 인하여 용존산소가 소모되는 일반 생태계로 여과, 침전, 활성탄 투입, 살균 등 고도의 정수처리 후 생활용수로 이용하거나 일반적 정수처리 후 공업용수로 사용할 수 있음.

마. 약간 나쁨: 상당량의 오염물질로 인하여 용존산소가 소모되는 생태계로 농업용수로 사용하거나 여과, 침전, 활성탄 투입, 살균 등 고도의 정수처리 후 공업용수로 사용할 수 있음.

바. 나쁨: 다량의 오염물질로 인하여 용존산소가 소모되는 생태계로 산책 등 국민의 일상생활에 불쾌감을 주지 않으며, 활성탄 투입, 역삼투압 공법 등 특수한 정수처리 후 공업용수로 사용할 수 있음.

사. 매우 나쁨: 용존산소가 거의 없는 오염된 물로 물고기가 살기 어려움.

아. 용수는 해당 등급보다 낮은 등급의 용도로 사용할 수 있음.

자. 수소이온농도(pH) 등 각 기준항목에 대한 오염도 현황, 용수처리방법 등을 종합적으로 검토하여 그에 맞는 처리방법에 따라 용수를 처리하는 경우에는 해당 등급보다 높은 등급의 용도로도 사용할 수 있음.

2. 수질 및 수생태계 상태별 생물학적 특성 이해표

생물등급	생물 지표종		서식지 및 생물 특성
	저서생물(底棲生物)	어류	
매우좋음 ~ 좋음	옆새우, 가재, 뿔하루살이, 민하루살이, 강도래, 물날도래, 광택날도래, 띠무늬우묵날도래, 바수염날도래	산천어, 금강모치, 열목어, 버들치 등 서식	- 물이 매우 맑으며, 유속은 빠른 편임. - 바닥은 주로 바위와 자갈로 구성됨. - 부착 조류(藻類)가 매우 적음.
좋음 ~ 보통	다슬기, 넓적거머리, 강하루살이, 동양하루살이, 등줄하루살이, 등딱지하루살이, 물삿갓벌레, 큰줄날도래	쉬리, 갈겨니, 은어, 쏘가리 등 서식	- 물이 맑으며, 유속은 약간 빠르거나 보통임. - 바닥은 주로 자갈과 모래로 구성됨. - 부착 조류가 약간 있음.
보통 ~ 약간나쁨	물달팽이, 턱거머리, 물벌레, 밀잠자리	피라미, 끄리, 모래무지, 참붕어 등 서식	- 물이 약간 혼탁하며, 유속은 약간 느린 편임. - 바닥은 주로 잔자갈과 모래로 구성됨. - 부착 조류가 녹색을 띠며 많음.
약간나쁨 ~ 매우나쁨	왼돌이물달팽이, 실지렁이, 붉은깔따구, 나방파리, 꽃등에	붕어, 잉어, 미꾸라지, 메기 등 서식	- 물이 매우 혼탁하며, 유속은 느린 편임. - 바닥은 주로 모래와 실트로 구성되며, 대체로 검은색을 띰. - 부착 조류가 갈색 혹은 회색을 띠며 매우 많음.

3. 화학적 산소요구량(COD) 기준은 2015년 12월 31일까지 적용한다.

나. 호소

1) 사람의 건강보호 기준: 가목1)과 같다.
2) 생활환경 기준

등급		상태 (캐릭터)	기준									
			수소이온농도 (pH)	화학적산소요구량 (COD) (mg/L)	총유기탄소량 (TOC) (mg/L)	부유물질량 (SS) (mg/L)	용존산소량 (DO) (mg/L)	총인 (T-P) (mg/L)	총질소 (T-N) (mg/L)	클로로필-a (Chl-a) (mg/m³)	대장균군 (군수/100mL)	
											총대장균군	분원성대장균군
매우좋음	Ia		6.5~8.5	2 이하	2 이하	1 이하	7.5 이상	0.01 이하	0.2 이하	5 이하	50 이하	10 이하
좋음	Ib		6.5~8.5	3 이하	3 이하	5 이하	5.0 이상	0.02 이하	0.3 이하	9 이하	500 이하	100 이하
약간좋음	II		6.5~8.5	4 이하	4 이하	5 이하	5.0 이상	0.03 이하	0.4 이하	14 이하	1,000 이하	200 이하
보통	III		6.5~8.5	5 이하	5 이하	15 이하	5.0 이상	0.05 이하	0.6 이하	20 이하	5,000 이하	1,000 이하
약간나쁨	IV		6.0~8.5	8 이하	6 이하	15 이하	2.0 이상	0.10 이하	1.0 이하	35 이하		
나쁨	V		6.0~8.5	10 이하	8 이하	쓰레기 등이 떠 있지 않을 것	2.0 이상	0.15 이하	1.5 이하	70 이하		
매우나쁨	VI			10 초과	8 초과		2.0 미만	0.15 초과	1.5 초과	70 초과		

비고

1. 총인, 총질소의 경우 총인에 대한 총질소의 농도비율이 7 미만일 경우에는 총인의 기준을 적용하지 않으며, 그 비율이 16 이상일 경우에는 총질소의 기준을 적용하지 않는다.
2. 등급별 수질 및 수생태계 상태는 가목2) 비고 제1호와 같다.
3. 상태(캐릭터) 도안 모형 및 도안 요령은 가목2) 비고 제2호와 같다.
4. 화학적 산소요구량(COD) 기준은 2015년 12월 31일까지 적용한다.

다. 지하수

지하수 환경기준 항목 및 수질기준은 「먹는물관리법」 제5조 및 「수도법」 제26조에 따라 환경부령으로 정하는 수질기준을 적용한다. 다만, 환경부장관이 고시하는 지역 및 항목은 적용하지 않는다.

1) 사람의 건강보호

등급	항목	기준(mg/L)
모든 수역	6가크로뮴(Cr^{6+})	0.05
	비소(As)	0.05
	카드뮴(Cd)	0.01
	납(Pb)	0.05
	아연(Zn)	0.1
	구리(Cu)	0.02
	시안(CN)	0.01
	수은(Hg)	0.0005
	폴리클로리네이티드비페닐(PCB)	0.0005
	다이아지논	0.02
	파라티온	0.06
	말라티온	0.25
	1.1.1-트리클로로에탄	0.1
	테트라클로로에틸렌	0.01
	트리클로로에틸렌	0.03
	디클로로메탄	0.02
	벤젠	0.01
	페놀	0.005
	음이온 계면활성제(ABS)	0.5

2 물환경보전법

❶ 제2조(정의) 이 법에서 사용하는 용어의 뜻은 다음과 같다.

1. "물환경"이란 사람의 생활과 생물의 생육에 관계되는 물의 질(이하 "수질"이라 한다) 및 공공수역의 모든 생물과 이들을 둘러싸고 있는 비생물적인 것을 포함한 수생태계(水生態系, 이하 "수생태계"라 한다)를 총칭하여 말한다.
1의2. "점오염원"(點汚染源)이란 폐수배출시설, 하수발생시설, 축사 등으로서 관로·수로 등을 통하여 일정한 지점으로 수질오염물질을 배출하는 배출원을 말한다.
2. "비점오염원"(非點汚染源)이란 도시, 도로, 농지, 산지, 공사장 등으로서 불특정 장소에서 불특정하게 수질오염물질을 배출하는 배출원을 말한다.

3. "기타수질오염원"이란 점오염원 및 비점오염원으로 관리되지 아니하는 수질오염물질을 배출하는 시설 또는 장소로서 환경부령으로 정하는 것을 말한다.
4. "폐수"란 물에 액체성 또는 고체성의 수질오염물질이 섞여 있어 그대로는 사용할 수 없는 물을 말한다.
4의2. "폐수관로"란 폐수를 사업장에서 제17호의 공공폐수처리시설로 유입시키기 위하여 제48조제1항에 따라 공공폐수처리시설을 설치 · 운영하는 자가 설치 · 관리하는 관로와 그 부속시설을 말한다.
5. "강우유출수"(降雨流出水)란 비점오염원의 수질오염물질이 섞여 유출되는 빗물 또는 눈 녹은 물 등을 말한다.
6. "불투수면"(不透水面)이란 빗물 또는 눈 녹은 물 등이 지하로 스며들 수 없게 하는 아스팔트 · 콘크리트 등으로 포장된 도로, 주차장, 보도 등을 말한다.
7. "수질오염물질"이란 수질오염의 요인이 되는 물질로서 환경부령으로 정하는 것을 말한다.
8. "특정수질유해물질"이란 사람의 건강, 재산이나 동식물의 생육(生育)에 직접 또는 간접으로 위해를 줄 우려가 있는 수질오염물질로서 환경부령으로 정하는 것을 말한다.
9. "공공수역"이란 하천, 호소, 항만, 연안해역, 그 밖에 공공용으로 사용되는 수역과 이에 접속하여 공공용으로 사용되는 환경부령으로 정하는 수로를 말한다.
10. "폐수배출시설"이란 수질오염물질을 배출하는 시설물, 기계, 기구, 그 밖의 물체로서 환경부령으로 정하는 것을 말한다. 다만, 「해양환경관리법」 제2조제16호 및 제17호에 따른 선박 및 해양시설은 제외한다.
11. "폐수무방류배출시설"이란 폐수배출시설에서 발생하는 폐수를 해당 사업장에서 수질오염방지시설을 이용하여 처리하거나 동일 폐수배출시설에 재이용하는 등 공공수역으로 배출하지 아니하는 폐수배출시설을 말한다.
12. "수질오염방지시설"이란 점오염원, 비점오염원 및 기타수질오염원으로부터 배출되는 수질오염물질을 제거하거나 감소하게 하는 시설로서 환경부령으로 정하는 것을 말한다.
13. "비점오염저감시설"이란 수질오염방지시설 중 비점오염원으로부터 배출되는 수질오염물질을 제거하거나 감소하게 하는 시설로서 환경부령으로 정하는 것을 말한다.
14. "호소"란 다음 각 목의 어느 하나에 해당하는 지역으로서 만수위(滿水位)[댐의 경우에는 계획홍수위(計劃洪水位)를 말한다] 구역 안의 물과 토지를 말한다.
    가. 댐 · 보(洑) 또는 둑(「사방사업법」에 따른 사방시설은 제외한다) 등을 쌓아 하천 또는 계곡에 흐르는 물을 가두어 놓은 곳
    나. 하천에 흐르는 물이 자연적으로 가두어진 곳
    다. 화산활동 등으로 인하여 함몰된 지역에 물이 가두어진 곳
15. "수면관리자"란 다른 법령에 따라 호소를 관리하는 자를 말한다. 이 경우 동일한 호소를 관리하는 자가 둘 이상인 경우에는 「하천법」에 따른 하천관리청 외의 자가 수면관리자가 된다.
15의2. "수생태계 건강성"이란 수생태계를 구성하고 있는 요소 중 환경부령으로 정하는 물리적 · 화학적 · 생물적 요소들이 훼손되지 아니하고 각각 온전한 기능을 발휘할 수 있는 상태를 말한다.
16. "상수원호소"란 「수도법」 제7조에 따라 지정된 상수원보호구역(이하 "상수원보호구역"이라 한다) 및 「환경정책기본법」 제38조에 따라 지정된 수질보전을 위한 특별대책지역(이하 "특별대책지역"이라 한다) 밖에 있는 호소 중 호소의 내부 또는 외부에 「수도법」 제3조제17호에 따른 취수시설(이하 "취수시설"이라 한다)을 설치하여 그 호소의 물을 먹는 물로 사용하는 호소로서 환경부장관이 정하여 고시한 것을 말한다.

17. "공공폐수처리시설"이란 공공폐수처리구역의 폐수를 처리하여 공공수역에 배출하기 위한 처리시설과 이를 보완하는 시설을 말한다.
18. "공공폐수처리구역"이란 폐수를 공공폐수처리시설에 유입하여 처리할 수 있는 지역으로서 제49조제3항에 따라 환경부장관이 지정한 구역을 말한다.
19. "물놀이형 수경(水景)시설"이란 수돗물, 지하수 등을 인위적으로 저장 및 순환하여 이용하는 분수, 연못, 폭포, 실개천 등의 인공시설물 중 일반인에게 개방되어 이용자의 신체와 직접 접촉하여 물놀이를 하도록 설치하는 시설을 말한다. 다만, 다음 각 목의 시설은 제외한다.
    가. 「관광진흥법」 제5조제2항 또는 제4항에 따라 테마파크업의 허가를 받거나 신고를 한 자가 설치한 물놀이형 테마파크시설
    나. 「체육시설의 설치·이용에 관한 법률」 제3조에 따른 체육시설 중 수영장
    다. 환경부령으로 정하는 바에 따라 물놀이 시설이 아니라는 것을 알리는 표지판과 울타리를 설치하거나 물놀이를 할 수 없도록 관리인을 두는 경우

❷ 수질오염경보

1) 제21조(수질오염 경보제)

① 환경부장관 또는 시·도지사는 수질오염으로 하천·호소의 물의 이용에 중대한 피해를 가져올 우려가 있거나 주민의 건강·재산이나 동식물의 생육에 중대한 위해를 가져올 우려가 있다고 인정될 때에는 해당 하천·호소에 대하여 수질오염 경보를 발령할 수 있다.
② 환경부장관은 수질오염 경보에 따른 조치 등에 필요한 사업비를 예산의 범위에서 지원할 수 있다.
③ 수질오염 경보의 종류와 경보종류별 발령대상, 발령주체, 대상 수질오염물질, 발령기준, 경보단계, 경보단계별 조치사항 및 해제기준 등에 관하여 필요한 사항은 대통령령으로 정한다.

2) [별표 2] (수질오염경보의 종류별 발령대상, 발령주체 및 대상 수질오염물질)

1. 조류경보

    가. 상수원 구간

대상 수질오염물질	발령대상	발령주체
남조류 세포수	법 제9조에 따라 환경부장관 또는 시·도지사가 조사·측정하는 하천·호소 중 상수원의 수질보호를 위하여 환경부장관이 정하여 고시하는 하천·호소	환경부장관 또는 시·도지사

나. 친수활동 구간

대상 수질오염물질	발령대상	발령주체
남조류 세포수	법 제9조에 따라 환경부장관 또는 시·도지사가 조사·측정하는 하천·호소 중 수영, 수상스키, 낚시 등 친수활동의 보호를 위하여 환경부장관이 정하여 고시하는 하천·호소	환경부장관 또는 시·도지사

2. 수질오염감시경보

대상 수질오염물질	발령대상	발령주체
수소이온농도, 용존산소, 총 질소, 총 인, 전기전도도, 총 유기탄소, 휘발성유기화합물, 페놀, 중금속(구리, 납, 아연, 카드뮴 등), 클로로필-a, 생물감시	법 제9조에 따른 측정망 중 실시간으로 수질오염도가 측정되는 하천·호소	환경부장관

3) [별표 3] 수질오염경보의 종류별 경보단계 및 그 단계별 발령·해제기준

1. 조류경보

가. 상수원 구간

경보단계	발령·해제 기준
관심	2회 연속 채취 시 남조류 세포수가 1,000세포/mL 이상 10,000세포/mL 미만인 경우
경계	2회 연속 채취 시 남조류 세포수가 10,000세포/mL 이상 1,000,000세포/mL 미만인 경우
조류 대발생	2회 연속 채취 시 남조류 세포수가 1,000,000세포/mL 이상인 경우
해제	2회 연속 채취 시 남조류 세포수가 1,000세포/mL 미만인 경우

나. 친수활동 구간

경보단계	발령·해제 기준
관심	2회 연속 채취 시 남조류 세포수가 20,000세포/mL 이상 100,000세포/mL 미만인 경우
경계	2회 연속 채취 시 남조류 세포수가 100,000세포/mL 이상인 경우
해제	2회 연속 채취 시 남조류 세포수가 20,000세포/mL 미만인 경우

비고
1. 발령주체는 위 가목 및 나목의 발령·해제 기준에 도달하는 경우에도 강우 예보 등 기상상황을 고려하여 조류경보를 발령 또는 해제하지 않을 수 있다.
2. 남조류 세포수는 마이크로시스티스(Microcystis), 아나베나(Anabaena), 아파니조메논(Aphanizomenon) 및 오실라토리아(Oscillatoria) 속(屬) 세포수의 합을 말한다.

2. 수질오염감시경보

경보단계	발령·해제기준
관심	가. 수소이온농도, 용존산소, 총 질소, 총 인, 전기전도도, 총 유기탄소, 휘발성유기화합물, 페놀, 중금속(구리, 납, 아연, 카드뮴 등) 항목 중 2개 이상 항목이 측정항목별 경보기준을 초과하는 경우 나. 생물감시 측정값이 생물감시 경보기준 농도를 30분 이상 지속적으로 초과하는 경우
주의	가. 수소이온농도, 용존산소, 총 질소, 총 인, 전기전도도, 총 유기탄소, 휘발성유기화합물, 페놀, 중금속(구리, 납, 아연, 카드뮴 등) 항목 중 2개 이상 항목이 측정항목별 경보기준을 2배 이상(수소이온농도 항목의 경우에는 5 이하 또는 11 이상을 말한다) 초과하는 경우 나. 생물감시 측정값이 생물감시 경보기준 농도를 30분 이상 지속적으로 초과하고, 수소이온농도, 총 유기탄소, 휘발성유기화합물, 페놀, 중금속(구리, 납, 아연, 카드뮴 등) 항목 중 1개 이상의 항목이 측정항목별 경보기준을 초과하는 경우와 전기전도도, 총 질소, 총 인, 클로로필-a 항목 중 1개 이상의 항목이 측정항목별 경보기준을 2배 이상 초과하는 경우
경계	생물감시 측정값이 생물감시 경보기준 농도를 30분 이상 지속적으로 초과하고, 전기전도도, 휘발성유기화합물, 페놀, 중금속(구리, 납, 아연, 카드뮴 등) 항목 중 1개 이상의 항목이 측정항목별 경보기준을 3배 이상 초과하는 경우
심각	경계경보 발령 후 수질 오염사고 전개속도가 매우 빠르고 심각한 수준으로서 위기발생이 확실한 경우
해제	측정항목별 측정값이 관심단계 이하로 낮아진 경우

비고
1. 측정소별 측정항목과 측정항목별 경보기준 등 수질오염감시경보에 관하여 필요한 사항은 환경부장관이 고시한다.
2. 용존산소, 전기전도도, 총 유기탄소 항목이 경보기준을 초과하는 것은 그 기준초과 상태가 30분 이상 지속되는 경우를 말한다.
3. 수소이온농도 항목이 경보기준을 초과하는 것은 5 이하 또는 11 이상이 30분 이상 지속되는 경우를 말한다.
4. 생물감시장비 중 물벼룩감시장비가 경보기준을 초과하는 것은 양쪽 모든 시험조에서 30분 이상 지속되는 경우를 말한다.

4) [별표 4] 수질오염경보의 종류별·경보단계별 조치사항

1. 조류경보

가. 상수원 구간

단계	관계 기관	조치사항
관심	4대강(한강, 낙동강, 금강, 영산강을 말한다. 이하 같다) 물환경연구소장 (시·도 보건환경연구원장 또는 수면관리자)	1) 주 1회 이상 시료 채취 및 분석(남조류 세포수, 클로로필-a) 2) 시험분석 결과를 발령기관으로 신속하게 통보
관심	수면관리자 (수면관리자)	취수구와 조류가 심한 지역에 대한 차단막 설치 등 조류 제거 조치 실시
관심	취수장·정수장 관리자 (취수장·정수장 관리자)	정수 처리 강화(활성탄 처리, 오존 처리)
관심	유역·지방 환경청장 (시·도지사)	1) 관심경보 발령 2) 주변오염원에 대한 지도·단속
관심	홍수통제소장, 한국수자원공사사장 (홍수통제소장, 한국수자원공사사장)	댐, 보 여유량 확인·통보
관심	한국환경공단이사장 (한국환경공단이사장)	1) 환경기초시설 수질자동측정자료 모니터링 실시 2) 하천구간 조류 예방·제거에 관한 사항 지원
경계	4대강 물환경연구소장 (시·도 보건환경연구원장 또는 수면관리자)	1) 주 2회 이상 시료 채취 및 분석(남조류 세포수, 클로로필-a, 냄새물질, 독소) 2) 시험분석 결과를 발령기관으로 신속하게 통보
경계	수면관리자 (수면관리자)	취수구와 조류가 심한 지역에 대한 차단막 설치 등 조류 제거 조치 실시
경계	취수장·정수장 관리자 (취수장·정수장 관리자)	1) 조류증식 수심 이하로 취수구 이동 2) 정수처리 강화(활성탄처리, 오존처리) 3) 정수의 독소분석 실시
경계	유역·지방 환경청장 (시·도지사)	1) 경계경보 발령 및 대중매체를 통한 홍보 2) 주변오염원에 대한 단속 강화 3) 낚시·수상스키·수영 등 친수활동, 어패류 어획·식용, 가축 방목 등의 자제 권고 및 이에 대한 공지(현수막 설치 등)
경계	홍수통제소장, 한국수자원공사사장 (홍수통제소장, 한국수자원공사사장)	기상상황, 하천수문 등을 고려한 방류량 산정
경계	한국환경공단이사장 (한국환경공단이사장)	1) 환경기초시설 및 폐수배출사업장 관계기관 합동점검 시 지원

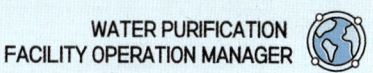

		2) 하천구간 조류 제거에 관한 사항 지원 3) 환경기초시설 수질자동측정자료 모니터링 강화
조류 대발생	4대강 물환경연구소장 (시·도 보건환경연구원장 또는 수면관리자)	1) 주 2회 이상 시료 채취 및 분석(남조류 세포수, 클로로필-a, 냄새물질, 독소) 2) 시험분석 결과를 발령기관으로 신속하게 통보
	수면관리자 (수면관리자)	1) 취수구와 조류가 심한 지역에 대한 차단막 설치 등 조류 제거 조치 실시 2) 황토 등 조류제거물질 살포, 조류 제거선 등을 이용한 조류 제거 조치 실시
	취수장·정수장 관리자 (취수장·정수장 관리자)	1) 조류증식 수심 이하로 취수구 이동 2) 정수 처리 강화(활성탄 처리, 오존 처리) 3) 정수의 독소분석 실시
	유역·지방 환경청장 (시·도지사)	1) 조류대발생경보 발령 및 대중매체를 통한 홍보 2) 주변오염원에 대한 지속적인 단속 강화 3) 낚시·수상스키·수영 등 친수활동, 어패류 어획·식용, 가축 방목 등의 금지 및 이에 대한 공지(현수막 설치 등)
	홍수통제소장, 한국수자원공사사장 (홍수통제소장, 한국수자원공사사장)	댐, 보 방류량 조정
	한국환경공단이사장 (한국환경공단이사장)	1) 환경기초시설 및 폐수배출사업장 관계기관 합동점검 시 지원 2) 하천구간 조류 제거에 관한 사항 지원 3) 환경기초시설 수질자동측정자료 모니터링 강화
해제	4대강 물환경연구소장 (시·도 보건환경연구원장 또는 수면관리자)	시험분석 결과를 발령기관으로 신속하게 통보
	유역·지방 환경청장 (시·도지사)	각종 경보 해제 및 대중매체 등을 통한 홍보

비고
1. 관계 기관란의 괄호는 시·도지사가 조류경보를 발령하는 경우의 관계 기관을 말한다.
2. 관계 기관은 위 표의 조치사항 외에도 현지 실정에 맞게 적절한 조치를 할 수 있다.
3. 조류경보를 발령하기 전이라도 수면관리자, 홍수통제소장 및 한국수자원공사사장 등 관계 기관의 장은 수온 상승 등으로 조류발생 가능성이 증가할 경우에는 일정 기간 방류량을 늘리는 등 조류에 따른 피해를 최소화 하기 위한 방안을 마련하여 조치할 수 있다.

나. 친수활동 구간

단계	관계 기관	조치사항
관심	4대강 물환경연구소장 (시·도 보건환경연구원장 또는 수면관리자)	1) 주 1회 이상 시료 채취 및 분석(남조류 세포수, 클로로필-a, 냄새물질, 독소) 2) 시험분석 결과를 발령기관으로 신속하게 통보
	유역·지방 환경청장 (시·도지사)	1) 관심경보 발령 2) 낚시·수상스키·수영 등 친수활동, 어패류 어획·식용 등의 자제 권고 및 이에 대한 공지(현수막 설치 등) 3) 필요한 경우 조류제거물질 살포 등 조류 제거 조치
경계	4대강 물환경연구소장 (시·도 보건환경연구원장 또는 수면관리자)	1) 주 2회 이상 시료 채취 및 분석(남조류 세포수, 클로로필-a, 냄새물질, 독소) 2) 시험분석 결과를 발령기관으로 신속하게 통보
	유역·지방 환경청장 (시·도지사)	1) 경계경보 발령 2) 낚시·수상스키·수영 등 친수활동, 어패류 어획·식용 등의 금지 및 이에 대한 공지(현수막 설치 등) 3) 필요한 경우 조류제거물질 살포 등 조류 제거 조치
해제	4대강 물환경연구소장 (시·도 보건환경연구원장 또는 수면관리자)	시험분석 결과를 발령기관으로 신속하게 통보
	유역·지방 환경청장 (시·도지사)	각종 경보 해제 및 대중매체 등을 통한 홍보

비고
1. 관계 기관란의 괄호는 시·도지사가 조류경보를 발령하는 경우의 관계 기관을 말한다.
2. 관계 기관은 위 표의 조치사항 외에도 현지 실정에 맞게 적절한 조치를 할 수 있다.

2. 수질오염감시경보

단계	관계 기관	조치사항
관심	한국환경공단이사장	1) 측정기기의 이상 여부 확인 2) 유역·지방 환경청장에게 보고 - 상황 보고, 원인 조사 및 관심경보 발령 요청 3) 지속적 모니터링을 통한 감시
	수면관리자	물환경변화 감시 및 원인 조사
	취수장·정수장 관리자	정수 처리 및 수질분석 강화
	유역·지방 환경청장	1) 관심경보 발령 및 관계 기관 통보 2) 수면관리자에게 원인 조사 요청 3) 원인 조사 및 주변 오염원 단속 강화

주의	한국환경공단이사장	1) 측정기기의 이상 여부 확인 2) 유역·지방 환경청장에게 보고 - 상황 보고, 원인 조사 및 주의경보 발령 요청 3) 지속적인 모니터링을 통한 감시
	수면관리자	1) 물환경변화 감시 및 원인조사 2) 차단막 설치 등 오염물질 방제 조치
	취수장·정수장 관리자	1) 정수의 수질분석을 평시보다 2배 이상 실시 2) 취수장 방제 조치 및 정수 처리 강화
	4대강 물환경연구소장	1) 원인 조사 및 오염물질 추적 조사 지원 2) 유역·지방 환경청장에게 원인 조사 결과 보고 3) 새로운 오염물질에 대한 정수처리 기술 지원
	유역·지방 환경청장	1) 주의경보 발령 및 관계 기관 통보 2) 수면관리자 및 4대강 물환경연구소장에게 원인 조사 요청 3) 관계 기관 합동 원인 조사 및 주변 오염원 단속 강화
경계	한국환경공단이사장	1) 측정기기의 이상 여부 확인 2) 유역·지방 환경청장에게 보고 - 상황 보고, 원인조사 및 경계경보 발령 요청 3) 지속적 모니터링을 통한 감시 4) 오염물질 방제조치 지원
	수면관리자	1) 물환경변화 감시 및 원인 조사 2) 차단막 설치 등 오염물질 방제 조치 3) 사고 발생 시 지역사고대책본부 구성·운영
	취수장·정수장 관리자	1) 정수처리 강화 2) 정수의 수질분석을 평시보다 3배 이상 실시 3) 취수 중단, 취수구 이동 등 식용수 관리대책 수립
	4대강 물환경연구소장	1) 원인조사 및 오염물질 추적조사 지원 2) 유역·지방 환경청장에게 원인 조사 결과 통보 3) 정수처리 기술 지원
	유역·지방 환경청장	1) 경계경보 발령 및 관계 기관 통보 2) 수면관리자 및 4대강 물환경연구소장에게 원인 조사 요청 3) 원인조사대책반 구성·운영 및 사법기관에 합동단속 요청 4) 식용수 관리대책 수립·시행 총괄 5) 정수처리 기술 지원
심각	환경부장관	중앙합동대책반 구성·운영
	한국환경공단이사장	1) 측정기기의 이상 여부 확인 2) 유역·지방 환경청장에게 보고 - 상황 보고, 원인조사 및 경계경보 발령 요청 3) 지속적 모니터링을 통한 감시 4) 오염물질 방제조치 지원

	수면관리자	1) 물환경변화 감시 및 원인 조사 2) 차단막 설치 등 오염물질 방제 조치 3) 중앙합동대책반 구성·운영 시 지원
	취수장·정수장 관리자	1) 정수처리 강화 2) 정수의 수질분석 횟수를 평시보다 3배 이상 실시 3) 취수 중단, 취수구 이동 등 식용수 관리대책 수립 4) 중앙합동대책반 구성·운영 시 지원
	4대강 물환경연구소장	1) 원인 조사 및 오염물질 추적조사 지원 2) 유역·지방 환경청장에게 시료분석 및 조사결과 통보 3) 정수처리 기술 지원
	유역·지방 환경청장	1) 심각경보 발령 및 관계 기관 통보 2) 수면관리자 및 4대강 물환경연구소장에게 원인 조사 요청 3) 필요한 경우 환경부장관에게 중앙합동대책반 구성 요청 4) 중앙합동대책반 구성 시 사고수습본부 구성·운영
	국립환경과학원장	1) 오염물질 분석 및 원인 조사 등 기술 자문 2) 정수처리 기술 지원
해제	한국환경공단이사장	관심 단계 발령기준 이하 시 유역·지방 환경청장에게 수질오염감시경보 해제 요청
	유역·지방 환경청장	수질오염감시경보 해제

3 시행령 제29조(오염된 공공수역에서의 행위제한)

① "대통령령이 정하는 행위"란 다음 각 호의 어느 하나에 해당하는 행위를 말한다.
  ㉠ 해당 하천·호소 등의 물을 마시거나 취사용으로 사용하는 행위
  ㉡ 해당 하천·호소 등의 어패류 등 수생물을 잡아 먹는 행위
  ㉢ 해당 하천·호소 등의 물을 농업용으로 대는 행위
② 행위제한을 권고할 수 있는 하천·호소 등의 선정기준은 다음 각 호와 같다.
  ㉠ 환경부장관이 고시한 수계영향권별 목표수질을 초과하여 용수의 목적에 지장을 줄 우려가 있는 경우
  ㉡ 제1호 외에 별표 5의 기준을 초과하여 사람의 건강이나 생활에 미치는 영향이 큰 경우

[별표 5] 물놀이 등의 행위제한 권고기준

대상 행위	항목	기준
수영 등 물놀이	대장균	500(개체수/100mL) 이상
어패류 등 섭취	어패류 체내 총 수은(Hg)	0.3(mg/kg) 이상

비고 조사지점, 측정주기, 분석방법 등 사람의 건강이나 생활에 영향을 미치는 정도를 판단할 수 있는 세부기준은 환경부장관이 정하여 고시한다.

4 시행규칙 제8조(비점오염저감시설) 법 제2조제13호에 따른 비점오염저감시설은 별표 6과 같다.

[별표 6] 비점오염저감시설

1. 다음 각 목의 구분에 따른 시설
   가. 자연형 시설 (암기TIP 저 인 침 식)
      1) 저류시설 : 강우유출수를 저류(貯留)하여 침전 등에 의하여 비점오염물질을 줄이는 시설로 저류지·연못 등을 포함한다.
      2) 인공습지 : 침전, 여과, 흡착, 미생물 분해, 식생 식물에 의한 정화 등 자연상태의 습지가 보유하고 있는 정화능력을 인위적으로 향상시켜 비점오염물질을 줄이는 시설을 말한다.
      3) 침투시설 : 강우유출수를 지하로 침투시켜 토양의 여과·흡착 작용에 따라 비점오염물질을 줄이는 시설로서 유공(有孔)포장, 침투조, 침투저류지, 침투도랑 등을 포함한다.
      4) 식생형 시설 : 토양의 여과·흡착 및 식물의 흡착(吸着)작용으로 비점오염물질을 줄임과 동시에, 동·식물 서식공간을 제공하면서 녹지경관으로 기능하는 시설로서 식생여과대와 식생수로 등을 포함한다.
   나. 장치형 시설 (암기TIP 여 소 스 응 생)
      1) 여과형 시설 : 강우유출수를 집수조 등에서 모은 후 모래·토양 등의 여과재(濾過材)를 통하여 걸러 비점오염물질을 줄이는 시설을 말한다.
      2) 소용돌이형 시설 : 중앙회전로의 움직임으로 와류가 형성되어 기름·그리스(grease) 등 부유성(浮游性) 물질은 상부로 부상시키고, 침전가능한 토사, 협잡물(挾雜物)은 하부로 침전·분리시켜 비점오염물질을 줄이는 시설을 말한다.
      3) 스크린형 시설 : 망의 여과·분리 작용으로 비교적 큰 부유물이나 쓰레기 등을 제거하는 시설로서 주로 전(前) 처리에 사용하는 시설을 말한다.
      4) 응집·침전 처리형 시설 : 응집제(應集劑)를 사용하여 비점오염물질을 응집한 후, 침강시설에서 고형물질을 침전·분리시키는 방법으로 부유물질을 제거하는 시설을 말한다.
      5) 생물학적 처리형 시설 : 전처리시설에서 토사 및 협잡물 등을 제거한 후 미생물에 의하여 콜로이드(colloid)성, 용존성(溶存性) 유기물질을 제거하는 시설을 말한다.

2. 위 제1호의 시설과 같거나 그 이상의 저감효율을 갖는 시설로서 환경부장관이 인정하여 고시하는 시설

5 시행규칙 제3조(수질오염물질) 수질오염물질은 별표 2와 같다.

[별표 2] 수질오염물질(제3조 관련)

1. 구리와 그 화합물 (특정유해)
2. 납과 그 화합물 (특정유해)
3. 니켈과 그 화합물
4. 총 대장균군
5. 망간과 그 화합물
6. 바륨화합물
7. 부유물질
8. 삭제
9. 비소와 그 화합물 (특정유해)
10. 산과 알칼리류
11. 색소
12. 세제류
13. 셀레늄과 그 화합물 (특정유해)
14. 수은과 그 화합물 (특정유해)
15. 시안화합물 (특정유해)
16. 아연과 그 화합물
17. 염소화합물
18. 유기물질
19. 삭제
20. 유류(동·식물성을 포함한다)
21. 인화합물
22. 주석과 그 화합물
23. 질소화합물
24. 철과 그 화합물
25. 카드뮴과 그 화합물 (특정유해)
26. 크롬과 그 화합물
27. 불소화합물
28. 페놀류
29. 페놀 (특정유해)
30. 펜타클로로페놀 (특정유해)
31. 황과 그 화합물
32. 유기인 화합물 (특정유해)
33. 6가크롬 화합물 (특정유해)
34. 테트라클로로에틸렌 (특정유해)
35. 트리클로로에틸렌 (특정유해)
36. 폴리클로리네이티드바이페닐 (특정유해)
37. 벤젠 (특정유해)
38. 사염화탄소 (특정유해)
39. 디클로로메탄 (특정유해)
40. 1, 1-디클로로에틸렌 (특정유해)
41. 1, 2-디클로로에탄 (특정유해)
42. 클로로포름 (특정유해)
43. 생태독성물질(물벼룩에 대한 독성을 나타내는 물질만 해당한다)
44. 1,4-다이옥산 (특정유해)
45. 디에틸헥실프탈레이트(DEHP) (특정유해)
46. 염화비닐 (특정유해)
47. 아크릴로니트릴 (특정유해)
48. 브로모포름 (특정유해)
49. 퍼클로레이트
50. 아크릴아미드 (특정유해)
51. 나프탈렌 (특정유해)
52. 폼알데하이드 (특정유해)
53. 에피클로로하이드린 (특정유해)
54. 톨루엔
55. 자일렌
56. 스티렌
57. 비스(2-에틸헥실)아디페이트
58. 안티몬
59. 과불화옥탄산(PFOA)
60. 과불화옥탄술폰산(PFOS)
61. 과불화헥산술폰산(PFHxS)

6 **시행규칙 제4조(특정수질유해물질)** 특정수질유해물질은 별표 3과 같다.

[별표 3] 특정수질유해물질

1. 구리와 그 화합물	17. 1, 2-디클로로에탄
2. 납과 그 화합물	18. 클로로포름
3. 비소와 그 화합물	19. 1,4-다이옥산
4. 수은과 그 화합물	20. 디에틸헥실프탈레이트(DEHP)
5. 시안화합물	21. 염화비닐
6. 유기인 화합물	22. 아크릴로니트릴
7. 6가크롬 화합물	23. 브로모포름
8. 카드뮴과 그 화합물	24. 아크릴아미드
9. 테트라클로로에틸렌	25. 나프탈렌
10. 트리클로로에틸렌	26. 폼알데하이드
11. 폴리클로리네이티드바이페닐	27. 에피클로로하이드린
12. 셀레늄과 그 화합물	28. 페놀
13. 벤젠	29. 펜타클로로페놀
14. 사염화탄소	30. 스티렌
15. 디클로로메탄	31. 비스(2-에틸헥실)아디페이트
16. 1, 1-디클로로에틸렌	32. 안티몬

💡 **참고**
- **페놀류** : 수질오염물질(특정수질유해물질은 아님)
- **페놀** : 특정수질유해물질

3 폐기물관리법

1 **제2조(정의)** 이 법에서 사용하는 용어의 뜻은 다음과 같다.

1. "폐기물"이란 쓰레기, 연소재(燃燒滓), 오니(汚泥), 폐유(廢油), 폐산(廢酸), 폐알칼리 및 동물의 사체(死體) 등으로서 사람의 생활이나 사업활동에 필요하지 아니하게 된 물질을 말한다.
2. "생활폐기물"이란 사업장폐기물 외의 폐기물을 말한다.
3. "사업장폐기물"이란 「대기환경보전법」, 「물환경보전법」 또는 「소음·진동관리법」에 따라 배출시설을 설치·운영하는 사업장이나 그 밖에 대통령령으로 정하는 사업장에서 발생하는 폐기물을 말한다.
4. "지정폐기물"이란 사업장폐기물 중 폐유·폐산 등 주변 환경을 오염시킬 수 있거나 의료폐기물(醫療廢棄物) 등 인체에 위해(危害)를 줄 수 있는 해로운 물질로서 대통령령으로 정하는 폐기물을 말한다.

5. "의료폐기물"이란 보건·의료기관, 동물병원, 시험·검사기관 등에서 배출되는 폐기물 중 인체에 감염 등 위해를 줄 우려가 있는 폐기물과 인체 조직 등 적출물(摘出物), 실험 동물의 사체 등 보건·환경보호상 특별한 관리가 필요하다고 인정되는 폐기물로서 대통령령으로 정하는 폐기물을 말한다.

5의2. "의료폐기물 전용용기"란 의료폐기물로 인한 감염 등의 위해 방지를 위하여 의료폐기물을 넣어 수집·운반 또는 보관에 사용하는 용기를 말한다.

5의3. "처리"란 폐기물의 수집, 운반, 보관, 재활용, 처분을 말한다.

6. "처분"이란 폐기물의 소각(燒却)·중화(中和)·파쇄(破碎)·고형화(固形化) 등의 중간처분과 매립하거나 해역(海域)으로 배출하는 등의 최종처분을 말한다.

7. "재활용"이란 다음 각 목의 어느 하나에 해당하는 활동을 말한다.
   가. 폐기물을 재사용·재생이용하거나 재사용·재생이용할 수 있는 상태로 만드는 활동
   나. 폐기물로부터 「에너지법」에 따른 에너지를 회수하거나 회수할 수 있는 상태로 만들거나 폐기물을 연료로 사용하는 활동으로서 환경부령으로 정하는 활동

8. "폐기물처리시설"이란 폐기물의 중간처분시설, 최종처분시설 및 재활용시설로서 대통령령으로 정하는 시설을 말한다.

9. "폐기물감량화시설"이란 생산 공정에서 발생하는 폐기물의 양을 줄이고, 사업장 내 재활용을 통하여 폐기물 배출을 최소화하는 시설로서 대통령령으로 정하는 시설을 말한다.

2 제3조(적용 범위)

① 이 법은 다음 각 호의 어느 하나에 해당하는 물질에 대하여는 적용하지 아니한다.
  1. 「원자력안전법」에 따른 방사성 물질과 이로 인하여 오염된 물질
  2. 용기에 들어 있지 아니한 기체상태의 물질
  3. 「물환경보전법」에 따른 수질 오염 방지시설에 유입되거나 공공 수역(水域)으로 배출되는 폐수
  4. 「가축분뇨의 관리 및 이용에 관한 법률」에 따른 가축분뇨
  5. 「하수도법」에 따른 하수·분뇨
  6. 「가축전염병예방법」에 따른 가축의 사체, 오염 물건, 수입 금지 물건 및 검역 불합격품
  7. 「수산생물질병 관리법」이 적용되는 수산동물의 사체, 오염된 시설 또는 물건, 수입금지물건 및 검역 불합격품
  8. 「군수품관리법」에 따라 폐기되는 탄약
  9. 「동물보호법」에 따른 동물장묘업의 허가를 받은 자가 설치·운영하는 동물장묘시설에서 처리되는 동물의 사체
② 이 법에 따른 폐기물의 해역 배출은 「해양폐기물 및 해양오염퇴적물 관리법」으로 정하는 바에 따른다.

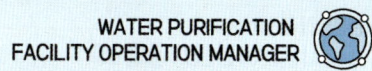

3 시행령 제3조(지정폐기물의 종류) : 지정폐기물은 별표 1과 같다.

시행령 별표 1(지정폐기물의 종류)

1. 특정시설에서 발생되는 폐기물
   가. 폐합성 고분자화합물
      1) 폐합성 수지(고체상태의 것은 제외한다)
      2) 폐합성 고무(고체상태의 것은 제외한다)
   나. 오니류(수분함량이 95퍼센트 미만이거나 고형물함량이 5퍼센트 이상인 것으로 한정한다)
      1) 폐수처리 오니(환경부령으로 정하는 물질을 함유한 것으로 환경부장관이 고시한 시설에서 발생되는 것으로 한정한다)
      2) 공정 오니(환경부령으로 정하는 물질을 함유한 것으로 환경부장관이 고시한 시설에서 발생되는 것으로 한정한다)
   다. 폐농약(농약의 제조·판매업소에서 발생되는 것으로 한정한다)

2. 부식성 폐기물
   가. 폐산(액체상태의 폐기물로서 수소이온 농도지수가 2.0 이하인 것으로 한정한다)
   나. 폐알칼리(액체상태의 폐기물로서 수소이온 농도지수가 12.5 이상인 것으로 한정하며, 수산화칼륨 및 수산화나트륨을 포함한다)

3. 유해물질함유 폐기물(환경부령으로 정하는 물질을 함유한 것으로 한정한다)
   가. 광재(鑛滓)[철광 원석의 사용으로 인한 고로(高爐)슬래그(slag)는 제외한다]
   나. 분진(대기오염 방지시설에서 포집된 것으로 한정하되, 소각시설에서 발생되는 것은 제외한다)
   다. 폐주물사 및 샌드블라스트 폐사(廢砂)
   라. 폐내화물(廢耐火物) 및 재벌구이 전에 유약을 바른 도자기 조각
   마. 소각재
   바. 안정화 또는 고형화·고화 처리물
   사. 폐촉매
   아. 폐흡착제 및 폐흡수제[광물유·동물유 및 식물유{폐식용유(식용을 목적으로 식품 재료와 원료를 제조·조리·가공하는 과정, 식용유를 유통·사용하는 과정 또는 음식물류 폐기물을 재활용하는 과정에서 발생하는 기름을 말한다. 이하 같다)는 제외한다}의 정제에 사용된 폐토사(廢土砂)를 포함한다]

4. 폐유기용제
   가. 할로겐족(환경부령으로 정하는 물질 또는 이를 함유한 물질로 한정한다)
   나. 그 밖의 폐유기용제(가목 외의 유기용제를 말한다)

5. 폐페인트 및 폐래커(다음 각 목의 것을 포함한다)
   가. 페인트 및 래커와 유기용제가 혼합된 것으로서 페인트 및 래커 제조업, 용적 5세제곱미터 이상 또는 동력 3마력 이상의 도장(塗裝)시설, 폐기물을 재활용하는 시설에서 발생되는 것
   나. 페인트 보관용기에 남아 있는 페인트를 제거하기 위하여 유기용제와 혼합된 것
   다. 폐페인트 용기(용기 안에 남아 있는 페인트가 건조되어 있고, 그 잔존량이 용기 바닥에서 6밀리미터를 넘지 아니하는 것은 제외한다)

6. 폐유[기름성분을 5퍼센트 이상 함유한 것을 포함하며, 폴리클로리네이티드비페닐(PCBs)함유 폐기물, 폐식용유와 그 잔재물, 폐흡착제 및 폐흡수제는 제외한다]

7. 폐석면
    가. 건조고형물의 함량을 기준으로 하여 석면이 1퍼센트 이상 함유된 제품·설비(뿜칠로 사용된 것은 포함한다) 등의 해체·제거 시 발생되는 것
    나. 슬레이트 등 고형화된 석면 제품 등의 연마·절단·가공 공정에서 발생된 부스러기 및 연마·절단·가공 시설의 집진기에서 모아진 분진
    다. 석면의 제거작업에 사용된 바닥비닐시트(뿜칠로 사용된 석면의 해체·제거작업에 사용된 경우에는 모든 비닐시트)·방진마스크·작업복 등
8. 폴리클로리네이티드비페닐 함유 폐기물
    가. 액체상태의 것(1리터당 2밀리그램 이상 함유한 것으로 한정한다)
    나. 액체상태 외의 것(용출액 1리터당 0.003밀리그램 이상 함유한 것으로 한정한다)
9. 폐유독물질[「화학물질관리법」 제2조제2호·제2호의2·제2호의3 및 같은 조 제3호부터 제6호까지에 따른 인체급성유해성물질, 인체만성유해성물질, 생태유해성물질, 허가물질, 제한물질, 금지물질 및 사고대비물질을 폐기하는 경우로 한정하되, 제1호다목의 폐농약(농약의 제조·판매업소에서 발생되는 것으로 한정한다), 제2호의 부식성 폐기물, 제4호의 폐유기용제, 제8호의 폴리클로리네이티드비페닐 함유 폐기물 및 제11호의 수은폐기물은 제외한다]
10. 의료폐기물(환경부령으로 정하는 의료기관이나 시험·검사 기관 등에서 발생되는 것으로 한정한다)
10의2. 천연방사성제품폐기물[「생활주변방사선 안전관리법」 제2조제4호에 따른 가공제품 중 같은 법 제15조제1항에 따른 안전기준에 적합하지 않은 제품으로서 방사능 농도가 그램당 10베크렐 미만인 폐기물을 말한다. 이 경우 가공제품으로부터 천연방사성핵종(天然放射性核種)을 포함하지 않은 부분을 분리할 수 있는 때에는 그 부분을 제외한다]
11. 수은폐기물
    가. 수은함유폐기물[수은과 그 화합물을 함유한 폐램프(폐형광등은 제외한다), 폐계측기기(온도계, 혈압계, 체온계 등), 폐전지 및 그 밖의 환경부장관이 고시하는 폐제품을 말한다]
    나. 수은구성폐기물(수은함유폐기물로부터 분리한 수은 및 그 화합물로 한정한다)
    다. 수은함유폐기물 처리잔재물(수은함유폐기물을 처리하는 과정에서 발생되는 것과 폐형광등을 재활용하는 과정에서 발생되는 것을 포함하되, 「환경분야 시험·검사 등에 관한 법률」에 따라 환경부장관이 고시한 폐기물 분야에 대한 환경오염공정시험기준에 따른 용출시험 결과 용출액 1리터당 0.005밀리그램 이상의 수은 및 그 화합물이 함유된 것으로 한정한다)
12. 그 밖에 주변환경을 오염시킬 수 있는 유해한 물질로서 환경부장관이 정하여 고시하는 물질

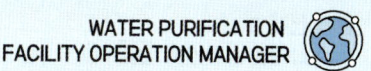

4 지하수의 수질보전 등에 관한 규칙

1 별표 4(지하수의 수질기준)

1) 지하수를 음용수로 이용하는 경우 : 「먹는물관리법」에 따른 먹는물의 수질기준(소독제 및 소독제 부산물질에 관한 기준은 제외한다)

2) 지하수를 생활용수, 농·어업용수, 공업용수로 이용하는 경우

(단위: mg/L)

항목	이용목적별	생활용수	농·어업용수	공업용수
일반 오염 물질 (4개)	수소이온농도(pH)	5.8~8.5	6.0~8.5	5.0~9.0
	총대장균군	5,000 이하 (군수/100mL)	–	–
	질산성질소	20 이하	20 이하	40 이하
	염소이온	250 이하	250 이하	500 이하
특정 유해 물질 (16개)	카드뮴	0.01 이하	0.01 이하	0.02 이하
	비소	0.05 이하	0.05 이하	0.1 이하
	시안	0.01 이하	0.01 이하	0.2 이하
	수은	0.001 이하	0.001 이하	0.001 이하
	다이아지논	0.02 이하	0.02 이하	0.02 이하
	파라티온	0.06 이하	0.06 이하	0.06 이하
	페놀	0.005 이하	0.005 이하	0.01 이하
	납	0.1 이하	0.1 이하	0.2 이하
	크롬	0.05 이하	0.05 이하	0.1 이하
	트리클로로에틸렌	0.03 이하	0.03 이하	0.06 이하
	테트라클로로에틸렌	0.01 이하	0.01 이하	0.02 이하
	1.1.1-트리클로로에탄	0.15 이하	0.3 이하	0.5 이하
	벤젠	0.015 이하	–	–
	톨루엔	1 이하	–	–
	에틸벤젠	0.45 이하	–	–
	크실렌	0.75 이하	–	–

비고

1. 다음 각 목의 어느 하나에 해당하는 경우에는 염소이온기준을 적용하지 아니할 수 있다.
   가. 어업용수
   나. 지하수의 이용 목적상 염소이온의 농도가 인체에 해가 되지 아니하는 경우
   다. 해수침입 등으로 인하여 일시적으로 염소이온 농도가 증가한 경우
2. 농·어업용수 및 공업용수가 생활용수의 목적으로도 이용되는 경우에는 생활용수의 수질기준을 적용한다.

5 정수처리기준 등에 관한 규정

1 정수처리기준의 특징

① 정수처리기준은 수질관리측면에서의 최적의 운영을 위한 기준이다.
② 정수처리기준은 병원성 미생물의 농도 대신, 각 처리공정의 수질운영기준 준수여부를 검사한다.

※ 먹는물 수질기준과의 비교 : 수인성 전염병을 일으키는 경우에 먹는물 수질기준에 비해 정수처리기준은 집단발병사고를 미연에 방지하는데 유리하다.
  – 먹는물 수질기준 : 최종 공급되고 있는 수돗물에 적용된다. (사후대책만 가능)
  – 정수처리기준 : 수도꼭지가 아닌, 정수처리가 이루어지는 각 공정에 적용되는 기준이다. (원인조사 및 문제해결조치 가능)

2 제2조(용어의 정의) 이 고시에서 사용하는 용어의 정의는 다음과 같다.

1. "정수처리기준"이라 함은 경제적·기술적으로 농도기준을 정하고 정기적으로 수질검사를 실시하는 것이 어려운 바이러스·지아디아 등 병원미생물이 수돗물 중에 함유되지 않도록 하기 위하여 필요한 정수장의 운영·관리 등에 관한 기준을 말한다.
2. "바이러스"라 함은 수인성 전염을 통해 질병을 야기할 수 있는 분원성 바이러스를 말한다.
3. "지아디아 포낭"이라 함은 수인성 전염을 통해 질병을 야기할 수 있는 지아디아 램블리아(Giardia lamblia) 등 지아디아 속의 포낭을 말한다.
4. "크립토스포리디움 난포낭"이라 함은 수인성 전염을 통해 질병을 야기할 수 있는 크립토스포리디움 파붐(Cryptosporidium parvum) 등 크립토스포리디움 속의 난포낭을 말한다.
5. "여과"라 함은 물 속에 존재하는 입자상의 물질을 제거하기 위하여 정수처리대상인 물을 여재가 형성하는 공극 사이를 통과시키는 정수처리공정을 말한다.
6. "급속여과"라 함은 응집제 등을 투여하고 혼화·응집·침전공정을 통해 원수를 전 처리한 후 모래 등의 여과지를 이용하여 1일 120미터 이상의 속도로 여과하는 정수처리공정을 말한다.
7. "직접여과"라 함은 급속여과의 전처리 과정 중 침전 또는 응집·침전공정을 제외하고 모래 등의 여과지를 이용하여 직접 여과하는 정수처리공정을 말한다.
8. "완속여과"라 함은 모래여과지를 이용하여 1일 5미터 내외의 속도로 여과하는 정수처리 공정을 말한다.
9. "막여과"라 함은 분리막을 여재로 이용하여 여과하는 정수처리공정을 말한다.
10. "기타여과"라 함은 모래 이외의 활성탄 등 다공성 여재를 이용하여 여과하는 정수처리공정을 말한다.
11. "여과수"라 함은 정수시설 중 여과지 또는 이와 동등한 여과공정을 거친 물을 말한다.
12. "소독"이라 함은 화학적 산화제 또는 이와 동등한 효능을 지닌 물질을 사용하여 물에서의 병원미생물을 일정 농도 이하로 불활성화시키는 처리공정을 말한다.
13. "자외선소독"이라 함은 자외선을 사용하여 물에서의 병원미생물을 일정농도 이하로 불활성화시키는 처리공정을 말한다.

14. "자외선"이라 함은 파장범위가 100nm에서 400nm인 빛을 말하며, "자외선 소독"의 파장범위는 180nm에서 300nm을 말한다.
15. "자외선램프"라 함은 자외선을 방출시키는 램프로, 자외선 소독시설에 사용되는 자외선램프는 수도용 자외선 램프로 제작된 저압 자외선램프, 저압고출력 자외선램프, 중압 자외선램프를 말한다.
16. "램프슬리브"라 함은 자외선램프를 보호하기 위해 램프를 둘러싸고 있는 석영튜브를 말한다.
17. "자외선 강도"라 함은 자외선이 전파되는 방향의 수직의 단위면적당 통과하는 자외선의 출력(단위는 mW/cm^2)을 말한다.
18. "자외선 투과도"라 함은 자외선이 매질을 1cm 통과할 때의 분율(%)을 말한다.
19. "자외선조사량"이라 함은 자외선의 강도와 조사시간의 곱(단위는 mJ/cm^2)을 말하며, 대상 병원성 미생물 불활성화를 위한 적정 자외선 조사량은 별표4에 제시한 바와 같다.
20. "동등제거조사량(RED)"이라 함은 특정 미생물의 자외선에 대한 불활성화율을 구하기 위한 조사량을 말하며, 이는 평행조사시험(collimated beam testing)을 수행하여 얻어진 조사량과 불활성화율 기준곡선으로 결정되는 조사량을 말한다.
21. "불활성화비"라 함은 병원미생물이 소독에 의하여 사멸되는 비율을 나타내는 값으로서 정수시설의 일정지점에서 소독제 농도 및 소독제와 물과의 접촉시간 등을 측정·평가하여 계산된 소독능값(CT)과 대상미생물을 불활성화하기 위해 이론적으로 요구되는 소독능값과의 비를 말한다.

[별표 1] 여과시설 종류별 탁도기준(제5조제2항 관련)

탁도 기준	적용대상 시설
- 시료채취지점 : 여과지와 정수지 사이에 모든 여과지의 유출수가 혼합된 지점 - 시료채취주기 : 4시간 간격으로 1일 6회 이상 - 기준 : 매월 측정된 시료수의 95% 이상이 0.3NTU를 초과하지 아니하고, 각각의 시료에 대한 측정값이 1.0NTU를 초과하지 아니할 것 - 다만, 감시는 연속측정장치를 사용하여 매 15분 간격으로 개별여과지에 대하여 실시하되 측정값이 1.0NTU를 초과하지 아니할 것	급속·직접·막여과 시설
- 시료채취지점 : 여과지와 정수지 사이에 모든 여과지의 유출수가 혼합된 지점 - 시료채취주기 : 4시간 간격으로 1일 6회 이상 - 기준 : 매월 측정된 시료수의 95% 이상이 0.5NTU를 초과하지 아니하고, 각각의 시료에 대한 측정값이 1.0NTU를 초과하지 아니할 것 - 다만, 감시는 연속측정장치를 사용하여 매 15분 간격으로 개별여과지에 대하여 실시하되 측정값이 1.0NTU를 초과하지 아니할 것	완속여과 시설

6 하천법

1 제2조(정의) 이 법에서 사용하는 용어의 정의는 다음과 같다.

1. "하천"이라 함은 지표면에 내린 빗물 등이 모여 흐르는 물길로서 공공의 이해와 밀접한 관계가 있어 제7조제2항 및 제3항에 따라 국가하천 또는 지방하천으로 지정된 것을 말하며, 하천구역과 하천시설을 포함한다.
2. "하천구역"이라 함은 제10조제1항에 따라 결정된 토지의 구역을 말한다.
3. "하천시설"이라 함은 하천의 기능을 보전하고 효용을 증진하며 홍수피해를 줄이기 위하여 설치하는 다음 각 목의 시설을 말한다. 다만, 하천관리청이 아닌 자가 설치한 시설에 관하여는 하천관리청이 해당 시설을 하천시설로 관리하기 위하여 그 시설을 설치한 자의 동의를 얻은 것에 한정한다.
   가. 제방 · 호안(護岸) · 수제(水制) 등 물길의 안정을 위한 시설
   나. 댐 · 하구둑(「방조제관리법」에 따라 설치한 방조제를 포함한다) · 홍수조절지 · 저류지 · 지하하천 · 방수로 · 배수펌프장(「농어촌정비법」에 따른 농업생산기반시설인 배수장과 「하수도법」에 따른 하수를 배제(排除)하기 위하여 설치한 펌프장은 제외한다) · 수문(水門) 등 하천수위의 조절을 위한 시설
   다. 운하 · 안벽(岸壁) · 물양장(物揚場) · 선착장 · 갑문 등 선박의 운항과 관련된 시설
   라. 그 밖에 대통령령으로 정하는 시설
4. "하천관리청"이라 함은 하천에 관한 계획의 수립과 하천의 지정 · 사용 및 보전 등을 하는 환경부장관, 특별시장 · 광역시장 · 특별자치시장 · 도지사 · 특별자치도지사(이하 "시 · 도지사"라 한다)를 말한다.
5. "하천공사"라 함은 하천의 기능을 높이거나 자연성을 보전 · 회복하기 위하여 하천의 신설 · 증설 · 개량 · 보수 및 복원 등을 하는 공사를 말한다.
6. "유지 · 보수"라 함은 하천의 기능이 정상적으로 유지될 수 있도록 실시하는 점검 · 정비 등의 활동을 말한다.
7. "하천수"라 함은 하천의 지표면에 흐르거나 하천 바닥에 스며들어 흐르는 물 또는 하천에 저장되어 있는 물을 말한다.

2 제7조(하천의 구분 및 지정)

① 하천은 국가하천과 지방하천으로 구분한다.
② 국가하천은 국토보전상 또는 국민경제상 중요한 하천으로서 다음 각 호의 어느 하나에 해당하여 환경부장관이 그 명칭과 구간을 지정하는 하천을 말한다.
   1. 유역면적 합계가 200제곱킬로미터 이상인 하천
   2. 다목적댐의 하류 및 댐 저수지로 인한 배수영향이 미치는 상류의 하천
   3. 유역면적 합계가 50제곱킬로미터 이상이면서 200제곱킬로미터 미만인 하천으로서 다음 각 목의 어느 하나에 해당하는 하천
      가. 인구 20만명 이상의 도시를 관류(貫流)하거나 범람구역 안의 인구가 1만명 이상인 지역을 지나는 하천
      나. 다목적댐, 하구둑 등 저수량 500만세제곱미터 이상의 저류지를 갖추고 국가적 물 이용이 이루어지는 하천

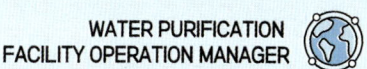

　　다. 상수원보호구역, 국립공원, 유네스코생물권보전지역, 문화재보호구역, 생태·습지보호지역을 관류하는 하천
　4. 범람으로 인한 피해, 하천시설 또는 하천공작물의 안전도 등을 고려하여 대통령령으로 정하는 하천

③ 지방하천은 지방의 공공이해와 밀접한 관계가 있는 하천으로서 시·도지사가 그 명칭과 구간을 지정하는 하천을 말한다.

④ 환경부장관은 제2항에 따라 국가하천을 지정하려는 경우에는 관계 중앙행정기관의 장과 협의한 후 「수자원의 조사·계획 및 관리에 관한 법률」 제29조에 따른 국가수자원관리위원회(이하 "국가수자원관리위원회"라 한다)의 심의를, 시·도지사가 제3항에 따라 지방하천을 지정하려는 경우에는 같은 법 제32조에 따른 지역수자원관리위원회(이하 "지역수자원관리위원회"라 한다)의 심의를 거쳐야 한다. 지정을 변경하거나 해제하는 경우에도 또한 같다.

⑤ 환경부장관이 지방하천을 국가하천으로 지정한 때에는 지방하천의 지정은 그 효력을 잃는다.

⑥ 환경부장관 또는 시·도지사가 제2항 또는 제3항에 따라 국가하천 또는 지방하천으로 지정하거나 지정을 변경 또는 해제하는 경우에는 환경부령으로 정하는 바에 따라 이를 고시하고, 관계 서류를 관계 시장·군수 또는 구청장(자치구의 구청장을 말한다. 이하 같다)에게 보내야 하며, 시장·군수 또는 구청장은 관계 서류를 일반인이 볼 수 있도록 하여야 한다.

⑦ 둘 이상의 하천이 합류되거나 분기되는 지점에서의 하천 구간의 경계는 하천관리청이 정하되, 하천관리청이 서로 다른 경우에는 관계 하천관리청이 협의하여 정한다.

⑧ 시·도지사는 지방하천이 제2항 각 호의 어느 하나에 해당한다고 판단하는 경우에는 지역수자원관리위원회의 심의를 거쳐 환경부장관에게 국가하천으로 지정하여 줄 것을 요청할 수 있다.

③ 시행령 제48조(댐 저수의 방류)

댐 등의 설치자 또는 관리자가 댐의 저수를 방류하려는 때에는 다음 각 호의 사항에 대하여 환경부장관의 승인을 받아야 한다.
1. 방류량
2. 방류 시작 시각
3. 방류기간

④ 시행령 제60조(하천수 사용자의 범위)

"대통령령으로 정하는 하천수 사용자"란 다음 각 호의 자를 말한다.
1. 1일 1천 세제곱미터 이상의 공업용수를 취수하는 자
2. 1일 5천 세제곱미터 이상의 생활용수를 취수하는 자
3. 1일 8천 세제곱미터 이상의 농업용수를 취수하는 자

7 환경분야 시험·검사 업무처리규정

1 제2조(정의)

1. "시험·검사기관"이라 함은 실험실을 갖추고 직접 환경시료를 채취·시험하거나 의뢰받은 환경시료를 시험하는 기관 또는 부서를 말한다.
2. "법정기관"이라 함은 시험·검사기관 중 개별법에 따라 규정된 시험·검사기관을 말한다.
3. "시료"라 함은 배출가스, 방류수, 먹는물, 토양, 폐기물 등에 대한 환경오염 여부를 시험·검사하기 위하여 그 대표성, 균질성 등을 확보하여 채취한 것을 말한다.
4. "원 자료(raw data)"라 함은 시험·검사 장비에서 출력된 가공되지 아니한 표준용액, 바탕용액, 환경시료 등에 대한 측정결과의 기록물을 말한다.
5. "시험기록부"라 함은 기초자료, 원 자료 등을 바탕으로 한 시험·검사 결과의 산출과정과 방법에 대한 기록물을 말한다.
6. "품질문서"라 함은 시험·검사기관이 시험·검사 결과의 신뢰도를 확보하기 위하여 법규에 따라 국립환경과학원장이 정하여 고시한 정도관리를 위한 시험·검사 업무에 대한 방침, 목표 및 업무절차 등의 세부사항을 체계적으로 문서화 한 것을 말한다.
7. "실험실정보관리시스템"이라 함은 시험·검사결과의 산출과정에서 생성되는 데이터를 전자적인 형태로 기록·저장하고 데이터 송·수신, 분석 등의 관리를 수행하는 정보관리시스템을 말한다.

2 제4조(시험·검사기록)

① 시험·검사기관은 법규에 따른 분야별 환경오염공정시험기준에 따라 정확하고 엄정하게 시험·검사업무를 수행하고, 그 결과의 투명성을 확보하기 위하여 시료의 채취·의뢰, 시험·검사 등과 관련된 다음 각 호의 기록물을 작성하여 3년간 보존하여야 한다.
1. 시료채취기록부
2. 시험기록부
3. 시험성적서
4. 시료접수 및 성적서 발송대장
5. 인력관리대장
6. 장비관리대장

8 상수원관리규칙

1 제2조(정의)

이 규칙에서 사용하는 용어의 뜻은 다음과 같다.

1. "유하거리(流下距離)"란 하천, 호소(湖沼)나 이에 준하는 수역의 중심선을 따라 물이 흘러가는 방향으로 잰 거리를 말한다.
2. "집수구역(集水區域)"이란 빗물이 상수원으로 흘러드는 지역으로서 주변의 능선을 잇는 선으로 둘러싸인 구역을 말한다.
3. "오염부하량(汚染負荷量)"이란 하루 동안 발생하는 오염물질의 양을 무게로 환산(換算)한 것을 말한다.
4. "원거주민(原居住民)"이란 상수원보호구역(이하 "보호구역"이라 한다)에 거주하고 있는 주민으로서 다음 각 목의 어느 하나에 해당하는 사람을 말한다.
   - 가. 보호구역지정 전부터 그 구역에 계속 거주한 사람
   - 나. 보호구역지정 당시 그 구역에 거주하고 있던 사람으로서 생업이나 그 밖의 사유로 3년 이내의 기간 동안 그 구역 밖에 거주한 사람
   - 다. 보호구역지정 당시 그 구역에 거주하고 있던 사람으로서 생업이나 그 밖의 사유로 3년 이상 그 구역 밖에 거주하던 중 상속으로 그 구역에 거주하고 있던 사람의 가업을 승계한 사람 1명
   - 라. 보호구역지정 당시 그 구역에 거주하고 있던 사람으로서 생업이나 그 밖의 사유로 3년 이상 그 구역 밖에 거주하던 중 증여로 그 구역에 거주하고 있던 사람의 가업을 승계한 사람 1명. 이 경우 증여자가 사망한 시점 이후로 한정한다.

2 제3조(수원의 구분)

상수원으로 이용되는 물은 그 흐름의 특성과 존재형태 등을 기준으로 다음과 같이 구분한다.

1. 하천수 : 하천이나 계곡에 흐르는 물로서 댐이나 제방 등에 의하여 흐름의 장애를 받지 아니하는 물[수중에 설치한 보(洑)에 의하여 흐름의 일부가 장애를 받는 물은 포함한다]
2. 복류수(伏流水) : 하천, 호소나 이에 준하는 수역의 바닥면 아래나 옆면의 모래자갈층 등의 속을 흐르는 물
3. 호소수 : 하천이나 계곡에 흐르는 물을 댐이나 제방 등을 쌓아 가두어 놓은 물로서 만수위구역(滿水位區域)의 물(자연적으로 형성된 호소의 물은 포함한다)
4. 지하수 : 지표 아래에서 흐르는 물로서 복류수와 강변여과수를 제외한 물을 말하며 다음과 같이 구분한다.
   - 가. 표층지하수 : 지하의 암반층 위의 토양 속을 흐르는 물
   - 나. 심층지하수 : 지하의 암반층 아래에서 흐르는 물(지하의 암반층 아래에서 자연적으로 지표에 솟아 나오는 물은 포함한다)
5. 해수(海水) : 해역에 존재하는 해수와 해수가 침투하여 지하에 존재하는 물
6. 강변여과수 : 하천, 호소 또는 그 인근지역의 모래자갈층을 통과한 물

❸ 상수원관리규칙에 따른 하천수, 복류수, 강변여과수의 측정항목

1) 매월 1회 이상 측정

수소이온농도, 생물화학적산소요구량, 총유기탄소, 총인, 부유물질량, 용존산소량, 대장균군(총대장균군, 분원성대장균군)

2) 분기마다 1회 이상 측정

카드뮴, 비소, 시안, 수은, 납, 크로뮴(chromium), 음이온 계면활성제, 유기인, 폴리클로리네이티드비페닐(PCB), 플루오린(불소), 셀레늄, 암모니아성 질소, 질산성 질소, 카바릴, 1,1,1-트리클로로에테인, 테트라클로로에틸렌, 트리클로로에틸렌, 페놀, 사염화탄소, 1,2-디클로로에테인, 디클로로메테인, 벤젠, 클로로포름, 디에틸헥실프탈레이트(DEHP), 안티몬, 1,4-다이옥세인, 폼알데하이드, 헥사클로로벤젠, 철, 망가니즈(망간)

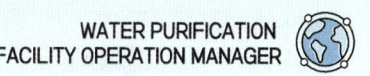

기출문제로 다지기 — CHAPTER 06 정수 및 수질관련법규

01. 다음은 수도법 시행규칙 제23조(급수관의 상태검사 및 조치 등)에 관한 설명이다. ( ) 안에 알맞은 것은?

> 수도법 시행령 제51조에 해당하는 건축물 또는 시설의 소유자 등은 그 건축물 또는 시설의 준공검사(급수관의 갱생, 교체 등의 조치를 한 경우를 포함한다) 후 (㉠)년이 지난 날부터 (㉡)년 주기로 급수관의 상태에 대하여 일반검사를 하여야 한다.

① ㉠ : 5, ㉡ : 1
② ㉠ : 5, ㉡ : 2
③ ㉠ : 7, ㉡ : 1
④ ㉠ : 7, ㉡ : 2

02. 수도법 시행규칙에 관한 내용으로 옳지 않은 것은?

① 일반수도사업자가 준수해야 할 정수처리기준 : 취수지점부터 정수장의 정수지 유출지점까지의 구간에서 바이러스를 1만분의 9천999 이상 제거하거나 불활성화할 것
② 수도법 제7조의2제3항에 따른 공장을 설립한 자의 준수사항 : 폐수배출시설에서 배출되는 오수·폐수 등을 1주일 이상 담아둘 수 있는 완충저류시설을 설치할 것
③ 대형건축물 등의 소유자 또는 관리자는 반기 1회 이상 저수조를 청소하여야 하고, 월 1회 이상 저수조의 위생상태를 점검하여야 할 것
④ 정수장에 대한 기술진단 : 취수지점부터 정수장까지의 취수시설·도수시설 및 정수시설과 그에 속하는 시설물을 대상으로 하는 기술진단

[해설] 수도법 제7조의2제3항에 따른 공장을 설립한 자의 준수사항 : 폐수배출시설에서 배출되는 오수·폐수 등을 2일 이상 담아둘 수 있는 완충저류시설을 설치할 것

03. 수도법에서 정의한 일반수도에 포함되지 않는 것은?

① 광역상수도
② 지방상수도
③ 마을상수도
④ 전용상수도

[해설] "일반수도"란 광역상수도·지방상수도 및 마을상수도를 말한다.

04. 물환경보전을 위한 법령상 조류경보의 발령 및 해제를 위해 측정해야 하는 수질항목은?

① 클로로필-a 농도, 남조류 세포수
② 클로로필-a 농도, 남조류 독소량
③ 총인 농도, 조류 독소량
④ 총인 농도, 조류 세포수

05. 지하수의 수질보전 등에 관한 규칙상 지하수의 수질기준 항목에 관한 설명으로 옳은 것은? (단, 지하수를 음용수로 이용하는 경우는 제외한다.)

① 일반오염물질, 특정유해물질, 중금속의 3종류로 분류되어 있다.
② 질산성질소의 수질기준은 생활용수, 농·어업용수, 공업용수 모두 동일하다.
③ 일반오염물질 항목에는 탁도가 포함된다.
④ 지하수를 생활용수로 이용하는 경우에만 총대장균군 기준을 적용한다.

 01. ② 02. ② 03. ④ 04. ① 05. ④

해설 ④항만 올바르다.

오답해설
① 일반오염물질, 특정유해물질의 2종류로 분류되어 있다.
② 질산성질소의 수질기준은 생활용수, 농·어업용수가 20 이하로 같고, 공업용수만 40 이하이다.
③ 일반오염물질 항목에는 탁도가 포함되지 않는다.
  (일반오염물질 항목 : pH, 총대장균군, 질산성질소, 염소이온)

06. 수도법령상 일반수도사업자가 수돗물의 수질기준 위반내용 등을 주민에게 공지하여야 하는 내용 중 탁도관련 기준으로 옳은 것을 모두 고른 것은? (단, 일반수도사업자가 즉시 주민공지가 필요하다고 판단하는 경우는 고려하지 않는다.)

> ㄱ. 0.5NTU를 초과하여 24시간 이상 지속되는 경우
> ㄴ. 1NTU를 초과하여 24시간 이상 지속되는 경우
> ㄷ. 3NTU를 초과하는 경우
> ㄹ. 5NTU를 초과하는 경우

① ㄱ, ㄷ ② ㄱ, ㄹ
③ ㄴ, ㄷ ④ ㄴ, ㄹ

07. 수도법령상 다음에서 설명하고 있는 수도는?

> 지방자치단체가 대통령령으로 정하는 수도시설에 따라 100명 이상 2천 500명 이내의 급수인구에게 정수를 공급하는 일반수도로서 1일 공급량이 20세제곱미터 이상 500세제곱미터 미만인 수도 또는 이와 비슷한 규모의 수도로서 특별시장·광역시장·특별자치시장·특별자치도지사·시장·군수(광역시의 군수는 제외한다)가 지정하는 수도

① 광역상수도 ② 중수도
③ 공업용수도 ④ 마을상수도

08. 물환경보전법에서는 오염원을 점오염원, 비점오염원 및 기타 수질오염원으로 구분하고 있다. 법에서 정의한 점오염원으로 옳지 않은 것은?

① 폐수배출시설 ② 도로
③ 하수발생시설 ④ 축사

해설
• 점오염원(點汚染源)이란 폐수배출시설, 하수발생시설, 축사 등으로서 관로·수로 등을 통하여 일정한 지점으로 수질오염물질을 배출하는 배출원을 말한다.
• 비점오염원(非點汚染源)이란 도시, 도로, 농지, 산지, 공사장 등으로서 불특정 장소에서 불특정하게 수질오염물질을 배출하는 배출원을 말한다.

09. 하천법에 정의된 하천의 지표면에 흐르거나 하천 바닥에 스며들어 흐르는 물 또는 하천에 저장되어 있는 물은?

① 호소수 ② 하천수
③ 지하수 ④ 지표수

10. 광역상수도 및 지방상수도에서 원수에 대하여 매월 1회 이상 측정해야 하는 수질검사 항목 중에서 양 전극간의 기전력 차이를 이용하는 원리를 사용하는 것은?

① 수소이온농도 ② 생물화학적 산소요구량
③ 부유물질량 ④ 용존산소량

정답 06. ④ 07. ④ 08. ② 09. ② 10. ①

11. 수질 및 수생태계 보전에 관한 법령상 조류대발생 경보 발령 시 취수장·정수장 관리자의 조치사항이 아닌 것은?

① 정수처리 강화(활성탄 처리, 오존 처리)
② 조류증식 수심 이하로 취수구 이동
③ 취수구와 조류 우심지역에 대한 방어막 설치
④ 정수의 독소분석 실시

해설 [조류대발생 경보 발령 시 취수장·정수장 관리자의 조치사항]
1) 조류증식 수심 이하로 취수구 이동
2) 정수 처리 강화(활성탄 처리, 오존 처리)
3) 정수의 독소분석 실시

12. 수도법령상 일반수도사업자가 수돗물의 수질기준 위반내용 등을 주민에게 공지하여야 하는 경우는? (단, '그 밖에 일반수도사업자가 즉시 주민공지가 필요하다고 판단하는 경우'는 고려하지 않는다.)

① 정수지 유출부에서 일반세균이 검출되는 경우
② 탁도가 1 NTU를 초과하여 12시간 이상 지속되는 경우
③ 잔류염소농도가 정수지 유출부에서 0.15mg/L 미만으로 1시간 이상 지속되는 경우
④ 소독에 따라 요구되는 불활성화비 값이 1 미만인 경우로서 48시간 이상

해설 ④항만 올바르다.
오답해설
① 정수지 유출부에서 분원성(糞原性)대장균군이 검출되는 경우
② 탁도가 1 NTU(Nephelometric Turbidity Unit)를 초과하여 24시간 이상 지속되는 경우
③ 잔류염소농도가 정수지 유출부에서 0.1mg/L(결합잔류염소의 경우에는 0.4mg/L) 미만으로 1시간 이상 지속되는 경우

13. 다음은 수도법 시행령 제11조의 내용이다. (   ) 안에 들어갈 알맞은 용어는?

( )은 법 제7조제1항에 따라 상수원보호구역을 지정하거나 변경하려는 경우에는 취수원의 특성 및 지형 여건과 수질오염 상황 등을 고려하여야 한다.

① 환경부장관　　　② 국토교통부장관
③ 국토관리청장　　④ 지방자치단체장

14. 수도법상 용어의 정의에 관한 설명으로 옳지 않은 것은?

① "상수원"이란 음용·공업용 등으로 제공하기 위하여 취수시설을 설치한 지역의 하천·호소·지하수·해수 등을 말한다.
② "광역 상수원"이란 둘 이상의 지방자치단체에 공급되는 상수원을 말한다.
③ "정수"란 원수를 음용·공업용 등의 용도에 맞게 처리한 물을 말한다.
④ "절수설비"란 물을 적게 사용하도록 대통령령으로 정하는 기준에 맞게 제작된 수도꼭지 및 변기 등의 설비를 말한다.

해설 "절수설비"(節水設備)란 물을 적게 사용하도록 환경부령으로 정하는 구조·규격 등의 기준에 맞게 제작된 수도꼭지 및 변기 등 환경부령으로 정하는 설비를 말한다.

정답　11. ③　12. ④　13. ①　14. ④

15. 다음은 물환경보전법령상 수질오염감시경보의 어느 단계에 해당하는가?

> 생물감시 측정값이 생물감시 경보기준 농도를 30분 이상 지속적으로 초과하고, 전기전도도, 휘발성유기화합물, 페놀, 중금속(구리, 납, 아연, 카드뮴 등) 항목 중 1개 이상의 항목이 측정항목별 경보기준을 3배 이상 초과하는 경우

① 관심   ② 주의
③ 경계   ④ 심각

16. 수도법상 수도정비기본계획에 포함되어 있지 않은 것은?

① 수돗물의 단기수급에 관한 사항
② 상수원의 확보 및 상수원보호구역의 지정·관리
③ 광역상수원 개발에 관한 사항
④ 수도관의 현황 조사 및 개량·교체에 관한 사항

해설 수돗물의 중장기수급에 관한 사항이 포함된다.

17. 수도법상 용어의 정의에 관한 설명으로 옳지 않은 것은?

① 갱생 : 관 내부의 녹과 이물질을 제거한 후 코팅 등의 방법으로 통수기능을 회복하는 것을 말한다.
② 수도시설관리권 : 수도시설을 유지·관리하고 그로부터 생산된 원수 또는 정수를 공급받는 자에게서 요금을 징수하는 권리를 말한다.
③ 물 사용기기 : 급수설비를 통하여 공급받는 물을 이용하는 기기로서 전기세탁기와 식기세척기를 말한다.
④ 해수담수화시설 : 원수를 공급하기 위하여 해수 또는 해수가 침투하여 염분을 포함한 지하수를 취수하여 담수화하는 수도시설을 말한다.

해설 "해수담수화시설"이란 정수를 공급하기 위하여 해수 또는 해수가 침투하여 염분을 포함한 지하수를 취수하여 담수화하는 수도시설을 말한다.

18. 수질 및 수생태계 보전에 관한 법률상 물놀이 등의 행위제한 권고기준(하한선)으로 옳은 것은?

① 어패류 체내 총 수은량 0.3mg/kg 이상
② 어패류 체내 총 수은량 1.5mg/kg 이상
③ 물놀이 용수 중 대장균 150개체수/100mL 이상
④ 물놀이 용수 중 대장균 300개체수/100mL 이상

해설 [별표 5] 물놀이 등의 행위제한 권고기준

대상 행위	항목	기준
수영 등 물놀이	대장균	500(개체수/100mL) 이상
어패류 등 섭취	어패류 체내 총 수은(Hg)	0.3(mg/kg) 이상

비고 조사지점, 측정주기, 분석방법 등 사람의 건강이나 생활에 영향을 미치는 정도를 판단할 수 있는 세부기준은 환경부장관이 정하여 고시한다.

19. 하천법상 하천수 사용량 자료를 기록 및 보관할 때 사용하는 계측기기는?

① 유량계   ② 우량계
③ 증발접시 ④ 토양수분측정기

정답 15. ③ 16. ① 17. ④ 18. ① 19. ①

20. 수도법상 소규모급수시설에 관한 설명이다. ( )에 들어갈 내용을 순서대로 나열한 것은?

> "소규모급수시설"이란 주민이 공동으로 설치·관리하는 급수인구 (㉠)명 미만 또는 1일 공급량 (㉡)세제곱미터 미만인 급수시설 중 특별시장·광역시장·특별자치시장·특별자치도지사·시장·군수(광역시의 군수는 제외한다)가 지정하는 급수시설을 말한다.

① ㉠ : 50,   ㉡ : 20
② ㉠ : 50,   ㉡ : 50
③ ㉠ : 100, ㉡ : 20
④ ㉠ : 100, ㉡ : 50

21. 환경정책기본법령상 하천수 생활환경 기준 중 다음 '등급별 수질 및 수생태계 상태'에 해당하는 것은?

> 여과, 침전, 활성탄 투입, 살균 등 고도의 정수처리 후 생활용수로 이용하거나 일반적 정수처리 후 공업용수로 사용할 수 있음

① 좋음   ② 보통
③ 나쁨   ④ 매우 나쁨

해설 [등급별 수질 및 수생태계 상태]
가. 매우 좋음 : 용존산소(溶存酸素)가 풍부하고 오염물질이 없는 청정상태의 생태계로 여과·살균 등 간단한 정수처리 후 생활용수로 사용할 수 있음.
나. 좋음 : 용존산소가 많은 편이고 오염물질이 거의 없는 청정상태에 근접한 생태계로 여과·침전·살균 등 일반적인 정수처리 후 생활용수로 사용할 수 있음.
다. 약간 좋음 : 약간의 오염물질은 있으나 용존산소가 많은 상태의 다소 좋은 생태계로 여과·침전·살균 등 일반적인 정수처리 후 생활용수 또는 수영용수로 사용할 수 있음.
라. 보통 : 보통의 오염물질로 인하여 용존산소가 소모되는 일반 생태계로 여과, 침전, 활성탄 투입, 살균 등 고도의 정수처리 후 생활용수로 이용하거나 일반적 정수처리 후 공업용수로 사용할 수 있음.
마. 약간 나쁨 : 상당량의 오염물질로 인하여 용존산소가 소모되는 생태계로 농업용수로 사용하거나 여과, 침전, 활성탄 투입, 살균 등 고도의 정수처리 후 공업용수로 사용할 수 있음.
바. 나쁨 : 다량의 오염물질로 인하여 용존산소가 소모되는 생태계로 산책 등 국민의 일상생활에 불쾌감을 주지 않으며, 활성탄 투입, 역삼투압 공법 등 특수한 정수처리 후 공업용수로 사용할 수 있음.
사. 매우 나쁨 : 용존산소가 거의 없는 오염된 물로 물고기가 살기 어려움.

22. 하천법령상 하천수의 사용량을 확인할 수 있는 계측시설을 설치하고 국토교통부령으로 정하는 사항을 기록하여 보관하여야 하는 자에 해당하지 않는 것은?

① 1일 1천 세제곱미터 이상의 공업용수를 취수하는 자
② 1일 5천 세제곱미터 이상의 생활용수를 취수하는 자
③ 1일 8천 세제곱미터 이상의 농업용수를 취수하는 자
④ 1일 1만 세제곱미터 이상의 조경용수를 취수하는 자

23. 물환경보전법상 호소에 관한 정의로 옳지 않은 것은?

① 댐·보를 쌓아 하천 또는 계곡에 흐르는 물을 가두어 놓은 곳
② 하천에 흐르는 물이 자연적으로 가두어진 곳
③ 화산활동 등으로 인하여 함몰된 지역에 물이 가두어진 곳
④ 상류에서 내려오는 토석류를 차단하는 사방댐에 물이 가두어진 곳

해설 "호소"란 다음 각 목의 어느 하나에 해당하는 지역으로서 만수위(滿水位)[댐의 경우에는 계획홍수위(計劃洪水

정답 20. ③ 21. ② 22. ④ 23. ④

位)를 말한다] 구역 안의 물과 토지를 말한다.
가. 댐·보(洑) 또는 둑(「사방사업법」에 따른 사방시설은 제외한다) 등을 쌓아 하천 또는 계곡에 흐르는 물을 가두어 놓은 곳
나. 하천에 흐르는 물이 자연적으로 가두어진 곳
다. 화산활동 등으로 인하여 함몰된 지역에 물이 가두어진 곳

24. 지하수법에 관한 설명으로 옳지 않은 것은?

① 지하수오염을 효율적으로 예방하기 위하여 지하수개발·이용을 억제하여 국민의 복리증진에 이바지함이 목적이다.
② 지하수는 지하의 지층이나 암석 사이의 빈틈을 채우고 있거나 흐르는 물을 말한다.
③ 국가는 모든 국민이 양질의 지하수를 이용할 수 있도록 지하수에 관한 종합적인 계획을 수립해야 한다.
④ 국민은 지하수 보전과 오염 방지를 위하여 노력하여야 한다.

해설 제1조(목적) : 이 법은 지하수의 적절한 개발·이용과 효율적인 보전·관리에 관한 사항을 정함으로써 적정한 지하수개발·이용을 도모하고 지하수오염을 예방하여 공공의 복리증진과 국민경제의 발전에 이바지함을 목적으로 한다.

25. 하천법령상 "가뭄의 장기화 등으로 하천수 사용 허가수량을 조정하지 아니하면 공공의 이익에 해를 끼칠 우려가 있는 경우"에 용수 배분의 우선 순위로 옳은 것은?

① 공업용수 → 농업용수 → 생활용수
② 생활용수 → 공업용수 → 농업용수
③ 농업용수 → 생활용수 → 공업용수
④ 생활용수 → 농업용수 → 공업용수

26. 물환경보전법령상 비점오염저감시설 중 자연형시설을 모두 고른 것은?

㉠ 저류시설	㉡ 인공습지
㉢ 여과형 시설	㉣ 침투시설
㉤ 식생형 시설	

① ㉠, ㉡
② ㉢, ㉣
③ ㉠, ㉡, ㉣, ㉤
④ ㉠, ㉡, ㉢, ㉣, ㉤

해설
- 자연형 시설 : 저류시설, 인공습지, 침투시설, 식생형 시설
- 장치형 시설 : 여과형 시설, 소용돌이형 시설, 스크린형 시설, 응집·침전 처리형 시설, 생물학적 처리형 시설

27. 물환경보전법령상 수질오염 경보제에 관한 내용으로 옳지 않은 것은?

① 환경부장관 또는 시·도지사는 수질오염으로 하천·호소의 물의 이용에 중대한 피해를 가져올 우려가 있거나 주민의 건강·재산이나 동식물의 생육에 중대한 위해를 가져올 우려가 있다고 인정될 때에는 해당 하천·호소에 대하여 수질오염 경보를 발령할 수 있다.
② 환경부장관은 수질오염 경보에 따른 조치 등에 필요한 사업비를 예산의 범위에서 지원할 수 있다.
③ 수질오염 경보의 종류와 경보종류별 발령대상, 발령주체, 대상 항목, 발령기준, 경보단계, 경보단계별 조치사항 및 해제기준 등에 관하여 필요한 사항은 환경부령으로 정한다.
④ 환경부장관은 조류경보를 예측하기 위하여 조류발생예측시스템을 운영하고, 관계기관에 예측정보를 제공할 수 있다.

정답 24. ① 25. ② 26. ③ 27. ③

해설 수질오염 경보의 종류와 경보종류별 발령대상, 발령주체, 대상 수질오염물질, 발령기준, 경보단계, 경보단계별 조치사항 및 해제기준 등에 관하여 필요한 사항은 대통령령으로 정한다.

28. 수도법령상 상수원보호구역의 상류지역으로서 공장설립의 제한과 관련된 내용이다. ( )에 들어갈 숫자로 순서대로 바르게 나열한 것은?

> 상수원보호구역이 지정·공고된 경우에는 취수시설의 용량이 1일 ( )만 세제곱미터 미만인 경우, 상수원보호구역의 경계구역으로부터 상류로 유하거리 ( ) 킬로미터 이내인 지역에서는 공장설립이 제한된다.

① 10, 10 ② 20, 10
③ 20, 20 ④ 30, 20

해설 [상수원보호구역이 지정·공고된 경우]
가. 취수시설의 용량이 1일 20만세제곱미터 미만인 경우 : 상수원보호구역의 경계구역으로부터 상류로 유하거리(流下距離) 10킬로미터 이내인 지역
나. 취수시설의 용량이 1일 20만세제곱미터 이상인 경우 : 상수원보호구역의 경계구역으로부터 상류로 유하거리 20킬로미터 이내인 지역. 다만, 환경부령으로 정하는 수원을 취수하여 광역상수원으로 공급하는 경우에는 가목에 따른 지역으로 한다.

29. 수도법상 수도정비기본계획에 포함되지 않는 사항은?

① 수돗물의 수질 개선에 관한 사항, 수도시설의 정보화에 관한 사항
② 수도공급구역에 관한 사항, 광역상수원 개발에 관한 사항
③ 수돗물의 중장기수급에 관한 사항, 상수원의 확보 및 상수원보호구역의 지정·관리
④ 수돗물의 수요 전망, 수도 공급 목표 및 기본방향

해설 ④항은 국가수도기본계획에 해당한다.

30. 다음 ( ) 안에 들어갈 용어를 순서대로 나열한 것은?

> 수도법령상 (ㄱ)(이)란 음용·공업용 등으로 제공하기 위하여 (ㄴ)을 설치한 지역의 하천·호소(湖沼)·지하수·해수(海水) 등을 말한다.

① ㄱ: 상수원, ㄴ: 취수시설
② ㄱ: 상수원, ㄴ: 송수시설
③ ㄱ: 정수, ㄴ: 배수시설
④ ㄱ: 정수, ㄴ: 급수시설

31. 수도법령에서 제시한 정수시설운영관리사의 직무범위로 옳은 것은?

① 상수도관망 운영·관리 계획의 수립 및 실행
② 상수도관망의 누수탐사·복구 등 누수 관리
③ 상수도관망시설의 점검·정비
④ 정수시설의 운영과 관리 업무

해설
• "정수시설운영관리사"란 정수시설의 운영과 관리 업무를 수행하는 사람으로서 제24조에 따른 자격을 취득한 사람을 말한다.
• "상수도관망시설운영관리사"란 상수도관망 및 그 부속시설(이하 "상수도관망시설"이라 한다)의 운영과 관리 업무를 수행하는 사람으로서 제25조의2에 따른 자격을 취득한 사람을 말한다.

32. 수도법령상 일반수도사업자가 준수해야 할 정수처리된 물의 탁도 등의 기준에 관한 설명이다. ( )에 들어갈 내용으로 옳은 것은?

> 탁도 : 매월 측정된 시료 수의 (㉠)퍼센트 이상이 (㉡)NTU(완속여과를 하는 정수시설의 경우에는 (㉢)NTU) 이하이고, 각각의 시료에 대한 측정값이 1NTU 이하일 것

① ㉠ : 95, ㉡ : 0.3, ㉢ : 0.5
② ㉠ : 95, ㉡ : 0.5, ㉢ : 0.3
③ ㉠ : 98, ㉡ : 0.3, ㉢ : 0.5
④ ㉠ : 98, ㉡ : 0.5, ㉢ : 0.3

33. 지하수법상 명시된 용어의 정의이다. ( )에 공통으로 들어갈 내용으로 옳은 것은?

> ( )(이)란 ( ) 대상인 시설 또는 토지에 오염물질의 유입을 막고 사람의 보건 및 안전에 위험을 주지 아니하도록 해당 시설을 해체하거나 토지를 적절하게 되메우는 것을 말한다.

① 지하수보전   ② 지하수정화
③ 원상복구   ④ 원상회복

34. 물환경보전법상 수질오염사고 대응에 관한 설명이다. ( )에 들어갈 내용으로 모두 옳은 것은?

> 환경부장관은 공공수역의 수질오염사고에 신속하고 효과적으로 대응하기 위하여 (㉠)를 운영하여야 한다. 이 경우 환경부장관은 대통령령으로 정하는 바에 따라 (㉡)에 (㉠)의 운영을 대행하게 할 수 있다.

① ㉠ : 수질오염방제센터, ㉡ : 시도보건환경연구원
② ㉠ : 수질오염방제센터, ㉡ : 한국환경공단
③ ㉠ : 수질오염신고센터, ㉡ : 시도보건환경연구원
④ ㉠ : 수질오염신고센터, ㉡ : 한국환경공단

35. 하천법상 국토교통부장관이 지정할 수 있는 국가하천에 해당하지 않는 것은?

① 유역면적 합계가 50제곱킬로미터 이상이면서 200제곱킬로미터 미만인 하천으로서 인구 10만명 이상의 도시를 관류(貫流)하거나 범람구역 안의 인구가 1만명 이상인 지역을 지나는 하천
② 다목적댐의 하류 및 댐 저수지로 인한 배수영향이 미치는 상류의 하천
③ 유역면적 합계가 200제곱킬로미터 이상인 하천
④ 유역면적 합계가 50제곱킬로미터 이상이면서 200제곱킬로미터 미만인 하천으로서 다목적댐, 하구둑 등 저수량 500만세제곱미터 이상의 저류지를 갖추고 국가적 물 이용이 이루어지는 하천

> 해설 유역면적 합계가 50제곱킬로미터 이상이면서 200제곱킬로미터 미만인 하천으로서 인구 20만명 이상의 도시를 관류(貫流)하거나 범람구역 안의 인구가 1만명 이상인 지역을 지나는 하천이 국가하천에 해당한다.

36. 하천법상 지방하천의 하천관리청은?

① 국토교통부장관
② 환경부장관
③ 관할 구역의 시·도지사
④ 관할 구역의 시장, 군수, 구청장

정답 32. ① 33. ③ 34. ② 35. ① 36. ③

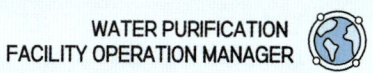

37. 폐기물관리법령상 지정폐기물이 아닌 것은?

① 고체상태의 폐합성 수지
② pH 12.5 이상인 액체상태의 폐알칼리
③ 농약의 제조·판매업소에서 발생되는 폐농약
④ pH 2.0 이하인 액체상태의 폐산

[해설] 폐합성 수지(고체상태의 것은 제외한다)

38. 폐기물 관리법상 적용범위에 해당되는 물질은?

① 하수도법에 따른 하수·분뇨
② 용기에 들어 있는 폐유, 폐산
③ 원자력안전법에 따른 방사성 물질과 이로 인하여 오염된 물질
④ 수질 및 수생태계 보전에 관한 법률에 따른 수질오염 방지시설에 유입되거나 공공 수역으로 배출되는 폐수

[해설] ②항은 폐기물에 해당하여 적용된다. ①, ③, ④항은 예외사항으로 적용하지 아니한다.

39. 폐기물관리법령상 폐기물의 처분 중 최종처분에 해당되는 것은?

① 고형화 ② 중화
③ 매립   ④ 파쇄

40. 폐기물관리법에 관한 설명으로 옳은 것은?

① 폐기물처리시설이란 폐기물의 최종처분시설만을 지칭하며 대통령령으로 정하는 시설을 말한다.
② 처리란 폐기물의 소각, 중화, 파쇄, 고형화 등의 중간처리를 말한다.
③ 폐기물관리법은 원자력안전법에 따른 방사성 물질과 이로 인하여 오염된 물질에 대하여는 적용하지 아니한다.
④ 폐기물처리시설의 설치는 환경부령으로 정하는 규모 미만의 폐기물 소각 시설을 설치·운영할 수 있다.

[해설] ③항만 올바르다.
[오답해설]
① "폐기물처리시설"이란 폐기물의 중간처분시설, 최종처분시설 및 재활용시설로서 대통령령으로 정하는 시설을 말한다.
② "처분"이란 폐기물의 소각(燒却)·중화(中和)·파쇄(破碎)·고형화(固形化) 등의 중간처분과 매립하거나 해역(海域)으로 배출하는 등의 최종처분을 말한다.
④ 폐기물처리시설은 환경부령으로 정하는 기준에 맞게 설치하되, 환경부령으로 정하는 규모 미만의 폐기물 소각 시설을 설치·운영하여서는 아니 된다. (폐기물관리법 제29조)

41. 수도법령상 급속여과를 하는 정수시설의 탁도 기준으로 옳은 것은?

① 매월 측정된 시료 수의 95퍼센트 이상이 0.3 NTU 이하이고, 각각의 시료에 대한 측정값이 1 NTU 이하일 것
② 매월 측정된 시료 수의 95퍼센트 이상이 0.5 NTU 이하이고, 각각의 시료에 대한 측정값이 1 NTU 이하일 것
③ 매주 측정된 시료 수의 95퍼센트 이상이 0.3 NTU 이하이고, 각각의 시료에 대한 측정값이 1 NTU 이하일 것
④ 매주 측정된 시료 수의 95퍼센트 이상이 0.5 NTU 이하이고, 각각의 시료에 대한 측정값이 1 NTU 이하일 것

 37. ① 38. ② 39. ③ 40. ③ 41. ①

42. 수도법령상 정수처리된 물의 탁도 등의 기준과 그 기준에 적합한지를 확인하기 위하여 필요한 검사의 항목, 주기 및 방법으로 옳지 않은 것은?

① 여과지와 정수지 사이에 모든 여과지의 유출수가 혼합된 지점에 시료를 채취하여 검사할 것
② 불활성화비(병원성미생물이 소독에 의하여 사멸되는 비율을 나타내는 값)가 1 이상일 것
③ 검사주기는 4시간 간격으로 1일 6회 검사
④ 매일 측정된 시료 수의 95% 이상이 0.6 NTU 이하이고, 각각의 시료에 대한 측정값이 1 NTU 이하일 것

해설 매월 측정된 시료수의 95% 이상이 0.3 NTU를 초과하지 아니하고, 각각의 시료에 대한 측정값이 1.0 NTU를 초과하지 아니할 것

43. 정수처리기준의 특성으로 옳지 않은 것은?

① 수질관리측면에서 최적의 운영을 위한 기준이다.
② 병원성 미생물의 농도 대신 각 처리공정의 수질운영기준 준수여부를 검사한다.
③ 수도꼭지가 아닌 정수처리가 이루어지는 각 공정에 적용되는 기준이다.
④ 최종 공급되고 있는 수돗물 기준에 적용된다.

해설 정수처리기준은 수도꼭지가 아닌 정수처리가 이루어지는 각 공정에 적용되는 기준이다. 최종 공급되고 있는 수돗물 기준에 적용되는 것은 먹는물 수질기준에 해당한다.

44. 정수처리기준의 목표와 의미에 관한 설명으로 옳지 않은 것은?

① 정수처리기준상 바이러스는 99.99%가 제거될 때, 병원성 미생물로부터 정수의 안정성이 확보된 것으로 간주한다.
② 정수처리기준상 지아디아 포낭은 99.9%가 제거될 때, 병원성 미생물로부터 정수의 안정성이 확보된 것으로 간주한다.
③ 정수처리기준상 크립토스포리디움은 99%가 제거될 때, 병원성 미생물로부터 정수의 안정성이 확보된 것으로 간주한다.
④ 정수처리기준은 정수처리가 이루어지는 각 공정 유출수에 적용하는 기준이 아니라, 수도꼭지에서 나오는 정수에 대하여 적용해야 하는 기준이다.

해설 정수처리기준의 목표 : 정수처리를 통해 바이러스 99.99% 이상, 지아디아 포낭 99.9% 이상, 크립토스포리디움 난포낭 99% 이상을 제거하면 병원성 미생물로부터 안전성이 확보되었다고 본다.

45. 일반수도사업자가 준수해야 할 정수처리기준으로 옳은 것은?

① 취수지점부터 정수장의 정수지 유출지점까지의 구간에서 바이러스를 10,000분의 9,999 이상 제거하거나 불활성화할 것
② 취수지점부터 정수장의 정수지 유출지점까지의 구간에서 지아디아 포낭을 100분의 99 이상 제거하거나 불활성화할 것
③ 취수지점부터 정수장의 정수지 유입지점까지의 구간에서 바이러스를 10,000분의 9,999 이상 제거하거나 불활성화할 것
④ 취수지점부터 정수장의 정수지 유입지점까지의 구간에서 지아디아 포낭을 1,000분의 999 이상 제거하거나 불활성화할 것

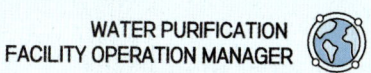

46. 불활성화비 계산방법 및 정수처리 인증 등에 관한 규정에서 제시된 수처리와 관련된 용어의 설명으로 옳지 않은 것은?

① 막여과라 함은 분리막을 여재로 이용하여 여과하는 정수처리공정을 말한다.
② 소독이라 함은 물에서의 병원미생물 처리와는 무관하며 직접여과하는 정수처리공정을 말한다.
③ 급속여과라 함은 1일 120미터 이상의 속도로 여과하는 정수처리공정을 말한다.
④ 완속여과라 함은 모래여과지를 이용하여 1일 5미터 내외의 속도로 여과하는 정수처리 공정을 말한다.

해설 "소독"이라 함은 화학적 산화제 또는 이와 동등한 효능을 지닌 물질을 사용하여 물에서의 병원미생물을 일정 농도 이하로 불활성화시키는 처리공정을 말한다.

47. 정수처리기준과 먹는물 수질기준에 관한 설명으로 옳지 않은 것은?

① 정수처리기준은 광역상수도나 지방상수도 정수장에 적용한다.
② 먹는물 수질기준은 정수처리기준 보다 수인성 미생물에 의한 집단 발병사고를 미연에 방지하는데 효과적이다.
③ 정수처리기준상 탁도는 모든 여과지 유출수가 혼합된 지점에서 측정한다.
④ 정수처리기준상 소독제에 의한 병원성 미생물의 불활성화비를 측정하기 위한 시료는 정수지 유출부에서 채취한다.

해설 먹는물 수질기준보다 정수처리기준이 수인성 미생물에 의한 집단 발병사고를 미연에 방지하는데 효과적이다.

48. 수도법령상 일반수도사업자가 준수해야 할 정수처리기준 중 불활성화비 계산을 위해 연속측정장치로 측정해야 하는 항목은?

① 수소이온농도   ② 잔류소독제농도
③ 수온   ④ 탁도

49. 정수처리기준의 목표 및 기준에 관한 설명으로 옳지 않은 것은?

① 나노여과(NF)시설은 여과공정 만으로 바이러스 및 지아디아포낭의 최소 제거 및 불활성화 기준을 만족한 것으로 본다.
② 급속여과시설은 여과공정 만으로 크립토스포리디움 난포낭의 2 log 제거율을 만족한 것으로 본다.
③ 모래 이외의 활성탄 등 다공성 여재를 사용하는 여과시설의 제거율은 급속여과 방식의 제거율에 준하여 적용한다.
④ 소독에 의한 불활성화비의 계산에 필요한 CT요구값은 소독제 종류, 잔류소독제 농도, pH, 수온에 의해 결정된다.

해설 모래 이외의 활성탄 등 다공성 여재를 사용하는 여과시설의 제거율은 직접여과 방식의 제거율에 준하여 적용한다.

50. 수도법에서 정의하는 "수도"의 구분에 속하지 않는 것은?

① 일반수도   ② 농업용수도
③ 공업용수도   ④ 전용수도

해설 "수도"란 관로(管路), 그 밖의 공작물을 사용하여 원수나 정수를 공급하는 시설의 전부를 말하며, 일반수도·공업용수도 및 전용수도로 구분한다. 다만, 일시적인 목적으로 설치된 시설과 「농어촌정비법」에 따른 농업생산기반시설은 제외한다.

46. ②   47. ②   48. ②   49. ③   50. ②

알기 쉽게 풀어쓴 **정수시설운영관리사** 1차

알기 쉽게 풀어쓴 정수시설운영관리사 1차

제3과목
설비운영

01 정수설비

02 수질시험 설비

03 기전설비

04 계측제어 설비

05 안전관련법규

01 정수설비
CHAPTER

UNIT 01 공정별 기능·약품주입설비

1 검수설비와 저장설비(1과목에도 수록)

① 응집약품을 납품받고 저장하기 위하여 적절한 검수용 계량장비를 설치한다.
② 약품저장설비는 구조적으로 안전하고 약품의 종류와 성상에 따라 적절한 재질로 한다.
③ 저장설비의 용량은 계획정수량에 각 약품의 평균주입률을 곱하여 산정하고 다음 각 호를 표준으로 한다.
　㉠ 응집제는 30일분 이상으로 한다.
　㉡ 알칼리제는 연속 주입할 경우 30일분 이상, 간헐 주입할 경우에는 10일분 이상으로 한다.
　㉢ 응집보조제는 10일분 이상으로 한다.

2 주입설비

① 주입방식은 사용약품의 종류와 성상에 따라 적정하게 주입할 수 있는 방식을 선정한다.
　㉠ 분말약품은 유동성이 매우 불량하기 때문에 건식으로 안정적으로 주입하는 것을 기대하기 어렵다.
　㉡ 건식주입은 저장조나 주입기 호퍼의 추출부에 가교(bridge)현상을 방지하기 위한 대책이나 급격한 방출 방지를 위한 대책을 마련하는 등 충분히 주의해야 한다.
　㉢ 습식주입의 방식
　　• 오리피스를 이용한 자연유하식의 정량주입설비
　　• 원심력펌프 또는 플런저펌프 등에 의한 펌프주입방식
　　• 이젝터 주입방식
　㉣ 용량제어식 펌프는 주입량을 동시에 제어할 수 있지만, 주입량이 설정치와 일치하는지 확인하기 어렵다.
　㉤ 원심력펌프와 조절밸브·전자유량계를 조합시킨 주입방식은 유량계로 주입량을 계측하고 설정치와의 편차를 조절밸브에 피드백(feed-back)하여 제어하는 방법이다. 일단 고가탱크(약품주입조)에 약품을 채운 다음 자연유하식으로 주입하며, 그 주입량을 유량계와 조절밸브로 제어하는 방식도 있다.
　㉥ 건식주입에는 중량계량으로 주입하는 방식과 용량계량으로 주입하는 방식이 있으나, 이 중 어느 것을 선택하는가는 약품의 성상과 설비규모 및 기능상의 장단점 등을 고려하여 결정해야 한다.

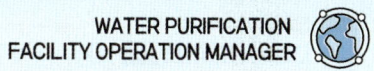

ⓐ 액체약품의 주입펌프에는 STS316 이상, 세라믹 또는 고무나 염화비닐의 라이닝을 한 내식성 펌프를 사용하고, 배관재료도 경질염화비닐관, 내충격성 염화비닐관, 고무라이닝강관, 염화비닐라이닝강관 등 내식성이 강한 재질을 사용해야 하며 필요에 따라 보온조치를 해야 하고 자외선에 견딜 수 있는 조치를 취해야 한다. 또한 신축조인트 등을 적절하게 배치하여 내진성이 있는 설비로 한다.

ⓑ 약품주입설비에 사용되는 밸브류는 스테인리스제, 약품에 접하는 부분에 합성고무, 천연고무 등을 사용한 내식성 다이어프램밸브 등을 사용한다. 알칼리제는 전부 철제를 사용한다.

② 주입장치의 용량은 최소주입량에서 최대주입량까지 안정되게 주입할 수 있고 또한 여유가 있어야 한다.
③ 주입기에는 예비기 또는 예비설비를 함께 설치한다.

[약품주입방식]

구분	약품의 종류	주입방식	적요
응집제	액체황산알루미늄 PACl 고형황산알루미늄	습식	산화알루미늄 농도 6~8% 사용
산제	황산 이산화탄소	습식	황산농도 98%를 80~100배로 희석한 것을 사용한다. 액화가스를 기화기를 사용하여 주입한다.
알칼리제	수산화나트륨	습식	일반적으로 20~25%로 희석하여 사용한다.
	소석회	건식 또는 습식	소석회는 건식주입기를 사용하거나 일정 농도의 석회유로 하여 용량계량펌프로 주입한다.
	소다회	건식 또는 습식	소다회는 세립상의 것을 건식으로 주입할 때와 배치식으로 일정 농도의 수용액으로 하여 주입하는 경우가 있다.
응집보조제	활성 규산 알긴산나트륨	습식	규산소다용액(SiO_2 1.5%)을 활성화한 후 SiO_2 0.5% 정도의 용액으로 희석 사용한다.

[정수용 약품의 내식성 재료]

약품명	금속계	수지계	고무계
황산알루미늄	STS315, SCS14	FRP, 염화비닐, 폴리에틸렌, 테프론	천연고무, 합성고무
폴리염화알루미늄	하스테로이C 탄탈륨	위와 같음	위와 같음
황산	-	위와 같음	위와 같음
이산화탄소	STS304, 316	위와 같음	위와 같음
수산화소듐 (수산화나트륨)	STS304, 316 SCS13, 14	위와 같음	위와 같음
소다회	SS	위와 같음	위와 같음
소석회	SS	위와 같음	위와 같음
알긴산나트륨	SS	위와 같음	위와 같음
규산나트륨	SS	위와 같음, 유리섬유, 에폭시	

주) SCS : 스테인리스주강품, STS : 스테인리스강, SS : 일반구조용 압연강재

UNIT 02 혼화 · 응집설비

1 급속혼화시설(혼화지 포함)

① 급속혼화는 수류식이나 기계식 및 펌프확산에 의한 방법으로 달성할 수 있다.
② 기계식 급속혼화시설을 채택하는 경우에는 혼화지에 응집제를 주입한 다음 즉시 급속교반시킬 수 있는 혼화장치를 설치한다.
③ 혼화지는 수류 전체가 동시에 회전하거나 단락류를 발생하지 않는 구조로 한다.
④ 급속혼화시간은 충분한 교반하에서 계획정수량에 대하여 1분 이내라도 충분하다.
⑤ 정수장의 경우 정상적인 조건에 알럼(Alum)과 물의 비는 1:50,000 정도이다.

1) 가압수확산에 의한 혼화(diffusion mixing by pressurized water jet)

가압펌프와 노즐을 이용하여 응집제를 혼화시키는 방식으로 많은 장점이 있으므로 여러 종류의 급속혼화방식 중에서도 가장 우선적으로 선택된다. 즉, 혼화기에 의한 추가적인 손실수두가 없고 혼화효과가 좋으며, 혼화강도를 조절할 수 있고 소비전력이 기계식 혼화의 절반 이하이다.

> **가압수확산에 의한 혼화방식의 단점**
> - 응집제와 가압수에 있는 부유물로 노즐이 폐색(막힘)될 우려가 있다.
> - 직경 2,500mm 이상의 대형관이나 넓은 수로에서는 사용하기 어렵다.

> **문제 발생 시 대책**
> - 대용량의 시설에서 사용할 경우에는 여러 개의 주입노즐을 구비하거나 또는 분사노즐을 구비한 파이프격자식 확산방식을 사용해야 한다.
> - 금속염 수산화물의 스케일로 주입노즐이 폐색되는 현상을 방지하기 위해서는 주입하기 전에 금속염 응집제를 지나치게 희석시키지 않도록 하는 것이 매우 중요하다.
> - 일반적으로 알루미늄 용액은 1% 이하로 너무 묽게 하지 않아야 한다(염화철인 경우 5%). 희석수의 경도가 낮거나 또 희석률을 높여도 pH가 플록형성영역으로 변하지 않는다면 희석방법을 조정해야 한다.
> - 금속염 응집제는 별도의 알럼 주입관으로 희석되지 않은 용액상태로 노즐에서 가압수에 주입하는 것이 가장 좋다.

2) 인라인 고정식 혼화(in-line static mixing)

스크류형으로 된 혼화기(mixer)에 응집제와 유입수를 투입하면 와류가 형성되며 혼화기에서 혼합되어 다음 조로 이동하는 방식이다. 고정식 혼화기로도 알려져 있다. 최근에는 몇 종류의 인라인고정식 혼화기가 사용되고 있으며, 이 방법을 적정하게 선정하여 적절하게 이용하면, 응집공정에서 아주 큰 효과를 얻을 수 있다. 이 방법은 효과가 좋기 때문에 산업계에서 주로 사용되고 있다. 가동부가 없으며 약품주입에 외부동력이 불필요하다.

> 💡 **인라인 고정식 혼화의 단점**
> - 혼화정도와 혼화시간이 유량에 따라 변동한다.
> - 제작회사의 특허제품이므로 설계자는 제작자가 만든 제품의 성능표에 의존해야만 한다.
> - 정수장을 설계할 때에는 큰 부유물로 고정식 혼화장치가 막히는 현상을 방지하기 위하여, 이 장치의 상류부에 취수스크린을 설치해야 한다.
> - 이물질이나 스케일을 제거할 수 있도록 하기 위하여 혼화기의 내부를 떼어낼 수 있도록 시방서에 명기하는 것이 중요하다.

3) 수류식 혼화(hydraulic mixing)

수류식 혼화장치에는 파샬플룸, 벤투리미터 및 위어 등이 있다. 원수가 개수로를 통하여 정수장으로 유입될 때 파샬플룸 또는 Palmer-Bowles Flume을 사용하면 도수현상과 함께 심한 난류를 발생시킨다. 또한 원수가 관로를 통하여 유입될 경우에는 벤투리미터 또는 오리피스를 유입관로에 설치하여 유량계의 압력차를 이용하여 어느 정도 혼화된다. 위어는 하류에 난류를 발생시키므로, 개발도상국에서는 약품혼화용으로 그 성능특성이 이용되고 있다.

> 💡 **수류식 혼화의 단점**
> - 와류의 정도가 처리수량에 좌우되며 혼화강도를 조절할 수 없다.

4) 기계식 혼화(mechenical mixing)

정수장에서 가장 많이 사용되고 있는 혼화방식으로 탱크 또는 수로에 1대 또는 여러 대의 기계식 혼화장치를 설치한다. 일반적인 설계기준은 $G=300s^{-1}$, 혼화시간은 10~30초, 소요동력은 10,000m^3/d당 2.24~2.64hp이다.

> 💡 **기계식 혼화의 단점 – 연속흐름 정수공정 기준**
> - 순간혼화가 어렵다.
> - 단락류가 많이 발생한다.
> - 금속염 응집제에 대해서는 혼화시간이 너무 길다.
> - 응집효과에 나쁜 영향을 미칠 수 있는 back-mixing이 발생한다.

> 💡 **기계식 혼화의 단점 – 대용량 정수장 기준**
> - 축과 날개에 미치는 여러 외력의 해석이 불충분하며 축과 기어드라이브에 고장이 발생되는 예가 많다.
> - 기계를 선정할 때에 여유를 두지 않으면 다른 혼화방법에 비하여 운전과 유지관리비가 상대적으로 비싸며 소음도 발생한다.

5) 파이프 격자에 의한 혼화(diffusion by pipe grid)

파이프 격자에 의해 발생되는 난류를 이용하여 급속혼화되는 것이다. 응집제나 다른 약품은 파이프 격자의 주입 오리피스를 통하여 주입된다. 이 장치를 몇 개월에서 1년 동안 운전한 결과 주입구가 막히는 사태가 발생하였으며, 모형실험에 사용하는 것 이외에 실제 설계에는 고려하지 않는 것이 좋다.

2 플록형성지 ☝ 1과목과 내용 중복으로 생략!

3 침전 ☝ 1과목과 내용 중복으로 생략!

UNIT 03 침전슬러지 배출설비·탈수기

> 💡 **총칙**
>
> [슬러지처리방법]
> ㉠ 자연건조(천일건조상, 라군)　　　　㉡ 기계탈수
> ㉢ 탈수·열건조(열처리)　　　　　　　㉣ 동결융해
> ㉤ 위탁 또는 하수처리장 이송처리

> 💡 **관련 법령의 준수**
>
> 1) **배출수처리시설의 설치**
>   수질 및 수생태계 보전에 관한 법률에 따라 1,000m³/d 이상의 수도사업시설(역세는 하지 않고 물리적으로만 처리하는 시설은 제외)은 폐수배출시설로 분류된다.
>
> 2) **배출수처리시설의 운영**
>   수질 및 수생태계 보전에 관한 법률 제15조(배출시설 및 방지시설의 운영)에 의한 금지행위를 준수해야 한다.
>   ① 배출시설에서 배출되는 수질오염물질을 방지시설에 유입하지 아니하고 배출하거나 방지시설에 유입하지 아니하고 배출할 수 있는 시설을 설치하는 행위
>   ② 방지시설에 유입되는 수질오염물질을 최종 방류구를 거치지 아니하고 배출하거나, 최종 방류구를 거치지 아니하고 배출할 수 있는 시설을 설치하는 행위

1 배출수 처리

① 침전지로부터 슬러지와 여과지의 세척배출수는 구분하여 처리해야 하며, 여과지의 세척배출수를 재활용하는 경우에는 상징수를 정수시설의 착수정으로 직접 반송하거나 또는 침전과 소독공정을 거친 다음 상징수를 착수정으로 반송한다.
② 세척배출수에서 발생된 슬러지와 정수공정의 침전지슬러지는 배출수처리시설의 농축조에서 농축처리하며 그 상징수는 정수공정으로는 반송하지 않는다.
③ 슬러지처리시설은 정수처리시설에서 발생하는 슬러지를 처리하고 처분하는데 충분한 기능과 능력을 갖추어야 한다.
④ 슬러지처리시설의 방식은 정수처리시설과의 관계, 원수수질, 배출수의 양과 질, 슬러지 특성, 유지관리, 용지면적, 건설비, 지역 환경을 고려하여 적절한 방식을 선정해야 한다.

2 배오존설비

배오존설비는 배오존의 농도, 풍량, 운전조건 등에 따라 활성탄흡착분해법, 가열분해법, 촉매분해법 중에서 선정한다.
① **활성탄흡착분해법** : 활성탄을 사용하여 오존을 분해하는 방법으로 배오존의 농도가 낮을 경우 주로 이용되며, 배오존농도가 높을 경우 활성탄이 발화할 가능성이 있다.
② **가열분해법** : 350℃에서 1초 정도 체류시킴으로써 배오존을 파괴시킨다.
③ **촉매분해법** : 금속표면에서 오존이 촉매분해되는 것을 이용하는 방법으로 저온에서 일어나므로 비용면에서 유리하며 널리 이용되고 있다. 50℃ 정도에서 반응하며 접촉시간은 0.5~5초 정도이다.

3 계획배출수 처리량

① 계획처리고형물량은 계획정수량, 계획원수탁도 및 응집제 주입률 등을 기초로 하여 선정한다.
② 계획원수탁도를 결정할 때에는 원수탁도의 분포현황 및 정수처리시설과 배출수처리시설에서의 저류능력 등을 고려하여 결정한다.

> 💡 계획원수탁도 고려사항
> ⑴ 원수조정지에 의한 고탁도시의 취수 회피나 탁도의 저감화 가능성
> ⑵ 정수시설의 여유, 침전지에 의한 슬러지의 저류가능량
> ⑶ 2개 이상의 수원이나 정수장이 있는 경우, 도·송·배수시설의 상호연결관에 의한 상호융통의 가능성
> ⑷ 배출수처리시설에서 슬러지의 저류가능량

4 배출수지

① 1지의 용량은 1회의 여과지 세척배출수량 이상으로 한다.
② 지수는 2지 이상으로 하는 것이 바람직하다.
③ 유효수심 2~4m, 고수위에서 주벽 상단까지 여유고는 60cm 이상으로 한다.
④ 배출수지에는 회수수관, 회수펌프, 슬러지배출관, 슬러지배출펌프를 설치해야 한다.
⑤ 그 외의 설비로서 필요에 따라 교반장치, 상징수 집수장치 또는 월류거, 슬러지수집장치 등을 설치한다.

5 역세척배출수 침전시설(운전조건은 1과목에서 설명)

① 역세척 배출수는 일반적으로 고액분리가 어렵다.
② 역세척 배출수와 침전슬러지는 혼합되어서는 안된다.
③ 배출수슬러지는 침전지에서 배출되는 침전슬러지와 배출수침전지 및 배출수지의 침강슬러지가 있다.

6 배슬러지지

① 용량은 24시간 평균배슬러지량과 1회 배슬러지량 중에서 큰 것으로 한다.
② 지수는 2지 이상으로 하는 것이 바람직하다.
 (지수는 소규모 정수장인 경우 1지 2구획 또는 1치로 할 수도 있다.)
③ 유효수심과 여유고는 **4 배출수지**에 준한다.
④ 배슬러지지에는 슬러지배출관을 설치하며, 관경은 150mm 이상으로 해야 한다.
⑤ 그 외의 설비는 **4 배출수지**에 준한다.

7 농축조

① 농축조의 용량은 계획슬러지량의 24~48시간분, 고형물부하는 $10~20 kg/(m^2 \cdot d)$을 표준으로 하되, 원수의 종류에 따라 슬러지의 농축특성에 큰 차이가 발생할 수 있으므로 처리대상 슬러지의 농축특성을 조사하여 결정한다.
② 농축조는 2조 이상으로 하는 것이 바람직하다.
③ 농축조의 구조와 형상은 슬러지의 농축과 배출을 효과적으로 할 수 있어야 하며, 또 고수위로부터 주벽 상단까지의 여유고는 30cm 이상으로 하고 바닥면의 경사는 1/10 이상으로 한다.
④ 농축조에는 슬러지수집기와 슬러지배출관, 상징수배출장치 등을 설치해야 한다. 또 필요에 따라 상징수회수펌프와 슬러지배출펌프를 설치한다.

⑤ 농축조의 용량이 적은 경우나 농축성이 나쁜 슬러지가 유입될 경우에도 신속히 농축시키기 위하여 고분자응집보조제를 주입할 수 있는 시설을 설치한다.
   ※ 아크릴아미드가 주성분인 고분자응집보조제를 사용할 경우 안전을 위해 액체보다는 고체(분말) 고분자응집보조제를 사용하는 것이 좋다.
⑥ 농축된 슬러지를 탈수시설로 이송하기 전까지 저장할 수 있는 저류조를 설치한다.
⑦ 필요에 따라 농축조 상징수의 수질을 개선하기 위한 방류수처리시설을 설치할 수 있다.

8 방류수 TMS(Tele-Monitoring System) 구축

① 폐수(방류수) 배출신고량이 1~3종에 해당하는 경우에는 방류수 TMS를 구축해야 한다.
② TMS 구축시에는 수질자동측정기기 및 부대설비와 적산전력계, 적산유량계 등을 설치한다.
   ㉠ **수질자동측정기기** : 1~3종 사업장
      • 수소이온농도(pH)
      • 총유기탄소(TOC)
      • 부유물질량(SS)
      • 총 질소(T-N)
      • 총 인(T-P)
   ㉡ **부대시설** : 1~3종 사업장
      • 자동시료채취기
      • 자료수집기
   ㉢ **적산전력계** : 1~5종 사업장
   ㉣ **적산유량계** : 1~4종 사업장
③ 기타 측정기기 부착 및 신고 등의 업무처리절차는 관련기준을 준수한다.

9 천일건조상

① 조정농축시설에서 배출된 슬러지를 효율적으로 잘 건조시킬 수 있어야 한다.
② 면적은 강수, 습도, 기온 등의 기상조건과 슬러지의 부하방식에 따라 적절해야 한다.
③ 지수는 2지 이상이 바람직하다.
④ 형상은 작업성을 고려해야 하며 유효수심은 1m 이하, 여유고는 50cm를 표준으로 한다.
⑤ 측면과 바닥면은 불투수성으로 한다.
⑥ 부대설비로서 슬러지의 건조를 촉진하기 위한 장치, 배출수설비, 작업용 출입문(gate) 등을 설치한다.

❿ 탈수기

① 탈수기는 2대 이상 설치한다.
② 가압탈수기는 다음 각 호에 의한다.
　※ 가압탈수기의 종류 : 필터프레스, 벨트프레스, 스크루프레스
　㉠ 여과면적은 슬러지량, 여과속도 및 실제 가동시간으로 산출한다.
　㉡ 여과포는 폐색이 잘 되지 않고 내구성이 있는 것으로 한다.

> 💡 **가압탈수기의 여과포 선정조건**
> ① 내산성, 내알칼리성일 것
> ② 강도, 내구성이 클 것
> ③ 안정된 여과속도가 가능할 것
> ④ 사용 중에 팽창과 수축이 적을 것
> ⑤ 여과포의 폐색이 적고 케익의 탈착이 좋을 것
> ⑥ 탈수여액에 청징도가 높을 것
> ⑦ 재생이 가능할 것

> 💡 **가압탈수기의 보조기기**
> ① 압입펌프
> ② 압입탱크
> ③ 유압펌프 유니트
> ④ 공기압축기
> ⑤ 여과포세척장치

　㉢ 가압·압축기의 다이어프램은 내구성이 있는 것으로 한다.
　㉣ 필요에 따라 여과포의 세척장치를 설치해야 한다.

> 💡 **가압프레스의 운전특성**
> - 가압형 필터프레스의 운전방식은 탈수기의 여실 내에 슬러지 원액을 케익두께(20~30mm) 정도가 되도록 주입하여 여과포에 의한 고액분리, 슬러지층의 필터작용으로 탈수한다.
> - 최종 가압은 1.0~2.0MPa(10~20kgf/cm^2) 정도로 가압한다.
> - 가압압착형 필터프레스에는 종형과 횡형이 있으며 가압형 필터프레스에 비하여 다이어프램과 압력수 펌프가 부가되기 때문에 구조가 복잡하다.
> - 가압압착형 필터프레스의 운전방법은 여실 내에 슬러지를 3~10분간, 케익의 두께를 3~5mm 정도가 되도록 주입하고, 그 다음 가압수를 다이어프램에 공급하여 여실 내의 슬러지를 압착한다. (슬러지의 공급이 연속적이지 않음)
> - 슬러지의 압입압력은 최초 0.3~0.5MPa(약 3~5kgf/cm^2), 다이어프램에 의한 압착압력은 1.2~1.5MPa (약 12~15kgf/cm^2)이다.
> - 탈수공정은 여과, 압착, 배출이 1사이클이며 탈수소요시간은 약품처리가 없는 경우에는 단시간형으로 약 1시간, 장시간형인 경우에는 수십시간이 소요되고 소석회 등을 사용하는 경우에는 20~30분간이 일반적이다.
> - 일반적으로 케익의 함수율은 55~65%이며 압착기구가 있는 것은 여기서 5~10% 정도를 추가로 제거할 수 있다.
> - 가압탈수기에서는 여과포 부근의 슬러지는 빨리 탈수되지만, 입자 사이에서는 압밀이 생겨 탈수가 어렵게 된다. 이러한 문제를 해소하기 위하여 전기침투현상을 이용하여 기존의 기계적 압착압력보다 적은 압착압력(약 0.1~0.4MPa)으로 탈수가 가능한 가압여과기도 있다.

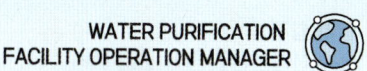

> 💡 **벨트프레스의 운전특성**
> - 벨트프레스식에서 벨트의 속도가 빨라지면 탈수시간이 짧아져서 수분이 많은 케익이 생성된다.
> - 벨트의 인장력이 증가되면 더욱 건조된 케익이 생성되나 벨트의 마모가 심해진다.
> - 폴리머의 사용량을 증대시키면 더욱 건조된 케익이 생산된다. 슬러지의 주입량을 증대시키기 위해서는 벨트의 속도를 증대시켜야 한다.
> - 성글은 여과막을 사용하면 보다 건조된 케익을 얻을 수 있으나 SS회수율은 낮아진다.

③ 진공탈수기는 다음 각 호에 의한다.
   ㉠ 여과(탈수)주기 : 아래 공정으로 한 사이클이 되고 이 모든 공정들을 종합한 시간으로 산출된다.
   - 슬러지의 압입
   - 압착
   - 공기주입(건조)
   - 여과판 열림
   - 배출 및 여과판 닫힘

   ㉡ 여과포 : 가압탈수기 여과포의 선정조건과 동일
   ㉢ 여과포의 세척장치, 교반장치 등의 부대설비, 진공펌프 등의 기계설비, 진공측정계 등의 측정기기를 설치한다.

> 💡 **진공탈수기의 운전특성**
> - 진공탈수기는 드럼과 진공장치 및 여과포로 구성되며, 드럼의 표면에 있는 슬러지를 여과포를 통하여 진공력을 주어 탈수하는 방식이다.
> - 진공탈수기는 소석회 등의 약품을 사용하든지 동결융해법 등의 탈수전처리가 필요하다.
> - 케익의 함수율은 슬러지의 성상과 탈수전처리에 의한 영향이 크며 60~80% 정도이다.

④ 원심탈수기와 조립탈수기에는 고분자응집보조제의 용해장치와 주입장치를 설치한다.

> 💡 **원심탈수기의 운전특성**
> - 원심탈수기는 회전드럼 내에 고분자응집제 등으로 전처리한 슬러지를 공급하고 원심력으로 고액분리하는 방식이다.
> - 건조·소성의 공정을 조합하면 처분에 유리한 탈수방법이다. 보통 원심탈수기에서 배출되는 케익의 함수율은 60~80%이다.

> 💡 **조립탈수기의 운전특성**
> 조립탈수기는 슬러지에 고분자응집보조제(폴리아민계) 등을 첨가하여 회전드럼 내에서 천천히 회전시키며 슬러지 중의 입자를 응집하여 크게 하고 입자간의 수분을 중력으로 드럼의 외부로 배출시키는 방법이다. 케익의 함수율이 80% 정도로 높아 건조공정과의 조합이 필요하다.
> 탈수기의 성능을 정확히 파악하기 위하여 여름철 고탁도시와 겨울철 저탁도시에 현장에서 실험할 필요가 있다.

⑤ 탈수기의 부속기기와 그 밖의 설비는 예비기를 설치하며, 확실히 가동되도록 하고 그 외 부대설비는 다음 각 항에 의한다.
  ㉠ 관 등은 슬러지나 협잡물로 폐색되지 않도록 한다.
  ㉡ 케익 반출설비를 설치한다.
  ㉢ 점검, 정비, 수리용으로 크레인, 호이스트를 설치한다.
  ㉣ 여액의 처리설비 또는 반송설비를 설치한다.
⑥ 필요에 따라 케익을 유용하게 이용하기 위한 설비를 설치한다.
  ㉠ 파쇄설비와 조립설비
  ㉡ 건조설비
  ㉢ 소성설비

> **탈수기별 케익의 함수율**
> - 필터프레스 : 55~65%(압착기구가 있는 경우 5~10% 추가 제거가능)
> - 벨트프레스 : 60~70%
> - 진공탈수기 : 60~80%
> - 원심탈수기 : 60~80%
> - 조립탈수기 : 80%

11 탈수슬러지의 처분

① 탈수슬러지의 처분방법 선정 시에는 처분의 안정성, 경제성을 고려하고, 가급적 재활용하여 자원화할 수 있는 방법을 우선적으로 선택해야 한다.
② 매립처분지를 선정할 때에는 다음 각 호에 의한다.
  ㉠ 위치와 부지면적은 발생케익의 양, 주변의 환경, 운전효율 등을 고려하여 결정한다.
  ㉡ 장래 매립지 이용의 목적에 적합하도록 매립방법에 대하여 검토한다.

12 슬러지 수집기

슬러지 수집기(sludge collector)는 침전지 슬러지를 제거하기 위한 설비이다.
- 슬러지 수집기는 탁도변동에 따라 슬러지량이 변동되므로 높은 탁도에서도 대응할 수 있도록 해야 한다.
- 슬러지 수집기는 장시간 정지 또는 슬러지가 많이 퇴적된 상태에서 운전할 때에는 과부하가 발생할 뿐만 아니라 슬러지가 부상되므로 연속운전을 원칙으로 한다.

1) 중심축 회전(center-pivoted rotating rake)식 슬러지 수집기

중심축회전식 슬러지 수집기는 브리지 상부에 설치된 구동장치에 의하여 원형으로 회전하면서 침전된 슬러지를 긁어모아서 최종적으로 중앙의 호퍼에 유하시키는 것이다. 수집기의 원주 속도는 0.6m/min 이하로 한다.

> **장치 특성**
> ㉠ 정방형이나 원형지에 적용되지만, 갈퀴(rake)는 지내의 내접원을 벗어나는 일이 없으므로 지의 구석을 긁어 내는 대책이 필요하다.
> ㉡ 대형이고 구성부품이 많으며 구조가 복잡하다.
> ㉢ 강철제 브리지는 용접구조로 하고 주기둥과 보조보 등을 구비한 강고한 구조로 한다. 또한 브리지 위는 점 검통로로 하여 점검이나 보수 등에 충분한 공간을 확보한다.
> ㉣ 과부하 방지용으로 감속기내장 토크리미트 등 기계적, 전기적 보호장치를 설치한다.

2) 체인플라이트(chain & flight)식 슬러지 수집기

체인플라이트식 슬러지 수집기는 체인에 플라이트(flight)를 고정장치로 고정시켜 침전지 바닥에 설치된 레일이나 웨어스트립 상부를 이동하면서 침전된 슬러지를 호퍼(hopper)에 끌어넣는 설비이다.

• 수집기의 주행기준속도는 일반적으로 0.2~0.6m/min이다.

> **장치 특성**
> ㉠ 장방형 침전지에 적용되지만, 긴 변이 과대한 침전지에는 맞지 않을 수 있다.
> ㉡ 비교적 단순하고 소형으로 컴팩트하지만, 축과 제거판 등의 부품 수가 많다.
> ㉢ 슈(shoe)는 레일 위를 접촉하면서 움직이기 때문에 마모가 빠르므로 재질에 대해서는 충분히 견딜 수 있도록 검토해야 한다.
> ㉣ 체인플라이트는 장기간 정지된 경우나 슬러지가 다량으로 퇴적된 상태에서 운전을 재개할 경우에는 큰 부하가 걸리므로 연속운전을 원칙으로 한다. 다만, 슬러지의 퇴적상황과 호퍼용량을 고려하여 간헐적으로 운전하는 경우도 있다.
> ㉤ 장치에는 시어핀 등에 의한 과부하시의 보호장치를 설치한다. 또 과부하시에는 경보를 발령하도록 해 둔다. 과부하로 인하여 체인이 절단될 경우에는 가동이 정지되어야 하므로 체인절단검출장치를 설치해야 한다.
> ㉥ 비금속(non-metallic)부품으로 개발하여 사용함으로써 녹 발생으로 인한 수질악화를 방지하는데 기여하고 있으나 동절기에는 충격에 약한 흠이 있다.

3) 수중대차(underwater bogies with squeegee)식

슬러지 수집기 침전지 바닥에 설치된 레일의 상부에 스크레퍼를 지지하는 수중대차를 설치하고 구동로프로 견인하여 침전된 슬러지를 호퍼에 끌어넣는 설비이다.

① 대차가 슬러지를 긁어모을 때에는 곧바로 서서 긁어모으고 또 후퇴할 때에는 수집판은 퇴적슬러지에 닿지 않도록 하는 구조로 되어 있다.
② 수집기의 기준주행속도는 일반적으로 0.2~0.6m/min이다.

> 💡 **장치 특성**
> ㉠ 장방형 침전지에 적용되며 직사각형의 긴 변이 길더라도 설치가 가능하다.
> ㉡ 비교적 단순하고 소형으로 컴팩트하다. 수집기의 소모부품이 적으며 마찰이 적다. 또 구동력이 작고 운전비용이 적다.
> ㉢ 왕복구동방식으로 기동·정지·회송의 위치제어가 명확해야 한다. 또 주행대차가 지(池)의 측면에 부딪히거나 와이어로프의 마모 및 늘어짐 또는 절단 등의 사고를 방지하기 위하여 주행전환(전진·후퇴완료)용 리밋스위치는 비상정지용과 이중으로 설치해야 한다.
> ㉣ 동력전달매체인 와이어로프의 특성을 활용하여 구동장치를 공동구 등의 기계실에 설치할 수 있다.
> ㉤ 대차의 탈선을 방지하기 위해서는 레일(rail) 대신 벽체에 채널(channel)을 설치하고 대차바퀴를 채널 속에서 움직이도록 하거나, 구동부를 침전지의 상부에, 드럼(drum)을 수중에 설치하고 구동부와 드럼 사이를 축으로 연결하여 구동시킨다. 또 구동축 커플링에는 시어핀(shear pin)을 설치한다.

4) 주행브리지식 슬러지 수집기

주행브리지식 슬러지 수집기는 침전지 주벽의 상부에 설치된 레일 위에 슬러지수집판이 부착된 브리지를 설치하고, 구동장치로 구동휠을 구동하여 슬러지수집판으로 침전지 바닥을 미끄러지면서 슬러지를 침전지 끝의 호퍼로 긁어 모으며, 되돌아갈 때에는 수면 위에 들어 올려서 시작점으로 되돌아가는 방식이다.

• 수집기의 기준주행속도는 일반적으로 0.2~0.6m/min이다.

> 💡 **장치 특성**
> ㉠ 침전지의 길이가 긴 횡류식 침전지에 적용되며 특히 여러 개의 침전지가 병렬로 배치된 경우, 거더(girder)에는 주행레일로부터 횡행레일로의 환승기구를 구비하고 1대로 전체 침전지의 슬러지를 수집할 수 있는 이점이 있다.
> ㉡ 대형으로 구성부품이 많으며 구조가 복잡하다. 또한 왕복구동방식으로 기동, 정지, 회송의 위치제어가 명확해야 한다.
> ㉢ 수집판용 수중롤러(고무롤러)의 교환, 와이어로프의 교환을 침전지상에서 할 수 있도록 레이크암을 고정시킬 수 있는 훅을 설치해야 한다. 또 침전지 위에서 안전하게 교환작업을 할 수 있는 장소를 고려해야 한다.
> ㉣ 급전(給電)방식은 토크모터식인 케이블드럼방식을 사용하는 것이 일반적이고, 캡타이어케이블(cabtyre cable)을 감는 장치가 케이블을 순서대로 잘 감아서 꺼낼 수 있도록 충분히 배려해야 한다. 또 주행 중에 비상정지할 수 있는 비상정지스위치를 설치한다.
> ㉤ 슬러지수집판 대신에 흡입관으로 슬러지를 펌프로 흡입하는 방법이나 사이펀방식을 이용하는 주행브리지형도 있다.

UNIT 04 여과

1 급속여과지

1) 총칙 🔍 1과목과 내용 중복으로 생략!

2) 구조와 방식 🔍 1과목과 내용 중복으로 생략!

3) 여과면적과 지수 및 형상 🔍 1과목과 내용 중복으로 생략!

4) 여과유량조절 🔍 1과목과 내용 중복으로 생략!

5) 여과속도 🔍 1과목과 내용 중복으로 생략!

6) 자갈층 두께와 여과자갈 🔍 1과목과 내용 중복으로 생략!

7) 하부집수장치

하부집수장치는 균등하고 유효하게 여과되고 세척될 수 있는 구조로 한다.

① 기능
  ㉠ 여과지를 하부집수실과 상부여과실로 분리시킨다.
  ㉡ 상부 여과실에는 설치한 여과재를 지지 보호하며 상·하부로 유출됨을 방지한다.
  ㉢ 침전지 월류수를 상부 여과실에서 여과시켜 하부집수실로 보낸다.
  ㉣ 세척수 및 공기를 하부집수실로부터 상부여과실로 분출시켜 여과재를 깨끗이 세척시킨다.
  ㉤ 역세척수 및 공기를 여과실 전체에 균등압력으로 균일하게 분포시켜서 세척의 효과를 높이는 역할도 매우 중요하다.

② 방식
  ㉠ 물역세척 방식 : 휠러볼형, 스트레이너 블록형, 티피블록형, 유공블록형
  ㉡ 물·공기역세척 방식 : 스트레이너 블록형(유럽형), 유공블록형(한국형, 미국형)

    가. 휠러형(wheeler ball type)
      • 여과지 바닥판상에 지주를 설치하고 그 위에 콘크리트 성형품을 고결시킨 것이 많고 성형품과 저판 사이에는 압력수실이 된다.
      • 성형품의 상면은 도각추형(倒角錐形) 요부가 있다. 그 중에 대소 5개 또는 14개 자구(磁球, Wheeler ball)를 놓은 것이다.
      • 이 형식은 상수도 초기(1960~1970년대) 급속여과지에서 하부집수장치로서 많이 사용되어 왔으나 지금은 거의 사용하지 않고 물세척방식 전용으로 사용되었으며 물+공기세척방식에는 사용하지 않는다.

나. 유공블록형

- 바닥판에 분산실과 송수실을 갖는 성형블록을 병렬로 연결한 것이다.
- 오리피스를 통한 2단 구조에 의한 균압 효과를 기대할 수 있다.
- 블록상면에 배열된 다수의 집수공에 의하여 평면적으로 균등한 여과와 역세척효과를 기대할 수 있다.
- 시공이 쉽고, 압력실이 필요하지 않으므로 구조를 얕게 할 수 있다.
- 집수공의 공경을 크게 하더라도 수량분산의 평면적 균일성을 유지할 수 있어서 손실수두를 감소시킬 수 있다.

다. 스트레이너형

- 유럽형 방식으로 유럽은 물론 우리나라와 일본 등에서 주로 사용하는 형식이다. 저판상에 매설된 관 또는 지지판에 스트레이너를 붙였고 이 스트레이너를 통하여 여과수와 역세척수가 유출입하게 된다. 이 표준형상과 매설상황은 아래 그림에 표시한 바와 같다. 관에 부착할 경우에는 관과 물이 유출입하는 집수거를 여과지 중앙에 설치한다. 관은 내구성의 것으로 하고, 부착할 때에는 스트레이너의 최하공 근처까지 콘크리트를 충전하여 물이 정체되는 부분을 없애야 하며 스트레이너가 관에서 빠지지 않도록 충분히 고정시켜야 한다.
- 스트레이너의 간격은 너무 넓으면 균등한 여과와 세척이 이루어지지 않는다. 또한 너무 좁으면 비경제적으로 된다. 지금까지의 경험으로 보면 10~20cm가 적당하다. 그리고 스트레이너의 부착높이가 동일하게 설치해야 한다.
- 스트레이너의 설치에 필요한 단관의 총 단면적은 여과면적의 0.25~1.0%로 하면, 역세척할 때에 평면적으로 적당하고 균등한 수류를 얻을 수 있다.
- 스트레이너형 하부집수장치가 잘 유지되게 하기 위해서는 스트레이너의 부식과 폐색을 방지해야 한다.
- 부식방지에는 내식성이 강한 금속이나 합성수지재료를 사용하고 스트레이너의 슬릿 폭은 0.25~0.75mm로 하는 것이 적당하다.
- 폐색방지에는 스트레이너의 슬릿 크기에 알맞은 굵기의 자갈과 적당한 두께의 자갈층을 유지함으로써 또는 여과할 때의 과대한 여과속도를 피함으로써 세립자의 탈락을 예방한다. 스트레이너의 형상치수를 모래가 탈락하더라도 폐색되지 않는 것을 선택하는 것이 좋다.
- 우리나라에는 70년대 초부터 사용하기 시작하였으며 물세척방식과 물+공기세척방식에 사용되고 있다.

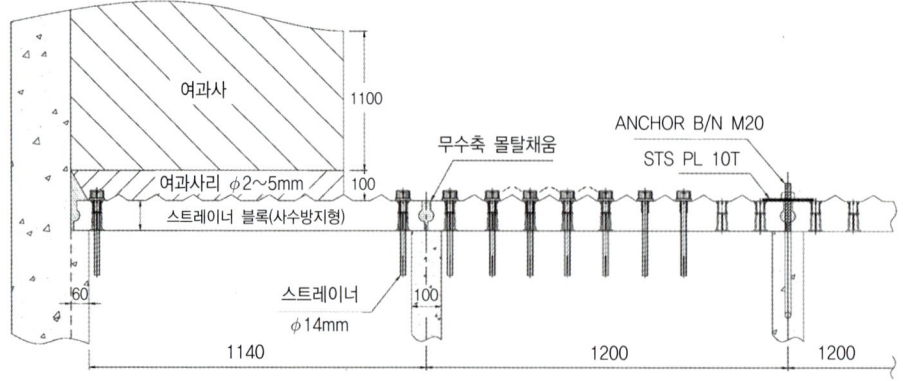

[스트레이너 블록 하부집수장치]

라. 유공관형

- 통수공을 개방시킨 관을 공(孔)이 아래쪽을 향하도록 저판 상에 지대를 설치하여 매설하는 것으로 사용하는 관은 내식성, 내구성 및 내압성이 큰 재질로 만들어진 것으로 소공은 구경과 각도가 균등하게 개방된 것이라야 한다.
- 집수지관(集水支管)의 간격은 30cm 이하로 하고 그 길이는 관경의 60배 이하로 한다. 관경에 비하여 관 길이가 너무 길면, 역세척할 때에 관내수압이 불균형하게 되어 균등한 세척이 어렵게 된다.
- 유공관형은 세척할 때에 관이 진동하기 쉬우므로 지대에 충분히 정착시켜야 한다. 또 역세척할 때의 집수관 내 압력분포를 될수록 균등하게 유지하기 위하여 상호 연결하는 것도 좋은 방법이다.

마. 다공판형

- 직경이 몇 mm의 입상(粒狀)물질을 성형한 판으로 저판상에 지벽(支壁)을 설치하여 압력실로 하고 지벽에 다공판을 붙여서 집수장치로 하는 것으로 입상물질로는 각을 깎아 둥그스름하게 접착시킨 용융알미나(장경 3mm 정도)가 사용되고 있다.
- 다공판에서 요구되는 성질은 전체 여과상면에 균일하게 유수를 유지하는 것과 함께 통수성의 지속력과 역학적 강도이다.
- 다공판의 장점은 일반적으로 자갈층을 생략할 수 있으므로 구조물 깊이를 얕게 할 수 있지만, 큰 면적의 여과지에서는 판의 수평성 확보 등 확실한 시공관리가 필요하다.
- 수질에 따라서는 막히는 경우가 있다.
- 판의 가격이 다른 것에 비하여 고가이다.

바. 티피블록형

- 미국형식으로 티피(∧)형 삼각형상의 꼭지점 좌, 우측에 분출구가 있으며 10mm 분출구 위에 5종류의 여과자갈을 450mm 높이로 설치하여 노즐역할을 한다.
- 이중여재(여과사+안트라사이트) 여과지로서 정수 높이 자체로 역세척을 하기 때문에 별도의 역세척시설이 필요없으며 물세척방식 전용으로 사용되고 90년대 중반에 신공법으로 개발되어 사용되고 있다.

8) 수심과 여유고 1과목과 내용 중복으로 생략!

9) 세척방식

여과층의 세척은 역세척과 표면세척을 조합한 방식을 표준으로 하고 여과층이 유효하게 세척되어야 하며 필요에 따라 공기세척을 조합할 수 있다.

① **표면세척 + 역세척** : 일반적으로 많이 적용되는 방식
② **공기세척 + 역세척** : 공기세척을 통해 역세척효율을 향상시킬 수 있다. 여과층이 깊거나 여과재의 입경이 큰 여과지에서는 공기세척이 유효하다.

※ 공기세척 시 표면세척은 하지 않는 것이 보통이다.

> 💡 **세척효과가 불충분한 경우 발생하는 장애현상**
> ㉠ 여과지속시간의 감소
> ㉡ 여과수질의 악화
> ㉢ 머드볼의 발생
> ㉣ 여과층의 균열
> ㉤ 여과층 표면의 불균일
> ㉥ 측벽과 여과층간에 간극발생

10) 역세척수량 💡 1과목과 내용 중복으로 생략!

11) 세척탱크와 세척펌프 등 💡 1과목과 내용 중복으로 생략!

12) 세척배출수거와 트로프 💡 1과목과 내용 중복으로 생략!

13) 급속여과지의 배관과 밸브류

① 배관구경과 거(渠)의 단면은 유속과 손실수두를 고려하여 적절히 정한다.
　㉠ 유입관거는 충분한 단면적을 가짐으로써 유속이나 수위변동을 흡수할 수 있어야 한다.
　㉡ 각 여과지 유출관은 유량조절기를 설치하는 경우에는 그 최대유량으로 관경을 정한다. 유량조절기 이하의 배관은 유출관거의 수위 승강에 영향을 받지 않도록 해야 한다.
　㉢ 세척본관은 세척유속을 소요의 크기로 하기 위하여 유량조절기와 유량지시계를 설치한다.
　㉣ 세척배출수관(거)에는 세척배출수를 빨리 배제할 수 있는 단면으로 한다.
② 관과 밸브류는 확실히 고정하고 수선할 때에 분해할 수 있는 구조로 해야 하며 구조물에 신축이음을 설치한 부분에는 관에도 반드시 신축이음관을 설치한다.
③ 밸브는 여과공정과 세척공정을 완전하게 절체할 수 있도록 한다.
④ 밸브는 긴급할 때에 안전측으로 작동하는 것이라야 한다.
⑤ 여과수가 세척배출수 등으로 오염될 우려가 없는 구조로 한다.

14) 배관량과 조작실 💡 1과목과 내용 중복으로 생략!

15) 다층여과지 💡 1과목과 내용 중복으로 생략!

16) 자연평형형 여과지

① 유입량의 제어는 사이펀이나 밸브 등 확실한 방법으로 한다.
② 군(群)제어를 하는 여과지는 확실하게 역세척할 수 있도록 여과지의 수가 적절해야 한다.
③ 모래면 위의 수심변화에 충분히 대처할 수 있는 구조로 한다.

㉠ **자기역세척형** : 여과지는 6지 이상을 1군(群)으로 하여 1지가 세척상태로 될 경우 정수거에 유입되는 다른 여과지의 여과수로 세척하는 형식이다.

장점
• 역세척탱크 또는 역세척펌프가 필요하지 않다. • 배관 등의 기구가 단순하고 운전관리가 용이하다. • 여과를 슬로우스타트(slow start)하고, 세척도 슬로우다운(slow down)하는 방식이 자연스럽게 이루어진다.

단점
• 여과지의 수는 여과속도가 150m/d인 경우에도 최소 6지 이상이 필요하다. 그 이하인 경우 또는 세척할 때의 처리수량이 역세척수량보다 작은 경우에는 외부로부터 보충수가 필요하다. • 세척하고 있는 시간대는 여과지 전체에서의 처리수량이 대폭적으로 감소되므로 후속되는 소독용 염소의 주입량을 제어해야 한다. • 세척을 개시할 때에는 다른 지의 여과속도가 증가한다. • 진공배관은 길이가 너무 길게 되면 진공도가 떨어지고 물이 고이기 쉬우며 한랭지에서는 동결되기 쉽다. • 사이펀의 브레이크음과 유입수의 낙하소음이 크다. • 전염소나 중염소 처리를 하지 않는 경우에는 염소가 잔류하는 물로 세척할 수 없다. • 또 이 형식의 여과지는 밸브개폐에 의한 충격이나 여과층 수류의 불연속도 없기 때문에 지금까지 시동방수기구는 설치되지 않았지만, 크립토스포리디움 등 병원성 미생물에 대한 대책 면에서 시동방수기구를 부착한 여과지도 사용되고 있다.

㉡ **역세척탱크 보유형**

자기역세척형과 같이 유입부에서 유입수를 각 지에 균등하게 분배하고 유출부에서는 유량을 조절하지 않고 유출위어로부터 유출되게 하는 방식이다.

장점	단점
• 역세척탱크를 보유하고 있으므로 지수(池數)에 대한 제약이 없다. • 유출위어 높이를 자동역세척형보다 낮게 할 수 있으며 지의 전체 깊이를 작게 할 수 있다.	• 세척펌프와 세척탱크를 필요로 한다. • 사이펀기구에 대해서는 자기역세척형과 같다.

17) **직접여과(저수온, 저탁도 대상)** 1과목과 내용 중복으로 생략!

18) **내부여과** 1과목과 내용 중복으로 생략!

2 완속여과지 1과목과 내용 중복으로 생략!

UNIT 05 소독설비

1 저장설비 💡 1과목과 내용 중복으로 생략!

2 주입설비

① 염소제 주입설비는 다음 각 호에 따른다.
  ㉠ 용량은 최대에서 최소주입량에 이르기까지 안정되고 정확하게 주입할 수 있어야 하며 예비기를 설치한다.
  ㉡ 구조는 내부식성과 내마모성이 우수하고 보수가 용이한 구조로 한다.

> 💡 **액화염소의 주입방식**
> 염소주입기는 용기 또는 염소기화기로부터 연속적으로 공급되는 염소가스를 안전하고 정확하게 계량하여 주입하는 장치이며 건식과 습식이 있다. 일반적으로 습식진공식 염소주입기가 가장 많이 사용되고 있다.
> (가) 습식진공식 염소주입기 : 습식진공식 염소주입기는 인젝터와 압력조정기구에 의하여 진공을 발생하며, 진공상태로 염소가스를 계량하고 제어하여 인젝터 내에서 압력수와 혼합하여 염소수로서 주입점에 송액하는 장치이다.
> (나) 습식압력식 염소주입기 : 용기 중의 액화염소를 염소가스로 유출시켜 계량하고 이를 진한 염소수로 한 다음 처리할 수중에 주입하는 방식의 장치이다. 건식주입기에 비하여 염소가스의 혼화가 균등하게 이루어지며 과거부터 소용량에 많이 사용되고 있다.
> (다) 건식압력식 염소주입기 : 용기 중의 액화염소를 염소가스로서 유출시켜 계량하고 가스상태로 처리할 물에 직접 주입하는 방식의 장치이다. 가스자체를 수중에 방출하므로 용해되지 않은 염소가스가 공중으로 비산될 기회가 많다. 그러므로 주입률이 불균등하게 되기 쉬운 결점이 있으므로 거의 사용하지 않는다.
>
> 💡 **차아염소산나트륨용액의 주입방식**
> 차아염소산나트륨용액의 주입방식에는 자연유하방식, 인젝터방식 및 펌프방식이 있다. 각 방식과 사용하는 차아염소산나트륨용액은 거품발생이 적고 분해로 인한 유효염소농도의 저하가 적은 저식염(4% 이하)차아염소산나트륨용액을 사용하는 쪽이 안정적으로 주입할 수 있다.
> (가) 자연유하방식 : 저장조 또는 분배조를 주입점 부근에 설치한다. 주입점의 수가 여러 점인 경우에는 각 주입점에 분배조를 설치하고 저장실의 저장조로부터 이송펌프로 각 주입점의 분배조에 이송한다. 분배조에서는 자연유하로 주입기(전자유량계와 유량조절밸브)에 보내서 계량·조절·주입하는 방식이다.
> (나) 인젝터방식 : 압력수를 인젝터에 공급하여 차아염소산나트륨과 희석 혼합시킨 후 주입점에 송액하는 방식이다.
> (다) 펌프방식 : 계량펌프로 주입점에 송액하는 방식으로 주입량의 제어범위가 넓다.

  ㉢ 배치는 점검정비가 용이하게 배치한다.
② 액화염소 주입설비는 다음 각 호에 적합해야 한다. 💡 1과목과 내용 중복으로 생략!
③ 차아염소산나트륨용액 주입장치는 다음 각 호에 따른다. 💡 1과목과 내용 중복으로 생략!

④ 현장제조형 염소발생기
  ㉠ 현장제조형 염소발생방식은 무격막방식과 격막방식이 있으며, 시설규모와 유지관리방법에 따라 적절한 방식을 선정한다.
   1) **무격막방식** : 전기분해조에 양극판과 음극판이 설치되며 두 판의 사이를 구분하는 격막이 없다. 공급된 소금물은 전기분해되어 양(+)극에서는 염소가 발생하고 음(−)극에서는 수소가스와 수산이온이 생성된다. 음극 측에서는 나트륨이온과 수산이온으로 수산화나트륨(NaOH)이 생성되며 양극에서 생성된 염소와 음극에서 생성된 수산화나트륨이 반응하여 차아염소산나트륨(NaClO)이 제조된다.
    • 제조된 차아염소산나트륨용액의 유효염소농도는 1.0% 전후로 시판품과 비교하여 낮다.
    • 미반응식염이 포함되기 때문에 염화나트륨량과 유효염소량과의 비는 시판 차아염소산나트륨액보다 많다.
    • 제조된 차아염소산나트륨용액은 약 알칼리(pH 약 9)이고 시판용액과 비교하여 거품발생이나 스케일부착이 적어서 배관 도중에서 막힘이 적다.
   2) **격막방식** : 전기분해조의 양극과 음극 간에 이온교환막을 설치하여 양극 측에 소금물, 음극 측에 물을 공급하면 양극에서는 염소가 발생하고 나트륨이온이 교환막을 투과하여 음극으로 이동한다. 음극에서는 수소가 발생하며 수산이온이 생성된다. 그리고 양극으로 이동해 온 나트륨이온과 수산이온으로 수산화나트륨이 생성된다. 양극에서 발생된 염소가스와 음극에서 생성된 수산화나트륨이 반응탑에서 반응하여 차아염소산나트륨(NaOCl)이 생성된다.
  ㉡ 주입방식 및 주입장치는 앞서 살펴본 주입설비 및 주입지점에 준한다.
  ㉢ 현장제조형 염소발생기 설비 선정시 고조파 차단장치 등을 고려하여야 한다.
    • 현장제조형 염소발생기의 전원은 교류를 직류로 전환하여 사용하므로, 설비선정시 고조파 차단장치가 포함된 기기를 설치하도록 고려하여야 한다.
  ㉣ 성분규격기준을 만족하기 위하여 부산물(클로레이트, 브로메이트 등)의 발생을 최소화하여야 한다.

> **💡 염소/차아염소산나트륨용 배관**
> ① 염소는 습기가 있을 경우에는 대부분의 금속을 부식시키지만, 완전히 건조된 염소는 상온에서 강(鋼)이나 동(銅) 등의 금속과 반응하지 않는다.
>   – 밸브류는 단강제, 주배관은 압력배관용 탄소강관, 인출배관은 동관을 사용한다.
>   – 저장조에는 저온압력용기용 탄소강강판, 수입배관에는 저온배관용 탄소강강관을 사용한다.
>   – 티타늄은 습기를 포함하지 않은 염소와 반응하므로 사용할 수 없다.
> ② 염소수에 사용하는 재료는 경질염화비닐, 경질고무, 테프론(teflon) 등의 내식성재료를 사용하고 배관은 경질염화비닐관, 경질염화비닐라이닝강관, 경질고무라이닝관 등을 사용한다.
>   – 주입기가 고장일 때에도 역류하지 않도록 하기 위하여 주입점보다 주입기의 위치를 높게 한다.
>   – 배관은 공기고임이 일어나지 않도록 하기 위하여 배관의 기복은 가능한 피한다.
> ③ 차아염소산나트륨용액용의 배관은 경질염화비닐관, 경질염화비닐라이닝강관, 연질염화비닐관, 폴리에틸렌관, 연질염화비닐(섬유보강)호스 등을 사용하고, 저장조로부터 주입기까지 배관은 굴곡부를 적게 하고 기복을 없게 하며 기포제거관이나 장치를 설치한다.
>   – 주입배관도 가능한 한 기포가 고이지 않게 배관하며, 부득이 기복이 있는 배관일 경우에는 기포제거 밸브를 설치한다.

> - 인젝터방식에서는 스케일이 부착될 경우에 세척을 용이하게 할 수 있도록 예비관을 설치하여 주입관을 변경할 수 있도록 한다.
> - 각종 배관은 유체별로 색깔을 구분하고 흐르는 방향을 나타내는 화살표와 유체명을 요소에 표시하여 보수관리가 용이하도록 한다.

3 제해설비 💡 1과목과 내용 중복으로 생략!

4 이산화염소 주입

이산화염소처리와 관련된 시설은 원수수질과 처리목적에 따라 문헌이나 실험결과 등을 기초로 하여 결정해야 하며 유해부산물의 생성에 유의해야 한다.

① 이산화염소에는 소독효과는 있더라도 이산화염소만의 소독으로는 수도시설의 청소 및 위생관리 등에 관한 규칙에 규정된 잔류염소의 요건을 만족할 수 없기 때문에 최종적으로 소독용 염소를 주입해야 한다.

② 아염소산이온의 농도가 정해진 값보다 높게 되지 않도록 이산화염소의 주입량을 제어하거나 또는 생성된 아염소산이온을 제어해야 한다.

③ 이산화염소를 정수처리에 사용하는 경우의 주입률은 통상 1~2mg/L으로 하고 있고, 이 때 분해생성물과 불순물로 포함되는 아염소산이온에 대한 처리수 중에서의 농도는 첨가되는 이산화염소의 농도나 미반응 비율에 의하지만, 최대로 0.5~0.9mg/L 정도라는 보고가 있다.

④ 아염소산이온은 오존에 의하여 염소산이온으로 산화되지만, 유리염소로서는 산화되기 어렵다.

⑤ 이산화염소는 악취를 가지고 있으므로 이산화염소 주입량을 제어해야 한다(WHO에서 권장하는 냄새의 한계치는 0.4mg/L이다).

⑥ 이산화염소는 공기와의 접촉반응으로 폭발성을 갖는 기체이고 운반에는 위험이 따르므로 정수장 내에서 제조하여 사용하는 방법이 일반적이다.

⑦ 이산화염소 제조에 사용되는 약품은 만일 누설된 경우라도 혼합되지 않도록 각각의 방에 저장하고, 저장조 주변에 방액제를 설치하는 등의 배려를 하며 누설감시장치와 경보장치를 설치한다. 또한 제조된 이산화염소 수용액의 저류조는 밀폐구조로 하고 휘산되는 이산화염소에 대한 배기장치 및 필요에 따라 배기제해장치를 설치해야 하며, 수용액이 누설된 경우에 중화시킬 수 있도록 배려한다.

⑧ 작업장에는 환기장치와 경보장치를 설치하고 약품저장실과 입구 외측에 방독마스크와 안전기구를 비치한다.

⑨ 발생설비와 주입설비의 재질은 이산화염소에 대한 내식성을 갖는 것으로 한다.

⑩ 이산화염소는 대기 중에서 약간의 변화로 폭발하는 특성을 가지고 있으므로 압력용기에 저장하여서는 안 되며 반드시 현지에서 제조해야 한다.

5 전염소·중간염소처리 ⓘ 1과목과 내용 중복으로 생략!

6 폭기방식 ⓘ 1과목과 내용 중복으로 생략!

① 분수식 폭기장치는 다음 각 항에 따른다.
  1) 노즐은 분무된 물과 공기가 잘 접촉되게 설치한다.
  2) 노즐은 처리하고자 하는 물을 균등하게 분출되도록 배치한다.
  3) 폭기실은 물방울의 비산을 방지하는 구조로 하고 2실 이상 설치한다.
② 충전탑식 폭기장치는 다음 각 항에 부합되도록 한다.
  1) 충전탑의 구조는 수직원통형으로 하고 내식성 자재를 사용한다.
  2) 충전재는 공극률이 크고 공기저항이 적으며 내식성으로 기계적 강도가 높아야 한다.
  3) 충전탑의 직경은 공기의 유속을 감안하고 충전층의 높이는 용량계수 등을 고려하여 결정한다.
  4) 기액비(기체와 액체의 비)는 원칙적으로 실험에 의하여 결정한다.
  5) 송풍기는 충전탑의 공기유입부 쪽에 설치하고 소요동력은 풍량과 충전재 등에 의한 압력 손실을 고려하여 결정한다.

7 오존소독

(1) 오존처리공정의 배열과 주입률

1. 오존주입지점은 처리대상물질과 처리목적 등에 따라 선정한다.
   1) 냄새와 색도제거를 목적으로 하는 경우
      냄새와 색도를 제거할 목적으로 하는 경우에는 일반적인 정수처리공정의 배열에 오존공정과 활성탄흡착공정을 추가한다.
   2) 응집효과의 개선을 목적으로 하는 경우
      응집효과를 증대시킬 목적으로 저탁도의 원수를 처리하기에 앞서 전오존처리를 하는 예가 있다. 전오존 처리를 실시하면 응집특성이 개선되어 응집제의 주입량이 감소하고, 플록의 크기와 강도가 개선되는 효과가 있다. 이러한 목적인 경우에는 특히 유입수질에 따라 적절한 오존주입률로 주입하는 것이 중요하다.
   3) 유기염소화합물의 생성저감을 목적으로 하는 경우
      유기염소화합물의 생성을 저감할 목적으로 공정을 채택할 경우에는 전염소 대신 오존처리와 활성탄흡착 처리를 추가하여 정수처리공정 내에서의 유기물과 무기물의 산화는 오존으로 처리하고 최종소독은 염소제로 처리한다.
2. 오존주입률은 원수수질의 현황과 장래의 수질예측, 다른 수도시설에서의 실시 예, 문헌, 실험결과 등을 근거로 하여 결정한다.

1) 맛 · 냄새물질 제거
- 일반적으로 많은 정수장에서 0.5~2mg/L의 주입률로 오존접촉시간은 10~20분 내외로 운전하고 있다.
- 오존주입률이 1.0mg/L일 때 2-MIB와 geosmin 처리효율이 높은 것으로 나타난 바 있으며, 특히 오존에 대한 geosmin 처리효율이 더 높은 것으로 보고된 바 있다.
- 오존처리와 활성탄흡착처리는 실제 정수장의 운전결과로부터 오존주입률이 0.5~3.0mg/L(평균 1.1mg/L)일 경우에 2-MIB가 거의 100% 제거되었다.

2) 트리할로메탄의 전구물질 및 트리할로메탄 저감

오존처리로 이미 생성된 트리할로메탄의 저감효과는 거의 없다. 또 오존으로 트리할로메탄의 전구물질(부식질 등)이 증가하는 경우도 있지만, 생물활성탄으로 유기물을 분해한 다음 염소소독을 실시하면 트리할로메탄 생성량은 적어진다.

3) 망간 제거
- 원수 중에 용존되어 있는 Mn^{2+}이 산화되면 $Mn^{4+}(MnO_2)$ 또는 $Mn^{7+}(MnO_4^-)$가 되어 흑갈색 및 분홍색을 나타낸다.
- 망간을 효과적으로 제거하기 위해서는 침전수에 오존을 주입하고 급속모래여과지의 유입수에 오존이 잔류하지 않을 정도로 주입률을 0.5~1.0mg/L로 설정한다.
- 급속모래여과지로 망간을 제거하는 경우에는 염소에 의한 산화로서는 Mn^{7+}이 생기는 경우가 없지만, 오존은 산화력이 강하기 때문에 오존주입률이 너무 높은 경우 Mn^{7+}이 생성되며 Mn^{7+}이 공존 유기물을 산화하면 Mn^{7+}는 이산화망간으로 환원되어 수돗물 착색의 원인으로 된다.

4) 1-4 다이옥산 등 제거

국내 낙동강 수계 원수에 대한 1,4-다이옥산 처리효율에 관한 연구결과 1.9~6.0mg/L 농도로 오존 주입시 1,4-다이옥산 38~62.7% 제거되는 것으로 조사되었다. 1.4-다이옥산 처리를 위해 오존처리를 적용할 경우에는 배오존 처리시설의 효율을 고려하여 Pilot Plant 실험 등을 실시하여 주입률, 접촉시간 등을 결정하고, 오존 단독적용 외에 과산화수소(H_2O_2), UV 등을 복합적용하는 고도산화법(AOP)을 검토할 필요가 있다.

3. 오존주입량은 처리수량에 주입률을 곱하여 산정한다.
4. 오존주입률 결정은 실시간 수질을 반영하여 주입할 수 있는 방법을 선정한다.
   1) C · T 일정제어방식
   2) 총유기탄소 대비 오존주입률결정방식
   3) 오존소비특성을 이용한 오존요구량의 일정제어방식

(2) 오존발생장치와 주입설비

① 주입설비는 다음 각 호에 따른다.
   1) 설비용량은 처리수량과 주입률로 산출된 주입량을 기본으로 하여 결정한다.
      (주입설비용량은 시간최대주입량에 여유분을 고려하여 결정한다.)
   2) 설비는 원료가스공급장치, 오존발생기, 접촉지, 배오존처리설비, 오존재이용설비 등으로 구성되며, 주요

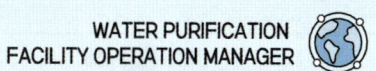

기기류는 2계통 이상으로 분할하고, 예비계통을 설치하며 유지관리가 용이하도록 한다.
3) 오존처리를 효율적으로 실시하고 또 비상시에도 필요한 조치가 용이하게 이루어질 수 있도록 적절한 제어방식을 선정한다.
 - 주입률을 설정하고 처리수량에 비례하여 주입하는 방식
 - 처리수의 잔류오존농도를 설정하고 설정된 농도를 유지하는 방식
 - 접촉지의 배오존농도를 설정하고 설정된 농도를 유지하는 방식
 - 오존접촉지의 CT 값을 설정하고 설정된 CT값을 유지하는 방식
 - 유입수와 처리수의 수질을 반영하여 오존주입량을 제어하는 방식
 - 오존소비특성을 이용한 오존요구량(kinetic CT)을 설정하고 설정된 값을 일정하게 유지하는 방식
4) 오존과 접촉하거나 또는 접촉가능성이 있는 부분의 재질은 오존에 대하여 충분한 내식성과 강도가 있고 또 위생상 안전한 것으로 한다.
② 원료가스공급장치는 필요한 원료가스를 제조하고 공급하기에 충분한 용량을 가지며, 높은 효율로 운전할 수 있고 충분한 안전성을 가진 것으로 한다.

> **오존발생용 원료가스 공급장치**
> - 공기식 : 저압 및 중압 공기공급방식, 고압공기 공급방식
> - 산소식 : 산소발생기 공급방식, 액체산소 공급방식

③ 오존발생기는 다음 각 호에 적합하도록 한다.
1) 발생효율이 높고 내구성과 안전성이 충분해야 한다.
2) 용량, 대수, 주입계통의 구성은 최소주입량에서 최대주입량에 이르기까지 연속적으로 적절하게 주입할 수 있는 것으로 한다.
④ 오존발생기에서 주입장소에 이르는 배관은 적절한 내경과 재질을 가지며 유량계와 압력 등을 구비하고 배관의 유지관리를 용이하게 하기 위하여 지중부분은 콘크리트덕트 내에 설치하는 것으로 한다.
⑤ 접촉지는 다음 각 호에 적합하도록 한다.
1) 구조는 밀폐식으로 오존과 물의 혼화와 접촉이 효과적으로 이루어져서 흡수율이 높도록 한다.

> **오존투입방식**
> - 산기관(디퓨져) 전달효율 : 80~90%
> - 인젝터 방식 전달효율 : 97% 이상

2) 용량은 오존처리에 필요한 접촉시간과 반응시간이 충분하도록 한다.
3) 오존주입 풍량, 재이용 풍량, 배오존 풍량 등은 풍량의 수지에 균형이 맞도록 설계한다.
4) 접촉지에는 우회관(by-pass)을 설치한다.
5) 오존재이용설비는 오존의 유효이용과 배오존처리설비의 부하경감을 고려하여 설치여부를 결정한다.
6) 오존과 직접 접촉하는 설비는 STS304 재질을 주로 사용한다.
⑥ 오존발생에 필요한 전력설비는 충분한 용량과 기능을 갖추어야 한다.

⑦ 오존발생기실 등은 다음 각 호에 적합하도록 한다.
　1) 발생설비는 가능한 한 주입지점에 가깝게 설치한다.
　2) 건물은 내화 및 내식을 고려하여 채광, 방음, 환기, 배수 등이 양호해야 한다.
　3) 바닥면적은 발생기 등의 유지관리에 충분한 넓이로 한다.

UNIT 06 막분리

> **총칙 : 1과목 내용 참고**
> - 담수처리에는 주로 정밀여과와 한외여과를 사용하고, 제거대상물질은 현탁물질을 주로 하는 불용해성물질이다.
> - 나노여과 및 역삼투법은 용해성물질을 제거대상물질로 하며 단독 또는 고도정수처리와의 조합 등이 검토되고 있다.

1 막여과정수시설 〔1과목과 내용 중복으로 생략!〕

2 전처리설비 〔1과목과 내용 중복으로 생략!〕

3 막과 막모듈

1) 막모듈의 종류

① **중공사형 모듈** : 중공사막을 사용하는 모듈로 한외여과막 모듈에서는 어느 방향으로도 침투가 가능하다. 일반적으로 중공사형은 단위막면적당 여과수량은 작더라도 막충전밀도를 크게 할 수 있으므로 다른 모듈과 비교하여 침투액량에 대한 모듈점유용적이 조밀하게 된다.

② **평판형 모듈** : 평판막과 막지지판으로 구성된 가압급수실과 여과실을 교대로 조합시킨 다층구조로 되어 있다. 십자흐름(cross flow)여과방식으로 운전하는 것이 일반적이다.

③ **나권형 모듈** : 평판형막을 자루모양으로 형성한 것을 자루지지체와 스페이서(spacer)와 함께 김밥모양으로 말아서 성형한 막모듈에 엘리멘트(element)와 엘리멘트를 삽입한 벳셀(vessel : 내압용기)로 구성된다. 막의 충전밀도가 높고 압력손실이 작다.

④ **관형 모듈** : 다공관의 내측 또는 외측에 막을 장착한 막모듈(원형모양으로 형성된 막에서 내경이 3~5mm 이상인 것을 말한다)이고 외압식 여과법과 내압식 여과법이 있다. 내압식 모듈은 막의 충전밀도는 작지만, 스폰지폴(sponge pole) 등으로 막면세척이 가능하고 외압식 모듈도 압력손실이 작고 세척이 용이하다.

⑤ **단일체형 모듈** : 멀티루멘(multi-lumen)막 또는 멀티채널(multi-channel)막이라고도 하며 주상(柱狀)으로 성형된 지지체에 여러 개의 유로를 설치하고, 그 내벽면에 치밀층을 형성한 막으로 형상이 1개의 석주

(monolith)와 닮았다고 하여 이렇게 불린다. 일반적으로 단일체 막재질은 세라믹계이다. 막의 형상에서 내압식으로 된다.

2) 막의 수명
① 유기막은 3년 이상
② 세라믹막은 7년 이상

3) 막의 내구성, 내약품성, 위생성
① 압력, 폭기, 반복응력에 대한 기계적 변화에 대해 충분히 대처할 수 있어야 한다.
② 열, 약품 등의 화학적 변화에 대해서도 충분히 대처할 수 있어야 한다.
③ 수격(water hammer)으로 인한 충격을 절대로 받지 않아야 한다.
④ 내한성을 충분히 조사하고 동결되지 않도록 해야 한다.
⑤ 유기막은 그 소재에 따라 친수성과 소수성으로 구별되며 소재마다 내구성이 다르다.
⑥ 무기막은 유기막에 비해 내열성, 내약품성, 물리적 강도가 좋지만, 충격에 약하다.
⑦ 막재질이 셀룰로오스계인 것은 미생물 침식으로 열화될 우려가 있으므로 염소를 주입하여 미생물을 억제하는 것이 필요하다.
⑧ 막이 유기물로 오염되었을 때는 주로 차아염소산나트륨을 이용하여 세척한다.

〈막모듈의 열화와 오염〉

분류			내용
열화		물리적 열화	장기적인 압력부하에 의한 막 구조의 압밀화(creep변형)
		압밀화	원수 중의 고형물이나 진동에 의한 막 면의 상처나 마모, 파단
		손상 건조	건조되거나 수축으로 인한 막 구조의 비가역적인 변화
		화학적 열화	막이 pH나 온도 등의 작용에 의한 분해
		가수분해 산화	산화제에 의하여 막 재질의 특성변화나 분해
		생물화학적 변화	미생물과 막 재질의 자화 또는 분비물의 작용에 의한 변화
오염 (파울링)	부착층	케이크층	현탁물질이 막 면상에 축적되어 형성되는 층이다.
		겔층	막면에 형성된 겔(gel)상의 비유동성층이다.
		스케일층	난용해성 물질이 용해도를 초과하여 막 면에 석출된 층이다.
		흡착층	흡착성이 큰 물질이 막 면상에 흡착되어 형성된 층이다.
	막힘		고체 : 막의 다공질부의 흡착, 석출, 포착 등에 의한 폐색 액체 : 소수성 막의 다공질부가 기체로 치환(건조)
	유로폐색		막모듈의 공급유로 또는 여과수 유로가 고형물로 폐색되어 흐르지 않는 상태

UNIT 07 활성탄 처리

1 분말활성탄 흡착설비

1) 정수처리공정과의 조합과 품질 💡 1과목과 내용 중복으로 생략!

2) 검수설비와 저장설비 💡 1과목과 내용 중복으로 생략!

3) 주입설비 💡 1과목과 내용 중복으로 생략!

2 입상활성탄 흡착설비

1) 흡착설비의 계획
① 입상활성탄은 처리공정의 선정에 따라 최적의 공정을 선정한다.
② 흡착방식은 기본적으로 고정상(fixed bed)식과 유동상(fluidized bed)식으로 분류되며 각 방식의 특성과 처리효과, 유지관리, 경제성 등을 고려하여 결정한다.
③ 적정한 접촉시간은 입상활성탄의 성능, 제거대상물질의 종류와 농도에 따라 다르므로 공간속도(SV), 탄층의 두께, 공상접촉시간(EBCT) 등은 문헌 등을 참고하고 실험 등으로 결정한다.
→ **설계인자 산정순서** : 공간속도를 우선 정하고 각 정수장의 조건에 적합한 탄층 두께를 결정한다.

㉠ 공상접촉시간(EBCT)

$$\text{공상접촉시간(EBCT)} = \frac{\text{입상활성탄충전량}(m^3)}{\text{처리수량}(m^3/hr)} = \frac{\text{활성탄층의 두께}(m)}{\text{선속도}(m/hr)}$$

- 공상접촉시간은 고정상인 경우 10~30분, 유동상인 경우 5~10분이 일반적이다.
- 일반적으로 공상접촉시간이 길수록 처리효과는 증가한다.

㉡ 공간속도(space velocity)
공간속도(SV)는 입상활성탄층을 통과하는 1시간당 처리수량을 입상활성탄의 용적으로 나눈 값으로 표시되며, 공상접촉시간의 역수이다. 5~10/h가 일반적인 표준이다.

$$\text{공간속도(SV)} = \frac{\text{처리수량}(m^3/hr)}{\text{활성탄의 용적}(m^3)}$$

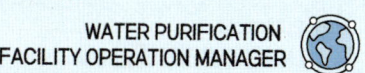

ⓒ 선속도(linear velocity)

선속도(LV)는 처리수량을 흡착지의 면적으로 나눈 값으로서, 여과속도에 해당된다.
- 중력식의 고정상 : 10~15m/h
- 가압식 : 15~20m/h
- 유동상 : 10~15m/h

ⓔ 탄층의 두께(H)

탄층이 두꺼운 경우 탄층의 손실수두가 커지므로 운전수위가 높아지며 흡착지의 높이가 커진다. 또 탄층두께를 얇게 하고 일정한 접촉시간을 유지하려면 지의 면적이 커진다. 탄층의 두께(H)는 접촉시간(T)과 선속도(LV)로 계산한다.

$$H = LV \times T$$

- 고정상인 경우 일반적으로 1.5~3.0m, 유동상인 경우에는 정지시의 두께로서 1.0~2.0m 정도가 많이 사용되고 있다.
- 탄층 두께가 커질수록 오염물질의 제거율은 높아지므로 처리목표의 달성 여부와 재생주기 등을 고려하여 결정한다.

ⓜ 입경
- 입상활성탄의 입경이 작을수록 단위용적당의 표면적은 커지고 따라서 물질이동대는 짧아진다. 입경이 작을수록 처리수량이 많아지나 전반적으로 볼 때 조작방식의 차이나 처리대상수의 수질에 따라 적합한 범위는 달라진다.
- 고정상의 하향류에서는 입경 0.4~2.4mm 정도의 활성탄이 많이 사용된다.
- 유동상식에서는 입경 0.3~0.9mm 정도의 활성탄이 많이 사용된다.

2) 흡착설비 1과목과 내용 중복으로 생략!

① 흡착지의 면적과 지수는 급속여과지의 여과면적과 지수 및 형상에 준한다.
② 흡착지의 구조는 효과적인 흡착과 역세척이 가능하고 또 활성탄 교체 등이 용이하도록 한다.
③ 집수장치는 편류가 없는 균등한 수류와 균등한 역세척, 그리고 활성탄의 지지 및 활성탄의 유출방지 등의 기능을 갖추어야 한다.

3) 세척설비 1과목과 내용 중복으로 생략!

① 탄층의 세척설비는 역세척에 적당한 보조세척을 추가한 방식으로 활성탄의 유출을 방지하도록 고려해야 한다.
② 세척수로는 활성탄처리수 또는 정수를 사용하고 필요한 수량, 수압 및 시간은 실험 등으로 결정한다.
③ 세척설비의 용량과 구조 등은 급속여과지 세척탱크와 세척펌프 등에 준한다.

4) 저장설비, 계량설비 및 이송설비

〈수력이송방식〉

이송방식	슬러리농도(kg 활성탄 / m^3 물)
자연유하방식	360 ~ 480
인젝터압송방식	80 ~ 120
슬러리펌프압송방식	120 ~ 240
압력조압송방식	360 ~ 480

💡 **입상활성탄 슬러리의 이송배관 설계조건**
- 배관은 가능한 한 스테인리스강을 사용한다.
- 저유속 1~2m/s을 표준으로 한다.
- 슬러리의 농도는 200kg/m^3를 표준으로 한다.
- 체류부가 없도록 한다.
- 용이하게 세척할 수 있도록 한다.
- 배관은 폐색시의 청소와 마모시의 교체를 고려하여 주요 부분의 분해와 교체를 쉽도록 한다.
- 슬러리 이송용 배관은 완전열림 상태 또는 완전닫힘 상태로 사용하기 때문에 유량은 펌프 희석수나 인젝터 압력수의 유량을 조절함으로써 조절되도록 한다.

5) 재생설비 💡 1과목과 내용 중복으로 생략!

CHAPTER 01 정수설비

01. 응집용 약품 저장설비의 용량에 관한 설명으로 옳지 않은 것은?

① 계획정수량에 각 약품의 평균 주입률을 곱하여 저장설비의 용량을 산정한다.
② 응집제는 30일분 이상으로 한다.
③ 알칼리제는 연속 주입할 경우 10일분 이상, 간헐 주입할 경우에는 30일분 이상으로 한다.
④ 응집보조제는 10일분 이상으로 한다.

[해설] 알칼리제는 연속 주입할 경우 30일분 이상, 간헐 주입할 경우에는 10일분 이상으로 한다.

02. 교반강도 G값의 단위는?

① s^{-1} ② s^{-2}
③ m^{-1} ④ m^{-2}

03. 약품주입설비에 관한 설명으로 옳은 것은?

① 분말약품은 유동성이 좋고 건식으로 안정적 주입이 가능하다.
② 습식주입 방식에는 원심력펌프 또는 플런저펌프 등을 이용한다.
③ 용량제어식 펌프는 주입량을 동시에 제어할 수 없으나, 주입량이 설정치와 일치하는지 알 수 있다.
④ 습식주입은 호퍼의 추출부에 가교현상을 방지하기 위한 대책이 필요하다.

[해설] ②항만 올바르다.
[오답해설]
① 분말약품은 유동성이 매우 불량하기 때문에 건식으로 안정적으로 주입하는 것을 기대하기 어렵다.
③ 용량제어식 펌프는 주입량을 동시에 제어할 수 있지만, 주입량이 설정치와 일치하는지 확인하기 어렵다.
④ 건식주입은 호퍼의 추출부에 가교현상을 방지하기 위한 대책이 필요하다.

04. 정수처리 시 사용되는 약품에 관한 설명으로 옳은 것은?

① 알카리제는 주로 활성규산과 알킨산소다를 사용한다.
② 응집제는 황산제1철, 황산알루미늄 등이 있다.
③ 응집보조제는 소석회, 생석회 등이 있다.
④ 응집보조제는 주로 탄산칼슘, 수산화마그네슘을 사용한다.

[해설] ②항만 올바르다.
[오답해설]
① 응집보조제는 주로 활성규산과 알킨산소다를 사용한다.
③ 알칼리제는 소석회, 생석회 등이 있다.

05. 정수처리공정 중 혼화지의 교반에 관한 설명으로 옳지 않은 것은?

① 교반을 위한 동력은 속도구배와 반비례한다.
② 교반을 위한 동력은 혼화지의 부피와 비례한다.
③ 교반은 응집제 확산과 콜로이드 입자의 에너지 전달이 주요 목적이다.
④ 교반을 위한 속도구배의 적정범위는 700/s ~ 1000/s가 일반적이다.

[해설] 교반을 위한 동력은 속도구배와 비례한다.
[식] $G = \sqrt{\dfrac{P}{\mu \cdot \forall}} \rightarrow P = G^2 \cdot \mu \cdot \forall$

  정답 01. ③ 02. ① 03. ② 04. ② 05. ①

06. 정수처리공정에서 응집에 영향을 미치는 요인으로 옳지 않은 것은?

① 교반 ② pH
③ 색도 ④ 수온

해설 응집 시 영향을 미치는 요인 : pH, 수온, 교반(혼합), 응집제의 종류, 응집제 주입량

07. A정수장에서 노후화된 약품 탱크를 일반구조용 압연강재를 사용하여 교체하였다. 이 설비에 사용할 수 있는 정수약품을 모두 고른 것은?

㉠ 황산알루미늄	㉡ 소석회
㉢ 수산화나트륨	㉣ 알긴산나트륨
㉤ 규산나트륨	㉥ 폴리염화알루미늄

① ㉠, ㉡, ㉥
② ㉠, ㉢, ㉤
③ ㉡, ㉣, ㉤
④ ㉢, ㉣, ㉥

해설 [정수용 약품의 내식성 재료]

약품명	금속계	수지계	고무계
황산알루미늄	STS315, SCS14	FRP, 염화비닐, 폴리에틸렌, 테프론	천연고무, 합성고무
폴리염화알루미늄	하스테로이C 탄탈륨	위와 같음	위와 같음
황산	-	위와 같음	위와 같음
이산화탄소	STS304, 316	위와 같음	위와 같음
수산화소듐 (수산화나트륨)	STS304, 316 SCS13, 14	위와 같음	위와 같음
소다회	SS	위와 같음	위와 같음
소석회	SS	위와 같음	위와 같음
알긴산나트륨	SS	위와 같음	위와 같음
규산나트륨	SS	위와 같음, 유리섬유, 에폭시	

주) SCS : 스테인리스주강품, STS : 스테인리스강, SS : 일반구조용 압연강재

08. 액체황산알루미늄을 저장할 수 있는 재질이 아닌 것은?

① FRP ② 염화비닐
③ 폴리에틸렌 ④ 일반구조용 압연강재

해설 일반구조용 압연강재(SS)는 소다회, 소석회, 알긴산나트륨, 규산나트륨에만 적용이 가능하다.

09. 기계식교반에서 플록큐레이터의 주변속도 표준으로 옳은 것은?

① 5 ~ 10cm/sec ② 10 ~ 20cm/sec
③ 15 ~ 80cm/sec ④ 90 ~ 110cm/sec

해설 기계식교반에서 플록큐레이터의 주변속도는 15~80 cm/s로 하고 우류식교반에서는 평균유속을 15~30 cm/s를 표준으로 한다.

10. 가압수 확산에 의한 혼화방식에 관한 설명으로 옳은 것을 모두 고른 것은?

| ㉠ 혼화기에 의한 추가적인 손실수두가 없다. |
| ㉡ 백믹싱(back-mixing)이 발생한다. |
| ㉢ 가압펌프가 필요하다. |
| ㉣ 노즐이 폐색될 우려가 있다. |

① ㉠, ㉢
② ㉠, ㉢, ㉣
③ ㉡, ㉢, ㉣
④ ㉠, ㉡, ㉢, ㉣

해설 백믹싱(back-mixing)은 기계식 혼화에서 발생하는 문제점이다.

정답 06. ③ 07. ③ 08. ④ 09. ③ 10. ②

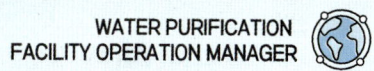

11. 약품침전지의 구성과 구조에 관한 설명으로 옳지 않은 것은?

   ① 침전지의 형상은 직사각형으로 하고 길이는 폭의 3~8배 정도로 한다.
   ② 각 침전지마다 독립하여 사용가능한 구조로 한다.
   ③ 고수위에서 침전지 벽체 상단까지의 여유고는 15 cm 이상으로 한다.
   ④ 침전지 바닥에는 슬러지 배제에 편리하도록 배수구를 향하여 경사지게 한다.

   [해설] 고수위에서 침전지 벽체 상단까지의 여유고는 30cm 이상으로 한다.

12. 약품주입방식에 관한 설명으로 옳지 않은 것은?

   ① 액체황산알루미늄은 산화알루미늄 농도 6~8%를 사용한다.
   ② 고형황산알루미늄은 건식주입기를 사용하여 주입한다.
   ③ 수산화나트륨은 20~25%로 희석하여 사용한다.
   ④ 황산 농도 98%를 100~80배로 희석하여 사용한다.

   [해설] 고형황산알루미늄은 습식주입기를 사용하여 주입한다.

13. 밑면이 정4각형인 혼화조가 폭의 1.25배에 해당하는 물 깊이를 유지하고 있으며, 하루 7,570m³의 물이 고속혼화속도로 응집처리 되고 있다. 이때 혼화조 잔류 시간을 40sec로 유지하기 위한 혼화조의 밑면적(m²) 및 높이(m)는 약 얼마인가?

   ① 밑면적 : 3.50, 높이 : 1.76
   ② 밑면적 : 1.99, 높이 : 1.41
   ③ 밑면적 : 1.99, 높이 : 1.76
   ④ 밑면적 : 3.50, 높이 : 1.41

   [해설] [식] 혼화조의 부피 = 면적 × 높이
   $= W^2$(정4각형이므로) × 높이
   • 혼화조의 부피 $= Q \cdot t$
   $= \dfrac{7,570m^3}{day} \times 40\text{sec} \times \dfrac{1 day}{86,400\text{sec}}$
   $= 3.5046 m^3$
   • $H = 1.25 W$
   혼화조의 부피 3.5046
   $= W^2 \times H = W^2 \times 1.25 W = 1.25 W^3$
   $W = 1.41 m$
   ∴ 밑면적 $= W^2 = 1.41^2 = 1.99 m^2$
   ∴ 높이 $= 1.25 W = 1.25 \times 1.41 = 1.76 m$

14. 횡류식 경사판침전지의 표준규격으로 옳은 것은?

   ① 경사판의 경사각은 75° 이상으로 한다.
   ② 표면부하율은 12 ~ 28mm/min로 한다.
   ③ 장치의 하단과 바닥과의 간격은 1m 이하로 한다.
   ④ 침전지 내 평균유속은 0.6m/min 이하로 한다.

   [해설] ④항만 올바르다.
   [오답해설]
   ① 경사판의 경사각은 55 ~ 60°로 한다.
   ② 표면부하율은 4 ~ 9mm/min로 한다.
   ③ 장치의 하단과 바닥과의 간격은 1.5m 이상으로 한다.

15. 하루에 4,500m³를 처리할 수 있는 용량을 가진 침전지가 있다. 물이 월류하는 위어의 총길이가 30m일 때, 이 침전지의 위어 부하율(m³/m·hr)은 얼마인가?

   ① 3.25
   ② 4.25
   ③ 5.25
   ④ 6.25

   [해설] [식] 위어 부하율 $= \dfrac{처리유량}{위어의 길이}$
   $= \dfrac{4,500m^3}{day} \times \dfrac{1}{30m} \times \dfrac{1 day}{24 hr} = 6.25 m^3/m \cdot hr$

 11. ③   12. ②   13. ③   14. ④   15. ④

16. 침전효율을 향상시키기 위한 일반적인 방법으로 옳은 것은?

① 침전지의 침강면적을 작게 한다.
② 침전 내 유속을 크게 한다.
③ 입자의 침강속도를 크게 한다.
④ 침전지의 길이에 비하여 폭을 넓게 한다.

해설 ③항만 올바르다.
오답해설
① 침전지의 침강면적을 크게 한다. (예 다층식 침전지)
② 침전 내 유속을 작게 한다. (유량을 작게)
④ 침전지의 폭에 비하여 길이를 길게 한다. → 체류시간 증대

17. 가압탈수기의 여과포 선정조건으로 옳은 것은?

① 여과포의 폐색이 많을 것
② 내산성, 내알카리성일 것
③ 사용중 팽창과 수축이 클 것
④ 여과포의 케이크 부착성이 좋을 것

해설 ②항만 올바르다.
오답해설
① 여과포의 폐색이 적을 것
③ 사용중 팽창과 수축이 적을 것
④ 여과포의 케이크의 탈착이 좋을 것

18. 가압탈수기의 여과포에 관한 설명으로 옳지 않은 것은?

① 내산성과 내알칼리성을 가져야 한다.
② 사용 중에 팽창은 크고, 수축은 적어야 한다.
③ 폐색이 적고 케이크의 탈착이 좋아야 한다.
④ 강도와 내구성이 뛰어나야 한다.

해설 사용 중에 팽창과 수축은 적어야 한다.

19. 회전드럼 내에 고분자응집제 등으로 전처리한 슬러지를 공급하고 원심력으로 고액분리하는 방식의 탈수기는?

① 가압탈수기   ② 원심탈수기
③ 진공탈수기   ④ 조립탈수기

20. 슬러지에 기계적 압력을 가하여 압착하는 가압탈수기의 종류가 아닌 것은?

① 필터프레스식   ② 벨트프레스식
③ 스크루프레스식   ④ 진공탈수식

해설 가압탈수기의 종류 : 필터프레스, 벨트프레스, 스크루프레스

21. 탈수기에 관한 설명으로 옳지 않은 것은?

① 필터프레스탈수기는 슬러지의 압입, 압착, 공기주입, 여과판 열림, 배출 및 여과판 닫힘의 공정으로 탈수하는 방식이다.
② 진공탈수기는 드럼과 진공장치 및 여과포로 구성되며, 드럼의 표면에 있는 슬러지를 여과포에 진공을 걸어 탈수하는 방식이다.
③ 원심탈수기는 탈수효율을 높이기 위해 일반적으로 고분자응집제 설비가 추가로 필요하다.
④ 벨트프레스식에서 벨트의 인장력이 증가되면 수분이 많은 케익이 생성되므로 주의가 필요하다.

해설 [벨트프레스식의 특징]
- 벨트의 속도가 빨라지면 탈수시간이 짧아져서 수분이 많은 케익이 생성된다.
- 벨트의 인장력이 증가되면 더욱 건조한 케익이 생성되어 벨트마모가 심해진다.
- 폴리머의 사용량을 증대시키면 더욱 건조된 케익이 생산된다.

정답 16. ③ 17. ② 18. ② 19. ② 20. ④ 21. ④

22. 슬러지 탈수 방식에 해당하는 것을 모두 고른 것은?

> ㉠ 진공 탈수 ㉡ 필터 프레스
> ㉢ 벨트 프레스 ㉣ 활성탄 흡착
> ㉤ 이온교환 수지

① ㉠, ㉡, ㉢
② ㉠, ㉢, ㉤
③ ㉡, ㉢, ㉣
④ ㉢, ㉣, ㉤

해설 슬러지 탈수 방식 : 진공 탈수, 가압 탈수(필터프레스, 벨트프레스, 스크루프레스), 원심분리 탈수, 조립 탈수

23. 탈수기에 관한 설명으로 옳지 않은 것은?

① 원심탈수기와 조립탈수기에는 고분자응집보조제의 주입장치를 설치한다.
② 가압형 필터프레스는 탈수기의 여실 내에 슬러지 원액을 케이크 두께(20~30mm) 정도가 되도록 한다.
③ 진공탈수기는 드럼과 진공장치 및 여과포로 구성되며, 케이크의 함수율은 60~80% 정도이다.
④ 가압압착형 필터프레스는 가압형 필터프레스에 비하여 구조가 단순하며, 케이크의 함수율은 60~80% 정도이다.

해설 가압압착형 필터프레스에는 종형과 횡형이 있으며 가압형 필터프레스에 비하여 다이어프램과 압력수 펌프가 부가되기 때문에 구조가 복잡하다. 케이크의 함수율은 55~65% 정도이며 압착기구가 있는 것은 5~10% 정도를 추가로 제거할 수 있다.

24. 슬러지의 침강·농축·탈수성에 관한 설명으로 옳지 않은 것은?

① 슬러지 탈수성에 영향을 미치는 인자는 탁도와 응집제주입량의 비(T/Al)로 나타낸다.
② 응집제주입량과 탁도의 비(Al/T)가 낮을수록 비저항값이 적어 탈수가 양호하다.
③ 상수원의 부영양화로 유기물이 증가하면 비저항값이 커진다.
④ 슬러지의 침강·농축특성을 조사하기 위해 통상 실린더-테스트를 실시한다.

해설 슬러지 탈수성에 영향을 미치는 인자는 응집제주입량과 탁도의 비(Al/T)로 나타낸다.

25. 침전지의 슬러지 배출설비 방식이 아닌 것은?

① 수중대차식   ② 주행브리지식
③ 수중디퍼식   ④ 체인플라이트식

해설 슬러지 배출설비의 종류 : 중심축회전식, 체인플라이트식, 수중대차식, 주행브리지식

26. 횡류식 침전지에 관한 설명으로 옳은 것을 모두 고른 것은?

> ㄱ. 응집처리를 수반하는 단층침전지의 표면부하율은 15~30mm/min으로 한다.
> ㄴ. 유효수심은 3~5.5m로 하고 슬러지 퇴적심도로서 30cm 이상을 고려한다.
> ㄷ. 침전지의 형상은 직사각형으로 하고 폭은 길이의 10~15배 정도로 한다.
> ㄹ. 고수위에서 침전지 벽체 상단까지의 여유고는 30cm 이상으로 한다.
> ㅁ. 응집처리를 하지 않은 보통침전지의 평균유속은 0.5m/min 이상을 표준으로 한다.

① ㄱ, ㄴ, ㄹ
② ㄱ, ㄷ, ㅁ
③ ㄴ, ㄷ, ㄹ
④ ㄴ, ㄹ, ㅁ

 정답 22. ① 23. ④ 24. ① 25. ③ 26. ①

오답해설
ㄷ. 침전지의 형상은 직사각형으로 하고 폭은 길이의 3~8배 정도로 한다.
ㅁ. 응집처리를 하지 않은 보통침전지의 평균유속은 0.3 m/min 이하를 표준으로 한다.

27. 상향류식 경사판 침전지에 관한 설명으로 옳은 것을 모두 고른 것은?

> ㄱ. 표면부하율은 12~28mm/min을 표준으로 하여 관리한다.
> ㄴ. 침강장치는 1단으로 하고 경사각은 55~60°를 유지하도록 관리한다.
> ㄷ. 침전지 내 평균상승유속은 350mm/min으로 유지한다.

① ㄱ ② ㄱ, ㄴ
③ ㄴ, ㄷ ④ ㄱ, ㄴ, ㄷ

해설 ㄷ. 침전지 내의 평균상승유속은 250mm/mim 이하로 한다.

28. 급속여과지의 정속여과제어방식이 아닌 것은?

① 유량제어방식 ② 수위제어방식
③ 자연평형방식 ④ 감쇠제어방식

해설
• 정속여과방식 : 유량제어형, 수위제어형, 자연평형형
• 정압여과방식 : 1가지 방식만 존재

29. 급속여과지의 역세척공정에 관한 설명으로 옳지 않은 것은?

① 역세척효과를 높이기 위해 역세척 시간동안 여과층을 40 ~ 50% 팽창시켜 유동상태를 유지할 수 있도록 한다.
② 일반적으로 동일한 팽창률로 되기 위한 역세척속도는 여재의 입경이 커지면 빨라진다.
③ 일반적으로 동일한 팽창률로 되기 위한 역세척속도는 수온이 낮을수록 느려진다.
④ 동일한 여과속도에서 여과수의 탁도는 여름철보다 겨울철이 더 높다.

해설 역세척효과를 높이기 위해 역세척 시간동안 여과층을 20 ~ 30% 팽창시켜 유동상태를 유지할 수 있도록 한다.

30. 여과지 하부집수장치 중 물·공기 병용 역세척이 불가능하며 물역세척 전용인 형식은?

① 유공블럭형 ② 스트레이너형
③ 휠러 볼형 ④ S.I.B Block

31. 다음에서 설명하고 있는 하부집수장치는?

> ○ 바닥판에 분산실과 송수실을 갖는 성형블록을 병렬로 연결한 것이다.
> ○ 오리피스를 통한 2단 구조에 의한 균압 효과를 기대할 수 있다.
> ○ 시공이 쉽고, 압력실이 필요하지 않으므로 구조를 얇게 할 수 있다.

① 휠러형 ② 다공판형
③ 유공블럭형 ④ 스트레이너형

정답 27. ② 28. ④ 29. ① 30. ③ 31. ③

32. 급속 여과지의 기능을 모두 고른 것은?

　　㉠ 탁질 제거기능　　㉡ 탁질의 양적 억류기능
　　㉢ 세척기능　　　　　㉣ 침전기능
　　㉤ 완충기능

① ㉠, ㉡, ㉢
② ㉠, ㉢, ㉣
③ ㉡, ㉢, ㉤
④ ㉢, ㉣, ㉤

33. '여과지속시간 내에 처리된 여과지의 단위면적당의 여과수량'(UFRV)은 여과지 성능평가의 지표로 이용된다. 여과지속시간이 3일, 여과속도가 0.1m/분일 때, UFRV는 얼마인가?

① $0.3m^3/m^2$
② $7.2m^3/m^2$
③ $30m^3/m^2$
④ $432m^3/m^2$

해설 $UFRV = \dfrac{여과수량}{여과면적} = 여과속도$

∴ $UFRV = \dfrac{0.1m}{min} \times \dfrac{1440min}{1day} \times 3day$
$= 432m/여과지속시간 = 432m^3/m^2$

34. 정수설비 중 급속여과지의 여과면적과 지수 및 형상에 관한 사항으로 옳은 것은?

① 여과면적은 계획정수량을 여과속도로 나누어 계산한다.
② 여과지 수는 2지 이하로 설치하고 예비지는 고려하지 않는다.
③ 여과지 1지의 여과면적은 $200m^2$ 이상으로 한다.
④ 여과지형상은 정사각형을 표준으로 한다.

해설 ①항만 올바르다.

오답해설
② 여과지 수는 예비지를 포함하여 2지 이상으로 하고 10지를 넘을 경우에는 여과지수의 1할 정도를 예비지로 설치하는 것이 바람직하다.
③ 여과지 1지의 여과면적은 $150m^2$ 이하로 한다.
④ 여과지형상은 직사각형을 표준으로 한다.

35. 여과지의 세척방법에 관한 설명으로 옳지 않은 것은?

① 공기세척은 표면세척 및 역세척과 병용하여 사용하는 것이 일반적이다.
② 역세척에서 여과층을 20 ~ 30% 팽창시켰을 때, 탁질 제거효과가 가장 좋다.
③ 표면세척은 표층부에 압력수를 분사시켜 세척하는 것으로 고정식과 회전식이 있다.
④ 공기세척 시에는 공기를 여과층 전체에 균등하게 분산시킬 수 있는 하부집수장치를 선정해야 한다.

해설 여과층의 세척은 역세척과 표면세척을 조합한 방식을 표준으로 하고 여과층이 유효하게 세척되어야 하며 필요에 따라 공기세척과 역세척을 조합할 수 있다. 공기세척 시 표면세척은 하지 않는 것이 보통이다.

36. 역세척할 때 입경이 작은 여재가 유출됨에 따라 발생할 수 있는 현상을 모두 고른 것은?

　　㉠ 머드볼의 발생
　　㉡ 여과층 표면 균열 발생
　　㉢ 여재의 유효경이 커짐
　　㉣ 여과층의 두께 감소
　　㉤ 여과층과 여과지 측벽 사이에 간격 발생

① ㉠, ㉡
② ㉡, ㉢
③ ㉢, ㉣
④ ㉣, ㉤

 정답　32. ①　33. ④　34. ①　35. ①　36. ③

해설 입경이 작은 여재가 유출되면 상대적으로 입경이 큰 여재들이 많이 잔존하게 되고 여재의 유효경이 커지며 여과층의 전체 두께는 감소한다. ㉠, ㉡, ㉢은 세척효과가 불충분한 경우 발생하는 장애현상에 해당한다.

37. 급속여과지의 역세척공정에 관한 설명으로 옳은 것은?

① 역세척효과를 높이기 위해 여과층을 20~30% 팽창시켜 유동상태로 한다.
② 여과수의 탁도는 겨울철보다 여름철이 더 높다.
③ 일반적으로 동일한 팽창률로 되기 위한 역세척속도는 여재의 입경이 커지면 느려진다.
④ 역세척속도는 여재가 트로프로 배출될 우려가 있으므로 20m/분 이상으로 한다.

해설 ①항만 올바르다.
오답해설
② 여과수의 탁도는 겨울철이 여름철보다 더 높다.
③ 일반적으로 동일한 팽창률로 되기 위한 역세척속도는 여재의 입경이 커지면 빨라진다.
④ 역세척속도를 0.9m/분 이상으로 하면, 여재가 트로프로 배출될 우려가 있으므로 피하는 것이 좋다. (적정속도 0.6m/분 내외)

38. 자기역세척형 여과지에 관한 설명으로 옳지 않은 것은?

① 여과지의 수는 여과속도가 150m/day인 경우에도 최소 6지 이상이 필요하다.
② 세척을 개시할 때에는 다른 지의 여과속도가 증가한다.
③ 사이펀의 브레이크음과 유입수의 낙하 소음이 크다.
④ 역세척탱크 또는 역세척펌프가 필요하다.

해설 역세척탱크 또는 역세척펌프가 필요하지 않다.

39. 여과지의 역세척은 몇 단계로 이루어지는가?

① 1단계　② 2단계
③ 3단계　④ 4단계

40. 여과지 역세척의 2단계에 해당하는 것은?

① 여재입자가 부유·팽창되고 유동화된 여과층으로부터 여재입자에서 탁질이 떨어지게 하는 단계
② 여재 상호의 충돌, 마찰, 물의 흐름에 의한 전단력에 의해 여재에 부착된 탁질을 분리시키는 단계
③ 역세척수에 의해 여과모래층을 유동화 상태로 만드는 단계
④ 여과층상으로부터 분리된 탁질을 조속히 트로프로 배출시키는 단계

해설 [역세척 단계]
(1) 1단계 : 역세척수에 의하여 여과층을 유동상태로 하고 국소적인 단락류나 작은 소용돌이에 의한 여과재 상호간의 충돌과 마찰이나 수류의 전단력으로 부착된 탁질을 박리하여 분리하는 단계로 여과층을 20~30% 팽창시켰을 때에 가장 좋다.
(2) 2단계 : 여과층상으로부터 분리된 탁질을 조속히 트로프로 배출시키는 단계다.

41. 고압가스 안전관리법령상 액화염소를 사용하는 정수장에서 안전관리자 전문교육과정의 교육기간으로 옳은 것은?

① 신규종사 후 1개월 이내, 그 후 1년마다 1회
② 신규종사 후 3개월 이내, 그 후 2년마다 1회
③ 신규종사 후 6개월 이내, 그 후 3년마다 1회
④ 신규종사 후 9개월 이내, 그 후 5년마다 1회

정답　37. ①　38. ④　39. ②　40. ④　41. ③

42. 다음은 어떤 염소주입설비에 관한 설명인가?

- 염소주입기 전단부에 설치하며, 최대용량까지 주입이 가능하다.
- 각 염소주입기에 공급하는 가스 압력을 적절히 조절할 수 있다.
- 전단부에는 염소가스의 액화현상을 방지하기 위한 히터를 장착한다.
- 후단부에는 기기 고장시 원활한 사용을 위해 반드시 by-pass배관을 설치한다.

① 진공조절기 ② 이젝터
③ 급속분사 교반기 ④ 중화설비

43. 전염소처리공정의 목적으로 옳지 않은 것은?

① 세균을 제거한다.
② 수중의 불순물을 침전시킨다.
③ 철, 망간 등을 제거한다.
④ 암모니아성 질소를 제거한다.

해설 [전염소 / 중간염소처리의 목적]
  ㉠ 세균제거
  ㉡ 생물처리
  ㉢ 철과 망간의 제거
  ㉣ 암모니아성질소와 유기물 등의 처리
  ㉤ 맛과 냄새의 제거

44. 액화염소 주입설비에 관한 설명으로 옳은 것은?

① 주입량과 잔량을 확인하기 위하여 계량설비를 설치한다.
② 염소주입기실은 가능한 주입지점에서 멀고 주입점의 수위보다 낮은 실내에 설치한다.
③ 사용량이 10kg/hr 이상인 시설은 원칙적으로 기화기를 설치한다.
④ 염소주입기실은 실내온도를 한랭시에도 항상 5~10℃로 유지되도록 간접보온장치를 설치한다.

해설 ①항만 올바르다.
오답해설
② 염소주입기실은 가능한 주입지점에서 가깝고 주입점의 수위보다 높은 실내에 설치한다.
③ 사용량이 20kg/hr 이상인 시설은 원칙적으로 기화기를 설치한다.
④ 염소주입기실은 실내온도를 한랭시에도 항상 15~20℃로 유지되도록 간접보온장치를 설치한다.

45. 액화염소 저장설비에 관한 설명으로 옳지 않은 것은?

① 액화염소의 저장량은 항상 1일 사용량의 10일분 이상으로 한다.
② 액화염소 용기는 40℃ 이상으로 유지하고 직접 가열해서는 안된다.
③ 액화염소 저장실의 실온은 10 ~ 35℃를 유지하고 출입구 등을 통하여 직사일광이 용기에 직접 닿지 않는 구조로 한다.
④ 액화염소 저장실은 내진 및 내화성으로 하고 안전한 위치에 설치한다.

해설 용기는 40℃ 이하로 유지하고 직접 가열해서는 안 된다.

46. 다음 액체약품 저장설비에서 ( ) 안에 들어갈 내용으로 옳은 것은?

수산화나트륨은 농도가 45% 이상인 농도인 상태로 구입하는 경우가 많고 액온이 (㉠)℃ 이하가 되면 결정이 검출되므로 농도를 (㉡)% 정도로 희석하여 저장할 필요가 있다.

① ㉠ : 10, ㉡ : 20 ② ㉠ : 10, ㉡ : 30
③ ㉠ : 20, ㉡ : 20 ④ ㉠ : 20, ㉡ : 30

정답 42. ① 43. ② 44. ① 45. ② 46. ①

47. 액화염소 주입설비에 관한 설명으로 옳지 않은 것은?

① 사용량이 20kg/h 이상인 시설에는 원칙적으로 기화기를 설치한다.
② 염소주입기실은 가능한 주입지점에 가깝고 주입점의 수위보다 높은 실내에 설치한다.
③ 액화염소 주입기로 가장 많이 사용되고 있는 것은 습식진공식 염소주입기이다.
④ 염소주입기실의 실내온도는 항상 0℃ 이상으로 유지되도록 직접보온장치를 설치한다.

해설 염소주입기실은 내진성과 내화성으로 하고 상부에 환기구를 설치하며 바닥은 콘크리트로 하고 한랭시에도 실내온도를 항상 15~20℃로 유지되도록 간접보온장치를 설치한다.

48. 소독설비 중 차아염소산나트륨 저장설비의 설치 기준으로 옳지 않은 것은?

① 저장조의 주위에는 방액제 또는 피트를 설치한다.
② 저장조에 온도조절장치를 설치하거나, 조정실에 환기장치 또는 냉방장치를 설치한다.
③ 저장조 또는 용기는 밀폐된 공간에 설치하여 직사일광에 의해 건조상태를 유지할 수 있도록 한다.
④ 저장실의 바닥은 경사를 주고 내식성 모르타르 등으로 시공한다.

해설 저장조 또는 용기는 직사일광이 닿지 않고 통풍이 좋은 장소에 설치한다. 차아염소산나트륨은 직사일광, 특히 자외선으로 분해된다.

49. A정수장은 하천을 취수원으로 하는데 상수원 옆 도로에서 저녁 7시경 페놀을 실은 탱크로리가 전복되어 페놀이 착수정으로 유입되었다. 야간근무자의 조치사항으로 옳지 않은 것은?

① 비상조치 매뉴얼에 따라 즉시 비상연락망을 가동하고 신속히 보고한다.
② 페놀 냄새를 중화시키기 위해 전염소를 강화한다.
③ 착수정의 분말활성탄을 투입하고 전염소를 이산화염소로 대체해 투입한다.
④ 오존 주입이 가능하면 전오존과 후오존을 주입하여 페놀을 산화한다.

해설 페놀은 염소와 결합하여 클로로페놀을 형성하여 오염을 가중시킨다. 따라서 페놀이 유입되면 염소를 다른 소독제로 대체하여야 한다.

50. 오존발생기실 등에 관한 설명으로 옳지 않은 것은?

① 건물은 내화 및 내식을 고려하여 채광, 방음, 환기, 배수 등이 양호하여야 한다.
② 오존발생설비는 가능한 주입지점에서 멀게 설치한다.
③ 바닥면적은 발생기 등의 유지관리에 충분한 넓이로 한다.
④ 오존발생에 필요한 전력설비는 충분한 용량과 기능을 갖추어야 한다.

해설 오존발생설비는 가능한 주입지점에서 가깝게 설치한다.

정답 47. ④ 48. ③ 49. ② 50. ②

51. 주입오존량 80mg/L, 잔류오존량 20mg/L, 배출오존량 5mg/L일 때 이용률과 전달효율은 약 얼마인가?

① 이용률 94%, 전달효율 69%
② 이용률 69%, 전달효율 94%
③ 이용률 80%, 전달효율 75%
④ 이용률 75%, 전달효율 80%

해설 2과목(수질분석 및 관리)에서 학습한 내용을 토대로 계산한다.

※ 2과목 면제인 분들은 아래 식을 참고해주시면 된다.

식 오존이용률(%)
$$= \frac{(주입오존농도 - 배오존농도 - 잔류오존농도)}{주입오존농도} \times 100$$

∴ 오존이용률(%) $= \frac{(80-5-20)}{80} \times 100 = 68.75\%$

식 전달효율(%) $= \frac{(주입오존량 - 배출오존량)}{주입오존량} \times 100$

∴ 전달효율(%) $= \frac{(80-5)}{80} \times 100 = 93.75\%$

52. 정수처리 시 살균효과에 영향을 미치는 인자로서 옳지 않은 것은?

① 살균제의 종류 ② 살균제의 색도
③ 살균 지속시간 ④ 살균제의 농도

53. 소독 주입설비 및 제해설비에 관한 설명으로 옳지 않은 것은?

① 염소주입기실은 한랭시 실내온도를 항상 15~20℃로 유지되도록 간접보온장치를 설치한다.
② 저장량 1,000kg 이상의 시설은 염소가스누출에 대비하여 가스누출검지경보설비, 중화반응탑 등 중화장치를 설치한다.
③ 액화염소 사용량이 20kg/h 이상인 시설에는 원칙적으로 기화기를 설치하지 않는다.
④ 주입량과 잔량을 확인하기 위하여 계량설비를 설치한다.

해설 사용량이 20kg/h 이상인 시설에는 원칙적으로 기화기를 설치한다.

54. 액화염소 저장실의 적정온도는?

① 5 ~ 10℃   ② 10 ~ 35℃
③ 40 ~ 50℃   ④ 50℃

해설 실온은 10~35℃를 유지하고 출입구 등을 통하여 직사일광이 용기에 직접 닿지 않는 구조로 한다.

55. 중간염소처리시 염소제 주입지점으로 옳은 것은?

① 취수시설, 도수관로, 착수정, 혼화지 등 교반이 잘 일어나는 지점
② 침전지와 여과지 사이
③ 정수지 유입부
④ 배수지 유출부

56. 차아염소산나트륨 발생장치 중 무격막 방식에 관한 설명으로 옳지 않은 것은?

① 제조된 유효 염소농도는 1.0% 전후이다.
② 미반응 식염이 포함되어 염화나트륨의 함량이 시판용액보다 많다.
③ 제조된 용액은 약산성이다.
④ 시판용액보다 거품발생 및 스케일부착이 적어 배관 막힘이 적다.

해설 제조된 차아염소산나트륨용액은 약 알칼리(약 pH 9)이다.

정답 51. ② 52. ② 53. ③ 54. ② 55. ② 56. ③

57. 4,500m³/day를 처리하는 정수장에서 NaOCl을 주입하여 소독처리 하고자 한다. 염소요구량은 14.5mg/L (as Cl⁻)이며 잔류염소의 농도를 0.5mg/L로 유지할 때, 하루 주입해야 하는 NaOCl의 양(kg/day)는 얼마인가? (단, 원자량 Na=23, Cl=35.5, O=16 이다.)

① 65.25 ② 67.50
③ 141.65 ④ 502.75

해설 식 주입량 = 요구량 + 잔류량
∴ 주입량
$$= \left(\frac{(14.5+0.5)mg \ as \ Cl}{L}\right) \times \frac{4,500m^3}{day} \times \frac{1kg}{10^6 mg}$$
$$\times \frac{10^3 L}{1m^3} \times \frac{74.5 NaOCl}{35.5 Cl} = 141.65 kg/day$$

58. 배오존 처리방법이 아닌 것은?

① 무성방전법 ② 활성탄흡착분해법
③ 가열분해법 ④ 촉매분해법

해설 배오존 처리방법 : 활성탄흡착분해법, 가열분해법, 촉매분해법

59. 오존처리공정에 관한 설명으로 옳지 않은 것은?

① 오존처리는 실제 정수장의 운전결과로부터 오존주입률이 0.5~3.0mg/L일 경우 2-MIB가 거의 제거된다.
② 생물활성탄으로 유기물을 분해한 다음 염소소독을 실시하면 트리할로메탄 생성량은 적어진다.
③ 망간을 효과적으로 제거하기 위해서는 침전수에 오존을 주입하고 급속모래여과지의 유입수에 오존이 잔류하지 않을 정도로 주입률을 1.5~3.0 mg/L로 설정한다.
④ 원수 중에 용존되어 있는 Mn^{2+}이 산화되면 $Mn^{4+}(MnO_2)$ 또는 $Mn^{7+}(MnO_4^-)$가 되어 흑갈색 및 분홍색을 나타낸다.

해설 망간을 효과적으로 제거하기 위해서는 침전수에 오존을 주입하고 급속모래여과지의 유입수에 오존이 잔류하지 않을 정도로 주입률을 0.5~1.0mg/L로 설정한다.

60. 막여과 정수시설에서 막모듈의 교환을 위한 유기막과 세라믹막의 수명기준으로 옳은 것은?

① 유기막: 1년 이상, 세라믹막: 5년 이상
② 유기막: 1년 이상, 세라믹막: 7년 이상
③ 유기막: 3년 이상, 세라믹막: 5년 이상
④ 유기막: 3년 이상, 세라믹막: 7년 이상

61. 막여과 시 막의 충전밀도가 높고 압력손실이 작으며 막교체 비용이 적은 특성을 지닌 모듈 형식은?

① 관형 모듈 ② 나권형 모듈
③ 평판형 모듈 ④ 중공사형 모듈

62. 정수처리에 막여과 설비를 적용하는 주된 이유로 옳지 않은 것은?

① 응집제를 사용하지 않거나 또는 적게 사용한다.
② 용해성 물질이 포함된 원수에 적합하다.
③ 막의 특성에 따라 원수 중 일정한 크기 이상의 불순물을 제거할 수 있다.
④ 부지면적이 종래보다 적다.

해설 담수처리에 주로 사용하는 정밀여과와 한외여과는 현탁물질을 주로하는 불용해성물질 처리에 적합하고, 나노 및 역삼투법은 용해성물질을 제거대상물질로 한다.

정답 57. ③ 58. ① 59. ③ 60. ④ 61. ② 62. ②

63. 배출수 처리시설에 관한 설명으로 옳지 않은 것은?

① 여과지의 세척배출수를 재활용하는 경우 상징수를 정수시설의 착수정으로 반송한다.
② 정수공정의 침전지 슬러지는 농축조에서 농축처리하며, 그 상징수는 정수공정으로 반송하여 재활용한다.
③ 정수장에서 발생되는 슬러지는 원수 중의 탁도 물질과 응집약품에 의한 약품슬러지로 분류되며 주로 불활성물질로 구성되어 있다.
④ 침전지로부터 슬러지와 여과지의 역세척배출수는 구분하여 처리한다.

[해설] 세척배출수에서 발생된 슬러지와 정수공정의 침전지슬러지는 배출수처리시설의 농축조에서 농축처리하며 그 상징수는 정수공정으로는 반송하지 않는다.

64. 배슬러지지에 관한 설명으로 옳지 않은 것은?

① 1지의 용량은 1회의 여과지 역세척 배출수량과 입상활성탄 처리시설 세척수량 이상으로 한다.
② 슬러지 배출관을 설치하며, 관경은 150mm 이상으로 해야 한다.
③ 지수는 2지 이상으로 하는 것이 바람직하다.
④ 유효수심은 2 ~ 4m로 하고 고수위에서 주변상단까지 여유고는 60cm 이상으로 한다.

[해설] 1지의 용량은 1회의 여과지 세척배출수량 이상으로 한다.

65. 슬러지 처리방법으로 옳은 것을 모두 고른 것은?

㉠ 기계 탈수법 ㉡ 열처리법
㉢ 동결융해법 ㉣ 약품 처리법
㉤ 오존 처리법

① ㉠, ㉡, ㉢
② ㉠, ㉡, ㉣
③ ㉡, ㉢, ㉤
④ ㉢, ㉣, ㉤

[해설] [슬러지처리방법]
1) 자연건조(천일건조상, 라군)
2) 기계탈수
3) 탈수·열건조(열처리)
4) 동결융해
5) 위탁 또는 하수처리장 이송처리

66. 배출수처리방식 중 기본적인 처리방법이 아닌 것은?

① 자연건조
② 기계탈수
③ 농축재처리
④ 위탁 또는 하수처리장 이송처리

[해설] [슬러지처리방법]
1) 자연건조(천일건조상, 라군)
2) 기계탈수
3) 탈수·열건조(열처리)
4) 동결융해
5) 위탁 또는 하수처리장 이송처리

67. 침전지 슬러지의 배출설비에 관한 설명으로 옳지 않은 것은?

① 횡류식 침전지의 슬러지는 고농도로 소량 배출시키는 것이 후속처리를 위하여 유리하다.
② 경사판식 침전지는 단위면적당 슬러지 발생량이 적다.
③ 고속응집 침전지 슬러지 배출펌프의 개폐는 타이머에 의한 자동조작을 원칙으로 한다.
④ 슬러지 배출밸브는 정전 등의 사고가 있을 때 '열림' 상태가 되지 않도록 한다.

정답 63. ② 64. ① 65. ① 66. ③ 67. ②

해설 경사판식 침전지는 단위면적당 슬러지 발생량이 많아 슬러지가 과퇴적되는 것을 주의해야 한다.

68. 수중대차식 슬러지수집기의 구성요소에 해당하는 것을 모두 고른 것은?

    | ㄱ. 리미트 스위치 | ㄴ. 와이어로프 |
    | ㄷ. 스크레퍼 | ㄹ. 가이드레일 |

    ① ㄱ, ㄴ
    ② ㄷ, ㄹ
    ③ ㄱ, ㄴ, ㄷ
    ④ ㄴ, ㄷ, ㄹ

    해설 가이드레일은 주행브리지식 슬러지 수집기 구성요소에 해당한다.

69. 배출수 처리설비에 관한 설명으로 옳은 것은?

    ① 침전지로부터 배출되는 슬러지는 순환되는 세척배출수와 혼합하여 처리한다.
    ② 역세척배출수 처리공정은 일반적으로 응집·침전 공정과 소독공정으로 구성된다.
    ③ 응집제로 구성된 알럼슬러지는 요변성이 있어서 물과 함께 흔들려도 현탁되지 않는다.
    ④ 배슬러지지의 상징수는 착수정으로 반송하거나 하천으로 방류한다.

    해설 ②항만 올바르다.
    오답해설
    ① 침전지로부터 배출되는 슬러지는 순환되는 세척배출수와 섞어서는 안 되며 슬러지처리시설로 배출시켜야 한다.
    ③ 응집제로 구성된 알럼슬러지는 요변성이 있어서 물과 함께 흔들리면 현탁액으로 되돌아갈 수 있다.
    ④ 배슬러지지의 상징수를 정수공정으로는 절대로 반송하지 않는다.

70. 중심축회전식 슬러지 수집기에 관한 설명으로 옳은 것은?

    ① 소형으로 구조가 간단하다.
    ② 일반적으로 장방형에 적합하다.
    ③ 수집기의 원주속도는 2.6m/min 이상으로 한다.
    ④ 고부하방지용 기계·전기적 보호장치를 설치해야 한다.

    해설 ④항만 올바르다.
    오답해설
    ① 대형이고 구조가 복잡하다.
    ② 일반적으로 정방형이나 원형지에 적합하다.
    ③ 수집기의 원주속도는 0.6m/min 이하로 한다.

71. 침전슬러지 배출설비에 관한 설명으로 옳은 것을 모두 고른 것은?

    | ㉠ 기계적 제거방식에는 주행브리지식, 체인플라이트식, 수중대차식 등이 있다. |
    | ㉡ 기계적 제거방식의 슬러지수집기의 운행 속도는 12m/h 이하를 표준으로 한다. |
    | ㉢ 슬러지 배출설비는 고농도로 소량의 슬러지를 배출할 수 있어야 한다. |
    | ㉣ 슬러지 배출밸브의 개폐는 타이머설정 등에 의한 자동조작으로 운용하는 경우가 많다. |

    ① ㉠, ㉡, ㉢
    ② ㉠, ㉡, ㉣
    ③ ㉡, ㉢, ㉣
    ④ ㉠, ㉡, ㉢, ㉣

정답 68. ③ 69. ② 70. ④ 71. ④

72. 다음은 슬러지수집기 중 어떤 배출방식에 관한 설명인가?

> 침전지 규모가 크고 고농도 슬러지 배출이 필요한 경우에 이동식 수집기가 유리한 방식으로 고정식과 이동식이 있다.

① 주행브리지식　　② 공기압이용방식
③ 체인플라이트식　④ 수중대차식

73. 기계식 침전슬러지 추출방식에 관한 설명으로 옳지 않은 것은?

① 중심축회전식은 정방형 또는 원형침전지에 적용되고, 침전지의 구석을 긁어내는 대책이 필요하다.
② 체인플라이트식은 깊고 폭이 넓은 침전지에 적용할 때 설치비용이 고가이다.
③ 수중대차식은 설비가 복잡하고 구동부는 장방형의 길이가 긴 침전지의 하부에 설치한다.
④ 주행브리지식은 어떠한 길이의 침전지에도 적용이 가능하고 점검, 보수 등 유지관리가 용이하다.

[해설] 수중대차식은 설비가 간단하고 컴팩트하다. 구동부를 침전지의 상부에, 드럼을 수중에 설치한다.

74. 어떤 정수장 슬러지의 유기물함량이 42%일 때, 이 슬러지의 처리 및 처분 방법에 관한 설명으로 옳은 것은?

① 함수율 85% 이하로 탈수한 후 관리형 매립시설에 매립할 수 있다.
② 무기성오니에 해당되어 소각할 수 있다.
③ 시멘트·합성고분자화합물을 이용하여 고형화 또는 고형 처분할 수 없다.
④ 함수율 50% 이하로 탈수한 후 해양배출 할 수 있다.

[해설] ①항만 올바르다.

[오답해설]
② 유기물함량이 40% 이하인 경우 무기성 오니에 해당된다. 40%를 초과한 경우에는 유기성 오니에 해당되어 수분함량 85% 이하로 탈수한 다음 관리형 매립시설에 매립할 수 있다.
③ 함수율 70% 이하로 하여 시멘트·합성고분자화합물을 이용하여 고형화 또는 고형 처분할 수 있다.
④ 해양배출은 런던협약에 따른 해양오염방지법 개정에 따라 불가능하다.

75. 고도정수처리에서 활성탄층의 두께 2m, 선속도 10m/h 일 경우 공상접촉시간(min)은?

① 5　　② 10
③ 12　④ 15

[해설] 1과목에서 학습한 내용을 적용하여 산출한다.
※ 1과목이 면제된 분들은 아래 식을 참고하셔서 산출하시면 된다.

[식] 공상접촉시간 $= \dfrac{활성탄의\ 충전량}{처리수량}$

$= \dfrac{활성탄층\ 두께}{선속도} = \dfrac{2}{10} = 0.2hr = 12min$

76. 막모듈의 파울링과 관련된 내용으로 옳은 것만을 모두 고른 것은?

> ㄱ. 부착층의 형성과 유로폐색
> ㄴ. 가수분해나 산화로 막재질 특성 변화
> ㄷ. 압력에 의한 크립(creep)변형이나 손상

① ㄱ　　　　② ㄱ, ㄴ
③ ㄴ, ㄷ　　④ ㄱ, ㄴ, ㄷ

[해설] **열화** : 막 자체의 변질 또는 손상(막 교체 필요)
파울링 : 막 표면에 생기는 오염(막 교체 필요없음, 막 세척으로 회복가능)

정답 72. ②　73. ③　74. ①　75. ③　76. ①

CHAPTER 02 수질시험설비

UNIT 01 총칙

1) 수질시험(수질검사)의 목적
① 원수수질의 파악
② 정수처리의 적정한 운영과 감시
③ 배·급수계통의 안전성 확인 및 수질사고의 처리
→ 정수처리에서 매우 중요한 업무

UNIT 02 수질시험실 규모(이화학시험실 면적)

1) 염소 소독만인 방식 : $20 \sim 25m^2$ 이화학실험실 필요

2) 완속여과방식
① pH, 냄새, 맛, 암모니아성질소, 용존산소, 과망간산칼륨소비량, BOD 등 시험 시 : $30 \sim 40m^2$ 이화학실험실 필요
② 세균시험 시 : $20 \sim 30m^2$ 세균시험실 필요
③ 생물시험 시 : $20 \sim 40m^2$ 생물시험실 필요
④ 휘발성유기화합물, 소독부산물 및 농약 등 미량유기화합물 시험 시 : $20 \sim 30m^2$ 가스크로마토그래피(GC) 분석실 또는 GC-MS 분석실
⑤ 수질기준의 전 항목을 검사하는 경우 : 표준이화학시험실, 기기분석실 및 세균시험실 등으로 구분된 $350 \sim 600m^2$ 정도의 수질시험실이 필요하다.

3) 급속여과방식

① 자-테스트에 시행 시 : 30 ~ 40m^2 이화학실험실 필요
② 암모니아성질소, 염소요구량, 철분, 과망간산칼륨소비량, 음이온계면활성제, 염소이온 등의 시험 시 : 100 ~ 200m^2 이화학실험실 필요
③ 중금속 등의 검사와 시험 시 : 20m^2 정도의 원자흡광분석실(AAS) 또는 유도결합플라즈마발광분석실(ICP)을 설치한다.
④ 휘발성유기화합물, 소독부산물 및 농약 등 미량유기화합물 시험 시 : 20 ~ 30m^2 가스크로마토그래피(GC) 분석실 또는 GC-MS 분석실
⑤ 수질기준의 전 항목을 검사하는 경우 : 표준이화학시험실, 기기분석실 및 세균시험실 등으로 구분된 350~600m^2 정도의 수질시험실이 필요하다.

4) 막여과방식

원수수질이 일반적으로 양호한 경우에 적용되기 때문에 수질시험실의 바닥면적을 넓게 잡을 필요는 없지만, 크립토스포리디움 등의 병원성 미생물에 의한 오염 우려가 있는 경우 등으로 응집제 사용도 고려할 때에는 완속여과방식 정도의 규모를 목표로 할 수 있다.

UNIT 03 수질모니터링 설비

1) 채수설비

① 채수설비는 관로의 도중에서 탁질이 침전되거나 관벽에 부착된 생물로 암모니아성질소가 감소되며, 철관을 사용할 경우에 잔류염소가 감소되는 등 수질변화가 발생할 수 있으므로 충분한 관내의 유속을 확보하고 재질에도 유의해야 한다.
② 채수용 펌프는 소형 수중펌프가 적절하지만 펌프 흡입측이 정압인 경우에는 벌류트펌프도 가능하다.
③ 채수목적에 충분한 양수량과 양정을 갖추어야 하며 착수정과 침전지 유출거 등에는 부유물질로 인하여 스트레이너가 막히는 경우가 있으므로 그 대책을 강구할 필요가 있다.

2) 수질측정계기

[수질측정계기의 설치장소 예]

수질측정계기 설치장소	수온계	탁도계	pH계	전기전도도계	알칼리도계	잔류염소계	불소계	암모니아성질소계	UV계 또는 COD계	SS계	유류, VOCs, 페놀계	TOC	망간	조류	입자계수	총질소	총인
취수장	O	O	O	O				O			O	O	O	O			
착수정	O	O	O	O	O			O				O	O				
침전지		O			O												
여과지		O										O			O		
정수지 또는 배수지	O	O	O			O	O										
배출수처리시설의 배출구			O						O	O						O	O

| UNIT | 04 | 수질시험실의 설치장소 및 구조와 구성 |

1) **수질시험실은 중앙조정실 등의 주요 정수시설에 근접한 장소에 설치한다.**

2) **수질시험실은 내진·내화구조로 하고 규모와 용도에 따라 적절하게 구성한다.**

① **이화학시험실**

㉠ 최소 $30m^2$ 정도이고 일반적으로 $100 \sim 200m^2$ 정도로 하는 예가 많다. 큰 경우에는 시험 내용을 고려하여 2개로 분할하는 것이 바람직하다.
㉡ 약품이 가스 또는 증기를 발생하는 시험을 할 경우에는 흄후드(Hume hood)를 설치해야 한다.
㉢ 산업안전위생상 규제되는 유기용제 및 특정 화학물질을 취급할 경우에는 법령에 따라 구조와 성능을 갖춘 국소배기장치를 설치해야 한다.
㉣ 유기용재의 사용량과 사용빈도가 많은 장소에는 전용 배기설비를 갖춘 $30 \sim 40m^2$ 정도의 별도 독실을 설치한다.

② **저울실** : 바람이나 먼지, 가스, 진동, 직사광선 등을 피한 $10m^2$ 정도의 독실로 하고 천평칭대는 방진구조로 한다. 그리고 약품창고가 떨어져 있을 경우에는 시약장을 설치한다.

③ **기기분석실** : 원자흡광광도계, 기체크로마토그래피 등의 기기를 사용하는 경우에는 기기분석실을 설치하며, 이들 기기는 특수가스를 사용하므로 별도의 가스용기 창고가 필요하다.

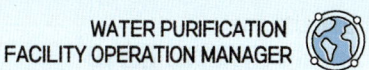

④ 가스용기 저장고(가스봄베실) : 원자흡광광도계, 기체크로마토그래피 등의 특수가스용의 가스용기는 누설을 고려하여 옥외에 일괄로 저장한다. 가스용기 저장고는 기기분석실로부터 가까운 장소에 직사일광을 피하여 통풍이 좋고 용기의 입출입이 용이한 장소에 설치한다.

⑤ 냄새시험실 : 물에 대한 냄새의 종류와 그 강도의 시험검사는 사람의 후각으로 시행되기 때문에 약품이나 기구등으로부터 발생하는 냄새의 영향을 받지 않는 것이 필요하다. 이 때문에 다른 시험실과 구분된 독실로 한다.

UNIT 05 수질시험실의 건축설비

1) 통풍, 채광, 조명 등이 충분해야 한다.
① 차양시설은 백색 또는 회색을 사용하며 조명은 주광색형광등을 사용한다.
② 미생물시험실의 현미경검사대는 직사광선을 피하여 설치한다.

2) 전원과 가스 등은 충분한 용량을 확보하고 합리적으로 배치한다.
① 시험실 열원으로서는 전기와 가스 양쪽을 설치한다.
② 정전 시에도 시험에 차질이 없도록 무정전전원장치(UPS)의 설치도 고려함이 바람직하다.

3) 급수설비 등은 충분한 수량과 수압을 유지하고 합리적으로 배치한다.
① 온수설비는 충분한 여유가 있어야 한다.(필요한 경우 시험실 전용의 온수설비 구비)
② 정제수를 급수하는 경우에는 필요한 수압과 정제수제조장치의 설치장소와 배관계통을 고려한다.

4) 난방설비와 냉방설비는 분진 발생, 실내공기 오염, 과도한 건조 및 습기 등이 없어야 한다.

5) 싱크대와 배수관은 내산성 및 내알칼리성으로 하고 합리적으로 배치한다.

6) 바닥은 내산성 및 내알칼리성으로 하고 견고하고 미끄러지지 않도록 한다.

7) 천정의 높이는 3.0m 이상으로 하고 실내 바닥은 필요에 따라 2중슬래브로 한다.

UNIT 06 시험실 폐액 및 배기처리

1) 수질시험실의 폐액은 절대로 정수장의 착수정 등 수도계통으로 반송하여서는 아니된다. 물환경보전법의 폐수배출시설에 해당하는 정수장 수질시험실 등으로부터의 배수를 공공수역에 배출하는 경우에는 물환경보전법의 배출기준이 적용되므로 필요에 따라 처리해야 한다.

2) 시험용폐액은 산, 알칼리, 중금속, 유기용제 등의 종류마다 폴리에틸렌탱크등에 구분하여 저장하며 시험용 폐액으로 소용없게 된 산(pH 2 이하), 소용없게 된 알칼리(pH 12.5 이상) 등은 '지정폐기물'이기 때문에 폐기물관리법을 준수하여 환경부장관의 허가를 받은 폐기물 처리업자에 위탁하거나 자가 처리해야 한다.

3) 시험실의 통풍실 등으로부터 배출되는 배기가스에 산·알칼리 중금속 유기용제 등이 포함될 경우에는 배출되는 지역의 환경에 영향이 없도록 필요에 따라 배기처리장치를 설치한다.

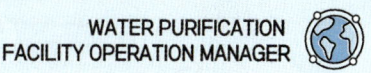

기출문제로 다지기 | CHAPTER 02 수질시험설비

01. 상수도 정수시설 설계기준상 ( )에 들어갈 용어로 옳은 것은?

> 일반수도사업자의 ( ) 목적은 원수수질의 파악, 정수처리의 적정한 운영과 감시, 배·급수계통의 안전성 확인 및 수질사고의 처리 등으로 크게 나눈다.

① 수질검사 ② 수질사고 예방
③ 정수장 운영관리 ④ 수질관리

02. 일반수도사업자가 실시하는 수질검사의 목적으로 옳지 않은 것은?

① 원수수질의 파악
② 정수처리의 적정한 운영과 감시
③ 배·급수계통의 안정성 확인
④ 상수원 수질사고의 예방

해설 일반수도사업자의 수질검사의 목적은 원수수질의 파악, 정수처리의 적정한 운영과 감시, 배·급수계통의 안전성 확인 및 수질사고의 처리 등으로 크게 나눈다.

03. 정수지에 설치하지 않아도 되는 수질계측기는?

① 탁도계 ② 수온계
③ 잔류염소계 ④ 알칼리도계

해설 정수지에 설치되는 계측기의 기본설치항목은 수온, pH, 탁도, 잔류염소량이고 필요시 알칼리도계를 추가할 수 있다.

04. 수질시험실의 건축설비에 관한 설명으로 옳은 것을 모두 고른 것은?

> ㉠ 세균시험실과 생물시험실의 현미경검사대는 채광이 충분한 곳에 설치한다.
> ㉡ 가스나 증기가 발생하는 시험실에는 흄후드(hume hood)를 설치한다.
> ㉢ 콘센트는 사용기기, 시험작업위치 및 높이를 고려하고, 접지공사에 유의한다.
> ㉣ 싱크대와 배수관은 내산성 및 내알칼리성의 재료를 사용한다.

① ㉠, ㉡ ② ㉢, ㉣
③ ㉠, ㉡, ㉣ ④ ㉡, ㉢, ㉣

05. 수질시험실의 폐액 처리에 관한 설명으로 옳은 것은?

① 폐액은 착수정으로 반송시킨다.
② 정수장 수질시험실은 물환경보전법에 따라 폐수배출시설에 해당한다.
③ pH 2 이하의 산 폐액이 소량 발생한다면 일반폐기물로 처분할 수 있다.
④ 산, 알칼리, 중금속, 유기용제 등의 폐액은 동일한 폴리에틸렌 탱크에 혼합하여 저장한다.

해설 ②항만 올바르다.
오답해설
① 폐액은 절대로 착수정 등 수도계통으로 반송하여서는 아니 된다.
③ pH 2 이하의 산이나 pH 12.5 이상의 알칼리는 지정폐기물이기 때문에 폐기물관리법을 준수하여 환경부장관의 허가를 받은 폐기물처리업자에 위탁하거나 자가처리해야 한다.
④ 산, 알칼리, 중금속, 유기용제 등의 폐액은 종류마다 폴리에틸렌 탱크에 구분하여 저장한다.

 01. ① 02. ④ 03. ④ 04. ④ 05. ②

03 CHAPTER 기전설비

UNIT 01 펌프설비

> 💡 **총칙**
> ① 펌프설비의 운전방식을 정할 때에는 에너지 절약을 염두에 두고 설비의 규모, 토출량의 변동폭 등을 고려하여 대수제어, 밸브개도제어, 각종 방식에 의한 회전속도제어나 임펠러의 교체방법(여름용, 겨울용) 등 여러 각도로 검토한다.
> ② 펌프설비의 제어방식에는 원격제어방식이나 자동제어방식이 많이 채택되고 있지만, 원격지에 설치되어 있는 펌프장은 무인화를 원칙으로 한다.
> ③ 펌프설비는 계획수량과 수압을 만족하는 것이어야 하므로 펌프를 선택하거나 대수를 결정할 때에는 펌프자체의 성능을 먼저 숙지해야 한다.
> ④ 캐비테이션(공동현상)이나 수격작용 등의 수리현상에 대하여 적절한 조치를 강구해야 하며 펌프흡수정, 펌프기초 등의 구축물에 대해서도 고려해야 한다.

1 펌프의 종류와 특성

1) 원심펌프

① **구조와 원리** : 구조가 간단하고 기체가 작으며 흡입구의 수에 따라 편흡입, 양흡입으로 구분된다. 날개는 견고하지만 원심실이 크고 반경 및 축방향으로 장소를 차지한다. 수중베어링을 필요로 하지 않는다. 날개의 직경차에 의한 원주속도(원심력) 대부분을 이용하여 유체에 압력에너지를 공급한다. (벌류트펌프, 디퓨저펌프(터보형))

② **특징**
  ㉠ 가격이 저렴한 펌프
  ㉡ 양정과 수량이 많을 때 적합
  ㉢ 연속적인 양수, 전동기와의 직결 및 운전이 간단하여 효율이 높고 적용범위가 넓다.
  ㉣ 적은 유량을 가감하는 경우 소요동력은 적어도 운전에 지장이 없다.

⑩ 흡입성능이 우수하고 공동현상이 잘 발생하지 않는다.
ⓑ 수중베어링이 없어 보수가 쉽다.
ⓢ 비교회전도(N_s)가 클수록 유량은 많고, 양정은 적은 펌프이다.

2) 사류펌프

① **구조와 원리** : 원심펌프와 축류펌프의 중간형태로 물이 축방향에서 유입하여 축방향과 경사를 두고 유출되며, 회전차의 작용은 원심력과 양력에 의하여 양수되는 펌프, 축방향으로 길게 되지만 일반적으로 원심펌프보다 소형이다.

② **특징**
㉠ 체절시동이 가능(Q=0)
㉡ 양정변화에 대하여 수량의 변동 및 동력의 변동이 적어 수위변동이 큰 곳에 사용하기 좋다.
㉢ 흡입성능은 원심펌프보다 떨어지나 축류펌프보다 우수하다.
㉣ 안내날개 없이 회전차를 개방형으로 하면 이물질로 인한 폐쇄가 적다.
㉤ 횡축형으로 해서 조의 바깥에 설치하면 부식이 적고 유지관리가 쉽다.

3) 축류펌프

① **구조와 원리** : 회전차의 날개가 크고 넓으며 선풍기와 같은 형상이며, 날개 형상의 특성상 입구와 출구에서의 원주속도는 같기 때문에 상대속도(양력)에 의하여 유체에 압력에너지 및 속도에너지를 공급하고, 유체는 회전차속을 축방향에서 유입되어 축방향으로 유출한다.

② **특징**
㉠ 고유량 저양정에 적합
㉡ 고속운전에 적합
㉢ 소형은 효율이 나쁘나, 대형은 원심펌프보다 훨씬 효율이 좋고, 운전동력비도 절감된다.
㉣ 양정변화에 따른 유량변화가 적고 효율저하도 적다.
㉤ 구조가 간단하고 취급이 쉬우며 가격도 싼 편이다.
㉥ 전양정이 4m 이하인 경우 사류펌프보다 경제적으로 유리하다.
ⓢ 규정양정의 130% 이상이 되면 소음 및 진동이 발생하여 축동력이 급속하게 증가한다.
ⓞ 흡입성능이 낮고 효율폭이 적다.

4) 수중펌프

① **구조와 원리** : 펌프와 전동기가 일체로 되어 있어 펌프흡수정내에 설치되며, 펌프실이 작다.

② 특징
- ㉠ 시동이 간단하다.
- ㉡ 유입수량이 적은 경우나 펌프장의 크기에 제한을 받는 소규모 펌프장에 주로 사용한다.
- ㉢ 점검과 정비가 용이하다.
- ㉣ 전원케이블의 손상 등의 방지대책이 필요하다.

5) 기타 펌프

① **다이어프램 펌프** : 다이어프램이라는 유연한 막을 이용하는 펌프로 펌프 내부의 유체와 완전히 분리되어 있어 유체의 오염이나 유출을 방지할 수 있다.
- ㉠ 왕복식/용적형 펌프로 약품주입에 많이 사용된다.
- ㉡ 내식성에 문제가 없다.
- ㉢ 대체로 흡입력이 약하다.

② **추진공도형 펌프** : 유체의 속도와 압력을 이용하여 유체를 이송하는 펌프이다.
- ㉠ 고점성액도 이송이 가능하다.
- ㉡ 공기의 혼입이 없어 교반이 우수하다.
- ㉢ 정량가변속이 용이하다.
- ㉣ 효율과 내약품성이 우수하다.

2 펌프 동력 및 계획수량 산정

1) **펌프의 전양정** : 전양정은 실양정에 부가 설비로 인한 손실수두를 더한 값이다.

$$H = h_a + h_{pv} + h_0$$

- H : 전양정(m)
- h_a : 실양정(m)
- h_{pv} : 흡입 및 토출관의 손실수두의 합
- h_0 : 토출관 말단의 잔류속도수두

① **양정(수두)** : 펌프가 물을 퍼올리는 높이

$$H = \frac{P}{\rho}$$

- H : 양정(수두)
- P : 압력
- ρ : 밀도

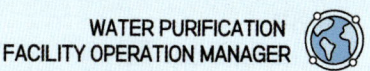

② **실양정** : 펌프가 실제로 양수하는 수면간의 높이차

③ **손실수두** : 유체가 이동하는 것을 방해하는 정도

$$h = f \times \frac{L}{D} \times \frac{V^2}{2g}$$

- h : 손실수두(m)
- L : 관 길이
- V : 유속
- f : 손실계수
- D : 관 직경
- g : 중력가속도

> 💡 역사이편에서 손실수두식
>
> $$h = i \times L + \beta \times \frac{V^2}{2g} + \alpha$$
>
> - i : 동수경사 = 2.4‰ = 0.0024

2) **비교회전도(N_s)** : 양정에 대한 배출되는 유량과 그에 따른 펌프의 회전수를 나타낸 것으로 비교회전도가 작으면 유량이 적고, 양정은 커지고, 비교회전도가 크면 유량은 크고, 양정은 작은 펌프가 된다.

※ N_s(비교회전도)는 펌프 임펠러의 형상을 나타내는 값(→ 펌프의 형식을 결정)

$$N_s = N \times \frac{Q^{1/2}}{H^{3/4}}$$

- N : 펌프의 규정회전수(회/min)
- Q : 펌프의 규정토출량(m³/min)
※ 양흡인펌프의 경우 유량의 1/2로 대입한다.
- H : 펌프의 규정양정(m)
※ 다단펌프의 경우 양정을 단수(n)로 나눠준다.

[펌프의 형식과 비교회전도의 관계]

형식	N_s(비교회전도)
축류펌프	1,100~2,000
사류펌프	700~1,200
원심펌프	100~750

3) 펌프구경 : 펌프의 구경은 유속과 양정 및 비교회전도를 고려하여 정한다.

$$D = 146 \times \left(\frac{Q}{V}\right)^{1/2}$$

- D : 펌프의 흡입구경(mm)
- Q : 펌프의 토출량(m³/min)
- V : 흡입구의 유속(m/sec)

※ 펌프의 흡입구 유속은 2.0m/sec를 표준으로 한다.

4) 펌프의 동력

$$P(kW) = \frac{\rho_w \times Q \times H}{102 \times \eta_a \times \eta_b} \text{ (kW 기준)}$$

$$P(HP) = \frac{\rho_w \times Q \times H}{75 \times \eta_a \times \eta_b} \text{ (HP 기준)}$$

- ρ_w : 물의 밀도
- H : 전양정
- η_b : 전동기효율
- Q : 유량
- η_a : 펌프효율

3 계획수량과 대수

① 취수펌프와 송수펌프는 펌프효율이 높은 운전점에서 정해진 일정한 수량을 양수하는 운전이 가능한 용량과 대수로 정한다.
② 배수 펌프는 수량의 시간적 변동에 적합한 용량과 대수로 한다.
③ 펌프의 대수는 계획수량(최대, 최소, 평균) 및 고장시를 고려하여 결정한다.
④ 펌프는 예비기를 설치한다. 다만, 펌프가 정지되더라도 급수에 지장이 없는 경우에는 예비기를 두지 않는다. 예비기를 필요로 하는 경우는 설비의 중요도와 운영조건을 고려하여 결정한다.

4 펌프의 제어

1) 자동운전용기기

① 펌프케이싱 내가 만수된 것을 검지하기 위한 만수검지장치
② 펌프의 토출압력을 검지하기 위한 압력검지장치

③ 펌프축봉수, 냉각수 및 윤활수 등의 흐름을 검지하기 위한 유수검지장치
④ 마중물, 축봉수, 냉각수 및 윤활수 등의 소배관 도중의 필요한 지점에 전동밸브 또는 전자밸브 등의 유수개폐장치
⑤ 토출밸브의 작동 확인과 보호를 위한 리밋스위치(limit switch) 등

2) 유량제어

① **운전대수제어** : 운전대수를 변경함으로써 유량을 제어한다.
　㉠ 일반적으로 대형에 적용된다.
　㉡ 제어방법이 간단하고 대수분할로 위험을 분산할 수 있지만, 제어량이 단계적으로 된다.
　㉢ 흡입 또는 토출수면의 수위와 연동하여 운전대수를 제어하는 자동운전인 경우에는 수위의 변동이 심하면 기동·정지가 몇 번씩 반복되는 헌팅(hunting)현상이 발생되는 경우도 있다.
　　이러한 경우에는 전동기가 과열되거나 밸브와 기동기의 소모가 심하고 기기의 수명을 단축시킬 우려가 있기 때문에 계획할 때에는 수면의 면적과 펌프 1대당 용량과의 비가 지나치게 작지 않도록 주의해야 한다.
　㉣ 운전대수의 자동제어는 각 펌프의 운전시간을 평균화하기 위하여 예비기를 포함한 계통의 모든 펌프를 대상으로 순차적으로 운전할 수 있도록 한다.
　㉤ 정전 후 전원이 복구되었을 때에는 1대씩 순차적으로 기동시키기 위하여 동시기동 방지회로를 설치해야 한다.
　㉥ 운전 중인 기기의 고장으로 인하여 펌프가 정지되었을 경우에는 그 다음 순서의 펌프를 자동으로 기동시키는 회로를 설치해야 한다.
　㉦ 운전지령계가 고장일 경우에 예비기를 포함한 모든 펌프가 운전됨으로써 계약전력을 초과하는 일이 생기지 않도록 인터로크(interlock)회로를 설치해야 한다.

② **회전속도제어**
　㉠ 회전속도제어는 회전속도의 변화에 비례하여 유량이 변하는 것을 이용한 것으로 제어성이 좋고 운전비용(동력비)도 저렴하나 밸브개도제어에 비하여 설비비가 고가이다. 이 방식은 대수제어와 병용되는 것이 일반적이다.
　㉡ 회전속도제어방식에는 다음과 같이 전동기 자체의 회전속도제어방식과 동력전달장치에 의한 회전속도제어방식이 있다.
　　가. 전동기 자체의 회전속도제어방식
　　　① 2차저항제어방식
　　　② 1차주파수제어방식
　　　③ 셀비우스제어방식
　　나. 동력전달장치의 회전속도제어방식
　　　① 유체커플링방식
　　　② 전자커플링방식

③ 밸브개도제어

　㉠ 밸브에 의한 유량제어는 밸브의 개도를 변화시켜 밸브의 손실수두를 증감시킴으로써 유량을 제어하는 방식이다. 유량제어방식 중에서는 가장 간단한 방법이고 회전속도제어에 비하여 설비비도 저렴하지만, 운전효율이 낮고 운전비용도 높은 결점이 있다.
　　• 이 방식은 대수제어와 병용하여 사용되는 경우가 많다.
　　• 이 방식은 제어에 의한 펌프의 과부하를 초래하기 쉬우므로 비속도(N_s)가 너무 크지 않은 벌류트펌프에 적용하는 것이 바람직하다.
　㉡ 밸브는 유량제어용 밸브로부터 사용하기에 알맞은 것을 선정한다. 유량제어용 밸브로는 버터플라이밸브와 콘밸브가 적합하지만, 이들 밸브로 원활하게 제어할 수 있는 개도범위는 버터플라이밸브에서는 15~70°, 콘밸브에서는 10~80°이다.
　㉢ 밸브에 의하여 유량을 제어하는 경우에 제어용 밸브를 잠금에 따라 캐비테이션을 발생시키지 않도록 유의해야 한다. 캐비테이션의 발생 유무는 밸브의 캐비테이션 계수에 의하여 판정한다. 이상의 방법 중에서 어떤 방식을 선정할 것인가는 설비의 규모, 제어성, 보수의 용이성 등의 기술면과 생애주기비용(life cycle cost)을 검토한 다음에 결정해야 한다.

5 펌프의 장애현상과 대책

1) 공동현상(Cavitation)

펌프내 와류발생 또는 액체의 압력저하로 인해 유효흡인수두[1]의 증가나 가용유효흡인수두가 저하되면 펌프 회전차나 동체 속에 흐르는 압력이 국소적으로 저하되고 그 액체의 포화증기압 이하로 떨어지면서 발생하는 현상으로 회전차의 침식과 소음을 유발하여 펌프성능을 떨어뜨리고 수명을 저하시킨다. 쉽게 말해 펌프안에 물이 아닌 공기방울이 들어가게 되면서 생기는 현상이다.

> 💡 **흡입양정과 토출양정**
> • **흡입양정** : 흡입 측 액면부터 펌프 중간까지의 높이
> • **토출양정** : 펌프가 토출할수 있는 힘을 높이로 나타낸 것

> 💡 **대책**
> • 펌프의 회전속도를 낮게 하고 필요한 유효흡입수두를 감소시킨다.
> • 펌프의 설치위치를 낮추어서 가용 유효흡입수두를 증가시킨다.
> • 흡입측 밸브를 완전히 열어 운전한다.
> • 동일한 토출량과 동일한 회전속도이면, 일반적으로 양쪽흡인펌프가 한쪽흡인펌프보다 캐비테이션현상에서 유리하다.
> • 임펠러의 침식을 막을 수 있는 강한 재료를 사용한다.
> • 흡입측 손실을 가능한 작게 한다.

---

1) 유효흡인수두 : 펌프가 물을 흡인시 요구되는 힘을 높이로 나타낸 것

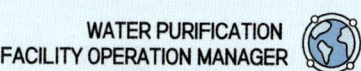

> 💡 **필요유효흡인수두와 가용유효흡인수두**
> - **필요유효흡인수두** : 현재 물을 이송시키기 위해 요구되는 힘
> - **가용유효흡인수두** : 현재 물을 이송시킬 수 있는 힘

2) 서어징

토출량과 토출압이 주기적으로 숨이 찬 것처럼 변동하는 상태를 일으키는 현상으로 펌프 특성 곡선이 산형(H-Q곡선이 오른쪽 상향 구배 특성)에서 발생하며 큰 진동을 발생하는 경우가 있다.

> 💡 **대책**
> - 펌프 회전축에 플라이 휠을 설치한다.
>   ※ 플라이 휠 : 펌프의 토출속도를 서서히 변하게 만들어주는 설비
> - 펌프 토출구 부근에 공기탱크를 두거나 또는 부압 발생지점에 흡기밸브를 설치한다.
> - 잔존공기가 없도록 하여야 한다. (관로를 짧게, 관로를 상하향구배로, 관로의 잔존공기 제거)
> - 회전차나 안내깃의 형상 치수를 바꾸어 그 특성을 변화시킨다.
> - 바이패스관을 사용하여 운전점이 펌프 H-Q곡선이 오른쪽 하향 구배 특성 범위에 있도록 한다.
> - 유량조절밸브를 펌프 토출측 직후에 위치시킨다.

3) 수충격 현상(water hammer, 수격작용)

만관내에 흐르고 있는 물의 속도가 급격히 변화하여 압력변화가 발생하는 현상이다.

> 💡 **대책**
>
> **1) 부압(수주분리) 발생의 방지법**
> - 토출관로에 압력조절수조를 설치하여 부압발생을 방지하고 압력상승도 흡수한다.
> - 토출관로에 한방향형 조압수조를 설치하여 부압발생을 방지한다.
> - 토출관로에 표준형 조압수조를 설치한다.
> - 펌프 토출구 부근에 공기탱크를 두거나 또는 부압 발생지점에 흡기밸브를 설치한다.
> - 플라이휠을 설치한다. (부압발생 방지)
>
> **2) 압력상승 경감방법**
> - 체크밸브를 설치한다. (완폐식, 급폐식)
>   ※ 체크밸브 : 유입수를 펌프 앞단에서 차단해주는 장치
> - 콘밸브 또는 니들밸브나 볼밸브의 개도를 제어하여 압력상승을 억제
>
> **3) 그 외의 방법**
> - 관내유속 및 관내상황을 조절한다. (관내유속을 감소)

4) 펌프 양수불능 상태의 원인

① **실양정 과대** : 펌프의 밀어올리는 힘이 부족하여 물이 역류하게 되고 역류를 체크밸브로 막았다고 하더라도 차단 운전상태가 된다.
② **특성이 다른 펌프의 병렬운전** : 다른 펌프의 토출량/토출압력이 더 강할 경우 토출이 약한 펌프는 무송수상태가 된다.
③ **체절점에 가까운 소 토출량으로의 운전** : 양수량이 적으면 케이싱 내에 공기가 차차 고이게 되어 나중에는 무수(물이 없음) 운전으로 되어서 양수를 못하게 된다.
④ **역회전** : 전원의 결선불량 등에 의해 회전 방향이 반대로 되는 경우에 양수를 못하게 될 경우가 있다.
⑤ **흡입관의 부적합** : 흡입측에서 공기가 침입하거나 관내에 공기가 고여서 양수를 못하게 될 수 있다.
⑥ **캐비테이션(공동현상)** : 유효 흡입수두 부족에 의해 캐비테이션이 발생하면 양수불능이 될 수 있다.

5) 펌프 소음·진동

> 💡 **원인**
> ㉠ **수력적 원인**
>   • 수압맥동에 의한 진동
>   • 와류에 의한 진동, 소음
>   • 캐비테이션(cavitation)에 의한 진동, 소음
>   • 공기의 혼입
> ㉡ **기계적 원인**
>   • 직결상태의 불량
>   • 기초의 불량
>   • 회전체의 불평형

> 💡 **대책**
> • 베어링의 채용
> • 불평형량의 감소
> • 공진주파수의 회피
> • 정확한 펌프 설계
> • 소음진동 저감장치 설치(소음기, 방음/방진부스 등)

6 펌프설치와 부속설비

① 펌프의 흡입관은 공기가 갇히지 않도록 배관한다.
   ※ 흡입관 내 유속 1.5m/sec 이하

② 펌프의 토출관은 마찰손실이 작도록 고려하고 펌프의 토출관에는 체크밸브와 제어밸브를 설치한다.
  (토출구측에 설치되는 밸브의 종류 : 체크밸브, 버터플라이밸브, 제수밸브)
③ 펌프 흡수정은 펌프의 설치위치에 가급적 가까이 만들고 난류나 와류가 일어나지 않는 형상으로 한다.
④ 펌프의 기초는 펌프의 하중과 진동에 대하여 충분한 강도를 가져야 한다.
⑤ 흡상식 펌프에서 풋밸브(foot valve)를 설치하지 않는 경우에는 마중물용의 진공펌프를 설치한다.
⑥ 펌프의 운전상태를 알기 위한 설비를 설치한다.
  펌프의 운전상태를 알기 위하여 펌프의 흡입측에는 진공계 또는 연성계(compound gauge), 토출측에는 압력계를 보기 쉬운 위치에 부착해야 한다.
⑦ 필요에 따라 축봉용, 냉각용, 윤활용 등의 급수설비를 설치한다.

7 펌프의 구동장치

① **수동식** : 핸들, 휠, 크랭크
② **전동식** : 전기, 모터
③ **압력식(유체식)** : 유압식, 공기압식, 수압식

UNIT 02 밸브

물의 흐름을 차단하거나 제어하고 수압을 조정하는 등 상수도시설을 효과적이고 안전하게 운영하는 데에 있어서 중요한 역할을 담당하고 있다.

1 밸브의 주요기능

① 유량·수압·수위의 제어
② 관로의 통수 또는 차단
③ 압력관로(pressure pipe)에서 침사지, 배수지 등으로 방류할 때에 물의 흐름을 감세(에너지 분산)시키거나 유량을 제어
④ 관로 내에서 수류의 역류방지
⑤ 배수관로 등의 감압

2 밸브의 용도와 종류

1) 제어용 밸브

제어용 밸브는 그 사용목적에 따라 유량제어, 압력제어, 수위제어로 나누어지지만, 구조가 간단하고 경량이며 개폐토크가 작고 유량특성도 비교적 양호한 상수도용 버터플라이밸브가 널리 사용되고 있다.

① 유량제어용 밸브

배수지나 조정지 등에서의 유출입량, 펌프의 토출량, 관로 중의 유량 등의 제어에는 버터플라이밸브, 콘밸브, 볼밸브 등이 적합하다. 또한 특히 작은 개도에서의 제어로 인하여 캐비테이션 발생이 예상되는 경우에는 슬리브밸브, 다공가변형 오리피스밸브 등 캐비테이션 특성이 뛰어난 밸브를 사용하는 것이 바람직하다.

> 💡 **버터플라이 밸브**
> - 스토퍼(stopper)장치가 되어 있어 전개 시 과도하게 돌리면 기어 파손의 원인이 된다.
> - 유량조절용으로 사용할 때 개도가 작은 경우에는 캐비테이션 현상이 발생할 수 있다.
> - 라버(rubber)수밀형과 금속수밀형이 있으며, 금속수밀형은 유량조절 및 압력조정용으로 사용된다.
> - 2차감속기 기어의 백러시(back rush)에 의해 소음 및 진동을 일으킬 수 있다.

② 압력제어용 밸브

압력제어용 밸브는 제어범위와 밸브의 형식에 따라 다음과 같이 사용하는 것이 구분된다.
관로의 압력이 저압이고 감압량이 작은 경우에는 버터플라이밸브, 오토밸브 등을 사용하고 중고압으로 감압량이 중간 정도인 경우에는 콘밸브, 볼밸브, 오토밸브가, 중고압으로 감압량이 큰 경우에는 슬리브밸브, 니들밸브 등이 적합하다.

③ 수위제어용 밸브

조정지, 배수지 등의 수위제어용 밸브로는 무동력식의 플로트밸브, 오토밸브가 있으며, 전동식으로는 버터플라이밸브, 콘밸브, 슬리브밸브, 니들밸브 등이 일반적으로 사용된다.

2) 차단용 밸브

차단용으로서는 개폐빈도가 적고 지수가 장기간 유지될 필요가 있을 경우에는 제수밸브(sluice valve)를 사용하며, 사용빈도가 많고 밸브시트의 내구성이 요구되는 경우에는 금속제 밸브시트 버터플라이밸브, 콘밸브, 볼밸브가 사용된다. 또한 개수로 등에는 수문이나 나팔형 원형수문을 사용하는 것이 좋다. 고압의 물, 공기, 증기, 기름 등을 취급하는 기계설비의 차단용으로서는 글로브밸브가 사용된다. 이 밖에 지진이나 재해시 등으로 관로에 이상이 생길 우려가 있는 경우의 2차재해방지용으로 특별한 구동장치를 구비한 긴급차단밸브가 사용된다.

3) 방류용 밸브

방류용 밸브는 댐에서 방류하거나 압력관로에서 침사지, 착수정 등 자유수면에 방류할 경우의 감압이나 유량제어용으로서 사용된다.

① 높은 수두, 빠른 유속조건에서 장시간 연속적으로 방류하는 경우가 많으므로 비교적 대용량의 것이 요구된다.
② 유량을 제어할 경우 작은 개도상태로 장시간 방류하는 경우도 많으므로, 캐비테이션 특성이 뛰어나고 소음·진동이 적은 밸브가 사용된다.
③ **방류용 밸브의 종류** : 고정형 콘밸브, 홀로제트밸브(hollow jet valve), 슬리브밸브
④ **방류방식** : 공중 방류, 감세조 내에 방류(수중 또는 반수중), 터널 내에 방류
⑤ 방류 시의 감세에너지가 크면 소음·진동이 생겨서 때로는 구조물이나 설비 등이 손상될 수도 있으므로 주의해야 한다.

4) 역류방지용 밸브

다른 밸브가 전부 전동, 공기압의 동력 또는 수동조작 등에 의하여 개폐되는 반면, 역류방지용 밸브는 정·역류의 유체력에 의하여 개폐되고 설치한 다음에 운전자가 임의로 조작하기 어려운 것이 다른 밸브와는 다른 점이다.

> 💡 **역류방지용 밸브의 종류**
> - 체크밸브 : 스윙식, 리프트식, 버터플라이식
> - 풋밸브
> - 플랩밸브

① 체크밸브

펌프나 조압수조(surge tank)의 역류방지용 밸브로는 밸브디스크가 힌지(hinge)에 부착되어 지지되고, 그 힌지의 축 주위를 자유롭게 회전하여 개폐작동하는 스윙(swing)식 체크밸브가 사용되며, 보통형, 급폐형, 완폐형이 있다. 저양정으로 역류개시시간이 늦은 펌프토출 측에는 보통형 스윙체크밸브를 설치한다. 폐쇄시간을 줄이고 더욱 완전한 수밀상태를 유지하기 위하여 외부에서 관통시킨 축의 끝단에 암(arm)과 중추(重錘, counter weight)를 부착한 것과 밸브디스크의 두께를 증가시켜 중추의 역할을 하도록 한 밸브가 있다. 펌프·모터의 관성효과가 작고 어느 정도의 실양정은 있으나 관로길이가 짧아서 펌프의 정지시점에서 역류개시까지 걸리는 시간이 대단히 짧은 경우(0.2~0.5초)에는 스프링에 의한 급폐형 스윙체크밸브를 사용한다.

완폐형 스윙체크밸브는 펌프가 정전 등의 사고로 정지되었을 때 압력상승을 완화시켜주기 위하여 전폐되는 동안의 폐쇄속도를 매우 느리게 한 것으로 주밸브완폐형과 바이패스완폐형이 있다. 실양정이 낮은 펌프토출 측에는 주밸브완폐형 체크밸브를 사용한다.

외부에서 관통시킨 디스크의 축에 암과 대시포트(dashpot)가 부착된 것이다. 이 밸브는 밸브몸체의 내부에서 돌출된 대시포트에 디스크를 완폐시키는 방식으로 역류가 충돌한 후 나머지 10% 정도의 개도를 완폐시키는 방식과 같이 대시포트를 이용한 여러 가지 구조가 있다.

이 밖에도 디스크를 2개 이상으로 분할 설치하여 그 중 1개의 디스크는 천천히 닫히도록 한 밸브도 있다. 어떤 형식이든 대시포트의 기능을 제대로 발휘시키기 위해서는 실양정 10m 이상이 필요하고 또한 대구경에서 실양정은 대시포트의 능력보다 20m 이하로 할 필요가 있다. 또한 비교적 실양정이 높을 경우에는 바

이패스완폐형 스윙체크밸브가 사용된다. 단, 이 경우 실양정은 10m 이상이 필요하다. 이 밸브는 보통형 체크밸브에 완폐밸브를 내장한 우회(by-pass)관이 부착된 것으로 구조가 복잡하다. 완폐형밸브는 유압식 대시포트에 연결되고 항상 디스크가 열려 있도록 스프링으로 들어 올려져 있다. 일단 주유로(主流路)에서 역류가 시작되어 주밸브가 닫히면 빠져나갈 길을 상실한 압력수는 우회(by-pass)관을 세차게 빨리 통과한다. 이 흐름은 완폐형밸브에 닫히는 힘을 주게 되나 대시포트에 의하여 완만하게 폐쇄되도록 하며 급격한 압력 상승과 슬래밍(slamming ; 급폐쇄에 의한 충격음)의 발생을 방지한다. 비교적 소구경의 배관에서는 디스크가 시트면에 대하여 수직으로 상하로 운동하는 리프트 체크밸브를 사용한다. 여기에는 디스크의 자중만으로 닫히는 보통형과 스프링에 의하여 자폐력(自閉力)을 증가시킨 스프링 급폐형이 있다.

② 풋밸브(foot valve)

풋밸브는 펌프설비의 흡입측 수직배관 끝에 설치하여 펌프가 정지하였을 때에도 흡입관로의 만수상태를 유지시키기 위하여 사용된다. 다만, 토출측에도 체크밸브(완폐형은 제외)를 병용하여 설치한다.

5) 감압용 밸브

감압용 밸브로 사용되는 밸브에는 버터플라이밸브, 콘밸브, 볼밸브 등이 있으나 구동용 전원 또는 제어장치가 필요하기 때문에 배수관로에서는 오토밸브를 사용한다. 오토밸브는 관로 내의 압력에 의하여 자동적으로 작동되므로 전원이 없더라도 사용할 수 있는 것이 특징이다. 전원을 사용할 수 있는 곳에서는 전자밸브와 타이머를 조합하여 주야간에 2차측의 압력을 변경시키는 방법으로 감압시키는 경우도 있다. 이 밖에 다공가변(多孔可變)형 오리피스밸브를 마이크로컴퓨터에 의한 제어장치와 조합하여 감압용으로 사용하는 경우도 있다. 이 경우에는 전원이 필요하며 제어장치가 마이크로컴퓨터이기 때문에 여러 가지 제어방식을 간단하게 얻을 수 있는 특징이 있다.

6) 관로보호용 밸브(공기 밸브)

압력하에서 배기는 급수 중에 관의 상부에 모여 있는 공기가 작은 공기구멍을 통하여 자동적으로 배기되는 것을 말한다. 또한 한랭지용으로 동파방지용 공기밸브가 있는데, 이 밸브는 급속공기밸브의 뚜껑 내부에 피스톤과 스프링에 의한 동파방지장치를 부가한 것이다. 동결에 의한 물의 체적증가를 흡수하고 밸브몸통 및 내부부품의 파손을 방지하는 구조이다.

① 공기밸브의 종류

㉠ 부력에 의하여 플로트디스크가 작동하고 다량급속배기, 다량급속흡기 및 압력하에서 배기주를 하는 급속공기밸브
㉡ 플로트디스크에 의하여 개폐되며 배기, 흡기 및 압력하에서 배기되는 단구형 공기밸브
㉢ 플로트디스크에 의하여 개폐되며 다량배기, 다량흡기 및 압력하에서 배기작용을 하는 쌍구형 공기밸브 등이 있다.

② 공기밸브의 설치
　㉠ 관로의 종단도상에서 상향 돌출부의 상단에 설치해야 하지만 제수밸브의 중간에 상향 돌출부가 없는 경우에는 높은 쪽의 제수밸브 바로 앞에 설치한다.
　㉡ 관경 400mm 이상의 관에는 반드시 급속공기밸브 또는 쌍구공기밸브를 설치하고, 관경 350mm 이하의 관에 대해서는 급속공기밸브 또는 단구공기밸브를 설치한다.
　㉢ 공기밸브에는 보수용의 제수밸브를 설치한다.
　㉣ 매설관에 설치하는 공기밸브에는 밸브실을 설치하며, 밸브실의 구조는 견고하고 밸브를 관리하기 용이한 구조로 한다.
　㉤ 한랭지에서는 적절한 동결방지대책을 강구한다.

7) 슬러지배출용 밸브, 약품주입용 밸브

① 슬러지배출용 밸브는 약품침전지, 배출수처리설비 등에서 슬러지를 대상으로 제어 및 차단용으로 사용하기 때문에 전개시 흐름의 형상이 유체에 저항이 적은 형상의 다이어프램밸브, 편심밸브, 핀치(pinch)밸브 등이 사용된다.

② 약품주입용 밸브는 취급하는 약품에 가장 알맞은 내식성 재료를 사용하여 밸브를 제작해야 한다. 차단용으로서는 다이어프램밸브, 핀치밸브, 볼밸브가, 역류방지용으로는 볼체크밸브가 있다. 유량제어 밸브로는 내식성 재료의 밸브를 사용하는 것은 물론, 용량계수, 구경, 구조 등이 적절한 것을 사용해야 한다. 차아염소산나트륨 생성설비와 주입설비에는 PVC제 볼밸브, PVC제 또는 4불화에틸렌수지계 라이닝다이어프램밸브(4불화수지계 다이어프램)가 사용된다.

차아염소산나트륨은 염소나 수산화나트륨과 마찬가지로 부식성을 가지고 있으며 배관 속에서 가스를 발생하기 때문에 접액부의 재료와 형상에 대해서는 특히 주의해야 한다.

액화염소는 고압가스안전관리법의 규제가 있으며 액화염소의 설비기기에 사용하는 밸브는 염소용으로 제작된 승인품을 사용해야 한다.

또 염소수 주입관에 부속되는 밸브류는 PVC제 또는 고무라이닝 다이어프램밸브를 사용하는 것이 일반적이다.

③ 활성탄 슬러리용의 밸브는 내부에 활성탄이 침전되기 어렵게 하고 차단성이 손상되지 않는 구조로 할 필요가 있다. 다이어프램밸브(straight type), 핀치밸브 등이 사용된다.

오존발생장치에는 스테인리스제 밸브가 사용되지만, 오존은 산화력이 강한 기체이기 때문에 특히 글랜드(gland)부의 재질과 형상 등은 잘 산화되지 않는 것으로 한다.

> 💡 **신축이음관**
> 신축이음관은 온수온도의 급변에 의한 관의 수축이나 팽창에 의한 파손을 방지하는 것이다. 금속관인 경우 배관연장 20~30m에 1개 정도 신축이음관을 설치한다.

> 💡 **신축이음관의 설치목적**
> 관로에서 온도 변화, 진동, 충격, 압력 변화에 대한 변형을 흡수 및 분산시켜주는 장치로 배관의 변형과 파손을 방지하여 배관의 수명을 연장하고 소음, 진동, 누수의 문제를 예방할 수 있다.
> ㉠ 연약지반에서의 부등침하 흡수
> ㉡ 노출배관의 온도 대응
> ㉢ 자연재해 등에 따른 응력 흡수

3 밸브의 선정

① 설비목적에 적합한 것으로 수리조건과 사용조건이 만족되는 특성을 가진 것을 선정한다.
② 제어용 밸브는 제어유량, 한계유속, 용량계수 등을 검토하여 원활하게 제어할 수 있는 것을 선정한다.

> 💡 **밸브선정 시 중요검토사항**
> • 유량, 압력
> • 관로의 수리조건에 대한 적응성
> • 설치장소 및 환경조건에 대한 적응성
> • 캐비테이션
> • 수격작용
> • 구동방식 및 구동장치
> • 경제성 비교

4 밸브의 구동장치 : 전동식과 공기압식을 대부분 사용

① **수동식 구동장치** : 제수밸브, 직결 핸들식(조작력이 작을 때)
② **전동식 구동장치** : 강력한 조작력과 원거리 조작이 가능
③ **공기압식 구동장치**

㉠ **실린더**
- 통상 전개·전폐 조작용으로 사용되나 비례제어용으로도 가능
- 큰 토크 및 조작력을 얻을 수 있음, 견고함
- 대구경 밸브의 조작 및 제어에 사용 가능

㉡ **에어모터**
- 모터는 로터리 베인식이며 소형으로 고출력을 얻을 수 있음
- 전기조작과 조합시켜 각종 조작이 가능
- 토크 스위치는 개폐 양방향 어디든 용이

- 밸브대는 나사식으로도 사용 가능
- 전원사용이 어렵거나 긴급비상용으로 사용

ⓒ **다이어프램**
- 고장확률이 적음
- 유지관리가 용이
- 설치공간이 작고 소용량의 제어용으로 사용되는 경우가 많음

④ **유압식 구동장치** : 소형이라도 강력한 출력을 얻을 수 있고, 신속한 대응이 가능

⑤ **긴급차단밸브의 구동장치** : 버터플라이밸브, 볼밸브, 오토밸브, 나팔형 원형수문 등이 사용된다.

기출문제로 다지기 — CHAPTER 03 기전설비 ① (펌프모터와 밸브)

01. 슬러지 이송펌프 중 추진공도형 펌프에 관한 설명으로 옳은 것을 모두 고른 것은?

> ㉠ 고점성액도 이송이 가능하다.
> ㉡ 공기의 혼입이 없어 교반이 우수하다.
> ㉢ 정량가변속이 어렵다.
> ㉣ 효율과 내약품성이 우수하다.

① ㉠, ㉡, ㉢
② ㉠, ㉡, ㉣
③ ㉠, ㉢, ㉣
④ ㉡, ㉢, ㉣

해설 ㉢ 회전수를 조절함으로써 유량으로 조절할 수 있어 정량가변속이 용이하다.

02. 펌프의 양수불능의 대책으로 옳지 않은 것은?

① 실양정이 펌프의 체절양정 이상이 되어 양수가 불가능할 때는 펌프를 직렬로 연결하여 운전한다.
② 역회전 방지를 위해 펌프의 회전방향은 구동측에서 보아 시계방향을 표준으로 한다.
③ 특성이 다른 펌프의 병렬운전 시 무송수 상태로 되는 경우 소용량 펌프를 정지시킨다.
④ 흡입배관의 공기유입으로 인한 양수불능을 방지하기 위해 흡입관의 게이트밸브는 수직으로 설치한다.

해설 흡입배관의 공기유입으로 인한 양수불능을 방지하기 위해 흡입관의 게이트밸브는 수평으로 설치하고 게이트밸브의 열림과 닫힘은 수직 방향으로 이루어진다.

03. 캐비테이션 방지대책으로 옳지 않은 것은?

① 실양정이 크게 변동하여 송출량이 과다하게 되는 경우는 송출밸브를 조절한다.
② 침식을 방지할 수 있도록 임펠러를 내부식성 재질로 바꾼다.
③ 흡입측 밸브를 완전히 개방하고 펌프를 운전한다.
④ 동일한 회전수와 송출량이면 편흡입펌프가 양흡입펌프보다 유리하다.

해설 동일한 토출량과 동일한 회전속도이면, 일반적으로 양쪽흡인펌프가 한쪽흡인펌프보다 캐비테이션현상에서 유리하다.

04. 펌프에 진동이 발생되는 수력적인 원인으로 옳지 않은 것은?

① 수격작용
② 관로계에서의 서징(surging)현상
③ 베어링의 손상
④ 공기의 흡입

해설 베어링의 손상은 오일 부족, 고온, 진동, 오염, 오작동 등과 같이 수력 이외의 원인으로 발생한다.

05. 지름이 500mm, 길이가 750m인 송수관을 이용하여 70m 아래에 있는 저수조의 물 0.25m³/sec을 양수하고자 할 때, 필요한 펌프의 동력(HP)은 약 얼마인가? (단, 마찰손실계수 0.03, 펌프의 효율 80%, 송수관의 마찰손실만 고려한다.)

① 187
② 226
③ 255
④ 307

정답 01. ② 02. ④ 03. ④ 04. ③ 05. ④

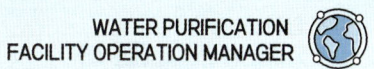

해설 **식** $P(HP) = \dfrac{\rho_w \times Q \times H}{75 \times \eta_a \times \eta_b}$

- ρ_w : 물의 밀도 = $1,000 kg/m^3$
- Q : 유량 = $0.25 m^3/\sec$
- H : 전양정
  $= h_a + h_{pv} + h_0 = 70 + 3.7217 + 0 = 73.7217m$
  - h_a(실양정) = $70m$
  - h_{pv}(손실수두) = $f \times \dfrac{L}{D} \times \dfrac{V^2}{2g}$
    $= 0.03 \times \dfrac{750m}{0.5m} \times \dfrac{1.2732^2}{2 \times 9.8}$
    $= 3.7217m$
  - $V = \dfrac{Q}{A} = \dfrac{0.25m^3}{\sec} \times \dfrac{4}{\pi \times (0.5m)^2} = 1.2732 m/\sec$
    $= 1.2732 m/\sec$
  - $h_0 = 0m$
- η_a : 펌프효율 = 0.8
- η_b : 전동기효율 = 1(제시되지 않으면 100%로 가정)

∴ $P(HP) = \dfrac{1,000 \times 0.25 \times 73.7217}{75 \times 0.8} = 307.17 HP$

06. 펌프의 소음과 진동의 수력적인 원인으로 옳지 않은 것은?

① 수압맥동에 의한 진동
② 와류에 의한 진동, 소음
③ 캐비테이션(cavitation)에 의한 진동, 소음
④ 회전체의 불평형으로 인한 진동, 소음

해설 펌프 소음·진동의 기계적 원인에 해당한다.

07. 펌프 소음·진동의 기계적 원인이 아닌 것은?

① 직결상태의 불량　② 기초의 불량
③ 회전체의 불평형　④ 공기의 혼입

해설 펌프의 소음과 진동의 수력적인 원인에 해당한다.

08. 펌프의 서징 방지대책으로 옳지 않은 것은?

① 펌프의 유량-양정곡선이 오른쪽 하향구배 특성을 갖는 펌프를 선정한다.
② 유량을 조절하는 밸브의 위치를 펌프 송출구 직후로 한다.
③ 바이패스관을 사용하여 작동점이 항시 펌프특성곡선의 우향 하강부분에 있도록 한다.
④ 배관 중에 수조 또는 공기실을 설치한다.

해설 유입구간에 잔존하는 공기가 없도록 시공하여야 한다. 배관 중에 수조나 공기실(공기탱크)은 잔존공기의 원인이 된다. 공기실(공기탱크)은 펌프 토출부 부근에 설치하여야 한다.

09. 다음 ( ) 안에 알맞은 것은?

> 일정한 크기의 임펠러를 가지고 있는 터보형 펌프는 비회전속도(N_S)가 클수록 유량은 (ㄱ), 양정이 (ㄴ) 펌프이다.

① ㄱ: 많고, ㄴ: 작은　② ㄱ: 많고, ㄴ: 큰
③ ㄱ: 적고, ㄴ: 큰　④ ㄱ: 적고, ㄴ: 작은

10. 취수용 펌프장의 주요설비로 옳지 않은 것은?

① 모터, 펌프 및 밸브
② 스크린 및 이물질 제거장치
③ 탈수기, 농축기
④ 수·변전설비, 제어장치

해설 ③항은 슬러지 처리를 위한 설비이다.

정답 06. ④　07. ④　08. ④　09. ①　10. ③

11. 펌프계에서 수격현상을 방지하는 방법 중 부압(수주분리)발생 방지법으로 옳지 않은 것은?

① 펌프에 플라이휠을 붙인다.
② 토출측 관로에 표준형 조압수조를 설치한다.
③ 압력수조를 설치한다.
④ 완폐식 체크밸브를 설치한다.

해설 ④항은 수격현상의 압력상승 경감방법에 해당한다.

12. 펌프의 제어방식 중 대수제어에 관한 설명으로 옳은 것은?

① 제어가 간단하고 대수분할에 의하여 위험을 분산할 수 있다.
② 일반적으로 소형·중형 토출량의 펌프 제어방법이다.
③ 미세제어를 용이하게 할 수 있다.
④ 설비비는 적으나 운전비용이 고가이다.

해설 ①항만 올바르다.
오답해설
② 특별한 경우에만 소형·중형 토출량의 펌프 제어방법으로 이용된다.
③ 미세제어가 가능한 것은 밸브개도제어이다.
④ 설비비는 크나 운전비용이 적다.

13. 펌프의 형식은 다음 중 무엇을 기준으로 선정하는가?

① 전양정(H)　② 비속도(N_S)
③ 구경(Φ)　④ 회전속도(N)

14. 펌프와 부속설비의 설치에 관한 설명으로 옳지 않은 것은?

① 펌프의 흡입관은 공기가 갇히지 않도록 배관한다.
② 펌프의 토출관에는 체크밸브와 제어밸브를 설치한다.
③ 흡상식 펌프에서 풋밸브를 설치하지 않는 경우에는 마중물용의 진공펌프를 설치한다.
④ 펌프 흡수정은 펌프의 설치위치에서 가급적 멀리 만든다.

해설 펌프 흡수정은 펌프의 설치위치에서 가급적 가까이 만든다.

15. 펌프 임펠러의 형상을 나타내는 값으로 사용되는 식에서 적용하지 않는 인자는 무엇인가?

① 회전속도　② 토출량
③ 전동기효율　④ 전양정

해설 N_S(비교회전도)는 펌프 임펠러의 형상을 나타내는 값으로 다음 식으로 표시된다.

식 $N_s = N \times \dfrac{Q^{1/2}}{H^{3/4}}$

- N : 펌프의 규정회전수(회/min)
- Q : 펌프의 규정토출량(m³/min)
- H : 펌프의 규정양정(m)

16. 다음 중 용도별 펌프의 정의로 옳지 않은 것은?

① 취수펌프: 하천수나 지하수를 취수하여 착수정까지 배수하기 위한 가압펌프를 말한다.
② 송수펌프: 정수지(배수지)에서 배수지로 송수하는 펌프를 말한다.
③ 배수펌프: 배수지에서 직접 배수하는 펌프를 말한다.
④ 가압펌프: 일부 배수구역의 부족압력을 보충하기 위하여 가압지역을 위한 가압장이나 배수관로에 설치하는 펌프를 말한다.

정답　11. ④　12. ①　13. ②　14. ④　15. ③　16. ①

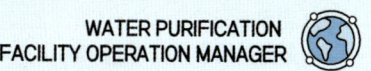

해설 취수펌프는 하천수나 지하수를 취수하는데 사용되는 장치이다. 취수된 물을 착수정까지 보내는 것은 자연유하 또는 도수펌프를 이용하여 수행된다.

17. 펌프설비에 관한 설명으로 옳지 않은 것은?

① 펌프설비의 운전방식을 정할 때에는 설비의 규모, 토출량의 변동폭을 고려한다.
② 펌프설비의 제어방식에는 원격제어방식이 많이 채택되고 있지만, 원격지에 설치되어 있는 펌프장은 유인화(有人化)를 원칙으로 한다.
③ 펌프설비는 계획수량과 수압을 만족하는 것이어야 하므로 펌프자체의 성능을 먼저 숙지해야 한다.
④ 캐비테이션에 대하여 적절한 조치를 강구해야 한다.

해설 펌프설비의 제어방식에는 원격제어방식이 많이 채택되고 있지만, 원격지에 설치되어 있는 펌프장은 무인화(有人化)를 원칙으로 한다.

18. 펌프의 토출측에 설치할 필요가 없는 기기는?

① 진공계 ② 체크밸브
③ 압력계 ④ 제어밸브

해설 진공계는 펌프의 흡입측에 부착한다.

19. 펌프를 자동 또는 원격제어에 의해 운전하는 경우 설치할 수 있는 장치를 모두 고른 것은?

ㄱ. 만수검지장치   ㄴ. 압력검지장치
ㄷ. 유수검지장치

① ㄱ ② ㄱ, ㄴ
③ ㄴ, ㄷ ④ ㄱ, ㄴ, ㄷ

20. 펌프의 흡입관 설치에 관한 설명으로 옳지 않은 것은?

① 흡입배관 내의 유속은 1.5m/s 이하로 한다.
② 펌프의 흡입관은 공기가 갇히지 않도록 배관한다.
③ 펌프의 운전 상태를 알기 위해 흡입관에 압력계를 설치한다.
④ 흡입관의 길이는 가능한 한 짧게 한다.

해설 펌프의 운전 상태를 알기 위해 흡입관에 진공계를 설치한다. 압력계를 설치하면 흡입관 내부에서 공기가 흡입될 가능성이 있어 사용되지 않는다.

21. 펌프의 특성이 다음과 같을 때 펌프의 비속도(rpm · m^3/min · m)는 약 얼마인가?

- 펌프의 토출량(Q) : $10m^3$/min
- 전양정(H) : 55m
- 회전수 : 1,200rpm
- 양흡입펌프임

① 123 ② 133
③ 143 ④ 153

해설 식 $N_s = N \times \left(\dfrac{Q^{1/2}}{H^{3/4}} \right)$

- $Q = 10/2 = 5 m^3/\min$ (양흡입펌프이므로 1/2로 대입)

∴ $N_s = 1,200 \times \left(\dfrac{5^{1/2}}{55^{3/4}} \right) = 132.86$

정답 17. ② 18. ① 19. ④ 20. ③ 21. ②

22. A정수장에서 펌프의 운전조건이 다음과 같을 때 펌프의 축동력(kW)은 약 얼마인가? (단, 비중은 1이며, 여유율은 무시한다.)

- 펌프의 토출량(Q) : 10m³/min
- 전양정(H) : 70m
- 효율 : 80%

① 123 ② 133
③ 143 ④ 153

해설 식 $P(kW) = \dfrac{\gamma \cdot Q \cdot H}{102 \cdot \eta}$

∴ $P(kW) = \dfrac{1{,}000 \times (10/60) \times 70}{102 \times 0.8} = 142.97\,kW$

23. 약품투입에 많이 사용하는 왕복식·용적형 펌프는?

① 다이어프램 펌프   ② 디퓨저 펌프
③ 볼류트 펌프   ④ 진공 펌프

24. 부등침하의 우려가 있는 펌프실 또는 밸브실 관로에 설치하는 것은?

① 신축이음관   ② 이토관
③ 확대관   ④ 편락관

25. 펌프실 토출구측에 설치할 필요가 없는 밸브는?

① 체크밸브   ② 버터플라이밸브
③ 제수밸브   ④ 플랩밸브

26. 공기밸브의 설치에 관한 설명으로 옳지 않은 것은?

① 관경 400mm 이상의 본관에는 단구공기밸브를 설치한다.
② 한랭지에서는 공기밸브의 동결을 방지하기 위하여 밸브실내에 방한재를 채운다.
③ 매설관에 설치하는 공기밸브에는 견고하고 관리가 용이한 밸브실을 설치한다.
④ 관로의 종단도상에서 상향 돌출부의 상단에 설치한다.

해설 관경 400mm 이상의 관에는 반드시 급속공기밸브 또는 쌍구공기밸브를 설치하고, 관경 350mm 이하의 관에 대해서는 급속공기밸브 또는 단구공기밸브를 설치한다.

27. 공기밸브에 관한 설명으로 옳지 않은 것은?

① 관경 400mm 이상의 관에는 급속공기밸브 또는 쌍구공기밸브를 설치한다.
② 공기밸브의 설치 목적은 관내의 공기를 배제하거나 흡입하기 위한 것이다.
③ 관로의 종단도상에서 상향 돌출부의 상단에 설치한다.
④ 공기밸브에는 보수용의 글로브 밸브를 설치한다.

해설 공기밸브에는 보수용의 제수밸브를 설치한다.

28. 역류방지 밸브의 개폐 조작력으로 옳은 것은?

① 전동조작   ② 공기압의 동력
③ 유체력   ④ 수동조작

해설 다른 밸브가 전부 전동, 공기압의 동력 또는 수동조작 등에 의하여 개폐되는 반면, 역류방지용 밸브는 정·역류의 유체력에 의하여 개폐된다.

정답 22. ③ 23. ① 24. ① 25. ④ 26. ① 27. ④ 28. ③

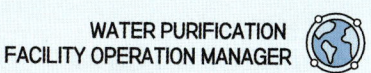

29. 제수밸브 취급 시 주의사항으로 옳지 않은 것은?

① 수격현상을 방지하기 위해 급격하게 개폐한다.
② 밸브 개폐시 회전방향을 확인하여야 한다.
③ 밸브를 전개 또는 전폐할 때에는 개도계에 주의하여 과도한 개폐를 피하여야 한다.
④ 밸브 개폐시 움직임이 둔해질 경우 2~3회 역조정하여 조작을 반복한다.

해설 수격현상을 방지하기 위해 천천히 개폐한다.

30. 밸브의 종류별 특성에 관한 설명으로 옳지 않은 것은?

① 제수밸브는 개도를 약 80%까지 폐쇄하지 않으면 효과가 적다.
② 버터플라이밸브는 콘밸브와 제수밸브에 비해 완전개방 시 압력손실이 적다.
③ 체크밸브는 흐름이 한 방향으로만 가능한 밸브로 스윙식, 자폐식, 완폐식 등이 있다.
④ 급속공기밸브는 플로트 자체의 부력에 의해 작동한다.

해설 버터플라이밸브는 완전개방 시에는 오히려 콘밸브나 제수밸브가 압력손실이 적다. 버터플라이밸브는 완전개방이 아닌 개방 상태에서는 유체의 흐름저항이 적어 다른 밸브에 비해 압력손실이 적다.

31. 펌프설비의 흡입측 수직배관 끝에 설치하여 펌프가 정지하였을 때에도 흡입관로의 만수상태를 유지시키기 위하여 사용하는 밸브는?

① 풋밸브   ② 볼밸브
③ 홀로제트밸브   ④ 버터플라이밸브

32. 감압이나 유량제어 목적으로 사용되는 방류용 밸브에 해당하지 않는 것은?

① 슬리브 밸브   ② 홀로제트 밸브
③ 고정형 콘 밸브 ④ 풋 밸브

해설 방류용 밸브의 종류 : 고정형 콘 밸브, 홀로제트 밸브, 슬리브 밸브

33. 급수 중 관의 상부에 모여 있는 공기를 작은 공기구멍을 통해 자동 배기시키는 것은?

① 급속 배기   ② 급속 흡기
③ 다량 배기   ④ 압력하 배기

34. 밸브의 구동장치 중 유체식에 해당하지 않는 것은?

① 유압식   ② 수압식
③ 공기압식 ④ 대기압식

해설 대기압은 밸브를 효율적으로 조작하는데 도움을 주지 않는다.

35. 다음은 어떤 밸브에 관한 설명인가?

> • 원판형의 디스크가 밸브축을 중심으로 회전하는 구조이다.
> • 수밀성은 좋지 않으나 내구성 및 내식성이 우수하다.
> • 캐비테이션계수는 1.5~60이며 실용치는 1.5 이상으로 내캐비테이션성이 우수하다.

① 고무시트 버터플라이 밸브
② 금속시트 버터플라이 밸브
③ 볼 밸브
④ 콘 밸브

 29. ① 30. ② 31. ① 32. ④ 33. ④ 34. ④ 35. ②

36. 버터플라이 밸브에 관한 설명으로 옳지 않은 것은?

① 스토퍼(stopper)장치가 되어 있어 전개 시 과도하게 돌리면 기어 파손의 원인이 된다.
② 유량조절용으로 사용할 때 개도가 큰 경우에는 캐비테이션 현상이 발생할 수 있다.
③ 라버(rubber)수밀형과 금속수밀형이 있으며, 금속수밀형은 유량조절 및 압력조정용으로 사용된다.
④ 2차감속기 기어의 백러시(back rush)에 의해 소음 및 진동을 일으킬 수 있다.

해설 유량조절용으로 사용할 때 개도가 작은 경우에는 캐비테이션 현상이 발생할 수 있다.

37. 신축이음관을 설치하는 목적이 아닌 것은?

① 연약지반에서의 부등침하 흡수
② 노출배관의 온도 대응
③ 캐비테이션의 대응
④ 자연재해 등에 따른 응력 흡수

해설 [신축이음관의 설치목적]
㉠ 연약지반에서의 부등침하 흡수
㉡ 노출배관의 온도 대응
㉢ 자연재해 등에 따른 응력 흡수

38. 펌프 양수불능 상태의 원인이 될 수 없는 것은?

① 실양정 과대
② 특성이 다른 펌프의 병렬운전
③ 글랜드패킹의 누수
④ 흡입배관의 부적합

해설 글랜드패킹의 누수는 유량부족을 초래할 수 있고 양수불능에 기여하나 그 영향이 미미하여 양수불능의 직접적인 원인이 되지는 못한다.

[펌프 양수불능 상태의 원인]
㉠ **실양정 과대** : 펌프의 밀어올리는 힘이 부족하여 물이 역류하게 되고 역류를 체크밸브로 막았다고 하더라도 차단 운전상태가 된다.
㉡ **특성이 다른 펌프의 병렬운전** : 다른 펌프의 토출량/토출압력이 더 강할 경우 토출이 약한 펌프는 무송수상태가 된다.
㉢ **체절점에 가까운 소 토출량으로의 운전** : 양수량이 적으면 케이싱 내에 공기가 차차 고이게 되어 나중에는 무수(물이 없음) 운전으로 되어서 양수를 못하게 된다.
㉣ **역회전** : 전원의 결선불량 등에 의해 회전 방향이 반대로 되는 경우에 양수를 못하게 될 경우가 있다.
㉤ **흡입관의 부적합** : 흡입측에서 공기가 침입하거나 관내에 공기가 고여서 양수를 못하게 될 수 있다.
㉥ **캐비테이션(공동현상)** : 유효 흡입수두 부족에 의해 캐비테이션이 발생하면 양수불능이 될 수 있다.

39. 역류시의 수격방지용으로 일반적으로 실양정이 약 10~75m에서 사용되는 체크밸브는?

① 바이패스 완폐식
② 스윙식
③ 자폐식
④ 주밸브 완폐식

해설 실양정이 10m 이상되는 곳에서는 바이패스 완폐식 스윙체크밸브가 사용된다.
참고 실양정이 낮은 펌프토출 측에는 주밸브완폐형 체크밸브를 사용한다.

정답 36. ② 37. ③ 38. ③ 39. ①

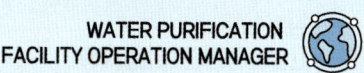

UNIT 03 전기설비

1 기본설계

① 「전기사업법」, 「전기설비기술기준」, 「전기설비기술기준의판단기준」 등에 적합하도록 설치한다.
② 수도시설의 중요도에 알맞은 것으로 충분한 신뢰성을 가지고 있어야 한다.
③ 시설의 장래계획을 고려하여 증설과 교체가 쉽고 유연성이 있는 설비로 한다.
④ 운전과 유지관리가 쉽고 사고를 방지하기 위하여 안전성이 높은 것으로 한다.
⑤ 지진이나 그 밖의 자연재해에 대하여 충분한 강도와 안정성을 가져야 하며 복구성도 고려한다.

2 수전계획

① 최대수요전력은 최종계획과 대상부하를 충분히 조사하고 운전방법 등을 고려하여 결정한다.
② 계약전력은 전력회사의 전기공급약관에 따라 충분하게 협의하여 필요한 사항을 결정한다.
  ㉠ 계약전력은 한국전력공사의 전기공급약관에는 사용설비 또는 변압기설비에 의할 수 있다.
  ㉡ 사용설비인 경우에는 개별입력을 합계한 전력에 대하여 75kW까지는 100%를 적용하고, 그 다음부터는 75kW를 단위로 하여 85%, 75%, 65%를 적용하며, 300kW 초과분은 60%를 적용하여 합계한 것을 계약전력으로 하고, 변압기설비에 의한 계약전력은 한국전력공사에서 전기를 공급받는 1차변압기 표시용량의 합계(1kVA =1kW)로 하고 있다.

[계약전력과 수전전압]

계약전력	100kW 미만	100kW 초과 ~ 10,000kW	10,000kW 초과 ~ 300,000kW	300,000kW 이상
수전전압	저압	고압(A)	고압(B)	고압(C)
	220V 또는 380V	3상 22,900V	3상 154,000V	3상 345,000V

일반적으로 수전전압이 높을수록 공급신뢰도는 높게 되지만 설비비가 비싸게 된다.

③ 수전방식은 시설의 중요도에 맞춰 선정한다.

[수전방식별 특성]

수전방식		특성
1회선 수전		간단하고 경제적이나 신뢰도가 낮음
2회선 수전	서로 다른 변전소에서 각각 수전하는 방식(예비 전원 방식)	배전선 또는 공급변전소 사고시에 예비변전소로 절체함으로써 정전시간이 짧음
	동일 변전소에서 2회선으로 수전하는 방식(예비선 방식)	한쪽 배전선로의 사고시에 예비선으로 전기공급 가능
	루프방식	• 임의의 구간에서 사고시에도 정전이 안됨 • 전압변동률과 배전손실이 적음
	스폿 네트워크 방식	• 무정전공급이 가능하고 전압변동률이 감소 • 부하증가에 대한 적응성과 설비이용률이 향상됨

3 수·변전설비

① 수·변전설비의 주 회로구성은 점검보수시에 전체가 정전되지 않도록 구성하고 가능한 한 간소화한다.
② 설비용량(kVA)은 최대수요전력(kW)에 충분히 대응할 수 있어야 한다.
　㉠ 회로에 사용되는 각종 기기 및 케이블 등의 용량은 회로에 흐르는 상시최대 전류값(무효분을 포함)으로 결정한다.
　㉡ 일반적으로 설비용량은 수전전압과 동일전압으로 사용하는 변압기와 전동기 등 기기용량(kVA)의 합계로 나타낸다. 다만, 고압진상콘덴서는 포함시키지 않는다.
③ 안전상의 책임한계점에는 구분개폐기로서 단로기 또는 부하개폐(지락보호장치부)를 설치한다.
　※ 자동부하절체개폐기(ALTS) : 자동부하전환개폐기는 이중전원을 확보하여 주전원정전 시 또는 전압이 기준치 이하로 떨어질 경우 예비전원으로 자동전환함으로써 수용가가 항상 일정한 전원공급을 받을 수 있도록 한다.
④ 책임한계점의 부하측 수전설비에는 부하전류와 고장전류를 안전하게 투입하고 차단할 수 있는 주차단기를 설치한다.
　㉠ 수용가는 책임분계점의 부하측에서 발생한 사고시의 고장전류를 완전히 차단하여 부하측 기기 및 전선로를 보호해야 하며 전원측에 영향을 미치지 않도록 차단기를 설치해야 한다.

> 💡 **고장전류 계산 – 3상 기준**
>
> 식 고장전류$(I) = \dfrac{S}{\sqrt{3} \cdot V}$
>
> • I : 고장전류(A)
> • S : 주 차단기 용량(VA)
> • V : 수전전압(V)

　㉡ 저압은 배선용차단기 또는 기중차단기를, 고압은 지락 및 과전류에 작동하는 자동차단기를 설치한다.

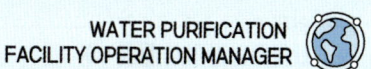

[자동차단기의 종류와 특성비교]

항목	진공차단기(VCB)	가스차단기(GCB)
소호방식	진공중의 아크확산	SF6가스 냉각분사
차단성능	우수하다. 이상전압이 발생하기 쉽다.	우수하고 짧은 차단시간으로 성능이 양호하다.
표준사용전압	3.6 ~ 84kV	24 ~ 84kV
소음	작다.	작다.
외기의 영향	받지 않는다.	받지 않는다.
보수	쉽다.	쉽다.
안전성	불연성	SF6가스는 무독, 무취, 불연성
접점수명	우수하다.	우수하다.

⑤ 외부로부터 침입하는 이상전압(surge)에 대하여 효율적으로 보호할 수 있도록 피뢰기를 설치한다.

⑥ 변압기용량은 적정한 여유율을 가져야 하며 주요한 변압기는 2뱅크 이상으로 구성하고, 고장시에는 회로에서 완전히 분리할 수 있어야 한다.

㉠ 변압기용량(kVA)은 동시에 걸리는 각종 부하(kW)를 합계하고 이것을 그 때의 종합역률로 나눈 피상전력(kVA)으로 환산한 것에 어느 정도의 여유를 갖도록 한다.

㉡ 펌프장 등과 같이 단위부하가 큰 경우에는 기동전류에 의한 전압강하가 허용치를 초과하지 않도록 용량과 기동방식을 선정해야 한다.

㉢ 주변압기는 보수 또는 고장에 대비하여 전력공급에 지장이 없도록 2뱅크 이상으로 구성하며 1뱅크 고장시에도 전체 시설을 가동할 수 있도록 변압기용량을 선정한다.

㉣ 변압기에는 여러 가지의 형식이 있지만, 실내에 설치하는 경우 방재 및 유지관리 면에서 유리한 몰드식 또는 가스절연식의 3상변압기를 선정하는 것이 바람직하다.

[변압기의 종류와 특성 비교]

항목	몰드변압기	가스절연변압기	유입변압기
내열등급	B종, F종, H종	E종	A종
절연구성	에폭시수지, 공기	SF6 가스	종이, 광유
허용최고온도	130℃, 155℃, 180℃	120℃	105℃
표준사용전압	33kV 이하	60kV 이하	500kV 이하
단락강도	코일을 수지로 일체화하여 견고한 구조로 된 것은 충분한 강도를 갖는다.		전자기계력에 견딘다.
소음	유입변압기보다 높다.	낮다.	낮다.
흡수성	에폭시수지의 흡수율이 작으며 또 도체를 두껍게 피복하였으므로 내흡수성이 우수하다.	완전 밀봉	밀봉, 질소가스봉입에 의하여 흡습을 방지한다.
안전성	난연성·비폭발성	불연성, 비폭발성, 무독	가연성
사용 장소	옥내(옥외 설치 시 전용함 필요)	옥내, 옥외	옥내, 옥외

※ 아몰퍼스 변압기 : 철(F), 붕소(B), 규소(Si) 등의 혼합물을 이용하여 기존 규소강판 변압기 대비 무부하 손실(철손)을 75% 이상 절감한 고효율 변압기

⑦ 특별고압용 개폐장치는 가스절연방식 또는 스위치기어방식으로 하며 고압용 개폐장치는 스위치기어방식을 표준으로 한다.
⑧ 기기와 재료를 선정할 때에는 사용목적과 설치장소를 고려하고 신뢰성이 높고 규격에 적합한 표준품을 선정한다.
⑨ 수·변전설비의 배치는 합리적이고 유지관리가 용이해야 하며 설치와 배선에는 충분한 안전성과 내진강도가 높은 것으로 한다.

> **PCB 사용기기에 대하여**
> ① PCB 사용 전기기기의 사용금지
> PCB(폴리염화비페닐) 기름은 뛰어난 전기적 특성 등을 살려서 콘덴서, 변압기 등의 절연유로서 많이 사용되어 왔지만, 인체에 유해한 것이 판명되고서 법으로 사용이 금지되었다.
> ② PCB 사용 전기기기의 관리
> PCB를 함유한 절연유는 법에 의하여 지정폐기물로 분류되어 폐기처분시 환경부장관의 확인을 받고 폐기물인계서 및 폐기물의 발생, 처리에 대한 보고서를 제출하도록 의무화되어 있다.

4 보호 및 안전설비

① 회로에 발생하는 이상전류를 예상하여 파급사고를 방지하고 사고 시의 정전범위를 최소화할 수 있도록 각 설비 간에는 충분한 보호조치를 한다.
  ㉠ **이상현상을 검지하고 지령을 발령하는 것** : 보호계전기
  ㉡ **이상현상을 제거** : 차단기, 부하개폐기, 퓨즈

> **전력용 퓨즈(Power Fuse, PF)**
> 1. 퓨즈의 특징
>   - 과전류에 대한 1회성 차단장치로 과전류시 퓨즈 소체가 녹아 회로를 차단(용단)한다.
>   - 1회용으로 한 번 동작하면 복구되지 않으며, 반드시 교체해야 한다.
>   - 변압기, 전동기, 콘덴서, 분기회로 등을 보호한다.
>   - 퓨즈 소체가 직접 전류를 감지하므로 릴레이나 변성기가 필요없다.
>   (차단기의 경우 릴레이(계전기)와 변류기(CT)와 연동되어 작동)
>   - 고속차단이 가능하고 단락전류 차단에 유리하다.
>   - 정격전류와 정격전압이 명확히 정해져 있다.
>   - 후비보호(back-up protection)에 완벽하다.
>   - 구조가 간단하고 가격이 저렴하다.
> 2. 퓨즈의 종류
>   - T : 변압기용
>   - M : 전동기용
>   - T/M : 변압기 및 전동기용
>   - C : 콘덴서용

② 회로의 이상전압에 대하여 각 설비 간에는 충분한 절연협조를 한다.
　※ 절연협조 : 수전시스템의 구성에서 전기회로의 절연강도를 설정하고 내부이상전압에는 충분히 견디면서 외부이상전압에 대해서는 피뢰기를 설치하여 피뢰기의 보호레벨을 전기 회로의 절연강도보다 낮게 유지하여 보호하는 것
③ 각 기기는 적정한 보호장치로 보호한다.
　• 서지보호기 : 계측제어설비에 영향을 주는 낙뢰나 플랜트 노이즈에 대한 보호용 기기
④ 접지는 인체의 감전사고방지와 전기설비나 기기를 보호하기 위하여 효율적으로 접지를 한다.

[접지의 종류와 목적]

종류	목적
계통접지	고압과 저압의 혼촉에 의해 발생하는 2차 전기회로의 재해를 방지한다.
기기접지	기기의 절연이 악화된 경우 등에 발생하는 감전사고를 방지한다.
뇌접지	피뢰설비(피뢰기, 피뢰침)를 접지한다.
정전접지	정전기에 의한 재해를 방지한다.
전자(기기)접지	외부에서 진입하는 노이즈나 서지를 방지하여, 내부의 정전기를 제거한다.
그 밖의 접지	케이블의 반도전층 접지, 전식방지용접지 등

※ 통합접지 : 모든 도전부 등을 통합접지하여 도체간에 전위차가 없도록 함으로써 감전을 최소화하는 접지(통합접지 시 의무적으로 서지보호기(SPD)를 설치해야 한다.)
※ 지중에 매설되어 있고 대지와의 전기 저항치가 3Ω 이하의 금속제 수도관로는 접지극으로 사용할 수 있다.

⑤ 각 설비는 감전사고를 방지하도록 충분한 조치를 취하고, 인터로크에 의하여 오조작을 방지할 수 있어야 한다.

> 💡 **변성용 기기**
> • PT(계기용 변압기) : 고전압을 저전압으로 변성하는 기기
> • CT(계기용 변류기) : 대전류를 소전류로 변성하는 기기

5 역률개선 설비

① 수변전설비에서 종합역률은 90 ~ 95% 정도 유지하는 것이 바람직하다.
② 저압전동기 및 고압 소용량 전동기회로에는 진상콘덴서를 직접 병렬로 설치하고 고압모선에는 종합역률조정용 고압진상콘덴서군을 설치하는 것이 바람직하다.
③ 고압콘덴서의 주회로에는 내부고장을 단독으로 보호하고 파급사고를 방지하기 위하여 보호장치를 설치한다.
④ 진상콘덴서에는 직렬리액터장치와 방전코일 등 방전장치를 필요에 따라 설치한다.
　㉠ 고조파가 확대되어 전압파형의 변형(비뚤어짐)이 커지게 되고 콘덴서회로를 개폐하면 과도전압전류가 발생하며 콘덴서에 나쁜 영향을 준다. 이러한 현상을 방지하기 위하여 콘덴서용량의 약 6%에 상당하는 직렬리액터를 설치한다.

ⓒ 설치지점의 제3고조파 전압왜곡이 매우 큰 경우에는 13%의 직렬리액터를 설치한다.
　　　→ 직렬리액터로 고조파 제거
⑤ 대용량의 고압콘덴서군은 2군 이상으로 분할하여 제어할 수 있도록 한다.
⑥ 오존발생장치의 전원회로에는 역률과 고조파(higher harmonics)장애를 개선하는 장치를 필요에 따라 설치한다.
　㉠ 역률계산

$$\text{역률(PF)} = \frac{\text{실제전력(유효전력)}}{\text{피상전력}} = \frac{W}{V \times A}$$

　㉡ 역률 개선 시 콘덴서용량

$$Q = \frac{P}{\eta}\left\{\sqrt{\frac{1}{(\cos\theta_1)^2} - 1} - \sqrt{\frac{1}{(\cos\theta_2)^2} - 1}\right\}$$

- Q : 콘덴서용량(kVA, kVar)
- η : 전동기 효율
- $\cos\theta_2$: 개선후의 역률
- P : 전동기 출력(kW)
- $\cos\theta_1$: 개선전의 역률

6 단로기(Disconnecting Switch)

단로기는 개폐기의 한 종류로서 점검수리 기기를 전로에서 완전 개방할 때나 모선의 접속의 변경이 필요할 때 주로 사용된다. 책임한계점에서 구분개폐기의 용도로 설치한다.

[개폐기별 역할의 구분]

구분	단로기	부하 개폐기	차단기
무부하 개폐	O	O	O
부하전류의 개폐	X	O	O
단락전류의 차단	X	X	O

💡 차단기의 차단용량 계산

$$\text{차단용량(MVA)} = \sqrt{3} \times \text{정격전압} \times \text{정격차단전류}$$

$$\text{정격차단전류(단락전류)} = 100 \times \frac{\text{정격전류}}{\text{임피던스}(\%, Z\%)}$$

$$\text{차단용량(MVA)} = \frac{100}{\text{임피던스}(\%, Z\%)} \times \text{기준용량}$$

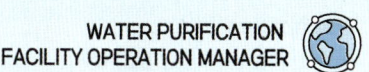

7 보호계전기

① **과전압계전기(OVR)** : 회로의 전압이 계전기의 정정된 값보다 이상일 때 차단기를 개방하여 전력회로의 과전압을 보호
② **과전류계전기(OCR)** : 계전기에 미리 정정된 값 이상의 전류가 흐를 때 차단기를 작동시키는 기기, 단락사고 발생 시 동작하여 설비(변압기, 배전선로, 전동기 등)를 보호
③ **부족전압계전기(UVR)** : 단락사고 또는 정전으로 인해 회로의 전압이 적정 값 이하로 내려갔을 때 동작(정격전압의 80%에서 정전)
④ **지락과전류계전기(OCGR)** : 선로나 부하의 지락발생시 발생되는 영상 전압을 검출하여 차단기를 개방시켜 선로를 차단
⑤ **선택지락계전기(SGR)** : 영상전압, 영상전류, 동작시간 등을 설정할 수 있어서 지락과 전압 계전기와 보호협조가 용이(지락전류보호 목적)
   ※ 대용량 변압기의 기계적 보호장치 : 보호홀츠계전기, 충격압력계전기, 충격가스압계전기, 방압안전장치
   ※ 순시전압강하 : 선로 사고, 대형부하 발생 시 보호계전기로 사고전류를 검출하여 차단기를 고속도로 개방, 절단하지만 그 때까지의 시간 동안 사고설비를 중심으로 한 광범위하고 대폭적으로 발생하는 전압저하 현상

> 💡 **순시전압강하 방지대책(안정화 전원장치)**
> 절연변압기, 전압조정기, 라인컨디셔너, 무정전전원공급장치(UPS)

8 전동기

1) 전동기의 선정

① 전동기는 3상 유도전동기를 표준으로 한다.

> 💡 **유도전동기의 특징**
> ㉠ 구조가 견고하고 가격이 저렴하며 운전 및 보수가 용이하다.
> ㉡ 속도제어가 어렵다.

② 전동기의 형식에는 보호방식 및 냉각방식 등에 따라 여러 종류가 있지만, 설치환경이나 사용목적에 따라 선정한다.
   ㉠ **전동기의 종류(회전자의 구조에 따라 분류)**
      • 농형 유도전동기(소용량인 저압용에 많이 채용)
         – 회전자의 슬로트(slot) 중에 들어있는 막대형상의 도체를 철심의 양쪽에서 단락한 단락환으로 이루어져 있다.
         – 구조가 간단하고 견고하며 가격이 저렴하고 보수성이 좋다.
         – 정수장에서 주로 사용된다.
         – 기동전류가 커서 소용량의 건을 제외하고는 기동전류를 저감시키기 위한 기동장치가 필요하다.

- **권선형 유도전동기(대·중용량에 많이 채용)**
  - 회전자에 고정자와 같은 삼상권선으로 가지고 있으며 슬립링을 통하여 2차측에 외부저항을 접속하며 이 저항을 조정하여 기동토크를 감소시키지 않고 기동전류를 저감시킬 수 있는 전동기이다.
  - 2차저항 또는 2차여자제어에 의하여 회전속도를 제어할 수 있다.

ⓒ 기동토크에 따른 분류

종류	기동토크	용도
보통농형	125% 이상	송풍기, 공작기계, 목공기계
특수농형 1종	100% 이상	펌프, 송풍기, 압축기, 일반동력
특수농형 2종	150% 이상	컨베이어, 공작기계, 일반동력
고저항농형	250% 이상	엘리베이터 등의 전압제어용
권선형	300% 이상	펌프, 송풍기, 압축기, 크레인

ⓒ 외피형에 의한 분류
- **전폐형** : 외피가 폐쇄된 구조
- **반폐형** : 외피에 개구부가 있고 기기 주위의 외기가 기기 내외를 자유로이 유통되는 구조(습기가 적고 통풍이 좋은 환경에서 적합)

③ 표준 전동기보다 손실을 감소시켜 효율이 3~4% 이상 높은 고효율 전동기 사용을 검토하여야 한다.

2) 기동방식

전동기 종별	기동방식
농형 유도전동기	전전압기동(기동전류가 가장 큼) 스타델타기동 기동보상기기동 리액터기동 소프트스타트
권선형 유도전동기	2차저항기동

※ 기동방식 선정 시 고려사항 : 부하토크, 전압강하, 시간내량

① **전전압기동(직입기동)** : 고정자권선에 직접 전원전압을 가하여 기동하는 방식이다.
② **스타델타(Y - Δ)기동** : 전동기의 고정자권선을 기동할 때에 스타(Y형)로 접속하여 고정자코일의 각 상에 인가되는 전압을 전원전압의 $1/\sqrt{3}$ 로 하는 것에 의하여 기동전류를 전전압기동시의 1/3(기동토크도 1/3로 된다)로 하는 방식으로 회전속도가 높아졌을 때에 델타(Δ형)로 전환하고 정격전압을 가하여 운전하는 방식이다.

③ **기동보상기 기동** : 기동할 때만 3상단권변압기를 사용하여 전동기의 단자전압을 정격의 60~80% 정도로 내려서 기동하는 방식이다.
④ **리액터 기동** : 기동할 때에 고정자권선에 직렬로 리액터를 접속하여 기동전류를 제한하면서 가속한 후에 이 리액터를 단락시키는 방식이다.
⑤ **소프트스타트** : 전력전자장치에 의하여 기동시 인가전압을 서서히 증가시키는 방식이다.

3) 유도전동기의 회전수

$$N(회전수, 회전속도) = \frac{120f}{P} \times (1-S)$$

- f : 주파수
- P : 극수
- S : 슬립

$$S = \frac{N_0 - N}{N_0}$$

4) 펌프 가동 시 전동기 과부하의 원인

① **비속도(비교회전도, N_s)에 따른 과부하**
　㉠ 비속도가 큰 펌프에서는 양정 과대에 따른 과소 유량 시
　㉡ 비속도가 작은 펌프에서는 양정 과소에 따른 과대 유량 시
② 임펠러가 케이싱에 닿거나 임펠러에 이물질이 걸린 경우
③ 직결불량에 의해 베어링이나 패킹박스에 무리한 힘이 가해질 때

9 직류전원장치

① 고압 또는 특별고압 수변전설비의 제어용 전원과 비상용 조명의 전원으로 직류전원장치를 설치한다.
② 직류전원장치의 충전장치는 부동충전방식을 사용한다.
　※ **부동충전방식** : 부동충전이라 함은 축전지를 충전용 기기와 병렬로 접속하여 축전지의 자기방전을 보충하는 정도의 소전류로 충전하여 항상 충전상태를 유지하고 평상시의 작은 부하는 충전용 기기로부터 공급하고 일시적인 큰 부하는 축전지로부터 공급하는 것이다.

[부동충전방식]

※ 축전지는 극판형식에 따라 연축전지와 알카리축전지가 사용되고 있으며, 공칭전압은 연축전지 2V/셀, 알카리축전지 1.2V/셀이다.

$$\text{축전지 Cell 수} = \frac{\text{부하의 정격전압}}{\text{축전지의 공칭전압}}$$

③ 직류전원장치에는 필요에 따라 부하전압보상장치, 과방전방지보호장치를 추가로 설치한다.
④ 직류전원장치에는 동작 및 감시에 필요한 장치를 설치한다.

🔟 비상용 전원설비

1) 기본설계

① 주요시설에는 비상용 자가발전설비를 필요에 따라 설치한다. 용량에 대해서는 비상시에 확보해야만 할 전력설비용량을 집계하여 결정한다.
  ㉠ **시설안전용 전력** : 안전용 전력은 비상조명, 제어계측설비, 일부 밸브조작용, 염소가스중화설비, 통신 및 소방용 등의 전력으로 거의 전용량을 확보하는 것이 바람직하다.
  ㉡ **시설운전용 전력** : 운전용 전력은 정수처리용 전력과 주펌프용 전력이고 정수처리용 전력은 침전지, 염소, 약품주입설비, 여과지 등의 전력이다. 정수장의 취수와 송수, 배수가 자연유하로 되는 정수장인 경우에는 안정급수를 확보하기 위하여 정상적인 시설운전이 가능한 발전설비용량을 확보하는 것이 바람직하다.
② 비상용 자가발전설비는 기동이 확실하고 신뢰도가 높은 것으로 한다.

2) 기종

① 비상용 자가발전설비를 설치하는 경우에 발전기는 동기발전기로 한다.(3상교류동기발전기가 주로 사용)

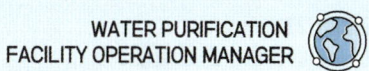

② 여자방식은 브러시리스여자방식 또는 정지여자방식으로 한다.
여자방식에는 브러시 등의 보수가 불필요한 브러시리스여자방식과 여자즉응특성이 좋은 정지여자방식이 있지만, 일반적으로는 소용량의 것을 제외하고는 여자장치가 작은 전자의 브러시리스여자방식이 사용되고 있다.
③ 원동기는 가스터빈 또는 디젤기관을 표준으로 한다.

⑪ 기타 설비

1) 크레인 · 호이스트

크레인과 호이스트는 운전의 안전성과 정확성을 중요시하는 기종으로 한다.

① **천정크레인**

천정크레인은 펌프, 전동기 등 대형기기의 반출입과 설치, 해체 등에 사용하기 위하여 설치되는 것이다. 건물 내에 설치되는 경우에는 건물측면 상부에 주행레일을 고정시키고 그 위를 주행하는 새들(saddle)에 주행거더(traveling girder)를 설치하고 또 그 주행거더 위에 크래브(crab)를 설치한 것으로 각각 주행장치를 가지고 있으며 크래브에는 인상장치를 갖는다.
㉠ 장치의 구동방식에 따라 전동천정크레인, 수동천정주행크레인 또는 호이스트형크레인 등이 있다.
㉡ 수도시설에 설치하는 전동크레인은 인양속도 3~6m/min, 횡행속도와 주행속도 10~20m/min 정도인 것이 일반적이다.

② **전기호이스트**

전기호이스트는 무겁지 않은 펌프 등을 들어올려서 설치하는데 사용되며 종류로는 다음과 같은 것이 있다.
㉠ **전동주행형**(motor operating traveling type) : 거더에 현수되거나 사이에 걸려서 주행하는 것이다.
㉡ **체인주행형**(chain operated traveling type) : 거더에 현수되거나 사이에 걸려진 크래브를 아래쪽 바닥에서 체인으로 조작하거나 이송시키는 것이다.
㉢ **로헤드형**(low head type) : 건물의 천정 높이에 제한이 있는 경우에 사용되며, 와이어로프를 상한까지 감았을 때에 매달린 쇠장식과 거더 하부의 거리를 가능한 한 단축시킨 것이다.

③ **체인블록**

㉠ 체인블록은 크레인 등 안전규칙 및 크레인구조규격에 준한다.
㉡ 체인블록의 트롤리가 모노레일식인 것은 형강(I형 또는 H형)으로 한다.

2) 용존공기부상지(DAF)의 기계설비

① 가압탱크(또는 압력용기포화기)
② 순환수 공급시설
③ 순환수 분배관 및 미세기포 발생 노즐

기출문제로 다지기 — CHAPTER 03 기전설비 ② (전기설비)

01. 전동기 기동방식 선정 시 고려하여야 할 주요항목으로 옳은 것을 모두 고른 것은?

| ㄱ. 부하토크 | ㄴ. 전압강하 | ㄷ. 주파수 |
| ㄹ. 극수변환 | ㅁ. 시간내량 | |

① ㄱ, ㄴ, ㄷ   ② ㄱ, ㄴ, ㄹ
③ ㄱ, ㄴ, ㅁ   ④ ㄴ, ㄷ, ㄹ

02. 수변전 설비에 관한 설명으로 옳은 것은?

① 설비용량은 변압기와 전동기 및 고압진상콘덴서 용량의 합계로 나타낸다.
② 특별고압용 개폐장치는 가스절연방식 또는 스위치기어방식을, 고압용 개폐장치는 스위치기어방식을 적용한다.
③ 책임분계점의 부하측에서 발생한 고장전류를 차단하기 위하여 고압은 배선용 또는 기중차단기를, 저압은 자동차단기를 사용한다.
④ 변압기를 실내에 설치하는 경우 방재 및 유지관리면에서 유입변압기를 선정하는 것이 바람직하다.

해설 ②항만 올바르다.
오답해설
① 설비용량은 변압기와 전동기 등 기기용량의 합계로 나타낸다. 다만, 고압진상콘덴서는 포함시키지 않는다.
③ 책임분계점의 부하측에서 발생한 고장전류를 차단하기 위하여 고압은 자동차단기를 저압은 배선용 또는 기중차단기를 사용한다.
④ 변압기를 실내에 설치하는 경우 방재 및 유지관리면에서 몰드식 또는 가스절연식의 3상변압기를 선정하는 것이 바람직하다.

03. 다음은 어떤 전동기에 관한 설명인가?

> 펌프구동용으로 많이 사용되는 농형유도전동기로서 부하변동이 적고, 기동토크가 100%이며, 대출력이다.

① 특수농형 1종 전동기
② 보통농형 전동기
③ 특수농형 2종 전동기
④ 고저항농형 전동기

04. 그림과 같은 병렬저항 접속회로에서 저항 $R_1 = 10\Omega$, $R_2 = 20\Omega$이고 전압 $V = 220V$일 때, 전류 I_1과 I_2는 각각 얼마인가?

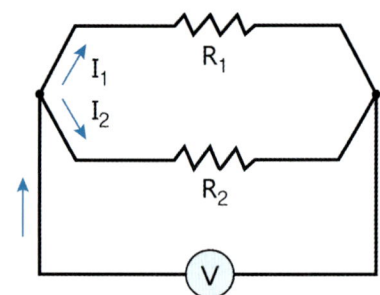

① $I_1 = 22A$, $I_2 = 11A$
② $I_1 = 11A$, $I_2 = 22A$
③ $I_1 = 8.8A$, $I_2 = 4.4A$
④ $I_1 = 4.4A$, $I_2 = 8.8A$

해설 식 $V = I \cdot R$

$$\therefore I_1 = \frac{V}{R_1} = \frac{220}{10} = 22\,A$$

$$\therefore I_2 = \frac{V}{R_2} = \frac{220}{20} = 11\,A$$

정답 01. ③ 02. ② 03. ① 04. ①

05. 전력퓨즈(PF)의 단점이 아닌 것은?

① 재투입이 불가능하며 보호특성이 일정하여 조정이 안 된다.
② 열화 또는 과부하에 의해서 잘못된 차단 등 특성의 변화가 있다.
③ 밀폐형은 단락시 소리가 없고 가스 방출도 없다.
④ 3상중 1상 단락으로 단상 운전의 우려가 있다.

해설 ③항은 전력퓨즈(PF)의 장점에 해당한다.

06. 전기회로의 부하전류 개폐가 불가능한 것은?

① 부하 개폐기   ② 단로기
③ 차단기   ④ 퓨즈달린 부하 개폐기

해설 단로기는 부하전류의 개폐 및 단락전류의 차단이 불가하다.

구분	단로기	부하 개폐기	차단기
무부하 개폐	O	O	O
부하전류의 개폐	X	O	O
단락전류의 차단	X	X	O

07. 유도전동기에서 극수가 일정할 때 회전수와 주파수의 관계는?

① 회전수는 주파수에 비례한다.
② 회전수는 주파수에 반비례한다.
③ 회전수는 주파수의 제곱에 비례한다.
④ 회전수는 주파수와 관계가 없다.

해설 유도전동기의 회전수를 산출하는 식은 아래와 같다.

식 $N(회전수, 회전속도) = \dfrac{120f}{P} \times (1-S)$

- f : 주파수
- P : 극수
- S : 슬립

08. 다음은 어떤 수전방식에 관한 설명인가?

> • 무정전공급이 가능하고 전압변동률이 감소한다.
> • 부하증가에 대한 적응성과 설비이용률이 향상된다.

① 예비전원 방식   ② 예비선 방식
③ 1회선 방식   ④ 스폿 네트워크 방식

09. 상수도시설에 사용되는 보호계전기로 영상전압, 영상전류, 동작시간 등을 설정할 수 있어서 지락과전압 계전기와 보호협조가 용이한 것은?

① 과전압계전기   ② 부족전압계전기
③ 비율차동계전기 ④ 선택지락계전기

10. 유도전동기의 동기속도를 N_0, 정격속도를 N이라 할 때 슬립(slip)을 나타낸 식은?

① $\dfrac{N-N_0}{N}$ ② $\dfrac{N_0-N}{N}$

③ $\dfrac{N-N_0}{N_0}$ ④ $\dfrac{N_0-N}{N_0}$

11. 절연물로 에폭시수지를 사용하여 화재의 우려가 없고 무부하손실이 적어 에너지절약에 기여하지만 소음이 크고 옥외 설치 시 전용함이 필요한 변압기는?

① 몰드변압기   ② 아몰퍼스변압기
③ 건식변압기   ④ 가스절연변압기

05. ③ 06. ② 07. ① 08. ④ 09. ④ 10. ④ 11. ①

12. 역률개선설비중 고조파를 제거하기 위해 설치하는 설비는?

    ① 진상콘덴서　② 직렬리액터
    ③ 방전코일　　 ④ 전력퓨즈

13. 수변전설비의 책임한계점에서 구분개폐기 용도로 설치하는 장치는?

    ① 진공차단기　② 피뢰기
    ③ 계기용변류기　④ 단로기

14. 비상용전원의 전력 중 시설운전용 전력으로 옳은 것을 모두 고른 것은?

    | ㄱ. 제어계측설비전력 | ㄴ. 밸브조작용전력 |
    | ㄷ. 약품주입설비전력 | ㄹ. 비상조명전력 |
    | ㅁ. 염소가스중화설비전력 | ㅂ. 주펌프용전력 |

    ① ㄱ, ㄹ　② ㄴ, ㄷ
    ③ ㄷ, ㅂ　④ ㅁ, ㅂ

    해설
    - 시설안전용 전력 : 비상조명, 제어계측설비, 일부 밸브조작용, 염소가스중화설비, 통신 및 소방용 전력
    - 시설운전용 전력 : 주펌프용, 침전지, 염소, 약품주입설비, 여과지 전력

15. 수전시스템의 구성에서 전기회로의 절연강도를 설정하고 내부이상전압에는 충분히 견디면서 외부이상전압에 대해서는 피뢰기를 설치하여 피뢰기의 보호레벨을 전기 회로의 절연강도보다 낮게 유지하여 보호하는 것은?

    ① 절연계급　② 절연협조
    ③ 캐스케이딩　④ 보호협조

16. 역률개선설비에 관한 설명으로 옳지 않은 것은?

    ① 수·변전설비에서 종합역률은 90~95% 정도 유지하는 것이 바람직하다.
    ② 대용량의 고압콘덴서군은 2군 이상으로 분할하여 제어할 수 있도록 한다.
    ③ 진상콘덴서에는 필요에 따라 직렬리액터장치를 설치하고 콘덴서용 개폐기가 설치된 경우에만 방전코일 등 방전장치를 설치한다.
    ④ 저압전동기 및 고압 소용량 전동기회로에는 진상콘덴서를 직접 직렬로 설치한다.

    해설 저압전동기 및 고압 소용량 전동기회로에는 진상콘덴서를 직접 병렬로 설치한다.

17. 수도시설의 수·변전설비 설치조건으로 옳지 않은 것은?

    ① 책임한계점의 부하측 수전설비에는 부하전류와 고장전류를 안전하게 차단할 수 있는 주차단기를 설치한다.
    ② 외부로부터 침입하는 이상전압에 대하여 효율적으로 보호할 수 있도록 피뢰기를 설치한다.
    ③ 특별고압용 개폐장치는 공기절연방식을 표준으로 한다.
    ④ 변압기용량은 적정한 여유율을 가져야 하며, 주요한 변압기는 2뱅크 이상으로 구성하여야 한다.

    해설 특별고압용 개폐장치는 가스절연방식 또는 스위치기어 방식으로 하며 고압용 개폐장치는 스위치기어방식을 표준으로 한다.

정답　12. ②　13. ④　14. ③　15. ②　16. ④　17. ③

18. 계통접지에 관한 설명으로 옳은 것은?

   ① 고압과 저압의 혼촉에 의해 발생하는 2차 전기회로의 재해를 방지한다.
   ② 기기의 절연이 악화된 경우 등에 발생하는 감전사고를 방지한다.
   ③ 피뢰설비(피뢰기, 피뢰침)를 접지한다.
   ④ 정전기에 의한 재해를 방지한다.

   해설 ② 기기의 절연이 악화된 경우 등에 발생하는 감전사고를 방지한다. - 기기접지
   ③ 피뢰설비(피뢰기, 피뢰침)를 접지한다. - 뇌접지
   ④ 정전기에 의한 재해를 방지한다. - 정전접지

19. B정수장에서 수·변전설비의 피상전력이 100kVA, 종합역률이 80%일 때 유효전력(kW)은?

   ① 20   ② 40
   ③ 60   ④ 80

   해설 식 역률(PF) = $\frac{실제전력(유효전력)}{피상전력}$

   $0.8 = \frac{유효전력}{100}$, ∴ 유효전력 = $80kW$

20. 직류전원장치의 충전장치에 사용하는 충전방식은?

   ① 세류충전방식   ② 부동충전방식
   ③ 균등충전방식   ④ 급속충전방식

21. 수도시설의 비상용 자가발전설비에서 표준적으로 사용하는 발전기는?

   ① 동기발전기   ② 농형 유도발전기
   ③ 극변화 발전기   ④ 직류 분권 발전기

22. 정수장 전기설비 운전중 단락사고 발생시 동작하여 설비를 보호하는 계전기는?

   ① 과전압계전기(OVR)   ② 부족전압계전기(UVR)
   ③ 과전류계전기(OCR)   ④ 부족전류계전기(UCR)

23. 전기설비기술기준에서 전로의 절연성능에 관한 설명이다. ( )에 들어갈 내용으로 옳은 것은?

전로의 사용전압(V)	DC 시험전압(V)	절연저항(MΩ)
SELV 및 PELV	250	0.5
FELV, 500V 이하	(㉠)	(㉡)
500V 초과	1,000	1.0

   ① ㄱ: 250, ㄴ: 0.5   ② ㄱ: 250, ㄴ: 1.0
   ③ ㄱ: 500, ㄴ: 1.0   ④ ㄱ: 1,000, ㄴ: 1.0

24. 수변전설비에 관한 설명으로 옳은 것은?

   ① 주회로구성은 점검보수 시 전체가 정전되도록 구성하고 가능한 간소화한다.
   ② 설비용량(kVA)은 최대수요전력(kW)에 충분히 대응할 수 있어야 한다.
   ③ 외부로부터 침입하는 이상전압(surge)에 대하여 효율적으로 보호할 수 있는 전류기를 설치한다.
   ④ 변압기 용량은 적절한 여유분을 가져야 하며 주요한 변압기는 1.5뱅크 이하로 구성한다.

   해설 ②항만 올바르다.
   오답해설
   ① 주회로구성은 점검보수 시 전체가 정전되지 않도록 구성하고 가능한 간소화한다.
   ③ 외부로부터 침입하는 이상전압(surge)에 대하여 효율적으로 보호할 수 있는 피뢰기를 설치한다.
   ④ 변압기 용량은 적절한 여유분을 가져야 하며 주요한 변압기는 2뱅크 이상으로 구성한다.

정답 18. ① 19. ④ 20. ② 21. ① 22. ③ 23. ③ 24. ②

25. 역률개선설비에 관한 설명으로 옳지 않은 것은?

① 저압전동기회로에는 진상용 콘덴서를 전원과 직렬로 설치하여 전력손실을 저감한다.
② 콘덴서 회로 개로 시 재기전압에 의한 아크에 주의하여야 한다.
③ 콘덴서 회로에서 개로 후 3분 이내에 75V 이하로 방전시키도록 방전코일을 설치한다.
④ 콘덴서 회로 개폐시 콘덴서 용량의 6%에 상당하는 직렬리액터를 설치한다.

해설 저압전동기회로에는 진상용 콘덴서를 전원과 병렬로 설치하여 전력손실을 저감한다.

26. 보호계전기에 관한 설명으로 옳지 않은 것은?

① 지락전류보호를 목적으로 과전류계전기를 사용한다.
② 보호계전 시스템은 검출부, 판정부, 동작부로 구성된다.
③ 과전압계전기는 정격전압의 110~130%에서 정정한다.
④ 부족전압계전기는 정격전압의 70~80%에서 정정한다.

해설 지락전류보호를 목적으로 선택지락계전기(SGR)를 적용한다. 과전류계전기는 단락사고나 과부하보호에 사용된다.

27. 철(F), 붕소(B), 규소(Si) 등의 혼합물을 이용하여 기존 규소강판 변압기 대비 무부하 손실을 75% 이상 절감한 고효율 변압기는?

① 몰드변압기 ② 아몰퍼스변압기
③ 가스절연변압기 ④ 3권선 지그재그변압기

28. 역률개선 등에 관한 설명으로 옳지 않은 것은?

① 상수도시설의 전력부하는 대부분 지상역률로 운영된다.
② 역률을 개선하면 부하전류가 감소한다.
③ 대용량 고압콘덴서군은 2군 이상으로 분할하여 제어한다.
④ 진상콘덴서에는 필요에 따라 병렬리액터를 설치한다.

해설 진상콘덴서에는 필요에 따라 직렬리액터와 방전코일, 방전장치를 설치한다.

29. 전력용변압기의 진단 방법 중 절연유 진단법에 해당하는 것은?

① 절연저항 측정법 ② 부분방전 시험법
③ 고유저항률 측정법 ④ 누설전류 측정법

30. 단로기에 관한 설명으로 옳지 않은 것은?

① 부하전류의 통전이 가능하다.
② 부하전류의 개폐가 가능하다.
③ 단락전류의 투입은 불가능하다.
④ 단락전류의 차단은 불가능하다.

해설 단로기는 부하전류의 개폐 및 단락전류의 차단이 불가하다.

구분	단로기	부하 개폐기	차단기
무부하 개폐	O	O	O
부하전류의 개폐	X	O	O
단락전류의 차단	X	X	O

정답 25. ① 26. ① 27. ② 28. ④ 29. ③ 30. ②

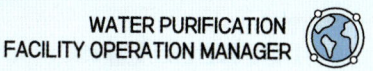

31. 전력용콘덴서를 회로에서 분리할 때 과도 전압, 전류 및 고조파 영향 등을 방지하기 위한 직렬리액터의 용량은?

① 전력용콘덴서 용량의 약 3%
② 전력용콘덴서 용량의 약 6%
③ 전력용콘덴서 용량의 약 10%
④ 전력용콘덴서 용량의 약 15%

32. 통합접지(Global earthing system) 적용 시 의무적으로 설치해야 하는 보호장치는?

① 전자식보호계전기(EOCR)
② 배선용차단기(MCCB)
③ 서지보호기(SPD)
④ 기동리액터(SR)

33. 고압전동기 보호용 전력퓨즈(Power fuse)의 설명으로 옳지 않은 것은?

① 전동기 전용의 "T"형을 사용하여야 한다.
② 기동전류에 용단, 소손되지 않아야 한다.
③ 빈번한 개폐조작에도 동작특성의 변화가 적어야 한다.
④ 전동기 정격전류를 안전하게 통전시킬 수 있어야 한다.

해설 전동기 전용의 "M"형을 사용하여야 한다.
[퓨즈의 종류]
T : 변압기용
M : 전동기용
T/M : 변압기 및 전동기용
C : 콘덴서용

34. 유도전동기에 관한 설명으로 옳은 것은?

① 3상 유도전동기는 구조가 복잡하고 유지보수가 어렵다.
② 습기가 적고 통풍이 좋은 환경에서는 전폐형이 적합하다.
③ 3상 유도전동기는 회전자 구조에 따라 보통농형, 특수농형 및 권선형으로 분류한다.
④ 권선형 유도전동기는 취수장 및 가압장의 주펌프 구동용으로 많이 사용된다.

해설 ③항만 올바르다.
오답해설
① 3상 유도전동기는 구조가 간단하고 유지보수가 용이하다.
② 습기가 적고 통풍이 좋은 환경에서는 반폐형이 적합하다.
④ 농형 유도전동기는 취수장 및 가압장의 주펌프 구동용으로 많이 사용된다.

35. 펌프, 밸브 등의 설치 또는 해체 시 사용하는 기계·기구가 아닌 것은?

① 호이스트
② 곤돌라
③ 체인블럭
④ 천정크레인

36. 순간과도전압 등 이상전압이 기기에 악영향을 주는 것을 방지하기 위하여 진공차단기 2차측에 설치하는 장치는?

① 단로기
② 계기용변압기
③ 변류기
④ 서지흡수기

정답 31. ② 32. ③ 33. ① 34. ③ 35. ② 36. ④

37. 차단기의 기준용량이 10MVA이고 %임피던스(%Z)는 5%일 때, 차단용량(MVA)은?

① 400
② 200
③ 40
④ 2

식 차단용량(MVA) = $\dfrac{100}{임피던스(\%, Z\%)} \times 기준용량$

∴ 차단용량(MVA) = $\dfrac{100}{5} \times 10 = 200 MVA$

38. B정수장에 설치된 변압기 용량이 1MVA, %임피던스가 4%일 때, 변압기 2차측에 설치할 차단기의 차단용량은 몇 MVA 인가?

① 25
② 30
③ 40
④ 80

해설 식 차단용량(MVA) = $\dfrac{100}{임피던스(\%, Z\%)} \times 기준용량$

∴ 차단용량(MVA) = $\dfrac{100}{4} \times 1 = 25 MVA$

39. 수전설비 3상 차단기의 정격전압이 7.2kV, 정격차단전류가 20kA일 경우 차단기의 정격차단용량(MVA)은 약 얼마인가?

① 150
② 200
③ 250
④ 300

해설 식 차단용량(MVA) = $\sqrt{3} \times 정격전압 \times 정격차단전류$

∴ 차단용량(MVA) = $\sqrt{3} \times 7.2 \times 20 = 249.42 MVA$

40. 직류전원 설비에 관한 설명으로 옳지 않은 것은?

① 축전지설비는 정전 또는 비상 시 조작용 전원으로 사용되며, 충전기와 축전지로 구성되어 있다.
② 축전지는 극판형식에 따라 연축전지와 알카리축전지가 사용되고 있으며, 공칭전압은 연축전지 2V/셀, 알카리축전지 1.2V/셀이다.
③ 축전지용량은 허용 최저전압, 전지 주변온도, 방전시간, 방전전류, 축전지 셀 수 등을 고려하여 결정한다.
④ 축전지의 자기방전을 보충함과 동시에 상용부하에 대한 전력공급은 충전기가 부담하고, 일시적인 대전류는 축전지가 부담하는 방식을 균등충전방식이라 한다.

해설 축전지의 자기방전을 보충함과 동시에 상용부하에 대한 전력공급은 충전기가 부담하고, 일시적인 대전류는 축전지가 부담하는 방식을 부동충전방식이라 한다.

41. 비상전원을 연축전지로 설계할 때 정격전압 100V를 유지하기 위한 셀(cell) 수로 옳은 것은? (단, 여유율은 무시한다.)

① 45
② 50
③ 84
④ 86

해설 공칭전압은 연축전지 2V/셀, 알카리축전지 1.2V/셀이다.

식 축전지 Cell 수 = $\dfrac{부하의 정격전압}{축전지의 공칭전압}$

∴ 축전지 Cell 수 = $\dfrac{100}{2} = 50$

정답 37. ② 38. ① 39. ③ 40. ④ 41. ②

42. 같은 규격의 축전지 2개를 직렬로 연결하면 어떻게 되는가?

① 전압과 용량이 모두 2배로 된다.
② 전압과 용량이 모두 1/2배로 된다.
③ 전압은 불변이고, 용량은 2배로 된다.
④ 전압은 2배가 되고, 용량은 불변이다.

해설 • **직렬연결** : 전압은 전지 전압의 합, 용량은 불변
• **병렬연결** : 용량은 전지 용량의 합, 전압은 불변

43. 논리식 A · (A + B)를 간단히 하면?

① A   ② B
③ A · B   ④ A + B

44. 지중에 매설되어 있는 금속제 수도관을 접지극으로 사용하고자 할 경우 수도관의 전기저항값은 몇 Ω 이하인가?

① 3   ② 5
③ 7   ④ 9

45. 저항(R)의 전기회로에서 전압(V), 전류(A)의 측정방법으로 옳은 것은?

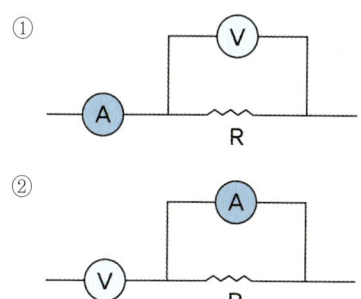

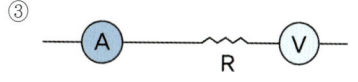
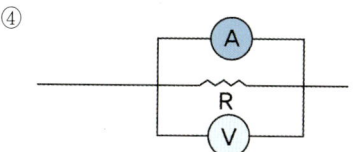

46. 대용량 유입변압기의 기계적 보호장치에 해당하지 않는 것은?

① 브흐홀쯔계전기   ② 충격압력계전기
③ 비율차동계전기   ④ 방압안전장치

해설 대용량 변압기의 기계적 보호장치 : 브흐홀츠계전기, 충격압력계전기, 충격가스압계전기, 방압안전장치

47. 펌프 가동시 전동기 과부하 원인으로 옳지 않은 것은?

① 비속도가 큰 축류펌프에서는 양정 과대에 따른 과소 유량에서 과부하가 발생한다.
② 비속도가 작은 원심펌프에서는 양정 과대에 따른 과소 유량에서 과부하가 발생한다.
③ 임펠러가 케이싱에 닿거나 임펠러에 이물질이 걸린 경우 과부하가 발생한다.
④ 직결불량에 의해 베어링이나 패킹박스에 무리한 힘이 가해져 과부하가 발생한다.

해설 비속도가 작은 원심펌프에서는 양정 과소에 따른 과대 유량에서 과부하가 발생한다.

정답   42. ④   43. ①   44. ①   45. ①   46. ③   47. ②

48. 순시전압강하 예방을 위한 전원안정화장치가 아닌 것은?

① 직렬리액터(SR)
② 자동전압조정기(AVR)
③ 무정전전원공급장치(UPS)
④ 라인컨디셔너(Line Conditioner)

해설 순시전압강하 방지대책(안정화 전원장치) : 절연변압기, 전압조정기, 라인컨디셔너, 무정전전원공급장치(UPS)

49. 농형 유도전동기의 기동방식 중 기동전류가 가장 큰 것은?

① 전전압(직입) 기동방식
② 스타델타 기동방식
③ 기동보상기 기동방식
④ 리액터 기동방식

정답 48. ① 49. ①

CHAPTER 04 계측제어 설비

UNIT 01 계측제어용 기기

> **총칙**
> 상수도시설에서 계측제어란 상수도시설의 감시와 제어 및 정보처리를 취급하는 기술을 말하며 그에 필요한 제 설비를 계측제어 설비라고 한다.

> **계측제어설비의 종류**
> ① 전자계산기 장치(DAS, 통신네트워크장치, 기타)
> ② 컴퓨터 감시제어 장치(PLC, DCS, ACS, 통신네트워크장치, 기타)
> ③ 원격 감시제어 장치(TM/TC, SCADA, 통신네트워크장치, 기타)
> ④ 중앙감시반(GDP, MDP, 영상감시반/projector)
> ⑤ 판넬기기 : 지시계, 기록계, 적산계, 연산기, 설정기, 경보계, 조절계, 변환기, 기타
> ⑥ 현장기기 : 유량계, 수위계, 압력계, 온도측정계, 수질계, 분석계, 조절변(C/V), 조작기기, 기타
> ⑦ 감시 제어반(OPC, LCP, LIP, LOP, MOP, 기타)
> ⑧ 보안 감시 장치(CCTV, 침입감지설비, 기타)
> ⑨ 기타 기기
> ⑩ 전원장치(상용AC전원, DC전원, UPS전원)
> ⑪ 현장 설치공사 기자재

> **안전대책**
> ① 평상시에 기능을 충분히 발휘할 수 있는 것은 물론, 오동작이나 기기 고장 등으로 비정상상태일 경우에도 자동안전, 백업대책 등을 강구하여 가능한 한 수도시설의 기능을 유지할 수 있도록 고려해야 한다. 계측제어기기의 고장 또는 형식변경 등에 대처하기 위하여 예비품 확보에 대하여 항상 유의한다.
> ② 각종 계측기와 제어기의 설계, 제작 및 설치에는 내진성, 내약품성 등에 대하여 고려한다.

③ 뇌해대책으로서는 직격뢰의 영향을 받기 어렵도록 배치하거나 기기를 사용해야 한다.
  • 서지보호기(arrester) 등을 설치함으로써 기기의 절연파괴를 방지한다.
  • 전송로에 대해서는 지중화하거나 광케이블을 사용하는 것이 유효하다.
  • 등전위 본딩(건축물의 공간에서 금속도체 상호간의 접속으로 전위를 같게 하는 것)을 시행한다.
④ 지진이나 화재 등의 재해에 대비하여 전도방지, 불연화 또는 필요에 따라 방폭, 사고의 파급방지 등의 대책을 강구한다.
⑤ 정보처리기기는 주위 환경의 영향을 받기 쉬우므로 설치환경에 충분히 유의해야 한다. 예컨대 공조설비 등을 설치하여 환경을 양호하게 유지하고 예비계통을 설치하여 불의의 사고에 대비한다.
⑥ 정보처리설비로 취급하게 되는 각종 데이터나 정보 등은 그 중요성에 따라 보호대책을 강구한다.
⑦ 시설을 운전관리하고 보수·점검할 때에 인간의 판단을 필요로 하는 사항도 있으므로 사고나 고장 등의 이상시에는 계측제어설비가 고도화될수록 혼란도 커진다. 이 때문에 관리실과 각 시설간과 같은 중요한 시설들의 요소 간에 통신연락 수단을 완비시켜 놓는 것이 바람직하다.

1 계측제어용 기기의 구분

① **검출부** : 상수도시설의 각 부분에서 수위, 압력, 수량 및 수질 등의 변화량을 검출하여 신호로 변환하는 장치(수위계, 압력계, 온도계, 유량계 등)
② **표현부** : 변환된 신호를 지시, 기록, 표시 및 경보하는 장치이다.
③ **조절부** : 수량이나 상태를 일정하게 유지하거나 일정한 기준에 따라 변화된 신호를 발신하는 장치(On/Off, 미분동작, 적분동작 등)
④ **조작부** : 조절부로부터 조작신호를 받아 제어목적을 달성하기 위하여 작동하는 장치(밸브, 모터, 펌프, 팬 등)
⑤ **전송부** : 검출부, 표현부, 조절부 및 조작부의 상호간에 신호를 전달하는 부분

[계측항목]

구분	계측항목	기본설치항목
취수장	수온, 수위, 유량, 탁도, pH, 알칼리도, 전기전도도	탁도
착수정	수온, 수위, 유량, 탁도, pH, 알칼리도, 잔류염소량, 전기전도도	수온, pH, 탁도, 전기전도도, 알칼리도
혼화·응집지 (플록형성지)	pH, 알칼리도, 잔류염소, SCD	-
침전지	수위, 탁도, pH, 알칼리도, 잔류염소량	탁도
여과지	수위, 손실수두, 입자계수기유량, 탁도, 잔류염소량, pH	탁도
세정탱크	수위, 유량	-
정수지	수위, 유량, 탁도, 잔류염소량, pH	수온, pH, 탁도, 잔류염소량
배수지	수위, 유량, 탁도, 잔류염소량, pH	-
배수펌프	유량, 수압	-

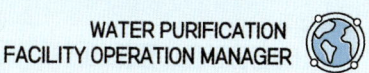

배출수지	수위, 유량, 탁도, pH	–
배슬러지지	–	–
농축조	수위, 유량, 탁도, 슬러지계면계, pH, UV(COD 측정)	–
슬러지저류조	액 위	–
탈수기동	유량, 농도	–
회수조	수위, 유량	–
방류수	pH, UV(COD), SS	pH

❷ 유량계측

① 유량을 계측하기 위한 계기는 측정조건, 측정범위, 정밀도 등을 고려하여 선정한다. 특히 거래용이나 유수율에 관계되는 유량계는 정밀도가 높은 것을 선정한다.
② 유량계를 설치할 때는 설치조건과 환경조건에 유의한다.

1) 전자유량계 : 패러데이의 전자유도의 법칙을 응용하여 유량에 비례한 출력을 얻는 유량계로 유량을 미소전기신호로 변환하는 검출기와 검출기에서의 신호를 받아 증폭하고 연산하여 소정의 신호로 변환하는 변환기로 구성된다.

㉠ 관벽에 작은 전극을 부착시켰을 뿐이고 압력손실이 거의 없으며 압력, 온도, 점도, 밀도 등에 거의 영향이 없다.
㉡ 건물 내에 유량계를 설치하는 경우, 수직으로 설치함으로써 대폭적으로 설치면적을 축소시키는 경우도 있다.
㉢ 역류측정이나 2-레인지 전환사용 등의 기능을 부가한 것도 있다.
㉣ 구경 350mm 이하인 거래용으로 사용하는 경우에는 전자식 수도계량기(국가공인 검·교정 받은 제품)를 사용해야 한다.
㉤ 전자유량계는 유속이 1m/sec 이하인 경우에는 기전력이 작아서 오차가 유발됨으로 2~4m/sec 정도가 적합하다.
㉥ 배관의 곡관부나 밸브 등에 의하여 생기는 편류는 계측에 오차를 생기게 하므로 흐름을 균일하게 하기 위하여 검출기의 설치 전후에 필요한 직관부를 확보하고 유량제어밸브를 설치해야 하는 경우에는 검출기의 하류측에 설치한다.
㉦ 검출기는 항상 유체가 관내를 충만하도록 설치한다. 관내를 충만시키는 것이 어려운 경우에는 비만수형 전자유량계를 검토한다.
㉧ 검출기를 수직 또는 비스듬히 설치할 경우에는 흐름은 아래쪽에서 위쪽으로 향하도록 하고 전극은 수평방향으로 되도록 설치한다. (설치 위치는 약품주입지점 직후는 피해야 한다.)
㉨ 검출기 내부를 점검하거나 청소하기 위하여 우회관(by-pass)을 설치하는 것이 바람직하다.

- ㅊ. 신호케이블과 여자(勵磁)케이블은 소정의 전용케이블을 사용하여 독립배선으로 하며, 강전기기의 가까이에 배선하는 것이나 고압케이블과 평행으로 배선하는 것은 피한다.
- ㅋ. 검출기는 유체의 도전율이 불균일하게 되는 곳, 예컨대 약품주입지점의 직후는 피해야 하며 상류측 또는 하류측에 설치하는 경우에는 주입점에서 충분히 떨어진 위치에 설치한다.
- ㅌ. 검출기와 변환기로는 방적·방수형(dripproof and watertight type)이 있으므로 각각 설치장소에 알맞은 것을 선정하고, 변환기의 상하, 좌우에는 보수공간을 확보한다.
- ㅍ. 검출기와 변환기의 배선길이는 유체의 도전율에 따라 제한되므로 주의해야 한다.
- ㅎ. 검출기와 변환기의 접지는 제3종접지(100Ω 이하) 이상으로 하고 전력기기의 접지와 함께 하지 않는다.

2) 초음파유량계 : 초음파가 유체 중을 전파하는 속도가 유체의 유속에 따라 변화하는 것을 이용하여 관로의 유량에 비례한 출력을 얻는 유량계로, 초음파의 발신기 및 수신하는 검출기와 검출기에서의 신호를 증폭하고 연산하여 소정의 전기신호로 변환시키는 변환기로 구성된다.

- ㄱ. 초음파가 투과할 수 있는 유체이면 도전성이나 비도전성에 관계없이 어떠한 유체에 대해서도 측정할 수 있다.
- ㄴ. 초음파의 발신부와 수신부가 관벽에 부착되어 있기 때문에 전자유량계와 마찬가지로 압력손실이 생기지 않는다.
- ㄷ. 초음파의 전파를 방해하는 거품이나 이물질 등이 혼입되면 측정오차가 생긴다.
- ㄹ. 일반적으로 탁도 5,000NTU 이하, 수온 0~40℃가 유체조건으로 되어 있다.
- ㅁ. 초음파유량계에는 역류측정이나 2-레인지전환 등의 기능을 부가한 것도 있고, 측정방법으로는 Z-법(투과법), V-법(반사법), X-법(교차법) 및 2V-(측선)법 등이 있으며 관내에 편류가 있을 경우에는 2V-법이 정밀도를 좋게 측정할 수 있다.

3) 차압식 유량계 : 유량의 2승에 비례하는 차압을 발생시키는 조임기구와 이 차압을 전기신호로 변환하는 차압전송기, 그리고 신호를 선형화하는 개평연산기로 구성된다.

- ㄱ. 구부러진 곳이나 밸브 등으로부터 충분히 떨어지고 불규칙한 흐름이 없는 지점에 조임기구를 설치해야 한다.
- ㄴ. 조임기구의 전후에는 흐름을 균일하게 하기 위하여 관내경(D)에 대하여 상류측 10D 이상, 하류측 5D 이상의 직관부가 필요하고, 이 직관부는 측정정밀도를 유지하기 위해서는 반드시 확보해야 한다.
- ㄷ. 조임기구는 계량기실내에 설치되는 것이 많으므로 필요에 따라 배수(排水)설비를 설치한다.
- ㄹ. 차압전송기는 계량기실내에 설치되는 것은 피하며 부득이하게 설치하는 경우에는 배수(排水)펌프나 환기장치를 설치하는 등 환경정비가 필요하다.
- ㅁ. 차압전송기의 설치위치는 부압으로 되지 않도록 해야 한다.
- ㅂ. 조임기구로부터 차압전송기까지의 도압관은 수평배관을 피하고 1/10 이상의 경사로 설치하여 기포나 이물질이 지체되지 않도록 한다.

③ 수위계측

① 수위를 계측하기 위한 계기는 측정조건, 측정범위, 정밀도 등을 고려하여 선정한다.
② 수위계를 설치할 때에는 설치조건 및 환경조건에 유의한다.

1) 투입식 수위계 : 투입식 수위계는 접액다이어프램을 수중에 설치하여 다이어프램에 걸리는 압력을 측정하여 통일된 신호로 변환한다. 이 방식은 각종탱크에 특별한 공사가 필요없이 간단히 설치할 수 있으므로 많이 사용되고 있다.

- ㉠ 검출기를 설치하는 위치는 부근에서 심한 흐름이 있는 경우에는 방파관이나 방류벽 등을 설치할 필요가 있으며 또 진동이 있는 곳은 피한다.
- ㉡ 슬러지 등이 퇴적될 우려가 있는 장소에는 사용하는 것이 바람직하지 않다.
- ㉢ 중공케이블(hollow cable)을 통하여 전송기에 물이 들어가면 고장의 원인이 되기 때문에, 이것을 방지할 대책을 해야 한다.
- ㉣ 중계박스나 전원박스는 습기나 부식성 가스가 적은 장소에 설치한다.

2) 차압식 수위계 : 수중 임의의 점에서의 정압력이 그 지점에서 수면까지의 거리, 밀도 및 중력가속도의 곱에 반비례하는 것을 이용하여 수면까지의 거리 수위를 검지하는 방법으로 약품저장조의 수위측정용으로 잘 사용된다. (정전용량식, 다이어프램식이 있다.)

- ㉠ 광범위한 액면변화를 연속적으로 측정할 수 있다.
- ㉡ 검출기의 설치장소에 제약이 있다.
- ㉢ 밀폐된 압력용기 내의 액면 측정이 가능하다.

식 $h = \dfrac{P}{\rho \cdot g}$

3) 초음파식 수위계 : 초음파식 수위계는 측정대상물의 위쪽에 설치된 초음파센서로부터 발사된 초음파펄스가 측정대상물의 표면에서 반사되어 반사파로 되어 다시 센서로 수신되기까지의 왕복전파시간을 측정하여 수위로 환산하는 수위계이다.

- ㉠ 비접촉측정이 가능하고 점도와 밀도에 의한 영향이 없으며 가동부분이 없다.
- ㉡ 최소측정범위, 반사조건, 불감거리 등에 의하여 측정한계가 있다.
- ㉢ 초음파센서는 발사된 초음파펄스가 먼지, 기체, 증기 등에 의하여 측정에너지의 전파를 약하게 하는 경우가 있다.
- ㉣ 탱크 내에 설치된 사다리나 배관 등에 초음파가 조사되어 반사되면 반사파에 의해 노이즈가 발생되므로 수위계 설치장소는 이같은 장애물이 없는 장소를 선정해야 한다.
- ㉤ 센서부에 물방울·결로가 발생하면 오차가 발생하는 요인이 되므로 초음파발신부에 고분자압전막, 고분자 필름 등의 피막을 씌어서 물방울이 부착되지 않도록 고려한다.

ⓗ 센서는 진동이 없고 또 기계류의 잡음이나 전자유도파 등의 영향을 받지 않는 장소를 선정하여 설치한다.
ⓘ 측정대상물의 표면에 거품이나 작은 파(wave)가 있는 경우 초음파의 에코가 일어나서 오차가 생긴다.

4) **정전용량식 수위계** : 정전용량식 수위계는 액체중에 전극을 삽입하여 전극과 수조 또는 탱크벽과의 사이에 정전용량이 액면의 높이에 비례하는 성질을 이용한 것이다.

ㄱ 전극의 길이, 재질, 측정대상의 유전율에 의하여 측정범위가 넓게 채택된다.
ㄴ 전극의 재질을 선정하는 것에 의하여 부식성액체에도 적용할 수 있다.

5) **플로트식 수위계** : 플로트식 수위계는 플로트를 액면에 띄우고 플로트의 변위를 와이어 또는 테이프에 의하여 계기 내부의 활차(pulley)에 전하여 회전각으로 변환한다. 이 회전각을 변환부에서 균일한 신호로 변환하여 지시하고 전송한다.

ㄱ 원리와 구조가 간단하고 취급이 용이하다.
ㄴ 계기용의 전원이 없더라도 지시할 수 있다.

4 압력계측

① 압력을 계측하기 위한 계기는 측정조건, 측정범위, 정밀도, 응답성이 적정한 것을 선정한다.
② 압력계를 설치하는 경우에는 설치조건과 환경조건에 유의한다.

> **💡 압력계의 종류**
>
> 1) **부르동관식(부르돈관식)** : 타원 또는 원호상의 와류형 금속관의 일단을 고정하고 타단을 밀폐한 것으로서 내압을 가하면 자유단의 외측을 향하여 움직이는데, 이 차이를 전기적으로 변환하여 측정한다.
>   - 펌프의 압력측정에 주로 사용된다.
>   - 구조부분의 마모나 노후화 등에 따라 정밀도가 떨어지기 때문에 정기적으로 용이하게 조정하거나 교체할 수 있도록 한다.
> 2) **다이어프램식** : 다이어프램식압력계는 부식성약품, 슬러리 등의 압력측정에 많이 사용되고 있다.
> 3) **벨로즈식 압력계** : 내외의 압력차에 비례하여 축방향으로 변위한다. 공기식조절계, 압력스위치 등에 사용되고 있다.
> 4) **정전용량식 및 반도체식 압력계** : 전극간의 정전용량변화를 전기신호로 변환하고, 온도특성이 우수하다. 압력측정뿐만 아니라 탱크의 수위를 압력으로 측정하여 수위로 환산하거나 조임기구에 의한 차압을 측정하여 유량으로 환산하는 등 유량과 수위 등의 측정에도 응용되고 있다.

5 수질계측

① 수질을 계측하기 위한 계기는 구조나 원리가 간단하고 응답성이 좋으며 신뢰성이 높고 교정 및 보수가 용이한 것을 선정한다. 또 내습성, 내부식성 등 주위의 환경조건에 알맞은 것을 선정한다.
수질계기를 선정할 때에 유의해야 할 사항으로서는 다음과 같은 것이 있다.
㉠ 다른 계측제어기기에 비하여 유지관리의 주기가 짧기 때문에 교정과 보수가 용이한 것이 바람직하다.
㉡ 시약을 필요로 하는 것은 되도록이면 시약소비량이 적은 것을 선정한다. 시약탱크의 용량은 유지관리의 주기, 운전시간 및 시약의 시간경과에 따른 변화 등을 고려하여 정한다.
㉢ 검출장치나 전극의 세척방식에는 초음파세척, 물분사(water jet)세척, 브러시(brush)세척, 비드(bead)세척 등이 있지만, 어떤 방식을 채택할 것인가는 측정수질이나 유지관리 등을 고려하여 정한다. 세척방법은 수동과 자동을 겸비하고 세척시간간격과 세척시간을 조정할 수 있는 것이 바람직하다. 세척할 때나 레인지전환 중에는 출력신호를 홀드하고 홀딩시간을 변경할 수 있는 것이 바람직하다.

> **용도별 계측장치**
> - 응집제의 주입제어 : 탁도계, pH계, 알칼리계, 수온계
> - pH조정제의 주입제어 : pH계, 알칼리도계
> - 염소제의 주입제어 : 염소요구량계, 암모니아이온계, 잔류염소계
> - 오존의 제어 : 용존오존농도계, 배오존농도계
> - 감시용 계기 : VOC계, 유막검지기, 유분모니터, 고감도탁도계, 색도계, 트리할로메탄계, 전기전도도계, UV계, ORP계, 시안이온계

1) **탁도계** : 측정수가 착색된 것의 영향을 받지 않는 것을 선정한다. 저탁도용의 탁도계로는 제로탁도필터부가 바람직하다. 측정수질의 변동이 심한 경우에는 2중레인지 등의 채택을 고려한다. 레인지전환은 자동전환이 바람직하다.
크립토스포리디움 대책으로서 고감도탁도계나 입자계수기(particle counter)가 사용되는 경우도 있다. 고감도탁도계로는 투과산란광(laser)식, 투과산란광(가시광)식, 표면산란광식이 있고 감도가 높으며 저탁도까지 측정할 수 있다. 설치할 때에는 유지관리가 용이하고 신뢰성이 높은 것을 채택한다. 입자계수기는 여과지전후의 물에 포함된 탁질의 입자경과 입자수를 측정하여 여과상황을 파악하는 데 사용되고 있다.
① 투과산란광레이저방식
- 감도가 높고 저농도의 측정이 가능하다.
- 측정수의 유량을 일정하게 해야 한다.
- 광전지 창의 오염에 대한 영향이 크다.
② 투과산란광가시광방식
- 감도가 높고 저농도의 측정이 가능하며 색도의 영향을 받지 않는다.
- 광정지 창의 오염에 대한 영향이 크다.
③ 표면산란방식
- 셀 창이 없으므로 셀의 오염에 의한 영향이 없다.
- 진동에 약하고 입자경에 의한 영향이 크다.

2) **미량휘발성유기화합물(VOC)계** : 시료수를 증발시켜 용해되어 있는 휘발성물질을 기화시키고, 기화된 물질을 가스크로마토그래피에 의하여 각 성분마다의 농도를 측정한다.
   - 정수장 원수의 오염사고에 대처하기 위하여 휘발성유기화합물 성분을 ㎍/L 단위까지 연속측정할 수 있는 VOC계를 원수감시에 사용하는 경우가 있다.
   - VOC계는 1시간마다 디클로로메탄, 톨루엔, 벤젠, 트리클로로에틸렌 등 많은 물질을 확인할 수 있고 원수수질의 돌발적인 변화나 장기변동을 파악할 수 있다. VOC계는 측정정밀도나 신뢰성도 높고 유지관리도 비교적 용이하다.
   - 유틸리티에 공기, 질소, 수소가 필요하다.

3) **기름의 측정** : 측정수를 공기에 의하여 증발시켜 시료수 중에 용해되어 있는 휘발성물질을 기화시켜, 수정진동자의 공진주파수의 변화량에 의하여 농도를 측정한다.
   - 원수에서 수질사고의 대부분이 등유나 경유 등의 혼입에 의한 기름사고가 차지하고 있다.
   - 원수 중의 기름을 측정하는 계기로는 기름에 의하여 형성되는 유막을 반사율 등의 차이를 이용하여 측정하는 유막검지기나 측정수 중에 포함된 기름의 휘발성분을 측정하는 기름성분 모니터가 사용된다.
     ※ 유막검지기 : 기름의 반사율이 물보다 큰 것을 이용하여 반사광의 크기를 측정하여 유막 유무를 판단하는 기기 (흐름이 빠르거나 수면이 크게 변동하는 수로에는 부적합하다.)
   - 수중에 용해되어 있는 미량기름성분을 검지할 수 있다.
   - 시료전처리나 기화기, oil-less의 계측제어용의 공기가 필요하다.

4) **pH계** : 유통(流通)형과 잠수(潛水)형 등이 있으며 측정 장소에 알맞은 것을 선정한다. 또 측정수의 전기전도도가 5μS/cm 이하의 pH측정에는 저전기전도도용(순수용 pH계)을 선정한다. 세척이나 교정을 시퀀서(sequencer)를 사용하여 자동적으로 하는 기종도 있다.

5) **전기전도도계**
   전기전도도계의 전극에는 직결형, 유통형 및 투입형이 있으며 측정 장소에 알맞은 것을 선정한다. (교류전원 사용)
   - 원리가 간단하고 유지관리가 쉬우며, 고탁도의 시료수도 측정할 수 있다.
   - 측정용전극의 특성이 열화되므로 정기적인 점검이 필요하다.

6) **알칼리도계**
   알칼리도계는 중화적정에 의하여 측정수의 알칼리도를 측정하는 것으로 측정수의 탁질이나 유기물 등에 의하여 측정오차가 생기는 경우가 있으므로 여과장치 등 전처리장치를 설치하는 것이 바람직하다.

7) **염소요구량계**
   염소의 자동주입제어를 하기 위해서는 암모니아성질소계나 염소요구량계가 사용된다. 염소요구량계는 측정수에 과잉염소를 주입하여 소비되는 염소량으로부터 요구량을 산출한다.
   설치할 때에는 염소는 암모니아성질소 등 수중의 피산화물과 반응하는데 반응시간을 요하기 때문에 채수점 등 수질제어계의 응답시간을 고려해야 한다.
   또 상수원의 수질이 크게 변하는 경우에는 2중레인지 등을 채택하고, 자동제어중에 기기를 점검할 때에는 신호가 홀딩되도록 대책을 강구한다.
   - 염소를 소비하는 모든 물질을 측정할 수 있다.
   - 염소발생기의 음극부에 수산화나트륨이 석출되기 때문에 정기적인 청소가 필요하다.

8) 잔류염소계
   - 잔류염소계는 시약을 사용하는 시약형과 무시약형이 있다.
   - 시약형은 유리잔류염소와 결합잔류염소를 시약을 바꿈으로써 분별하여 측정할 수 있는 계기이다.
   - 무시약형은 유리잔류염소만을 측정하는 계기이다.
   - 무시약형은 측정수의 pH 및 전기전도도가 일정한 범위 내인 것이 필요하므로 시약형에 비하여 수질에 의한 정밀도의 제한을 받으므로 주로 여과수 이후의 정수 측정에 사용하고 있다.
   - 갈바닉전극법과 폴라로그래프법이 있다.
   - 갈바닉전극법은 기전력을 이용하여 잔류염소량을 측정하고 시약이 불필요하다.
   - 전염소, 후염소 주입량제어를 위한 잔류염소 측정에 쓰이고 있다.

9) 암모니아성질소계 : 측정수중의 암모니아이온을 연속적으로 측정하여 염소주입제어용으로 사용된다.
   - 방해성분의 영향을 거의 받지 않고, 연속으로 측정할 수 있다.
   - 시약이 필요하고 감도와 정밀도가 약간 나쁘다.

10) 오존농도계 : 오존농도의 연속측정에는 자외선흡광도법이나 격막전극법, 폴라로그래프(polarograph)법이 사용된다. 기상(氣相)용으로는 자외선흡광도법이 잘 사용되며 유지관리도 용이하고 측정정밀도도 안정되어 있다. 누설오존농도 등 저농도의 오존을 측정하는 경우에는 공기 중의 옥시단트(oxidant)의 방해가 있다는 것을 고려해야 한다. 또 액상(液相)의 오존농도계는 시료채취 중에 오존농도가 감소되기 때문에 현장설치가 바람직하다.

11) UV(자외선흡광도)계 : UV계는 유기물의 총량을 측정하기 위하여 사용된다. UV계는 유지관리가 용이하고 또한 염가로 연속하여 측정할 수 있다.

12) 색도계 : 색도계는 망간 등에 의한 발색을 계측하는 계기로 색도의 390nm의 투과광을 측정하는 방식이 사용된다.

13) ORP(산화환원전위)계 : ORP계에는 pH계와 같이 침수형과 유통형이 있으며 사용목적에 따라 선정한다.

14) SDI(오염지수)계 : SDI계는 해수담수화장치 등에 사용된다. 원수의 오염을 측정하는 것으로 멤브레인필터에 측정수가 몇 분간 흐를 수 있는 가를 측정하여 계산한다.

② 수질계측은 수질계기의 설치환경과 채수방식에 유의한다.

[수질계기의 설치장소에 따른 손실비교]

비교항목	현장설치	중앙집중설치
계측데이터의 시간지역	작다. - 약품주입 제어계에 유리하다.	크다. - 약품주입 제어계에 불리하다.
시료채취관에 의한 수질변화의 영향	거의 영향없다.	영향이 있으며 정기적으로 관세척이 필요하다.
수질계기에의 환경조건	좋지 않다. 방우와 방한 및 환기대책 등이 필요	좋다.
수질계기의 보수관리	계기가 각처에 산재되어 있어서 유지관리가 나쁘다.	좋다.

③ 상수도시설에서 수질계측기기는 원수수질 및 정수장 운전의 자동화 등 정수처리 시설의 여건에 능동적으로 대응키 위하여 필요한 계측기를 선정·설치해야 한다.
  ㉠ 상수원과 취수장의 수질감시기능 강화(수온, pH, 탁도, 전기전도도, 알칼리도, 조류, TOC, 암모니아)
  ㉡ 소독부산물 제어를 위한 감시기능 강화(TOC)
  ㉢ 정수장의 자동화대비 공정감시 및 제어기능의 강화
    • 전염소, 중간염소 및 후염소 투입량의 종속제어
    • 혼화 및 응집 공정의 감시제어(pH, SCD)
    • 관부식을 방지하기 위한 알칼리제(소석회, 수산화나트륨)의 종속제어
  ㉣ 여과지별 탁도감시기능의 강화(지별 탁도계, 공정의 입자계수기)
  ㉤ 배수지 등 공급과정의 수질감시기능 강화(수온, pH, 탁도, 잔류염소 등)
  ㉥ 설치기준 외 현장여건상 필요시 그 밖의 항목으로 설정가능

6 기타계측

기상관측용기기, 염소가스누출검지기 등의 기기는 각각의 용도에 알맞은 것으로 하고 설치조건과 환경조건에 적합한 기종을 선정한다.

> **💡 염소가스누출검지기 설치시 유의사항**
> (1) 누설염소가스를 연속적으로 검지하여 경보를 발하는 검지기로 한다.
> (2) 중화설비를 연동하여 작동시키기 위한 제어설비를 설치한다.
> (3) 응답시간에 늦음이 생기지 않도록 시료채취장치를 설치한다.
> (4) 반응액의 보충이나 전극의 청소 등 보수점검작업에 충분한 공간과 조명설비를 설치한다.
> (5) 시료흡기관은 경질염화비닐 또는 동등품을 사용하고 흡입측검지기 입구에는 풍량조절용의 밸브를 설치한다.

7 지시·기록용 기기

① 지시·기록용 기기는 구조나 원리가 간단하고 입력신호나 입력점수에 적합한 것으로, 정밀도가 좋고 교정보수가 용이하며 내구성이 있는 것을 선정한다. 읽기가 정확함을 목적으로 하는것인가, 상태파악이나 경향 또는 상대관계를 이해하는 것을 목적으로 하는 것인가 등 사용목적에 적합한 것을 선정한다.
② 기록방식에는 펜 쓰기식이나 타점식이 있다. 또 기록펜으로는 잉크펜식, 카트리지식 및 잉크제트식과 잉크를 사용하지 않는 감열식 등이 있으므로 각각의 사용목적이나 유지관리 등을 고려하여 선정한다.
③ 지시계나 기록계의 설치장소로서는 진동이나 충격이 없고 먼지나 부식성 가스가 적으며 또 복사열이나 직사일광이 쪼이지 않고 전기적 유도장애가 적은 곳, 그 위에 용이하게 보수점검할 수 있는 공간이 충분한 곳이 바람직하다.
④ 지시계와 기록계의 계기용 전원은 기종이나 방식에 따라 여러 가지가 있다. 또 동일기종이라도 다른 것이 있으므로 가능한 한 전원방식을 통일해야 한다.

8 조절기기

① 조절기기는 안정되고 확실하게 동작하는 것이어야 한다.
② 조절기기의 동작특성과 종류는 그 제어계에 적합한 것이어야 한다.

1) 아날로그조절계

목표치와 연속입력신호를 비교하여 그 편차가 0이 되도록 연속적으로 조절연산부가 작동하고 조작신호를 조작부에 전하는 조절계이다.

연산회로는 저항과 콘덴서등으로 구성되고 비례대 · 미분시간 · 적분시간은 저항과 콘덴서의 정수로 결정되며 가변저항기에 의하여 임의의 값으로 설정할 수 있다.

2) 원루프컨트롤러(one-loop controller)

마이크로프로세서를 내장한 계열 제어량을 제어하는 기능을 갖는 디지털컨트롤러이다. 마이크로프로세서는 소프트웨어에 의하여 제어연산기능이 실현되기 위하여 기본적인 PID연산 외에 각종 연산모듈을 소프트웨어로 결합함으로써 아날로그조절계로 할 수 없었던 복잡한 제어연산을 용이하게 실현할 수 있다.

그 밖에 입력신호의 전처리나 상위시스템과의 데이터전송, 자기진단기능 등을 장비하고 있으므로 계열별로 분산제어하는 경우에 알맞은 조절기기이다.

3) 멀티루프컨트롤러(multi-loop controller)

마이크로프로세서를 내장한 계열이상의 제어량을 제어하는 디지털컨트롤러이다. 기본적인 기능은 원루프컨트롤러와 마찬가지이지만, 동일한 컨트롤러상에서 시퀀스제어와 루프결합등을 할 수 있다.

UNIT 02 감시제어설비

> **총칙** : 감시제어설비는 상수도시설의 규모에 알맞은 것으로 안정적이고 합리적이며 또한 효율적으로 운용하기 위하여 높은 신뢰성과 우수한 감시제어성을 겸비할 필요가 있으며 생애주기비용(life cycle cost)을 충분히 고려하여 설계해야 한다.
>
> **휴먼머신인터페이스**(human-machine interface : HMI)로 되기 때문에 인간과 시설 및 시설상호의 관련을 충분히 이해한 다음에 명확한 도입목적과 또 그에 근거하는 명확한 설계개념에 맞도록 설계해야 한다.

1 감시조작설비

① 감시설비는 시설의 운전을 이해하기 쉬운 것으로 한다.
② 감시설비에 각종 정보를 전송하는 장치는 정확하고 신속하게 전달하는 기능을 가진 것으로 한다.
③ 기록방식은 기록의 목적과 내용에 적합한 것으로 한다.
④ 경보의 통지나 표시는 운전원이 이해하기 쉽고 필요한 최소한으로 한다.
⑤ 조작설비는 감시설비와 일체로 하고 조작성이 우수한 것이 필요하며, 운영목적과 설치위치에 따라 데이터서버 (data server), 중앙제어반(COS : central operation station), 현장제어반(FCS : field control station), 엔지니어링반(EWS : engineering work station) 등으로 구분할 수 있다.
  ㉠ **데이터 서버(data sever)** : 공정감시 및 계측제어 시스템에서 보유한 각 사업장의 운전현황을 종합적으로 감시하고 분석하기 위한 역할을 담당하며, 또한 정보관리와 의사결정을 지원하는 상위레벨의 시스템으로서 데이터의 분석과 응용도 일부 담당하는 중간계층의 시스템으로 정의된다.
    • 데이터관리, 보고서 작성
  ㉡ **중앙제어반, COS(central operation station)** : 운전조작 기능과 데이터베이스 기능을 수행하며 하드웨어 본체, 모니터 화면과 키보드(전용키보드 포함), 마우스 등으로 구성되는 설비이다. 감시제어 소프트웨어로 GUI(graphic user interface)의 MMI(man machine interface), HIS(human interface station) 등으로 표기한다.
  ㉢ **현장 조작반, FCS(field control station)** : 현장의 단위공정제어에 운전조작 기능과 데이터베이스 기능을 수행하며 모니터 화면과 키보드, 마우스 등으로 구성된 감시제어설비로서, 정수장 내의 탈수기동, 취수장, 가압장 등에 주로 설치한다.
  ㉣ **엔지니어링반, EWS(Engineering Work Station)** : 전체 시스템의 운영에 필요한 엔지니어링 데이터를 생성, 변경, 저장하는 스테이션으로 운전에 필요한 화면, 데이터베이스, 제어프로그램 작성을 지원토록 설치된다. 단, 소규모 시설인 경우에는 COS(Central Operation Station)설비가 EWS기능을 겸용으로 운용할 수 있다.

2 제어설비

① 시설에 적합한 제어기능을 가지고 있어야 하며 신뢰성, 확장성 및 보수성 등이 우수한 것으로 한다.
  ㉠ **집중제어방식** : 제어기능을 1대의 컴퓨터에 집약하여 제어하는 형태로 동일한 컴퓨터로 제어기능과 감시기능을 수행하는 방식이다.
    • 제어기기가 컴퓨터이고 시퀀스제어나 피드백제어는 물론이고 복합제어나 고도의 연산을 필요로 하는 제어도 가능하다.
    • 시퀀스제어 등은 소프트웨어로 대처할 수 있기 때문에 비교적 유연성이 있으며 릴레이회로 등 반내를 개조하는 것에 비하면 변경이 용이하다. 그러나 컴퓨터의 소프트웨어 변경에도 상당한 비용이 따른다.
    • 컴퓨터 1대로 전루프를 제어하기 때문에 컴퓨터의 고장은 시스템 전체를 정지시키는 것이 되기 때문에 백업대책이 필요하다.

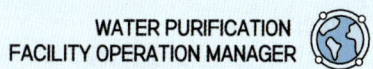

ⓒ **분산제어방식** : 분산제어방식은 제어기능을 정수처리공정 또는 설비구분마다 전용으로 설치한 복수의 제어장치(마이크로컴퓨터내장)로 분산하여 이루어지는 제어형태이다. 정수장과 같이 취수, 침전, 여과, 오존, 활성탄, 송수 등 복수처리기능을 갖는 경우에는 분산제어방식이 바람직하다.

- 제어는 현장 전기실 등에 분산·설치된 제어장치(마이크로컴퓨터 내장)로 제어하는 것으로 집중 제어방식과 마찬가지로 제어할 수 있고 중앙감시조작설비와 현장 제어장치 및 각 현장 제어장치 간에는 제어용 LAN 등을 통하여 결합되는 구성으로 하면 배선이 대폭 삭감된다.
- 시퀀스 제어는 마이크로컴퓨터의 소프트웨어로 할 수 있기 때문에 복잡한 시퀀스도 비교적 용이하다. 제어장치를 증설하거나 또는 소프트웨어를 변경함으로써 설비를 증설하거나 제어 내용을 변경할 수 있으므로 확장성이 좋다.
- 설비단위로 제어장치가 배치되어 있기 때문에 시스템전체를 정지하지 않고 보수 점검할 수 있다. 더욱이 고장범위도 한정되는 등 위험이 분산되고 신뢰성도 우수하다.
- 현장에 설치되는 제어장치는 피제어설비의 규모에 따른 것을 선택할 수 있다. 다만, 1대만의 제어장치인 경우에는 고장이 2개 이상의 루프에 영향을 미치기 때문에 백업시스템에 대하여 고려해야 한다.

> 💡 **제어동작의 종류**
>
> 1) **온/오프 동작(on-off)** : 구조가 간단하며 저렴하며 시간이나 전달이 늦어지는 일이 적은 프로세스에 적합하다. 단순한 On/Off 제어의 경우에는 제어 조작량은 0%와 100% 사이를 왕래하므로 조작량의 변화가 너무 크고, 실제 목표 값에 대해 지나치게 반복된다.
>   - 제어신호가 입력의 크기에 따라 2개의 정해진 값 중 하나를 취하는 제어동작이다.
>
> 2) **비례동작(P동작)** : 비례동작은 온/오프동작과 비교하여 제어정밀도가 좋아지나 정상편차(offset : 정상상태가 된 다음에 남는 제어편차)가 남는 결점이 있다. 이에 대해 조작량을 목표값과 현재 위치와의 차에 비례한 크기가 되도록 하며, 서서히 조절하는 제어 방법이 비례 제어라고 하는 방식이다. 이렇게 하면 목표 값에 접근하면 미묘한 제어를 가할 수 있기 때문에 미세하게 목표 값에 가까이 할 수 있다.
>
> 3) **적분동작(I동작)** : 적분동작은 리셋(reset) 동작이라고도 불리우며 조작량이 제어편차의 시간적 적분에 비례하도록 제어동작, 정상편차를 제거할 수 있으나 응답이 진동적 또는 불안정한 결점이 있으나 루프제어계에서 적분동작을 가하면 오프셋(offset : 잔류편차)을 없앨 수 있다.
>
> 4) **미분동작(D 동작)** : PID 제어중 제어계에 지연이 있을 경우 이것을 개선하는 역할을 하는 것은 미분동작제어라고 하며 이것은 레이트(rate) 동작이나 프리액트(free-act) 동작이라고도 한다. 일반적으로 편차신호 자체는 작아도 급격히 변화하면 출력은 커지기 때문에 단독으로는 사용되지 않고, 비례동작이나 적분동작과 결합해서 비례미분동작(PD동작) 또는 비례적분미분동작(PID동작)으로 만들어 사용한다.
>
> 5) **PI 제어** : 비례(P) 제어는 제어량이 목표값에 접근하면 조작량이 너무 작아지고, 그 이상 미세하게 제어할 수 없는 상태가 발생하게 되는데 아무리 시간이 지나도 제어량과 완전히 일치하지 않는 상태로 되고 만다. 이 미소한 오차를 "잔류편차"라고 하며 이것을 없애기 위해 사용되는 것이 적분 제어이다. 이와 같이, 비례 동작에 적분 동작을 추가한 제어다.

6) **PID 제어** : 일반적으로 PI 제어로 실제 목표 값에 가깝게 하는 제어는 완벽하게 할 수 있지만 제어 응답의 속도가 느리다는 단점이 있다. 즉, 외란에 대하여 신속하게 반응할 수 없고, 즉시 원래의 목표 값으로는 돌아갈 수 없다는 것이다. 그래서, 필요하게 된 것이 미분 동작이다. 이것은 급격히 일어나는 외란에 대해 편차를 보고, 전회 편차와의 차가 큰 경우에는 조작량을 많이 하여 기민하게 반응하도록 한다.
(열교환기의 온도제어와 같은 프로세스 제어에서 가장 많이 사용)

7) **피드백(feed back, 궤환) 제어** : 제어량의 값을 입력측으로 되돌려, 이것을 목표값과 비교하면서 제어량이 목표값과 일치하도록 정정 동작을 하는 제어를 의미한다. 즉, 피드백 제어는 목표값과 실제의 제어량의 차를 계산하여 입력조건을 구하는 제어방법이다. 목표값과 출력결과가 일치할 때까지 제어를 되풀이하므로 외부로부터 예측하지 못한 방해가 들어오는 경우, 이에 대응하기가 쉬운 제어라고 할 수 있다.

8) **피드포워드제어[feed forward control]** : 피드백제어의 경우 시스템에 교란이 가해지게 되면 이 교란에 의해 시스템의 측정값이 변화하는 것을 이용하여 시스템을 제어하기 때문에 출력 값이 변화할 때까지 제어기가 동작하지 않게 된다. 만일 feedback control에 feedforward제어를 더할 경우 좀 더 빠른 제어 결과를 얻을 수 있다. 즉, 피드백제어는 일어나는 결과를 가지고 제어를 하지만 피드백포워드제어는 일어나는 원인을 검출하여 미연에 방지하는 예측제어 시스템이다. 제어계에 외란이 들어온 경우 외란이 제어계의 출력에 영향을 미치기 전에 먼저 그 영향을 없애기 위하여 외란을 검출하여 필요한 정정 동작을 하는 제어방식이다.

9) **시퀀스제어** : 시퀀스제어란 제어방식에 있어서 제어동작의 순서가 미리 정해져 있어서 동작결과를 여러 가지 조건과 비교하면서 다음의 제어동작으로 진행시키는 제어를 말한다.

② 필요한 최소한의 백업설비를 구비하는 것으로 한다.
  ㉠ 컴퓨터의 백업
  ㉡ 현장 제어장치의 백업
  ㉢ 전송로의 백업

③ 전송설비

① 시설의 규모나 운전관리에 적합하고 신뢰도가 높은 것으로 한다.

  ㉠ **장내전송** : 제어계 LAN, 정보계 LAN

  ㉡ **장외전송**

  - **TM 장치** : 원격장치라고 하며 지시기록이나 제어를 행하는 정도에서 원격에 떨어져 있는 각종 process의 상태(status)나 양(quantity)을 측정 후, 제어신호로 변환·저장하여 측정치를 수신하는 장치이며 최초에 전송선로로 전화회선을 사용했다 해서 Tele라는 접두어가 붙었다.
  - **TC(telecontrol)장치** : 원격감시제어장치라고 하며 원격에 있는 기기의 감시 및 제어를 행하는 장치이다.
  - **TM/TC장치** : Master TM/TC(모국)과 Slave TM/TC(자국)으로 구성되며 중앙운영실 쪽에 설치되는 것을 모국(Master), 현장에 설치되는 것을 자국(Slave)이라 호칭한다. TM/TC장치는 전송로로서 유선을 이용하는 경우와 무선을 사용하는 경우가 있으며, 디지털방식이 주류로 되어 있다.

② 신호변환(signal exchange)체계는 장치나 기기의 종류에 관계없이 가능한 한 표준화하고 어떠한 시스템에도 유연하게 적용할 수 있도록 한다.
  ※ 신호변환방식 : 저항-전류, 전압-전류, 전류-공기변환
  ※ 리피터 : 전송신호 재생 중계장치로 장거리 전송을 위하여 전송신호의 감쇠를 보상하거나 출력 전압을 높여주는 장비

4 여과지

> 💡 **여과지 계측제어시 고려사항**
> ㉠ 여과지의 운전, 정지 및 여과유량 조절은 임의로 또한 용이하게 할 수 있어야 한다.
> ㉡ 여과지 세척을 임의로 조정할 수 있고 더구나 세척시간과 세척유량을 최소화하며 여층의 안전을 확보할 수 있는 것으로 한다.

① 여과지에는 여과유량계와 손실수두계를 설치하고 필요에 따라 수질계기를 설치한다.
② 여과유량제어는 총여과수량을 임의로 제어할 수 있는 것이 바람직하다.
③ 세척조작을 시퀀스 제어방식에 의한 경우에는 각 기기는 동작이 확실하고 안전성과 신뢰성이 높은 것을 선정한다.
④ 세척탱크에는 수위계를 설치하고 양수펌프 등으로 연동될 수 있는 장치로 하고 수위경보표시를 한다.

5 소독설비

① 소독제의 주입 및 유지관리에 적합한 유량계, 압력계, 조절밸브 및 잔류염소계 등을 설치한다.
  ㉠ **수동제어(수동정량제어)** : 주입량계를 보면서 인위적으로 조절밸브를 조작하는 방식으로 현장에서 직접 수동으로 제어하는 방식으로 중앙조정실 등에서 원격으로 수동조작에 의하는 경우가 있다.
  ㉡ **정치제어** : 목표치(소정의 염소주입량)를 일정하게 유지하는 제어이다. 즉 설정된 주입량과 같게 되도록 조절밸브(또는 정량 펌프)를 제어하며 유량계에서 계측된 측정치를 유량조절계에 피드백하여 설정치와의 편차에 따라 제어하는 방법이다. 이 제어방식은 처리수량과 염소요구량의 변화가 적고 거의 일정한 염소주입량으로 소정의 잔류염소를 유지할 수 있는 경우에 채택하는 방법이다.
  ㉢ **유량비례제어** : 미리 설정된 염소주입률로 주입량을 제어하는 방식이다. 수질 변화가 적고 염소요구량이 거의 일정하며 처리수량이 변화할 경우에 채택하는 방식이다.
  ㉣ **피드백제어** : 처리수량이 변화하며 염소요구량도 변화하는 경우에 잔류염소를 목표치로 설정하고 제어하는 방식이다. 유량비례제어방식에 잔류염소계에서의 잔류염소신호를 피드백하여 염소주입량에 보정을 가하는 방식이다.
  ㉤ **피드포워드제어** : 염소를 주입하기 전에 잔류염소계, 염소요구량계 등의 측정치로부터 주입량을 설정하고 편차가 생기기 전에 염소주입량을 조절하는 방식이다. 일반적으로 송·배수계 등에서의 추가염소주입에 많

이 채택되고 있다. 유입수의 잔류염소를 미리 측정하고 배수할 곳에서 필요로 하는 잔류염소로부터 그 차에 상당하는 염소주입률과 유입수량과의 연산으로부터 염소주입량을 제어하여 주입한다.
- ⓗ **캐스케이드제어** : 잔류염소계와 조합하여 일정한 잔류염소량으로 되도록 비율설정신호로 보정하는 방법으로 비율제어계에 잔류염소계에 의한 보정신호를 가하는 방식이다.

② 계측제어기기는 환경조건에 알맞은 것이어야 하며 필요한 부분은 내식성을 갖는 것으로 한다.
③ 소독설비의 안전성을 확보하기 위하여 저장실과 주입기실 등에는 염소가스누출검지기를 설치한다.

6 계측제어용 전원

① 계측제어용 기기에 안정적이고 확실하게 전원을 공급할 수 있는 것으로 한다.

> 💡 **계측제어용 전원의 종류 : 상용전원, 직류전원, 교류무정전 전원**
> 상용전원은 순간전압강하나 정전등이 발생될 수 있으며 이로 인해 계측제어설비가 운전정지되면 중대한 문제점이 발생할 수 있다. 따라서 계측제어용 전원으로서는 직류전원 또는 교류무정전 전원이 바람직하다.

② 전원은 양질이어야 하고 충분한 용량을 가지고 있는 것으로 한다.

> 💡 **계측제어용 전원의 요구조건**
> ㉠ 전압의 변화가 적을 것
> ㉡ 주파수 변화가 적을 것
> ㉢ 전압파형은 정현파로 변조가 적을 것
> ㉣ 전원 임피던스가 낮을 것
> ㉤ 공급이 중지되지 않을 것
> ㉥ 계측제어용 전원회로는 전등, 전기기기 등의 회로와 분리할 것

7 수도미터의 원격검침

1) 원격지시방식

① **펄스발신방식** : 수도미터가 일정량을 계량하였을 때 자석의 회전에 의하여 리드스위치(reed switch) 또는 래칭릴레이(latching relay)의 절체작동으로 그 신호가 전송선을 통하여 수신기의 스텝모터(step motor) 또는 펄스모터(pulse motor)를 구동하여 숫자치차(dial wheel)를 회전시켜 사용수량을 적산표시하는 방식이다.
② **엔코더방식(Encoder process)** : 임펠러의 회전을 마그네틱커플링(magnetic coupling)을 통하여 엔코더유니트(encoderunit)로 전한다. 엔코더유니트는 단위수량마다 임펠러의 회전에 의하여 축적된 에너지를 방출하는 간헐조송기구(間歇早送機構)에 의하여 자리수별($1,000m^3$, $100m^3$, $10m^3$, $1m^3$ 등)로 로터리 스위치(rotary switch)를 움직여서 계량치를 축적하여 기억된다.

③ **발전방식(Generation process)** : 수도미터 지시기구의 일부에서 마그네틱커플링을 통하여 회전을 발신기내의 치차열에 전달하여 간헐조송기구의 태엽을 감는다. 일정량이 감기게 되면 자동적으로 캠(cam)이 빠져서 태엽의 반발력으로 발전기가 급속히 회전하면서 펄스전압을 발생시킨다. 한편 수신기는 그 펄스에 동조하는 펄스모터에 의하여 계수기를 동작시켜서 적산치를 표시하는 방식이다.

④ **전자식지시방식** : 수도미터의 지시부를 전자화하여 계량치를 전기적으로 기억하는 방식이다.

⑤ **촬상식지시방식** : 촬상소자를 이용하여 계량기 지시부를 촬영한 후 그 이미지를 전송하는 방식이다.

2) 원격검침방식

① **개별검침방식(Individual meter reading process)**

수도미터로부터 떨어진 곳에 수신기를 설치하고 각각 검침하는 시스템이다.

② **집중검침방식(Concentrated meter reading process)**

다수의 원격검침장치 수신기를 1개소에 집합시켜 읽어내는 방식이다.

③ **자동검침방식(Automatic meter reading process)**

자동검침방식에는 여러 가지의 규모인 것이 있지만, 소규모의 것으로는 집중검침시스템을 더욱 진행시켜 검침치를 자동적으로 인자기록하거나 자기테이프 등에 자동적으로 수집기록하여 컴퓨터로 처리하는 시스템이다.

> 💡 **DSU와 CSU**
> DSU : 디지털 신호를 충실하게 처리, 디지털전송을 가능하게 해 주는 주요장비
> CSU : T1 또는 E1 트렁크를 수용할 수 있는 장비로서 각각의 트렁크를 받아서 속도에 맞게 나누어 분할하여 쓸 수 있는 장비

기출문제로 다지기 — CHAPTER 04 계측제어 설비

01. 다음에서 설명하는 자동제어방식은?

> 제어계에 외란이 들어온 경우 외란이 제어계의 출력에 영향을 미치기 전에 먼저 그 영향을 없애기 위하여 외란을 검출하여 필요한 정정 동작을 하는 제어방식

① 피드포워드제어 ② 피드백제어
③ 시퀀스제어 ④ 캐스케이드제어

02. 잔류염소계에 관한 설명으로 옳지 않은 것은?

① 갈바닉전극법과 폴라로그래프법이 있다.
② 갈바닉전극법은 기전력을 이용하여 잔류염소량을 측정하고 시약이 불필요하다.
③ 전염소, 후염소 주입량제어를 위한 잔류염소 측정에 쓰이고 있다.
④ 무시약식은 결합잔류염소의 측정이 가능하다.

[해설] 무시약식은 유리잔류염소만 측정이 가능하다.

03. 수위계의 종류에 관한 설명으로 옳지 않은 것은?

① 투입식 – 슬러지 등이 퇴적될 우려가 있는 장소에 사용한다.
② 플로트식 – 큰 수면을 측정하는데 사용되며, 마찰 때문에 정밀도가 약간 떨어진다.
③ 차압식 – 광범위한 액면변화를 연속적으로 측정할 수 있으며, 검출기의 설치장소에 제약이 있다.
④ 초음파식 – 밀도나 온도의 오차를 보정할 필요가 있다.

[해설] 투입식 – 슬러지 등이 퇴적될 우려가 있는 장소에는 사용하는 것이 바람직하지 않다.

04. 다음은 어떤 압력계에 관한 설명인가?

> 타원 또는 원호상의 와류형 금속관의 일단을 고정하고 타단을 밀폐한 것으로서 내압을 가하면 자유단의 외측을 향하여 움직이는데, 이 차이를 전기적으로 변환하여 측정한다.

① 부르동관식 ② 다이아프램식
③ 정전용량식 ④ 벨로우즈식

05. 다음은 무엇에 관한 설명인가?

> 소독제의 주입률 제어방식 중 처리수량이 변화하며 염소요구량도 변화하는 경우에 잔류염소 목표치를 설정하고 실제 잔류염소계측값과 편차를 보정하면서 주입량을 제어하는 방식

① 피드백제어 ② 유량비례제어
③ 정치제어 ④ 피드포워드제어

06. 정수장 통합운영센터에서 일관성 있는 데이터를 제공하기 위해 데이터관리, 보고서 작성 등을 담당하는 것은?

① SCADA server ② DB server
③ 운영자용 컴퓨터 ④ 네트워크 보안반

정답 01. ① 02. ④ 03. ① 04. ① 05. ① 06. ②

07. 원격지에 광범위하게 분산되어 있는 펌프설비나 급배수시설 등에 대한 감시·제어정보를 전송하기 위해 이용하는 원격 감시제어장치는?

① 제어계 LAN
② 정보계 LAN
③ TMS
④ TM/TC

08. 초음파수위계에 관한 설명으로 옳지 않은 것은?

① 센서부에 결로가 발생하면 오차발생의 요인이 될 수 있다.
② 탱크 내 설치시 반사파에 의해 노이즈가 발생될 수 있다.
③ 최소 측정범위의 측정한계가 없어 다양한 측정이 가능하다.
④ 비접촉 측정이 가능하고 점도와 밀도의 영향을 받지 않는다.

해설 최소측정범위, 반사조건, 불감거리 등에 의하여 측정한계가 있다.

09. 계측제어설비의 안전대책으로 고려해야 할 사항이 아닌 것은?

① 오동작이나 고장 등의 경우에도 자동안전, 백업 대책 등을 강구하여 시설의 기능을 유지할 수 있도록 한다.
② 직격뢰의 영향으로 절연이 파괴되는 사태를 방지하기 위해 과전류보호기를 설치한다.
③ 지진이나 화재 등의 재해에 대비하여 전도방지, 불연화, 사고의 파급방지 등의 대책을 강구한다.
④ 관리실과 중요 시설들간의 통신연락 수단을 완비토록 고려해야 한다.

해설 뇌해대책으로서는 직격뢰의 영향을 받기 어렵도록 배치하거나 기기를 사용해야 하며 서지보호기(arrester) 등을 설치함으로써 기기의 절연파괴를 방지한다. 전송로에 대해서는 지중화하거나 광케이블을 사용하는 것이 유효하다.

10. 원격감시제어시스템의 구성요소 중 인간과 기계의 연락장치로 옳은 것은?

① HMI
② Logger
③ RTU
④ CRT

11. 프로세스를 여러 그룹으로 나누어 각 그룹별로 설치된 단말 컴퓨터와 시스템 전체를 관리하는 상위 LAN으로 상호 연결하는 방식은?

① 집중제어방식(DDC)
② 듀얼시스템(Dual system)
③ 분산제어시스템(DCS)
④ 부하분할시스템(Load share system)

12. 제어신호가 입력의 크기에 따라 2개의 정해진 값 중 하나를 취하는 제어동작으로 옳은 것은?

① on/off 제어
② 비례제어
③ 시간제어
④ PID 제어

 07. ④ 08. ③ 09. ② 10. ① 11. ③ 12. ①

13. 수위계에 관한 설명으로 옳지 않은 것은?

① 초음파식은 펄스음파가 액면에서 반사되어 수신기로 돌아오는 시간을 측정한다.
② 차압식은 액면에 의한 수주압을 이용하여 수위를 측정한다.
③ 정전용량식은 전극과 액 사이의 정전용량이 액면의 높이에 반비례하는 성질을 이용하여 측정한다.
④ 플로트식은 플로트의 이동을 연결된 와이어로프와 풀리(pulley)에 의하여 검출하는 방식이다.

해설 정전용량식은 전극과 액 사이의 정전용량이 액면의 높이에 비례하는 성질을 이용하여 측정한다.

14. 여과지의 계측제어에 관한 설명으로 옳지 않은 것은?

① 세척조작을 시퀀스 제어방식에 의한 경우 각 기기는 동작이 확실하고 안전성과 신뢰성이 높은 것을 선정한다.
② 세척수 탱크에는 수위계, 양수펌프 등으로 연동될 수 있는 장치, 수위경보장치 등을 설치한다.
③ 여과유량제어는 총여과수량을 임의로 제어할 수 있는 것이 바람직하다.
④ 여과지 세척시에는 세척시간과 세척유량을 최대화하여 여층의 안전을 확보할 수 있어야 한다.

해설 여과지 세척시에는 세척시간과 세척유량을 최소화하여 여층의 안전을 확보할 수 있어야 한다.

15. 여과지의 계측제어에 관한 설명으로 옳은 것은?

① 중력식 여과지의 여과유량제어는 유량계 출력값에 의해 조절밸브를 피드백 제어하는 것이 일반적이다.
② 주요 계측항목은 수위, 손실수두, 유량, 탁도, 잔류염소, pH, SS이다.
③ 여과지 세척은 임의로 조정할 수 있고 세척유량과 세척시간을 최대화하여 여층의 안전율을 확보할 수 있어야 한다.
④ 세부 여과지 세척조작은 Time Chart Table을 참조하여 PID제어를 시행한다.

해설 ①항만 올바르다.

오답해설
② 주요 계측항목은 수위, 손실수두, 입자계수기유량, 탁도, 잔류염소, pH이다.
③ 여과지 세척은 임의로 조정할 수 있고 세척유량과 세척시간을 최소화하여 여층의 안전율을 확보할 수 있어야 한다.
④ 세부 여과지 세척조작은 Time Chart Table을 참조하여 시퀀스제어를 시행한다.

16. 계측제어설비의 뇌해대책으로 옳지 않은 것은?

① 등전위 본딩   ② 전송로의 지중화
③ 서지보호기 설치 ④ 전송로의 동축케이블화

해설 전송로의 광케이블화가 뇌해대책으로 적합하다.

17. 응집보조제 주입율을 결정하는 지표로 사용하는 수질계측기를 모두 고른 것은?

ㄱ. 탁도계	ㄴ. 전기전도도계
ㄷ. pH계	ㄹ. 알카리도계
ㅁ. 염소요구량계	

① ㄱ, ㄴ, ㅁ   ② ㄱ, ㄷ, ㄹ
③ ㄴ, ㄷ, ㄹ   ④ ㄷ, ㄹ, ㅁ

정답 13. ③ 14. ④ 15. ① 16. ④ 17. ②

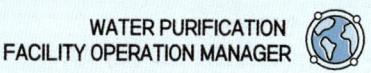

18. 자동제어에서 정해진 순서에 따라 제어의 각 단계를 점차 진행하는 방식은?

① 시퀀스제어　　② 피드백제어
③ 피드포워드제어　④ 피드백+피드포워드제어

19. 계측제어설비의 구성요소 중 조절부에 관한 설명으로 옳은 것은?

① 제어 신호를 받아 제어 목적을 달성하기 위하여 동작하는 장치
② 유량, 수위, 압력 등의 변화량을 검출하고 신호로 변환하는 장치
③ 변화된 변량 신호의 지시, 기록, 표시 및 경보 등을 나타내는 장치
④ 유량, 수위, 압력 등의 프로세스 상태값을 일정하게 유지하기 위해 제어 신호를 발생하는 장치

해설 조절부 : 수량이나 상태를 일정하게 유지하거나 일정한 기준에 따라 변화된 신호를 발신하는 장치
　① 제어 신호를 받아 제어 목적을 달성하기 위하여 동작하는 장치 - 조작부
　② 유량, 수위, 압력 등의 변화량을 검출하고 신호로 변환하는 장치 - 검출부
　③ 변화된 변량 신호의 지시, 기록, 표시 및 경보 등을 나타내는 장치 - 표현부

20. 계측제어용 전원으로 사용되는 무정전전원장치의 요구조건으로 옳지 않은 것은?

① 주파수 변화가 적을 것
② 전압의 변화가 적을 것
③ 전압 파형은 정현파로서 변조가 클 것
④ 전원 회로는 전등, 전기기기 등의 회로와 분리할 것

해설 전압 파형은 정현파로서 변조가 작을 것

21. 자동제어 중 시퀀스 제어에 관한 설명으로 옳은 것은?

① 정해진 순서에 따라 제어의 각 단계를 순차적으로 진행하는 제어방식이다.
② 제어계의 외란을 검출하여 필요한 정정동작을 제어하는 방식이다.
③ 계측, 판단, 조작을 자동적으로 하여 궤환을 수반하는 제어방식이다.
④ 열교환기의 온도제어와 같은 프로세스 제어의 주류를 이룬다.

해설 ①항만 올바르다.
　② 제어계의 외란을 검출하여 필요한 정정동작을 제어하는 방식이다. - 피드포워드제어
　③ 계측, 판단, 조작을 자동적으로 하여 궤환을 수반하는 제어방식이다. - 피드백 제어
　④ 열교환기의 온도제어와 같은 프로세스 제어의 주류를 이룬다. - PID 제어

22. 정속여과의 유량제어방식으로만 이루어진 것은?

ㄱ. 유량제어식	ㄴ. 수위제어식
ㄷ. 자연평형식	ㄹ. 비율제어식

① ㄱ, ㄴ, ㄷ　② ㄱ, ㄴ, ㄹ
③ ㄱ, ㄷ, ㄹ　④ ㄴ, ㄷ, ㄹ

해설 정속여과방식 : 유량제어형, 수위제어형, 자연평형형

정답　18. ①　19. ④　20. ③　21. ①　22. ①

23. 수질계측기를 선정할 때 유의해야 할 사항으로 옳지 않은 것은?

① 수질계측기는 시약을 필요로 하는 것을 선정하는 것을 원칙으로 하고, 시약탱크의 용량은 유지관리주기, 운전시간 및 시약의 시간경과에 따른 변화 등을 고려하여 결정한다.
② 다른 계측제어기기에 비하여 유지관리주기가 짧기 때문에 교정과 보수가 용이한 것이 바람직하다.
③ 검출장치나 전극의 세정방식에는 초음파세척, 물분사세척, 브러쉬세척, 거품세척 등이 있다.
④ 세척방법은 수동과 자동을 겸비하고 세척 간격과 시간을 조정할 수 있는 것이 바람직하다.

> [해설] 수질계측기는 시약을 필요로 하는 것은 되도록 시약소비량이 적은 것을 선정한다. 시약탱크의 용량은 유지관리주기, 운전시간 및 시약의 시간경과에 따른 변화 등을 고려하여 결정한다.

24. CSU(Channel Service Unit)에 관한 설명으로 옳은 것은?

① 음성, 데이터 및 화상과 같은 모든 미디어를 작은 고정크기의 셀로 나누어 전송하는 고속 패킷 교환 장치
② T1 또는 E1 트렁크를 수용할 수 있는 장비로서 각각의 트렁크를 받아서 속도에 맞게 나누어 분할하여 쓸 수 있는 장치
③ 디지털 신호를 아날로그 신호로 바꾸어 보내는 장치
④ 입력된 직렬 유니폴라 신호를 변형된 바이폴라 신호로 바꾸어 주며, 수신측에서는 반대의 과정을 거쳐 원래의 신호로 만들어 주는 기능을 수행하는 장치

25. 침전지 및 여과지에 공통으로 설치되어야 할 수질계측기 기본설치항목은?

① 수온
② 탁도
③ 전기전도도
④ 잔류염소

> [해설] [주요 지별 기본설치항목]
> • 침전지 : 탁도
> • 여과지 : 탁도
> • 취수장 : 탁도
> • 착수정 : 수온, pH, 탁도, 전기전도도, 알칼리도
> • 정수지 : 수온, pH, 탁도, 잔류염소량

26. 압력계의 종류에 관한 설명으로 옳지 않은 것은?

① 부르동관식 – 과대압 측정에 주로 사용되며, 장시간 사용해도 무리가 없다.
② 다이어프램식 – 다이어프램의 양측에 가해진 압력차에 의해 다이어프램이 변위하는 것을 확대 지시하고, 미압 측정이 가능하다.
③ 벨로즈식 – 내외의 압력차에 비례하여 축방향으로 변위하며, 압력스위치에 사용한다.
④ 정전용량식 – 전극간의 정전용량변화를 전기신호로 변환하고, 온도특성이 우수하다.

> [해설] 부르동관식 – 저, 중, 고압 측정 등 넓은 압력범위측정에 사용되며, 장시간 사용 시 마모나 노후화 등에 따라 정밀도가 떨어지기 때문에 정기적으로 교체해주어야 한다.

정답 23. ① 24. ② 25. ② 26. ①

27. 정수처리에서의 일반적인 계측에 관한 설명으로 옳지 않은 것은?

① 수위측정 방식은 일반적으로 초음파식, 투입식, 차압식 등을 사용한다.
② 관로내의 유량을 측정하는 방식은 초음파식, 전자식, 차압식이 있다.
③ 전자유량계는 평균유속이 1m/sec 미만이더라도 정밀도상의 문제가 생기지 않는다.
④ 잔류염소계의 시약형은 유리잔류염소와 결합잔류염소를 분별하여 측정할 수 있는 계기이다.

해설 전자유량계는 유속이 1m/sec 이하인 경우에는 기전력이 작아서 오차가 유발됨으로 2~4m/sec 정도가 적합하다.

28. 정수시설에서 자동화를 위한 공정감시 및 제어기능 강화방안으로 옳은 것을 모두 고른 것은?

ㄱ. 전염소, 중간염소 및 후염소 투입량의 종속제어
ㄴ. 혼화 및 응집공정의 감시제어(pH, SCD)
ㄷ. 관부식을 방지하기 위한 알카리제(소석회, 수산화나트륨 등)의 종속제어

① ㄱ, ㄴ
② ㄱ, ㄷ
③ ㄴ, ㄷ
④ ㄱ, ㄴ, ㄷ

29. 소독제의 주입 시 미리 설정된 염소주입률로 주입량을 제어하는 방식으로 수질변화가 적고 염소요구량이 일정하며 처리수량이 변화할 경우 채택하는 제어방식은?

① 정치제어
② 유량비례제어
③ 수동제어
④ 피드포워드제어

30. 다음과 같은 수질계측기의 원리 및 특성을 가진 계측기기는?

- 유틸리티에 공기, 질소, 수소가 필요하다.
- 원수수질의 돌발적인 변화나 장기변동을 파악할 수 있다.
- 시료수를 증발시켜 용해되어 있는 휘발성물질을 기화시키고, 기화된 물질을 가스크로마토그래프에 의하여 각 성분마다의 농도를 측정한다.

① VOC계
② 입자계수기
③ 전기전도도
④ 고감도 탁도계

31. 정수시설의 감시조작설비에 관한 다음 설명 중 ( )에 알맞은 것은?

조작설비는 감시설비와 일체로 하고 조작성이 우수한 것이 필요하며, 운영목적과 설치 위치에 따라 데이터 서버, 중앙제어반, ( ), ( ) 등으로 구분할 수 있다.

① COS, EWS
② FCS, EWS
③ COS, FCS
④ FCS, DCS

해설 조작설비는 감시설비와 일체로 하고 조작성이 우수한 것이 필요하며, 운영목적과 설치위치에 따라 데이터서버(data server), 중앙제어반(COS : central operation station), 현장제어반(FCS : field control station), 엔지니어링반(EWS : engineering work station) 등으로 구분할 수 있다.

정답 27. ③ 28. ④ 29. ② 30. ① 31. ②

32. 정수시설의 계측제어 시스템에 관한 설명으로 옳지 않은 것은?

① 검출부는 유량계, 압력계 등 계측기기로 구성되며, 조절부는 밸브 및 펌프 등이 해당된다.
② 전기식의 경우 DC 4~20mA의 신호를 사용한다.
③ 계측기의 기능유지를 위해서는 예방보수와 사후보수를 실시하여야 한다.
④ 기기는 사용 목적에 적합하고 신뢰성이 높은 것을 선택한다.

해설 검출부는 유량계, 압력계 등 계측기기로 구성되며, 조절부는 신호를 발신하는 역할, 조작부는 밸브 및 펌프 등이 해당된다.

33. 전자유량계를 설치할 때에 유의해야 할 사항으로 옳지 않은 것은?

① 평균유속이 2~4m/sec가 되도록 구경을 선정한다.
② 검출기 설치위치를 중심으로 통상적으로 상류측은 3~5D 이상, 하류측은 2D 이상의 직관부를 설치한다.
③ 신호케이블과 여자케이블은 소정의 전용케이블을 사용하여 공통배선한다.
④ 유량측정 오차를 줄이기 위해 관내 유량충만 위치에 검출기를 설치한다.

해설 신호케이블과 여자(勵磁)케이블은 소정의 전용케이블을 사용하여 독립배선으로 하며, 강전기기의 가까이에 배선하는 것이나 고압케이블과 평행으로 배선하는 것은 피한다.

34. 계기용 전원이 없더라도 지시할 수 있는 수위계는?

① 투입식 수위계
② 초음파식 수위계
③ 정전용량식 수위계
④ 플로트식 수위계

정답 32. ① 33. ③ 34. ④

05 CHAPTER 안전관련법규

UNIT 01 산업안전보건법

① **제1조(목적)**

이 법은 산업안전·보건에 관한 기준을 확립하고 그 책임의 소재를 명확하게 하여 산업재해를 예방하고 쾌적한 작업환경을 조성함으로써 근로자의 안전과 보건을 유지·증진함을 목적으로 한다.

② **제2조(정의)** : 이 법에서 사용하는 용어의 뜻은 다음과 같다.

㉠ "산업재해"란 근로자가 업무에 관계되는 건설물·설비·원재료·가스·증기·분진 등에 의하거나 작업 또는 그 밖의 업무로 인하여 사망 또는 부상하거나 질병에 걸리는 것을 말한다.
㉡ "근로자"란 「근로기준법」 제2조제1항제1호에 따른 근로자를 말한다.
㉢ "사업주"란 근로자를 사용하여 사업을 하는 자를 말한다.
㉣ "근로자대표"란 근로자의 과반수로 조직된 노동조합이 있는 경우에는 그 노동조합을, 근로자의 과반수로 조직된 노동조합이 없는 경우에는 근로자의 과반수를 대표하는 자를 말한다.
㉤ "작업환경측정"이란 작업환경 실태를 파악하기 위하여 해당 근로자 또는 작업장에 대하여 사업주가 유해인자에 대한 측정계획을 수립한 후 시료(試料)를 채취하고 분석·평가하는 것을 말한다.
㉥ "안전·보건진단"이란 산업재해를 예방하기 위하여 잠재적 위험성을 발견하고 그 개선대책을 수립할 목적으로 고용노동부장관이 지정하는 자가 하는 조사·평가를 말한다.
㉦ "중대재해"란 산업재해 중 사망 등 재해 정도가 심한 것으로서 고용노동부령으로 정하는 재해를 말한다.

③ **제15조(안전보건관리책임자)**

사업주는 사업장에 안전보건관리책임자(이하 "관리책임자"라 한다)를 두어 다음 각 호의 업무를 총괄관리하도록 하여야 한다.

㉠ 산업재해 예방계획의 수립에 관한 사항
㉡ 안전보건관리규정의 작성 및 변경에 관한 사항
㉢ 안전보건교육에 관한 사항
㉣ 작업환경측정 등 작업환경의 점검 및 개선에 관한 사항

ⓜ 근로자의 건강진단 등 건강관리에 관한 사항
ⓗ 산업재해의 원인 조사 및 재발 방지대책 수립에 관한 사항
ⓢ 산업재해에 관한 통계의 기록 및 유지에 관한 사항
ⓞ 안전·보건과 관련된 안전장치 및 보호구 구입 시의 적격품 여부 확인에 관한 사항
ⓩ 그 밖에 근로자의 유해·위험 예방조치에 관한 사항으로서 고용노동부령으로 정하는 사항

④ 제29조(근로자에 대한 안전보건교육)
ⓐ 사업주는 소속 근로자에게 고용노동부령으로 정하는 바에 따라 정기적으로 안전보건교육을 하여야 한다.
ⓑ 사업주는 근로자(건설 일용근로자는 제외한다. 이하 이 조에서 같다)를 채용할 때와 작업내용을 변경할 때에는 그 근로자에게 고용노동부령으로 정하는 바에 따라 해당 작업에 필요한 안전보건교육을 하여야 한다.
ⓒ 사업주는 근로자를 유해하거나 위험한 작업에 채용하거나 그 작업으로 작업내용을 변경할 때에는 제2항에 따른 안전보건교육 외에 고용노동부령으로 정하는 바에 따라 유해하거나 위험한 작업에 필요한 안전보건교육을 추가로 하여야 한다.
ⓓ 사업주는 제1항부터 제3항까지의 규정에 따른 안전보건교육을 제33조에 따라 고용노동부장관에게 등록한 안전보건교육기관에 위탁할 수 있다.

⑤ 제30조(근로자에 대한 안전보건교육의 면제 등)
ⓐ 사업주는 다음 각 호의 어느 하나에 해당하는 경우에는 같은 항에 따른 안전보건교육의 전부 또는 일부를 하지 아니할 수 있다.
  1. 사업장의 산업재해 발생 정도가 고용노동부령으로 정하는 기준에 해당하는 경우
  2. 근로자가 시설에서 건강관리에 관한 교육 등 고용노동부령으로 정하는 교육을 이수한 경우
  3. 관리감독자가 산업 안전 및 보건 업무의 전문성 제고를 위한 교육 등 고용노동부령으로 정하는 교육을 이수한 경우
ⓑ 사업주는 해당 근로자가 채용 또는 변경된 작업에 경험이 있는 등 고용노동부령으로 정하는 경우에는 안전보건교육의 전부 또는 일부를 하지 아니할 수 있다.

⑥ 제31조(건설업 기초안전보건교육)
ⓐ 건설업의 사업주는 건설 일용근로자를 채용할 때에는 그 근로자로 하여금 제33조에 따른 안전보건교육기관이 실시하는 안전보건교육을 이수하도록 하여야 한다. 다만, 건설 일용근로자가 그 사업주에게 채용되기 전에 안전보건교육을 이수한 경우에는 그러하지 아니하다.
ⓑ 안전보건교육의 시간·내용 및 방법, 그 밖에 필요한 사항은 고용노동부령으로 정한다.

⑦ 제32조(안전보건관리책임자 등에 대한 직무교육)
ⓐ 사업주는 다음 각 호에 해당하는 사람에게 안전보건교육기관에서 직무와 관련한 안전보건교육을 이수하도록 하여야 한다. 다만, 다음 각 호에 해당하는 사람이 다른 법령에 따라 안전 및 보건에 관한 교육을 받는 등 고용노동부령으로 정하는 경우에는 안전보건교육의 전부 또는 일부를 하지 아니할 수 있다.

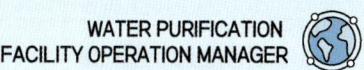

    1. 안전보건관리책임자
    2. 안전관리자
    3. 보건관리자
    4. 안전보건관리담당자
    5. 다음 각 목의 기관에서 안전과 보건에 관련된 업무에 종사하는 사람
        가. 안전관리전문기관
        나. 보건관리전문기관
        다. 건설재해예방전문지도기관
        라. 안전검사기관
        마. 자율안전검사기관
        바. 석면조사기관
- ⓒ 제1항 각 호 외의 부분 본문에 따른 안전보건교육의 시간·내용 및 방법, 그 밖에 필요한 사항은 고용노동부령으로 정한다.

⑧ 제33조(안전보건교육기관)

- ㉠ 안전보건교육을 하려는 자는 대통령령으로 정하는 인력·시설 및 장비 등의 요건을 갖추어 고용노동부장관에게 등록하여야 한다. 등록한 사항 중 대통령령으로 정하는 중요한 사항을 변경할 때에도 또한 같다.
- ㉡ 고용노동부장관은 등록한 자(이하 "안전보건교육기관"이라 한다)에 대하여 평가하고 그 결과를 공개할 수 있다. 이 경우 평가의 기준·방법 및 결과의 공개에 필요한 사항은 고용노동부령으로 정한다.
- ㉢ 등록 절차 및 업무 수행에 관한 사항, 그 밖에 필요한 사항은 고용노동부령으로 정한다.
- ㉣ 안전보건교육기관에 대해서는 제21조제4항 및 제5항을 준용한다. 이 경우 "안전관리전문기관 또는 보건관리전문기관"은 "안전보건교육기관"으로, "지정"은 "등록"으로 본다.

⑨ 제39조(보건조치) 사업주는 사업을 할 때 다음 각 호의 건강장해를 예방하기 위하여 필요한 조치를 하여야 한다.

- ㉠ 원재료·가스·증기·분진·흄(fume)·미스트(mist)·산소결핍·병원체 등에 의한 건강장해
- ㉡ 방사선·유해광선·고열·한랭·초음파·소음·진동·이상기압 등에 의한 건강장해
- ㉢ 사업장에서 배출되는 기체·액체 또는 찌꺼기 등에 의한 건강장해
- ㉣ 계측감시(計測監視), 컴퓨터 단말기 조작, 정밀공작 등의 작업에 의한 건강장해
- ㉤ 단순반복작업 또는 인체에 과도한 부담을 주는 작업에 의한 건강장해
- ㉥ 환기·채광·조명·보온·방습·청결 등의 적정기준을 유지하지 아니하여 발생하는 건강장해
- ㉦ 폭염·한파에 장시간 작업함에 따라 발생하는 건강장해

UNIT 02 산업안전보건법 시행령

① **제18조(안전관리자의 업무 등)**

안전관리자가 수행하여야 할 업무는 다음 각 호와 같다.
- ㉠ 산업안전보건위원회에서 심의·의결한 업무와 안전보건관리규정 및 취업규칙에서 정한 업무
- ㉡ 안전인증대상 기계·기구등과 자율안전확인대상 기계·기구등 중 보건과 관련된 보호구(保護具) 구입 시 적격품 선정에 관한 보좌 및 조언·지도
- ㉢ 위험성평가에 관한 보좌 및 조언·지도
- ㉣ 산업보건의의 직무(보건관리자가 별표 6 제1호에 해당하는 사람인 경우로 한정한다)
- ㉤ 해당 사업장 안전교육계획의 수립 및 안전교육 실시에 관한 보좌 및 조언·지도
- ㉥ 해당 사업장의 근로자를 보호하기 위한 다음 각 목의 조치에 해당하는 의료행위(보건관리자가 별표 6 제1호 또는 제2호에 해당하는 경우로 한정한다)
    - 가. 외상 등 흔히 볼 수 있는 환자의 치료
    - 나. 응급처치가 필요한 사람에 대한 처치
    - 다. 부상·질병의 악화를 방지하기 위한 처치
    - 라. 건강진단 결과 발견된 질병자의 요양 지도 및 관리
    - 마. 가목부터 라목까지의 의료행위에 따르는 의약품의 투여
- ㉦ 작업장 내에서 사용되는 전체 환기장치 및 국소 배기장치 등에 관한 설비의 점검과 작업방법의 공학적 개선에 관한 보좌 및 조언·지도
- ㉧ 사업장 순회점검·지도 및 조치의 건의
- ㉨ 산업재해 발생의 원인 조사·분석 및 재발 방지를 위한 기술적 보좌 및 조언·지도
- ㉩ 산업재해에 관한 통계의 유지·관리·분석을 위한 보좌 및 조언·지도
- ㉪ 법 또는 법에 따른 명령으로 정한 보건에 관한 사항의 이행에 관한 보좌 및 조언·지도
- ㉫ 업무수행 내용의 기록·유지
- ㉬ 그 밖에 작업관리 및 작업환경관리에 관한 사항

② **별표 6(보건관리자의 자격)** 보건관리자는 다음 각 호의 어느 하나에 해당하는 사람으로 한다.
- ㉠ 「의료법」에 따른 의사
- ㉡ 「의료법」에 따른 간호사
- ㉢ 법 제52조의2제2항에 따른 산업보건지도사
- ㉣ 「국가기술자격법」에 따른 산업위생관리산업기사 또는 대기환경산업기사 이상의 자격을 취득한 사람
- ㉤ 「국가기술자격법」에 따른 인간공학기사 이상의 자격을 취득한 사람
- ㉥ 「고등교육법」에 따른 전문대학 이상의 학교에서 산업보건 또는 산업위생 분야의 학과를 졸업한 사람(법령에 따라 이와 같은 수준 이상의 학력이 있다고 인정되는 사람을 포함한다)

③ **제29조(산업보건의의 선임 등)**

　㉠ 산업보건의를 두어야 하는 사업의 종류와 사업장은 제20조 및 별표 5에 따라 보건관리자를 두어야 하는 사업으로서 상시근로자 수가 50명 이상인 사업장으로 한다. 다만, 다음 각 호의 어느 하나에 해당하는 경우는 그렇지 않다.
　　1. 의사를 보건관리자로 선임한 경우
　　2. 보건관리전문기관에 보건관리자의 업무를 위탁한 경우
　㉡ 산업보건의는 외부에서 위촉할 수 있다.
　㉢ 사업주는 제1항 또는 제2항에 따라 산업보건의를 선임하거나 위촉했을 때에는 고용노동부령으로 정하는 바에 따라 선임하거나 위촉한 날부터 14일 이내에 고용노동부장관에게 그 사실을 증명할 수 있는 서류를 제출해야 한다.
　㉣ 사업주는 산업보건의를 해임하거나 해촉한 경우에는 고용노동부령으로 정하는 바에 따라 산업보건의를 해임하거나 해촉한 날부터 14일 이내에 고용노동부장관에게 그 사실을 증명할 수 있는 서류를 제출해야 한다.
　㉤ 제2항에 따라 위촉된 산업보건의가 담당할 사업장 수 및 근로자 수, 그 밖에 필요한 사항은 고용노동부장관이 정한다.

> 💡 **제31조(산업보건의의 직무 등)** 산업보건의의 직무 내용은 다음 각 호와 같다.
> - 건강진단 결과의 검토 및 그 결과에 따른 작업 배치, 작업 전환 또는 근로시간의 단축 등 근로자의 건강보호 조치
> - 근로자의 건강장해의 원인 조사와 재발 방지를 위한 의학적 조치
> - 그 밖에 근로자의 건강 유지 및 증진을 위하여 필요한 의학적 조치에 관하여 고용노동부장관이 정하는 사항

④ **제87조(제조 등이 금지되는 유해물질)** 제조·수입·양도·제공 또는 사용이 금지되는 유해물질은 다음 각 호와 같다.

　㉠ 황린(黃燐) 성냥
　㉡ 백연을 함유한 페인트(함유된 용량의 비율이 2퍼센트 이하인 것은 제외한다)
　㉢ 폴리클로리네이티드터페닐(PCT)
　㉣ 4-니트로디페닐과 그 염
　㉤ 악티노라이트석면, 안소필라이트석면 및 트레모라이트석면
　㉥ 베타-나프틸아민과 그 염
　㉦ 백석면, 청석면 및 갈석면
　㉧ 벤젠을 함유하는 고무풀(함유된 용량의 비율이 5퍼센트 이하인 것은 제외한다)
　㉨ ㉠부터 ㉧까지의 어느 하나에 해당하는 물질을 함유한 제제(함유된 중량의 비율이 1퍼센트 이하인 것은 제외한다)
　㉩ 「화학물질관리법」 제2조제5호에 따른 금지물질
　㉪ 그 밖에 보건상 해로운 물질로서 산업재해보상보험및예방심의위원회의 심의를 거쳐 고용노동부장관이 정하는 유해물질

⑤ **제86조(물질안전보건자료의 작성·제출 제외 대상 화학물질 등)**

"대통령령으로 정하는 것"이란 다음 각 호의 어느 하나에 해당하는 것을 말한다.
1. 건강기능식품
2. 농약
3. 마약 및 향정신성의약품
4. 비료
5. 사료
6. 「생활주변방사선 안전관리법」에 따른 원료물질
7. 안전확인대상생활화학제품 및 살생물제품 중 일반소비자의 생활용으로 제공되는 제품
8. 식품 및 식품첨가물
9. 의약품 및 의약외품
10. 방사성물질
11. 위생용품
12. 의료기기
12의2. 첨단바이오의약품
13. 화약류
14. 폐기물
15. 화장품
16. 제1호부터 제15호까지의 규정 외의 화학물질 또는 혼합물로서 일반소비자의 생활용으로 제공되는 것(일반소비자의 생활용으로 제공되는 화학물질 또는 혼합물이 사업장 내에서 취급되는 경우를 포함한다)
17. 고용노동부장관이 정하여 고시하는 연구·개발용 화학물질 또는 화학제품. 이 경우 법 제110조제1항부터 제3항까지의 규정에 따른 자료의 제출만 제외된다.
18. 그 밖에 고용노동부장관이 독성·폭발성 등으로 인한 위해의 정도가 적다고 인정하여 고시하는 화학물질

⑥ **제42조(유해·위험방지계획서 제출 대상)** "대통령령으로 정하는 업종 및 규모에 해당하는 사업"이란 다음 각 호의 어느 하나에 해당하는 사업으로서 전기 계약용량이 300킬로와트 이상인 사업을 말한다.
   ㉠ 금속가공제품(기계 및 가구는 제외한다) 제조업
   ㉡ 비금속 광물제품 제조업
   ㉢ 기타 기계 및 장비 제조업
   ㉣ 자동차 및 트레일러 제조업
   ㉤ 식료품 제조업
   ㉥ 고무제품 및 플라스틱제품 제조업
   ㉦ 목재 및 나무제품 제조업
   ㉧ 기타 제품 제조업
   ㉨ 1차 금속 제조업
   ㉩ 가구 제조업
   ㉪ 화학물질 및 화학제품 제조업
   ㉫ 반도체 제조업
   ㉬ 전자부품 제조업

⑦ 제78조(안전검사대상기계등)

㉠ "대통령령으로 정하는 것"이란 다음 각 호의 어느 하나에 해당하는 것을 말한다.
1. 프레스
2. 전단기
3. 크레인(정격 하중이 2톤 미만인 것은 제외한다)
4. 리프트
5. 압력용기
6. 곤돌라
7. 국소 배기장치(이동식은 제외한다)
8. 원심기(산업용만 해당한다)
9. 롤러기(밀폐형 구조는 제외한다)
10. 사출성형기[형 체결력(型 締結力) 294킬로뉴턴(KN) 미만은 제외한다]
11. 고소작업대(「자동차관리법」 제3조제3호 또는 제4호에 따른 화물자동차 또는 특수자동차에 탑재한 고소작업대로 한정한다)
12. 컨베이어
13. 산업용 로봇
14. 혼합기
15. 파쇄기 또는 분쇄기

㉡ 안전검사대상기계등의 세부적인 종류, 규격 및 형식은 고용노동부장관이 정하여 고시한다.

⑧ 별표 2(안전보건관리책임자를 두어야 하는 사업의 종류 및 사업장의 상시근로자 수)

사업의 종류	사업장의 상시근로자 수
1. 토사석 광업 2. 식료품 제조업, 음료 제조업 3. 목재 및 나무제품 제조업; 가구 제외 4. 펄프, 종이 및 종이제품 제조업 5. 코크스, 연탄 및 석유정제품 제조업 6. 화학물질 및 화학제품 제조업; 의약품 제외 7. 의료용 물질 및 의약품 제조업 8. 고무 및 플라스틱제품 제조업 9. 비금속 광물제품 제조업 10. 1차 금속 제조업 11. 금속가공제품 제조업; 기계 및 가구 제외 12. 전자부품, 컴퓨터, 영상, 음향 및 통신장비 제조업 13. 의료, 정밀, 광학기기 및 시계 제조업 14. 전기장비 제조업	상시 근로자 50명 이상

15. 기타 기계 및 장비 제조업 16. 자동차 및 트레일러 제조업 17. 기타 운송장비 제조업 18. 가구 제조업 19. 기타 제품 제조업 20. 서적, 잡지 및 기타 인쇄물 출판업 21. 해체, 선별 및 원료 재생업 22. 자동차 종합 수리업, 자동차 전문 수리업	상시 근로자 50명 이상
23. 농업 24. 어업 25. 소프트웨어 개발 및 공급업 26. 컴퓨터 프로그래밍, 시스템 통합 및 관리업 26의2. 영상·오디오물 제공 서비스업 27. 정보서비스업 28. 금융 및 보험업 29. 임대업; 부동산 제외 30. 전문, 과학 및 기술 서비스업(연구개발업은 제외한다) 31. 사업지원 서비스업 32. 사회복지 서비스업	상시 근로자 300명 이상
33. 건설업	공사금액 20억원 이상
34. 제1호부터 제26호까지, 제26호의2 및 제27호부터 제33호까지의 사업을 제외한 사업	상시 근로자 100명 이상

UNIT 03 산업안전보건법 시행규칙

① 제2조(정의)

㉠ "중대재해(고용노동부령으로 정하는 재해)"란 다음 각 호의 어느 하나에 해당하는 재해를 말한다.
- 사망자가 1명 이상 발생한 재해
- 3개월 이상의 요양이 필요한 부상자가 동시에 2명 이상 발생한 재해
- 부상자 또는 직업성질병자가 동시에 10명 이상 발생한 재해

㉡ "안전·보건표지"란 근로자의 안전 및 보건을 확보하기 위하여 위험장소 또는 위험물질에 대한 경고, 비상시에 대처하기 위한 지시 또는 안내, 그 밖에 근로자의 안전·보건의식을 고취하기 위한 사항 등을 그림·기호 및 글자 등으로 표시하여 근로자의 판단이나 행동의 착오로 인하여 산업재해를 일으킬 우려가 있는 작업장의 특정 장소, 시설 또는 물체에 설치하거나 부착하는 표지를 말한다.

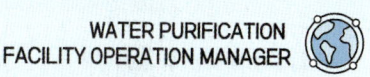

[별표] 안전보건표지의 종류와 형태

1. 금지표지	101 출입금지	102 보행금지	103 차량통행금지	104 사용금지	105 탑승금지	106 금연
	107 화기금지	108 물체이동금지	2. 경고표지	201 인화성물질 경고	202 산화성물질 경고	203 폭발성물질 경고	204 급성독성물질 경고
	205 부식성물질 경고	206 방사성물질 경고	207 고압전기 경고	208 매달린 물체 경고	209 낙하물 경고	210 고온 경고	211 저온 경고
	212 몸균형 상실 경고	213 레이저광선 경고	214 발암성·변이원성·생식독성·전신독성·호흡기 과민성 물질 경고	215 위험장소 경고	3. 지시표지	301 보안경 착용	302 방독마스크 착용
	303 방진마스크 착용	304 보안면 착용	305 안전모 착용	306 귀마개 착용	307 안전화 착용	308 안전장갑 착용	309 안전복 착용
4. 안내표지	401 녹십자표지	402 응급구호표지	403 들것	404 세안장치	405 비상용기구	406 비상구
	407 좌측비상구	408 우측비상구	5. 관계자외 출입금지	501 허가대상물질 작업장 관계자외 출입금지 (허가물질 명칭) 제조/사용/보관 중 보호구/보호복 착용 흡연 및 음식물 섭취 금지	502 석면취급/해체 작업장 관계자외 출입금지 석면 취급/해체 중 보호구/보호복 착용 흡연 및 음식물 섭취 금지	503 금지대상물질의 취급 실험실 등 관계자외 출입금지 발암물질 취급 중 보호구/보호복 착용 흡연 및 음식물 섭취 금지

💡 **참고**
- **염소의 유해성** : 산화성(202), 급성독성(204), 부식성(205)

② **제26조(교육시간 및 교육내용 등)**

㉠ 사업주가 근로자에게 실시해야 하는 안전보건교육의 교육시간은 별표 4와 같고, 교육내용은 별표 5와 같다. 이 경우 사업주가 법 제29조제3항에 따른 유해하거나 위험한 작업에 필요한 안전보건교육(이하 "특별교육"이라 한다)을 실시한 때에는 해당 근로자에 대하여 법 제29조제2항에 따라 채용할 때 해야 하는 교육(이하 "채용 시 교육"이라 한다) 및 작업내용을 변경할 때 해야 하는 교육(이하 "작업내용 변경 시 교육"이라 한다)을 실시한 것으로 본다.

[시행규칙 별표 4] 안전보건교육 교육과정별 교육시간

1. 근로자 안전보건교육

교육과정	교육대상		교육시간
가. 정기교육	사무직 종사 근로자		매분기 3시간 이상
	사무직 종사 근로자 외의 근로자	판매업무에 직접 종사하는 근로자	매분기 3시간 이상
		판매업무에 직접 종사하는 근로자 외의 근로자	매분기 6시간 이상
	관리감독자의 지위에 있는 사람		연간 16시간 이상
나. 채용 시 교육	일용근로자		1시간 이상
	일용근로자를 제외한 근로자		8시간 이상
다. 작업내용 변경 시 교육	일용근로자		1시간 이상
	일용근로자를 제외한 근로자		2시간 이상
라. 특별교육	별표 5 제1호라목 각 호(제40호는 제외한다)의 어느 하나에 해당하는 작업에 종사하는 일용근로자		2시간 이상
	별표 5 제1호라목제40호의 타워크레인 신호작업에 종사하는 일용근로자		8시간 이상
	별표 5 제1호라목 각 호의 어느 하나에 해당하는 작업에 종사하는 일용근로자를 제외한 근로자		- 16시간 이상(최초 작업에 종사하기 전 4시간 이상 실시하고 12시간은 3개월 이내에서 분할하여 실시가능) - 단기간 작업 또는 간헐적 작업인 경우에는 2시간 이상
마. 건설업 기초 안전·보건 교육	건설 일용근로자		4시간 이상

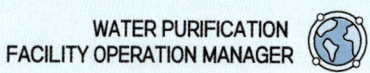

2. 안전보건관리책임자 등에 대한 교육(제29조제2항 관련)

교육대상	교육시간	
	신규교육	보수교육
가. 안전보건관리책임자	6시간 이상	6시간 이상
나. 안전관리자, 안전관리전문기관의 종사자	34시간 이상	24시간 이상
다. 보건관리자, 보건관리전문기관의 종사자	34시간 이상	24시간 이상
라. 건설재해예방전문지도기관의 종사자	34시간 이상	24시간 이상
마. 석면조사기관의 종사자	34시간 이상	24시간 이상
바. 안전보건관리담당자	–	8시간 이상
사. 안전검사기관, 자율안전검사기관의 종사자	34시간 이상	24시간 이상

3. 특수형태근로종사자에 대한 안전보건교육(제95조제1항 관련)

교육과정	교육시간
가. 최초 노무제공 시 교육	2시간 이상(단기간 작업 또는 간헐적 작업에 노무를 제공하는 경우에는 1시간 이상 실시하고, 특별교육을 실시한 경우는 면제)
나. 특별교육	16시간 이상(최초 작업에 종사하기 전 4시간 이상 실시하고 12시간은 3개월 이내에서 분할하여 실시가능)
	단기간 작업 또는 간헐적 작업인 경우에는 2시간 이상

4. 검사원 성능검사 교육(제131조제2항 관련)

교육과정	교육대상	교육시간
성능검사 교육	–	28시간 이상

ⓒ 제1항에 따른 교육을 실시하기 위한 교육방법과 그 밖에 교육에 필요한 사항은 고용노동부장관이 정하여 고시한다.

ⓒ 사업주가 안전보건교육을 자체적으로 실시하는 경우에 교육을 할 수 있는 사람은 다음 각 호의 어느 하나에 해당하는 사람으로 한다.

1. 다음 각 목의 어느 하나에 해당하는 사람

    가. 안전보건관리책임자

    나. 관리감독자

    다. 안전관리자(안전관리전문기관에서 안전관리자의 위탁업무를 수행하는 사람을 포함한다)

    라. 보건관리자(보건관리전문기관에서 보건관리자의 위탁업무를 수행하는 사람을 포함한다)

    마. 안전보건관리담당자(안전관리전문기관 및 보건관리전문기관에서 안전보건관리담당자의 위탁업무를 수행하는 사람을 포함한다)

    바. 산업보건의

2. 공단에서 실시하는 해당 분야의 강사요원 교육과정을 이수한 사람

3. 산업안전지도사 또는 산업보건지도사(이하 "지도사"라 한다)
4. 산업안전보건에 관하여 학식과 경험이 있는 사람으로서 고용노동부장관이 정하는 기준에 해당하는 사람

③ 제37조(위험성평가 실시내용 및 결과의 기록·보존)

㉠ 사업주가 법 제36조제3항에 따라 위험성평가의 결과와 조치사항을 기록·보존할 때에는 다음 각 호의 사항이 포함되어야 한다.
1. 위험성평가 대상의 유해·위험요인
2. 위험성 결정의 내용
3. 위험성 결정에 따른 조치의 내용
4. 그 밖에 위험성평가의 실시내용을 확인하기 위하여 필요한 사항으로서 고용노동부장관이 정하여 고시하는 사항

㉡ 사업주는 제1항에 따른 자료를 3년간 보존해야 한다.

④ 제98조(방호조치) 기계·기구에 설치해야 할 방호장치는 다음 각 호와 같다.

1. 예초기: 날접촉 예방장치
2. 원심기: 회전체 접촉 예방장치
3. 공기압축기: 압력방출장치
4. 금속절단기: 날접촉 예방장치
5. 지게차: 헤드 가드, 백레스트(backrest), 전조등, 후미등, 안전벨트
6. 포장기계: 구동부 방호 연동장치

⑤ 제169조(물질안전보건자료에 관한 교육의 시기·내용·방법 등)

㉠ 사업주는 다음 각 호의 어느 하나에 해당하는 경우에는 작업장에서 취급하는 대상화학물질의 물질안전보건자료에서 별표 8의2에 해당되는 내용을 근로자에게 교육하여야 한다. 이 경우 교육받은 근로자에 대해서는 해당 교육 시간만큼 안전·보건교육을 실시한 것으로 본다.
- 대상화학물질을 제조·사용·운반 또는 저장하는 작업에 근로자를 배치하게 된 경우
- 새로운 대상화학물질이 도입된 경우
- 유해성·위험성 정보가 변경된 경우

㉡ 사업주는 제1항에 따른 교육을 하는 경우에 유해성·위험성이 유사한 대상화학물질을 그룹별로 분류하여 교육할 수 있다.

㉢ 사업주는 제1항에 따른 교육을 실시하였을 때에는 교육시간 및 내용 등을 기록하여 보존하여야 한다.

⑥ 제189조(작업환경측정방법)

사업주는 작업환경측정을 할 때에는 다음 각 호의 사항을 지켜야 한다.

㉠ 작업환경측정을 하기 전에 예비조사를 할 것
㉡ 작업이 정상적으로 이루어져 작업시간과 유해인자에 대한 근로자의 노출 정도를 정확히 평가할 수 있을 때 실시할 것

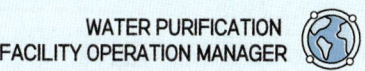

ⓒ 모든 측정은 개인시료채취방법으로 하되, 개인시료채취방법이 곤란한 경우에는 지역시료채취방법으로 실시(이 경우 그 사유를 별지 제21호서식의 작업환경측정 결과표에 분명하게 밝혀야 한다)할 것

ⓔ 작업환경측정기관에 위탁하여 실시하는 경우에는 해당 작업환경측정기관에 공정별 작업내용, 화학물질의 사용실태 및 물질안전보건자료 등 작업환경측정에 필요한 정보를 제공할 것

UNIT 04 산업안전보건기준에 관한 규칙

① **제32조(보호구의 지급 등)** 사업주는 다음 각 호의 어느 하나에 해당하는 작업을 하는 근로자에 대해서는 다음 각 호의 구분에 따라 그 작업조건에 맞는 보호구를 작업하는 근로자 수 이상으로 지급하고 착용하도록 하여야 한다.

ⓐ 물체가 떨어지거나 날아올 위험 또는 근로자가 추락할 위험이 있는 작업: 안전모
ⓑ 높이 또는 깊이 2미터 이상의 추락할 위험이 있는 장소에서 하는 작업: 안전대(安全帶)
ⓒ 물체의 낙하·충격, 물체에의 끼임, 감전 또는 정전기의 대전(帶電)에 의한 위험이 있는 작업: 안전화
ⓓ 물체가 흩날릴 위험이 있는 작업: 보안경
ⓔ 용접 시 불꽃이나 물체가 흩날릴 위험이 있는 작업: 보안면
ⓕ 감전의 위험이 있는 작업: 절연용 보호구
ⓖ 고열에 의한 화상 등의 위험이 있는 작업: 방열복
ⓗ 선창 등에서 분진(粉塵)이 심하게 발생하는 하역작업: 방진마스크
ⓘ 섭씨 영하 18도 이하인 급냉동어창에서 하는 하역작업: 방한모·방한복·방한화·방한장갑
ⓙ 물건을 운반하거나 수거·배달하기 위하여 「도로교통법」 제2조제18호가목5)에 따른 이륜자동차 또는 같은 법 제2조제19호에 따른 원동기장치자전거를 운행하는 작업: 「도로교통법 시행규칙」의 기준에 적합한 승차용 안전모
ⓚ 물건을 운반하거나 수거·배달하기 위해 「도로교통법」 제2조제21호의2에 따른 자전거등을 운행하는 작업: 「도로교통법 시행규칙」 제32조제2항의 기준에 적합한 안전모

② **제459조(명칭 등의 게시)** 사업주는 허가대상 유해물질을 제조하거나 사용하는 작업장에 다음 각 호의 사항을 보기 쉬운 장소에 게시하여야 한다.

ⓐ 허가대상 유해물질의 명칭
ⓑ 인체에 미치는 영향
ⓒ 취급상의 주의사항
ⓓ 착용하여야 할 보호구
ⓔ 응급처치와 긴급 방재 요령

③ **제460조(유해성 등의 주지)** 사업주는 근로자가 허가대상 유해물질을 제조하거나 사용하는 경우에 다음 각 호의 사항을 근로자에게 알려야 한다.

- ㉠ 물리적·화학적 특성
- ㉡ 발암성 등 인체에 미치는 영향과 증상
- ㉢ 취급상의 주의사항
- ㉣ 착용하여야 할 보호구와 착용방법
- ㉤ 위급상황 시의 대처방법과 응급조치 요령
- ㉥ 그 밖에 근로자의 건강장해 예방에 관한 사항

UNIT 05 산업위생 관련 고시에 관한 사항(고용노동부 고시)

1 화학물질 및 물리적 인자의 노출기준

① **제2조(정의)**

㉠ "노출기준"이란 근로자가 유해인자에 노출되는 경우 노출기준 이하 수준에서는 거의 모든 근로자에게 건강상 나쁜 영향을 미치지 아니하는 기준을 말하며, 1일 작업시간 동안의 시간가중평균노출기준(Time Weighted Average, TWA), 단시간노출기준(Short Term Exposure Limit, STEL) 또는 최고노출기준(Ceiling, C)으로 표시한다.

㉡ "시간가중평균노출기준(TWA)"이란 1일 8시간 작업을 기준으로 하여 유해인자의 측정치에 발생시간을 곱하여 8시간으로 나눈 값을 말하며, 다음 식에 따라 산출한다.

$$\text{TWA환산값} = \frac{C_1 \cdot T_1 + C_2 \cdot T_2 + \cdots + C_n \cdot T_n}{8}$$

주) C : 유해인자의 측정치(단위 : ppm, mg/m³ 또는 개/cm³)
　　T : 유해인자의 발생시간(단위 : 시간)

㉢ "단시간노출기준(STEL)"이란 15분간의 시간가중평균노출값으로서 노출농도가 시간가중평균노출기준(TWA)을 초과하고 단시간노출기준(STEL) 이하인 경우에는 1회 노출 지속시간이 15분 미만이어야 하고, 이러한 상태가 1일 4회 이하로 발생하여야 하며, 각 노출의 간격은 60분 이상이어야 한다.

㉣ "최고노출기준(C)"이란 근로자가 1일 작업시간동안 잠시라도 노출되어서는 아니 되는 기준을 말하며, 노출기준 앞에 "C"를 붙여 표시한다.

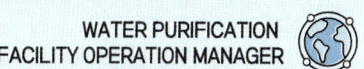

② **제3조(노출기준 사용상의 유의사항)**
　㉠ 각 유해인자의 노출기준은 해당 유해인자가 단독으로 존재하는 경우의 노출기준을 말하며, 2종 또는 그 이상의 유해인자가 혼재하는 경우에는 각 유해인자의 상가작용으로 유해성이 증가할 수 있으므로 제6조에 따라 산출하는 노출기준을 사용하여야 한다.
　㉡ 노출기준은 1일 8시간 작업을 기준으로 하여 제정된 것이므로 이를 이용할 경우에는 근로시간, 작업의 강도, 온열조건, 이상기압 등이 노출기준 적용에 영향을 미칠 수 있으므로 이와 같은 제반요인을 특별히 고려하여야 한다.
　㉢ 유해인자에 대한 감수성은 개인에 따라 차이가 있고, 노출기준 이하의 작업환경에서도 직업성 질병에 이환되는 경우가 있으므로 노출기준은 직업병진단에 사용하거나 노출기준 이하의 작업환경이라는 이유만으로 직업성질병의 이환을 부정하는 근거 또는 반증자료로 사용하여서는 아니 된다.
　㉣ 노출기준은 대기오염의 평가 또는 관리상의 지표로 사용하여서는 아니 된다.

③ **제4조(적용범위)**
　㉠ 노출기준은 법 제24조에 따른 작업장의 유해인자에 대한 작업환경개선기준과 법 제42조에 따른 작업환경측정결과의 평가기준으로 사용할 수 있다.
　㉡ 이 고시에 유해인자의 노출기준이 규정되지 아니하였다는 이유로 법, 영, 규칙 및 안전보건규칙의 적용이 배제되지 아니하며, 이와 같은 유해인자의 노출기준은 미국산업위생전문가협회(American Conference of Governmental Industrial Hygienists, ACGIH)에서 매년 채택하는 노출기준(TLVs)을 준용한다.

2 화학물질의 분류·표시 및 물질안전보건자료에 관한 기준

① **제2조(정의)** 이 고시에서 사용하는 용어의 뜻은 다음 각 호와 같다.
　㉠ "화학물질"이란 원소와 원소간의 화학반응에 의하여 생성된 물질을 말한다.
　㉡ "혼합물"이란 두 가지 이상의 화학물질로 구성된 물질 또는 용액을 말한다.
　㉢ "제조"란 다음 각 호의 어느 하나를 말한다.
　　가. 직접 사용 또는 양도·제공을 목적으로 화학물질 또는 혼합물을 생산, 가공 또는 혼합 등을 하는 것
　　나. 직접 사용 또는 양도·제공을 목적으로 화학물질 또는 혼합물을 직접 기획(성능·기능, 원재료 구성 설계 등)하여 다른 생산업체에 위탁해 자기명의로 생산하게 하는 것
　㉣ "수입"이란 직접 사용 또는 양도·제공을 목적으로 외국에서 국내로 화학물질 또는 혼합물을 들여오는 것을 말한다.
　㉤ "용기"란 고체, 액체 또는 기체의 화학물질 또는 혼합물을 직접 담은 합성강제, 플라스틱, 저장탱크, 유리, 비닐포대, 종이포대 등을 말한다. 다만, 레미콘, 콘테이너는 용기로 보지 아니한다.
　㉥ "포장"이란 제5호에 따른 용기를 싸거나 꾸리는 것을 말한다.

ⓐ "반제품용기"란 같은 사업장 내에서 상시적이지 않은 경우로서 공정간 이동을 위하여 화학물질 또는 혼합물을 담은 용기를 말한다.

② 제5조(경고표지의 부착)

㉠ 물질안전보건자료대상물질을 양도·제공하는 자는 해당 물질안전보건자료대상물질의 용기 및 포장에 한글로 작성한 경고표지(같은 경고표지 내에 한글과 외국어가 함께 기재된 경우를 포함한다)를 부착하거나 인쇄하는 등 유해·위험 정보가 명확히 나타나도록 하여야 한다. 다만, 실험실에서 시험·연구목적으로 사용하는 시약으로서 외국어로 작성된 경고표지가 부착되어 있거나 수출하기 위하여 저장 또는 운반 중에 있는 완제품은 한글로 작성한 경고표지를 부착하지 아니할 수 있다.

㉡ ㉠항에도 불구하고 국제연합(UN)의 「위험물 운송에 관한 권고(RTDG)」에서 정하는 유해성·위험성 물질을 포장에 표시하는 경우에는 「위험물 운송에 관한 권고(RTDG)」에 따라 표시할 수 있다.

㉢ 포장하지 않는 드럼 등의 용기에 국제연합(UN)의 「위험물 운송에 관한 권고(RTDG)」에 따라 표시를 한 경우에는 경고표지에 그림문자를 표시하지 아니할 수 있다.

㉣ 용기 및 포장에 경고표지를 부착하거나 경고표지의 내용을 인쇄하는 방법으로 표시하는 것이 곤란한 경우에는 경고표지를 인쇄한 꼬리표를 달 수 있다.

㉤ 물질안전보건자료대상물질을 사용·운반 또는 저장하고자 하는 사업주는 경고표지의 유무를 확인하여야 하며, 경고표지가 없는 경우에는 경고표지를 부착하여야 한다.

㉥ 제5항에 따른 사업주는 물질안전보건자료대상물질의 양도·제공자에게 경고표지의 부착을 요청할 수 있다.

③ 제6조(경고표지의 작성방법)

㉠ 물질안전보건자료대상물질의 내용량이 100그램(g) 이하 또는 100밀리리터(㎖) 이하인 경우에는 경고표지에 명칭, 그림문자, 신호어 및 공급자 정보만을 표시할 수 있다. 다만, 용기나 포장에 공급자 정보가 없는 경우에는 경고표지에 공급자 정보를 표시하여야 한다.

㉡ 물질안전보건자료대상물질을 해당 사업장에서 자체적으로 사용하기 위하여 담은 반제품용기에 경고표시를 할 경우에는 유해·위험의 정도에 따른 "위험" 또는 "경고"의 문구만을 표시할 수 있다. 다만, 이 경우 보관·저장장소의 작업자가 쉽게 볼 수 있는 위치에 경고표지를 부착하거나 물질안전보건자료를 게시하여야 한다.

④ 제6조의2(경고표지 기재항목의 작성방법)

㉠ 명칭은 물질안전보건자료상의 제품명을 기재한다.

㉡ 그림문자는 별표 2에 해당되는 것을 모두 표시한다. 다만 다음 각 호의 어느 하나에 해당되는 경우에는 이에 따른다.

- "해골과 X자형 뼈" 그림문자와 "감탄부호(!)" 그림문자에 모두 해당되는 경우에는 "해골과 X자형 뼈" 그림문자만을 표시한다.
- 부식성 그림문자와 피부자극성 또는 눈 자극성 그림문자에 모두 해당되는 경우에는 부식성 그림문자만을 표시한다.

- 호흡기 과민성 그림문자와 피부 과민성, 피부 자극성 또는 눈 자극성 그림문자에 모두 해당되는 경우에는 호흡기 과민성 그림문자만을 표시한다.
- 5개 이상의 그림문자에 해당되는 경우에는 4개의 그림문자만을 표시할 수 있다.

ⓒ 신호어는 별표 2에 따라 "위험" 또는 "경고"를 표시한다. 다만, 물질안전보건자료대상물질이 "위험"과 "경고"에 모두 해당되는 경우에는 "위험"만을 표시한다.

ⓔ 유해·위험 문구는 별표 2에 따라 해당되는 것을 모두 표시한다. 다만, 중복되는 유해·위험문구를 생략하거나 유사한 유해·위험 문구를 조합하여 표시할 수 있다.

ⓜ 예방조치 문구는 별표 2에 해당되는 것을 모두 표시한다. 다만 다음 각 호의 어느 하나에 해당되는 경우에는 이에 따른다.
- 중복되는 예방조치 문구를 생략하거나 유사한 예방조치 문구를 조합하여 표시할 수 있다.
- 예방조치 문구가 7개 이상인 경우에는 예방·대응·저장·폐기 각 1개 이상(해당문구가 없는 경우는 제외한다)을 포함하여 6개만 표시해도 된다. 이 때 표시하지 않은 예방조치 문구는 물질안전보건자료를 참고하도록 기재하여야 한다.

⑤ 제8조(경고표지의 색상 및 위치)

㉠ 경고표지전체의 바탕은 흰색으로, 글씨와 테두리는 검정색으로 하여야 한다.

㉡ 제1항에도 불구하고 비닐포대 등 바탕색을 흰색으로 하기 어려운 경우에는 그 포장 또는 용기의 표면을 바탕색으로 사용할 수 있다. 다만, 바탕색이 검정색에 가까운 용기 또는 포장인 경우에는 글씨와 테두리를 바탕색과 대비색상으로 표시하여야 한다.

㉢ 그림문자(GHS에 따른 그림문자를 말한다. 이하 이 조에서 같다.)는 유해성·위험성을 나타내는 그림과 테두리로 구성하며, 유해성·위험성을 나타내는 그림은 검은색으로 하고, 그림문자의 테두리는 빨간색으로 하는 것을 원칙으로 하되 바탕색과 테두리의 구분이 어려운 경우 바탕색의 대비 색상으로 할 수 있으며, 그림문자의 바탕은 흰색으로 한다. 다만, 1리터(ℓ) 미만의 소량용기 또는 포장으로서 경고표지를 용기 또는 포장에 직접 인쇄하고자 하는 경우에는 그 용기 또는 포장 표면의 색상이 두 가지 이하로 착색되어 있는 경우에 한하여 용기 또는 포장에 주로 사용된 색상(검정색계통은 제외한다)을 그림문자의 바탕색으로 할 수 있다.

> 안전·보건표지 중 금지표지의 경우 (흰색) 바탕, 기본모형은 (빨간색), 관련부호 및 그림은 (검은색)의 색채로 한다.

㉣ 경고표지는 취급근로자가 사용 중에도 쉽게 볼 수 있는 위치에 견고하게 부착하여야 한다.

⑥ 제9조(경고표시 기재항목을 적은 자료의 제공)

㉠ 단서에 따른 경고표시 기재 항목을 적은 자료는 물질안전보건자료대상물질을 양도하거나 제공하는 때에 함께 제공하여야 한다. 다만, 경고표시 기재항목이 물질안전보건자료에 포함되어 있는 경우에는 물질안전보건자료를 제공하는 방법으로 해당 자료를 제공할 수 있다.

ⓛ 같은 상대방에게 같은 물질안전보건자료대상물질을 2회 이상 계속하여 양도하거나 제공하는 경우에는 최초로 제공한 제1항에 따른 경고표시 기재 항목을 적은 자료의 기재 내용의 변경이 없는 한 추가로 해당 자료를 제공하지 아니할 수 있다. 다만, 상대방이 해당 자료의 제공을 요청한 경우에는 그러하지 아니하다.

⑦ **제10조(작성항목)**

ⓘ 물질안전보건자료 작성 시 포함되어야 할 항목 및 그 순서는 다음 각 호에 따른다.

1. 화학제품과 회사에 관한 정보
2. 유해성 · 위험성
3. 구성성분의 명칭 및 함유량
4. 응급조치요령
5. 폭발 · 화재시 대처방법
6. 누출사고시 대처방법
7. 취급 및 저장방법
8. 노출방지 및 개인보호구
9. 물리화학적 특성
10. 안정성 및 반응성
11. 독성에 관한 정보
12. 환경에 미치는 영향
13. 폐기 시 주의사항
14. 운송에 필요한 정보
15. 법적규제 현황
16. 그 밖의 참고사항

※ 물질안전보건자료(MSDS)는 '근로자의 알 권리'에 기반을 둔 것으로 그 목적은 모든 제조업 근로자에게 자기가 일하는 장소에서 발생할 수 있는 유해조건을 알리는 데 있다.

ⓛ **MSDS 작성물질의 분류**
- **물리적 위험물질** : 폭발성 물질, 산화성 물질, 극인화성 물질, 고인화성 물질, 금수성 물질
- **건강장해물질** : 고독성 물질, 독성 물질, 유해물질, 부식성 물질, 자극성 물질, 과민성 물질, 발암성 물질, 변이원성 물질
- **환경유해물질** : 환경상태독성, 난분해성 물질, 옥탄올 분배계수가 3 이상 또는 생물 농축계수가 100 이상인 물질

⑧ **제11조(작성원칙)**

ⓘ 물질안전보건자료는 한글로 작성하는 것을 원칙으로 하되 화학물질명, 외국기관명 등의 고유명사는 영어로 표기할 수 있다.

ⓛ ⓘ항에도 불구하고 실험실에서 시험 · 연구목적으로 사용하는 시약으로서 물질안전보건자료가 외국어로 작성된 경우에는 한국어로 번역하지 아니할 수 있다.

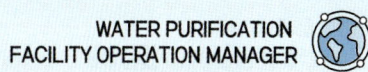

ⓒ 작성 시 시험결과를 반영하고자 하는 경우에는 해당국가의 우수실험실기준(GLP, 우량실험실) 및 국제공인 시험기관 인정(KOLAS)에 따라 수행한 시험결과를 우선적으로 고려하여야 한다.

ⓔ 외국어로 되어 있는 물질안전보건자료를 번역하는 경우에는 자료의 신뢰성이 확보될 수 있도록 최초 작성 기관명 및 시기를 함께 기재하여야 하며, 다른 형태의 관련 자료를 활용하여 물질안전보건자료를 작성하는 경우에는 참고문헌의 출처를 기재하여야 한다.

ⓜ 물질안전보건자료 작성에 필요한 용어, 작성에 필요한 기술지침은 한국산업안전보건공단이 정할 수 있다.

ⓗ 물질안전보건자료의 작성단위는 「계량에 관한 법률」이 정하는 바에 의한다.

ⓢ 각 작성항목은 빠짐없이 작성하여야 한다. 다만, 부득이 어느 항목에 대해 관련 정보를 얻을 수 없는 경우에는 작성란에 "자료 없음"이라고 기재하고, 적용이 불가능하거나 대상이 되지 않는 경우에는 작성란에 "해당 없음"이라고 기재한다.

ⓞ 제10조제1항제1호에 따른 화학제품에 관한 정보 중 용도는 별표 5에서 정하는 용도분류체계에서 하나 이상을 선택하여 작성할 수 있다. 다만, 법 제110조제1항 및 제3항에 따라 작성된 물질안전보건자료를 제출할 때에는 별표 5에서 정하는 용도분류체계에서 하나 이상을 선택하여야 한다.

ⓩ 혼합물 내 함유된 화학물질 중 규칙 별표 18제1호가목에 해당하는 화학물질의 함유량이 한계농도인 1% 미만이거나 동 별표 제1호나목에 해당하는 화학물질의 함유량이 별표 6에서 정한 한계농도 미만인 경우 제10조제1항 각호에 따른 항목에 대한 정보를 기재하지 아니할 수 있다. 이 경우 화학물질이 규칙 별표18 제1호가목과 나목 모두 해당할 때에는 낮은 한계농도를 기준으로 한다.

ⓩ 제10조제1항제3호에 따른 구성 성분의 함유량을 기재하는 경우에는 함유량의 ±5퍼센트포인트(%P) 내에서 범위(하한 값 ~ 상한 값)로 함유량을 대신하여 표시할 수 있다.

ⓚ 물질안전보건자료를 작성할 때에는 취급근로자의 건강보호목적에 맞도록 성실하게 작성하여야 한다.

⑨ 제12조(혼합물의 유해성·위험성 결정)

㉠ 물질안전보건자료를 작성할 때에는 혼합물의 유해성·위험성을 다음 각 호와 같이 결정한다.
- 혼합물에 대한 유해성·위험성의 결정을 위한 세부 판단기준은 별표 1에 따른다.
- 혼합물에 대한 물리적 위험성 여부가 혼합물 전체로서 시험되지 않는 경우에는 혼합물을 구성하고 있는 단일화학물질에 관한 자료를 통해 혼합물의 물리적 잠재유해성을 평가할 수 있다.

㉡ 혼합물인 제품들이 다음 각 호의 요건을 모두 충족하는 경우에는 해당 제품들을 대표하여 하나의 물질안전보건자료를 작성할 수 있다.
- 혼합물인 제품들의 구성성분이 같을 것. 다만, 향수, 향료 또는 안료(이하 "향수등"이라 한다) 성분의 물질을 포함하는 제품으로서 다음 각 목의 요건을 모두 충족하는 경우에는 그러하지 아니하다.
  가. 제품의 구성성분 중 향수등의 함유량(2가지 이상의 향수등 성분을 포함하는 경우에는 총함유량을 말한다)이 5퍼센트(%) 이하일 것
  나. 제품의 구성성분 중 향수등 성분의 물질만 변경될 것
- 각 구성성분의 함유량 변화가 10퍼센트포인트(%P) 이하일 것
- 유사한 유해성을 가질 것

ⓒ 제2항에 따라 하나의 물질안전보건자료를 작성하는 제품들이 제2항제1호 단서에 해당하는 경우는 제10조제1항제3호에 따른 항목에 제품별로 구성성분을 알 수 있도록 기재하여야 하고 제2항제3호에 해당하는 경우는 제품별로 유해성을 구분하여 기재하여야 한다.

⑩ **제14조(전산장비 조치사항)**

규칙 제167조제1항 단서의 '고용노동부장관이 정하는 조치'란 다음 각 호의 조치를 말한다.
1. 물질안전보건자료를 확인할 수 있는 전산장비를 취급근로자(화학물질에 노출되는 근로자를 모두 포함한다. 이하 같다)가 작업 중 쉽게 접근할 수 있는 장소에 설치하여 가동하고 있을 것
2. 해당 화학물질 취급근로자에게 물질안전보건자료의 프로그램 작동 방법, 제품명 입력 및 물질안전보건자료 확인 방법 등을 교육할 것
3. 법 제114조제2항 및 규칙 제168조제1항에 따른 관리요령에 물질안전보건자료 검색방법을 포함하여 게시하였을 것

⑪ **제15조(교육내용의 주지)**

사업주는 규칙 제167조제1항제3호에 따라 전산장비를 갖추어 둔 경우에는 취급근로자가 그 장비를 이용하여 물질안전보건자료를 확인할 수 있는지 여부를 확인하여야 한다.

⑫ **제16조(대체자료 기재 제외물질)** 법 제112조제1항 단서에 따른 '근로자에게 중대한 건강장해를 초래할 우려가 있는 화학물질로서「산업재해보상보험법」제8조제1항에 따른 산업재해보상보험및예방심의위원회의 심의를 거쳐 고용노동부장관이 고시하는 것'이란 다음 각 호의 어느 하나에 해당하는 물질을 말한다.
1. 법 제117조에 따른 제조등금지물질
2. 법 제118조에 따른 허가대상물질
3. 「산업안전보건기준에 관한 규칙」제420조에 따른 관리대상 유해물질
4. 규칙 별표 21의 작업환경측정 대상 유해인자
5. 규칙 별표 22의 특수건강진단 대상 유해인자
6. 「화학물질의 등록 및 평가 등에 관한 법률」시행규칙 제35조제2항 단서에서 정하는 화학물질

⑬ **별표 1(화학물질 등의 분류)**

㉠ 인화성 가스(flammable Gases)

　가. 정의 : 20℃, 표준압력 101.3kPa에서 공기와 혼합하여 인화범위에 있는 가스와 54℃ 이하 공기 중에서 자연발화하는 가스를 말한다.

나. 분류

구분		구분 기준
인화성 가스	1	20℃, 표준압력(101.3kPa)에서 다음 어느 하나에 해당하는 가스 ① 공기와 13%(용적) 이하의 혼합물일 때 연소할 수 있는 가스 ② 인화 하한과 관계없이 공기와 12% 이상의 인화 범위를 가지는 가스
인화성 가스	2	구분 1에 해당하지 않으면서 20℃, 표준압력(101.3kPa)에서 공기와 혼합하여 인화 범위를 가지는 가스
자연발화성 가스		54℃ 이하 공기 중에서 자연발화하는 인화성 가스

ⓒ 에어로졸(aerosols)

가. 정의

재충전이 불가능한 금속·유리 또는 플라스틱 용기에 압축가스·액화가스 또는 용해가스를 충전하고, 내용물을 가스에 현탁시킨 고체나 액상 입자로, 액상 또는 가스상에서 폼·페이스트·분말상으로 배출하는 분사장치를 갖춘 것을 말한다.

나. 분류

구분	구분 기준
1	다음 어느 하나에 해당하는 에어로졸 ① 인화성 성분의 함량이 85%(중량비) 이상이며, 연소열이 30kJ/g 이상인 에어로졸 ② 착화거리 시험에서, 75cm 이상의 거리에서 착화하는 스프레이 에어로졸 ③ 폼(form) 시험에서, 다음에 해당하는 폼(form) 에어로졸 　– 불꽃의 높이가 20cm 이상이면서 불꽃 지속 시간이 2초 이상 　– 불꽃의 높이가 4cm 이상이면서 불꽃 지속 시간이 7초 이상
2	구분 1에 해당하지 않으면서 다음 어느 하나에 해당하는 에어로졸 ① 스프레이 에어로졸 　– 연소열이 20kJ/g 이상 　– 연소열이 20kJ/g 미만이고 다음 어느 하나에 해당하는 경우 　　• 발화거리 시험에서, 15cm 이상의 거리에서 발화하거나 　　• 밀폐공간 발화시험에서, 발화시간 환산 300초/m^3 이하 또는 폭연 밀도 300g/m^3 이하 ② 폼(form) 에어로졸 　– 폼(form) 시험에서 불꽃의 높이가 4cm 이상이고 불꽃 지속시간이 2초 이상
3	다음 어느 하나에 해당하는 에어로졸 ① 인화성 성분의 함량이 1%(중량비) 이하이면서 연소열이 20kJ/g 미만인 에어로졸 ② 구분 1과 2에 해당하지 않는 스프레이 에어로졸 또는 ③ 구분 1과 2에 해당하지 않는 폼(form) 에어로졸

ⓒ 산화성 가스(oxidizing gases)

　가. 정의 : 일반적으로 산소를 발생시켜 다른 물질의 연소가 더 잘 되도록 하거나 연소에 기여하는 가스를 말한다.

　나. 분류

구분	구분 기준
1	일반적으로 산소를 발생시켜 다른 물질의 연소가 더 잘 되도록 하거나 연소에 기여하는 가스

ⓔ 고압가스(gases under pressure)

　가. 정의 : 20℃, 200kPa 이상의 압력 하에서 용기에 충전되어 있는 가스 또는 액화되거나 냉동액화된 가스를 말한다.

　나. 분류

구분	구분 기준
압축가스	가압하여 용기에 충전했을 때, -50℃에서 완전히 가스상인 가스(임계온도 -50℃ 이하의 모든 가스를 포함)
액화가스	가압하여 용기에 충전했을 때, -50℃ 초과 온도에서 부분적으로 액체인 가스 ① 고압액화가스 : 임계온도가 -50℃에서 65℃인 가스 ② 저압액화가스 : 임계온도가 65℃를 초과하는 가스
냉동액화가스	용기에 충전한 가스가 낮은 온도 때문에 부분적으로 액체인 가스
용해가스	가압하여 용기에 충전한 가스가 액상 용매에 용해된 가스

ⓜ 인화성 액체(flammable liquids)

　가. 정의 : 표준압력(101.3kPa)에서 인화점이 93℃ 이하인 액체를 말한다.

　나. 분류

구분	구분 기준
1	인화점이 23℃ 미만이고 초기 끓는점이 35℃ 이하인 액체
2	인화점이 23℃ 미만이고 초기 끓는점이 35℃를 초과하는 액체
3	인화점이 23℃ 이상 60℃ 이하인 액체
4	인화점이 60℃ 초과 93℃ 이하인 액체

ⓗ 인화성 고체(flammable solids)

　가. 정의 : 가연 용이성 고체(분말, 과립상, 페이스트 형태의 물질로 성냥불씨와 같은 점화원을 잠깐 접촉하여도 쉽게 점화되거나 화염이 빠르게 확산되는 물질) 또는 마찰에 의해 화재를 일으키거나 화재를 돕는 고체를 말한다.

나. 분류

구분	구분 기준
1	연소속도 시험결과 다음 어느 하나에 해당하는 물질 또는 혼합물 ① 금속분말 이외의 물질 또는 혼합물 : 습윤 부분이 연소를 중지시키지 못하고, 연소시간이 45초 미만이거나 연소속도가 2.2mm/s를 초과 ② 금속분말 : 연소시간이 5분 이하
2	연소속도 시험결과 다음 어느 하나에 해당하는 물질 또는 혼합물 ① 금속분말 이외의 물질 또는 혼합물 : 습윤 부분이 4분 이상 연소를 중지시키고, 연소시간이 45초 미만이거나 연소속도가 2.2mm/s를 초과 ② 금속분말 : 연소시간이 5분 초과, 10분 이하

ⓐ **자기반응성 물질 및 혼합물**(self-reactive substances and mixtures)

열적으로 불안정하여 산소의 공급이 없이도 강렬하게 발열분해하기 쉬운 액체·고체 물질 또는 그 혼합물을 말한다.

ⓞ **자연발화성 액체**(pyrophoric liquids) : 적은 양으로도 공기와 접촉하여 5분 안에 발화할 수 있는 액체를 말한다.

ⓩ **자연발화성 고체**(pyrophoric solids) : 적은 양으로도 공기와 접촉하여 5분 안에 발화할 수 있는 고체를 말한다.

UNIT 06 고압가스 안전관리법

1 제15조(안전관리자)

① 사업자등과 제20조제4항에 따른 특정고압가스 사용신고자는 그 시설 및 용기등의 안전 확보와 위해 방지에 관한 직무를 수행하게 하기 위하여 사업 개시 전이나 특정고압가스의 사용 전에 안전관리자를 선임하여야 한다.
② 다음 각 호의 어느 하나에 해당하는 자 중 대통령령으로 정하는 자와 특정고압가스 사용신고자가 그 시설 및 용기등을 시설물 관리를 전문으로 하는 자에게 위탁하여 관리하게 하려면 그 시설 및 용기등의 관리업무를 위탁받은 자(이하 "수탁관리자"라 한다)는 안전관리자를 선임하여야 한다.
  1. 고압가스제조자로서 냉동기를 사용하여 고압가스를 제조하는 자
  2. 저장소의 설치허가를 받은 자(이하 "고압가스저장자"라 한다)로서 비가연성·비독성 고압가스저장자
③ 안전관리자를 선임한 자는 안전관리자를 선임 또는 해임하거나 안전관리자가 퇴직한 경우에는 지체 없이 이를 허가관청·신고관청·등록관청 또는 신고를 받은 관청(이하 "사용신고관청"이라 한다)에 신고하고, 해임 또는

퇴직한 날부터 30일 이내에 다른 안전관리자를 선임하여야 한다. 다만, 그 기간 내에 선임할 수 없으면 허가관청·신고관청·등록관청 또는 사용신고관청의 승인을 받아 그 기간을 연장할 수 있다.

④ 안전관리자를 선임한 자는 다음 각 호의 어느 하나에 해당하는 경우에는 대통령령으로 정하는 바에 따라 대리자를 지정하여 일시적으로 안전관리자의 직무를 대행하게 하여야 한다.

　　1. 안전관리자가 여행·질병이나 그 밖의 사유로 일시적으로 그 직무를 수행할 수 없는 경우
　　2. 안전관리자의 해임 또는 퇴직과 동시에 다른 안전관리자가 선임되지 아니한 경우

⑤ 안전관리자는 그 직무를 성실히 수행하여야 하며 그 사업자등, 특정고압가스 사용신고자, 수탁관리자 및 종사자는 안전관리자의 안전에 관한 의견을 존중하고 권고에 따라야 한다.

⑥ 허가관청·신고관청·등록관청 또는 사용신고관청은 안전관리자가 그 직무를 성실히 수행하지 아니하면 그 안전관리자를 선임한 사업자등, 특정고압가스 사용신고자 또는 수탁관리자에게 그 안전관리자의 해임을 요구할 수 있다.

⑦ 허가관청·신고관청·등록관청 또는 사용신고관청은 안전관리자의 해임을 요구하면 그 안전관리자에 대하여 「국가기술자격법」에 따른 기술자격의 취소나 정지를 하여 줄 것을 산업통상자원부장관에게 요청할 수 있다.

⑧ 안전관리자의 종류·자격·인원·직무범위 및 안전관리자의 대리자의 대행 기간과 그 밖에 필요한 사항은 대통령령으로 정한다.

2 시행령 제2조(고압가스의 종류 및 범위)

고압가스의 종류 및 범위는 다음 각 호와 같다. 다만, 별표 1에 정하는 고압가스는 제외한다.

1. 상용(常用)의 온도에서 압력(게이지압력을 말한다. 이하 같다)이 1메가파스칼 이상이 되는 압축가스로서 실제로 그 압력이 1메가파스칼 이상이 되는 것 또는 섭씨 35도의 온도에서 압력이 1메가파스칼 이상이 되는 압축가스(아세틸렌가스는 제외한다)
2. 섭씨 15도의 온도에서 압력이 0파스칼을 초과하는 아세틸렌가스
3. 상용의 온도에서 압력이 0.2메가파스칼 이상이 되는 액화가스로서 실제로 그 압력이 0.2메가파스칼 이상이 되는 것 또는 압력이 0.2메가파스칼이 되는 경우의 온도가 섭씨 35도 이하인 액화가스
4. 섭씨 35도의 온도에서 압력이 0파스칼을 초과하는 액화가스 중 액화시안화수소·액화브롬화메탄 및 액화산화에틸렌가스

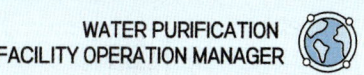

| UNIT | 07 | 호흡용 보호구 |

1 개념의 이해

1) **호흡용 보호구란?** : 유해물질을 강제로 차단하거나 공기를 정화해주는 보호구를 호흡용 보호구라 한다.

2) **종류**
　① **방진마스크** : 입자상 물질 체내 침입 방지
　② **방독마스크** : 가스상 물질 체내 침입 방지
　③ **송기마스크** : 외부의 공급원으로부터 마스크에 공기를 공급
　④ **자급식 호흡기** : 착용자의 호흡공기를 이용하여 산소를 발생시켜 착용자에게 공급하는 방식

2 호흡용 보호구의 종류

1) **공기정화식**

　① 방진마스크

　　㉠ 종류
　　　• **분진포집능력에 따른 구분** : 특급(99.5% 이상), 1급(95% 이상), 2급(85% 이상)으로 분류

[방진마스크의 등급]

등급	특급	1급	2급
사용 장소	• 베릴륨등과 같이 독성이 강한 물질들을 함유한 분진 등 발생장소 • 석면 취급장소	• 특급마스크 착용장소를 제외한 분진 등 발생장소 • 금속흄 등과 같이 열적으로 생기는 분진 등 발생장소 • 기계적으로 생기는 분진 등 발생장소(규소등과 같이 2급 방진마스크를 착용하여도 무방한 경우는 제외한다)	• 특급 및 1급 마스크 착용장소를 제외한 분진 등 발생장소
배기밸브가 없는 안면부여과식 마스크는 특급 및 1급 장소에 사용해서는 안 된다.			

　　　• **사용목적에 따른 구분** : 분진용, 미스트용, 흄용
　　　• **안면부의 형상에 따른 구분** : 전면형(눈, 코, 입 등 얼굴 전체 보호), 반면형(입과 코부위만 보호)
　　　• **구조에 따른 구분** : 직결식, 격리식, 안면부 여과식

ⓒ 방진마스크 선정조건
- 흡기저항 및 흡기저항 상승률이 낮을 것
- 배기저항이 낮을 것
- 여과재 포집효율이 높을 것
- **착용 시 시야 확보가 용이할 것** : 하방시야가 60° 이상이 되어야 함
- 중량은 가벼울 것
- 안면에서의 밀착성이 클 것
- 침입률 1% 이하까지 정확히 평가 가능할 것
- 피부접촉 부위가 부드러울 것
- 사용 후 손질이 간단할 것
- 무게중심은 안면에 강한 압박감을 주지 않는 위치에 있을 것

ⓒ 방진마스크 사용상 주의사항
- 포집효율과 흡·배기 시 발생하는 저항은 상반된 조건으로 방진마스크의 정화효율을 높이기 위해서는 저항이 낮아야 한다.
- 여과효율이 좋으려면 여과재에 사용되는 섬유의 직경이 작아야 한다.
- 즉각적으로 생명과 건강에 위험을 줄 수 있는 농도(IDLH)에서 착용해서는 안 된다.
- 분진, 미스트, 흄 등이 문제되는 작업장에서만 착용하여야 하며, 증기 또는 가스상의 유해물질이 공존하는 곳에서는 방진마스크를 착용해서는 절대 안 되며, 방독마스크에 필터가 부착된 마스크를 착용해야 한다.
- 공기 중 산소농도가 18% 이하인 산소결핍 장소에서는 착용해서는 안 된다.
- 얼굴에 손수건 등을 대고서 마스크를 착용하면 방진효율이 떨어지기 때문에 주의해야 한다.
- 독성이 아주 높은 분진(허용농도<0.05mg/m^3) 또는 방사선 분진, 석면분진 등이 발산되는 작업장에서는 고효율 필터가 내장된 방진마스크를 착용해야 한다.
- 필터를 자주 갈아주어 일정한 포집효율을 유지해 주어야 한다.(필터의 수명은 환경상태나 보관정도에 따라 달라지나 일반적으로 1개월 이내에 바꾸어 착용)
- 마스크의 고무 면체에 의한 안면부에 알레르기성 습진 등이 생길 수 있으므로 얼굴을 청결히 하고 자주 땀을 닦아주어야 한다.
- 면체의 손질은 중성세제로 닦아 말리고 고무 부분은 자외선에 약하므로 그늘에서 말려야 하며 신나 등은 사용하지 말아야 한다.
- 필터에 부착된 분진은 세게 털지 말고 가볍게 털어준다.
- 보관은 전용 보관상자에 넣거나 깨끗한 비닐봉지 등을 이용하고 습기를 막아주어야 한다.

ⓔ 여과재의 재질
- 면
- 모
- 유리섬유

- 합성섬유
- 금속섬유

② 방독마스크

　㉠ 종류
- **격리식** : 정화통, 연결관, 흡기밸브, 안면부, 배기밸브 및 머리끈으로 구성되어 있다. 가스 또는 증기의 농도가 2%(암모니아 3%) 이하의 대기 중에서 사용한다.
- **직결식** : 정화통, 흡기밸브, 안면부, 배기밸브 및 머리끈으로 구성되어 있다. 가스 또는 증기의 농도가 1%(암모니아 1.5%) 이하의 대기 중에서 사용한다.
- **직결식 소형** : 정화통, 흡기밸브, 안면부, 배기밸브 및 머리끈으로 구성되어 있다. 가스 또는 증기의 농도가 0.1% 이하의 대기 중에서 사용하지만, 긴급용으로는 사용할 수 없다.

　㉡ 안면부의 형상에 따른 구분
- **전면형** : 작업자의 눈이나 피부 흡수 가능성이 있는 유해물질의 발생 시 사용한다. 착용 시 대화가 불가능하여 작업 중 의사소통을 필요로 하는 작업장에서는 통신장비가 부착된 마스크를 착용한다.
- **반면형** : 폭로되는 유해물질이 작업자의 눈이나 안면 노출 부위에 자극성이 없거나 피부 흡수 가능성이 없을 때 사용한다. 보호계수 10일 때 사용한다.

　㉢ 흡수제의 재질
- 활성탄
- 실리카겔
- 염화칼슘
- 제올라이트

　㉣ 방독마스크 정화통 수명에 영향을 주는 인자
- 작업장 습도 및 온도
- 착용자의 호흡률
- 작업장 오염물질의 농도
- 흡착제의 질과 양
- 포장의 균일성과 밀도
- 다른 가스, 증기와 혼합 유무

　㉤ 방독마스크 사용상 주의점
- 고농도 작업장이나 산소결핍의 위험이 있는 작업장에서는 절대 사용해서는 안 되며 대상 가스에 맞는 정화통을 사용하여야 한다.
- 정화통의 종류에 따라 더 이상 유해물질을 흡수할 수 없는 사용한도시간(파과시간)이 있으므로 마스크 사용시간을 기록하여 사용한도시간을 넘어서는 마스크를 사용해서는 안 된다.
- 마스크 착용 중 가스 냄새가 나거나 숨쉬기가 답답하다고 느낄 때에는 즉시 작업을 중지하고 새로운 정화통을 교환해야 한다.

- 정화통은 작업자가 필요에 따라 언제든지 교환할 수 있도록 작업자가 쉽게 찾을 수 있는 곳에 보관해야 한다.
- 가스나 증기상의 물질과 분진이 동시에 발생하는 작업장에서는 1차적으로 분진을 걸러 줄 수 있는 필터가 장착된 마스크를 착용해야 한다.
- 유해물질이 존재하는 곳에 마스크를 보관하게 되면 정화통의 사용한도시간이 단축되므로 반드시 신선하고 건조한 장소에서 비닐팩 속에 넣어 보관해야 한다.
- 마스크 본체를 세척할 필요가 있을 때는 적당한 세척제를 푼 따뜻한 물이나 위생액으로 닦아낸 후 파손상태를 정기적으로 검사하고 정화통은 절대로 세척해서는 안 된다.
- 방독마스크는 일시적인 작업 또는 긴급용으로 사용하여야 한다.
- 산소결핍 위험이 있는 경우, 유효시간이 불분명한 경우는 송기마스크나 자급식 호흡기를 사용한다.
- 유효시간이 불분명한 경우에는 새로운 정화통으로 교체하여야 한다.

ⓑ **정화통의 종류**
- **흑색** : 유기가스용
- **회색 및 흑색** : 할로겐 가스용
- **적색** : 일산화탄소용
- **녹색** : 암모니아용
- **황적색(노란색)** : 아황산가스용
- **백색 및 황적색** : 아황산 황용
- **갈색** : 유기화합물용

2) 공기공급식

① **에어라인 마스크**
- ㉠ 에어라인은 송풍기에서 호흡할 수 있는 공기를 보호구 안면부에 연결된 관을 통하여 공급하는 호흡용 보호구이다.
- ㉡ 긴 공기호스를 이용해서 공기를 공급받기 때문에 작업반경이 큰 곳에서는 사용이 곤란하다.
- ㉢ 관의 길이 최대 300피트, 최대압력 125PSI로 정해져 있다.
- ㉣ 종류
  - **폐력식(디멘드식)** : 착용자가 호흡 시 발생하는 압력에 따라 레귤레이터에 의해 공기 공급, 보호구 내부 음압이 생기므로 누설 가능성이 있어 주의를 요함
  - **압력식** : 흡기 및 호기 시 일정량의 압력이 보호구 내부에 항상 걸리도록 레귤레이터에 의해 공기 공급, 항상 보호구 내부 양압이 걸리므로 누설현상이 적음
  - **연속흐름식** : 압축기에서 일정량의 공기가 항상 충분히 공급

② **호스마스크**
- ㉠ **종류** : 송풍마스크, 압축공기식 마스크, 통기마스크
- ㉡ **송풍량** : 경작업시 150L/min, 중작업시 200L/min

③ 자기공기공급장치(SCBA)
    ㉠ 작업공간에 제한을 받지 않는다.
    ㉡ 배터리 수명, 공급되는 공기의 양에 한계가 있기 때문에 작업시간에 많은 제약이 있다.

④ 사용상 주의 점
    ㉠ 전동식 공기정화형 호흡보호구는 생명과 건강에 즉각적으로 위험을 줄 수 있는 고농도의 작업장에서 사용할 수 없으며, 유해물질의 종류에 맞는 정화물질을 잘 선택하여 사용해야 한다.
    ㉡ 동력장치의 경우 작업 중 동력이 떨어지지 않도록 주기적으로 동력을 체크해야 한다.
    ㉢ 공기공급식 호흡보호구는 외부에서 신선한 공기를 공급해 주기 때문에 만약 공급되는 공기가 오염되어 있으면 오히려 건강을 해치거나 작업자가 두통을 호소하는 등 부작용이 있을 수 있으므로 주기적으로 공기의 신선도를 체크해 주고, 필터 등을 점검하여 자주 교체해 주어야 한다.
    ㉣ 고농도의 아주 위험한 작업을 수행할 때는 외부에서 공급되는 공기가 갑자기 차단되거나 전동장치에 문제가 있을 때 대처할 수 있도록 비상용 공기통을 준비하여 바로 사용할 수 있도록 한다.
    ㉤ 외부에서 공급되는 공기의 압력에 의해 소음이 발생될 수 있으므로 소음을 체크하여 작업에 방해가 될 때에는 소음기를 부착해야 한다.

⑤ 송기마스크를 착용하여야 할 작업
    ㉠ 환기를 할 수 없는 밀폐공간에서의 작업
    ㉡ 밀폐공간에서 비상 시에 근로자를 피난시키거나 구출작업
    ㉢ 탱크, 보일러 또는 반응탑의 내부 등 통풍이 불충분한 장소에서의 용접작업
    ㉣ 지하실 또는 맨홀의 내부 기타 통풍이 불충분한 장소에서 가스배관의 해체 또는 부착 작업을 할 때 환기가 불충분한 경우
    ㉤ 국소배기장치를 설치하지 아니한 유기화합물 취급 특별장소에서 관리대상 물질의 단시간 취급업무
    ㉥ 유기화학물을 넣었던 탱크 내부에서 세정 및 도장 업무

③ 호흡용 보호구의 선정방법

1) 방진마스크, 방독마스크 선정

① 취급물질의 성상을 파악한다. (입자상물질(고체, 액체), 가스상물질(기체))
② 취급물질이 입자상물질로만 구성되어 있다면, 방진마스크를 착용, 입자상물질과 가스상물질이 혼재되어 있거나 가스상물질만 존재한다면 방독마스크를 착용한다.
③ 대체로 물질의 TLV가 mg/m^3로만 되어 있는 것은 입자상 물질이다.
④ 물질의 TLV가 ppm과 mg/m^3으로 되어 있는 것은 증기상 물질이다.
⑤ 포화증기농도(SVC) 대 총 공기 중 농도(TAC)의 비를 갖고 어떤 물질이 증기상인지, 입자상인지를 알 수 있다. 즉, 이 비의 값이 작을수록 입자상 물질이다.

⑥ 페인트 도장이나 농약살포와 같이 공기 중에 가스 및 증기상 물질과 분진이 동시에 존재하는 경우 호흡보호구에 이용되는 가장 적절한 공기정화기는 만능 캐니스터이다.

④ 호흡용 보호구의 검정규격 및 안전수칙

1) 안전작업 수칙
① 산소농도가 18% 이상인지 우선 확인한 후 여과식 또는 공기공급식 호흡용 보호구를 선택하여 착용한다.
② 분진, 미스트, 흄의 발생 작업장소에서는 사용장소에 따라 방진마스크의 등급(특급, 1급, 2급)을 확인한 후 착용한다.
③ 발생된 유해물질의 종류에 적합한 방독마스크의 정화통이 사용되었는지 여부를 확인한 후 착용한다.
④ 발생 유해물질의 농도가 2%(암모니아는 3%) 이상일 경우에는 공기공급식 호흡용 보호구를 착용한다.
⑤ 호흡용 보호구의 이상 여부를 점검한 후 착용한다.

2) 방진마스크의 재료
① 안면에 밀착하는 부분은 피부에 장해를 주지 않아야 한다.
② 여과재는 여과성능이 우수하고 인체에 장해를 주지 않아야 한다.
③ 방진마스크에 사용하는 금속부품은 부식되지 않아야 한다.
④ 전면형의 경우 사용할 때 충격을 받을 수 있는 부품은 충격 시에 마찰 스파크가 발생되어 가연성의 가스 혼합물을 점화시킬 수 있는 알루미늄, 마그네슘, 티타늄 또는 이의 합금으로 만들어서는 안 된다.
⑤ 반면형의 경우 사용할 때 충격을 받을 수 있는 부품은 충격 시에 마찰 스파크가 발생되어 가연성의 가스 혼합물을 점화시킬 수 있는 알루미늄, 마그네슘, 티타늄 또는 이의 합금을 최소한 사용하여 만들어야 한다.

3) 방독마스크의 재료
① 얼굴에 밀착되는 부분은 장해를 주지 않아야 한다.
② 정화통의 안쪽은 정화제에 의해서 부식되지 않는 것 또는 부식되지 않도록 충분한 방식처리가 되어 있어야 한다.
③ 정화통 내부의 분진 포집용 여과재는 인체에 장해를 주지 않아야 한다.
④ 일반적인 취급에 있어 균열, 변형, 기타 이상이 생기지 않아야 한다.

4) 송기마스크의 재료
① 강도, 탄력성 등이 각 부위별 용도에 따라 적합할 것
② 피부에 접촉하는 부분에 사용하는 재료는 자극 또는 변화를 주지 않아야 하며, 소독이 가능할 것
③ 금속재료는 내부식성이 있는 것이거나 내부식 처리를 할 것
④ 호스 및 중압호스는 안지름, 안두께가 균일하고 유연성이 있어야 하며, 흠, 기포, 균열 등의 결점이 없고 유해가스 등에 의하여 침식되지 않을 것

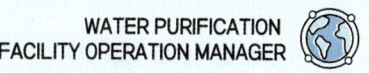

기출문제로 다지기 — CHAPTER 05 안전관련법규

01. 물질안전보건자료(MSDS) 작성방법으로 옳지 않은 것은?

① 우량실험실(GLP) 기준에 의한 실험결과를 우선적으로 고려한다.
② 전체 시험자료가 없을 때 구성성분별 MSDS를 이용한다.
③ 영업비밀인 경우 대상물질의 정보를 공개하지 않아도 된다.
④ 가능한 한 빠짐없이 작성하되 대상이 되지 않는 경우 '자료없음'을 기재한다.

해설 각 작성항목은 빠짐없이 작성하여야 한다. 다만, 부득이 어느 항목에 대해 관련 정보를 얻을 수 없는 경우에는 작성란에 "자료 없음"이라고 기재하고, 적용이 불가능하거나 대상이 되지 않는 경우에는 작성란에 "해당 없음"이라고 기재한다.

02. 다음은 무엇에 관한 설명인가?

> '근로자의 알 권리'에 기반을 둔 것으로 그 목적은 모든 제조업 근로자에게 자기가 일하는 장소에서 발생할 수 있는 유해조건을 알리는 데 있다.

① 안전인증자료
② 물질안전보건자료
③ 시설물안전관리자료
④ 산업안전보건자료

03. 물질안전보건자료(MSDS)에 관한 설명으로 옳은 것을 모두 고른 것은?

> ㄱ. 사업장에서 사용하는 모든 화학물질 및 화학물질을 함유한 제재를 대상으로 한다.
> ㄴ. 물질안전보건자료는 사업장내 근로자가 가장 보기 쉬운 장소에 게시 또는 비치한다.
> ㄷ. 주요내용으로는 화학물질 용기에 경고표지 부착이 포함된다.
> ㄹ. 영업비밀인 경우 대상물질의 정보를 공개하지 않아도 된다.

① ㄱ, ㄴ
② ㄷ, ㄹ
③ ㄱ, ㄴ, ㄷ
④ ㄴ, ㄷ, ㄹ

해설 ㄱ. 물질안전보건자료의 작성 및 제출 제외 대상 물질이 있다.

04. 산업안전보건법령상 물질안전보건자료의 기재사항으로 옳은 것을 모두 고른 것은?

> ㄱ. 물리·화학적 특성
> ㄴ. 응급조치 요령
> ㄷ. 독성에 관한 정보
> ㄹ. 그 밖의 보건복지부장관이 정하는 사항

① ㄱ, ㄴ
② ㄷ, ㄹ
③ ㄱ, ㄴ, ㄷ
④ ㄱ, ㄴ, ㄹ

해설 물질안전보건자료 작성 시 포함되어야 할 항목 및 그 순서는 다음 각 호에 따른다.
1. 화학제품과 회사에 관한 정보
2. 유해성·위험성

 정답 01. ④ 02. ② 03. ④ 04. ③

3. 구성성분의 명칭 및 함유량
4. 응급조치요령
5. 폭발·화재시 대처방법
6. 누출사고시 대처방법
7. 취급 및 저장방법
8. 노출방지 및 개인보호구
9. 물리화학적 특성
10. 안정성 및 반응성
11. 독성에 관한 정보
12. 환경에 미치는 영향
13. 폐기 시 주의사항
14. 운송에 필요한 정보
15. 법적규제 현황
16. 그 밖의 참고사항

05. 물질안전보건자료(MSDS)에 관한 교육을 실시해야 하는 경우가 아닌 것은?

① 대상 화학물질을 사용하는 작업에 근로자를 배치한 경우
② 새로운 대상 화학물질이 도입된 경우
③ 대상 화학물질의 사용 시 독성 부산물이 생성된 경우
④ 유해성·위험성 정보가 변경된 경우

해설 [물질안전보건자료(MSDS)에 관한 교육을 실시해야 하는 경우]
- 대상화학물질을 제조·사용·운반 또는 저장하는 작업에 근로자를 배치하게 된 경우
- 새로운 대상화학물질이 도입된 경우
- 유해성·위험성 정보가 변경된 경우

06. 물질안전보건자료(MSDS) 적용대상 물질의 분류 중 건강장해 물질에 해당되지 않는 것은?

① 부식성 물질　　② 인화성 물질
③ 변이원성 물질　④ 독성 물질

해설 인화성 물질은 물리적 위험물질에 해당한다.

07. 1급 방진마스크를 착용하여 막을 수 있는 분진이 아닌 것은?

① 금속흄과 같은 열에 의해 발생되는 분진
② 베릴륨을 함유한 분진
③ 기계적으로 생기는 규소 분진
④ 석면을 함유한 분진

해설 [방진마스크의 등급]

등급	특급	1급	2급
사용 장소	• 베릴륨등과 같이 독성이 강한 물질들을 함유한 분진 등 발생장소 • 석면 취급 장소	• 특급마스크 착용장소를 제외한 분진 등 발생장소 • 금속흄 등과 같이 열적으로 생기는 분진 등 발생장소 • 기계적으로 생기는 분진 등 발생장소(규소등과 같이 2급 방진마스크를 착용하여도 무방한 경우는 제외한다)	• 특급 및 1급 마스크 착용장소를 제외한 분진 등 발생장소

배기밸브가 없는 안면부여과식 마스크는 특급 및 1급 장소에 사용해서는 안 된다.

08. 호흡용 안전보호구인 방진마스크 사용시 주의사항으로 옳지 않은 것은?

① 작업장소가 밀폐공간일 경우 작업 전에 산소 농도가 18% 이상인지 여부를 확인한 후 방진마스크를 착용해야 한다.
② 방진마스크의 오염이 심한 경우에는 여과재를 꺼낸 후 중성세제 등으로 표면을 세척하여 사용한다.
③ 방진마스크 착용 후 손질하여 건조한 상태로 냉암소에 보관한다.
④ 방진마스크는 접안용 헝겊, 수건 등을 부착 후 착용한다.

정답 05. ③　06. ②　07. ②　08. ④

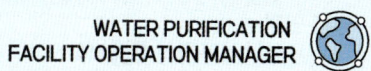

해설 얼굴에 손수건 등을 대고서 마스크를 착용하면 방진효율이 떨어지기 때문에 주의해야 한다.

09. 호흡용 안전보호구 중 송기마스크에 관한 설명으로 옳지 않은 것은?

① 산소결핍 위험작업 장소에서는 감시인을 둔 후 송기마스크를 착용하고 작업한다.
② 호스마스크의 경우 공기가 공급되는 입구는 항상 깨끗이 하고 신선한 공기가 공급될 수 있는 장소에 설치되어 있는지 여부를 확인한다.
③ 오염이 심한 경우에는 여과재를 꺼낸 후 중성 세제 등으로 표면을 세척한다.
④ 공기를 공급한 후 안면부 또는 후드내부가 양압을 유지하는지를 확인한다.

해설 ③항은 방진마스크에 대한 설명이다.

10. 산업안전보건법령에 의한 '안전검사 대상 유해·위험기계등'이 아닌 것은?

① 크레인 ② 리프트
③ 예초기 ④ 압력용기

해설 제78조(안전검사대상기계등) "대통령령으로 정하는 것"이란 다음 각 호의 어느 하나에 해당하는 것을 말한다.
  1. 프레스
  2. 전단기
  3. 크레인(정격 하중이 2톤 미만인 것은 제외한다)
  4. 리프트
  5. 압력용기
  6. 곤돌라
  7. 국소 배기장치(이동식은 제외한다)
  8. 원심기(산업용만 해당한다)
  9. 롤러기(밀폐형 구조는 제외한다)
  10. 사출성형기
  11. 고소작업대
  12. 컨베이어
  13. 산업용 로봇
  14. 혼합기
  15. 파쇄기 또는 분쇄기

11. 산업안전보건법령상 중대재해에 해당하지 않는 것은?

① 사망자가 1인 발생한 재해
② 2개월의 요양을 요하는 부상자가 동시에 3인 발생한 재해
③ 부상자가 동시에 15인 발생한 재해
④ 직업성 질병자가 동시에 10인 발생한 재해

해설 "중대재해(고용노동부령으로 정하는 재해)"란 다음 각 호의 어느 하나에 해당하는 재해를 말한다.
• 사망자가 1명 이상 발생한 재해
• 3개월 이상의 요양이 필요한 부상자가 동시에 2명 이상 발생한 재해
• 부상자 또는 직업성질병자가 동시에 10명 이상 발생한 재해

12. 산업안전보건법상 안전보건관리책임자의 직접적인 직무범위에 해당되지 않는 것은?

① 산업재해예방계획의 수립에 관한 사항
② 안전보건관리규정의 작성 및 변경에 관한 사항
③ 산업재해의 원인조사 및 재발방지대책의 수립에 관한 사항
④ 당해 사업장의 안전교육계획의 수립 및 실시

해설 제15조(안전보건관리책임자) : 사업주는 사업장에 안전보건관리책임자(이하 "관리책임자"라 한다)를 두어 다음 각 호의 업무를 총괄관리하도록 하여야 한다.
  ㉠ 산업재해 예방계획의 수립에 관한 사항
  ㉡ 안전보건관리규정의 작성 및 변경에 관한 사항

정답 09. ③ 10. ③ 11. ② 12. ④

ⓒ 안전보건교육에 관한 사항
ⓓ 작업환경측정 등 작업환경의 점검 및 개선에 관한 사항
ⓔ 근로자의 건강진단 등 건강관리에 관한 사항
ⓕ 산업재해의 원인 조사 및 재발 방지대책 수립에 관한 사항
ⓖ 산업재해에 관한 통계의 기록 및 유지에 관한 사항
ⓗ 안전·보건과 관련된 안전장치 및 보호구 구입 시의 적격품 여부 확인에 관한 사항
ⓘ 그 밖에 근로자의 유해·위험 예방조치에 관한 사항으로서 고용노동부령으로 정하는 사항

13. 산업안전보건법령상 안전·보건에 관한 교육을 시킬 수 있는 자에 해당하지 않는 것은?

① 안전보건관리책임자
② 관리감독자
③ 안전관리자
④ 지정교육기관에서 실시하는 안전교육을 이수한 자

[해설] 사업주가 안전보건교육을 자체적으로 실시하는 경우에 교육을 할 수 있는 사람은 다음 각 호의 어느 하나에 해당하는 사람으로 한다.
  1. 다음 각 목의 어느 하나에 해당하는 사람
     가. 안전보건관리책임자
     나. 관리감독자
     다. 안전관리자(안전관리전문기관에서 안전관리자의 위탁업무를 수행하는 사람을 포함한다)
     라. 보건관리자(보건관리전문기관에서 보건관리자의 위탁업무를 수행하는 사람을 포함한다)
     마. 안전보건관리담당자(안전관리전문기관 및 보건관리전문기관에서 안전보건관리담당자의 위탁업무를 수행하는 사람을 포함한다)
     바. 산업보건의
  2. 공단에서 실시하는 해당 분야의 강사요원 교육과정을 이수한 사람
  3. 산업안전지도사 또는 산업보건지도사(이하 "지도사"라 한다)
  4. 산업안전보건에 관하여 학식과 경험이 있는 사람으로서 고용노동부장관이 정하는 기준에 해당하는 사람

14. 산업안전보건법령상 화학물질의 분류기준에 관한 설명으로 옳지 않은 것은?

① 인화성 가스: 20℃, 표준압력(101.3kPa)에서 공기와 혼합하여 인화되는 범위에 있는 가스
② 산화성 가스: 산소를 공급함으로써 공기보다 다른 물질의 연소를 더 잘 일으키거나 촉진하는 가스
③ 인화성 액체: 표준압력(101.3kPa)에서 인화점이 40℃ 이하인 액체
④ 자연발화성 고체: 적은 양으로도 공기와 접촉하여 5분 안에 발화할 수 있는 고체

[해설] 인화성 액체 : 표준압력(101.3 kPa)에서 인화점이 93℃ 이하인 액체를 말한다.

구분	구분 기준
1	인화점이 23℃ 미만이고 초기 끓는점이 35℃ 이하인 액체
2	인화점이 23℃ 미만이고 초기 끓는점이 35℃를 초과하는 액체
3	인화점이 23℃ 이상 60℃ 이하인 액체
4	인화점이 60℃ 초과 93℃ 이하인 액체

15. 산업안전보건법령상 안전관리자가 수행하여야 할 업무가 아닌 것은?

① 물질안전보건자료의 게시 또는 비치에 관한 보좌 및 조언·지도
② 안전인증대상 기계·기구 등 구입 시 적격품의 선정에 관한 보좌 및 조언·지도
③ 산업재해에 관한 통계의 유지·관리·분석을 위한 보좌 및 조언·지도
④ 해당 사업장 안전교육계획의 수립 및 안전교육 실시에 관한 보좌 및 조언·지도

[해설] ①항의 내용은 법규가 개정되어 삭제된 항목이다.

정답 13. ④ 14. ③ 15. ①

16. 산업안전보건법령상 보호구가 아닌 것은?

① 방진마스크
② 용접용 보안면
③ 추락 및 감전 위험방지용 안전모
④ 절연용 방호구 및 활선작업용 기구

해설 [산업안전보건법령상 보호구]
㉠ 물체가 떨어지거나 날아올 위험 또는 근로자가 추락할 위험이 있는 작업: 안전모
㉡ 높이 또는 깊이 2미터 이상의 추락할 위험이 있는 장소에서 하는 작업: 안전대(安全帶)
㉢ 물체의 낙하·충격, 물체에의 끼임, 감전 또는 정전기의 대전(帶電)에 의한 위험이 있는 작업: 안전화
㉣ 물체가 흩날릴 위험이 있는 작업: 보안경
㉤ 용접 시 불꽃이나 물체가 흩날릴 위험이 있는 작업: 보안면
㉥ 감전의 위험이 있는 작업: 절연용 보호구
㉦ 고열에 의한 화상 등의 위험이 있는 작업: 방열복
㉧ 선창 등에서 분진(粉塵)이 심하게 발생하는 하역작업: 방진마스크
㉨ 섭씨 영하 18도 이하인 급냉동어창에서 하는 하역작업: 방한모·방한복·방한화·방한장갑
㉩ 물건을 운반하거나 수거·배달하기 위하여 「자동차관리법」에 따른 이륜자동차(이하 "이륜자동차"라 한다)를 운행하는 작업: 「도로교통법 시행규칙」의 기준에 적합한 승차용 안전모

17. 산업안전보건법령상 ( )에 들어갈 내용으로 옳은 것은?

안전·보건표지 중 금지표지의 경우 (ㄱ) 바탕, 기본모형은 (ㄴ), 관련부호 및 그림은 (ㄷ)의 색채로 한다.

① ㄱ: 노란색, ㄴ: 빨간색, ㄷ: 검은색
② ㄱ: 노란색, ㄴ: 검은색, ㄷ: 검은색
③ ㄱ: 흰색, ㄴ: 빨간색, ㄷ: 검은색
④ ㄱ: 흰색, ㄴ: 검은색, ㄷ: 검은색

18. 고압가스 안전관리법령상 안전관리자에 관한 설명으로 옳지 않은 것은?

① 사업자는 사업 개시 전 또는 특정고압가스의 사용 전에 안전관리자를 선임하여야 한다.
② 안전관리자를 선임한 자는 안전관리자를 해임하였을 경우 지체 없이 관청에 신고하고, 해임한 날부터 30일 이내에 다른 안전관리자를 선임하여야 한다.
③ 안전관리자를 선임한 자는 안전관리자가 여행·질병, 기타의 사유로 인하여 일시적으로 그 직무를 수행할 수 없을 경우에는 대리자를 지정하여 그 직무를 대행하게 하여야 한다.
④ 안전관리자의 종류·자격·인원·직무범위 등의 사항은 산업통상자원부령으로 정한다.

해설 안전관리자의 종류·자격·인원·직무범위 및 안전관리자의 대리자의 대행 기간과 그 밖에 필요한 사항은 대통령령으로 정한다.

19. 산업안전보건법령상 보건관리자의 자격 조건에 해당되지 않는 자는?

① 「의료법」에 따른 의사
② 「국가기술자격법」에 따른 환경관리산업기사(대기 분야만 해당) 자격 취득자
③ 「고등교육법」에 따른 전문대학 이상의 학교에서 산업위생 관련 학과를 졸업한 자
④ 종합공사를 시공하는 업종의 건설현장에서 안전보건관리 책임자로 10년 이상 재직한 자

해설 [별표 6 보건관리자의 자격]
㉠ 「의료법」에 따른 의사
㉡ 「의료법」에 따른 간호사
㉢ 법 제52조의2제2항에 따른 산업보건지도사
㉣ 「국가기술자격법」에 따른 산업위생관리산업기사 또는 대기환경산업기사 이상의 자격을 취득한 사람

 16. ④ 17. ③ 18. ④ 19. ④

◎ 「국가기술자격법」에 따른 인간공학기사 이상의 자격을 취득한 사람
ⓗ 「고등교육법」에 따른 전문대학 이상의 학교에서 산업보건 또는 산업위생 분야의 학과를 졸업한 사람 (법령에 따라 이와 같은 수준 이상의 학력이 있다고 인정되는 사람을 포함한다)

해설 사업주는 안전보건교육을 고용노동부장관에게 등록한 안전보건교육기관에 위탁할 수 있다.

20. 산업안전보건법령상 다음 표지가 의미하는 것은? (단, 바탕: 무색, 기본모형: 빨간색, 부호 및 그림: 검은색)

① 화기금지 ② 인화성물질 경고
③ 고온 경고 ④ 폭발성물질 경고

21. 가성소다와 염소가스를 반응시켜 생성되는 결과는?

① O_3 화합물 ② 차아염소산나트륨
③ CO_2 화합물 ④ 차아염소산트로늄

22. 산업안전보건법령상 안전·보건 교육에 관한 설명으로 옳지 않은 것은?

① 유해하거나 위험한 작업에 근로자를 사용할 때에는 안전·보건에 관한 특별교육을 하여야 한다.
② 해당 업무와 관련되는 안전·보건에 관한 교육은 타 기관에 위탁할 수 없다.
③ 해당 업무에 경험이 있는 근로자에 대하여 안전·보건에 관한 교육의 전부 또는 일부를 면제할 수 있다.
④ 건설 일용근로자를 채용할 때에는 해당 업무와 관계되는 기초안전·보건에 관한 교육을 하여야 한다.

23. 고압가스안전관리법령상 고압가스의 범위(기준)로 옳은 것은? (단, 압력은 게이지 압력이다.)

① 상용의 온도에서 압력이 1MPa 이상이 되는 압축가스로서 섭씨 35도의 온도에서 압력이 0.2MPa 이상이 되는 압축가스(아세틸렌가스 제외)
② 섭씨 15도의 온도에서 압력이 0.2Pa을 초과하는 아세틸렌가스
③ 상용의 온도에서 압력이 0.2MPa 이상이 되는 액화가스로서 압력이 0.2MPa이 되는 경우의 온도가 섭씨 35도 이하인 액화가스
④ 섭씨 35도의 온도에서 압력이 0.2Pa을 초과하는 액화가스 중 액화시안화수소

해설 시행령 제2조(고압가스의 종류 및 범위)
고압가스의 종류 및 범위는 다음 각 호와 같다.
1. 상용(常用)의 온도에서 압력(게이지압력을 말한다. 이하 같다)이 1메가파스칼 이상이 되는 압축가스로서 실제로 그 압력이 1메가파스칼 이상이 되는 것 또는 섭씨 35도의 온도에서 압력이 1메가파스칼 이상이 되는 압축가스(아세틸렌가스는 제외한다)
2. 섭씨 15도의 온도에서 압력이 0파스칼을 초과하는 아세틸렌가스
3. 상용의 온도에서 압력이 0.2메가파스칼 이상이 되는 액화가스로서 실제로 그 압력이 0.2메가파스칼 이상이 되는 것 또는 압력이 0.2메가파스칼이 되는 경우의 온도가 섭씨 35도 이하인 액화가스
4. 섭씨 35도의 온도에서 압력이 0파스칼을 초과하는 액화가스 중 액화시안화수소·액화브롬화메탄 및 액화산화에틸렌가스

정답 20. ② 21. ② 22. ② 23. ③

24. 다음 ( )에 들어갈 내용으로 옳은 것은?

> 연구실 안전환경 조성에 관한 법령상 중대 연구실 사고가 발생한 경우 ( )에게 전화, 팩스, 전자우편이나 그 밖의 적절한 방법으로 보고하여야 한다.

① 과학기술정보통신부장관
② 고용노동부장관
③ 환경부장관
④ 각 지방자치단체의 장

25. 상시 근로자가 60명인 B회사의 관리감독자 김공단 부장의 산업안전보건법상 산업 안전보건 정기교육의 교육시간 기준은?

① 매월 1시간 이상   ② 매분기 3시간 이상
③ 매분기 6시간 이상   ④ 연간 16시간 이상

해설

교육과정	교육대상		교육시간
가. 정기교육	사무직 종사 근로자		매분기 3시간 이상
	사무직 종사 근로자 외의 근로자	판매업무에 직접 종사하는 근로자	매분기 3시간 이상
		판매업무에 직접 종사하는 근로자 외의 근로자	매분기 6시간 이상
	관리감독자의 지위에 있는 사람		연간 16시간 이상

26. 산업안전보건법령상 유해·위험 기계 등 안전검사 합격증명서에 표시되는 항목으로 (ㄱ)~(ㄹ)에 해당하는 것으로 옳은 것은?

□□	–	□□	지역 (시·도)	□□	–	□	–	□□□□
(ㄱ)		(ㄴ)				(ㄷ)		(ㄹ)

① ㄱ: 일련번호   ② ㄴ: 합격년도
③ ㄷ: 안전검사대상품   ④ ㄹ: 검사기관

해설 시행규칙 별표 16(안전검사 합격표시 및 표시방법)

□□	–	□□	□□	–	□	–	□□□□
(합격년도)		(검사기관)	지역 (시·도)		(안전검사 대상품)		(일련번호)

27. 소독제로 사용되는 염소의 유해성 분류로 옳은 것을 모두 고른 것은?

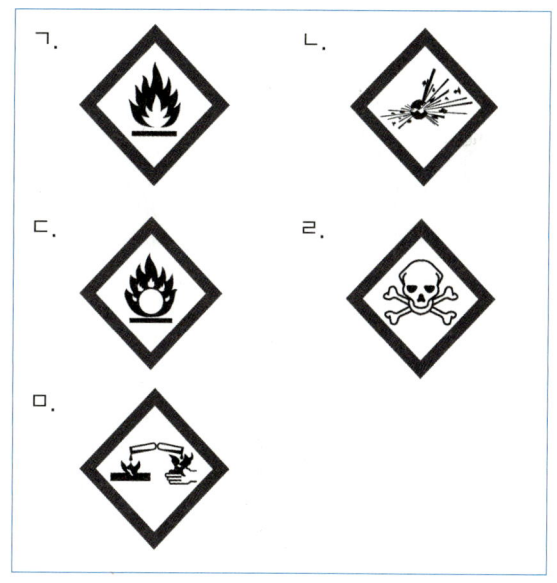

① ㄱ, ㄴ, ㄷ   ② ㄱ, ㄴ, ㅁ
③ ㄴ, ㄷ, ㄹ   ④ ㄷ, ㄹ, ㅁ

정답 24. ① 25. ④ 26. ③ 27. ④

해설 염소의 유해성 : 산화성, 급성독성, 부식성

28. 산업안전보건법령상 유해인자의 노출기준에 관한 설명으로 옳지 않은 것은?

① 노출기준은 1일 8시간 작업을 기준으로 하여 제정된 것이다.
② 노출기준은 작업환경측정결과의 평가기준으로 사용할 수 있다.
③ 노출기준은 대기오염의 평가 또는 관리상의 지표로 사용할 수 있다.
④ 노출기준 이하 수준에서는 거의 모든 근로자에게 건강상 나쁜 영향을 미치지 아니하는 기준을 말한다.

해설 노출기준은 대기오염의 평가 또는 관리상의 지표로 사용하여서는 아니 된다.

29. 산업안전보건법령상 안전·보건표지 중 '방사성물질경고' 표지는?

30. 산업안전보건기준에 관한 규칙상 밀폐공간 내 작업 시 조치사항으로 옳은 것은?

① 환기하기가 곤란한 경우에는 공기호흡기 또는 방독마스크를 착용한다.
② 추락할 우려가 있는 경우에는 안전대와 보안면을 착용한다.
③ 작업시작 후 밀폐공간의 산소 및 유해가스 농도를 측정한다.
④ 밀폐공간 외부에 감시인을 배치하여 작업 상황을 감시한다.

해설 ④항만 올바르다.
① 환기하기가 곤란한 경우에는 송기마스크를 착용한다.
② 추락관련 사항
  - 물체가 떨어지거나 날아올 위험 또는 근로자가 추락할 위험이 있는 작업: 안전모
  - 높이 또는 깊이 2미터 이상의 추락할 위험이 있는 장소에서 하는 작업: 안전대(安全帶)
③ 작업시작 전 밀폐공간의 산소 및 유해가스 농도를 측정한다.

정답 28. ③ 29. ③ 30. ④

알기 쉽게 풀어쓴 정수시설운영관리사 1차

제 4 과목
정수시설 수리학

01
수리학의 기본원리

02
정수장 내 공정별 물의 흐름

03
펌프의 운전 및 수리적 특성

01 수리학의 기본원리

UNIT 01 물의 성질 및 기본이론

1 물의 특성

1) 물의 물리적 특성

① 온도

대부분 물질이 그렇듯 물도 온도가 높아지면, 화학반응이 촉진된다. 그래서 고체의 경우 온도가 높아지면, 용해도가 증가하고, 기체의 경우 온도가 높아지면, 용해도는 감소한다. 이러한 것은 실생활에서도 많이 경험해보셨을 거라고 생각된다. 뜨거운 물에 커피가 잘 녹고, 탄산수는 시원해야 톡쏘는 맛이 강하다는 것을요.
  ㉠ **고체의 용해도** : 온도가 높을수록 증가
  ㉡ **기체의 용해도** : 온도가 낮을수록 증가

② 맛과 냄새

물은 맛과 냄새가 없는 무미, 무취이다. 물에서 맛이나 냄새가 느껴진다면, 그것은 오염된 물로 판단할 수 있다.

③ 색도

물은 무색이다. 여기서 색도란, 착색정도를 말한다. 수돗물의 색도를 유발하는 오염물질로는 철에 의한 황갈색 또는 망간에 의한 적갈색 및 흑갈색이 원인이 된다. 철과 망간은 주로 배관의 녹 때문에 발생한다.

④ 탁도

탁도란, 물의 탁한 정도를 말한다. 탁도는 물의 빛의 분산 또는 흡수특성을 이용하여 구해진다. 탁도 1ppm은 고령토 1mg을 증류수 1L 중에 혼합하였을 때의 탁한 정도를 말한다. 탁도의 단위는 JTU, NTU로 표현된다.
  ㉠ JTU(Jackson Turbidity Unit) : 육안에 의해 측정
  ㉡ NTU(Nephelometric Turbidity Unit) : 탁도계에 의해 측정

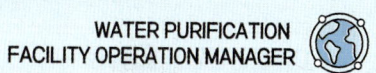

2) 물의 화학적 특성

물은 화학적으로 수소 2개, 산소 1개로 이루어진 물질이지만, 독특한 구조를 가지고 있습니다. 아래그림과 같이 산소원자 하나를 두고 105°의 결합각을 가진 구조로 되어 있습니다. 이러한 결합구조를 수소결합 또는 공유결합이라고 한다. 물은 수소결합 때문에 몇 가지의 고유의 성질을 가지고 있습니다.

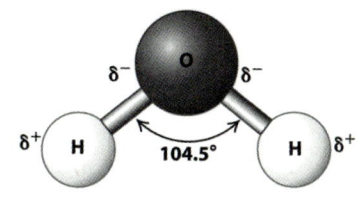

[물의 화학적 구조]

① **비열**

물은 비열이 매우 크다. 여기서 비열이라는 것은 어떤 물질 1g의 온도를 1도씩 올릴 때 필요한 열량이다. 비열이 크기 때문에 수온의 변화가 매우 적다.

② **증발열** : 물은 증발열이 매우 크다. 증발열이란, 증발할 때 필요한 열을 말한다.

　㉠ 물의 포화증기압은 100도씨 기준으로 1atm이 되어 대기압과 같아진다.
　　1atm = 760torr = 760mmHg = 10,332mmH$_2$O(kgf/m^2) = 101.325kPa

③ **융해열** : 물은 융해열이 매우 크다. 융해열이란, 녹을 때 필요한 열을 말한다.

④ **물의 밀도** : 물의 밀도는 4℃에서 가장 크다. 밀도도 4℃에서 최대이기 때문에 오히려, 얼음이었을 때, 물보다 밀도가 더 낮고, 부피가 더 크다. 4℃를 기준으로 물에 온도가 높아지면, 부피는 계속 커지고, 밀도는 작아지며, 표면장력도 작아진다.

⑤ **표면장력** : 물은 표면장력이 큽니다. 여기서 표면장력이란, 분자들이 표면에 접선인 방향으로 끌어당기는 힘을 말한다. 컵에 물을 넘칠 듯 말 듯 따라도 넘치지 않는 이유가 이 때문이다. 물의 표면장력이 높기 때문에 물 속에 불순물의 함량이 많아지면 표면장력은 약해진다. 또한 표면장력 때문에 물은 모세관현상[2]을 발생시킨다. 모세관현상은 아래 식으로 설명된다.

$$\text{식}\ h = \frac{4\sigma\cos\theta}{\gamma d}$$

- σ : 표면장력(dyne/cm)
- θ : 각도
- d : 관의 직경
- γ : 비중량(밀도, 단위중량)

---

[2] 모세관현상 : 액체 속에 좁은 관을 집어넣으면 액체가 표면 높이보다 관 속에서 높이 올라가거나 내려가는 현상으로 액체와의 응집력과 관과의 부착력의 차이로 발생하는 현상이다.

다음 식은 비누풍선에서의 표면장력과 압력차이의 관계를 나타낸다.

$$\Delta P = \frac{4\sigma}{r}$$

- ΔP : 내부와 외부의 압력차
- σ : 표면장력
- r : 반지름

이러한 물의 특성들을 종합해보면, 물은 온도변화가 적고, 그래서 쉽게 얼지도 않고, 쉽게 증발하지도 않는다. 또 얼어도 물에 가라앉지도 않고, 관을 따라 상승하기도 하는 특징들을 가지고 있어 물을 이용하는 동물 및 식물이 이용하기 좋은 상태가 되고, 그러므로 결국 생태계 및 인간을 보호해주고 있다.

❷ 유체의 특성

1) 유체의 흐름

① 층류 : 유체의 흐름에서 유체 인접층이 서로 혼합되지 않고 흐르는 상태(잠잠한 흐름)
② 난류 : 유체 인접층이 파괴되어 유체분자가 격렬한 운동을 하면서 서로 혼합되어 흐르는 상태(산만한 흐름)
③ 흐름판별 : 레이놀드수(N_{Re})

$$N_{Re} = \frac{관성력}{점성력} = \frac{DV\rho}{\mu} = \frac{DV}{\nu}$$

- D : 관 직경
- ρ : 유체의 밀도
- ν : 동점성계수(점도 / 밀도)
- V : 유속
- μ : 유체의 점도

2100 > N_{Re} : 층류, 4000 < N_{Re} : 난류(폐쇄된 상태)

> 💡 **입자레이놀드수**
>
> $$N_{Re} = \frac{관성력}{점성력} = \frac{D_p V\rho}{\mu}$$
>
> - D_p : 입자 직경
>
> 1 > N_{Re} : 층류, 1000 < N_{Re} : 난류(자유대기)

2) 유체역학 방정식

① 베르누이 방정식

유선에 따라 압력관 위치가 변할 때의 속도는 변한다.

$$\frac{v^2}{2g} + \frac{p}{w} + Z = H(일정)$$

- 에너지 보존의 법칙을 흐름에 적용한 방정식이다.
- 속도수두와 압력수두, 위치수두의 합은 일정하다. (합은 전체수두가 된다.)
- 오일러 운동방정식으로부터 적분하여 유도한다.

㉠ 압축성의 유무
- **압축성 유체** : 압력을 변화시킴에 따라 부피가 변하는 유체를 말한다.
  (보통의 기체, 고속흐름의 기체, 수격작용 시의 액체 등)
- **비압축성 유체(완전유체, 이상유체)** : 압력을 변화시켜도 부피가 변하지 않는 유체를 말한다. 액체의 경우 온도나 압력에 의한 밀도의 변화가 미세하여 비압축성 유체로 가정한다. (액체, 저속흐름의 기체 등)
※ 압축성 유체에서는 질량보존의 법칙이 적용되고 비압축성 유체에서는 적용되지 않는다. 비압축성유체에서는 에너지보존의 법칙만이 적용된다.

㉡ 점성의 유무에 따른 분류
- **점성유체** : 점성을 가진 유체로 점성의 영향에 따라 흐름의 정도가 달라지는 유체
- **비점성유체** : 점성이 없는 유체, 따라서 점성의 영향을 받지 않는 유체, 넓은 범위로 비압축성유체도 비점성유체에 해당한다. (완전유체 : 비점성유체, 비압축성유체)

㉢ 베르누이 방정식의 제한조건(가정조건)
- 정상유동(정류)
- 비압축성 유동
- 마찰이 없는 유동(비점성 유동)
- 유선에 따라 움직이는 유동(비회전류)

㉣ 베르누이 정리의 응용
- 토리첼리(Torricelli)의 정리
- 피토관
- 벤투리미터

$$\boxed{식} \quad V = \sqrt{2gh}, \qquad h = \frac{V^2}{2g}$$

- g : 중력가속도(9.8m/sec²)   • V : 유속   • h : 수두(속도수두)

② 오일러의 운동방정식

유선상의 미소입자에 힘과 가속도의 법칙(뉴턴 제 2법칙)을 적용한 방정식, 베르누이 방정식을 미분하여 유도할 수 있다.

㉠ 가정조건(베르누이와 달리 비압축성에 대한 가정이 없다.)
- 정상유동(정류)
- 유체는 유선을 따라 유동한다.
- 유체는 비점성 운동을 한다. (마찰이 없는 유동)

③ 동압, 정압, 전압

　㉠ 정압(P_s) : 정지하고 있는 유체 중의 임의의 면에 작용하는 압력
　　• 흐름에 따라 양(+)압 또는 음(-)압으로 작용한다.
　　• 유체흐름에 직각방향으로 작용한다.
　　• 물체에 초기속도를 부여하는 힘이다.

　㉡ 동압(속도압, P_v) : 유속에 의하여 생기는 압력
　　• 항상 양(+)압으로 작용
　　• $P_v = \dfrac{\gamma V^2}{2g}$, $V = \sqrt{\dfrac{2gP_v}{\gamma}}$

　㉢ 전압(P_t) : 정압과 동압의 합

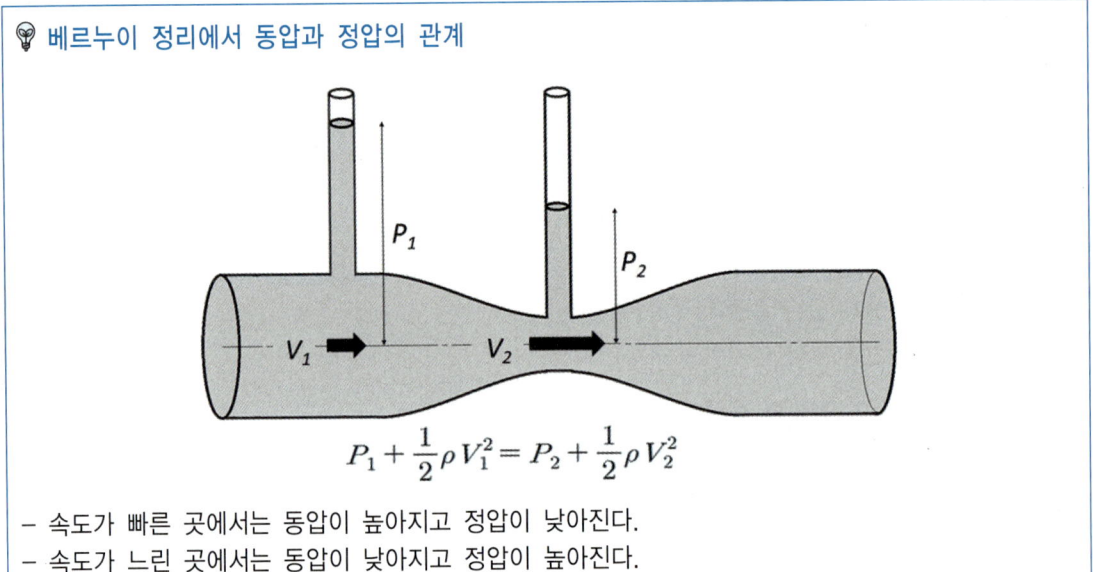

> 💡 베르누이 정리에서 동압과 정압의 관계
>
> $$P_1 + \frac{1}{2}\rho V_1^2 = P_2 + \frac{1}{2}\rho V_2^2$$
>
> – 속도가 빠른 곳에서는 동압이 높아지고 정압이 낮아진다.
> – 속도가 느린 곳에서는 동압이 낮아지고 정압이 높아진다.

④ 연속방정식

　㉠ 압축성 유체

　　[식] $\rho_1 A_1 V_1 = \rho_2 A_2 V_2$

　　(밀도에 대한 조건이 주어지지 않을 경우 비압축성 유체의 방정식으로 산출한다.)

　㉡ 비압축성 유체

　　[식] $A_1 V_1 = A_2 V_2$

3 물리량의 단위와 차원

1) 단위

① 길이(L)

식 (Å) – nm – μm – mm – m – km
옹스트롬 – 나노미터 – 마이크로미터 – 밀리미터 – 미터 – 킬로미터

※ Å(옹스트롬) $= 10^{-10} m = 10^{-8} cm$

② 무게(W) : 질량(m) × 중력가속도

식 ng – μg – mg – g – kg – (ton)
나노그램 – 마이크로그램 – 밀리그램 – 그램 – 킬로그램 – 톤

③ 부피(V)

식 nL – μL – mL – L – KL

- mL = cm³ = cc
- KL = m³

④ 힘(F)

- dyne(1g · cm/sec²)
- N(1kg · m/sec²)

⑤ 밀도

식 $\rho(밀도) = \dfrac{질량}{단위부피}$

⑥ 점도(μ)

- 점도의 단위 : 1Poise(g/cm · sec=dyne · sec/cm²), Pa · s(N · sec/m²), 1cP(Ceti Poise=0.01g/cm · sec)

2) MKS와 CGS

① MKS : m, kg, sec를 사용하는 단위를 말한다. (예 m/sec, kg/m³, N 등)
② CGS : cm, g, sec를 사용하는 단위를 말한다. (예 g/cm · sec, g/cm³, dyne 등)

3) 차원

① **1차원** : L(길이)의 세계를 말한다.

② **2차원** : L^2(면적)의 세계를 말한다.

③ **3차원** : L^3(부피)의 세계를 말한다.

④ **속도(V)** : L(길이)/T(시간) (예 m/sec, km/hr)

  • **가속도** : L(길이)/T^2 (예 m/sec², km/sec²)

⑤ **유량(Q)** : L^3(부피)/T(시간) (예 m³/sec, L/sec)

> 💡 **유량과 면적, 속도의 관계**
>
> [식] 유량(Q) = A(면적) × V(속도)
>
> [식] $A = \dfrac{Q}{V}$
>
> [식] $V = \dfrac{Q}{A}$

⑥ **힘(F)** : M(질량) × L/T^2

⑦ **압력** : F(힘)/L^2

> 💡 **절대압력의 계산**
>
> [식] 절대압력 = 게이지압 + 대기압

⑧ **MLT계와 FLT계**
  • **MLT계** : M(질량), L(길이), T(시간)로 차원을 표현
  • **FLT계** : F(힘), L(길이), T(시간)로 차원을 표현

[단위별 물리량의 차원]

물리량	FLT계	MLT계
길이(L)	L	L
시간(T)	T	T
속도(V)	$LT^{-1}(L/T)$	$LT^{-1}(L/T)$
가속도(a)	$LT^{-2}(L/T^2)$	$LT^{-2}(L/T^2)$
유량(Q)	$L^3T^{-1}(L^3/T)$	$L^3T^{-1}(L^3/T)$
질량(m)	$FL^{-1}T^2$	M
밀도(ρ)	$FL^{-4}T^2$	ML^{-3}
힘(F)	F	MLT^{-2}
운동량(p)	FT	MLT^{-1}
비중량	FL^{-3}	$ML^{-2}T^{-2}$
압력(P)	FL^{-2}	$ML^{-1}T^{-2}$
동력(P)	FLT^{-1}	ML^2T^{-3}
점도(μ)	$FL^{-2}T$	$ML^{-1}T^{-1}$
표면장력	FL^{-1}	MT^{-2}
에너지(E)	FL	ML^2T^{-2}

기출문제로 다지기 — CHAPTER 01 수리학의 기본원리 ① (물의 성질 및 기본이론)

01. 베르누이 방정식이 $\dfrac{v^2}{2g}+\dfrac{p}{w}+Z=H(일정)$으로 표시할 때, 흐름의 가정조건으로 옳지 않은 것은?

① 등류
② 비압축성유체
③ 비회전류
④ 정류

해설 [베르누이 방정식의 제한조건(가정조건)]
- 정상유동(정류)
- 비압축성 유동
- 마찰이 없는 유동
- 유선에 따라 움직이는 유동(비회전류)

02. 베르누이 정리의 성립조건으로 옳은 것은?

① 등류 흐름의 비압축성 유체에서 성립한다.
② 마찰을 고려한 이상유체에서 성립한다.
③ 정상류 흐름의 완전유체에서 성립한다.
④ 중력을 고려하지 않는 이상유체에서 성립한다.

03. 유체흐름의 기본 방정식에 관한 설명으로 옳지 않은 것은?

① 연속방정식은 질량보존법칙을 유체흐름에 적용한 것이다.
② 베르누이방정식은 에너지보존법칙을 유체흐름에 적용한 것이다.
③ 오일러의 운동방정식은 뉴턴의 관성의 법칙을 유체흐름에 적용한 것이다.
④ 운동량방정식은 유체시스템에 작용하는 외부 힘의 합이 시스템의 운동량 변화량과 같다는 원리를 적용한 것이다.

해설 오일러의 운동방정식은 뉴턴의 가속도의 법칙을 유체흐름에 적용한 것이다.

04. 베르누이 정리의 응용과 관련이 없는 것은?

① 파스칼의 원리
② 토리첼리의 정리
③ 피토관
④ 벤투리미터

05. 베르누이의 정리에 관한 설명으로 옳지 않은 것은?

① 오일러의 운동방정식으로부터 적분하여 유도할 수 있다.
② 베르누이의 정리를 이용하여 토리첼리의 정리를 유도할 수 있다.
③ 에너지 보존의 법칙을 흐름에 적용한 에너지 방정식이다.
④ 속도수두와 압력수두의 합은 위치수두와 동일하다.

해설 속도수두와 압력수두, 위치수두의 합은 일정하다. (합은 전체수두가 된다.)

정답 01. ① 02. ③ 03. ③ 04. ① 05. ④

06. 그림과 같은 개수로의 A 지점에 피토관을 넣었을 때 수면과의 수두차 H가 2.5cm일 경우 A 지점의 유속(m/sec)은? (단, 중력가속도는 9.8m/sec²이다.)

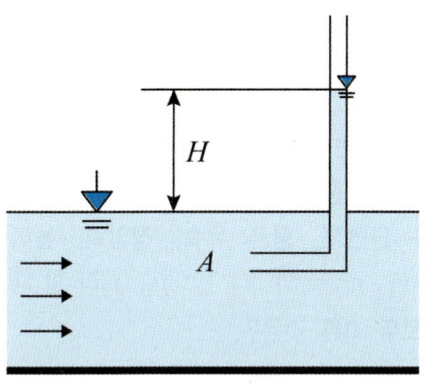

① 0.7 ② 1.7
③ 2.7 ④ 3.7

해설 식 $V = \sqrt{2gh} = \sqrt{2 \times 9.8 \times 0.025} = 0.7 m/sec$

07. 그림과 같이 원관의 정압관과 피토관의 수면차가 10cm로 나타났을 때 관 내부의 유속(m/sec)은?

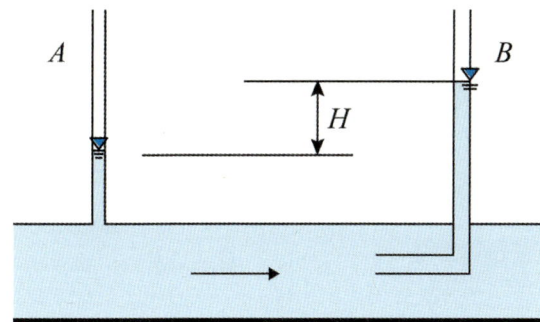

① 1.2 ② 1.4
③ 1.6 ④ 1.8

해설 식 $V = \sqrt{2gh} = \sqrt{2 \times 9.8 \times 0.1} = 1.4 m/sec$

08. 완전유체(이상유체)에 관한 설명으로 옳은 것을 모두 고른 것은?

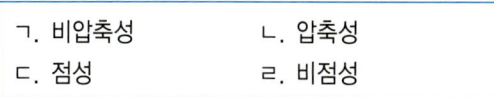

① ㄱ, ㄷ ② ㄱ, ㄹ
③ ㄴ, ㄷ ④ ㄴ, ㄹ

09. 그림과 같이 단면이 변화하는 관로 A와 B에서의 유속비가 1:9이고, B단면의 지름이 10cm일 때, A단면의 지름(cm)은?

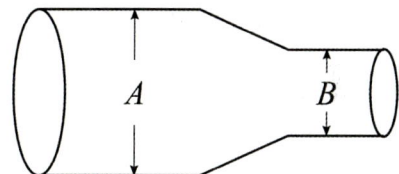

① 10 ② 30
③ 60 ④ 90

해설 식 $A_1 V_1 = A_2 V_2$

$\dfrac{\pi D_1^2}{4} \times 1V = \dfrac{\pi D_2^2}{4} \times 9V$

$\dfrac{\pi D_1^2}{4} \times 1V = \dfrac{\pi \times 10^2}{4} \times 9V, \quad \therefore D_1 = 30 cm$

10. 직경이 20cm인 원관에 일정유량으로 물이 흐르고 있다. 관의 단면이 점차 줄어들어 직경이 10cm로 되었을 때 유속의 변화로 옳은 것은?

① 1/4로 감소 ② 1/2로 감소
③ 2배 증가 ④ 4배 증가

정답 06. ① 07. ② 08. ② 09. ② 10. ④

해설 식 $A_1 V_1 = A_2 V_2$

$$\frac{\pi D_1^2}{4} \times V_1 = \frac{\pi D_2^2}{4} \times V_2$$

$$20^2 \times V_1 = 10^2 \times V_2$$

$$\therefore \frac{V_2}{V_1} = \frac{20^2}{10^2} = 4$$

2) 3번관로 유량 = 4번관로 유량

$$\frac{\pi \times 70^2}{4} \times 4.88 = \frac{\pi \times 50^2}{4} \times V_4$$

∴ $V_4 = 9.56 m/sec$(소수점 첫째자리로 전체 계산 시 9.4m/sec)

11. 그림과 같이 원형 관의 단면이 변화하는 관로가 있다. ①번 관의 내경은 100cm, ②번 관의 내경은 30cm, ③번 관의 내경은 70cm, ④번 관의 내경은 50cm이며, ①번 관의 유속은 2.5m/sec이고, ②번 관과 ③번 관의 유속비는 1:4이다. ④번 관의 유속(m/sec)은 약 얼마인가?

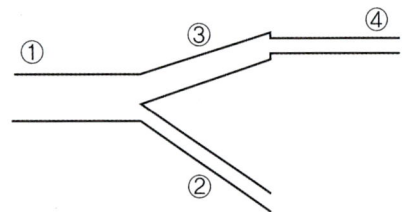

① 1.24
② 3.45
③ 4.96
④ 9.40

해설 연속방정식에 의거 1번관로에서의 유량은 2번, 3번 관로 유량의 합과 같고, 3번관로에서의 유량과 4번관로에서의 유량은 같다.

식 $A_1 V_1 = A_2 V_2$

1) 1번관로 유량 = 2번관로 유량 + 3번관로 유량
- ②번 관과 ③번 관의 유속비는 1:4이다. (1V : 4V)

$$\frac{\pi \times 100^2}{4} \times 2.5 = \left(\frac{\pi \times 70^2}{4} \times 4V\right) + \left(\frac{\pi \times 30^2}{4} \times 1V\right)$$

$$100^2 \times 2.5 = (70^2 \times 4V) + (30^2 \times 1V)$$

$$25,000 = (19,600 V) + (900 V) = 20,500 V$$

$$V = 1.22 m/sec$$

- 2번 관로 유속 $= 1V = 1.22 m/sec$
- 3번 관로 유속 $= 4V = 4 \times 1.22 = 4.88 m/sec$

12. 그림과 같은 수평원형관을 흐르는 이상유체의 단위 중량을 γ, 중력가속도를 g라 하고, (1), (2) 단면에서의 단면적, 평균 유속, 정압력, 높이를 각각 A_1, V_1, p_1, z_1과 A_2, V_2, p_2, z_2라 할 때 옳은 것을 모두 고른 것은?

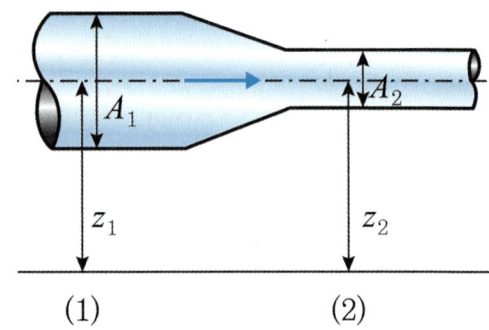

ㄱ. $V_1 < V_2$
ㄴ. $p_1 = p_2$
ㄷ. $A_1 V_1 = A_2 V_2$
ㄹ. $\frac{p_1}{\gamma} + \frac{V_1^2}{2g} < \frac{p_2}{\gamma} + \frac{V_2^2}{2g}$

① ㄱ, ㄷ
② ㄱ, ㄹ
③ ㄴ, ㄷ
④ ㄴ, ㄹ

해설 ㄱ항만 올바르다.
오답해설
ㄴ. $p_1 > p_2$
ㄹ. $\frac{p_1}{\gamma} + \frac{V_1^2}{2g} = \frac{p_2}{\gamma} + \frac{V_2^2}{2g}$

정답 11. ④ 12. ①

13. 지름이 20cm이고, 유량계수가 0.6인 작은 오리피스가 수조 수면에서 5m 깊이에 위치해 있다면 오리피스를 통한 유량(m³/sec)은 약 얼마인가?

① 0.087
② 0.187
③ 0.287
④ 0.387

해설 식 $Q = K \cdot A \cdot V$
- $V = \sqrt{2gh} = \sqrt{2 \times 9.8 \times 5} = 9.90 m/sec$
- K(유량계수) $= 0.6$

$\therefore Q = 0.6 \times \dfrac{\pi \times 0.2^2}{4} \times 9.9 = 0.1866 m^3/sec$

14. 물리량을 [FLT]계 차원으로 옳게 나타낸 것을 모두 고른 것은?

| ㄱ. 밀도: [FL⁻⁴T²] | ㄴ. 에너지: [FL] |
| ㄷ. 점성계수: [FLT] | ㄹ. 표면장력: [FL²] |

① ㄱ, ㄴ
② ㄷ, ㄹ
③ ㄱ, ㄴ, ㄷ
④ ㄱ, ㄷ, ㄹ

해설 ①항만 올바르다.
오답해설
ㄷ. 점성계수: [FL⁻²T]
ㄹ. 표면장력: [FL⁻¹]

15. 물리량의 차원으로 옳지 않은 것은?

① 가속도 [LT⁻²]
② 압력 [ML⁻²T⁻²]
③ 동점성계수 [L²T⁻¹]
④ 체적유량 [L³T⁻¹]

해설 압력 [ML⁻¹T⁻²]

16. 유체의 특성을 나타내는 각 인자의 단위로 옳은 것은?

① 밀도 : [kg/m³]
② 표면장력 : [N/m²]
③ 증기압 : [kN/m³]
④ 비중 : [m²/sec]

해설 ①항만 올바르다.
오답해설
② 표면장력 : [N/m]
③ 증기압 : [kN/m²]
④ 비중 : 무차원수로 단위가 없다.

17. 물리량의 차원을 [MLT]계로 표시하였을 때 옳은 것은?

① 밀도 : [MT⁻³]
② 비중량 : [ML⁻²T⁻²]
③ 표면장력 : [MLT⁻²]
④ 유량 : [MLT⁻¹]

해설 ②항만 올바르다.
오답해설
① 밀도 : [ML⁻³]
③ 표면장력 : [MT⁻²]
④ 유량 : [L³T⁻¹]

18. 모세관현상에 의한 원관 내 물의 상승높이에 관한 설명으로 옳지 않은 것은? (단, θ는 원관의 면과 물의 표면이 이루는 접촉각이다.)

① 물의 표면장력에 비례한다.
② $\cos(\theta)$에 비례한다.
③ 원관의 지름에 반비례한다.
④ 물의 단위중량에 비례한다.

해설 물의 밀도와 모세관현상에 의한 상승높이는 반비례하고 물의 단위중량과 밀도는 비례한다. 따라서 물의 단위중량과 상승높이는 반비례한다.

정답 13. ② 14. ① 15. ② 16. ① 17. ② 18. ④

19. 폭 2m, 길이 15m인 침사지에서 물이 1m의 수심으로 흐를 경우 체류시간이 100s일 때, 유량(m^3/h)은?

① 870 ② 1,080
③ 1,870 ④ 2,160

해설 식 $Q = \dfrac{\forall}{t}$

∴ $Q = \dfrac{2m \times 15m \times 1m}{100\text{sec}} \times \dfrac{3600\text{sec}}{1hr}$
$= 1,080 m^3/hr$

정답 19. ②

CHAPTER 01 수리학의 기본원리 ① (물의 성질 및 기본이론)

01. 직경이 3cm, 관 길이가 3m인 유리관에서 20cm³/sec의 유량이 흐를 때, 레이놀즈수(Re)는 약 얼마인가? (단, 동점성계수는 1.0×10^{-2} cm²/sec 이다.)

① 850　　② 1,700
③ 2,000　　④ 6,000

[해설] [식] $N_{Re} = \dfrac{D \cdot V \cdot \rho}{\mu} = \dfrac{D \cdot V}{\nu}$

- $V = \dfrac{Q}{A} = \dfrac{20cm^3}{\sec} \times \dfrac{4}{\pi \times (3cm)^2} = 2.8294 cm/\sec$

$\therefore N_{Re} = \dfrac{D \cdot V \cdot \rho}{\mu} = \dfrac{D \cdot V}{\nu} = \dfrac{3 \times 2.8294}{1.0 \times 10^{-2}} = 848.82$

02. 다음 현상들과 가장 관계가 깊은 것은?

- 소금쟁이가 물위에 걸어 다니는 현상
- 가느다란 바늘이 물위에 떠있는 현상

① 전단력　　② 점성력
③ 마찰력　　④ 표면장력

03. 오리피스의 유속을 나타내는 식 $\sqrt{2gh}$ 에서 적용한 것은? (단, g : 중력가속도, h : 수두이다.)

① 토리첼리(Torricelli) 정리
② 레이놀즈(Reynolds) 식
③ 하젠 윌리엄스(Hazen-Williams) 식
④ 다쉬(Darcy) 법칙

04. 베르누이 정리에 관한 설명으로 옳지 않은 것은?

① 유체유동에서 에너지보존법칙을 나타낸다.
② 마찰손실이 없는 비점성, 압축성 유체흐름이다.
③ 비회전류이며 정상류 흐름이다.
④ 기준선과 에너지선은 나란하다.

[해설] 비점성, 비압축성 유체흐름이다.

05. 물의 밀도와 단위중량에 관한 설명으로 옳지 않은 것은?

① 물의 단위중량 값은 온도가 높을수록 커진다.
② 단위중량이란 단위체적당 유체의 무게로서 비중량이라고도 한다.
③ 물의 밀도와 단위중량 값은 동일한 조건하에서 4℃일 때 최대이다.
④ 밀도란 단위체적당 물의 질량으로서 비질량(specific mass)이라고도 한다.

[해설] 물의 단위중량은 4℃에서 최대가 되고 4℃에서 온도가 높을수록 작아진다.

06. 베르누이의 정리에 관한 설명으로 옳지 않은 것은?

① 부정류라고 가정하여 얻은 결과이다.
② 하나의 유선에 대하여 성립한다.
③ 하나의 유선에 대하여 총 에너지는 일정하다.
④ 두 단면 사이에 있어서 외부와 에너지 교환이 없다고 가정한 것이다.

[해설] 정류라고 가정하여 얻은 결과이다.

 정답　01. ①　02. ④　03. ①　04. ②　05. ①　06. ①

07. 베르누이 방정식을 다음 식과 같이 표현하였을 때 각각의 수두 표현으로 옳은 것은?

$$H = z + \frac{p}{w} + \frac{v^2}{2g}$$

① H : 전수두, z : 위치수두,
  p/w : 속도수두, $v^2/2g$: 압력수두
② H : 전수두, z : 위치수두,
  p/w : 압력수두, $v^2/2g$: 속도수두
③ H : 위치수두, z : 평균수두,
  p/w : 중력수두, $v^2/2g$: 경사수두
④ H : 시간수두, z : 경사수두,
  p/w : 위치수두, $v^2/2g$: 중력수두

08. 지름 8mm의 수도꼭지에서 흐르는 물을 20L의 채수병에 60초만에 채웠다면, 수도꼭지에서 방출되는 물의 속도(m/sec)는 약 얼마인가?

① 0.83   ② 1.66
③ 3.32   ④ 6.63

09. 직경이 0.15cm인 매끈한 유리관을 표면장력 σ = 0.075g/cm인 15℃의 물속에 세웠을 경우 모세관 현상에 의한 물높이가 1.975cm일 때, 접촉각($\theta°$)은 약 얼마인가?

① 7.1   ② 8.1
③ 9.1   ④ 10.1

10. 직경 2m인 원통형의 탱크속에 비중이 1.3인 액체를 깊이 2m까지 채웠을 때 탱크 밑바닥이 받은 총 압력(kN)은 약 얼마인가?

① 5.3   ② 16.65
③ 51.94   ④ 80.05

해설 1kg = 9.8N

식 $XkN = \frac{1300kg}{m^3} \times \left(2m \times \frac{\pi \times (2m)^2}{4}\right) \times \frac{9.8m}{\sec^2}$
  $= 80,047.78N = 80.05kN$

11. 관로의 어느 지점에서 압력계의 압력이 1.6kg/cm² 일 때 이 지점의 절대압력(ton/m²)은? (단, 표준대기압 = 1.033kg/cm² 이다.)

① 2.63   ② 26.33
③ 5.67   ④ 10.33

해설 식 절대압력 = 게이지압 + 대기압
∴ 절대압력
$= \left(\frac{(1.6 + 1.033)kg}{cm^2}\right) \times \frac{1\,ton}{10^3 kg} \times \frac{10^4 cm^2}{1m^2}$
$= 26.33\,ton/m^3$

정답 07. ② 08. ④ 09. ③ 10. ④ 11. ②

UNIT 02 관수로 및 개수로의 유량 측정

1 관수로와 개수로

1) 관수로(관로) : 수로 내의 액체가 공기와 맞닿는 면이 없는 수로를 말한다. 일반적인 흐름에서 유체는 관을 가득 채워서 흐르는 상태(만관) 기준으로 가정한다. (관에 가득 차 압력차에 의해 흐르는 흐름)

① 관수로 유량계

- ㉠ **벤튜리미터** : 베르누이의 정리를 이용하여 유량을 측정한다. 관의 목부분과 관로의 수두차를 이용하여 유량측정
  → 벤츄리미터는 관 확대부의 길이를 증가시킴으로써 관 축소 전과 후의 에너지 손실을 감소시킬 수 있다.
- ㉡ **유량측정용 노즐** : 정수압이 유속으로 변화하는 원리로 유량을 측정한다. 벤튜리미터와 오리피스 간의 특성을 고려하여 만든 유량측정기구이다.
- ㉢ **오리피스** : 벤튜리미터와 원리가 같으나 목 부분을 조절함으로 유량을 조절할 수 있다.
  → 오리피스는 단면적을 축소시키면 유속이 증가하면서 압력이 저하되는 원리를 통해 유량을 측정한다.
- ㉣ **피토우관** : 정수압과 정체압력
- ㉤ **자기식 유량측정기(전자유량계)** : 패러데이(Faraday)법칙을 이용하여 유량을 측정한다.

> 💡 **기타 유량계**
> **초음파 유량계**
> **차압식 유량계** : 조임기구(벤튜리, 노즐, 오리피스)를 이용하여 압력차에 의해 유량을 측정

② 에너지/운동량 보정계수

- ㉠ **에너지 보정계수(α)** : 2(층류), 1.1(난류)
- ㉡ **운동량 보정계수(β)** : 1.33(층류), 1.05(난류)
- ㉢ 흐름이 균일 유속분포일 때 에너지 보정계수와 운동량 보정계수는 1로 같다. (실제유체에서는 1보다 크다.)
- ㉣ 에너지보정계수(α)는 베르누이 방정식의 속도수두에 α를 곱하여 보정하는데 사용한다.

  식 보정된 속도수두 = $\alpha \times \dfrac{V^2}{2g}$

- ㉤ 실제유체에 운동량방정식을 적용하기 위해 운동량보정계수(β)를 사용한다.

2) 개수로(수로) : 수로 내의 액체의 수면이 대기와 접하여 흐르는 수로를 말한다.

① 최적수로단면

- ㉠ 수로의 경사와 조도가 주어질 때 주어진 유량이 흐르기 위한 최소흐름 단면이다.
- ㉡ 최적수로단면은 반원형 단면이다.

② 개수로 유량계

 ㉠ 위어(weir) : 노치(Notch, 유출부의 형상)에서 물을 흐르게 하여 유량을 측정한다.
 ㉡ 파샬 플룸(Parshall flume) : 한계수심을 이용하여 유량을 측정한다.

> 💡 유량계 선정 시 고려사항
> ① 사용목적 : 제어용(정수장의 유입 및 유출), 감시용(여과 유량 등)
> ② 측정의 정도
> ③ 유량 측정 장소(수로, 관로)
> ④ 유량 측정 형태(순간량, 적산량)
> ⑤ 유량 측정 범위
> ⑥ 수리적 상황(손실수두)
> ⑦ 감시방법(현장 감시, 원거리 감시)
> ⑧ 유량 측정 대상 수질(원수, 정수, 슬러지 등)
> ⑨ 보수 점검의 난이성 등

③ 수심에 따른 평균유속

 ㉠ 수심이 0.4m 미만일 때 $V_m = V_{0.6}$ (1점법)
 ㉡ 수심이 0.4m 이상일 때 $V_m = (V_{0.2} + V_{0.8}) \times 1/2$ (2점법)
  • $V_{0.6}$: 수심 60% 지점
  • $V_{0.2}$: 수심 20% 지점
  • $V_{0.8}$: 수심 80% 지점

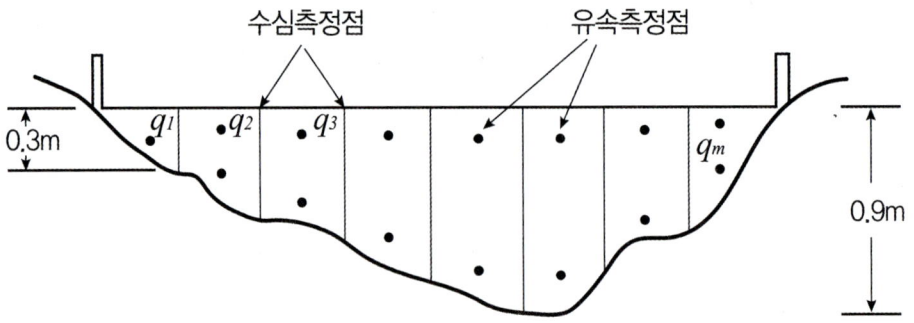

> 💡 참고
> – 3점법 : $V_m = 0.25(V_{0.2} + 2V_{0.6} + V_{0.8})$ (식 모양만 암기를 권장한다.)

3) 흐름의 종류

① 등류 : 정류상태에서 위치에 따라 유속, 단면적이 변하지 않는 흐름
② 부등류 : 정류상태에서 위치에 따라 유속, 단면적이 변하는 흐름
③ 정류 : 시간에 따라 유속, 유량이 변하지 않는 흐름
④ 부정류 : 시간에 따라 유속, 유량이 변하는 흐름

4) 동수경사선과 에너지선

① 동수경사선

　㉠ 위치수두와 압력수두를 더하여 연결한 선
　㉡ 움직이는 유체의 수면의 선

② 에너지선(에너지경사선)

　㉠ 위치수두 + 압력수두 + 속도수두를 연결한 선(=동수경사선 + 속도수두)
　㉡ 이상유체에서는 에너지 손실이 없으므로 일정(기준면과 평행)
　㉢ 실제유체에서는 흘러감에 따라 손실수두만큼 감소
　※ 비에너지 : 수로바닥을 기준으로 단위 무게당 물의 에너지

$$\text{비에너지}(E) = H + \alpha \frac{v^2}{2g}$$

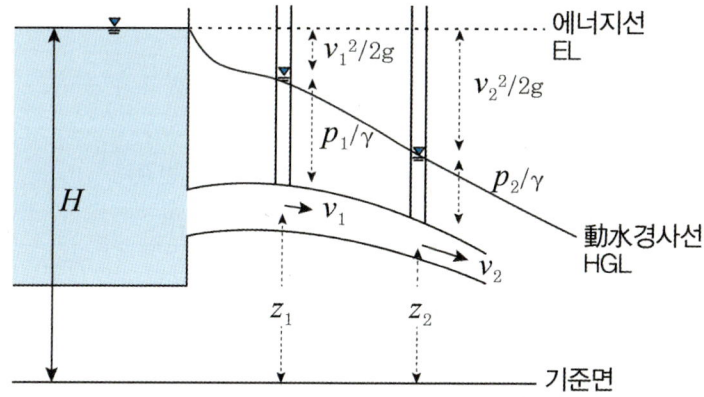

[에너지선과 동수경사선의 도식적 표현]

2 전양정(전 수두)

1) h(손실수두) = 마찰손실수두 + 미소손실수두 + 속도수두

$$h = \left(f \times \frac{L}{D} \times \frac{V^2}{2g}\right) + \left(K_L \times \frac{V^2}{2g}\right) + \frac{V^2}{2g}$$

① **마찰손실수두** : 유체가 관로를 흘러가면서 관로 전반에서 마찰력에 의해 손실되는 수두(주 손실수두)

$$h = f \times \frac{L}{D} \times \frac{V^2}{2g}$$

- 마찰손실계수$(f) = \dfrac{64}{N_{Re}}$ (층류 기준)

난류 기준 시 레이놀드수(N_{Re})와 상대조도도 함께 고려한다.

> 참고 - 마찰속도
>
> $$\text{마찰속도}(V^*) = V\sqrt{\frac{f}{8}}$$

② **미소손실수두** : 유입, 유출, 곡관, 접합 등 관로 국부에서 발생하는 손실수두(국부 손실수두)

$$h = K_L \times \frac{V^2}{2g}$$

- K_L : 기타 손실계수(유입, 유출, 곡관, 접합 등)
- $K_L = \left(1 - \dfrac{A_1}{A_2}\right)^2$ (단면 급 확대 시 계수, 급 축소 시 A_2/A_1로 변경)

> 단면 급확대관과 급축소관의 크기 비교
> 단면 급확대 > 단면 급축소

③ **속도수두** : 유체의 속도에 의해 발생하는 손실수두

$$h = \frac{V^2}{2g}$$

3 Manning 유속 공식

1) 공식

$$V = \frac{1}{n} \times R^{2/3} \times I^{1/2}$$

- R(경심, 동수반경) = $\dfrac{유수단면적}{윤변의 길이}$

※ 윤변 : 물이 수로(또는 관로)와 접촉한 둘레
(원형 만관의 경우 관의 둘레, 직사각형 개수로의 경우 폭 + 수심 × 2로 산출)

① 관로에서 만관기준으로 경심은 $D/4$이다.
② 수리학적으로 유리한 단면은 윤변이 최소가 되는 단면이다.
  ㉠ 사다리꼴형의 경우 윤변이 저변폭의 3배인 단면(측면경사 60도)
  ㉡ 직사각형의 경우 폭이 수심의 2배인 단면
  ㉢ I : 동수구배(동수경사) = h/L
  ㉣ n : 조도계수

4 하젠-윌리암스(Hazen-Williams) 공식

$$V = 0.84935 C R^{0.63} I^{0.54}$$

- I : 동수구배(동수경사)
- C : 유속계수
- R : 경심(동수반경)

5 위어(웨어, weir)

1) **정의** : 수로상 횡단을 가로막아 그 일부 또는 전부에 물이 월류하도록 만든 시설물

2) 종류

① **사각형 위어** : 위어 모양이 사각형으로 만들어진 위어

$$Q = \frac{2}{3} C \cdot b \cdot \sqrt{2g} \cdot h^{3/2}$$

- C : 유량계수
- g : 중력가속도
- b : 위어의 폭
- h : 월류수심

[Francis 실험식]

$$Q = 1.84 b_0 h^{\frac{2}{3}}$$

- $b_0 = b - 0.1nh$
  - b : 폭
  - 양단수축 : n=2
  - 일단수축 : n=0
  - 수축없음 : n=0
- h(월류수심)

② **삼각형 위어** : 위어의 모양이 삼각형으로 만들어진 위어, 소규모 유량의 정확한 측정을 필요로 하는 경우에 사용

$$Q = \frac{8}{15} \cdot C \cdot \tan\frac{\theta}{2} \cdot \sqrt{2g} \cdot h^{5/2}$$

- C : 유량계수
- g : 중력가속도
- θ : 중심각
- h : 월류수심

※ 사각형과 삼각형의 특징을 모두 가진 사다리꼴 위어도 있다.

③ **광정 위어** : 위어의 정상부가 넓은 위어 (예 하천 보)

$$Q = 1.7 \cdot C \cdot b \cdot H^{3/2}$$

- C : 유량계수
- g : 중력가속도
- θ : 중심각
- H : 수심

$H = h + h_a$ (월류수심과 접근유속으로 인한 접근유속수두를 더해서 수심으로 적용)

④ **원통 위어** : 연직원통의 윗변을 통해 물이 주위에서 월류하는 위어

$$Q = C 2\pi R H^{3/2}$$

⑤ **나팔형 위어** : 원통 위어를 저수지의 여수로로 사용할 때 위어의 정부를 자유수맥에 가까운 형태로 넓혀 나팔형으로 한다.

⑥ **수중 위어** : 위어의 하류수면이 위어의 정부(마루부)보다 높은 위어를 말한다. 수중 위어의 마루부에서 흐름은 한계류가 되므로 하류 측 수류의 영향을 받는다.

3) **완전 월류** : 월류 수맥이 대기압을 받는 경우

6 케이지(Chezy)의 유속공식

$$\boxed{식}\ V = C\sqrt{RI}$$

- C : 계수
- R : 경심
- I : 동수경사(동수구배)

7 프루드 수(프루델 수) : 관성력과 중력의 비

$$\boxed{식}\ F_r = \frac{V}{\sqrt{gH}}$$

- V : 유속
- g : 중력가속도
- H : 수심

1) **프루드 수가 1보다 작으면 잠잠한 흐름(상류)** → 유속이 느린 유체

① 유속은 한계유속보다 작다.
② 수심은 한계수심보다 크다.
③ 경사는 한계경사보다 작다.

2) **프루드 수가 1보다 크면 산만한 흐름(사류)** → 유속이 빠른 유체

① 유속은 한계유속보다 크다.
② 수심은 한계수심보다 작다.
③ 경사는 한계경사보다 크다.

3) **프루드 수가 1이면 임계류(한계류), 유체의 총에너지가 최소** → 상류와 사류의 변환점

① 유속=한계유속
② 수심=한계수심

③ 경사=한계경사
④ 비력은 최소가 된다.

> **용어정리**
> - **한계유속** : 유체가 안정적으로 흐를 수 있는 최대 속도
> - **한계경사** : 유체가 안정적으로 흐를 수 있는 최대 경사
> - **한계수심** : 유체가 안정적으로 흐를 수 있는 최소 수심
>   (한계수심은 어떤 일정한 비에너지에서 유량이 최대가 되는 수심이다.)
>
> $$\text{한계수심}(H_c) = \left(\frac{C \cdot Q^2}{g \cdot b^2}\right)^{1/3}$$
>
> - C : 에너지 보정계수
> - g : 중력가속도
> - Q : 유량
> - b : 폭
>
> ※ 한계류에서 속도수두는 수리수심의 1/2배가 된다.
>
> - **비력** : 한 단면에서 물의 단위무게당 정수압과 운동량의 합
> - **도수(hydraulic jump)** : 사류에서 상류로 흐름이 변하는 경우에 흐름이 불연속적으로 뛰어오르는 현상

> **도수의 특성**
> - 도수발생 전과 후의 단면에 대해서 비력은 일정하다.
> - 도수 전후 단면에 대해 베르누이 정리는 적용할 수 없다.
> - 운동량 방정식을 기초로 한 비력 방정식은 적용 가능하다.

> **도수관련 계산공식**
>
> 1) **도수 후 수심**
>
> $$y_2 = -\frac{y_1}{2} + \frac{y_1}{2}\sqrt{1 + \frac{8V_1^2}{gy_1}}$$
>
> - y_1 : 도수 전 수심
>
> 2) **에너지 손실**
>
> $$\Delta E = \frac{(y_2 - y_1)^3}{4y_1 y_2}$$
>
> - $E = y_1 + \frac{V_1^2}{2g}$ (도수 전 에너지)

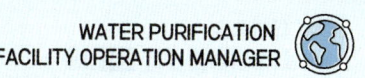

CHAPTER 01 수리학의 기본원리 ② (관수로 및 개수로의 유량 측정)

01. 유량측정과 관계 있는 것을 모두 고른 것은?

> ㄱ. 벤츄리관 ㄴ. 피토관 ㄷ. 위어 ㄹ. 오리피스

① ㄱ, ㄴ
② ㄴ, ㄷ
③ ㄱ, ㄷ, ㄹ
④ ㄱ, ㄴ, ㄷ, ㄹ

02. 폭 10m의 수로에 폭 2m 높이 1m의 직사각형 위어를 설치하였다. 월류수심이 32cm일 때, 유량(m³/sec)은 약 얼마인가? (단, 유량계수는 0.62이고 접근유속은 무시한다.)

① 0.36
② 0.46
③ 0.56
④ 0.66

해설 식 $Q = \dfrac{2}{3} C \cdot b \cdot \sqrt{2g} \cdot h^{3/2}$

∴ $Q = \dfrac{2}{3} \times 0.62 \times 2 \times \sqrt{2 \times 9.8} \times 0.32^{3/2}$

$= 0.66 m^3/\text{sec}$

03. 수로폭이 5m인 직사각형 수로에 10m³/sec의 유량이 흐를 때, 수심이 1m이다. 이 때의 Froude수와 흐름 상태는? (단, 수심 h인 단면의 평균유속이 V일 때, Froude수는 $\dfrac{V}{\sqrt{gh}}$이다.)

① 0.639, 사류
② 0.639, 상류
③ 1.597, 사류
④ 1.597, 상류

해설 식 $F_r = \dfrac{V}{\sqrt{gH}}$

• $V = \dfrac{Q}{A} = \dfrac{10 m^3}{\text{sec}} \times \dfrac{1}{5m \times 1m} = 2 m/\text{sec}$

∴ $F_r = \dfrac{2}{\sqrt{9.8 \times 1}} = 0.6388$

∴ 프루드(프루델)수가 1보다 작으므로 상류이다.

04. 송수관에 사용되는 관수로 흐름에 관한 설명으로 옳은 것은?

① 관에서 자유수면을 가지고 중력에 의해 흐르는 흐름이다.
② 관의 단면형상에 관계없이 동일 유속을 가지고 중력에 의해 흐르는 흐름이다.
③ 관에 가득 차 압력차에 의해 흐르는 흐름이다.
④ 관수로 흐름에서는 손실수두가 발생되지 않는다.

05. 유체 속에 잠겨진 곡면에 연직방향으로 작용하는 힘의 크기에 관한 설명으로 옳은 것은?

① 곡면을 밑면으로 하는 물기둥의 무게와 같다.
② 곡면에 의해 배제된 액체의 무게와 같다.
③ 곡면의 중심에서의 압력과 면적의 곱과 같다.
④ 곡면에 대해 수직인 면의 투영한 평면에 작용한 힘과 같다.

06. 관수로 내 유량을 측정하는 차압유량계에 관한 설명으로 옳지 않은 것은?

① 조임기구로 피토관, 벤튜리미터 등이 있다.
② 유량은 차압의 제곱근에 비례한다.
③ 로터 회전차를 이용하여 측정한다.
④ 구조가 간단하며 측정정확도가 2% 정도이다.

정답 01. ④ 02. ④ 03. ② 04. ③ 05. ① 06. ③

해설 차압을 발생시키는 조임기구와 차압전송기, 개평연산기를 이용하여 측정한다.

07. 원형관 내 물의 흐름에서 에너지보정계수(α)와 운동량보정계수(β)에 관한 설명으로 옳지 않은 것은?

① 흐름이 층류일 경우 α와 β는 각각 1.5이다.
② 흐름이 균일 유속분포일 때 α = β = 1이다.
③ α와 β값은 흐름이 난류일 때보다 층류일 때가 크다.
④ 흐름이 실제유체일 때 α와 β는 각각 1보다 크다.

08. 다음 중 옳지 않은 것은?

① 벤튜리미터는 관내의 유량 또는 평균 유속을 측정할 때 사용된다.
② 베르누이 방정식은 관수로의 흐름뿐만 아니라 개수로에서 수문을 통과하는 유량의 계산에도 적용 가능하다.
③ 수조의 수면에서 수심 h인 곳에 단면적 a인 작은 구멍으로 물이 유출될 경우 베르누이의 정리를 적용하면 구멍을 통한 유속을 계산할 수 있다.
④ 피토관은 파스칼의 원리를 응용하여 압력을 측정하는 기구이다.

해설 피토관은 베르누이의 정리를 응용하여 압력을 측정하는 기구이다.

09. 개수로 흐름에서 최적수로단면에 관한 설명으로 옳지 않은 것은?

① 직사각형 최적수로단면은 수심이 수로 폭의 2배일 경우가 된다.
② 사다리꼴 단면의 경우 최적수로단면이 되기 위한 측면경사는 60도이다.
③ 최적수로단면은 반원형 단면이다.
④ 수로의 경사와 조도가 주어질 때 주어진 유량이 흐르기 위한 최소흐름 단면이다.

해설 직사각형 최적수로단면은 폭이 수심의 2배일 경우가 된다.

10. 관수로의 마찰손실수두에 관한 설명으로 옳지 않은 것은?

① 관의 지름에 반비례한다.
② 관내 조도에 반비례한다.
③ 관의 길이에 비례한다.
④ 관내 유속의 2승에 비례한다.

해설 관의 조도에 비례한다.

11. 수로의 단면이 직사각형이고 하상경사가 완만한 개수로에서 폭 1m 당 유량이 0.4m³/sec이고 수심이 0.8m일 때, 비에너지(m)는 약 얼마인가? (단, 에너지보정계수는 α=1.0 이다.)

① 0.73 ② 0.81
③ 0.93 ④ 0.85

해설 식 비에너지$(E) = H + \alpha \dfrac{v^2}{2g}$

∴ 비에너지$(E) = 0.8 + 1 \times \dfrac{(0.4/(0.8 \times 1))^2}{2 \times 9.8}$
$= 0.81m$

정답 07. ① 08. ④ 09. ① 10. ② 11. ②

12. 직사각형 위어(weir)에서 유량(Q)과 월류수심(h)의 일반적인 관계로 옳은 것은?

① $Q \propto h^{\frac{5}{2}}$
② $Q \propto h^{\frac{3}{2}}$
③ $Q \propto h^{\frac{1}{2}}$
④ $Q \propto h^{\frac{2}{3}}$

해설 1) 삼각형 위어 유량
식 $Q = \frac{8}{15} \cdot C \cdot \tan\frac{\theta}{2} \cdot \sqrt{2g} \cdot h^{5/2}$
2) 직사각형 위어 유량
식 $Q = \frac{2}{3} C \cdot b \cdot \sqrt{2g} \cdot h^{3/2}$

13. 500m 구간거리에 20cm 관경을 통하여 물을 송수할 때 손실수두가 79.4m로 나타났다. 마찰손실계수가 0.015일 때 유량(m³/s)은 약 얼마인가?

① 0.013
② 0.153
③ 0.202
④ 0.478

해설 식 $Q = A \cdot V$

• $h = f \times \frac{L}{D} \times \frac{V^2}{2g}$

$79.4m = 0.015 \times \frac{500m}{0.2m} \times \frac{V^2}{2 \times 9.8 m/s^2}$,
$V = 6.44 m/\sec$
∴ $Q = \frac{\pi \times 0.2^2}{4} \times 6.44 = 0.2023 m^3/\sec$

14. 그림과 같이 두 수조에 지름(D) 250mm, 길이(L) 200m인 단일 직선관로가 연결되어 있다. 관의 마찰손실계수가 0.03이고 두 수조의 수면차(H)가 4m이며, 미소손실계수의 합이 1.5일 때 흐르는 유량(m³/s)은 약 얼마인가?

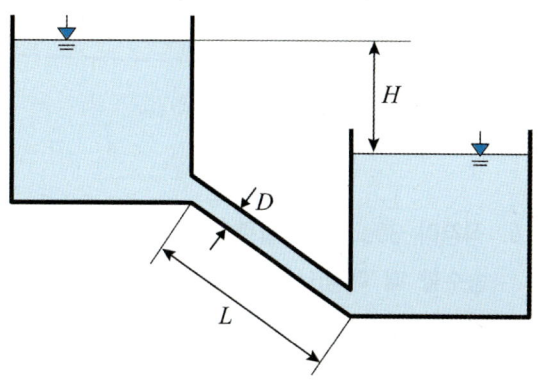

① 0.056
② 0.066
③ 0.076
④ 0.086

해설 식 $Q = A \cdot V$

• $h = \left(f \times \frac{L}{D} \times \frac{V^2}{2g}\right) + \left(K_L \times \frac{V^2}{2g}\right)$

$= \frac{V^2}{2g} \times \left(f \times \frac{L}{D} + K_L\right)$

$4 = \frac{V^2}{2 \times 9.8} \times \left(0.03 \times \frac{200}{0.25} + 1.5\right)$,
$V = 1.7534 m/\sec$
∴ $Q = \frac{\pi \times 0.25^2}{4} \times 1.7534 = 0.086 m^3/\sec$

15. 폭 2m인 직사각형 도수로에 수심 1m로 물이 흐르고 있다. 조도계수는 0.013이고, 관로의 경사가 1/3,000일 때 도수로에 흐르는 유량(m³/s)은 약 얼마인가? (단, Manning공식을 적용한다.)

① 1.13
② 1.77
③ 2.11
④ 2.66

정답 12. ② 13. ③ 14. ④ 15. ②

해설 식 $Q = A \cdot V$

- $V = \dfrac{1}{n} \times R^{2/3} \times I^{1/2}$

  $R = \dfrac{유수단면적}{윤변의 길이} = \dfrac{2m \times 1m}{2m + 1m \times 2} = 0.5m$

  $V = \dfrac{1}{0.013} \times (0.5)^{2/3} \times (1/3,000)^{1/2}$
  $= 0.8847 m/sec$

- $A = 2m \times 1m = 2m^2$

∴ $Q = 2 \times 0.8847 = 1.77 m^3/sec$

16. 직경이 30cm인 주철관으로 동수경사(I) 1/100로 송수할 때 매닝(Manning)식에 의한 유량(m^3/s)은 약 얼마인가? (단, 조도계수는 0.014이다.)

① 0.0725 ② 0.0897
③ 0.0915 ④ 0.0921

해설 식 $Q = A \cdot V$

- $V = \dfrac{1}{n} \times R^{2/3} \times I^{1/2}$

  $R = \dfrac{D}{4}(만관 기준) = \dfrac{0.3}{4} = 0.075 m$

  $V = \dfrac{1}{0.014} \times (0.075)^{2/3} \times (1/100)^{1/2}$
  $= 1.2703 m/sec$

- $A = \dfrac{\pi \times (0.3)^2}{4} = 0.0706 m^2$

∴ $Q = 0.0706 \times 1.2703 = 0.0896 m^3/sec$

17. 하젠–윌리암(Hazen–Williams) 공식에 의하면 마찰손실계수와 유속은 다음과 같이 정의된다.

$$f = \dfrac{98.78}{D^{0.167} C^{1.85} V^{0.15}}$$

$$V = 0.84935 C R^{0.63} I^{0.54}$$

직경 250mm, 길이 1km인 주철관에 동수경사(I) 0.003으로 물이 흐를 때 마찰손실계수는 약 얼마인가? (단, C는 135로 가정한다.)

① 0.0024 ② 0.0101
③ 0.0136 ④ 0.0146

해설 식 $f = \dfrac{98.78}{D^{0.167} C^{1.85} V^{0.15}}$

- $V = 0.84935 C R^{0.63} I^{0.54}$

  $R = \dfrac{D}{4}(만관 기준) = \dfrac{0.25}{4} = 0.0625 m$

  $V = 0.84935 \times 135 \times (0.0625)^{0.63} \times (0.003)^{0.54}$
  $= 0.8679 m/sec$

∴ $f = \dfrac{98.78}{0.25^{0.167} \times 135^{1.85} \times 0.8679^{0.15}} = 0.0145$

18. 정수장에서 유량계 설치 시 고려사항으로 옳지 않은 것은?

① 측정의 정도(精度) ② 설치장소의 고도(高度)
③ 유량의 측정 범위 ④ 보수점검의 난이도

해설 [유량계 선정시 고려사항]
① 사용목적 : 제어용(정수장의 유입 및 유출), 감시용 (여과 유량 등)
② 측정의 정도
③ 유량 측정 장소(수로, 관로)
④ 유량 측정 형태(순간량, 적산량)
⑤ 유량 측정 범위
⑥ 수리적 상황(손실수두)
⑦ 감시방법(현장 감시, 원거리 감시)

정답 16. ② 17. ④ 18. ②

⑧ 유량 측정 대상 수질(원수, 정수, 슬러지 등)
⑨ 보수 점검의 난이성 등

19. 물이 난류상태로 흐르고 있는 관수로에서 일반적으로 적용되고 있는 에너지 보정계수(α)와 운동량 보정계수(β)는?

① α=1.01~1.1, β=1.0~1.05
② α=1.01~1.1, β=3/4
③ α=2, β=1.5
④ α=2, β=3/4

20. 그림과 같이 양측면 경사가 1:1인 사다리꼴 위어에서 수심이 H이고 밑면의 길이가 b일 때, 월류량은 보통 직사각형 위어의 유량(Q_1)과 삼각형 위어의 유량(Q_2)의 합으로부터 구할 수 있다. 각각을 구하는 식은? (단, g는 중력가속도이고 C는 유량계수, θ는 45°이다.)

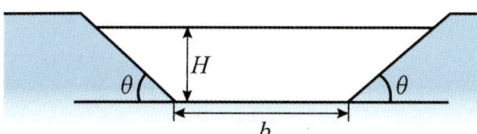

① $Q_1 = \frac{2}{3} Cb\sqrt{2g}\, H^{\frac{3}{2}}$, $Q_2 = \frac{8}{15} C\sqrt{2g}\, H^{\frac{5}{2}}$
② $Q_1 = \frac{3}{2} Cb\sqrt{2g}\, H^{\frac{2}{3}}$, $Q_2 = \frac{8}{15} C\sqrt{2g}\, H^{\frac{5}{2}}$
③ $Q_1 = \frac{2}{3} Cb\sqrt{2g}\, H^{\frac{3}{2}}$, $Q_2 = \frac{8}{5} C\sqrt{2g}\, H^{\frac{5}{2}}$
④ $Q_1 = \frac{3}{2} Cb\sqrt{2g}\, H^{\frac{2}{3}}$, $Q_2 = \frac{8}{5} C\sqrt{2g}\, H^{\frac{5}{2}}$

21. 40m의 수두와 동일한 정수압(kPa)은?

① 392   ② 582
③ 3,920   ④ 5,820

해설 **식** $h(m) = \dfrac{P(kPa) \times 10^3}{\rho(kg/m^3) \times g(m/\sec^2)}$

$40m = \dfrac{P \times 10^3}{1,000 \times 9.8}$, ∴ $P = 392 kPa$

22. 개수로의 유량을 측정하기 위해 사각위어를 설치하였다. 이전 측정된 유량 값이 5m³/sec이고, 위어의 폭이 1m일 때 노치(notch)의 높이(m)는? (단, 사각위어 유량 Q = 2/3 × C × b × $\sqrt{2g}$ × h³/², C = 0.2, 노치 높이는 안전을 고려하여 월류수심의 1.2배로 설계한다.)

① 1.235   ② 2.854
③ 4.986   ④ 6.718

해설 **식** $Q = \dfrac{2}{3} Cb\sqrt{2g}\, H^{\frac{3}{2}}$

$5 = \dfrac{2}{3} \times 0.2 \times 1 \times \sqrt{2 \times 9.8} \times H^{\frac{3}{2}}$, $H = 4.1552 m$

∴ 노치의 높이 = $H \times 1.2 = 4.1552 \times 1.2 = 4.9863 m$

23. 유량계에 관한 설명으로 옳은 것은?

① 피토관은 정압과 동압차에 의해 유속을 측정하는 기구이다.
② 오리피스는 파스칼 원리를 이용하여 유속을 측정할 수 있다.
③ 토리첼리 정리에서 유속은 $2gh^2$이다.
④ 벤츄리관은 관내의 유량과 평균유속을 측정하는 기구이다.

정답 19. ① 20. ① 21. ① 22. ③ 23. ④

해설 ④항만 올바르다.

오답해설
① 피토관은 정압과 전압차에 의해 유속을 측정하는 기구이다.
② 오리피스는 베르누이 정리를 이용하여 유속을 측정할 수 있다.
③ 토리첼리 정리에서 유속은 $\sqrt{2gh}$ 이다.

24. 유량측정 원리와 방법에 관한 설명으로 옳은 것을 모두 고른 것은?

> ㄱ. 유량측정 시 전자유량계는 압력손실이 거의 발생하지 않으나, 초음파유량계 큰 압력손실이 발생한다.
> ㄴ. 벤튜리미터, 관 오리피스는 베르누이 정리에 근거를 두고 있다.
> ㄷ. 벤튜리미터는 흐름의 단면을 축소시켜 축소면 전후의 손실수두를 측정하여 유량을 계산한다.
> ㄹ. 터보유량계는 응답성이 좋으며 높은 정확도를 가진다.

① ㄱ, ㄴ
② ㄷ, ㄹ
③ ㄱ, ㄴ, ㄷ
④ ㄴ, ㄷ, ㄹ

해설 ㄱ. 유량측정 시 전자유량계와 초음파유량계는 모두 압력손실이 거의 발생하지 않는다.

25. 유량측정에 관한 설명으로 옳은 것을 모두 고른 것은?

> ㄱ. 유량측정용 노즐은 정수압이 유속으로 변화하는 원리로 유량을 측정한다.
> ㄴ. 파샬플룸(Parshall flume)은 한계수심을 이용하여 유량을 측정한다.
> ㄷ. 전자기식 유량측정계는 패러데이(Faraday)법칙을 이용하여 유량을 측정한다.
> ㄹ. 벤튜리미터는 다쉬(Darcy)법칙을 이용하여 유량을 측정한다.

① ㄱ, ㄹ
② ㄴ, ㄷ
③ ㄱ, ㄴ, ㄷ
④ ㄴ, ㄷ

해설 ㄹ. 벤튜리미터는 베르누이의 정리를 이용하여 유량을 측정한다.

26. 한계경사(Critical slope)에 관한 설명으로 옳지 않은 것은? (단, C는 Chezy 계수, V는 평균 유속, R은 동수반경이다.)

① 한계류 조건을 발생시키는 수로 바닥의 경사를 말한다.
② 한계경사는 수로 형상, 유량, 수로 내 저항, 조도에 영향을 받는다.
③ Chezy 공식을 적용한 등류흐름에서 한계경사는 $C^2/(V_2 \cdot R)$로 표현된다.
④ 주어진 수로경사가 한계경사보다 작으면 완경사, 크면 급경사라고 한다.

해설 Chezy 공식을 적용한 등류흐름에서 한계경사(I)는 $V_2/(C_2 \cdot R)$로 표현된다.

27. 개수로의 흐름 중 사류(supercritical flow)에 관한 설명으로 옳은 것은?

> ㄱ. 프루드수(Fr)가 1보다 작다.
> ㄴ. 유속은 한계유속보다 크다.
> ㄷ. 수심은 한계수심보다 작다.
> ㄹ. 경사는 한계경사보다 작다.

① ㄱ, ㄴ
② ㄱ, ㄹ
③ ㄴ, ㄷ
④ ㄷ, ㄹ

해설 프루드 수가 1보다 크면 산만한 흐름(사류) → 유속이 빠른 유체

정답 24. ④ 25. ③ 26. ③ 27. ③

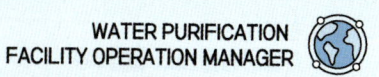

- 유속은 한계유속보다 크다.
- 수심은 한계수심보다 작다.
- 경사는 한계경사보다 크다.

28. 상류(Subcritical flow)에 관한 설명으로 옳지 않은 것은?

   ① 하천의 유속이 장파의 전파속도보다 느린 경우이다.
   ② 관성력이 중력의 영향보다 더 큰 흐름이다.
   ③ 수심은 한계수심보다 크다.
   ④ 유속은 한계유속보다 작다.

   해설 관성력이 중력의 영향보다 더 작은 흐름이다.

29. 수로폭이 20m이고, 조도계수가 0.013, 수로경사가 1/500인 직사각형 콘크리트수로에 40m³/sec의 물을 흘려보내려고 할 때, 등류수심(m)은 약 얼마인가? (단, 수로는 광폭수로라고 가정하여 $R \simeq h_n$로 한다.)

   ① 0.62
   ② 0.72
   ③ 0.82
   ④ 0.92

   해설 식 $V = \dfrac{1}{n} \times R^{2/3} \times I^{1/2}$
   - $V = \dfrac{Q}{A} = \dfrac{40m^3}{\sec} \times \dfrac{1}{20m \times H(m)}$
     $= (2/H)\,m/\sec$
   - $R = H$

   $2/H = \dfrac{1}{0.013} \times H^{2/3} \times (1/500)^{1/2}$

   $0.5813 = H \times H^{2/3} = H^{5/3}$

   $\therefore H = 0.5813^{(3/5)} = 0.72m$

30. 개수로 단면 형상에 관한 단면 특성치의 설명으로 옳지 않은 것은?

   ① 수심은 수로 단면의 가장 낮은 지점에서 수표면까지의 연직거리이다.
   ② 수위는 기준면을 기준으로 한 수표면까지의 높이를 말한다.
   ③ 윤변은 수로 단면에서 물이 접하고 있는 변의 길이이다.
   ④ 동수반경은 흐름 단면적을 수로 폭으로 나눈 것이다.

   해설 동수반경(경심)은 흐름 단면적을 윤변으로 나눈 것이다.
   ※ 윤변 : 물이 수로(또는 관로)와 접촉한 둘레
   (원형 만관의 경우 관의 둘레, 직사각형 개수로의 경우 폭 + 수심 × 2로 산출)

31. 정수장에서 관경(D)이 1,650mm인 송수관을 이용하여 거리(L)가 12km 떨어진 배수지로 수돗물 1일 240,000톤(Q)을 송수할 때, 송수관에서의 발생하는 손실수두(hL)는 약 얼마인가? (단, C는 100, hL은 $10.666 \times C^{-1.85} \times D^{-4.87} \times Q^{1.85} \times L$을 이용한다.)

   ① 12.77m
   ② 14.77m
   ③ 16.77m
   ④ 18.77m

   해설 식 $h_L = 10.666 \times C^{-1.85} \times D^{-4.87} \times Q^{1.85} \times L$
   $\therefore h_L = 10.666 \times 100^{-1.85} \times 1.65^{-4.87}$
   $\qquad \times (240,000/86400)^{1.85} \times 12,000 = 14.75m$

32. 정수장에서 유량측정을 위한 벤튜리미터와 관련이 없는 것은?

   ① 관의 직경
   ② 베르누이방정식
   ③ 점성계수
   ④ 시차액주계

28. ② 29. ② 30. ④ 31. ② 32. ③

33. 병렬 관수로에서 분기점 A에서 합류점 B까지의 관로의 길이가 l_1, l_2 관경이 d_1, d_2이다. $d_1 : d_2 = 1 : 2$, $l_1 : l_2 = 1 : 2$일 때 병렬관로의 A점과 B점에 이르는 마찰손실은 흐름경로에 상관없이 동일하다는 점을 이용하면 V_1/V_2는 얼마인가? (단, 두 관로의 마찰손실계수는 같으며($f_1 = f_2$), 기타 미소손실은 무시한다.)

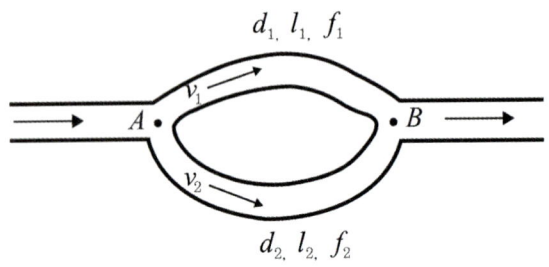

① 1 ② 2
③ 3 ④ 4

해설 식 $h = f \times \dfrac{L}{D} \times \dfrac{V^2}{2g}$

식 $h_1 = h_2$ (흐름경로에 상관없이 마찰손실수두는 동일)

• $h_1 = f \times \dfrac{L_1}{D_1} \times \dfrac{V_1^2}{2g} = f \times \dfrac{1L}{1D} \times \dfrac{V_1^2}{2g}$

• $h_2 = f \times \dfrac{L_2}{D_2} \times \dfrac{V_2^2}{2g} = f \times \dfrac{2L}{2D} \times \dfrac{V_2^2}{2g}$

$f \times \dfrac{L}{D_1} \times \dfrac{V_1^2}{2g} = f \times \dfrac{2L}{2D} \times \dfrac{V_2^2}{2g}$

$\dfrac{V_1^2}{V_2^2} = \left(\dfrac{V_1}{V_2}\right)^2 = 1$ ∴ $\dfrac{V_1}{V_2} = 1$

34. 직경 5cm인 원형 주철관의 Manning 조도계수를 0.013이라고 할 때, Chezy공식을 이용해서 계산한 평균유속계수(C)는 약 얼마인가? (단, Manning의 유속공식 $v = \dfrac{1}{n} R^{2/3} I^{1/2}$이고, Chezy의 유속공식은 $v = C\sqrt{RI}$ 이다.)

① 37.057 ② 41.595
③ 65.605 ④ 89.615

해설 식 $v = C\sqrt{RI} = \dfrac{1}{n} R^{2/3} I^{1/2}$

$(C \times \sqrt{RI})^2 = \left(\dfrac{1}{n} R^{2/3} I^{1/2}\right)^2$

$C^2 \times (0.05/4) \times I = \left(\dfrac{1}{0.013}\right) \times (0.05/4)^{4/3} \times I$

∴ $C = 37.0574$

35. 직경 500mm인 주철관에 유속 1.7m/sec로 물이 흐르고 있을 때 관의 길이는 50m이다. 이 때 마찰손실수두(m)는 약 얼마인가? (단, 마찰손실계수는 0.03이다.)

① 0.442 ② 0.523
③ 0.785 ④ 0.973

해설 식 $h = f \times \dfrac{L}{D} \times \dfrac{V^2}{2g}$

∴ $h = 0.03 \times \dfrac{50}{0.5} \times \dfrac{1.7^2}{2 \times 9.8} = 0.4423$

36. 관의 마찰손실수두에 관한 설명으로 옳지 않은 것은?

① 마찰손실계수에 반비례한다.
② 관로의 길이에 비례한다.
③ 관로의 직경에 반비례한다.
④ 유속의 제곱에 비례한다.

해설 마찰손실계수에 비례한다.

정답 33. ① 34. ① 35. ① 36. ①

37. 마찰손실에 관한 설명으로 옳지 않은 것은?

① 관로의 벽면이 거칠수록 마찰손실이 커진다.
② 유체의 점성 때문에 생긴다.
③ 관수로 흐름에서는 무시한다.
④ 전단응력이 커질수록 증가한다.

해설 관수로, 개수로 흐름 모두에서 마찰손실을 고려하여야 한다.

38. 관수로 흐름에서 미소손실수두 크기에 관한 표현으로 옳은 것은?

① 단면 점확대 < 단면 점축소
② 단면 급확대 > 단면 급축소
③ 단면 급확대 < 단면 점확대
④ 단면 급축소 > 단면 급확대

39. 관수로에서 흐름이 층류일 경우 마찰계수에 관한 설명으로 옳은 것은?

① Reynolds수의 영향을 받는다.
② 조도의 영향을 받는다.
③ 조도와 Reynolds수의 영향을 함께 받는다.
④ 조도와 Reynolds수 어느 것에도 영향을 받지 않는다.

해설 Reynolds수의 영향만 받는다.
식 마찰손실계수$(f) = \dfrac{64}{N_{Re}}$

40. 동수경사선에 관한 설명으로 옳지 않은 것은?

① 관로내 유체가 갖고 있는 에너지 중에서 압력에너지와 위치에너지의 합을 선으로 나타낸 것이다.
② 관을 부설한 후 일정기간이 지나도 동수경사가 변하지 않는다.
③ 개수로의 흐름에서 수면은 동수경사선을 의미한다.
④ 개수로에서 동수경사선과 에너지경사선의 표고(높이) 차이는 속도수두에 해당한다.

해설 관을 부설한 후 일정기간이 지나면 손실수두에 의해 동수경사가 변하게 된다.

41. 에너지선과 동수경사선에 관한 설명으로 옳은 것은?

① 완전유체에서 기준면과 동수경사선은 평행하다.
② 개수로에서 에너지선은 자유수면과 동일하다.
③ 동수경사선은 위치수두와 압력수두를 합한 값을 연결한 선이다.
④ 에너지선은 위치수두, 압력수두, 손실수두를 합한 값을 연결한 선이다.

해설 ③항만 올바르다.
오답해설
① 완전유체에서 기준면과 에너지선은 평행하다.
② 개수로에서 동수경사선은 자유수면과 동일하다.
④ 에너지선은 위치수두, 압력수두, 속도수두를 합한 값을 연결한 선이다.

 정답 37. ③ 38. ② 39. ① 40. ② 41. ③

42. 한계류의 특성에 관한 설명으로 옳은 것을 모두 고른 것은?

> ㄱ. 속도수두는 수리수심의 2배가 된다.
> ㄴ. Froude수는 1이다.
> ㄷ. 속도분포가 균일한 완경사 수로에서 유속은 중력파의 전파속도와 같다.
> ㄹ. 비에너지는 주어진 유량에 대해서 최소가 된다.
> ㅁ. 비력은 주어진 유량에 대해서 최대가 된다.

① ㄱ, ㄴ, ㄷ   ② ㄱ, ㄹ, ㅁ
③ ㄴ, ㄷ, ㄹ   ④ ㄷ, ㄹ, ㅁ

오답해설
ㄱ. 속도수두는 수리수심의 1/2배가 된다.
ㅁ. 비력은 주어진 유량에 대해서 최소가 된다.

43. 개수로 흐름에 관한 설명으로 옳은 것을 모두 고른 것은?

> ㄱ. 동일한 유량에서 수심이 한계수심보다 낮은 흐름은 사류이다.
> ㄴ. 한계수심은 어떤 일정한 비에너지에서 유량이 최소가 되는 수심이다.
> ㄷ. 흐름이 상류에서 사류로 변할 때 도수(hydraulic jump)가 발생할 수 있다.
> ㄹ. 직사각형 단면수로는 수로경사, 단면적, 조도계수가 주어졌을 때 수로 폭이 수심의 2배인 경우에 가장 큰 유량을 통과시킬 수 있다.

① ㄱ, ㄴ   ② ㄱ, ㄹ
③ ㄴ, ㄷ   ④ ㄷ, ㄹ

오답해설
ㄴ. 한계수심은 어떤 일정한 비에너지에서 유량이 최대가 되는 수심이다.

ㄷ. 흐름이 사류에서 상류로 변할 때 도수(hydraulic jump)가 발생할 수 있다.

44. 단면적이 같은 원형 단면의 관수로와 정사각형 단면의 관수로에 동일한 동수구배로 물이 흐를 경우에 대한 설명으로 옳은 것은? (단, 조도계수는 일정하다.)

① 원형 단면의 관수로에 흐르는 유량이 많다.
② 두 관수로를 흐르는 유량은 같다.
③ 정사각형 단면의 관수로에 흐르는 유량이 많다.
④ 동수구배가 커질수록 두 관수로의 유량차는 줄어든다.

45. 관수로에서 동일 유량 Q를 길이 L, 직경 d인 원형직관 4개로 동일하게 나누어 흘려보내는 경우(A)와, 길이 L, 직경이 두 배(2d)인 원형직관 1개로 흘려보내는 경우(B)에서 발생되는 마찰손실수두에 관한 설명으로 옳은 것은? (단, A, B의 마찰손실계수는 같다.)

① A의 손실수두는 B의 손실수두의 1/2배이다.
② A의 손실수두는 B의 손실수두와 같다.
③ A의 손실수두는 B의 손실수두의 2배이다.
④ A의 손실수두는 B의 손실수두의 4배이다.

해설 산업인력공단에서 제시된 답은 ③항이나 정답오류로 판단된다. 마찰손실수두에서 직경이 변하면 반드시 유속이 변화하고 이는 아래의 식과 같다. 따라서 유속의 변화까지 고려한 마찰손실수두는 A가 B에 비해 마찰손실수두가 8배 더 크다.

식
$$h = f \times \frac{L}{D} \times \frac{V^2}{2g} = f \times \frac{L}{D} \times \frac{1}{2g} \times \left(\frac{Q}{A}\right)^2$$
$$= f \times \frac{L}{D} \times \frac{1}{2g} \times \left(\frac{Q \times 4}{\pi D^2}\right)^2$$
$$\rightarrow h = f \times \frac{L}{D^5} \times \frac{1}{2g} \times \frac{16Q^2}{\pi^2}$$

정답 42. ③   43. ②   44. ①   45. 정답오류

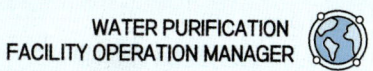

1) A의 마찰손실수두

[식] $h_A = h_1 + h_2 + h_3 + h_4$ (병렬 이송)

$$h_A = 4 \times \left(f \times \frac{L}{D^5} \times \frac{1}{2g} \times \frac{16 \times ((1/4Q)^2)}{\pi^2} \right)$$

$$= 4 \times f \times \frac{L}{D^5} \times \frac{1}{2g} \times \frac{Q^2}{\pi^2}$$

2) B의 마찰손실수두

$$h_B = f \times \frac{L}{(2D)^5} \times \frac{1}{2g} \times \frac{16Q^2}{\pi^2}$$

$$= f \times \frac{L}{32D^5} \times \frac{1}{2g} \times \frac{16Q^2}{\pi^2}$$

$$\therefore \frac{h_A}{h_B} = \frac{4 \times f \times \frac{L}{D^5} \times \frac{1}{2g} \times \frac{Q}{\pi^2}}{f \times \frac{L}{32D^5} \times \frac{1}{2g} \times \frac{16Q}{\pi^2}} = \frac{4/D^5}{16/32D^5} = 8배$$

46. 관수로의 흐름에 관한 설명으로 옳지 않은 것은?

① 관내 흐름에서 자유수면이 존재하지 않는다.
② 단면적이 같으면 단면의 모양과 무관하게 동일한 동수구배에서 유속은 동일하다.
③ 흐름은 주로 점성력에 영향을 받는다.
④ 관내 압력이 대기압보다 낮을 수도 있다.

[해설] 단면적이 같아도 단면의 모양에 따라 유속은 달라진다.

47. 손실수두 계산에서 관의 길이와 관련이 있는 손실은?

① 마찰에 의한 손실   ② 단면변화에 의한 손실
③ 밸브에 의한 손실   ④ 굴절에 의한 손실

[해설] ②, ③, ④항은 접합부, 유입부, 유출부, 변곡부에서 발생하는 국부손실과 관련이 있다.

48. 위어에 관한 설명으로 옳은 것을 모두 고른 것은?

> ㄱ. 노치의 형상에 따라 삼각위어, 사다리꼴위어, 사각위어 등이 있다.
> ㄴ. 월류한 수맥이 대기압을 받는 경우에는 압력월류라 부른다.
> ㄷ. 월류수심이 작을 경우 사각위어를 사용하는 것이 좋다.
> ㄹ. 일반적으로 광정위어는 수중에 존재하며, 수맥이 수중으로 사출되어 수중위어라고 할 수 있다.

① ㄱ, ㄷ   ② ㄱ, ㄹ
③ ㄴ, ㄷ   ④ ㄴ, ㄹ

[오답해설]
ㄴ. 월류한 수맥이 대기압을 받는 경우에는 완전 월류라 부른다.
ㄷ. 월류수심이 작을 경우 삼각위어를 사용하는 것이 좋다.

49. 마찰손실수두에 관한 설명으로 옳은 것을 모두 고른 것은?

> ㄱ. 관의 길이가 긴 경우, 관수로 흐름에서 발생되는 모든 손실수두 중 거의 대부분이 마찰손실수두이다.
> ㄴ. 마찰손실수두는 유속에 반비례한다.
> ㄷ. 마찰손실수두는 직경에 반비례한다.
> ㄹ. 층류일 경우 마찰손실계수는 64/Re이다.
> ㅁ. 물이 가지고 있는 에너지에 반비례한다.

① ㄱ, ㅁ   ② ㄴ, ㄹ
③ ㄱ, ㄷ, ㄹ   ④ ㄴ, ㄷ, ㅁ

[오답해설]
ㄴ. 마찰손실수두는 유속의 제곱에 비례한다.
ㅁ. 물이 가지고 있는 에너지에 비례한다.

정답 46. ② 47. ① 48. ② 49. ③

50. 혼화지 유입시 직경 1,500mm의 곡관이 포함된 관로에 유입유량이 1.5m³/sec일 때 국부손실만 고려할 경우 국부손실수두(m)는 약 얼마인가? (단, 유입부 손실계수는 0.5, 90° 곡관 손실계수는 0.3, 유출부 손실계수는 1.0으로 한다.)

① 0.007
② 0.033
③ 0.066
④ 0.078

해설 **식** h(국부손실수두) $= h_a$(유입 시 손실수두) $+ h_b$(유출 시 손실수두) $+ h_c$(곡관 손실수두)

h(국부손실수두) $= f_a \times \dfrac{V^2}{2g} + f_b \times \dfrac{V^2}{2g} + f_c \times \dfrac{V^2}{2g}$

- $V = \dfrac{1.5 m^3}{\sec} \times \dfrac{4}{\pi \times (1.5m)^2} = 0.8488 m/\sec$

∴ h(국부손실수두)
$= (0.5 + 0.3 + 1.0) \times \dfrac{0.8488^2}{2 \times 9.8} = 0.0661$

51. 관수로 내의 마찰손실수두에 관한 설명으로 옳지 않은 것은?

① 유수의 압력에는 관계가 없지만 물이 가지고 있는 에너지에 비례한다.
② 관의 길이에 비례한다.
③ 관내 상대조도에 비례한다.
④ 물의 점성에 반비례한다.

해설 물의 점성에 비례한다.

52. Darcy-Weisbach에 의한 마찰 손실수두에 관한 설명으로 옳은 것은?

① 마찰손실계수는 길이 단위이다.
② 마찰손실수두는 관 길이에 반비례한다.
③ 마찰손실계수는 유체의 흐름이 층류일 경우 Reynolds수에 비례한다.
④ 마찰손실수두는 마찰손실계수에 비례한다.

해설 ④항만 올바르다.
오답해설
① 마찰손실계수는 무차원수이다. (단위가 없다.)
② 마찰손실수두는 관 길이에 비례한다.
③ 마찰손실계수는 유체의 흐름이 층류일 경우 Reynolds수에 반비례한다.

53. 물이 원관 내를 난류 상태로 흐를 때 마찰손실계수와 관련이 있는 인자를 모두 고른 것은?

ㄱ. 관의 길이	ㄴ. Froude수
ㄷ. Reynolds수	ㄹ. 상대조도

① ㄱ, ㄴ
② ㄱ, ㄹ
③ ㄴ, ㄷ
④ ㄷ, ㄹ

54. 직경이 10cm, 마찰손실계수가 0.03인 관수로에서 마찰로 인한 손실수두가 속도수두와 같을 때 관의 길이(m)는 약 얼마인가?

① 0.33
② 0.66
③ 3.33
④ 6.66

해설 **식** $h = h_v$

$f \times \dfrac{L}{D} \times \dfrac{V^2}{2g} = \dfrac{V^2}{2g}$

$0.03 \times \dfrac{L}{0.1} = 1$, ∴ $L = 3.33 m$

정답 50. ③ 51. ④ 52. ④ 53. ④ 54. ③

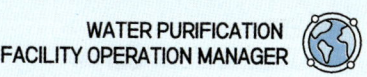

55. 개수로에서 수리학적으로 유리한 단면으로 옳지 않은 것은?

① 경심이 최소가 되는 단면
② 사다리꼴형의 경우 윤변이 저변폭의 3배인 단면
③ 직사각형의 경우 폭이 수심의 2배인 단면
④ 윤변이 최소가 되는 단면

해설 윤변이 최소가 되면 경심은 최대가 된다.

56. 개수로 흐름에 관한 설명 중 옳지 않은 것은?

① 만수가 아닌 하수관거는 개수로이다.
② 개수로 흐름은 자유수면을 갖는다.
③ 상류(常流)의 수심은 한계수심보다 작다.
④ 프루드수가 1보다 작으면 상류(常流)이다.

해설 상류(常流)의 수심은 한계수심보다 크다.

57. 관수로 내 흐름에서 나타날 수 있는 국부적 손실수두로 옳지 않은 것은?

① 조도에 의한 손실 ② 단면변화에 의한 손실
③ 밸브에 의한 손실 ④ 곡관에 의한 손실

해설 관의 조도, 직경, 길이와 유속은 관수로 전반에 나타나는 손실수두이다.

58. 길이 100m, 지름 40cm인 직관에서 5m/s 유속으로 송수할 때에 손실수두가 10m 발생하였다면, 마찰손실계수는 약 얼마인가?

① 0.03 ② 0.06
③ 0.3   ④ 0.6

해설 식 $h = f \times \dfrac{L}{D} \times \dfrac{V^2}{2g}$

$10 = f \times \dfrac{100}{0.4} \times \dfrac{5^2}{2 \times 9.8}, \quad f = 0.03136$

59. 관수로내의 손실수두에 관한 설명 중 옳지 않은 것은?

① 관수로내의 물이 넓은 수조로 유출될 때 손실수두는 근사적으로 속도수두와 같다.
② 마찰손실수두는 속도수두에 비례한다.
③ 마찰손실수두는 마찰손실계수와 속도수두를 곱한 값이다.
④ 마찰손실 이외에 관 단면적의 변화, 만곡, 밸브 등에 의한 손실이 있다.

해설 마찰손실계수와 길이/직경 비, 속도수두를 곱한 값이다.

60. 개수로 흐름에 관한 설명 중 옳은 것은?

① 유수단면적에 대한 수면폭의 비를 경심이라고 한다.
② 개수로의 일정한 단면에서 유속, 유량, 수심 등의 수리학적 특성이 시간에 따라 일정하다면 등류이다.
③ 점성력이 관성력에 비하여 강하게 되면 흐름은 난류가 된다.
④ 수리학적으로 유리한 단면이란 일정한 유수단면적에 대하여 최대 유량이 흐르는 수로의 단면을 뜻한다.

해설 ④항만 올바르다.
오답해설
① 유수단면적에 대한 윤변의 길이 비를 경심이라고 한다.
② 개수로의 일정한 단면에서 유속, 유량, 수심 등의 수리학적 특성이 흐름에 따라 일정하다면 등류이다.
③ 관성력이 점성력에 비하여 강하게 되면 흐름은 난류가 된다.

정답 55. ① 56. ③ 57. ① 58. ① 59. ③ 60. ④

61. 직사각형 개수로의 폭이 2m, 유량이 20m³/sec, 에너지 보정계수 α가 1.1이라면 한계수심(m)은 약 얼마인가?

① 1.24　　② 2.24
③ 3.24　　④ 4.24

해설 식 한계수심$(H_c) = \left(\dfrac{C \cdot Q^2}{g \cdot b^2}\right)^{1/3}$

∴ 한계수심$(H_c) = \left(\dfrac{1.1 \times 20^2}{9.8 \times 2^2}\right)^{1/3} = 2.24m$

62. 관수로에서 마찰손실계수에 관한 설명으로 옳은 것은?

① 난류에서는 상대조도와 밀접한 관계를 가진다.
② 수리학적으로 매끈한 관에서는 레이놀즈수에 비례한다.
③ 관경에 영향을 받지 않는다.
④ 완전히 거친 영역에서는 레이놀즈수와 관련이 없다.

해설 ①항만 올바르다.
오답해설
② 수리학적으로 매끈한 관에서는 레이놀즈수에 반비례한다.
③ 관경에 반비례한다.
④ 완전히 거친 영역에서도 레이놀즈수와 반비례한다.

63. 관수로에서의 유량측정 방법으로 옳지 않은 것은?

① 벤투리미터에 의한 방법
② 관오리피스에 의한 방법
③ 위어에 의한 방법
④ 엘보미터에 의한 방법

해설 위어는 개수로의 유량측정방법에 해당한다.

64. 개수로에 관한 설명으로 옳지 않은 것은?

① 대기압이 작용하는 자유수면을 가지며 중력에 의하여 흐름이 발생한다.
② 수심에 비해서 수로폭이 넓은 직사각형 단면의 경심은 근사적으로 수심과 같다.
③ 직사각형 단면수로는 수로폭이 수심의 2배이고, 경심이 수심과 같을 때 수리학적으로 유리한 단면이다.
④ 운하나 관개수로 그리고 만수가 아닌 배수구나 하수관거가 개수로의 예이다.

해설 직사각형 단면수로는 수로폭이 수심의 2배이고, 경심이 수심의 1/2배일 때 수리학적으로 유리한 단면이다.

65. 직경이 800mm에서 400mm로 축소되는 관로의 미소손실수두는 약 얼마인가? (단, 미소손실계수는 0.05, 유량은 251.2L/sec 이다.)

① 1.02cm　　② 4.08cm
③ 0.163m　　④ 0.326m

해설 식 미소손실수두 $= f \times \dfrac{V^2}{2g} = 0.05 \times \dfrac{1.9989^2}{2 \times 9.8}$
$= 0.01019m = 1.02cm$

정답　61. ②　62. ①　63. ③　64. ③　65. ①

CHAPTER 02 정수장 내 공정별 물의 흐름

UNIT 01 도수관로

1 유속

자연유하식인 경우에는 허용최대한도를 3.0m/sec로 하고, 도수관의 평균유속의 최소한도는 0.3m/sec로 한다. 펌프가압식인 경우에는 경제적인 유속으로 한다.

※ 평균유속의 최소 한계를 둔 것은 모래가 침강되는 것을 방지하기 위함이다.

UNIT 02 혼화 · 침전지 공정

1 침강속도

$$V_s = \frac{d_p^2(\rho_p - \rho)g}{18\mu}$$

- d_p : 입자의 직경(입경)
- ρ : 유체의 밀도
- μ : 유체의 점도
- ρ_p : 입자의 밀도
- g : 중력가속도(9.8m/sec²)

2 수표면적 부하(L_A, m³/m² · day) = $\dfrac{Q(유입수량)}{A(침전지표면적)}$

3 침강형태

침강형태는 침강시간 및 입자의 특성에 따라 4단계로 분류된다.
① **독립침전(Ⅰ형)** : 처음 침강이 시작될 때 일어나는 형태로 입자들이 독립적으로 침강속도식에 따라 침전하는 형태이다. 침사지와 침전과 침전지의 침전초기의 침전형태이다.
② **응집침전, 플록침전(Ⅱ형)** : 입자들이 서로 뭉치면서 플록을 형성하는 침전형태로 서로 상대적 위치를 변경시키며 침전한다.
③ **간섭침전, 지역침전(Ⅲ형)** : Ⅱ형에서 형성된 플록들이 서로 계면(띠)를 이루면서 서로 위치를 변경시키지 않고 침전하는 형태이다.
④ **압밀침전, 압축침전(Ⅳ형)** : 계면이 쌓이면서 형성된 압밀로 바닥에 침전된 침전물 내의 수분이 일부제거되는 형태의 침전이다.

UNIT 03 여과·소독 공정

1 여과 수리학

1) 여과속도 계산

$$\text{식} \quad 여과속도 = \frac{여과유량}{여과지 면적}$$

(역세척시간은 여과시간에서 제외한다.)

2) darcy 법칙 : 다공질 매질에서의 유체흐름을 설명하는 식, 주로 토양에서의 물의 흐름을 설명할 때 사용된다.

$$\text{식} \quad V = \frac{KI}{n}$$

- V : 유속
- I : 동수경사(동수구배, 수두차/길이)
- K : 투수계수(수리전도도, m/sec)
- n : 공극률

3) 여과지 손실수두 계산

$$\text{식} \quad 손실수두(h) = L \times (1 + 여층\,팽창률) \times (S-1) \times (1-n)$$

- L : 여과층 깊이
- n : 공극률
- S : 비중

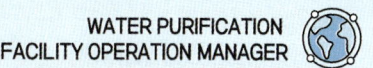

2 운영상 문제점

1) 머드볼(진흙덩어리) 형성 : 점착성 유기물질의 유입으로 여과사 표면에 머드볼이 형성되었을 때 세척이 충분히 이루어지지 않는 경우 손실수두의 증가를 초래한다.

2) 공기결합(air binding, 에어바인딩) : 용존된 공기가 여과 중에 여과사내에서 기포를 형성하는 현상이다.

① 공기결합(air binding)의 원인
  ㉠ 부(-)수두 발생
  ㉡ 사면의 수심이 작은 경우
  ㉢ 여과지 내 수온상승
  ㉣ 역세척 후 공기가 여과지 내 잔류

② 공기결합(air binding)의 영향
  ㉠ 여과층의 통수단면적 감소
  ㉡ 여과층 공극의 폐쇄
  ㉢ 일부 여과층 내 통과유속 증가
  ㉣ 탁질의 누출로 수질이 악화되고 염소투입량 및 소독부산물 증대

③ 공기결합(air binding)의 대책
  ㉠ 역세척을 적절하게 시행
  ㉡ 사면의 수심이 작은 경우 적절하게 수위를 증가시킨다.
  ㉢ 역세척 후 공기가 여과지 내에 잔류하지 않도록 충분한 대책을 강구

3) 여과지 부수두 : 오염물질이 여층표면에 쌓이게 되어 흐름에 방해가 생기면서 수두가 감소하는 현상을 말한다. 오염물질의 유입감소와 주 오염물질이 되는 석회를 제거하고 여층의 세정을 통해 관리한다.

4) 여재층의 수축 : 여재 위에 덮힌 점액층으로 인해 여층전체가 덮여가면 발생한다. 따라서 표면세척이 가장 중요한 대책이 된다.

> **💡 손실수두를 증가시키는 요인**
> - 여과층 공극률 감소
> - 여과층 깊이의 증가 (여과지 크기와 관계없이 여과층의 깊이에 따라 손실수두 증가)
> - 여과속도의 증가
> - 여재입경의 감소

3 염소 또는 이산화염소 소독에 의한 불활성화율의 계산방법

1) 실제(현장) 소독능값(CT 계산값)의 산정

$$\text{[식]} \quad CT_{계산값} = 잔류소독제\ 농도(mg/L) \times 소독제\ 접촉시간(분)$$

- 수리학적 체류시간($\frac{정수지사용용량}{시간당최대통과유량}$)에 아래 표의 환산계수를 곱하여 소독제의 접촉시간으로 한다.

[장폭비에 따른 환산계수(T_{10}/T)]

환산계수	장폭비(L/W)
0.10	2 미만
0.20	2 이상 5 미만
0.30	5 이상 10 미만
0.40	10 이상 15 미만
0.50	15 이상 20 미만
0.60	20 이상 30 미만
0.65	30 이상 40 미만
0.70	40 이상 50 미만
0.71 이상	50 이상 경우에는 추적자 실험에 의한다.

[비고]
1. 장폭비 : 정수지 내 일정간격으로 설치된 도류벽에 의해 산출된 실제 물 흐름 길이(L)와 물 흐름 폭(W)의 비
2. 관 흐름(Pipeline flow)인 경우의 환산계수는 1.0으로 간주한다.
3. 일정간격으로 도류벽이 설치되지 않은 경우에는 추적자 실험결과에 따라 산출된 환산계수를 적용한다.

2) 불활성화비의 계산

$$\text{[식]} \quad 불활성화비 = \left(\frac{CT_{계산값}}{CT_{요구값}}\right)$$

기출문제로 다지기 | CHAPTER 02 정수장 내 공정별 물의 흐름

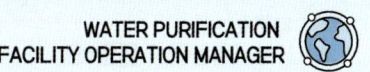

01. 하루 10만 m³을 처리하는 정수장을 설계하려고 한다. 한 지당 길이 30m × 폭 10m × 깊이 5m의 침전지를 만들 경우 필요한 최소 침전지의 수는 약 몇 지인가? (단, 슬러지퇴적심도 0.3m와 고수위와 벽 상단간의 여유고 0.3m를 각각 고려하고, 체류시간은 4시간으로 한다.)

① 7 ② 9
③ 11 ④ 13

해설 식 침전지의 수 $= \dfrac{처리수량(m^3)}{1지당 용적(m^3)}$

• 처리수량
$= \dfrac{100,000m^3}{day} \times 4hr \times \dfrac{1day}{24hr} = 16,666.6666m^3$

• 1지당 용적
$= 30m \times 10m \times (5m-(0.3+0.3)m) = 1,320m^3$

∴ 침전지의 수 $= \dfrac{16,666.6666}{1,320} = 12.6262 ≒ 13$지

02. 계획인구 20,000명인 어느 지역의 정수장에 필요한 급속여과지 1지의 최소 여과면적(m²)은? (단, 1인 1일 급수량은 450L, 여과속도는 150m/day, 총 여과지수는 3개이다.)

① 10 ② 20
③ 30 ④ 60

해설 식 여과면적 $= \dfrac{처리수량}{여과속도}$

• 처리수량
$= \dfrac{450L}{인 \cdot 일} \times \dfrac{1m^3}{10^3L} \times 20,000인 = 9,000m^3/day$

∴ 총 여과면적 $= \dfrac{처리수량}{여과속도} = \dfrac{9,000}{150} = 60m^2$

∴ 1지당 여과면적 $= \dfrac{60}{3} = 20m^3/지$

03. 모래여과지를 역세척할 때 필요한 압력수두와 관련이 있는 항목을 모두 고른 것은?

ㄱ. 여층에서 소비되는 압력손실 ㄴ. 여재의 밀도
ㄷ. 지지사리층의 압력손실 ㄹ. 여과속도

① ㄱ, ㄴ ② ㄱ, ㄷ
③ ㄱ, ㄴ, ㄷ ④ ㄴ, ㄷ, ㄹ

해설 ㄹ. 여과속도는 속도수두와 관련이 있다.

04. 취수한 원수를 직경 1,000mm 도수관으로 정수장에 하루 240,000톤을 공급하려할 때, 다음에서 옳게 판단한 사항을 모두 고른 것은?

ㄱ. 현재 도수관의 설계직경은 평균유속의 최대 및 최소 허용한도를 만족한다.
ㄴ. 도수관내 평균유속의 최소 한계는 0.3m/sec 정도로 한다.
ㄷ. 평균유속의 최소 한계를 둔 것은 모래가 침강되는 것을 방지하기 위함이다.
ㄹ. 도수관내 평균유속의 최대허용한도를 3.0m/sec 정도로 한다.

① ㄱ, ㄴ ② ㄷ, ㄹ
③ ㄱ, ㄴ, ㄷ ④ ㄴ, ㄷ, ㄹ

 정답 01. ④ 02. ② 03. ③ 04. ④

[해설] ㄱ. 현재 도수관의 설계직경은 평균유속의 최대허용한도(3m/sec)를 초과한다.

[식] $V = \dfrac{240,000 m^3}{day} \times \dfrac{4}{\pi \times (1m)^2} \times \dfrac{1 day}{86400 sec}$
$= 3.54 m/sec$

05. 1일 40,000m³의 용수를 생산하는 정수장의 응집혼화조를 설계할 때, 혼화시간을 1분으로 하고 혼화조의 형태를 정육면체로 할 경우 한 변의 길이(m)는 약 얼마인가?

① 1.84 ② 2.23
③ 2.64 ④ 3.03

[해설] [식] 혼화조의 부피(정육면체 기준) $= L \times L \times L = L^3$
[식] $\forall = Q \cdot t$
$\dfrac{40,000 m^3}{day} \times 1 min \times \dfrac{1 day}{1440 min} = L^3$
$\therefore L = 3.03 m$

06. 유입유량이 120m³/min, 용량이 6,000m³, 유효수심이 4m인 침전지의 표면부하율(m/day)은?

① 84.4 ② 95.2
③ 104.4 ④ 115.2

[해설] [식] 표면적 부하(L_A, m³/m²·day)
$= \dfrac{Q(유입수량)}{A(침전지표면적)}$
· $A = \dfrac{\forall}{H} = \dfrac{6,000 m^3}{4 m} = 1,500 m^2$
$\therefore L_A = \dfrac{120 m^3}{min} \times \dfrac{1}{1,500 m^2} \times \dfrac{1440 min}{1 day}$
$= 115.2 m/day$

07. 표면부하율을 나타내는 식으로 옳지 않은 것은? (단, W는 침전지 폭, L은 침전지 길이, H는 침전지 유효수심, t는 수리학적 체류시간, Q는 유입유량, v는 침전지 내 평균유속이다.)

① Q/(WL) ② H/t
③ Q/(vtW) ④ (vH)/L

[해설] 산업인력공단에서 제시된 답은 ③항이나 ③항도 정리하면 H/t가 되기에 표면부하율이 되므로 모두 옳은 보기이다.

[식] 수표면적 부하(L_A, m³/m²·day)
$= \dfrac{Q(유입수량)}{A(침전지표면적)}$
$= \dfrac{Q(유입수량)}{W \times L} = \dfrac{H}{t} = \dfrac{V \cdot H}{L} = \dfrac{Q}{V \cdot t \cdot W}$

08. 입자의 침전에 관한 설명으로 옳은 것을 모두 고른 것은?

> ㄱ. I형 침전(독립침전): 비응집성 입자의 단독침전
> ㄴ. II형 침전(응집침전): 응집성 입자의 플록응집침전
> ㄷ. III형 침전(지역·간섭침전): 입자의 농도에 의한 경계면 침전
> ㄹ. IV형 침전(압축침전): 물리적인 경계면에 의한 기계적 압축, 탈수 침전

① ㄱ, ㄹ   ② ㄴ, ㄷ
③ ㄴ, ㄷ, ㄹ ④ ㄱ, ㄴ, ㄷ, ㄹ

[정답] 05. ④ 06. ④ 07. 정답오류 08. ④

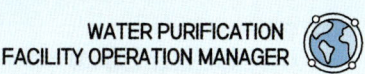

09. 여과지에서 수두손실이 증가하는 경우로 옳은 것은?

① 여재의 공극율이 증가하는 경우
② 여과층 두께가 감소하는 경우
③ 여과속도가 증가하는 경우
④ 여재입경이 커지는 경우

해설 [손실수두를 증가시키는 요인]
• 여과층 공극률 감소
• 여과층 깊이의 증가
• 여과속도의 증가
• 여재입경의 감소

10. 침사지에서 독립입자의 침전으로 조건이 동일할 때, 비중이 2.2인 입자는 비중이 1.2인 입자와 비교하여 침강속도가 몇 배인가?

① 2 ② 4
③ 6 ④ 8

해설 식 $V_s = \dfrac{d_p^2(\rho_p - \rho)g}{18\mu}$

비중(밀도)를 제외한 나머지 조건이 동일하므로 나머지 조건을 K로 정리하면,
→ $V_s = K \times (\rho_p - \rho)$
∴ $\dfrac{V_{s(2)}}{V_{s(1)}} = \dfrac{K \times (2.2 - 1)}{K \times (1.2 - 1)} = 6$

11. 계획도시의 급수인구가 60,000명이고, 1인 1일 최대급수량이 200L이다. 정수장에서 여과속도가 120m/day인 급속여과지를 설치할 경우 필요한 여과지의 최소 소요면적(m²)은?

① 24 ② 40
③ 100 ④ 14

해설 식 여과속도 = $\dfrac{\text{여과유량}}{\text{여과지 면적}}$

$120\,m/day = \dfrac{\dfrac{0.2\,m^3}{\text{인·일}} \times 60,000\text{인}}{\text{여과지 면적}}$

∴ 여과지 면적 = $100\,m^2$

12. 급속여과지에 관한 설명으로 옳은 것은?

① 완속여과지에 비해 여과속도는 빠르나, 세균제거에는 적합하지 못하다.
② 급속여과는 용해성 물질의 제거에 적합하다.
③ 여과층의 깊이가 클수록 손실수두가 적으며, 여과속도에 영향을 준다.
④ 손실수두는 여과지의 크기에 따라 변한다.

해설 ①항만 올바르다.

오답해설
② 완속여과는 용해성 물질의 제거에 적합하다.
③ 여과층의 깊이가 클수록 손실수두가 많으며, 여과속도에 영향을 준다.
④ 손실수두는 여과층 깊이에 따라 변한다.

13. 횡류식 침전지의 제거율을 향상시키기 위한 방법으로 옳지 않은 것은?

① 침전지를 2층 침전지로 만들어 침강면적을 크게 한다.
② 가능한 한 크고 무거운 플록을 만들어 침강속도를 크게 한다.
③ 침전지 중간에서 상징수를 유출시켜 유입유량을 적게 한다.
④ 침전지에 경사판을 삽입하여 최대 침강거리를 길게 한다.

해설 침전지에 경사판을 삽입하여 최대 침강거리를 짧게 한다.

정답 09. ③ 10. ③ 11. ③ 12. ① 13. ④

14. 응집·침전 후 유량 12,000m³/day를 여과면적 50m²인 급속여과지로 여과할 때 역세 속도를 10 L/m²·sec로 20분 역세한다면 이에 필요한 역세 수량(m³)은?

① 100
② 200
③ 300
④ 600

해설 **식** 역세수량
$$= \frac{10L}{m^2 \cdot \sec} \times \frac{1m^3}{10^3 L} \times 20\min \times \frac{60\sec}{1\min} \times 50m^2$$
$$= 600m^3$$

15. 가로 8m, 세로 14m, 유효수심 4m인 여과지에서 유입밸브를 차단하고, 여과한 결과 10분 후 수위가 100cm 낮아졌을 때 여과속도(m/day)는?

① 124
② 134
③ 144
④ 154

해설 여과된 유량에 상응하는 수심은 줄어든 수위인 100cm(1m)이다.

식 여과속도 $= \dfrac{\text{여과유량}}{\text{여과지 면적}} = \dfrac{\text{수심}}{\text{여과시간}}$
$$= \frac{1m}{10\min} \times \frac{1440\min}{1day} = 144 m/day$$

16. 여과지에 관한 설명으로 옳은 것은?

① 동일한 속도로 역세척을 시행할 경우 겨울철이 여름철보다 역세척 효과가 크다.
② 동일한 속도로 역세척을 시행할 경우 여과사 팽창률은 여름철이 겨울철보다 크다.
③ 동일한 속도로 역세척을 시행할 경우 역세척 효과는 계절에 관계없이 동일하다.
④ 동일한 조건에서 여과지 하부집수장치가 받는 압력은 여름철이 겨울철보다 크다.

17. 모래여과지에서 여과저항에 따른 Carmen-Kozeny 손실수두 공식에 영향을 주는 설계인자에 관한 설명으로 옳지 않은 것은?

① 여과지의 깊이에 비례한다.
② 여재의 공극률이 클수록 작아진다.
③ 여과사의 직경에 반비례한다.
④ 물의 유속이 클수록 작아진다.

해설 [손실수두를 증가시키는 요인]
• 여과층 공극률 감소
• 여과층 깊이의 증가
• 여과속도의 증가
• 여재입경의 감소

18. 정수처리시설 중 완속여과지에 관한 설명으로 옳지 않은 것은?

① 여과 속도는 4~5m/d를 표준으로 한다.
② 모래층의 두께는 70~90cm를 표준으로 한다.
③ 1지의 여과면적은 150m² 이하로 한다.
④ 모래표면상의 수심은 90~120cm 정도를 표준으로 한다.

해설 ③항은 급속여과지에 대한 설명이다. 완속여과지의 여과면적은 계획정수량을 여과속도로 나누어 구한다.

19. 정수시설 중 혼화지에서 혼화기의 교반강도를 나타내는 속도경사(G)를 표시하는 인자로 옳지 않은 것은?

① 소비전력
② 점성계수
③ 혼화지 체적
④ 약품주입량

해설 **식** $G = \sqrt{\dfrac{P}{\mu \forall}}$

20. 응집지의 플록형성에 관한 설명 중 옳지 않은 것은?

① 플록형성지는 단락류나 정체 부분이 생기지 않도록 하고 충분한 교반이 가능한 구조로 하여야 한다.
② 플록 형성시간은 계획정수량에 대하여 20 ~ 40분간을 표준으로 한다.
③ 플록형성지는 혼화지와 침전지 사이에 위치하고 침전지에 붙여서 설치하여야 한다.
④ 큰 플록을 만들기 위하여는 플록의 입경이 작은 초기에는 교반강도를 약하게 하고, 플록이 점차 크게 성장함에 따라 교반강도를 강하게 한다.

해설 큰 플록을 만들기 위하여는 플록의 입경이 작은 초기에는 교반강도를 강하게 하고, 플록이 점차 크게 성장함에 따라 교반강도를 약하게 한다.

21. 취수시설에서 취수구의 표준유입속도(cm/s)로 옳은 것은?

① 5 ~ 10 ② 10 ~ 20
③ 40 ~ 80 ④ 100 ~ 140

22. 소독공정의 수리에 관한 설명으로 옳지 않은 것은?

① 염소소독은 불활성화비가 1 이상이 유지되도록 한다.
② 염소소독 시 염소주입 압력은 관내압력의 2배 이상으로 주입한다.
③ 물의 소독에는 염소제, 오존, 자외선에 의한 방법 등이 있다.
④ 물에 염소를 첨가한 경우 염소주입량과 잔류염소량과의 관계는 수질에 관계없이 일정하다.

해설 물에 염소를 첨가한 경우 염소주입량과 잔류염소량과의 관계는 수질에 따라 달라진다. (오염물질이 많을수록 요구량은 증가하고 잔류염소량은 감소한다.)

23. 정수지에서 염소의 접촉효율을 나타내는 인자로 사용되는 장폭비에 관한 설명으로 옳지 않은 것은?

① 장폭비는 정수지내 물흐름 길이와 폭의 비를 말한다.
② 관흐름(pipeline flow)인 경우, 장폭비 환산계수는 2.0으로 간주한다.
③ 계산된 장폭비는 이론적 체류시간에 대한 환산계수를 통하여 유효접촉시간을 구하는데 사용된다.
④ 실질적인 체류시간을 구하기 위해서는 장폭비에 따른 환산계수를 사용하는 것보다 추적자 실험이 유용하다.

해설 관흐름(pipeline flow)인 경우, 장폭비 환산계수는 1.0으로 간주한다.

24. 이상적인 플러그플로(Plug Flow) 탱크에서 초기 농도 100mg/L가 20mg/L로 되기 위한 체류시간(min)은 약 얼마인가? (단, 응집반응은 1차 반응이고 속도상수 K는 $75day^{-1}$ 이다.)

① 16 ② 25
③ 31 ④ 45

해설 [식] $\ln\left(\dfrac{C_t}{C_0}\right) = -K \cdot t$

$\ln\left(\dfrac{20}{100}\right) = -75 \times t,$

$\therefore t = 0.0214 day \times \dfrac{1440 min}{1 day} = 30.82 min$

25. 플록형성지에 관한 설명으로 옳은 것을 모두 고른 것은?

> ㄱ. 체류시간은 보통 20 ~ 40분이다.
> ㄴ. 우류식 교반에서는 평균 유속은 15 ~ 30cm/s 이다.
> ㄷ. 속도 경사(G)값은 250 ~ 300s⁻¹이다.
> ㄹ. 수심은 3 ~ 4.5m이다.

① ㄱ, ㄴ, ㄷ   ② ㄱ, ㄴ, ㄹ
③ ㄱ, ㄷ, ㄹ   ④ ㄴ, ㄷ, ㄹ

[해설] ㄷ. 속도 경사(G)값은 700 ~ 1000s⁻¹이다. (2과목 "자 테스트" 참고)

26. 전오존처리에 관한 설명 중 옳지 않은 것은?

① 전오존의 접촉시간은 길수록 침전성이 좋아진다.
② 전오존의 접촉시간은 거의 수분 이내에서 반응이 완료된다.
③ 전오존처리는 원수를 대상으로 주입한다.
④ 망간 등을 제거하는데 1 ~ 3분이 요구된다.

[해설] 전오존의 접촉시간이 길수록 침전성은 저하된다.

27. 플록형성지에 관해 옳게 설명한 것을 모두 고른 것은?

> ㄱ. 플록형성지는 혼화지와 침전지 사이에 위치하고 침전지에 붙여서 설치한다.
> ㄴ. 우류식교반에서는 평균유속을 50 ~ 80cm/s를 표준으로 한다.
> ㄷ. 플록형성시간은 계획정수량에 대하여 20 ~ 40분간을 표준으로 한다.
> ㄹ. 기계식교반에서 플록큐레이터의 주변속도는 15 ~ 80cm/s로 한다.

① ㄱ, ㄴ, ㄷ   ② ㄱ, ㄴ, ㄹ
③ ㄱ, ㄷ, ㄹ   ④ ㄴ, ㄷ, ㄹ

[해설] ㄴ. 우류식교반에서는 평균유속을 15 ~ 30cm/s를 표준으로 한다.

28. 정수장에서 사용되는 사이펀에 관한 설명으로 옳지 않은 것은?

① 관수로에서 동수경사선보다 높은 곳을 통해 낮은 곳으로 물을 보내는 관로이다.
② 관로 내에서 부압이 발생하지 않는다.
③ 직경이 유속에 영향을 준다.
④ 관로 하부끝단의 높이는 유량에 영향을 준다.

[해설] 관로 내에서 부압이 발생할 수 있고 하류에서 상류로 역류가 가능해진다. 이 현상을 역사이펀 역류라고 한다.

29. 사이펀(syphon)에 관한 설명으로 옳은 것을 모두 고른 것은?

> ㄱ. 펌프의 일종이다.
> ㄴ. 일종의 관수로이다.
> ㄷ. 관의 일부가 동수경사선보다 위에 있다.
> ㄹ. 만곡부에 부압(－)이 생기는 부분이 있다.

① ㄱ, ㄴ   ② ㄷ, ㄹ
③ ㄱ, ㄴ, ㄷ   ④ ㄴ, ㄷ, ㄹ

정답 25. ② 26. ① 27. ③ 28. ② 29. ④

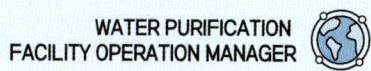

30. 정수장에서 침전지의 제거효율 향상 방법으로 옳은 것을 모두 고른 것은?

> ㄱ. 유량을 크게 한다.
> ㄴ. 2층식(다층식) 또는 경사판 침전지를 사용한다.
> ㄷ. 플록의 침강속도를 크게 한다.
> ㄹ. 표면적 부하율을 크게 한다.

① ㄱ, ㄴ ② ㄱ, ㄷ
③ ㄴ, ㄷ ④ ㄷ, ㄹ

오답해설
ㄱ. 유량을 작게 한다. (또는 유속을 작게 한다.)
ㄹ. 표면적 부하율을 작게 한다.

31. 일반적으로 정수처리시설에서 손실수두가 가장 큰 공정은?

① 응집지 ② 급속여과지
③ 침전지 ④ 정수지

32. 여재 유효경 0.58mm, 여층 두께 65cm인 여과지에서 여과속도는 6m/h이다. 수온이 20°C일 때 여과 시작시점의 단위표면적에 대한 초기손실수두(cm)는 약 얼마인가? (단, 초기손실수두 계산은 Darcy 법칙을 이용하고 투수계수 K는 아래 식으로 결정한다.)

> **식** $K = 124 \times (0.7 + 0.03t)d_e^2$
> • K = 투수계수(cm/s), t = 수온(°C),
> d_e = 여재 유효경(cm)

① 20.0 ② 22.6
③ 24.0 ④ 26.6

해설 식 $V = \dfrac{KI}{n} = K \times (h/L)$ (공극률은 주어지지 않았으므로 생략한다.)

• $K = 124 \times (0.7 + 0.03 \times 20) \times 0.058^2$
  $= 0.5422 cm/\sec$

$\dfrac{600cm}{hr} \times \dfrac{1hr}{3600\sec} = 0.5422 cm/\sec \times (h/65cm)$

∴ $h = 19.98 cm$

정답 30. ③ 31. ② 32. ①

03 CHAPTER 펌프의 운전 및 수리적 특성

UNIT 01 펌프의 운전

1 직렬과 병렬

1) 직렬

① **직렬로 연결해야 하는 경우**
  ㉠ 양정의 변화가 클 때
  ㉡ 양수량의 변화가 작을 때

② **직렬연결의 효과**
  ㉠ 압력수두가 대수와 비례하여 증가한다.
  ㉡ 효율은 단일 펌프일 때와 거의 같다.

2) 병렬

① **병렬로 연결해야 하는 경우**
  ㉠ 양정의 변화가 작을 때
  ㉡ 양수량의 변화가 클 때

② **병렬연결의 효과**
  ㉠ 유량이 대수와 비례하여 증가한다.
  ㉡ 효율은 단일 펌프일 때와 거의 같다.

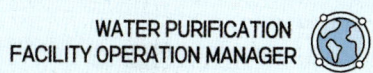

2 계획수량 선정

1) **취수, 송수펌프** : 펌프효율이 높은 운전점에서 정해진 일정한 수량을 양수하는 운전이 가능한 용량과 대수로 선정한다.

① **계획취수량** : 계획 1일 최대급수량
② **계획송수량** : 계획 1일 최대급수량

※ 계획 1일 최대급수량 = 계획 1인1일 최대급수량 × 계획 급수 인구

2) **배수펌프** : 수량의 시간적 변동에 적합한 용량과 대수로 한다.

① **계획배수량** : 계획 시간 최대급수량

3) 펌프의 대수는 계획수량 및 고장 시를 고려하여 펌프에는 예비기가 설치되어야 한다.

4) 배출량이 많고 비교적 고양정이며 효율이 높은 펌프를 선정한다.

UNIT 02 펌프설비

1 펌프의 종류와 특성 – (세부사항 3과목 "펌프설비 참고")

① 원심펌프 (벌류트펌프, 디퓨저펌프(터보형))
② 사류펌프
③ 축류펌프
④ 수중펌프

2 펌프 동력 및 계획수량 산정

1) **펌프의 전양정** : 전양정은 실양정에 부가 설비로 인한 손실수두를 더한 값이다.

$$\boxed{식}\ H = h_a + h_{pv} + h_0$$

- H : 전양정(m)
- h_{pv} : 흡입 및 토출관의 손실수두의 합
- h_a : 실양정(m)
- h_0 : 토출관 말단의 잔류속도수두

① **양정(수두)** : 펌프가 물을 퍼올리는 높이

$$H = \frac{P}{\rho}$$

- H : 양정(수두)
- P : 압력
- ρ : 밀도

② **실양정** : 펌프가 실제로 양수하는 수면간의 높이차

③ **손실수두** : 유체가 이동하는 것을 방해하는 정도

$$h = f \times \frac{L}{D} \times \frac{V^2}{2g}$$

- h : 손실수두(m)
- f : 손실계수
- L : 관 길이
- D : 관 직경
- V : 유속
- g : 중력가속도

2) 비교회전도(N_s)

> 💡 N_s(비교회전도)는 펌프 임펠러의 형상을 나타내는 값(→ 펌프의 형식을 결정)
>
> $$N_s = N \times \frac{Q^{1/2}}{H^{3/4}}$$
>
> - N : 펌프의 규정회전수(회/min)
> - Q : 펌프의 규정토출량(m³/min)
>   ※ 양흡인펌프의 경우 유량의 1/2로 대입한다.
> - H : 펌프의 규정양정(m)
>   ※ 다단펌프의 경우 양정을 단수(n)로 나눠준다.

[펌프의 형식과 비교회전도의 관계]

형식	N_s(비교회전도)
축류펌프	1,100~2,000
사류펌프	700~1,200
원심펌프	100~750

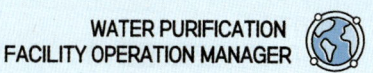

3) 펌프구경 : 펌프의 구경은 유속과 양정 및 비교회전도를 고려하여 정한다.

$$D = 146 \times \left(\frac{Q}{V}\right)^{1/2}$$

- D : 펌프의 흡입구경(mm)
- Q : 펌프의 토출량(m^3/min)
- V : 흡입구의 유속(m/sec)

※ 펌프 흡입구의 유속은 2m/sec를 표준으로 한다.

4) 펌프의 동력

$$P(kW) = \frac{\rho_w \times Q \times H}{102 \times \eta_a \times \eta_b} \text{ (kW 기준)}$$

$$P(HP) = \frac{\rho_w \times Q \times H}{75 \times \eta_a \times \eta_b} \text{ (HP 기준)}$$

- ρ_w : 물의 밀도
- H : 전양정
- η_b : 전동기효율
- Q : 유량
- η_a : 펌프효율

5) 펌프의 상사법칙 : 펌프의 회전수에 유량은 1승에 비례, 양정(수두)는 2승에 비례, 동력(마력)은 3승에 비례한다.

$$Q_2 = Q_1 \times \left(\frac{N_2}{N_1}\right)^1$$

$$H_2 = H_1 \times \left(\frac{N_2}{N_1}\right)^2$$

$$P_2 = P_1 \times \left(\frac{N_2}{N_1}\right)^3$$

3 펌프의 유량제어

① 운전대수제어
② 회전속도제어
③ 밸브개도제어

4 펌프의 장애현상과 대책

1) 공동현상(Cavitation)

펌프내 와류발생 또는 액체의 압력저하로 인해 유효흡인수두[3]의 증가나 가용유효흡인수두가 저하되면 펌프 회전차나 동체 속에 흐르는 압력이 국소적으로 저하되고 그 액체의 포화증기압 이하로 떨어지면서 발생하는 현상으로 회전차의 침식과 소음을 유발하여 펌프성능을 떨어뜨리고 수명을 저하시킨다. 쉽게 말해 펌프안에 물이 아닌 공기방울이 들어가게 되면서 생기는 현상이다.

> **흡입양정과 토출양정**
> - **흡입양정** : 흡입 측 액면부터 펌프 중간까지의 높이
> - **토출양정** : 펌프가 토출할 수 있는 힘을 높이로 나타낸 것

> **대책**
> - 펌프의 회전속도를 낮게 하고 필요한 유효흡입수두를 감소시킨다.
> - 펌프의 설치위치를 낮추어서 가용 유효흡입수두를 증가시킨다.
> - 흡입측 밸브를 완전히 열어 운전한다. (흡입관경을 크게 조정)
> - 동일한 토출량과 동일한 회전속도이면, 일반적으로 양쪽흡인펌프가 한쪽흡인펌프보다 캐비테이션현상에서 유리하다.
> - 임펠러의 침식을 막을 수 있는 강한 재료를 사용한다.
> - 흡입측 손실을 가능한 작게 한다.

> **필요유효흡인수두와 가용유효흡인수두**
> - **필요유효흡인수두** : 현재 물을 이송시키기 위해 요구되는 힘
> - **가용유효흡인수두** : 현재 물을 이송시킬 수 있는 힘
> - **유효흡인수두에 관여하는 인자** : 대기압수두, 임펠러말단부의 속도, 유체의 포화증기압
>
>   [식] 가용유효흡인수두 = 표준대기압에 해당하는 수두 − (흡입높이 + 포화증기압수두 + 손실수두)

2) 서어징

토출량과 토출압이 주기적으로 숨이 찬 것처럼 변동하는 상태를 일으키는 현상으로 펌프 특성 곡선이 산형(H-Q곡선이 오른쪽 상향 구배 특성)에서 발생하며 큰 진동을 발생하는 경우가 있다.

---

[3] 유효흡인수두 : 펌프가 물을 흡인시 요구되는 힘을 높이로 나타낸 것

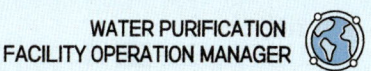

> 💡 **대책**
> - 펌프 회전축에 플라이 휠을 설치한다.
>   ※ 플라이 휠 : 펌프의 토출속도를 서서히 변하게 만들어주는 설비
> - 펌프 토출구 부근에 공기탱크를 두거나 또는 부압 발생지점에 흡기밸브를 설치한다.
> - 잔존공기가 없도록 하여야 한다. (관로를 짧게, 관로를 상하향구배로, 관로의 잔존공기 제거)
> - 회전차나 안내깃의 형상 치수를 바꾸어 그 특성을 변화시킨다.
> - 바이패스관을 사용하여 운전점이 펌프 H-Q곡선이 오른쪽 하향 구배 특성 범위에 있도록 한다.
> - 유량조절밸브를 펌프 토출측 직후에 위치시킨다.

3) 수충격 현상(water hammer, 수격작용)

만관내에 흐르고 있는 물의 속도가 급격히 변화하여 압력변화가 발생하는 현상이다.

> 💡 **대책**
> 1) 부압(수주분리) 발생의 방지법
>   - 토출관로에 압력조절수조를 설치하여 부압발생을 방지하고 압력상승도 흡수한다.
>   - 토출관로에 한방향형 조압수조를 설치하여 부압발생을 방지한다.
>   - 토출관로에 표준형 조압수조를 설치한다.
>   - 펌프 토출구 부근에 공기탱크를 두거나 또는 부압 발생지점에 흡기밸브를 설치한다.
>   - 플라이휠을 설치한다. (부압발생 방지)
> 2) 압력상승 경감방법
>   - 체크밸브를 설치한다. (완폐식, 급폐식)
>   ※ 체크밸브 : 유입수를 펌프 앞단에서 차단해주는 장치
>   - 콘밸브 또는 니들밸브나 볼밸브의 개도를 제어하여 압력상승을 억제
> 3) 그 외의 방법
>   - 관내유속 및 관내상황을 조절한다. (관내유속을 감소)

> 💡 **수격작용 시 압력파 전파속도 계산**
>
> 식 압력파 전파속도 $(a) = \dfrac{1}{\sqrt{\dfrac{1}{K} + \dfrac{D}{eE}}} \cdot \sqrt{\rho}$
>
> - K : 체적탄성계수
> - D : 관의 내경
> - e : 관의 두께
> - E : 관 재료의 탄성계수
> - ρ : 물의 밀도

4) 펌프 양수불능 상태의 원인

① **실양정 과대** : 펌프의 밀어올리는 힘이 부족하여 물이 역류하게 되고 역류를 체크밸브로 막았다고 하더라도 차단 운전상태가 된다.

② **특성이 다른 펌프의 병렬운전** : 다른 펌프의 토출량/토출압력이 더 강할 경우 토출이 약한 펌프는 무송수상태가 된다.

③ **체절점에 가까운 소 토출량으로의 운전** : 양수량이 적으면 케이싱 내에 공기가 차차 고이게 되어 나중에는 무수(물이 없음) 운전으로 되어서 양수를 못하게 된다.

④ **역회전** : 전원의 결선불량 등에 의해 회전 방향이 반대로 되는 경우에 양수를 못하게 될 경우가 있다.

⑤ **흡입관의 부적합** : 흡입측에서 공기가 침입하거나 관내에 공기가 고여서 양수를 못하게 될 수 있다.

⑥ **캐비테이션(공동현상)** : 유효 흡입수두 부족에 의해 캐비테이션이 발생하면 양수불능이 될 수 있다.

UNIT 03 수리적 특성

1 펌프형식에 관한 특성곡선 : 토출량, 양정, 효율, 동력간의 관계곡선이다.

1) 양정곡선 : 펌프 유량 대비 양정(m)

토출량(유량)이 증가하면 전양정은 감소하고 토출량(유량)이 감소하면 전양정은 증가한다. (일반적 특성)

2) 동력곡선 : 펌프 유량 대비 동력(kW)

토출량(유량)과 동력은 비례

3) 효율곡선 : 펌프 유량 대비 효율(%)

토출량(유량) 증가에 따라 효율은 상승하다가 일정 유량을 초과하면 효율은 감소한다.

4) 펌프 운전점 : 펌프의 운전점은 H-Q(양정-유량)곡선과 관로저항곡선의 교점(A)이 운전점이 된다.

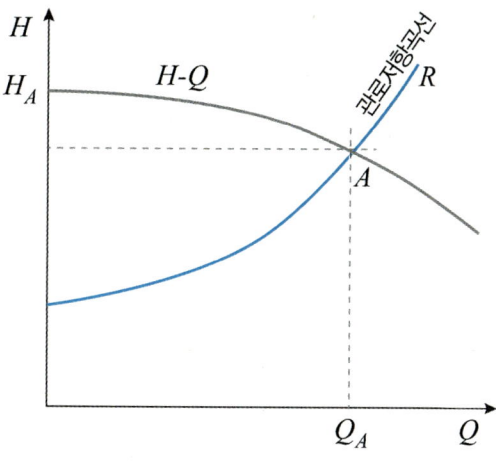

[운전점의 결정]

CHAPTER 03 펌프의 운전 및 수리적 특성

01. 어느 펌프의 정격 운전 중 펌프 전후 A, B 지점의 압력수두가 각각 −3.5m 및 40m이고 두 지점간의 수직거리가 50cm일 때, 이 펌프의 전 양정(m)은? (단, 흡입관과 송출관의 직경은 같다.)

① 32 ② 37
③ 44 ④ 51

해설 손실수두에 대한 인자가 주어지지 않았음으로 수두의 합이 전양정이 된다.
식 $H = h_a + h_{pv} + h_0$
∴ $H = (40 - (-3.5)) + 0.5 = 44m$

02. 긴 관로의 밸브를 갑자기 폐쇄시키면 관속의 압력이 정상적인 정수압보다 몇 배나 큰 압력상승이 일어날 수 있는 현상은?

① 수격현상 ② 공동현상
③ 도수현상 ④ 모세관현상

03. 서징(surging)현상에 관한 설명으로 옳지 않은 것은?

① 수량조절 밸브가 저장탱크 뒤쪽에 있을 때 발생한다.
② 펌프의 양정곡선이 우향 상승구배일 때 발생한다.
③ 배관 중에 수조가 있거나 또는 기상 부분이 있을 때 발생한다.
④ 펌프의 양정곡선이 하강부에서 운전할 때 발생한다.

해설 펌프의 양정곡선이 상향부(상향 구배)에서 운전할 때 발생한다.

04. 캐비테이션을 방지하기 위한 대책으로 옳지 않은 것은?

① 펌프의 설치 위치를 가능한 한 낮춘다.
② 양쪽흡입 펌프를 사용한다.
③ 펌프의 회전수를 높게 한다.
④ 흡입측 밸브를 완전히 개방한다.

해설 펌프의 회전수를 낮게 하여야 한다.

05. 펌프의 비속도를 구하는 식은? (단, N_s : 비속도, N : 펌프의 회전수, Q : 최고 효율점의 양수량, H : 최고 효율점의 전양정이다.)

① $N_s = N \times \dfrac{Q^{1/2}}{H^{3/4}}$ ② $N_s = N \times \dfrac{Q^{1/2}}{H^{4/3}}$

③ $N_s = N \times \dfrac{Q^{3/4}}{H^{1/2}}$ ④ $N_s = N \times \dfrac{Q^{4/3}}{H^{1/2}}$

06. 수격현상의 방지법으로 옳지 않은 것은?

① 펌프의 급정지를 피한다.
② 압력조정수조를 설치한다.
③ 펌프의 토출구 부근에 공기밸브를 설치한다.
④ 관내유속을 증가시킨다.

해설 관내유속을 감소시켜야 한다.

정답 01. ③ 02. ① 03. ④ 04. ③ 05. ① 06. ④

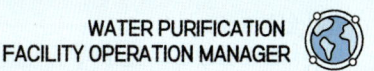

07. 펌프를 조합하여 사용할 경우 펌프의 운용에 관한 설명으로 옳은 것은?

① 관로에서 펌프가 병렬 연결되어 있을 경우 유량과 압력수두가 증가한다.
② 펌프를 병렬로 2개 연결할 경우 유량은 2배 이상 증가한다.
③ 펌프를 직렬 연결할 경우 압력은 증가하나 유량은 단일 펌프와 거의 같다.
④ 펌프를 병렬 연결할 경우 단일펌프일 경우보다 효율이 높다.

[해설] ③항만 올바르다.
[오답해설]
① 관로에서 펌프가 병렬 연결되어 있을 경우 유량만 증가한다.
② 펌프를 병렬로 2개 연결할 경우 유량은 최대 2배 증가한다.
④ 펌프를 병렬 연결할 경우 단일펌프일 경우와 효율이 거의 같다.

08. 소요되는 유량이나 양정이 일정하지 않고 크게 변동할 때 사용되는 2대 펌프의 연합운전에 관한 설명으로 옳지 않은 것은?

① 동일특성을 가진 펌프 2대를 병렬로 연결할 때 압력수두의 증가는 최대 $\sqrt{2}$ 배이다.
② 동일특성을 가진 펌프 2대를 병렬로 연결할 때 유출량의 증가는 최대 2배이다.
③ 동일특성을 가진 펌프 2대를 직렬로 연결할 때 압력수두의 증가는 최대 2배이다.
④ 직렬 또는 병렬 연결 운전하는 두 펌프의 효율은 단일펌프일 때와 거의 같다.

[해설] 동일특성을 가진 펌프 2대를 병렬로 연결할 때 압력수두의 증가는 최대 2배이다.

09. 펌프를 직렬로 연결해야 하는 경우로 가장 적합한 것은?

① 양정의 변화가 크고 양수량의 변화가 작은 경우
② 양정의 변화가 작고 양수량의 변화가 큰 경우
③ 양수량이 일정한 경우
④ 실양정이 낮은 경우

10. 펌프의 유효흡입수두와 관련이 있는 항목을 모두 고른 것은?

> ㄱ. 대기압수두
> ㄴ. 임펠러말단부의 속도
> ㄷ. 흡입 및 토출부 관경
> ㄹ. 유체의 포화증기압

① ㄱ, ㄴ, ㄷ　　② ㄱ, ㄴ, ㄹ
③ ㄱ, ㄷ, ㄹ　　④ ㄴ, ㄷ, ㄹ

11. 축류펌프에 관한 설명으로 옳은 것을 모두 고른 것은?

> ㄱ. 회전차의 회전수가 터빈펌프보다 빠르다.
> ㄴ. 벌류트펌프보다 흡입성능이 낮고 효율 폭이 좁다.
> ㄷ. 벌류트펌프보다 캐비테이션이 비교적 적게 일어난다.
> ㄹ. 흡입성능이 사류펌프보다 우수하다.

① ㄱ, ㄴ　　② ㄱ, ㄷ
③ ㄴ, ㄷ　　④ ㄴ, ㄹ

[해설] ㄷ. 벌류트펌프보다 캐비테이션이 비교적 많이 일어난다.
ㄹ. 흡입성능이 사류펌프, 원심펌프보다 낮다.

 정답　07. ③　08. ①　09. ①　10. ②　11. ①

12. 흡입구경과 토출구경이 동일한 펌프로 유속 2.1 m/sec, 양수량 8.4m³/min을 토출할 때, 펌프 흡입관의 최소구경(mm)은 약 얼마인가?

① 272 ② 282
③ 292 ④ 302

해설 **식** $A = \dfrac{Q}{V}$

$A = \dfrac{Q}{V} = \dfrac{8.4 m^3}{\min} \times \dfrac{\sec}{2.1 m} \times \dfrac{1 \min}{60 \sec} = 0.0666 m^2$

$\therefore D = \sqrt{A \times \dfrac{4}{\pi}} = \sqrt{0.0666 \times \dfrac{4}{\pi}}$
$= 0.2912 m = 291.2 mm$

13. 직경 300mm, 길이 100m의 원형직관을 사용하여 물을 20m 높이에 양수하기 위한 펌프의 소요동력(HP)은 약 얼마인가? (단, 유량은 0.15m³/sec, 마찰손실계수는 0.0268, 펌프 효율은 75%이고, 손실수두는 원형직관에서의 마찰손실수두만 고려한다.)

① 80 ② 75
③ 58 ④ 63

해설 **식** $P(HP) = \dfrac{\rho_w \times Q \times H}{75 \times \eta_a \times \eta_b}$

• $H = h_a + h_{pv}$
$= 20 + \left(0.0268 \times \dfrac{100}{0.3} \times \dfrac{(0.15 \times 4/\pi \times 0.3^2)^2}{2 \times 9.8}\right)$
$= 22.0524 m$

$\therefore P(HP) = \dfrac{1,000 \times 0.15 \times 22.0524}{75 \times 0.75} = 58.81 HP$

14. 취수탑에서 30m 높이의 도수로까지 매분 5m³의 원수를 효율 90%의 펌프로 양수할 때 펌프의 소요동력(kW)은 약 얼마인가?

① 22.0 ② 27.2
③ 30.0 ④ 37.2

해설 **식** $P(HP) = \dfrac{\rho_w \times Q \times H}{102 \times \eta_a \times \eta_b}$

$\therefore P(HP) = \dfrac{1,000 \times (5/60) \times 30}{102 \times 0.9} = 27.23 HP$

15. 양수량 10m³/sec, 총양정 3m, 회전속도 1000rpm의 성능이 필요할 때 가장 적합한 펌프는?

① 터빈펌프 ② 벌류트펌프
③ 사류펌프 ④ 축류펌프

해설 **식** $N_s = N \times \dfrac{Q^{1/2}}{H^{3/4}}$

$\therefore N_s = 1,000 \times \dfrac{10^{1/2}}{3^{3/4}} = 1,387.26 rpm$

$\therefore$ 비교회전도가 1,100 이상이므로 축류펌프가 가장 적합하다.

[펌프의 형식과 비교회전도의 관계]

형식	N_s(비교회전도)
축류펌프	1,100~2,000
사류펌프	700~1,200
원심펌프	100~750

16. 펌프 동력에 관한 설명으로 옳지 않은 것은?

① 차원은 MLT^{-1}이다.
② 단위는 kW이다.
③ 단위는 HP이다.
④ 단위시간에 사용하는 에너지의 양이다.

정답 12. ③ 13. ③ 14. ② 15. ④ 16. ①

해설 차원은 ML^2T^{-3}이다.

17. 수격작용을 방지하기 위한 주된 방법에는 부압발생 방지방법과 압력상승 경감방법이 있다. 다음 중 부압발생 방지방법으로 가장 효율적인 것은?

   ① 완폐식 체크밸브에 의한 방법
   ② 급폐식 체크밸브에 의한 방법
   ③ 콘밸브에 의한 방법
   ④ 플라이휠(fly-wheel)설치에 의한 방법

   해설 ④항을 제외한 나머지 보기는 압력상승 경감방법에 해당한다.

18. 펌프 선정 시 고려사항으로 옳지 않은 것은?

   ① 배수펌프의 용량은 계획일최대배수량을 기준으로 결정한다.
   ② 계획흡입양정에서 캐비테이션이 발생하지 않아야 한다.
   ③ 하천수나 지하수를 취수하여 착수정까지 양수하기 위해 취수펌프를 선정한다.
   ④ 계획토출량 및 전양정을 만족하고 운전범위 내에서 효율이 높아야 한다.

   해설 배수펌프의 용량은 계획시간최대배수량을 기준으로 결정한다.

19. 펌프형식에 관한 특성곡선이 아닌 것은?

   ① 양정곡선   ② 마찰손실곡선
   ③ 축동력곡선   ④ 효율곡선

   해설 펌프형식에 관한 특성곡선 : 양정곡선, 축동력곡선, 효율곡선

20. 펌프의 구경에 관한 설명으로 옳은 것은?

   ① 펌프의 구경은 토출량에 반비례한다.
   ② 압축사류펌프 및 수중모터펌프인 경우에는 흡입구경으로 나타낸다.
   ③ 펌프 흡입구의 유속은 2.0m/sec를 표준으로 한다.
   ④ 펌프의 구경은 유속에 비례한다.

21. 펌프가 정지하였을 때에도 펌프흡입관로의 만수상태를 유지시키기 위하여 펌프설비의 흡입측 수직배관 끝에 설치하는 밸브는?

   ① 스톱밸브(stop valve)
   ② 공기밸브(air valve)
   ③ 안전밸브(safety valve)
   ④ 풋밸브(foot valve)

22. 수격작용을 방지하기 위한 방법으로 옳지 않은 것은?

   ① 흡입측 관로에 표준형 조압수조(surge tank)를 설치한다.
   ② 펌프에 플라이 휠(fly-wheel)을 붙인다.
   ③ 압력수조(air-chamber)를 설치한다.
   ④ 완폐식 체크밸브(check valve)를 설치한다.

   해설 토출측 관로에 표준형 조압수조(surge tank)를 설치한다.

정답 17. ④ 18. ① 19. ② 20. ③ 21. ④ 22. ①

23. 펌프의 비속도(비교회전도, N_s)에 관한 설명으로 옳은 것은?

① 비속도를 구하는 공식은 $N_S = N \times \dfrac{Q^{3/4}}{H^{1/2}}$

(N은 pump 회전수, Q는 토출량, H는 전양정)이다.
② 비속도가 클수록 펌프의 형식은 볼류트 펌프(volute pump)에 가깝다.
③ 비속도가 작을수록 고양정, 저유량 조건에 적합하다.
④ 비속도가 작을수록 임펠러 외경에 대한 임펠러 폭이 넓어진다.

해설 ③항만 올바르다. 비속도가 작을수록 고양정, 저유량에 적합하고 비속도가 클수록 저양정, 고유량 조건에 적합하다.

오답해설

① 비속도를 구하는 공식은 $N_S = N \times \dfrac{Q^{1/2}}{H^{3/4}}$

(N은 pump 회전수, Q는 토출량, H는 전양정)이다.
② 비속도가 클수록 펌프의 형식은 축류펌프에 가깝다. (비속도가 작을수록 볼류트(원심)펌프에 가깝다.)
④ 비속도가 작을수록 임펠러 외경에 대한 임펠러 폭이 좁아진다.

24. 축류 펌프의 설명으로 옳은 것은?

① 가장 많이 사용되는 펌프로 임펠러 회전에 의해 발생하는 원심력을 물의 토출력으로 전환시키는 펌프이다.
② 안내날개의 여부에 따라 터빈 펌프와 벌류트(volute) 펌프로 구분된다.
③ 임펠러의 원심력과 압출력에 의해 축 방향으로 유입한 물을 경사방향으로 토출한다.
④ 원심력이 아닌 임펠러의 압출력에 의해 물을 축 방향으로 토출한다.

해설 ①, ②, ③항은 원심펌프에 대한 설명이다.

25. 회전수가 800rpm인 원심력 펌프의 양수량이 $0.4m^3/s$이고, 펌프수두가 10m이다. 회전수 600rpm으로 이 펌프를 운전할 때, 양수량과 펌프수두는 약 얼마인가?

① $0.3m^3/s$, 5.63m   ② $0.3m^3/s$, 6.00m
③ $0.6m^3/s$, 5.63m   ④ $0.6m^3/s$, 6.00m

해설 식 $Q_2 = Q_1 \times \left(\dfrac{N_2}{N_1}\right)^1 = 0.4 \times \left(\dfrac{600}{800}\right)^1 = 0.3 m^3/\sec$

식 $H_2 = H_1 \times \left(\dfrac{N_2}{N_1}\right)^2 = 10 \times \left(\dfrac{600}{800}\right)^2 = 5.625m$

26. 펌프의 유량제어 방식으로 옳지 않은 것은?

① 회전속도 제어   ② 운전대수 제어
③ 밸브개도 제어   ④ 원격계량 제어

해설 펌프의 유량제어 방식 : 회전속도 제어, 운전대수 제어, 밸브개도 제어

27. 펌프 운용 시 공동현상(cavitation) 발생과 관련한 설명으로 옳지 않은 것은?

① 펌프 공동현상의 발생은 펌프의 효율을 저하시킨다.
② 유체가 포화증기압 아래로 압력이 떨어져 부압이 형성되면 발생한다.
③ 펌프 공동현상의 발생은 수력기계 손상의 원인이 된다.
④ 펌프 공동현상의 발생을 방지하기 위하여 유효흡입수두는 상관치 않아도 된다.

해설 펌프 공동현상의 발생을 방지하기 위하여 가용유효흡입수두는 크게 하고 필요유효흡인수두는 작게 하여야 한다.

정답 23. ③ 24. ④ 25. ① 26. ④ 27. ④

28. 펌프의 특성 곡선에 관계되는 사항으로 옳은 것은?

① 펌프 마력, 축동력간의 관계곡선이다.
② 펌프 토출량, 양정, 효율간의 관계곡선이다.
③ 펌프 효율, 수두간의 관계곡선이다.
④ 펌프 토출구경, 양수량간의 관계곡선이다.

29. 펌프 특성곡선과 운전에 관한 설명으로 옳지 않은 것은?

① 비교회전도가 작은 펌프는 적은 유량으로 높은 양정고를 발생시킨다.
② 펌프운전점은 펌프의 양정용량곡선과 펌프 효율곡선의 교점을 말한다.
③ 펌프 특성곡선이란 양정, 효율, 축동력이 펌프용량에 따라 변하는 관계를 나타낸 곡선이다.
④ 펌프의 실양정은 전양정에서 각종 손실수두를 뺀 값이다.

해설 펌프운전점은 펌프의 양정용량(H-Q)곡선과 관로저항곡선의 교점을 말한다.

30. 펌프의 양정에 관한 설명 중 옳지 않은 것은?

① 펌프의 토출수면과 흡입수면과의 차이를 실양정이라고 한다.
② 실양정은 전양정에서 각종의 관로에서 생기는 손실수두를 합한 것을 말한다.
③ 전양정은 실양정과 흡입관, 토출관 및 밸브 등의 손실수두를 고려하여 정한다.
④ 펌프가 규정유량을 흡입수면에서 토출수면으로 양수하기 위해서는 실양정보다 큰 에너지가 필요하다.

해설 실양정은 전양정에서 각종의 관로에서 생기는 손실수두를 뺀 것을 말한다.

31. 펌프 운전 중 공동현상(cavitation)이 발생되지 않을 조건을 구하는 방법으로 옳은 것은?

① 이용 가능한 유효흡입수두는 표준대기압에 해당하는 수두에 흡입 높이, 수온에 상당하는 포화 증기압수두, 흡입구 및 흡입관 총손실수두의 합을 더해 구한다.
② 이용 가능한 유효흡입수두는 1.3배의 펌프가 필요로 하는 유효흡입수두보다 작으면 된다.
③ 이용 가능한 유효흡입수두는 표준대기압에 해당하는 수두에서 흡입 높이, 수온에 상당하는 포화증기압수두, 흡입구 및 흡입관 총손실수두의 합을 빼서 구한다.
④ 흡입구와 흡입관의 총손실수두 계산에는 입구 손실수두계수와 만곡손실계수만 고려하면 된다.

32. 펌프시설계획에서 고려해야 할 내용으로 옳지 않은 것은?

① 수량 변화가 큰 경우, 회전속도제어 등에 의하여 토출량을 제어한다.
② 유지관리상 대수는 가능하면 적게 하고 동일한 용량의 것을 사용한다.
③ 펌프는 가능하면 최고 효율점 부근에서 운전하도록 용량과 대수를 정한다.
④ 펌프는 용량이 작을수록 효율이 높으므로 가능하면 소용량의 것으로 한다.

해설 펌프는 용량이 클수록 효율이 높으므로 가능하면 대용량의 것으로 한다.

정답 28. ② 29. ② 30. ② 31. ③ 32. ④

온라인 교육의 명품브랜드 www.edupd.com
에듀피디 EDUPD

알기 쉽게 풀어쓴 **정수시설운영관리사** 1차

알기 쉽게 풀어쓴 정수시설운영관리사 1차

부록

최신기출문제

문 제 편

01 [1급] 제36회 정수시설운영관리사 1차

02 [1급] 제37회 정수시설운영관리사 1차

03 [2급] 제36회 정수시설운영관리사 1차

04 [2급] 제37회 정수시설운영관리사 1차

05 [3급] 제36회 정수시설운영관리사 1차

06 [3급] 제37회 정수시설운영관리사 1차

[1급] 2024년 제36회 정수시설운영관리사 1차

1과목 수처리공정

01. 응집제에 관한 설명으로 옳지 않은 것은?

① 황산알루미늄(alum)은 취급이 용이한 액체가 많이 사용된다.
② 폴리아크릴아미드계 응집제는 정수처리에 사용하는 것이 바람직하지 않다.
③ 고탁도나 저수온기에는 철염계 응집제를 사용하는 것이 바람직하다.
④ 폴리염화알루미늄(PACl)은 황산알루미늄보다 적정 주입 pH의 범위가 넓다.

02. 유량이 50,000m³/d이고, 표면부하율은 24m³/m²·d이며, 체류시간이 6시간일 때, 침전지의 깊이(m)는? (단, 깊이와 폭의 비는 2 : 1이다.)

① 3 ② 6
③ 9 ④ 12

03. 급속혼화시설에 관한 설명으로 옳은 것은?

① 파이프격자식은 응집제 주입 후 급속혼화장치를 설치한다.
② 기계식 혼화는 정수장에서 가장 많이 사용되고 있는 혼화방식이다.
③ 인라인고정식의 일반적인 설계기준은 G=300s⁻¹, 혼화시간은 10~30초이다.
④ 수류식은 모형실험에 사용하고 실제 설계에는 고려하지 않는 것이 좋다.

04. 급속여과지에 관한 설명으로 옳은 것을 모두 고른 것은?

> ㄱ. 단층 여과 속도: 120~150m/d
> ㄴ. 여과지 1지의 여과면적: 300m² 이상
> ㄷ. 형상: 정사각형이 표준
> ㄹ. 여과지 수: 예비지를 포함하여 2지 이상

① ㄱ, ㄷ ② ㄱ, ㄹ
③ ㄴ, ㄷ ④ ㄴ, ㄹ

05. 급속여과지의 여과용 자갈에 관한 설명으로 옳은 것은?

① 자갈의 형상은 최장축이 최단축의 5배 이하인 것이 중량비로 1% 이하일 것
② 염산가용률은 5% 이상일 것
③ 비중은 표면건조상태로 2 이하일 것
④ 세척탁도는 30NTU 이하로 할 것

06. 급속여과지의 세척에 관한 설명으로 옳은 것은?

① 역세척은 염소가 잔류하고 있는 정수를 사용할 수 없다.
② 유효경 0.6mm, 균등계수 1.3인 모래층에서는 수온 20℃인 경우 역세척속도가 약 0.1m/분이면 팽창되기 시작한다.
③ 부착된 탁질의 박리나 분리는 여과층을 20~30% 팽창시켰을 때 가장 효과적이다.
④ 동일한 역세척률에서 여름철에는 여층팽창률이 겨울의 2배 정도가 된다.

07. 역세척설비에서 트로프에 관한 설명으로 옳지 않은 것은?

① 트로프의 크기는 최대배출수량에 약 10% 여유를 둔 수량을 배출할 수 있어야 한다.
② 세척할 때에 월류하는 트로프 상단의 간격은 1.5m 이하로 한다.
③ 트로프의 크기는 트로프의 상단에서 완전히 월류하는 상태가 유지되는 용량이어야 한다.
④ 트로프의 상단은 완전히 수평으로 동일한 높이로 견고하게 설치한다.

08. 전염소 또는 중간염소처리와 처리대상물질 간의 연결로 옳지 않은 것은?

① 중간염소처리 – 철과 망간
② 전염소처리 – 마이크로시스티스(Microcystis)
③ 전염소처리 – 멜로시라(Melorsira), 시네드라(Synedra)
④ 중간염소처리 – 부식질(humic substance)

09. 자외선 소독장치에 관한 설명이다. ( )에 들어갈 내용을 순서대로 나열한 것은?

> 자외선 소독장치의 장치능력은 ( )에 의하여 정하며, 자외선투과율은 ( )% 이상을 표준으로 한다.

① 일평균급수량, 50
② 일평균급수량, 70
③ 일최대급수량, 50
④ 일최대급수량, 70

10. 정수지에 관한 설명으로 옳지 않은 것은?

① 여과수량과 송수량의 변동을 조절하고 완화하는 기능을 한다.
② 유효용량은 최소 1시간분을 표준으로 한다.
③ 장폭비는 실제 물흐름 길이(L)와 물흐름 폭(W)의 비를 의미한다.
④ 염소접촉조의 지아디아 불활성화는 1mg/L의 유리잔류염소일 때 최소 30분의 순접촉시간을 가져야 한다.

11. 추적자 실험에서 추적자 선택 시 고려되어야 할 요건을 모두 고른 것은?

> ㄱ. 반응성이 없을 것
> ㄴ. 투입과 검출(측정)이 용이할 것
> ㄷ. 저렴하고 다루기 용이할 것
> ㄹ. 원수 중에 포함되어 있을 것

① ㄱ, ㄴ, ㄷ
② ㄱ, ㄴ, ㄹ
③ ㄱ, ㄷ, ㄹ
④ ㄴ, ㄷ, ㄹ

12. 잔류농도 1.0mg/L인 염소소독 공정에서 5분 만에 90.0%의 세균이 살균된다면 99.0% 살균을 위하여 필요한 시간(min)은? (단, 세균의 사멸은 Chick의 법칙에 따른다.)

① 8
② 10
③ 12
④ 15

13. 염소가스 저장시설에 설치하는 제해설비에 관한 설명으로 옳지 않은 것은?

① 제해설비는 염소가스 누출로 인한 중독을 방지하기 위해 설치한다.
② 저장량 1,000kg 미만의 시설에서는 중화 및 흡수용 제해제를 상비한다.
③ 중화반응탑은 충전탑식, 회전흡수방식, 경사판방식이 있다.
④ 중화제는 일반적으로 탄산나트륨이 사용된다.

14. 액화염소 주입설비에 관한 설명으로 옳은 것은?

   ① 사용량이 20kg/h 이상인 시설에는 원칙적으로 기화기를 설치한다.
   ② 염소주입기실은 가능한 주입지점에서 멀게 설치하여 사고의 위험을 방지한다.
   ③ 염소주입기실은 가능한 주입점의 수위보다 낮은 실내에 설치한다.
   ④ 염소주입기실은 한랭시에도 실내온도를 항상 20℃ 이상으로 유지되도록 한다.

15. 배출수 처리공정에 관한 설명으로 옳은 것은?

   ① 역세척배출수의 침전 상징수는 착수정으로 직접 반송하지 못한다.
   ② 침전지슬러지와 여과지의 역세척배출수는 병합하여 처리해야 한다.
   ③ 침전지슬러지와 입상활성탄흡착지의 역세척배출수는 구분하여 처리해야 한다.
   ④ 침전지슬러지 농축조의 상징수는 재활용하는 경우에는 착수정으로 직접 반송한다.

16. 배슬러지지를 개선한 폭기공정에서 망간농도 저감에 관한 설명으로 옳은 것은?

   ① 망간은 공급된 환원과정을 거치면서 제거된다.
   ② 망간이 문제가 되는 시기는 동절기이다.
   ③ pH를 5~6으로 낮추면 장시간 망간용출을 제어할 수 있다.
   ④ 망간제거효율은 유기물량 등에 의존한다.

17. 입상활성탄의 맛·냄새물질에 관한 설명으로 옳지 않은 것은?

   ① 지오스민은 저분자 자연유기물질(NOM)과 직접적인 경쟁관계에 있다.
   ② 분자량 600 정도의 유기물들은 세공막힘 현상을 일으킨다.
   ③ 활성탄세공 내에서는 농도차이에 따라 흡착과 탈착이 반복된다.
   ④ 동절기의 지오스민은 하절기의 2-MIB보다 제거하기가 쉽다.

18. 해수담수화 공정에서 역삼투 막모듈의 세척에 관한 설명으로 옳지 않은 것은?

   ① 장기간 운전정지시 과망간산나트륨용액을 사용하여 보관한다.
   ② 고속류의 저압플러싱(0.2~2MPa)과 약품세척 등을 조합하는 방식이 일반적이다.
   ③ 약품세척액은 일반적으로 1~2% 정도의 구연산이 사용된다.
   ④ 막세척은 막차압이 200kPa 정도 이상일 때 실시한다.

19. 막오염의 부착층 중 케이크층에 관한 설명으로 옳은 것은?

   ① 현탁물질이 막 면상에 축적되어 형성되는 층이다.
   ② 막면에 형성된 겔(gel)상의 비유동성층이다.
   ③ 난용해성 물질이 용해도를 초과하여 막면에 석출된 층이다.
   ④ 흡착성이 큰 물질이 막 면상에 흡착되어 형성된 층이다.

20. 오존 기반 고도산화공정(AOP)에 관한 설명이다. ( )에 들어갈 내용을 순서대로 나열한 것은?

   > 오존으로부터 ( )라디칼의 생성을 향상시키기 위해 과산화수소를 주입하거나(O_3/H_2O_2, PEROXONE), 주파장이 ( )nm인 자외선을 조사하는 방법(O_3/UV)이 대표적이다.

   ① O, 254 ② O, 452
   ③ OH, 254 ④ OH, 452

2과목 수질분석 및 관리

21. 먹는물수질공정시험기준상 총칙에 관한 내용으로 옳지 않은 것은?

① 공정시험기준 이외의 방법이라도 측정결과가 같거나 그 이상의 정확도가 있다고 국·내외에서 공인된 방법은 이를 사용할 수 있다.
② 표준온도는 25℃, 상온은 1℃ ~ 35℃, 실온은 15℃ ~ 25℃를 뜻한다.
③ 표준원액과 표준용액의 농도계수를 보정하는 시약은 특급을 쓴다.
④ 열수는 약 100℃를 말한다.

22. 먹는물수질공정시험기준상 시안시험용 시료의 시료 채취 및 보존방법으로 옳은 것을 모두 고른 것은?

> ㄱ. 미리 정제수로 잘 씻은 유리용기 또는 폴리에틸렌 병에 시료를 채취한다.
> ㄴ. 시료를 채취하고 곧 입상의 수산화나트륨을 넣어 pH 12 이상의 알칼리성으로 하고 냉암소에 보관한다.
> ㄷ. 최대 보관기간은 28일이며 가능한 한 즉시 시험한다.
> ㄹ. 잔류염소를 함유한 경우에는 채취 후 곧 티오황산나트륨용액을 넣어 잔류염소를 제거한다.

① ㄱ, ㄴ ② ㄱ, ㄹ
③ ㄴ, ㄷ ④ ㄷ, ㄹ

23. 수질오염공정시험기준상 클로로필a 시료의 보존방법으로 옳지 않은 것은?

① 시료를 즉시 여과할 수 없다면 시료를 빛이 차단된 암소에서 4℃ 이하로 냉장하여 보관한다.
② 냉장 보관된 시료는 채수 후 24시간 이내에 여과하여야 한다.
③ 시료를 즉시 여과하여 여과한 여과지는 건조하여 찬 곳에서 보관한다.
④ 여과한 여과지는 상온에서 3시간까지 보관할 수 있으며 냉동 보관시에는 25일까지 가능하다.

24. 먹는물수질공정시험기준상 탁도의 정량한계로 옳은 것은?

① 0.01 NTU ② 0.02 NTU
③ 0.03 NTU ④ 0.05 NTU

25. 먹는물수질공정시험기준상 적정법으로 염소이온을 측정한 결과가 다음과 같을 때 염소이온의 농도(mg/L)는?

> ○ 시료량 : 100mL
> ○ 소비된 질산은용액(0.01M)의 부피 : 6.5mL
> ○ 바탕시험에 소비된 질산은용액(0.01M)의 부피 : 0.5mL
> ○ 질산은용액(0.01M)의 농도계수 : 1

① 21.3 ② 30.8
③ 42.5 ④ 55.1

26. 먹는물 수질감시항목 운영 등에 관한 고시상 나이트로사민류 측정에 관한 설명으로 옳지 않은 것은?

① 시설용량 50,000톤/일 이상인 정수장의 나이트로사민류 분석주기는 1회/분기이다.
② 먹는물 중에 N-나이트로소디메틸아민(NDMA), N-나이트로소디에틸아민(NDEA)을 측정한다.
③ 잔류염소를 포함하고 있는 경우는 티오황산나트륨을 넣어 잔류염소를 제거한다.
④ 먹는물 중에 질소계 소독부산물인 나이트로사민류를 액체크로마토그래프-질량분석기로 분석하는 방법이다.

27. 먹는물 수질감시항목 운영 등에 관한 고시상 라돈(Radon)에 관한 설명으로 옳지 않은 것은?

① 먹는물, 샘물 및 염지하수 등의 라돈을 액체섬광계수기를 사용하여 측정한다.
② 보정된 표준물질에 비해 시료의 성상이 크게 다를 경우 측정효율의 차이가 발생할 수 있다.
③ 물 시료와 칵테일 용액이 혼합된 시료는 햇빛에 의해 측정값을 감소시킬 수 있기 때문에 암소에서 보관해야 한다.
④ 최종결과는 국제표준단위인 Bq/L로 표기한다.

28. 소독제 접촉시간 산정을 위한 정수지와 환산계수에 관한 설명으로 옳은 것을 모두 고른 것은?

> ㄱ. 전통적으로 정수지는 단락류 등으로 수리학적 체류시간의 20% 정도만 인정하고 있다.
> ㄴ. 관 흐름(pipeline flow)인 경우의 환산계수는 1.0으로 한다.
> ㄷ. 일정간격으로 도류벽이 설치되지 않은 경우 추적자 시험결과에 따라 환산계수를 산출한다.
> ㄹ. 장폭비가 40 이하인 경우에는 추적자 시험에 의해 정수지 체류시간을 산출한다.

① ㄱ, ㄴ ② ㄱ, ㄹ
③ ㄴ, ㄷ ④ ㄷ, ㄹ

29. 정수처리공정 진단을 위한 추적자 시험에 관한 설명이다. 설명된 추적물질로 옳은 것은?

> ○ 공기 중에서 수분을 즉시 흡수한다.
> ○ 사용전에 건조 후 계량한다.
> ○ 비용이 고가이며 현장 on-line 분석이 불가하다.

① Sodium ② Lithium
③ Fluoride ④ Rhodamine WT

30. 여과지에서 탁도 감시기능의 강화를 위하여 활용할 수 있는 수질계측기로 옳은 것은?

① 입자계수기 ② 전기전도도계
③ 알칼리도계 ④ TOC측정기

31. 수돗물 생산량이 5,000m^3/h인 정수장에서 염소주입량이 300kg/d이고, 정수지 유출지점의 잔류염소 농도가 0.8mg/L일 때, 염소요구량(mg/L)은?

① 1.5 ② 1.7
③ 2.0 ④ 2.5

32. 수처리제의 기준과 규격 및 표시기준상 입상활성탄 성분규격 기준으로 옳지 않은 것은?

① 페놀가 : 25 이하
② 건조감량 : 50% 이하
③ 메틸렌블루탈색력 : 150mL/g 이상
④ 요오드흡착력 : 950mg/g 이상

33. 막여과 정수시설의 막오염지수에 관한 설명으로 옳지 않은 것은?

① SDI(silt density index) 또는 MFI(modified fouling index)는 막오염지수라고 한다.
② 막오염지수는 공경 0.45μm의 멤브레인필터를 사용하여 여과할 때의 소요시간으로 계산한다.
③ 최근에는 케이크 여과 이론에 바탕을 둔 MFI의 사용이 증가하고 있다.
④ 전처리설비는 SDI가 5.0 이상이 되도록 안정적으로 처리할 수 있는 설비로 한다.

34. 먹는물관리법령상 검사기관 준수사항으로 옳지 않은 것은? (단, 위임·위탁 규정은 고려하지 않는다.)

　① 시료채취기록부 및 검사기록부 등의 서류를 사실대로 기록하여 3년 동안 보관해야 한다.
　② 검사결과의 기록을 거짓으로 작성한 경우 6개월 이내의 기간을 정하여 업무정지 처분을 할 수 있다.
　③ 환경부장관은 업무정지처분 기간 중 검사업무를 대행한 경우 지정을 취소하여야 한다.
　④ 검사수수료는 국립환경과학원장이 정하여 고시한 기준에 따른다.

35. 먹는물 수질기준 및 검사 등에 관한 규칙상 총대장균군의 수질기준에 관한 내용이다. ( )에 들어갈 내용으로 옳은 것은?

> 총대장균군은 100mL에서 검출되지 아니할 것. 다만, 급수과정별 시설 및 수도꼭지에서의 검사에서 매월 또는 매 분기 실시하는 총대장균군의 수질검사시료(試料) 수가 20개 이상인 정수시설의 경우에는 검출된 시료 수가 ( )퍼센트를 초과하지 아니하여야 한다.

　① 5　　　　　② 10
　③ 15　　　　 ④ 20

36. 먹는물 수질감시항목 운영 등에 관한 고시상 원수의 감시항목에 해당되지 않는 것은?

　① Microcystins　　② Geosmin, 2-MIB
　③ Corrosion index(LI)　④ Norovirus

37. 먹는물 수질기준 및 검사 등에 관한 규칙상 정수장별 수도관 노후지역 수도꼭지에 대한 검사항목으로 옳지 않은 것은?

　① 암모니아성 질소　　② 염소이온
　③ 잔류염소　　　　　④ 알루미늄

38. 수도법령상 수돗물평가위원회의 업무 및 조직과 운영에 관한 사항으로 옳지 않은 것은?

　① 수돗물평가위원회는 위원장을 포함하여 15명 이내의 위원으로 구성한다.
　② 연2회 이상 정기적으로 개최하여야 한다.
　③ 수도 관련 업무를 담당하는 소속 공무원은 위원으로 위촉될 수 없다.
　④ 수돗물의 정기적 검사 실시 및 공표업무를 포함한다.

39. 수도법령상 일반수도사업자가 외부기관에 의뢰·위탁 할 수 없는 검사를 모두 고른 것은?

> ㄱ. 매일 1회 검사
> ㄴ. 매주 1회 검사
> ㄷ. 수도꼭지 수질검사
> ㄹ. 수돗물 급수과정별 시설에서의 수질검사

　① ㄱ, ㄴ　　　　② ㄱ, ㄷ
　③ ㄴ, ㄷ, ㄹ　　④ ㄱ, ㄴ, ㄷ, ㄹ

40. 수도법령상 수도시설의 관리에 관한 교육 규정에 따라 2년 마다 35시간 교육을 받아야 하는 대상자를 모두 고른 것은?

> ㄱ. 저수조청소업자
> ㄴ. 일반수도사업자
> ㄷ. 수도시설의 운영요원
> ㄹ. 상수도관망관리대행업자

　① ㄱ, ㄴ　　　　② ㄱ, ㄹ
　③ ㄴ, ㄷ　　　　④ ㄷ, ㄹ

3과목 설비운영(기계·장치 또는 계측기 등)

41. 차아염소산나트륨의 저장에 관한 설명으로 옳지 않은 것은?

   ① 차아염소산나트륨은 보존 중 유효염소가 감소한다.
   ② 저장실에는 냉방장치를 설치하는 것이 바람직하다.
   ③ 차아염소산나트륨은 강한 산성과 산화작용으로 대부분의 물질을 부식시킨다.
   ④ 저장조는 직사일광이 닿지 않도록 실내에 설치한다.

42. 혼화기에 의한 추가적인 손실수두가 없고 혼화효과가 좋으며 혼화강도를 조절할 수 있는 혼화방법은?

   ① 가압수확산에 의한 혼화
   ② 수류식 혼화
   ③ 기계식 혼화
   ④ 파이프 격자에 의한 혼화

43. 횡류식 침전지 슬러지의 배출방식으로 옳은 것을 모두 고른 것은?

   ㄱ. 슬러지 흡입방식
   ㄴ. 침전지를 비우고 청소하는 방식
   ㄷ. 기계식 제거방식
   ㄹ. 침전지 바닥 전체에 호퍼를 설치하는 방식

   ① ㄱ, ㄴ
   ② ㄷ, ㄹ
   ③ ㄱ, ㄷ, ㄹ
   ④ ㄱ, ㄴ, ㄷ, ㄹ

44. 염소가스 중화장치의 구성요소가 아닌 것은?

   ① 중화반응탑
   ② 중화제 저장조
   ③ 배풍기
   ④ 기화기

45. 하부집수장치의 기능이 아닌 것은?

   ① 여재의 지지
   ② 여재의 세척
   ③ 여과수의 집수
   ④ 역세척수의 균등배분

46. 배오존 방법으로 옳지 않은 것은?

   ① 활성탄분해법
   ② 촉매분해법
   ③ 가열분해법
   ④ 전기집진법

47. 플록형성지에 관한 설명으로 옳지 않은 것은?

   ① 플록형성시간은 계획정수량에 대하여 10~15분간을 표준으로 한다.
   ② 교반강도는 하류로 갈수록 점차 감소시키는 것이 바람직하다.
   ③ 플록형성지에서 발생한 슬러지나 스컴이 쉽게 배출 또는 제거될 수 있는 구조로 한다.
   ④ 플록형성지는 직사각형이 표준이다.

48. 펌프의 캐비테이션 방지 대책으로 옳은 것은?

   ① 펌프의 전양정에 가능한 많은 여유를 갖도록 한다.
   ② 펌프의 설치위치를 가능한 낮게 하여 가용유효흡입수두를 크게 한다.
   ③ 펌프의 회전속도를 가능한 높게 하여 필요유효흡입수두를 작게 한다.
   ④ 흡입관의 손실을 가능한 작게 하여 가용유효흡입수두를 필요유효흡입수두보다 작게 한다.

49. 다음은 원심펌프의 원리에 관한 설명이다. ( )에 들어갈 내용을 순서대로 옳게 나열한 것은?

> 원심펌프는 중심에 있는 ( )의 유체가 원심력에 의하여 바깥쪽으로 ( )으로 흘러간다. 이 후 액체가 덮개로 들어가면 그 속도는 ( )하고, 액체의 압력은 ( )하게 된다.

① 고속-저속-감소-증가
② 고속-저속-증가-감소
③ 저속-고속-감소-증가
④ 저속-고속-증가-증가

50. 밸브의 공기압식 구동장치가 아닌 것은?

① 솔레노이드식 구동장치
② 에어모터식 구동장치
③ 다이어프램식 구동장치
④ 실린더식 구동장치

51. 펌프의 유지관리를 위하여 평상시 준비해 두어야 하는 예비품이 아닌 것은?

① 라이너링(liner ring)
② 차동기어(differential gear)
③ 메카니칼실(mechanical seal)
④ 패킹부품(packing parts)

52. 3상3선식 저압배전선로에서 부하까지의 거리가 45m이고, 부하의 최대 사용전류는 100A이다. 부하의 전압강하를 4V로 하려면 전선의 최소 단면적(mm^2)은 약 얼마인가?

① 35   ② 45
③ 55   ④ 65

53. 변압기를 V결선하여 3상 운전을 하는 경우 변압기 이용률(%)은?

① 57.7   ② 65.2
③ 72.5   ④ 86.6

54. 변전소내 전력기기를 낙뢰로부터 보호하는 기기는?

① SC   ② ELB
③ LA   ④ MOF

55. 소독설비에서 소독제의 주입제어에 관한 설명으로 옳지 않은 것은?

① 수동제어는 주입량계를 보면서 인위적으로 조절밸브를 조작하는 방식이다.
② 정치제어는 미리 설정된 염소주입률로 주입량을 제어하는 방식이다.
③ 피드백제어는 처리수량이 변화하며 염소요구량도 변화하는 경우에 잔류염소를 목표치로 설정하고 제어하는 방식이다.
④ 피드포워드제어는 염소를 주입하기 전에 잔류염소계, 염소요구량계 등의 측정치로부터 주입량을 설정하고 편차가 생기기 전에 염소주입량을 조절하는 방식이다.

56. 상수도용 제어설비에 관한 설명으로 옳지 않은 것은?

① 제어설비 고장으로 인한 영향을 최소화하기 위하여 백업기능 및 위험분산 기능을 고려하여야 한다.
② 집중제어방식은 제어기능을 1대의 컴퓨터에 집약하여 제어하는 형태로 동일한 컴퓨터로 제어기능과 감시기능을 수행하는 방식이다.
③ 분산제어방식은 설비 단위로 제어장치가 배치되어 있어 신뢰성이 우수하다.
④ 전송로의 백업방식은 일반적으로 광케이블을 사용하며, 동축케이블을 사용하지 않는다.

57. 전자식유량계에 관한 설명으로 옳지 않은 것은?

① 구경은 평균유속이 1~3m/s의 사이에 있도록 선정하는 것이 바람직하다.
② 신호케이블은 독립배선으로 하며, 고압케이블과 평행으로 배선한다.
③ 검출기 내부를 점검하기 위하여 우회관을 설치하는 것이 바람직하다.
④ 검출기를 수직으로 설치하는 경우에는 흐름을 아래에서 위로 되도록 한다.

58. 수량, 수위, 수질 등을 조절하는 조절기기에 관한 설명으로 옳지 않은 것은?

① 계측신호와 설정치를 연산기에 의하여 비교하고, 그 편차가 영(0)이 되도록 조작신호를 출력한다.
② 자동제어계는 오프셋이 작아야 한다.
③ 멀티루프와는 달리 원루프컨트롤러는 마이크로프로세서를 사용하지 않는다.
④ 아날로그조절계는 저항과 콘덴서 등으로 연산회로를 구성한다.

59. 산업안전보건법 시행령에서 정하는 안전인증대상기계를 모두 고른 것은?

ㄱ. 롤러기	ㄴ. 압력용기
ㄷ. 사출성형기	ㄹ. 곤돌라

① ㄱ, ㄴ　　　② ㄷ, ㄹ
③ ㄱ, ㄷ, ㄹ　　　④ ㄱ, ㄴ, ㄷ, ㄹ

60. 산업안전보건법 법령상 근로자 안전보건교육의 정기교육에 해당하지 않는 것은?

① 건강증진 및 질병 예방에 관한 사항
② 직무스트레스 예방 및 관리에 관한 사항
③ 직장 내 괴롭힘, 고객의 폭언 등으로 인한 건강장해 예방 및 관리에 관한 사항
④ 기계·기구의 위험성과 작업의 순서 및 동선에 관한 사항

4과목　정수시설 수리학

61. 물의 성질에 관한 설명으로 옳은 것은?

① 물분자는 산소 및 탄소원자로 구성되어 있는 안정된 화합물이다.
② 물의 온도가 상승함에 따라 포화증기압은 점점 커지게 된다.
③ 물의 포화증기압은 100℃에서 1,000kgf/m²이다.
④ 액체상태로부터 이탈하는 분자가 액체상태로 들어오는 분자보다 많으면 응결현상이 발생한다.

62. 표면장력과 동점성계수를 [MLT]계 차원으로 나타낸 것은? (단, [M]은 질량, [L]은 길이, [T]는 시간을 표시하는 차원이다.)

① 표면장력: $[L^2T^{-1}]$, 동점성계수: $[MT^{-2}]$
② 표면장력: $[L^2T]$, 동점성계수: $[MT^{-1}]$
③ 표면장력: $[MT^{-2}]$, 동점성계수: $[L^2T^{-1}]$
④ 표면장력: $[MT^{-1}]$, 동점성계수: $[L^2T]$

63. 유량측정에 사용되는 도구와 방법에 관한 설명으로 옳은 것을 모두 고른 것은?

> ㄱ. 개수로의 유량측정 장치로는 플룸, 오리피스, 위어, 벤츄리미터 등이 있다.
> ㄴ. 위어는 수로를 횡단하여 축조되는 수공구조물로서 월류하는 수두를 측정하여 유량을 산출한다.
> ㄷ. 벤츄리미터는 관 확대부의 길이를 증가시킴으로써 관 축소 전과 후의 에너지 손실을 증가시킬 수 있다.
> ㄹ. 오리피스는 단면적을 축소시키면 유속이 증가하면서 압력이 저하되는 원리를 통해 유량을 측정한다.

① ㄱ, ㄷ
② ㄴ, ㄹ
③ ㄱ, ㄷ, ㄹ
④ ㄱ, ㄴ, ㄷ, ㄹ

64. 위어(weir) 폭 3.0m, 위어 높이 1.5m, 월류수심 0.5m일 때 월류량(m^3/s)은 약 얼마인가? (단, 단수축은 없고, 접근 유속은 무시하며, Francis 공식을 사용한다.)

① 0.883
② 1.952
③ 2.208
④ 3.477

65. 유체의 특성에 관한 설명으로 옳은 것은?

① 물의 경우 1기압, 4℃에서 최대 밀도를 갖는다.
② 체적탄성계수는 유체의 압축성에 관한 계수로 [FL^{-3}] 차원을 가지고 있다.
③ 비중은 무차원량이며 동일한 중력가속도가 발생하는 경우, 물의 단위중량을 액체의 단위중량으로 나누어 구할 수 있다.
④ 점성은 온도 상승에 따라 분자간의 응집력과 움직임에 대한 저항력이 높아지므로 점성도 증가한다.

66. 베르누이 방정식에 관한 설명으로 옳지 않은 것은?

① 에너지 방정식이라고도 하며 에너지 보존법칙을 유체 흐름에 적용한 것이다.
② 방정식의 각 항의 차원은 [L](길이)이고, 각 항은 수두라 한다.
③ 관수로에만 적용 가능하다.
④ 중력장 내에서 정상상태의 완전 유체로 가정한다.

67. 관수로의 마찰손실계수(f)에 관한 설명으로 옳지 않은 것은? (단, 관수로의 흐름은 층류이다.)

① f는 무차원이다.
② f는 유속에 반비례한다.
③ 관표면의 조도에 영향을 많이 받는다.
④ f는 64/Re를 적용하여 구한다.

68. 다음 조건으로 구성된 2층 여과지에서 표면세척을 할 경우 손실수두(cm)는 약 얼마인가? (단, 모래층의 팽창률은 37%, 안트라사이트층의 팽창률은 25%, 팽창된 모든 여과층의 공극률은 0.60이다.)

> ○ 모래층 - 유효경: 0.5mm, 공극률: 0.45,
>   비중: 2.65, 높이: 35cm
> ○ 안트라사이트층 - 유효경: 1.0mm, 공극률: 0.5,
>   비중: 1.65, 높이: 60cm

① 31
② 41
③ 51
④ 61

69. 원형관의 직경이 200mm, 길이가 1,000m인 관수로의 입구와 출구의 압력차가 0.1kgf/cm²일 때 유속(m/s)은 약 얼마인가? (단, 중력가속도는 9.8m/s², 마찰손실계수는 0.03, 기타 손실은 무시한다.)

① 0.12 ② 0.24
③ 0.36 ④ 0.48

70. 랑게리아지수(LI)에 관한 설명으로 옳지 않은 것은?

① pH, 칼슘경도, 알칼리도를 증가시킴으로써 개선할 수 있다.
② 지수가 양(+)의 값으로 절대치가 클수록 탄산칼슘의 석출이 일어나기 어렵다.
③ 이론적 pH는 총용존고형물농도와 관련이 있다.
④ 지수가 음(−)의 값일 경우 탄산칼슘 피막은 형성되지 않는다.

71. 수면차가 15m인 두 수조를 길이 20m의 원형관으로 연결하여 0.6m³/s의 유량으로 흐르게 하기 위한 관의 직경(m)은 약 얼마인가? (단, Manning의 평균유속공식을 사용하고, 관의 조도계수(n)는 0.012, 손실은 무시한다.)

① 0.887 ② 0.659
③ 0.475 ④ 0.257

72. 혼화지에서 속도경사(G)를 결정하는 요소가 아닌 것은?

① 물의 점성계수 ② 교반동력
③ 플록의 입자수 ④ 표면부하율

73. 고속응집침전지에 관한 설명으로 옳은 것은?

① 슬러지 블랑키트형은 일반적으로 순환류가 있다.
② 용량은 계획정수량의 3.0~5.0시간으로 한다.
③ 원수 탁도는 5NTU 이상이어야 한다.
④ 표면부하율은 40~60mm/min을 표준으로 한다.

74. 전양정 30m, 회전속도 900rpm, 최고효율점의 양수량 300m³/h으로 운영되는 펌프의 비속도(N_s)는 약 얼마인가?

① 157 ② 357
③ 557 ④ 757

75. 동력 15,000kW, 효율 80%인 펌프를 이용하여 30m 위의 저수지로 물을 양수하려고 한다. 총 손실수두가 5m일 때, 양수량(m³/s)은 약 얼마인가? (단, 중력가속도는 9.8m/s², 물의 단위중량은 1,000kgf/m³이다.)

① 35 ② 85
③ 135 ④ 185

76. 펌프의 운전에 관한 내용으로 옳지 않은 것은?

① 병렬운전인 경우 펌프 운전점의 양수량은 단독운전 양수량의 3배 이상이다.
② 병렬운전은 양정의 변화가 적고 양수량의 변화가 큰 경우에 적합하다.
③ 직렬운전인 경우 펌프 운전점의 양정은 단독운전 양정의 2배로 한다.
④ 관로 저항곡선의 구배가 급한 곳에서는 직렬운전이 유리하다.

77. 유량 2m³/s의 물을 양정 10m의 높이로 양수하는데 필요한 펌프의 동력(HP)은? (단, 펌프 효율은 85%, 마찰손실수두 2m, 중력가속도는 9.8m/s², 물의 단위중량은 1,000kgf/m³, 기타손실은 무시한다.)

① 176
② 376
③ 576
④ 776

78. 펌프의 설치에 관한 설명으로 옳지 않은 것은?

① 유지관리상 대수는 가능하면 적게 하고 동일한 용량의 것을 사용한다.
② 펌프는 가능하면 최고 효율점 부근에서 운전하도록 용량과 대수를 정한다.
③ 펌프는 용량이 클수록 효율이 낮으므로 가능한 소용량의 것으로 설치한다.
④ 펌프의 대수는 계획수량(최대, 최소, 평균) 및 고장시를 고려하여 결정한다.

79. 펌프의 제원 결정과 관계없는 것은?

① 전양정
② 토출량
③ 원동기출력
④ 비에너지

80. 지름이 80cm인 원형관에 물이 가득차서 흐르고 있다. 관로의 유속이 2.2m/s일 때, 유량(m³/s)은 약 얼마인가?

① 1.11
② 3.11
③ 5.11
④ 7.11

[1급] 2025년 제37회 정수시설운영관리사 1차

1과목 수처리공정

01. 가중응집제에 관한 설명으로 옳지 않은 것은?

① 가중응집제는 일반적으로 비중이 작은 물질을 사용한다.
② 환경부에서 수처리제로 고시하는 제품이어야 한다.
③ 주입률은 자-테스트(jar-test)를 통하여 결정한다.
④ 밀폐형 급속혼화장치를 제외하고는 건식주입방식을 주로 사용한다.

02. 횡류식 경사판침전지에 관한 설명으로 옳지 않은 것은?

① 표면부하율은 0.24~0.54m/h로 한다.
② 경사판의 경사각은 40~50°로 한다.
③ 침전지 내의 평균유속은 36m/h 이하로 한다.
④ 장치의 하단과 바닥과의 간격은 1.5m 이상으로 한다.

03. 고속응집침전지를 선택할 때 고려할 사항으로 옳은 것을 모두 고른 것은?

> ㄱ. 원수 탁도는 10NTU 이상이어야 한다.
> ㄴ. 최고 탁도는 1,000NTU 이하인 것이 바람직하다.
> ㄷ. 수온의 변동이 커야 한다.
> ㄹ. 처리수량의 변동이 적어야 한다.

① ㄱ, ㄴ, ㄷ
② ㄱ, ㄴ, ㄹ
③ ㄱ, ㄷ, ㄹ
④ ㄴ, ㄷ, ㄹ

04. 정수장 여과지의 기능으로 옳지 않은 것은?

① 탁질의 양적인 억류기능
② 수질과 수량의 변동에 대한 완충기능
③ 충분한 역세척기능
④ 플록의 형성기능

05. 일반정수처리공정의 응집·침전공정이 생략된 여과방식은?

① 인라인여과
② 다층여과
③ 압력식 급속여과
④ 중력식 급속여과

06. 완속여과지에 관한 설명으로 옳은 것은?

① 여과지 깊이는 하부집수장치의 높이에 자갈층과 모래층 두께, 모래면 위의 수심과 여유고를 더하여 1.5~2.0m를 표준으로 한다.
② 주위벽 상단은 지반보다 5cm 이상 높여 여과지 내로 오염수나 토사 등의 유입을 방지해야 한다.
③ 여과지의 물이 동결될 우려가 있는 경우 여과지를 복개한다.
④ 완속여과지의 여과속도는 10~20m/d를 표준으로 한다.

07. 급속여과지의 여과면적과 지수 및 형상에 관한 설명으로 옳은 것은?

① 여과지 1지의 여과면적은 150m² 이하로 한다.
② 여과지 수가 10지를 넘을 경우에는 여과지 수의 2할 정도를 예비지로 설치하는 것이 바람직하다.
③ 여과면적은 계획정수량에 여과속도를 곱하여 계산한다.
④ 형상은 정사각형을 표준으로 한다.

08. 정수처리기준의 운영에 관한 설명으로 옳지 않은 것은?

① 병원성미생물에 대하여 수질기준을 직접적으로 설정하여 관리하는 것은 경제적으로나 기술적으로 어렵다.
② 정수처리기준을 준수하기 위해서는 여과공정의 탁도기준과 소독공정의 불활성화비가 적합하여야 한다.
③ 불활성화비의 일상적인 계산에 있어서는 측정된 pH와 온도보다 높은 pH 및 낮은 온도를 찾은 후 그 값을 적용할 수 있다.
④ 이론적 소독제의 접촉시간을 산정할 경우에는 추적자시험을 통하여 접촉시간을 측정한다.

09. 수돗물 유충 발생 예방 및 대응방안에 관한 설명으로 옳지 않은 것은?

① 여과지 역세척 주기를 72시간 이내로 운영한다.
② 활성탄흡착지 역세척 주기는 미소생물의 생식주기보다 짧게 운영한다.
③ 활성탄흡착지 역세척 팽창률이 10~15%가 될 수 있도록 운영한다.
④ 정수지는 연 1회 이상 청소 및 소독을 실시한다.

10. 잔류염소 기준에 관한 설명으로 옳은 것은?

① 평상시 수도꼭지에서는 유리잔류염소를 0.2mg/L 이상 유지하여야 한다.
② 광범위하게 단수한 다음 급수를 재개할 때에는 수도꼭지에서 유리잔류염소를 0.3mg/L 이상 유지하여야 한다.
③ 수돗물의 유리잔류염소는 2.0mg/L를 넘지 않아야 한다.
④ 병원성미생물에 의하여 오염된 경우, 수도꼭지에서 결합잔류염소를 1.8mg/L 이상 유지하여야 한다.

11. 생산량이 100,000m³/d인 정수장에서 원수 중에 망간이온이 0.5mg/L 존재하는 경우 망간이온의 산화처리를 위해 필요한 이론적인 염소요구량(kg/d)은?

① 32.3 ② 64.5
③ 83.7 ④ 96.8

12. 상수도설계기준상의 염소처리에 관한 설명으로 옳지 않은 것은?

① 망간처리를 목적으로 여과수에서 유지해야 할 잔류염소농도는 0.5mg/L 정도이다.
② 원수중에 철과 망간이 용존하여 탁도와 색도를 증가시키는 경우 전염소 또는 중간염소처리 후 후속공정에서 제거한다.
③ 암모니아성질소 1mg/L를 산화시키기 위해서는 이론상 7.6mg/L의 염소가 필요하다.
④ 철이온 1mg/L를 산화시키기 위해서는 이론상 1.63mg/L의 염소가 필요하다.

13. 염소제의 특징으로 옳지 않은 것은?

① 소독효과가 우수하고 대량의 물에 대해서도 용이하게 소독이 가능하며 소독효과가 잔류한다.
② 트리할로메탄 등의 유기염소화합물을 생성한다.
③ 특정물질과 반응하여 냄새를 유발하기도 한다.
④ 암모니아성질소와 반응하여 소독효과를 강하게 한다.

14. 배출수 시설에 관한 설명으로 옳지 않은 것은?

① 배출수지 1지의 용량은 여과지와 입상활성탄흡착지의 각 1회 역세척배출수량을 합한 수량 이상으로 한다.
② 배출수지의 고수위부터 주벽 상단까지의 여유고는 30cm 이상으로 한다.
③ 배출수지는 슬러지의 침강을 방지하기 위해 교반장치를 설치할 수 있다.
④ 배슬러지지에 설치하는 슬러지배출관의 관경은 150mm 이상으로 한다.

15. 탈수기에 관한 옳은 설명을 모두 고른 것은?

> ㄱ. 필터프레스의 원리는 슬러지의 공급 압력을 이용하여 탈수하는 것이다.
> ㄴ. 필터프레스의 슬러지 공급은 연속적으로 이루어진다.
> ㄷ. 벨트프레스의 원리는 여과포의 압착력과 전단력에 의해 탈수하는 것이다.
> ㄹ. 벨트프레스는 전처리가 필수적이다.

① ㄱ, ㄴ, ㄷ   ② ㄱ, ㄴ, ㄹ
③ ㄱ, ㄷ, ㄹ   ④ ㄴ, ㄷ, ㄹ

16. 미량 물질의 제거 방법에 관한 설명으로 옳지 않은 것은?

① 동일한 이온가를 가지는 음이온에 대한 이온교환수지의 선택성은 원자번호가 작을수록 증가한다.
② 폭기 설비를 이용한 트리클로로에틸렌 제거율은 기액비에 따라 달라진다.
③ 질산성질소는 생물처리법, 역삼투막법, 전기투석법에 의해 제거가 된다.
④ 소독부산물의 전구물질이 용해성이면 활성탄 처리가 효과적이다.

17. 다음과 같은 오존처리 공정에서의 오존이용률(흡수율,%)과 전달효율(%)을 순서에 맞게 옳게 나열한 것은?

> ○ 주입 오존량 : 2.5kg/h
> ○ 배출 오존량 : 1.0kg/h
> ○ 잔류 오존량 : 0.5kg/h

① 20, 80   ② 40, 60
③ 60, 40   ④ 80, 20

18. 오존처리 시설에 관한 설명으로 옳지 않은 것은?

① 오존이용효율을 높일 수 있는 오존재이용시설의 설치는 필수적이지 않다.
② 인젝터 방식이 산기관 방식보다 유지관리가 편리하다.
③ 오존흡수효율은 오존접촉조 내에 저류벽으로 분리된 공간의 단 수에 정비례한다.
④ 오존발생기 용량은 오존주입량의 최대량뿐만 아니라 최소량도 고려하여 결정해야 한다.

19. 활성탄 처리 방식에 관한 설명으로 옳지 않은 것은?

① 분말활성탄은 착수정이나 혼화지와 같이 충분한 접촉이 가능한 장소에 투입해야 한다.
② 분말활성탄과 염소를 동시에 투입하면 분말활성탄의 사용량을 효과적으로 줄일 수 있다.
③ 경질폴리염화비닐관은 분말활성탄 슬러리액을 이송하는 배관의 재질로 적합하다.
④ 분말활성탄 주입장치의 주입량 제어성은 건식보다 습식이 우수하다.

20. 막여과 정수시설에 관한 설명으로 옳지 않은 것은?

① 시설용량이 5,000m³/d 이상인 막여과 정수시설은 수도법에 따른 설치기준을 준수해야 한다.
② 막세척 빈도는 원수수질과 막여과유속에 영향을 받는다.
③ 한외여과막은 세균류를 제거할 수 있으므로 처리수에 소독 공정이 필요하지 않다.
④ 안정된 여과수량을 얻기 위해서는 최저수온을 기준으로 평균유량과 운전시간을 결정한다.

2과목 수질분석 및 관리

21. 수질오염공정시험기준상 정도관리에 관한 다음 (   )에 맞는 내용을 순서대로 나열한 것은?

○ (   )(이)란 시험분석 대상을 정량화할 수 있는 측정값이다.
○ (   )(이)란 시료와 비슷한 매질 중에서 시험분석 대상을 검출할 수 있는 최소한의 농도이다.
○ (   )(이)란 시험분석 대상물질을 기기가 검출할 수 있는 최소한의 농도 또는 양이다.

① LOQ - MDL - IDL
② IDL - MDL - LOQ
③ MDL - LOQ - IDL
④ IDL - LOQ - MDL

22. 먹는물수질공정시험기준상 잔류염소 제거를 위해 사용할 수 있는 시약이 아닌 것은?

① 아스코르빈산
② 황화나트륨
③ 이산화비소산나트륨
④ 아황산나트륨

23. 먹는물수질공정시험기준상 암모니아성질소-이온크로마토그래피에 관한 설명으로 옳은 것은?

① 음이온 교환 컬럼을 통과시켜 암모늄이온들을 분리하여 전기화학적 검출기로 측정하는 방법으로 시험 조작이 간편하고 재현성도 우수하다.
② 유류, 합성 세제, 부식산(humic acid) 등의 유기화합물과 고체 미립자는 응축기 및 분리컬럼의 수명을 단축시키므로 제거해야 한다.
③ 분리컬럼의 보호 및 감도를 높이기 위하여 분리컬럼 뒤에 펌프를 추가로 부착한다.
④ 일반적으로 미량의 시료를 사용하기 때문에 루프-밸브에 의한 주입방식이 많이 이용되며 시료주입량은 보통 1㎕~5㎕이다.

24. 수질오염공정시험기준상 화학적산소요구량 측정법 중 다이크롬산포타슘법에 관한 설명으로 옳지 않은 것은?

① 지표수, 지하수, 하·폐수, 해수 등에 효과적인 COD 측정법이다.
② COD가 5mg/L~50mg/L인 낮은 농도범위를 갖는 시료에 적용할 수 있다.
③ 정확도, 정밀도 시료는 화학적산소요구량 농도가 5.0mg/L가 되도록 조제한다.
④ 방법바탕시료의 측정값은 0.1mg/L 이하이어야 한다.

25. 수질오염공정시험기준상 과불화화합물 시험법에 관한 설명으로 옳은 것은?

   ① 전처리 방법으로 노말헥산 추출법(n-hexane extraction) 등이 이용된다.
   ② 기체크로마토그래프 – 질량 분석법(GC-MS/MS)으로 분석한다.
   ③ 부피측정용 유리기구는 유기용매로 세척해야 하며, 400℃ 이상 가열하여야 한다.
   ④ 추출액과 시료 등은 유리재질의 용기나 피펫 등을 이용하지 말아야 한다.

26. 먹는물 수질감시항목 중 깔따구 유충-현미경 계수법에 관한 사항으로 옳지 않은 것은?

   ① 깔따구 유충은 절지동물문 곤충강 파리목에 속하는 분류군으로 1~4령기에 해당하는 유충을 총칭한다.
   ② 공경의 크기가 100㎛, 지름 47mm 이하의 스테인레스, 폴리에스터 또는 폴리에틸렌 재질의 여과지를 사용한다.
   ③ 여과지에 1분당 10L~30L 정도의 유속으로 1,000L를 여과한 뒤 여과지를 분리한다.
   ④ 여과지가 평평하게 펴지도록 현미경 재물대에 올려놓고 검경배율 10배~20배 시야에서 여과지의 전 구역을 관찰한다.

27. 사용용량 10,000 m^3, 최대통과유량 5,000m^3/h인 정수장의 도류벽에 의해 산출된 장폭비(L/W)가 25인 경우 소독능계산값(CT계산값)은? (단, 잔류소독제 농도의 최소값은 1.0mg/L이다.)

   ① 24 ② 60
   ③ 72 ④ 84

28. 휘발성유기화합물질을 퍼지·트랩-기체크로마토그래프법으로 분석 시 간섭물질과 해결방안을 옳게 짝지은 것은?

   ① 퍼지 기체나 트랩 연결관 등의 오염 – 증류수로 세척 후 사용
   ② 튜브, 봉합제, 유속조절제로부터의 간섭 – 알코올로 세척
   ③ 많은 양의 수용성물질, 부유물질 함유 시료 분석 후 – 장치 세척 후 105℃ 오븐에서 건조시켜 사용
   ④ 높은 순도의 메탄올, 아세톤에 존재하는 유기용매 – 낮은 순도 용액 사용

29. 먹는물 수질감시항목 운영 등에 관한 고시상 먹는물 중 마이크로시스틴 LR의 측정에 적용할 수 없는 방법은?

   ① 고성능액체크로마토그래피
   ② 액체크로마토그래프– 질량분석법
   ③ 고성능액체크로마토그래프– 형광광도법
   ④ 액체크로마토그래프– 탠덤질량분석법

30. 응집제 주입률 결정에 관한 설명으로 옳지 않은 것은?

   ① 자-테스트(jar-test) 시험시 인공현탁액은 해당 하천바닥에 침전된 고운 흙이나 점토를 사용한다.
   ② 응집제 주입률은 약품의 종류, 원수의 수온, 탁도, pH, 알칼리도 등에 따라 달라지며 처리수량에 주입량을 곱하여 산정한다.
   ③ 황산알루미늄을 용해하여 사용할 때에는 농도에 따라 주입량이 달라진다.
   ④ 크립토스포리디움 등 병원성 미생물로 원수가 오염될 우려가 있는 경우에는 적정한 주입률로 주입하는 것과 함께 pH 조정이 중요하다.

31. 용적 250m³인 혼화조에서 속도경사 400s⁻¹일 때, 교반기의 축동력(kW)은? (단, 물의 점성계수 = 1.3×10^{-2} g/(cm·s), 교반기 효율은 80%이다.)
   ① 35
   ② 45
   ③ 55
   ④ 65

32. 오존 처리설비에서 오존주입률에 관한 설명으로 옳지 않은 것은?
   ① 오존의 유효주입률은 연속식 실험장치를 이용하여 직접 측정한다.
   ② 오존주입률 결정은 실시간 수질을 반영하여 주입할 수 있는 방법을 선정한다.
   ③ 오존주입률은 물의 수질 및 제거대상물질의 종류와 농도 등에 따라 다르다.
   ④ 2-MIB와 geosmin은 오존주입률 증가에 따라 비례하여 처리효율이 높다.

33. 입상활성탄 설비에서 역세척에 관한 설명으로 옳지 않은 것은?
   ① 초기 활성탄 충진 시 공기 역세척으로 미세입자(GAC fines)를 제거한다.
   ② 고정상식에서 물 역세척속도는 사용하는 입상활성탄의 종류에 따라 다르다.
   ③ 유동상식에서는 사용이 종료된 활성탄을 인출한 다음 지지구조물을 세척한다.
   ④ 여재 입경이 동일한 경우에 활성탄지 적정 역세척 속도는 모래여과지보다 낮다.

34. 물환경보전법령상 총량관리 단위유역의 수질 측정 방법에 관한 설명으로 옳지 않은 것은?
   ① 목표수질지점별로 연간 30회 이상 측정하여야 한다.
   ② 수질 측정 주기는 15일 간격으로 일정하여야 한다.
   ③ 측정수질은 산정 시점으로부터 과거 3년간 측정한 것으로 한다.
   ④ 측정수질의 단위는 리터당 밀리그램(mg/L)으로 표시한다.

35. 먹는물관리법령상 먹는샘물 등 제조업자의 자가 품질 검사 기준에 관한 설명이다. ( )안에 들어갈 내용으로 옳은 것은? (산업인력공단 출제오류로 문제 수정)

   > 샘물·염지하수에 대하여 매주 1회 이상 검사하는 미생물항목(일반세균(저온균·중온균), 총대장균군, 분원성연쇄상구균, 녹농균, 아황산환원혐기성포자형성균) 중 어느 하나가 기준을 초과하는 경우에는 (ㄱ)·쉬겔라에 대한 검사를 (ㄴ)개월간 매월 1회 이상 추가로 실시하여야 한다.

   ① ㄱ: 살모넬라, ㄴ: 1
   ② ㄱ: 살모넬라, ㄴ: 3
   ③ ㄱ: 여시니아, ㄴ: 1
   ④ ㄱ: 여시니아, ㄴ: 3

36. 하천법상 국가하천에 관한 설명으로 옳지 않은 것은?
   ① 유역면적의 합계가 250제곱킬로미터인 하천
   ② 다목적 댐의 하류 및 댐저수지로 인한 배수영향이 미치는 상류의 하천
   ③ 유역면적이 150제곱킬로미터인 하천으로 인구 5만명인 도시를 관류하는 하천
   ④ 유역면적이 100제곱킬로미터인 하천으로 범람구역 안의 인구가 2만명인 지역을 지나는 하천

37. 먹는물 수질감시항목 운영 등에 관한 고시상 먹는물 수질감시항목에 관한 검사주기가 다른 항목은?

① Chlorophenol
② Benzo(a)pyrene
③ Chlorate
④ Antimony

38. 수도법령상 수도시설의 기술진단에 관한 설명으로 옳지 않은 것은?

① 지방환경관서의 장은 기술진단 결과에 대한 평가를 하는 때에는 기술적 검토를 한국수자원공사에 의뢰하여 의견을 들을 수 있다.
② 수도사업자는 수도시설의 관리상태를 점검하기 위하여 10년마다 기술진단을 실시하고, 시설개선계획을 수립하여 시행하여야 한다.
③ 수도사업자는 기술진단에 관한 업무를 (사)대한상하수도학회에게 대행하게 할 수 있다.
④ 수도시설에 대한 기술진단은 정수장에 대한 기술진단과 상수도관망에 대한 기술진단으로 구분할 수 있다.

39. 상수도 정수시설의 활성탄흡착시설에서 분말활성탄 처리의 특징으로 옳지 않은 것은?

① 필요량만 구입하므로 경제적이다.
② 기존시설을 사용하여 처리할 수 있다.
③ 재생 사용할 수 있다.
④ 탄분을 포함한 흑색슬러지는 공해의 원인이다.

40. 수도법령상 절수설비 및 절수기기중 대·소변 구분용 대변기에 적용하는 평균 사용수량 계산식으로 옳은 것은?

① 평균사용수량 $= \dfrac{(소변용사용수량) \times 2 + (대변용사용수량)}{2}$

② 평균사용수량 $= \dfrac{(소변용사용수량) \times 2 + (대변용사용수량)}{3}$

③ 평균사용수량 $= \dfrac{(소변용사용수량) \times 3 + (대변용사용수량)}{2}$

④ 평균사용수량 $= \dfrac{(소변용사용수량) \times 3 + (대변용사용수량)}{4}$

3과목 설비운영(기계·장치 또는 계측기 등)

41. 입상활성탄 슬러리 이송배관의 설계조건으로 옳지 않은 것은?

① 정체부가 없도록 한다.
② 고유속(3~5m/s)을 표준으로 한다.
③ 배관은 가능한 스테인레스강을 사용한다.
④ 슬러리의 농도는 200kg/m³를 표준으로 한다.

42. 횡류식 침전지의 정류설비 및 유출설비에 관한 설명으로 옳은 것은?

① 정류벽에서 정류공의 총 면적은 유수단면적의 1% 정도를 표준으로 한다.
② 유출설비의 하단과 침강장치 상단과의 간격은 25cm 이하로 한다.
③ 정류벽은 유입단에서 1m 이하로 설치한다.
④ 유출설비의 위어부하는 350m³/(m·d) 이하로 한다.

43. 오존발생장치와 주입설비에 관한 설명으로 옳지 않은 것은?

① 오존주입설비 용량은 시간최대주입량에 여유분을 고려하여 결정한다.
② 오존흡수율은 디퓨저방식이 인젝터방식보다 높다.
③ 오존발생관의 냉각수는 순수 또는 무염소인 정수를 사용한다.
④ 오존발생기에서 주입점까지의 배관구경은 관내유속을 10m/s 정도로 하여 산출한다.

44. 그림과 같은 고속응집침전지 형식은?

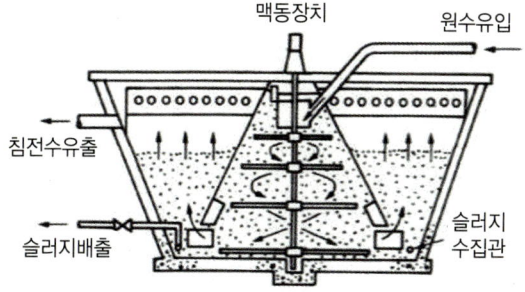

① 맥동형
② 복합형
③ 슬러리 순환형
④ 슬러지 블랑키트형

45. 액화염소 주입설비에 관한 설명으로 옳은 것은?

① 기화능력은 최소 염소사용량으로 한다.
② 사용량이 15kg/h 이하인 시설에는 원칙적으로 기화기를 설치한다.
③ 염소주입기실은 한랭 시에도 실내온도를 항상 35℃ 이상 유지되도록 간접보온장치를 설치한다.
④ 염소주입기실은 지하실이나 통풍이 나쁜 장소를 피하고 가능한 주입지점에 가깝고 주입점의 수위보다 높은 실내에 설치한다.

46. 활성탄 세척설비에 관한 설명으로 옳지 않은 것은?

① 세척빈도는 입상활성탄 입자의 크기 및 활성탄층 깊이와 상관이 있다.
② 야자계 활성탄에서 수온 20℃, 팽창률 40%일 때 역세척 유속은 $0.48m^3/m^2 \cdot min$이다.
③ 고정상식에서 물 역세척속도는 사용하는 입상활성탄의 종류에 따라 다르며 탄층팽창률은 수온의 영향을 받지 않는다.
④ 일반적으로 입경이 동일한 경우에 활성탄의 비중이 모래보다 작으므로 활성탄지 적정 역세척속도는 모래여과지보다 낮다.

47. 이온교환처리설비에 관한 설명으로 옳은 것을 모두 고른 것은?

ㄱ. 이온교환수지는 유효경이 0.5mm 전·후인 것으로 현탁물질이 수지층에 흡착되고 그 때문에 손실수두가 증가하면서 처리수량이 감소한다.
ㄴ. 이온교환수지의 재생에는 1~2시간을 요하기 때문에 빈번하게 재생하는 것은 적당하지 않다.
ㄷ. 재생초기에는 저농도의 식염수를 사용하며, 재생 후반에는 고농도의 식염수를 사용한다.

① ㄱ
② ㄴ
③ ㄱ, ㄴ
④ ㄱ, ㄴ, ㄷ

48. 펌프의 압력제어 방식 중 토출압 일정제어 방식을 적용하는 경우는?

① 저수조까지 관로손실이 큰 경우
② 수요 수량이 작고 변동은 큰 경우
③ 수요 수량이 크고 변동이 작은 경우
④ 저수조에서 압력변동이 문제되지 않는 경우

49. 펌프의 캐비테이션 현상과 방지 대책에 관한 설명으로 옳지 않은 것은?

① 포화증기압이 커지면 가용유효흡입수두가 커진다.
② 흡입비속도가 커지면 필요유효흡입수두는 작아진다.
③ 펌프의 회전속도를 낮게 하여 필요유효흡입수두를 작게 한다.
④ 흡입관의 손실을 가능한 작게 하여 가용유효흡입수두를 필요유효흡입수두보다 크게 한다.

50. 다음과 같은 조건에서 펌프가 규정유량을 양수할 때 토출관에서의 유출속도(m/s)는 약 얼마인가?

- 전양정 : 12m
- 실양정 : 10m
- 관로 마찰손실수두 : 1.54m
- 중력가속도 : 9.8m/s^2

① 3　　② 4
③ 5　　④ 6

51. 자가용전기설비에서 1회선 수전방식의 특징으로 옳지 않은 것은?

① 부하가 간단하다.
② 공급 신뢰도가 높다.
③ 소규모 용량에 많이 사용된다.
④ 고장발생 시 정전에 대한 대책이 없다.

52. 변압기 병렬운전에 관한 설명으로 옳지 않은 것은?

① 1, 2차 정격전압이 일치하지 않으면 변압기간 순환전류에 의해 소손될 우려가 있다.
② 3상의 경우 상회전 방향 및 위상변위가 같지 않으면 단락이 되어 과대전류가 흐른다.
③ 용량이 다른 변압기를 병렬운전하는 경우 용량이 큰 변압기가 과부하되기 쉬우므로 너무 용량차가 큰 것은 바람직하지 않다.
④ %임피던스 전압강하가 다른 경우 %임피던스가 낮은 쪽이 과부하가 된다.

53. 22.9kV, 600kW, 역률 80%(지상)의 부하설비를 역률 95%(지상)로 개선하려고 할 때 소요되는 전력용 콘덴서 용량(kVar)은 약 얼마인가?

① 235　　② 242
③ 248　　④ 253

54. 전자유량계 설치 시 유의사항으로 옳은 것은?

① 구경은 평균유속이 3~5m/s 사이에 있도록 선정하는 것이 바람직하다.
② 유속이 작은 경우에는 축소관을 사용하여 배관구경보다 작은 구경의 검출기를 사용한다.
③ 검출기를 수직 또는 경사지게 설치할 경우 흐름은 위쪽에서 아래쪽으로 향하도록 한다.
④ 검출기 설치 전후에 필요한 직관부를 확보하고, 유량제어밸브를 설치할 경우에는 검출기 상류측에 설치한다.

55. 감시조작설비에 관한 설명으로 옳은 것은?

① 데이터서버(data server)는 공정감시 및 계측제어 시스템에서 보유한 각 사업장의 운전현황을 종합적으로 감시하고 분석하기 위한 역할을 담당한다.
② 엔지니어링반(engineering work station)은 운전조작 기능과 데이터베이스 기능을 수행한다.
③ 중앙제어반(central operation station)은 현장의 단위공정 제어에 운전조작 기능과 데이터베이스 기능을 수행한다.
④ 현장제어반(field control station)은 전체 시스템 운영에 필요한 엔지니어링 데이터를 생성, 변경, 저장하는 스테이션이다.

56. 초음파유량계에 관한 설명으로 옳지 않은 것은?

   ① 측정방식에는 전반속도차법과 도플러법이 있다.
   ② 검출기 취부방법에는 측정유체에 대한 비접촉형과 접촉형 등이 있다.
   ③ 배관의 필요직관장은 배관내경을 D라 할 때 검출기 설치위치를 중심으로 상류측은 5D 이상이 필요하다.
   ④ 2V-법(측선법)은 관내 편류가 있을 경우 정밀도를 좋게 측정할 수 있다.

57. 외부전원법 전기방식(防蝕) 중 양극을 지표면에서 15~60m 깊이에 수직렬로 설치하는 방식(防蝕)시스템은?

   ① 심매법   ② 천매법
   ③ 천매법-집중배치   ④ 천매법-분산배치

58. 산업안전보건법령상 작업장의 작업환경측정 항목이 아닌 것은?

   ① 기압   ② 소음
   ③ 습도   ④ 유해인자 농도

59. 산업안전보건법령상 "낙하물 경고"에 해당하는 표지는?

   ①    ②
   ③    ④

60. 산업안전보건법령상 안전관리자의 업무에 해당하는 것을 모두 고른 것은?

   > ㄱ. 업무 수행 내용의 기록·유지
   > ㄴ. 사업장 순회점검, 지도 및 조치 건의
   > ㄷ. 위험성평가에 관한 보좌 및 지도·조언
   > ㄹ. 산업재해에 관한 통계의 유지·관리·분석을 위한 보좌 및 지도·조언

   ① ㄱ, ㄴ   ② ㄷ, ㄹ
   ③ ㄱ, ㄷ, ㄹ   ④ ㄱ, ㄴ, ㄷ, ㄹ

4과목 정수시설 수리학

61. 유량측정에 사용되는 도구와 방법에 관한 설명으로 옳지 않은 것은?

   ① 관수로의 유량측정 장치로는 오리피스, 벤츄리미터, 노즐 등이 있다.
   ② 개수로의 유량측정 장치로는 플륨, 위어(weir), 계측수로 등이 있다.
   ③ 오리피스는 단면적을 축소시키면 유속과 압력이 함께 저하되는 원리를 통해 유량을 측정한다.
   ④ 벤츄리미터는 관 확대부의 길이를 증가시켜 흐름에서 미소손실을 줄일 수 있다.

62. 에너지보정계수와 운동량보정계수에 관한 설명으로 옳지 않은 것은?

   ① 에너지보정계수는 속도수두를 보정하기 위한 무차원 값이다.
   ② 운동량보정계수는 운동량플럭스를 보정하기 위한 무차원 값이다.
   ③ 실제유체의 흐름일 경우 에너지보정계수는 1보다 작은 값을 가진다.
   ④ 실제유체의 흐름일 경우 운동량보정계수는 1보다 큰 값을 가진다.

63. Darcy-Weisbach 공식으로 구한 마찰손실수두가 가장 큰 것은?

① 마찰손실계수, 유속과 관 길이가 동일한 조건에서, 관경만 4배 증가한 경우
② 마찰손실계수, 관경과 유속이 동일한 조건에서, 관 길이만 3배 증가한 경우
③ 마찰손실계수와 유속이 동일한 조건에서, 관경과 관 길이를 각각 3배씩 증가한 경우
④ 마찰손실계수, 관경과 관 길이가 동일한 조건에서, 유속만 3배 증가한 경우

64. 다음 중 FLT계 차원과 MLT계 차원이 같은 것은?

ㄱ. 위치수두	ㄴ. 표면장력
ㄷ. 운동량	ㄹ. 동점성계수
ㅁ. 압력	ㅂ. 에너지

① ㄱ, ㄷ ② ㄱ, ㄹ
③ ㄴ, ㅁ ④ ㄹ, ㅂ

65. 직경이 100mm이고 길이는 200m인 관에 2m/s의 평균유속으로 물이 흐를 때, 마찰손실수두가 6m이었다. 마찰속도는 약 얼마인가(cm/s)? (단, 중력가속도는 $9.8m/s^2$이다.)

① 8.6 ② 12.9
③ 17.2 ④ 34.4

66. 완전유체(이상유체)에 관한 설명으로 옳은 것을 모두 고른 것은?

ㄱ. 비압축성 유체이다.
ㄴ. 마찰효과가 발생하지 않는 유체이다.
ㄷ. 비점성 유체이다.

① ㄱ, ㄴ ② ㄱ, ㄷ
③ ㄴ, ㄷ ④ ㄱ, ㄴ, ㄷ

67. 비누풍선에 작용하는 표면장력에 관한 설명으로 옳은 것은?

① 비누풍선의 표면장력은 비누풍선의 직경에 반비례한다.
② 비누풍선의 표면장력은 비누풍선의 내부와 외부의 압력 차이를 비누풍선의 직경으로 나누어서 구한다.
③ 비누풍선의 표면장력은 비누풍선의 내부와 외부의 압력 차이에 비례한다.
④ 비누풍선의 표면장력은 비누풍선의 내부와 외부의 압력 차이와 동일한 MLT계 차원으로 표현가능하다.

68. 면적이 $16m^2$인 사각형 여과지의 여과량이 $2,000m^3/d$이고, 역세척이 매일 $15L/m^2/s$로 5분 동안 실시될 때, 역세척수량(m^3/d)은 약 얼마인가?

① 66 ② 68
③ 70 ④ 72

69. 침전지에서 제거율을 향상시키기 위한 방법으로 옳지 않은 것은?

① 다층침전지를 도입한다.
② 침전지의 침강면적을 작게 한다.
③ 플록의 침강속도를 크게 한다.
④ 유량을 감소시킨다.

70. 관수로 흐름에서 발생하는 손실수두에 관한 설명으로 옳은 것을 모두 고른 것은?

> ㄱ. 관수로에서 마찰손실수두는 무차원이다.
> ㄴ. 관경이 2배로 커지면 마찰손실수두는 2배로 증가한다.
> ㄷ. 마찰손실수두는 유속의 제곱에 비례한다.

① ㄷ
② ㄱ, ㄴ
③ ㄴ, ㄷ
④ ㄱ, ㄴ, ㄷ

71. 개수로 흐름상태를 나타내는 프루드수(Froude number)에 관한 설명으로 옳은 것을 모두 고른 것은?

> ㄱ. 중력에 대한 관성력의 비로 나타낸다.
> ㄴ. 한계상태의 흐름은 프루드수가 1일 때이다.
> ㄷ. 층류와 난류를 구분하는데 이용된다.
> ㄹ. 프루드수의 정의는 $F_r = \dfrac{V}{\sqrt{gD}}$ 이다.
> 여기서, V : 단면평균유속, g : 중력가속도, D : 수리심(hydraulic depth)이다.

① ㄷ
② ㄱ, ㄴ
③ ㄱ, ㄴ, ㄹ
④ ㄱ, ㄴ, ㄷ, ㄹ

72. 수평하게 설치된 직경 300mm인 원형관에 물이 흐르고 있다. 300m를 흐르는 동안 0.12MPa의 압력강하가 발생했다면, 관벽에서의 마찰응력(N/m^2)은?

① 3.0
② 30.0
③ 4.5
④ 45.0

73. 침전이론에서 자주 사용되는 스토크스(Stokes) 법칙에 관한 설명으로 옳지 않은 것은?

① 응결성이 있고 높은 농도의 입자들에 대한 침전에 적용할 수 있다.
② 침강속도는 입자직경의 제곱에 비례한다.
③ 침강속도는 입자와 액체의 비중차에 비례한다.
④ 수온이 낮을수록 침강속도는 느려진다.

74. 조도계수 0.014, 동수경사 0.01, 관경 800mm인 원형관로에서 수심이 0.4m일 때의 유량(m^3/s)은? (단, Manning 공식에 따른다.)

① 0.39
② 0.61
③ 0.77
④ 1.23

75. 펌프의 제원 결정과 관계가 없는 것은?

① 전양정
② 비력
③ 축동력
④ 토출량

76. 펌프특성(성능)곡선과 운전에 관한 설명으로 옳지 않은 것은?

① 펌프특성(성능)곡선이란 양정, 효율, 축동력이 토출유량(Q)에 따라 변하는 관계를 나타낸 곡선이다.
② 펌프 전양정은 실양정에서 각종 손실수두를 뺀 값이다.
③ 펌프는 효율이 가장 높은 점에서 운전되도록 한다.
④ 펌프의 운전점은 관로의 저항곡선과 펌프의 양정곡선의 교점을 말한다.

77. 아래 조건에서 펌프의 효율은 약 얼마인가?

- 유량 : 2m³/s
- 축동력 : 400HP
- 양정고 : 10m
- 총 손실수두 : 2m
- 중력가속도 : 9.8m/s²
- 물의 단위중량 : 1,000kgf/m³

① 0.70   ② 0.75
③ 0.80   ④ 0.85

78. 임펠러의 직경이 동일한 두 펌프의 동력(P)과 분당 회전수(N)의 관계식으로 옳은 것은? (단, P_1은 N_1일 때 동력, P_2는 N_2일 때 동력이다.)

① $P_2 = P_1 \left(\dfrac{N_1}{N_2}\right)^2$ ② $P_2 = P_1 \left(\dfrac{N_2}{N_1}\right)^2$

③ $P_2 = P_1 \left(\dfrac{N_1}{N_2}\right)^3$ ④ $P_2 = P_1 \left(\dfrac{N_2}{N_1}\right)^3$

79. 펌프의 수격작용을 방지하기 위한 주된 방법 중 압력상승 경감방법으로 옳지 않은 것은?

① 펌프에 플라이휠을 설치하는 방법
② 급폐식 체크밸브에 의한 방법
③ 완폐식 체크밸브에 의한 방법
④ 콘밸브에 의한 방법

80. 펌프의 용량과 대수 결정에 관한 설명으로 옳은 것을 모두 고른 것은?

ㄱ. 송수펌프는 펌프의 효율이 높은 운전점에서 정해진 일정한 수량을 양수하는 운전이 가능한 용량과 대수로 정한다.
ㄴ. 배수펌프는 수량의 시간적 변동에 적합한 용량과 대수로 정한다.
ㄷ. 펌프의 대수는 계획수량(최대, 최소, 평균)만을 고려하여 정한다.
ㄹ. 펌프가 정지되더라도 급수에 지장이 없는 경우에는 예비기를 두지 않는다.

① ㄱ, ㄴ
② ㄴ, ㄷ
③ ㄱ, ㄴ, ㄹ
④ ㄱ, ㄷ, ㄹ

UNIT 03 [2급] 2024년 제36회 정수시설운영관리사 1차

1과목 수처리공정

01. 응집보조제에 관한 설명으로 옳지 않은 것은?

① 저수온이나 저농도 시 분말활성탄을 응집보조제로 주입하는 방법도 있다.
② 활성규산은 응집보조제로서의 기능은 우수하지만 활성화 조작에 어려움이 있다.
③ 폴리염화알루미늄을 사용할 때에는 응집보조제가 필요하지 않는 경우가 많다.
④ 알긴산나트륨은 액상으로 된 제품을 보통 사용한다.

02. 계획 정수량이 50,000m³/d인 정수장에서 여과속도를 5m/h로 할 경우 필요한 최소 여과지 수는? (단, 1지의 여과면적은 60m²로 하고 예비지 설치는 고려하지 않는다.)

① 6   ② 7
③ 8   ④ 9

03. 응집제와 응집보조제의 주입에 관한 설명으로 옳지 않은 것은?

① 응집제의 주입량은 응집제의 농도와 밀도로 산출한다.
② 응집제의 희석배율은 가능한 한 적게 하고 희석지점은 주입지점과 가까이 하는 것이 바람직하다.
③ 응집보조제의 주입률은 원수 수질에 따라 실험으로 정한다.
④ 응집보조제의 주입지점은 실험으로 정하고 혼화가 잘 되는 지점으로 한다.

04. 급속혼화방식에 해당하지 않는 것은?

① 인라인 기계식   ② 가압수확산
③ 파이프격자   ④ 휠러

05. 여과지 성능을 나타내는 성과지표를 모두 고른 것은?

ㄱ. 여과수탁도
ㄴ. 여과지속시간
ㄷ. 역세척수량
ㄹ. 여과지속시간 내에 처리된 여과지의 단위면적당 여과수량

① ㄱ, ㄴ, ㄷ   ② ㄱ, ㄴ, ㄹ
③ ㄱ, ㄷ, ㄹ   ④ ㄴ, ㄷ, ㄹ

06. 직접여과에 관한 설명으로 옳은 것은?

① 원수 수질이 양호하고 장기적으로 안정되어 있는 경우 설치비와 운영비가 적게 소요된다.
② 고수온이고 고탁도의 원수를 대상으로 하여 응집제를 투입한 다음 여과하는 방식이다.
③ 응집제 주입량은 통상 주입량의 5~10% 정도만 주입하여 플록을 형성시킨다.
④ 생성되는 플록은 입경과 침강속도는 크지만 밀도와 강도가 적다.

07. 역세척 효과가 불충분할 경우 발생하는 현상으로 옳지 않은 것은?

① 여과지속시간이 감소한다.
② 측벽과 여과층 간에 간극이 발생하지 않는다.
③ 머드볼(mud ball)이 발생한다.
④ 여과층 표면이 불균일하게 된다.

08. 오존처리와 병행하는 고급산화법(AOP) 종류가 아닌 것은?

① 오존 + 높은 pH
② 오존 + 자외선
③ 오존 + NaOCl
④ 오존 + H_2O_2

09. 맛이나 냄새를 유발하는 생물학적 발생원이 아닌 것은?

① 방선균
② 황산염 환원균
③ 조류
④ 질산화균

10. 염소주입 시 미생물의 불활성화 비율을 증가시키는 인자에 관한 설명으로 옳은 것은?

① 온도가 낮을 때
② 접촉시간이 짧을 때
③ pH와 탁도가 낮을 때
④ 혼합정도가 저조할 때

11. 오존소독 방법에 관한 설명으로 옳지 않은 것은?

① 맛·냄새 물질의 제거가 가능하다.
② 오존투입방식은 산기관과 압력관 방식이 있다.
③ 오존주입량은 처리수량에 주입률을 곱하여 산정한다.
④ 화학적 잔류오존제거제로 과산화수소(H_2O_2)가 사용된다.

12. 지아디아 포낭이 3log로 불활성화할 경우 제거율(%)은?

① 90.0%
② 99.0%
③ 99.9%
④ 99.99%

13. 오존주입량의 제어방식이 아닌 것은?

① 오존주입농도 제어방식
② 잔류오존농도 제어방식
③ 오존분해거동 제어방식
④ C·T 제어방식

14. 액화염소 저장실에 관한 설명으로 옳지 않은 것은?

① 실온은 10~35℃로 유지하고, 직사일광이 용기에 직접 닿지 않는 구조로 한다.
② 저장소가 설치된 저장실 출입구는 기밀구조로 하고 이중출입문을 설치한다.
③ 염소주입기실과 분리하고 용기의 반출입이 편리한 위치로 감시하기 쉬운 위치에 설치한다.
④ 누출가스를 중화하는 제해장치의 흡인구는 벽면 상부에 설치한다.

15. 역세척배출수 침전공정에 관한 설명으로 옳은 것은?

① 입상활성탄흡착지의 역세척배출수를 침전 시 상징수는 하천에 방류할 수 없다.
② 처리공정은 플록형성 20분, 표면부하율 2~6m/h의 침전지에서 0.5~2시간으로 운전한다.
③ 배출수지는 전처리공정으로서 세척배출수 저류조를 겸할 수 없다.
④ 정수시설의 DAF 예비침전지는 배출수침전지를 활용할 수 없다.

16. 배출수 처리시설의 방류 TMS 수질자동측정기기를 구축해야 되는 경우는?

① 방류수 배출신고량이 700m³/d인 정수장의 경우
② 방류수 전량을 폐수종말처리시설 또는 공공하수처리시설에 유입시키는 경우
③ 원폐수의 농도가 항상 배출허용기준 이하인 경우
④ 폐수 배출신고량이 4~5종 사업장인 경우

17. 미량 물질의 특성에 관한 설명으로 옳은 것을 모두 고른 것은?

> ㄱ. 지하수 중 비소는 3가의 아비산 형태로 존재하는 경우가 많다.
> ㄴ. 휴믹산의 분자량은 펄빅산보다 크다.
> ㄷ. 음이온계면활성제가 수중에 유입되면 거품이 생긴다.
> ㄹ. 질산성질소는 대부분 자연적인 오염에 기인한다.
> ㅁ. 수중의 경도를 구성하는 성분은 2가의 금속이온이다.

① ㄱ, ㄴ, ㄷ
② ㄱ, ㄹ, ㅁ
③ ㄴ, ㄷ, ㄹ
④ ㄷ, ㄹ, ㅁ

18. 정수처리용 활성탄의 세공(pore)에 관한 설명으로 옳지 않은 것은?

① 입상활성탄에는 0.1~수μm 크기의 대세공(macropore)이 존재한다.
② 분말활성탄은 지름 1~20nm 정도의 세공이 많다.
③ 세공의 내부표면적은 700~1,400m²/g이다.
④ 야자계 활성탄은 석탄계에 비해 30nm 이상의 세공이 많다.

19. 해수담수화 공정에서 역삼투 막모듈에 관한 설명으로 옳은 것은?

① 해수온도가 높게 되면 염분투과율이 증가하여 투과수의 염분농도가 하강한다.
② 막공급수의 수온, 수질 및 회수율을 일정하게 하여 역삼투설비를 운전하면 막투과수량은 운전압력에 거의 비례하여 증감한다.
③ 회수율을 높게 하는 것은 일정량의 막투과수량에 대한 막공급수량의 증가로 이어진다.
④ 막모듈의 성능저하는 일반적으로 막투과수량의 감소와 염분제거율의 상승으로 나타난다.

20. 막분리공정에서 유량이 24,000m³/d이고, 막 투과 유속이 50LMH(L/m²·h)인 경우, 모듈당 막 면적이 50m²인 막모듈의 최소 필요 개수는? (단, 막 여과장치의 하루 가동시간은 8시간이다.)

① 400
② 800
③ 1,200
④ 1,600

2과목 수질분석 및 관리

21. 수질오염공정시험기준상 폴리에틸렌 시료용기를 사용하며 최대 보존기간이 가장 긴 항목은?

① 부유물질
② 불소
③ 질산성질소
④ 전기전도도

22. 수질오염공정시험기준상 용어의 정의에 관한 설명이다. ( )에 들어갈 내용으로 옳은 것은?

> ○ 시험조작 중 "즉시"란 (ㄱ)초 이내에 표시된 조작을 하는 것을 뜻한다.
> ○ "항량으로 될 때까지 건조한다"라 함은 같은 조건에서 1시간 더 건조할 때 전후 무게의 차가 g당 (ㄴ)mg 이하일 때를 말한다.

① ㄱ: 30, ㄴ: 0.3
② ㄱ: 30, ㄴ: 0.5
③ ㄱ: 60, ㄴ: 0.3
④ ㄱ: 60, ㄴ: 0.5

23. 0.02M NaOH 용액의 농도(mg/L)와 이 용액 500mL에 녹아 있는 NaOH의 질량(g)을 각각 순서대로 옳게 나열한 것은? (단, NaOH의 분자량은 40이다.)

① 800, 0.4
② 800, 0.8
③ 1600, 0.4
④ 1600, 0.8

24. 물환경보전법령상 수질오염경보제에 관한 내용이다. ( )에 들어갈 내용으로 옳은 것은?

> 수소이온농도 항목이 경보기준을 초과하는 것은 (ㄱ) 이하 또는 11 이상이 (ㄴ)분 이상 지속되는 경우를 말한다.

① ㄱ: 4, ㄴ: 30
② ㄱ: 4, ㄴ: 60
③ ㄱ: 5, ㄴ: 30
④ ㄱ: 5, ㄴ: 60

25. 먹는물수질공정시험기준상 맛에 관한 설명으로 옳지 않은 것은?

① 시료를 비커에 넣고 온도를 40~50℃로 높여 맛을 보아 판단한다.
② 시료는 유리재질의 병과 플라스틱 재질의 마개를 사용한다.
③ 분석에 사용되는 항온수조는 ±1℃로 유지할 수 있어야 하고 냄새를 발생하지 않아야 한다.
④ 맛을 측정하여 '있음', '없음'으로 구분한다.

26. 먹는물수질공정시험기준상 냄새의 측정 방법에 관한 설명으로 옳지 않은 것은?

① 측정자간 개인차가 심하므로 냄새가 있을 경우 5명 이상의 시험자가 측정하는 것이 바람직하나 최소한 2명이 측정해야 한다.
② 소독제인 염소 냄새가 날 때에는 티오황산나트륨을 가하여 염소를 제거한 후 측정한다.
③ 냄새를 측정하는 사람은 냄새에 극히 예민한 사람이 적절하다.
④ 냄새를 측정하는 사람과 시료를 준비하는 사람은 다른 사람이어야 한다.

27. 정수지가 10,000m^3 용량일 때, 최대통과유량이 5,000m^3/h이고, 장폭비(L/W)에 따른 환산계수가 0.3이다. 이 때 CT계산값은? (단, 연속측정장치로 측정된 잔류 소독제 농도는 최솟값 0.3mg/L, 평균값 0.9mg/L, 최댓값 1.4mg/L이다.)

① 3.6
② 7.2
③ 10.8
④ 14.4

28. 상수원관리규칙상 원수의 수질검사방법 중 측정횟수에 관한 설명으로 옳은 것은?

① 원수가 강변여과수인 경우에는 용존산소량은 매월 1회 이상 검사한다.
② 원수가 하천수인 경우에는 부유물질량은 분기마다 1회 이상 검사한다.
③ 원수가 호소수인 경우에는 암모니아성질소는 매월 1회 이상 검사한다.
④ 원수가 지하수인 경우에는 철은 분기마다 1회 이상 검사한다.

29. 수도법령상 일반수도사업자가 하여야 하는 위생상의 조치에서 수도꼭지에서의 먹는물의 잔류염소 농도의 규정에 관한 설명이다. ( )에 들어갈 내용으로 옳은 것은?

> 수도꼭지의 먹는물 유리잔류염소가 항상 0.1밀리그램/리터(결합잔류염소는 0.4밀리그램/리터) 이상이 되도록 할 것. 다만, 병원성미생물에 의하여 오염되었거나 오염될 우려가 있는 경우에는 유리잔류염소가 (ㄱ)밀리그램/리터(결합잔류염소는 (ㄴ)밀리그램/리터) 이상이 되도록 할 것

① ㄱ: 0.2, ㄴ: 1.2
② ㄱ: 0.2, ㄴ: 1.8
③ ㄱ: 0.4, ㄴ: 1.2
④ ㄱ: 0.4, ㄴ: 1.8

30. 정수장 혼화공정에서 인라인 혼화방식에 관한 설명으로 옳은 것은?

① 장치가 간단하고 고장이 거의 없는 등 시공 및 운영, 유지관리가 용이하다.
② 순간혼화방식이 이루어지므로 많은 동력을 필요로 한다.
③ 유입유량이 낮을 경우에도 혼화효율이 높다.
④ Mixer에서 손실수두가 발생하지 않는다.

31. 배오존 처리방법으로 옳지 않은 것은?

① 가열분해법   ③ 촉매분해법
② 활성탄흡착분해법   ④ 산세정분해법

32. 정수장에서 입상활성탄 공정의 역세척에 관한 설명으로 옳은 것은?

① 역세척의 목적은 탄층에 누적된 미생물막과 현탁물질을 제거하여 통수능력을 회복시키는 것이다.
② 고정상식에서 물 역세척속도는 사용하는 입상활성탄의 종류에 따라 다르며 탄층팽창률은 수온의 영향을 받지 않는다.
③ 탄층팽창률은 5~15%(평균 10%)가 되도록 역세척한다.
④ 물에 의한 역세척만으로도 세척이 충분하므로 공기세척을 병용하는 방식은 고려하지 않는다.

33. 오존처리 공정에서의 잔류오존량(kg/d)은?

> ○ 수돗물 생산량 : 10,000m^3/d
> ○ 오존이용률 : 90%
> ○ 주입오존량 : 5.0mg/L
> ○ 배출오존량 : 0.2mg/L

① 1.0   ② 2.0
③ 3.0   ④ 4.0

34. 지하수법령상 지하수를 먹는물로 이용하는 경우의 수질기준에서 일반오염물질에 포함되는 항목은?

① 용존산소농도(DO)   ② 부유물질
③ 철   ④ 질산성질소

35. 먹는물 수질기준 및 검사 등에 관한 규칙상 염지하수에 적용되는 방사능에 관한 기준으로 옳지 않은 것은?

① 세슘(Cs-137)은 4.0mBq/L를 넘지 아니할 것
② 우라늄은 30.0Bq/L를 넘지 아니할 것
③ 스트론튬(Sr-90)은 3.0mBq/L를 넘지 아니할 것
④ 삼중수소는 6.0Bq/L를 넘지 아니할 것

36. 먹는물 수질감시항목 운영 등에 관한 고시상 Norovirus의 검사주기로 옳은 것은?

    ① 1회/월   ② 1회/분기
    ③ 1회/반기   ④ 1회/년

37. 먹는물수질공정시험기준상 총대장균군–시험관법의 시료채취 및 관리에 관한 설명으로 옳지 않은 것은?

    ① 멸균된 시료용기를 사용하여 무균적으로 시료를 채취하고 즉시 시험하여야 한다.
    ② 수도꼭지에서 시료를 채취할 경우에는 수도꼭지를 틀어 오염되기 전에 즉시 채취한다.
    ③ 잔류염소를 함유한 시료를 채취할 때에는 시료채취 전에 멸균된 시료채취용기에 멸균한 티오황산나트륨용액을 최종농도 0.03% 되도록 투여한다.
    ④ 먹는샘물, 먹는해양심층수 및 먹는염지하수 제품수는 병의 마개를 열지 않은 상태의 제품을 말한다.

38. 수도법령상 상수도관망 중점관리지역 지정 등에 따른 중점관리지역의 수질측정방법 및 주기에서 수질측정 항목이 아닌 것은?

    ① 일반세균   ② 암모니아성 질소
    ③ 탁도   ④ 알루미늄

39. 수도법상 용어의 정의로 옳지 않은 것은?

    ① "수도공사"란 수도시설을 신설하는 공사만을 말한다.
    ② "정수(淨水)"란 원수를 음용·공업용 등의 용도에 맞게 처리한 물을 말한다.
    ③ "일반수도"란 광역상수도·지방상수도 및 마을상수도를 말한다.
    ④ "공업용수도"란 공업용수도사업자가 원수 또는 정수를 공업용에 맞게 처리하여 공급하는 수도를 말한다.

40. 수도법령상 지표수를 사용하는 일반수도사업자가 준수해야할 정수처리기준 중 취수지점부터 정수장의 정수지 유출지점까지의 구간에서 지아디아 포낭의 제거 혹은 불활성화 기준은?

    ① 1십분의 9 이상
    ② 1백분의 99 이상
    ③ 1천분의 999 이상
    ④ 1만분의 9천999 이상

3과목 설비운영(기계·장치 또는 계측기 등)

41. 용기 중의 액화염소를 염소가스로 유출시켜 계량하고 이를 진한 염소수로 한 다음 처리할 수중에 주입하는 방식의 장치는?

    ① 습식압력식 염소주입기
    ② 건식압력식 염소주입기
    ③ 습식진공식 염소주입기
    ④ 건식진공식 염소주입기

42. 응집용 약품 저장설비의 용량 기준으로 옳은 것은?

    ① 응집제는 20일분 이상으로 한다.
    ② 응집보조제는 10일분 이상으로 한다.
    ③ 알칼리제는 연속 주입할 경우 20일분 이상으로 한다.
    ④ 알칼리제는 간헐 주입할 경우 5일분 이상으로 한다.

43. 횡류식 침전지에서 사용되는 기계적 슬러지 수집기 형식이 아닌 것은?

    ① 공기압식
    ② 수중대차식
    ③ 체인플라이트식
    ④ 주행브리지식

44. 급속여과지에 사용되는 하부집수장치가 아닌 것은?

① 휠러블록형
② 스트레이너블록형
③ 체인블록형
④ 티피블록형

45. 염소제를 침전지 이전에 주입하는 방법은?

① 전염소처리
② 중간염소처리
③ 후염소처리
④ 재염소처리

46. 가압형 탈수기의 종류가 아닌 것은?

① 필터프레스
② 진공탈수기
③ 벨트프레스
④ 스크루프레스

47. 분말활성탄 주입설비에 관한 설명으로 옳은 것은?

① 주입설비실은 가능한 주입장소에서 먼 곳에 설치한다.
② 주입방식으로는 습식과 건식이 있다.
③ 주입량은 처리수량을 주입률로 나누어 결정한다.
④ 슬러리농도는 10~20%(건조환산한 값)를 표준으로 한다.

48. 3상 농형유도전동기의 기동방식이 아닌 것은?

① 전전압 기동방식
② 2차저항 기동방식
③ 소프트스타터 기동방식
④ Y-△ 기동방식

49. 상수도시설에서 사용하는 밸브의 용도와 사용가능한 밸브의 연결이 옳지 않은 것은?

① 유량제어용 – 콘밸브
② 압력제어용 – 버터플라이밸브
③ 차단용 – 볼밸브
④ 역류방지용 – 다공가변형 오리피스 밸브

50. 펌프용량과 대수의 결정에 관한 설명으로 옳은 것은?

① 취수펌프와 송수펌프는 펌프효율이 낮은 운전점에서 정해진 일정한 수량을 양수하는 운전이 가능한 용량과 대수로 정한다.
② 배수펌프는 시간적 변동과 상관없이 일정 수량에 적합한 용량과 대수로 한다.
③ 펌프의 대수는 계획수량의 두배가 되도록 결정한다.
④ 펌프가 정지되어도 급수에 지장이 없는 경우에는 예비기를 두지 않을 수 있다.

51. 서징현상에 관한 설명으로 옳은 것은?

① 펌프의 입구와 출구의 진공계와 압력계의 바늘이 흔들리고, 동시에 송출 유량이 변화하는 현상이다.
② 펌프에서 기포가 발생하여 펌프를 손상시키는 현상이다.
③ 관로 내에 공기 포켓이 존재하여 통수 능력이 저하된 현상이다.
④ 관로 내의 유속이 급격히 변화하여 관을 때리는 것 같은 소리가 나는 현상이다.

52. 역률개선 전력설비에서 발생하는 제5고조파를 제거하기 위해 설치하는 기기는?

① 전력용 콘덴서
② 방전코일
③ 직렬리액터
④ 전력퓨즈

53. 무정전공급이 가능한 수전방식은?

① 1회선 수전방식
② 평행 2회선 수전방식
③ 예비선 수전방식
④ 스폿 네트워크 수전방식

54. 용량환산시간(K)이 1.8, 방전전류(I)가 100A인 정류 부하에 필요한 축전지의 용량(Ah)은? (단, 보수율(L)은 0.8이다.)

① 225   ② 180
③ 144   ④ 44

55. 상수도시설의 감시·제어 및 정보처리를 위한 신호변환용 기기에 관한 설명으로 옳지 않은 것은?

① 신호변환에는 저항–전류, 전압–전류 등이 있다.
② 프로세스신호변환기, 직선화변환기, 교류전압변환기 등이 주로 사용된다.
③ 입출력간을 절연하면 신호변환시 장애가 발생한다.
④ 외부에서 노이즈의 영향을 받지 않는 회로구성으로 한다.

56. 상수도시설의 계측제어설비에 관한 설명으로 옳지 않은 것은?

① 신뢰성과 안전성을 유지하기 위하여 보호장치와 백업장치를 구비하여야 한다.
② 서지보호기를 설치하여 뇌해로부터 보호하며, 전송로를 지중화해서는 안된다.
③ 각종 계측기는 내진성 및 내약품성 등을 고려하여야 한다.
④ 공조설비 등을 설치하여 환경을 양호하게 유지하여야 한다.

57. 유량계에 관한 설명으로 옳지 않은 것은?

① 유량계 선택시 측정장소가 관수로흐름인지 개수로 흐름인지를 고려한다.
② 전자유량계는 전자유도법칙을 응용한다.
③ 차압유량계는 벤츄리관이나 오리피스 등의 축관에 의한 차압을 이용한다.
④ 초음파유량계는 전파를 방해하는 거품이나 이물질이 포함된 유체에서도 효과적이다.

58. 화학물질의 분류·표시 및 물질안전보건자료에 관한 기준상 경고표지의 양식에 포함되어야 하는 항목이 아닌 것은?

① 신호어   ② 유해–위험 문구
③ 예방조치문구 ④ 제조사정보

59. 산업안전보건법상 중대재해가 발생한 사실을 사업주가 알게 된 경우, 지체없이 보고해야할 대상은?

① 국토교통부 장관   ② 고용노동부 장관
③ 환경부장관   ④ 국무총리

60. 산업안전보건법령상 표지와 설명으로 옳지 않은 것은?

①	
	급성독성물질 경고
②	
	화기 금지

| ③ |  | 보행 금지 |
| ④ | | 급성독성물질 경고 |

ㄹ. 비점성, 비압축성 유체의 흐름에 적용하기 위한 이론이다.

① ㄱ, ㄴ
② ㄴ, ㄷ
③ ㄴ, ㄷ, ㄹ
④ ㄱ, ㄴ, ㄷ, ㄹ

64. 관수로의 유량측정장치에 관한 설명으로 옳지 않은 것은?

① 관수로의 유량측정 방법에는 노즐, 엘보우미터 등이 있다.
② 벤츄리미터는 관로 도중에 단면축소부를 두어 단면간의 수두차를 측정하여 유량을 계산하는 방식이다.
③ 수중 오리피스는 물에 잠긴 정도에 따라 수직 오리피스와 수평 오리피스로 구분한다.
④ 위어에 흐르는 유량은 주로 월류수두가 영향을 미친다.

4과목 정수시설 수리학

61. 점성계수의 [MLT]계 차원은?

① $[ML^{-2}T^{-2}]$
② $[ML^{-2}T^{-1}]$
③ $[ML^{-1}T^{-2}]$
④ $[ML^{-1}T^{-1}]$

62. 물의 성질에 관한 설명으로 옳은 것은?

① 물의 단위중량은 4℃, 1기압에서 $1,000kgf/m^3$이다.
② 물은 1기압, 4℃에서 최소밀도를 갖는다.
③ 액체상태의 물은 온도가 상승할수록 동점성계수가 커진다.
④ 물은 모세관에서 응집력이 부착력보다 큰 유체에 해당한다.

65. 폭이 5.0m, 수심이 2.0m인 직사각형 단면수로에 유량 $20m^3/s$의 물이 흐르고 있을 때 프루드수와 흐름 상태는?

① 0.102, 상류
② 0.452, 상류
③ 0.102, 사류
④ 0.452, 사류

63. 베르누이 정리에 관한 설명으로 옳은 것을 모두 고른 것은?

ㄱ. 손실을 무시할 때, 압력수두, 속도수두, 위치수두의 합은 일정하다.
ㄴ. 관수로 내 흐름의 에너지보존법칙을 설명하는 이론이다.
ㄷ. 관수로 흐름에 적용하려면 임의의 두 점이 동일 유선상에 있어야 한다.

66. 비압축성 흐름의 3차원 연속방정식으로 옳은 것은? (단, u, v, w는 각각 x, y, z 방향의 속도이다.)

① $\dfrac{\partial u}{\partial x}+\dfrac{\partial v}{\partial y}+\dfrac{\partial w}{\partial z}=0$
② $\dfrac{dx}{u}=\dfrac{du}{v}=\dfrac{dz}{w}$
③ $u\dfrac{\partial u}{\partial x}+v\dfrac{\partial v}{\partial y}+w\dfrac{\partial w}{\partial z}=0$
④ $\dfrac{1}{2}\left(\dfrac{\partial w}{\partial y}-\dfrac{\partial v}{\partial z}\right)\vec{i}+\dfrac{1}{2}\left(\dfrac{\partial u}{\partial z}-\dfrac{\partial w}{\partial x}\right)\vec{j}=0$

67. 유량 측정용 위어(weir)로 옳지 않은 것은?

① 사각위어　　② 전폭위어
③ 원뿔위어　　④ 삼각위어

68. 개수로에서 프루드수에 관한 설명으로 옳지 않은 것은?

① 관성력과 점성력의 비로 나타낸다.
② 한계프루드수는 1.0이다.
③ 프루드수가 1.0보다 크면 흐름의 상태는 사류이다.
④ 프루드수가 1.0보다 작으면 흐름의 상태는 상류이다.

69. 침전지의 제거효율 향상방법으로 옳은 것을 모두 고른 것은?

> ㄱ. 침전지의 침강면적을 크게 한다.
> ㄴ. 플록의 침강속도를 크게 한다.
> ㄷ. 유량을 적게 한다.
> ㄹ. 표면부하율을 작게 한다.

① ㄱ, ㄷ　　② ㄴ, ㄹ
③ ㄴ, ㄷ, ㄹ　　④ ㄱ, ㄴ, ㄷ, ㄹ

70. 관로길이 500m, 관경이 300mm인 주철관에 물이 가득차서 흐를 때 발생하는 마찰손실수두(m)는 약 얼마인가? (단, 마찰손실계수(f) = $\dfrac{124.6 \times n^2}{D^{1/3}}$, 동수경사는 0.002, 중력가속도는 9.8m/s², 주철관의 Manning계수(n) = 0.012이다.)

① 0.1　　② 1.0
③ 2.0　　④ 3.0

71. 지름 400mm인 원형관에 0.2m³/s의 유량이 흐르고 있다. 수온이 20℃일 때 레이놀즈수(Re)는 약 얼마인가? (단, 수온이 20℃일 때 동점성계수(ν)는 1.003×10^{-6}m²/s이다.)

① 635,000　　② 535,000
③ 435,000　　④ 335,000

72. 계획급수인구가 40,000명이고, 계획 1인 1일 최대급수량이 150L인 정수장의 여과속도는 120m/d일 때 여과지의 소요면적(m²)은?

① 50　　② 100
③ 250　　④ 500

73. 여과지의 기능에 관한 설명으로 옳지 않은 것은?

① 탁질의 양적인 억류기능
② 수질과 수량의 변동에 대한 완충기능
③ 응집제를 골고루 확산시키는 기능
④ 충분한 역세척기능

74. 혼화지에서 속도경사(G)에 관한 설명으로 옳은 것은?

① 점성계수(μ)의 1/2승에 비례한다.
② 플록입자수의 2승에 반비례한다.
③ 동력(P)의 1/2승에 비례한다.
④ 플록의 충돌횟수는 입자경의 3승에 반비례한다.

75. 펌프의 축동력이 20kW일 때, 유량 0.2m³/s를 양수할 수 있는 전양정(m)은 약 얼마인가? (단, 펌프 효율은 73%, 물의 단위중량은 1,000kgf/m³, 중력가속도는 9.8m/s²이다.)

① 2.5　　② 7.5
③ 12.5　　④ 17.5

76. A펌프장에서 펌프의 토출량이 3.0m³/min, 흡입구의 유속을 1.5m/s로 양수할 때, 토출관의 지름(mm)은 약 얼마인가?

① 206
② 406
③ 606
④ 806

77. 펌프특성곡선을 통해 확인할 수 있는 항목을 모두 고른 것은?

| ㄱ. 효율 | ㄴ. 양정 |
| ㄷ. 축동력 | ㄹ. 비에너지 |

① ㄱ, ㄴ
② ㄱ, ㄴ, ㄷ
③ ㄱ, ㄷ, ㄹ
④ ㄴ, ㄷ, ㄹ

78. 펌프를 설치하는 경우 고려해야 할 내용으로 옳지 않은 것은?

① 펌프는 용량이 클수록 효율이 높으므로 가능하면 대용량의 것으로 한다.
② 유지관리상 대수는 가능하면 적게 하고 동일한 용량의 것을 사용한다.
③ 펌프의 대수는 계획수량(최대, 최소, 평균) 및 고장시를 고려하여 결정한다.
④ 펌프는 가능하면 최소 효율점 부근에서 운전하도록 용량과 대수를 정한다.

79. 전양정 80m, 회전속도 1,500rpm, 최고효율점의 양수량 20m³/min을 토출하는 펌프의 비속도(N_s)는 약 얼마인가?

① 51
② 251
③ 451
④ 651

80. 펌프의 직렬운전과 병렬운전에 관한 내용으로 옳지 않은 것은?

① 병렬운전은 양정의 변화가 적고 양수량의 변화가 큰 경우에 적합하다.
② 병렬운전인 경우 펌프 운전점의 양수량은 단독운전 양수량의 2배 보다 적다.
③ 직렬운전인 경우 펌프 운전점의 양정은 단독운전 양정의 2배로 하여 구한다.
④ 관로 저항곡선의 구배가 급한 곳에서는 병렬운전이 유리하다.

UNIT 04 [2급] 2025년 제37회 정수시설운영관리사 1차

1과목 수처리공정

01. 응집제 주입에 관한 설명으로 옳지 않은 것은?

① 주입률은 원수수질의 변화에 따라 적절하게 조정한다.
② 응집제의 농도는 주입량과 취급상 용이함을 고려하여 정한다.
③ 희석배율은 가능한 크게 하고 희석지점은 가능한 주입지점과 가까이 설치하는 것이 바람직하다.
④ 응집제 주입량은 처리수량과 주입률로 계산한다.

02. pH조정제에 관한 설명으로 옳지 않은 것은?

① pH조정제의 주입률은 원수의 알칼리도, pH 등을 참고하여 정한다.
② pH조정제의 농도는 주입량이 적절하고 취급이 용이하도록 정한다.
③ pH조정제는 응집효과를 높일 수 있도록 적절하게 선정되어야 한다.
④ pH조정제의 주입지점은 응집제 주입지점의 하류측이 일반적이다.

03. 플록형성지에 관한 설명으로 옳은 것은?

① 플록형성지는 정사각형이 표준이다.
② 플록형성시간은 계획정수량에 대하여 20~40분간을 표준으로 한다.
③ 플록형성지 내의 교반강도는 하류로 갈수록 점차 증가시키는 것이 바람직하다.
④ 플록형성지는 착수정과 혼화지 사이에 위치한다.

04. 정속여과의 제어방식으로 옳은 것을 모두 고른 것은?

| ㄱ. 유량제어형 | ㄴ. 수위제어형 |
| ㄷ. 자연평형형 | ㄹ. 수질제어형 |

① ㄱ, ㄴ, ㄷ
② ㄱ, ㄴ, ㄹ
③ ㄱ, ㄷ, ㄹ
④ ㄴ, ㄷ, ㄹ

05. 평상시에 약품처리 등을 필요로 하지 않으면서 정화기능을 안정되게 얻을 수 있는 장점을 가진 여과방식은?

① 중력식 급속여과
② 인라인여과
③ 압력식 급속여과
④ 완속여과

06. 다음과 같은 정수장여과지의 단위면적당 여과수량(unit filter run volume, UFRV(m^3/m^2))은?

○ 처리유량(m^3/d) : 86,400
○ 여과지 면적(m^2) : 100
○ 여과지속시간(분) : 1,000

① 6
② 60
③ 600
④ 6,000

07. 여과지 성능을 평가할 때 사용되는 지표가 아닌 것은?

① 여과수탁도
② 여과지속시간
③ 역세척수량의 여과수량에 대한 비율
④ 역세배출수 최종탁도

08. 여과지에서 세척효과가 불충분할 때 발생하는 현상이 아닌 것은?

① 여과수질의 악화
② 머드볼(mud ball)의 발생
③ 여과지속시간의 증가
④ 측벽과 여과층간에 간극발생

09. 관로에서 잔류소독제 농도가 0.5mg/L이고 소독제의 접촉시간이 1시간일 때, 소독능 계산값(CT계산값)은? (단, 관흐름 환산계수는 1이다.)

① 15
② 30
③ 45
④ 90

10. 상수도설계기준상 정수지에 관한 설명으로 옳지 않은 것은?

① 정수지는 여과수량과 송수량의 변동을 조절하고 완화하는 기능을 한다.
② 소독제 주입이 정수지의 직전에 이루어지므로 소독제와의 접촉시간을 확보하는 역할을 한다.
③ 전통적인 정수지는 단락류와 정체부를 가지고 있다.
④ 추적자 실험을 통하여 접촉시간을 측정하는 경우에는 추적자의 90%가 정수지 유출부를 빠져나올 때까지의 시간으로 한다.

11. 상수도설계기준상 소독부산물의 대책으로 옳지 않은 것은?

① 입상활성탄처리를 통해 용해성 전구물질을 제거할 수 있다.
② 일반적으로 분말활성탄 1mg/L당 0.5~3g/L의 트리할로메탄 전구물질의 제거효과가 있다.
③ 전염소처리에 의해 생성된 트리할로메탄을 입상활성탄으로 제거할 경우에는 활성탄의 유효흡착기간이 대략 1~2년 정도이다.
④ 소독부산물은 염소가 브롬, 유기물 등의 전구물질과 반응하여 생산된다.

12. 정수처리 과정에서 중간염소처리 대상 조류로 옳지 않은 것은?

① 멜로시라(Melosira)
② 포르미디움(Phormidium)
③ 아나베나(Anabaena)
④ 마이크로시스티스(Microcystis)

13. 현장제조형 염소발생기에 관한 설명으로 옳지 않은 것은?

① 발생방식은 포화소금물을 전기분해하여 차아염소산나트륨을 발생시키는 방법이다.
② 발생방식으로는 무격막방식과 격막방식이 있다.
③ 제조된 차아염소산나트륨용액의 유효염소농도는 15% 전후로 시판품과 비교하여 높다.
④ 차아염소산나트륨의 원료가 되는 소금에 클로레이트, 브로메이트 성분이 포함될 수 있다.

14. 배출수 처리시설에 관한 설명으로 옳지 않은 것은?

① 조정시설은 배출수지와 배슬러지지로 구성된다.
② 배슬러지지의 상징수는 정수장 유입원수의 10% 이내에서 회수하여 정수처리 공정에 유입할 수 있다.
③ 배출수지는 슬러지의 침강을 방지하기 위해 교반장치를 설치할 수 있다.
④ 배슬러지지에 설치하는 슬러지배출관의 관경은 150mm 이상으로 한다.

15. 슬러지를 연속적으로 공급하여 처리하는 탈수기의 종류를 모두 고른 것은?

| ㄱ. 진공탈수기 | ㄴ. 필터프레스 |
| ㄷ. 원심분리기 | ㄹ. 벨트프레스 |

① ㄱ, ㄴ, ㄷ　　② ㄱ, ㄴ, ㄹ
③ ㄱ, ㄷ, ㄹ　　④ ㄴ, ㄷ, ㄹ

16. 미량 물질의 제거 방법에 관한 설명으로 옳지 않은 것은?

① 소독부산물의 전구물질이 현탁성이면 분말활성탄 처리가 효과적이다.
② 트리클로로에틸렌과 같은 유기화합물의 제거에는 폭기처리가 효과적이다.
③ 음이온계면활성제의 제거에는 생물학적 처리가 효과적이다.
④ 질산성질소의 제거에는 역삼투막 처리가 효과적이다.

17. 활성탄 처리 방식에 관한 설명으로 옳은 것은?

① 입상활성탄처리는 기존 정수시설을 활용할 수 없어 별도의 여과지를 만들어야 한다.
② 입상활성탄처리는 활성탄 누출에 의한 흑수현상을 발생시킬 수 있다.
③ 분말활성탄처리는 원생동물 번식의 우려가 있다.
④ 분말활성탄처리는 경제성 측면에서 장기간 운용에 적합하다.

18. 다음과 같은 오존처리 공정의 오존이용률(흡수율, %)은?

○ 주입 오존량 : 5kg/h
○ 배출 오존량 : 2kg/h
○ 잔류 오존량 : 1kg/h
○ 전달효율 : 60%

① 20　　② 40
③ 60　　④ 80

19. 오존처리 시설에 관한 설명으로 옳지 않은 것은?

① 접촉지의 구조는 개방식으로 하여 배오존이 대기에서 쉽게 확산되도록 한다.
② 접촉지에는 우회관을 설치해야 한다.
③ 인젝터 방식은 산기관 방식보다 유지관리가 편리하다.
④ 오존발생기실은 내화와 내식을 고려하여 환기와 배수가 양호해야 한다.

20. 막여과 정수시설에 관한 설명으로 옳지 않은 것은?

① 막여과 정수시설에서의 손실수량은 막모듈 세척 과정에서 가장 많이 발생한다.
② 셀룰로오스계 재질의 막은 미생물 침식이 발생할 우려가 있다.
③ 안정된 여과수량을 얻기 위해서는 최저수온을 고려하여 평균유량과 운전시간을 결정한다.
④ 막오염은 막 자체의 변질로 생긴 비가역적인 성능 저하가 발생된 것이다.

2과목 수질분석 및 관리

21. 수질오염공정시험기준상 온도 표시에 관한 설명으로 옳은 것은?

① 표준온도는 15℃~25℃, 실온은 1℃~35℃로 한다.
② 냉수는 15℃ 이하, 온수는 50℃~70℃를 말한다.
③ "수욕상 또는 수욕중에서 가열한다"라 함은 수온 100℃ 미만에서 가열함을 뜻한다.
④ 각각의 시험은 따로 규정이 없는 한 상온에서 조작하고 조작 직후에 그 결과를 관찰한다.

22. 먹는물수질공정시험기준상 시료의 보존방법으로 pH 2 이하 보관이 아닌 것은?

① 경도
② 과망간산칼륨소비량
③ 불소
④ 암모니아성질소

23. 먹는물공정시험기준상 색도-비색법의 시료채취 및 관리에 관하여 옳은 것을 모두 고른 것은?

> ㄱ. 유리 용기 또는 폴리에틸렌 용기에 물 시료를 채취한다.
> ㄴ. 미생물의 활성으로 시료의 색도를 변화시킬 수 있다.
> ㄷ. 시료의 색도는 물의 pH에 따라 크게 변한다.

① ㄱ, ㄴ
② ㄴ, ㄷ
③ ㄱ, ㄷ
④ ㄱ, ㄴ, ㄷ

24. 먹는물수질공정시험기준상 냄새의 측정결과를 보고할 때, 냄새없는 희석수의 부피가 150mL였다면 역치(TON) 값은 얼마인가?

① 1.5
② 2.0
③ 4.0
④ 5.0

25. 수질오염공정시험기준상 노말헥산 추출물질 시험법에 관한 설명으로 옳지 않은 것은?

① 유분의 성분별 선택적 정량에 사용되는 방법이다.
② 지표수, 지하수, 폐수 등에 적용할 수 있으며, 정량한계는 0.5mg/L 이다.
③ 노말헥산으로 추출할 때, 시료를 pH 4 이하의 산성으로 한다.
④ 광유류의 양을 시험하고자 할 경우에는 활성규산마그네슘 컬럼을 이용하여 동식물 유지류를 흡착·제거한다.

26. 수질오염공정시험기준상 화학적산소요구량 측정법 중 산성 과망간산칼륨법에 관한 설명으로 옳지 않은 것은?

① 염소이온의 간섭을 제거하기 위해 황산은을 첨가한다.
② 반응시료의 염소이온 농도가 2,000mg/L 이상인 경우에 적용한다.
③ 아질산염의 방해가 우려되면 아질산성 질소 1mg당 10mg의 설파민산을 넣어 간섭을 제거한다.
④ 시료를 황산산성으로 하여 과망간산칼륨 일정 과량을 넣고 30분간 수욕상에서 가열반응시킨다.

27. 소독에 의한 불활성화비 계산방법 중 소독능 계산값(CT계산값)에 관한 설명으로 옳은 것은?

① 잔류소독제 농도(mg/L)에 소독제 접촉시간(hr)을 곱한 값이다.
② 잔류소독제 농도는 수도법령에 의하여 측정한 잔류소독제 농도값 중 최대값을 택한다.
③ 소독제와 물의 접촉시간은 1일 사용유량이 최소인 시간에 최초소독제 주입지점부터 정수지 유출지점까지 측정한다.
④ 이론적인 접촉시간을 이용할 경우는 정수지 구조에 따른 수리학적 체류시간에 장폭비에 따른 환산계수를 곱하여 소독제 접촉시간으로 한다.

28. 먹는물 수질감시항목 중 랑게리아지수(LI) 결정인자의 시험방법으로 옳은 것은?

   ① 수소이온농도: 먹는물수질공정시험기준의 수소이온농도–유리전극법에 따른다.
   ② 알칼리도: 수질오염공정시험기준의 합성알칼리도 측정방법에 따른다.
   ③ 칼슘: 먹는물수질공정시험기준의 칼슘 및 마그네슘 측정방법–자외선가시선분광법에 따른다.
   ④ 전기전도도: 수질오염공정시험기준의 전기전도도–광학식센서방법에 따른다.

29. 먹는물 수질감시항목 운영등에 관한 고시상 시험방법으로 기체크로마토그래프를 사용하지 않는 것은?

   ① 마이크로시스틴   ② 염소소독부산물
   ③ 할로아세틱에시드   ④ 지오스민

30. 정수장에서 약품 주입량을 결정하기 위한 방법에 관한 설명으로 옳지 않은 것은?

   ① 약품주입률은 자–테스트(jar-test)로 결정하는 방식이 일반적이다.
   ② 원수탁도와 알칼리도 등을 수질계기로 연속측정하고, 그 측정결과에 따라 약품주입률을 자동으로 산출하는 방식이 있다.
   ③ 약품주입량은 설비용량의 결정에 필요하며 원수수질에 따라 변하므로 충분한 조사가 필요하다.
   ④ 제타포텐셜미터와 전기전도도계 등을 활용하여 응집제 주입량을 자동보정할 수 있다.

31. 용적 250m³인 혼화조에서 52kW인 교반기를 이용할 때 속도경사 $G(s^{-1})$는? (단, 물의 점성계수 = 0.0013kg/(m·s), 교반기 효율은 100%이다.)

   ① 200   ② 300
   ③ 400   ④ 500

32. 활성탄 역세척 효율에 관한 설명으로 옳지 않은 것은?

   ① 물에 의한 역세척만으로 불충분할 경우 공기세척을 조합하는 방식이 효과적이다.
   ② 역세척 직후의 시동방수에는 미세활성탄과 탁질 등이 상당히 포함되어 있다.
   ③ 고정상식에서 탄층팽창률은 수온의 영향을 받는다.
   ④ 미소동물이 증식하는 경우 정수로 세척하면 생물활성탄의 처리효과를 크게 향상시킨다.

33. 오존처리공정에서 오존 전달효율을 정하는 방법으로 옳은 것은?

   ① (주입오존량–배출오존량–잔류오존량)×100/주입오존량
   ② (주입오존량+잔류오존량–배출오존량)×100/주입오존량
   ③ (주입오존량–잔류오존량)×100/주입오존량
   ④ (주입오존량–배출오존량)×100/주입오존량

34. 먹는물관리법령상 먹는물 수질 감시원 자격에 해당되지 않는 사람은?

   ① 수질환경산업기사 자격증이 있는 사람
   ② 위생사 자격증이 있는 사람
   ③ 1년 이상 식품위생행정 분야의 사무에 종사한 사람
   ④ 상수도공학 관련 분야의 학과를 졸업한 사람

35. 하천법령상 관리규정을 정하여야 하는 하천시설이 아닌 것은?

   ① 운하 및 갑문
   ② 보조댐 및 배수로
   ③ 댐·하구둑·홍수조절지·방수로 및 저류지
   ④ 하천관리청이 지정하는 보·수문 및 배수펌프장

36. 지하수법상의 목적으로 적합하지 않은 것은?

   ① 지하수의 적절한 개발 · 이용과 효율적인 보전 · 관리
   ② 지하수개발 · 이용을 도모하고 지하수오염을 예방
   ③ 공공의 복리증진과 국민경제의 발전에 이바지
   ④ 국가의 지하수 보전 · 관리시책에 협력

37. 물환경보전법령상 국립환경과학원장 등이 설치 · 운영하는 측정망이 아닌 것은?

   ① 비점오염물질 측정망
   ② 공공수역 유해물질 측정망
   ③ 퇴적물 측정망
   ④ 도심하천 측정망

38. 수도법령상 일반수도사업자가 수도시설을 설치할 때에 갖추어야 할 시설기준에 관한 설명으로 옳지 않은 것은?

   ① 원수를 필요한 만큼 송수할 수 있는 펌프 · 도수관 등의 도수시설을 갖출 것
   ② 좋은 원수를 필요한 만큼 취수할 수 있는 취수원 및 취수시설을 갖출 것
   ③ 정수를 필요한 만큼 송수할 수 있는 펌프 · 송수관 이나 그 밖의 송수시설을 갖출 것
   ④ 원수를 일정 한도 이상의 압력으로 공급할 수 있는 배수시설을 갖출 것

39. 불활성화비 계산방법 및 정수처리 인증 등에 관한 규정상 용어에 관한 설명이다. (   )에 내용으로 옳은 것은?

   ○ "급속여과"라 함은 응집제 등을 투여하고 혼화 · 응집 · 침전공정을 통해 원수를 전 처리한 후 모래 등의 여과지를 이용하여 1일 (ㄱ)미터 이상의 속도로 여과하는 정수처리공정을 말한다.

   ○ "완속여과"라 함은 모래여과지를 이용하여 1일 (ㄴ)미터 내외의 속도로 여과하는 정수처리 공정을 말한다.

   ① ㄱ: 100, ㄴ: 3   ② ㄱ: 120, ㄴ: 5
   ③ ㄱ: 140, ㄴ: 3   ④ ㄱ: 160, ㄴ: 5

40. 수도법령상 수도시설기준에 관한 설명으로 옳지 않은 것은?

   ① 취수시설은 연중 계획된 1일 최대취수량을 취수할 수 있어야 한다.
   ② 저수시설은 갈수기에도 계획된 1일 최대급수량을 취수할 수 있는 저수용량을 갖추어야 한다.
   ③ 도수시설의 펌프는 최대 용량의 펌프에 이상이 발생하여도 계획된 1일 최소도수량이 보장될 수 있도록 설치하여야 한다.
   ④ 송수시설은 이송과정에서 정수된 물이 외부로부터 오염되지 아니하도록 관수로 등의 구조로 하여야 한다.

3과목 설비운영(기계 · 장치 또는 계측기 등)

41. 여과수 탁도계 설치 및 관리에 관한 설명으로 옳은 것은?

   ① 탁도계는 가급적 시료채취 지점에 가까이 위치하여야 한다.
   ② 교정방법은 항상 동일한 방법으로 실시하지 않아도 된다.
   ③ 지별 여과수 탁도계는 매일 보정하여야 한다.
   ④ 탁도관리 목표는 매월 측정된 시료수의 85% 이상이 0.5NTU 이하여야 한다.

42. 급속여과지 설비의 배관과 밸브에 관한 설명으로 옳지 않은 것은?

   ① 정전과 같이 긴급할 때에는 현 상태 유지가 바람직하다.
   ② 유입관거는 충분한 단면적을 가짐으로써 유속이나 수위변동을 흡수할 수 있어야 한다.
   ③ 관은 구조물에 고정되어야 하기 때문에 구조물의 신축이음을 설치한 부분에는 관에도 신축이음관을 반드시 설치해야 한다.
   ④ 각 여과지 유출관은 유량조절기를 설치하는 경우 평균유량으로 관경을 정한다.

43. 정수지의 월류관과 배수설비에 관한 설명으로 옳지 않은 것은?

   ① 월류관은 고수위에 설치하고 나팔관 또는 위어로 한다.
   ② 월류설비의 방류지점 고수위는 정수지의 월류수위보다 높아야 한다.
   ③ 정수지 바닥의 최저부에 배출수관을 설치하고 여기에 제수밸브를 설치한다.
   ④ 배수관의 구경은 저수위 이하의 수량과 배출시간을 고려하여 결정한다.

44. 용존공기부상지(DAF)에 포함된 설비를 모두 고른 것은?

   | ㄱ. 플록큐레이터 |
   | ㄴ. 순환수펌프 |
   | ㄷ. 압력용기포화기 |
   | ㄹ. 표면슬러지수집기 |

   ① ㄱ, ㄷ
   ② ㄷ, ㄹ
   ③ ㄱ, ㄴ, ㄹ
   ④ ㄱ, ㄴ, ㄷ, ㄹ

45. 액화염소 저장설비에 관한 설명으로 옳은 것은?

   ① 액화염소의 저장량은 항상 1일 사용량의 10일분 이상으로 한다.
   ② 용기는 45~60℃로 유지한다.
   ③ 저장실은 2~5℃로 유지한다.
   ④ 저장실의 바닥은 수평으로 하고, 내식성 모르타르 등으로 시공한다.

46. 오존발생용 원료가스 공급방식이 아닌 것은?

   ① 액화수소 공급방식
   ② 산소발생기 공급방식
   ③ 고압공기 공급방식
   ④ 액체산소 공급방식

47. pH조정설비에 관한 설명으로 옳지 않은 것은?

   ① 주입량은 처리수량과 주입률로 산출한다.
   ② 소석회와 소다회는 습식으로만 주입한다.
   ③ pH를 낮추기 위하여 황산이나 이산화탄소 등의 산성약품을 사용할 수도 있다.
   ④ pH조정제를 주입하기 위하여 체류시간 1분 정도의 별도 혼화지를 설치할 수 있다.

48. 펌프의 기동 또는 정지 조작 후 보조기계, 펌프, 밸브 등 일련의 동작이 자동적으로 이루어지는 펌프 운전 방식은?

   ① 단독운전
   ② 연동운전
   ③ 자동운전
   ④ 인터록운전

49. 다음과 같은 조건에서 펌프가 규정유량을 양수할 때 실양정(m)은 약 얼마인가?

> ○ 전양정 : 12m
> ○ 토출관에서의 유출속도 : 3m/s
> ○ 관로 마찰손실수두 : 1.54m
> ○ 중력가속도 : 9.8m/s^2

① 7
② 8
③ 9
④ 10

50. 펌프의 수격작용 방지 방법으로 옳은 것은?

① 펌프의 흡입측 관로에 표준형 조압수조를 설치한다.
② 흡입측 관로에 한방향형 조압수조를 설치한다.
③ 펌프에 플라이 휠을 붙인다.
④ 토출측 관로에 양방향형 조압수조를 설치한다.

51. 단로기에 관한 설명으로 옳지 않은 것은?

① 개폐기의 일종이다.
② 회로변경을 위해 설치한다.
③ 부하전류가 흐르는 상태에서 개폐할 수 있다.
④ 기기의 점검, 측정, 시험, 수리 시 기기를 활선으로부터 분리한다.

52. 수변전설비 중 직류전원장치에 관한 설명으로 옳지 않은 것은?

① 차단기 등의 제어 전원으로 사용된다.
② 충전장치는 부동충전방식을 사용한다.
③ 충전기에는 필요시 부하단자전압이 일정범위에 들어가도록 역률보상장치를 설치한다.
④ 충전기에는 비상등회로에 과방전보호장치 설치를 고려하여야 한다.

53. 정수장의 수변전설비의 역률개선 시 특징으로 옳지 않은 것은?

① 전압강하 개선
② 변압기 동손 감소로 효율개선
③ 계통의 임피던스 감소로 효율개선
④ 부하증가에 대한 여유도 증가

54. 염소가스 누출검지기 설치 시 유의사항으로 옳지 않은 것은?

① 염소가스 누출을 연속적으로 검지하여 경보를 발하도록 한다.
② 중화설비 단독으로 작동시키기 위한 제어설비를 설치한다.
③ 응답시간에 늦음이 생기지 않도록 시료채취장치를 설치한다.
④ 흡입측 검지기 입구에는 풍량조절용 밸브를 설치한다.

55. 전송신호 재생 중계장치로 장거리 전송을 위하여 전송신호의 감쇠를 보상하거나 출력 전압을 높여주는 장비는?

① 리피터(repeater)
② 게이트웨이(gateway)
③ 허브(hub)
④ 라우터(router)

56. 처리수량과 염소요구량의 변화가 적고 거의 일정한 염소주입량으로 소정의 잔류염소를 유지할 수 있는 경우 채택하는 제어방식은?

① 정치제어
② 유량비례제어
③ 피드포워드제어
④ 캐스케이드제어

57. 착수정에 수질계측기를 설치하려고 한다. 기본설치 항목이 아닌 것은?

① 탁도계
② 알칼리도계
③ 입자계수계
④ 전기전도도계

58. 산업안전보건법령상 작업환경측정 결과보고서나 결과표의 내용으로 옳지 않은 것은?

① 측정주기
② 측정 최고치
③ 측정기관명
④ 최종 생산 제품의 수율

59. 산업안전보건법령상 "보안면 착용" 지시에 해당하는 표지는?

①
②
③
④

60. 산업안전보건법령상 안전관리자를 1명 이상 선임하여야 하는 수도사업의 상시근로자 기준은?

① 상시근로자 50명 이상 500명 미만
② 상시근로자 50명 이상 1천명 미만
③ 상시근로자 100명 이상 500명 미만
④ 상시근로자 100명 이상 1천명 미만

4과목 정수시설 수리학

61. 운동량의 FLT계 차원과 MLT계 차원으로 옳은 것은?

① FLT^{-1}, ML^2T^{-3}
② FT, MLT^{-1}
③ FL^{-1}, MT^{-2}
④ FL, ML^2T^{-2}

62. 유량계에 관한 설명으로 옳지 않은 것은?

① 엘보미터는 90°만곡관 내측과 외측에서 압력수두 차를 측정하여 유량을 계산하는 유량계이다.
② 벤츄리미터에서는 축소전과 축소단면간의 압력수두차를 측정하여 유량을 계산한다.
③ 노즐은 흐름의 에너지 손실이 많으나 벤츄리미터에 비해 경제적인 장점이 있다.
④ 오리피스 유량계는 관내 흐름 단면을 확대시켜 그 전후의 압력차를 이용해 유량을 측정하는 기구이다.

63. 지름이 2cm인 비누풍선의 내부와 외부의 압력 차이가 $0.08gf/cm^2$일 때, 비누풍선의 표면장력(gf/cm)은?

① 0.02
② 0.04
③ 0.08
④ 0.12

64. Manning 공식에 관한 설명으로 옳지 않은 것은?

① 조도계수가 작을수록 유속이 크게 산정된다.
② 경심이 클수록 유속이 크게 산정된다.
③ 동수경사가 클수록 유속이 크게 산정된다.
④ 동일한 단면적에서 윤변이 클수록 유속이 크게 산정된다.

65. 기본 베르누이 방정식이 성립하기 위한 조건으로 옳지 않은 것은?

   ① 임의의 두 점은 같은 유선 상에 있어야 한다.
   ② 정상류(steady flow)로 가정한다.
   ③ 점성 유체로 가정한다.
   ④ 비압축성 유체로 가정한다.

66. 직경이 150mm이고 길이는 200m인 관에 2m/s의 평균유속으로 물이 흐를 때, 마찰손실수두가 8m이었다. 마찰손실계수와 마찰속도는 약 얼마인가? (단, 중력가속도는 9.8m/s²이다.)

   ① 0.029, 0.12m/s
   ② 0.044, 0.16m/s
   ③ 0.058, 0.20m/s
   ④ 0.116, 0.40m/s

67. 관의 길이 200m, 관경 200mm인 관로에서 속도수두와 마찰손실수두가 같다면 마찰손실계수는?

   ① 0.001
   ② 0.002
   ③ 0.010
   ④ 0.040

68. 수면차가 15m인 두 수조가 길이 200m, 직경 250mm인 단일관으로 연결되어 있을 때, 관로의 평균유속(m/s)은 약 얼마인가? (단, 관로의 마찰손실계수는 0.023, 단면급확대손실계수와 단면급축소손실계수는 각각 1.0과 0.5, 중력가속도는 9.8m/s²이다.)

   ① 3.84
   ② 4.44
   ③ 14.04
   ④ 36.89

69. 원형관 내의 흐름상태를 판단하기 위한 레이놀즈수(Re)의 산출식으로 옳은 것은? (단, R은 경심, D는 관의 직경, V는 유속, ν는 동점성계수, ρ는 밀도이다.)

   ① $Re = \dfrac{RV}{\nu}$
   ② $Re = \dfrac{DV}{\nu}$
   ③ $Re = \dfrac{RV}{\rho}$
   ④ $Re = \dfrac{DV}{\rho}$

70. 수평하게 설치된 직경 250mm인 원형관에 물이 흐르고 있다. 벽면에서 마찰응력이 2.0kgf/m²이라면, 200m를 흐르는 동안 벽면마찰로 인한 압력강하량(kgf/cm²)은?

   ① 0.64
   ② 1.00
   ③ 6.40
   ④ 10.00

71. 급속여과지에 관한 설명으로 옳은 것은?

   ① 여과속도는 90~110m/d를 표준으로 한다.
   ② 중력식과 압력식이 있으며 중력식을 표준으로 한다.
   ③ 여과면적은 계획정수량을 일최대정수량으로 나누어 계산한다.
   ④ 형상은 원형을 표준으로 한다.

72. 여과지의 필요 기능에 관한 설명으로 옳지 않은 것은?

   ① 정수처리기준을 만족시키는 정화기능
   ② 탁질의 질적인 억류기능
   ③ 수질과 수량의 변동에 대한 완충기능
   ④ 충분한 역세척 기능

73. 유입유량 100m³/min, 용량 10,800m³, 표면부하율 60m³/m²/d인 침전지의 유효수심(m)은?

① 3.5　　② 4.0
③ 4.5　　④ 5.0

74. 혼화지에서 속도경사(G)를 결정하는 요소에 해당하는 것을 모두 고른 것은?

> ㄱ. 물의 점성계수
> ㄴ. 교반동력
> ㄷ. 혼화지의 면적
> ㄹ. 표면부하율

① ㄱ　　② ㄱ, ㄴ
③ ㄴ, ㄷ　　④ ㄱ, ㄴ, ㄷ, ㄹ

75. 정수장과 배수지간의 수면표고 차이가 20m인 정수장에서 배수지로 3m³/s의 유량을 송수하고자 한다. 송수과정에서 발생하는 에너지 손실수두가 5m이고 펌프의 효율이 75%인 경우, 펌프의 소요동력(kW)은? (단, 중력가속도는 9.8m/s²이다.)

① 98　　② 100
③ 980　　④ 1,000

76. 다음 조건의 펌프의 비속도는? (단, 소수점 셋째자리에서 반올림하여 소수점 둘째자리까지 구한다.)

> ○ 최고효율점 양수량 : 600m³/h
> ○ 회전속도 : 1,200rpm
> ○ 펌프의 전양정 : 10m

① 67.48　　② 522.71
③ 674.81　　④ 5,227.05

77. 펌프의 공동현상(cavitation) 방지 대책으로 옳은 것은?

① 흡입관의 손실을 크게 한다.
② 펌프의 설치위치를 가능한 높게 한다.
③ 펌프의 회전속도를 낮게 설정한다.
④ 흡입측 밸브를 완전히 폐쇄하고 펌프를 운전한다.

78. 펌프의 성능곡선에 관한 설명으로 옳은 것은?

① 횡축을 토출량으로 하고 전양정, 축동력, 효율을 나타낸 곡선이다.
② 횡축을 효율로 하고 전양정, 축동력, 토출량을 나타낸 곡선이다.
③ 횡축을 축동력으로 하고 전양정, 토출량, 효율을 나타낸 곡선이다.
④ 횡축을 전양정으로 하고 축동력, 토출량, 효율을 나타낸 곡선이다.

79. 펌프의 운전에 관한 내용으로 옳지 않은 것은?

① 관로 저항곡선의 구배가 급한 곳에서는 직렬운전이 유리하다.
② 2대의 직렬운전인 경우 펌프 운전점의 양정은 단독운전 양정의 2배로 한다.
③ 2대의 병렬운전은 양정의 변화가 적고 양수량의 변화가 큰 경우에 적합하다.
④ 2대의 병렬운전인 경우 펌프 운전점의 양수량은 단독운전 양수량의 4배로 한다.

80. 수격작용의 압력파 전파속도를 산정하기 위해 필요한 인자로 옳지 않은 것은?

① 관 재료의 탄성계수　　② 관의 두께
③ 관의 지름　　④ 관의 길이

[3급] 2024년 제36회 정수시설운영관리사 1차

1과목 수처리공정

01. 응집제에 관한 설명으로 옳지 않은 것은?

① 황산알루미늄은 대부분의 경우 액체가 사용된다.
② 철염계 응집제는 플록이 침강하기 어렵다.
③ 폴리염화알루미늄은 분말활성탄과 구분하기 위하여 PACl이라고 표시한다.
④ 폴리염화알루미늄은 황산알루미늄보다 적정주입 pH 범위가 넓다.

02. 응집보조제에 관한 설명으로 옳은 것은?

① 주입량은 처리수량과 주입률로 산출한다.
② 알긴산나트륨은 액상을 주로 사용한다.
③ 활성규산은 응집보조제로서 활성화 조작이 쉽다.
④ 주입지점은 혼화가 어려운 지점으로 한다.

03. 플록형성지에 관한 설명으로 옳은 것은?

① 플록형성지는 직사각형이 표준이다.
② 교반강도는 하류로 갈수록 증가시킨다.
③ 플록형성시간은 계획정수량에 대하여 20~40초이다.
④ 플록형성지는 침전지와 떨어지게 설치한다.

04. pH 조정제로 사용되지 않는 것은?

① 소다회   ② 소석회
③ 수산화나트륨   ④ 규산나트륨

05. 급속여과지의 성능평가 지표가 아닌 것은?

① 여과수탁도
② 여과지속시간
③ 역세척수량의 여과수량에 대한 비율
④ 손실수두

06. 완속여과지의 표준 모래층 두께(cm)는?

① 10~30   ② 40~60
③ 70~90   ④ 100~120

07. 급속여과지의 하부집수 방식이 아닌 것은?

① 블랑키트 블록형
③ 스트레이너 블록형
② 휠러 블록형
④ 유공 블록형

08. 자외선 소독에 관한 설명으로 옳지 않은 것은?

① 살균력을 갖는 가장 적합한 파장은 253.7nm이다.
② 타소독에 비해 무독성이다.
③ THM 생성, 높은 유지관리비 등의 단점이 있다.
④ 영향인자는 수질, 램프의 상태 등이 있다.

09. 염소소독에 관한 설명으로 옳은 것은?

   ① 유리염소는 차아염소산(HOCl)과 차아염소산이온(OCl^-)을 말한다.
   ② 차아염소산보다 차아염소산이온이 살균작용이 강하다.
   ③ 클로라민은 염소가 수중의 인화합물과 반응하여 형성한다.
   ④ 결합염소는 모노클로라민(NH_2Cl), 디클로라민($NHCl_2$), 트리클로라민(NCl_3)을 말한다.

10. 전염소 및 중간염소처리의 목적으로 옳은 것을 모두 고른 것은?

ㄱ. 세균 제거
ㄴ. 1,4-다이옥산 제거
ㄷ. 철과 망간 제거
ㄹ. 맛과 냄새 제거

   ① ㄱ, ㄴ, ㄷ ② ㄱ, ㄴ, ㄹ
   ③ ㄱ, ㄷ, ㄹ ④ ㄴ, ㄷ, ㄹ

11. 염소의 살균력에 관한 설명이다. ( )에 들어갈 내용을 순서대로 나열한 것은?

동일한 접촉시간으로 동등한 소독효과를 달성하기 위해서는 결합잔류염소는 유리잔류염소에 비하여 ( )배의 양을 필요로 하고, 동일한 양을 사용하여 동등한 효과를 올리기 위해서는 약 ( )배의 접촉시간이 필요하다.

   ① 5, 30 ② 15, 50
   ③ 25, 100 ④ 50, 150

12. 유량이 10,000 m^3/d인 처리수에 평균 6mg/L의 비율로 염소를 주입시켰다. 이 때 잔류염소량이 2mg/L인 경우 이 처리수의 염소요구량(kg/d)은?

   ① 24 ② 30
   ③ 36 ④ 40

13. 배오존처리방법에 해당하지 않는 것은?

   ① 가열분해법 ② 촉매분해법
   ③ 증발분해법 ④ 활성탄흡착분해법

14. 액화염소의 저장설비에 관한 설명으로 옳은 것은?

   ① 저장량은 항상 1일 사용량의 3~5일분이다.
   ② 저장용기는 50kg, 100kg, 1ton을 사용한다.
   ③ 저장용기는 40℃ 이상으로 유지한다.
   ④ 저장용기는 직접 가열해도 무방하다.

15. 배출수처리공정에 관한 설명으로 옳은 것은?

   ① 발생한 배출수는 전량 처리하는 것이 경제적이다.
   ② 계획탁도는 고탁도시의 취수 회피를 고려하여 결정한다.
   ③ 계획처리고형물량은 표면부하율을 기초로 하여 산정한다.
   ④ 슬러지케이크는 「하수도법」에 따라 적정하게 처분되어야 한다.

16. 배출수처리시설의 배출신고량이 1~3종에 해당하는 경우 부착해야할 TMS 수질자동측정기기에 해당하지 않는 것은?

   ① 탁도 ② 수소이온농도
   ③ 총질소 ④ 총인

17. 미량 오염물질과 처리방법 간의 연결로 옳지 않은 것은?

① 비소 – 이산화망간 흡착처리
② 소독부산물 전구물질 – 중간염소처리
③ 트리클로로에틸렌 – 입상활성탄처리
④ 음이온계면활성제 – 폭기처리

18. 해수담수화용 폴리아미드계 역삼투막에 관한 설명으로 옳은 것은?

① 비교적 무른 지지층으로 쉽게 압밀화된다.
② 온도가 높을수록 물의 투과율과 염분투과율 모두 커지는 경향이 있다.
③ 염소 등의 산화제에 대한 내성이 크다.
④ 셀루로오스아세테이트계 막에 비해 유기물 제거성이 낮다.

19. 막모듈의 하부로부터 블로어를 사용하여 막의 1차 측에서 기액혼합류로 세척하는 방식은?

① 역압수세척   ② 에어스크러빙
③ 역압공기세척 ④ 기계진동

20. 입상활성탄 흡착공정 설계인자 중 입상활성탄층을 통과하는 1시간당 처리수량을 입상활성탄의 용적으로 나눈 값은?

① 공간속도(SV)   ② 공상접촉시간(EBCT)
③ 선속도(LV)   ④ 흡착능력(AC)

2과목 수질분석 및 관리

21. 먹는물수질공정시험기준상 따로 조제방법을 기재하지 아니한 20% 수산화나트륨 용액에 녹아있는 용질의 g수는? (단, 용액의 부피는 200mL이다.)

① 10   ② 20
③ 40   ④ 60

22. 수질오염공정시험기준상 색도 계산시 각 파장(nm)에서 각 농도별 색도 표준용액에 대해 먼저 측정하여야 하는 것은?

① 입사광도   ② 산란광도
③ 흡광도   ④ 투과율

23. 먹는물수질공정시험기준상 산성 또는 알칼리성의 정도를 개략적으로 표시한 pH 범위로 옳은 것은?

① 강산성: 약 2 이하
② 약산성: 약 3 ~ 5
③ 강알칼리성: 약 12 이상
④ 약알칼리성: 약 8 ~ 10

24. 수질오염공정시험기준상 배출허용기준 적합여부를 판정하기 위해 복수시료를 채취하는 경우 단일시료로 합쳐서 측정해도 되는 항목은?

① 부유물질   ② 시안(CN)
③ 대장균군   ④ 노르말헥산추출물질

25. 다음이 설명하는 시험방법에 해당되는 심미적 영향 물질은?

    > 암모니아 완충용액을 넣어 pH 10으로 조절한 다음 적정에 의해 소비된 EDTA 용액으로부터 탄산칼슘의 양으로 환산하여 구한다.

    ① 세제　　　　　② 탁도
    ③ 경도　　　　　④ 잔류염소

26. 정수지에서 잔류염소의 농도가 0.6mg/L, 소독제의 접촉시간이 50min, 정수지에서의 불활성화비가 6일 때, CT요구값은?

    ① 4　　　　　② 5
    ③ 6　　　　　④ 7

27. 먹는물 수질감시항목 운영 등에 관한 고시상 상수원수의 Geosmin 및 2-MIB에 의한 조류경보 발생 단계에 따른 검사주기로 옳지 않은 것은?

    ① 평상시: 1회/반기　　② 관심단계: 1회/주
    ③ 경계단계: 2회/주　　④ 조류대발생단계: 3회/주

28. 먹는물수질공정시험기준상 잔류염소의 측정방법이 아닌 것은?

    ① DPD 비색법　　② OT 비색법
    ③ DPD 분광법　　④ 연속흐름법

29. 먹는물 수질기준 및 검사 등에 관한 규칙상 광역 및 지방상수도의 정수장에서 매일 1회 이상 수질검사를 하여야 하는 항목에 해당되지 않는 것은?

    ① 맛　　　　　② 냄새
    ③ 잔류염소　　　④ 일반세균

30. 원수의 수질변화나 수온, 탁도, pH, 알칼리도 등에 의해 달라지는 응집제 주입율을 결정하는 방법 등에 해당되지 않는 것은?

    ① 자-테스트(Jar-test)
    ② 제타포텐셜 미터(Zeta potential meter)
    ③ 수류식 혼화(Hydraulic mixing)
    ④ 흐름전위측정(Streaming current detector)

31. 먹는물관리법상 먹는물공동시설에 해당되지 않는 것은?

    ① 하천수　　　　② 약수터
    ③ 샘터　　　　　④ 우물

32. 유량이 2,000m^3/d이고, 수심 5m, 길이 40m, 폭 8m인 침전지에서 침전효율을 나타내는 표면부하율(m/d)은?

    ① 1.25　　　　② 6.25
    ③ 10.0　　　　④ 50.0

33. 물환경보전법상 비점오염원에 해당되지 않는 것은?

    ① 축사 연결 수로　　② 도로
    ③ 산지　　　　　　　④ 공사장

34. 지하수법상 지하수 보전구역으로 지정할 수 있는 지역에 해당하지 않는 것은?

    ① 지하수의 지나친 개발·이용으로 인하여 지하수의 고갈 현상이 발생한 지역
    ② 지하수의 지나친 개발·이용으로 인하여 지반침하 현상이 발생한 지역
    ③ 지하수의 지나친 개발·이용으로 하천이 마르는 현상이 발생할 우려가 있는 지역
    ④ 지하수개발·이용량이 기본계획에서 정한 지하수개발 가능량에 비해 현저하게 낮다고 판단되는 지역

35. 하천법상 가뭄의 장기화 등으로 하천수 사용 허가 수량을 조정하지 않으면 공공의 이익에 해를 끼칠 우려가 있는 경우에 하천수 사용자의 사용을 제한할 수 있는 결정권자는?

   ① 관할 구역의 군수, 구청장
   ② 관할 구역의 시·도지사
   ③ 국토교통부장관
   ④ 환경부장관

36. 먹는물 수질기준 및 검사 등에 관한 규칙상 염지하수의 방사능 수질기준에 해당되지 않는 항목은?

   ① 세슘(Cs-137)   ② 스트론튬(Sr-90)
   ③ 셀레늄(Se-78)   ④ 삼중수소

37. 수도법상 수도사업자가 일반 수요자에게 원수나 정수를 공급하기 위한 급수설비에 해당하지 않는 것은?

   ① 저수조   ② 계량기
   ③ 수도꼭지 ④ 배수관

38. 수도법령상 정수처리 된 물의 불활성화 기준이 적합한지를 확인하기 위한 검사항목에 해당되지 않는 것은?

   ① 색도   ② 수온
   ③ 잔류소독제 농도 ④ 수소이온농도(pH)

39. 수도법령상 상수도관망시설의 규모가 1,000km 이상 1,500km 미만인 경우 일반수도사업자가 배치하여야 할 상수도관망시설운영관리사의 배치기준은?

   ① 2급 2명 이상
   ② 2급 4명 이상
   ③ 1급 1명 이상, 2급 2명 이상
   ④ 1급 3명 이상, 2급 3명 이상

40. 막여과 정수시설의 설치기준상 막여과 정수시설에 사용되는 수도용 막의 염화나트륨 제거율이 93% 미만이고 이온이나 저분자량 물질을 제거하는데 적합한 여과법은?

   ① 정밀여과법   ② 나노여과법
   ③ 한외여과법   ④ 역삼투법

3과목 | 설비운영(기계·장치 또는 계측기 등)

41. 응집제 저장설비의 표준 용량은 며칠 분 이상으로 하는가?

   ① 5   ② 10
   ③ 15   ④ 30

42. 횡류식 침전지의 정류설비에 관한 설명으로 옳지 않은 것은?

   ① 정류벽 등을 설치하여 유입수가 침전지의 횡단면에 균등하게 유입되도록 한다.
   ② 정류벽을 유입단에서 0.5m 이상 떨어져 설치한다.
   ③ 정류벽에서 정류공의 총면적은 유수단면적의 6% 정도를 표준으로 한다.
   ④ 침전지 내에서 편류나 밀도류를 발생시키지 않고 제거율을 높이기 위한 설비이다.

43. 다음에서 설명하는 급속혼화시설은?

   > ○ 혼화강도의 조절이 어렵다.
   > ○ 와류의 정도가 처리수량에 좌우된다.
   > ○ 혼화장치에는 파샬플룸, 벤츄리미터 등이 있다.

   ① 수류식 혼화   ② 기계식 혼화
   ③ 인라인 고정식 혼화 ④ 파이프 격자에 의한 혼화

44. 침전지 이전에 염소제를 주입하는 방식은?

    ① 전염소처리   ② 중간염소처리
    ③ 후염소처리   ④ 재염소처리

45. 급속여과지에서 역세척 효과가 불충분할 경우에 나타날 수 있는 현상이 아닌 것은?

    ① 여과지속시간의 감소
    ② 여과수질의 악화
    ③ 머드볼의 발생
    ④ 여과층 표면의 균일

46. 배출수처리시설에서 침전슬러지를 받아들이는 시설은?

    ① 배출수지   ② 배슬러지지
    ③ 농축조   ④ 여과지

47. 정수장 배출수 처리의 일반적인 순서로 옳은 것은?

    ① 조정 → 농축 → 탈수 → 처분
    ② 조정 → 탈수 → 농축 → 처분
    ③ 농축 → 탈수 → 조정 → 처분
    ④ 농축 → 조정 → 처분 → 탈수

48. 하천수나 지하수를 착수정까지 양수하기 위해 설치하는 펌프는?

    ① 취수펌프   ② 배수펌프
    ③ 가압펌프   ④ 고양정펌프

49. 역류방지용 밸브가 아닌 것은?

    ① 스윙식 체크밸브   ② 풋밸브
    ③ 콘밸브   ④ 플랩밸브

50. 구조가 견고하고 가격이 저렴하며 운전과 보수가 용이해서 펌프 구동용으로 가장 일반적으로 사용되는 전동기는?

    ① 영구자석형 전동기   ② 직류전동기
    ③ 분권전동기   ④ 3상 유도전동기

51. 펌프를 선정할 때 사용하는 대표값으로 계획수량, 동수압, 관로특성 등을 고려해서 사용하는 값은?

    ① 회전속도   ② 비속도
    ③ 토출량   ④ 전양정

52. 한국전기설비규정(KEC)에서 정한 중성선의 색상은?

    ① 갈색   ② 녹색
    ③ 회색   ④ 청색

53. 광도 I가 400cd인 광원으로부터 2m 떨어진 곳의 법선조도 $E(l_x)$는?

    ① 100   ② 200
    ③ 566   ④ 800

54. 피뢰기에 관한 설명으로 옳지 않은 것은?

    ① 피뢰기는 보호대상기기와 가능하면 가깝게 설치한다.
    ② 피뢰기 제한전압은 실효치로 표시한다.
    ③ 직렬갭은 속류를 차단한다.
    ④ 특성요소는 비직선 저항체로 이상전압의 파고치를 저감시킨다.

55. 소독설비에서 미리 설정된 염소주입률로 주입량을 제어하는 방식은?

① 정치제어
② 피드백제어
③ 케스케이드제어
④ 유량비례제어

56. 상수도시설에서 계측제어용 기기에 관한 설명으로 옳지 않은 것은?

① 계측제어기기는 일반적으로 검출부, 표현부, 조절부, 조작부 및 전송부로 나누어진다.
② 표현부는 수위, 압력, 수량 및 수질 등의 변화량을 검출하여 신호로 변환하는 장치이다.
③ 조작부는 조절부로부터 조작신호를 받아 제어목적을 달성하기 위하여 작동하는 장치이다.
④ 전송부는 검출부, 표현부, 조절부 및 조작부의 상호간에 신호를 전달하는 장치이다.

57. 감시조작설비 중 현장제어반을 나타내는 것은?

① COS
② FCS
③ EWS
④ DS

58. 패러데이 법칙을 응용한 유량계는?

① 초음파유량계
② 차압식유량계
③ 전자식유량계
④ 위어식유량계

59. 산업안전보건법령상 안전인증대상기계 등의 안전인증의 전부 또는 일부를 면제 받을 수 있는 요건이 아닌 것은?

① 연구·개발을 목적으로 제조·수입하거나 수출을 목적으로 제조하는 경우
② 고용노동부장관이 정하여 고시하는 외국의 안전인증기관에서 인증을 받은 경우
③ 다른 법령에 따라 안전성에 관한 검사나 인증을 받은 경우로서 고용노동부령으로 정하는 경우
④ 3년 이상 해당 사업장에서 사용하여 안전이 입증된 경우

60. 안전보건표지가 의미하는 것은?

① 산화성 물질 경고
② 폭발성 물질 경고
③ 인화성 물질 경고
④ 화기 금지 경고

4과목 정수시설 수리학

61. 베르누이 방정식에 관한 설명으로 옳지 않은 것은?

① 총수두는 압력수두, 위치수두, 속도수두의 합으로 표현된다.
② 개수로에서 동수경사선은 수면과 일치한다.
③ 동수경사선은 압력수두와 위치수두의 합을 연결한 선이다.
④ 비정상류 흐름으로 가정한다.

62. 관의 길이가 30m이고 관경이 500mm인 관로에서 속도수두가 마찰손실수두의 1/4이라면 마찰손실계수는?

① 0.033
② 0.037
③ 0.067
④ 0.075

63. 압력의 차원을 [MLT]계로 옳게 나타낸 것은?

① $[ML^{-1}T^{-2}]$ ② $[ML^{-2}T^{-3}]$
③ $[ML^{-2}T]$ ④ $[ML^2T^{-3}]$

64. 물의 밀도에 관한 설명으로 옳지 않은 것은?

① 0℃에서 물의 밀도는 얼음의 밀도보다 크다.
② 물의 동점성계수는 점성계수를 밀도로 나눈 값이다.
③ [MLT]계로 물의 밀도는 $[MLT^{-3}]$이다.
④ 물의 밀도는 약 4℃, 1기압에서 가장 크다.

65. 다음 ( )에 들어갈 내용으로 옳은 것은? (단, P(압력), γ(단위중량), z(임의의 기준으로부터의 높이), V(유속), g(중력가속도), H(전수두)이다.)

[유체의 에너지방정식]
일정(Constant) = z + (ㄱ) + (ㄴ)

① ㄱ: H,   ㄴ: P^2/γ
② ㄱ: P/γ,   ㄴ: $V^2/2g$
③ ㄱ: P/γ^2,   ㄴ: $V/(2g)^2$
④ ㄱ: $(P/\gamma)^2$,   ㄴ: $(V/2g)^2$

66. 개수로의 흐름에서 프루드수(Fr)에 관한 설명으로 옳지 않은 것은? (단, $F_r = \dfrac{V}{\sqrt{gh}}$)

① $\sqrt{gh} = V$: 한계류
② $\sqrt{gh} < V$: 사류
③ $\sqrt{gh} > V$: 상류
④ 관성력과 점성력의 비로 나타낸다.

67. 정수장 내 오존소독에 관한 설명으로 옳지 않은 것은?

① 맛·냄새물질을 제거한다.
② 소독부산물을 다량 발생시킨다.
③ 색도의 제거가 가능하다.
④ 오존주입량은 처리수량에 주입률을 곱하여 산정한다.

68. 완속여과지의 표준 여과속도(m/d)는?

① 4~5   ② 50~100
③ 120~150   ④ 240~300

69. 침전지에서 침전효율을 나타내는 기본적인 지표로 옳은 것은?

① 표면부하율   ② 불활성비
③ 속도경사   ④ 오존주입률

70. 물이 가득차서 흐르는 원형관의 직경이 60cm일 때, 관의 동수반경(cm)은?

① 5   ② 10
③ 15   ④ 20

71. 관수로의 흐름에서 마찰손실수두(hL)에 관한 설명으로 옳지 않은 것은?

① 관의 직경에 비례한다.
② 속도수두에 비례한다.
③ 관의 길이에 비례한다.
④ 마찰손실계수에 비례한다.

72. 관로길이가 100m이고 관경이 100mm인 관수로에서 평균유속이 5.0m/s로 물이 흐르고 있다. 마찰손실계수가 0.015일 때, 발생하는 마찰손실수두(m)는 약 얼마인가? (단, 중력가속도는 9.8m/s² 이다.)

① 7.5
② 10.5
③ 15.4
④ 19.1

73. 레이놀즈수(Reynolds)가 400일 때, 개수로의 흐름 상태로 옳은 것은?

① 층류
② 와류
③ 상류
④ 난류

74. 밸브의 급폐쇄 또는 급가동으로 인하여 관로 내 흐름의 운동에너지가 압력에너지로 변환되어 관로벽에 충격을 주는 현상은?

① 양력작용
② 모세관현상
③ 수격작용
④ 도수현상

75. 전양정이 5m일 때, 5.0kW의 펌프로 0.07m³/s의 물을 양수했다면, 이 펌프의 효율은 약 얼마인가? (단, 물의 단위중량은 1,000kgf/m³, 중력가속도는 9.8m/s²이며, 손실수두는 무시한다.)

① 0.29
② 0.49
③ 0.69
④ 0.89

76. 펌프특성곡선을 통해 확인할 수 있는 항목이 아닌 것은?

① 효율
② 축동력
③ 양정
④ 프루드수

77. 펌프의 토출량이 13.5m³/min이고, 흡입구 유속이 1.5m/s일 때, 펌프의 흡입구경(mm)은? (단, 흡입구경 $D = 146\sqrt{\dfrac{Q}{V}}$ 이다.)

① 138
② 238
③ 338
④ 438

78. 8m³/s의 물을 총양정 20m의 높이로 양수하는데 필요한 펌프의 동력(HP)은 약 얼마인가? (단, 펌프 효율은 85%, 손실수두는 무시하며, 중력가속도는 9.8m/s², 물의 단위중량은 1,000kgf/m³이다.)

① 742
② 2,509
③ 4,239
④ 6,381

79. 펌프의 운전에 관한 설명으로 옳은 것을 모두 고른 것은?

> ㄱ. 병렬운전은 양정의 변화가 적고 양수량의 변화가 큰 경우에 적합하다.
> ㄴ. 직렬운전인 경우 펌프 운전점의 양정은 단독운전 양정의 2배로 하여 구한다.
> ㄷ. 병렬운전인 경우 펌프 운전점의 양수량은 단독운전 양수량의 2배 보다 적다.
> ㄹ. 관로 저항곡선의 구배가 급한 곳에서는 직렬운전이 유리하다.

① ㄱ, ㄴ
② ㄱ, ㄷ
③ ㄴ, ㄷ, ㄹ
④ ㄱ, ㄴ, ㄷ, ㄹ

80. 펌프의 비속도(N_s)를 나타내는 식은? (단, N은 분당 회전수, H는 최고효율점의 전양정, Q는 최고효율점의 양수량이다.)

① $N_s = N\dfrac{Q^{1/2}}{H^{4/3}}$ ② $N_s = N\dfrac{Q^{1/3}}{H^{4/3}}$

③ $N_s = N\dfrac{Q^{1/2}}{H^{3/4}}$ ④ $N_s = N\dfrac{Q^{1/3}}{H^{3/4}}$

UNIT 06 [3급] 2025년 제37회 정수시설운영관리사 1차

1과목 수처리공정

01. 플록형성지에 관한 설명으로 옳지 않은 것은?

① 플록형성시간은 계획정수량에 대하여 20~40분을 표준으로 한다.
② 플록형성지 내의 교반강도는 하류로 갈수록 점차 증가시키는 것이 바람직하다.
③ 플록형성지는 혼화지와 침전지 사이에 위치한다.
④ 플록형성지는 직사각형이 표준이다.

02. pH조정제 주입률 결정 시 고려할 사항으로 옳은 것을 모두 고른 것은?

ㄱ. 수소이온농도
ㄴ. 알칼리도
ㄷ. 응집제 주입률
ㄹ. 잔류염소 농도

① ㄱ, ㄴ
② ㄷ, ㄹ
③ ㄱ, ㄴ, ㄷ
④ ㄱ, ㄴ, ㄷ, ㄹ

03. 저수지의 물이나 지하수를 상수원으로 하여 보통침전지를 생략할 수 있는 완속여과지의 원수 탁도 조건은?

① 10NTU 이하
② 10NTU 초과
③ 20NTU 이하
④ 20NTU 초과

04. 침전지에서 플록 제거율을 향상시키기 위한 방법으로 옳지 않은 것은?

① 침전지의 침강면적을 크게 한다.
② 플록의 침강속도를 크게 한다.
③ 유량을 적게 한다.
④ 침전지의 수심을 깊게 한다.

05. 인라인여과방식에 관한 설명으로 옳지 않은 것은?

① 부유물질들을 1차적으로 제거하여 후속되는 여과지의 부담을 줄이기 위하여 설치한다.
② 수질변화가 큰 원수에는 적용이 어렵다.
③ 최적응집제주입량이 과다한 원수에는 적용이 어렵다.
④ 여과지에 유입되는 관로에 응집제를 주입하는 방식이다.

06. 정수처리공정에서 탁질 등 미세입자를 제거시키는 최종 단계는?

① 혼화지
② 침전지
③ 여과지
④ 정수지

07. 여과층 내의 탁질 억류상태에 영향을 주는 요소가 아닌 것은?

① 여과속도
② 알칼리도
③ 여과층의 구성
④ 유입플록의 성상과 양

08. 수도법령상 정수처리기준에서 정한 병원성미생물로 옳은 것은?

① 이질균 ② 장티푸스균
③ 바이러스 ④ 분원성연쇄상구균

09. 생산량이 1,000m³/h인 정수장에서 액화염소 주입률이 1.5mg/L일 때, 액화염소의 주입량(kg/d)은?

① 9 ② 15
③ 18 ④ 36

10. 정수장의 소독공정에서 불활성화비가 낮아지는 조건으로 옳은 것은?

① 높은 수온
② 낮은 pH
③ 1일 최대 처리유량 증가
④ 잔류소독제 농도 증가

11. 전염소처리 염소제의 주입지점으로 옳지 않은 것은?

① 취수시설 ② 도수관로
③ 착수정 ④ 침전지

12. 상수도설계기준에서 염소제에 관한 설명으로 옳은 것은?

① 차아염소산나트륨은 염소가스를 액화하여 용기에 충전시킨 것이다.
② 염소제로는 액화염소, 차아염소산나트륨, 차아염소산칼슘 등이 있다.
③ 액화염소는 유효염소농도가 5~12% 정도의 담황색 액체로 알칼리성이 강하다.
④ 차아염소산나트륨의 유효염소농도는 거의 100%이다.

13. 차아염소산나트륨용액의 주입방식으로 옳지 않은 것은?

① 증기온수식 ② 인젝터방식
③ 펌프방식 ④ 자연유하식

14. 배출수 및 슬러지처리 시설의 주요 공정으로 옳지 않은 것은?

① 조정 ② 농축
③ 탈수 ④ 재활용

15. 탈수 슬러지의 재활용 방법이 아닌 것은?

① 매립처분 ② 토지조성자재이용
③ 시멘트원료 이용 ④ 농업 이용

16. 슬러지 발생량이 25,000kg D.S./d이고 가압탈수기의 여과속도가 100kg D.S./m²·h일 때, 가압탈수기의 필요한 대수(대)는? (단, 가압탈수기의 가동시간은 5h/d, 여과면적은 10m²/대이다.)

① 3 ② 4
③ 5 ④ 6

17. 가압형 탈수기에 해당하는 것은?

① 진공탈수기 ② 필터프레스
③ 원심분리기 ④ 조립탈수기

18. 염소보다 강한 산화력을 가지고 있어 소독부산물의 전구물질을 저감하기 위해 사용하는 물질은?

① 활성탄 ② 오존
③ 암모니아 ④ 가성소다

19. 입상활성탄의 흡착 특성을 이용하여 제거할 수 있는 물질이 아닌 것은?

① 맛·냄새 물질 ② 염소계소독부산물
③ 휘발성유기물질 ④ 암모니아성질소

20. 막여과설비의 막오염에 관한 설명으로 옳지 않은 것은?

① 약품세척 시기는 유입수의 잔류염소 농도로 결정한다.
② 무기물에 의한 막오염을 제거하기 위해 염산을 이용한 약품세척을 실시한다.
③ 물리적 세척의 시기는 막차압을 고려하여 결정할 수 있다.
④ 막여과수나 공기를 이용한 역세척으로 막오염을 완화시킬 수 있다.

2과목 수질분석 및 관리

21. 먹는물수질공정시험기준상 총칙의 내용으로 옳은 것은?

① "a~b"라고 표시한 것은 a 이상 b 미만임을 뜻한다.
② 방울수는 4℃에서 정제수 20방울을 떨어뜨릴 때, 그 부피가 약 1mL 되는 것을 뜻한다.
③ 원자량은 국제원자량표에 따라, 분자량은 이 표에 따라 계산한 후 소수점 이하 첫째 자리까지 정리한다.
④ "정확히 취하여"는 규정한 양의 액체를 부피피펫으로 눈금까지 취하는 것을 말한다.

22. 0.5N 농도의 NaOH 용액 500mL에 녹아있는 용질의 양(g)과 같은 값은?

① 과망간산칼륨소비량의 먹는물 수질기준(mg/L)값
② 표준온도(℃)값
③ 탁도 표준용액의 탁도(NTU)값
④ 열수의 온도(℃)값

23. 먹는물수질공정시험기준상 시험결과 표시 자릿수가 0.0이 아닌 것은?

① 암모니아성질소 ② 질산성질소
③ 과망간산칼륨소비량 ④ 세제

24. 수질오염공정시험기준상 화학적산소요구량 측정법 중 산성과망간산칼륨법에 사용되는 염소이온 제거 시약은?

① 다이크롬산 ② 설파민산
③ 요오드화칼륨 ④ 황산은

25. 수질오염공정시험기준상 다음 분석과정에 해당하는 항목은?

> ○ 아담스-니컬슨(Adams-Nickerson)의 공식을 근거로 측정
> ○ 육염화백금포타슘 및 염화코발트를 사용하여 표준용액 조제
> ○ 400nm ~ 700nm 파장 범위의 분광광도계를 사용

① 냄새 ② 색도
③ 탁도 ④ 투명도

26. 먹는물 수질감시항목 운영등에 관한 고시상 마이크로시스틴의 검출기로 옳지 않은 것은?

① 형광검출기
② 자외선검출기
③ 광다이오드어레이검출기
④ 질량분석기

27. 불활성화비 계산방법 및 정수처리 인증 등에 관한 규정상 CT계산값을 계산할 때 소독제 접촉시간에 관한 설명으로 옳은 것은?

① 소독제 접촉시간의 단위는 시간(hr)이다.
② 1일 사용유량이 최대인 시간에 최초소독제 주입지점부터 정수지 유출지점까지 측정한다.
③ 추적자시험을 할 경우에는 투입된 추적자의 50%가 빠져 나올 때까지의 시간으로 한다.
④ 이론적인 접촉시간을 이용할 경우는 정수지 구조에 따른 수리학적 체류시간을 환산계수로 나눈 값을 사용한다.

28. 랑게리아지수(LI) 분석을 위한 최소항목이 옳지 않은 것은?

① pH
② 탁도
③ 총알칼리도
④ 칼슘

29. 정수장에서 응집제 주입량을 결정하기 위한 방법으로 옳지 않은 것은?

① 자-테스트
② 제타포텐셜미터
③ 전기전도도계
④ SCD

30. 정수공정의 혼화, 플록 형성에서 속도경사(G) 값에 관한 설명으로 옳은 것은?

① 교반기의 동력이 크면 작아진다.
② 물의 점성계수가 크면 작아진다.
③ 혼화지의 부피가 크면 커진다.
④ 수온에 영향을 받지 않는다.

31. 수심 3.5m, 길이 30m, 폭 4m인 침전지에 유입되는 유량이 3,600m^3/d일 때, 표면부하율(m/d)은?

① 10
② 20
③ 30
④ 40

32. 먹는물관리법상에서 설명하는 용어의 정의로 옳은 것은?

> 자연 상태의 물, 자연 상태의 물을 먹기에 적합하도록 처리한 수돗물, 먹는샘물, 먹는염지하수, 먹는해양심층수 등을 말한다.

① 샘물
② 수돗물
③ 먹는물
④ 염지하수

33. 지하수법령상 지하수를 냉난방에너지원으로 이용하기 위하여 설치하는 지하수의 취수정을 무엇이라 하는가?

① 지하시설
② 지중시설
③ 지상시설
④ 병합시설

34. 하천법령상 댐 등의 설치자 또는 관리자가 홍수에 대비하여 댐의 저수를 방류하려고 할 때 환경부장관의 승인을 받아야 할 사항이 아닌 것은?

① 방류량
② 방류기간
③ 방류 수온
④ 방류 시작 시각

35. 물환경보전법령상 공공수역에서 환경부령으로 정하는 수로의 범위에 속하지 않는 것은?

① 지하수로 ② 공업용 수로
③ 운하   ④ 농업용 수로

36. 먹는물 수질감시항목 운영 등에 관한 고시상 먹는샘물의 감시항목으로 옳지 않은 것은?

① 포름알데히드 ② 안티몬
③ 몰리브덴   ④ 에틸렌브로마이드

37. 수도법상 상수원보호구역에 거주하는 주민 또는 상수원보호구역에서 농림·수산업 등에 종사하는 자에 관한 지원사업이 아닌 것은?

① 연구개발사업 ② 소득증대사업
③ 복지증진사업 ④ 육영사업

38. 수도법령상 상수도관망 중점관리지역에서 수질측정 항목이 아닌 것은?

① 총대장균군 ② 탁도
③ 인산염 인   ④ 망간

39. 먹는물 수질기준 및 검사 등에 관한 규칙상 심미적 영향물질에 관한 기준에 해당되지 않는 항목은?

① 경도   ② 붕소
③ 증발잔류물   ④ 수소이온농도

40. 먹는물 수질기준 및 검사 등에 관한 규칙상 ( )에 들어갈 내용으로 옳은 것은?

> ○ 일반수도사업자, 전용상수도 설치자 및 소규모급수시설을 관할하거나 먹는물공동시설을 관리하는 시장·군수·구청장은 수질검사결과를 (ㄱ)년간 보존하여야 한다.
> ○ 먹는샘물등의 제조업자 또는 일반수도사업자는 건강진단결과를 (ㄴ)년간 보존하여야 한다.

① ㄱ: 3, ㄴ: 3   ② ㄱ: 3, ㄴ: 5
③ ㄱ: 5, ㄴ: 3   ④ ㄱ: 5, ㄴ: 5

3과목 설비운영(기계·장치 또는 계측기 등)

41. 여과지에 관한 설명이다. ( )에 들어갈 용어로 옳은 것은?

> 여과지에는 여재의 지지, 여과수의 집수, 역세척수의 균등배분 등의 기능을 함께 가지고 있는 (   )을(를) 설치해야 한다.

① 침전지   ② 소독설비
③ 급속혼화시설   ④ 하부집수장치

42. 침전지의 침전슬러지와 배출수침전지 및 배출수지의 침강슬러지를 받아들이고 후속시설에 대한 유량과 부하량을 조정하는 시설은?

① 농축조   ② 여과지
③ 탈수기   ④ 배슬러지지

43. 침전지 슬러지의 배출설비 중 기계식 제거방식을 모두 고른 것은?

   ㄱ. 슬러지흡입식
   ㄴ. 수중대차식
   ㄷ. 체인플라이트식
   ㄹ. 주행브리지식

   ① ㄱ, ㄴ
   ② ㄷ, ㄹ
   ③ ㄱ, ㄴ, ㄷ
   ④ ㄴ, ㄷ, ㄹ

44. 막여과 시설 중 협잡물 제거 설비로 옳은 것은?

   ① 차아염소산나트륨 주입설비
   ② 응집제 주입설비
   ③ 스트레이너 설비
   ④ 수산화나트륨 주입설비

45. 정수용 약품 중 수산화나트륨 주입설비의 재질로 옳지 않은 것은?

   ① STS 304
   ② STS 316
   ③ SCS 13
   ④ SS

46. 급속여과지의 배관과 밸브류의 설치 시 유의사항으로 옳지 않은 것은?

   ① 유입관거는 충분한 단면적을 가져야 한다.
   ② 세척배출수관은 세척배출수를 천천히 배제할 수 있는 단면으로 한다.
   ③ 유량조절기 이하의 배관은 유출관거의 수위 변화에 영향을 받지 않도록 한다.
   ④ 필요한 계기류를 집중하여 설치하는 등 밸브를 확실하게 조작할 수 있도록 해야 한다.

47. 다음과 같은 단계로 슬러지를 처리하는 탈수기는?

1단계	2단계	3단계
화학적 개량	중력에 의한 배수	전단 및 압착 탈수

   ① 진공탈수기
   ② 벨트프레스
   ③ 원심탈수기
   ④ 조립탈수기

48. 펌프의 전양정 산출방법으로 옳은 것은?

   ① 실양정+관로 마찰손실수두+토출관 말단의 잔류속도수두
   ② 실양정+관로 마찰손실수두−토출관 말단의 잔류속도수두
   ③ 실양정−관로 마찰손실수두+토출관 말단의 잔류속도수두
   ④ 실양정−관로 마찰손실수두−토출관 말단의 잔류속도수두

49. 펌프의 캐비테이션 방지 대책으로 옳은 것은?

   ① 펌프의 회전속도를 낮게 하여 필요유효흡입수두를 작게 한다.
   ② 펌프의 전양정에 가능한 많은 여유를 갖도록 한다.
   ③ 포화증기압이 커지면 가용유효흡입수두가 커진다.
   ④ 펌프의 설치위치를 가능한 낮게 하여 필요유효흡입수두를 크게 한다.

50. 전력용 퓨즈의 특징으로 옳지 않은 것은?

   ① 가격이 저렴하다.
   ② 후비보호에 완벽하다.
   ③ 과전류에는 용단되지 않는다.
   ④ 릴레이나 변성기가 필요 없다.

51. 보호계전시스템에 관한 설명으로 옳지 않은 것은?

① 보호계전시스템은 정확성, 신속성, 선택성의 기능이 요구된다.
② CT, PT, ZCT 등으로 전기적 상태를 측정한다.
③ 검출부는 OCR, OCGR, OVR 등으로 구성된다.
④ 사고 제거 등의 조치는 차단기 트립코일 등으로 구성된 동작부에서 수행한다.

52. 고압 및 저압권선에 에폭시 수지를 고진공으로 침투시킨 고체절연방식의 변압기는?

① 유입변압기　　② 가스절연변압기
③ 아몰퍼스변압기　④ 몰드변압기

53. 정수장 변압기 2차측 분전반 전압이 399V이고 원격감시제어설비용 분전반 전원이 380V일 때 이 배전선로의 전압강하율(%)은?

① 3　　② 4
③ 5　　④ 6

54. 제어설비 중 컴퓨터를 사용하는 집중제어방식의 특징으로 옳지 않은 것은?

① 컴퓨터 1대로 전 루프를 제어한다.
② 시퀀스제어 등은 소프트웨어로 대체할 수 있다.
③ 시스템 전체를 정지하지 않고 보수 점검할 수 있다.
④ 복합제어나 고도의 연산을 필요로 하는 제어도 가능하다.

55. 수로의 도중 또는 끝을 막고 월류 수심을 측정하여 유량을 구하는 유량계는?

① 전자유량계　　② 위어식유량계
③ 초음파유량계　④ 차압식유량계

56. 고감도 탁도계 중 셀 창이 없어 셀의 오염에 의한 영향은 없고, 입자경의 영향이 큰 탁도계 방식은?

① 표면산란광식
② 투과산란광 레이저방식
③ 투과산란광 가시광방식
④ 표면산란광 초음파방식

57. 배수지, 배수탑 및 고가탱크에 펌프나 조절밸브 등을 제어하기 위해 설치하여야 하는 계측기는?

① 수위계　　② 유량계
③ 탁도계　　④ 압력계

58. 정수장의 약품주입관리구역에 관한 설명으로 옳지 않은 것은?

① 약품주입지역에서 먼 장소에 설치한다.
② 배관 공간을 충분히 확보한다.
③ 누출에 대비하여 방액제(防液堤)를 설치한다.
④ 수도전과 배수시설을 갖춘다.

59. 산업안전보건법령상 사업장의 상시근로자가 100명인 경우 안전보건관리책임자를 선임하지 않아도 되는 사업은?

① 식료품 제조업, 음료 제조업
② 컴퓨터 프로그래밍, 시스템 통합 및 관리업
③ 고무 및 플라스틱제품 제조업
④ 가구 제조업

60. 산업안전보건법령상 "방진마스크 착용"에 해당하는 표지는?

①    ②

③    ④

4과목 정수시설 수리학

61. 표면장력이 T 이고 지름이 d인 비누풍선의 내부와 외부의 압력 차이가 p일 때, 비누풍선의 표면장력에 의한 힘 $T\pi d$와 평형을 이루는 힘은?

① $2pd$
② $p\dfrac{\pi d^2}{4}$
③ $p\pi d^2$
④ $p\dfrac{d}{4}$

62. 관수로 흐름의 마찰손실수두에 관한 설명으로 옳지 않은 것은?

① 마찰손실계수에 비례한다.
② 관경에 반비례한다.
③ 속도수두에 반비례한다.
④ 관로 길이에 비례한다.

63. 속도수두와 마찰손실수두가 같은 관수로 흐름에서 마찰손실계수는?

① 관의 길이를 관경으로 나눈 값
② 관경을 관의 길이로 나눈 값
③ 관의 길이를 마찰손실수두로 나눈 값
④ 관경을 마찰손실수두로 나눈 값

64. 직경이 100mm이고 길이는 200m인 관에 2m/s의 평균유속으로 물이 흐를 때, 마찰손실수두가 6m이었다. 마찰손실계수(f)는? (단, 중력가속도는 9.8m/s²이다.)

① 0.0147   ② 0.0221
③ 0.0294   ④ 0.0588

65. 압력과 압력수두의 MLT계 차원으로 옳게 나타낸 것은?

① 압력: $ML^{-1}T^{-2}$, 압력수두: $ML^{-1}T^{-2}$
② 압력: $ML^{-1}T^{-2}$, 압력수두: L
③ 압력: ML^{-2}, 압력수두: L
④ 압력: $ML^{-1}T^{-2}$, 압력수두: $ML^{-2}T^{-2}$

66. Manning 공식과 관련이 없는 것은?

① 경심   ② 조도계수
③ 단면수축계수 ④ 동수경사

67. 관수로 유량측정 장치가 아닌 것은?

① 위어   ② 오리피스
③ 노즐   ④ 벤츄리미터

68. 관수로에서 레이놀즈 수의 계산식과 관계 있는 것을 모두 고른 것은?

> ㄱ. 유체의 점성계수
> ㄷ. 관의 직경
> ㄴ. 관의 길이
> ㄹ. 관내의 평균유속

① ㄱ, ㄴ, ㄷ ② ㄱ, ㄴ, ㄹ
③ ㄱ, ㄷ, ㄹ ④ ㄴ, ㄷ, ㄹ

69. 입자의 제1형 독립침전과 관련된 스토크스(Stokes)의 법칙에 관한 설명으로 옳지 않은 것은?

① 침전속도는 중력가속도에 비례한다.
② 침전속도는 입자 지름의 제곱에 비례한다.
③ 침전속도는 물의 점성에 반비례한다.
④ 침전속도는 입자와 물의 밀도차에 반비례한다.

70. 원형관로에서 수심이 $0.5D$로 물이 흐를 때 동수반경(hydraulic radius)은? (단, D는 원형관로의 직경이다.)

① $2D$ ② $4D$
③ $D/2$ ④ $D/4$

71. 여과지의 여과면적이 $49m^2$이고, 여과속도가 $1.0m/h$일 때 여과수량(m^3/d)은 얼마인가?

① 49 ② 588
③ 1,176 ④ 2,352

72. 혼화지의 속도경사(G)에 관한 설명으로 옳은 것은?

① 교반강도를 나타내는 값이다.
② 수온에 영향을 받지 않는다.
③ 물의 점성계수에 영향을 받지 않는다.
④ 혼화지의 부피에 영향을 받지 않는다.

73. 관수로의 층류 흐름에서 마찰손실계수(f)에 관한 설명으로 옳은 것은?

① 레이놀즈 수에 정비례한다.
② 상대조도에 반비례한다.
③ 상대조도에 정비례한다.
④ 레이놀즈 수에 반비례한다.

74. 관로길이가 100m이고 관경이 200mm, 마찰손실계수가 0.012인 관수로에서 평균유속이 3.0m/s로 물이 흐르고 있을 때, 발생하는 마찰손실수두(m)는 약 얼마인가? (단, 중력가속도는 $9.8m/s^2$ 이다.)

① 0.92 ② 1.84
③ 2.76 ④ 5.51

75. 펌프 두 대의 병렬운전과 직렬운전에 관한 설명으로 옳은 것은?

① 직렬운전인 경우 펌프 운전점의 양정은 단독운전 양정의 2배로 하여 구한다.
② 병렬운전인 경우 펌프 운전점의 양수량은 단독운전 양수량의 2배 보다 크다.
③ 직렬운전은 병렬운전보다 양정의 변화가 작은 경우에 적합하다.
④ 병렬운전은 직렬운전보다 양정의 변화가 큰 경우에 적합하다.

76. 전양정이 10m, 회전속도가 1,000rpm, 최고 효율점의 양수량이 240m³/h인 펌프의 비속도(N_s)는? (단, 소수점 셋째자리에서 반올림하여 소수점 둘째자리까지 구한다.)

① 355.66
② 555.35
③ 2,754.90
④ 5,553.55

77. 펌프의 축동력에 관한 설명으로 옳은 것은?

① 유량에 반비례
② 전양정에 반비례
③ 펌프의 효율에 정비례
④ 단위는 kW 또는 HP 사용

78. 운전중인 펌프의 토출량을 제어하기 위한 방법이 아닌 것은?

① 밸브의 개도 제어
② 펌프의 압력 제어
③ 펌프의 회전속도 제어
④ 펌프의 운전대수 제어

79. 펌프의 수격현상을 경감시키는 방법이 아닌 것은?

① 펌프에 플라이휠을 붙이는 방법
② 역지밸브를 설치하는 방법
③ 관경이 큰 관을 사용하는 방법
④ 최저압력이 증기압보다 작아지도록 하는 방법

80. 펌프의 비교회전도에 관한 설명으로 옳은 것은?

① 비교회전도 값은 전양정 및 토출량과 관련이 없다.
② 비교회전도가 작으면 토출량이 적은 고양정의 펌프가 된다.
③ 비교회전도 값이 작을수록 공동현상이 발생하기 쉽다.
④ 공동현상을 방지하기 위해 비교회전도 값이 큰 경우 펌프의 필요 유효흡입수두를 크게 해야 한다.

알기 쉽게 풀어쓴 정수시설운영관리사 1차

부록

최신기출문제
정답 및 해설편

01 [1급] 제36회 정수시설운영관리사 1차

02 [1급] 제37회 정수시설운영관리사 1차

03 [2급] 제36회 정수시설운영관리사 1차

04 [2급] 제37회 정수시설운영관리사 1차

05 [3급] 제36회 정수시설운영관리사 1차

06 [3급] 제37회 정수시설운영관리사 1차

[1급] 2024년 제36회 정수시설운영관리사 1차

01 ③	02 ②	03 ②	04 ②	05 ④
06 ③	07 ①	08 ②	09 ④	10 ②
11 ①	12 ②	13 ④	14 ①	15 ③
16 ④	17 ④	18 ①	19 ①	20 ③
21 ②	22 ①	23 ③	24 ②	25 ①
26 ④	27 ①	28 ③	29 ③	30 ①
31 ②	32 ②	33 ①	34 ②	35 ①
36 ④	37 ④	38 ③	39 ①	40 ③
41 ③	42 ①	43 ④	44 ④	45 ②
46 ④	47 ①	48 ②	49 ③	50 ①
51 ②	52 ①	53 ④	54 ③	55 ①
56 ④	57 ③	58 ③	59 ③	60 ④
61 ②	62 ①	63 ②	64 ③	65 ①
66 ③	67 ③	68 ③	69 ③	70 ①
71 ④	72 ④	73 ④	74 ①	75 ②
76 ①	77 ②	78 ③	79 ④	80 ①

1과목 수처리공정

01. 정답 ③

해설 고탁도나 저수온기에는 고염기도 계통의 응집제를 사용하는 방법이 바람직하다.

02. 정답 ②

해설 식 $L_A = \dfrac{Q}{A}$

식 $\forall = Q \cdot t$

$24 = \dfrac{50,000}{A}$, $A = 2,083.33 m^2$

$\forall = \dfrac{50,000 m^3}{day} \times 6hr \times \dfrac{1day}{24hr} = 12,500 m^3$

$\therefore H = \dfrac{\forall}{A} = \dfrac{12,500}{2,083.33} = 6m$

03. 정답 ②

해설 ②항만 올바르다.

오답해설
① 파이프격자식의 응집제는 파이프 격자의 주입 오리피스를 통하여 주입된다.
③ 기계식 혼화의 일반적인 설계기준은 G=300s^{-1}, 혼화시간은 10~30초이다.
④ 파이프격자식은 모형실험에 사용하고 실제 설계에는 고려하지 않는 것이 좋다.

04. 정답 ②

오답해설
ㄴ. 여과지 1지의 여과면적 : 150m^2 이하
ㄷ. 형상 : 직사각형이 표준

05. 정답 ④

해설 ④항만 올바르다.

오답해설
① 자갈의 형상은 최장축이 최단축의 5배 이하인 것이 중량비로 2% 이하일 것
② 염산가용률은 3.5% 이상일 것
③ 비중은 표면건조상태로 2.5 이하일 것

06. 정답 ③

해설 ③항만 올바르다.

오답해설
① 역세척은 염소가 잔류하고 있는 정수를 사용한다.
② 유효경 0.6mm, 균등계수 1.3인 모래층에서는 수온 20℃인 경우 역세척속도가 약 0.3m/분이면 유동되고, 팽창되기 시작한다. 역세척속도를 0.6m/분으로 하면 팽창률은 약 20%가 되어서 모래층은 적당한 유동상태가 된다.
④ 동일한 역세척률에서 겨울철에는 여층팽창률이 여름의 2배 정도가 된다.

07. 정답 ①

해설 트로프의 크기는 최대배출수량에 약 20% 여유를 둔 수량을 배출할 수 있어야 한다.

08. 정답 ②

해설 중간염소처리 - 마이크로시스티스(Microcystis)

09. 정답 ④

10. 정답 ②

해설 정수지 유효용량은 최소 2시간분 이상을 표준으로 한다.

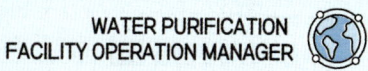

11. 정답 ①
오답해설
ㄹ. 원수 중에 포함되어 있지 않을 것

12. 정답 ②
해설 식 $\ln\left(\dfrac{C_t}{C_0}\right) = -k \cdot t$

$\ln\left(\dfrac{0.1\,C_0}{C_0}\right) = -k \times 5$, $\quad k = 0.46/\min$

$\ln\left(\dfrac{0.01\,C_0}{C_0}\right) = -0.46 \times t$, $\quad \therefore\ t = 10.01\min$

13. 정답 ④
해설 중화제는 일반적으로 수산화나트륨이 사용된다.

14. 정답 ①
해설 ①항만 올바르다.
오답해설
② 염소주입기실은 가능한 주입지점에서 가깝게 설치하여 사고의 위험을 방지한다.
③ 염소주입기실은 가능한 주입점의 수위보다 높은 실내에 설치한다.
④ 염소주입기실은 한랭시에도 실내온도를 항상 15~20℃로 유지되도록 한다.

15. 정답 ③
해설 ③항만 올바르다.
오답해설
① 여과지의 세척배출수를 재활용하는 경우에는 상징수를 정수시설의 착수정으로 직접 반송하거나 또는 침전과 소독공정을 거친 다음 상징수를 착수정으로 반송한다.
② 침전지슬러지와 여과지의 역세척배출수는 구분하여 처리해야 한다.
④ 침전지슬러지 농축조의 상징수는 착수정으로 반송하지 않는다.

16. 정답 ④
해설 ④항만 올바르다.
① 망간은 공급된 산화과정을 거치면서 제거된다.
② 망간이 문제가 되는 시기는 하절기이다.
③ pH를 8~9로 높이면 장시간 망간용출을 제어할 수 있다.

17. 정답 ④
해설 동절기의 지오스민은 하절기의 2-MIB보다 제거하기가 어렵다. 지오스민과 2-메틸이소보니올은 수온 상승 시 제거율이 증가한다.

18. 정답 ①
해설 장기간 운전정지시 중아황산나트륨 등의 막보존액을 사용하여 보관한다.

19. 정답 ①
오답해설
② 막면에 형성된 겔(gel)상의 비유동성층이다. - 겔층
③ 난용해성 물질이 용해도를 초과하여 막 면에 석출된 층이다. - 스케일층
④ 흡착성이 큰 물질이 막 면상에 흡착되어 형성된 층이다. - 흡착층

20. 정답 ③

2과목 수질분석 및 관리

21. 정답 ②
해설 표준온도는 20℃, 상온은 15℃ ~ 25℃, 실온은 1℃ ~ 35℃를 뜻한다.

22. 정답 ①
오답해설
ㄷ. 최대 보관기간은 14일이며 가능한 한 즉시 시험한다.
ㄹ. 잔류염소를 함유한 경우에는 채취 후 곧 이산화비소산나트륨용액을 넣어 잔류염소를 제거한다.

23. 정답 ③
해설 클로로필a 분석용 시료는 즉시 여과하여 여과한 여과지를 알루미늄 호일로 싸서 -20℃ 이하에서 보관한다.

24. 정답 ②

25. 정답 ①

[해설] **[식]** 염소이온(mg/L) $= (a-b) \times f \times \dfrac{1{,}000}{100} \times 0.355$

∴ 염소이온(mg/L) $= (6.5 - 0.5) \times 1 \times \dfrac{1{,}000}{100} \times 0.355$
$= 21.3\,mg/L$

26. 정답 ④

[해설] 먹는물 중에 질소계 소독부산물인 나이트로사민류를 기체크로마토그래프-질량분석기로 분석하는 방법이다.

27. 정답 ③

[해설] 물 시료와 칵테일 용액이 혼합된 시료는 햇빛에 의해 인공적 들뜸현상이 발생하여 측정값을 증가시킬 수 있기 때문에 암소에서 보관해야 한다.

28. 정답 ③

[오답해설]
ㄱ. 전통적으로 정수지는 단락류 등으로 수리학적 체류시간의 10% 정도만 인정하고 있다.
ㄹ. 장폭비가 50 이상인 경우에는 추적자 시험에 의해 정수지 체류시간을 산출한다.

29. 정답 ②

30. 정답 ①

31. 정답 ②

[해설] **[식]** 염소요구량 = 염소주입량 - 염소잔류량
- 염소주입량(mg/L)
$= \dfrac{S}{Q} = \dfrac{300\,kg}{day} \times \dfrac{hr}{5{,}000\,m^3} \times \dfrac{1\,day}{24\,hr} \times \dfrac{10^6\,mg}{1\,kg} \times \dfrac{1\,m^3}{10^3\,L}$
$= 2.5\,mg/L$

∴ 염소요구량 $= 2.5 - 0.8 = 1.7\,mg/L$

32. 정답 ②

[해설] ②항은 분말활성탄의 성분규격 기준이다.
분말활성탄의 건조감량 : 50% 이하
입상활성탄의 건조감량 : 5% 이하

33. 정답 ④

[해설] 전처리설비는 SDI가 4.0 이상이 되도록 안정적으로 처리할 수 있는 설비로 한다.

34. 정답 ②

[해설] ②항은 준수사항에 없는 내용이다.

35. 정답 ①

36. 정답 ④

[해설] **상수원수의 수질감시항목** : Corrosion index(LI), Microcystins, Geosmin, 2-MIB

37. 정답 ④

[해설] [수도꼭지에서의 검사]
(1) 별표 1 중 일반세균, 총 대장균군, 대장균 또는 분원성 대장균군, 잔류염소에 관한 검사 : 매월 1회 이상
(2) 정수장별 수도관 노후지역에 대한 일반세균, 총 대장균군, 대장균 또는 분원성 대장균군, 암모니아성 질소, 동, 아연, 철, 망간, 염소이온 및 잔류염소에 관한 검사 : 매월 1회 이상

38. 정답 ③

[해설] 위원은 수도 관련 업무를 담당하는 소속 공무원, 수도 관련 분야에 관한 학식과 경험이 풍부한 사람 및 일반 수요자 중에서 임명하거나 위촉한다. 이 경우 일반 수요자 중에서 위촉되는 위원 수는 전체 위원 수의 10분의 3 이상이 되도록 해야 한다.

39. 정답 ①

[해설] 수도법상 일반수도사업자가 외부기관에 의뢰 또는 위탁할 수 없는 검사는 수질검사이다.

40. 정답 ③

[해설] **수도법 시행령 제52조(수도시설의 관리에 관한 교육 등)**
교육대상자는 교육받은 날을 기준으로 다음 각 호의 구분에 따라 집합교육(이에 상응하는 인터넷을 이용한 교육을 포함한다)을 받아야 한다. 다만, 최초 교육은 교육대상자가 된 날부터 1년 이내에 받아야 한다.
1. 다음 각 목의 어느 하나에 해당하는 자: 5년마다 8시간의 교육
   가. 건축물 또는 시설의 소유자나 관리자
   나. 저수조청소업자
   다. 저수조청소업에 직접 종사하는 종업원(현장에서 직접 지도하는 감독자를 포함한다.)

2. 다음 각 목의 어느 하나에 해당하는 자: 2년마다 35시간의 교육
  가. 일반수도사업자
  나. 수도시설의 운영요원
3. 다음 각 목의 어느 하나에 해당하는 자: 3년마다 35시간의 교육
  가. 상수도관망관리대행업자
  나. 상수도관망관리대행업에 직접 종사하는 종업원

3과목 설비운영(기계·장치 또는 계측기 등)

41. 정답 ③
해설 차아염소산나트륨은 강한 알칼리성과 산화작용으로 대부분의 물질을 부식시킨다.

42. 정답 ①

43. 정답 ④

44. 정답 ④
해설 염소가스 중화장치(중화설비) : 가스누출 검지 경보설비, 중화반응탑, 중화제 저장조, 배풍기, 송액펌프

45. 정답 ②
해설 하부집수장치는 세척수를 공급하고 분배하나 여과재(여재)를 물리적으로 세척하는 것은 역세척수와 공기이다. 따라서 구조적으로는 여재의 세척을 돕고 있으나 기능을 하지는 않는다.

[하부집수장치의 기능]
1) 여과지를 하부집수실과 상부여과실로 분리시킨다.
2) 상부 여과실에는 설치한 여과재를 지지 보호하며 상·하부로 유출됨을 방지한다.
3) 침전지 월류수를 상부 여과실에서 여과시켜 하부집수실로 보낸다.
4) 세척수 및 공기를 하부집수실로부터 상부여과실로 분출시켜 여과재를 깨끗이 세척시킨다.
5) 역세척수 및 공기를 여과실 전체에 균등압력으로 균일하게 분포시켜서 세척의 효과를 높이는 역할도 매우 중요하다.

46. 정답 ④
해설 배오존처리방법에는 활성탄흡착분해, 가열분해, 촉매분해법이 사용된다.

47. 정답 ①
해설 플록형성시간은 계획정수량에 대하여 20~40분간을 표준으로 한다.

48. 정답 ②
해설 ②항만 올바르다.
오답해설
① 펌프의 전양정에 여유가 너무 많으면 실제 운전시에 과대토출량으로 운전되어서 캐비테이션이 발생할 우려가 있으므로 전양정에 여유를 적당하게 설정한다.
③ 펌프의 회전속도를 가능한 낮게 하여 필요유효흡입수두를 작게 한다.
④ 흡입관의 손실을 가능한 작게 하여 가용유효흡입수두를 필요유효흡입수두보다 크게 한다.

49. 정답 ③

50. 정답 ①
해설 밸브의 공기압식 구동장치 : 실린더, 에어모터, 다이어프램

51. 정답 ②
해설 차동기어(differential gear)는 펌프와 무관한 부품이다.

52. 정답 ①
해설 식 $\Delta V = \sqrt{3} \cdot I \cdot R$

- $R = \rho \cdot \dfrac{l}{A}$

$= \dfrac{0.018 ohm \cdot mm^2}{m}$(구리선 기준)$\times \dfrac{45m}{A}$

$4 = \sqrt{3} \times 100 \times 0.018 \times \dfrac{45}{A}$,

$\therefore A = 35.07 mm^2$

53. 정답 ④
해설 식 변압기 이용률(V결선) $= \dfrac{V결선의\ 실제\ 3상\ 출력}{정상\ 델타결선\ 3상\ 출력}$

$= \dfrac{\sqrt{3}}{2} = 0.866 ≒ 86.6\%$

54. 정답 ③

55. 정답 ②
- 해설 정치제어는 목표치(소정의 염소주입량)를 일정하게 유지하는 제어이다.
- ※ **유량비례제어** : 미리 설정된 염소주입률로 주입량을 제어하는 방식이다.

56. 정답 ④
- 해설 전송로의 백업방식은 일반적으로 동축케이블이나 광케이블 등 전송로를 이중화하는 방식이 채택된다.

57. 정답 ②
- 해설 신호케이블과 여자(勵磁)케이블은 소정의 전용케이블을 사용하여 독립배선으로 하며, 강전기기의 가까이에 배선하는 것이나 고압케이블과 평행으로 배선하는 것은 피한다.

58. 정답 ③
- 해설 멀티루프와 원루프컨트롤러 모두 마이크로프로세서를 사용한다.
  - **원루프컨트롤러** : 마이크로프로세서를 내장한 1계열 제어량을 제어
  - **멀티루프** : 마이크로프로세서를 내장한 2계열 이상의 제어량을 제어

59. 정답 ④
- 해설 **산업안전보건법 시행규칙 제107조(안전인증대상기계등)**
  "고용노동부령으로 정하는 안전인증대상기계등"이란 다음 각 호의 기계 및 설비를 말한다.
  1. 설치·이전하는 경우 안전인증을 받아야 하는 기계
     - 가. 크레인
     - 나. 리프트
     - 다. 곤돌라
  2. 주요 구조 부분을 변경하는 경우 안전인증을 받아야 하는 기계 및 설비
     - 가. 프레스
     - 나. 전단기 및 절곡기(折曲機)
     - 다. 크레인
     - 라. 리프트
     - 마. 압력용기
     - 바. 롤러기
     - 사. 사출성형기(射出成形機)
     - 아. 고소(高所)작업대
     - 자. 곤돌라

60. 정답 ④
- 해설 **시행규칙 별표 5(안전보건교육 교육대상별 교육내용)**
  1. 근로자 안전보건교육(제26조제1항 관련)
     가. 정기교육

교육내용
○ 산업안전 및 사고 예방에 관한 사항
○ 산업보건 및 직업병 예방에 관한 사항
○ 위험성 평가에 관한 사항
○ 건강증진 및 질병 예방에 관한 사항
○ 유해·위험 작업환경 관리에 관한 사항
○ 산업안전보건법령 및 산업재해보상보험 제도에 관한 사항
○ 직무스트레스 예방 및 관리에 관한 사항
○ 직장 내 괴롭힘, 고객의 폭언 등으로 인한 건강장해 예방 및 관리에 관한 사항

4과목 　정수시설 수리학

61. 정답 ②
- 해설 ②항만 올바르다.
- 오답해설
  ① 물분자는 산소 및 수소원자로 구성되어 있는 안정된 화합물이다.
  ③ 물의 포화증기압은 100℃에서 10,332kgf/m² 로 대기압(1atm)과 같아진다.
  ④ 액체상태로부터 이탈하는 분자보다 액체상태로 들어오는 분자가 많으면 액체상태가 유지되거나 증가하고 응결현상이 발생한다.

62. 정답 ③

해설

물리량	FLT계	MLT계
힘(F)	F	MLT^{-2}
질량(m)	$FL^{-1}T^2$	M
점도(μ)	$FL^{-2}T$	$ML^{-1}T^{-1}$
동점성계수	L^2T^{-1}	L^2T^{-1}
표면장력	FL^{-1}	MT^{-2}

63. 정답 ②

오답해설

ㄱ. 개수로의 유량측정 장치로는 플륨, 위어가 있다.
→ 오리피스, 벤츄리미터는 관수로의 유량측정 장치
ㄷ. 벤츄리미터는 관 확대부의 길이를 증가시킴으로써 관 축소 전과 후의 에너지 손실을 감소시킬 수 있다.

64. 정답 ②

해설

식 $Q = 1.84 b_0 h^{\frac{3}{2}}$

• $b_0 = b - 0.1nh = 3 - (0.1 \times 0 \times 0.5) = 3m$

양단수축 : n=2
일단수축 : n=1
수축없음 : n=0
h(월류수심) = $0.5m$

∴ $Q = 1.84 \times 3 \times 0.5^{\frac{3}{2}} = 1.952 m^3/\sec$

65. 정답 ①

해설 ①항만 올바르다.

오답해설

② 체적탄성계수는 유체의 압축성에 관한 계수로 $[FL^{-2}]$차원을 가지고 있다.
③ 비중은 무차원량이며 동일한 중력가속도가 발생하는 경우, 액체의 단위중량을 물의 단위중량으로 나누어 구할 수 있다.
④ 점성은 온도 상승에 따라 분자간의 응집력과 움직임에 대한 저항력이 낮아지므로 점성도는 감소한다.

66. 정답 ③

해설 베르누이 방정식은 관수로의 흐름뿐만 아니라 개수로에서 수문을 통과하는 유량의 계산에도 적용가능하다.

67. 정답 ③

해설 관표면의 조도에 의한 영향은 관수로의 흐름이 난류일 때 증가한다.

68. 정답 ③

해설

식 총 손실수두 = $h_1 + h_2$

식 손실수두(h)
$= L \times (1 + $여층 팽창률$) \times (S-1) \times (1-n)$

L : 여과층 깊이, S : 비중, n : 공극률

• $h_1 = 35 \times (1+0.37) \times (2.65-1) \times (1-0.6)$
$= 31.647 cm$
• $h_2 = 60 \times (1+0.25) \times (1.65-1) \times (1-0.6)$
$= 19.5 cm$

∴ 총 손실수두 = $31.647 + 19.5 = 51.15 cm$

69. 정답 ③

해설

식 $h = f \times \dfrac{L}{D} \times \dfrac{V^2}{2g}$

• $h = \dfrac{P}{\rho} = \dfrac{0.1 kg_f}{cm^2} \times \dfrac{m^3}{1,000 kg_f} \times \dfrac{10^4 cm^2}{1 m^2} = 1m$

$1 = 0.03 \times \dfrac{1,000}{0.2} \times \dfrac{V^2}{2 \times 9.8}$, ∴ $V = 0.36 m/\sec$

70. 정답 ②

해설 지수가 양(+)의 값으로 절대치가 클수록 탄산칼슘의 석출이 일어나기 쉽다.

[랑게리아 지수와 부식성과의 관계]

• +0.5 ~ +1.0 : 보통 ~ 다량의 스케일 형성
• +0.2 ~ +0.3 : 가벼운 스케일 형성
• 0 : 평형상태
• -0.2 ~ -0.3 : 가벼운 부식
• -0.5 ~ -1.0 : 보통 ~ 다량의 부식

71. 정답 ④

해설 식 $V = \dfrac{1}{n} \times R^{2/3} \times I^{1/2}$

- $R = \dfrac{D}{4}$
- $I = \dfrac{\Delta h}{L} = \dfrac{15m}{20m} = 0.75$

$\dfrac{0.6m^3}{\sec} \times \dfrac{4}{\pi \times D^2} = \dfrac{1}{0.012} \times \left(\dfrac{D}{4}\right)^{2/3} \times 0.75^{1/2}$

$\dfrac{0.6m^3}{\sec} \times 0.012 \times \dfrac{4}{\pi} \times \dfrac{1}{0.75^{1/2}} = \dfrac{D^{2/3}}{4^{2/3}} \times D^2$

$0.02 = D^{2/3} \times D^2 = D^{\frac{8}{3}}$, ∴ $D = 0.257m$

72. 정답 ④

해설 표면부하율만 속도경사(G)와 무관하다. 점성계수와 동력은 직접적인 관련이 있고 플록의 입자수는 간접적으로 플록형성효율과 G 적정값 설정에 영향을 준다.

식 $G = \sqrt{\dfrac{P}{\mu \forall}}$

73. 정답 ④

해설 ④항만 올바르다.

오답해설
① 슬러지 블랑키트형은 일반적으로 순환류가 없으며 슬러리를 부유시키는 것을 상승수류에만 의존하는 형식들이 많다.
② 용량은 계획정수량의 1.5~2.0시간으로 한다.
③ 원수 탁도는 10NTU 이상이어야 한다.

74. 정답 ①

해설 식 $N_s = N \times \left(\dfrac{Q^{1/2}}{H^{3/4}}\right) = 900 \times \left(\dfrac{(300/60)^{1/2}}{30^{3/4}}\right)$
$= 157 rpm$

75. 정답 ①

해설 식 $P = \dfrac{\gamma \times Q \times H}{102 \times \eta}$

- $H = 30 + 5 = 35m$

$15,000 = \dfrac{1,000 \times Q \times 35}{102 \times 0.8}$

∴ $Q = 34.97 m^3/\sec$

76. 정답 ①

해설 병렬운전인 경우 펌프 운전점의 양수량은 단독운전 양수량의 2배 이하이다.

77. 정답 ②

해설 식 $P = \dfrac{\rho_w \times Q \times H}{76 \times \eta}$

- $H = 10 + 2 = 12m$

∴ $P = \dfrac{1,000 \times 2 \times 12}{76 \times 0.85} = 371.52 HP$

78. 정답 ③

해설 펌프는 용량이 클수록 효율이 높으므로 가능하면 대용량의 것으로 한다.

79. 정답 ④

해설 **펌프의 제원 결정 시 고려사항 : 전양정, 토출량, 비교회전도, 펌프구경, 동력(출력)**

80. 정답 ①

해설 식 $Q = A \times V = \dfrac{\pi \times (0.8m)^2}{4} \times \dfrac{2.2m}{\sec}$
$= 1.11 m^3/\sec$

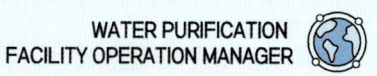

UNIT 02 [1급] 2025년 제37회 정수시설운영관리사 1차

01	①	02	②	03	②	04	④	05	①
06	③	07	①	08	④	09	③	10	④
11	②	12	④	13	④	14	②	15	③
16	①	17	②	18	③	19	②	20	③
21	①	22	②	23	②	24	①	25	④
26	③	27	③	28	③	29	③	30	③
31	④	32	①	33	③	34	③	35	②
36	③	37	③	38	②	39	③	40	②
41	②	42	④	43	②	44	④	45	④
46	③	47	③	48	④	49	①	50	①
51	③	52	③	53	②	54	②	55	①
56	③	57	③	58	④	59	③	60	④
61	③	62	③	63	④	64	②	65	③
66	④	67	②	68	④	69	②	70	④
71	③	72	②	73	①	74	②	75	②
76	②	77	③	78	④	79	①	80	③

1과목 수처리공정

01. 정답 ①
해설 가중응집제는 일반 응집제에 비중이 큰 물질을 첨가하여 침전 및 여과효율을 높이는 물질로 일반응집제보다 비중이 크다.

02. 정답 ②
해설 경사판의 경사각은 55~60°로 한다.

03. 정답 ②
오답해설
ㄷ. 탁도와 수온의 변동이 적어야 한다.

04. 정답 ④
해설 [여과지의 기능]
정수처리기준 규정을 만족시킬 수 있는 여과수를 얻을 수 있는 정화기능
- 탁질의 양적인 억류기능
- 수질과 수량의 변동에 대한 완충기능
- 충분한 역세척기능

05. 정답 ①
해설 내부여과(인라인 여과)는 응집제를 여과지에 유입되는 관로에 주입하는 방식으로 일반정수처리공정과 비교하여 응집공정 및 침전공정이 생략된 상태이다.

06. 정답 ③
해설 ③항만 올바르다.
오답해설
① 여과지 깊이는 하부집수장치의 높이에 자갈층과 모래층 두께, 모래면 위의 수심과 여유고를 더하여 2.5~3.5m를 표준으로 한다.
② 주위벽 상단은 지반보다 15cm 이상 높여 여과지 내로 오염수나 토사 등의 유입을 방지해야 한다.
④ 완속여과지의 여과속도는 4~5m/d를 표준으로 한다.

07. 정답 ①
해설 ①항만 올바르다.
오답해설
② 여과지 수가 10지를 넘을 경우에는 여과지수의 1할 정도를 예비지로 설치하는 것이 바람직하다.
③ 여과면적은 계획정수량에 여과속도로 나누어 계산한다.
④ 형상은 직사각형을 표준으로 한다.

08. 정답 ④
해설 이론적인 접촉시간을 이용할 경우는 정수지 구조에 따른 수리학적 체류시간(정수지사용용량 / 시간당최대통과유량)에 〈장폭비에 따른 환산계수〉를 곱하여 소독제의 접촉시간으로 한다.
참고 추적자시험을 통해 실제로 소독제의 접촉시간을 측정하는 때에는 접촉시간을 측정하기 위해 최초 소독제 주입지점에 투입된 추적자의 10%가 정수지 유출지점 또는 불활성화비의 값을 인정받은 지점으로 빠져 나올 때까지의 시간을 접촉시간으로 한다.

09. 정답 ③
해설 활성탄흡착지 역세척 팽창률이 30~40%가 될 수 있도록 평시보다 강화하여 운영한다.
※ 상수도설계기준(2023) - 평시 기준 역세척 팽창률 : 20 ~ 40%(평균 25%)

10. **정답** ④
    해설 평상시에는 유리잔류염소로 0.1mg/L(결합잔류염소로 0.4mg/L) 이상, 소화기계 수인성전염병 유행 시 또는 광범위하게 단수한 다음 급수를 재개할 때 등에는 유리잔류염소로 0.4mg/L(결합잔류염소로 1.8mg/L) 이상으로 유지하여야 한다.
    참고 유리잔류염소와 결합잔류염소의 최대허용농도는 모두 4mg/L이다.

11. **정답** ②
    해설 망간에 대한 염소량의 비율은 1 : 1.29로 한다.
    식 1 : 1.29
    $$\frac{100{,}000m^3}{day} \times \frac{0.5mg}{L} \times \frac{1kg}{10^6 mg} \times \frac{10^3 L}{1m^3} : X,$$
    $$\therefore X = 64.5 kg/day$$
    참고 염소량의 비율은 철이온의 경우 1 : 0.63, 암모니아성 질소의 경우 1 : 7.6으로 한다.

12. **정답** ④
    해설 철이온 1mg/L를 산화시키기 위해서는 이론상 0.63mg/L의 염소가 필요하다.

13. **정답** ④
    해설 암모니아성질소와 반응하면 클로라민이 생성되고 소독 효과는 약하나 소독지속시간을 길게 한다.

14. **정답** ②
    해설 배출수지의 고수위부터 주벽 상단까지의 여유고는 60cm 이상으로 한다.

15. **정답** ③
    오답해설
    ㄴ. 필터프레스는 탈수 종료 후 슬러지배출 후 슬러지를 투입하는 간헐적 운전만이 가능하다.

16. **정답** ①
    해설 동일한 이온가를 가지는 음이온에 대한 이온교환수지의 선택성은 원자번호가 클수록 또한 수화반경이 작을수록 선택성이 증가한다. 이온가가 다를 경우 이온가의 수가 높은 이온일수록 선택성이 증가한다.

17. **정답** ②
    해설 **식** 오존이용률(%)
    $$= \frac{(주입오존농도 - 배출오존농도 - 잔류오존농도)}{주입오존농도} \times 100$$
    $$오존이용률(\%) = \frac{(2.5 - 1 - 0.5)}{2.5} \times 100 = 40\%$$
    식 오존전달효율(%)
    $$= \frac{(주입오존량 - 배출오존량)}{주입오존량} \times 100$$
    $$= \frac{(2.5 - 1)}{2.5} \times 100 = 60\%$$

18. **정답** ③
    해설 오존흡수효율은 오존접촉조 내에 저류벽으로 분리된 공간의 단 수가 증가하면 효율이 향상될 수 있으나, 흡수 효율은 농도, 수온, 유량에 따라 정비례하지 않고 비선형적으로 변화한다.

19. **정답** ②
    해설 분말활성탄과 염소를 동시에 투입하면 분말활성탄의 사용량이 더욱 증가한다. 또한, 염소와 분말활성탄을 동시에 주입하면 활성탄에 의하여 염소가 감소되므로 염소 사용량도 증가한다.

20. **정답** ③
    해설 한외여과 또는 정밀여과막을 통과한 이후에도 공기 등으로부터의 오염으로 인하여 여과수 중에 일반세균이 검출되는 경우가 있으므로 소독은 반드시 필요하다.

2과목 수질분석 및 관리

21. **정답** ①

22. **정답** ②
    해설 황화나트륨은 환원성은 강하나 독성이 강하고 황화수소 발생 가능성이 있어 시험에 부적합하다.

23. **정답** ②

    해설 ②항만 올바르다.

    오답해설
    ① 양이온 교환 컬럼을 통과시켜 암모늄이온들을 분리하여 전기화학적 검출기로 측정하는 방법으로 시험 조작이 간편하고 재현성도 우수하다.
    ③ 분리컬럼의 보호 및 감도를 높이기 위하여 분리컬럼 전후에 보호컬럼 및 억제기를 부착한다.
    ④ 일반적으로 미량의 시료를 사용하기 때문에 루프-밸브에 의한 주입방식이 많이 이용되며 시료주입량은 보통 20㎕~1,000㎕이다.

24. **정답** ①

    해설 따로 규정이 없는 한 해수에는 적용할 수 없다.

25. **정답** ④

    해설 ④항만 올바르다.

    오답해설
    ① 전처리 방법으로 고체상추출 방법으로 추출한다.
    ② 액체크로마토그래프-텐덤질량분석법(LC-MS/MS)으로 분석한다.
    ③ 부피를 측정하지 않는 유리기구의 경우에는 400℃로 가열하거나 유기용매로 세척할 수 있다. 부피측정용 유리기구는 유기용매로 세척해야하며, 120℃ 이상 가열하여서는 안된다.

26. **정답** ③

    해설 여과지에 1분당 1L 정도의 유속으로 여과하여야 한다.

27. **정답** ③

    해설 **식** CT계산값 = 잔류 소독제 농도(최솟값) × 소독제 접촉시간(분)

    • 소독제 접촉시간(분) = 수리학적 체류시간 × 환산계수

    $= \dfrac{10,000 m^3}{5,000 m^3/hr} \times \dfrac{60 \min}{1 hr} \times 0.6 = 72 \min$

    환산계수 = 0.6

    [장폭비에 따른 환산계수]

환산계수	장폭비(L/W)
0.10	2 미만
0.20	2 이상 5 미만
0.30	5 이상 10 미만
0.40	10 이상 15 미만
0.50	15 이상 20 미만
0.60	20 이상 30 미만
0.65	30 이상 40 미만
0.70	40 이상 50 미만
0.71 이상	50 이상 경우에는 추적자 실험에 의한다.

    ∴ CT계산값 = 1 × 72 = 72

28. **정답** ③

    해설 ③항만 올바르다.

    오답해설
    ① 퍼지 기체나 트랩 연결관 등의 오염 – 바탕시료를 사용하여 점검
    ② 튜브, 봉합제 및 유속조절제의 사용을 피해야 한다. – 폴리테트라플루오로에틸렌(PTFE) 재질 사용
    ④ 높은 순도의 메탄올, 아세톤에 존재하는 유기용매 – 표준용액 제조 전에 확인

29. **정답** ③

    해설 마이크로시스틴의 측정방법 : 액체크로마토그래프 – 텐덤질량분석법, 액체크로마토그래프 – 질량분석법, 고성능액체크로마토그래피

30. **정답** ②

    해설 응집제 주입률은 원수수질에 따라 실험에 의하며, 원수수질의 변화에 따라 적시에 적절하게 조정하는 것이 바람직하다.

    참고 주입량은 처리수량에 주입률을 곱하여 산정한다.

31. **정답** ④

    해설 **식** $P = G^2 \times \mu \times \forall \times \dfrac{1}{\eta}$

    $= \left(\dfrac{400}{\sec}\right)^2 \times \dfrac{1.3 \times 10^{-2} g}{cm \cdot \sec} \times \dfrac{1 kg}{10^3 g} \times \dfrac{10^2 cm}{1 m} \times 250 m^3 \times \dfrac{1}{0.8}$

    $= 65000 W = 65 kW$

32. 정답 ①
해설 오존의 유효주입률은 직접 측정이 어려우므로 주입오존농도와 배오존농도를 측정하여 수중에서 이용된 양을 산출한다.

33. 정답 ①
해설 초기 활성탄 충진 시 물 역세척으로 미세입자(GAC fines)를 제거한다.

34. 정답 ②
해설 수질 측정 주기는 8일 간격으로 일정하여야 한다. 다만, 홍수, 결빙, 갈수(渴水) 등으로 채수(採水)가 불가능한 특정 기간에는 그 측정 주기를 늘리거나 줄일 수 있다.

35. 정답 ②

36. 정답 ③
해설 국가하천은 국토보전상 또는 국민경제상 중요한 하천으로서 다음 각 호의 어느 하나에 해당하여 환경부장관이 그 명칭과 구간을 지정하는 하천을 말한다.
1. 유역면적 합계가 200제곱킬로미터 이상인 하천
2. 다목적댐의 하류 및 댐 저수지로 인한 배수영향이 미치는 상류의 하천
3. 유역면적 합계가 50제곱킬로미터 이상이면서 200제곱킬로미터 미만인 하천으로서 다음 각 목의 어느 하나에 해당하는 하천
  가. 인구 20만명 이상의 도시를 관류(貫流)하거나 범람구역 안의 인구가 1만명 이상인 지역을 지나는 하천
  나. 다목적댐, 하구둑 등 저수량 500만세제곱미터 이상의 저류지를 갖추고 국가적 물 이용이 이루어지는 하천
  다. 상수원보호구역, 국립공원, 유네스코생물권보전지역, 문화재보호구역, 생태·습지보호지역을 관류하는 하천
4. 범람으로 인한 피해, 하천시설 또는 하천공작물의 안전도 등을 고려하여 대통령령으로 정하는 하천

37. 정답 ③
해설 ① Chlorophenol : 연 1회
② Benzo(a)pyrene : 연 1회
③ Chlorate : 분기 1회
④ Antimony : 연 1회

38. 정답 ②
해설 수도사업자는 수도시설의 관리상태를 점검하기 위하여 5년마다 기술진단을 실시하고, 시설개선계획을 수립하여 시행하여야 한다.

39. 정답 ③
해설 재생이 불가하다. 재생이 가능한 것은 입상활성탄이다.

40. 정답 ②

3과목 설비운영(기계·장치 또는 계측기 등)

41. 정답 ②
해설 저유속 1~2m/s을 표준으로 한다.

42. 정답 ④
해설 ④항만 올바르다.
오답해설
① 정류벽에서 정류공의 총 면적은 유수단면적의 6% 정도를 표준으로 한다.
② 유출설비의 하단과 침강장치 상단과의 간격은 30cm 이상으로 한다.
③ 정류벽은 유입단에서 1.5m 이상 떨어져서 설치한다.

43. 정답 ②
해설 산기관(디퓨저)을 이용한 오존 투입 방식은 인젝터 방식보다 오존전달효율이 낮다.
산기관(디퓨저) 전달효율 : 80 ~ 90%
인젝터 방식 전달효율 : 97% 이상

44. 정답 ④

45. 정답 ④
해설 ④항만 올바르다.
오답해설
① 기화능력은 최대 염소사용량으로 한다.
② 사용량이 20kg/h 이상인 시설에는 원칙적으로 기화기를 설치한다.
③ 염소주입기실은 한랭 시에도 실내온도를 항상 15~20℃로 유지되도록 한다.

46. 정답 ③

해설 물 역세척 속도는 입상활성탄의 종류에 따라 다르며 탄층팽창률은 수온의 영향을 받는다.

47. 정답 ③

오답해설
ㄷ. 재생초기에는 고농도의 식염수를 사용하며, 재생 후반에는 저농도의 식염수를 사용한다.

48. 정답 ④

해설 토출압 일정제어 방식은 정해진 압력을 유지하고 압력 변화에 민감하지 않은 곳에서 사용하기 적합하다.

49. 정답 ①

해설 포화증기압이 커지면 가용유효흡입수두가 작아진다.

50. 정답 ①

해설 식 전양정 = 실양정 + 마찰손실수두 + 속도수두

$$12 = 10 + 1.54 + \frac{V^2}{2g}$$

$$\therefore V = 3.00 m/sec$$

51. 정답 ②

해설 1회선 수전방식은 간단하고 경제적이나 신뢰도가 낮다.

52. 정답 ③

해설 용량이 다른 변압기를 병렬운전하는 경우 용량이 작은 변압기가 과부하되기 쉽다.

53. 정답 ④

해설 식 $Q = \frac{P}{\eta}\left\{\sqrt{\frac{1}{(\cos\theta_1)^2}-1} - \sqrt{\frac{1}{(\cos\theta_2)^2}-1}\right\}$

- Q : 콘덴서용량(kVA, kVar)
- P : 전동기 출력(kW)
- η : 전동기 효율
- $\cos\theta_1$: 개선전의 역률
- $\cos\theta_2$: 개선후의 역률

$$\therefore Q = \frac{600}{1} \times \left\{\sqrt{\frac{1}{(0.8)^2}-1} - \sqrt{\frac{1}{(0.95)^2}-1}\right\}$$
$$= 252.79 kVar$$

54. 정답 ②

해설 ②항만 올바르다.

오답해설
① 구경은 평균유속이 1~3m/s 사이에 있도록 선정하는 것이 바람직하다.
③ 검출기를 수직 또는 경사지게 설치할 경우 흐름은 아래쪽에서 위쪽으로 향하도록 한다.
④ 검출기 설치 전후에 필요한 직관부를 확보하고, 유량제어 밸브를 설치할 경우에는 검출기 하류측에 설치한다.

55. 정답 ①

해설 ①항만 올바르다.

오답해설
② 엔지니어링반(engineering work station)은 전체 시스템의 운영에 필요한 엔지니어링 데이터를 생성, 변경, 저장하는 스테이션으로 운전에 필요한 화면, 데이터베이스, 제어프로그램 작성을 지원토록 설치된다.
③ 중앙제어반(central operation station)은 운전조작 기능과 데이터베이스 기능을 수행하며 하드웨어 본체, 모니터 화면과 키보드(전용키보드 포함), 마우스 등으로 구성되는 설비이다. 감시제어 소프트웨어로 GUI(graphic user interface)의 MMI(man machine interface), HIS(human interface station) 등으로 표기한다.
④ 현장제어반(field control station)은 현장의 단위공정제어에 운전조작 기능과 데이터베이스 기능을 수행하며 모니터 화면과 키보드, 마우스 등으로 구성된 감시제어설비로서, 정수장 내의 탈수기동, 취수장, 가압장 등에 주로 설치한다.

56. 정답 ③

해설 배관의 필요직관장은 배관내경을 D라 할 때 검출기 설치위치를 중심으로 상류측은 10D 이상, 하류측은 5D 이상이 필요하다.

57. 정답 ①

58. 정답 ①

해설 [작업환경측정 대상 항목]
- 유해인자의 농도 측정 : 유기용제, 금속류, 산/알칼리, 분진 등
- 물리적 인자 측정 : 소음, 진동, 온도, 습도, 조도, 방사선

59. 정답 ③

60. 정답 ④

4과목 정수시설 수리학

61. 정답 ③
해설 오리피스는 단면적을 축소시키면 유속이 증가하면서 압력이 저하되는 원리를 통해 유량을 측정한다.

62. 정답 ③
해설 실제유체의 흐름에서는 속도 분포가 불균일하므로 운동량보정계수와 에너지보정계수는 1보다 큰 값을 가진다.
참고 • 에너지 보정계수(α) : 2(층류),   1.1(난류)
• 운동량 보정계수(β) : 1.33(층류),   1.05(난류)

63. 정답 ④
해설 유속의 제곱에 비례하므로 동일조건에서 유속의 변화에 가장 큰 영향을 받는다.
식 $h = f \times \dfrac{L}{D} \times \dfrac{V^2}{2g}$
① 마찰손실계수, 유속과 관 길이가 동일한 조건에서, 관경만 4배 증가한 경우
→ 1/4배 감소
② 마찰손실계수, 관경과 유속이 동일한 조건에서, 관 길이만 3배 증가한 경우
→ 3배 증가
③ 마찰손실계수와 유속이 동일한 조건에서, 관경과 관 길이를 각각 3배씩 증가한 경우
→ 변화 없음
④ 마찰손실계수, 관경과 관 길이가 동일한 조건에서, 유속만 3배 증가한 경우
→ 9배 증가

64. 정답 ②
해설 질량이 적용되지 않는 개념에서 FLT와 MLT는 같다.

[단위별 물리량의 차원]

물리량	FLT계	MLT계
힘(F)	F	MLT^{-2}
수두(H)	L	L
비중량	FL^{-3}	$ML^{-2}T^{-2}$
압력(P)	FL^{-2}	$ML^{-1}T^{-2}$
동력(P)	FLT^{-1}	ML^2T^{-3}
점도(μ)	$FL^{-2}T$	$ML^{-1}T^{-1}$
동점성계수	L^2T^{-1}	L^2T^{-1}
표면장력	FL^{-1}	MT^{-2}
에너지(E)	FL	ML^2T^{-2}
운동량	FT	MLT^{-1}

65. 정답 ①
해설 식 마찰속도 $(V^*) = V\sqrt{\dfrac{f}{8}}$

• $\Delta h = f \times \dfrac{L}{D} \times \dfrac{V^2}{2g}$

$6 = f \times \dfrac{200}{0.1} \times \dfrac{2^2}{2 \times 9.8}$, $f = 0.0147$

∴ 마찰속도 (V^*)
$= 2 \times \sqrt{\dfrac{0.0147}{8}} = 0.0857 m/\sec = 8.57 cm/\sec$

66. 정답 ④
해설 완전유체(이상유체)란 마찰력의 영향을 받지 않는 비점성, 비압축성 유체를 말한다.

67. 정답 ③
해설 ③항만 올바르다.
오답해설
① 비누풍선의 표면장력은 비누풍선의 직경과 비례한다.
② 비누풍선의 표면장력은 비누풍선의 내부와 외부의 압력 차이를 비누풍선의 직경으로 곱하여 구한다.
식 γ(표면장력) $= \dfrac{\Delta P \cdot D}{8}$
④ 비누풍선의 표면장력과 비누풍선의 내부와 외부의 압력 차이는 차원이 다르다.
• 표면장력 : N/m
• 압력차 : N/m^2

68. 정답 ④

해설 식 역세척수량
$= \dfrac{15L}{m^2 \cdot \sec} \times \dfrac{5\min}{day} \times \dfrac{60\sec}{1\min} \times \dfrac{1m^3}{10^3 L} \times 16m^2$
$= 72 m^3/day$

69. 정답 ②

해설 침전지의 침강면적을 크게 하여야 한다.
$V_s > L_A$ 가 될수록 침전제거율은 증가한다.
$L_A = \dfrac{Q}{A}$

70. 정답 ①

오답해설
ㄱ. 관수로에서 마찰손실수두(m)는 L의 차원을 가진다.
ㄴ. 관경이 2배로 커지면 마찰손실수두는 2배로 감소한다.
식 $h = f \times \dfrac{L}{D} \times \dfrac{V^2}{2g}$

71. 정답 ③

오답해설
ㄷ. 층류와 난류를 구분하는데 이용되는 것은 레이놀즈 수이다. 프루드수는 상류와 사류를 구분하는데 이용된다.

72. 정답 ②

해설 식 수평관의 마찰응력 $= \dfrac{D}{4L} \cdot \Delta P$

• $\Delta P = 0.12 MPa \times \dfrac{10^6 Pa(N/m^2)}{1MPa}$
$= 1.2 \times 10^5 Pa(N/m^2)$

∴ 수평관의 마찰응력 $= \dfrac{0.3}{4 \times 300} \times (1.2 \times 10^5)$
$= 30 Pa(N/m^2)$

73. 정답 ①

해설 응결성이 적고 작은 농도의 입자들에 대해 침전에 적용이 용이하다.

74. 정답 ②

해설 식 $Q = A \times V$
식 $V = \dfrac{1}{n} \times R^{2/3} \times I^{1/2}$

• $R = \dfrac{유수단면적}{윤변의 길이} = \dfrac{0.5 \times \dfrac{\pi \times 0.8^2}{4}}{0.5 \times \pi \times 0.8} = 0.2 m$

→ 수심이 0.4m이므로 0.8m 직경에 대해 관로 내 절반의 물이 채워져 있는 상태로 유수단면적과 윤변은 만관 기준의 절반이 된다.

$V = \dfrac{1}{0.014} \times (0.2)^{2/3} \times (0.01)^{1/2} = 2.4428 m/\sec$

∴ $Q = 0.5 \times \dfrac{\pi \times 0.8^2}{4} \times 2.4428 = 0.61 m^3/\sec$

75. 정답 ②

해설 **펌프의 제원 결정 시 고려사항** : 전양정, 토출량, 비교회전도, 펌프구경, 동력(출력)

76. 정답 ②

해설 펌프 전양정은 실양정에서 각종 손실수두를 더한 값이다.

77. 정답 ③

해설 식 $P = \dfrac{\gamma \cdot Q \cdot H}{76 \cdot \eta} \cdot \alpha$ (또는 $P = \dfrac{\gamma \cdot Q \cdot H}{75 \cdot \eta} \cdot \alpha$)

$400 = \dfrac{1,000 \times 2 \times (10+2)}{76 \times \eta} \times 1$, $\eta = 0.79$ (또는 0.8)

78. 정답 ④

해설 **펌프의 상사법칙** : 펌프의 회전수에 유량은 1승에 비례, 양정(수두)는 2승에 비례, 동력(마력)은 3승에 비례한다.

식 $Q_2 = Q_1 \times \left(\dfrac{N_2}{N_1}\right)^1$

식 $H_2 = H_1 \times \left(\dfrac{N_2}{N_1}\right)^2$

식 $P_2 = P_1 \times \left(\dfrac{N_2}{N_1}\right)^3$

79. 정답 ①

해설 플라이휠 설치는 부압 발생 방지법에 해당한다.
1) 부압(수주분리) 발생의 방지법
• 토출관로에 압력조절수조를 설치하여 부압발생을 방지하고 압력상승도 흡수한다.
• 토출관로에 한방향형 조압수조를 설치하여 부압발생을 방지한다.

- 토출관로에 표준형 조압수조를 설치한다.
- 펌프 토출구 부근에 공기탱크를 두거나 또는 부압 발생지점에 흡기밸브를 설치한다.
- 플라이휠을 설치한다. (부압발생 방지)

2) 압력상승 경감방법
- 체크밸브를 설치한다. (완폐식, 급폐식)
  ※ 체크밸브 : 유입수를 펌프 앞단에서 차단해주는 장치
- 콘밸브 또는 니들밸브나 볼밸브의 개도를 제어하여 압력상승을 억제

3) 그 외의 방법
- 관내유속 및 관내상황을 조절한다.
  (관내유속을 감소)

80. 정답 ③

오답해설

ㄷ. 펌프의 대수는 계획수량 및 고장 시를 고려하여 정한다. (고장을 고려하여 예비기를 설치한다.)

UNIT 03 [2급] 2024년 제36회 정수시설운영관리사 1차

01	④	02	②	03	①	04	④	05	②
06	①	07	②	08	③	09	④	10	③
11	②	12	③	13	③	14	④	15	②
16	①	17	①	18	④	19	②	20	③
21	②	22	①	23	①	24	③	25	②
26	③	27	③	28	①	29	③	30	①
31	④	32	①	33	③	34	④	35	②
36	④	37	②	38	④	39	①	40	③
41	①	42	②	43	①	44	③	45	①
46	②	47	②	48	②	49	④	50	④
51	①	52	③	53	④	54	①	55	③
56	②	57	④	58	④	59	③	60	③
61	④	62	②	63	④	64	③	65	①
66	①	67	③	68	①	69	④	70	②
71	①	72	①	73	③	74	③	75	②
76	①	77	②	78	④	79	②	80	④

1과목 수처리공정

01. 정답 ④

해설 알긴산나트륨은 천연고분자제의 약품으로서, 분말로 된 제품을 보통 사용한다.

02. 정답 ②

해설 식 여과지 수 = $\dfrac{\text{총 여과면적}}{\text{1지당 여과면적}}$

- 총 여과면적
  $= \dfrac{50,000 m^3}{day} \times \dfrac{hr}{5m} \times \dfrac{1 day}{24 hr} = 416.6666 m^2$
- 1지당 여과면적 = $60 m^2/1$지

∴ 여과지 수 = $\dfrac{416.6666}{60} = 6.94$지 ≒ 7지

03. 정답 ①

해설 응집제의 주입량은 처리수량과 주입률로 산출한다.

04. 정답 ④

해설 [급속혼화시설의 방식]
1) 가압수확산에 의한 혼화
2) 기계식 혼화
3) 수류식 혼화
4) 인라인기계식 혼화
5) 인라인고정식 혼화
6) 파이프 격자에 의한 혼화

05. 정답 ②

해설 [여과지 성능평가 지표]
- 탁도
- 여과지속시간
- 역세척수량의 여과수량에 대한 비율
- UFRV(여과지속시간 내에 처리된 여과지의 단위면적당 여과수량)

06. 정답 ①

해설 ①항만 올바르다.

오답해설
② 저수온이고 저탁도의 원수를 대상으로 하여 응집제를 투입한 다음 침전지를 거치지 않고 여과하는 방식이다.
③ 응집제 주입량은 통상 주입량의 1/2 ~ 1/4 정도만 주입하여 플록을 형성시킨다.
④ 생성되는 플록은 입경과 침강속도는 작지만 밀도와 강도가 크므로 안정된 처리가 가능하고 약품사용량과 발생슬러지량도 적어진다.

07. 정답 ②

해설 측벽과 여과층 간에 간극이 발생한다.
[세척효과가 불충분한 경우 발생하는 장애현상]
- 여과지속시간의 감소
- 여과수질의 악화
- 머드볼의 발생
- 여과층의 균열
- 여과층 표면의 불균일
- 측벽과 여과층간에 간극발생

08. 정답 ③

해설 [오존을 기반으로 하는 고도산화법(AOP)]
1) 오존/high pH
2) 오존/과산화수소(H_2O_2, 펜턴)
3) O_3/UV(자외선)
4) O_3/TiO_2
5) O_3/전자빔

09. 정답 ④

해설 맛이나 냄새를 유발하는 생물학적인 발생원은 아래와 같다.
㉠ 방선균
㉡ 조류(남조류, 편모조류, 규조류)
㉢ 황산염 환원균

10. 정답 ③

해설 ③항만 올바르다.

오답해설
① 온도가 높을 때
② 접촉시간이 길 때
④ 혼합정도가 높을 때

11. 정답 ②

해설 오존투입방식은 산기관(디퓨져)와 인젝터 방식이 있다.

12. 정답 ③

해설
- 1 log : 90%
- 2 log : 99%
- 2.5 log : 99.68%
- 3 log : 99.9%
- 4 log : 99.99%

13. 정답 ③

해설 **오존주입량의 제어방식** : 오존주입농도, 잔류오존농도, C·T 일정제어방식

14. 정답 ④

해설 누출가스를 중화하는 제해장치의 흡인구는 바닥 하부에 설치한다.

15. 정답 ②

해설 ②항만 올바르다.

오답해설
① 여과지 및 입상활성탄흡착지의 역세척배출수를 침전 시 상징수는 재이용하거나 하천에 방류할 수 있다.
③ 배출수지는 전처리공정으로서 세척배출수 저류조를 겸할 수 있다.
④ 정수시설의 DAF 예비침전지를 배출수침전지로 활용할 수 있다.

16. 정답 ①

해설 [방류 TMS 수질자동측정기기를 구축해야 되는 경우]
폐수(방류수) 배출신고량이 1~3종에 해당하는 경우에는 방류수 TMS를 구축해야 한다.
1종 : 배출신고량 2,000m^3/일 이상
2종 : 배출신고량 700m^3/일 이상
3종 : 배출신고량 200m^3/일 이상

17. 정답 ①

오답해설
ㄹ. 질산성질소는 대부분 인위적인 오염에 기인한다.
ㅁ. 수중의 경도를 구성하는 성분은 2가의 양이온 금속이다. (주로 칼슘과 마그네슘)

18. 정답 ④

해설 야자계 활성탄은 3nm 이하의 세공이 많고 30nm 이상의 세공은 적다.

19. 정답 ②

해설 ②항만 올바르다.

오답해설
① 해수온도가 높게 되면 염분투과율이 증가하여 투과수의 염분농도가 증가한다.
③ 회수율을 높게 하는 것은 일정량의 막투과수량에 대한 막공급수량의 감소로 이어진다.
④ 막모듈의 성능저하는 일반적으로 막투과수량의 감소와 염분제거율의 저하로 나타난다.

20. 정답 ③

해설 식 막모듈의 최소 필요 개수 = $\dfrac{\text{전체 필요면적}}{\text{모듈당 막 면적}}$

- 전체필요면적
$$= \frac{24,000m^3}{day} \times \frac{m^2 \cdot hr}{50L} \times \frac{10^3 L}{1m^3} \times \frac{1day}{8hr} = 60,000m^2$$

∴ 막모듈의 최소 필요 개수 = $\dfrac{60,000}{50} = 1,200$개

| 2과목 | 수질분석 및 관리 |

21. 정답 ②

22. 정답 ①

23. 정답 ①

해설
1) 0.02M NaOH 용액의 농도(mg/L)

식 $Xmg/L = \dfrac{0.02mol}{L} \times \dfrac{40g}{1mol} \times \dfrac{10^3 mg}{1g}$
$= 800mg/L(또는\ 800ppm)$

2) 0.02M NaOH 용액 500mL에 녹아있는 NaOH 질량

식 $Xg = \dfrac{0.02mol}{L} \times 500mL \times \dfrac{1L}{10^3 mL} \times \dfrac{40g}{1mol}$
$= 0.4g$

24. 정답 ③

25. 정답 ②

해설 고무 또는 플라스틱 재질의 마개는 사용하지 않는다.

26. 정답 ③

해설 맛/냄새를 측정하는 사람은 맛/냄새에 극히 예민한 사람도 무딘 사람도 적절하지 않다.

27. 정답 ③

해설 식 CT계산값 = 잔류 소독제 농도(최솟값) × 소독제 접촉시간(분)
• 소독제 접촉시간(분) = 수리학적 체류시간 × 환산계수
$= \dfrac{10,000 m^3}{5,000 m^3/hr} \times \dfrac{60 min}{1 hr} \times 0.3 = 36 min$
∴ CT계산값 $= 0.3 \times 36 = 10.8$

28. 정답 ①

해설 ①항만 올바르다.
[상수원관리규칙에 따른 하천수, 복류수, 강변여과수의 측정 항목]
1) 매월 1회 이상 측정 : 수소이온농도, 생물화학적 산소요구량, 총유기탄소, 총인, 부유물질량, 용존산소량, 대장균군(총대장균군, 분원성대장균군)

2) 분기마다 1회 이상 측정 : 카드뮴, 비소, 시안, 수은, 납, 크로뮴(chromium), 음이온 계면활성제, 유기인, 폴리클로리네이티드비페닐(PCB), 플루오린(불소, fluorine), 셀레늄, 암모니아성 질소, 질산성 질소, 카바릴, 1,1,1-트리클로로에테인, 테트라클로로에틸렌, 트리클로로에틸렌, 페놀, 사염화탄소, 1,2-디클로로에테인, 디클로로메테인, 벤젠, 클로로포름, 디에틸헥실프탈레이트(DEHP), 안티몬, 1,4-다이옥세인, 폼알데하이드(formaldehyde), 헥사클로로벤젠, 철, 망가니즈(망간, manganese)

29. 정답 ④

30. 정답 ①

해설 ①항만 올바르다.
오답해설
② 순간혼화방식이 이루어지므로 적은 동력으로 혼화가 가능하다.
③ 유입유량이 낮을 경우에도 혼화효율이 낮다. (일정 이상 유속이 필요!)
④ Mixer에서 손실수두가 발생한다.

31. 정답 ④

해설 배오존처리방법에는 활성탄흡착분해, 가열분해, 촉매분해법이 사용된다.

32. 정답 ①

해설 ①항만 올바르다.
오답해설
② 물 역세척 속도는 입상활성탄의 종류에 따라 다르며 탄층팽창률은 수온의 영향을 받는다.
③ 탄층팽창률은 20~40%(평균 25%)가 되도록 역세척한다.
④ 물에 의한 역세척만으로 세척이 불충분한 경우에 공기세척을 병용하는 방식이 효과적이다.

33. 정답 ③

해설 식 오존이용률(%)
$= \dfrac{(주입오존농도 - 배출오존농도 - 잔류오존농도)}{주입오존농도} \times 100$

$90(\%) = \dfrac{(5 - 0.2 - 잔류오존농도)}{5} \times 100$,

잔류오존농도 $= 0.3 mg/L$

∴ 잔류오존량
$= \dfrac{0.3 mg}{L} \times \dfrac{10^3 L}{1 m^3} \times \dfrac{1 kg}{10^6 mg} \times \dfrac{10,000 m^3}{day} = 3 kg/day$

34. 정답 ④

해설 [지하수를 생활용수, 농·어업용수, 공업용수로 이용하는 경우]
- 일반오염물질 : 수소이온농도, 총대장균군, 질산성질소, 염소이온
- 특정유해물질 : 카드뮴, 비소, 시안, 수은, 유기인, 페놀, 납, 6가크롬, 트리클로로에틸렌, 테트라클로로에틸렌, 1.1.1-트리클로로에탄, 벤젠, 톨루엔, 에틸벤젠, 크실렌

35. 정답 ②

해설 우라늄은 방사능에 관한 기준에 해당하지 않는다.

36. 정답 ④

37. 정답 ②

해설 수도꼭지에서 시료를 채취할 경우에는 수도꼭지를 틀어 2분~3분간 흘려버린 후 시료를 채취한다.

38. 정답 ④

해설 수도법 시행규칙 별표3의3 (중점관리지역의 수질측정 방법 및 주기)
[수질측정항목]
1) 일반세균
2) 총 대장균군
3) 대장균 또는 분원성 대장균군
4) 암모니아성 질소
5) 동
6) 아연
7) 철
8) 망간
9) 염소이온
10) 잔류염소
11) 탁도

39. 정답 ①

해설 "수도공사"란 수도시설을 신설·증설 또는 개조하는 공사를 말한다.

40. 정답 ③

해설 일반수도사업자가 준수해야 할 정수처리기준은 다음 각 호와 같다.

암기TIP 1만원짜리 바지 샀더니 크다!
1. 취수지점부터 정수장의 정수지 유출지점까지의 구간에서 바이러스를 1만분의 9천999 이상 제거하거나 불활성화 할 것
2. 취수지점부터 정수장의 정수지 유출지점까지의 구간에서 지아디아 포낭(包囊)을 1천분의 999 이상 제거하거나 불활성화할 것
3. 취수지점부터 정수장의 정수지 유출지점까지의 구간에서 크립토스포리디움 난포낭(卵胞囊)을 1백분의 99 이상 제거할 것

3과목 설비운영(기계·장치 또는 계측기 등)

41. 정답 ①

42. 정답 ②

해설 ②항만 올바르다.

오답해설
① 응집제는 30일분 이상으로 한다.
③ 알칼리제는 연속 주입할 경우 30일분 이상으로 한다.
④ 알칼리제는 간헐 주입할 경우 10일분 이상으로 한다.

43. 정답 ①

해설 기계적 슬러지 수집기 : 중심축 회전식, 수중대차식, 체인플라이트식, 주행브리지식

44. 정답 ③

해설 하부집수장치 : 휠러형, 유공블록형, 스트레이너형, 유공관형, 다공판형, 티피블록형

45. 정답 ①

46. 정답 ②

해설 가압탈수기의 종류 : 필터프레스, 벨트프레스, 스크루프레스

47. 정답 ②

해설 ②항만 올바르다.

오답해설
① 주입설비실은 가능한 주입장소에서 가까운 곳에 설치한다.

③ 주입량은 처리수량과 주입률로 결정한다.
④ 슬러리농도는 2.5~5%(건조환산한 값)를 표준으로 한다.

48. 정답 ②

해설 2차저항 기동방식은 권선형 유도전동기의 기동방식에 해당한다.

전동기 종별	기동방식
농형 유도전동기	전전압기동(기동전류가 가장 큼) 스타델타기동 기동보상기기동 리액터기동 소프트스타트
권선형 유도전동기	2차저항기동

49. 정답 ④

해설 [역류방지용 밸브의 종류]
① 체크밸브 : 스윙식, 리프트식, 버터플라이식
② 풋밸브
③ 플랩밸브

50. 정답 ④

해설 ④항만 올바르다.

오답해설
① 취수펌프와 송수펌프는 펌프효율이 높은 운전점에서 정해진 일정한 수량을 양수하는 운전이 가능한 용량과 대수로 정한다.
② 배수펌프는 수량의 시간적 변동에 적합한 용량과 대수로 한다.
③ 펌프의 대수는 계획수량(최대, 최소, 평균) 및 고장시를 고려하여 결정한다.

51. 정답 ①

해설 ①항만 올바르다.

오답해설
② 펌프에서 기포가 발생하여 펌프를 손상시키는 현상이다. – 공동현상(캐비테이션)
③ 관로 내에 공기 포켓이 존재하여 통수 능력이 저하된 현상이다. – 관로 통수장애
④ 관로 내의 유속이 급격히 변화하여 관을 때리는 것 같은 소리가 나는 현상이다. – 수격작용

52. 정답 ③

해설 역률개선설비에서 발생하는 고조파를 제거하는 기기는 직렬리액터이다.

53. 정답 ④

54. 정답 ①

해설 식 축전지의 용량
$= 전류(A) \times 용량환산시간(K) \times \dfrac{1}{보수율(L)}$

∴ 축전지의 용량 $= 100(A) \times 1.8 \times \dfrac{1}{0.8} = 225Ah$

55. 정답 ③

해설 입출력간은 절연하는 것이 바람직하다.

56. 정답 ②

해설 전송로에 대해서는 지중화하거나 광케이블을 사용하는 것이 유효하다.

57. 정답 ④

해설 초음파의 전파를 방해하는 거품이나 이물질 등이 혼입되면 측정오차가 생긴다.

58. 정답 ④

해설 용기나 포장에 공급자 정보가 없는 경우에는 경고표지에 "공급자 정보"를 표시하여야 한다.

59. 정답 ②

60. 정답 ③

해설 ③항은 출입금지 표지에 해당한다.

참고 [보행금지]

4과목 정수시설 수리학

61. 정답 ④
해설 점성계수(점도)의 대표적인 단위 Poise(g/cm·sec)

62. 정답 ①
해설 ①항만 올바르다.
오답해설
② 물은 1기압, 4℃에서 최대밀도를 갖는다.
③ 액체상태의 물은 온도가 상승할수록 동점성계수가 작아진다.
④ 물은 모세관에서 응집력이 부착력보다 작은 유체에 해당한다.

63. 정답 ④

64. 정답 ③
해설 수중 오리피스는 "물에 잠긴 정도"에 따라 상류와 하류 수면의 상대적 관계를 기준으로 '자유 오리피스(Free Orifice)'와 '수중 오리피스(Submerged Orifice)'로 구분된다.
반면, '오리피스의 방향(방향 배치)'에 따라 구분되는 것은 수직 오리피스(Vertical Orifice)와 수평 오리피스(Horizontal Orifice)이다.

65. 정답 ②
해설 식 $F_r = \dfrac{V}{\sqrt{gH}}$

- V : 유속 $= \dfrac{Q}{A} = \dfrac{20m^3}{\sec} \times \dfrac{1}{5m \times 2m} = 2m/\sec$
- g : 중력가속도 $= 9.8m/\sec^2$
- H : 수심 $= 2m$

$\therefore F_r = \dfrac{2}{\sqrt{9.8 \times 2}} = 0.452$

∴ 프루드 수가 1보다 작으므로 흐름 상태는 상류이다.
(← 1보다 크면 사류)

66. 정답 ①
해설 질량이 보존되고 체적변화가 없다는 가정하의 비압축성 흐름에서는 ①항과 같은 방정식이 성립한다.

67. 정답 ③
해설 위어의 종류에는 직각 삼각위어와 사각위어, 전폭위어가 있다.
※ 전폭위어 : 위어의 폭이 수로의 전체 폭과 동일한 구조로 되어 있는 위어

68. 정답 ①
해설 ①항은 레이놀드수에 대한 설명이다.

69. 정답 ④

70. 정답 ②
해설 식 $h = f \times \dfrac{L}{D} \times \dfrac{V^2}{2g}$

- $V = \dfrac{1}{n} \times R^{2/3} \times I^{1/2} = \dfrac{1}{0.012} \times (0.3/4)^{2/3} \times 0.002^{1/2}$
$= 0.6627 m/\sec$

- $f = \dfrac{124.6 \times 0.012^2}{0.3^{1/3}} = 0.0268$

$\therefore h = 0.0268 \times \dfrac{500}{0.3} \times \dfrac{0.6627^2}{2 \times 9.8} = 1.00m$

71. 정답 ①
해설 식 $N_{Re} = \dfrac{D \cdot V \cdot \rho}{\mu} = \dfrac{D \cdot V}{\nu}$

- $V = \dfrac{Q}{A} = \dfrac{0.2m^3}{\sec} \times \dfrac{4}{\pi \times (0.4m)^2} = 1.5915 m/\sec$

$\therefore N_{Re} = \dfrac{0.4 \times 1.5915}{1.003 \times 10^{-6}} = 634,695.91$

72. 정답 ①
해설 식 $A = \dfrac{Q}{V} = \dfrac{\dfrac{150L}{인 \cdot 일} \times 40,000인 \times \dfrac{1m^3}{10^3 L}}{120m/일} = 50m^2$

73. 정답 ③
해설 ③항은 혼화지의 기능에 해당한다.
[여과지의 기능]
정수처리기준 규정을 만족시킬 수 있는 여과수를 얻을 수 있는 정화기능
- 탁질의 양적인 억류기능
- 수질과 수량의 변동에 대한 완충기능
- 충분한 역세척기능

74. 정답 ③

해설 ③항만 올바르다.

식 $G = \sqrt{\dfrac{P}{\mu \forall}} \rightarrow P = G^2 \cdot \mu \cdot \forall$

오답해설
① 점성계수(μ)의 1/2승에 반비례한다.
② 플록입자수와 관계없다.
④ 플록의 충돌횟수와 관계없다.

75. 정답 ②

해설 식 $P = \dfrac{\gamma \times Q \times H}{102 \times \eta}$

$20 = \dfrac{1,000 \times 0.2 \times H}{102 \times 0.73}$, ∴ $H = 7.45m$

76. 정답 ①

해설 식 $A = \dfrac{Q}{V} = \dfrac{3m^3}{min} \times \dfrac{\sec}{1.5m} \times \dfrac{1\min}{60\sec} = 0.0333m^2$

$A = \dfrac{\pi D^2}{4}$

$0.0333 = \dfrac{\pi D^2}{4}$, $D = 0.2059m = 205.9mm$

77. 정답 ②

해설 펌프형식에 관한 특성곡선은 토출량, 양정, 효율, 동력 간의 관계를 나타낸다.

78. 정답 ④

해설 펌프는 가능하면 최고 효율점 부근에서 운전하도록 용량과 대수를 정한다.

79. 정답 ②

해설 식 $N_s = N \times \dfrac{Q^{1/2}}{H^{3/4}}$

∴ $N_s = 1,500 \times \dfrac{20^{1/2}}{80^{3/4}} = 250.78rpm$

80. 정답 ④

해설 관로 저항곡선의 구배가 급한 곳에서는 관의 손실수두가 유량 변화에 따라 매우 크게 증가하므로 유량을 늘리기 어렵고 양정을 증가시키는 방식인 직렬운전이 유리하다.

UNIT 04 [2급] 2025년 제37회 정수시설운영관리사 1차

01	③	02	④	03	②	04	①	05	④
06	③	07	④	08	③	09	②	10	④
11	③	12	①	13	④	14	②	15	③
16	①	17	①	18	②	19	①	20	④
21	④	22	④	23	④	24	③	25	①
26	②	27	④	28	①	29	①	30	④
31	③	32	③	33	④	34	①	35	②
36	④	37	④	38	④	39	④	40	④
41	①	42	②	43	②	44	④	45	①
46	①	47	②	48	②	49	④	50	③
51	①	52	③	53	③	54	②	55	①
56	①	57	③	58	④	59	④	60	②
61	②	62	④	63	①	64	④	65	③
66	①	67	①	68	④	69	④	70	①
71	①	72	②	73	③	74	④	75	③
76	③	77	③	78	①	79	④	80	④

1과목 수처리공정

01. 정답 ③

해설 희석배율은 가능한 작게 하고 희석지점은 가능한 주입지점과 가까이 설치하는 것이 바람직하다.

02. 정답 ④

해설 pH조정제 주입지점은 응집제 주입지점의 상류측에 혼화가 잘 되는 장소로 한다.

03. 정답 ②

해설 ②항만 올바르다.

오답해설
① 플록형성지는 직사각형이 표준이다.
③ 플록형성지 내의 교반강도는 하류로 갈수록 점차 감소시키는 것이 바람직하다.
④ 플록형성지는 혼화지와 침전지 사이에 위치하고 침전지에 붙여서 설치한다.

04. 정답 ①

해설
• 정속여과방식 : 유량제어, 수위제어, 자연평형형
• 정압여과방식 : 감쇠여과방식

05. 정답 ④

06. 정답 ③

해설 식

$$UFRV = \frac{Q \times t}{A}$$

$$= \frac{86{,}400 m^3}{day} \times \frac{1}{100 m^2} \times \frac{1 day}{1440 \min} \times 1{,}000 \min$$

$$= 600 m^3/m^2$$

07. 정답 ④

해설 [여과지 성능평가 지표]
㉠ 탁도
㉡ 여과지속시간
㉢ 역세척수량의 여과수량에 대한 비율
㉣ UFRV

08. 정답 ③

해설 [세척효과가 불충분한 경우 발생하는 장애현상]
• 여과지속시간의 감소
• 여과수질의 악화
• 머드볼의 발생
• 여과층의 균열
• 여과층 표면의 불균일
• 측벽과 여과층간에 간극발생

09. 정답 ②

해설 식 CT계산값 = 잔류소독제 농도(mg/L) × 접촉시간(분)

• 접촉시간 = $1 hr \times \frac{60 \min}{1 hr} = 60 \min$

※ 잔류소독제 농도는 측정한 잔류소독제 농도값 중 최소값을 택한다.

∴ CT계산값 = $0.5 \times 60 = 30$

10. 정답 ④

해설 추적자시험을 통해 실제 소독제의 접촉시간을 측정하는 때에는 최초 소독제 주입지점에 투입된 추적자의 10%가 정수지 유출지점 또는 불활성화비의 값을 인정받는 지점으로 빠져 나올 때까지의 시간을 접촉시간으로 한다.

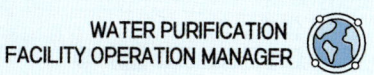

11. 정답 ③

해설 전염소처리에 의해 생성된 트리할로메탄을 입상활성탄으로 제거할 경우에는 활성탄의 유효흡착기간이 대략 6개월 ~ 1년 정도이다. 트리할로메탄은 대부분 전염소처리에 의해 생성되므로, 고도정수처리 도입 이후에는 전염소농도를 최소화하여 운영하는 것이 바람직하다.

12. 정답 ①

해설
- 전염소처리 : 멜로시라(Melorsira), 시네드라(Synedra)
- 중간염소처리 : 마이크로시스티스(Microcystis), 아나베나(Anabaena), 포르미디움(Phormidium)

13. 정답 ③

해설 차아염소산나트륨은 유효염소농도가 5~12% 정도의 담황색 액체로 시판품과 비교하여 낮다. (시판품 12.5% 이하)

14. 정답 ②

해설 배슬러지지의 상징수를 정수공정으로는 절대로 반송하지 않는다.

15. 정답 ③

해설 필터프레스는 탈수 종료 후 슬러지배출 후 슬러지를 투입하는 간헐적 운전만이 가능하다.

16. 정답 ①

해설 소독부산물의 전구물질이 용해성이면 활성탄 처리가 효과적이다.

17. 정답 ①

해설 ①항만 올바르다.

오답해설
② 분말활성탄처리는 활성탄 누출에 의한 흑수현상을 발생시킬 수 있다.
③ 입상활성탄처리는 원생동물 번식의 우려가 있다.
④ 입상활성탄처리는 경제성 측면에서 장기간 운용에 적합하다.

18. 정답 ②

해설 식 오존이용률(%)
$= \dfrac{(주입오존농도 - 배출오존농도 - 잔류오존농도)}{주입오존농도} \times 100$

오존이용률(%) $= \dfrac{(5-2-1)}{5} \times 100 = 40\%$

참고 식 오존전달효율(%) $= \dfrac{(주입오존량 - 배출오존량)}{주입오존량} \times 100$

19. 정답 ①

해설 배오존이 대기 중으로 확산되지 않도록 밀폐식 접촉지를 설치해야 한다.

20. 정답 ④

해설 막오염은 막에 오염물질이 부착한 가역적인 성능 저하가 발생된 것으로 세척 시 다시 사용이 가능하다. 반면, 열화는 막 자체의 변질로 생긴 비가역적인 성능 저하로 막을 교체하여야 한다.

2과목 수질분석 및 관리

21. 정답 ④

해설 ④항만 올바르다.

오답해설
① 표준온도는 0℃, 실온은 1℃~35℃로 한다. (먹는물공정시험기준에서 표준온도는 20℃)
② 냉수는 15℃ 이하, 온수는 60℃~70℃를 말한다.
③ "수욕상 또는 수욕중에서 가열한다"라 함은 수온 100℃에서 가열함을 뜻한다.

22. 정답 ③

해설
① 경도 : 질산으로 pH 2
② 과망간산칼륨소비량(산성법) : 질산으로 pH 2
③ 불소 : 4℃ 냉암소 보관
④ 암모니아성질소 : 황산으로 pH 2 이하

23. 정답 ④

24. 정답 ③

해설 총 시료량은 200mL가 기준이므로 희석수의 부피는 150mL, 시료의 부피는 50mL이다.

식 냄새역치(TON) $= \dfrac{A+B}{A} = \dfrac{50+150}{50} = 4$

- A : 시료 부피(mL)
- B : 무취 정제수 부피(mL)

25. 정답 ①

해설 폐수 중의 비교적 휘발되지 않는 탄화수소, 탄화수소유도체, 그리스유상물질 및 광유류가 노말헥산층에 용해되는 성질을 이용한 방법으로 통상 유분의 성분별 선택적 정량이 곤란하다.

26. 정답 ②

해설 염소이온이 2,000mg/L 이하인 시료에 적용한다.
  ※ 알칼리성 과망간산칼륨법 : 염소이온(2,000mg/L 이상)이 높은 하수 및 해수 시료에 적용한다.

27. 정답 ④

해설 ④항만 올바르다.

오답해설
① 잔류소독제 농도(mg/L)에 소독제 접촉시간(분, min)을 곱한 값이다.
② 잔류소독제 농도는 수도법령에 의하여 측정한 잔류소독제 농도값 중 최소값을 택한다.
③ 소독제와 물의 접촉시간은 1일 사용유량이 최대인 시간에 최초소독제 주입지점부터 정수지 유출지점까지 측정한다.

28. 정답 ①

해설 [랑게리아지수 결정인자 시험방법]
㉠ **알칼리도** : 총 알칼리도 측정방법
㉡ **칼슘** : 원자흡광광도법 또는 유도결합플라즈마 원자발광분광법
㉢ **전기전도도** : 수질 - 전기전도도 측정방법
㉣ **수소이온농도** : 유리전극법

29. 정답 ①

해설 [마이크로시스틴 분석방법]
• 액체크로마토그래프 - 텐덤질량분석법
• 액체크로마토그래프 - 질량분석법
• 고성능액체크로마토그래피

30. 정답 ④

해설 제타포텐셜미터와 SCD(연속흐름측정기)를 활용하여 응집제 주입량을 자동보정할 수 있다. (전기전도도계로는 자동보정 불가능)

31. 정답 ③

해설 단위는 모두 MKS(m, kg, sec)로 대입한다. 동력의 MKS 단위는 W(와트)이다.

식 $G = \sqrt{\dfrac{P}{\mu \forall}} = \sqrt{\dfrac{52 \times 10^3}{0.0013 \times 250}} = 400/\sec$

32. 정답 ④

해설 미소동물의 생명주기(life cycle)등을 모두 고려하여 정한다. 이러한 경우 정수로 세척하더라도 단기간이기 때문에 생물활성탄의 처리효과에는 거의 영향을 주지 않는다.

33. 정답 ④

34. 정답 ①

해설 수질환경기사 또는 위생사의 자격증이 있는 사람이 해당된다.

시행령 제2조(먹는물 수질 감시원)
① 「먹는물관리법」에 따른 먹는물 수질 감시원은 환경부장관, 특별시장·광역시장·특별자치시장·도지사·특별자치도지사 또는 시장·군수·구청장이 다음 각 호의 어느 하나에 해당하는 소속 공무원 중에서 임명한다.
1. 수질환경기사 또는 위생사의 자격증이 있는 사람
2. 대학에서 상수도공학, 환경공학, 화학, 미생물학, 위생학 또는 식품학 등 관련분야의 학과·학부를 졸업한 사람이거나 법령에 따라 이와 같은 수준 이상의 학력이 있다고 인정되는 사람

35. 정답 ②

해설 "하천시설"이라 함은 하천의 기능을 보전하고 효용을 증진하며 홍수피해를 줄이기 위하여 설치하는 다음 각 목의 시설을 말한다. 다만, 하천관리청이 아닌 자가 설치한 시설에 관하여는 하천관리청이 해당 시설을 하천시설로 관리하기 위하여 그 시설을 설치한 자의 동의를 얻은 것에 한정한다.
가. 제방·호안(護岸)·수제(水制) 등 물길의 안정을 위한 시설
나. 댐·하구둑·홍수조절지·저류지·지하하천·방수로 배수펌프장·수문(水門) 등 하천수위의 조절을 위한 시설
다. 운하·안벽(岸壁)·물양장(物揚場)·선착장·갑문 등 선박의 운항과 관련된 시설
라. 그 밖에 대통령령으로 정하는 시설

36. 정답 ④

해설 지하수법 제1조(목적) : 이 법은 지하수의 적절한 개발·이용과 효율적인 보전·관리에 관한 사항을 정함으로써 적정한 지하수개발·이용을 도모하고 지하수오염을 예방하여 공공의 복리증진과 국민경제의 발전에 이바지함을 목적으로 한다.

37. 정답 ④

해설
1) **시행규칙 제22조(국립환경과학원장이 설치·운영하는 측정망의 종류 등)** 국립환경과학원장, 유역환경청장, 지방환경청장이 설치할 수 있는 측정망은 다음 각 호와 같다.
   1. 비점오염원에서 배출되는 비점오염물질 측정망
   2. 수질오염물질의 총량관리를 위한 측정망
   3. 대규모 오염원의 하류지점 측정망
   4. 수질오염경보를 위한 측정망
   5. 대권역·중권역을 관리하기 위한 측정망
   6. 공공수역 유해물질 측정망
   7. 퇴적물 측정망
   8. 생물 측정망
   9. 그 밖에 국립환경과학원장이 필요하다고 인정하여 설치·운영하는 측정망

2) **시행규칙 제23조(시·도지사가 설치·운영하는 측정망의 종류 등)**
   ① 시·도지사가 설치할 수 있는 측정망은 다음 각 호와 같다.
   1. 소권역을 관리하기 위한 측정망
   2. 도심하천 측정망
   3. 그 밖에 유역환경청장이나 지방환경청장과 협의하여 설치·운영하는 측정망

38. 정답 ④

해설 정수를 일정 한도 이상의 압력으로 필요한 만큼 계속 공급할 수 있는 배수지 펌프·배수관이나 그 밖의 배수시설을 갖출 것

39. 정답 ②

40. 정답 ③

해설 도수시설의 펌프는 최대 용량의 펌프에 이상이 발생하여도 계획된 1일 최대도수량이 보장될 수 있도록 설치하여야 한다.

3과목 설비운영(기계·장치 또는 계측기 등)

41. 정답 ①

해설 ①항만 올바르다.

오답해설
② 교정방법은 항상 동일한 방법으로 실시한다.
③ 공동수로 여과수 탁도계는 1주일에 1회 정도 지별 여과수 탁도계는 2개월에 1회 정도 보정하여야 한다. (탁도계의 상태에 따라 보정주기는 단축 또는 연장할 수 있다).
④ 탁도관리 목표는 매월 측정된 시료수의 95% 이상이 0.3NTU 이하여야 하고 각각의 시료에 대한 측정값이 1.0NTU 이하여야 한다.

42. 정답 ④

해설 각 여과지 유출관은 유량조절기를 설치하는 경우 최대유량으로 관경을 정한다.

43. 정답 ②

해설 월류설비의 방류지점 고수위는 정수지의 월류수위보다 낮아야 한다.

44. 정답 ④

45. 정답 ①

해설 ①항만 올바르다.

오답해설
② 용기는 40℃ 이하로 유지한다.
③ 저장실은 실온 10 ~ 35℃로 유지한다.
④ 저장실의 바닥은 경사를 주고 내식성 모르타르 등으로 시공한다.

46. 정답 ①

해설 [오존발생용 원료가스 공급장치]
- 공기식 : 저압 및 중압 공기공급방식, 고압공기 공급방식
- 산소식 : 산소발생기 공급방식, 액체산소 공급방식

47. 정답 ②

해설 소석회와 소다회는 건식 또는 습식으로 주입할 수 있다.

48. 정답 ②

49. 정답 ④

해설 식 전양정 = 실양정 + 마찰손실수두 + 미소손실수두 + 속도수두

• 속도수두 = $\dfrac{V^2}{2g}$ (미소손실수두는 인자가 주어지지 않았음으로 생략)

$12 = $ 실양정 $+ 1.54 + \dfrac{3^2}{2 \times 9.8}$,

∴ 실양정 $= 10.00m$

50. 정답 ③

해설 ③항만 올바르다.

오답해설
① 펌프의 토출측 관로에 표준형 조압수조를 설치한다.
② 토출측 관로에 한방향형 조압수조를 설치한다.
④ 토출측 관로에 한방향형 조압수조를 설치한다.
※ 압력수조를 설치하는 것도 방지 방법 중 하나이다.

51. 정답 ③

해설 부하전류가 흐르는 상태에서 개폐할 수 없다.

[개폐기별 역할의 구분]

구분	단로기	부하 개폐기	차단기
무부하 개폐	O	O	O
부하전류의 개폐	X	O	O
단락전류의 차단	X	X	O

52. 정답 ③

해설 충전기에는 필요시 부하단자전압이 일정범위에 들어가도록 부하보상장치를 설치하고, 정전시 비상등이 점등되어 장시간이 경과한 경우 축전지 전압이 저하하여 그 밖의 제어대상 기기가 정상적으로 동작되지 않을 경우에 대비하여 비상등 회로에 과방전 보호장치를 설치하는 것을 고려해야 한다.

53. 정답 ③

해설 계통의 임피던스와는 무관하며, 계통의 전류를 줄여 효율을 개선한다.

54. 정답 ②

해설 중화설비를 연동하여 작동시키기 위한 제어설비를 설치한다.

55. 정답 ①

56. 정답 ①

해설
② 유량비례제어 : 미리 설정된 염소주입률로 주입량을 제어하는 방식이다. 수질 변화가 적고 염소요구량이 거의 일정하며 처리수량이 변화할 경우에 채택하는 방식이다.
③ 피드포워드제어 : 염소를 주입하기 전에 잔류염소계, 염소요구량계 등의 측정치로부터 주입량을 설정하고 편차가 생기기 전에 염소주입량을 조절하는 방식이다.
④ 캐스케이드제어 : 잔류염소계와 조합하여 일정한 잔류염소량으로 되도록 비율설정신호로 보정하는 방법으로 비율제어계에 잔류염소계에 의한 보정신호를 가하는 방식이다.

57. 정답 ③

해설 착수정의 기본 계측기 설치항목 : 수온계, pH계, 탁도계, 전기전도도계, 알칼리도계

58. 정답 ④

해설 [작업환경측정 결과보고서 기재사항]
• 사업장 개요 (사업장명, 소재지, 대표자, 전화번호, 팩스번호, 근로자수, 업종, 주요 생산품)
• 측정기관명
• 측정일
• 측정결과 (유해인자, 측정 공정수, 측정최고치, 노출기준 초과공정수, 개선내용)
• 측정주기

59. 정답 ④

60. 정답 ②

4과목 | **정수시설 수리학**

61. 정답 ②

62. 정답 ④

해설 오리피스 유량계는 관내 흐름 단면을 축소시켜 그 전후의 압력차를 이용해 유량을 측정하는 기구이다.
→ 오리피스는 단면적을 축소시키면 유속이 증가하면서 압력이 저하되는 원리를 통해 유량을 측정한다.

63. 정답 ①

해설 비누풍선에서의 표면장력과 압력차이의 관계는 아래 식과 같다.

식 $\Delta P = \dfrac{4\sigma}{r}$

ΔP : 내부와 외부의 압력차
σ : 표면장력
r : 반지름

$0.08 = \dfrac{4 \times \sigma}{2/2}$, $\sigma = 0.02 gf/cm$

64. 정답 ④

해설 동일한 단면적에서 윤변이 작을수록 유속이 크게 산정된다.

식 $V = \dfrac{1}{n} \times R^{2/3} \times I^{1/2}$

• R(경심, 동수반경) $= \dfrac{\text{유수단면적}}{\text{윤변의 길이}}$

65. 정답 ③

해설 비점성 유체로 가정한다.

66. 정답 ①

해설 식 $h = f \times \dfrac{L}{D} \times \dfrac{V^2}{2g}$

$8 = f \times \dfrac{200}{0.15} \times \dfrac{2^2}{2 \times 9.8}$

$\therefore f = 0.0294$

식 마찰속도$(V^*) = V\sqrt{\dfrac{f}{8}}$

$\therefore$ 마찰속도$(V^*) = 2 \times \sqrt{\dfrac{0.0294}{8}} = 0.12 m/\sec$

67. 정답 ①

해설 식 $h = f \times \dfrac{L}{D} \times \dfrac{V^2}{2g} = f \times \dfrac{L}{D} \times h$

$1 = f \times \dfrac{L}{D}$

$\therefore f = \dfrac{D}{L} = \dfrac{0.2}{200} = 0.001$

68. 정답 ①

해설 식 수면차(총 손실수두) = 마찰손실수두 + 미소손실수두

• 마찰손실수두
$= f \times \dfrac{L}{D} \times \dfrac{V^2}{2g} = 0.023 \times \dfrac{200}{0.25} \times \dfrac{V^2}{2 \times 9.8}$

• 미소손실수두
$=$ (단면급축소손실계수 + 단면급확대손실계수)$\times \dfrac{V^2}{2g}$

$15 = 0.9387 V^2 + 0.0765 V^2 = 1.0152 V^2$

$\therefore V = 3.84 m/\sec$

69. 정답 ②

70. 정답 ①

해설 식 수평관의 마찰응력 $= \dfrac{D}{4L} \cdot \Delta P$

$2 = \dfrac{0.25}{4 \times 200} \times \Delta P$,

$\therefore \Delta P = \dfrac{6400 kg_f}{m^2} \times \dfrac{1 m^2}{10^4 cm^2} = 0.64 kg_f/cm^2$

71. 정답 ②

해설 ②항만 올바르다.

오답해설
① 여과속도는 120~150m/d를 표준으로 한다.
③ 여과면적은 계획정수량을 여과속도로 나누어 계산한다.
④ 형상은 직사각형을 표준으로 한다.

72. 정답 ②

해설 탁질의 양적인 억류기능이 요구된다.

73. 정답 ③

해설 식 $L_A = \dfrac{Q}{A} = \dfrac{H}{t}$

- $t = \dfrac{\forall}{Q} = \dfrac{10,800 m^3}{100 m^3/min} \times \dfrac{1 day}{1440 min} = 0.075 day$

$60 = \dfrac{H}{0.075}, \quad \therefore H = 4.5 m$

74. 정답 ②

해설 속도경사를 결정하는 요소 : 동력, 점도(또는 수온), 혼화지의 부피

식 $G = \sqrt{\dfrac{P}{\mu \forall}}$

75. 정답 ③

해설 **식** $P = \dfrac{\gamma \cdot Q \cdot H}{102 \cdot \eta} = \dfrac{1,000 \times 3 \times (20+5)}{102 \times 0.75}$
$= 980.39 kW$

76. 정답 ③

해설 **식** $N_s = N \times \dfrac{Q^{1/2}}{H^{3/4}} = 1,200 \times \dfrac{(600/60)^{1/2}}{10^{3/4}}$
$= 674.81 rpm$

77. 정답 ③

해설 ③항만 올바르다.

오답해설
① 흡입관의 손실을 작게 한다.
② 펌프의 설치위치를 가능한 낮게 한다.
④ 흡입측 밸브를 완전히 개방하고 펌프를 운전한다.

78. 정답 ①

79. 정답 ④

해설 2대의 병렬운전인 경우 펌프 운전점의 양수량은 단독운전 양수량의 2배보다 작게 한다.

80. 정답 ④

해설 **식** 압력파 전파속도 $(a) = \dfrac{1}{\sqrt{\dfrac{1}{K} + \dfrac{D}{eE}}} \cdot \sqrt{\rho}$

K : 체적탄성계수
D : 관의 내경
e : 관의 두께
E : 관 재료의 탄성계수
ρ : 물의 밀도

UNIT 05 [3급] 2024년 제36회 정수시설운영관리사 1차

01	②	02	①	03	①	04	④	05	④
06	③	07	①	08	③	09	①	10	③
11	③	12	④	13	③	14	②	15	②
16	①	17	④	18	②	19	②	20	①
21	③	22	④	23	②	24	①	25	②
26	②	27	①	28	④	29	④	30	③
31	①	32	②	33	①	34	④	35	④
36	③	37	④	38	①	39	③	40	②
41	④	42	②	43	①	44	①	45	④
46	②	47	①	48	①	49	③	50	④
51	②	52	④	53	①	54	②	55	④
56	②	57	②	58	④	59	④	60	②
61	④	62	①	63	①	64	①	65	②
66	④	67	②	68	①	69	①	70	③
71	①	72	④	73	①	74	③	75	④
76	④	77	④	78	②	79	④	80	③

1과목 수처리공정

01. 정답 ②
해설 철염계 응집제는 플록이 무거워 침강하기 쉽다.

02. 정답 ①
오답해설
② 알긴산나트륨은 분말로 된 제품을 주로 사용한다.
③ 활성규산은 응집보조제로서의 기능은 우수하지만 활성화 조작에 어려움이 있다.
④ 주입지점은 혼화가 잘되는 지점으로 한다.

03. 정답 ①
해설 ①항만 올바르다.
오답해설
② 교반강도는 하류로 갈수록 점차 감소시킨다.
③ 플록형성시간은 계획정수량에 대하여 20~40분이다.
④ 플록형성지는 혼화지와 침전지 사이에 위치하고 침전지에 붙여서 설치한다.

04. 정답 ④
해설 규산나트륨과 알긴산나트륨은 응집보조제로 주로 사용된다.
• pH조정제의 종류 : 소다회, 소석회, 수산화나트륨, 황산, 염산

05. 정답 ④
해설 [여과지 성능평가 지표]
㉠ 탁도
㉡ 여과지속시간
㉢ 역세척수량의 여과수량에 대한 비율
㉣ 여과지속시간동안에 처리된 여과지의 단위면적당 여과수량(UFRV)

06. 정답 ③

07. 정답 ①
해설 하부집수장치 : 휠러형, 유공블록형, 스트레이너형, 유공관형, 다공판형, 티피블록형

08. 정답 ③
해설 THM이 생성되지 않으며 오존 소독방식에 비해 유지관리비가 낮다.

09. 정답 ①
해설 ①항만 올바르다.
오답해설
② 차아염소산이온(OCl^-)보다 차아염소산($HOCl$)의 살균작용이 약 80배 더 강하다.
③ 클로라민은 염소가 수중의 질소화합물과 반응하여 형성한다.
④ 결합염소는 모노클로라민(NH_2Cl), 디클로라민($NHCl_2$)만을 말한다.

10. 정답 ③
해설 1,4-다이옥산은 오존 또는 고도산화법(AOP)으로 제거한다.
[전염소 / 중간염소처리의 목적]
㉠ 세균제거
㉡ 생물처리
㉢ 철과 망간의 제거
㉣ 암모니아성질소와 유기물 등의 처리
㉤ 맛과 냄새의 제거

11. 정답 ③

12. 정답 ④
    해설 염소요구량(염소요구농도)
    = 염소주입량(주입농도) − 염소잔류량(잔류농도)
    • 염소요구농도 = $6 - 2 = 4 mg/L$
    ∴ 염소요구량 = 유량 × 염소요구농도
    $= \dfrac{10,000 m^3}{day} \times \dfrac{4 mg}{L} \times \dfrac{10^3 L}{1 m^3} \times \dfrac{1 kg}{10^6 mg} = 40 kg/day$

13. 정답 ③
    해설 배오존처리방법에는 활성탄흡착분해, 가열분해, 촉매분해법이 사용된다. (암기TIP 활 가 촉!)

14. 정답 ②
    해설 ②항만 올바르다.
    오답해설
    ① 저장량은 항상 1일 사용량의 10일분이다.
    ③ 저장용기는 40℃ 이하로 유지한다.
    ④ 저장용기는 직접 가열해서는 안된다.

15. 정답 ②
    해설 ②항만 올바르다.
    오답해설
    ① 발생한 배출수는 전량 처리하는 것이 원칙이나 원수의 최고 SS와 그 변동폭이 큰 정수장에서는 전량 즉시 처리하는 것은 평상시의 시설가동률로부터 보더라도 비경제적이다.
    ③ 계획처리고형물량은 계획정수량, 계획원수탁도 및 응집제주입률 등을 기초로 하여 선정한다.
    ④ 슬러지케이크는「폐기물관리법」에 따라 적정하게 처분되어야 한다.

16. 정답 ①
    해설 [수질자동측정기기 측정항목]
    • 수소이온농도(pH)
    • 총유기탄소(TOC)
    • 부유물질량(SS)
    • 총 질소(T-N)
    • 총 인(T-P)

17. 정답 ④
    해설 음이온계면활성제 − 입상활성탄처리 또는 생물처리

18. 정답 ②
    해설 ②항만 올바르다.
    오답해설
    ① 비교적 단단한 지지층으로 압밀화되기 어렵다.
    ③ 염소 등의 산화제에 대한 내성이 거의 없으므로 막공급수의 잔류염소가 존재하면 산화 및 열화된다.
    ④ 셀루로오스아세테이트계(CA계) 막에 비해 유기물 제거성이 높다.

19. 정답 ②

20. 정답 ①
    해설 식 공간속도(SV) = $\dfrac{처리수량(m^3/hr)}{활성탄의 용적(m^3)}$

2과목 수질분석 및 관리

21. 정답 ③
    해설 용액 또는 시약에서 %는 W(중량)/V(부피) %로 해석한다.
    식 $Xg = \dfrac{20g}{100mL} \times 200mL = 40g$

22. 정답 ④
    해설 흡수셀의 표면을 깨끗이 닦은 다음, 정제수를 바탕시험액으로 하여 10분할법의 선정 파장표의 각 파장(nm)에서 시료용액의 투과율(%)을 측정한다.

23. 정답 ②
    해설 • 강산성 : 약 3 이하
    • 약산성 : 약 3 ~ 5
    • 중성 : 약 6.5 ~ 7.5
    • 약알칼리성 : 약 9 ~ 11
    • 강알칼리성 : 약 11 이상

24. 정답 ①
    해설 시안(CN), 노말헥산추출물질, 대장균군 등 시료채취기구 등에 의하여 시료의 성분이 유실 또는 변질 등의 우려가 있는 경우에는 30분 이상 간격으로 2개 이상의 시료를 채취하여 각각 분석한 후 산술평균하여 분석값을 산출한다.

25. 정답 ③

26. 정답 ②

해설 식 불활성화비 = $\dfrac{CT_{계산값}}{CT_{요구값}}$

- $CT_{계산값}$ = 잔류소독제농도(최솟값) × 소독제접촉시간(분)
  $CT_{계산값} = 0.6 \times 50 = 30$

$6 = \dfrac{30}{CT_{요구값}}$, ∴ $CT_{요구값} = 5$

27. 정답 ①

해설

구분	검사주기	
	Microcystin-LR	Geosmin, 2-MIB
평상 시	1회/반기 (6월, 9월)	1회/월
'관심'단계 발령 시	1회/주	
'경계'단계 발령 시	2회/주	
'조류대발생'단계 발령 시	3회/주	

28. 정답 ④

해설 잔류염소 측정방법 : 비색법(DPD, OT), DPD 분광법
※ 수질오염공정시험기준상 잔류염소의 측정방법 : 비색법, 적정법

29. 정답 ④

해설
1. 광역상수도 및 지방상수도의 경우
   가. 정수장에서의 검사
      (1) 냄새, 맛, 색도, 탁도(濁度), 수소이온 농도 및 잔류염소에 관한 검사 : 매일 1회 이상
      (2) 일반세균, 총 대장균군, 대장균 또는 분원성 대장균군, 암모니아성 질소, 질산성 질소, 과망간산칼륨 소비량 및 증발잔류물에 관한 검사 : 매주 1회 이상. 다만, 일반세균, 총 대장균군, 대장균 또는 분원성 대장균군을 제외한 항목에 대하여 지난 1년간 수질검사를 실시한 결과 별표 1에 따른 수질기준의 10퍼센트를 초과한 적이 없는 항목에 대하여는 매월 1회 이상
      (3) 별표 1의 제1호부터 제3호까지 및 제5호에 관한 검사 : 매월 1회 이상. 다만, 일반세균, 총 대장균군, 대장균 또는 분원성 대장균군, 암모니아성 질소, 질산성 질소, 과망간산칼륨 소비량, 냄새, 맛, 색도, 수소이온 농도, 염소이온, 망간, 탁도 및 알루미늄을 제외한 항목에 대하여 지난 3년간 수질검사를 실시한 결과 별표 1에 따른 수질기준의 10퍼센트(정량한계치가 수질기준의 10퍼센트를 넘는 항목의 경우에는 그 항목의 정량한계치)를 초과한 적이 없는 항목에 대하여는 매 분기 1회 이상
      (4) 별표 1의 제4호에 관한 검사 : 매 분기 1회 이상. 다만, 총 트리할로메탄, 클로로포름, 브로모디클로로메탄 및 디브로모클로로메탄은 매월 1회 이상

30. 정답 ③

해설 응집제 주입률 관련 시험 및 조사방법 : 자-테스트, 제타전위계, SCD(흐름전위측정)

31. 정답 ①

해설 "먹는물공동시설"이란 여러 사람에게 먹는물을 공급할 목적으로 개발했거나 저절로 형성된 약수터, 샘터, 우물 등을 말한다.

32. 정답 ②

해설 식 $L_A = \dfrac{Q}{A} = \dfrac{2{,}000\,m^3}{day} \times \dfrac{1}{(40m \times 8m)}$
$= 6.25\,m/day$

33. 정답 ①

해설 축사 연결 수로는 점오염원에 해당한다. 비점오염원은 배출구(관로)가 없는 오염원을 말한다.

34. 정답 ④

해설 법 제12조(지하수보전구역의 지정) 시·도지사는 지하수의 보전·관리를 위하여 필요한 경우에는 다음 각 호의 어느 하나에 해당하는 지역을 지하수보전구역으로 지정할 수 있다.
1. 지하수를 이용하는 하류지역과 수리적으로 연결된 지하수의 공급원이 되는 상류지역

2. 주된 용수공급원이 되는 지하수가 상당히 부존된 지층이 있는 지역
3. 대통령령으로 정하는 공공급수용 지하수개발·이용시설의 중심에서 대통령령으로 정하는 반지름 이내에 제13조제1항제2호에 따른 시설이 설치되어 수질의 저하가 우려되는 지역
4. 지하수개발·이용량이 기본계획 또는 지역관리계획에서 정한 지하수개발 가능량에 비하여 현저하게 높다고 판단되는 지역
5. 지하수의 지나친 개발·이용으로 인하여 지하수의 고갈현상, 지반침하 또는 하천이 마르는 현상이 발생하거나 발생할 우려가 있는 지역
6. 지하수의 개발·이용으로 인하여 주변 생태계에 심각한 악영향을 미치거나 미칠 우려가 있는 지역
7. 그 밖에 지하수의 수량이나 수질을 보전하기 위하여 필요한 지역으로서 대통령령으로 정하는 지역

35. 정답 ④

36. 정답 ③

해설 [방사능에 관한 기준(염지하수의 경우에만 적용한다)]
가. 세슘(Cs-137)은 4.0mBq/L를 넘지 아니할 것
나. 스트론튬(Sr-90)은 3.0mBq/L를 넘지 아니할 것
다. 삼중수소는 6.0Bq/L를 넘지 아니할 것

※ 샘물 및 염지하수가 제외되는 항목
- 경도(硬度)
- 철
- 망간
- 염소이온(염지하수만 제외)
- 황산이온(염지하수만 제외)

37. 정답 ④

해설 "급수설비"란 수도사업자가 일반 수요자에게 원수나 정수를 공급하기 위하여 설치한 배수관으로부터 분기(分岐)하여 설치된 급수관(옥내급수관을 포함한다)·계량기·저수조(貯水槽)·수도꼭지, 그 밖에 급수를 위하여 필요한 기구(器具)를 말한다.

38. 정답 ①

해설 [정수처리기준 계산을 위한 정기 측정자료]

항목	단위	기준	비고
탁도	NTU	1 이하 (평균 0.3 이하)	여과지 유출수 혼합지점
잔류소독제 농도	mg/L	0.1~4.0	정수지 유출부
수온	℃		
수소이온농도 (pH)	-	5.8~8.5	정수지 유출부
시간당 통과유량	m^3/hr	-	측정 불가 시 → 일평균유량(m^3/day) × 1.17 ÷ 24(hr)

39. 정답 ③

40. 정답 ②

해설 [수도용 막의 종류 및 특징]

사용막	여과법	분리경	제거가능 물질
정밀여과막 (MF)	정밀 여과법	공칭공경 0.01㎛ 이상	부유물질, 콜로이드, 세균, 조류, 바이러스, 크립토스포리디움 난포낭, 지아디아 난포낭 등
한외여과막 (UF)	한외 여과법	분획 분자량 100,000 Dalton 이하	부유물질, 콜로이드, 세균, 조류, 바이러스, 크립토스포리디움 난포낭, 지아디아 난포낭, 부식산 등
나노여과막 (NF)	나노 여과법	염화나트륨 제거율 5~93% 미만	유기물, 농약, 맛·냄새물질, 합성세제, 칼슘이온, 마그네슘이온, 황산이온, 질산성질소 등
역삼투막 (RO)	역삼투법	염화나트륨 제거율 93% 이상	금속이온, 염소이온 등
해수담수화 역삼투막 (RO)	역삼투법	염화나트륨 제거율 99% 이상	해수중의 염분

3과목 설비운영(기계 · 장치 또는 계측기 등)

41. 정답 ④

42. 정답 ②
해설 정류벽을 유입단에서 1.5m 이상 떨어져 설치한다.

43. 정답 ①

44. 정답 ①
해설 [용어정리]
- **전염소처리** : 응집/침전 이전의 처리과정에서 염소주입
- **중간염소처리** : 침전지와 여과지의 사이에서 염소주입
- **후염소처리(일반염소주입공정)** : 정수처리 최종 후단에서 염소주입
- **재염소처리** : 정수된 물이 관말까지 도달하는데 급수관망이 긴 경우 관망의 적당한 지점에서 추가적으로 염소주입(관망에서 잔류염소의 지속적인 모니터링 요구)

45. 정답 ④
해설 여과층 표면의 불균일이 나타날 수 있다.
[세척효과가 불충분한 경우 발생하는 장애현상]
- 여과지속시간의 감소
- 여과수질의 악화
- 머드볼의 발생
- 여과층의 균열
- 여과층 표면의 불균일
- 측벽과 여과층간에 간극발생

46. 정답 ②

47. 정답 ①

48. 정답 ①

49. 정답 ③
해설 [역류방지용 밸브의 종류]
- 체크밸브 : 스윙식, 리프트식, 버터플라이식
- 풋밸브
- 플랩밸브

50. 정답 ④

51. 정답 ②
해설 계획수량, 동수압, 관로특성 등을 고려해서 사용하는 값은 비속도(비교회전도)이다.

52. 정답 ④
해설 한국전기설비규정(KEC)에 따른 색상 기준
- L1 : 갈색
- L2 : 흑색
- L3 : 회색
- 중성선 : 청색
- 보호도체 : 녹색과 노랑 혼합

53. 정답 ①
해설 식 법선조도$(E_n) = \dfrac{I}{r^2} = \dfrac{400}{2^2} = 100 lx$

54. 정답 ②
해설 피뢰기 제한전압은 최대값 또는 파고치로 표시한다.
※ 파고치(peak value) : 최대 순간값

55. 정답 ④
해설
① **정치제어** : 목표치(소정의 염소주입량)를 일정하게 유지하는 제어이다. 즉 설정된 주입량과 같게 되도록 조절밸브(또는 정량 펌프)를 제어하며 유량계에서 계측된 측정치를 유량조절계에 피드백하여 설정치와의 편차에 따라 제어하는 방법이다.
② **피드백제어** : 처리수량이 변화하며 염소요구량도 변화하는 경우에 잔류염소를 목표치로 설정하고 제어하는 방식이다.
③ **케스케이드제어** : 잔류염소계와 조합하여 일정한 잔류염소량으로 되도록 비율설정신호로 보정하는 방법으로 비율제어계에 잔류염소계에 의한 보정신호를 가하는 방식이다.

56. 정답 ②
해설
- **검출부** – 유량, 수위, 압력 등의 변화량을 검출하고 신호로 변환하는 장치
- **표현부** – 변화된 변량 신호의 지시, 기록, 표시 및 경보 등을 나타내는 장치

57. **정답** ②

해설 조작설비는 감시설비와 일체로 하고 조작성이 우수한 것이 필요하며, 운영목적과 설치위치에 따라 데이터서버(data server), 중앙제어반(COS : central operation station), 현장제어반(FCS : field control station), 엔지니어링반(EWS : engineering work station) 등으로 구분할 수 있다.

58. **정답** ③

59. **정답** ④

해설 시행규칙 제109조(안전인증의 면제) ① 안전인증대상 기계 등이 다음 각 호의 어느 하나에 해당하는 경우에는 안전인증을 전부 면제한다.
   1. 연구·개발을 목적으로 제조·수입하거나 수출을 목적으로 제조하는 경우
   2. 「건설기계관리법」에 따른 검사를 받은 경우 또는 같은 법 제18조에 따른 형식승인을 받거나 같은 조에 따른 형식신고를 한 경우
   3. 「고압가스 안전관리법」에 따른 검사를 받은 경우
   4. 「광산안전법」에 따른 검사 중 광업시설의 설치공사 또는 변경공사가 완료되었을 때에 받는 검사를 받은 경우
   5. 「방위사업법」에 따른 품질보증을 받은 경우
   6. 「선박안전법」에 따른 검사를 받은 경우
   7. 「에너지이용 합리화법」에 따른 검사를 받은 경우
   8. 「원자력안전법」에 따른 검사를 받은 경우
   9. 「위험물안전관리법」에 따른 검사를 받은 경우
   10. 「전기사업법」에 따른 검사를 받은 경우
   11. 「항만법」에 따른 검사를 받은 경우
   12. 「화재예방, 소방시설 설치·유지 및 안전관리에 관한 법률」에 따른 형식승인을 받은 경우
② 안전인증대상기계등이 다음 각 호의 어느 하나에 해당하는 인증 또는 시험을 받았거나 그 일부 항목이 안전인증기준과 같은 수준 이상인 것으로 인정되는 경우에는 해당 인증 또는 시험이나 그 일부 항목에 한정하여 안전인증을 면제한다.
   1. 고용노동부장관이 정하여 고시하는 외국의 안전인증기관에서 인증을 받은 경우
   2. 국제전기기술위원회(IEC)의 국제방폭전기기계·기구 상호인정제도(IECEx Scheme)에 따라 인증을 받은 경우
   3. 「국가표준기본법」에 따른 시험·검사기관에서 실시하는 시험을 받은 경우
   4. 「산업표준화법」에 따른 인증을 받은 경우
   5. 「전기용품 및 생활용품 안전관리법」에 따른 안전인증을 받은 경우

60. **정답** ③

해설 ① 산화성 물질 경고

② 폭발성 물질 경고

④ 화기 금지 경고

4과목 정수시설 수리학

61. **정답** ④

해설 정상류 흐름으로 가정한다.

62. **정답** ③

해설 속도수두($V^2/2g$)가 마찰손실수두(h)의 1/4이므로,

식 속도수두 $= \dfrac{V^2}{2g} = \dfrac{1}{4}h$

식 $h = f \times \dfrac{L}{D} \times \dfrac{V^2}{2g}$

$h = f \times \dfrac{30m}{0.5m} \times \left(\dfrac{1}{4}h\right), \quad \therefore f = 0.067$

63. **정답** ①

해설 압력은 MLT로 표현하면 $[ML^{-1}T^{-2}]$, FLT로 표현하면 $[FL^{-2}]$이다.

64. 정답 ③

해설 [MLT]계로 물의 밀도는 $[ML^{-3}]$이다.
※ FLT계로 물의 밀도는 $[FL^{-4}T^2]$이다.

65. 정답 ②

해설 [베르누이 방정식] $\dfrac{v^2}{2g}+\dfrac{p}{w}+Z=H(일정)$

66. 정답 ④

해설 관성력과 중력의 비로 나타낸다.
※ 관성력과 점성력의 비로 나타내는 것은 레이놀드수 (N_{Re})이다.

67. 정답 ②

해설 소독부산물 발생이 염소소독에 비해 적다.

68. 정답 ①

69. 정답 ①

해설 침전효율은 표면부하율과 침강속도로 산출된다.

70. 정답 ③

해설 물이 가득차서 흐르는 만관 기준으로 동수반경(경심)은 $D/4$로 산출된다.

식 $R=\dfrac{60}{4}=15cm$

71. 정답 ①

72. 정답 ④

해설 식 $h=f\times\dfrac{L}{D}\times\dfrac{V^2}{2g}$

∴ $h=0.015\times\dfrac{100}{0.1}\times\dfrac{5^2}{2\times 9.8}=19.13m$

73. 정답 ①

해설 $N_{Re}<2,100$: 층류
$N_{Re}>4,000$: 난류

74. 정답 ③

75. 정답 ③

해설 식 $P=\dfrac{\gamma\times Q\times H}{102\times\eta}\times\alpha$

$5=\dfrac{1,000\times 0.07\times 5}{102\times\eta}\times 1$, ∴ $\eta=0.69$

76. 정답 ④

해설 펌프형식에 관한 특성곡선은 토출량, 양정, 효율, 동력 간의 관계를 나타낸다.

77. 정답 ④

해설 식 $D=146\sqrt{\dfrac{Q}{V}}=146\times\sqrt{\dfrac{13.5}{1.5}}=438mm$

78. 정답 ②

해설 식 $P=\dfrac{\gamma\times Q\times H}{76\times\eta}\times\alpha$ 또는 $P=\dfrac{\gamma\times Q\times H}{75\times\eta}\times\alpha$

∴ $P=\dfrac{1,000\times 8\times 20}{76\times 0.85}\times 1=2,476.78HP$

또는 $P=\dfrac{1,000\times 8\times 20}{75\times 0.85}\times 1=2,509.80HP$

79. 정답 ④

80. 정답 ③

UNIT 06 [3급] 2025년 제37회 정수시설운영관리사 1차

01 ②	02 ③	03 ①	04 ④	05 ①
06 ③	07 ②	08 ③	09 ④	10 ③
11 ④	12 ②	13 ①	14 ④	15 ①
16 ③	17 ②	18 ②	19 ④	20 ①
21 ④	22 ①	23 ①	24 ④	25 ②
26 ①	27 ②	28 ②	29 ③	30 ②
31 ③	32 ②	33 ②	34 ③	35 ②
36 ④	37 ①	38 ②	39 ④	40 ①
41 ④	42 ④	43 ④	44 ③	45 ④
46 ②	47 ②	48 ①	49 ①	50 ②
51 ③	52 ④	53 ③	54 ③	55 ②
56 ①	57 ①	58 ①	59 ③	60 ①
61 ②	62 ①	63 ②	64 ①	65 ②
66 ②	67 ②	68 ①	69 ②	70 ①
71 ③	72 ②	73 ④	74 ③	75 ①
76 ①	77 ④	78 ②	79 ④	80 ②

1과목 수처리공정

01. 정답 ②
해설 플록형성지 내의 교반강도는 하류로 갈수록 점차 감소시키는 것이 바람직하다.

02. 정답 ③
해설 주입률은 원수의 알칼리도, pH(수소이온농도), 응집제 주입률을 참고로 하여 정한다.

03. 정답 ①

04. 정답 ④
해설 침전지의 수심을 깊게 하면 표면부하율이 커져서 침전효율(플록 제거율)이 낮아진다.
이상적인 침전지 설계 : $L_A \leq V_s$
식 $L_A = \dfrac{Q}{A} = \dfrac{H}{t}$

05. 정답 ①

해설 부유물질들을 1차적으로 제거하지 않고 여과지에 유입되는 관로에 응집제를 주입하는 방식으로 응집 및 침전 공정이 생략되나 후속되는 여과지의 부담은 커진다.

06. 정답 ③

07. 정답 ②
해설 [여과층 내의 탁질 억류상태에 영향을 주는 인자]
㉠ 여과속도
㉡ 여과층 구성
㉢ 여과지속시간
㉣ 유입플록의 성상과 양

08. 정답 ③
해설 정수처리기준에서 정한 병원성미생물 : 바이러스, 지아디아 포낭

09. 정답 ④
해설 식 주입량
$= \dfrac{1.5mg}{L} \times \dfrac{1,000m^3}{hr} \times \dfrac{10^3 L}{1m^3} \times \dfrac{1kg}{10^6 mg} \times \dfrac{24hr}{1day}$
$= 36kg/day$

10. 정답 ③
해설 1일 최대 처리유량 증가 시 소독력이 약화되고 불활성화비가 높아진다.

11. 정답 ④
해설 전염소처리는 응집/침전 이전의 처리과정에서 염소주입하는 방식을 말한다.

12. 정답 ②
해설 ②항만 올바르다
오답해설
① 액화염소는 염소가스를 액화하여 용기에 충전시킨 것이다.
③ 차아염소산나트륨은 유효염소농도가 5~12% 정도의 담황색 액체로 알칼리성이 강하다.
④ 액화염소의 유효염소농도는 거의 100%이다.
※ 차아염소산나트륨의 유효염소농도는 1% 이하의 묽은 용액이다.

13. **정답** ①
    해설 차아염소산나트륨 용액의 주입방식에는 자연유하식, 인젝터방식 및 펌프방식이 있다.

14. **정답** ④
    해설 [배출수 및 슬러지처리 주요 공정]
    조정 → 농축 → 탈수 → 처분

15. **정답** ①
    해설 매립용 복토재로는 재활용이 가능하나, 매립처분은 재활용 방법이 아니다.
    슬러지의 재활용 방안 : 시멘트의 원료, 재생벽돌, 녹생토, 원예토, 상토재, 성토재, 매립제

16. **정답** ③
    해설 **식** 가압탈수기 필요 대수
    $= \dfrac{25{,}000 kg\,D.S}{day} \times \dfrac{m^2 \cdot hr}{100 kg\,D.S.} \times \dfrac{1 day}{5 hr} \times \dfrac{1대}{10 m^2} = 5대$

17. **정답** ②
    해설 가압탈수기의 종류 : 필터프레스, 벨트프레스, 스크루프레스

18. **정답** ②

19. **정답** ④
    해설 입상활성탄은 분자량이 45 이상인 물질의 처리에 적합하다. 암모니아성질소는 염소처리로 제거한다.

20. **정답** ①
    해설 약품세척 시기는 막의 투과유속 저하나 막차압의 상승 등 운전 조건 변화를 기준으로 결정한다.

2과목 수질분석 및 관리

21. **정답** ④
    해설 ④항만 올바르다.
    오답해설
    ① "a~b"라고 표시한 것은 a 이상 b 이하임을 뜻한다.
    ② 방울수는 20℃에서 정제수 20방울을 떨어뜨릴 때, 그 부피가 약 1mL 되는 것을 뜻한다.
    ③ 원자량은 국제원자량표에 따라, 분자량은 이 표에 따라 계산한 후 소수점 이하 둘째자리까지 정리한다.

22. **정답** ①
    해설 **식** 용질의 양 $= \dfrac{0.5 eq}{L} \times 0.5 L \times \dfrac{40 g/1}{1 eq} = 10 g$
    - 과망간칼륨소비량 : 10mg/L를 넘지 아니할 것
    - 표준온도(℃) : 20℃ (먹는물수질공정시험기준)
    - 탁도 표준용액의 탁도(NTU)값 : 40NTU
    - 열수의 온도(℃)값 : 약 100℃

23. **정답** ①
    해설 암모니아성질소의 시험결과 표시 자릿수 : 0.00

24. **정답** ④

25. **정답** ②

26. **정답** ①
    해설 [마이크로시스틴 분석방법별 검출기]
    ㉠ 액체크로마토그래프 – 텐덤질량분석법 : 텐덤 질량분석기
    ㉡ 액체크로마토그래프 – 질량분석법 : 질량분석기
    ㉢ 고성능액체크로마토그래피 : 자외선검출기 또는 광다이오드어레이검출기

27. **정답** ②
    해설 ②항만 올바르다.
    오답해설
    ① 소독제 접촉시간의 단위는 분(min)이다.
    ③ 추적자시험을 할 경우에는 투입된 추적자의 10%가 빠져 나올 때까지의 시간으로 한다.
    ④ 이론적인 접촉시간을 이용할 경우는 정수지 구조에 따른 수리학적 체류시간에 환산계수를 곱한 값을 사용한다.

28. **정답** ②
    해설 [랑게리아지수 결정인자 시험방법]
    ㉠ 알칼리도 : 총 알칼리도 측정방법
    ㉡ 칼슘 : 원자흡광광도법 또는 유도결합플라즈마 원자발광분광법
    ㉢ 전기전도도 : 수질 – 전기전도도 측정방법
    ㉣ 수소이온농도(pH) : 유리전극법

29. 정답 ③
    해설 응집제 주입률 관련 시험 및 조사방법 : 자-테스트, 제타전위계, SCD(흐름전위측정)

30. 정답 ②
    해설 ②항만 올바르다.
    오답해설
    ① 교반기의 동력이 크면 커진다.
    ③ 혼화지의 부피가 크면 작아진다.
    ④ 수온에 영향을 받는다. (수온이 작아지면 점도가 증가, 수온이 커지면 점도가 감소)
    식 $G = \sqrt{\dfrac{P}{\mu \forall}}$

31. 정답 ③
    해설 식 표면부하율
    $= \dfrac{Q}{A} = \dfrac{3,600 m^3}{day} \times \dfrac{1}{30m \times 4m} = 30 m/day$

32. 정답 ③

33. 정답 ②

34. 정답 ③
    해설 하천법 시행령 제48조(댐 저수의 방류)
    댐등의 설치자 또는 관리자가 댐의 저수를 방류하려는 때에는 다음 각 호의 사항에 대하여 환경부장관의 승인을 받아야 한다.
    1. 방류량
    2. 방류 시작 시각
    3. 방류기간

35. 정답 ②
    해설 물환경보전법 시행규칙 제5조(공공수역)
    "환경부령으로 정하는 수로"란 다음 각 호의 수로를 말한다.
    1. 지하수로
    2. 농업용 수로
    3. 하수관로
    4. 운하

36. 정답 ④
    해설 먹는샘물의 감시항목 : 포름알데히드, 안티몬, 몰리브덴
    (단위 : μg/L)

구분 항목	한국 (감시 기준)	국외 기준/권고기준(정수)				검사 주기	시행 년도
		WHO	미국	일본	호주		
포름알데히드 (Formaldehyde)	500	–	–	80	500	2회/년	2010
안티몬 (Antimony)	15	20	6	15b	3	2회/년	2014
몰리브덴 (Molybdenum)	70	70	40	70a	50	2회/년	2017

37. 정답 ①
    해설 수도법 제9조(주민지원사업) 주민지원사업의 종류는 다음 각 호와 같다.
    1. 소득증대사업
    2. 복지증진사업
    3. 육영사업
    4. 그 밖에 대통령령으로 정하는 사업

38. 정답 ③
    해설 수도법 시행규칙 별표3의3(중점관리지역의 수질측정방법 및 주기)
    [수질측정항목]
    1) 일반세균
    2) 총 대장균군
    3) 대장균 또는 분원성 대장균군
    4) 암모니아성 질소
    5) 동
    6) 아연
    7) 철
    8) 망간
    9) 염소이온
    10) 잔류염소
    11) 탁도

39. 정답 ②
    해설 [심미적(審美的) 영향물질]
    가. 경도(다만, 샘물 및 염지하수의 경우에는 적용하지 아니한다.)
    나. 과망간산칼륨 소비량
    다. 냄새와 맛(다만, 맛의 경우는 샘물, 염지하수, 먹는샘물 및 먹는물공동시설의 물에는 적용하지 아니한다.)

라. 동
마. 색도
바. 세제(음이온 계면활성제)
사. 수소이온 농도
아. 아연
자. 염소이온(염지하수의 경우에는 적용하지 아니한다)
차. 증발잔류물
카. 철(다만, 샘물 및 염지하수의 경우에는 적용하지 아니한다.)
타. 망간(다만, 샘물 및 염지하수의 경우에는 적용하지 아니한다.)
파. 탁도
하. 황산이온(염지하수의 경우에는 적용하지 아니한다.)
거. 알루미늄

40. 정답 ①

3과목 설비운영(기계·장치 또는 계측기 등)

41. 정답 ④

42. 정답 ④

43. 정답 ④
해설 **기계식 침전슬러지 제거설비** : 중심축 회전식, 체인플라이트식, 수중대차식, 주행브리지식

44. 정답 ③
해설 원수 내 협잡물 제거를 위한 설비는 스크린이나 스트레이너설비를 사용한다.

45. 정답 ④
해설 [수산화나트륨 주입설비의 재질]
• 금속계 : STS304, STS316 SCS13, SCS14
• 수지계 : FRP, 염화비닐, 폴리에틸렌, 테프론
• 고무계 : 천연고무, 합성고무

46. 정답 ②
해설 세척배출수관은 세척배출수를 빨리 배제할 수 있는 단면으로 한다.

47. 정답 ②

48. 정답 ①
해설 펌프의 전양정은 실양정에 각종 손실수두를 모두 더한 값으로 산출된다.

49. 정답 ①
해설 ①항만 올바르다.
오답해설
② 펌프의 전양정에 여유가 너무 많으면 실제 운전시에 과대토출량으로 운전되어서 캐비테이션이 발생할 우려가 있으므로 전양정에 여유를 적당하게 설정한다.
③ 포화증기압이 커지면 가용유효흡입수두가 작아진다.
④ 펌프의 설치위치를 가능한 낮게 하여 가용유효흡입수두를 크게 한다.

50. 정답 ③
해설 전력용 퓨즈는 과전류에 대한 1회성 차단장치로 과전류시 용단되고 차단 후에는 반드시 교체해야 한다.

51. 정답 ③
해설 검출부는 유량계, 압력계 등 계측기기로 구성된다.
※ OCR, OCGR, OVR은 보호계전기의 종류에 해당한다.

52. 정답 ④

53. 정답 ③
해설 식 $전압강하율(\%) = \dfrac{정격전압 - 측정전압}{정격전압} \times 100$
$= \dfrac{399-380}{399} \times 100 = 4.76\%$

54. 정답 ③
해설 컴퓨터 1대로 전루프를 제어하기 때문에 보수시 시스템 전체를 정지하여야 하고 컴퓨터의 고장은 시스템전체를 정지시키는 것으로 되기 때문에 백업대책이 필요하다.

55. 정답 ②

56. 정답 ①

57. 정답 ①

58. 정답 ①
해설 약품주입지역에서 가까운 장소에 설치한다.

59. 정답 ②
해설 컴퓨터 프로그래밍, 시스템 통합 및 관리업은 상시근로자 300명 이상일 경우 안전보건관리책임자를 선임하여야 하는 사업에 해당한다.

60. 정답 ②
해설 ① 방독마스크 착용   ③ 보안경 착용

④ 보안면 착용

4과목 정수시설 수리학

61. 정답 ②
해설 단위 또는 차원으로 접근하여 답을 산출한다.
식 비누풍선의 표면장력에 의한 힘
$= T\pi d = FL^{-1} \times L^1 = F$
- 표면장력 $= FL^{-1}$
- 압력차 $= p = FL^{-2}$
∴ 평형을 이루는 힘$(F) = FL^{-2} \times L^2 = F$
∴ L^2(비누풍선의 단면적) $= \dfrac{\pi d^2}{4}$ (또는 πr^2)

62. 정답 ③
해설 속도수두에 비례한다.
식 $h = f \times \dfrac{L}{D} \times \dfrac{V^2}{2g}$
- 속도수두 $= \dfrac{V^2}{2g}$

63. 정답 ②
해설 속도수두에 비례한다.
식 $h = f \times \dfrac{L}{D} \times \dfrac{V^2}{2g} = f \times \dfrac{L}{D} \times h$
$1 = f \times \dfrac{L}{D}$
∴ $f = \dfrac{D}{L}$

64. 정답 ①
해설 $h = f \times \dfrac{L}{D} \times \dfrac{V^2}{2g}$
$6 = f \times \dfrac{200}{0.1} \times \dfrac{2^2}{2 \times 9.8}$,   ∴ $f = 0.0147$

65. 정답 ②

66. 정답 ③
해설 식 $V = \dfrac{1}{n} \times R^{2/3} \times I^{1/2}$
- n : 조도계수
- R : 경심
- I : 동수경사(동수구배)

67. 정답 ①
해설 위어와 파샬플룸은 개수로의 유량측정 장치이다.

68. 정답 ③
해설 식 $N_{Re} = \dfrac{D \times V \times \rho}{\mu}$

69. 정답 ④
해설 침전속도는 입자와 물의 밀도차에 비례한다.
식 침전속도$(V_s) = \dfrac{d_p^2 (\rho_p - \rho) g}{18\mu}$

70. 정답 ④
해설 식 $R(\text{동수반경}) = \dfrac{\text{유수단면적}}{\text{윤변길이}} = \dfrac{0.5 \times \dfrac{\pi D^2}{4}}{0.5 \times \pi D}$
$= D/4$

71. 정답 ③

해설 $Q = A \times V = 49m^2 \times \dfrac{1m}{hr} \times \dfrac{24hr}{1day} = 1,176 m^3/day$

72. 정답 ①

해설 ①항만 올바르다.

식 $G = \sqrt{\dfrac{P}{\mu \, \forall}}$

73. 정답 ④

해설 식 $f = \dfrac{64}{N_{Re}}$ (층류 기준)

74. 정답 ③

해설 식 $h = f \times \dfrac{L}{D} \times \dfrac{V^2}{2g} = 0.012 \times \dfrac{100}{0.2} \times \dfrac{3^2}{2 \times 9.8}$
$= 2.76m$

75. 정답 ①

해설 ①항만 올바르다.

오답해설
② 병렬운전인 경우 펌프 운전점의 양수량은 단독운전 양수량의 2배보다 작다.
③ 직렬운전은 병렬운전보다 양정의 변화가 큰 경우에 적합하다.
④ 병렬운전은 직렬운전보다 양정의 변화가 작은 경우에 적합하다.
※ 병렬운전은 직렬운전보다 양수량의 변화가 큰 경우에 적합하다.

76. 정답 ①

해설 식 $N_s = N \times \dfrac{Q^{1/2}}{H^{3/4}} = 1,000 \times \dfrac{(240/60)^{1/2}}{10^{3/4}}$
$= 355.66 rpm$

77. 정답 ④

해설 ④항만 올바르다.

오답해설
① 유량에 정비례
② 전양정에 정비례
③ 펌프의 효율에 반비례

식 $P(kW) = \dfrac{\gamma \times Q \times H}{102 \times \eta}$

78. 정답 ②

해설 [펌프의 유량제어]
- 운전대수제어
- 회전속도제어
- 밸브개도제어

79. 정답 ④

해설 최저압력이 증기압보다 커지도록 해야 한다.

80. 정답 ②

해설 ②항만 올바르다.

오답해설
① 비교회전도 값은 전양정 및 토출량과 밀접한 관련이 있다.
③ 비교회전도 값이 클수록 공동현상이 발생하기 쉽다.
④ 공동현상을 방지하기 위해 비교회전도 값이 큰 경우 펌프의 필요 유효흡입수두를 작게 해야 한다.

참고문헌

알기쉽게 풀어쓴 수질환경기사, 전나훈(에듀피디)
수질관리, 권수열 외 1인(한국방송통신대학교 출판문화원)
상수도 설계기준, 환경부
먹는물공정시험기준, 환경부
수질오염공정시험기준, 환경부
수처리제의 기준과 규격 및 표시기준, 환경부
상수도 시설기준, 환경부
수도법, 정수처리기준 등에 관한 규정(법제처)
먹는물 수질감시항목 운영 등에 관한 고시(법제처)
물환경보전법, 폐기물관리법, 환경정책기본법, 하천법, 산업안전보건법, 산업안전보건기준에 관한 규칙, 고압가스안전관리법(법제처)
정수처리기준 해설서(환경부, 국립환경과학원)
산업위생 관련 고시에 관한 사항(고용노동부 고시)
상수도 시설기준(한국상하수도협회)
수변전설비 등의 정비 기술지침(한국산업안전보건공단)
펌프 토출측 체크밸브 사용에 관하여(경성엔지니어링(주) 기술연구소)
펌프의 진단 개론(이정우, ㈜휴먼아이티)